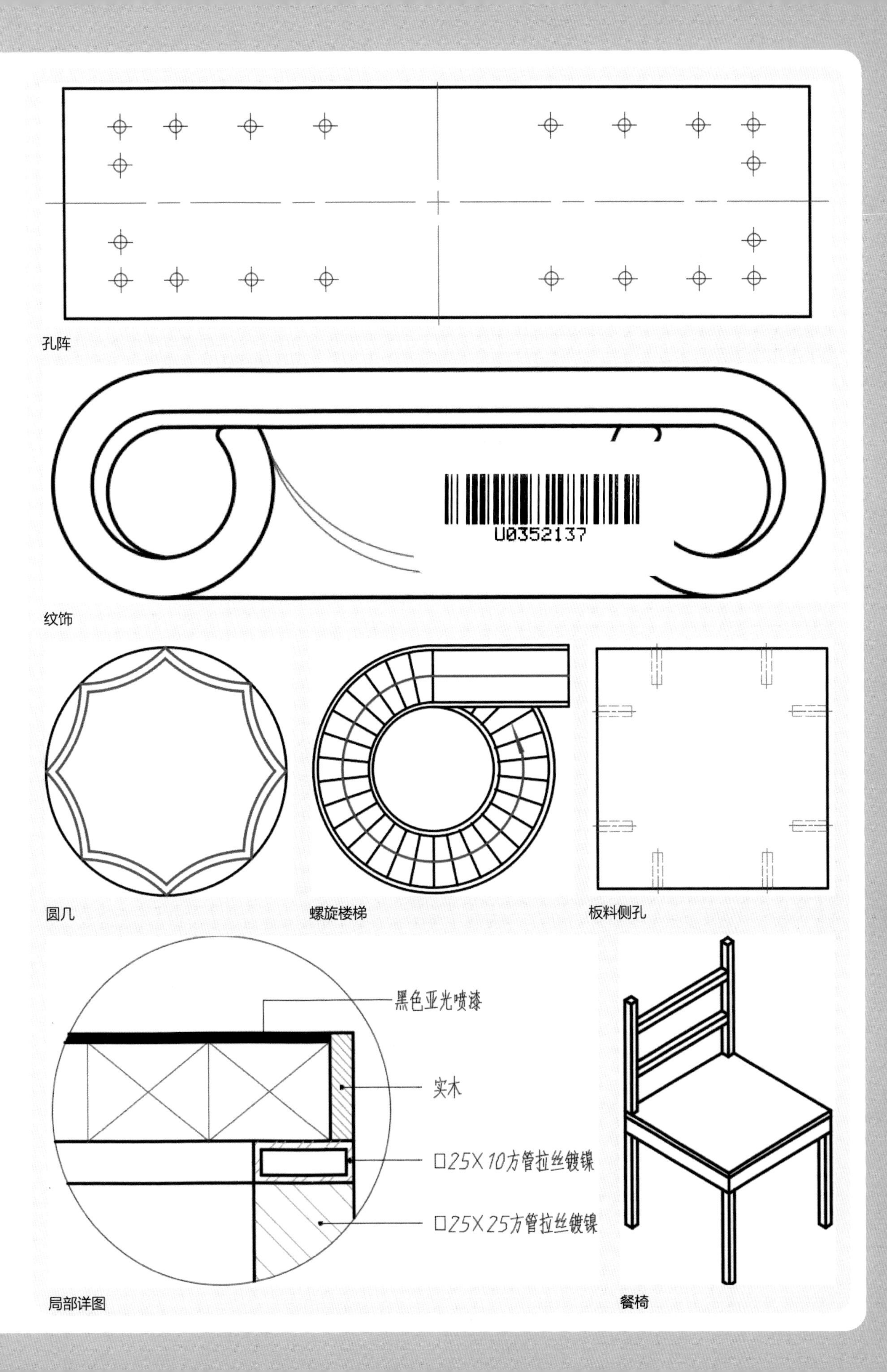
孔阵
纹饰
U0352137
圆几
螺旋楼梯
板料侧孔
黑色亚光喷漆
实木
□25X10方管拉丝镀镍
□25X25方管拉丝镀镍
局部详图
餐椅

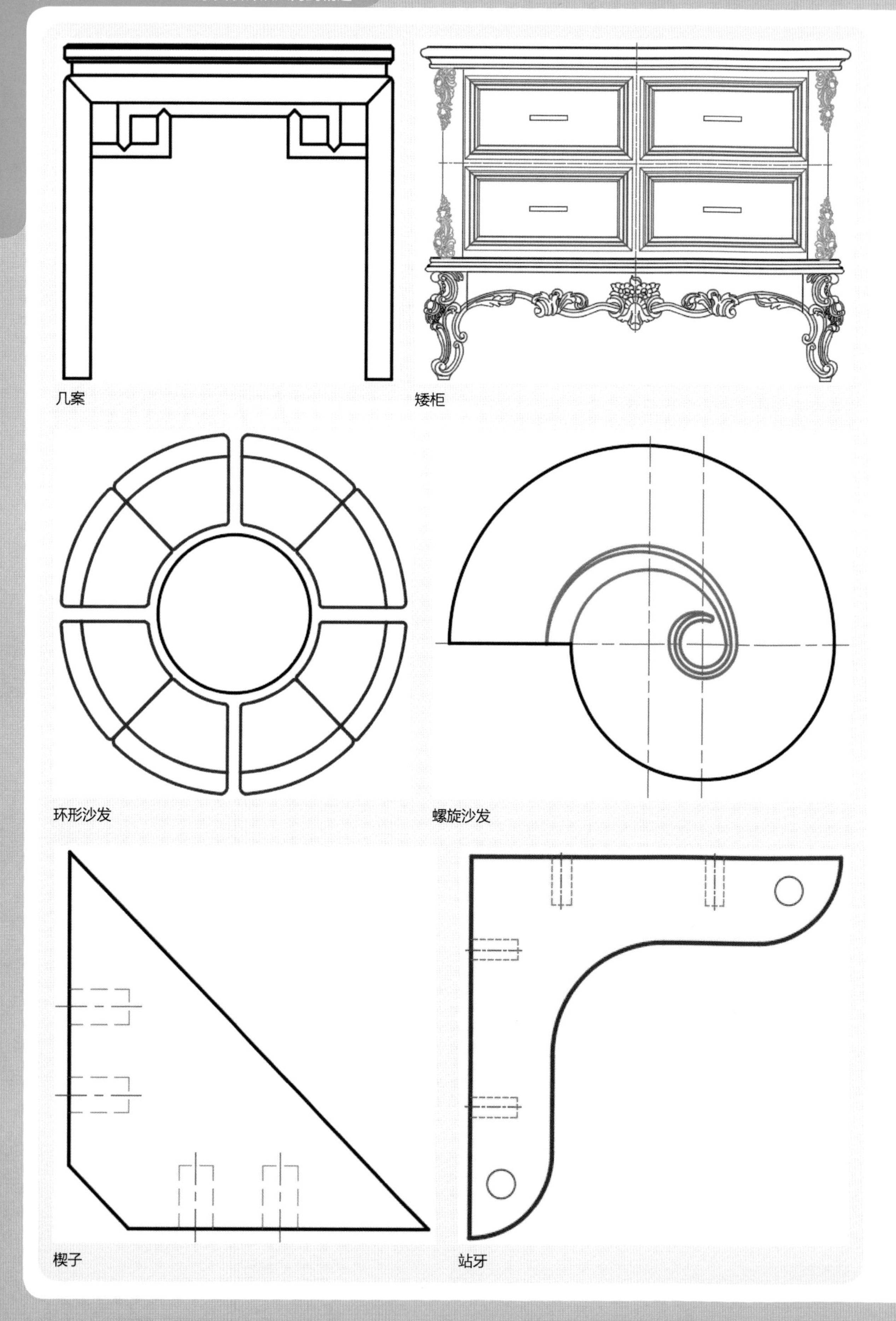
几案
矮柜
环形沙发
螺旋沙发
楔子
站牙

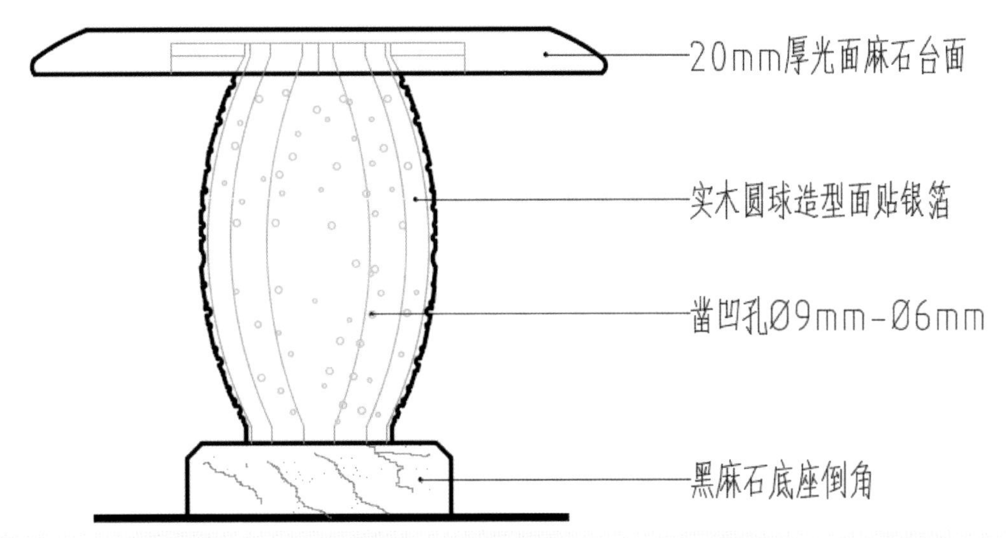

圆几立面图

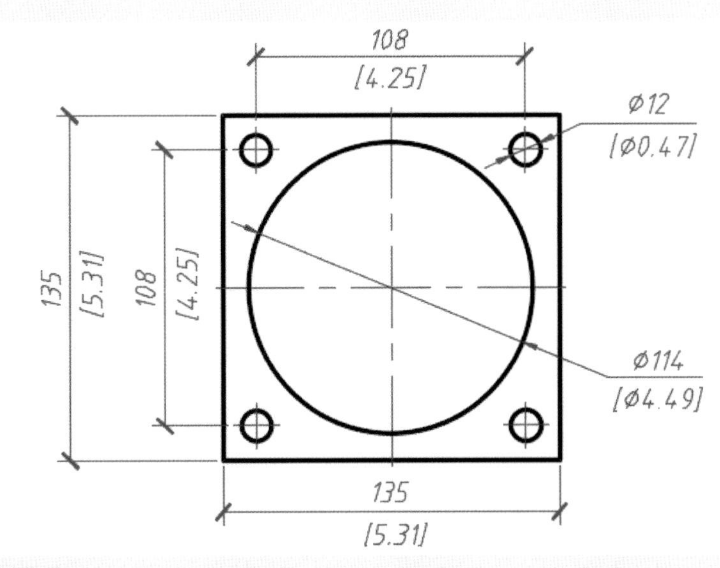

公制－英制的双标注样式

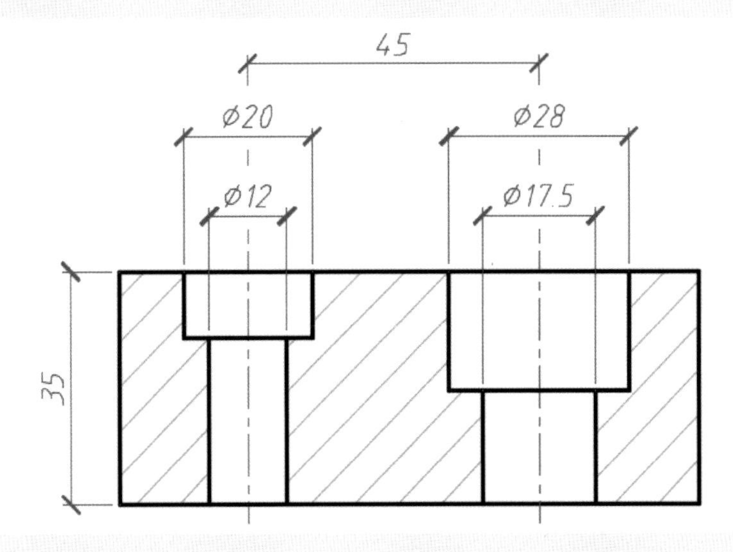

打断标注效果

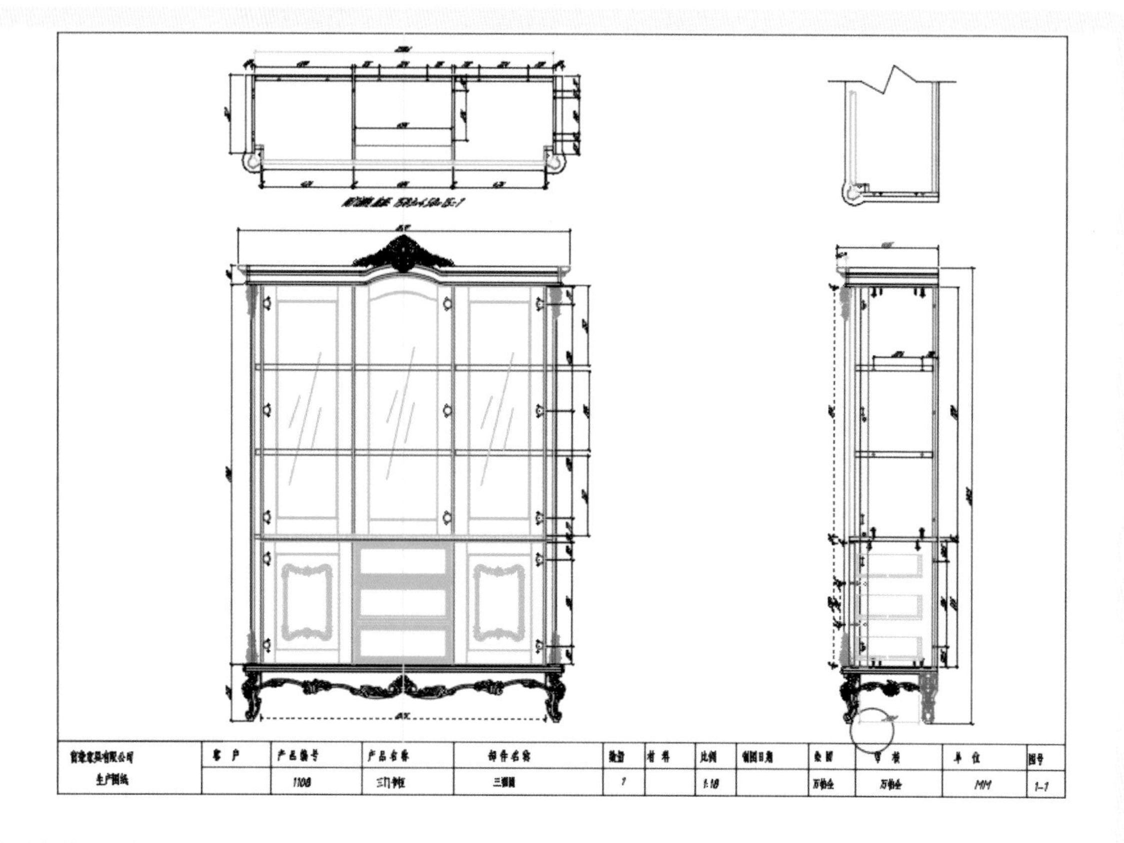

创建表格

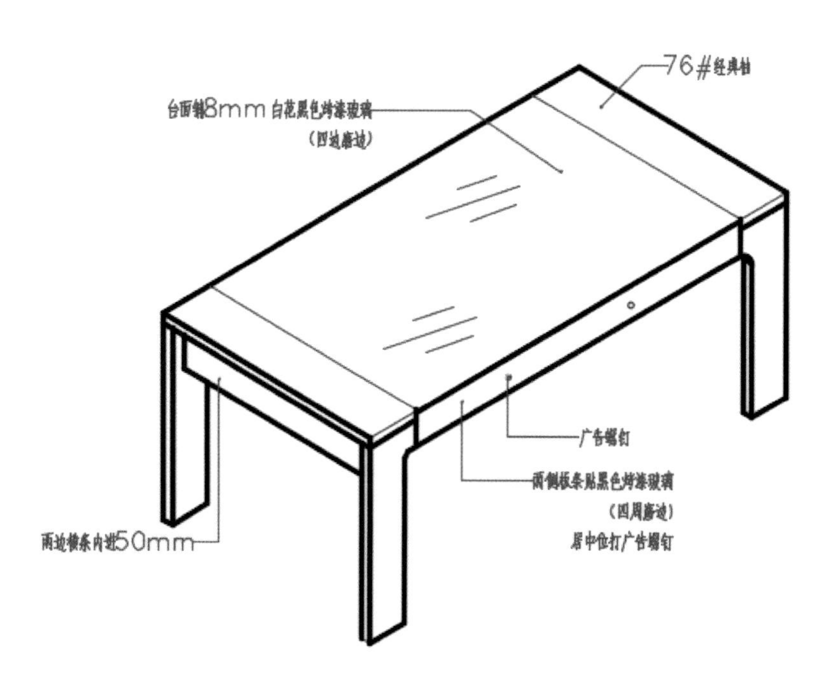

多行文字编写技术要求

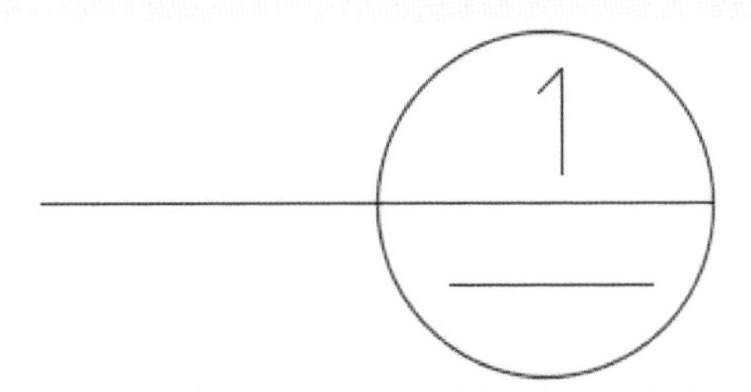

详图索引符号

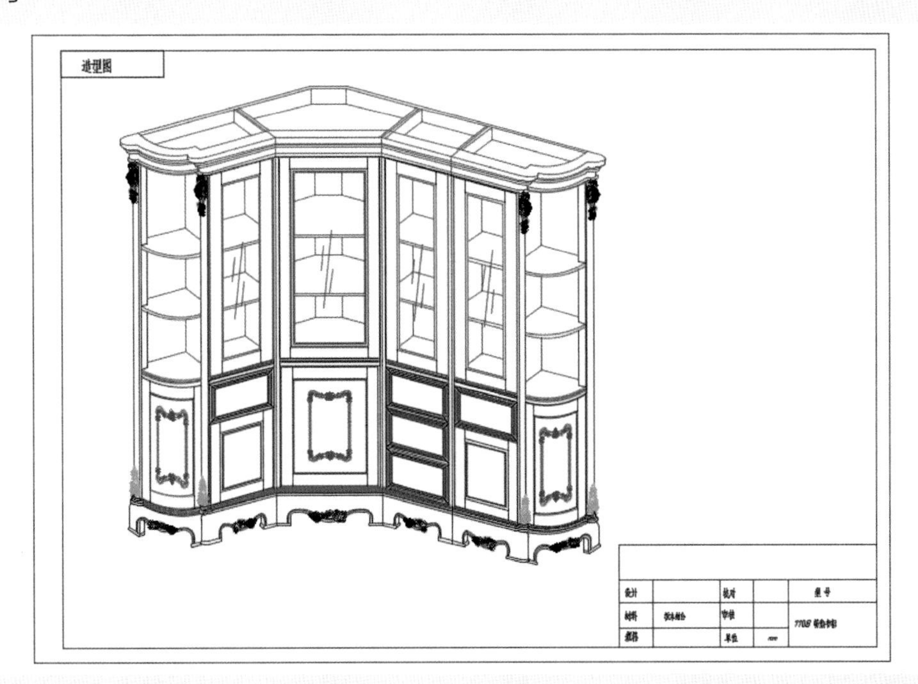

输出高清的 JPG 图片

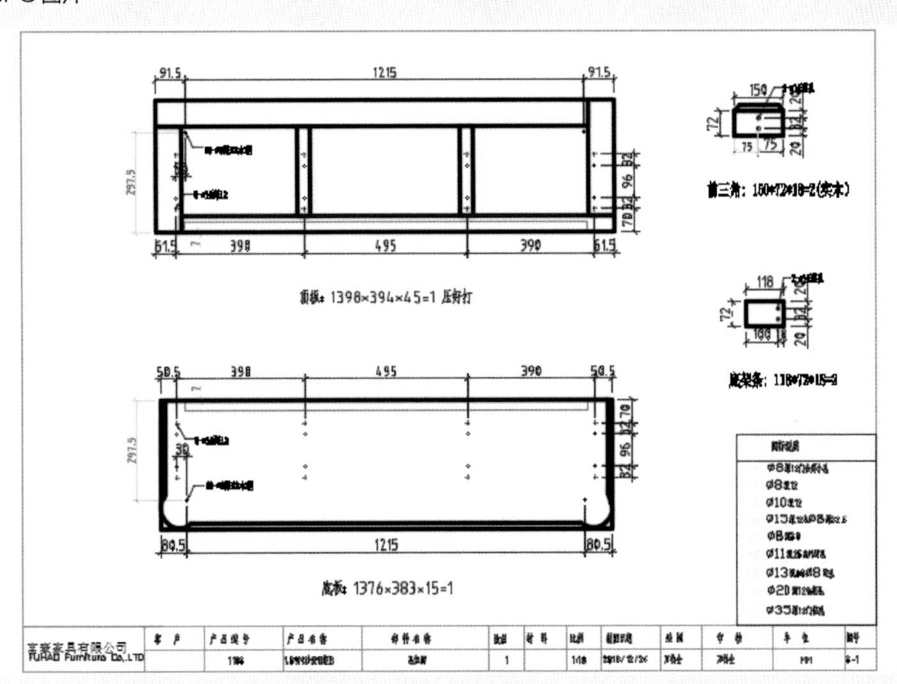

打印板材图

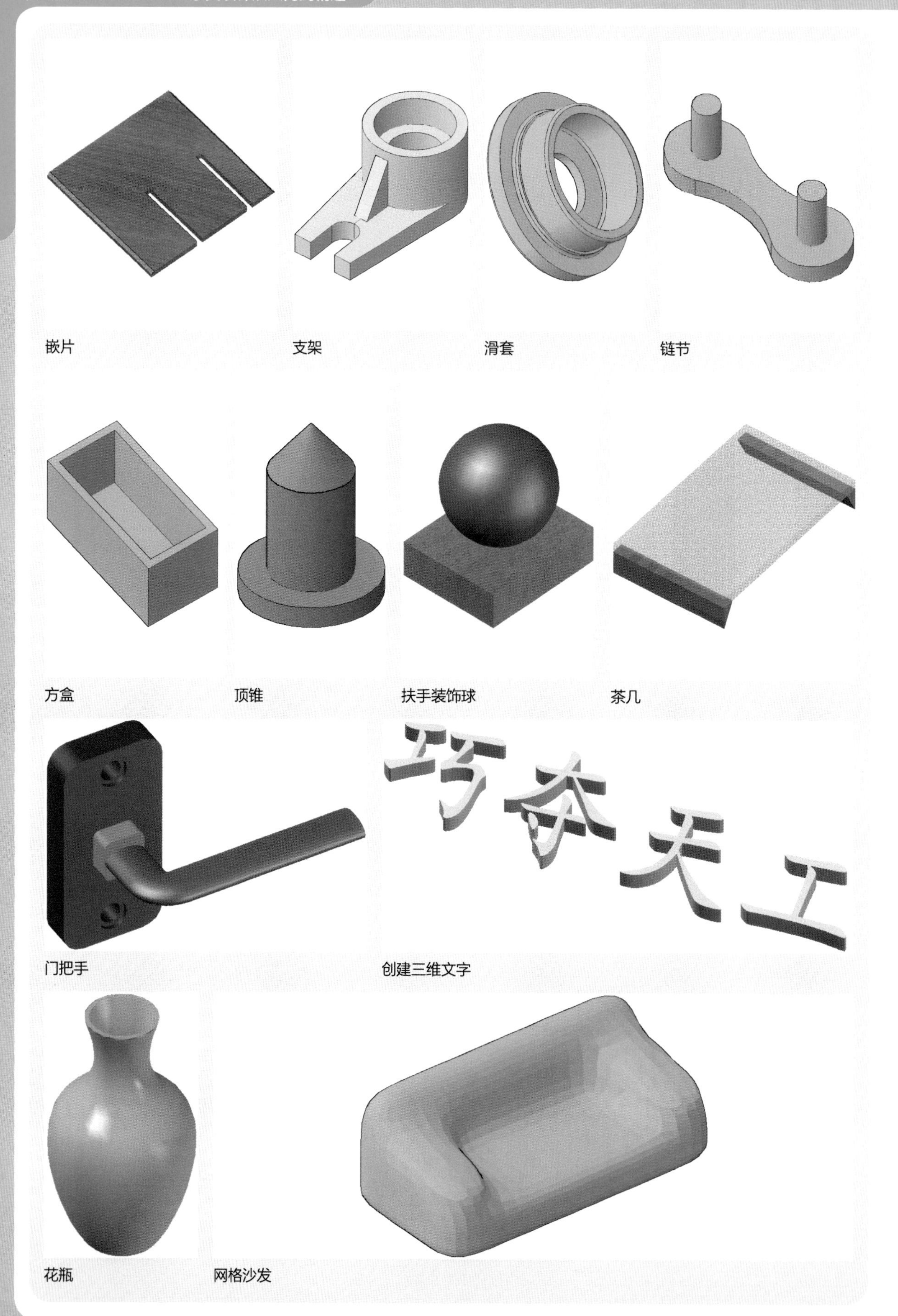
嵌片
支架
滑套
链节
方盒
顶锥
扶手装饰球
茶几
门把手
巧夺天工
创建三维文字
花瓶
网格沙发

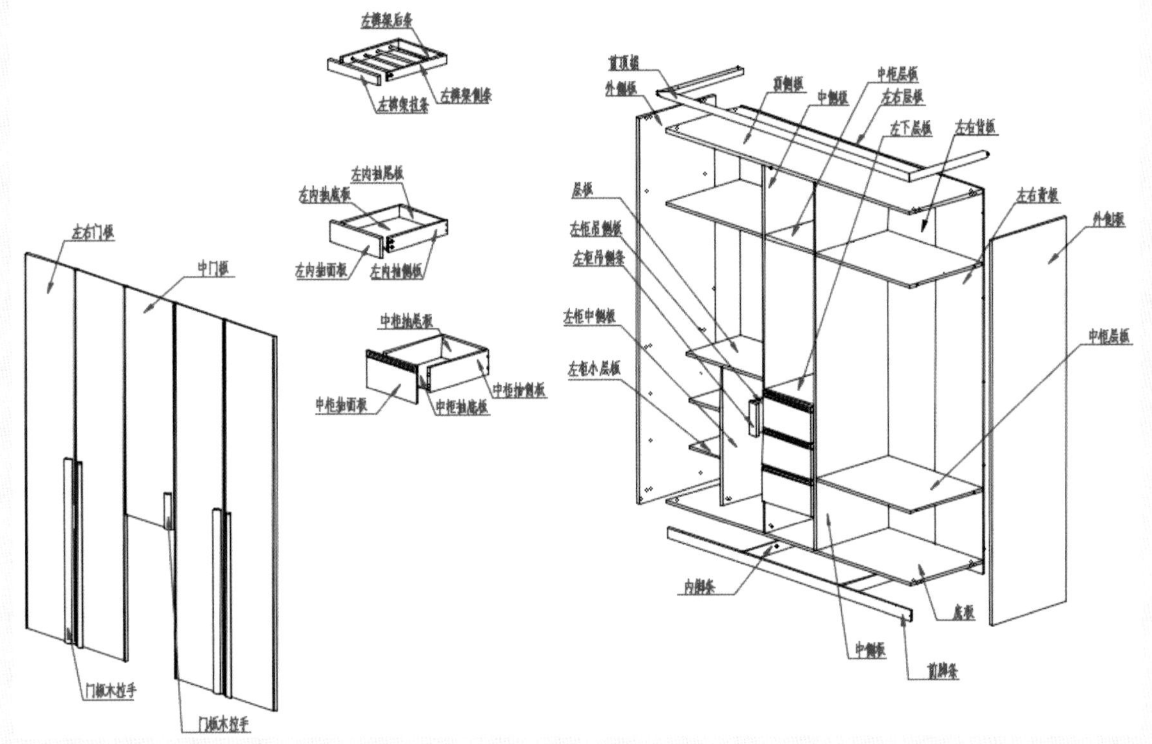

衣柜结构图

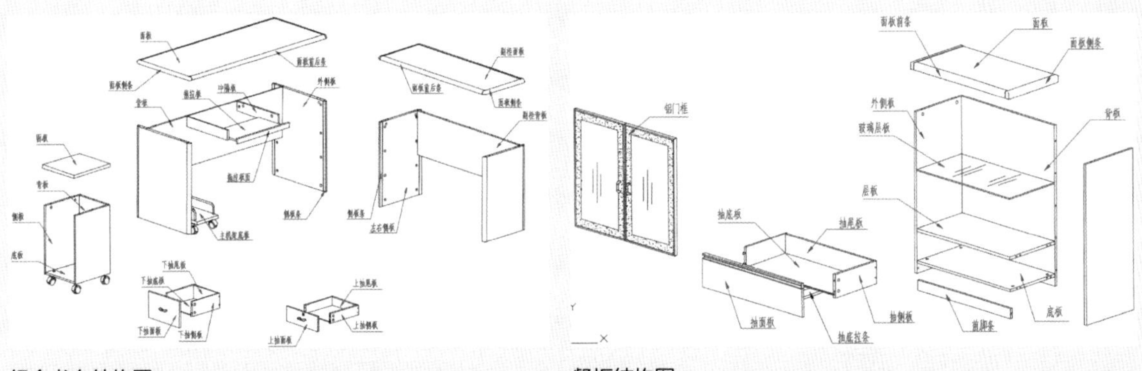

组合书台结构图

餐柜结构图

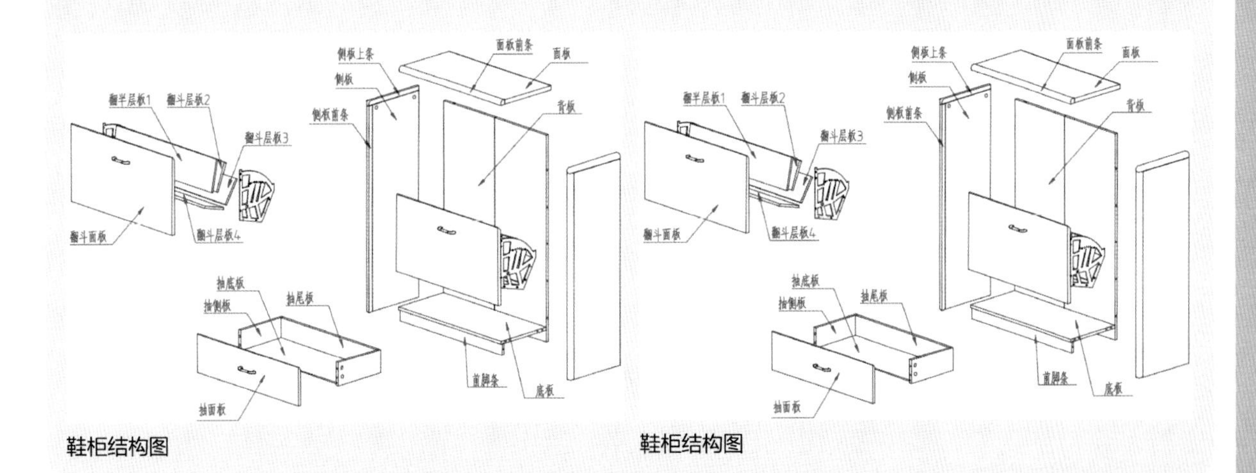

鞋柜结构图

鞋柜结构图

资源内容说明

配套高清视频精讲（共184集）

- 5-1 设置点样式绘制孔位
- 5-2 使用直线绘制板料轮廓
- 5-3 根据投影规则绘制相贯线
- 5-4 构造线绘制图形
- 5-5 使用圆绘制家具纹饰
- 5-6 用圆弧绘制圆茶几
- 5-7 绘制葫芦形体
- 5-8 绘制椭圆书桌平面图
- 5-9 绘制封边符号
- 5-10 多段线绘制旋梯指引符号
- 5-11 绘制板材侧边孔
- 5-12 绘制窗棂
- 5-13 绘制插板平面图
- 5-14 使用样条曲线绘制餐椅
- 5-15 填充家具详图

配套全书例题素材

- 【练习5-1】设置点样式绘制孔位
- 【练习5-1】设置点样式绘制孔位-OK
- 【练习5-2】使用直线绘制板料轮廓
- 【练习5-2】使用直线绘制板料轮廓-OK
- 【练习5-3】根据投影规则绘制相贯线
- 【练习5-3】根据投影规则绘制相贯线-OK
- 【练习5-4】构造线绘制图形-OK
- 【练习5-5】使用圆绘制家具纹饰-OK
- 【练习5-6】用圆弧绘制圆茶几
- 【练习5-6】用圆弧绘制圆茶几-OK
- 【练习5-7】绘制葫芦形体
- 【练习5-7】绘制葫芦形体-OK
- 【练习5-8】绘制椭圆书桌平面图
- 【练习5-8】绘制椭圆书桌平面图-OK
- 【练习5-9】绘制封边符号
- 【练习5-9】绘制封边符号-OK
- 【练习5-10】多段线绘制旋梯指引符号
- 【练习5-10】多段线绘制旋梯指引符号-OK
- 【练习5-11】绘制板材侧边孔
- 【练习5-12】绘制窗棂
- 【练习5-12】绘制窗棂-OK
- 【练习5-13】绘制插板平面图
- 【练习5-13】绘制插板平面图-OK
- 【练习5-14】使用样条曲线绘制餐椅
- 【练习5-14】使用样条曲线绘制餐椅-OK
- 【练习5-15】填充家具详图
- 【练习5-15】填充家具详图-OK

附录与工具软件（共5个）

autodeskdwf-v7.msi

COINSTranslate.exe

附录1——AutoCAD常见问题索引.doc

附录2——AutoCAD行业知识索引.doc

附录3——AutoCAD命令索引.doc

超值电子书（共9本）

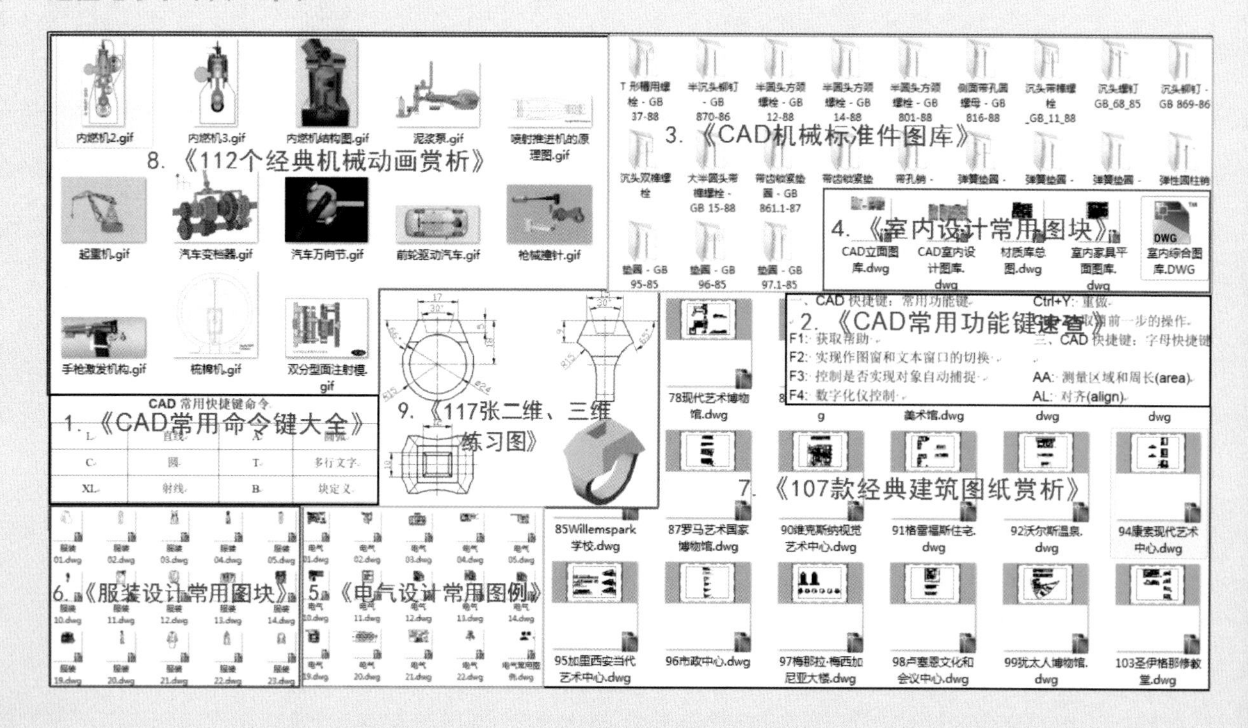

中文版

AutoCAD 2016 家具设计从入门到精通

CAD辅助设计教育研究室　编著

人民邮电出版社
北　京

图书在版编目（CIP）数据

中文版AutoCAD 2016家具设计从入门到精通 / CAD辅助设计教育研究室编著. -- 北京 : 人民邮电出版社, 2017.7（2021.7重印）
ISBN 978-7-115-44912-2

Ⅰ. ①中… Ⅱ. ①C… Ⅲ. ①家具－计算机辅助设计－AutoCAD软件 Ⅳ. ①TS664.01-39

中国版本图书馆CIP数据核字(2017)第045018号

内 容 提 要

本书是一本帮助家具设计相关专业的读者实现 AutoCAD 2016 软件从入门到精通的自学教程，全书采用“基础＋手册＋案例”的写作方法，一本书相当于三本。

本书分为 4 篇，共 24 章。第 1 篇为基础篇，主要介绍家具行业与 AutoCAD 的基本知识，包括家具设计基础、AutoCAD 软件界面、参数设置等，内容涵盖软件入门、文件管理、绘图环境设置和图形坐标系等；第 2 篇为绘图篇，内容包括图形绘制、图形编辑、图形标注、文字与表格、图层等 AutoCAD 功能；第 3 篇为进阶提高篇，介绍 AutoCAD 中图块、打印设置、三维建模等高级工具的运用；第 4 篇为行业应用篇，主要通过衣柜、组合书台、床、鞋柜、客厅组合柜、酒柜、沙发、花架、穿衣镜等多个家具设计实例来进行详细的实战讲解，具有极高的实用性。

本书配套资源丰富，不仅有生动详细的高清讲解视频，还有各类习题训练的素材文件和效果文件，以及 9 本超值电子书。可以增强读者的学习兴趣，提高学习效率。

本书适合 AutoCAD 初、中级读者学习，可作为广大 AutoCAD 初学者和爱好者学习 AutoCAD 的专业指导教材。对家具专业的技术人员来说也是一本不可多得的参考书和速查手册。

◆ 编　　著　CAD 辅助设计教育研究室
　责任编辑　张丹阳
　责任印制　陈　犇
◆ 人民邮电出版社出版发行　　北京市丰台区成寿寺路 11 号
　邮编　100164　　电子邮件　315@ptpress.com.cn
　网址　http://www.ptpress.com.cn
　北京九州迅驰传媒文化有限公司印刷
◆ 开本：787×1092　1/16
　印张：29.5　　彩插：4
　字数：885 千字　　2017 年 7 月第 1 版
　印数：4 301–4 600 册　　2021 年 7 月北京第 8 次印刷

定价：69.00 元

读者服务热线：(010)81055410　印装质量热线：(010)81055316
反盗版热线：(010)81055315
广告经营许可证：京东市监广登字 20170147 号

在当今的计算机工程界，恐怕没有一款软件比AutoCAD更具有知名度和普适性了。AutoCAD是美国Autodesk公司推出的集二维绘图、三维设计、参数化设计、协同设计及通用数据库管理和互联网通信功能为一体的计算机辅助绘图软件。AutoCAD自1982年推出以来，从初期的1.0版本，经多次版本更新和性能完善，现已发展到AutoCAD 2016。它不仅在机械、电子、建筑、室内装潢、家具、园林和市政工程等工程设计领域得到了广泛的应用，而且在地理、气象、航海等特殊图形的绘制，甚至在乐谱、灯光和广告等领域也得到了广泛的应用，目前已成为计算机CAD系统中应用最为广泛的图形软件之一。

同时，AutoCAD也是一个最具有开放性的工程设计开发平台，其开放性的源代码可以供各个行业进行广泛的二次开发，目前国内一些著名的二次开发软件，如适用于机械的CAXA、PCCAD系列，适用于建筑的天正系列；适用于服装设计的富怡CAD系列……这些无不是在AutoCAD基础上进行本土化开发的产品。

◎ 编写目的

鉴于AutoCAD强大的功能和深厚的工程应用底蕴，我们力图编写一套全方位介绍AutoCAD在各个工程行业应用的丛书。就每本书而言，我们都将以AutoCAD命令为脉络，以操作实例为阶梯，供读者逐步掌握使用AutoCAD进行本行业工程设计的基本技能和技巧。

◎ 本书内容安排

本书是一本介绍利用AutoCAD 2016进行家具设计的应用教程，主要讲解AutoCAD在家具制图中的具体应用，同时还会结合绘图内容介绍一些家具设计知识。

为了让读者更好地学习本书的知识，在编写时特地对本书采取了疏导分流的措施，将内容划分为了4篇24章，具体编排如下表所示。

篇 名	内 容 安 排
第1篇 基础篇 （第1章~第4章）	本篇内容主讲一些行业基础知识与AutoCAD的基本使用方法，具体章节介绍如下： 第1章：介绍家具设计中的基本知识与通用图形规范； 第2章：介绍AutoCAD基本界面的组成与执行命令的方法等基础知识； 第3章：介绍AutoCAD文件的打开、保存、关闭以及与其他软件的交互； 第4章：介绍AutoCAD工作界面的构成，以及一些辅助绘图工具的用法
第2篇 绘图篇 （第5章~第9章）	本篇内容相对于第1篇内容来说有所提高，且更为实用。学习之后能让读者从“会画图”上升到“能满足工作需要”的层次。具体章节介绍如下： 第5章：介绍AutoCAD中各种绘图工具的使用方法； 第6章：介绍AutoCAD中各种图形编辑工具的使用方法； 第7章：介绍AutoCAD中各种标注、注释工具的使用方法； 第8章：介绍AutoCAD文字与表格工具的使用方法； 第9章：介绍图层的概念以及AutoCAD中图层的使用与控制方法
第3篇 进阶提高篇 （第10章~第14章）	本篇内容相对于第2篇内容来说有所提高，难度也较大。学习内容包括图块、打印输出以及三维绘图等进阶内容。具体章节介绍如下： 第10章：介绍图块的概念以及AutoCAD中图块的创建和使用方法； 第11章：介绍AutoCAD各种打印设置与控制打印输出的方法； 第12章：介绍AutoCAD中建模的基本概念以及建模界面和简单操作； 第13章：介绍三维实体和三维曲面的建模方法； 第14章：介绍各种模型编辑修改工具的使用方法

续表

篇 名	内 容 安 排
第4篇 行业应用篇 （第15章~第24章）	本篇针对机械行业中的各类型零件，分别通过若干综合性的实例来讲解具体的绘制方法与设计思路，包括零件图与装配图。具体章节介绍如下： 第15章：通过实例介绍衣柜各零部件图的绘制方法； 第16章：通过实例介绍组合书台各零部件图的绘制方法； 第17章：通过实例介绍床各零部件图的绘制方法； 第18章：通过实例介绍鞋柜与餐柜各零部件图的绘制方法； 第19章：通过实例介绍客厅组合柜各零部件图的绘制方法； 第20章：通过实例介绍酒柜各零部件图的绘制方法； 第21章：通过实例介绍沙发各零部件图的绘制方法； 第22章：通过实例介绍花架各零部件图的绘制方法； 第23章：通过实例介绍穿衣镜各零部件图的绘制方法； 第24章：通过实例介绍电视柜与梳妆台各零部件图的绘制方法

本书写作特色

为了让读者更好地学习与翻阅，本书在具体的写法上也做了精心的规划，具体总结如下。

■ 6大解说板块 全方位解读命令

书中各命令均配有6大解说板块：“执行方式”“操作步骤”“选项说明”“初学解答”“熟能生巧”和“精益求精”，在讲解前还会有命令的功能概述。各板块的含义说明如下。

- **执行方式：** AutoCAD中各命令的执行方式不止一种，因此该板块主要介绍命令的各执行方法；
- **操作步骤：** 介绍命令执行之后该如何进行下一步操作，该板块中还给出了命令行中的内容做参考；
- **选项说明：** AutoCAD中许多命令都具有丰富的子选项，因此该板块主要针对这些子选项进行介绍；
- **初学解答：** 有些命令在初学时难以理解，容易犯错，因此本板块便结合过往经验，对容易引起歧义、误解的知识点进行解惑；
- **熟能生巧：** AutoCAD的命令颇具技巧，读者也许已经熟练掌握了各种绘图命令，但有些图形仍是难明个中究竟，因此本板块便对各种匠心独运的技法进行总结，让读者顿开茅塞；
- **精益求精：** 本板块在“熟能生巧”上更进一步，所含内容均为与工作实际相关的经典经验总结。

■ 3大索引功能速查 可作案头辞典用

本书不仅能作为业界初学者入门与进阶的学习图书，也能作为一位有经验的设计师的案头速查手册。书中提供了“AutoCAD常见问题”“AutoCAD行业知识”“AutoCAD命令快捷键”3大索引附录，可供读者快速定位至所需的内容。

- **AutoCAD常见问题索引：** 读者可以通过该索引在书中快速准确地查找到各疑难杂症的解决办法。
- **AutoCAD行业知识索引：** 通过该索引，读者可以快速定位至自己所需的行业知识。
- **AutoCAD命令快捷键索引：** 按字母顺序将AutoCAD中的命令快捷键进行排列，方便读者查找。

■ 难易安排有节奏 轻松学习乐无忧

本书的编写特别考虑了初学人员的感受，因此对于内容有所区分。

- ★进阶★：带有★进阶★的章节为进阶内容，有一定的难度，适合学有余力的读者深入钻研。
- ★重点★：带有★重点★的为重点内容，是AutoCAD实际应用中使用极为频繁的命令，需重点掌握。

其余章节则为基本内容，只要熟加掌握即可应付绝大多数的工作需要。

■ 全方位上机实训 全面提升绘图技能

读书破得万卷，下笔才能出神入化。AutoCAD也是一样，只有多加练习，方能真正掌握它的绘图技法。我们深知AutoCAD是一款操作性的软件，因此在书中精心准备了122个操作【练习】。内容均通过层层筛选，既可作为命令介绍的补充，也符合各行各业实际工作的需要。因此从这个角度来说，本书还是一本不可多得的、能全面提升读者绘图技能的练习手册。

■ 软件与行业相结合 大小知识点一网打尽

除了基本内容的讲解，在书中还分布有62个“操作技巧”“设计点拨”与“知识链接”等小提示，不放走任何知识点。各项提示含义介绍如下。

- **操作技巧：** 介绍相应命令比较隐晦的操作技巧。
- **设计点拨：** 介绍行业应用中比较实用的设计技巧、思路，以及各种需引起注意的设计误区。
- **知识链接：** 第一次介绍陌生命令时，会给出该命令在本书中的对应章节，供读者翻阅。

本书的配套资源

本书物超所值，除了书本之外，还附赠以下资源。扫描“资源下载”二维码，即可获得下载方式。

资源下载

■ 配套教学视频

针对本书各大小实例，专门制作了184集共930分钟的高清教学视频，读者可以先看视频，像看电影一样轻松愉悦地学习本书内容，然后对照课本加以实践和练习，可以大大提高学习效率。

■ 全书实例的源文件与完成素材

本书附带了很多实例，包含行业综合实例和普通练习实例的源文件和素材，读者可以安装AutoCAD 2016软件，打开并使用它们。

■ 超值电子书

除了与本书配套的附录之外，还提供了以下9本电子书。

1. **《CAD常用命令键大全》：** AutoCAD各种命令的快捷键大全；
2. **《CAD常用功能键速查》：** 键盘上各功能键在AutoCAD中的作用汇总；
3. **《CAD机械标准件图库》：** AutoCAD在家具设计上的各种常用标准件图块；
4. **《室内设计常用图块》：** AutoCAD在室内设计上的常用图块；
5. **《电气设计常用图例》：** 电气设计上的常用图例；
6. **《服装设计常用图块》：** 服装设计上的常用图块；
7. **《107款经典建筑图纸赏析》：** 只有见过好的，才能做出好的，因此特别附赠该赏析，供读者学习；
8. **《112个经典机械动画赏析》：** 经典的机械原理动态示意图，供读者寻找设计灵感；
9. **《117张二维、三维混合练习图》：** AutoCAD为操作性的软件，只有勤加练习才能融会贯通。

本书创作团队

本书由CAD辅助设计教育研究室组织编写，具体参与编写的有陈志民、江凡、张洁、马梅桂、戴京京、骆天、胡丹、陈运炳、申玉秀、李红萍、李红艺、李红术、陈云香、陈文香、陈军云、彭斌全、林小群、刘清平、钟睦、刘里锋、朱海涛、廖博、喻文明、易盛、陈晶、张绍华、陈文轶、杨少波、杨芳、刘有良、刘珊、赵祖欣、毛琼健、江涛、张范、田燕等。

由于编者水平有限，书中疏漏与不妥之处在所难免。在感谢读者选择本书的同时，也希望能够把对本书的意见和建议告诉我们。

联系信箱：lushanbook@qq.com

读者QQ群：327209040

编者

2017年4月

目录 Contents

■ 基础篇 ■

第1章 家具设计基础

第2章 AutoCAD 2016入门

视频讲解：1分钟

第3章 文件管理

视频讲解：7分钟

第4章 坐标系与辅助绘图工具

视频讲解：18分钟

■ 绘图篇 ■

第5章 图形绘制

视频讲解：41分钟

第6章 图形编辑

视频讲解：35分钟

第7章 创建图形标注

视频讲解：19分钟

第8章 文字和表格

视频讲解：24分钟

第9章　图层与图层特性

视频讲解：8分钟

■ 进阶提高篇 ■

第10章　图块与设计中心

视频讲解：17分钟

第11章　图形打印和输出

视频讲解：18分钟

第12章 三维绘图基础

视频讲解：2分钟

第13章 创建三维实体和网格曲面

视频讲解：22分钟

第14章 三维模型的编辑

视频讲解：19分钟

■ 行业应用篇 ■

第15章 衣柜设计与制图

视频讲解：107分钟

第16章 组合书台设计与制图

视频讲解：126分钟

第17章 床设计与制图

视频讲解：44分钟

第18章 鞋柜、餐柜设计与制图

视频讲解：105分钟

第19章 客厅组合柜设计制作与制图

视频讲解：19分钟

第20章 酒柜设计制作与制图

视频讲解：97分钟

第21章 沙发设计制作与制图

视频讲解：44分钟

第22章 花架设计制作与制图

视频讲解：18分钟

第23章 穿衣镜设计与制图

视频讲解：30分钟

第24章 电视柜与梳妆台设计制作与制图

视频讲解：109分钟

第 1 章 家具设计基础

家具与人们的日常生活息息相关，使用效果直接影响人们的生活质量或者身体健康。在家具设计的过程中，应参考人体工程学中的相关尺寸，力图设计制作美观、符合人体使用需求的家具。

1.1 人体工程原则在家具设计中的运用

在进行家具设计时，应该综合考虑与之相关的人体工程学原则，以使家具的尺寸符合人们的使用要求。本节介绍人体工程学原则在家具设计中的运用。

1.1.1 人体工程学的概念

人体工程学是通过实测、统计、分析的基本研究方法，研究人在工作环境中的解剖学、生理学及心理学等多方面因素，以及如何使人与其相关物体（如机械、家具、工具等）、系统和环境相适应，从而充分满足人在生产、生活方面的需要，并改善工作与休闲环境，获得更为舒适和高效的生活环境的一门边缘学科。

1.1.2 人体尺度与家具设计

人站立时伸手的最大活动范围，坐下时小腿的高度及大腿的长度和上身的活动范围，睡觉时人体的宽度、长度以及翻身的范围等参数都与家具设计工作相关。在学习家具设计之前，首先应该对必要的人体尺度数据了然于心，以保证所制作出来的家具符合使用需求。

人体构造尺寸指静态的人体尺寸，对与人体有直接关系的物体有较大的关系，如家具、服装、设备等，主要为设计各种家具、设备提供参考数据。

人体功能尺寸指动态的人体尺寸，是人在进行某种功能活动时肢体所能达到的空间范围。功能尺寸强调的是在完成人体的活动时，人体的各个部分是不可分的，即是协调工作，而不是独立工作。

通过了解人体各部位固有的构造尺寸，如身高、肩宽、臂长、腿长等，以及人体在使用家具时的功能尺寸，即立、坐、卧时的活动范围，有助于确定家具的最佳尺寸，方便人们的使用。

如表 1-1、表 1-2 为中国成年人人体尺寸数据表，在进行各种类型的家具设计时，应参考其中的相关数据，以确定家具各部位的尺寸。

表 1-1 中国成年男性人体尺寸（mm）

		男（18~60岁）						
	百分位数	1	5	10	50	90	95	99
主要尺寸	身高	1543	1583	1604	1678	1754	1775	1814
	体重（kg）	44	48	50	59	70	75	83
	上臂长	279	289	294	313	333	338	349
	前臂长	206	216	220	237	253	258	268
	大腿长	413	428	436	465	496	505	523
	小腿长	324	338	344	369	396	403	419
立姿	眼高	1436	1474	1495	1568	1643	1664	1705
	臂高	1244	1281	1299	1367	1435	1455	1494
	肘高	925	954	968	1024	1079	1096	1128
	手功能高	656	680	693	741	787	801	828
	会阴高	701	728	741	790	840	856	887
	胫骨点高	394	409	417	444	472	418	498

续表

		男（18~60岁）						
坐姿	坐高	836	858	870	908	947	958	979
	坐姿颈椎点高	599	615	624	657	691	701	719
	坐姿眼高	729	749	761	798	836	847	868
	坐姿臂高	539	557	566	598	631	641	659
	坐姿肘高	214	228	235	263	291	298	312
	坐姿大腿厚	103	112	116	130	146	151	160
	坐姿膝高	441	456	464	493	523	532	549
	小腿加足高	372	383	389	413	439	448	463
	坐深	407	421	429	457	486	494	510
	臀膝距	499	515	524	554	585	595	613
	坐姿下肢长	892	921	937	992	1046	1063	1096
	胸宽	242	253	259	280	307	315	331
	胸厚	176	186	191	212	237	245	261
	肩宽	330	344	351	375	397	403	415
	最大肩宽	383	398	405	431	460	469	486
	臀宽	273	282	288	306	327	334	346
	坐姿臀宽	284	295	300	321	347	355	369
	坐姿两肘间	353	371	381	422	473	489	518
	胸围	762	791	806	867	944	970	1018
	腰围	620	650	665	735	859	895	960
	臀围	780	805	820	875	945	970	1009

表 1-2　中国成年女性人体尺寸（mm）

		女（18~55 岁）						
	百分位数	1	5	10	50	90	95	99
主要尺寸	身高	1449	1448	1503	1570	1640	1659	1697
	体重（kg）	39	42	44	52	63	66	74
	上臂长	252	262	267	284	303	308	319
	前臂长	185	193	198	213	229	234	242
	大腿长	387	402	410	438	467	476	494
	小腿长	300	313	319	344	370	376	390
立姿	眼高	1337	1371	1388	1454	1522	1541	1579
	臂高	1166	1195	1211	1271	1333	1350	1385
	肘高	873	899	913	960	1009	1023	1050
	手功能高	630	650	662	704	746	757	778
	会阴高	648	673	686	732	779	792	819
	胫骨点高	363	377	384	410	437	444	459
坐姿	坐高	789	809	819	855	891	901	920
	坐姿颈椎点高	563	579	587	617	648	657	675
	坐姿眼高	678	695	704	739	773	783	803
	坐姿臂高	504	518	526	556	585	594	609
	坐姿肘高	201	215	223	251	277	284	299

续表

		女（18~55 岁）						
坐姿	坐姿大腿厚	107	113	117	130	146	151	160
	坐姿膝高	410	424	431	458	485	493	507
	小腿加足高	331	342	350	382	399	405	417
	坐深	388	401	408	433	461	469	485
	臀膝距	481	195	502	529	561	570	587
	坐姿下肢长	826	851	865	912	960	975	1005
	胸宽	219	233	239	260	289	299	319
	胸厚	159	170	176	199	230	239	260
	肩宽	304	320	328	351	371	377	387
	最大肩宽	347	363	371	397	428	438	458
	臀宽	275	290	296	317	340	346	360
	坐姿臀宽	295	310	318	344	374	382	400
	坐姿两肘间	326	348	360	404	460	478	509
	胸围	717	745	760	825	919	949	1005
	腰围	622	659	680	772	904	950	1025
	臀围	795	824	840	900	975	1000	1044

需要注意的是，表中的尺寸取的是平均值，因此在设计上想要满足所有人是不可能也是不现实的，但是选用标准尺寸，可以满足大多数人的需求。所以在进行家具设计工作时，要根据对象来选择尺寸数据，并根据对象的差异来调整尺寸。

在运用尺寸数据范围时采取去两头的方法，在大多数情况下考虑其中的 5%、50% 或者 95%，而不是仅仅考虑平均值。

基本的选用原则为“最大最小原则”，即在大多数情况下会采用 5% 及 95% 这两个百分数，较少考虑 50%。

选用人工学数据的方法如下所述。

（1）由人体总高度、宽度决定的物体，以 95% 为依据，满足高个子的需要，自然可以满足小个子的要求，如床的宽度与长度。

（2）由人体某一部分的尺寸决定的物体，以 5% 为依据。如小腿长决定的坐高，小个子的人可以踏到地面，高个子的人自然也可以。假如以 50% 为依据，则会有 50% 的人踩不到地面。

（3）以 50% 为依据，目的在于确定最佳范围，如门把手及柜子把手的高度。

（4）涉及特殊情况及安全问题时，还可能要考虑更小范围的物体。此时便要采取极端的数值，即 1% 或者 99%，例如，栏杆的间距，安全出口的宽度。

1.1.3 人的基本动作与家具设计

人的基本动作有坐、卧、立、跳、蹲、旋转、行走等，这些不同的形态具有不同的尺度和不同的空间需求。在家居设计工作中，需要合理地依据人体一定姿态下的肌肉、骨骼结构来开展设计工作，达到调整人的体力损耗，减少肌肉疲劳的效果。

1 立姿

人最基本的一种自然姿态为站立，由骨骼和无数关节支撑而成。当人直立进行各种活动时，由于人体的骨骼结构和肌肉运动处于在变换和调节状态中，因此人们可以做大幅度的活动和较长时间的工作，假如人体活动长期处于一种单一的行为和动作时，他的一部分关节和肌肉长期处于紧张状态，就会容易感到疲劳。

人体在站立活动中，活动变化最少的属腰椎及其附属的肌肉部分。因此人的腰部最容易感觉到疲劳，为减轻疲劳，需要人们经常活动腰椎或者变换站姿。

2 坐姿

人体的躯干结构是支撑上部身体重量和保护内脏不受压迫，当人体站立过久时，需要坐下休息。当人体坐下时，因为盆骨与脊椎的关系失去了原有站立状态时的腿骨支撑关系，人体的躯干结构就不能保持原有的平衡姿势。所以，就需要依靠适当的坐平面和靠背倾斜面，对人体加以支撑和保持躯干的平衡，使人体骨骼、肌肉在人坐下来时能获得合理的松弛状态。

因此，人们设计制作了各类坐具以满足坐姿状态下的各种使用功能。此外，因为人的活动及工作大部分坐着进行，因此在家具设计工作中需要更多地研究人坐着活动时骨骼及肌肉的关系。

3 卧姿

在站或者坐的情况下，人的脊椎骨骼和肌肉总是受到压迫和处于一定的收缩状态。但是在卧的状态下，人的脊椎骨骼的受压状态得到真正的松弛，因此得到最好的休息。

所以，从人体骨骼和肌肉结构的观点来看，卧姿不能看作为站立姿态的横倒。当人处于卧与坐的动作姿态，其腰脊椎形态位置完全不同。人体站立时基本上是自然S形，而仰卧时接近于直线。因此，需要通过理解卧姿的特殊动作形态，才可真正掌握卧具的功能设计方法。

1.1.4 家具功能与人体生理功能

家具功能合理的一个方面，是如何使得家具的基本尺度适应人体静态或者动态的各种姿势的变化，如休息、座谈、学习、娱乐、进餐、操作等。这些姿势和活动无非是靠人体的移动、站立、坐靠、躺卧等一些的动作连续协同而完成的。

在家具设计中研究人体生理机能可以使得家具设计更加具有科学性。参考人体活动及相关的姿态，人们设计制作出了相应的家具，根据家具与人和物的关系，可将家具的类型划分为以下几种。

1 坐卧类（支撑类）家具

坐卧类家具，或称为支撑类家具，与人体直接接触，起着支撑人体活动的作用，例如，椅子、凳子、沙发、床、榻等，其主要功能是适应人体活动的工作或者休息。

2 凭倚类家具

凭倚类家具与人体活动有着密切的关系，起着辅助人体活动、供人凭倚或者伏案工作，并具储存或者陈放物品的作用。这类家具虽然不直接支撑人体，但是与人体构造尺寸和功能尺寸相关，如桌子、台、茶几、案台、柜台等，功能是满足和适应人在站、坐时所必需的辅助平面高度或者兼作为存放空间来用。

3 储存类家具

储存类家具与人体产生间接关系，起着储存或者陈放各类物品以及兼做分隔空间的作用，例如，橱、柜、架、箱等，主要功能是有利于各种物品的存放及存取时的方便。

1.1.5 家具造型与功能尺寸原则

在家具造型设计中，除了要考虑家具的式样、材料、构造和色彩因素之外，还需要充分考虑人体功能尺寸的要求，使得家具设计的出发点建立在“以人为本”的设计理念上，即为人的需要和生存方式而设计。家具造型在确定功能尺寸的原则主要体现在以下所列举的几个方面。

1 功能合理性

家具设计应优先考虑其使用功能的合理性和舒适性，人类在任何的历史时期都离不开家具，朴实大方的实用性原则自始至终都是家具设计的基本出发点。

如，坐具需要有一定的坐高、坐深和坐宽，柜类家具需要有围合性的空间，台架类则需要具有一定面积的搁放台面和空间等。由此而产生的具有长、宽、高三度空间的形状和造型，人们称之为原始基本型。

在家具设计肇始之初，就以“使用”和“实用”为出发点，以“人体功能尺寸”为设计依据，以体现人的本能需求和“人性化理念”为核心，从而更好地满足使用者身心健康的基本原则。

2 形体比例协调性

家具各个尺寸之间的形体比例是家具造型设计的重要方面。首先，家具造型的形体设计必须与人体尺寸相联系，除了使用一定的使用方式，例如，存放物品的种类 要求之外，家具与人体功能尺寸有着非常密切的关系。所以需要根据使用者的需求进行家具形体比例的设计。

其次，家具都具有高度、深度、宽度等三维向度上的尺寸度量。家具造型设计必须满足家具整体与局部之间的比例协调，家具中点构件与其他构件之间的比例协调，家具单体与组合整体的比例协调。

3 稳定性

稳定性指在使用过程中，稳定、兼顾，不会产生松动、倾倒的危险。家具的稳定性与尺寸比例关系密切，不合理的比例关系会造成实际的不稳定和视觉的不稳定，使人无法安心使用。随着新技术、新材料的发展，出现了许多时尚轻巧，并且稳定感很强的时尚家具设计。

1.2 人体尺度在家具设计中的应用

各类家具都有相关的人体尺度，如坐姿的尺度、站姿的尺度等。家具尺度过大或过小，会造成使用困难。因此，参考人体工程学中对人体相关尺度的介绍，对于家具设计很有必要。

1.2.1 坐具的设计尺度

坐是人们平时最重要的生活行为之一，所以在日常生活中有许多可以提供坐的功能的家具，如椅子、凳子、沙发等。又由于人坐的姿态有很大的随意性，因此坐类家具的使用尺度需要细分，不可胡乱用之。

1 坐具的基本尺度及要求

在现代信息社会中，以坐姿进行工作的人越来越多了，而电脑的普及也使得人们以坐姿工作的时间越来越长。所以座椅设计的合理性，直接会影响到使用者的身体健康及工作效率。

座椅除了作为支撑人体的功能实体，也是一种主要的礼仪工具、权力的象征，因此在设计上也更多地注重椅子的造型和装饰。

到了20世纪初，伴随着西方工业化的进步和发展，运用人体工程学理论，充分考虑人体坐姿生理特征，将座椅保证人体舒适性和健康等放在美观造型之前，使得座椅设计可以更好地服务于人们的工作和生活。

人体坐姿的生理特征

人体直立站姿时脊柱基本保持 S 形，脊柱侧立有 4 个生理弯曲，即颈曲、胸曲、腰曲和骶曲。其中腰曲是坐姿舒适性的关键因素。当人由站立变为坐时，身体的腰椎曲线，由 S 形变为拱形，这样就会使得脊柱的腰椎间盘受到很大的压力，导致腰痛等疾病。

研究表明人体坐姿不当使得椎间盘压力过高是损伤椎间盘的直接原因。

当人在办公桌前工作时，身体越是前倾，椎间盘的内压力和背部肌肉的负荷越大。图 1-1 所示为通过实验测试的二道的座椅的不同靠背倾角时椎间盘的内压力以及第八胸椎附近肌电活动电位大小，由图可以得知，当座面与靠背的夹角在 110° 以上时，椎间盘的压力显著地减少了。

减少椎间盘的压力的方法还可以通过设计的矮靠腰来实现。靠腰的位置应处于第三至第五腰椎部位，腰垫厚度 5cm 左右为宜。

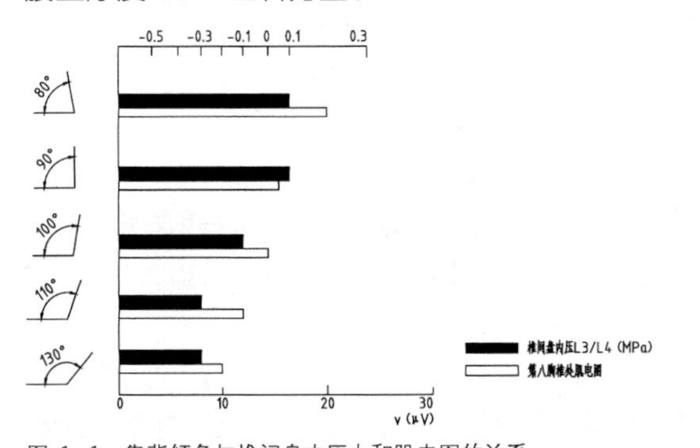

图 1-1　靠背倾角与椎间盘内压力和肌电图的关系

2 座椅的设计原则与分类

理想的座椅设计对于减轻疲劳，缓解腿部肌肉负担，防止不正确的躯体姿势造成的腰部疾病，提高工作效率，降低人的能耗，减轻血液循环系统的负担等都有很大的作用。

座椅设计应考虑的原则如下所述。

1. 身体主要种类由臀部坐骨结节区来承担。

2. 应该设计靠背，腰部支撑和扶手，使得腰背部肌肉放松。

3. 减少大腿对椅子的压力，保持腿部血液循环畅通。

4. 按座椅的不同用途确定座椅的形式和尺度。

5. 以人体测量数据为依据进行设计。

6. 前沿周边光滑，应能自由的变换身体位置。

7. 椅垫要有一定的厚度、弹性和透气性，确保身体重量的均匀分布。

座椅按照功能及用途的不同，可以分为 3 大类，如下所述。

休息座椅

休息座椅的主要目的是减轻疲劳，消除身体的紧张和压力感，使得人体得到最大的舒适感。

工作座椅

工作坐椅以用于各类工作场所为主，主要考虑座椅的稳定性、舒适性和操作的灵活性和方便性等，腰部需要提供适当的支持。

多用座椅

多用座椅考虑其多用途功能性，可以为坐卧兼用，也可以折叠、自由组合。

3 座椅的基本尺度

设计合理的座椅可以最大限度地减轻全身的疲劳，缓解工作压力，为尽可能地减少人们长时间座姿所产生的不适，人体工程学研究者对座椅的各种尺寸和角度进行了测试，以寻找探求座椅的不同部位与不同角度下的最佳使用效果。

座面高度

坐面高度是指座椅的坐板前沿与地面的垂直距离。适当的坐面高度，应该是与人的小腿长度相等，最好是略小于小腿的长度，大腿保持接近水平状态，双足底平放于地面上。

座面如果太高，体压分散至大腿部位，大腿内侧受到挤压，会造成血液循环障碍，引起下肢肿胀酸麻现象。而且，假如坐面高度太低，会引起骨盆后倾，重心下降，起身时双膝用力困难，尤其对于老年人来说，更不宜过低。

对于不同用途的坐具、座椅高度也有不同的要求。如沙发、躺椅等休息类座椅，为了使得椎间盘内压力降低，背部肌肉得到充分放松，背部后倾角可加大，使得身体重心下降，因此坐面的高度也降低，实践中常用躺椅高度尺寸，一般为 200mm 左右，沙发尺寸高度一般在 350~430mm。

工作椅要求人按直立的姿势就座，同时在使用工作椅时必须还要考虑工作台面的高度与之相适应，即工作台面与椅高之间要留出 240~300mm 的空间。

当工作台面的要求较高时，应该配置搁脚板。所以，工作椅的高度设计要考虑如何适应人体的作业状况以及随意变换姿势的可能。由于计算机和网络的普及，办公坐椅的可调节性已经成为设计师和人体工程学研究者关注的热点。

例如，库卡 • 波罗设计的多功能可调节座椅，就可以在 8 个方向进行不同调节，以及为适应办公室打字书写姿势的膝靠式座椅等。

坐深

坐深指座椅面前沿至后沿的距离，座椅设计中过深或过浅的坐面的尺度都会引起人的不适感。坐面过深，假如超过大腿的水平长度，人体无法触及靠背，腰部因为缺少支撑点而悬空，同时小腿腘窝受压也会使小腿产生麻醉感。座深过浅，无法使得大腿均匀分担身体重量，而增加了小腿部肌肉的负荷，也很容易产生疲劳。

根据我国成年人体尺寸图中坐姿大腿水平长度尺寸，再保证坐面前沿离开膝腘一定距离（约为60mm），理想坐深尺度应该在380~420mm。对于休息用的椅类，靠背呈放大倾斜角，人体姿势后倾，坐深可以深一些，但对于一般工作椅，在使用时人体姿态通常以直立为主，坐深宜适当浅一些。

◎ 坐宽

坐宽指坐椅的坐面宽度。座宽往往呈前宽后窄的形状，坐面的前部为坐前宽，后部为坐后宽。坐面的宽度应该使臀部得到全部支持并由适当的活动余地，一般坐椅的宽度为430~450mm，对于有扶手的靠椅，要以扶手内宽作为坐宽尺寸，一般不少于460mm。

◎ 坐面倾斜度

通过在不同状态下人体坐姿变化的分析，人在工作时身体基本保持直立，所以工作用椅的坐面倾斜度较小。一般为0° 至3° 。但是人在休息的时候，坐姿是后倾的，因此一般坐面倾斜角度较大。例如，沙发的倾角是6°~13° ，但躺椅的倾角是14°~23° 。

◎ 坐椅靠背设计

坐椅靠背设计主要指坐椅靠背宽度和高度以及椅靠的背斜角两个方面，坐椅靠背主要由肩靠和腰靠两个部分组成。在大多数工作场合，尤其是办公椅，腰靠是主要的，腰靠支持点一般设置在坐面往上人的第二节、第三节腰椎处，大约在250mm处。

工作用椅适合较低靠背，高度一般在肩胛骨以下，既能有效支持腰部，又利于上肢的灵活操作。靠背宽度一般在327~375mm范围内，可减少肘部对靠背的碰撞。

休息用椅适合于高靠背，例如，沙发靠背坐面以上250mm和400mm处都有支撑点，因此靠背通常的高度为360~630mm。椅靠的背斜角，即靠背与坐面间的夹角，座椅靠背的倾角可以增加坐椅的舒适度，防止坐者向前滑动。

根据座椅的用途，工作用椅一般不宜后倾过大，靠背倾角90° 至100° ，休息椅100°~200° 。从人体测量的观点来看，适宜的背斜角是115° 。

◎ 扶手设计

扶手的功能是使人坐在椅子上时，手臂可以自然放在扶手上，减轻两臂的疲劳，同时也可以成为坐起时的支撑，扶手的高度设计应适宜人体的实际使用需求。

过高的扶手会使得双臂无法自然下垂，使得坐者形成抬肘耸肩的不良坐姿，肩、背以及上臂肌肉也处于紧张状态，扶手过低时，两肘无法落在扶手上获得支撑。

以上两种情况都会造成身体的疲劳，所以，适宜的扶手高度应为200~250mm。角度随着坐面倾斜角变化，扶手前端略宽于后端，一般是两侧分别张开10° 左右。

◎ 坐垫设计

坐垫是增加座椅舒适度的一个重要因素，软硬适中的座椅可以增加臀部与坐面的接触面积，使得压力分散，减轻臀部的压力值，同时弹性好，透气的坐垫材料也可以增加身体的舒适度和坐姿的稳定性。

1.2.2 卧具的设计尺度

卧具影响人的休息，在设计卧具时，应考虑到人休息时的状态及需求，以使家具符合使用要求，达到人们优质地休息的效果。

1 床影响睡眠质量

床是提供人体充分休息的家具，人一生中的时间有三分之一是在床上度过的，所以床的舒适性与人的睡眠质量和健康的精神状态有着直接的关系。虽然外界物质条件如温度、通风、照明、空间形态等都是影响睡眠质量的重要因素，但是要保证高质量的睡眠，寝具的功能设计是人体充分休息和睡眠的直接保证。

2 人体构造与床面的材料

人体脊柱大约呈S形，从侧面看有4个生理弯曲。在站立时，人体各部分重量的重力方向是相互重合，一致垂直向下的。但是躺下后，人体各部分重量不同，其下沉程度也就不相同。

假如床面材料过软时，重的身体部位（如臀部）就会下陷较深，但是轻的部位下陷较浅，这样腹部就会相对上浮，使得身体呈W形，进而使得脊柱的椎间盘内压增大，影响睡眠质量。

假如床垫过硬，使得身体背部接触面积减少，局部压力过大，背部肌肉负荷增强，也会使得身体得不到放松和休息。所以，床的材料的软硬适度的合理性设计是保证睡眠质量的重要因素。

良好的床垫设计应该由3层结构组成，上层是与人体直接接触部分，应当采用柔软材料，中层则应该采用较硬材料，增强对人体的承托力，下层由具有良好的弹性的钢丝弹簧组成，具有极好的缓冲作用。下层即缓冲层质量的好坏是判定床垫质量的关键。

◎ 床的基本尺度

① 床宽

人在睡眠过程中需要不断翻身，但是床的宽窄直接影响人的翻身次数。人在睡窄床时，因为担心翻身时掉下床，所以翻身的次数明显减少，这时人会处于紧张状态，使得身体得不到充分休息。

因此应该以人仰卧姿势作为床宽的设计依据。按照成年男子平均肩宽 415mm 来计算，一般单人床宽应为 800~1200mm，双人床宽一般为 1500~1800mm。

② 床长和床高

床的长度应该以较高的人体作为标准而进行设计，同时还需要考虑头、脚两端留出的余量。通常情况下床的长度采用以下公式来计算。

床长 = 人体高度 ×1.05+ 头余量 + 脚余量

床高一般在 400~450mm。

1.2.3 凭倚类家具的设计尺度

凭倚类家具的基本功能是适应人在坐、立状态下，进行各种操作活动时，取得相应舒适而方便的辅助条件，并且兼做放置或者储存物品之用。可以大致分为两类，一类是以人坐下时坐骨支撑点（通常称椅坐高）作为尺度的基准，如写字桌、阅览桌、餐桌等，统称为坐式用桌。另一类是以人站立的脚后跟（即地面）作为尺度标准，如讲台、营业台、售货柜台等，统称为站立用工作台。

1 坐式用桌的基本尺度与要求

◎ 桌面高度

桌子的高度与人体动作时肌体形状及疲劳有密切关系。经过试验测试，过高的桌子容易造成脊椎侧弯和眼睛近视等弊病，从而使得工作效率减退。此外，桌子过高还会使得人体脊椎弯曲扩大，容易使得人驼背、腹部受压，妨碍呼吸运动和血液循环等，背肌的紧张也容易引起疲劳。

所以舒适和正确的桌高应该与椅坐高保持一定的尺度配合关系，而这种高差始终是按照人体坐高的比例设计的。因此，设计桌高的合理方式应该是先有椅坐高，然后再加上桌面和椅面的高差尺寸，就可以确定桌高，计算公式如下。

桌高 = 坐高 + 桌椅高差（约 1/3 坐高）

因为桌椅不可能定人定型来生产，所以在实际设计桌面高度时，需要根据不同的使用特点来进行增减。例如，在设计中餐桌时，需要考虑端碗吃饭的进餐方式，餐桌可以略高一点。在设计西餐桌时，就需要讲究实用刀叉进餐的方式，餐桌就可以低一点。假如是设计合适于盘腿而坐的炕桌，一般多采用 320~350mm 的高度。假如设计与沙发等休息椅配套的茶几，就可取略低于椅扶手高的尺度。假如因为工作内容、性质或者设备的限制必须时的桌面增高，则可以通过加高椅坐或者升降椅面高度，并设足垫来弥补这个缺陷，使得足垫与桌面之间的距离与椅座与桌面之间的高差，可以保持在正常的高度，桌高范围在 680~760mm。

◎ 桌面尺寸

桌面尺寸应该以人坐时手可达到的水平工作范围为基本依据，并考虑桌面可能置放物的性质及其尺寸大小。假如是多功能的或者工作习惯需要配备其他物品时，还应该在桌面上加设附加装置。

双人平行或者双人对坐形式的桌子，桌面的尺度应该考虑双人的动作幅度互不影响（通常可以使用屏风来隔开）、对坐时还需要考虑适当加宽桌面，以符合对话中卫生要求等。

阅览桌、课桌等用途的桌面，最好应该有大约 15° 的斜坡，能使人获取舒适的视阈。因为当视线向下倾斜 60° 时，则视线与倾斜桌面接近 90° ，文字在视网膜上的清晰度就高，既方便书写，又可使背部保持较为直的姿势，减少了弯腰低头的动作，从而减轻了背部的肌肉紧张和酸痛现象。但是在倾斜桌面上，一般不宜陈放东西，所以较少采用。

餐桌、会议桌等之类的家具，应该以人体占用桌边缘的宽度去考虑桌面的尺寸，舒适的宽度是按 600~700mm 来计算的，通常也可缩减到 550~580mm 的范围。各类多人用桌的桌面尺寸就是按该标准核计的。

◎ 桌下净空

为了保证下肢在桌下放置与活动，桌面下的净空高度应高于双脚交叉时的膝高，并使得膝部有一定的上下活动余地。所以抽屉底板不能太低，桌面至抽屉底的距离应不超过桌椅高差的 1/2，即 120~160mm。

所以，桌子抽屉的下缘离开椅坐至少应有 178mm 的净空，净空的宽度和深度应该保证两腿的自由活动和伸展。

◎ 桌面色泽

在人的静视野范围内，桌面色泽处理得好坏，会使得人的心理、生理感受产生很大的反应，也会对工作效率起着一定的作用。

一般情况下认为桌面不宜使用鲜明色，因为色调鲜艳，不容易使人集中视力。同时，鲜明色调往往随着照明程度的亮暗而有增褪。当光照高时，色明度将增加 0.5~1 倍，这样极易使得视觉过早疲劳。

并且，过于光亮的桌面，由于多种反射角度的影响，极易产生眩光，刺激眼睛，影响视力。另外，桌面经常与手接触，假如采用导热性强的材料做桌面，会容易使人感到不适，如玻璃、金属等。

2 站立用桌的基本尺度与要求

站立用桌的类型有，售货柜台、营业柜台、讲台、服务台、陈列台、厨房低柜洗台以及其他各种工作台等。

◎ 台面高度

站立用工作台的高度，是根据人站立时自然曲臂的肘高来确定的。按照我国人体的平均身高，工作台高以910~965mm为宜，对于要承受很大力量的工作台而言，则台面可以稍微降低20~50mm。

◎ 台下净空

站立用工作台的下部，不需要留有腿部活动的空间，通常是作为收藏物品的柜体来处理。但是在底部需要有置足的凹进空间，一般内凹高度为80mm，深度为50~100mm，以适应人紧靠工作台时着力动作之需，不然，很难借以双臂之力来进行操作。

◎ 台面尺寸

站立用工作台的台面尺寸主要由所需的表面尺寸和表面放置物品状况及室内空间和布置形式来确定，没有统一的规定，视不同的使用功能做专门的设计。对于营业柜台的设计，通常是兼采写字台和工作台两者的基本要求来进行综合设计的。

1.2.4 储藏类家具设计尺度

储藏类家具是收藏、整理日常生活中的器物、衣物、消费品、书籍等的家具。根据存放物品方式的不同，可以分为柜类和架类两种。

柜类主要有大衣柜、小衣柜、壁橱、被褥柜、床头柜、书柜、玻璃柜、酒柜、菜柜、橱柜、各种组合柜、物品柜、陈列柜、货柜、工具柜等。

架类主要有书架、餐具食品架、陈列架、装饰架、衣帽架、屏风和屏架等。

◎ 储藏类家具的基本要求与尺度

人们日常生活用品的存放和整理，应该依据人体操作活动的可能范围，并结合物品使用的繁简程度去考虑它存放的位置。为了正确地确定柜、架、搁板的高度及合理分配空间，首先必须了解人体所能及的动作范围。

这样，家具与人体就产生了间接的尺度关系。这个尺度关系是以人站立时，手臂的上下动作为幅度的，按照方便的程度来说，可以分为最佳幅度和一般可达极限。

通常情况下认为在以肩为轴，上肢为半径的范围内存放物品最方便，使用次数也最多，又是人的视线最容易看到的视阈。所以，常用物品就存放在这个取用方便的区域。而不常用的东西则可以放在手所能达到的位置，同时还必须按照物品的使用性质。存放习惯和收藏形式进行有序放置，力求有条不紊地分类存放。

◎ 高度

储藏类家具的高度，根据人存取方便的尺度来划分，可以划分为3个区域。第一个区域为从地面至人站立时手臂下垂指尖的垂直距离，即650mm以下的区域，该区域存储不方便，人必须蹲下操作，一般存放较重不常用的物品，如箱子、鞋子等杂物。

从垂直指尖至手臂向上伸展的距离，即上肢半径活动的垂直范围，高度在650~1850mm，该区域是存取物品最方便、使用频率最多的区域，也是人的视线最易看到的视阈，一般存放常用的物品，如应季的衣物和日常生活用品等。

假如需要扩大存储空间，节约占地面积，则可设置第三区域，即柜体1850mm以上区域，即超高空间，一般可叠放柜、架，存放较轻的过季性物品，例如，棉被、棉服等。

在第一、第二存储区域内，根据人体动作范围及存储物品的种类，可以设置隔板、抽屉、挂衣杆等。在设置搁板时，搁板的深度和间距除考虑物品存放方式及物体的尺寸外，还需要考虑人的视线。搁板间距越大，人的视阈越好，但是空间浪费较多，所以设计时需要考虑。

对于固定的壁橱高度，通常是与室内净高一致，悬挂柜、架的高度还必须考虑柜、架下有一定的活动空间。

◎ 宽度和深度

橱、柜、架等储存类家具的宽度与深度，是依据存放物的种类、数量和存放方式以及室内空间的布局等因素来确定。这在很大程度上还取决于人造板材的合理裁割与产品设计系列化、模数化的长度。

一般柜体宽度常用800mm为基本单元，深度上衣柜为550~600mm，书柜为400~450mm。这些尺寸是综合考虑存储物的尺寸与制作时板材的出材率等的结果。

在储藏类家具设计时，除需要考虑上述因素外，从建筑的整体来看，还应该考虑柜类体量在室内的影响以及与室内要取得良好的视感。从单体家具上看，过大的柜体与人的情感较为疏远，在视觉上犹如一道墙，体验不到其给我们使用上带来的亲切感。

◎ 储藏类家具与存储物的关系

储藏类家具除了要考虑与人体尺度的关系之外，还必须研究存放物品的类别、尺寸、数量与存放方式，这对确定存储类家具的尺寸和形式起着重要的作用。为了能合理存放各种物品，必须找出各类存放物容积的最佳尺寸值。

所以在设计各种不同的存放用途的家具时，首先应该仔细地了解和掌握各类物品的常用基本规格尺寸，以方便根据这些素材分析物与物之间的关系，合理确定适用的尺度范围，以提高收藏物品的空间利用率。

总的来说，既要根据物品的不同特点，考虑各方面的因素，区别对待，又需要照顾家具制作时的可能条件，制订出尺寸方面的通用系列。

1.3 实木家具制造工艺

目前市场上家具种类繁多，可粗略地分为实木家具、板式家具、软体家具、金属家具、塑料家具、玻璃家具、竹藤家具等。接下来 3 节介绍常见的家具种类的制造工艺，如实木家具、板式家具、软体家具。希望读者通过阅读这些内容，可以大致了解这几类家具的制作知识。

实木家具的制造工艺包括实木配料、毛料加工、净料加工、胶合与弯曲加工等工序，本节简要介绍各工序的操作流程。

1.3.1 实木材料的特性

实木家具所选用的材料包含以下所述的特性。

◆ 选用家具传统用材，适合做线形零件。

◆ 质量较轻而强度较高。

◆ 容易加工及涂饰。

◆ 热、电、声的传导性小。

◆ 具有天然的纹理和色泽。

◆ 吸湿性及稳定性较高。

1.3.2 实木家具的结合方法

实木家具由若干零部件按照一定的结合方式装配而成，其常用的结合方式有榫结合、胶结合、木螺钉结合、连接件结合等，见表 1-3。

表 3-1实木家具的结合方法

结合方式	特点	应用场合
榫结合	榫头嵌入榫眼或者榫槽的结合，结合时通常都要施胶	无须拆卸部位的结合
胶结合	单纯用胶来黏合家具的零部件或整个制品的结合方式	① 短料接长、窄料拼宽、薄板加厚、空心板的覆面胶合、单板多层弯曲胶合； ② 其他结合方法不能使用的场合，如薄木贴花和板式部件封边等表面装饰工艺
木螺钉结合	又称为木螺钉，是一种金属制的简单的连接构件。这种结合不能多次拆装，不然会影响制品的强度	① 家具的桌面板、椅座板、柜面、柜顶板、脚架、塞角、抽屉滑道等零部件的固定； ② 拆装式家具的背板固定； ③ 拉手、门锁、碰珠以及金属连接件的安装
连接件结合	指一种特制的并可多次拆装的构件。结构牢固可靠。可以多次拆装，操作方便，不影响家具的功能与外观，具有一定的连接强度，可以满足结构的需要。	拆装式家具的主要结合方法，被广泛应用于拆装椅和板式家具上

续表

结合方式	类型	优点
榫结合	直角榫（图 1-2）、燕尾榫（图 1-3）、插入榫、椭圆榫	榫本身即是家具部件的连体，材质一致，结构稳定、牢固、实用、符合力学原理
胶结合		小材大用，劣材优用，节约木材，结构稳定，还可提高和改善家具的装饰质量
木螺钉结合	一字头（图 1-4a）、十字头（图 1-4b）、内六角（图 1-4c）等，其端头形式有平头和半圆头等	操作简便、经济且容易获得不同规格的标准螺钉
连接件结合	螺纹紧固式连接件	可以简化产品结构和生产过程，有利于产品的标准化和部件的通用化，有利于工业化生产。也给产品包装、运输及贮存带来了方便

图 1-2 直角榫

图 1-3 燕尾榫

a 一字头螺钉

b 十字头螺钉

c 内六角螺钉

图 1-4 木螺钉样式

1.3.3 配料工艺

配料方式有单一配料法、综合配料法，根据具体的施工要求来选用。配料工艺分为 4 种，如先横截再纵解工艺、先纵解再横截工艺等。

1 配料方式

◎ 单一配料法

在同一锯材上配制出一种规格的方材毛料。这种方式容易操作，但是余料数量较大，出材率稍低。

◎ 综合配料法

在同一锯材上配制出两种以上规格的方材毛料。这种方式能够提高木材的利用率，但是效率稍低。

2 配料工艺

◎ 先横截再纵解工艺

根据零件的长度要求，先将板材横截锯成一定规格的长度，同时截掉锯材的一些缺陷，如开裂、腐朽、节子等，再将其纵向锯解成方材或者弯曲件的毛料。

◎ 先纵解再横截工艺

根据零件的宽度或者厚度尺寸要求，先将板材纵向锯解成长条，然后根据零件的长度要求，将长条横截成毛料。

◎ 先画线再锯解工艺

根据零件的规格、形状等要求，用零件样板在板面上画好线，再锯解。

◎ 先粗刨再锯解工艺

通过粗刨加工，将木材的缺陷、纹理、色泽表露出来，然后根据这些情况合理配料，对于节子、裂纹等缺陷可以根据用料要求进行修补，以提高配料质量和出材率。

如图 1-5 所示为先粗刨再锯解的工艺流程。

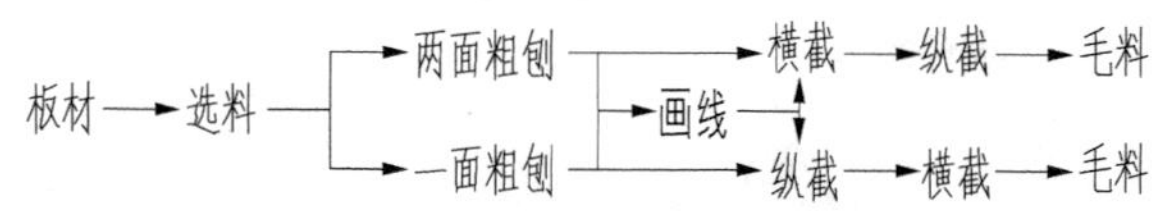

图 1-5 工艺流程图

1.3.4 毛料出材率

使用毛料出材率来表示锯材配料的材料利用程度，指毛料材的体积与锯成毛料所耗用的成材材积之比。在生产中提高毛料出材率的措施如下所述。

选择合理的配料工艺，在选择成材配料方案时，应该尽量采用画线套裁，或者粗刨后画线然后锯解的配料方案，可以使毛料出材率分别提高 9% 和 12% 左右。

尽可能实行零部件尺寸规格化，按照零件的尺寸规格要求选用相应规格的锯材，如此可充分利用板材的幅面，锯出更多的毛料。

材料上的节子、裂纹、局部腐朽、钝棱等缺陷，假如是零部件允许的缺陷，在不影响家具质量的情况下，没有必要过分去除，应尽量修补。

在配料时，应该根据板材质量，将各种长度规格的毛料搭配下锯。

将配料时剩下的小料加工成细木工板、碎料板等以代替拼板使用，将小料在长度、宽度和厚度方向上进行胶拼，使窄料变宽、短料变长、薄料变厚。对于弯曲零件，假如先将板材预先拼成宽板再锯解，也可提高木材利用率。

1.3.5 加工余量

加工余量指将毛料加工成形状、尺寸和表面质量等方面都符合设计要求的零件时所切去的那部分材料，即毛料尺寸和零件尺寸之差。

◎ 工序余量

工序余量指为了消除上道工序所留下来的形状与尺寸误差，而从工件表面切去的那一部分木材。因此，工序余量应该是相邻两工序的工件在某个尺寸方向上的尺寸之差。

◎ 总加工余量

总加工余量是为了获得形状、尺寸和表面质量都符合于技术标准要求的零部件时，从毛料表面切去的木材总量。所以，总余量等于各工序余量之和。假如毛料是湿料，还要加上毛料的干缩余量。

在生产实践中，生产人员总结了一些加工余量的经验值，见表 1-4。

表 1-4 加工余量经验值

尺寸方向	条件和规格	加工余量/mm
宽度与厚度	毛料长度<500mm	3
	毛料长度500~1000mm	3~4
	毛料长度1000~1200mm	5
	毛料长度>1200mm	>5
宽度	用于胶拼的窄板；平拼	5~10
	榫槽拼	15~20
长度	端头有榫头的工件	5~10
	端头无榫头的工件	10
长度或宽度	板材	5~20

1.3.6 毛料加工

为了获得准确的尺寸、形状和光洁的表面，必须对方材毛料进行再加工。首先加工出准确的基准面，作为后续工序加工的基准，再逐一加工其他面，这被称为毛料加工。

1 基准面加工

基准面指作为精确加工定位基准的表面，作为加工基准的边为基准边。

基准面一般包括平面（大面）、侧面（小面）和端面3个面。根据不同的加工要求，不同的零部件不一定需要这3个基准面，有的仅需要将其中的一个或两个面精确加工成定位基准。有的零件加工要求不高，可以在加工基准面的同时加工其他表面。

基准面的加工通常采用平刨加工和铣削加工两种方式。

◎ 平刨加工

平刨加工又可分为手工进料平刨加工以及机械进料平刨加工两种。

手工进料平刨加工在生产中使用广泛，可以消除毛料的形状误差以及锯痕等，常用平刨床进行加工。对基准面的平直度要求较高的零件，需要用平刨床进行加工。这是因为手工进料对工件的垂直作用力较小，工件弹性变形就小，因此刨削后弹性恢复变形小，刨削面的平直度高。

机械进料方式主要有压轮进料、履带进料及尖刀进料装置等。是在手工进料平刨机上增设了自动进料装置而构成的，其原理是对毛料表面施加一定的压力后所产生摩擦力来实现进给的。

◎ 铣削加工

在毛料加工工艺中，铣床可以加工基准面、基准边以及曲面。

在加工基准面时，将毛料靠住导尺进行加工，这种方法适合宽薄或宽长的板材侧边加工。加工曲面时需要夹具、模具，夹具样模的边缘必须与所要求加工的形状相同，而且具有精确度高和光滑度好等特点，毛料固定在夹具上，样模边缘紧靠挡环移动就可以加工出所需要的基准面。

侧基准面加工时，如果要求它与基准面之间呈一定角度，就必须使用具有倾斜刃口的铣刀，或通过刀轴、工作台面倾斜来实现。

2 相对面加工

基准面加工完成后，为使零件规格尺寸和形状达到要求，还需要加工毛料的其他面，使之平整光洁，这种类型的加工称之为相对面加工。相对面加工通常指毛料宽度和厚度上的加工。相对面加工可以在单面压刨、三面刨、四面刨和铣床上进行加工，有时候也可以使用平刨和手工刨加工。

◎ 刨床加工

压刨常用于相对面与相对边的加工，能将工件刨成一定厚度和光洁的平表面。此外，压刨还可以加工相对面为曲面或者平面很窄的工件。

双面刨可对实木工件相对的两个平面进行加工，来获得等厚的几何尺寸和两个相对的平整表面。四面刨可以同时加工相对面和相对边，生产效率和加工精度较高。

如图1-6所示为压刨床及压刨床作业。

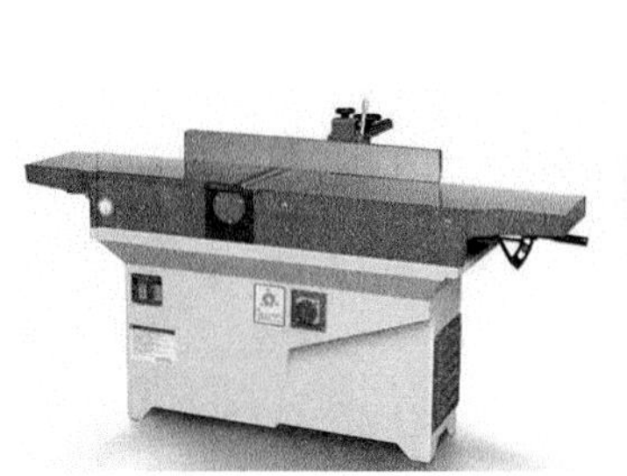

图 1-6 压刨床及压刨床作业

◎ 铣床加工

在基准面加工后，可以在铣床上利用带模板的夹具来加工相对面。在加工时，要根据零件的尺寸，调整样模和导尺之间的距离或采用夹具。该方法适合于宽毛料侧面的加工，表面光洁度、尺寸精度都较高，但生产效率远低于单面压刨，且生产安全性也较低。

1.3.7 净料加工

毛料经过刨削、锯截等加工后，其形状、尺寸及表面光洁度都达到了规定的要求，制成了净料。按照设计要求，还需要进一步加工出各种榫头、榫眼、孔、型面、曲面、槽簧等，并且进行表面修整加工，使其符合设计要求。

1 榫结合的分类与应用

榫结合是框架式实木家具结构中的一种基本结合方式。榫卯接合的基本组成是榫头和榫眼，在工件的端部加工榫头的工序称为开榫。

榫结合的分类与应用见表1-5。

表 1-5 榫结合的分类与应用

分类方式	类型	特点及应用场合	图示
以榫头的数目来分	单榫和双榫	用于一般框架的方材结合，如桌、椅、沙发框架的零件间结合等	
	多榫	用于箱框的板材结合，如衣箱与抽屉的角结合等	

续表

分类方式	类型	特点及应用场合	图示
以榫头的贯通和不贯通来分	明榫	用于受力大的结构和非透明装饰的制品，如沙发框架、床架、工作台等，还有故意暴露榫结构，证实产品为真实的实木制作	
	暗榫	为了家具表面不外露榫头以增强美观	
以榫头能否看到来分	开口榫	优点是榫槽加工简单，但是因为榫端和榫头的侧面显露在外表面，所以影响制品的美观	
	闭口榫	防止榫头移动，被广泛应用	
	半闭口榫	不仅可以防止榫头的移动，又能增加胶合面积，一般应用于能被制品某一部分所掩盖的结合处以及制品的内部框架，如桌腿与上横档的结合部位，榫头的侧面就能够被桌面所掩盖而无损于外观	
以榫肩的切割形式来分	单面切肩榫	用于方材厚度尺寸小的场合	
	双面切肩榫	应用广泛	
	三面切肩榫	常用于闭口榫结合	
	四面切肩榫	用于木框中横档带有槽口的端部榫结合	
以榫与方材是否为一个整体来分	整体榫	整体榫是榫头和方材是一个整体，榫头由方材上开出	
	插入榫	插入榫与方材不是一个整体，其是单独加工后再装入方材预制孔或槽中，如圆榫或片状榫，主要用于板式家具的定位与结合。为提高结合强度和防止零件扭动，采用圆榫结合时需要有两个以上的榫头	

与整体榫相比，插入榫可以节约木材5%~6%，还可以简化工艺过程，大幅度提高生产率。同时，插入榫结合也可以为家具部件化涂饰和机械化装配创造有利的条件。

圆榫的结合强度比直角榫低，但多数榫的结合强度远超过了可能产生的破坏应力，另外还可以通过圆榫的数目来提高强度，因此在一般情况下使用圆榫都能满足使用要求。

2 榫结合的技术要求

为保证家具结合强度，榫头与榫眼必须符合一定的要求。为提高直角榫的结合强度，应该合理确定榫头的方向、尺寸及榫头与榫眼的配合公差，见表1-6。

表 1-6 直角榫结合技术要求

榫头	与榫眼对应关系	尺寸		
榫头的厚度T	宽度B	T≈方材厚度或宽度的0.4~0.5倍，双榫总厚度也接近此数值		
榫头宽度W	长度F	W≈方材零件断面边长的0.5~1倍，硬材为0.5mm，软材以1mm为宜		
榫头长度L	深度D	L≈15~30mm	暗榫	L≥榫眼零件宽度或厚度的0.5倍
			明榫	L=榫眼零件宽度或厚度

榫头	与榫眼配合公差	采用双榫条件
榫头的厚度T	间隙配合T≤B，B－T≈0.1~0.2mm	零件断面超过40mm×40mm时
榫头宽度W	过盈配合W>F，W－F≈0.5~1.0mm	榫头宽度超过60mm时
榫头长度L	间隙配合L<D，D-L=2mm	

榫头与榫眼的尺寸定义如图1-7所示。

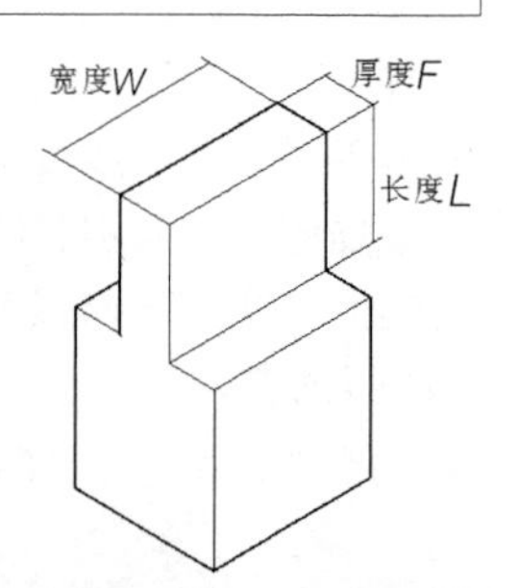

图 1-7 榫头与榫眼的尺寸定义

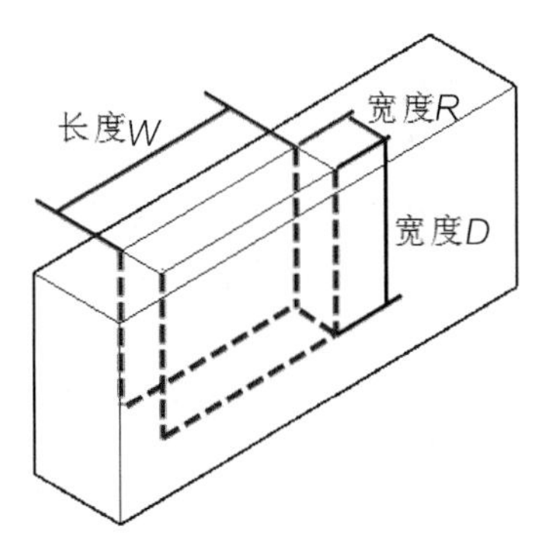

图 1-7 榫头与榫眼的尺寸定义（续）

圆榫结合的技术要求见表 1-7。

表 1-7 圆榫结合的技术要求

材质	选用密度大，无节，无缺陷，纹理直，具有中等硬度和韧性的木材，适用树种有柞木、水曲柳、色木、桦木等
含水率	比家具用材低2%~3%，一般在5%~8%，应保持干燥状态，适用塑料袋密封保存
直径	为板材厚度的2/5~1/2，圆榫长度为直径的3~4倍比较合适
胶合方式	圆榫涂胶强度较好，因为圆榫沟纹能充满胶液而可使其榫头充分膨胀；圆孔涂胶强度要差一些，但是容易实现机械化施胶，榫头和榫孔两方面施胶时结合强度最好
配合公差	采用过盈公差，按节径计算，过盈量为0.1~0.2mm时强度最高，两个相连接的零件孔深之和应该大于圆榫长度1~2mm

1.3.8 型面和曲面的加工

锯材配料后，加工成直线形方材毛料，其中一些需要制成曲线形毛料，将直线形或曲线形的毛料进一步加工成型面即净料的加工过程。由于功能或造型的要求，家具的有些零部件需要加工成各种型面或者曲面。

1 直线形零件的加工

直线形零件的断面呈一定型面，而长度方向上为直线。所以一般采用成型铣刀进行加工，可以在下轴铣床、四面刨等机床上加工。刀刃相对于导尺的伸出量即为需要加工型面的深度，加工时工件沿导尺移动进行铣削。

2 曲线形零件的加工

曲线形零件的断面无特殊型面或者呈简单曲线形，长度方向呈曲线形，这种形式多见于椅后腿、沙发扶手、望板等。这类零件可在铣床使用样模夹具进行加工，样模边缘的形状要符合所加工的零件形状，在样模表面要有定位与夹紧装置。当样模边缘沿挡环移动时，刀具就能在工件表面加工出所需的曲线形表面。

3 雕刻加工

目前市场上很多夹具表面都有一些雕刻图案，具有装饰零件、美化夹具外形的作用，如在中式家具中就大量使用雕花来进行装饰，如图 1-8 所示。在进行加工时，通常是在上轴铣床之类的机床上进行加工的，如在零件的表面雕刻线型，如图 1-9 所示为在为门制作凹凸造型。

在工作台上需要有仿型定位销，仿型定位销与刀轴的中心应在同一垂直线上，样模边缘应紧靠仿型定位销移动，即可加工出所需要的曲线形状。

上述方法适用于零、部件侧面的加工，但是生产率较低。此外，利用上轴铣床雕刻加工时，可以将设计完成的花纹首先做成相应的样模，接着将其安装在仿型定位销上，再根据图案的断面形状来选择端铣刀。加工时样模的内边缘沿仿型定位销移动，刀具就能在零件表面雕刻出所需要的花纹图案。

图 1-8 中式条案雕花装饰

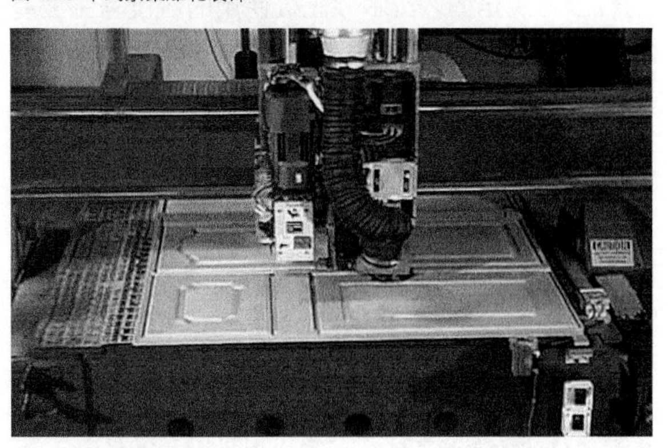

图 1-9 铣床雕刻加工

4 回转体零件的加工

回转体零件如圆柱形、圆台形的脚、腿、拉手等，其加工基准为中心线，其断面呈圆形。这类零件的加工主要在车床上进行，可以在工件的长度上加工成同一直径，还可车削成各种断面形状或在表面上车削出各种花纹。在车削前，先找准零件两端的中心位置，再将零件两端的中心对准车床两端的顶针，并且利用车床尾部的顶针将零件夹紧。启动车床后，工件做高度运动，车刀便开始加工零件了。

5 复杂外形零件的加工

复杂外形零件，例如，家具中的弯形腿、鹅冠脚等。这类零件的断面和长度方向都呈复杂外形，是由平面与曲面或曲面与曲面构成的复杂形体。

加工前，按弯脚形状、尺寸要求先做一个样模，接着在铣床上将仿型轮紧靠样模，样模和工件做同步回转运动。加工时，仿型铣刀既做旋转切削运动，又跟随仿型轮按样模旋转轨迹做同步纵向和横向的平面进给运动，直到加工完成。

1.3.9 表面修整

在对家具进行刨削、铣削等加工过程中，因为受到设备的加工精度、加工方式、刀具、工艺系统的弹性变形以及工件表面的残留物、加工搬运过程的污染等因素的影响，使得加工工件表面出现了毛刺、凹凸不平、撕裂、压痕等缺陷。家具零部件表面的质量会直接影响后续的油漆工序以及家具成品的质量，所以必须通过表面修整加工来解决表面存在的缺陷。

表面修整加工的方法主要是采用各种类型的砂光机进行砂光处理，如图 1-10 所示为常见的几种砂光机。砂光是利用砂光机对工件表面进行修整的一种加工方法，利用各种砂带将零部件表面砂磨平整、光滑。砂光机上的切削工具是砂带，砂带的粗细是由砂带的粒度号决定的，实木砂光机使用的粒度号主要有 800、400、200、120、100、80、60、40 等，数值越大，粒度越细，能得到的零部件表面越平滑。

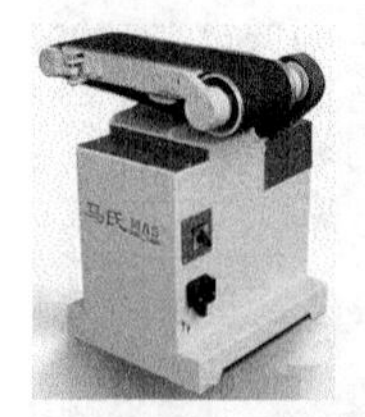

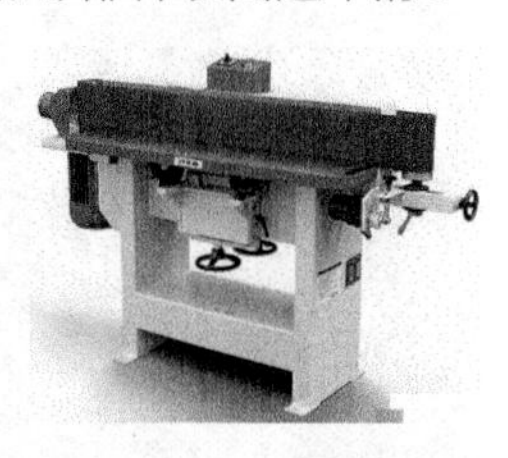

图 1-10 各种样式的砂光机

1.3.10 胶合加工

在家具生产中，尺寸较大的实木会因为木材的干缩和湿胀特性，使得零件产生翘曲变形、开裂等问题，而且零件尺寸越大，这种问题就越严重。通常情况下宽度尺寸为 600~700mm 的零件，尺寸上的变化可以达到 10~20mm，这会严重影响家具的质量及外观。

在实木家具生产中，幅面较大的板件往往是通过小料加压胶合而成宽幅面的集成板，较长的零部件通过短料接长，较厚的板件通过较薄的板件胶压而成，最后加工成所需的规格尺寸和形状零件，这种加工工艺称之为胶合。

胶合工艺不仅可以节约材料，提高木材利用率，还可以同时改善家具的质量与性能。

1 方材胶合的种类

◎ 长度方向上的胶合

① 对接

对接的胶合面是断面，由于木材端面不容易加工光滑、渗胶多，难以获得牢固的胶合强度，通常情况下只用于覆面板芯板和受压胶合材的中间层。因此，木材长度方向的胶合通常采用斜面接合或齿榫接合。

② 斜面接合

为了提高木材横截面的胶接强度，将木材的端面锯成斜面，如图 1-11 所示，以增加其胶接的面积。木材端头的斜面越长，胶接面积越大，结合强度就越高。

③ 指形榫接合

将木材两端加工成指形榫进行胶接，如图 1-12 所示。有些指形呈现在木材的上、下表面，有些呈现在木材侧面，应该根据产品的需求来确定指形的位置。使用指形榫胶接，其接合强度大，损耗的材料少，同时也方便实现机械化生产，是使用最广泛的胶合方式。

图 1-11 斜面接合

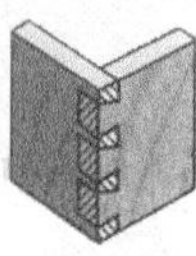
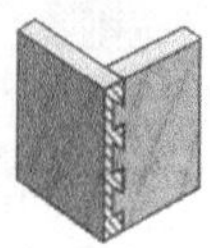

图 1-12 榫接合

◎ 宽度方向上的胶合

① 平拼

将侧面刨切平整、光滑，再利用胶黏剂进行胶合，拼板时不用开槽和打眼。在拼板的背面可以有 1/3 的倒棱，因此在材料利用上比较经济。但是这种方式的胶接强度低，表面容易发生凹凸不平的现象。不过这种方法工艺简单，接缝严密，是常用的拼板方法。

② 裁口拼

将侧面刨切成阶梯形表面，再利用胶黏剂进行胶合。这种胶合方式的强度比平拼的要高，拼板表面的平整度也要好得多。但是材料消耗会相应增加，比平拼要多消耗 6%~8% 的材料。

③ 槽榫拼

将侧面刨切成直角形的槽榫或榫槽，再利用胶黏剂进行胶合，这种胶合的强度更高，表面平整度较好，材料消耗与裁口拼接方式基本相同。在胶缝开裂时，仍然可以掩盖住缝隙。拼缝密封性好，经常用于面板、门板、旁板等的拼接。

④ 指形拼

将侧面刨削成指形槽榫，胶接面上有两个以上的小指形。这种拼接方式接合强度最高，拼板表面平整度高，拼缝密封性也好，经常用于高级面板、门板、搁板、望板、屉面板等的拼接。

⑤ 插榫拼

将侧面刨削成平整光滑的表面，利用圆榫、方榫或竹钉与胶接合。这种拼接方式可以提高胶结合强度，节约木材，材料消耗量与平拼基本相同。

⑥ 穿条拼

将结合面刨削成平整光滑的直角榫，利用木条与胶结合。这种拼接方式能提高胶合强度，节约木材。材料消耗与平拼基本相同，工艺比较简单。

◎ 厚度方向上的胶合

厚度尺寸较大的方材，可以充分利用小材胶合而成，以提高稳定性，并且节约材料。厚度胶拼主要采用平面胶合的方式。在胶拼前，要使锯材表面平整光滑，厚度均匀，不能有过多的缺陷。

2 胶合的工艺条件

胶黏剂的性能包括胶黏剂的固体含量、黏度、聚合度、pH 值等，但是胶黏剂的固体含量和黏度对胶合强度影响较大。在胶合前，首先要根据胶合材料的种类和胶合部位的使用要求来选择胶黏剂。

◎ 涂胶量

以胶合表面单位面积的涂胶量表示，其与胶黏剂种类、浓度、黏度、胶合表面粗糙度及胶合方法等有关。涂胶量过大，胶层厚度大，胶合强度反而低。胶涂量过少，不能形成连续胶层，则胶合不牢。黏度高的胶黏剂容易涂胶过度，通常情况下合成树脂涂胶量小于蛋白质胶。

◎ 陈化时间

陈化时间指材料被涂胶黏剂后至加压胶合的时间，它与胶合室温、胶液黏度及活性期有关。陈化可以使胶液充分湿润胶合表面，使胶液扩散、渗透，并排除胶液中的空气，提高胶层的内聚力，也可以使胶黏剂中的溶剂挥发，确保胶层浓缩到胶压时所需的黏度。

◎ 陈放时间

陈放时间是指材料被胶合后，从卸压到进行下一道工序加工这段时间。陈放是为了让板件性能更适合加工。无论冷压或热压，都需要一段时间才可以使得胶合反应完成。

◎ 胶层固化条件

固化指胶黏剂在浸润了被胶合材料表面后，胶黏剂由液态变成固态的过程。方材胶合时，控制好压力、温度和时间是保证胶合质量的重要条件。

① 胶合压力

胶合时所加的压力能保证胶合表面之间必要的紧密接触，形成薄而均匀的胶层。压力大小应该随着胶合木材的树种、表面加工质量、胶液特性、涂胶量等条件而变化。

② 胶合温度

提高胶合时的温度，可以加速胶层固化，缩短胶合时间。但是温度过高，有可能使胶发生分解，胶层变脆。但是温度太低，可能会因胶液尚未充分固化而使得胶合强度降低，严重的会无法胶合。

③ 加压时间

加压时间指胶液凝固前开始加压到胶液固化为止的一段时间，加压时间的长短取决于胶液的固化速度。

1.3.11 弯曲加工

为满足家具的造型及使用功能需要，有些零部件常做成曲线或曲面，其线条流畅，形态各异。经常使用的加工方式有两种，一种是锯制加工，另一种是加压弯曲成型。

◎ 加压弯曲

方材弯曲加工时，首先将配制好的直线形方材毛料进行软化处理，然后利用模具加压弯曲成所要的曲线形状的过程。在实木弯曲时，在凸面产生拉伸力，在凹面产生压缩力，中间一层既不受拉伸力也不受压缩力，称为中性层。

方材经过软化处理后应该立即进行弯曲，将已经软化好的木材加工弯曲成要求的形状。加压弯曲的方法主要有手工和机械两种方式。

① 手工弯曲

手工弯曲即用手工木夹具来进行加压弯曲。夹具用金属或木材制成的样模、金属夹板（要稍大于被弯曲的工件，厚0.2~2.5mm）、端面挡块、楔子和拉杆等组成。这种方式适用于加工数量少、形状简单的零件。

② 机械弯曲

使用机械对大批量的木材进行弯曲，通常采用U形曲木机和回转型曲木机进行加工。U形曲木机用于加工各种形状不对称、不封闭的零件，如椅腿、椅子扶手等。回转型曲木机可以弯曲各种封闭的零件，如圆环形椅子座圈等。

◎ 干燥定型

在工件弯曲后进行干燥处理，可以降低木材的含水率，除去残余应力，以免回弹，保持弯曲零件尺寸的稳定性。弯曲工件的干燥常采用热空气干燥方法，但是干燥温度不能过高，通常为60~70℃，干燥的时间为15~40个小时。

在干燥的过程中，将弯曲毛料连同模具和金属带固定在定形架上（或者卸去模具和金属带，仅将弯曲毛料固定在定形架上，以确保弯曲毛料的尺寸稳定），然后将工件送进可以控制温度和湿度的热空气干燥室内。

◎ 弯曲零部件的加工

因为方材毛料弯曲后，其加工表面或加工基准已经不准确，假如需要达到高质量的要求，还需要进行再次加工。其加工方式与方材毛料的加工近似，只是需要重新确定基准和型面加工后，还要根据要求进行铣榫头和开榫眼加工，再进行砂磨修整即可。

1.3.12 装配工艺

家具都是由若干零件、部件接合而成的，按照设计图样和相关的技术标准，使用相应的工具或机械设备，将零件接合成部件或将零、部件接合成为成品的过程，称为装配。

将零件接合成部件，称为部件装配。将零、部件接合成为成品，称为总装配。因为家具的类型较多，其装配工艺也不大相同。结构简单的家具，可以由零件直接装配成成品。而结构复杂的家具则需要先把零件装配成部件，部件经过修整加工后再装配成成品。

通常情况下家具的装配工艺流程如图1-13所示。

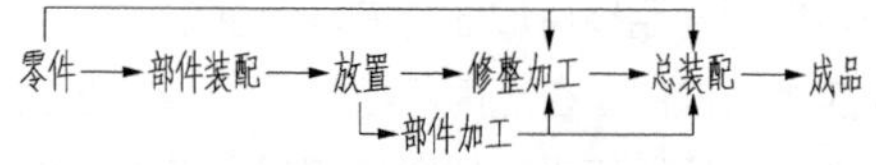

图1-13 家具装配工艺流程

1.4 板式家具制造工艺

板式家具制造工艺包括家具配料、家具部件胶合、家具部件弯曲等工序，本节介绍各工序的操作流程。

1.4.1 板式家具零部件分类

板式家具零部件以其结构来分，可以分为两类，一类是实心覆面板零部件，另一类是空心覆面板零部件。

如图1-14所示为实心覆面板生产工艺流程。

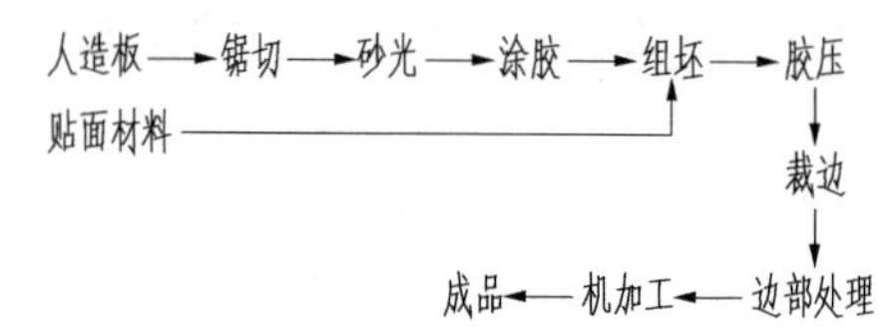

图1-14 实心覆面板生产工艺流程

如图1-15所示为空心覆面板生产工艺流程。

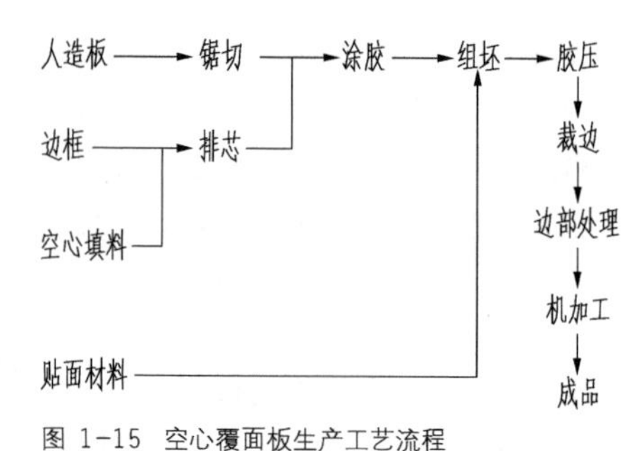

图1-15 空心覆面板生产工艺流程

1.4.2 板式家具配料

板式家具配料分为两个步骤，首先是裁板下料，然后是定厚砂光。

1 裁板下料

因为实心板式部件的基材幅面较大，所以必须经过锯截、配置才能制成各种板式部件规格。为提高基材利用率，首先要设计好裁板图，然后配足零部件的数量，定好规格，确定基材的纤维方向，制定出一套合理的锯截方法。

◎ 单一裁板法

使用单一裁板法，在基材上按照同一种规格尺寸进行裁板，如图1-16所示。在大批量生产或者生产的零部件规格比较单一时，通常采用单一裁板法。

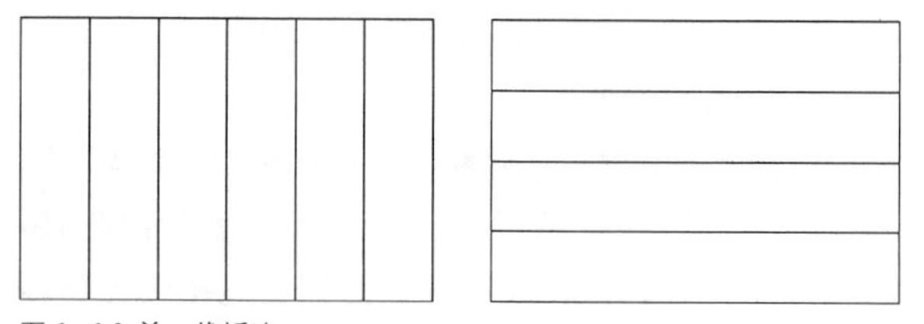
图1-16 单一裁板法

◎ 综合裁板法

综合裁板法是在基材上按照不同的规格尺寸进行裁板，这样可充分利用原料，如图1-17所示。

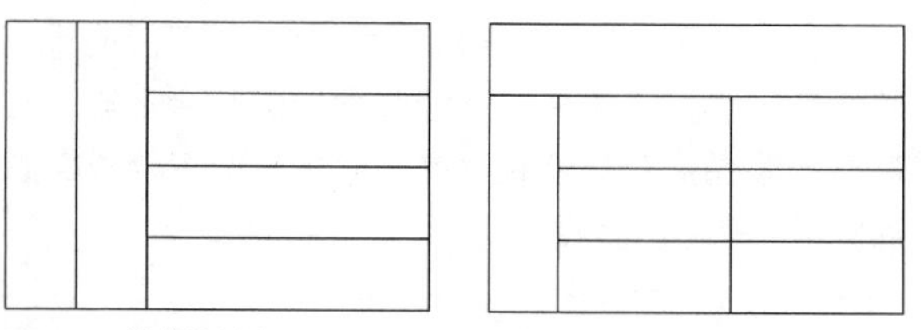
图1-17 综合裁板法

板式家具裁板，通常采用精密推台锯、卧式精密裁板锯进行锯裁。使用时正确调整机器，并且锯片或锯条的锯齿不要太大，进给速度要适当，否则会产生部件边缘崩裂的现象。

2 定厚砂光

由于人造板基材厚度尺寸存在偏差，因此往往不能够符合覆面工艺的要求。所以在人造板基材被锯截成规格尺寸后，都必须经过一次或者多次的砂磨，使板材表面平整光洁，厚度尺寸达到覆面加工的要求。

砂光机使用 60~80 粒度砂带进行加工，效果较好。通过定厚砂光，可以磨去基材表面强度薄弱层或蜡层，磨去基材表面的各种污染，借以提高基材的化学活性，方便胶贴。砂光加工通常情况下采用宽带式砂光机。

1.4.3 板式家具部件胶合

本节介绍实心板式部件覆面工艺流程以及空心板式部件覆面工艺流程。

1 实心板式部件覆面工艺

实心板式部件贴面后，可以增强其美观性，改变材料表面性能及特征，使得基材的表面具有较好的耐磨性、耐热性以及耐腐蚀性等，还可改善及提高材料的强度和尺寸稳定性。

板式家具贴面分为 3 个部分：基材、饰面材料、胶黏剂。基材通常使用中纤维、刨花板、胶合板等作为芯层材料。假如基材被加工成异型面，可以采用真空模压机对其进行模压处理。饰面材料有胶合板、单板、薄木、塑料等，塑料饰面层材料有三聚氰胺塑料贴面板、聚氯乙烯塑料薄膜（PVC）等。常用的胶黏剂有聚醋酸乙烯酯乳液胶（乳白胶）、脲醛树脂胶黏剂、环氧树脂胶黏剂等。

◎ 薄木的贴面工艺

薄木的贴面是将纹理美观的天然木质薄木贴在人造板板面上的一种工艺方法，贴面工艺流程如图 1-18 所示。

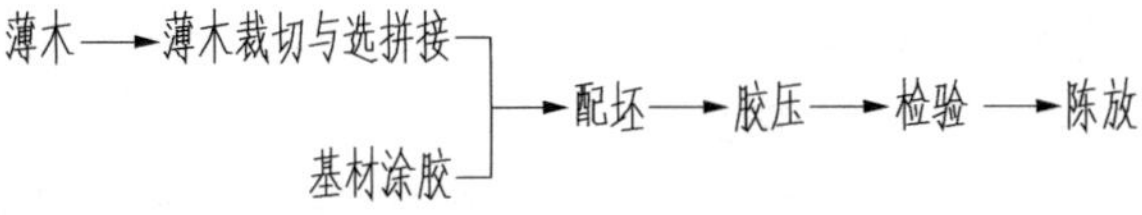

薄木 → 薄木裁切与选拼接 ┐
基材涂胶 ┘ → 配坯 → 胶压 → 检验 → 陈放

图 1-18 薄木贴面工艺流程

① 薄木裁切

薄木通常使用刨切法、旋切法或者锯制法加工出来。加工时要求有极高的直线性与平行性，以使薄木在拼缝时确保拼缝的严密性。

② 薄木拼接

常用的拼接方法有 4 种，纸带纵向拼缝、无纸带纵向拼缝、“之”形胶线拼缝和点状胶滴拼缝。为提高薄木的利用率，通常采用薄木端接机对其接长。其工作原理是将薄木横向送入端接机中，采用齿形冲齿刀具或直角冲刀对薄木的端部进行加工，在涂胶后将薄木的端部结合在一起。

③ 基材涂胶

在薄木贴面时，要利用胶黏剂进行涂胶。涂胶量要根据基材种类及薄木厚度来定，贴面厚度小于 0.4mm 时，基材的涂胶量为 100~120g/m^2。贴面大于 0.4mm 时，基材涂胶量为 120~150g/m^2。

以中纤板和刨花板为基材时，涂胶量应该为 150~200g/m^2。

④ 配坯

基材的两面都应该进行配坯、贴面，使其不发生翘曲。两面贴胶的薄木，其树种、含水率、厚度以及纹理都应该一致，使得两面应力平衡。

⑤ 胶压

薄木贴面可以采用冷压法或者热压法，通常使用冷压机或者热压机来完成。

⑥ 检验与陈放

经检验合格后，贴完面的基材在加工前必须陈放 24 小时以上，以消除内应力。

◎ 聚氯乙烯塑料薄膜（PVC）的贴面工艺

聚氯乙烯薄膜的贴面工艺是将带有纹理的花纹贴在人造板板面上的一种工艺方法，其工艺流程如图 1-19 所示。

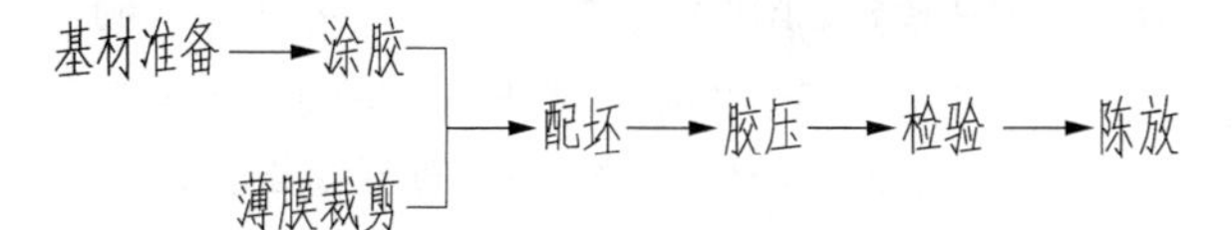

图 1-19 PVC 贴面工艺流程

◎ 装饰面板的贴面工艺

装饰板的贴面工艺与薄木的贴面工艺相似，在贴面加工时，装饰板的含水率应该控制在 4%~5%，基材的含水率应该控制在 6%~8%。所以，应该对装饰板和基材的含水率进行处理，使得板材的内应力平衡，减少翘曲，以达到使用要求。

2 空心板式部件覆面工艺

◎ 边框制备

边框材料通常使用木材、中纤板和刨花板。在制备时，要使用同一树种的木材，含水率不宜大于 15%，而且宽度不宜过大，应控制在 40~50mm 为佳，以免翘曲变形。边框可以采用直角榫接合、榫槽接合和⌶形钉接合等。

◎ 空心填料

空心填料有栅状、格状、蜂窝状、波状、网状和卷状等多种形式，其中使用最多的是格状。

格状空心填料，使用胶合半条或者纤维板条经切口，纵横交错卡成格状芯材，称卡格芯板。首先，将胶合板或者纤维板边角料锯成宽度一致的窄板，其宽度应该与边框厚度相等或小于边框厚度的0.2mm，长度与边框内腔相应。然后，在多片锯机上开出切口，切口间的距离等于方格的尺寸，但是不得大于覆面材料厚度的20倍，以免覆面下陷。切口深度为条宽的1/2，还可再增加1mm，以确保板条可以卡下去。最后，按照要求加工好后，将它们交错插合成格状填料，放入木框即可。

1.4.4 板式家具部件弯曲

板式家具部件弯曲有两种类型，一种是薄板胶合弯曲，另外一种是锯槽胶合弯曲。

1 薄板胶合弯曲

薄板胶合弯曲工艺是指将涂过胶的薄板按要求配成一定厚度的板坯，放到模具中，然后通过加压弯曲、胶合和定型制得弯曲零部件的加工工艺。如图1-20所示为加工工艺流程。

薄板准备 → 干燥 → 剪切 → 拼接 → 涂胶 → 组坯 → 热压 → 陈放 → 联件锯解 → 钻孔、铣槽等 → 涂饰 → 装配成品

图1-20 薄板胶合弯曲工艺流程

◎ 薄板准备

选择薄板的时候，应该根据制品的尺寸、形状、使用要求等来确定。用作旋切单板的树种一般有水曲柳、桦木、柞木、椴木、柳桉等；用作刨切单板的树种有水曲柳、柚木等优质的树种。家具中的悬臂椅要求强度高、弹性好，可以选用桦木、水曲柳等树种。对于建筑构件来说，通常尺寸较大、零部件厚度大，可以选用松木、柳桉等树种。

◎ 涂胶

胶合弯曲的胶黏剂主要有三聚氰胺改性脲醛树脂胶、脲醛树脂胶、酚醛树脂胶等。在选择胶种时需要考虑使用要求及现有的工艺条件。

如室内用家具胶合弯曲件用胶从装饰性和耐湿性出发，要求无色透明，而且具有中等耐水性能，因而宜采用三聚氰胺改性脲醛树脂胶、脲醛树脂胶。假如是室外使用的家具，需要使用耐水、耐气候的酚醛树脂胶。涂胶量取决于树种、厚度以及胶黏剂，通常为150~200g/m^2（单面），常使用双辊、四辊涂胶机涂胶。

◎ 配坯

配制板坯方式与弯曲件的受力情况、使用要求有关。厚度相同的板坯，按照单板的厚度和弯曲件厚度以及胶合弯曲板坯的压缩率 y 来确定。

$$y=\left(1-\frac{h_1}{h_2}\right)\times 100\%$$

以上公式中 h_1 为胶合弯曲后板坯厚度，h_2 为胶合弯曲前板坯厚度。胶合弯曲的板坯压缩率要比平面胶压时大，一般为 y=8% ~ 30%。对于厚度不一致的板坯，需要配置不同长度或者宽度的薄板。

◎ 胶合弯曲成型

① 硬模胶合弯曲

硬模胶合弯曲是由一个阳模和一个阴模组成的一对硬模进行加压弯曲。阳模的表面形状与零件的凹面相吻合，阴模的表面形状与零件的凸面相配合，阴阳模之间的距离应该等于零件的厚度。硬模可以用金属模、木材或水泥制成，成批大量生产时采用金属模，内通蒸汽。木材硬模及水泥硬模用于小批量生产，可以使用低压电或者高频加热。

② 软模胶合弯曲

软模胶合弯曲是使用橡胶袋、橡胶管或者尼龙带等柔性材料制作成软模，代替一个硬模作压模，另一个硬模作样模来进行加工。加压弯曲时，往软模中通入加热和加压介质，如压缩空气、蒸汽、热水和热油等。在压力作用下，使板坯弯曲贴向样模。

软模胶合弯曲可以使各处受力均匀，但是橡胶袋容易磨损，设备比较复杂，所以主要用于形状复杂、尺寸较大的胶合弯曲部件。

③ 环形部件胶合弯曲

a. 连续缠卷法

多用于弯曲圆筒形部件，将薄板卷缠而成。

b. 压模内外加压法

在胶合弯曲前，按部件的弯曲半径和厚度确定板坯的长度和层数，将板坯各层涂胶后放入内外压模间，拧紧外圈螺栓，再从外部向外加压，使得板坯在压力下弯曲并且紧贴在外模内表面，保持压力到定型为止。再松开外圈螺栓，取出零件即可。

2 锯槽胶合弯曲

◎ 横向锯槽胶合弯曲

横向锯槽胶合弯曲是在人造板的内侧锯出多个横向槽口，经过加压弯曲工艺制成曲线部件。在家具生产中，主要用于制作曲率半径较小的部件。

在加工时，利用锯片横向锯出多个槽口，接着通过工具或机器加压弯曲而成，弯曲时首先应从中间开始，向两侧逐渐弯曲。

◎ 纵向锯槽胶合弯曲

纵向锯槽胶合弯曲是在方材毛料的一端顺着木纹方向锯出多个纵向槽口，经过加压弯曲工艺制成曲线部件。

在家具生产中，多用于制作桌腿、椅腿等部件。

在加工时，首先在立式铣床上安装一组锯片，在方材的一端沿着木材纹理方向锯出多个距离相等的纵向锯槽。接着将涂胶的单板插入槽中，再通过手工弯曲或机械弯曲等方式进行胶合弯曲。最后，待胶黏剂充分固化，即可制成弯曲工件。

◎ **碎料模压成型**

碎料模压成型工艺是将木质碎料混以合成树脂胶黏剂，加热加压，一次模压制成各种形状的部件或制品的工艺。

模压成型能压成各种形状、尺寸的零部件，例如，圆弧形、曲面、孔眼等。此外，门扇、箱盒、腿架等立体部件也能通过此种方式压成。

碎料模压成型主要有密封式加热模压法（如图 1-21 所示）、箱体模压法（如图 1-22 所示）和平面模压法（如图 1-23 所示）3 种，各方法的工艺流程相似，但是胶黏剂的用量、压力、温度和时间不同。

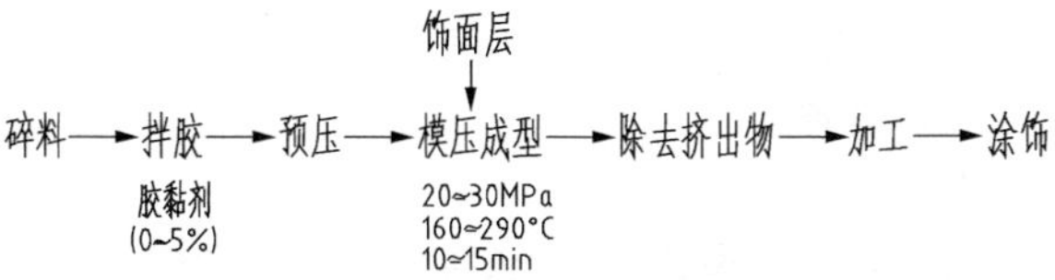

饰面层 ↓

碎料→拌胶→预压→模压成型→除去挤出物→加工→涂饰

胶黏剂 (0~5%)

20~30MPa 160~290°C 10~15min

图 1-21 密封式加热模压法

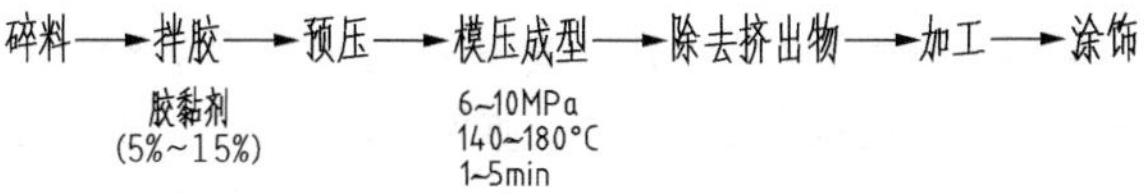

碎料→拌胶→预压→模压成型→除去挤出物→加工→涂饰

胶黏剂 (5%~15%)

6~10MPa 140~180°C 1~5min

图 1-22 箱体模压法

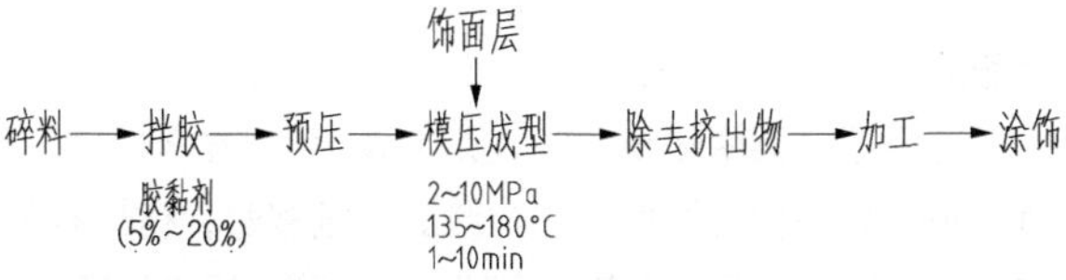

饰面层 ↓

碎料→拌胶→预压→模压成型→除去挤出物→加工→涂饰

胶黏剂 (5%~20%)

2~10MPa 135~180°C 1~10min

图 1-23 平面模压法

1.4.5 板式家具的部件加工

板式家具的部件经过贴面胶压后，还要对其进行再加工，如部件尺寸精加工、部件边部处理、部件钻孔与装件。

1 板式部件尺寸精加工

板式部件贴面后边部参差不齐，需要对其进行裁边加工，以获得平整光滑的边部与精确的长度、宽度。部件裁边的设备主要有带推车的单面裁边机与双面裁边机，这些设备都需要安装刻痕锯片。

刻痕锯片位于主锯片的下方前端，锯片厚度与主锯片锯口宽度相同，并处于同一切面上，两锯片旋转方向相反。在裁边时，先经刻痕锯片在部件的背面锯出一条深约1~2mm 切槽，切断部件背面的纤维，以免主锯片切割时产生撕裂或者崩裂现象。

因为刻痕锯片锯齿在部件背面的切削方向与部件的进给方向是一致的，即刻痕锯片锯齿的切削力与部件底面相平行，所以不会产生撕裂或者崩裂缺陷。

但是主锯片锯齿的切削方向与部件的进给方向相垂直，即切削力与部件底面相垂直产生向下的分力，所以当主锯片锯齿在锯切部件底面时，因为其纤维的刚度不足，在这个向下的分力作用下而产生撕裂或崩裂的缺陷。

2 板式部件边部处理工艺

◎ **封边法**

封边法是使用薄木条、单板条、木条、三聚氰胺塑料封边条、有色金属条、PVC 条、预浸油漆纸封边条等材料，与胶黏剂胶合在零部件边部的一种处理方法。

① 直线封边

直线封边通常采用直线封边机进行加工。先进的板件封边设备都是按照多工位、通过式原则构成的自动联合机，在这种机床上集中了多种加工工序，板件顺序通过，机器可以对覆面基材的边部进行预铣、胶合、裁端、粗修边、精修边、刮边、抛光等，实现全自动封边。

② 曲线封边

曲线封边是指对覆面板弯曲形边部的封边。假如封边材料为塑料封边带、薄木条时，可以使用曲直线封边机进行封边。曲直线封边机既可以封曲线边，也可以封直线边。

封曲线形零部件时，受到封边机上封边头直径的限制，内弯曲半径不能过小，通常加工半径应该大于 25mm。胶黏剂要使用快速固化的胶黏剂，所以成型面比曲直线更为复杂。封边条容易产生弹性恢复形变而脱胶，所以通常选用热熔胶。

③ 异型封边

异型封边是指覆面板成型面的封边，成型面的样式很多，以满足各类不同家具的需要。芯料一般使用刨花板、纤维板的覆面板，有的直接加工为成型面后进行封边处理。封边材料多为 PVC 封边带，也可使用刨切薄木或者装饰板条。

◎ **包边法**

包边法指用覆面材料对芯料进行覆面的同时进行封边处理，即覆面材料与封边材料为一体，覆面材料的幅面尺寸大于芯料的幅面尺寸，将周边多余的材料弯过来用于封边。包边材料常使用的有三聚氰胺塑料贴面板、三聚氰胺浸渍纸、单板和 PVC 等。胶种为改性的 PVAC 胶。

◎ 其他边部的处理方法

① 涂饰法

涂饰法是用涂料将板式零部件边部进行封闭，起到保护和装饰作用。该法常采用手工涂饰、喷枪喷涂和机器涂饰，所使用的涂料种类与颜色要根据板件贴面材料来选择。

② 镶边法

镶边法是在板式家具零部件的边部镶嵌木条、有色金属条或塑料条等材料的一种处理方法。

木条镶边，常采用榫槽或圆棒榫、胶相结合的方法，将木条制成榫簧或开圆孔，在覆面板被封边的面上加工出榫槽或多个圆孔，接着把榫簧或者圆棒榫插进榫槽或圆孔中，通过胶黏剂的胶接作用，将木条镶嵌在板式部件边部。

有色金属和塑料条的镶边是将镶边条制成倒刺，再在板式零部件的边部开出榫槽，将镶边条嵌入其边部。封边后，需要夹具适当加压夹紧，以增加结合强度，待胶固化后卸下。

1.4.6 板式部件钻孔与组件

因为板式家具部件之间通常采用连接件和圆棒榫进行连接，所以在部件上需要钻出各种连接件结合孔和圆榫孔。此外，安装拉手、衣棍座、铰链等配件时，也需要加工相应的孔。

连接件孔，用于各类连接件的安装，以紧固板件的连接。圆榫孔，用来安装圆榫，以定位各个零部件，并能起一定的支撑作用。引导孔，用于各类螺钉的定位并方便螺钉的安装。铰链孔，用于安装各类门的铰链。

为满足板件钻孔的要求，通常采用多轴钻床加工，以保证孔间的位置精度，孔径大小、深度一致。为了保证钻孔的精度和质量，现代板式家具零部件的钻孔一般采用多排多轴钻床来完成。钻头之间的距离为 32mm。

钻孔完成后，还需要向部分孔内安装预埋螺母等配件，以方便组装板件。接着对部件表面凹凸、毛刺、压痕、木屑等进行处理。对于贴面材料为胶合板、薄木、单板的覆面板，其表面及边部还需要进行修整处理，以提高光洁度，最后把成套部件进行包装、储存。

1.5 软体家具制造工艺

沙发是软体家具的代表，不同种类的沙发，其框架结构、制作材料即生产工艺都不尽相同。本节以沙发为例，介绍软体家具的制造工艺。

1.5.1 沙发制作的工艺流程

沙发框架制作的主要工序包括选料、配料、下料、刨料、组框、打磨。在加工的过程中，需要严格地按照各个工序的要求来进行施工，以保证框架制作地质量。

沙发的框架结构材料以木质为主，典型的木质框架沙发制作工艺流程如图 1-24 所示。

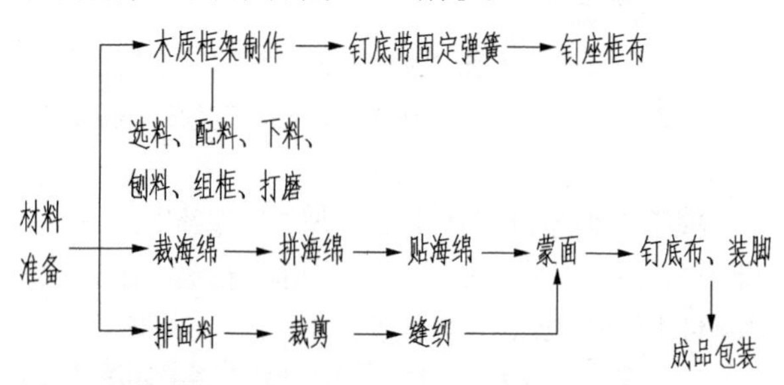

图 1-24 木质框架沙发制作工艺流程

1.5.2 木质框架制作

木质框架制作包括材料准备、框架钉制两个步骤。本节介绍木质框架制作的工艺流程。

1 材料准备

◎ 选料

根据沙发的设计标准来选择木质材料。外露部位的材料，应选择纹理美观、质地较好的实木材料，将有节疤等其他缺陷的木料安排在看不见的位置。受力较大的部件材料，应选择木质坚硬、弹性较好的木料。弯曲零件的材料，应采用与之匹配的弯曲木材。选择人造板时，要保证其具有足够的强度与握钉力。

◎ 配料

先配置框架中较长、较大和主要部件的材料，再配置较短、较小和次要部件的材料。在锯截时，材料要留有一定的加工余量，避免太短而造成浪费。通常情况下，部件长度的加工余量应比设计尺寸多预留 10mm 左右。宽度、厚度的加工余量应该在设计尺寸的基础上放宽、放厚 5mm 左右。

◎ 下料

实木下料时，直线形的木料可在圆锯机上切割加工。在实际生产时，弯曲件常用细木工带锯机锯制，但是木材利用率较低，并且会造成木材的纤维被切断，致使加工的零部件强度降低。此外，纤维端头暴露在外面，铣削质量和装饰质量较差。但方材的胶合弯曲可以克服以上的缺点，被广泛利用。

人造板下料时，应先制作好放样用的样模，再把样模放在人造板上画线，接着利用带锯机等设备按照画好的线进行下料。

◎ 刨料

很多框架都是长方形木料，所以可以通过刨削方式进行加工，应顺着木纹方向刨削。刨光后，有些外框架需要加工出一些成型槽、榫头、榫眼、花纹等，可以相应的选用镂铣机、雕刻机、开榫机进行加工，最后打磨光滑。

2 框架钉制

实木沙发框架钉制

① 靠背上横档

主要用于头颈部枕靠和放软体材料，使沙发上端部位平直柔软。

② 靠背侧立板

主要用来连接座框，并起到支承、定型作用，形状要根据沙发侧面的造型来定。

③ 靠背中横档

主要用来组装靠背，并支承固定弹簧、海绵等辅材。

④ 扶手上档

主要用来连接扶手的前后立柱，并放置泡沫塑料或弹簧，在蒙皮后使扶手饱满、富有弹性，方便放手。

⑤ 扶手后立柱

主要用来连接座框下端和靠背侧立板，并使扶手成形，扶手后立柱形状应根据扶手形状来定。

⑥ 扶手塞头立档

在包制沙发扶手时，用于绷紧麻布。面料和着钉等，又称钉布档。

⑦ 外扶手上贴档

主要起拱面成形的作用，以保证扶手的结构。

⑧ 外扶手下贴档

主要用来钉里、外扶手面料。

⑨ 扶手下横档

主要用来绷紧麻布与面料，并进行钉接合。

⑩ 沙发座框

用于承力，主要部件都安装在座框上，形成沙发整体。

⑪ 沙发脚

沙发脚的样式很多，有的以支架形式用木螺钉紧固在沙发底座框上，有的直接用榫结构形式接合在沙发底座框上，有的用脚轮固定在沙发底座框上。

⑫ 底座弹簧固定档

用来安装弹簧，一般选用 25mm × 25mm 的木料。

⑬ 扶手前立柱

与扶手后立柱一样，用来确定沙发扶手的结构，样式很多。

⑭ 靠背下横档

主要使麻布和面料绷紧时承受钉接合。

人造板与实木结合的沙发框架钉制

① 靠背框架

靠背框架主要由靠背上望板、靠背侧立板、靠背耳板等多层板和靠背前后横档、靠背中撑、靠背斜撑、靠背纵撑等实木条所组成。

a. 靠背上望板

主要用于沙发靠背顶部造型，连接靠背两侧的立板和放软体材料，厚度通常为 9~18mm。

b. 靠背侧立板

主要用于沙发靠背侧面造型，连接靠背上望板和底座框架等。

c. 靠背耳板

主要用于沙发靠背造型，组成耳框，连接在靠背上望板和靠背侧板上。

d. 靠背前后横档

主要用于连接两块靠背侧板，以增加靠背结构强度与稳定性。

e. 靠背中撑

主要使靠背框架在垂直方向上起到连接与支承的作用。

f. 靠背斜撑

主要起稳定性作用，钉制时要与两块靠背侧立板的斜边平行，两端固定于靠背上望板与靠背前下横档上。

② 座框框架

座框内结构框架主要由座前望板、座侧望板、座后横档、座斜撑、座纵档、座前横档和座侧纵档等组成。

a. 座前望板

两端分别连接于座侧望板，连接部位使用木塞加固。

b. 座侧望板

两端分别连接于靠背侧立板和座前望板，要与座前望板的端部对齐。

c. 座后横档

两端分别连接于座侧望板，距离座侧望板上边部 5~10mm，同时在中部使用座斜撑加固。

d. 座前横档

固定在座前望板的内侧，一般分为上、下两根，用来增强座前望板的强度与稳定性，上下横档要与座前望板上下边缘平齐。

e. 座前纵档

固定在座侧望板的内侧，一般也是上、下两根。

f. 座斜撑

两端分别连接于座后横档与座纵档，起到稳定座框的作用。

g. 座纵档

前端固定在座前横档上，后端沿着靠背中撑连接到沙发座框底部的后档上，并对座框中部的望板进行加固。

③ 扶手框架

扶手内结构框架主要由扶手立柱板、扶手上档、扶手横档等所组成。扶手立柱板主要用于沙发扶手的造型，一般用厚度为 18mm 的多层板。

扶手上档用于连接扶手前后立柱板，并放置软体材料，增加扶手的舒适性。扶手横档，用于连接扶手前后立柱板，钉制在扶手立柱板的边缘，距边缘为 5~10mm。

1.5.3 绷带钉制

座框、靠背框架通常都会钉制绷带，以增加沙发的舒适性，经常用到棉织绷带、麻织绷带、橡胶绷带、塑料绷带等。

◎ 钉制底座绷带

使用枪钉或者圆钉把绷带固定在前望板上，从中间向两边钉起，钉绷带时留出 30~40mm 的折头倒折回来再钉，以加强绷带钉制的牢固度。

把在前望板上固定好的绷带拉向后望板拉紧，拉紧方式有手工拉紧、紧带器拉紧、松紧带自动张紧机拉紧等，其中手工拉紧方式比较方便。

将绷带拉紧后用钉固定，同时留出 30~40mm 的绷带折头，剪断后再将折头倒折回来又钉。假如绷带拉得太紧，钉子可能被拽松或在长期受力下降低绷带强度，因此可以用手压一下绷带，有弹性便可。

使用相同的方式来钉制旁望板间的绷带，每根绷带都要求保持挺直、间隔均匀，其间距为 15~40mm 为佳。纵向、横向都要钉制绷带，而且需要穿插交错呈“井”字形，以便提高强度和重量分布的均匀性。

◎ 钉制靠背绷带

靠背绷带对强度的要求较低，可以使用普通棉织绷带或者强度较低的麻织绷带，而且目前多以松紧带为主。因为靠背框架形状变化较多，因此在钉制绷带时基本都采用手工拉紧的方式。

根据软体家具的摆放位置、框架结构的实际情况，可以水平或者垂直钉制绷带。通常情况下，靠背只使用垂直绷带，当靠背特别高时，可以使用 1~2 根水平绷带。假如靠背特别弯时，则要尽量避免使用水平绷带，以免使靠背变形走样。假如靠背是盘簧结构，则采用纵横交错的绷带，才可满足支承弹簧的强度要求。

◎ 钉制扶手绷带

钉制扶手绷带一般钉在扶手内侧，主要用于形成支承填料和包布层的基底，以完成扶手的包垫。因为扶手绷带强度要求不高，所以一般采用棉织绷带，也可以使用大块麻布或棉布代替多根绷带。在钉制时也要用手拉紧，扶手绷带可垂直安装或水平安装。

1.5.4 弹簧的固定

弹簧的固定方式有多种，本节介绍蛇簧固定与盘簧固定与绑扎的方法。

1 蛇簧的固定

沙发中的蛇簧用来制作坐垫和靠背的支承面，尤其是坐垫支承面。蛇簧呈拱形，中部凸起 20~30mm，这样有利于承托载荷（即人体重量）时有较好的回弹空间，同时受力也能较好的分配。

安装蛇簧时，要求在不受力的情况下呈向上的弓形，其次要求边框必须坚固结实，所以安装蛇簧的零件至少要 25mm 厚，以避免蛇簧受力时向内压弯。

首先按照沙发框架的尺寸要求将蛇簧截成一定的长度，必须在 U 形的中心点截断，蛇簧截断后，端部必须弯头向里，以防止端部从装配夹子中脱落出来。接着把三角扣一侧钉在框架上。最后挂上蛇簧，并用钉子再加固三角扣。固定蛇簧的蛇簧扣应该打在距离实木方材内侧的 3mm 处。

蛇簧、绷带一般分别横、纵向钉接到座框上方。通常先钉接蛇簧，再钉接绷带。每条蛇簧间距为 130~150mm。每条绷带必须以穿插的形式固定在蛇簧上，以保证使用中相互位置不发生错动。绷带宽为 75mm，间距为 110~130mm。

每条绷带的拉力必须均匀，内空在 500mm 情况下，以拉长 170mm 为标准。每条绷带上用枪钉 45° 斜打两排，每排五六颗枪钉，绷带必须用刀片齐平木架外边割平。

2 盘簧的固定与绑扎

◎ 盘簧的固定

固定盘簧的方式根据基底的不同而不同，底座和靠背基底可分为绷带基底、网式基底、板条基底、板式基底 4 种类型。

① 绷带基底

绷带基底由纵横交错的绷带组成，盘簧一般直接固定在绷带基底上，绷带基底可以用双头直针或弯针引鞋线缝固盘簧。凡是沙发的软边结构，如全软沙发和半软沙发，都需要使用弹簧边钢丝结构，即钉扎钢丝或藤条。用于固定、连接框边盘簧，使得边部盘簧与座面中间的盘簧相互牵制配合，并使软边盘簧受力一致，既富有弹性又保持沙发的轮廓。

② 网式基底

使用铁丝网作为基底时，把网片放入框架内，其四边与木框有 100mm 左右的空隙，然后用拉簧将网片与木框连为一体。盘簧则用射钉固定在网片上，也可用弯针穿鞋线或麻绳绑在网片上。

铁皮条做基底时，在框架底部用铁皮条穿交叉呈“井”字形，铁皮条之间不仅要交叉，同时还要与弹簧的底圈交叉，并使用钉子把铁皮条固定于框架上。

③ 板条基底 / 板式基底

板条基底是将木板与座框连成一体，用于支承盘簧。板式基底是在座框上钉上整块实木板或其他人造板，形成实心的基底。

这两种基底形式比绷带基底要牢固可靠，但是弹性、舒适性不如绷带基底。盘簧在板条基底或板式基底上一般采用骑马钉或射钉固定，也可采用钢圆钉弯曲固定。在盘簧下加一块软质材料可以减少盘簧与木板摩擦时所产生的噪声。

◎ 盘簧的绑扎

盘簧固定后，要使用蜡绳将盘簧绑扎在木框上，使其不会左右移动。

① 弧面座的绑扎

弧面座的座边是倾斜的圆边，在绑扎盘簧时，通常采用纵横二向绷绳。在绑扎弧面座盘簧时可以采用回绑或不回绑的绑扎法，回绑法又可分为单股绷绳回绑法和双股绷绳回绑法。

回绑法是由两根平行绷绳构成的，一根绑在靠近木框的弹簧顶圈上，另一根绑在同一弹簧顶圈的下面一圈（即第二圈）上。采用回绑法可以使得弧面座的外圈盘簧顶部绑斜，以使座框四边绑圆，形成弧面。

绑扎盘簧需要打结，方式有绕结和套结。绕结方便绑好每行之后调整盘簧。但是套结比较稳定耐久，不像绕结那样容易滑动，并且能在某处绷绳断开后，保持其他绳扣不松。

② 平面座的绑扎

平面座的边部与座面垂直，边部棱角比较方直。其绑扎方式与弧面座类似，但是绑扎盘簧采用单股绷绳，有时候采用斜向绷绳，即“米”字形绷绳。回绑时，开始是用下面一根绷绳在盘簧从顶往下数的第三圈的外侧上。

在平座的前边，有时连同侧边一般设有一根弹簧边钢丝。前排盘簧在绑扎时，需要均匀地向外倾斜，使得每个盘簧顶圈最外侧和木框前望板外侧都在同一垂线上。

假如侧边也采用软边钢丝结构，那么侧边的盘簧也必须做同样处理。弹簧边钢丝与盘簧顶圈的连接方式可以采用专用铁卡子固定，或者用麻绳绑扎。

铁卡子可以采用专用的卡箍钳夹紧。麻绳绑扎采用双股麻绳绕扎排线，长度为 35mm，扎紧扎牢后打死结。

③ 靠背的绑扎

绑扎靠背盘簧采用纵横二向绑扎法或回绑法，绑扎时一般先绑纵向，从中间的一行下端开始，绑完纵向再绑横向。

1.5.5 打底、填料以及海绵加工

打底、填料以及海绵加工是沙发制作的一道重要工序，该工艺执行结果的好坏，直接关系到沙发的质量与外观。

1 打底

沙发打底材料常常采用麻布，在弹簧结构的沙发中用来覆盖弹簧，在非弹簧结构沙发中覆盖绷带。

① 覆盖弹簧

麻布层既可为上面铺装填料提供基底，形成一个能在弹簧上面铺装、缝连填料的表面，又可防止填料散落到弹簧中去。钉麻布层时要拉紧拉平，但是不能压缩弹簧，不然麻布层长期受力会容易磨损。

钉麻布层时要向内折边 15mm 左右，并且需要处理好前角、后角及与扶手的交接处。钉子一般采用鞋钉或射钉。钉好麻布层后还应该用弯针引线将麻布层与弹簧缝连在一起，使得麻布层不发生位移。

② 覆盖绷带

非弹簧结构分为中空木框和实心模板，中空木框的软垫一般采用绷带结构，绷带结构需要在绷带上覆盖一层麻布，或者其他底布，以为铺装填料提供基底。

2 铺装填料与钉衬层

钉上麻布层，安好软子口后，便可进行填料铺装。

首先，确定第一层填料的铺装厚度。第一层填料厚度一般不小于 25mm。铺上后可以用手试压填料，以感觉不到弹簧为准，该层填料一般选用质量较次的材料。铺匀后，使用弯针穿线将填料缝到麻布上，可以使用任意针角或回形针脚缝固，以保证填料平整不移位为准。

接着，在第一层填料上，再铺一层质量较好的填料。第二层的厚度应该不小于第一层填料厚度的四分之一，一般要求与软子口平齐，但是不盖住软子口，第二层填料不缝。

最后，在第二层填料上再盖上一层薄薄的棉花，假如使用软子口，这层棉花就应该将软子口盖住，假如不使用棉花，也可以使用一层薄泡沫。

填料层铺好之后，使用棉布将填料和棉花层覆盖住。棉花层可以根据具体需要来取舍，如采用棉布层，可以给面料包蒙提供一个好的基底，并且有利于用拔针将填料整理得平整均匀。

3 海绵加工

① 海绵切割

在切割海绵时，首先在海绵上画线，接着用长刀或者海绵切割锯进行切割，生产效率比较低。假如是批量

生产，则可使用先进设备，如海绵平切机、海绵纵切机等。首先按照样板画线，接着对海绵进行切割加工。切割完毕后，用手触摸，没有粗糙感即可进入下一道工序。

② 海绵造型

根据沙发的特殊造型制作海绵作为内芯，必须粘牢。

③ 海绵粘贴

在粘贴海绵之前，木架上和海绵上都喷上胶水，喷胶要均匀。稍干后将海绵贴到木架上，表面无胶水、无硬结。然后开始粘贴海绵，通常情况下，首先粘贴薄、硬的海绵，再粘贴厚、软的海绵。

④ 海绵修整

使用毛刷对海绵各边进行修整，将切割后的毛刺等处理掉。

1.5.6 沙发的蒙面工艺

沙发的蒙面工艺分为两个步骤，首先制作面料，接着包蒙沙发面料。

1 面料制作

① 排料

a. 面料的纹理

排料时面料按布幅直排，由上向下，扶手由里向外，外扶手、大外背均随里背顺向。但是必须根据面料具体纹理和花纹决定，如房屋、人物、花鸟等均以不颠倒为原则。

b. 绒毛的倒顺

需要注意灯芯绒、丝绒、平绒等绒类面料绒毛的倒顺。通常情况下绒毛顺向应由上向下，底座由里向外，扶手面由后向前，这样绒毛的顺向就与人体移动方向一致，以利于保持绒料的光泽。扶手前柱、座围边、外扶手、大外背均由上向下，与主体光泽保持一致。

c. 对花、对图案

采用有规律、有主次花纹图案的面料时，一般需要将花与图案对正，不能发生错位，特别是成套沙发，更加需要注意花和图案的对正，这样会使沙发显得雅致大方。

d. 色差

沙发假如出现两种或两种以上的深浅色差，就会使人产生不协调的感觉，因此需要注意面料的色差。

e. 排料

排料时要包括塞头、缝头、钉边的余料，排好料后将每块面料剪开。

② 裁剪

根据产品产量可以选择采用手工裁剪或机械裁剪，剪裁时需要考虑面料的特性、质地等，适当的缩放尺寸。需要留出缝头或者钉边余量，面料缝头留 10mm，皮革类缝头留 8mm。

沙发各部位都有凸度，而且背、底、扶手均有塞头布，假如余量不足，各塞头处就会产生露塞头布的现象，从而影响美观。因此除了对各部件方折叠边之外，对一般面料靠背上端需要留出 80~100mm 的余量，底座上角边机扶手里塞头处留出 50~60mm。

拉手布和塞头布需要使用牢固的布料，其尺寸根据各部位之间的间距尺寸来确定。沙发靠背、底座中间多有凸度，大外背呈平整状，为了使其轮廓清晰饱满、嵌线挺直，必须剪去面料角部的一部分，一般宽度为 8~10mm，长度为 130~150mm。

③沙发面料的缝纫

面料的缝纫方法有试缝、暗针和暗钉。

试缝就是将两块面料临时缝在一起，采用试缝主要是帮助面料定位，方便检查、调整。试缝可使用别针或者宽的针脚来缝，等待正式缝合后应该拆去试缝的别针或缝线。

暗针的缝线不应该露在沙发面外，经常用于沙发面外露部位的手工缝合。暗钉是用于有木框部位的面料钉固，钉好的面料外表看不见钉帽。

座包外套综合缝制工艺有锁边、铲皮、压棉等。

a. 锁边

布料由于是由线纵、横编织而成，使用久了边部就会脱线、散口。所以，通常先用锁边机将每块布料锁边，接着再将布料之间缝纫起来。但是真皮、人造革面料则不需要锁边。在锁边时，双手控制布料，不要左右摆动，待锁完边后剪去锁边线头。

b. 铲皮

对于一些厚皮，因为在缝纫时需要缝边，边部厚皮重合到一起将会影响视觉效果，所以有时候需要将缝边处的真皮背部先用铲皮机铲薄，使用粗糙的砂轮磨掉内侧部分真皮纤维。皮边宽度根据不同的要求来定，通常情况为 25mm。

c. 压棉

将裁好的皮料或者布料与纤维棉对齐，皮或者布料在上、纤维棉在下，均匀压送至缝制机，压棉缝门为 5mm。因为纤维棉柔软，将纤维棉缝在紧贴真皮内侧、海绵外，可以保证沙发使用时视觉饱满、触觉柔和。缝制完成后，使用剪刀修去多余的纤维棉。

d. 拼接

双手将两块皮或布合并在一起，压送至缝纫机，必须保证上、下皮料或者布料吃进速度一致。缝制时应该随时检查对齐剪口，以免发生错位。剪口是在每块皮、布外边缘剪出的三角形缺口。假如没有剪口，在真皮面上依照模板画线、裁开后，因为每块料是独立的，因此在缝纫时找寻、对位难度很大。所以，每块料边缘都会开剪口，而且缝纫在一起的面料剪口位置重合。在缝纫时，两块面料之间的边部要重叠，通常会在面料的外围有 12mm 左右的缝纫宽度，厚皮的缝纫宽度要加大到 20mm 左右。

e. 压线

对于接口处的较厚缝口要切角，以免影响正面视觉效果。注意不要将车线头剪断，以免脱线。两手配合将皮分开整平，一手拿皮，另一手抽线，双手配合拎起面底线打结。在厚皮缝纫后边部需要弯曲的，缝纫好了之后，还需要在内侧弯边处较密集地进行剪开，以免真皮套包正面发生变形。

f. 检验

检查工艺褶皱是否均匀对称。检查皮、布件是否有跳线和明显浮线，走线是否平直、顺畅、无线头。暗线缝口为 12~15mm，双面压线相距 10mm，接缝居中，单边线距接缝 5mm，针距 4~6mm。注意布色颜色是否一致，有无明显色差，布料图案是否对称。

2 沙发的包蒙

在包蒙沙发面料时，通常是先包底座、再包扶手，接着包内背、外背，因沙发款式的不同，包蒙的流程各异。

① 底座包蒙

底座包蒙可分为两种样式，一种是封闭式，另一种是敞开式。封闭式底座又可细分为两种，一种是座面上配有软垫，座面为不可见部分，因此这部分不需要使用面料，可使用其他结实价廉的布料来代替。另外一种情况是座面上不带软垫，座面为可见部分，除了拉手片其余都应该采用面料。

② 扶手包蒙

底座面料包好之后，接着包扶手面料。根据扶手样式的不同，可以将扶手包蒙的样式分为 3 种，分别是用一块面料包蒙、用两块面料包蒙（分内扶手、外扶手两块面料）、用 3 块面料包蒙（分内扶手、外扶手、扶手面 3 块面料）。

扶手前柱头面料的包蒙可以分为两种样式。一种为铺装软垫，先在扶手前柱头上钉麻布层，在其四周钉一圈软子口，装上填料并且钉牢，接着蒙扶手前柱面。

另外一种是通过嵌线把扶手面料块、内扶的面料块以及扶手前柱面料缝在一起，再包蒙到扶手上。包蒙时扶手前柱头面料向下拉，扶手面料块向后并且向下拉紧，内扶手面料块应向里并向下拉紧钉牢，接着再包蒙外扶手面料块。

包蒙时先将连接在扶手前柱头上的嵌线拉直，使用鞋钉或者射钉将嵌线缝头固定在扶手前柱头侧面外扶手的交界线上，再压上硬纸板条或胶合板条。

将外扶手的面料翻面，上端毛边向下，同样压上硬纸板条，压硬纸板条时需要注意鞋钉钉头要与纸板边缘对齐，鞋钉不能压得过死，以免面料起筋花和轮廓线条不直。

接着把面料翻过来，前边与嵌线吻合，下边与后边均钉在沙发底座档和背立柱上，再使用暗针封口。

③ 靠背包蒙

靠背包蒙，分为敞开式与封闭式两类。包蒙靠背面料时，首先把填料和棉花衬层铺钉到麻布层上，再将内背面料铺在棉花衬层上，并且将靠背上边的面料试钉住，钉缝时从框中间向两边加钉，边钉边平整褶皱。

接着把内背面料两侧和底部的拉手片从塞头档与框架之间拉到外背，拉紧至足以使内背面料张紧并平滑为止，将它们钉到框上并且剪掉多余的拉手布。

最后检查内背，符合要求后将靠背上边的钉钉牢并剪去边部多余的面料。

1.5.7 软垫的制作

软垫的种类很多，主要分为泡沫软垫、弹簧软垫、填料软垫、泡沫与弹簧混用的软垫。

1 制作泡沫软垫

泡沫软垫是现代沙发中最常用的软垫，其加工方便、成本低廉。

软垫的尺寸必须在座子的最宽和最深部分量取，其最深尺寸为内背上的最远边到前面的相应点，宽度尺寸为两扶手内侧之间的尺寸。采用 T 形软垫时，必须量取框架前面两外边之间的距离作为第二个尺寸，边部的垂直宽度取决于软垫的厚度。宽度确定之后，将尺子端头置于后边的中间，测量出环绕软垫四边的边条长度。

量取了软垫的尺寸后，裁剪出纸样，并在各边上至少留出有 100mm 的余量作为最后调整之用。将纸样放在座子上，使用铅笔沿内扶手与内背包布曲线所构成的式样边缘画一道线。接着使用直尺将式样的线条画直，使夹角之间的软垫边呈一直线。需要注意的是所有边部都要预留有 13~19mm 的余量作为缝头，缝好后修剪掉余量外边所有的多余纸料。纸样做好后，放到布料上剪裁。

2 制作弹簧软垫

弹簧软垫通常采用布袋弹簧组成的弹簧芯子，铺上填料，外包面料制作而成。制作弹簧软垫的包布弹簧通常较小，弹簧高度与直径通常都小于 100mm。制作弹簧软垫的步骤如下所述。

确定与软垫相匹配的行数，接着将各行缝在一起，构成一个符合规格的弹簧构件，每一行软垫布袋簧都要单独地包在棉布布袋中。

将棉布内套的围边与底边缝合在一起，再使用一层 40~50mm 厚的填料铺盖到棉花层上，摊开填料使其分布均匀，再将布袋弹簧构件放到这层填料的上面。

在弹簧构件上面摊铺一层棉花将其覆盖，最后将其缝上。

3 制作填料软垫

填料软垫是使用羽毛、绒毛或动物毛填充的软垫，要有里衬，以防止填料透过面料穿出来。最好是分为几个部分来填充，可以放置填料从软垫的一头滑到另一头。

填料软垫的制作步骤如下所述。

使用棉布作内套，按软垫尺寸裁剪顶、底、围边，裁剪时需要留有缝边余量。

为了防止填料产生滑移，可以在内套的中间加缝隔布条。隔布条与顶片、底片缝合在一起。将内套的顶面、底面与围边缝在一起，先缝前边和侧边，后边留口，作为填充填料之用。隔布条的长度必须跨过套子的内腔，并且附加余量，以方便缝到软垫前后边壁的内侧上，接着再沿软垫四周将边条缝到底子上。

填充填料。填料在内套中要填塞均匀，结实，结块的填料要先弄松散再填塞。接着将后边留的口缝上，为了防止软垫在使用时填料移动成团，除了在内套的中间加缝隔布条外，还可以在内套外面穿过套子缝几针或打扣，将填料适当固定，缝针时不要将缝线拉得太紧。

内套软垫做好后，再裁缝面套。面套的裁缝与内套相似，也分顶面、底面和围边，但是缝合一般需要加缝嵌线，将接缝遮住。处理面套的图案时要将图案放正，例如，在裁剪条纹布时，必须将条纹垂直于软垫底边或平行于侧边。

4 制作泡沫与弹簧混用的软垫

在制作泡沫与弹簧混用的软垫时，首先把木质基底加工成凹形，钉上绷带、放入弹簧。再使用麻布将其覆盖，把泡沫铺在麻布上。最后在上面覆一层棉布或在泡沫上直接包蒙面料，即可以完成软垫的制作。

第2章 AutoCAD 2016入门

AutoCAD是由美国Autodesk公司开发的通用计算机辅助设计软件。在深入学习AutoCAD绘图软件之前，本章首先介绍AutoCAD 2016的启动与退出、操作界面、视图的控制和工作空间等基本知识，使读者对AutoCAD及其操作方式有一个全面的了解和认识，为熟练掌握该软件打下坚实的基础。

2.1 AutoCAD的启动与退出

要使用AutoCAD进行绘图，首先必须启动该软件。在完成绘制之后，应保存文件并退出该软件，以节省系统资源。

1 启动AutoCAD 2016

安装好AutoCAD后，启动AutoCAD的方法有以下几种。

◆【开始】菜单：单击【开始】按钮，在菜单中选择“所有程序|Autodesk| AutoCAD 2016-简体中文（Simplified Chinese）| AutoCAD 2016-简体中文（Simplified Chinese）”选项，如图2-1所示。

◆与AutoCAD相关联格式文件：双击打开与AutoCAD相关格式的文件(*.dwg、*.dwt等)，如图2-2所示。

◆快捷方式：双击桌面上的快捷图标，或者AutoCAD图纸文件。

图2-1 【开始】菜单打开AutoCAD 2016

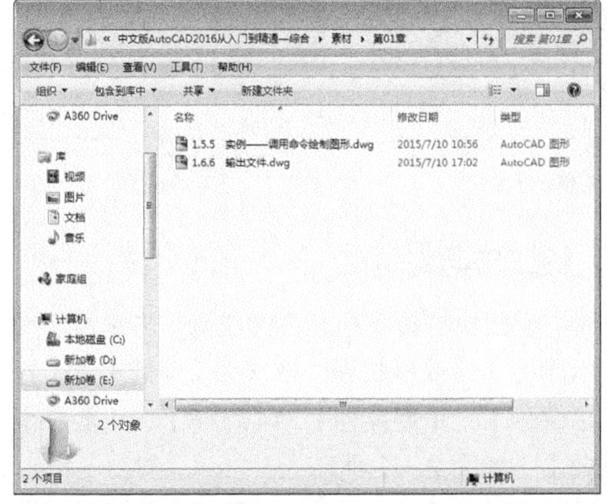

图2-2 AutoCAD图形文件

AutoCAD 2016启动后的界面如图2-3所示，主要由【快速入门】、【最近使用的文档】和【连接】3个区域组成。

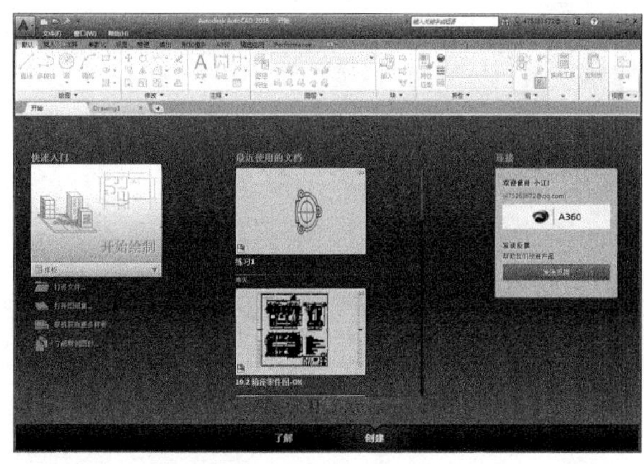

图2-3 AutoCAD 2016的开始界面

◆【快速入门】：单击其中的【开始绘制】区域即可创建新的空白文档进行绘制，也可以单击【样板】下拉列表选择合适的样板文件进行创建。

◆【最近使用的文档】：该区域主要显示最近用户使用过的图形，相当于“历史记录”。

◆【连接】：在【连接】区域中，用户可以登录A360账户或向AutoCAD技术中心发送反馈。如果有产品更新的消息，将显示【通知】区域，在【通知】区域可以收到产品更新的信息。

2 退出AutoCAD 2016

在完成图形的绘制和编辑后，退出AutoCAD的方法有以下几种。

◆应用程序按钮：单击应用程序按钮，选择【关闭】选项，如图2-4所示。

◆菜单栏：选择【文件】|【退出】命令，如图2-5所示。

◆标题栏：单击标题栏右上角的【关闭】按钮，如图2-6所示。

◆快捷键：Alt+F4或Ctrl+Q组合键。

◆命令行：QUIT或EXIT，如图2-7所示。命令行中输入的字符不分大小写。

图 2-4 【应用程序】菜单关闭软件

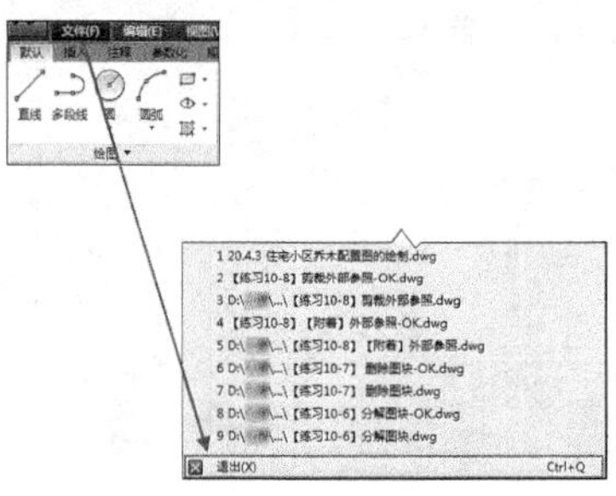

图 2-5 菜单栏调用【关闭】命令

图 2-6 标题栏【关闭】按钮关闭软件

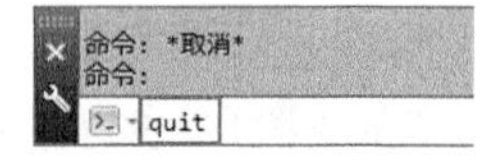

图 2-7 命令行输入关闭命令

若在退出AutoCAD 2016之前未进行文件的保存，系统会弹出图 2-8 所示的提示对话框。提示使用者在退出软件之前是否保存当前绘图文件。单击【是】按钮，可以进行文件的保存；单击【否】按钮，将不对之前的操作进行保存而退出；单击【取消】按钮，将返回到操作界面，不执行退出软件的操作。

图 2-8 退出提示对话框

2.2 AutoCAD 2016操作界面

AutoCAD 的操作界面是 AutoCAD 显示、编辑图形的区域。AutoCAD 的操作界面具有很强的灵活性，根据专业领域和绘图习惯的不同，用户可以设置适合自己的操作界面。

2.2.1 AutoCAD 的操作界面简介

AutoCAD 的默认界面为【草图与注释】工作空间的界面，关于【草图与注释】工作空间在本章的 2.5 节中有详细介绍，此处仅简单介绍界面中的主要元素。该工作空间界面包括应用程序按钮、快速访问工具栏、菜单栏、标题栏、交互信息工具栏、功能区、标签栏、十字光标、绘图区、坐标系、命令行、状态栏及文本窗口等，如图 2-9 所示。

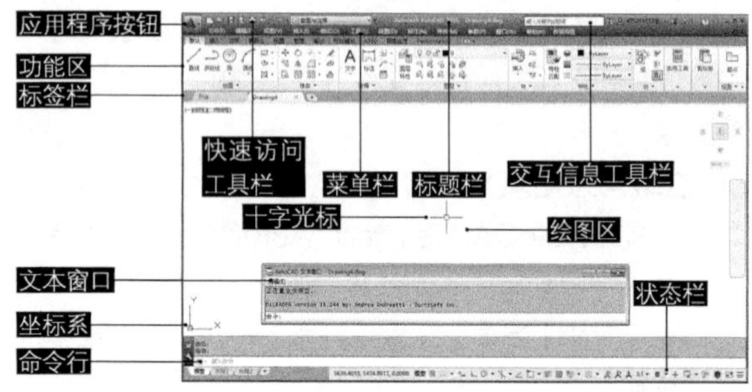

图 2-9 AutoCAD 2016 默认的工作界面

2.2.2 应用程序按钮

【应用程序】按钮▲位于窗口的左上角，单击该按钮，系统将弹出用于管理 AutoCAD 图形文件的菜单，包含【新建】、【打开】、【保存】、【另存为】、【输出】及【打印】等命令，右侧区域则是【最近使用文档】列表，如图 2-10 所示。

此外，在应用程序【搜索】按钮左侧的空白区域输入命令名称，即会弹出与之相关的各种命令的列表，选择其中对应的命令即可执行，效果如图 2-11 所示。

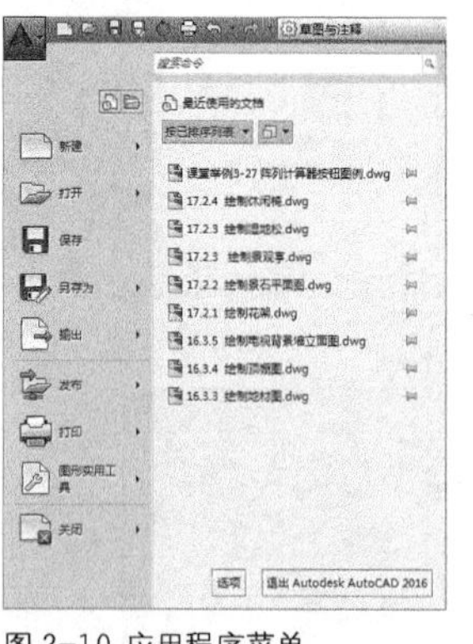

图 2-10 应用程序菜单

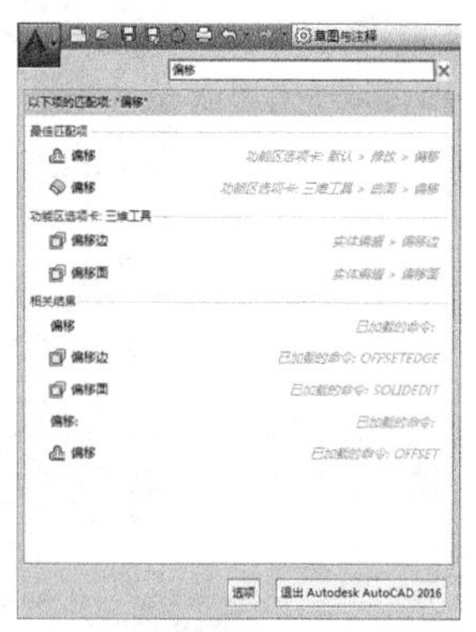

图 2-11 搜索功能

2.2.3 快速访问工具栏

快速访问工具栏位于标题栏的左侧，它包含了文档操作常用的 7 个快捷按钮，依次为【新建】、【打开】、【保存】、【另存为】、【打印】、【放弃】和【重做】，如图 2-12 所示。

可以通过相应的操作为【快速访问】工具栏增加

或删除所需的工具按钮，有以下几种方法。

◆单击【快速访问】工具栏右侧下拉按钮，在菜单栏中选择【更多命令】选项，在弹出的【自定义用户界面】对话框选择将要添加的命令，然后按住鼠标左键将其拖动至快速访问工具栏上即可。

◆在【功能区】的任意工具图标上单击鼠标右键，选择其中的【添加到快速访问工具栏】命令。

而如果要删除已经存在的快捷键按钮，只需要在该按钮上单击鼠标右键，然后选择【从快速访问工具栏中删除】命令，即可完成删除按钮操作。

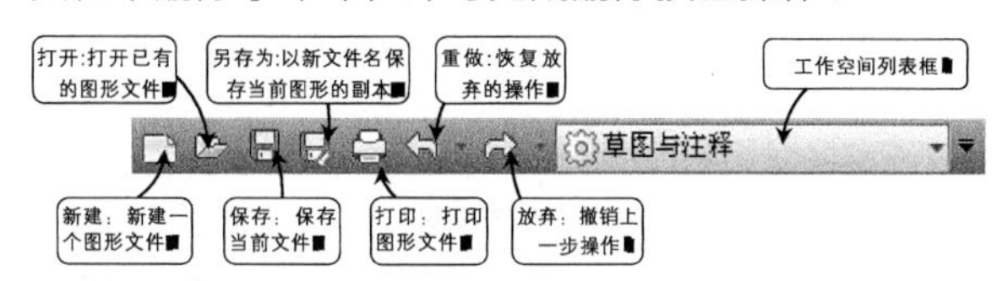

图 2-12 快速访问工具栏

2.2.4 菜单栏

与之前版本的 AutoCAD 不同，在 AutoCAD 2016 中，菜单栏在任何工作空间都默认为不显示。只有在【快速访问】工具栏中单击下拉按钮，并在弹出的下拉菜单中选择【显示菜单栏】选项，才可将菜单栏显示出来，如图 2-13 所示。

菜单栏位于标题栏的下方，包括 12 个菜单：【文件】、【编辑】、【视图】、【插入】、【格式】、【工具】、【绘图】、【标注】、【修改】、【参数】、【窗口】、【数据视图】，几乎包含了所有绘图命令和编辑命令，如图 2-14 所示。

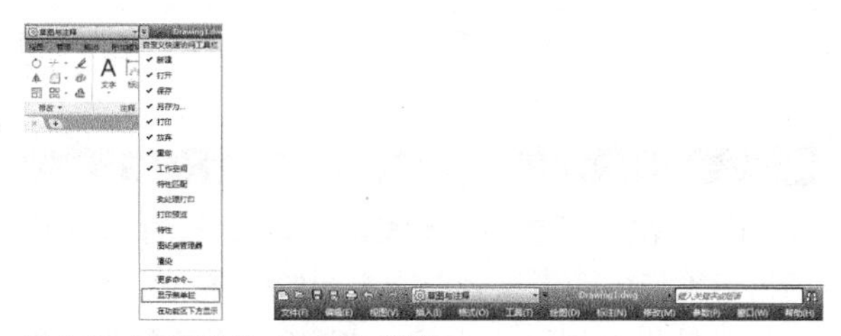

图 2-13 显示菜单栏　图 2-14 菜单栏

这 12 个菜单的主要作用如下。

◆【文件】：用于管理图形文件，例如新建、打开、保存、另存为、输出、打印和发布等。

◆【编辑】：用于对文件图形进行常规编辑，例如剪切、复制、粘贴、清除、链接、查找等。

◆【视图】：用于管理 AutoCAD 的操作界面，例如缩放、平移、动态观察、相机、视口、三维视图、消隐和渲染等。

◆【插入】：用于在当前 AutoCAD 绘图状态下，插入所需的图块或其他格式的文件，例如 PDF 参考底图、字段等。

◆【格式】：用于设置与绘图环境有关的参数，例如图层、颜色、线型、线宽、文字样式、标注样式、表格样式、点样式、厚度和图形界限等。

◆【工具】：用于设置一些绘图的辅助工具，例如：选项板、工具栏、命令行、查询和向导等。

◆【绘图】：提供绘制二维图形和三维模型的所有命令，例如：直线、圆、矩形、正多边形、圆环、边界和面域等。

◆【标注】：提供对图形进行尺寸标注时所需的命令，例如线性标注、半径标注、直径标注、角度标注等。

◆【修改】：提供修改图形时所需的命令，例如删除、复制、镜像、偏移、阵列、修剪、倒角和圆角等。

◆【参数】：提供对图形约束时所需的命令，例如几何约束、动态约束、标注约束和删除约束等。

◆【窗口】：用于在多文档状态时设置各个文档的屏幕，例如层叠，水平平铺和垂直平铺等。

◆【帮助】：提供使用 AutoCAD 2016 所需的帮助信息。

2.2.5 标题栏

标题栏位于 AutoCAD 窗口的最上方，如图 2-15 所示，标题栏显示了当前软件名称，以及显示当前新建或打开的文件的名称等。标题栏最右侧提供了用于【最小化】按钮、【最大化】按钮/【恢复窗口大小】按钮和【关闭】按钮。

图 2-15 标题栏

练习 2-1 在标题栏中显示出图形的保存路径

一般情况下，在标题栏中不会显示出图形文件的保存路径，如图 2-16 所示；但为了方便工作，用户可以自行将其调出，以便能在第一时间得知图形的保存地址，效果如图 2-17 所示。

Autodesk AutoCAD 2016　练习1.dwg

图 2-16 标题栏中不显示文件保存路径

Autodesk AutoCAD 2016　F:\CAD2016综合\素材\02章\练习1.dwg

图 2-17 标题栏中显示完整的文件保存路径

Step 01 在命令行中输入OP或OPTIONS并按Enter键，如图2-18所示；或在绘图区空白处单击鼠标右键，在弹出的快捷菜单中选择【选项】，如图2-19所示，系统即弹出【选项】对话框。

OP

图 2-18 在命令行中输入字符

Step 02 在【选项】对话框中切换至【打开和保存】选项卡，在【文件打开】选项组中勾选【在标题中显示完整路径】复选框，单击【确定】按钮，如图2-20所示。设置完成后即可在标题栏显示出完整的文件路径，如图2-17所示。

图 2-19 在快捷菜单中选择【选项】

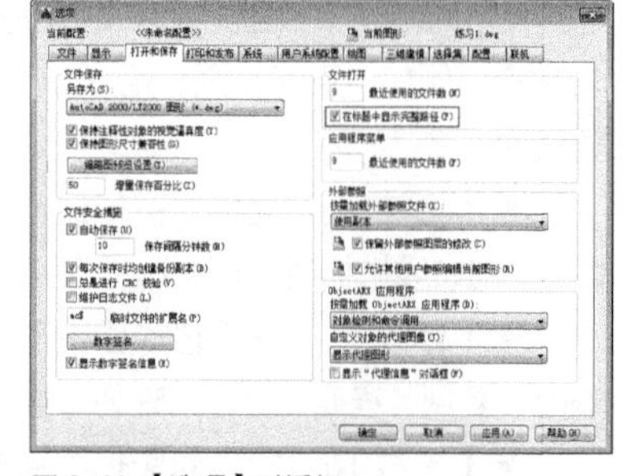

图 2-20 【选项】对话框

2.2.6 交互信息工具栏 ★进阶★

交互信息工具栏主要包括搜索框、A360 登录栏、Autodesk 应用程序、外部连接等 4 个部分，具体作用说明如下。

◎ 搜索框

如果用户在使用 AutoCAD 的过程中，对某个命令不熟悉，可以在搜索框中输入该命令，打开帮助窗口来获得详细的命令信息。

◎ A360 登录栏

"云技术"的应用越来越多，AutoCAD 也日渐重视这一新兴的技术，并有效将其和传统的图形管理连接起来。A360 即是基于云的平台，可用于访问从基本编辑到强大的渲染功能等一系列云服务。除此之外还有一个更为强大的功能，那就是如果将图形文件上传至用户的 A360 账户，即可随时随地访问该图纸，实现云共享，无论是电脑还是手机等移动端，均可以快速查看图形文件，分别如图 2-21 和图 2-22 所示。

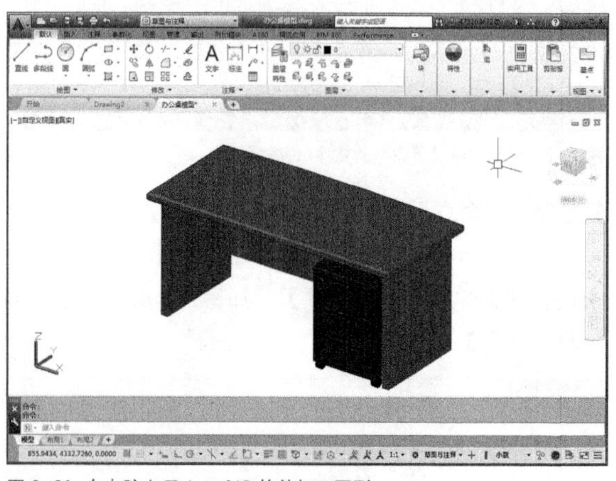

图 2-21 在电脑上用 AutoCAD 软件打开图形

图 2-22 在手机上用 AutoCAD 360 APP 打开图形

而要体验 A360 云技术的便捷，只需单击登录按钮，在下拉列表中选择【登录到 A360】对话框，即弹出【Autodesk- 登录】对话框，在其中输入账号、密码即可，如图 2-23 所示。如果没有账号可以单击【注册】按钮，打开【Autodesk- 创建账户】对话框，按要求进行填写即可进行注册，如图 2-24 所示。

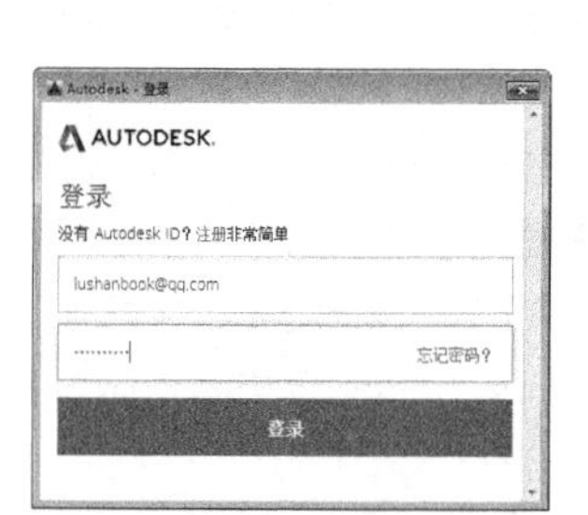

图 2-23 【Autodesk- 登录】对话框

图 2-24 【Autodesk- 创建账户】对话框

练习 2-2 用手机 APP 实现电脑 AutoCAD 图纸的云共享

现在智能手机的普及率很高，其中大量的 APP 应用也给人们生活带来了前所未有的便捷。Autodesk 也与时俱进推出了 AutoCAD 360 这款免费图形和草图手机应用程序，允许用户随时查看、编辑和共享 AutoCAD 图形。

Step 01 在计算机端注册并登录A360，登录完成后单击其中的【A360】选项，如图2-25所示。

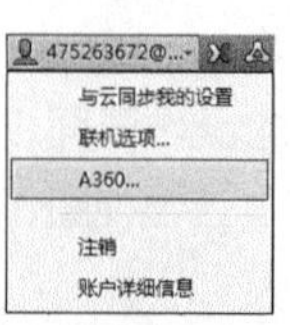

图 2-25 登录后单击【A360】选项

Step 02 浏览器自动打开A360 DRIVE网页，第一次打开页面如图2-26所示。

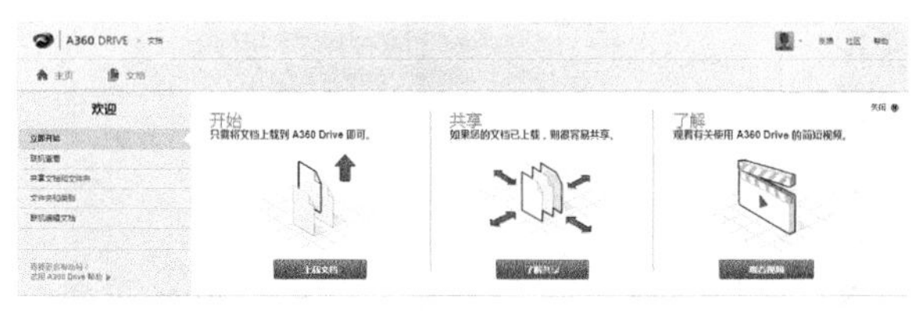

图 2-26 A360 DRIVE 页面

Step 03 单击其中的【上载文档】，打开【上载文档】对话框，按提示上传要用手机查看的图形文件，如图2-27所示。

Step 04 用手机下载AutoCAD 360这款APP（又名AutoCAD WS），如图2-28所示。

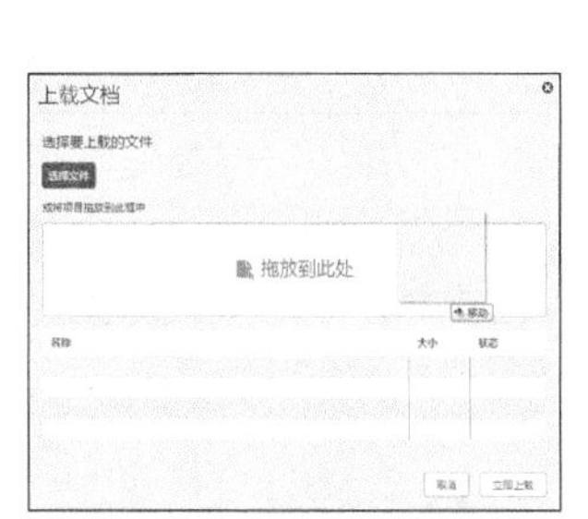

图 2-27 【上载文档】对话框

图 2-28 使用手机下载 AutoCAD 360 的 APP

Step 05 在手机上启动AutoCAD 360，输入A360的账号、密码，即可登录，如图2-29所示。

Step 06 登录后在手机界面选择要打开的图形文件，如图2-30所示。

Step 07 手机打开后的效果如图2-31所示，即完成文件共享。

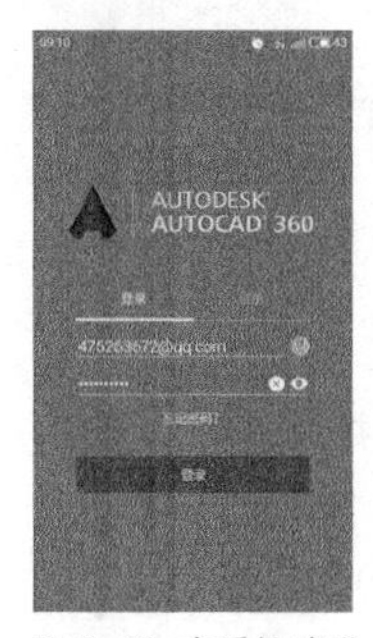

图 2-29 在手机端登录 AutoCAD 360

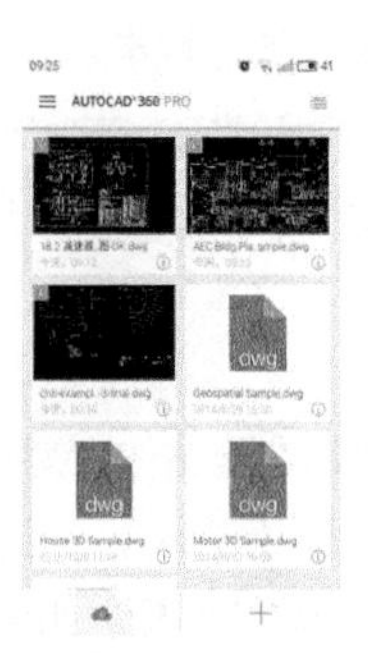

图 2-30 在 AutoCAD 360 中选择要打开的文件

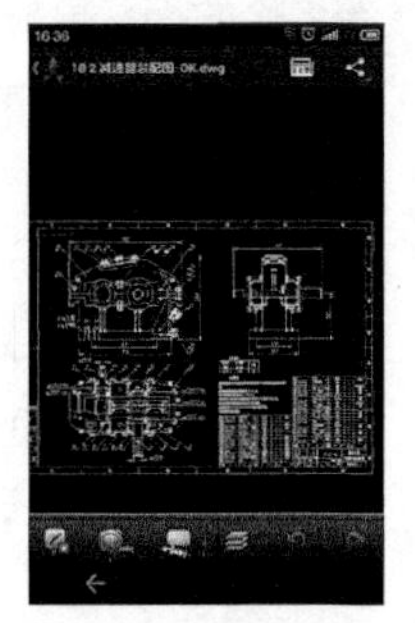

图 2-31 使用手机打开 AutoCAD 图形

◎ Autodesk 应用程序

单击【Autodesk 应用程序】按钮可以打开 Autodesk 应用程序网站，如图 2-32 所示。其中可以下载许多与 AutoCAD 相关的各类应用程序与插件。

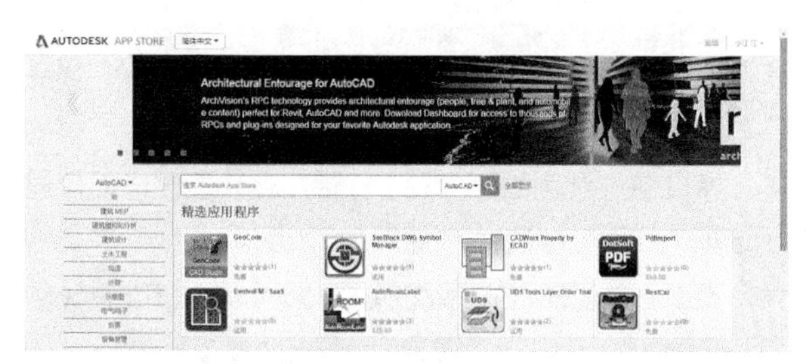

图 2-32 Autodesk 应用程序网站

关于 Autodesk 应用程序的下载与具体应用请看本章的【练习 2-3】：下载 Autodesk 应用程序实现 AutoCAD 的文本翻译。

◎ 外部连接

外部连接按钮的下拉列表中提供了各种快速分享窗口，如优酷、微博，单击即可快速打开各网站内的有关信息。

2.2.7 功能区 ★重点★

【功能区】是各命令选项卡的合称，它用于显示与绘图任务相关的按钮和控件，存在于【草图与注释】、【三维基础】和【三维建模】空间中。【草图与注释】工作空间的【功能区】包含了【默认】、【插入】、【注释】、【参数化】、【视图】、【管理】、【输出】、【附加模块】、【A360】、【精选应用】、【BIM 360】、【Performance】12 个选项卡，如图 2-33 所示。每个选项卡包含有若干个面板，每个面板又包含许多由图标表示的命令按钮。

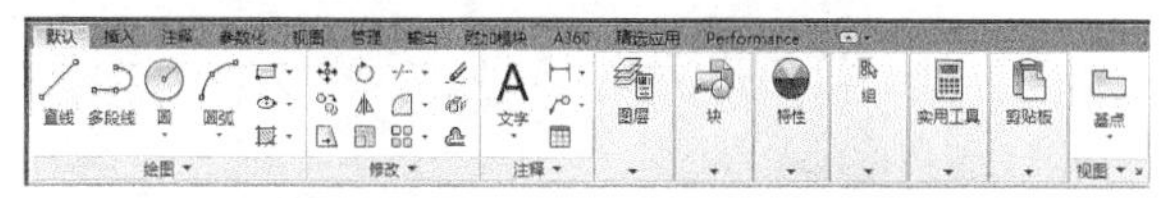

图 2-33 功能区选项卡

用户创建或打开图形时，功能区将自动显示。如果没有显示功能区，那么用户可以执行以下操作来手动显示功能区。

◆菜单栏：选择【工具】|【选项板】|【功能区】命令。

◆命令行：ribbon。如果要关闭功能区，则输入 ribbonclose 命令。

1 切换功能区显示方式

功能区可以以水平或垂直的方式显示，也可以显示为浮动选项板。另外，功能区可以以最小化状态显示，其方法是在功能区选项卡右侧单击下拉按钮，在弹出的列表中选择以下 4 种中一种最小化功能区状态选项。而单击切换按钮，则可以在默认和最小化功能区状态之间切换。

◆【最小化为选项卡】：最小化功能区以便仅显示选项卡标题，如图 2-34 所示。

图 2-34 【最小化为选项卡】时的功能区显示

◆【最小化为面板标题】：最小化功能区以便仅显示选项卡和面板标题，如图 2-35 所示。

图 2-35 【最小化为面板标题】时的功能区显示

◆【最小化为面板按钮】：最小化功能区以便仅显示选项卡标题和面板按钮，如图 2-36 所示。

图 2-36 【最小化为面板按钮】时的功能区显示

◆【循环浏览所有项】：按以下顺序切换所有 4 种功能区状态：完整功能区、最小化为面板按钮、最小化为面板标题、最小化为选项卡。

2 自定义选项卡及面板的构成

用鼠标右键单击面板按钮，弹出显示控制快捷菜单，如图 2-37 与图 2-38 所示，可以分别调整【选项卡】与【面板】的显示内容，名称前被勾选则内容显示，反之则隐藏。

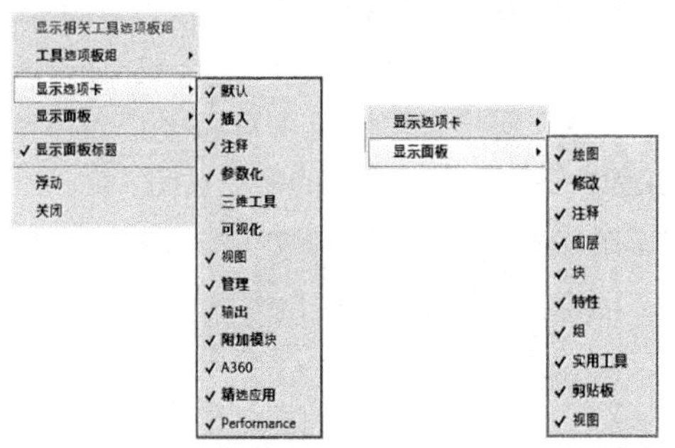

图 2-37 调整功能选项卡显示　图 2-38 调整选项卡内面板显示

操作技巧

面板显示子菜单会根据不同的选项卡进行变换，面板子菜单为当前打开选项卡的所有面板名称列表。

3 调整功能区位置

在【选项卡】名称上单击鼠标右键，将弹出如图 2-39 所示的菜单，选择其中的【浮动】命令，可使【功能区】浮动在【绘图区】上方，此时用鼠标左键按住【功能区】左侧灰色边框拖动，可以自由调整其位置。

操作技巧

如果选择菜单中的【关闭】命令，则将整体隐藏功能区，进一步扩大绘图区区域，如图2-40所示。

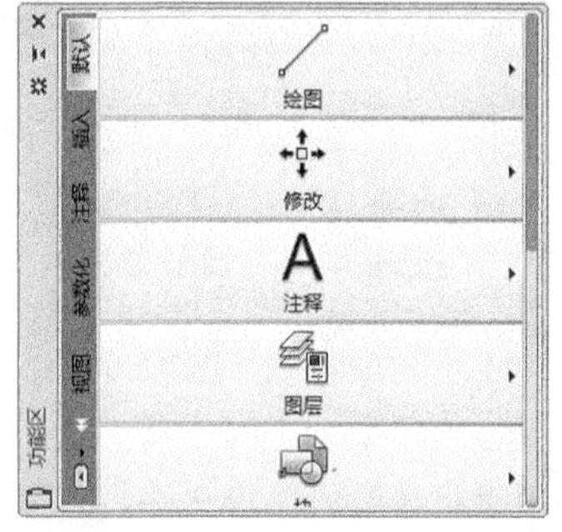

图 2-39 浮动功能区

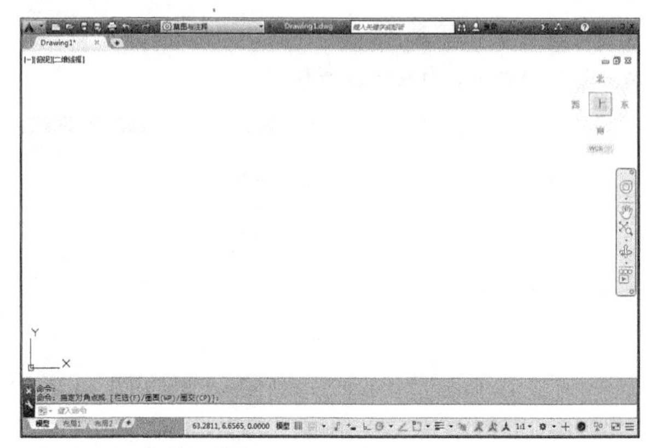

图 2-40 关闭【功能区】

4 功能区选项卡的组成

因【草图与注释】工作空间最为常用，因此只介绍其中的 12 个选项卡。

【默认】选项卡

【默认】选项卡从左至右依次为【绘图】、【修改】、【图层】、【注释】、【块】、【特性】、【组】、【实用工具】、【剪贴板】和【视图】10 大功能面板，如图 2-41 所示。【默认】选项卡集中了 AutoCAD 中常用的命令，涵盖绘图、标注、编辑、修改、图层、图块等各个方面，是最主要的选项卡。

图 2-41 【默认】选项卡

【插入】选项卡

【插入】选项卡从左至右依次为【块】、【块定义】、【参照】、【点云】、【输入】、【数据】、【链接和提取】和【位置】8 大功能面板，如图 2-42 所示。【插入】选项卡主要用于图块、外部参照等外在图形的调用。

图 2-42 【插入】选项卡

【注释】选项卡

【注释】选项卡从左至右依次为【文字】、【标注】、【引线】、【表格】、【标记】和【注释缩放】6 大功能面板，如图 2-43 所示。【注释】选项卡提供了详尽的标注命令，包括引线、公差、云线等。

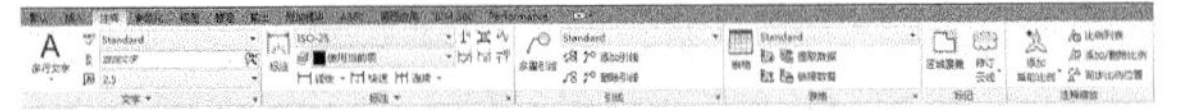

图 2-43 【注释】选项卡

◎【参数化】选项卡

【参数化】选项卡从左至右依次为【几何】、【标注】、【管理】3 大功能面板，如图 2-44 所示。【参数化】选项卡主要用于管理图形约束方面的命令。

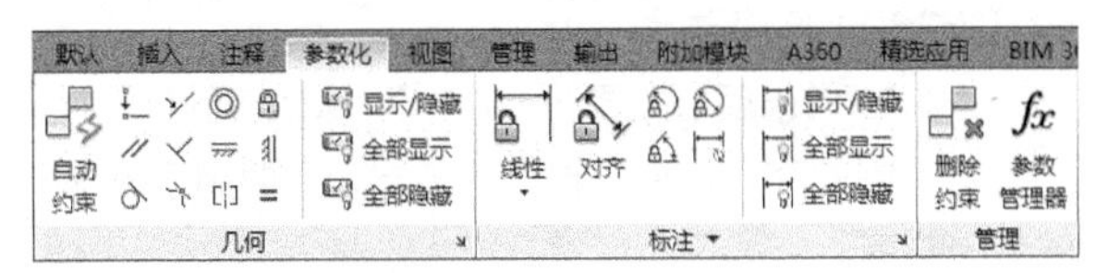

图 2-44 【参数化】选项卡

◎【视图】选项卡

【视图】选项卡从左至右依次为【视口工具】、【视图】、【模型视口】、【选项板】、【界面】、【导航】6 大功能面板，如图 2-45 所示。【视图】选项卡提供了大量用于控制显示视图的命令，包括 UCS 的显现、绘图区上 ViewCube 和【文件】、【布局】等标签的显示与隐藏。

图 2-45 【视图】选项卡

◎【管理】选项卡

【管理】选项卡从左至右依次为【动作录制器】、【自定义设置】、【应用程序】、【CAD 标准】4 大功能面板，如图 2-46 所示。【管理】选项卡可以用来加载 AutoCAD 的各种插件与应用程序。

图 2-46 【管理】选项卡

◎【输出】选项卡

【输出】选项卡从左至右依次为【打印】、【输出为 DWF/PDF】2 大功能面板，如图 2-47 所示。【输出】选项卡集中了图形输出的相关命令，包含打印、输出 PDF 等等。在功能区选项卡中，有些面板按钮右下角有箭头，表示有扩展菜单，单击箭头，扩展菜单会列出更多的操作命令，如图 2-48 所示的【绘图】扩展菜单。

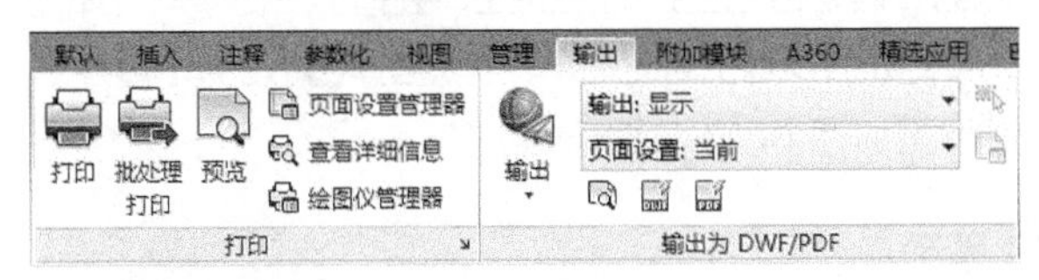

图 2-47 【输出】选项卡

图 2-48 【绘图】扩展菜单

◎【附加模块】选项卡

【附加模块】选项卡如图 2-49 所示，在 Autodesk 应用程序网站中下载的各类应用程序和插件都会集中在该选项卡。

图 2-49 【附加模块】选项卡

练习 2-3 下载 Autodesk 应用程序实现 AutoCAD 的文本翻译 ★进阶★

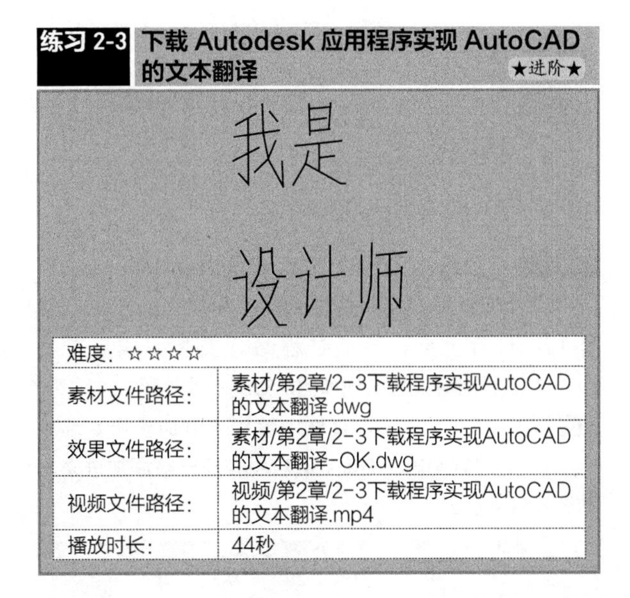

难度：☆☆☆☆	
素材文件路径：	素材/第2章/2-3下载程序实现AutoCAD的文本翻译.dwg
效果文件路径：	素材/第2章/2-3下载程序实现AutoCAD的文本翻译-OK.dwg
视频文件路径：	视频/第2章/2-3下载程序实现AutoCAD的文本翻译.mp4
播放时长：	44秒

2.2.6 小节中介绍过 Autodesk 应用程序按钮，单击之后便可以打开 Autodesk 应用程序网站，在其中可以下载许多有用的各类 AutoCAD 插件，其中就包括 COINS Translate 这款翻译插件。使用该插件只需单击鼠标即可直接将 AutoCAD 中的单行、多行文字、尺寸标注、引线标注等各种文本对象转换为所需的外语，如图 2-50 所示，十分高效。

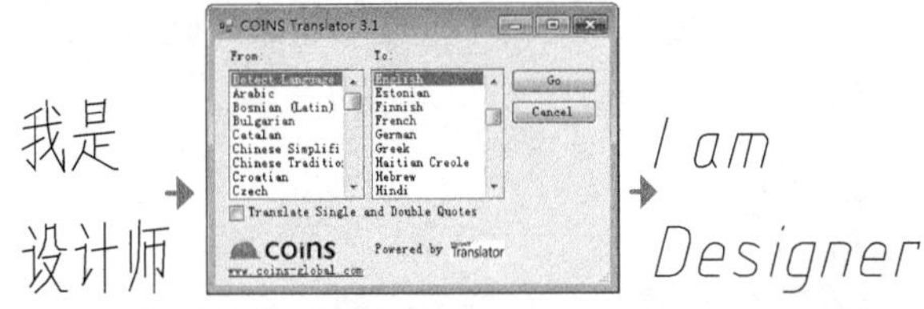

图 2-50 使用插件快速翻译文本

Step 01 打开素材文件，素材文件中已经创建好了“我是设计师”的多行文字；然后单击交互信息工具栏中的【Autodesk应用程序】按钮，打开Autodesk应用程序网站。

Step 02 在网页的搜索框中输入"coins"，搜索到COINS Translate应用程序，如图2-51所示。

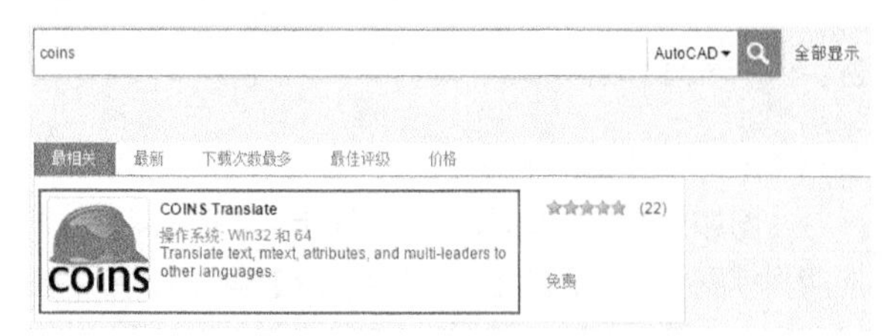

图 2-51 搜索到 COINS Translate 应用程序

Step 03 单击该应用程序图标，转到"项目详细信息"页面，单击页面右侧的下载按钮，进行下载，如图2-52所示。

图 2-52 下载 COINS Translate 应用程序

Step 04 下载完成后直接双击COINS Translate.exe文件（或者双击本书附件中提供的COINS Translate.exe文件），进行安装，安装过程略。安装完成后会在AutoCAD界面右上角出现如图2-53所示的提示。

Step 05 在AutoCAD功能区中转到【附加模块】选项卡，可以发现COINS Translate应用程序已被添加进来，如图2-54所示。

图 2-53 COINS Translate 成功加载的提示信息

图 2-54 COINS Translate 添加进【附加模块】选项卡

Step 06 单击【附加模块】选项卡中的COINS Translate按钮，然后选择要翻译的文本对象，如图2-55所示。

Step 07 选择之后单击Enter键，弹出【COINS Translator】对话框，在对话框中可以选择要翻译成的语言种类（如英语），单击【GO】按钮即可实现翻译，如图2-56所示。

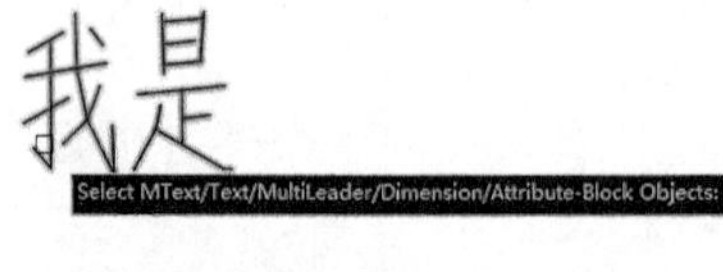

图 2-55 选择要翻译的对象

图 2-56 翻译效果

【A360】选项卡

【A360】选项卡如图2-57所示，可以看做是2.2.6小节所介绍的交互信息工具栏的扩展，主要用于A360的文档共享。

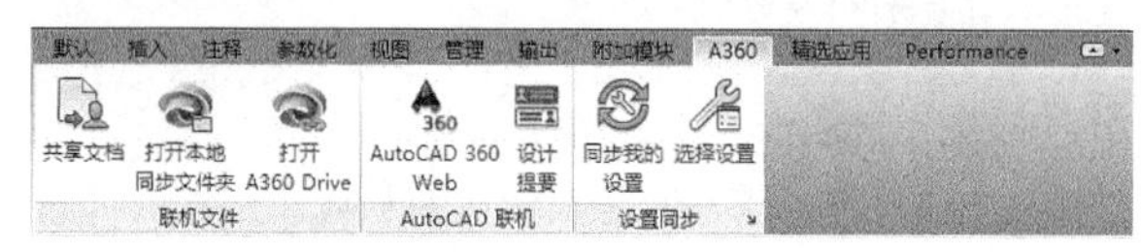

图 2-57 【A360】选项卡

【精选应用】选项卡

在本书2.2.6小节的【Autodesk应用程序】中，已经介绍过Autodesk应用程序网站，并在【练习2-3】中详细介绍了如何下载并使用这些应用程序来辅助AutoCAD进行工作。通过这些章节的学习，读者可以知道Autodesk其实提供了海量的AutoCAD应用程序与插件，本书所介绍的仅是沧海一粟。

因此在AutoCAD的【精选应用】选项卡中，就提供了许多最新、最热门的应用程序，供用户试用，如图2-58所示。这些应用种类各异，功能强大，本书无法尽述，有待读者去自行探索。

图 2-58 【精选应用】选项卡

2.2.8 标签栏

文件标签栏位于绘图窗口上方，每个打开的图形文件都会在标签栏显示一个标签，单击文件标签即可快速切换至相应的图形文件窗口，如图2-59所示。

AutoCAD 2016的标签栏中【新建选项卡】图形文件选项卡重命名为【开始】，并在创建和打开其他图形时保持显示。单击标签上的按钮，可以快速关闭文件；单击标签栏右侧的按钮，可以快速新建文件；用鼠标右键单击标签栏的空白处，会弹出快捷菜单，如图2-60所示，利用该快捷菜单可以选择【新建】、【打开】、【全部保存】、【全部关闭】命令。

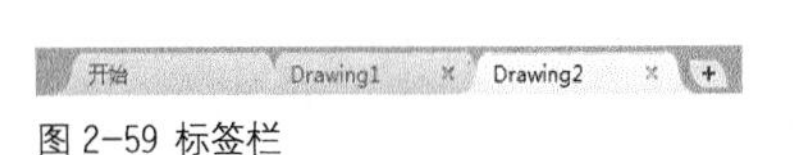

图 2-59 标签栏

图 2-60 快捷菜单

此外，在光标经过图形文件选项卡时，将显示模型的预览图像和布局。如果光标经过某个预览图像，相应的模型或布局将临时显示在绘图区域中，并且可以在预览图像中访问【打印】和【发布】工具，如图 2-61 所示。

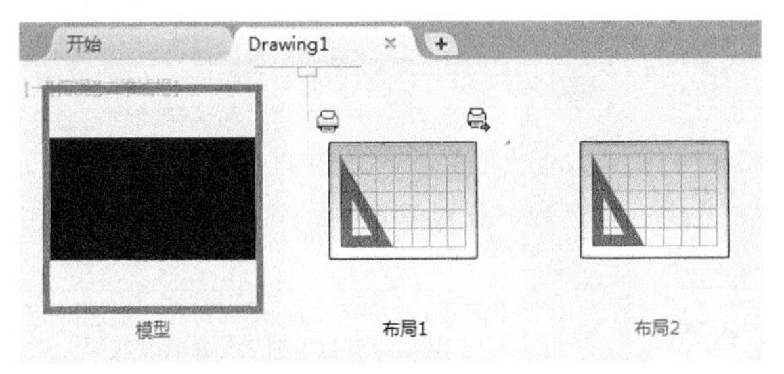

图 2-61 文件选项卡的预览功能

2.2.9 绘图区

【绘图窗口】又常被称为【绘图区域】，它是绘图的焦点区域，绘图的核心操作和图形显示都在该区域中。在绘图窗口中有 4 个工具需注意，分别是光标、坐标系图标、ViewCube 工具和视口控件，如图 2-62 所示。其中视口控件显示在每个视口的左上角，提供更改视图、视觉样式和其他设置的便捷操作方式，视口控件的 3 个标签将显示当前视口的相关设置。

注意：当前文件选项卡决定了当前绘图窗口显示的内容。

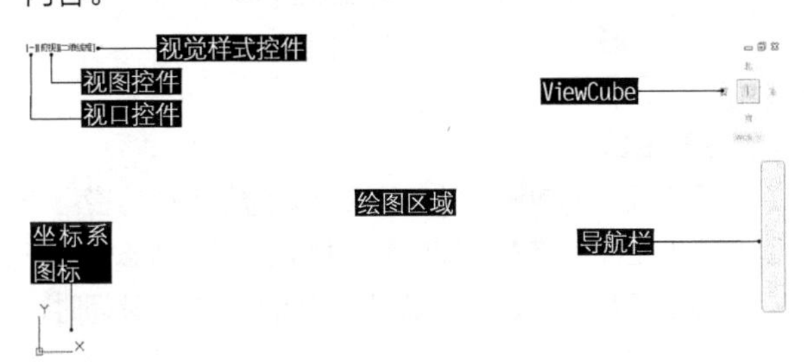

图 2-62 绘图区

图形窗口左上角有 3 个快捷功能控件，可以快速地修改图形的视图方向和视觉样式，如图 2-63 所示。

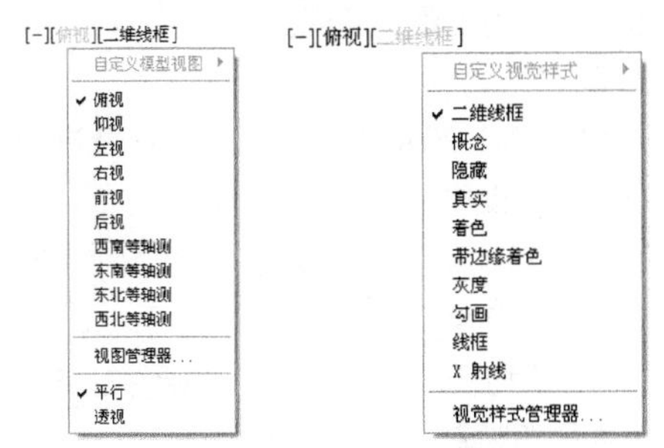

图 2-63 快捷功能控件菜单

2.2.10 命令行与文本窗口

命令行是输入命令名和显示命令提示的区域，默认的命令行窗口布置在绘图区下方，由若干文本行组成，如图 2-64 所示。命令窗口中间有一条水平分界线，它将命令窗口分成两个部分：命令行和命令历史窗口。位于水平线下方为【命令行】，它用于接收用户输入命令，并显示 AutoCAD 提示信息；位于水平线上方为【命令历史窗口】，它含有 AutoCAD 启动后所用过的全部命令及提示信息，该窗口有垂直滚动条，可以上下滚动查看以前用过的命令。

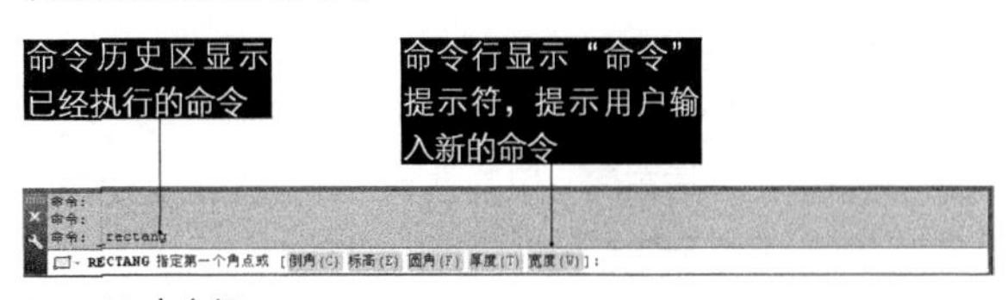

图 2-64 命令行

AutoCAD 文本窗口的作用和命令窗口的作用一样，它记录了对文档进行的所有操作。文本窗口在默认界面中没有直接显示，需要通过命令调取。调用文本窗口有以下几种方法。

◆菜单栏：选择【视图】|【显示】|【文本窗口】命令。

◆快捷键：Ctrl+F2。

◆命令行：TEXTSCR。

执行上述命令后，系统弹出如图 2-65 所示的文本窗口，记录了文档进行的所有编辑操作。

将光标移至命令历史窗口的上边缘，当光标呈现÷形状时，按住鼠标左键向上拖动即可增加命令窗口的高度。在工作中通常除了可以调整命令行的大小与位置外，在其窗口内单击鼠标右键，选择【选项】命令，单击弹出的【选项】对话框中的【字体】按钮，还可以调整【命令行】内文字字体、字形和大小，如图 2-66 所示。

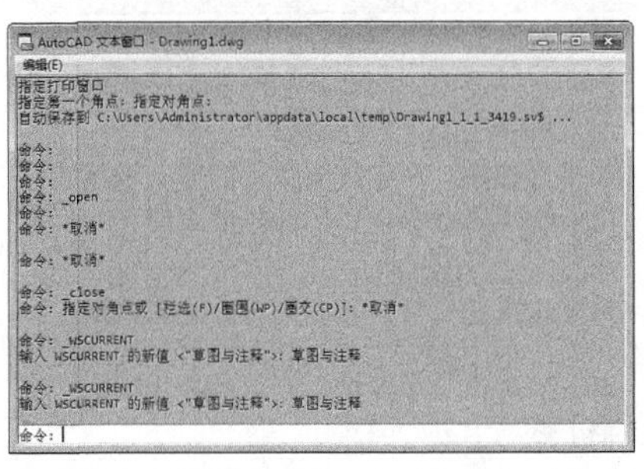

图 2-65 AutoCAD 文本窗口

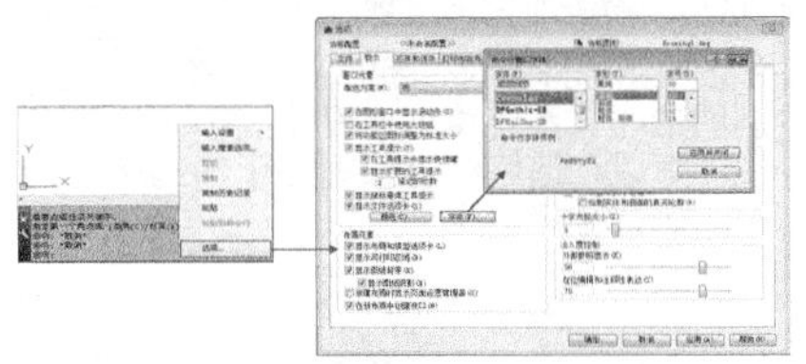
图 2-66 调整命令行字体

2.2.11 状态栏

状态栏位于屏幕的底部，用来显示AutoCAD当前的状态，如对象捕捉、极轴追踪等命令的工作状态。主要由5部分组成，如图2-67所示。同时AutoCAD 2016将之前的模型布局标签栏和状态栏合并在一起，并且取消显示当前光标位置。

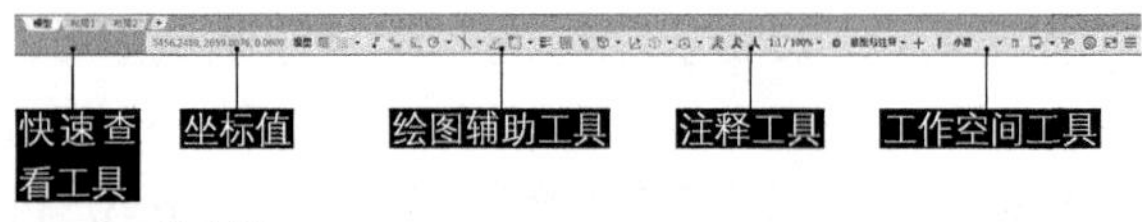

图2-67 状态栏

1 快速查看工具

使用其中的工具可以快速地预览打开的图形，打开图形的模型空间与布局，以及在其中切换图形，使之以缩略图的形式显示在应用程序窗口的底部。

2 坐标值

坐标值一栏会以直角坐标系的形式（*X*，*Y*，*Z*）实时显示十字光标所处位置的坐标。在二维制图模式下，只会显示*X*、*Y*轴坐标，只有在三维建模模式下才会显示第三个*Z*轴的坐标。

3 绘图辅助工具

主要用于控制绘图的性能，其中包括【推断约束】、【捕捉模式】、【栅格显示】、【正交模式】、【极轴追踪】、【二维对象捕捉】、【三维对象捕捉】、【对象捕捉追踪】、【允许/禁止动态UCS】、【动态输入】、【显示/隐藏线宽】、【显示/隐藏透明度】、【快捷特性】和【选择循环】等工具。各工具按钮具体说明如表2-1所示。

表2-1 绘图辅助工具按钮一览

名称	按钮	功能说明
推断约束		单击该按钮，打开推断约束功能，可设置约束的限制效果，比如限制两条直线垂直、相交、共线、圆与直线相切等
捕捉模式		单击该按钮，开启或者关闭捕捉。捕捉模式可以使光标能够很容易地抓取到每一个栅格上的点
栅格显示		单击该按钮，打开栅格显示，此时屏幕上将布满小点。其中，栅格的X轴和Y轴间距也可以通过【草图设置】对话框的【捕捉和栅格】选项卡进行设置
正交模式		该按钮用于开启或者关闭正交模式。正交即光标只能走X轴或者Y轴方向，不能画斜线
极轴追踪		该按钮用于开启或关闭极轴追踪模式。在绘制图形时，系统将根据设置显示一条追踪线，可以在追踪线上根据提示精确移动光标，从而精确绘图

（续表）

名称	按钮	功能说明
二维对象捕捉		该按钮用于开启或者关闭对象捕捉。对象捕捉能使光标在接近某些特殊点的时候自动指引到那些特殊的点，如端点、圆心、象限点
三维对象捕捉		该按钮用于开启或者关闭三维对象捕捉。对象捕捉能使光标在接近三维对象某些特殊点的时候自动指引到那些特殊的点
对象捕捉追踪		单击该按钮，打开对象捕捉模式，可以通过捕捉对象上的关键点，并沿着正交方向或极轴方向拖曳光标，此时可以显示光标当前位置与捕捉点之间的相对关系。若找到符合要求的点，直接单击即可
允许/禁止动态UCS		该按钮用于切换允许和禁止UCS（用户坐标系）
动态输入		单击该按钮，将在绘制图形时自动显示动态输入文本框，方便绘图时设置精确数值
线宽		单击该按钮，开启线宽显示。在绘图时如果为图层或所绘图形定义了不同的线宽（至少大于0.3mm），那单击该按钮就可以显示出线宽，以标识各种具有不同线宽的对象
透明度		单击该按钮，开始透明度显示。在绘图时如果为图层和所绘图形设置了不同的透明度，那单击该按钮就可以显示透明效果，以区别不同的对象
快捷特性		单击该按钮，显示对象的快捷特性选项板，能帮助用户快捷地编辑对象的一般特性。通过【草图设置】对话框的【快捷特性】选项卡可以设置快捷特性选项板的位置模式和大小
选择循环		开启该按钮可以在重叠对象上显示选择对象
注释监视器		开启该按钮后，一旦发生模型文档编辑或更新事件，注释监视器会自动显示
模型	模型	用于模型与图纸之间的转换

4 注释工具

用于显示缩放注释的若干工具。对于不同的模型空间和图纸空间，将显示相应的工具。当图形状态栏打开后，将显示在绘图区域的底部；当图形状态栏关闭时，将移至应用程序状态栏。

◆注释比例 1:1：可通过此按钮调整注释对象的缩放比例。

◆注释可见性：单击该按钮，可选择仅显示当前比例的注释或是显示所有比例的注释。

5 工作空间工具

用于切换AutoCAD 2016的工作空间，以及进行自定义设置工作空间等操作。

◆切换工作空间：可通过此按钮切换AutoCAD 2016的工作空间。

◆硬件加速：用于在绘制图形时通过硬件的支持提高绘图性能，如刷新频率。

◆隔离对象：当需要对大型图形的个别区域进行

重点操作，并需要显示或临时隐藏和显示选定的对象。

◆全屏显示：单击即可控制 AutoCAD 2016 的全屏显示或者退出。

◆自定义：单击该按钮，可以对当前状态栏中的按钮进行添加或是删除，方便管理。

2.3 AutoCAD 2016执行命令的方式

命令是 AutoCAD 用户与软件交换信息的重要方式，本小节将介绍执行命令的方式，如何终止当前命令、退出命令及如何重复执行命令等。

2.3.1 命令调用的 5 种方式

AutoCAD 中调用命令的方式有很多种，这里仅介绍最常用的 5 种。本书在后面的命令介绍章节中，将专门以【执行方式】的形式介绍各命令的调用方法，并按常用顺序依次排列。

1 使用功能区调用

3 个工作空间都是以功能区作为调整命令的主要方式。相比其他调用命令的方法，功能区调用命令更为直观，非常适合不能熟记绘图命令的 AutoCAD 初学者。

功能区使绘图界面无需显示多个工具栏，系统会自动显示与当前绘图操作相应的面板，从而使应用程序窗口更加整洁。因此，可以将进行操作的区域最大化，使用单个界面来加快和简化工作，如图 2-68 所示。

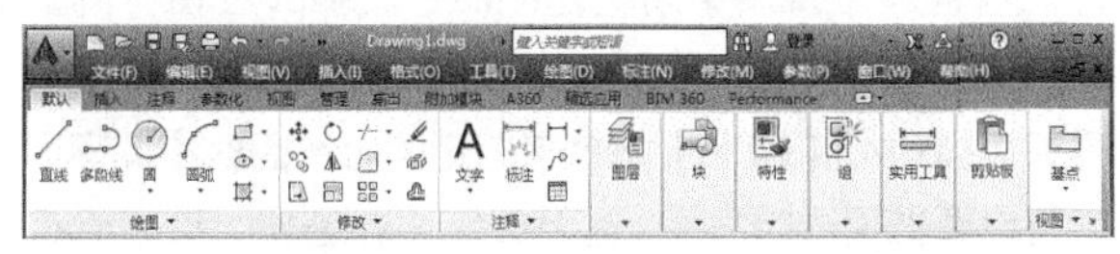

图 2-68 功能区面板

2 使用命令行调用

使用命令行输入命令是 AutoCAD 的一大特色功能，同时也是最快捷的绘图方式。这就要求用户熟记各种绘图命令，一般对 AutoCAD 比较熟悉的用户都用此方式绘制图形，因为这样可以大大提高绘图的速度和效率。

AutoCAD 绝大多数命令都有其相应的简写方式。如【直线】命令 LINE 的简写方式是 L，【矩形】命令 RECTANG 的简写方式是 REC，如图 2-69 所示。对于常用的命令，用简写方式输入将大大减少键盘输入的工作量，提高工作效率。另外，AutoCAD 对命令或参数输入不区分大小写，因此操作者不必考虑输入的大小写。

在命令行输入命令后，可以使用以下的方法响应其他任何提示和选项。

◆要接受显示在方括号“[ ]”中的默认选项，则按 Enter 键。

◆要响应提示，则输入值或单击图形中的某个位置。

◆要指定提示选项，可以在提示列表（命令行）中输入所需提示选项对应的亮显字母，然后按 Enter 键。也可以使用鼠标单击选择所需要的选项，在命令行中单击选择“倒角（C）”选项，等同于在此命令行提示下输入“C”并按 Enter 键。

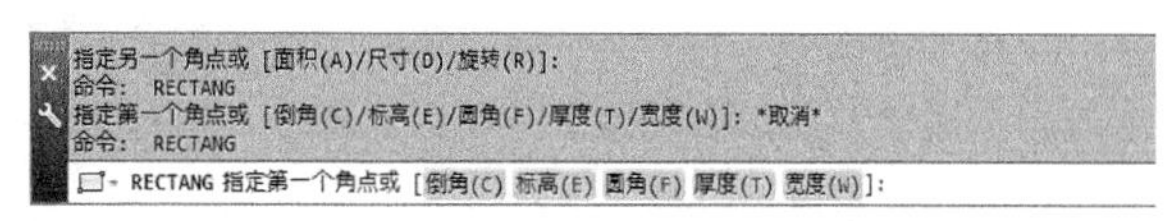

图 2-69 功能区面板

3 使用菜单栏调用

菜单栏调用是 AutoCAD 2016 提供的功能最全、最强大的命令调用方法。AutoCAD 绝大多数常用命令都分门别类地放置在菜单栏中。例如，若需要在菜单栏中调用【多段线】命令，选择【绘图】|【多段线】菜单命令即可，如图 2-70 所示。

4 使用快捷菜单调用

使用快捷菜单调用命令，即单击鼠标右键，在弹出的菜单中选择命令，如图 2-71 所示。

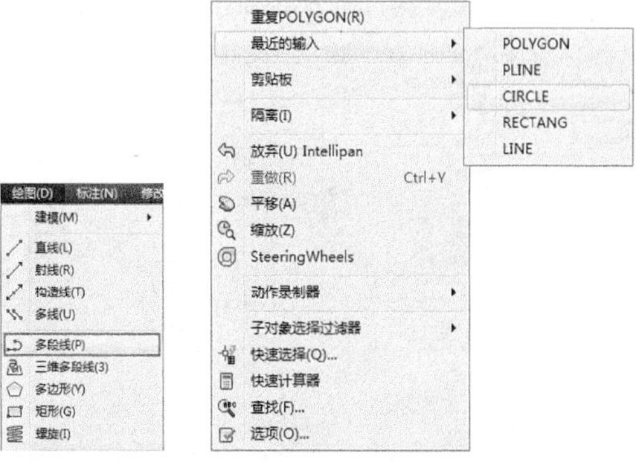

图 2-70 菜单栏调用【多段线】命令　图 2-71 右键单击快捷菜单

5 使用工具栏调用

工具栏调用命令是 AutoCAD 的经典执行方式，如图 2-72 所示，也是旧版本 AutoCAD 最主要的执行方法。但随着时代进步，该种方式也日渐不适合人们的使用需求，因此与菜单栏一样，工具栏也不显示在 3 个工作空间中，需要通过【工具】|【工具栏】|【AutoCAD】命令调出。单击工具栏中的按钮，即可执行相应的命令。用户可以在其他工作空间绘图，也可以根据实际需要调出工具栏，如 UCS、【三维导航】、【建模】、【视图】、【视口】等。

为了获取更多的绘图空间，可以按住快捷键 Ctrl+0 隐藏工具栏，再按一次即可重新显示。

图 2-72 通过 AutoCAD 工具栏执行命令

2.3.2 命令的重复、撤销与重做

在使用 AutoCAD 绘图的过程中，难免会需要重复用到某一命令或对某命令进行了误操作，因此有必要了解命令的重复、撤销与重做方面的知识。

1 重复执行命令

在绘图过程中，有时需要重复执行同一个命令，如果每次都重复输入，会使绘图效率大大降低。执行【重复执行】命令有以下几种方法。

◆快捷键：按 Enter 键或空格键。

◆快捷菜单：单击鼠标右键，系统弹出的快捷菜单中选择【最近的输入】子菜单选择需要重复的命令。

◆命令行： MULTIPLE 或 MUL。

如果用户对绘图效率要求很高，那可以将鼠标右键自定义为重复执行命令的方式。在绘图区的空白处单击右键，在弹出的快捷菜单中选择【选项】，打开【选项】对话框，然后切换至【用户系统配置】选项卡，单击其中的【自定义右键单击（I）】按钮，打开【自定义右键单击】对话框，在其中勾选两个【重复上一个命令】选项，即可将右键设置为重复执行命令，如图 2-73 所示。

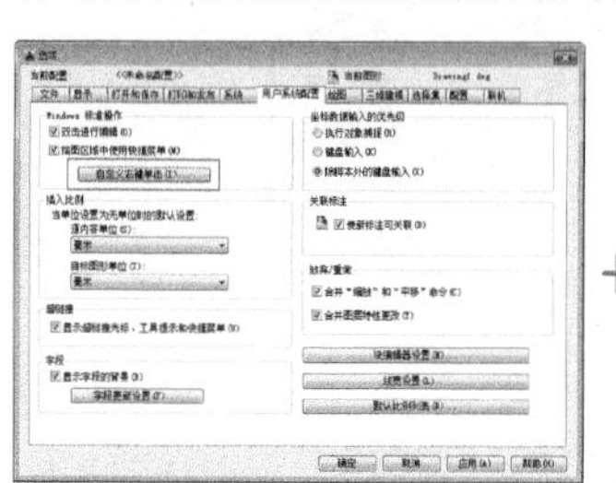

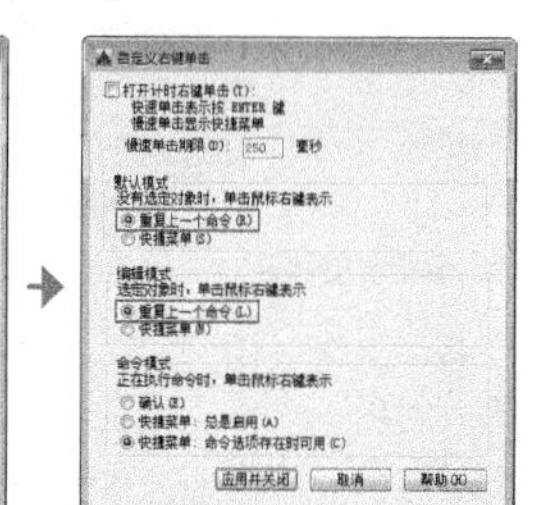

图 2-73 设置重复执行命令

2 放弃命令

在绘图过程中，如果执行了错误的操作，此时就需要放弃操作。执行【放弃】命令有以下几种方法。

◆菜单栏：选择【编辑】|【放弃】命令。

◆工具栏：单击【快速访问】工具栏中的【放弃】按钮。

◆命令行：Undo 或 U。

◆快捷键：Ctrl+Z。

3 重做命令

通过重做命令，可以恢复前一次或者前几次已经放弃执行的操作，重做命令与撤销命令是一对相对的命令。执行【重做】命令有以下几种方法。

◆菜单栏：选择【编辑】|【重做】命令。

◆工具栏：单击【快速访问】工具栏中的【重做】按钮。

◆命令行：REDO。

◆快捷键：Ctrl+Y。

> **操作技巧**
>
> 如果要一次性撤销之前的多个操作，可以单击【放弃】按钮后的展开按钮，展开操作的历史记录如图2-74所示。该记录按照操作的先后，由下往上排列，移动指针选择要撤销的最近几个操作，如图2-75所示，单击即可撤销这些操作。

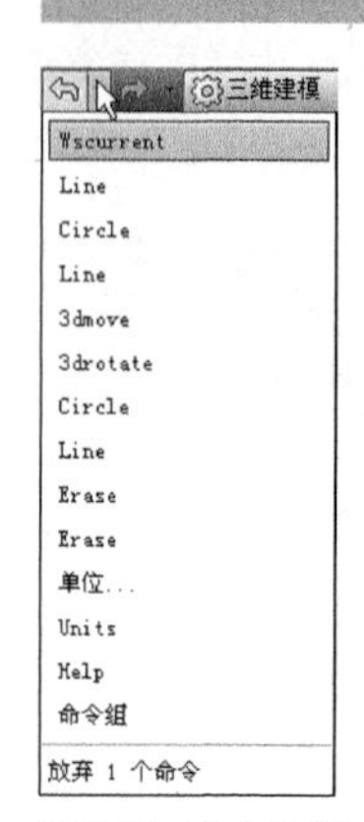

图 2-74 命令操作历史记录

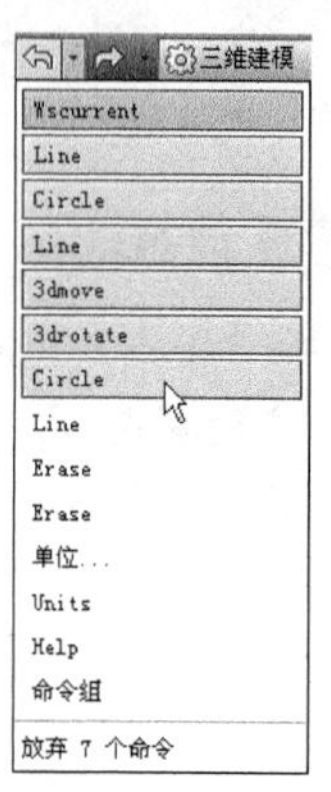

图 2-75 选择要撤销的最近几个命令

2.3.3 透明命令 ★进阶★

在 AutoCAD 2016 中，有部分命令可以在执行其他命令的过程中嵌套执行，而不必退出其他命令单独执行，这种嵌套的命令就称为透明命令。例如，在执行【圆】命令的过程中，是不可以再去另外执行【矩形】命令的，但却可以执行【捕捉】命令来指定圆心，因此【捕捉】就可以看做是透明命令。透明命令通常是一些可以查询、改变图形设置或绘图工具的命令，如 GRID、SNAP、OSNAP、ZOOM 等命令。

执行完透明命令后，AutoCAD 自动恢复原来执行的命令。工具栏和状态栏上有些按钮本身就定义成透明使用的，便于在执行其他命令时调用，如【对象捕捉】、【栅格显示】和【动态输入】等。执行【透明】命令有以下几种方法。

◆在执行某一命令的过程中，直接通过菜单栏或工具按钮调用该命令。

◆在执行某一命令的过程中，在命令行输入单引号，然后输入该命令字符并按 Enter 键执行该命令。

2.3.4 自定义快捷键

丰富的快捷键功能是 AutoCAD 的一大特点，用户可以修改系统默认的快捷键，或者创建自定义的快捷键。例如【重做】命令默认的快捷键是 Ctrl+Y，在键盘上这两个键因距离太远而操作不方便，此时可以将其设置为

Ctrl+2。

选择【工具】|【自定义】|【界面】命令，系统弹出【自定义用户界面】对话框，如图 2-76 所示。在左上角的列表框中选择【键盘快捷键】选项，然后在右上角【快捷方式】列表中找到要定义的命令，双击其对应的主键值并进行修改，如图 2-77 所示。需注意的是，按键定义不能与其他命令重复，否则系统弹出提示信息对话框，如图 2-78 所示。

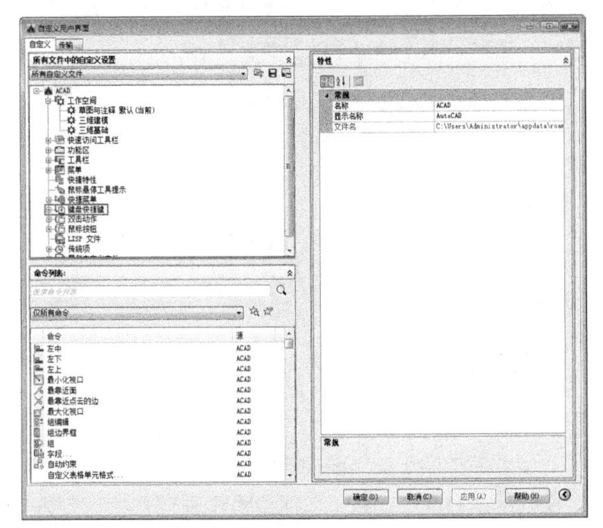

图 2-76 【自定义用户界面】对话框

图 2-77 修改【重做】按键

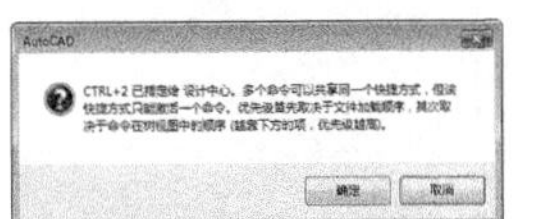

图 2-78 提示对话框

练习 2-4 向功能区面板中添加【多线】按钮

AutoCAD 的功能区面板中并没有显示出所有的可用命令按钮，如绘制轴类零件的【多线】（MLine）命令在功能区中就没有相应的按钮，这给习惯使用面板按钮的用户带来了不便。因此学会根据需要添加、删除和更改功能区中的命令按钮，就会大大提高我们的绘图效率。

下面以添加【多线】（MLine）命令按钮作讲解。

Step 01 单击功能区【管理】选项卡【自定义设置】组面板中【用户界面】按钮，系统弹出【自定义用户界面】对话框，如图2-79所示。

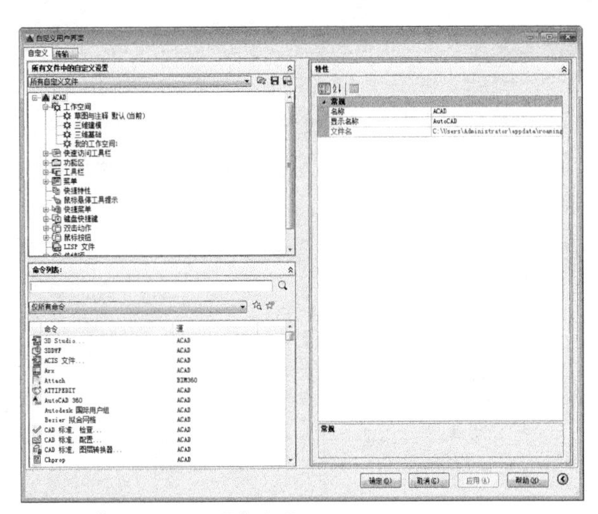

图 2-79 【自定义用户界面】对话框

Step 02 在【所有文件中的自定义设置】选项框中选择【所有自定义文件】下拉选项，依次展开其下的【功能区】|【面板】|【二维常用选项卡-绘图】树列表，如图2-80所示。

Step 03 在【命令列表】选项框中选择【绘图】下拉选项，在绘图命令列表中找到【多线】选项，如图2-81所示。

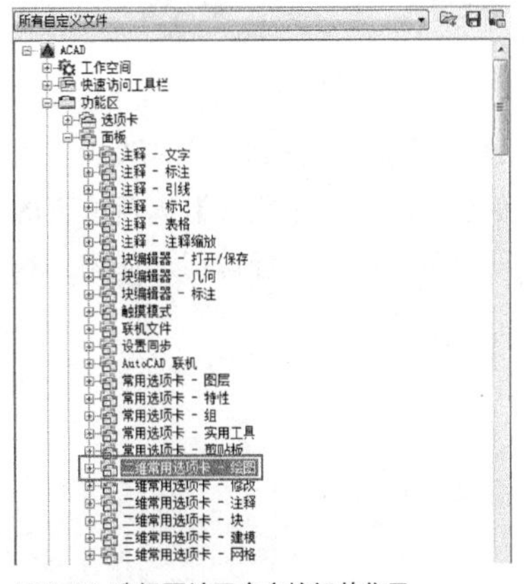

图 2-80 选择要放置命令按钮的位置

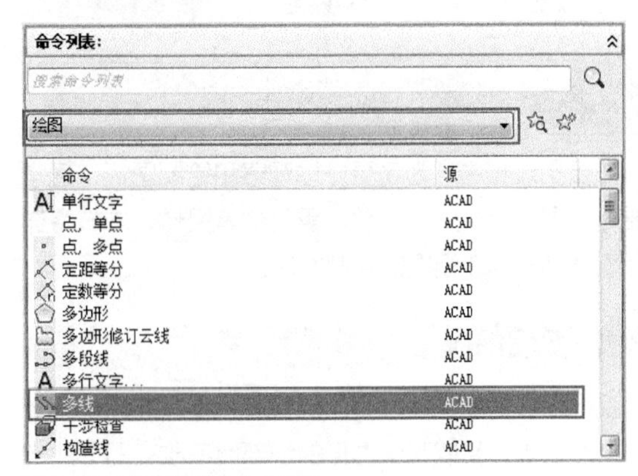

图 2-81 选择要放置的命令按钮

Step 04 单击【二维常用选项卡-绘图】树列表，显示其下的子选项，并展开【第3行】树列表，在对话框右侧的【面板预览】中可以预览到该面板的命令按钮布置，可见第3行中仍留有空位，可将【多线】按钮放置在此，如图2-82所示。

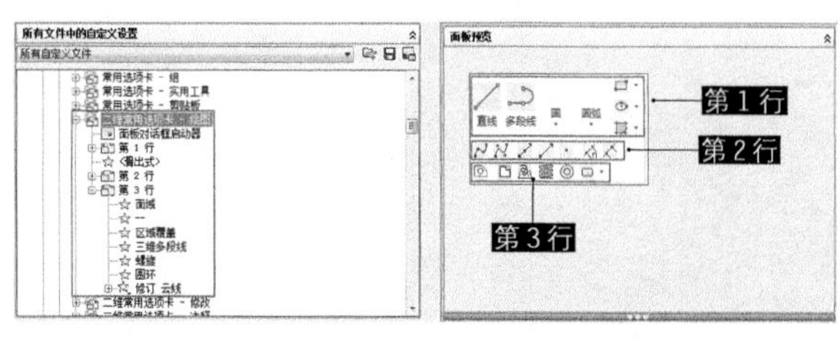

图 2-82 【二维常用选项卡－绘图】中的命令按钮布置图

Step 05 点选【多线】选项并向上拖动至【二维常用选项卡-绘图】树列表下【第3行】树列表中，放置在【修订 云线】命令之下，拖动成功后在【面板预览】的第3行位置处出现【多线】按钮，如图2-83所示。

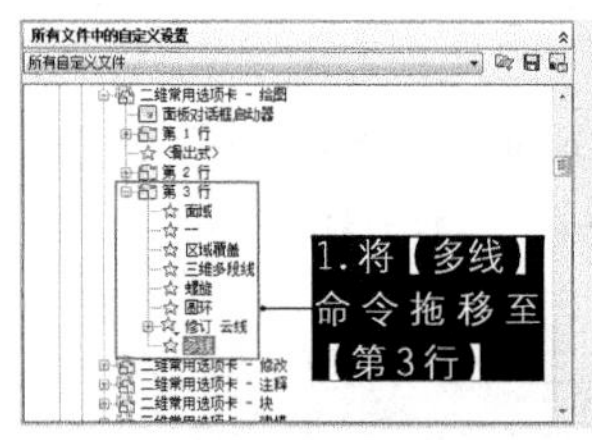

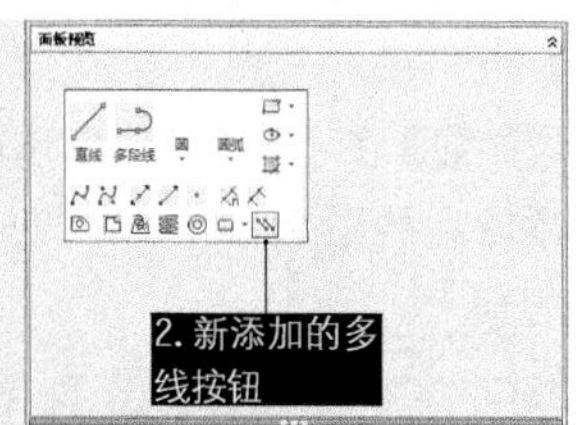

图 2-83 在【第 3 行】中添加【多线】按钮

Step 06 在对话框中单击【确定】按钮，完成设置。这时【多线】按钮便被添加进了【默认】选项卡下的【绘图】面板中，只需单击便可进行调用，如图2-84所示。

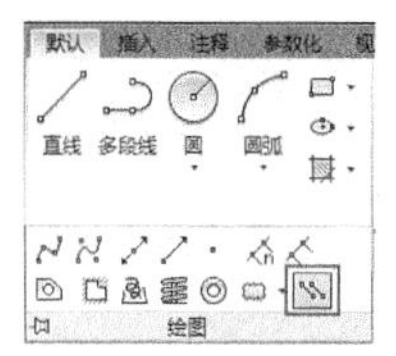

图 2-84 添加至【绘图】面板中的多线按钮

2.4 AutoCAD视图的控制

在绘图过程中，为了更好地观察和绘制图形，通常需要对视图进行平移、缩放、重生成等操作。本节将详细介绍 AutoCAD 视图的控制方法。

2.4.1 视图缩放

视图缩放命令可以调整当前视图大小，既能观察较大的图形范围，又能观察图形的细部而不改变图形的实际大小。视图缩放只是改变视图的比例，并不改变图形中对象的绝对大小，打印出来的图形仍是设置的大小。执行【视图缩放】命令有以下几种方法。

◆功能区：在【视图】选项卡中，单击【导航】面板选择视图缩放工具，如图 2-85 所示。

◆菜单栏：选择【视图】【缩放】命令。

◆工具栏：单击【缩放】工具栏中的按钮。

◆命令行：ZOOM 或 Z。

◆快捷操作：滚动鼠标滚轮。

图 2-85 【视图】选项卡中的【导航】面板

执行缩放命令后，命令行提示如下。

命令：Z↙ ZOOM
//调用【缩放】命令
指定窗口的角点，输入比例因子 (nX 或 nXP)，或者
[全部(A)/中心(C)/动态(D)/范围(E)/上一个(P)/比例(S)/窗口(W)/对象(O)] <实时>:

命令行中各个选项的含义如下。

1 全部缩放

全部缩放用于在当前视口中显示整个模型空间界限范围内的所有图形对象（包括绘图界限范围内和范围外的所有对象）和视图辅助工具（例如，栅格），也包含坐标系原点，缩放前后对比效果如图 2-86 所示。

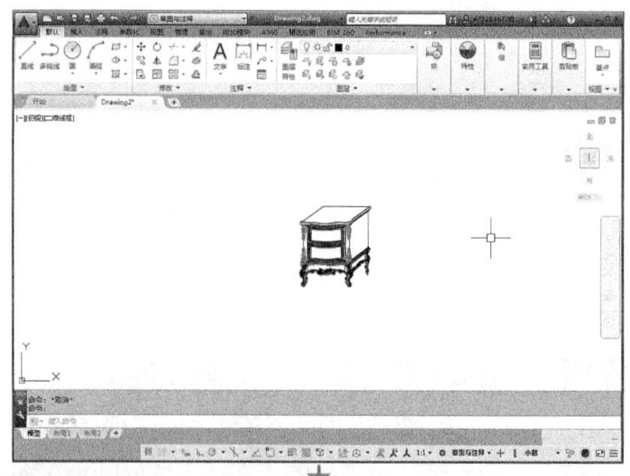

图 2-86 全部缩放效果

2 中心缩放

中心缩放以指定点为中心点，整个图形按照指定的缩放比例缩放，缩放点成为新视图的中心点。使用中心缩放命令行提示如下。

```
指定中心点:                          //指定一点作为新视图的显示中心点
输入比例或高度<当前值>:                //输入比例或高度
```

【当前值】为当前视图的纵向高度。若输入的高度值比当前值小，则视图将放大；若输入的高度值比当前值大，则视图将缩小。其缩放系数等于“当前窗口高度 / 输入高度”的比值。也可以直接输入缩放系数，或缩放系数后附加字符 X 或 XP。在数值后加 X，表示相对于当前视图进行缩放；在数值后加 XP，表示相对于图纸空间单位进行缩放。

3 动态缩放

动态缩放用于对图形进行动态缩放。选择该选项后，绘图区将显示几个不同颜色的方框，拖动鼠标移动方框到要缩放的位置，单击鼠标左键调整大小，最后按 Enter 键即可将方框内的图形最大化显示，如图 2-87 所示。

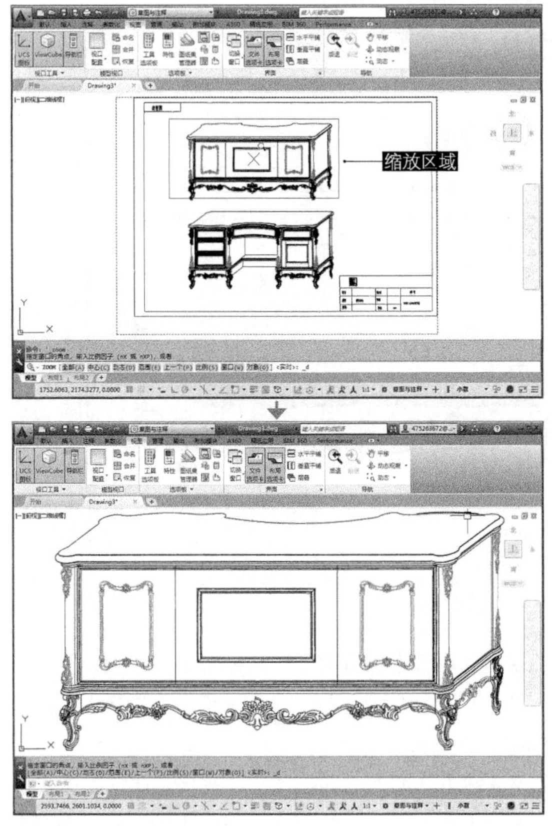

图 2-87 动态缩放效果

4 范围缩放

范围缩放使所有图形对象最大化显示，充满整个视口。视图包含已关闭图层上的对象，但不包含冻结图层上的对象。范围缩放仅与图形有关，会使得图形充满整个视口，而不会像全部缩放一样将坐标原点同样计算在内，因此是使用最为频繁的缩放命令。而双击鼠标中键可以快速进行视图范围缩放。

5 缩放上一个

恢复到前一个视图显示的图形状态。

6 比例缩放

比例缩放按输入的比例值进行缩放。有 3 种输入方法。

◆直接输入数值，表示相对于图形界限进行缩放，如输入“2”，则将以界限原来尺寸的 2 倍进行显示，如图 2-88 所示（栅格为界限）。

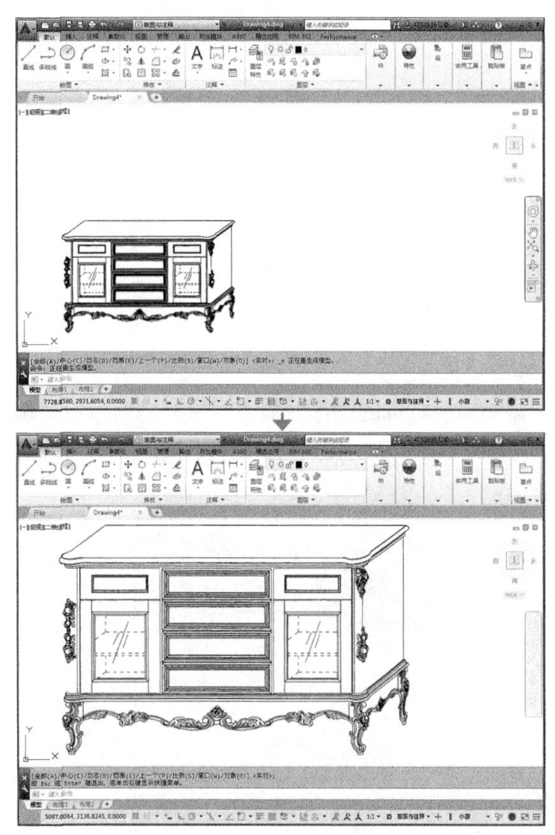

图 2-88 比例缩放输入“2”的效果

◆在数值后加 X，表示相对于当前视图进行缩放，如输入“2X”，使屏幕上的每个对象显示为原大小的 2 倍。

◆在数值后加 XP，表示相对于图纸空间单位进行缩放，如输入“2XP”，则以图纸空间单位的 2 倍显示模型空间，在创建视口时适合输入不同的比例来显示对象的布局。

7 窗口缩放

窗口缩放可以将矩形窗口内选择的图形充满当前视窗。

执行完操作后，用光标确定窗口对角点，这两个角点确定了一个矩形框窗口，系统将矩形框窗口内的图形放大至整个屏幕，如图 2-89 所示。

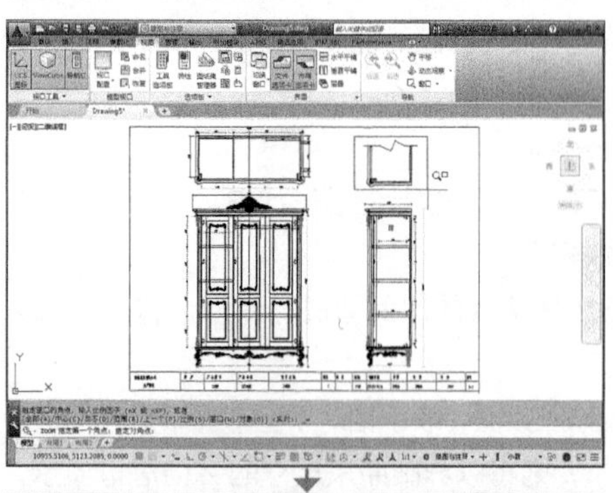

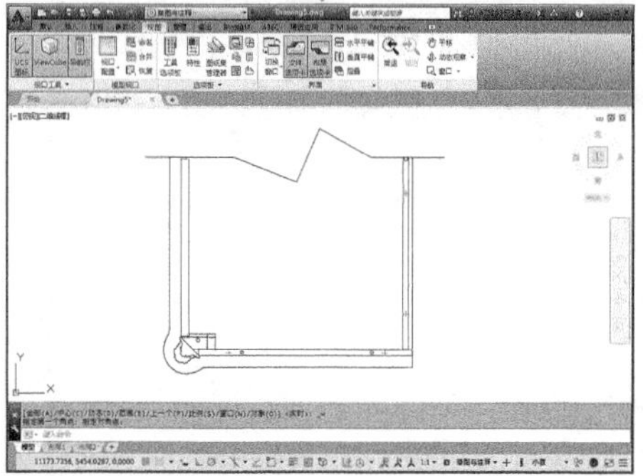

图 2-89 窗口缩放效果

8 缩放对象

该缩放将选择的图形对象最大限度地显示在屏幕上。图 2-90 所示为选择对象缩放前后对比效果。

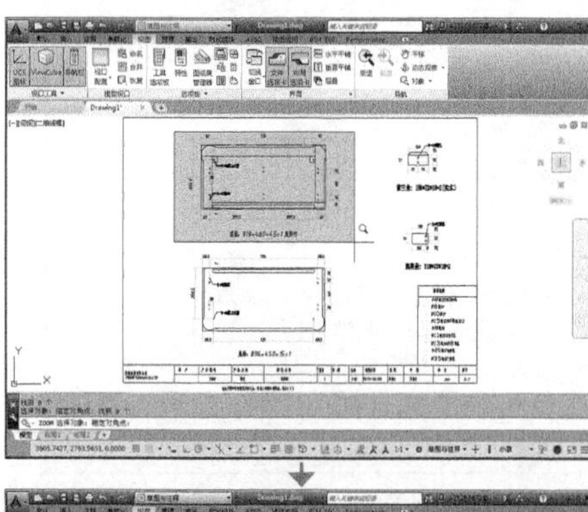

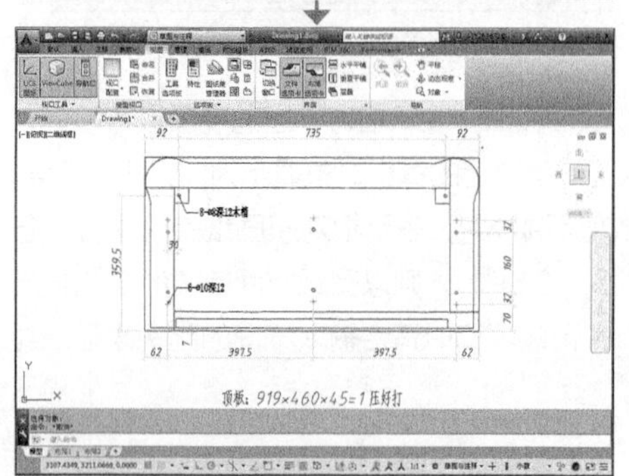

图 2-90 缩放对象效果

9 实时缩放

实时缩放为默认选项。执行缩放命令后直接按 Enter 键即可使用该选项。在屏幕上会出现一个形状的光标，按住鼠标左键不放向上或向下移动，即可实现图形的放大或缩小。

10 放大

单击该按钮一次，视图中的实体显示比当前视图大 1 倍。

11 缩小

单击该按钮一次，视图中的实体显示是当前视图 50%。

2.4.2 视图平移

视图平移不改变视图的大小和角度，只改变其位置，以便观察图形其他的组成部分，如图 2-91 所示。图形显示不完全，且部分区域不可见时，即可使用视图平移，很好地观察图形。

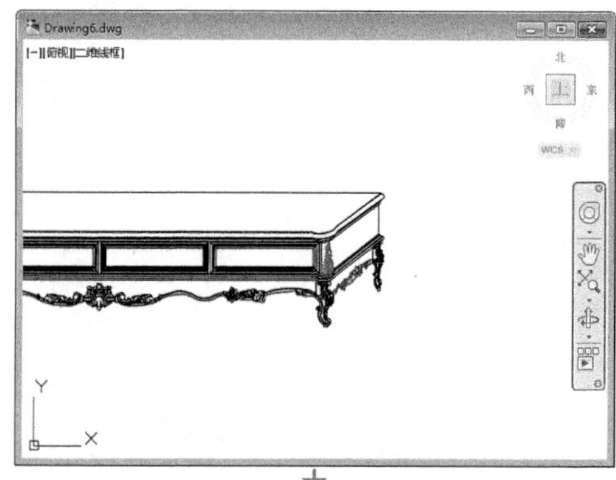

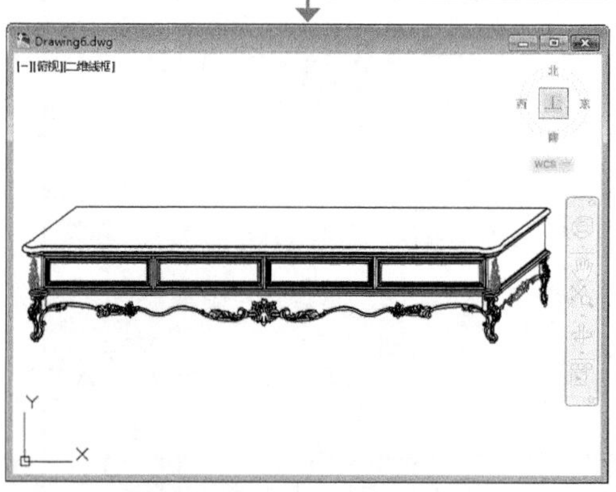

图 2-91 视图平移效果

执行【平移】命令有以下几种方法。

◆功能区：单击【视图】选项卡中【导航】面板的【平移】按钮。

◆菜单栏：选择【视图】|【平移】命令。

◆工具栏：单击【标准】工具栏上的【实时平移】按钮。

◆命令行：PAN 或 P。

◆快捷操作：按住鼠标滚轮拖动，可以快速进行视图平移。

视图平移可以分为【实时平移】和【定点平移】两种，其含义如下。

◆实时平移：光标形状变为手形，按住鼠标左键拖拽可以使图形的显示位置随鼠标向同一方向移动。

◆定点平移：通过指定平移起始点和目标点的方式进行平移。

在【平移】子菜单中，【左】、【右】、【上】、【下】分别表示将视图向左、右、上、下 4 个方向移动。必须注意的是，该命令并不是真的移动图形对象，也不是真正改变图形，而是通过位移图形进行平移。

2.4.3 使用导航栏

导航栏是一种用户界面元素，是一个视图控制集成工具，用户可以从中访问通用导航工具和特定于产品的导航工具。单击视口左上角的“[-]”标签，在弹出菜单中选择【导航栏】选项，可以控制导航栏是否在视口中显示，如图 2-92 所示。

导航栏中有以下通用导航工具。

◆ViewCube：指示模型的当前方向，并用于重定向模型的当前视图。

◆SteeringWheels：用于在专用导航工具之间快速切换的控制盘集合。

◆ShowMotion：用户界面元素，为创建和回放电影式相机动画提供屏幕显示，以便进行设计查看、演示和书签样式导航。

◆3Dconnexion：一套导航工具，用于使用 3Dconnexion 三维鼠标重新设置模型当前视图的方向。

导航栏中有以下特定于产品的导航工具，如图 2-93 所示。

◆平移：沿屏幕平移视图。

◆缩放工具：用于增大或减小模型的当前视图比例的导航工具集。

◆动态观察工具：用于旋转模型当前视图的导航工具集。

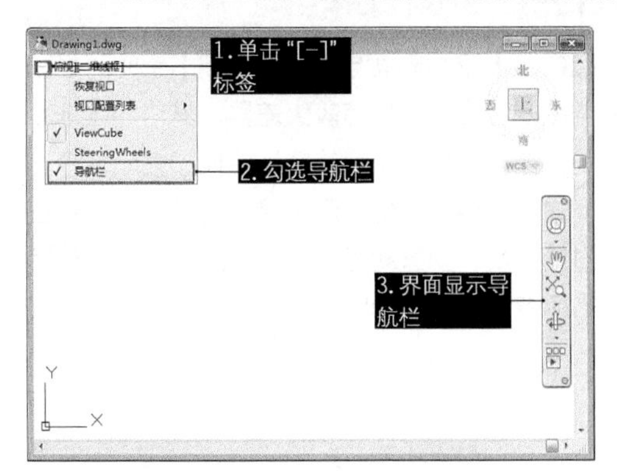

图 2-92 使用导航栏

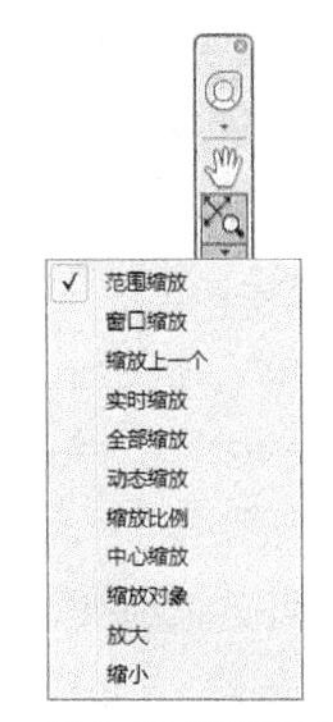

图 2-93 导航工具

2.4.4 命名视图 ★进阶★

命名视图是指将某些视图命名并保存，供以后随时调用，一般在三维建模中使用。执行【命名视图】命令有以下几种方法。

◆功能区：单击【视图】面板中的【视图管理器】按钮。

◆菜单栏：选择【视图】|【命名视图】命令。

◆工具栏：单击【视图】工具栏中的【命名视图】按钮。

◆命令行：VIEW 或 V。

执行该命令后，系统弹出【视图管理器】对话框，如图 2-94 所示，可以在其中进行视图的命名和保存。

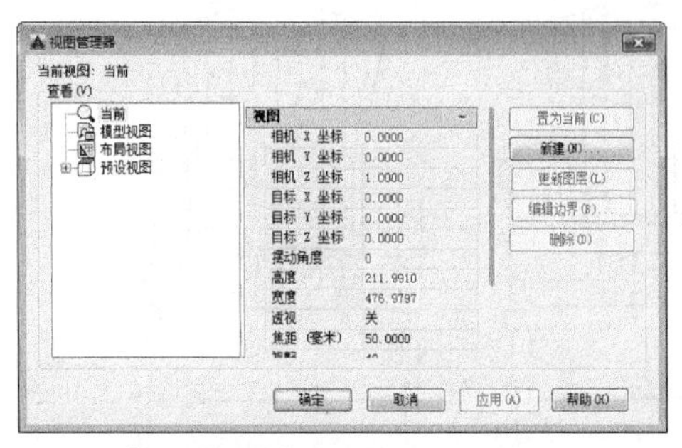

图 2-94 【视图管理器】对话框

2.4.5 重画与重生成视图

在 AutoCAD 中，某些操作完成后，其效果往往不会立即显示出来，或者在屏幕上留下绘图的痕迹与标记。因此，需要通过刷新视图重新生成当前图形，以观察到最新的编辑效果。

视图刷新的命令主要有两个：【重画】命令和【重生成】命令。这两个命令都是自动完成的，不需要输入任何参数，也没有可选选项。

1 重画视图

AutoCAD 常用数据库以浮点数据的形式储存图形对象的信息，浮点格式精度高，但计算时间长。AutoCAD 重生成对象时，需要把浮点数值转换为适当的屏幕坐标。因此对于复杂图形，重新生成需要花很长的时间。为此软件提供了【重画】这种速度较快的刷新命令。重画只刷新屏幕显示，因而生成图形的速度更快。执行【重画】命令有以下几种方法。

◆菜单栏：选择【视图】|【重画】命令。

◆命令行：REDRAWALL 或 RADRAW 或 RA。

在命令行中输入 REDRAW 并按 Enter 键，将从当前视口中删除编辑命令留下来的点标记；而输入 REDRAWALL 并按 Enter 键，将从所有视口中删除编辑命令留下来的点标记。

2 重生成视图

AutoCAD 使用时间太久、或者图纸中内容太多，有时就会影响到图形的显示效果，让图形变得很粗糙，这时就可以用到【重生成】命令来恢复。【重生成】命令不仅重新计算当前视图中所有对象的屏幕坐标，并重新生成整个图形，还重新建立图形数据库索引，从而优化显示和对象选择的性能。执行【重生成】命令有以下几种方法。

◆菜单栏：选择【视图】|【重生成】命令。

◆命令行：REGEN 或 RE。

【重生成】命令仅对当前视图范围内的图形执行重生成，如果要对整个图形执行重生成，可选择【视图】|【全部重生成】命令。重生成的效果如图 2-95 所示。

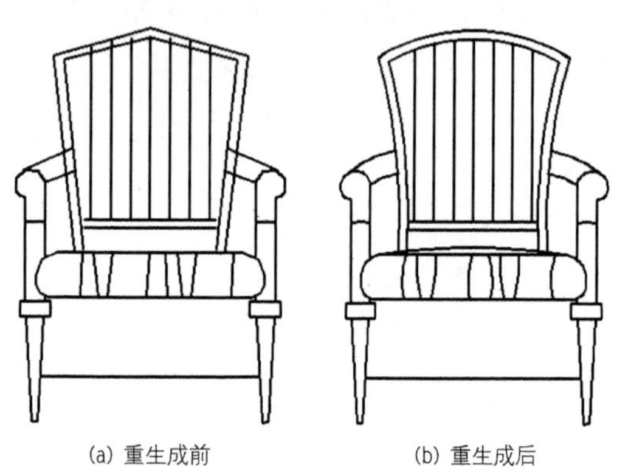

(a) 重生成前　　(b) 重生成后

图 2-95 重生成前后的效果

2.5 AutoCAD 2016工作空间

AutoCAD 2016 为用户提供了【草图与注释】、【三维基础】以及【三维建模】3 种工作空间。选择不同的空间可以进行不同的操作，如在【三维建模】工作空间下，可以方便地进行更复杂的三维建模为主的绘图操作。

2.5.1 【草图与注释】工作空间 ★重点★

AutoCAD 2016 默认的工作空间为【草图与注释】空间。其界面主要由【应用程序】按钮、功能区选项板、快速访问工具栏、绘图区、命令行窗口和状态栏等元素组成。在该空间中，可以方便地使用【默认】选项卡中的【绘图】、【修改】、【图层】、【注释】、【块】和【特性】等面板绘制和编辑二维图形，如图 2-96 所示。

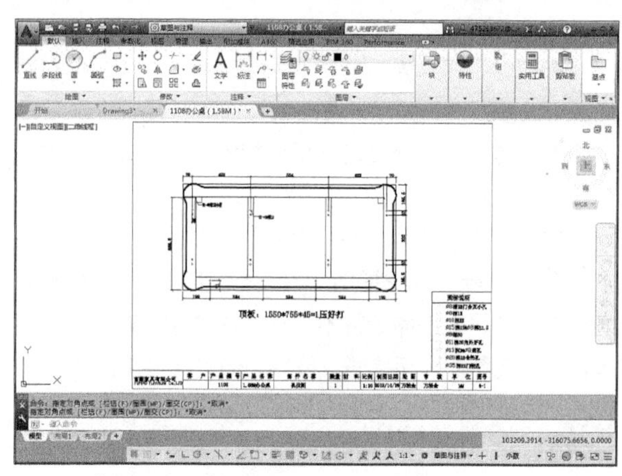

图 2-96 【草图与注释】工作空间

2.5.2 【三维基础】工作空间

【三维基础】工作空间与【草图与注释】工作空间类似，但【三维基础】空间功能区包含的是基本的三维建模工具，如各种常用的三维建模、布尔运算以及三维编辑工具按钮，能够非常方便地创建简单的基本三维模型，如图 2-97 所示。

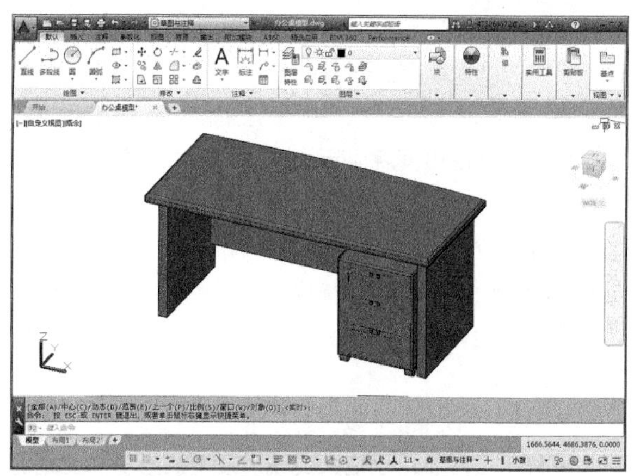

图 2-97 【三维基础】工作空间

2.5.3 【三维建模】工作空间

【三维建模】空间界面与【三维基础】空间界面较相似，但功能区包含的工具有较大差异。其功能区选项卡中集中了实体、曲面和网格的多种建模和编辑命令，以及视觉样式、渲染等模型显示工具，为绘制和观察三维图形、附加材质、创建动画、设置光源等操作提供了非常便利的环境，如图 2-98 所示。

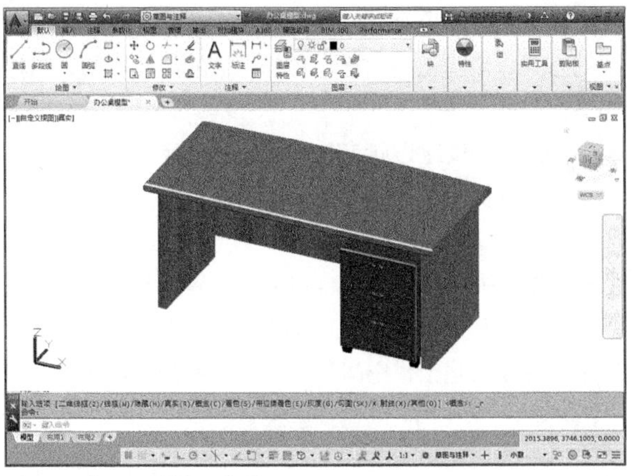

图 2-98 【三维建模】工作空间

2.5.4 切换工作空间

在【草图与注释】空间中绘制出二维草图，然后转换至【三维基础】工作空间进行建模操作，再转换至【三维建模】工作空间赋予材质、布置灯光进行渲染，此即 AutoCAD 建模的大致流程，因此可见这 3 个工作空间是互为补充的。而切换工作空间则有以下几种方法。

◆快速访问工具栏：单击快速访问工具栏中的【切换工作空间】下拉按钮［草图与注释］，在弹出的下拉列表中进行切换，如图 2-99 所示。

◆菜单栏：选择【工具】|【工作空间】命令，在子菜单中进行切换，如图 2-100 所示。

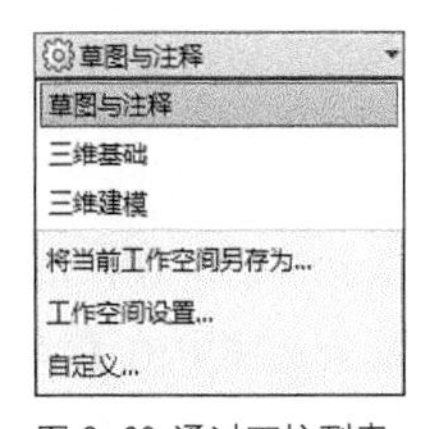

图 2-99 通过下拉列表切换工作空间

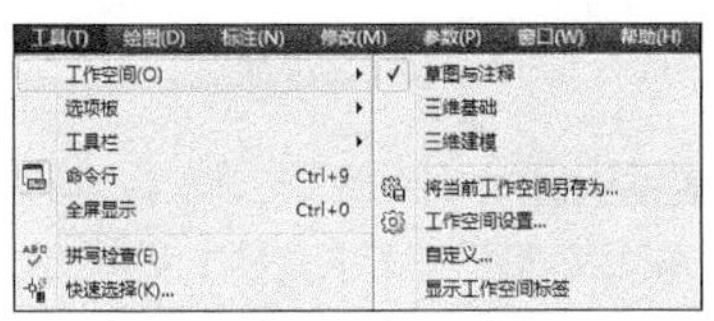

图 2-100 通过菜单栏切换工作空间

◆工具栏：在【工作空间】工具栏的【工作空间控制】下拉列表框中进行切换，如图 2-101 所示。

◆状态栏：单击状态栏右侧的【切换工作空间】按钮，在弹出的下拉菜单中进行切换，如图 2-102 所示。

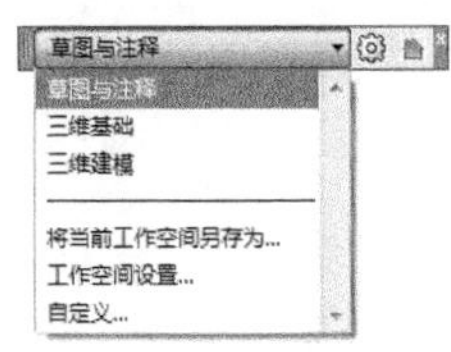

图 2-101 通过工具栏切换工作空间

图 2-102 通过状态栏切换工作空间

练习 2-5 创建个性化的工作空间

除以上提到的 3 个基本工作空间外，根据绘图的需要，用户还可以自定义自己的个性空间（如【练习 2-4】中含有【多线】按钮的工作空间），并将其保存在工作空间列表中，以备工作时随时调用。

Step 01 启动AutoCAD 2016，将工作界面按自己的偏好进行设置，如在【绘图】面板中增加【多线】按钮，如图2-103所示。

Step 02 选择【快速访问】工具栏工作空间列表框中的【将当前工作空间另存为】选项，如图2-104所示。

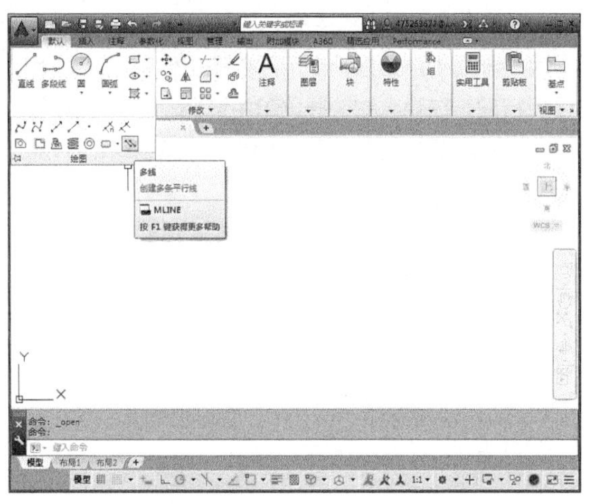

图 2-103 自定义的工作空间

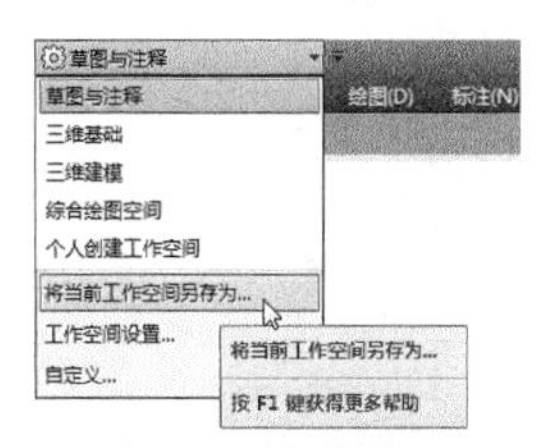

图 2-104 工作空间列表框

Step 03 系统弹出【保存工作空间】对话框，输入新工作空间的名称，如图2-105所示。

Step 04 单击【保存】按钮，自定义的工作空间即创建完成，如图2-106所示。在以后的工作中，可以随时通过选择该工作空间，快速将工作界面切换为相应的状态。

图 2-105 【保存工作空间】对话框

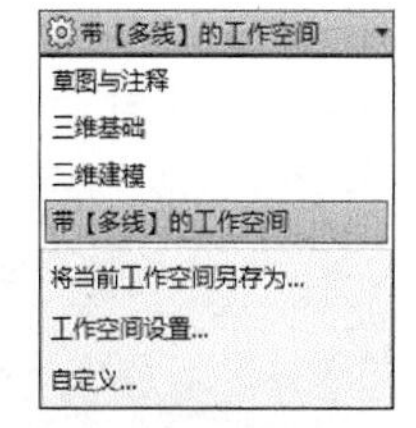

图 2-106 工作空间列表框

2.5.5 工作空间设置

通过【工作空间设置】可以修改 AutoCAD 默认的工作空间。这样做的好处就是能将用户自定义的工作空间设为默认，这样在启动 AutoCAD 后即可快速工作，无需再进行切换。

执行【工作空间设置】的方法与切换工作空间一致，只需在列表框中选择【工作空间设置】选项即可。选择之后弹出【工作空间设置】对话框，如图 2-107 所示。在【我的工作空间（M）=】下拉列表中选择要设置为默认的工作空间，即可将该空间设置为 AutoCAD 启动后的初始空间。

不需要的工作空间，可以将其在工作空间列表中删除。选择工作空间列表框中的【自定义】选项，打开【自定义用户界面】对话框，在不需要的工作空间名称上单击鼠标右键，在弹出的快捷菜单中选择【删除】选项，即可删除不需要的工作空间，如图 2-108 所示。

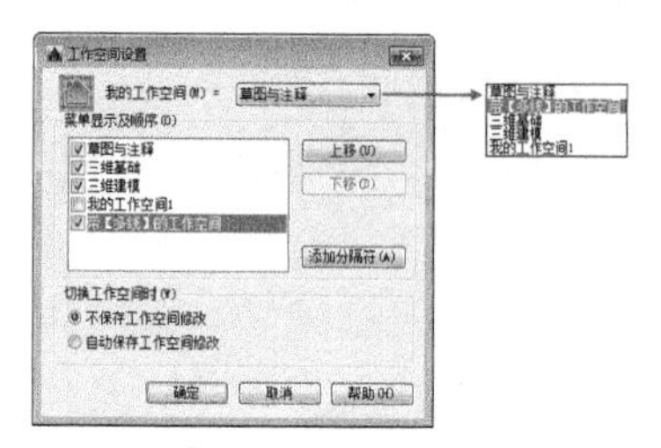

图 2-107 【工作空间设置】对话框

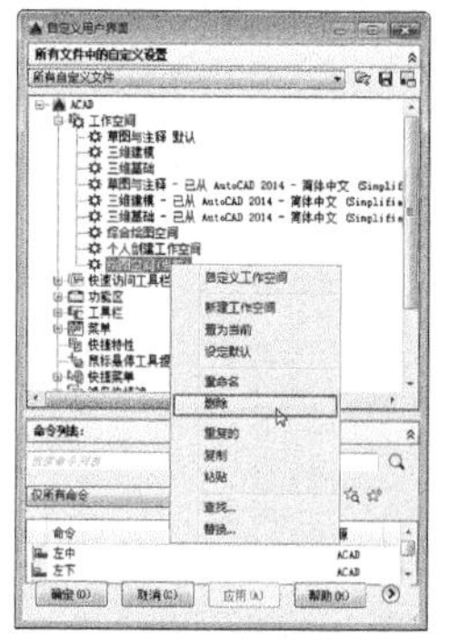

图 2-108 删除不需要的工作空间

练习 2-6 创建带【工具栏】的经典工作空间

从 2015 版本开始，AutoCAD 取消了【经典工作空间】的界面设置，结束了长达十余年之久的工具栏命令操作方式。但对于一些有基础的用户来说，相较于 2016，他们更习惯于 2005、2008、2012 等经典版本的工作界面，也习惯于使用工具栏来调用命令，如图 2-109 所示。

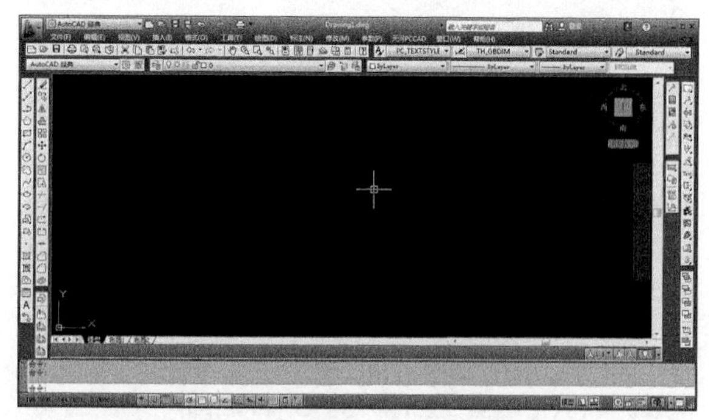

图 2-109 旧版本 AutoCAD 的经典空间

在 AutoCAD 2016 中，仍然可以通过设置工作空间的方式，创建出符合自己操作习惯的经典界面，方法如下。

Step 01 单击快速访问工具栏中的【切换工作空间】下拉按钮，在弹出的下拉列表中选择【自定义】选项，如图2-110所示。

Step 02 系统自动打开【自定义工作界面】对话框，然后选择【工作空间】一栏，单击右键，在弹出的快捷菜单中选择【新建工作空间】选项，如图2-111所示。

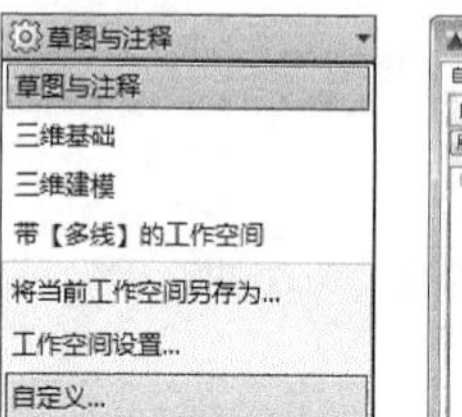

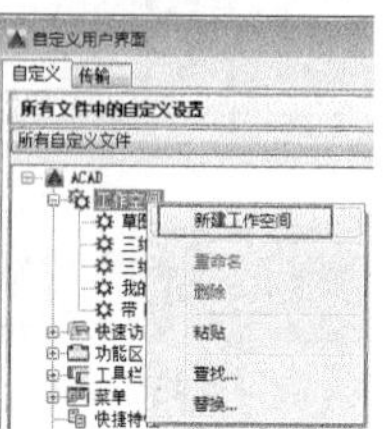

图 2-110 选择【自定义】图 2-111 新建工作空间

Step 03 在【工作空间】树列表中新添加了一工作空间，将其命名为【经典工作空间】，然后单击对话框右侧【工作空间内容】区域中的【自定义工作空间】按钮，如图2-112所示。

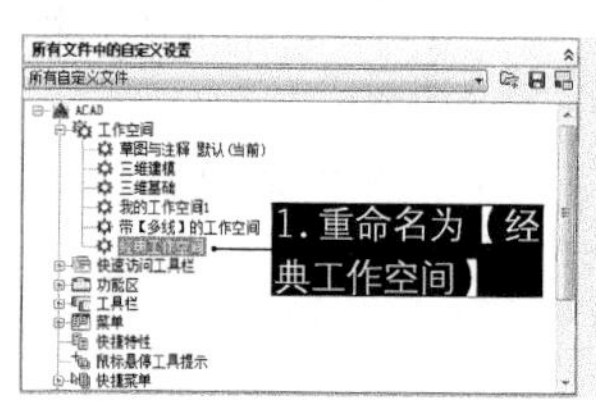

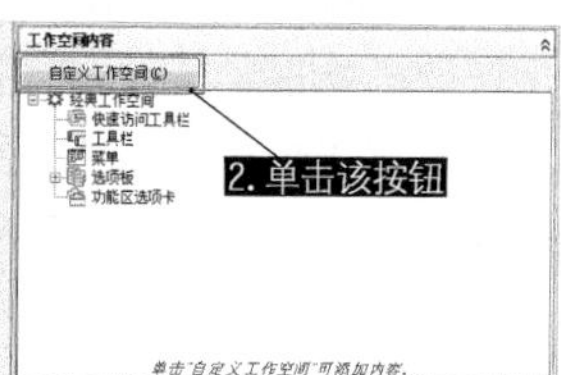

图 2-112 命名经典工作空间

Step 04 返回对话框左侧【所有自定义文件】区域，单击⊞按钮展开【工具栏】树列表，依次勾选其中的【标注】、【绘图】、【修改】、【标准】、【样式】、【图层】、【特性】7个工具栏，即旧版本AutoCAD中的经典工具栏，如图2-113所示。

Step 05 再返回勾选上一级的整个【菜单栏】与【快速访问工具栏】下的【快速访问工具栏1】，如图2-114所示。

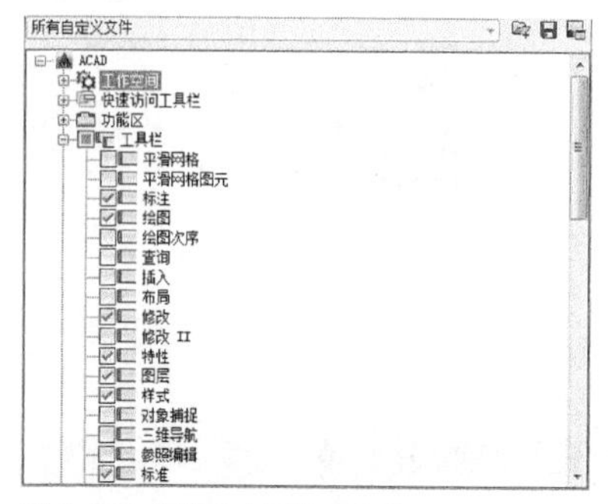

图 2-113 勾选 7 个经典工具栏

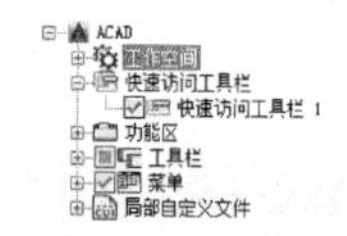

图 2-114 勾选菜单栏与快速访问工具栏

Step 06 在对话框右侧的【工作空间内容】区域中已经可以预览到该工作空间的结构，确定无误后单击其上方的【完成】按钮，如图2-115所示。

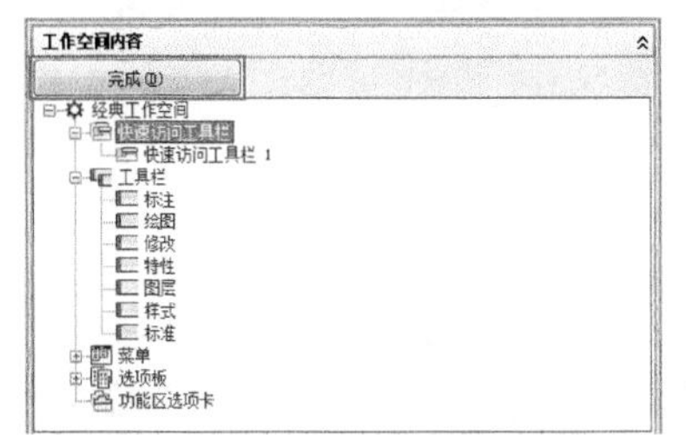

图 2-115 完成经典工作空间的设置

Step 07 在【自定义工作界面】对话框中先单击【应用】按钮，再单击【确定】，退出该对话框。

Step 08 将工作空间切换至刚刚创建的【经典工作空间】，效果如图2-116所示。

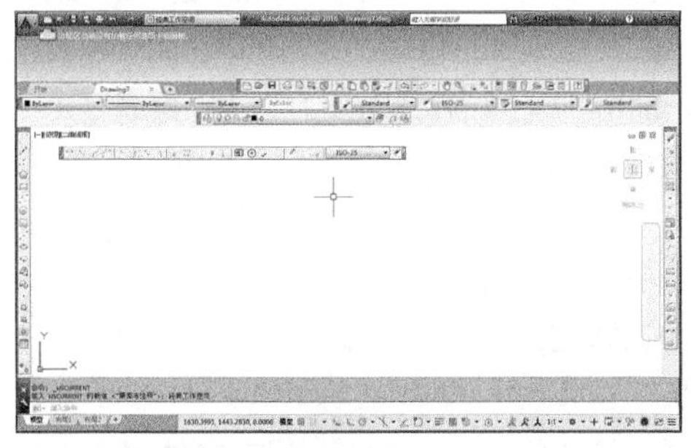

图 2-116 创建的经典工作空间

Step 09 可见在原来的【功能区】区域已经消失，但仍空出了一大块，影响界面效果。可以在该处右击，在弹出的快捷菜单中选择【关闭】选项，即可关闭【功能区】显示，如图2-117所示。

图 2-117 关闭功能区

Step 10 将各工具栏拖移到合适的位置，最终效果如图2-118所示。保存该工作空间后即可随时启用。

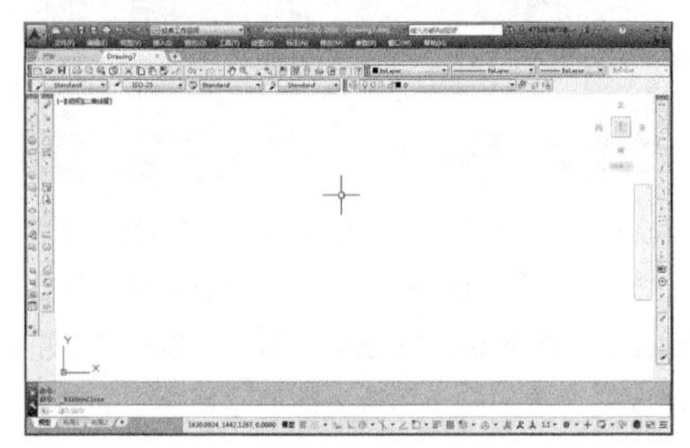

图 2-118 经典工作空间

第 3 章 文件管理

文件管理是管理 AutoCAD 文件。在深入学习 AutoCAD 绘图之前，本章首先介绍 AutoCAD 文件的管理、样板文件、文件的输出及文件的备份与修复等基本知识，使读者对 AutoCAD 文件的管理有一个全面的了解和认识，为快速运用该软件打下坚实的基础。

3.1 AutoCAD文件的管理

文件管理是软件操作的基础，在 AutoCAD 2016 中，图形文件的基本操作包括新建文件、打开文件、保存文件、查找文件和输出文件等。

3.1.1 AutoCAD 文件的主要格式

AutoCAD 能直接保存和打开的主要有以下 4 种格式：【.dwg】、【.dws】、【.dwt】和【.dxf】，分别介绍如下。

◆【.dwg】：dwg 文件是 AutoCAD 的默认图形文件，是二维或三维图形档案。如果另一个应用程序需要使用该文件信息，则可以通过输出将其转换为其他的特定格式，详见本章的“3.3 文件的输出”一节。

◆【.dws】：dws 文件被称为标准文件，里面保存了图层、标注样式、线型、文字样式。当设计单位要实行图纸标准化，对图纸的图层、标注、文字、线型有非常明确的要求时就可以使用 dws 标准文件。此外，为了保护自己的文档，可以将图形用 dws 的格式保存，dws 格式的文档，只能查看，不能修改。

◆【.dwt】：dwt 是 AutoCAD 模板文件，保存了一些图形设置和常用对象（如标题框和文本），详见本章的“3.4 样板文件”。

◆【.dxf】：dxf 文件是包含图形信息的文本文件，其他的 CAD 系统（如 UG、Creo、Solidworks）可以读取文件中的信息。因此可以用 dxf 格式保存 AutoCAD 图形，使其可以在其他绘图软件中打开。

其他几种与 AutoCAD 有关的格式介绍如下。

◆【.dwl】：dwl 是与 AutoCAD 文档 dwg 相关的一种格式，意为被锁文档（其中 L=Lock）。其实这是早期 AutoCAD 版本软件的一种生成文件，当 AutoCAD 非法退出的时候容易自动生成与 dwg 文件名同名但扩展名为 dwl 的被锁文件。一旦生成这个文件则原来的 dwg 文件将无法打开，必须手动删除该文件才可以恢复打开 dwg 文件。

◆【.sat】：即 ACIS 文件，可以将某些对象类型输出到 ASCII（SAT）格式的 ACIS 文件中。可将代表剪过的 NURBS 曲面、面域和实体的 ShapeManager 对象输出到 ASCII(SAT) 格式的 ACIS 文件中。

◆【.3ds】：即 3D Studio(3DS) 的文件。3DSOUT 仅输出具有表面特征的对象，即输出的直线或圆弧的厚度不能为零。宽线或多段线的宽度或厚度不能为零。圆、多边形网格和多面始终可以输出。实体和三维面必须至少有 3 个唯一顶点。如果必要，可将几何图形在输出时网格化。在使用 3DSOUT 之前，必须将 AME（高级建模扩展）和 AutoSurf 对象转换为网格。3DSOUT 将命名视图转换为 3D Studio 相机，并将相片级光跟踪光源转换为最接近的 3D Studio 等效对象：点光源变为泛光光源，聚光灯和平行光变为 3D Studio 聚光灯。

◆【.stl】：即平板印刷文件，可以使用与平板印刷设备（SLA）兼容的文件格式写入实体对象。实体数据以三角形网格面的形式转换为 SLA。SLA 工作站使用该数据来定义代表部件的一系列图层。

◆WIMF：WIMF 文件在许多 Windows 应用程序中使用。WIMF（Windows 图文文件格式）文件包含矢量图形或光栅图形格式，但只在矢量图形中创建 WIMF 文件。矢量格式与其他格式相比，能实现更快的平移和缩放。

◆光栅文件：可以为图形中的对象创建与设备无关的光栅图像。可以使用若干命令将对象输出到与设备无关的光栅图像中，光栅图像的格式可以是位图、JPEG、TIFF 和 PNG。某些文件格式在创建时即为压缩形式，如 JPEG 格式。压缩文件占有较少的磁盘空间，但有些应用程序可能无法读取这些文件。

◆PostScript 文件：可以将图形文件转换为 PostScript 文件，很多桌面发布应用程序都使用该文件格式。将图形转换为 PostScript 格式后，也可以使用 PostScript 字体。

3.1.2 新建文件

启动 AutoCAD 2016 后，系统将自动新建一个名为“Drawing1.dwg”的图形文件，该图形文件默认以 acadiso.dwt 为样板创建。如果用户需要绘制一个新的图形，则需要使用【新建】命令。启动【新建】命令有以下几种方法。

◆应用程序按钮：单击【应用程序】按钮▲，在下拉菜单中选择【新建】选项，如图 3-1 所示。

◆快速访问工具栏：单击【快速访问】工具栏中的【新建】按钮□。

◆菜单栏：执行【文件】|【新建】命令。

◆标签栏：单击标签栏上的按钮。

◆命令行：NEW 或 QNEW。

◆快捷键：Ctrl+N。

用户可以根据绘图需要，在对话框中选择打开不同的绘图样板，即可以样板文件创建一个新的图形文件。单击【打开】按钮旁的下拉菜单可以选择打开样板文件的方式，共有【打开】、【无样板打开 - 英制（I）】、【无样板打开 - 公制（M）】3 种方式，如图 3-2 所示。通常选择默认的【打开】方式。

图 3-1 【应用程序】按钮新建文件

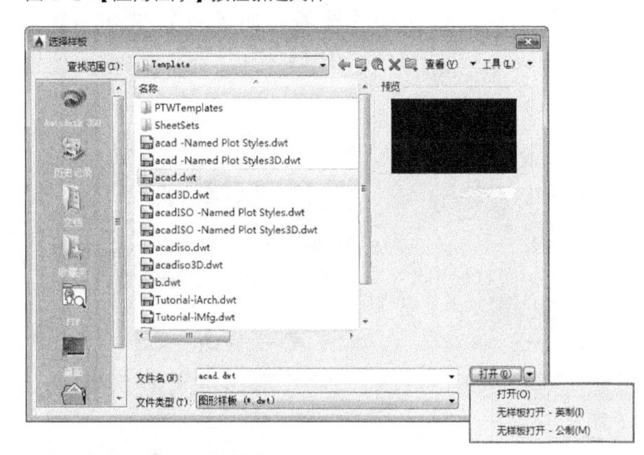

图 3-2 【选择样板】对话框

3.1.3 打开文件

AutoCAD 文件的打开方式有很多种，启动【打开】命令有以下几种方法。

◆应用程序按钮：单击【应用程序】按钮▲，在弹出的快捷菜单中选择【打开】选项。

◆快速访问工具栏：单击【快速访问】工具栏【打开】按钮。

◆菜单栏：执行【文件】|【打开】命令。

◆标签栏：在标签栏空白位置单击鼠标右键，在弹出的右键快捷菜单中选择【打开】选项。

◆命令行：OPEN 或 QOPEN。

◆快捷键： Ctrl+O。

◆快捷方式：直接双击要打开的 .dwg 图形文件。

执行以上操作都会弹出【选择文件】对话框，该对话框用于选择已有的 AutoCAD 图形，单击【打开】按钮后的三角下拉按钮，在弹出的下拉菜单中可以选择不同的打开方式，如图 3-3 所示。

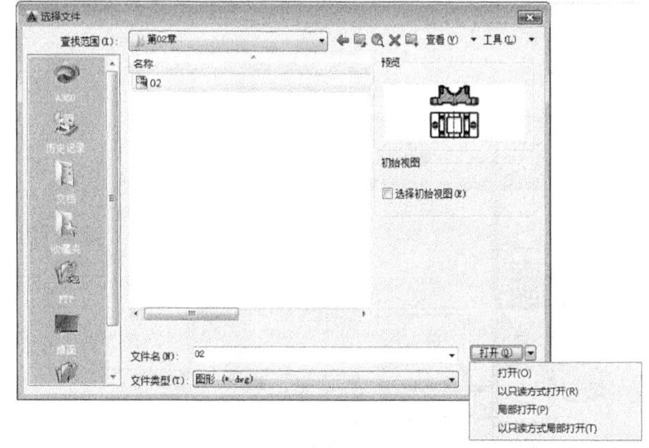

图 3-3 【选择文件】对话框

对话框中各选项含义说明如下。

◆【打开】：直接打开图形，可对图形进行编辑、修改。

◆【以只读方式打开】：打开图形后仅能观察图形，无法进行修改与编辑。

◆【局部打开】：局部打开命令允许用户只处理图形的某一部分，只加载指定视图或图层的几何图形。

◆【以只读方式局部打开】：局部打开的图形无法被编辑修改，只能观察。

练习 3-1 局部打开图形

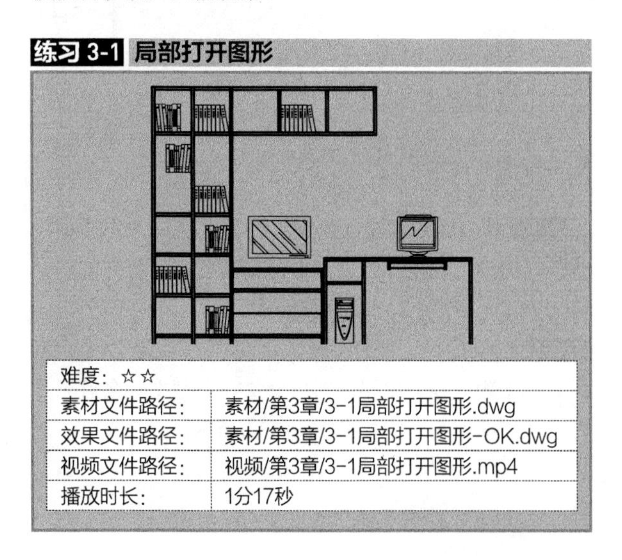

难度：☆☆	
素材文件路径：	素材/第3章/3-1局部打开图形.dwg
效果文件路径：	素材/第3章/3-1局部打开图形-OK.dwg
视频文件路径：	视频/第3章/3-1局部打开图形.mp4
播放时长：	1分17秒

素材图形完整打开的效果如图 3-4 所示。本例使用局部打开命令即只处理图形的某一部分，只加载素材文件中指定视图或图层上的几何图形。当处理大型图形文件时，可以选择在打开图形时需要加载的尽可能少的几何图形，指定的几何图形和命名对象包括：块（Block）、图层（Layer）、标注样式（DimensionStyle）、线型（Linetype）、布局（Layout）、文字样式（TextStyle）、视口配置（Viewports）、用户坐标系（UCS）及视图（View）等，操作步骤如下。

Step 01 定位至要局部打开的素材文件，然后单击【选择文件】对话框中【打开】按钮后的三角下拉按钮，在弹出的下拉菜单中，选择其中的【局部打开】项，如图3-5所示。

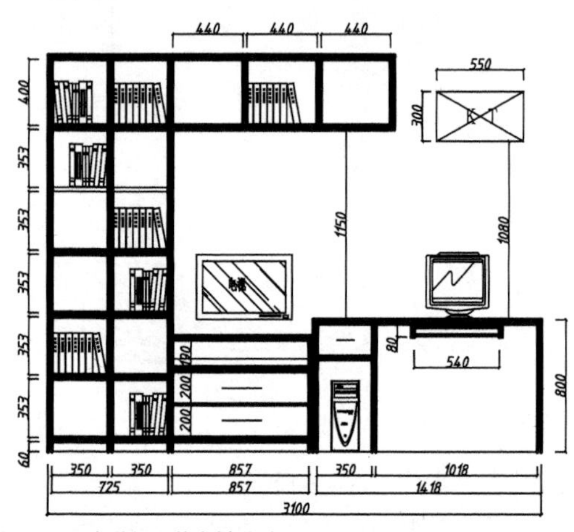

图 3-4 完整打开的素材图形

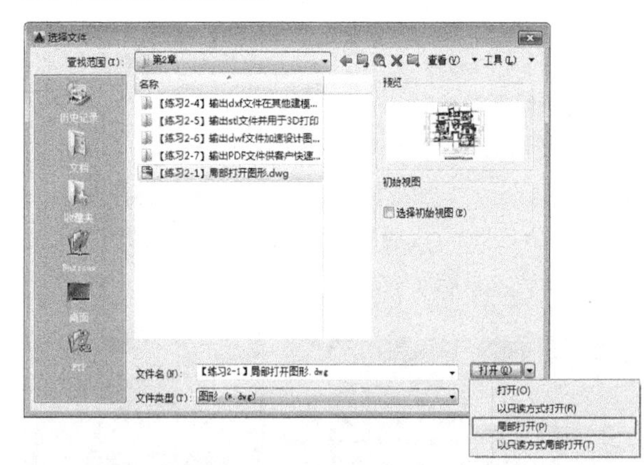

图 3-5 选择【局部打开】

Step 02 接着系统弹出【局部打开】对话框，在【要加载几何图形的图层】列表框中勾选需要局部打开的图层名，如【轮廓线】，如图3-6所示。

Step 03 单击【打开】按钮，即可打开仅包含【轮廓线】和【剖面线】图层的图形对象，同时文件名后添加有“（局部加载）”文字，如图3-7所示。

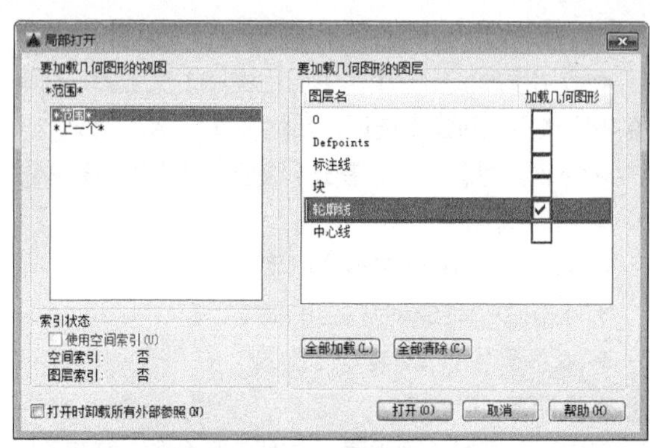

图 3-6 【局部打开】对话框

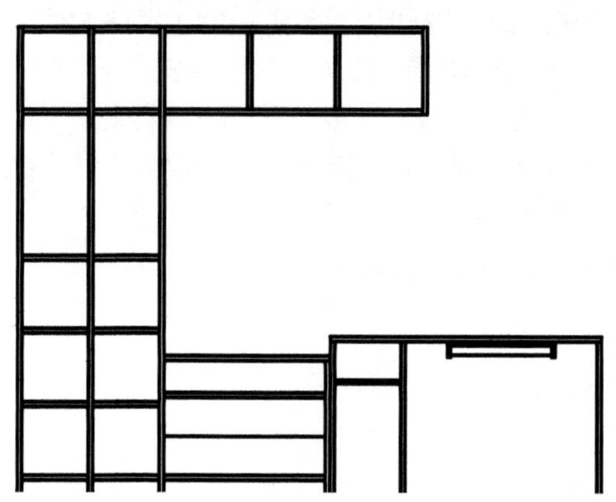

图 3-7 【局部打开】效果

Step 04 对于局部打开的图形，用户还可以通过【局部加载】将其他未载入的几何图形补充进来。在命令行输入PartialLoad并按Enter键，系统弹出【局部加载】对话框，与【局部打开】对话框主要区别是可通过【拾取窗口】按钮划定区域放置视图，如图3-8所示。

Step 05 勾选需要加载的选项，如【块】图层，单击【局部加载】对话框中【确定】按钮，即可得到加载效果如图3-9所示。

> **操作技巧**
>
> 【局部打开】只能应用于当前版本保存的CAD文件。如果部分文件局部打开不了的文件全部打开，然后另存为最新的AutoCAD版本即可。

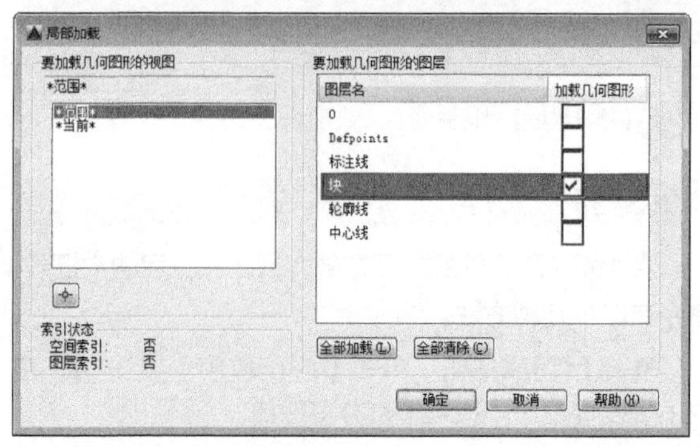

图 3-8 【局部加载】对话框

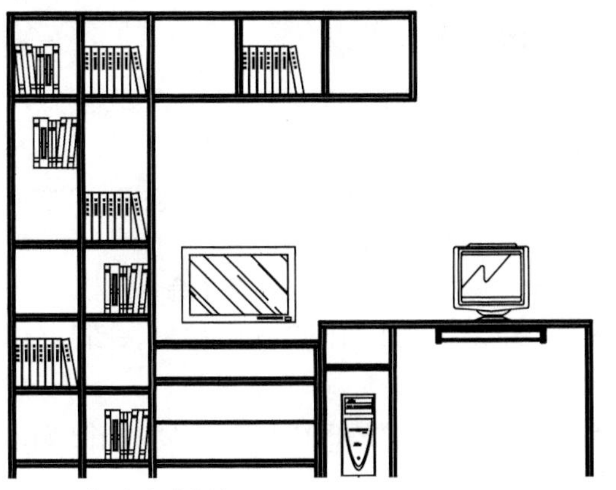

图 3-9 【局部加载】效果

3.1.4 保存文件

保存文件不仅是将新绘制的或修改好的图形文件进行存盘，以便以后对图形进行查看、使用或修改、编辑等，还包括在绘制图形过程中随时对图形进行保存，以避免意外情况发生而导致文件丢失或不完整。

1 保存新的图形文件

保存新文件就是对新绘制还没保存过的文件进行保存。启动【保存】命令有以下几种方法。

◆应用程序按钮：单击【应用程序】按钮，在弹出的快捷菜单中选择【保存】选项。

◆快速访问工具栏：单击【快速访问】工具栏【保存】按钮。

◆菜单栏：选择【文件】|【保存】命令。

◆快捷键：Ctrl+ S。

◆命令行： SAVE 或 QSAVE。

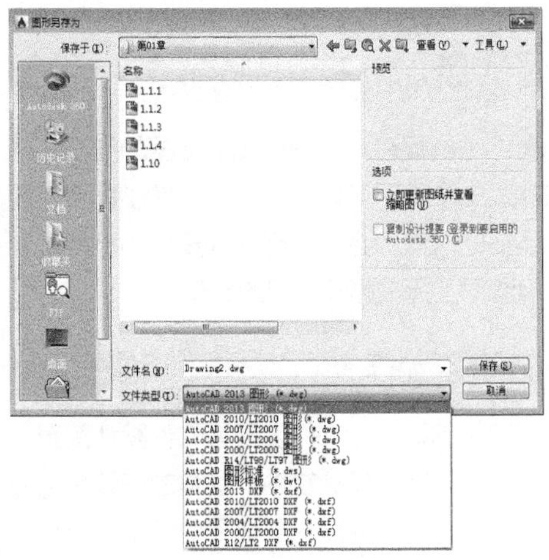

图 3-10 【图形另存为】对话框

执行【保存】命令后，系统弹出如图 3-10 所示的【图形另存为】对话框。在此对话框中，可以进行如下操作。

◆设置存盘路径。单击上面【保存于】下拉列表，在展开的下拉列表内设置存盘路径。

◆设置文件名。在【文件名】文本框内输入文件名称，如我的文档等。

◆设置文件格式。单击对话框底部的【文件类型】下拉列表，在展开的下拉列表内设置文件的格式类型。

> **操作技巧**
>
> 默认的存储类型为“AutoCAD 2013图形（*.dwg）”。使用此种格式将文件存盘后，文件只能被AutoCAD 2013及以后的版本打开。如果用户需要在AutoCAD早期版本中打开此文件，必须使用低版本的文件格式进行存盘。

2 另存为其他文件

当用户在已存盘的图形基础上进行了其他修改工作，又不想覆盖原来的图形，可以使用【另存为】命令，将修改后的图形以不同图形文件进行存盘。启动【另存为】命令有以下几种方法。

◆应用程序：单击【应用程序】按钮，在弹出的快捷菜单中选择【另存为】选项。

◆快速访问工具栏：单击【快速访问】工具栏【另存为】按钮。

◆菜单栏：选择【文件】|【另存为】命令。

◆快捷键：Ctrl+Shift+S。

◆命令行：SAVE As。

练习 3-2 将图形另存为低版本文件

在日常工作中，经常要与客户或同事进行图纸往来，有时就难免碰到因为彼此 AutoCAD 版本不同而打不开图纸的情况，如图 3-11 所示。原则上高版本的 AutoCAD 能打开低版本所绘制的图形，而低版本却无法打开高版本的图形。因此对于使用高版本的用户来说，可以将文件通过【另存为】的方式转存为低版本。

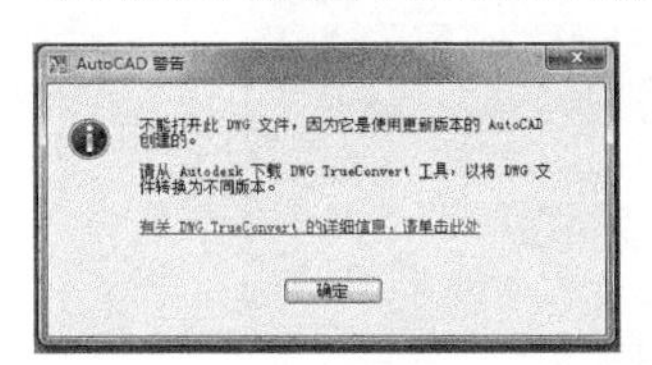

图 3-11 因版本不同出现的 AutoCAD 警告

Step 01 打开需要另存的图形文件。

Step 02 单击【快速访问】工具栏的【另存为】按钮，打开【图形另存为】对话框，在【文件类型】下拉列表中选择【AutoCAD2000/LT2000图形 （*.dwg）】选项，如图3-12所示。

Step 03 设置完成后，AutoCAD所绘图形的保存类型均为AutoCAD 2000类型，任何高于2000的版本均可以打开，从而实现工作图纸的无障碍交流。

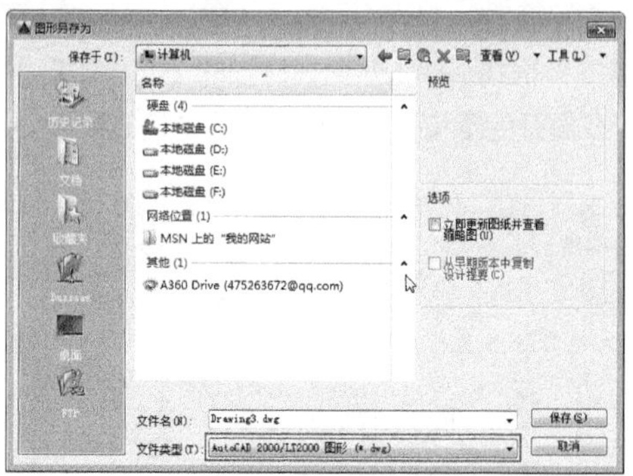
图 3-12 【图形另存为】对话框

3 定时保存图形文件

除了手动保存外，还有一种比较好的保存文件的方法，即定时保存图形文件，可以免去随时手动保存的麻烦。设置定时保存后，系统会在一定的时间间隔内实行自动保存当前文件编辑的文件内容，自动保存的文件后缀名为 .sv$。

练习 3-3 设置定时保存

AutoCAD 在使用过程中有时会因为内存占用太多而造成崩溃，让辛苦绘制的图纸全盘付诸东流。因此除了在工作中要养成时刻保存的好习惯之外，还可以在 AutoCAD 中设置定时保存来减小意外造成的损失。

Step 01 在命令行中输入OP，系统弹出【选项】对话框。

Step 02 单击选择【打开和保存】选项卡，在【文件安全措施】选项组中选中【自动保存】复选框，根据需要在文本框中输入适合的间隔时间和保存方式，如图3-13所示。

Step 03 单击【确定】按钮关闭对话框，定时保存设置即可生效。

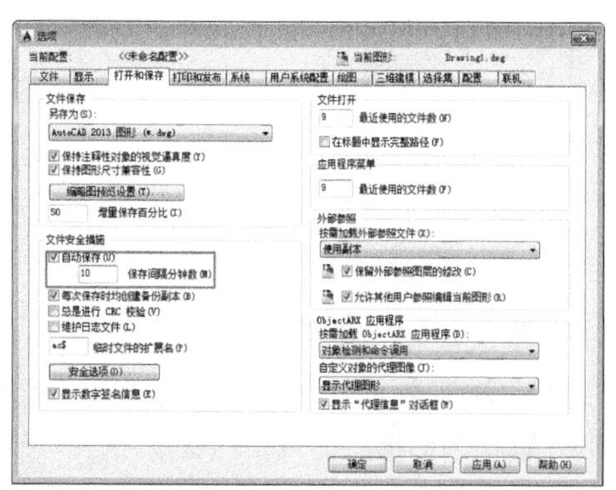
图 3-13 设置定时保存文件

> **操作技巧**
>
> 定时保存的时间间隔不宜设置过短，这样会影响软件正常使用；也不宜设置过长，这样不利于实时保存，一般设置在10分钟左右较为合适。

3.1.5 关闭文件

为了避免同时打开过多的图形文件，需要关闭不再使用的文件，选择【关闭】命令的方法如下。

- ◆应用程序按钮：单击【应用程序】按钮，在下拉菜单中选择【关闭】选项。
- ◆菜单栏：执行【文件】|【关闭】命令。
- ◆文件窗口：单击文件窗口右上角的【关闭】按钮，如图 3-14 所示。
- ◆标签栏：单击文件标签栏上的【关闭】按钮。
- ◆命令行：CLOSE。
- ◆快捷键：Ctrl+F4。

执行该命令后，如果当前图形文件没有保存，那么关闭该图形文件时系统将提示是否需要保存修改，如图 3-15 所示。

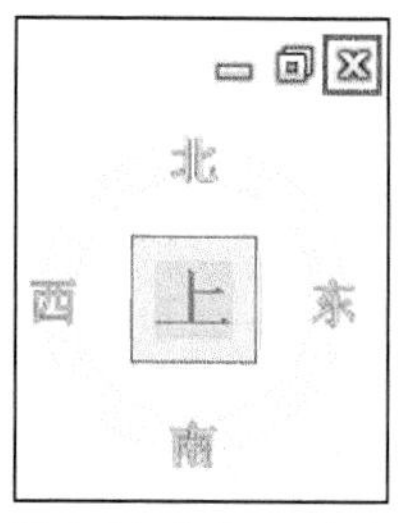

图 3-14 文件窗口右上角的【关闭】按钮

图 3-15 关闭文件时提示保存

> **操作技巧**
>
> 如单击软件窗口的【关闭】按钮，则会直接退出AutoCAD。

3.2 文件的备份、修复与清理

文件的备份、修复有助于确保图形数据的安全，使得用户在软件发生意外时可以恢复文件，减小损失；而当图形内容很多的时候，会影响到软件操作的流畅性，这时可以使用清理工具来删除无用的累赘。

3.2.1 自动备份文件 ★重点★

很多软件都将创建备份文件设置为软件默认配置，尤其是很多编程、绘图、设计软件，这样的好处是当源文件不小心被删掉、硬件故障、断电或由于软件自身的BUG 而导致自动退出时，还可以在备份文件的基础上继续编辑，否则前面的工作将付诸东流。

在 AutoCAD 中，后缀名为 bak 的文件即是备份文件。当修改了原 dwg 文件的内容后，再保存了修改后的内容，那么修改前的内容就会自动保存为 bak 备份文件（前提是设置为保留备份）。默认情况下，备份文件将和图形文件保存在相同的位置，且和 dwg 文件具有相同的名称。例如，“site_topo.bak”即是一份备份文件，是“site_topo.dwg”文件的精确副本，是图形文件在上次保存后自动生成的，如图 3-16 所示。值得注意的是，同一文件在同一时间只会有一个备份文件，新创建的备份文件将始终替换旧的备份，并沿用相同的名称。

图 3-16 自动备份文件与图形文件

3.2.2 备份文件的恢复与取消 ★重点★

同其他衍生文件一致，bak 备份文件也可以进行恢复图形数据以及取消备份等操作。

1 恢复备份文件

备份文件本质上是重命名的 dwg 文件，因此可以再通过重命名的方式来恢复其中保存的数据。如“site_topo.dwg”文件损坏或丢失后，可以重命名“site_topo.bak”文件，将后缀改为 .dwg，再在 AutoCAD 中打开该文件，即可得到备份数据。

2 取消文件备份

有些用户觉得在 AutoCAD 中每个文件保存时都创建一个备份文件很麻烦，而且会消耗部分硬盘内存，同时 bak 备份文件可能会影响到最终图形文件夹的整洁美观，每次手动删除也比较费时间，因此可以在 AutoCAD 中就设置好取消备份。

在命令行中输入【OP】并按 Enter 键，系统弹出【选项】对话框，切换到【打开和保存】选项卡，将【每次保存时均创建备份副本】复选框取消勾选即可，如图 3-17 所示。也可以在命令行输入 ISAVEBAK，将 ISAVEBAK 的系统变量修改为 0。

图 3-17 【打开和保存】选项卡

操作技巧

bak备份文件不同于系统定时保存的.sv$文件，备份文件只会保留用户截止至上一次保存之前的内容，而定时保存文件会根据用户指定的时间间隔进行保存，且二者的保存位置也完全不一样。当意外发生时，最好将.bak文件和.sv$文件相互比较，恢复修改时间稍晚的一个，以尽量减小损失。

3.2.3 文件的核查与修复 ★进阶★

在计算机突然断电，或者系统出现故障的时候，软件被强制性关闭。这个时候就可以使用【图形实用工具】中的命令来核查或者修复意外中止的图形。下面我们就来介绍这些工具的用法。

1 核查

使用该命令可以核查图形文件是否与标准冲突，然后再解决文件中的冲突。标准批准处理检查器一次可以核查多个文件。将标准文件和图形相关联后，可以定期检查该图形，以确保它符合其标准，这在许多人同时更新一个文件时尤为重要。

执行【核查】命令的方式有几下几种。

◆ 应用程序按钮：鼠标单击【应用程序】按钮 ，在下拉列表中选择【图形实用工具】|【核查】命令，如图 3-18 所示。

◆ 菜单栏：执行【文件】|【图形实用工具】|【核查】命令，如图 3-19 所示。

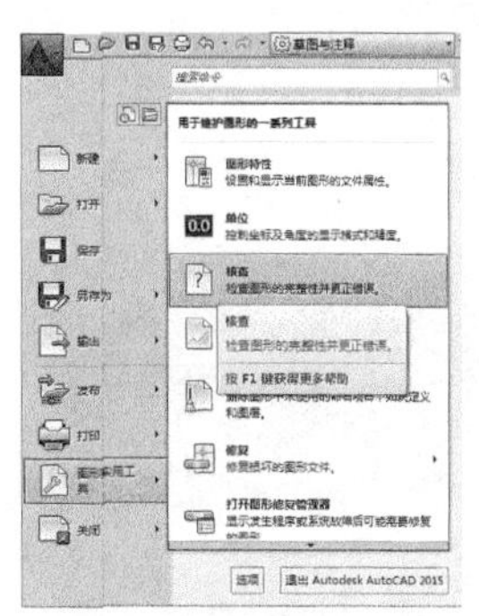

图 3-18 【应用程序】按钮调用【核查】命令

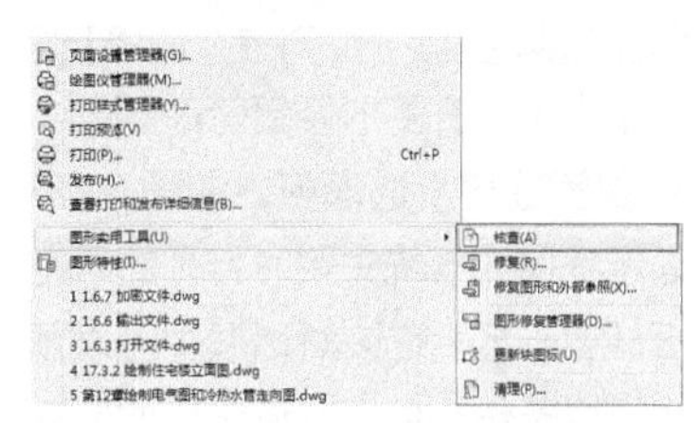

图 3-19 【菜单栏】调用【核查】命令

【核查】命令可以选择修复或者忽略报告的每个标准冲突。如果忽略所报告的冲突，系统将在图形中对其进行标记。可以关闭被忽略的问题的显示，以便下次核查该图形的时候不再将它们作为冲突的情况而进行报告。

如果对当前的标准冲突未进行修复，那么在【替换为】列表中将没有项目显示，【修复】按钮也不可用。如果修复了当前显示在【检查标准】对话框中的标准冲突，那么，除非单击【修复】或【下一个】按钮，否则此冲突不会在对话框中删除。

在整个图形核查完毕后，将显示【检查完成】消息。此消息总结在图形中发现的标准冲突，还显示自动修复的冲突、手动修复的冲突和被忽略的冲突。

> **操作技巧**
>
> 如果非标准图层包含多个冲突（例如，一个是非标准图层名称冲突，另一个是非标准图形特性冲突），则将显示遇到的第一个冲突。不计算非标准图层上存在的后续冲突，因此也不会显示。用户需要再次运行命令，来检查其他冲突。

2 修复

单击【应用程序】按钮，在其下拉列表中选择【图形实用工具】|【修复】|【修复】命令，系统弹出【选择文件】对话框，在对话框中选择一个文件，然后单击【打开】按钮。核查后，系统弹出【打开图形 - 文件损坏】对话框，显示文件的修复信息，如图 3-20 所示。

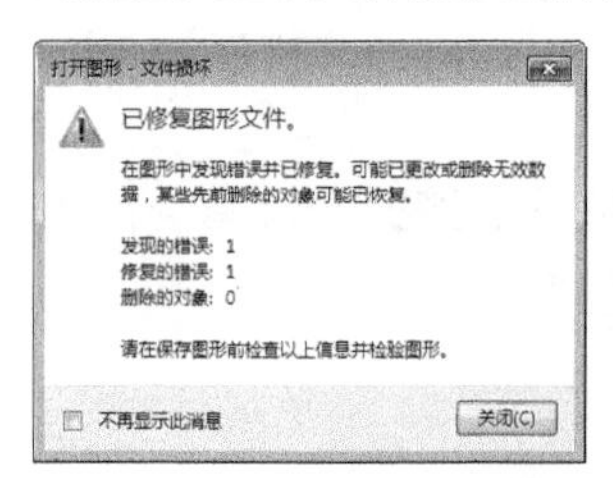

图 3-20 【打开图形 - 文件损坏】对话框

> **操作技巧**
>
> 如果将AUDITCTL系统变量设置为1（开），则核查结果将写入核查日志（ADT）文件。

3.2.4 图形修复管理器

单击【应用程序】按钮，在其下拉列表中选择【图形实用工具】|【修复】|【打开图形修复管理器】命令，即可打开【图形修复管理器】选项板，如图 3-21 所示。在选项板中会显示程序或系统失败时打开的所有图形文件列表，如图 3-22 所示。在该对话框中可以预览并打开每个图形，也可以备份文件，以便选择要另存为 DWG 文件的图形文件。

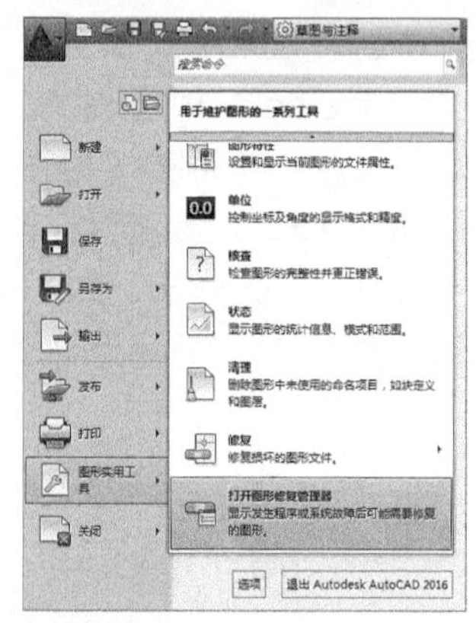
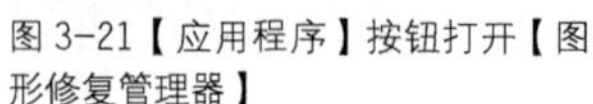
图 3-21【应用程序】按钮打开【图形修复管理器】

图 3-22【图形修复管理器】选项板

【图形修复管理器】选项板中各区域的含义介绍如下。

◆【备份文件】区域：显示在程序或者系统失败后可能需要修复的图形，顶层图形节点包含了一组与每个图形相关联的文件。如果存在，最多可显示 4 个文件，包含程序失败时保存的已修复的图形文件（dwg 和 dws）、自动保存的文件（sv$）（也称为【自动保存】文件）、图形备份文件（bak）和原始图形文件（dwg 和 dws）。打开并保存了图形或备份文件后，将会从【备份文件】区域中删除相应的顶层图形节点。

◆【详细信息】区域：提供有关的【备份文件】区域中当前选定节点的以下信息。如果选定顶层图形的节点，将显示有关于原始图形关联的每个可用图形文件或备份文件的信息；如果选定的以个图形文件或备份文件，将显示有关该文件的其他信息。

◆【预览】区域：显示当前选定的图形文件或备份文件的缩略图预览图像。

练习 3-4 通过自动保存文件来修复意外中断的图形

对于很多刚刚开始学习 AutoCAD 的用户来说，虽然知道了自动保存文件的设置方法，但却不知道自动保存文件到底保存在哪里，也不知道如何通过自动保存文件来修复自己想要的图形。本例便从自动保存的路径开始介绍修复方法。

Step 01 查找自动保存的路径。新建空白文档，在命令行中输入OP，打开【选项】对话框。

Step 02 切换到【选项】对话框中的【文件】选项卡，在【搜索路径、文件和文件位置】列表框中找到【临时图形文件位置】选项，展开此选项，便可以看到自动保存文件的默认保存路径（C：\Users \Administrator\appdata\local \temp），其中Administrator是指系统用户名，根据用户计算机的具体情况而定，如图3-23所示。

Step 03 根据路径查找自动保存文件。在AutoCAD中自动保存的文件是具有隐藏属性的文件，因此需将隐藏的文件显示出来。单击桌面【计算机】图标，打开【计算机】对话框，选择其中的【工具】|【文件夹选项】，如图3-24所示。

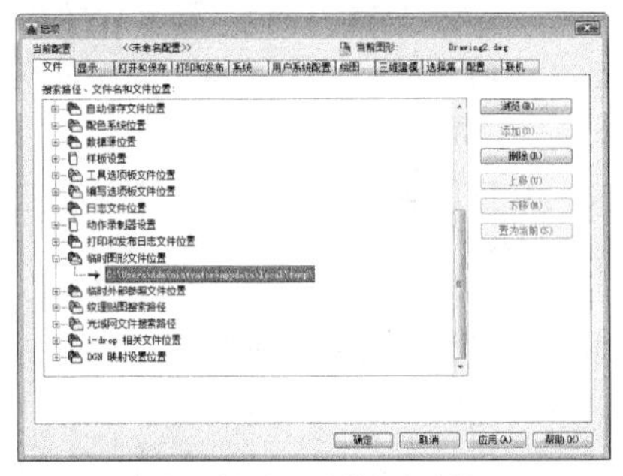

图 3-23 查找自动保存文件的保存路径

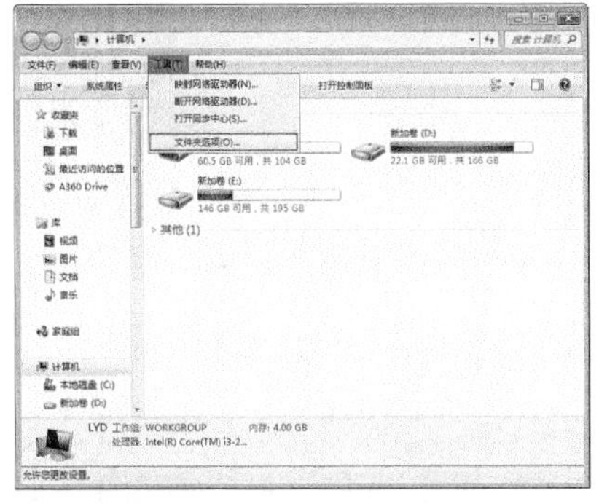

图 3-24 【计算机】对话框

Step 04 打开【文件夹选项】对话框，切换到其中的【查看】选项卡，选中【显示隐藏的文件、文件夹和驱动器】单选项，并取消【隐藏已知文件类型的扩展名】复选框的勾选，如图3-25所示。

Step 05 单击【确定】返回【计算机】对话框，根据 **Step 02** 提供的路径打开对应的Temp文件夹，然后按时间排序找到丢失文件时间段的、且与要修复的图形文件名一致的.sv$文件，如图3-26所示。

Step 06 通过自动保存的文件进行恢复。复制该.sv$文件到其他文件夹里，然后将扩展名.sv$改成.dwg，改完之后再双击打开该.dwg文件，即可得到自动保存的文件。

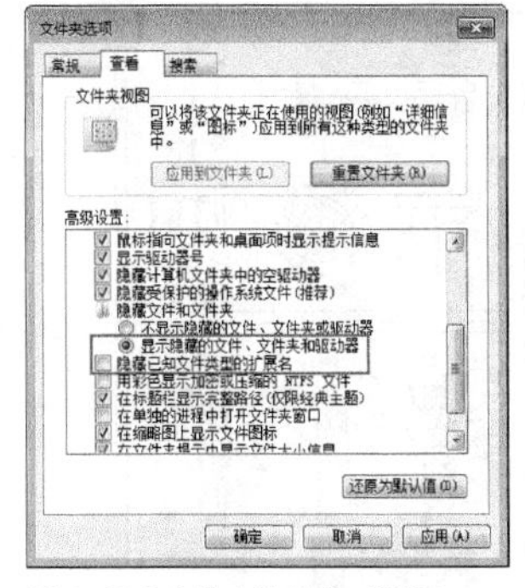

图 3-25【文件夹选项】对话框

图 3-26 找到自动保存的文件

3.2.5 清理图形

绘制复杂的大型工程图纸时，AutoCAD 文档中的信息会非常巨大，这样就难免会产生无用信息。例如，许多线型样式被加载到文档，但是并没有被使用；文字、尺寸标注等大量的命名样式被创建，但并没有用这些样式进行创建任何对象；许多图块和外部参照被定义，但文档中并未添加相应的实例。久而久之，这样的信息越来越多，占用了大量的系统资源，降低了计算机的处理效率。因此，这些信息是应该删除的“垃圾信息”。

AutoCAD 提供了一个非常实用的工具——【清理】（PURGE）命令。通过执行该命令，可以将图形数据库中已经定义，但没有使用的命名对象删除。命名对象包括已经创建的样式、图块、图层、线型等对象。

启动 PURGE 命令的方式有以下几种。

◆ 应用程序按钮：鼠标单击【应用程序】按钮 ，在下拉列表中选择【图形实用工具】|【清理】命令，如图 3-27 所示。

◆ 菜单栏：【文件】|【绘图实用程序】|【清理】。

◆ 命令行：PURGE。

执行该命令后，系统弹出如图 3-28 所示的【清理】对话框，在此对话框中显示了可以被清理的项目，可以删除图形中未使用的项目，如块定义和图层，从而达到简化图形文件的目的。

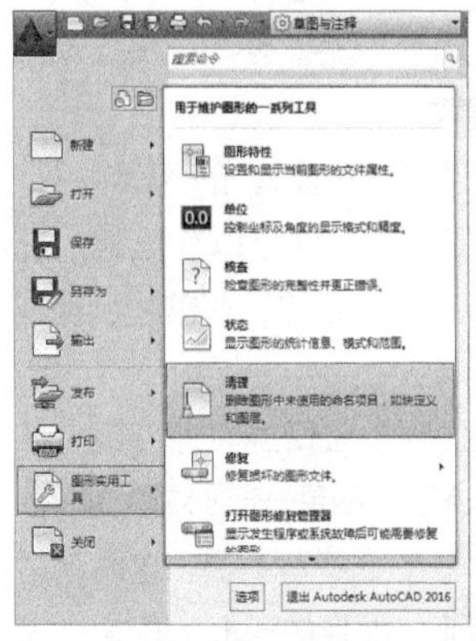

图 3-27【应用程序】按钮打开【清理】工具

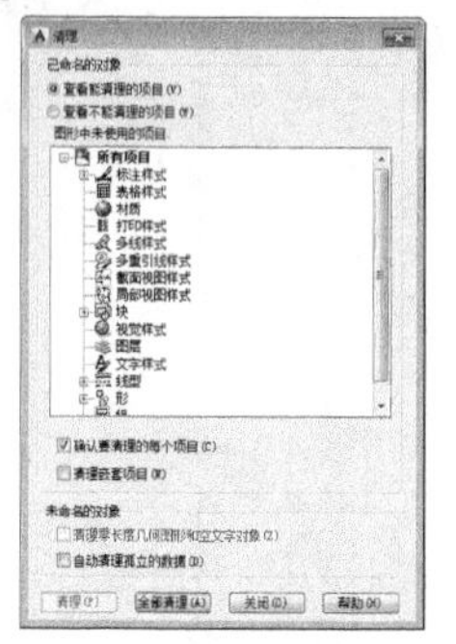

图 3-28【清理】对话框

操作技巧

PURGE命令不会从块或锁定图层中删除长度为零的几何图形或空文字和多行文字对象。

对话框中的一些项目及其用途介绍如下。

◆【已命名的对象】：查看能清理的项目，切换树状图形以显示当前图形中可以清理的命名对象的概要。

◆【清理镶嵌项目】：从图形中删除所有未使用的命名对象，即使这些对象包含在其他未使用的命名对象中或者是被这些对象所参照。

3.3 文件的输出

AutoCAD 拥有强大、方便的绘图能力，有时候我们利用其绘图后，需要将绘图的结果用于其他程序，在这种情况下，我们需要将 AutoCAD 图形输出为通用格式的图像文件。

3.3.1 输出为 DWF 文件 ★进阶★

为了能够在 Internet 上显示 AutoCAD 图形，Autodesk 采用了一种称为 DWF（Drawing Web Format）的新文件格式。DWF 文件格式支持图层、超级链接、背景颜色、距离测量、线宽、比例等图形特性。用户可以在不损失原始图形文件数据特性的前提下通过 DWF 文件格式共享其数据和文件。用户可以在 AutoCAD 中先输出 DWF 文件，然后下载 DWF Viewer 这款小程序来进行查看。

DWF 文件与 DWG 文件相比，具有如下优点。

◆DWF 占用内存小。DWF 文件可以被压缩。它的大小比原来的 DWG 图形文件小 8 倍，非常适合整理公司数以千计的大批量图纸库。

◆DWF 适合多方交流。对于公司的其他部门，如财务、行政部门来说，AutoCAD 并不是一款必需的软件，因此在工作交流中查看 DWG 图纸多有不便，这时就可以输出 DWF 图纸来方便交流。而且由于 DWF 文件较小，因此在网上的传输时间更短。

◆DWF 格式更为安全。由于不显示原来的图形，其他用户无法更改原来的 DWG 文件。

当然，DWF 格式也存在以下缺点。

◆DWF 文件不能显示着色或阴影图；

◆DWF 是一种二维矢量格式，不能保留 3D 数据；

◆AutoCAD 本身不能显示 DWF 文件，要显示的话只能通过【插入】|【DWF 参考底图】方式；

◆将 DWF 文件转换回到 DWG 格式需使用第三方供应商的文件转换软件。

练习 3-5 输出 DWF 文件加速设计图评审

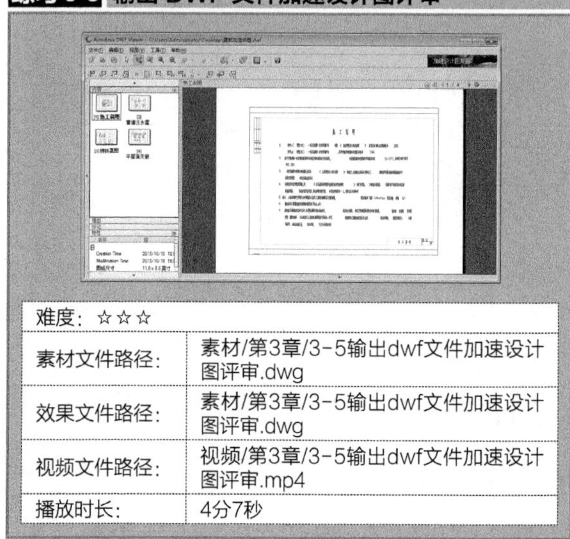

难度：☆☆☆	
素材文件路径：	素材/第3章/3-5输出dwf文件加速设计图评审.dwg
效果文件路径：	素材/第3章/3-5输出dwf文件加速设计图评审.dwg
视频文件路径：	视频/第3章/3-5输出dwf文件加速设计图评审.mp4
播放时长：	4分7秒

设计评审是对一项设计进行正式的、按文件规定的、系统的评估活动，由不直接涉及开发工作的人执行。由于 AutoCAD 不能一次性打开多张图纸，而且图纸数量一多，在 AutoCAD 中来回切换时就多有不便，在评审时经常因此耽误时间。这时就可以利用 DWF Viewer 查看 DWF 文件的方式，一次性打开所需图纸，且图纸切换极其方便。

Step 01 打开素材文件“第3章/3-5输出DWF文件加速设计图评审.dwg”，其中已经绘制好了4张图纸，如图3-29所示。

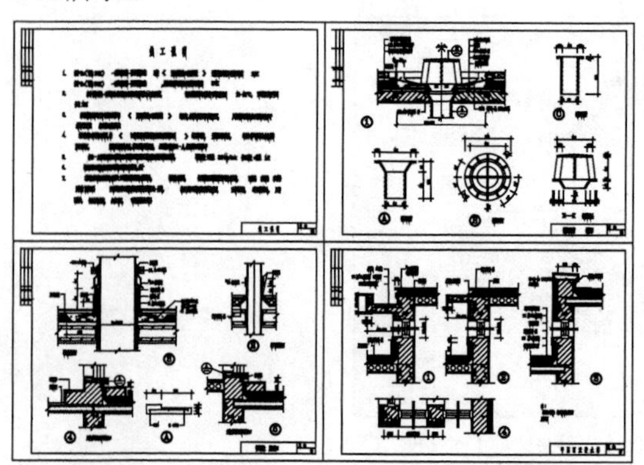

图 3-29 素材文件

Step 02 在状态栏中可以看到已经创建好了对应的4个布局，如图3-30所示，每一个布局对应一张图纸，并控制该图纸的打印（具体方法请见本书的第11章 图形的打印和输出）。

图 3-30 素材创建好的布局

Step 03 单击【应用程序】按钮，在弹出的快捷菜单中选择【发布】选项，打开【发布】对话框，在【发布为】下拉列表中选择【DWF】选项，在【发布选项】中定义发布位置，如图3-31所示。

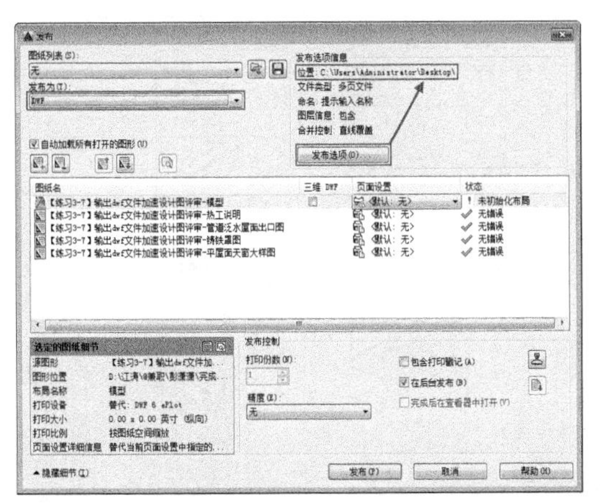

图 3-31 【发布】对话框

Step 04 在【图纸名】列表栏中可以查看到要发布为DWF的文件，用鼠标右键单击其中的任一文件，在弹出的快捷菜单选择【重命名图纸】选项，如图3-32所示，为图形输入合适的名称，最终效果如图3-33所示。

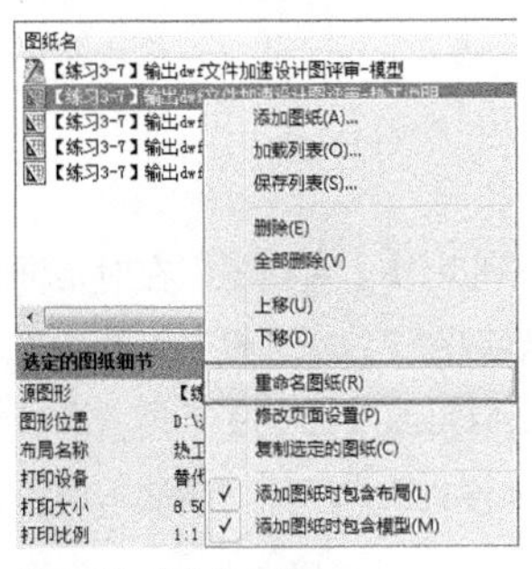

图 3-32 重命名图纸

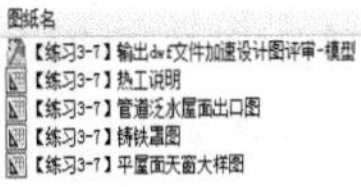

图 3-33 重命名效果

Step 05 设置无误后，单击【发布】对话框中的【发布】按钮，打开【指定DWF文件】对话框，的【文件名】文本框中输入发布后DWF文件的文件名，单击【选择】即可发布，如图3-34所示。

Step 06 如果是第一次进行DWF发布，会打开【发布-保存图纸列表】对话框，如图3-35所示，单击【否】即可。

图 3-34【指定 DWF 文件】对话框

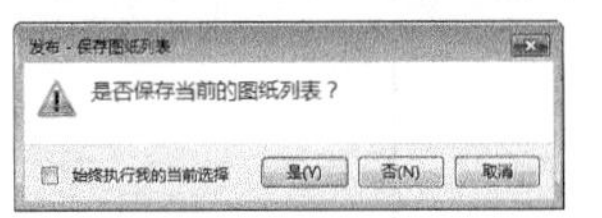

图 3-35【发布 - 保存图纸列表】对话框

Step 07 此时AutoCAD弹出对话框如图3-36所示，开始处理DWF文件的输出；输出完成后在状态栏右下角出现如图3-37所示的提示，DWF文件即输出完成。

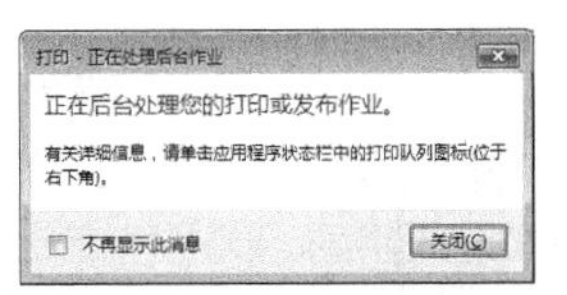

图 3-36【打印 - 正在处理后台作业】对话框

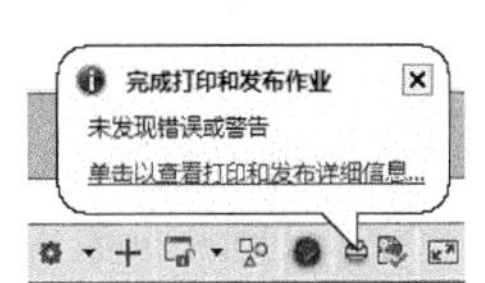

图 3-37 完成打印和发布作业的提示

Step 08 下载DWF Viewer软件，或者单击本书附件中提供的autodeskdwf-v7.msi文件进行安装。DWF Viewer打开后界面如图3-38所示。

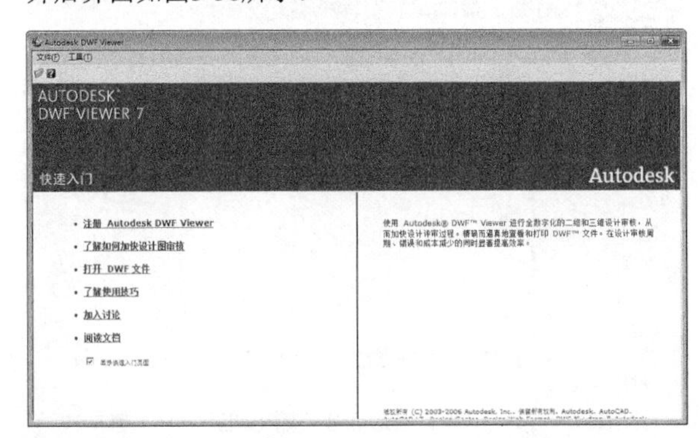

图 3-38 DWF Viewer 软件界面

Step 09 单击左侧的【打开DWF文件】链接，打开之前发布的DWF文件，效果如图3-39所示。在DWF窗口除了不能对文件进行编辑外，可以对图形进行观察、测量等各种操作；左侧列表中还可以自由切换图纸，这样在进行图纸评审时就方便得多了。

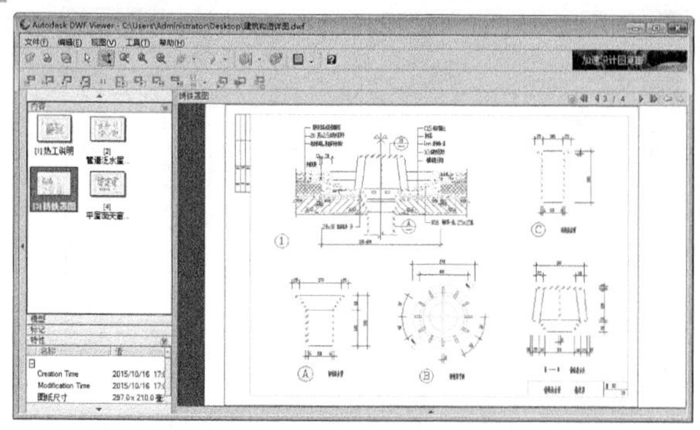
图 3-39 DWF Viewer 查看效果

3.3.2 输出为 PDF 文件 ★进阶★

PDF（Portable Document Format 的简称，意为“便携式文档格式”），是由 Adobe Systems 用于与应用程序、操作系统、硬件无关的方式进行文件交换所发展出的文件格式。PDF 文件以 PostScript 语言图像模型为基础，无论在哪种打印机上都可保证精确的颜色和准确的打印效果，即 PDF 会忠实地再现原稿的每一个字符、颜色以及图像。

PDF 这种文件格式与操作系统平台无关，也就是说，PDF 文件不管是在 Windows、Unix 还是在苹果公司的 Mac OS 操作系统中都是通用的。这一特点使它成为在 Internet 上进行电子文档发行和数字化信息传播的理想文档格式。越来越多的电子图书、产品说明、公司文告、网络资料、电子邮件在开始使用 PDF 格式文件。

练习 3-6 输出 PDF 文件供客户快速查阅

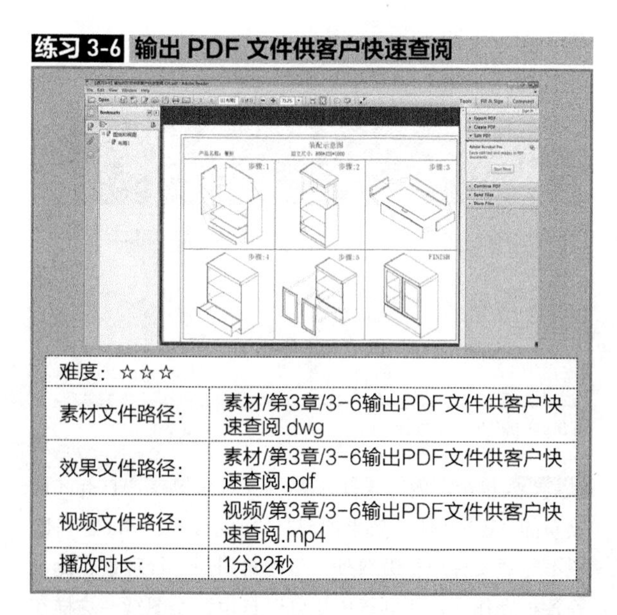

难度：☆☆☆	
素材文件路径：	素材/第3章/3-6输出PDF文件供客户快速查阅.dwg
效果文件路径：	素材/第3章/3-6输出PDF文件供客户快速查阅.pdf
视频文件路径：	视频/第3章/3-6输出PDF文件供客户快速查阅.mp4
播放时长：	1分32秒

对于 AutoCAD 用户来说，掌握 PDF 文件的输出尤为重要。因为有些客户并非设计专业，在他们的计算机中不会装有 AutoCAD 或者简易的 DWF Viewer，这样进行设计图交流的时候就会很麻烦：直接通过截图的方式交流，截图的分辨率又太低；打印成高分辨率的 jpeg 图形又不好添加批注等信息。这时就可以将 dwg 图形输出为 PDF，既能高清地还原 AutoCAD 图纸信息，又能添加批注，更重要的是 PDF 普及度高，任何平台、任何系统都能有效打开。

Step 01 打开素材文件“第3章/3-6输出PDF文件供客户快速查阅.dwg”，其中已经绘制好了一完整图纸，如图3-40所示。

Step 02 单击【应用程序】按钮，在弹出的快捷菜单中选择【输出】选项，在右侧的输出菜单中选择【PDF】，如图3-41所示。

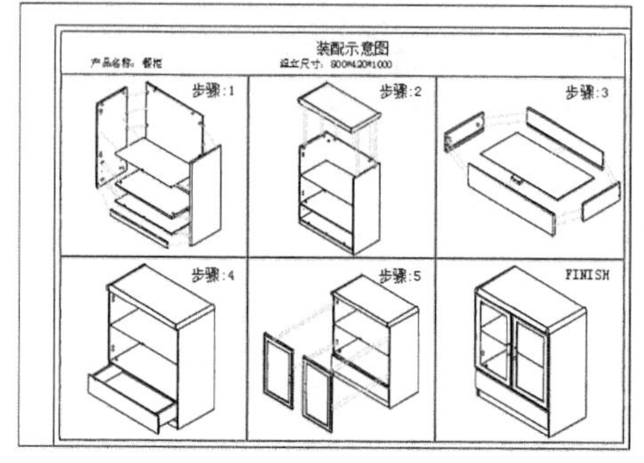
图 3-40 素材模型

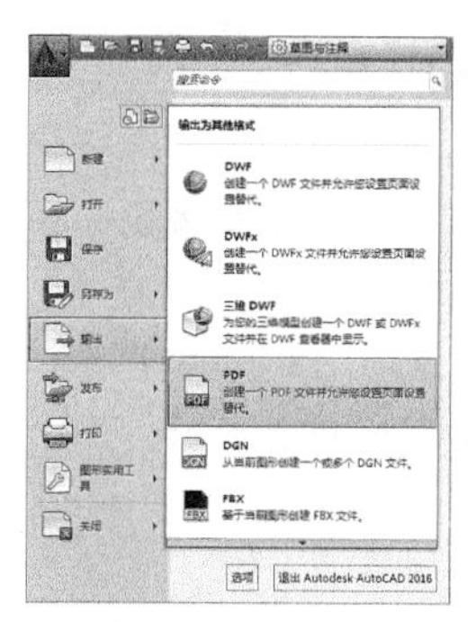
图 3-41 输出 PDF

Step 03 系统自动打开【另存为PDF】对话框，在对话框中指定输出路径、文件名，然后在【PDF预设】下拉列表框中选择【AutoCAD PDF（High Quality Print）】，即“高品质打印”，读者也可以自行选择要输出PDF的品质，如图3-42所示。

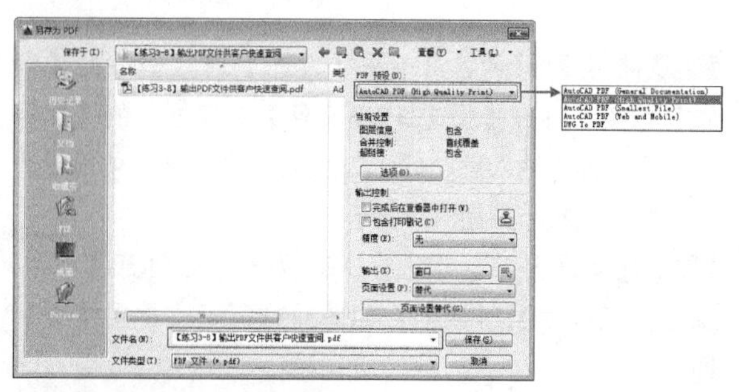
图 3-42【另存为 PDF】对话框

Step 04 在对话框的【输出】下拉列表中选择【窗口】，系统返回绘图界面，然后点选素材图形的对角点即可，如图3-43所示。

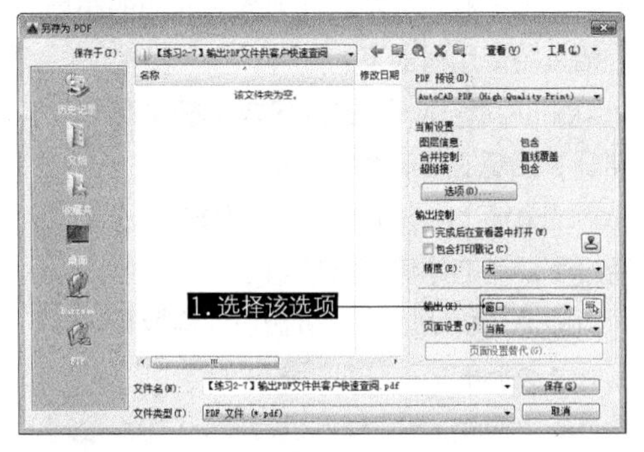

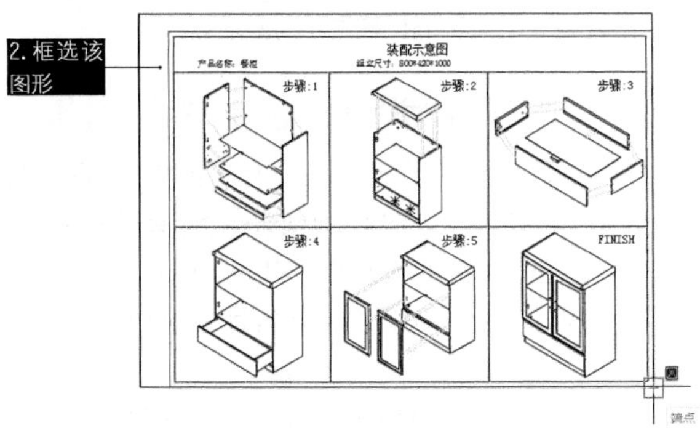

图 3-43 定义输出窗口

Step 05 在对话框的【页面设置】下拉列表中选择【替代】，再单击下方的【页面设置替代】按钮，打开【页面设置替代】对话框，在其中定义好打印样式和图纸尺寸，如图3-44所示。

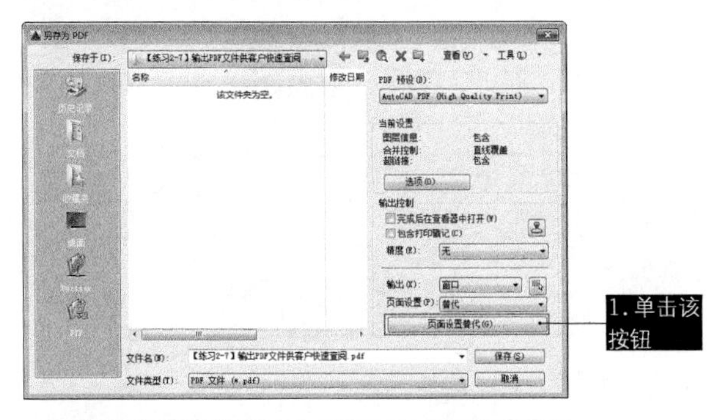

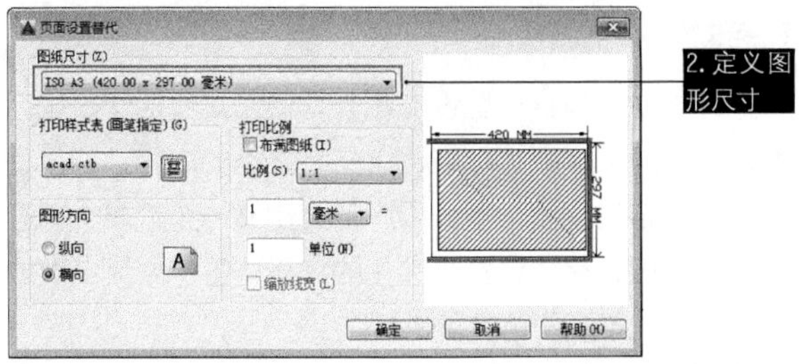

图 3-44 定义页面设置

Step 06 单击【确定】按钮返回【另存为PDF】对话框，再单击【保存】按钮，即可输出PDF，效果如图3-45所示。

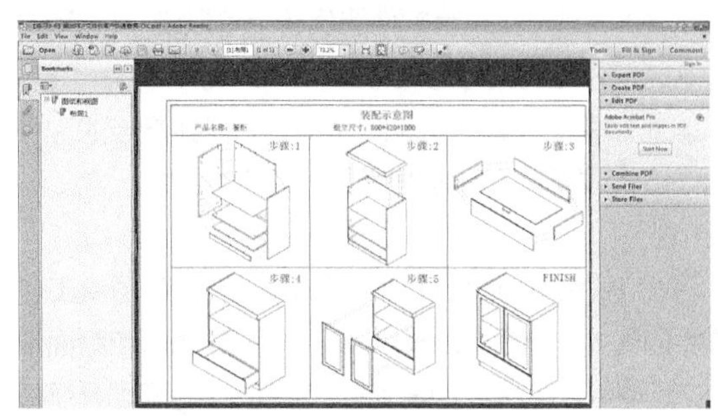

图 3-45 输出的 PDF 效果

3.3.3 其他格式文件的输出

除了上面介绍的几种常见的文件格式之外，在 AutoCAD 中还可以输出 DGN、FBX、IGS 等十余种格式。这些文件的输出方法与所介绍的 4 种相差无几，在此就不多加赘述，只简单介绍其余文件类型的作用与使用方法。

DGN

DGN 为奔特力（Bentley）工程软件系统有限公司的 MicroStation 和 Intergraph 公司的 Interactive Graphics Design System (IGDS)CAD 程序所支持。在 2000 年之前，所有 DGN 格式都基于 Intergraph 标准文件格式 (ISFF) 定义，此格式在 20 世纪 80 年代末发布。此文件格式通常被称为 V7 DGN 或者 Intergraph DGN。于 2000 年，Bentley 创建了 DGN 的更新版本。尽管在内部数据结构上和基于 ISFF 定义的 V7 格式有所差别，但总体上说它是 V7 版本 DGN 的超集，一般来说我们称之为 V8 DGN。因此在 AutoCAD 的输出中，可以看到这两种不同 DGN 格式的输出，如图 3-46 所示。

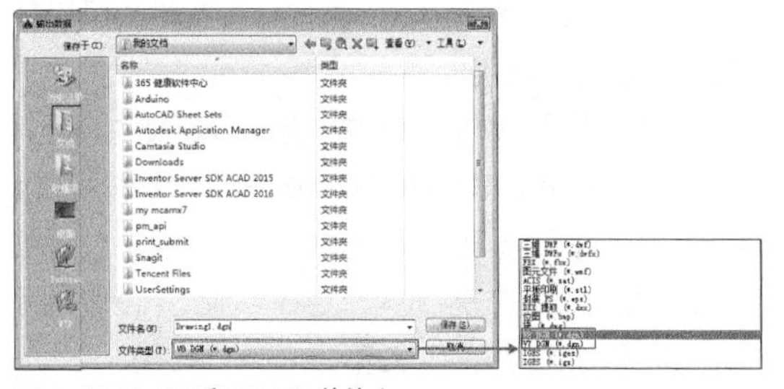

图 3-46 V8 DGN 和 V7 DGN 的输出

尽管 DGN 在使用上不如 Autodesk 的 DWG 文件格式那样广泛，但在诸如建筑、高速路、桥梁、工厂设计、船舶制造等许多大型工程上，都发挥着重要的作用。

FBX

FBX 是 FilmBoX 这套软件所使用的格式，后改称 Motionbuilder。FBX 最大的用途是用在诸如在 3DS MAX、MAYA、Softimage 等软件间进行模型、材质、动作和摄影机信息的互导，这样就可以发挥

3DS MAX和MAYA等软件的优势。可以说，FBX文件是这些软件之间最好的互导方案。

因此如需使用AutoCAD建模，并得到最佳的动画录制或渲染效果，可以考虑输出为FBX文件。

◎ EPS

EPS（Encapsulated PostScript）是处理图像工作最重要的格式，它在Mac和PC环境下的图形和版面设计中广泛使用，用在PostScript输出设备上打印。几乎每个绘画程序及大多数页面布局程序都允许保存EPS文档。在Photoshop中，通过文件菜单的放置（Place）命令（注：Place命令仅支持EPS插图）转换成EPS格式。

如果要将一幅AutoCAD的DWG图形转入到PS、Adobe Illustrator、CorelDRAW、QuarkXPress等软件时，最好的选择是EPS。但是，由于EPS格式在保存过程中图像体积过大，因此，如果仅仅是保存图像，建议不要使用EPS格式。如果你的文件要打印到无PostScript的打印机上，为避免打印问题，最好也不要使用EPS格式。可以用TIFF或JPEG格式来替代。

3.4 样板文件

本节主要讲解AutoCAD设计时所使用到的样板文件，用户可以通过创建复杂的样板来避免重复进行相同的基本设置和绘图工作。

3.4.1 什么是样板文件

如果将AutoCAD中的绘图工具比作设计师手中的铅笔，那么样板文件就可以看成是供铅笔涂写的纸。而纸，也有白纸、带格式的纸之分，选择合适格式的纸可以让绘图事半功倍，因此选择合适的样板文件也可以让AutoCAD变得更为轻松。

样板文件存储图形的所有设置，包含预定义的图层、标注样式、文字样式、表格样式和视图布局、图形界限等设置及绘制的图框和标题栏。样板文件通过扩展名【.dwt】区别于其他图形文件。它们通常保存在AutoCAD安装目录下的Template文件夹中，如图3-47所示。

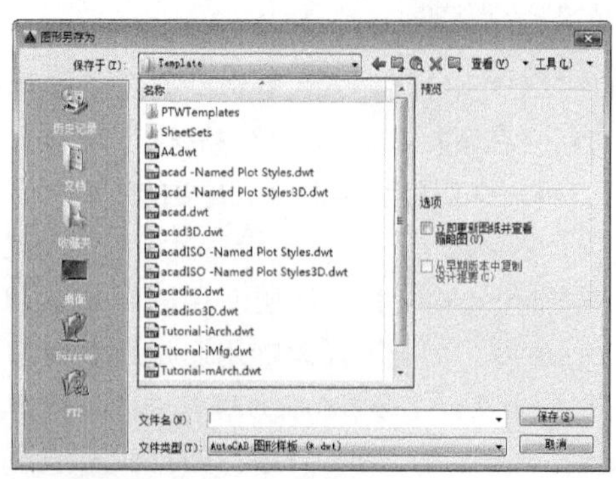

图3-47 样板文件

在AutoCAD软件设计中我们可以根据行业、企业或个人的需要定制dwt的模板文件，新建时即可启动自制的模板文件，节省工作时间，又可以统一图纸格式。

AutoCAD的样板文件中自动包含有对应的布局，这里简单介绍其中使用得最多的几种。

◆ Tutorial-iArch.dwt：样例建筑样板（英制），其中已绘制好了英制的建筑图纸标题栏。

◆ Tutorial-mArch.dwt：样例建筑样板（公制），其中已绘制好了公制的建筑图纸标题栏。

◆ Tutorial-iMfg.dwt：样例机械设计样板（英制），其中已绘制好了英制的机械图纸标题栏。

◆ Tutorial-mMfg.dwt：样例机械设计样板（公制），其中已绘制好了公制的机械图纸标题栏。

3.4.2 无样板创建图形文件

有时候，可能希望创建一个不带任何设置的图形。实际上这是不可能的，但是却可以创建一个带有最少预设的图形文件。在他人的计算机上进行工作，而又不想花时间去掉大量对自己工作无用的复杂设置时，可能就会有这样的需要了。

要以最少的设置创建图形文件，可以执行【文件】|【新建】菜单命令，这时不要在【选择样板】对话框中选择样板，而是单击位于【打开】按钮右侧的下拉箭头按钮▲，然后在列表选项选择【无样板打开-英制（I）】或【无样板打开-公制（M）】，如图3-48所示。

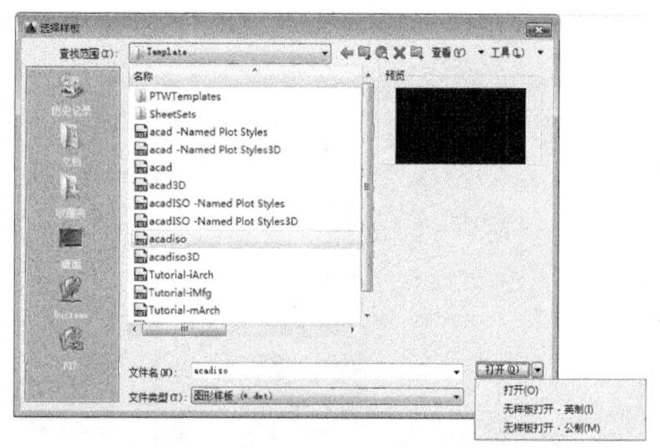

图3-48 【选择样板】对话框

练习3-7 设置默认样板

样板除了包含一些设置之外，还常常包括了一些完整的标题块和样板（标准化）文字之类的内容。为了适合自己特定的需要，多数用户都会定义一个或多个自己的默认样板，有了这些个性化的样板，工作中大多数的繁琐设置就不需要再重复进行了。

Step 01 执行【工具】|【选项】菜单命令，打开【选项】对话框，如图3-49所示。

Step 02 在【文件】选项卡下双击【样板设置】选项，然后在展开的目录中双击【快速新建的默认样板文件名】选项，接着单击该选项下面列出的样板（默认情况下这里显示“无”），如图3-50所示。

图 3-49 【选项】对话框

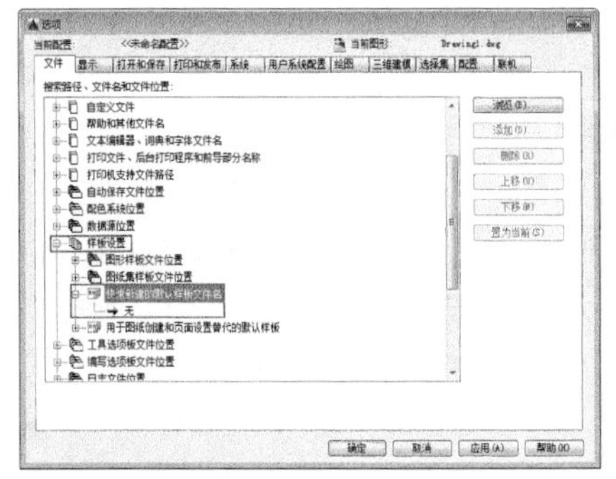

图 3-50 展开【快速新建的默认样板文件名】

Step 03 单击【浏览】按钮，打开【选择文件】对话框，如图3-51所示。

Step 04 在【选择文件】对话框内选择一个样板，然后单击【打开】按钮将其加载，最后单击【确定】按钮关闭对话框，如图3-52所示。

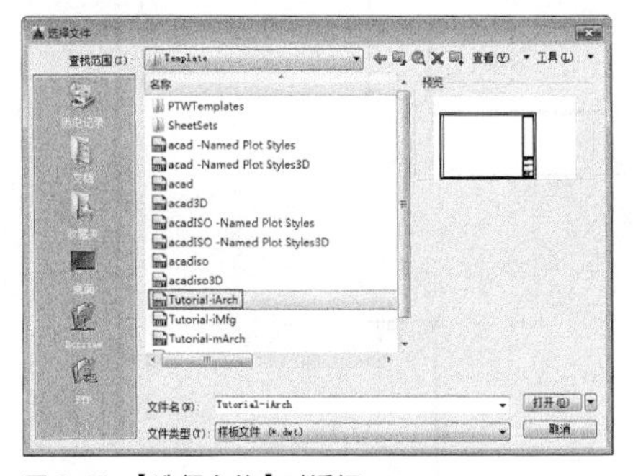

图 3-51 【选择文件】对话框

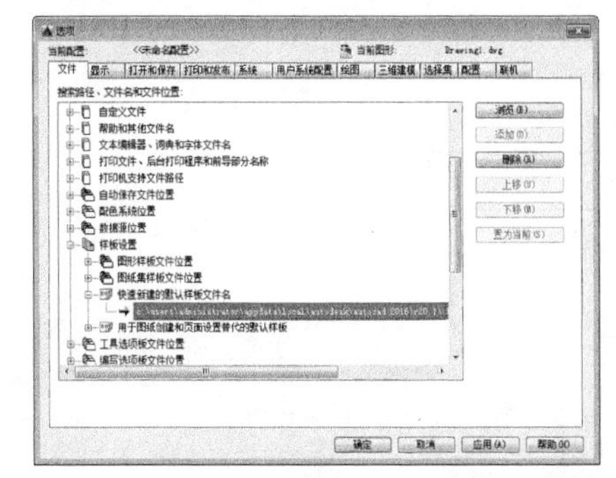

图 3-52 加载样板

Step 05 单击【标准】工具栏上的【新建】按钮，通过默认的样板创建一个新的图形文件，如图3-53所示。

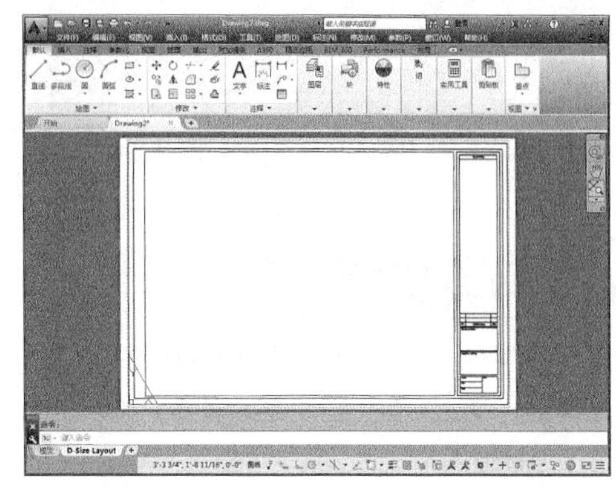

图 3-53 创建一个新的图形文件

第 4 章 坐标系与辅助绘图工具

要利用 AutoCAD 来绘制图形，首先就要了解坐标、对象选择和一些辅助绘图工具方面的内容。本章将深入阐述相关内容，并通过实例来帮助大家加深理解。此外本章还将介绍 AutoCAD 绘图环境的设置，如背景颜色、光标大小等。

4.1 AutoCAD的坐标系

AutoCAD 的图形定位，主要是由坐标系统进行确定。要想正确、高效地绘图，必须先了解 AutoCAD 坐标系的概念和坐标输入方法。

4.1.1 认识坐标系

在 AutoCAD 2016 中，坐标系分为世界坐标系（WCS）和用户坐标系（UCS）两种。

1 世界坐标系（WCS）

世界坐标系统（World Coordinate System，简称 WCS）是 AutoCAD 的基本坐标系统。它由 3 个相互垂直的坐标轴 *X*、*Y* 和 *Z* 组成，在绘制和编辑图形的过程中，它的坐标原点和坐标轴的方 默认情况下，*X* 轴正方向水平向右，*Y* 轴正方向垂直向上，*Z* 轴正方向垂直屏幕平面方向，指向用户。坐标原点在绘图区左下角，在其上有一个方框标记，表明是世界坐标系统。

2 用户坐标系（UCS）

为了更好地辅助绘图，经常需要修改坐标系的原点位置和坐标方向，这时就需要使用可变的用户坐标系统（User Coordinate System，简称 USC）。在用户坐标系中，可以任意指定或移动原点和旋转坐标轴，默认情况下，用户坐标系统和世界坐标系统重合，如图 4-2 所示。

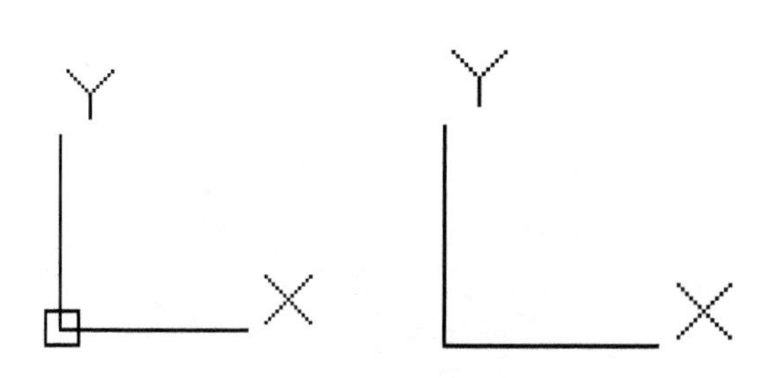

图 4-1 世界坐标系统图标（WCS） 图 4-2 用户坐标系统图标（UCS）

4.1.2 坐标的 4 种表示方法 ★重点★

在指定坐标点时，既可以使用直角坐标，也可以使用极坐标。在 AutoCAD 中，一个点的坐标有绝对直角坐标、绝对极坐标、相对直角坐标和相对极坐标 4 种方法表示。

1 绝对直角坐标

绝对直角坐标是指相对于坐标原点（0,0）的直角坐标，要使用该指定方法指定点，应输入逗号隔开的 *X*、*Y* 和 *Z* 值，即用（*X*,*Y*,*Z*）表示。当绘制二维平面图形时，其 *Z* 值为 0，可省略而不必输入，仅输入 *X*、*Y* 值即可，如图 4-3 所示。

2 相对直角坐标

相对直角坐标是基于上一个输入点而言，以某点相对于另一特定点的相对位置来定义该点的位置。相对特定坐标点（*X*，*Y*，*Z*）增加（n*X*，n*Y*，n*Z*）的坐标点的输入格式为（@n*X*，n*Y*，n*Z*）。相对坐标输入格式为（@*X*,*Y*），“@”符号表示使用相对坐标输入，是指定相对于上一个点的偏移量，如图 4-4 所示。

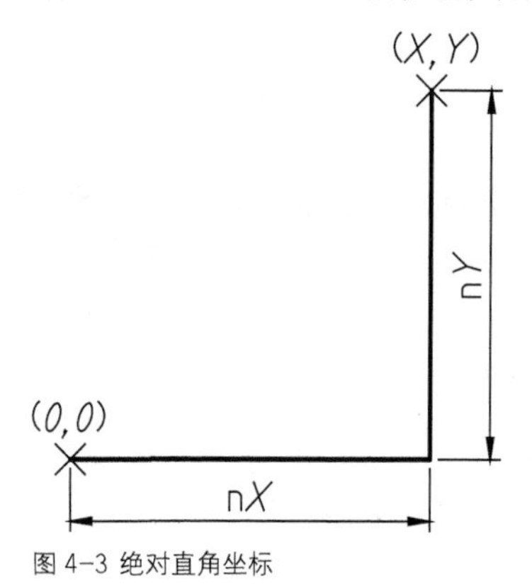

图 4-3 绝对直角坐标

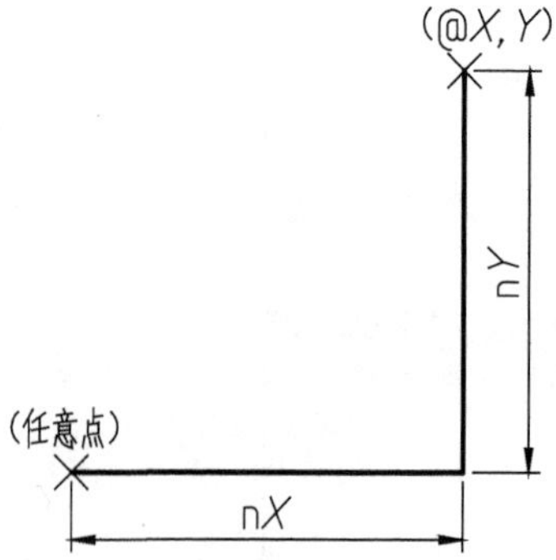

(@X,Y)
nY
(任意点)
nX

图 4-4 相对直角坐标

> **操作技巧**
>
> 坐标分割的逗号“,”和“@”符号都应是英文输入法下的字符，否则无效。

3 绝对极坐标

该坐标方式是指相对于坐标原点（0,0）的极坐标。例如，坐标（12<30）是指从 *X* 轴正方向逆时针旋转 30°，距离原点 12 个图形单位的点，如图 4-5 所示。在实际绘图工作中，由于很难确定与坐标原点之间的绝对极轴距离，因此该方法使用较少。

4 相对极坐标

以某一特定点为参考极点，输入相对于参考极点的距离和角度来定义一个点的位置。相对极坐标输入格式为（@A< 角度），其中 *A* 表示指定与特定点的距离。例如，坐标（@14<45）是指相对于前一点角度为 45°，距离为 14 个图形单位的一个点，如图 4-6 所示。

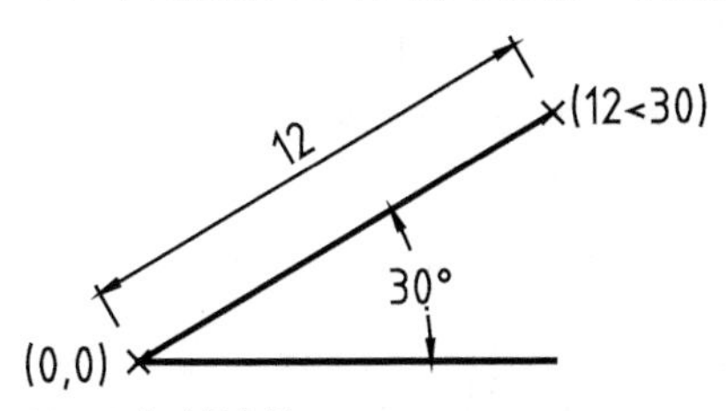

图 4-5 绝对极坐标

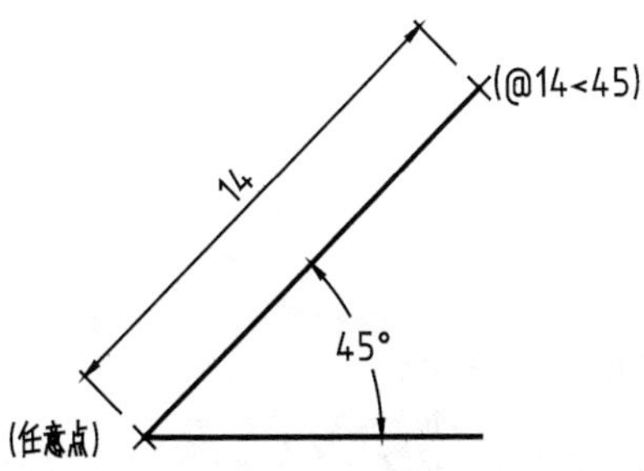

图 4-6 相对极坐标

操作技巧

这4种坐标的表示方法，除了绝对极坐标外，其余3种均使用较多，需重点掌握。以下便通过3个例子，分别采用不同的坐标方法绘制相同的图形，来做进一步的说明。

练习 4-1 通过绝对直角坐标绘制图形

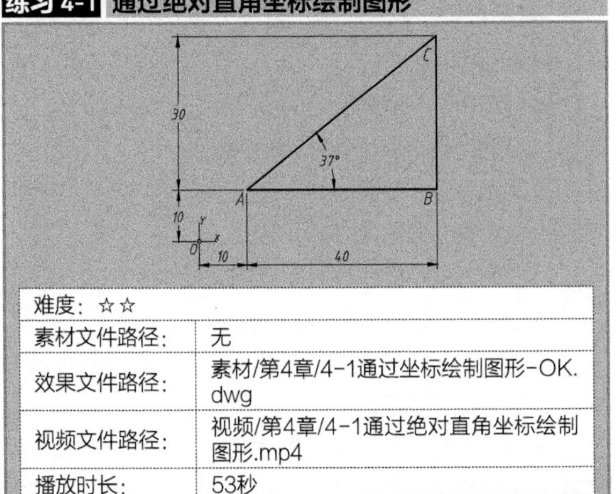

难度：☆☆	
素材文件路径：	无
效果文件路径：	素材/第4章/4-1通过坐标绘制图形-OK.dwg
视频文件路径：	视频/第4章/4-1通过绝对直角坐标绘制图形.mp4
播放时长：	53秒

以绝对直角坐标输入的方法绘制如图 4-7 所示的图形。图中 *O* 点为 AutoCAD 的坐标原点，坐标即（0,0），因此 *A* 点的绝对坐标则为（10，10），*B* 点的绝对坐标为（50，10），*C* 点的绝对坐标为（50，40）。因此绘制步骤如下。

Step 01 在【默认】选项卡中，单击【绘图】面板上的【直线】按钮，执行直线命令。

Step 02 命令行出现“指定第一点”的提示，直接在其后输入“10,10”，即第一点*A*点的坐标，如图4-8所示。

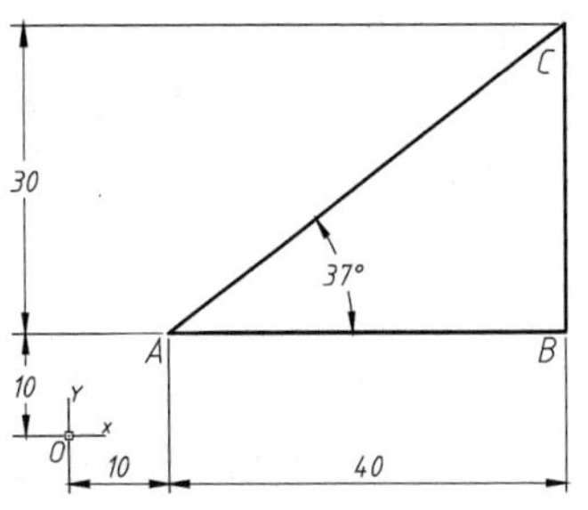

图 4-7 图形效果

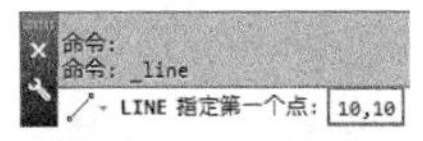

图 4-8 输入绝对坐标确定第一点

Step 03 单击Enter键确定第一点的输入，接着命令行提示“指定下一点”，再按相同方法输入*B*、*C*点的绝对坐标值，即可得到如图4-7所示的图形效果。完整的命令行操作过程如下。

```
命令: L LINE                              //调用【直线】命令
指定第一个点: 10,10↙                       //输入A点的绝对坐标
指定下一点或 [放弃(U)]: 50,10↙              //输入B点的绝对坐标
指定下一点或 [放弃(U)]: 50,40↙              //输入C点的绝对坐标
指定下一点或 [闭合(C)/放弃(U)]: c↙           //闭合图形
```

操作技巧

本书中命令行操作文本中的“↙”符号代表按下Enter键；“//”符号后的文字为提示文字。

练习 4-2 通过相对直角坐标绘制图形

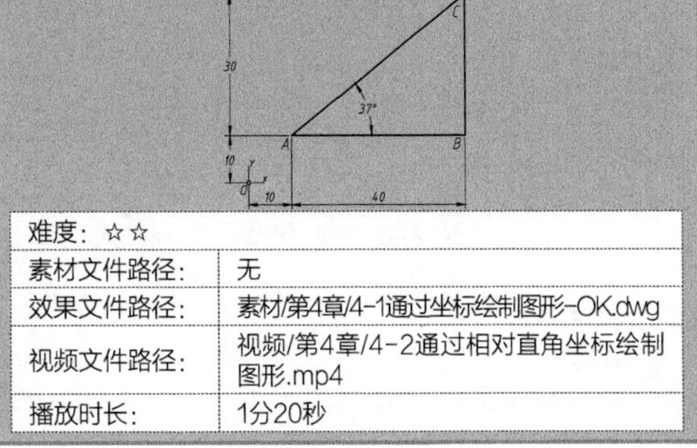

难度：☆☆	
素材文件路径：	无
效果文件路径：	素材/第4章/4-1通过坐标绘制图形-OK.dwg
视频文件路径：	视频/第4章/4-2通过相对直角坐标绘制图形.mp4
播放时长：	1分20秒

以相对直角坐标输入的方法绘制如图4-7所示的图形。在实际绘图工作中，大多数设计师都喜欢随意在绘图区中指定一点为第一点，这样就很难界定该点及后续图形与坐标原点（0,0）的关系，因此往往多采用相对坐标的输入方法来进行绘制。相比于绝对坐标的刻板，相对坐标显得更为灵活多变。

Step 01 在【默认】选项卡中，单击【绘图】面板上的【直线】按钮，执行直线命令。

Step 02 输入*A*点。可按上例中的方法输入*A*点，也可以在绘图区中任意指定一点作为*A*点。

Step 03 输入*B*点。在图4-7中，*B*点位于*A*点的正*X*轴方向、距离为40点处，*Y*轴增量为0，因此相对于*A*点的坐标为（@40,0），可在命令行提示“指定下一点”时输入“@40,0”，即可确定*B*点，如图4-9所示。

Step 04 输入*C*点。由于相对直角坐标是相对于上一点进行定义的，因此在输入*C*点的相对坐标时，要考虑它和*B*点的相对关系，*C*点位于*B*点的正上方，距离为30，即输入“@0,30”，如图4-10所示。

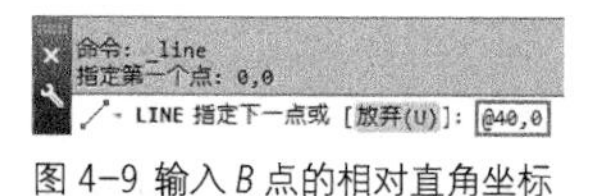

图4-9 输入*B*点的相对直角坐标

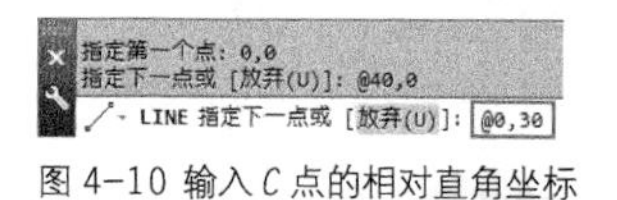

图4-10 输入*C*点的相对直角坐标

Step 05 将图形封闭即绘制完成。完整的命令行操作过程如下。

```
命令: L LINE                                    //调用【直线】命令
指定第一个点:10,10↙                             //输入A点的绝对坐标
指定下一点或 [放弃(U)]: @40,0↙
        //输入B点相对于上一个点（A点）的相对坐标
指定下一点或 [放弃(U)]: @0,30↙
        //输入C点相对于上一个点（B点）的相对坐标
指定下一点或 [闭合(C)/放弃(U)]: c↙                //闭合图形
```

练习 4-3 通过相对极坐标绘制图形

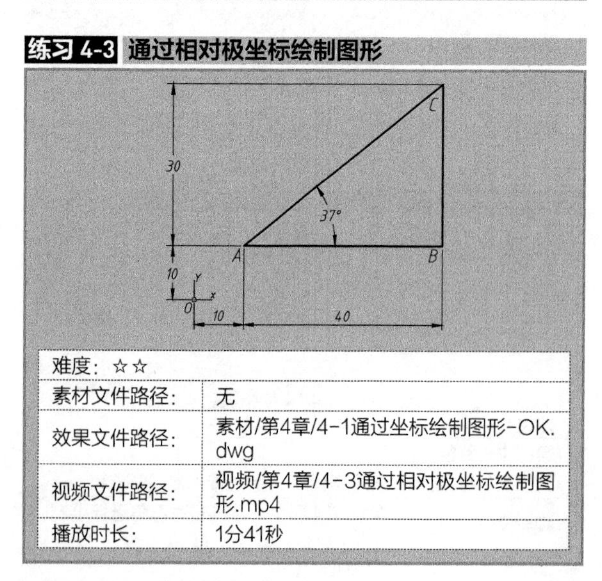

难度：☆☆	
素材文件路径：	无
效果文件路径：	素材/第4章/4-1通过坐标绘制图形-OK.dwg
视频文件路径：	视频/第4章/4-3通过相对极坐标绘制图形.mp4
播放时长：	1分41秒

以相对极坐标输入的方法绘制如图4-7所示的图形。相对极坐标与相对直角坐标一样，都是以上一点为参考基点，输入增量来定义下一个点的位置。只不过相对极坐标输入的是极轴增量和角度值。

Step 01 在【默认】选项卡中，单击【绘图】面板上的【直线】按钮，执行直线命令。

Step 02 输入*A*点。可按上例中的方法输入*A*点，也可以在绘图区中任意指定一点作为*A*点。

Step 03 输入*C*点。*A*点确定后，就可以通过相对极坐标的方式确定*C*点。*C*点位于*A*点的37°方向，距离为50（由勾股定理可知），因此相对极坐标为（@50<37），在命令行提示“指定下一点”时输入“@50<37”，即可确定*C*点，如图4-11所示。

Step 04 输入*B*点。*B*点位于*C*点的-90°方向，距离为30，因此相对极坐标为（@30<-90），输入“@30<-90”即可确定*B*点，如图4-12所示。

图4-11 输入*C*点的相对极坐标

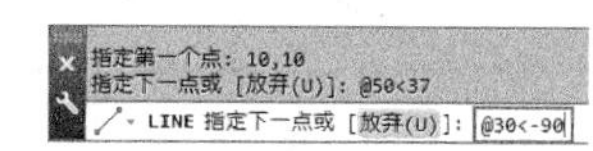

图4-12 输入*B*点的相对极坐标

Step 05 将图形封闭即绘制完成。完整的命令行操作过程如下。

```
命令: _line                                     //调用【直线】命令
指定第一个点: 10,10↙                            //输入A点的绝对坐标
指定下一点或 [放弃(U)]: @50<37↙
        //输入C点相对于上一个点（A点）的相对极坐标
指定下一点或 [放弃(U)]: @30<-90↙
        //输入B点相对于上一个点（C点）的相对极坐标
指定下一点或 [闭合(C)/放弃(U)]: c↙
        //闭合图形
```

4.1.3 坐标值的显示

在AutoCAD状态栏的左侧区域，会显示当前光标所处位置的坐标值，该坐标值有3种显示状态。

◆绝对直角坐标状态：显示光标所在位置的坐标（118.8822, -0.4634, 0.0000）。

◆相对极坐标状态：在相对于前一点来指定第二点时可以使用此状态（37.6469<216, 0.0000）。

◆关闭状态：颜色变为灰色，并“冻结”关闭时所显示的坐标值，如图4-13所示。

用户可根据需要在这3种状态之间相互切换。

◆Ctrl+I可以关闭开启坐标显示。

◆当确定一个位置后，在状态栏中显示坐标值的区域，单击也可以进行切换。

◆在状态栏中显示坐标值的区域，单击鼠标右键即可弹出快捷菜单，如图4-14所示，可在其中选择所需状态。

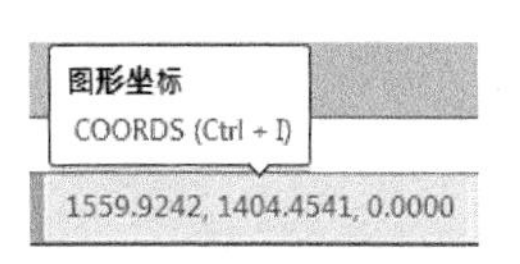

图 4-13 关闭状态下的坐标值

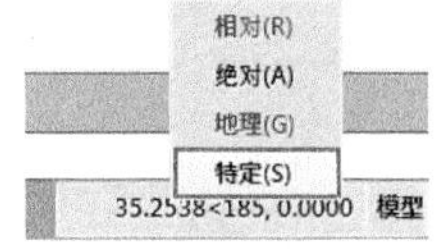

图 4-14 坐标的右键快捷菜单

4.2 辅助绘图工具

本节将介绍 AutoCAD 2016 辅助工具的设置。通过对辅助功能进行适当的设置，可以提高用户制图的工作效率和绘图的准确性。在实际绘图中，用鼠标定位虽然方便快捷，但精度不够，因此为了解决快速准确定位问题，AutoCAD 提供了一些绘图辅助工具，如动态输入、栅格、栅格捕捉、正交和极轴追踪等。

【栅格】类似定位的小点，可以直观地观察到距离和位置；【栅格捕捉】用于设定鼠标光标移动的间距；【正交】控制直线在 0°、90°、180° 或 270° 等正平竖直的方向上；【极轴追踪】用以控制直线在 30°、45°、60° 等常规或用户指定角度上。

4.2.1 动态输入

在绘图的时候，有时可在光标处显示命令提示或尺寸输入框，这类设置即称作【动态输入】。在 AutoCAD 中，【动态输入】有 2 种显示状态，即指针输入和标注输入状态，如图 4-15 所示。

【动态输入】功能的开、关切换有以下两种方法。

◆快捷键：按 F12 键切换开、关状态。

◆状态栏：单击状态栏上的【动态输入】按钮，若亮显则为开启，如图 4-16 所示。

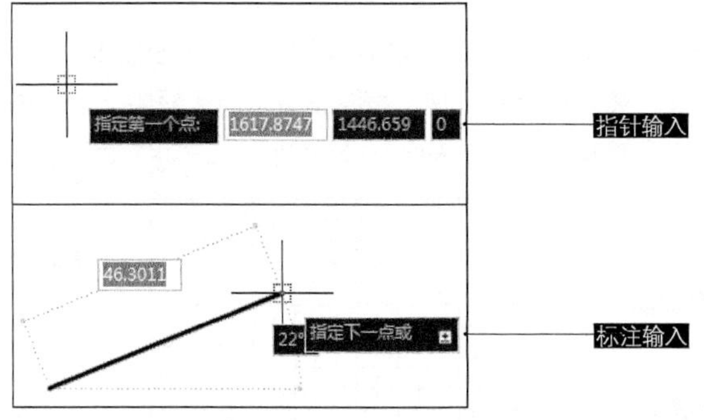

图 4-15 不同状态的【动态输入】

图 4-16 状态栏中开启【动态输入】功能

右键单击状态栏上的【动态输入】按钮，选择弹出【动态输入设置】选项，打开【草图设置】对话框中的【动态输入】选项卡，该选项卡可以控制在启用【动态输入】时每个部件所显示的内容。选项卡中包含 3 个组件，即指针输入、标注输入和动态显示，如图 4-17 所示，分别介绍如下。

1 指针输入

单击【指针输入】选项区的【设置】按钮，打开【指针输入设置】对话框，如图 4-18 所示。可以在其中设置指针的格式和可见性。在工具提示中，十字光标所在位置的坐标值将显示在光标旁边。命令提示用户输入点时，可以在工具提示框（而非命令行）中输入坐标值。

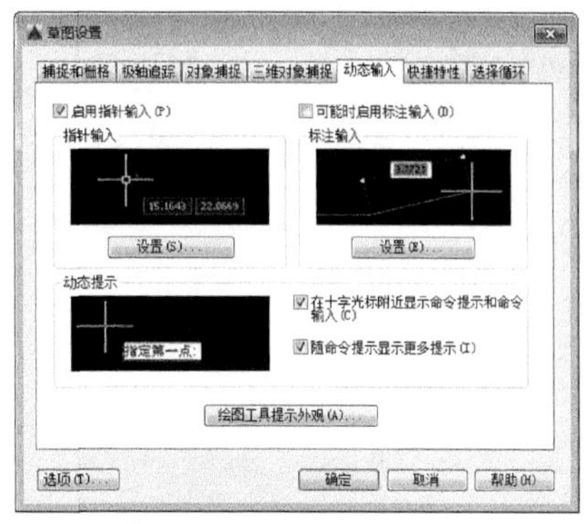

图 4-17 【动态输入】选项卡

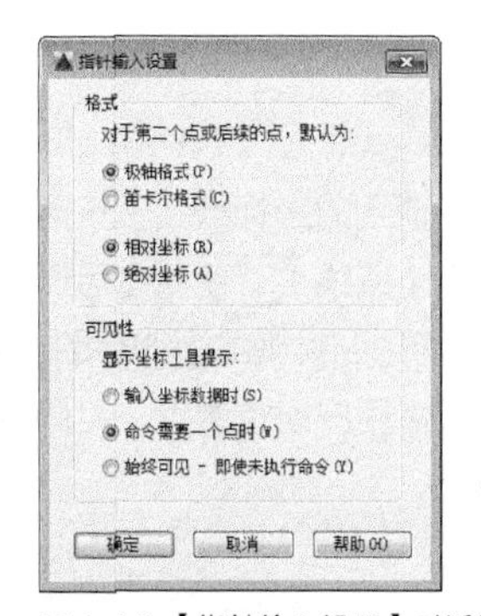

图 4-18 【指针输入设置】对话框

2 标注输入

在【草图设置】对话框的【动态输入】选项卡，选择【可能时启用标注输入】复选框，启用标注输入功能。单击【标注输入】选项区域的【设置】按钮，打开如图 4-19 所示的【标注输入的设置】对话框。利用该对话框可以设置夹点拉伸时标注输入的可见性等。

3 动态提示

【动态显示】选项组中各选项按钮含义说明如下。

◆【在十字光标附近显示命令提示和命令输入】复选框：勾选该复选框，可在光标附近显示命令显示。

◆【随命令提示显示更多提示】复选框：勾选该复选框，显示使用 Shift 和 Ctrl 键进行夹点操作的提示。

◆【绘图工具提示外观】按钮：单击该按钮，弹出如图 4-20 所示的【工具提示外观】对话框，从中进行颜色、大小、透明度和应用场合的设置。

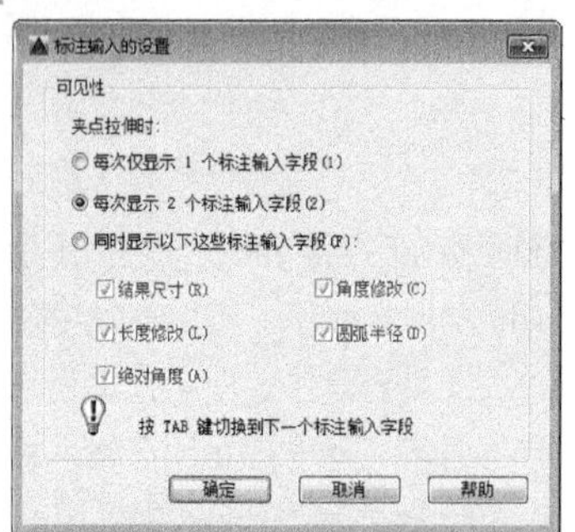

图 4-19 【标注输入的设置】对话框

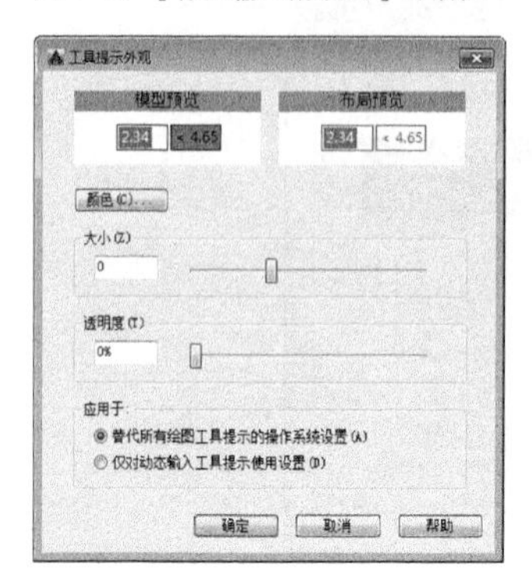

图 4-20 【工具提示外观】对话框

4.2.2 栅格

【栅格】相当于手工制图中使用的坐标纸，它按照相等的间距在屏幕上设置栅格点（或线）。使用者可以通过栅格点数目来确定距离，从而达到精确绘图的目的。【栅格】不是图形的一部分，只供用户视觉参考，打印时不会被输出。

控制【栅格】显示的方法如下。

◆快捷键：按 F7 键可以切换开、关状态。

◆状态栏：单击状态栏上的【显示图形栅格】按钮 ，若亮显则为开启，如图 4-21 所示。

用户可以根据实际需要自定义【栅格】的间距、大小与样式。在命令行中输入 DS【草图设置】命令，系统自动弹出【草图设置】对话框，在【栅格间距】选项区中设置间距、大小与样式。或者调用 GRID 命令，根据命令行提示同样可以控制栅格的特性。

1 设置栅格显示样式

在 AutoCAD 2016 中，栅格有两种显示样式：点矩阵和线矩阵，默认状态下显示的是线矩阵栅格，如图 4-22 所示。

图 4-21 状态栏中开启【栅格】功能

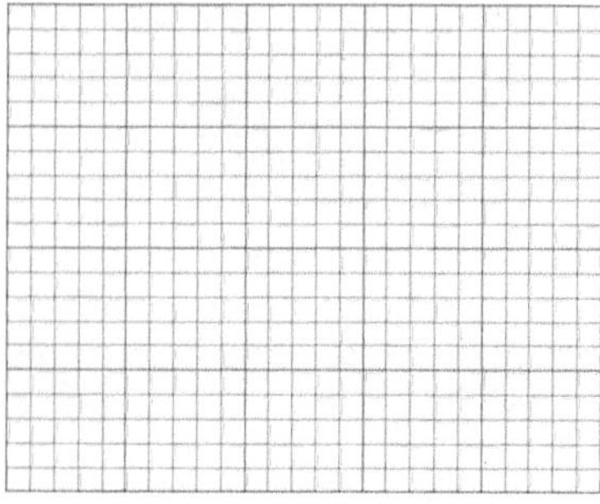

图 4-22 默认的线矩阵栅格

右键单击状态栏上的【显示图形栅格】按钮 ，选择弹出的【网格设置】选项，打开【草图设置】对话框中的【捕捉和栅格】选项卡，然后选择【栅格样式】区域中的【二维模型空间】复选框，即可在二维模型空间显示点矩阵形式的栅格，如图 4-23 所示。

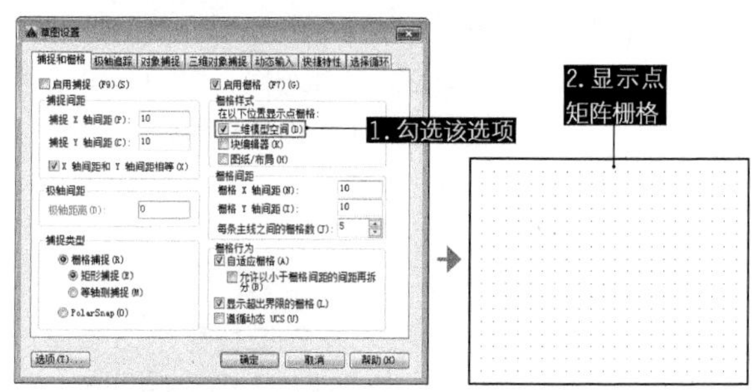

图 4-23 显示点矩阵样式的栅格

同理，勾选【块编辑器】或【图纸 / 布局】复选框，即可在对应的绘图环境中开启点矩阵的栅格样式。

2 设置栅格间距

如果栅格以线矩阵而非点矩阵显示，那么其中会有若干颜色较深的线（称为主栅格线）和颜色较浅的线（称为辅助栅格线）间隔显示，栅格的组成如图 4-24 所示。在以小数单位或英尺、英寸绘图时，主栅格线对于快速测量距离尤其有用。在【草图设置】对话框中，可以通过【栅格间距】区域来设置栅格的间距。

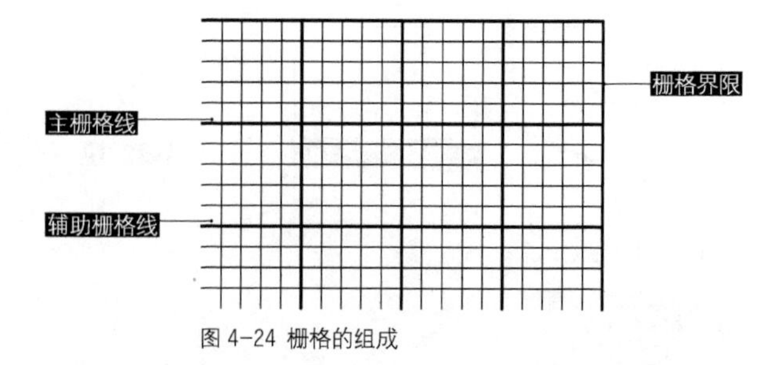

图 4-24 栅格的组成

操作技巧

【栅格界限】只有使用Limits命令定义了图形界限之后方能显现，详见本书第4章4.6.1设置图形界限小节。

【栅格间距】区域中的各命令含义说明如下。

◆【栅格 X 轴间距】文本框：输入辅助栅格线在 X 轴上（横向）的间距值；

◆【栅格 Y 轴间距】文本框：输入辅助栅格线在 Y 轴上（纵向）的间距值；

◆【每条主线之间的栅格数】文本框：输入主栅格线之间的辅助栅格线的数量，因此可间接指定主栅格线的间距，即：主栅格线间距 = 辅助栅格线间距 × 数量。

默认情况下，X 轴间距和 Y 轴间距值是相等的，如需分别输入不同的数值，需取消【X 轴间距和 Y 轴间距相等】复选框的勾选，方能输入。输入不同的间距与所得栅格效果如图 4-25 所示。

图 4-25 不同间距下的栅格效果

3 在缩放过程中动态更改栅格

如果放大或缩小图形，将会自动调整栅格间距，使其适合新的比例。例如，如果缩小图形，则显示的栅格线密度会自动减小；相反，如果放大图形，则附加的栅格线将按与主栅格线相同的比例显示。这一过程称为自适应栅格显示，如图 4-26 所示。

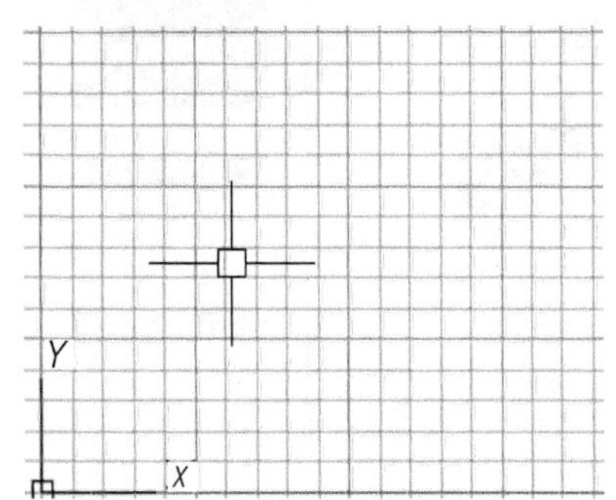
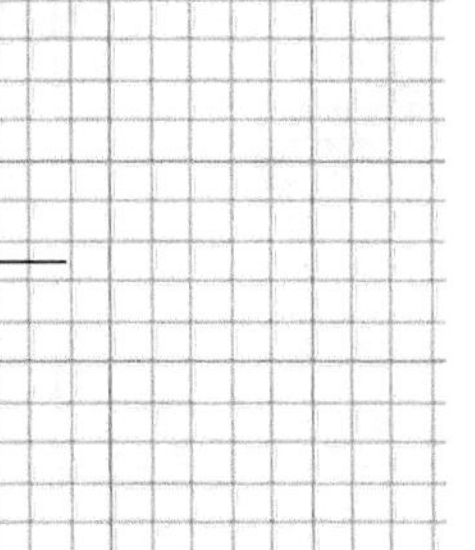

视图缩小栅格随之缩小

图 4-26 【自适应栅格】效果

视图放大栅格随之放大

图 4-26 【自适应栅格】效果（续）

勾选【栅格行为】下的【自适应栅格】复选框，即可启用该功能。如果再勾选其下的【允许小于栅格间距的间距再拆分】复选框，则在视图放大时，会生成更多间距更小的栅格线，即以原辅助栅格线替换为主栅格线，然后再进行平分。

4 栅格与 UCS 的关系

栅格和捕捉点始终与 UCS 原点对齐。如果需要移动栅格和栅格捕捉原点，需移动 UCS。如果需要沿特定的对齐或角度绘图，可以通过旋转用户坐标系（UCS）来更改栅格和捕捉角度，如图 4-27 所示。

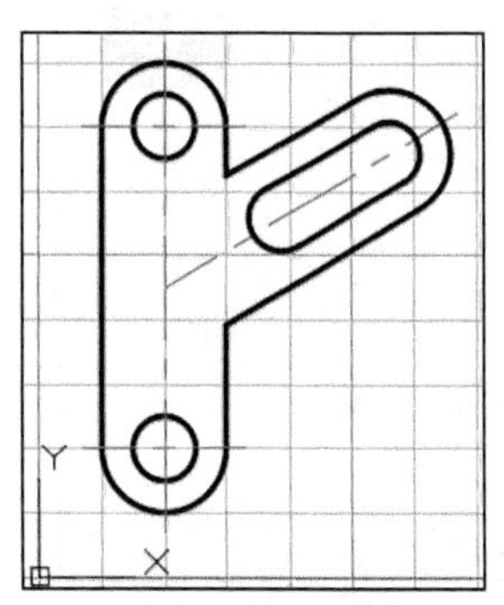

正常 UCS 状态下的栅格

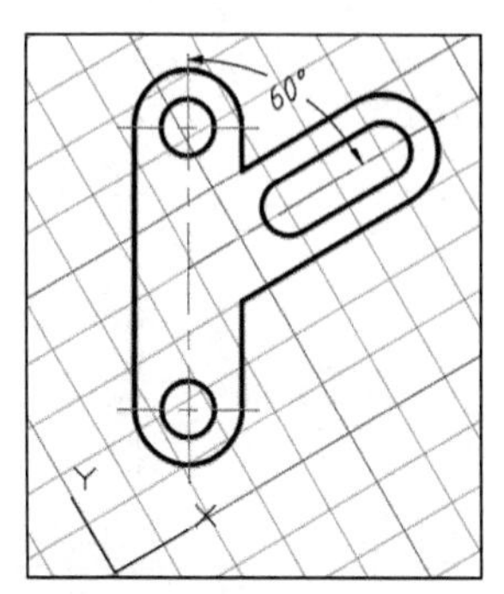

将 UCS 旋转了 30° 后的栅格

图 4-27 UCS 旋转效果与栅格

此旋转将十字光标在屏幕上重新对齐，以与新的角度匹配。在图 4-27 样例中，将 UCS 旋转 30° 以与固定支架的角度一致。

4.2.3 捕捉

【捕捉】功能可以控制光标移动的距离。它经常和【栅格】功能联用，当捕捉功能打开时，光标便能停留在栅格点上，这样就只能绘制出栅格间距整数倍的距离。

控制【捕捉】功能的方法如下。

◆快捷键：按 F9 键可以切换开、关状态。

◆状态栏：单击状态栏上的【捕捉模式】按钮，若亮显则为开启。

同样，也可以在【草图设置】对话框中的【捕捉和

栅格】选项卡中控制捕捉的开关状态及其相关属性。

1 设置栅格捕捉间距

在【捕捉间距】下的【捕捉X轴间距】和【捕捉Y轴间距】文本框中可输入光标移动的间距。通常情况下，【捕捉间距】应等于【栅格间距】，这样在启动【栅格捕捉】功能后，就能将光标限制在栅格点上，如图4-28所示；如果【捕捉间距】不等于【栅格间距】，则会出现捕捉不到栅格点的情况，如图4-29所示。

在正常工作中，【捕捉间距】不需要和【栅格间距】相同。例如，可以设定较宽的【栅格间距】用作参照，但使用较小的【捕捉间距】以保证定位点时的精确性。

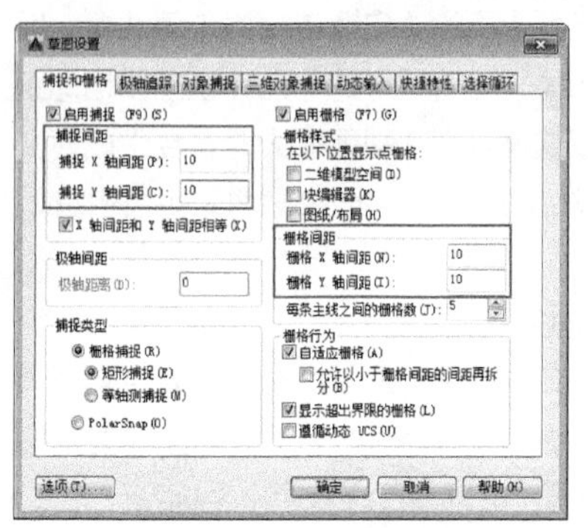
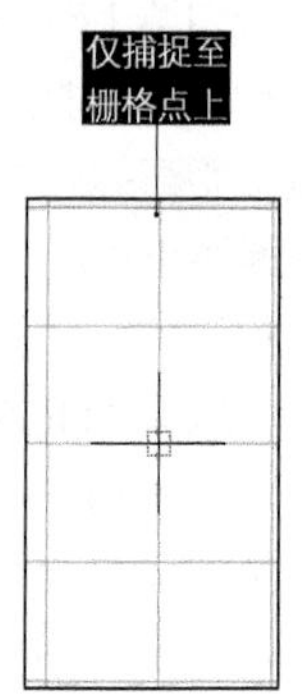

图4-28 【捕捉间距】与【栅格间距】相等时的效果

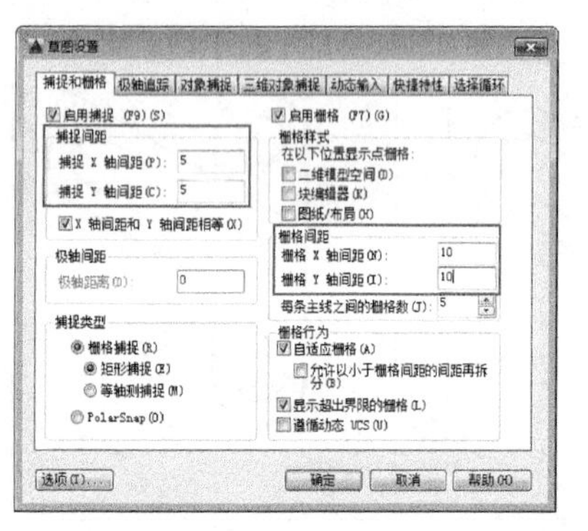
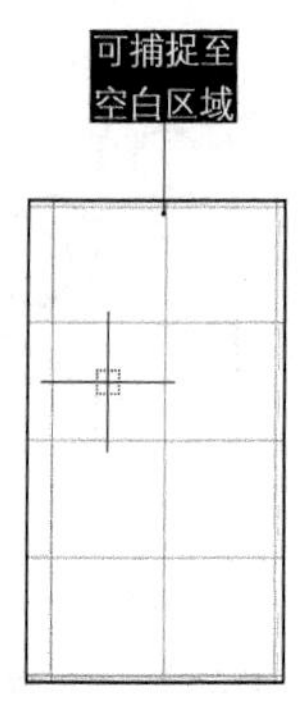

图4-29 【捕捉间距】与【栅格间距】不相等时的效果

2 设置捕捉类型

捕捉类型有两种：栅格捕捉和极轴捕捉，分别介绍如下。

◎ 栅格捕捉

设定栅格捕捉类型。如果指定点，光标将沿垂直或水平栅格点进行捕捉。【栅格捕捉】下分两个单选按钮：【矩形捕捉】和【等轴测捕捉】，分别介绍如下。

◆【矩形捕捉】单选按钮：将捕捉样式设定为标准“矩形”捕捉模式。当捕捉类型设定为【栅格】并且打开【捕捉】模式时，光标将捕捉矩形捕捉栅格，适用于普通二维视图，如图4-30所示。

◆【等轴测捕捉】单选按钮：将捕捉样式设定为“等轴测”捕捉模式。当捕捉类型设定为【栅格】并且打开【捕捉】模式时，光标将捕捉等轴测捕捉栅格，适用于等轴测视图，如图4-31所示。

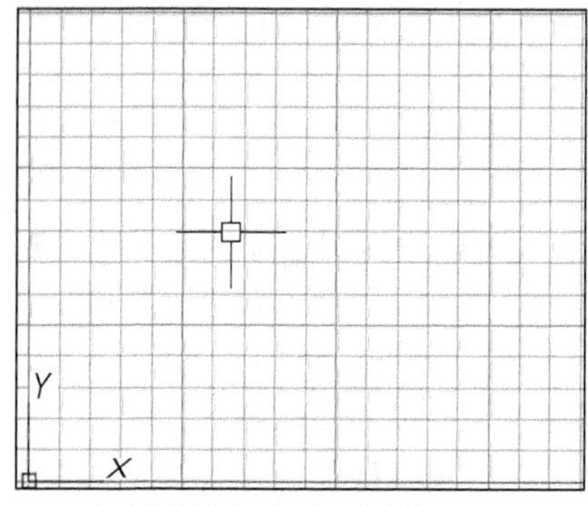

图4-30 【矩形捕捉】模式下的栅格

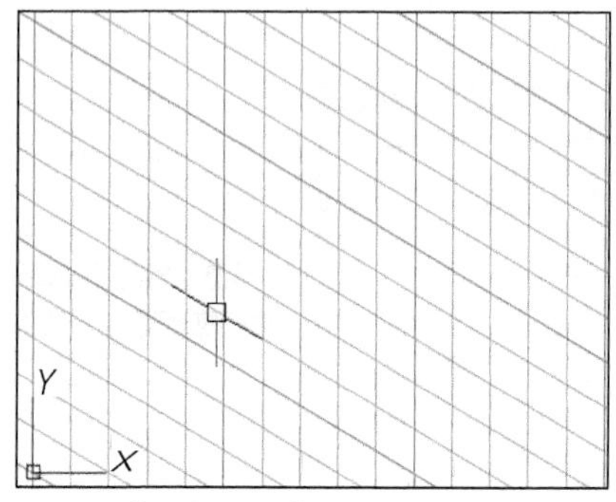

图4-31 【等轴测捕捉】模式下的栅格

◎ PolarSnap（极轴捕捉）

将捕捉类型设定为【PolarSnap】。如果启用了【捕捉】模式并在极轴追踪打开的情况下指定点，光标将沿在【极轴追踪】选项卡（见本章4.2.5小节）上相对于极轴追踪起点设置的极轴对齐角度进行捕捉。

启用【PolarSnap】后，【捕捉间距】变为不可用，同时【极轴间距】文本框变得可用，可在该文本框中输入要进行捕捉的增量距离，如果该值为0，则【PolarSnap】捕捉的距离采用【捕捉X轴间距】文本框中的值。启用【PolarSnap】后无法将光标定位至栅格点上，但在执行【极轴追踪】的时候，可将增量固定为设定的整数倍，效果如图4-32所示。

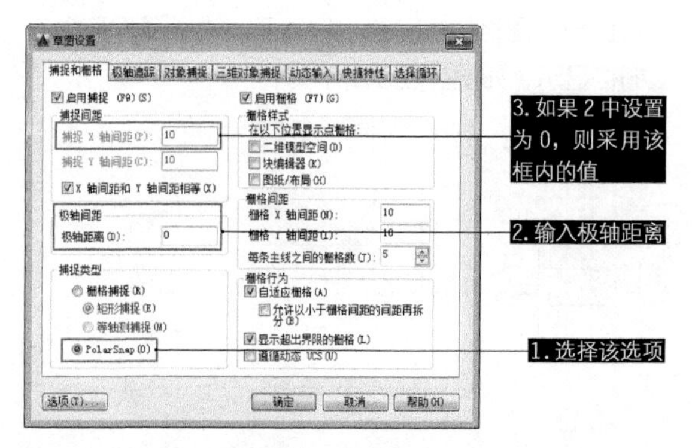

图4-32 PolarSnap（极轴捕捉）效果

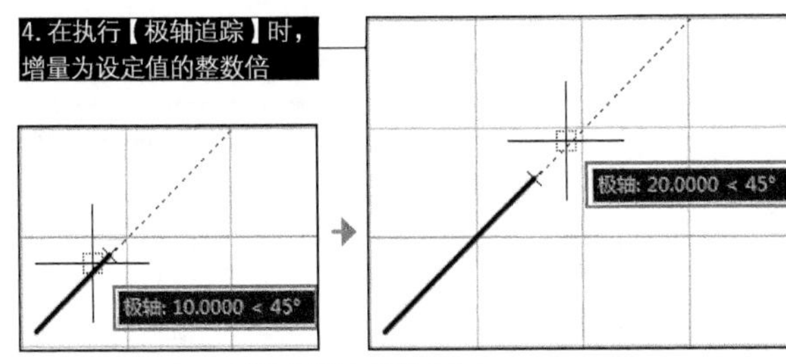

图 4-32 PolarSnap（极轴捕捉）效果（续）

【PolarSnap】设置应与【极轴追踪】或【对象捕捉追踪】结合使用，如果两个追踪功能都未启用，则【PolarSnap】设置视为无效。

练习 4-4 通过栅格与捕捉绘制图形

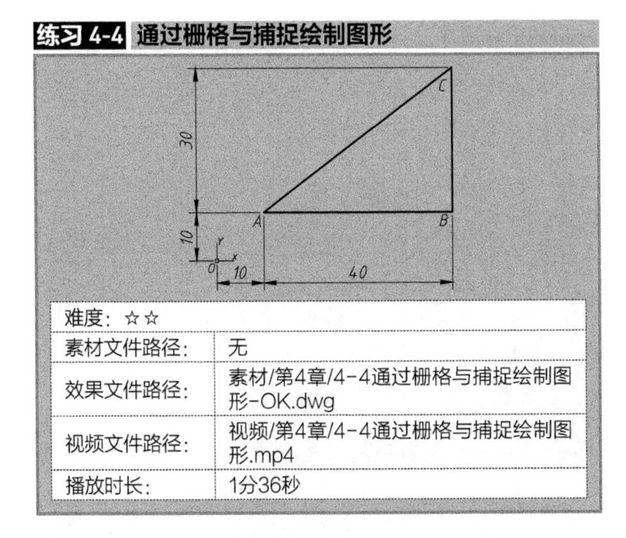

难度：☆☆	
素材文件路径：	无
效果文件路径：	素材/第4章/4-4通过栅格与捕捉绘制图形-OK.dwg
视频文件路径：	视频/第4章/4-4通过栅格与捕捉绘制图形.mp4
播放时长：	1分36秒

除了前面练习中所用到的通过输入坐标方法绘图，在 AutoCAD 中还可以借助【栅格】与【捕捉】来进行绘制。该方法适合绘制尺寸圆整、外形简单的图形，本例同样绘制如图 4-7 所示的图形，以方便读者进行对比。

Step 01 用鼠标右键单击状态栏上的【捕捉模式】按钮，选择【捕捉设置】选项，如图4-33所示，系统弹出【草图设置】对话框。

Step 02 设置栅格与捕捉间距。在图4-7中可知最小尺寸为10，因此可以设置栅格与捕捉的间距同样为10，使得十字光标以10为单位进行移动。

Step 03 勾选【启用捕捉】和【启用栅格】复选框，在【捕捉间距】选项区域改为捕捉*X*轴间距10，捕捉*Y*轴间距10；在【栅格间距】选项区域，改为栅格*X*轴间距为10，栅格*Y*轴间距为10，每条主线之间的栅格数为5，如图4-34所示。

Step 04 单击【确定】按钮，完成栅格的设置。

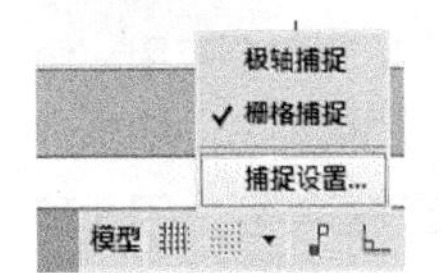

图 4-33 设置选项

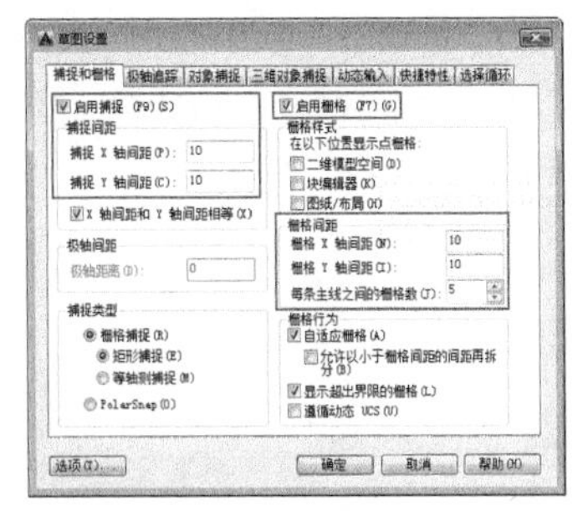

图 4-34 设置参数

Step 05 在命令行中输入L，调用【直线】命令，可见光标只能在间距为10的栅格点处进行移动，如图4-35所示。

Step 06 捕捉各栅格点，绘制最终图形，如图4-36所示。

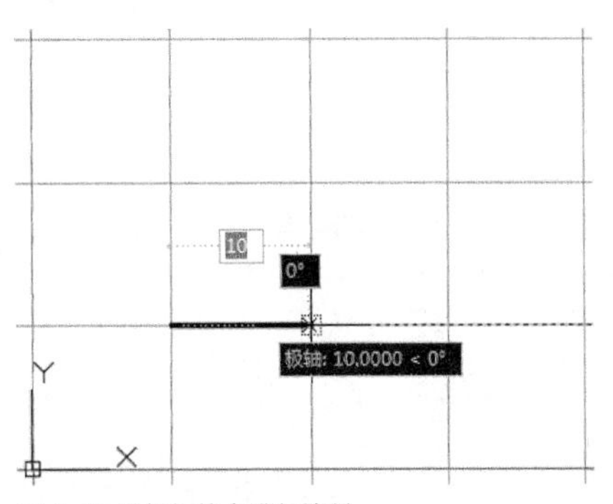

图 4-35 捕捉栅格点进行绘制

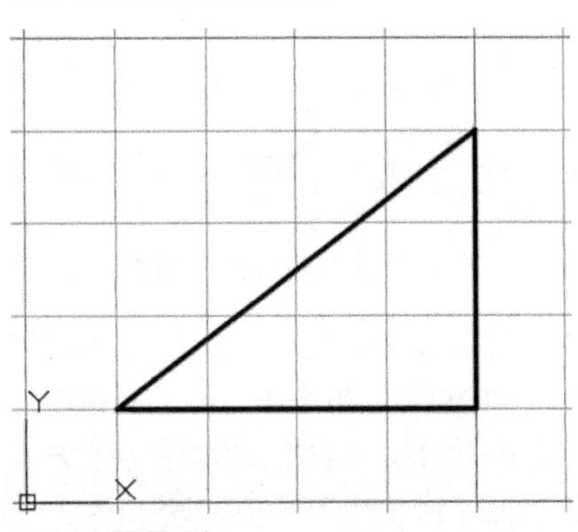

图 4-36 最终图形

4.2.4 正交 ★重点★

在绘图过程中，使用【正交】功能便可以将十字光标限制在水平或者垂直轴向上，同时也限制在当前的栅格旋转角度内。使用【正交】功能就如同使用了丁字尺绘图，可以保证绘制的直线完全呈水平或垂直状态，方便绘制水平或垂直直线。

打开或关闭【正交】功能的方法如下。

◆ 快捷键：按 F8 键可以切换正交开、关模式。

◆ 状态栏：单击【正交】按钮，若亮显则为开启，如图 4-37 所示。

因为【正交】功能限制了直线的方向，所以绘制水平或垂直直线时，指定方向后直接输入长度即可，不必再输入完整的坐标值。开启正交后光标状态如图 4-38 所示，关闭正交后光标状态如图 4-39 所示。

图 4-37 状态栏中开启【正交】功能　　图 4-38 开启【正交】效果

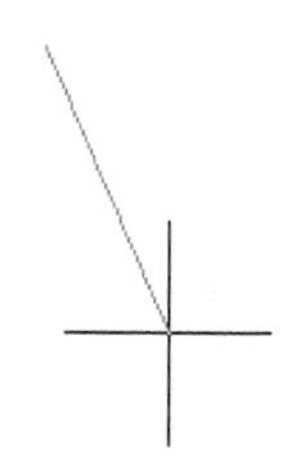

图 4-39 关闭【正交】效果

练习 4-5 通过【正交】绘制直脚板凳

难度：☆☆	
素材文件路径：	无
效果文件路径：	素材/第4章/4-5通过正交绘制直脚板凳-OK.dwg
视频文件路径：	视频/第4章/4-5通过正交绘制直脚板凳.mp4
播放时长：	1分47秒

板凳是一种木板面、无靠背的常见坐具，多为狭长形，凳腿有形如楼牌的直腿（图 4-40），也有符合力学设计的斜腿（图 4-55）。传统的小板凳美观大方，经久耐用，在百姓的生活中充当着不可或缺的角色。

本例通过【正交】绘制图 4-41 所示的直脚板凳图形。【正交】功能开启后，系统自动将光标强制性地定位在水平或垂直位置上，在引出的追踪线上，直接输入一个数值即可定位目标点，而不用手动输入坐标值或捕捉栅格点来进行确定。

图 4-40 直脚板凳

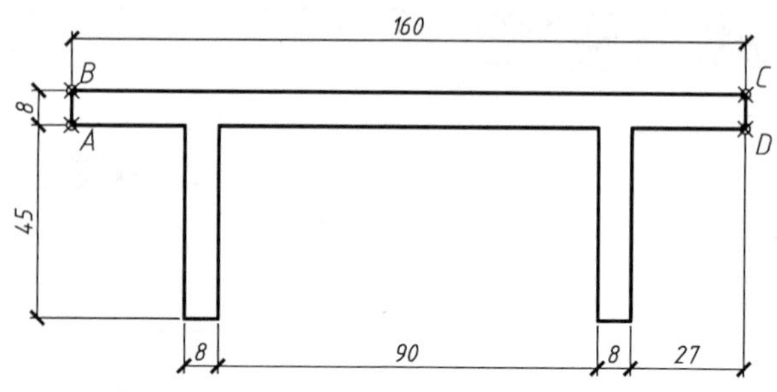

图 4-41 最终图形

Step 01 启动AutoCAD 2016，新建一个空白文档。

Step 02 单击状态栏中的按钮，或按F8功能键，激活【正交】功能。

Step 03 单击【绘图】面板中的按钮，激活【直线】命令，配合【正交】功能，绘制图形。命令行操作过程如下。

```
命令: _line
指定第一点:
//在绘图区任意栅格点处单击左键，作为起点A
指定下一点或 [放弃(U)]:10↙ //向上移动光标，引出90° 正交追踪线，如图4-42所示，输入8，即定位B点
指定下一点或 [放弃(U)]:20↙ //向右移动光标，引出0° 正交追踪线，如图4-43所示，输入160，定位C点
指定下一点或 [放弃(U)]:20↙ //向上移动光标，引出270° 正交追踪线，输入8，定位D点
```

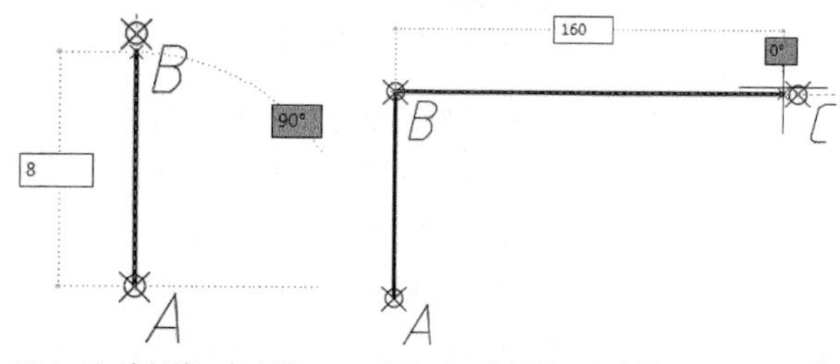

图 4-42 绘制第一条直线　　图 4-43 绘制第二条直线

Step 04 根据以上方法，配合【正交】功能绘制其他线段，最终的结果如图4-44所示。

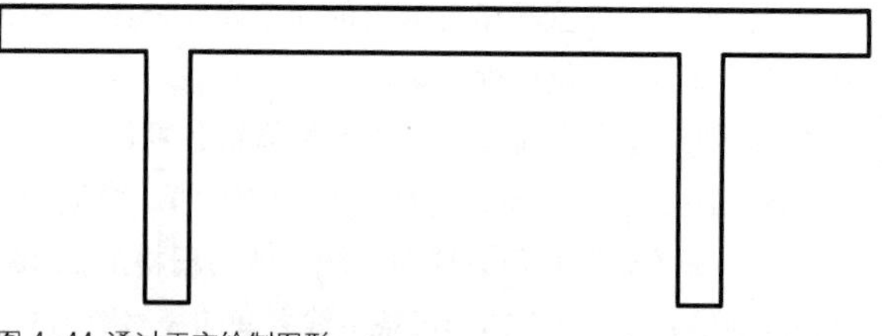

图 4-44 通过正交绘制图形

4.2.5 极轴追踪 ★重点★

【极轴追踪】功能实际上是极坐标的一个应用。使用极轴追踪绘制直线时，捕捉到一定的极轴方向即确定了极角，然后输入直线的长度即确定了极半径，因此和正交绘制直线一样，极轴追踪绘制直线一般使用长度输

入确定直线的第二点，代替坐标输入。【极轴追踪】功能可以用来绘制带角度的直线，如图 4-45 所示。

一般来说，极轴可以绘制任意角度的直线，包括水平的 0°、180° 与垂直的 90°、270° 等，因此某些情况下可以代替【正交】功能使用。【极轴追踪】绘制的图形如图 4-46 所示。

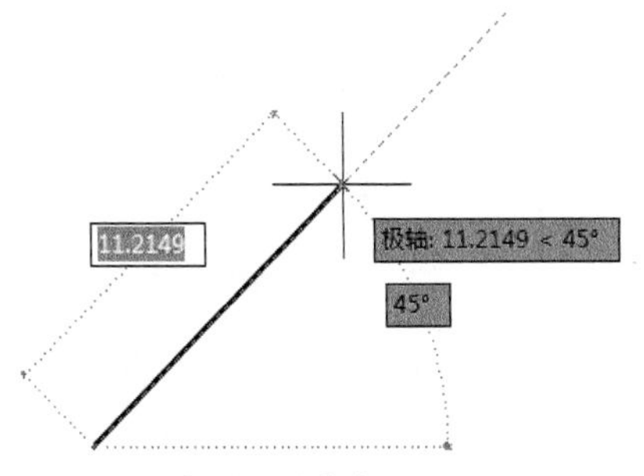

图 4-45 开启【极轴追踪】效果

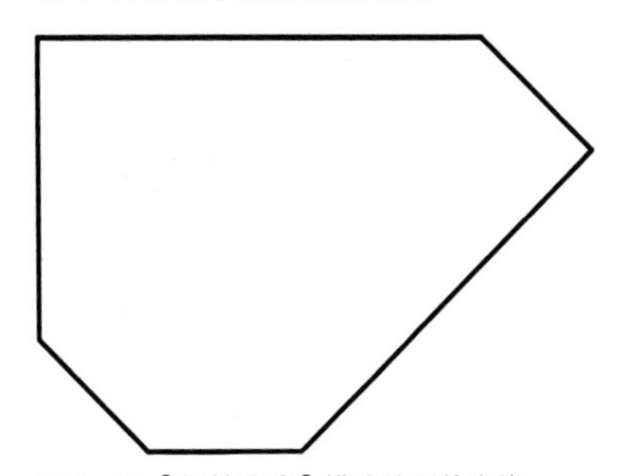

图 4-46 【极轴追踪】模式绘制的直线

【极轴追踪】功能的开、关切换有以下两种方法。

◆快捷键：按 F10 键切换开、关状态。

◆状态栏：单击状态栏上的【极轴追踪】按钮，若亮显则为开启，如图 4-47 所示。

右键单击状态栏上的【极轴追踪】按钮，弹出追踪角度列表，如图 4-47 所示，其中的数值便为启用【极轴追踪】时的捕捉角度。然后在弹出的快捷菜单中选择【正在追踪设置】选项，则打开【草图设置】对话框，在【极轴追踪】选项卡中可设置极轴追踪的开关和其他角度值的增量角等，如图 4-48 所示。

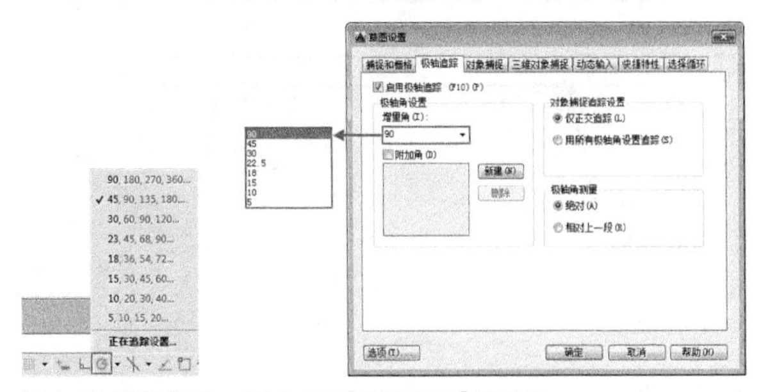

图 4-47 选择【正在追踪设置】命令　图 4-48 【极轴追踪】选项卡

【极轴追踪】选项卡中各选项的含义如下。

◆【增量角】列表框：用于设置极轴追踪角度。当光标的相对角度等于该角，或者是该角的整数倍时，屏幕上将显示出追踪路径，如图 4-49 所示。

◆【附加角】复选框：增加任意角度值作为极轴追踪的附加角度。勾选【附加角】复选框，并单击【新建】按钮，然后输入所需追踪的角度值，即可捕捉至附加角的角度，如图 4-50 所示。

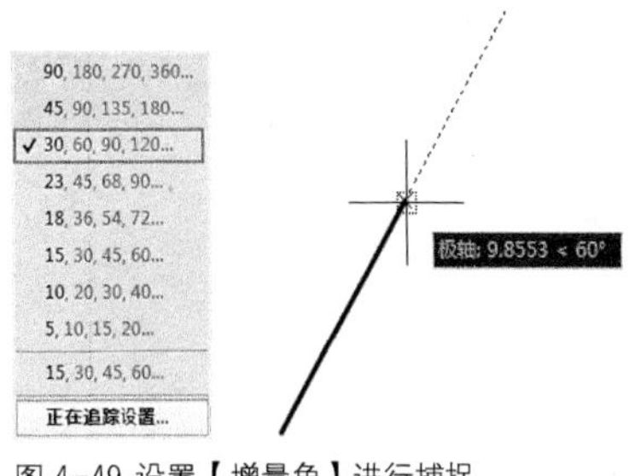

图 4-49 设置【增量角】进行捕捉

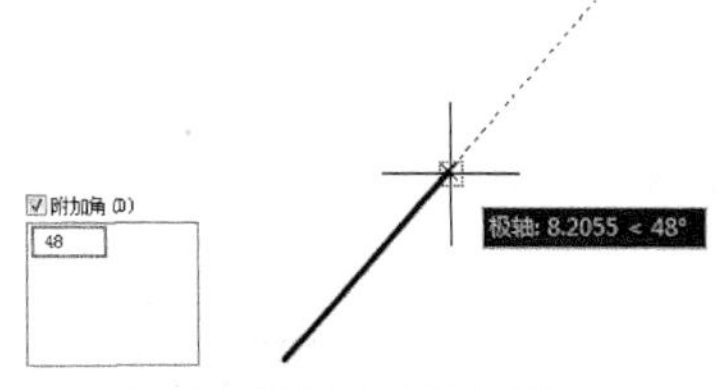

图 4-50 设置【附加角】进行捕捉

◆【仅正交追踪】单选按钮：当对象捕捉追踪打开时，仅显示已获得的对象捕捉点的正交（水平和垂直方向）对象捕捉追踪路径，如图 4-51 所示。

◆【用所有极轴角设置追踪】单选按钮：对象捕捉追踪打开时，将从对象捕捉点起沿任何极轴追踪角进行追踪，如图 4-52 所示。

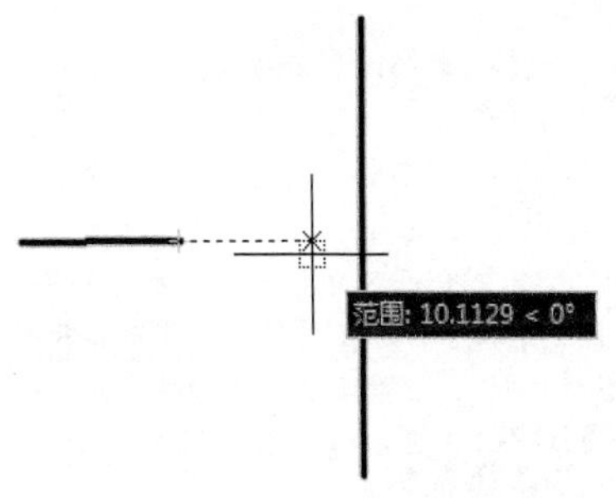

图 4-51 仅从正交方向显示对象捕捉路径

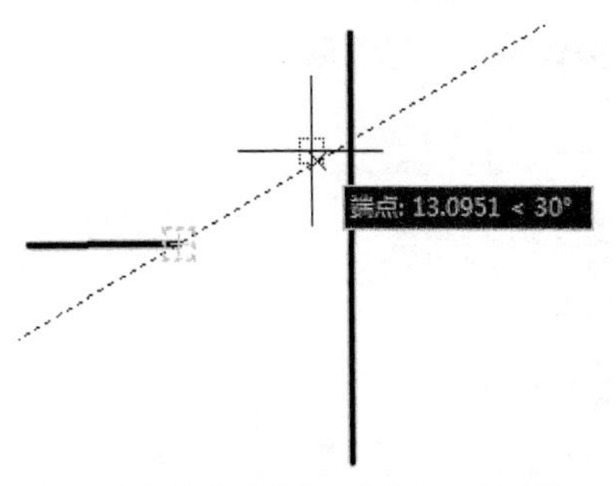

图 4-52 可从极轴追踪角度显示对象捕捉路径

◆【极轴角测量】选项组：设置极轴角的参照标准。【绝对】单选按钮表示使用绝对极坐标，以 X 轴正方向为0°。【相对上一段】单选按钮根据上一段绘制的直线确定极轴追踪角，上一段直线所在的方向为0°，如图4-53所示。

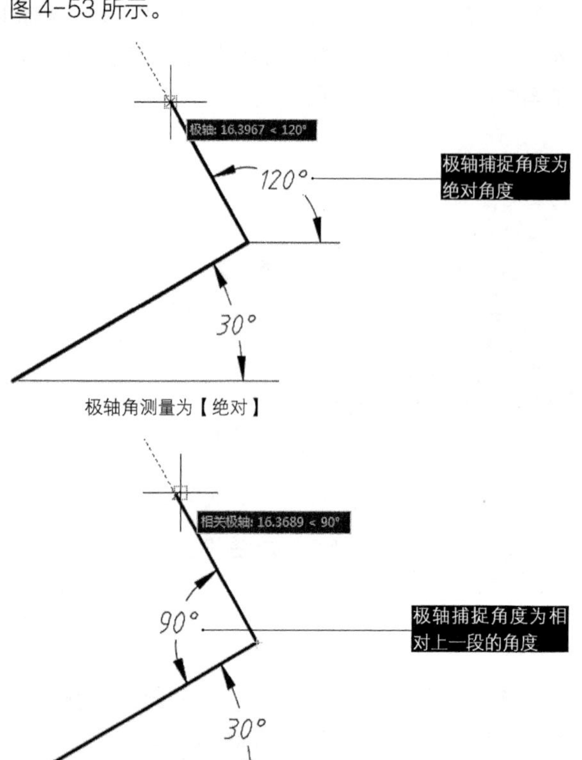

极轴角测量为【绝对】

极轴角测量为【相对上一段】

图4-53 不同的【极轴角测量】效果

操作技巧

细心的读者可能发现，极轴追踪的增量角与后续捕捉角度都是成倍递增的，如图4-47所示；但图中唯有一个例外，那就是23°的增量角后直接跳到了45°，与后面的各角度也不成整数倍关系。这是由于AutoCAD的角度单位精度设置为整数，因此22.5°就被四舍五入为了23°。所以只需选择菜单栏【格式】|【单位】，在【图形单位】对话框中将角度精度设置为【0.0】，即可使得23°的增量角还原为22.5°，使用极轴追踪时也能正常捕捉至22.5°，如图4-54所示。

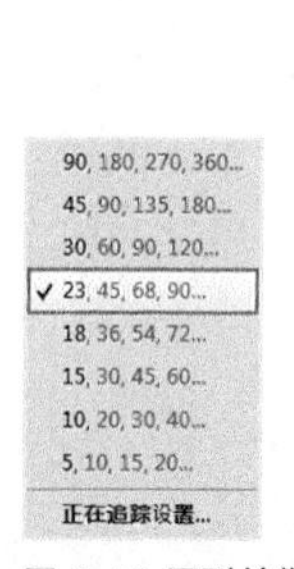

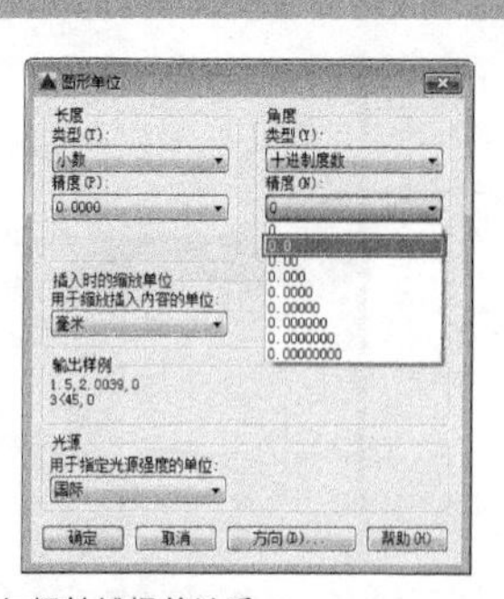

图4-54 图形单位与极轴捕捉的关系

练习4-6 通过【极轴追踪】绘制斜脚板凳

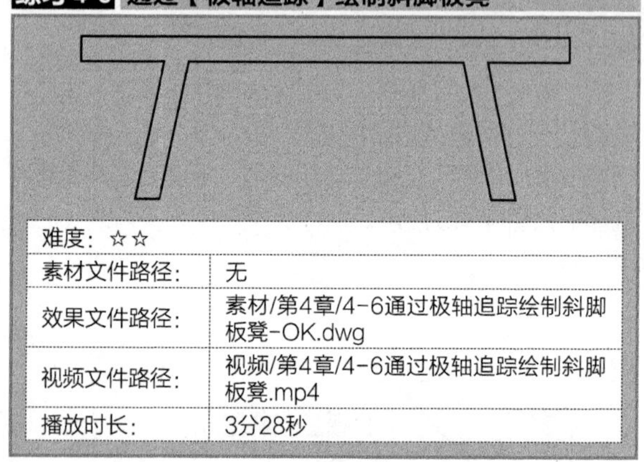

难度：☆☆	
素材文件路径：	无
效果文件路径：	素材/第4章/4-6通过极轴追踪绘制斜脚板凳-OK.dwg
视频文件路径：	视频/第4章/4-6通过极轴追踪绘制斜脚板凳.mp4
播放时长：	3分28秒

板凳腿类似于建筑里的柱子，是主要的承重构件，因此在设计上需符合一定的力学要求。我国传统工匠总结出来凳腿的斜角角度在一寸放二分作用最为合适，通过实际测量后可知为12°，因此大多数板凳凳腿都为斜腿，如图4-55所示。

通过【极轴追踪】绘制如图4-56所示的图形。极轴追踪功能是一个非常重要的辅助工具，此工具可以在任何角度和方向上引出角度矢量，从而可以很方便地精确定位角度方向上的任何一点。相比于坐标输入、栅格与捕捉、正交等绘图方法来说，极轴追踪更为便捷，足以绘制绝大部分图形，因此是使用最多的一种绘图方法。

图4-55 斜腿板凳

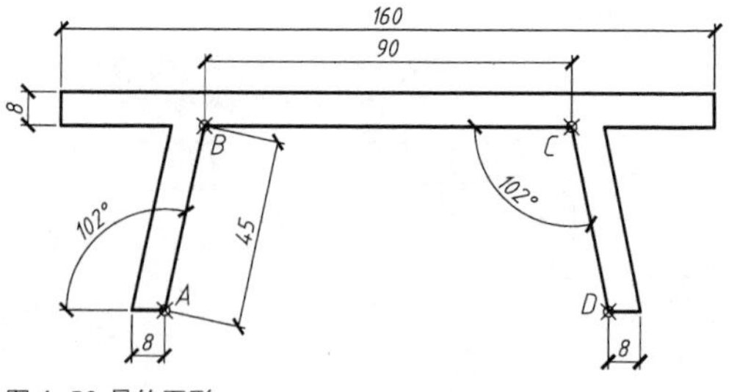

图4-56 最终图形

Step 01 启动AutoCAD 2016，新建一空白文档。

Step 02 右键单击状态栏上的【极轴追踪】按钮，然后在弹出的快捷菜单中选择【正在追踪设置】选项，如图4-57所示。

Step 03 在打开的【草图设置】对话框中勾选【启用极轴追踪】复选框，并将当前的增量角设置为45，再勾选【附加角】复选框，新建78°和-78°（282°）的附加角，如图4-58所示。

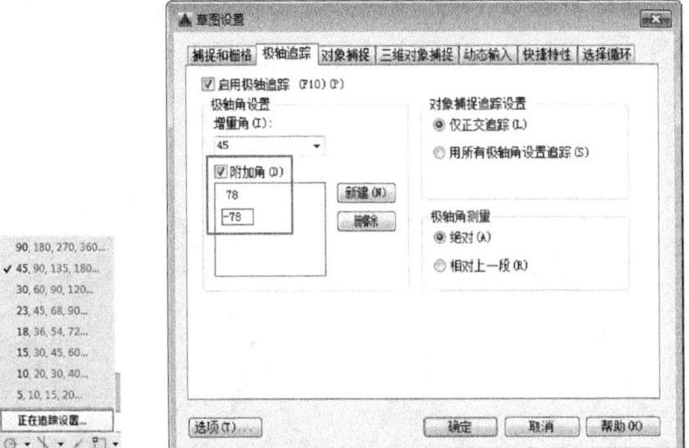

图 4-57 选择【正在追踪设置】选项　图 4-58 设置极轴追踪参数

单击【绘图】面板中的按钮，激活【直线】命令，配合【极轴追踪】功能，绘制外框轮廓线。命令行操作过程如下。

命令: _line

指定第一点:　　//在适当位置单击左键，拾取一点作为起点A

指定下一点或 [放弃(U)]:50↙　//向上移动光标，在78°的位置可以引出极轴追踪虚线，如图4-59所示，此时输入45，得到第2点B

指定下一点或 [放弃(U)]:20↙　//水平向右移动光标，引出0°的极轴追踪虚线，如图4-60所示，输入90，定位第3点C

指定下一点或 [放弃(U)]:30↙　//向右下角移动光标，引出-78°的极轴追踪线，如图4-61示，输入45，定位第4点D

……

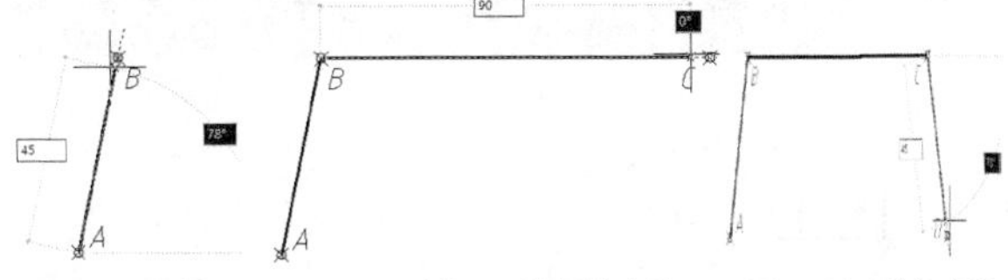

图 4-59 引出 78° 的极轴追踪虚线　图 4-60 引出 0° 的极轴追踪虚线　图 4-61 引出 45° 的极轴追踪虚线

Step 04 根据以上方法，配合【极轴追踪】功能绘制其他线段，即可绘制出如图4-62所示的图形。

图 4-62 通过极轴追踪绘制图形

4.3 对象捕捉

通过【对象捕捉】功能可以精确定位现有图形对象的特征点，如圆心、中点、端点、节点、象限点等，从而为精确绘制图形提供了有利条件。

4.3.1 对象捕捉概述

鉴于点坐标法与直接肉眼确定法的各种弊端，AutoCAD 提供了【对象捕捉】功能。在【对象捕捉】开启的情况下，系统会自动捕捉某些特征点，如圆心、中点、端点、节点、象限点等。因此，【对象捕捉】的实质是对图形对象特征点的捕捉，如图 4-63 所示。

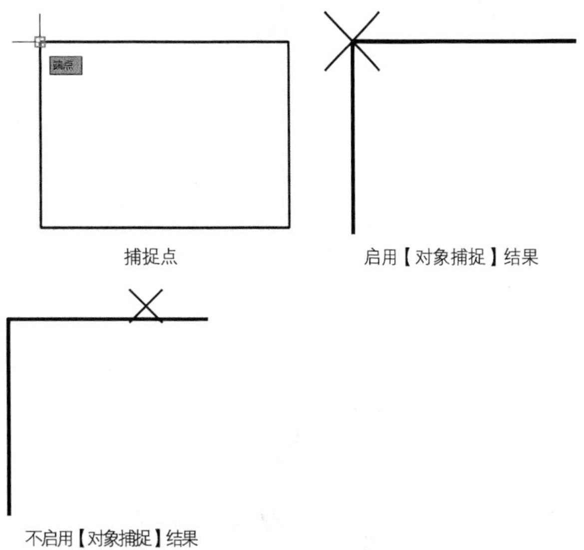

捕捉点　启用【对象捕捉】结果

不启用【对象捕捉】结果

图 4-63 对象捕捉

【对象捕捉】功能生效需要具备 2 个条件。

◆【对象捕捉】开关必须打开。

◆必须是在命令行提示输入点位置的时候。

如果命令行并没有提示输入点位置，则【对象捕捉】功能是不会生效的。因此，【对象捕捉】实际上是通过捕捉特征点的位置，来代替命令行输入特征点的坐标。

4.3.2 设置对象捕捉点 ★重点★

开启和关闭【对象捕捉】功能的方法如下。

◆菜单栏：选择【工具】|【草图设置】命令，弹出【草图设置】对话框。选择【对象捕捉】选项卡，选中或取消选中【启用对象捕捉】复选框，也可以打开或关闭对象捕捉，但这种操作太烦琐，实际中一般不使用。

◆快捷键：按 F3 键可以切换开、关状态。

◆状态栏：单击状态栏上的【对象捕捉】按钮，若亮显则为开启，如图 4-64 所示。

◆命令行：输入OSNAP，打开【草图设置】对话框，单击【对象捕捉】选项卡，勾选【启用对象捕捉】复选框。

在设置对象捕捉点之前，需要确定哪些特征点是需要的，哪些是不需要的。这样不仅仅可以提高效率，也可以避免捕捉失误。使用任何一种开启【对象捕捉】的方法之后，系统弹出【草图设置】对话框，在【对象捕捉模式】选项区域中勾选用户需要的特征点，单击【确定】按钮，退出对话框即可，如图4-65所示。

图 4-64 状态栏中开启【对象捕捉】功能

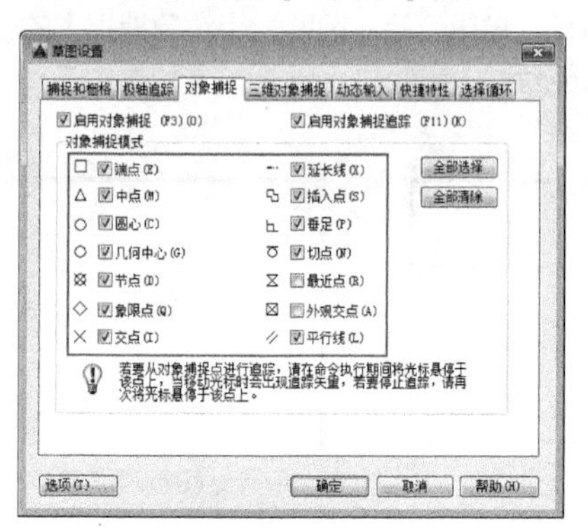
图 4-65 【草图设置】对话框

在 AutoCAD 2016 中，对话框共列出 14 种对象捕捉点和对应的捕捉标记，含义分别如下。

◆【端点】：捕捉直线或曲线的端点。

◆【中点】：捕捉直线或是弧段的中心点。

◆【圆心】：捕捉圆、椭圆或弧的中心点。

◆【几何中心】：捕捉多段线、二维多段线和二维样条曲线的几何中心点。

◆【节点】：捕捉用【点】、【多点】、【定数等分】、【定距等分】等 POINT 类命令绘制的点对象。

◆【象限点】：捕捉位于圆、椭圆或是弧段上 0°、90°、180° 和 270° 处的点。

◆【交点】：捕捉两条直线或是弧段的交点。

◆【延长线】：捕捉直线延长线路径上的点。

◆【插入点】：捕捉图块、标注对象或外部参照的插入点。

◆【垂足】：捕捉从已知点到已知直线的垂线的垂足。

◆【切点】：捕捉圆、弧段及其他曲线的切点。

◆【最近点】：捕捉处在直线、弧段、椭圆或样条曲线上，而且距离光标最近的特征点。

◆【外观交点】：在三维视图中，从某个角度观察两个对象可能相交，但实际并不一定相交，可以使用【外观交点】功能捕捉对象在外观上相交的点。

◆【平行线】：选定路径上的一点，使通过该点的直线与已知直线平行。

启用【对象捕捉】功能之后，在绘图过程中，当十字光标靠近这些被启用的捕捉特征点后，将自动对其进行捕捉，效果如图4-66所示。这里需要注意的是，在【对象捕捉】选项卡中，各捕捉特征点前面的形状符号，如□、×、○等，便是在绘图区捕捉时显示的对应形状。

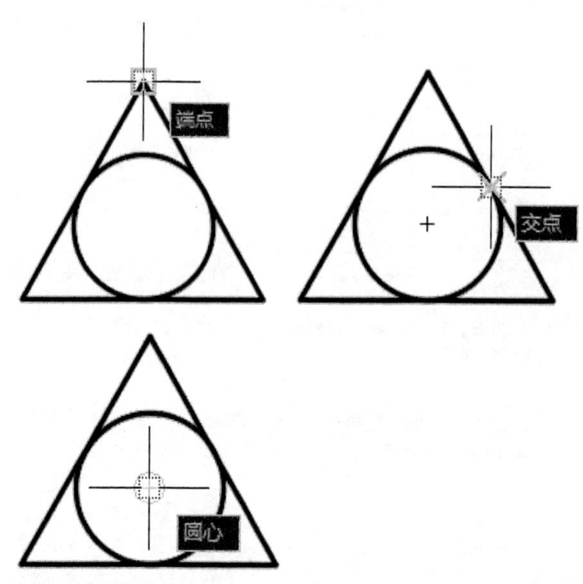

图 4-66 各捕捉效果

操作技巧

当需要捕捉一个物体上的点时，只要将鼠标靠近某个或某物体，不断地按Tab 键，这个或这些物体的某些特殊点（如直线的端点、中间点、垂直点、与物体的交点、圆的四分圆点、中心点、切点、垂直点、交点）就会轮换显示出来，选择需要的点左键单击即可以捕捉这些点，如图4-67所示。

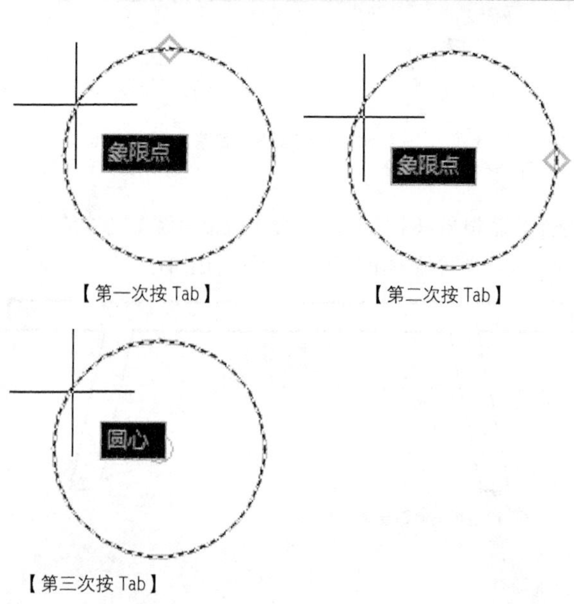

图 4-67 按 Tab 键切换捕捉点

4.3.3 对象捕捉追踪

在绘图过程中，除了需要掌握对象捕捉的应用外，也需要掌握对象追踪的相关知识和应用的方法，从而能提高绘图的效率。

【对象捕捉追踪】功能的开、关切换有以下两种方法。

◆快捷键：F11 快捷键，切换开、关状态。

◆状态栏：单击状态栏上的【对象捕捉追踪】按钮。

启用【对象捕捉追踪】后，在绘图的过程中需要指定点时，光标可以沿基于其他对象捕捉点的对齐路径进行追踪，图 4-68 所示为中点捕捉追踪效果，图 4-69 所示为交点捕捉追踪效果。

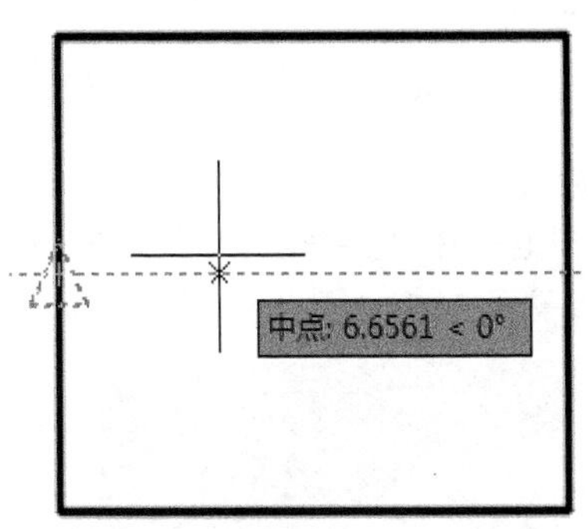

图 4-68 中点捕捉追踪

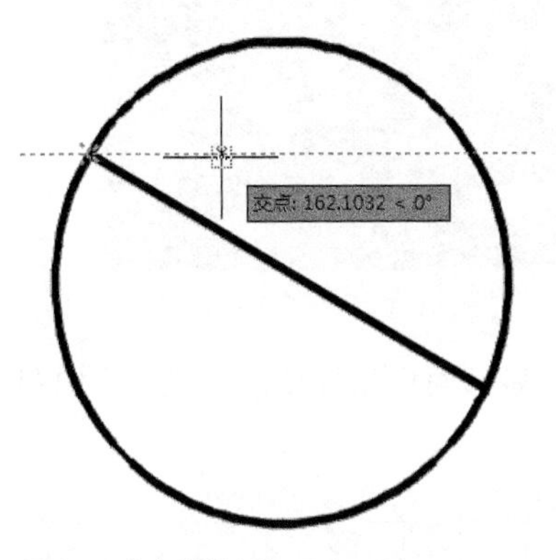

图 4-69 交点捕捉追踪

操作技巧

由于对象捕捉追踪的使用是基于对象捕捉进行操作的，因此，要使用对象捕捉追踪功能，必须先开启一个或多个对象捕捉功能。

已获取的点将显示一个小加号（+），一次最多可以获得 7 个追踪点。获取点之后，当在绘图路径上移动光标时，将显示相对于获取点的水平、垂直或指定角度的对齐路径。

例如，在如图 4-70 所示的示意图中，启用了【端点】对象捕捉，单击直线的起点【1】开始绘制直线，将光标移动到另一条直线的端点【2】处获取该点，然后沿水平对齐路径移动光标，定位要绘制的直线的端点【3】。

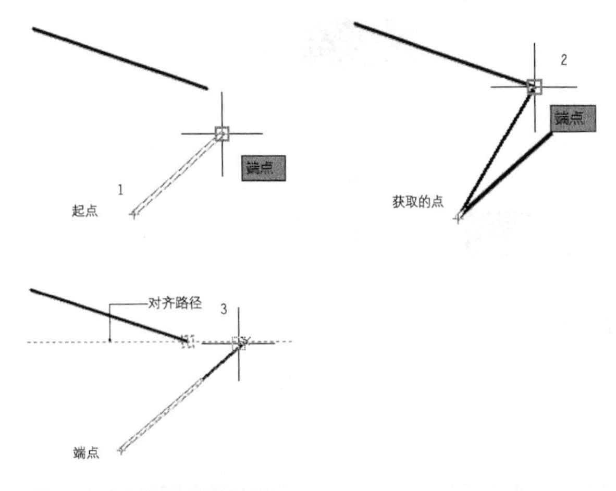

图 4-70 对象捕捉追踪示意图

4.4 临时捕捉

除了前面介绍对象捕捉之外，AutoCAD 还提供了临时捕捉功能，同样可以捕捉如圆心、中点、端点、节点、象限点等特征点。与对象捕捉不同的是临时捕捉属于“临时”调用，无法一直生效，但在绘图过程中可随时调用。

4.4.1 临时捕捉概述

临时捕捉是一种一次性的捕捉模式，这种捕捉模式不是自动的，当用户需要临时捕捉某个特征点时，需要在捕捉之前手工设置需要捕捉的特征点，然后进行对象捕捉。这种捕捉不能反复使用，再次使用捕捉需重新选择捕捉类型。

1 临时捕捉的启用方法

执行临时捕捉有以下两种方法。

◆右键快捷菜单：在命令行提示输入点的坐标时，如果要使用临时捕捉模式，可按住 Shift 键然后单击鼠标右键，系统弹出快捷菜单，如图 4-71 所示，可以在其中选择需要的捕捉类型。

◆命令行：可以直接在命令行中输入执行捕捉对象的快捷指令来选择捕捉模式。例如，在绘图过程中，输入并执行 MID 快捷命令将临时捕捉图形的中点，如图 4-72 所示。AutoCAD 常用对象捕捉模式及快捷命令如表 4-1 所示。

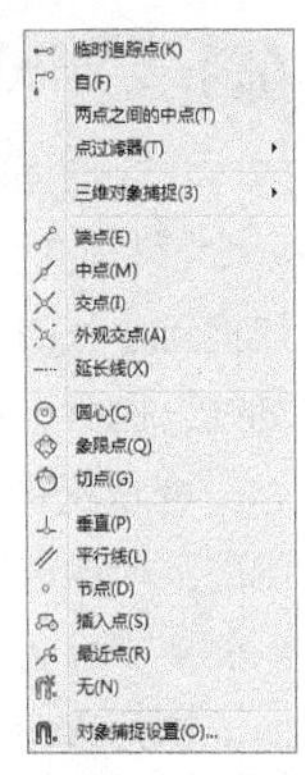

图 4-71 临时捕捉快捷菜单

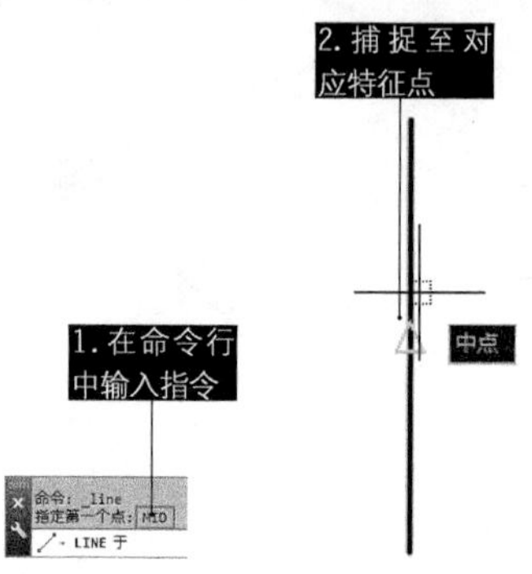

图 4-72 在命令行中输入指令

表4-1 常用对象捕捉模式及其指令

捕捉模式	快捷命令	捕捉模式	快捷命令	捕捉模式	快捷命令
临时追踪点	TT	节点	NOD	切点	TAN
自	FROM	象限点	QUA	最近点	NEA
两点之间的中点	MTP	交点	INT	外观交点	APP
端点	ENDP	延长线	EXT	平行	PAR
中点	MID	插入点	INS	无	NON
圆心	CEN	垂足	PER	对象捕捉设置	OSNAP

操作技巧

这些指令即第2章所介绍的透明命令，可以在执行命令的过程中输入。

2 临时捕捉的类型

通过图 4-71 的快捷菜单可知，临时捕捉比【草图设置】对话框中的对象捕捉点要多出 4 种类型，即临时追踪点、自、两点之间的中点、点过滤器。

4.4.2 临时追踪点

【临时追踪点】是在进行图像编辑前临时建立的、一个暂时的捕捉点，以供后续绘图参考。在绘图时可通过指定【临时追踪点】来快速指定起点，而无需借助辅助线。执行【临时追踪点】命令有以下几种方法。

◆快捷键：按住 Shift 键同时单击鼠标右键，在弹出的菜单中选择【临时追踪点】选项。

◆命令行：在执行命令时输入 tt。

执行该命令后，系统提示指定一临时追踪点，后续操作即以该点为追踪点进行绘制。

练习 4-7 使用【临时追踪点】绘制孔位

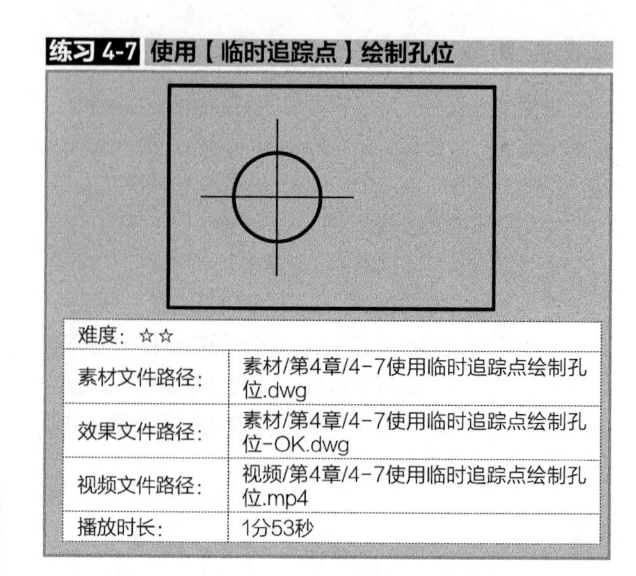

难度：☆☆	
素材文件路径：	素材/第4章/4-7使用临时追踪点绘制孔位.dwg
效果文件路径：	素材/第4章/4-7使用临时追踪点绘制孔位-OK.dwg
视频文件路径：	视频/第4章/4-7使用临时追踪点绘制孔位.mp4
播放时长：	1分53秒

家具部件之间通常采用连接件和圆棒榫进行连接，如图 4-73 所示。所以在部件上需要钻出各种连接件结合孔和圆榫孔，因此需要在材料上将孔位绘制出来。

图 4-73 木材上的孔位

孔位的绘制一般需要借助辅助线来完成，如图 4-74 所示。

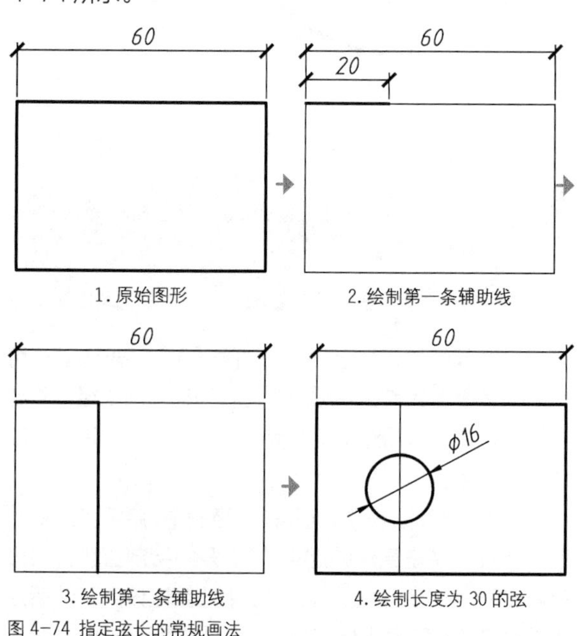

图 4-74 指定弦长的常规画法

而如果使用【临时追踪点】进行绘制，则可以跳过 2、3 步辅助线的绘制，直接从第 1 步原始图形跳到第 4 步，直接在所需位置绘制出孔位。该方法详细步骤如下。

Step 01 打开素材文件“第4章/4-7使用临时追踪点绘制孔位.dwg”，其中已经绘制好了一板料图，如图4-75所示。

Step 02 在【默认】选项卡中，单击【绘图】面板上的【圆】按钮，执行直线命令。

Step 03 执行临时追踪点。命令行出现“指定第一点”的提示时，输入tt，执行【临时追踪点】命令，如图4-76所示。也可以在绘图区中单击鼠标右键，在弹出的快捷菜单中选择【临时追踪点】选项。

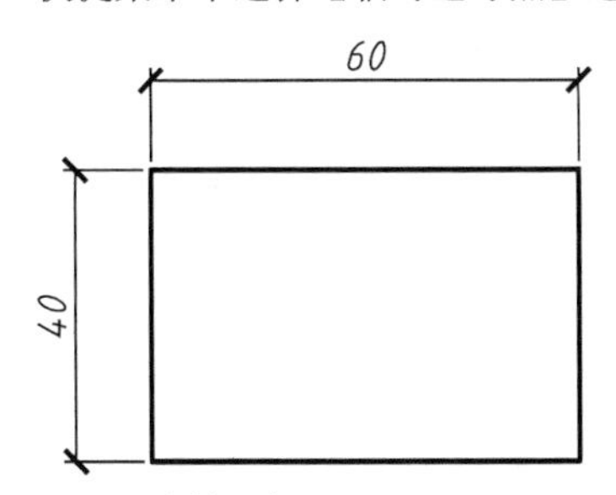

图 4-75 素材图形

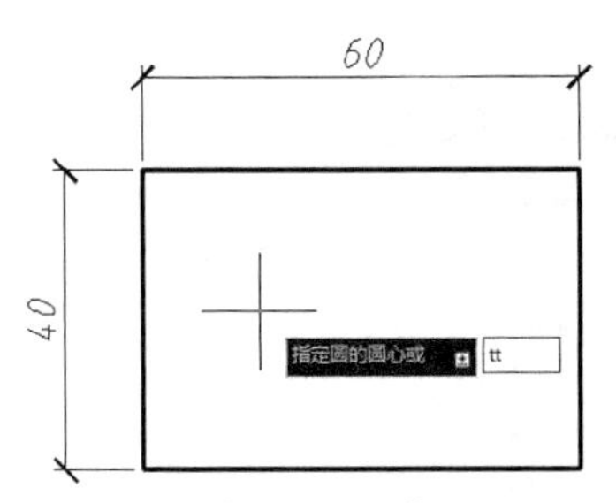

图 4-76 执行【临时追踪点】

Step 04 指定【临时追踪点】。将光标移动至右侧竖直边的中点处，然后水平向右移动光标，引出0°的极轴追踪虚线，接着输入20，即将临时追踪点指定为竖直边中点右侧距离为20的点，如图4-77所示。

Step 05 绘制圆。单击回车键确定放置，然后输入圆的半径为8，得到孔位如图4-78所示。

Step 06 补全孔位。家具制图中的孔位符号为一圆内绘制两条互相垂直的线段，因此执行【直线】命令将其补全即可，如图4-79所示。

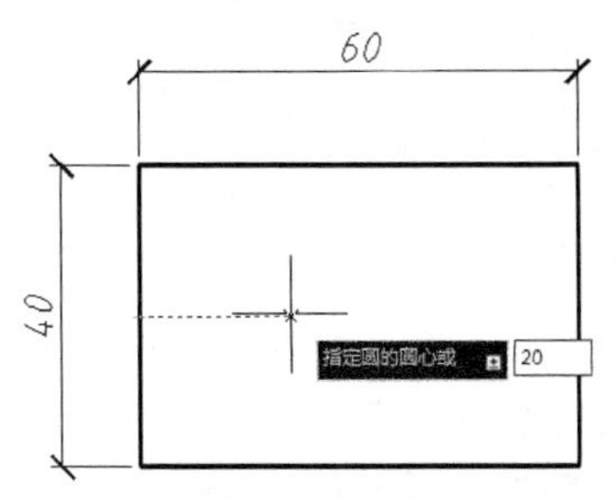

图 4-77 指定【临时追踪点】

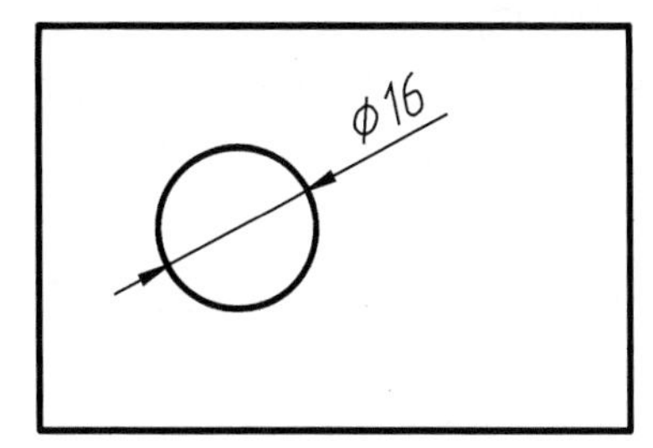

图 4-78 绘制圆

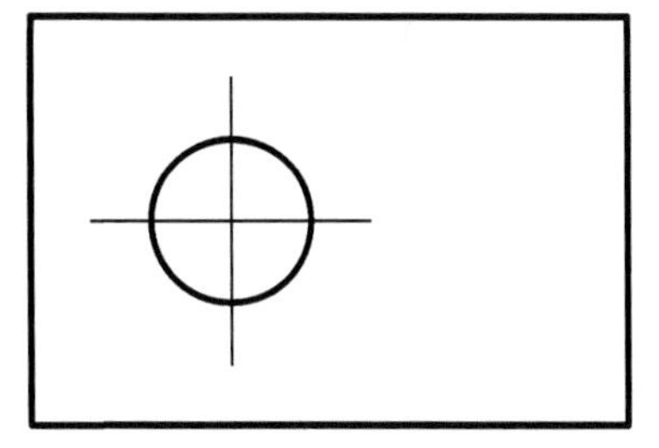

图 4-79 补全孔位

4.4.3 【自】功能

【自】功能可以帮助用户在正确的位置绘制新对象。当需要指定的点不在任何对象捕捉点上，但在 *X*、*Y* 方向上距现有对象捕捉点的距离是已知的，就可以使用【自】功能来进行捕捉。执行【自】功能有以下几种方法。

◆ 快捷键：按住 Shift 键同时单击鼠标右键，在弹出的菜单中选择【自】选项。

◆ 命令行：在执行命令时输入 from。

执行某个命令来绘制一个对象，如 L【直线】命令，然后启用【自】功能，此时提示需要指定一个基点，指定基点后会提示需要一个偏移点，可以使用相对坐标或者极轴坐标来指定偏移点与基点的位置关系，偏移点就将作为直线的起点。

练习 4-8 使用【自】功能绘制图形

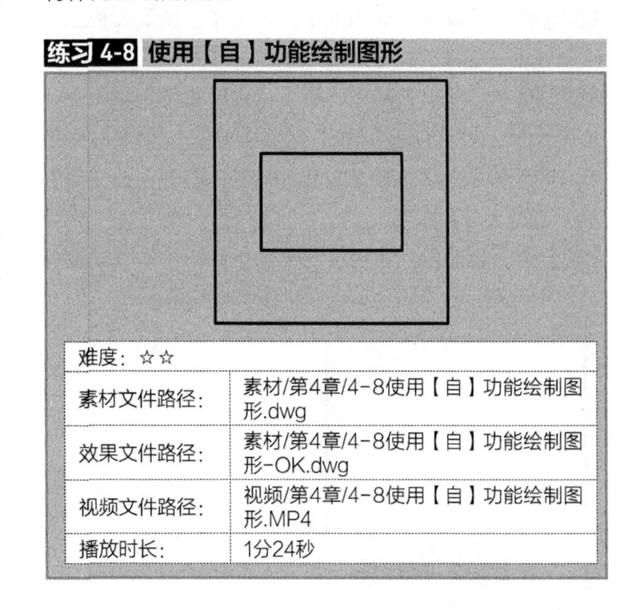

难度：☆☆	
素材文件路径：	素材/第4章/4-8使用【自】功能绘制图形.dwg
效果文件路径：	素材/第4章/4-8使用【自】功能绘制图形-OK.dwg
视频文件路径：	视频/第4章/4-8使用【自】功能绘制图形.MP4
播放时长：	1分24秒

假如要在如图 4-80 所示的正方形中绘制一个小长方形，如图 4-81 所示。一般情况下只能借助辅助线来进行绘制，因为对象捕捉只能捕捉到正方形每个边上的端点和中点，这样即使通过对象捕捉的追踪线也无法定位至小长方形的起点（图中A点）。这时就可以用到【自】功能进行绘制，操作步骤如下。

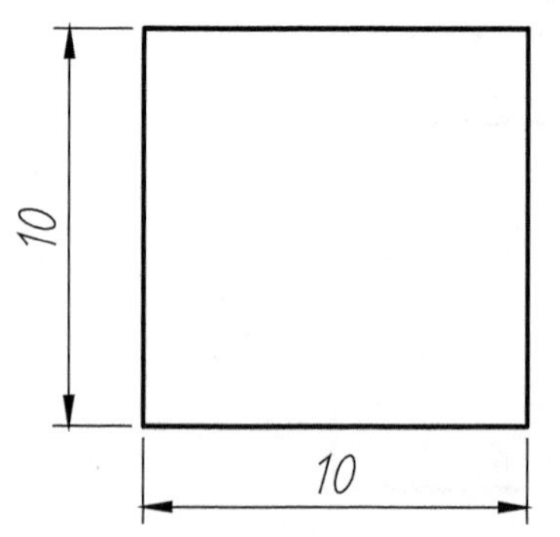

图 4-80 素材图形

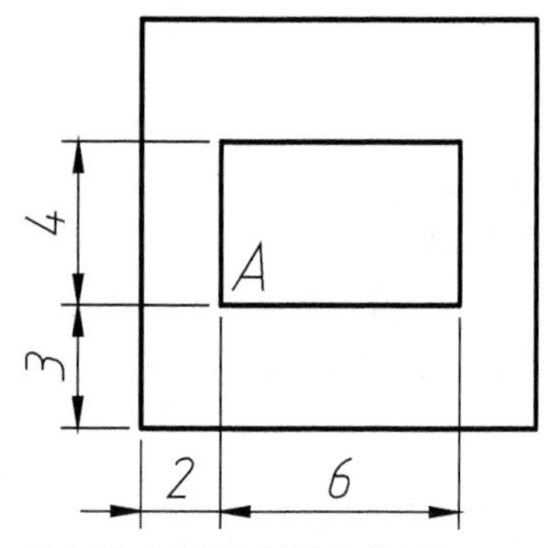

图 4-81 在正方形中绘制小长方形

Step 01 打开素材文件“第4章/4-8使用【自】功能绘制图形.dwg”，其中已经绘制好了边长为10的正方形，如图4-80所示。

Step 02 在【默认】选项卡中，单击【绘图】面板上的【直线】按钮，执行直线命令。

Step 03 执行【自】功能。命令行出现“指定第一点”的提示时，输入from，执行【自】命令，如图4-82所示。也可以在绘图区中单击鼠标右键，在弹出的快捷菜单中选择【自】选项。

Step 04 指定基点。此时提示需要指定一个基点，选择正方形的左下角点作为基点，如图4-83所示。

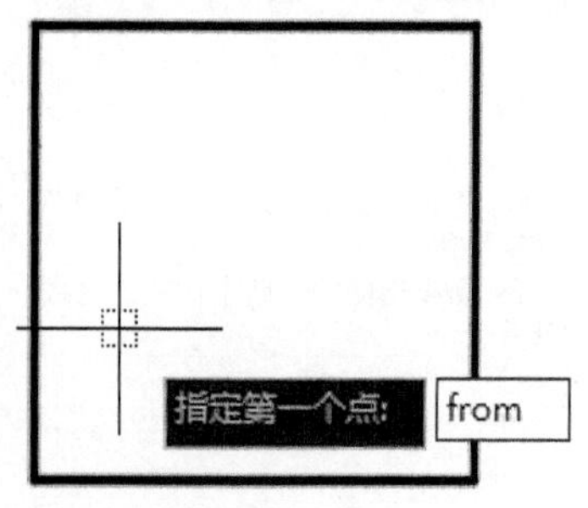

图 4-82 执行【自】功能

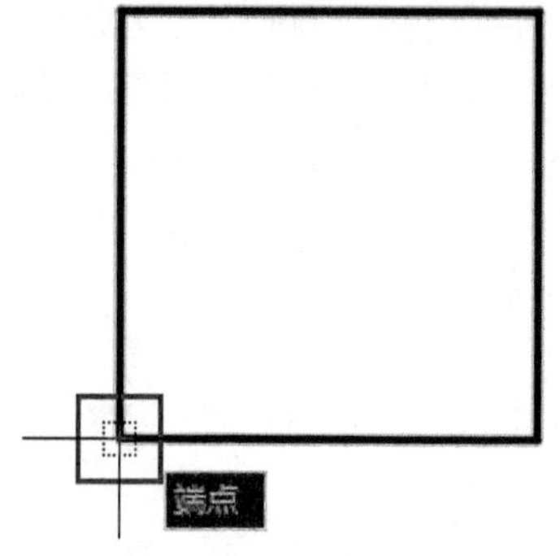

图 4-83 指定基点

Step 05 输入偏移距离。指定完基点后，命令行出现“<偏移:>”提示，此时输入小长方形起点A与基点的相对坐标（@2,3），如图4-84所示。

Step 06 绘制图形。输入完毕后即可将直线起点定位至A点处，然后按给定尺寸绘制图形即可，如图4-85所示。

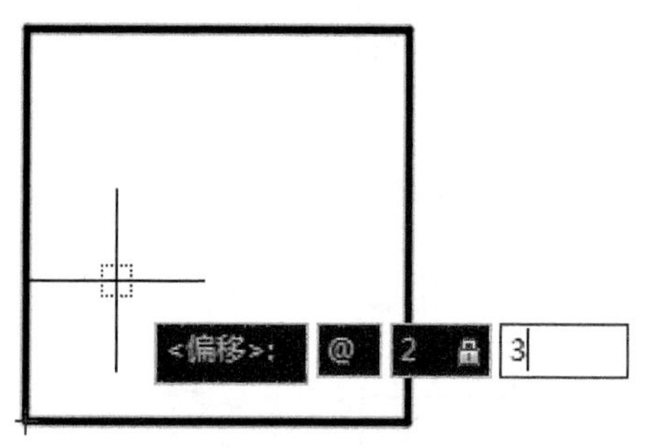

图 4-84 输入偏移距离

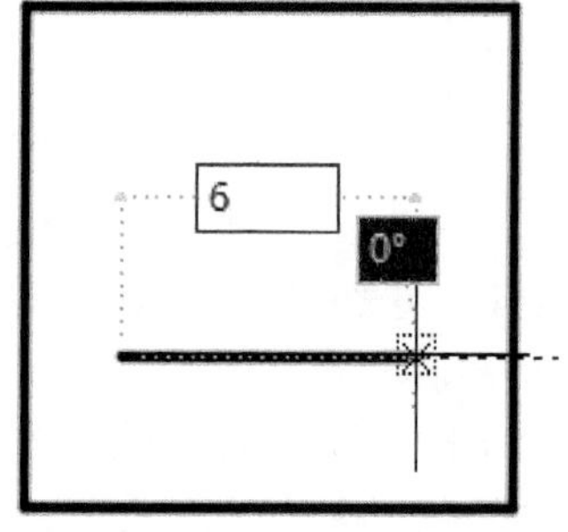

图 4-85 绘制图形

> **操作技巧**
>
> 在为【自】功能指定偏移点的时候，即使动态输入中默认的设置是相对坐标，也需要在输入时加上“@”来表明这是一个相对坐标值。动态输入的相对坐标设置仅适用于指定第2点的时候，例如，绘制一条直线时，输入的第一个坐标被当作绝对坐标，随后输入的坐标才被当作相对坐标。

4.4.4 两点之间的中点

两点之间的中点（MTP）命令修饰符可以在执行对象捕捉或对象捕捉替代时使用，用以捕捉两定点之间连线的中点。两点之间的中点命令使用较为灵活，熟练掌握的话可以快速绘制出众多独特的图形。执行【两点之间的中点】命令有以下几种方法。

◆快捷键：按住 Shift 键同时单击鼠标右键，在弹出的菜单中选择【两点之间的中点】选项。

◆命令行：在执行命令时输入 mtp。

执行该命令后，系统会提示指定中点的第一个点和第二个点，指定完毕后便自动跳转至该两点之间连线的中点上。

练习 4-9 使用【两点之间的中点】绘制图形

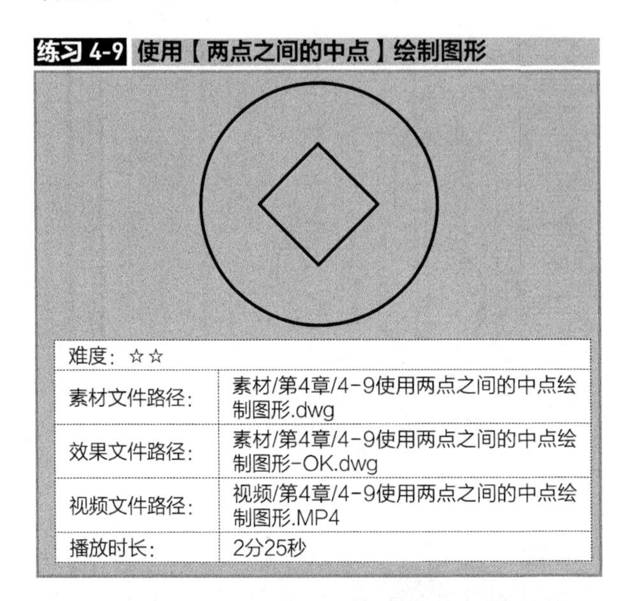

难度：☆☆	
素材文件路径：	素材/第4章/4-9使用两点之间的中点绘制图形.dwg
效果文件路径：	素材/第4章/4-9使用两点之间的中点绘制图形-OK.dwg
视频文件路径：	视频/第4章/4-9使用两点之间的中点绘制图形.MP4
播放时长：	2分25秒

如图 4-86 所示，在已知圆的情况下，要绘制出对角长为半径的正方形。通常只能借助辅助线或【移动】、【旋转】等编辑功能实现，但如果使用【两点之间的中点】命令，则可以一次性解决，详细步骤介绍如下。

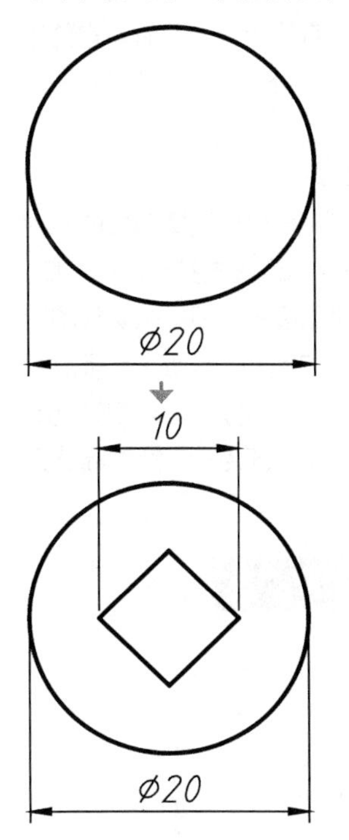

图 4-86 使用【两点之间的中点】绘制图形

Step 01 打开素材文件“第4章/4-9使用两点之间的中点绘制图形.dwg”，其中已经绘制好了直径为20的圆，如图4-87所示。

Step 02 在【默认】选项卡中，单击【绘图】面板上的【直线】按钮，执行直线命令。

Step 03 执行【两点之间的中点】。命令行出现“指定第一点”的提示时，输入mtp，执行【两点之间的中点】命令，如图4-88所示。也可以在绘图区中单击鼠标右键，在弹出的快捷菜单中选择【两点之间的中点】选项。

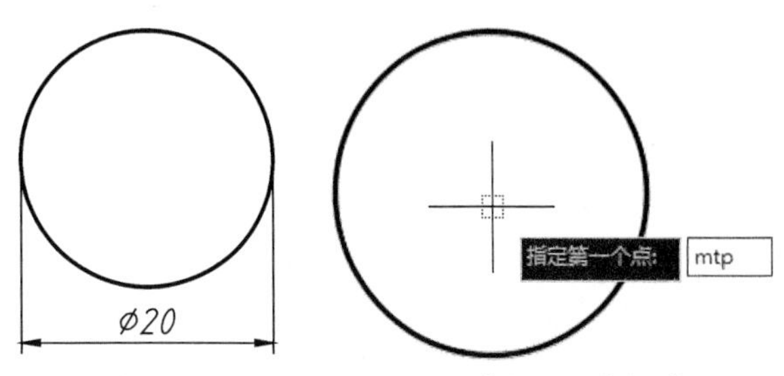

图 4-87 素材图形　　图 4-88 执行【两点之间的中点】

Step 04 指定中点的第一个点。将光标移动至圆心处，捕捉圆心为中点的第一个点，如图4-89所示。

Step 05 指定中点的第二个点。将光标移动至圆最右侧的象限点处，捕捉该象限点为第二个点，如图4-90所示。

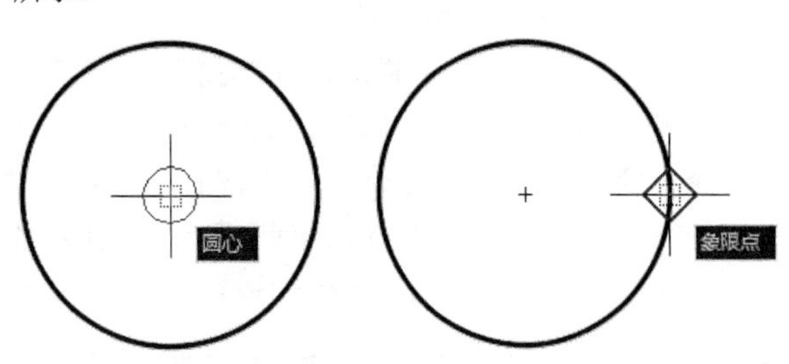

图 4-89 捕捉圆心为中点的第一个点　　图 4-90 捕捉象限点为中点的第二个点

Step 06 直线的起点自动定位至圆心与象限点之间的中点处，接着按相同方法将直线的第二点定位至圆心与上象限点的中点处，如图4-91所示。

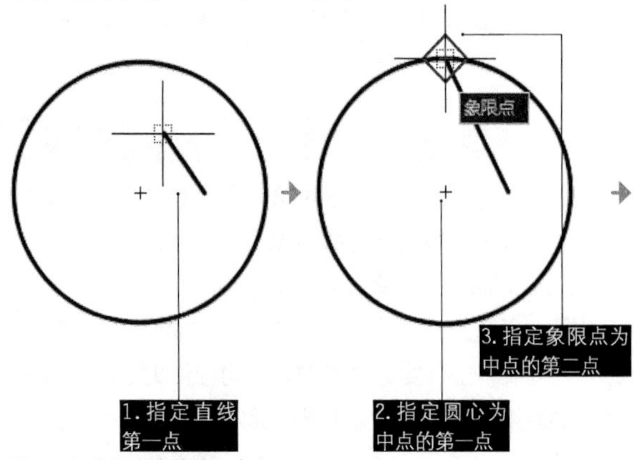

图 4-91 定位直线的第二个点

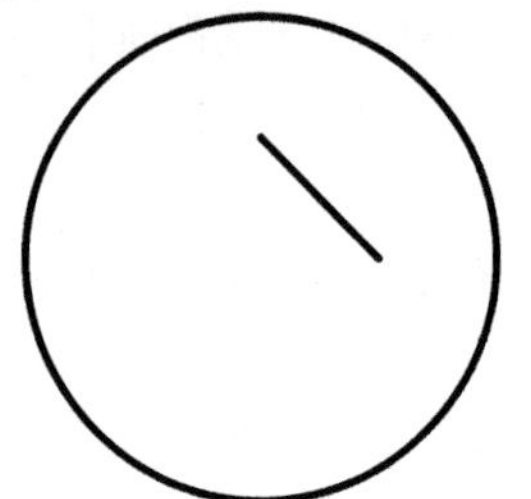

图 4-91 定位直线的第二个点（续）

Step 07 按相同方法，绘制其余段的直线，最终效果如图4-92所示。

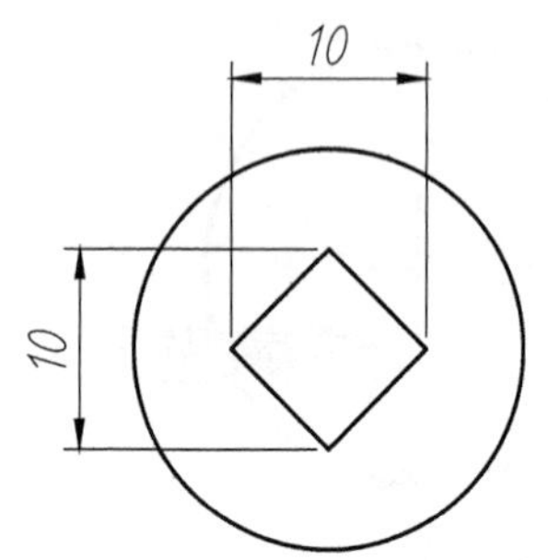

图 4-92 【两点之间的中点】绘制图形效果

4.4.5 点过滤器 ★进阶★

点过滤器可以提取一个已有对象的 *X* 坐标值和另一个对象的 *Y* 坐标值，来拼凑出一个新的(*X*, *Y*)坐标位置。执行【点过滤器】命令有以下几种方法。

◆ 快捷键：按住 Shift 键同时单击鼠标右键，在弹出的菜单中选择【点过滤器】选项后的子命令。

◆ 命令行：在执行命令输入 .X 或 .Y。

执行上述命令后，通过对象捕捉指定一点，输入另外一个坐标值，接着可以继续执行命令操作。

4.5 选择图形

对图形进行任何编辑和修改操作的时候，必须先选择图形对象。针对不同的情况，采用最佳的选择方法，能大幅提高图形的编辑效率。AutoCAD 2016 提供了多种选择对象的基本方法，如点选、框选、栏选、围选等。

4.5.1 点选

如果选择的是单个图形对象，可以使用点选的方法。直接将拾取光标移动到选择对象上方，此时该图形对象会以虚线亮显表示，单击鼠标左键，即可完成单个对象的选择。点选方式一次只能选中一个对象，如图 4-93 所示。连续单击需要选择的对象，可以同时选择多个对象，如图 4-94 所示，虚线显示部分为被选中的部分。

图 4-93 点选单个对象

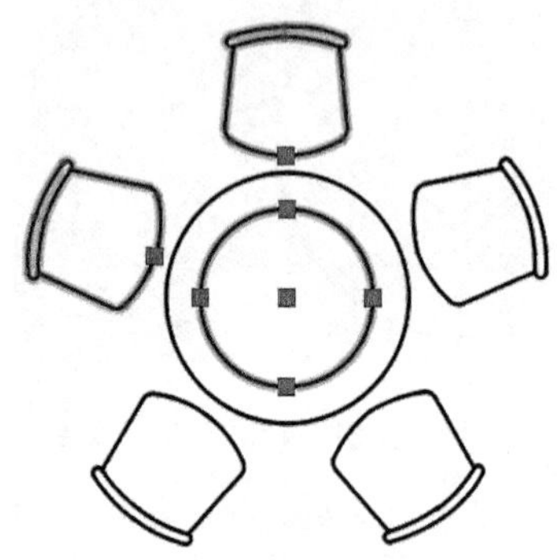

图 4-94 点选多个对象

> **操作技巧**
>
> 按下Shift键并再次单击已经选中的对象，可以将这些对象从当前选择集中删除；按Esc键，可以取消选择对当前全部选定对象的选择。

如果需要同时选择多个或者大量的对象，再使用点选的方法不仅费时费力，而且容易出错。此时，宜使用 AutoCAD 2016 提供的窗口、窗交、栏选等选择方法。

4.5.2 窗口选择

窗口选择是一种通过定义矩形窗口选择对象的一种方法。利用该方法选择对象时，从左往右拉出矩形窗口，框住需要选择的对象，此时绘图区将出现一个实线的矩形方框，选框内颜色为蓝色，如图 4-95 所示；释放鼠标后，被方框完全包围的对象将被选中，如图 4-96 所示，虚线显示部分为被选中的部分，按 Delete 键删除选择对象，结果如图 4-97 所示。

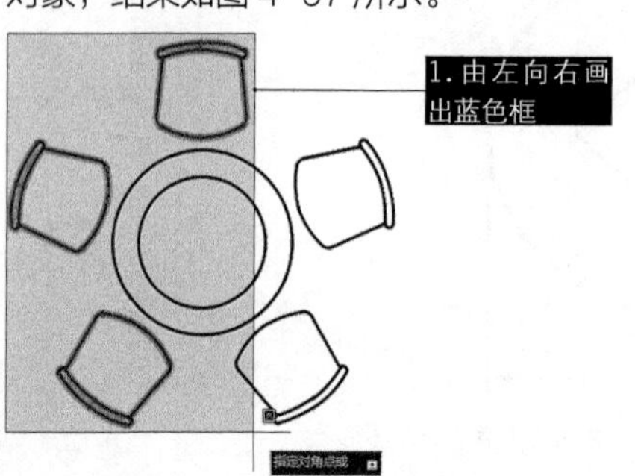

图 4-95 窗口选择

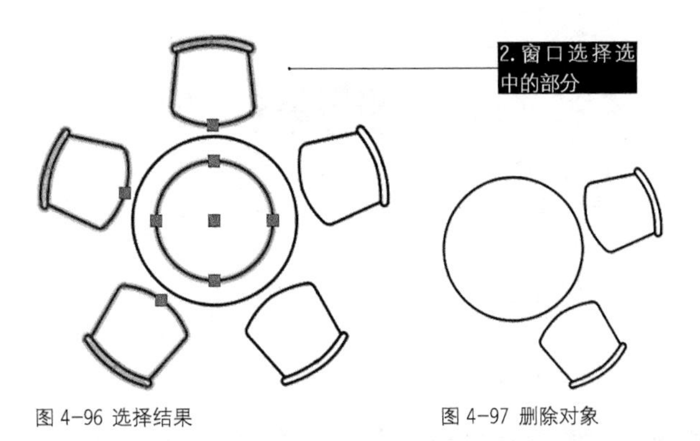

图 4-96 选择结果　　图 4-97 删除对象

4.5.3 窗交选择

窗交选择对象的选择方向正好与窗口选择相反，它是按住鼠标左键向左上方或左下方拖动，框住需要选择的对象，框选时绘图区将出现一个虚线的矩形方框，选框内颜色为绿色，如图 4-98 所示，释放鼠标后，与方框相交和被方框完全包围的对象都将被选中，如图 4-99 所示，虚线显示部分为被选中的部分，删除选中对象，如图 4-100 所示。

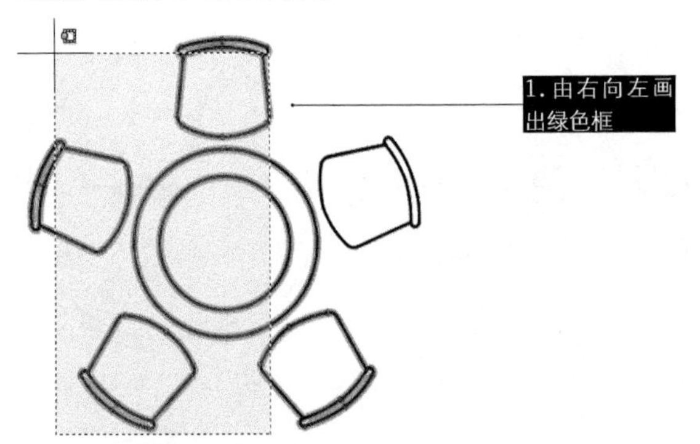

图 4-98 窗交选择

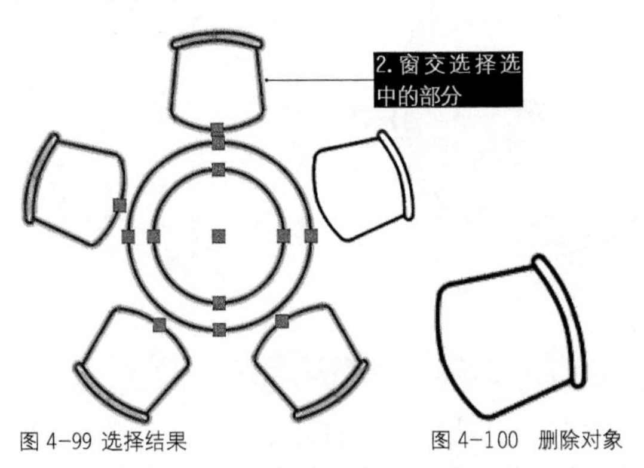

图 4-99 选择结果　　图 4-100 删除对象

4.5.4 栏选

栏选图形是指在选择图形时拖曳出任意折线，如图 4-101 所示，凡是与折线相交的图形对象均被选中，如图 4-102 所示，虚线显示部分为被选中的部分，删除选中对象，如图 4-103 所示。

光标空置时，在绘图区空白处单击，然后在命令行中输入 F 并按 Enter 键，即可调用栏选命令，再根据命令行提示分别指定各栏选点，命令行操作如下。

```
指定对角点或 [栏选(F)/圈围(WP)/圈交(CP)]: F↙
                                   //选择【栏选】方式
指定第一个栏选点:
指定下一个栏选点或 [放弃(U)]:
```

使用该方式选择连续性对象非常方便，但栏选线不能封闭或相交。

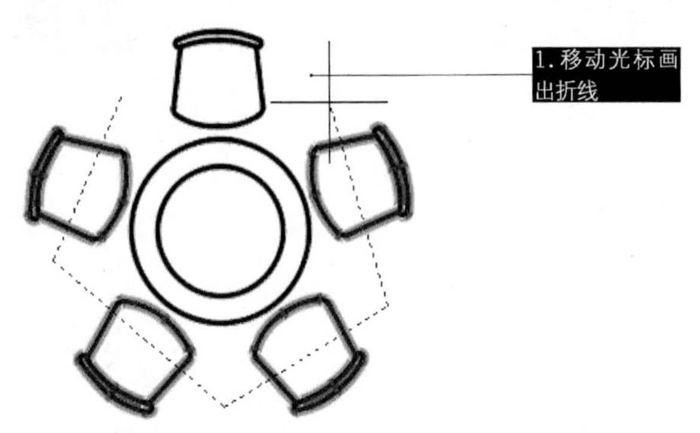

图 4-101 栏选

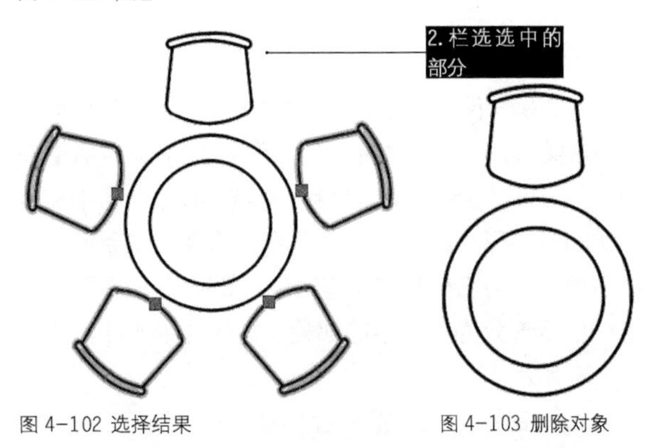

图 4-102 选择结果　　图 4-103 删除对象

4.5.5 圈围

圈围是一种多边形窗口选择方式，与窗口选择对象的方法类似，不同的是圈围方法可以构造任意形状的多边形，如图 4-104 所示，被多边形选择框完全包围的对象才能被选中，如图 4-105 所示，虚线显示部分为被选中的部分，删除选中对象，如图 4-106 所示。光标空置时，在绘图区空白处单击，然后在命令行中输入 WP 并按 Enter 键，即可调用圈围命令，命令行提示如下。

```
指定对角点或 [栏选(F)/圈围(WP)/圈交(CP)]: WP↙
                                   //选择【圈围】选择方式
第一圈围点:
指定直线的端点或 [放弃(U)]:
指定直线的端点或 [放弃(U)]:
```

圈围对象范围确定后，按 Enter 键或空格键确认选择。

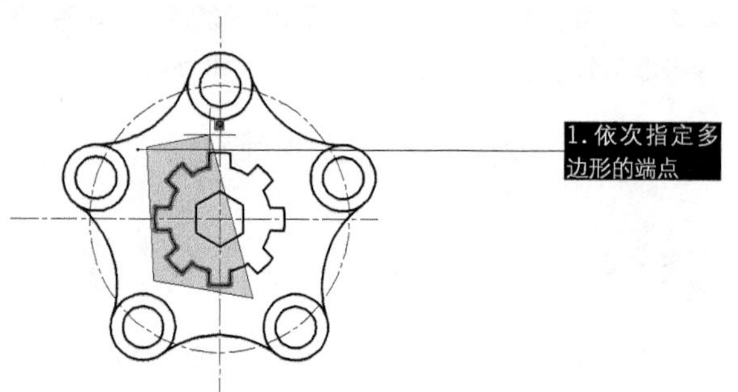

图 4-104 圈围选择

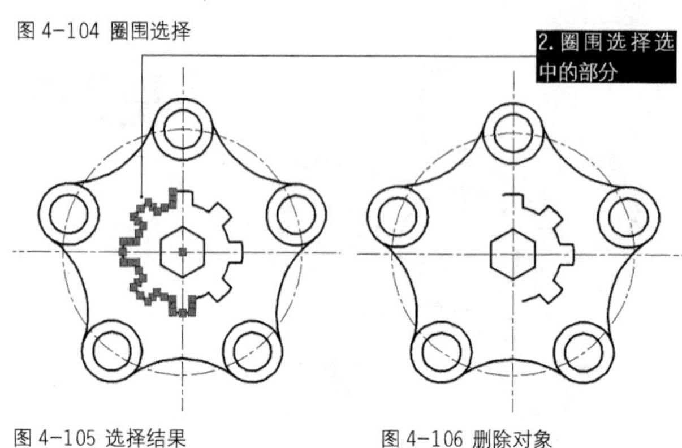

图 4-105 选择结果　　图 4-106 删除对象

4.5.6 圈交

圈交是一种多边形窗交选择方式，与窗交选择对象的方法类似，不同的是圈交方法可以构造任意形状的多边形，它可以绘制任意闭合但不能与选择框自身相交或相切的多边形，如图 4-107 所示，选择完毕后可以选择多边形中与它相交的所有对象，如图 4-108 所示，虚线显示部分为被选中的部分，删除选中对象，如图 4-109 所示。

光标空置时，在绘图区空白处单击，然后在命令行中输入 CP 并按 Enter 键，即可调用圈围命令，命令行提示如下。

```
指定对角点或 [栏选(F)/圈围(WP)/圈交(CP)]: CP↙
        //选择【圈交】选择方式
第一圈围点:
指定直线的端点或 [放弃(U)]:
指定直线的端点或 [放弃(U)]:
```

圈交对象范围确定后，按Enter键或空格键确认选择。

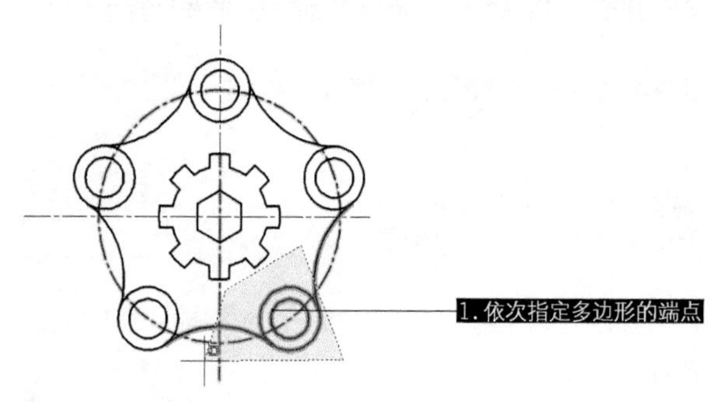

图 4-107 圈交选择

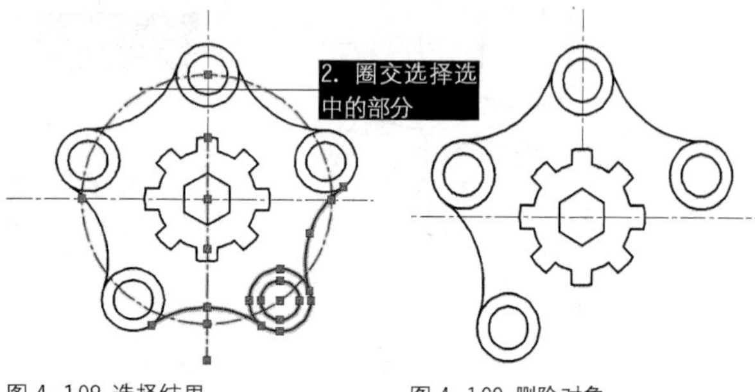

图 4-108 选择结果　　图 4-109 删除对象

4.5.7 套索选择

套索选择是 AutoCAD2016 新增的选择方式，是框选命令的一种延伸，使用方法跟以前版本的“框选”命令类似。只是当拖动鼠标围绕对象拖动时，将生成不规则的套索选区，使用起来更加人性化。根据拖动方向的不同，套索选择分为窗口套索和窗交套索 2 种。

◆顺时针方向拖动为窗口套索选择，如图 4-110 所示。

◆逆时针拖动则为窗交套索选择，如图 4-111 所示。

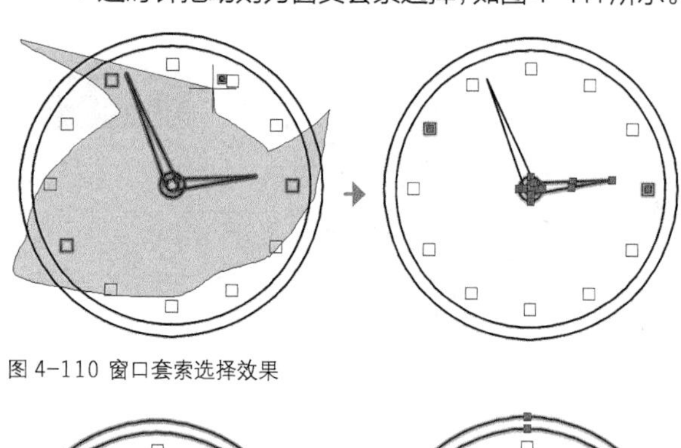

图 4-110 窗口套索选择效果

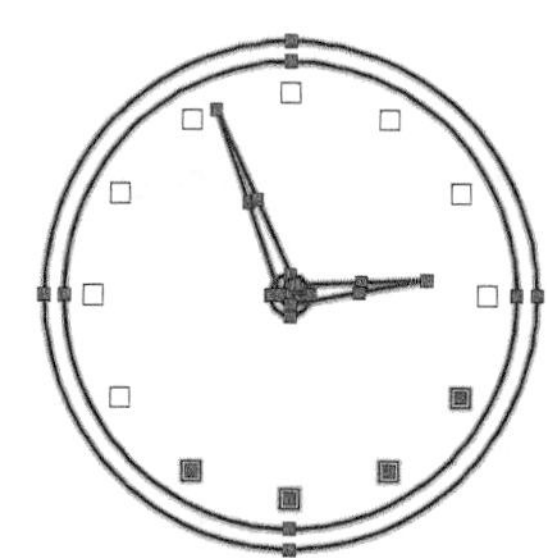

图 4-111 窗交套索选择效果

4.5.8 快速选择图形对象

快速选择可以根据对象的图层、线型、颜色、图案填充等特性选择对象，从而可以准确快速地从复杂的图形中选择满足某种特性的图形对象。

选择【工具】|【快速选择】命令，弹出【快速选择】对话框，如图 4-112 所示。用户可以根据要求设置选择范围，单击【确定】按钮，完成选择操作。

如要选择图 4-113 中的圆弧，除了手动选择的方法外，还可以利用快速选择工具来进行选取。选择【工具】|【快速选择】命令，弹出【快速选择】对话框，在【对

象类型】下拉列表框中选择【圆弧】选项，单击【确定】按钮，选择结果如图 4-114 所示。

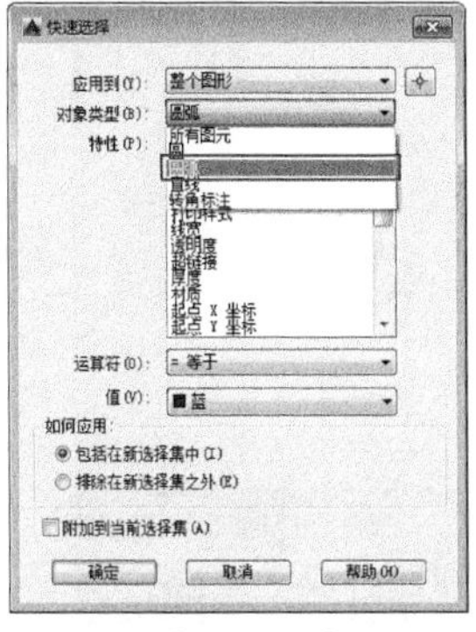

图 4-112 【快速选择】对话框

图 4-113 示例图形

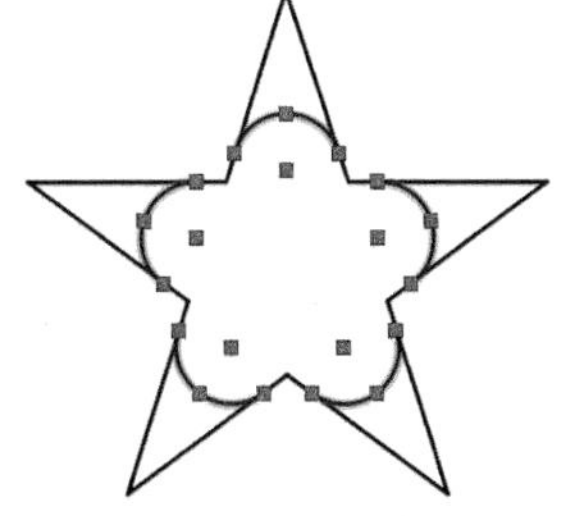

图 4-114 快速选择后的结果

4.6 绘图环境的设置

绘图环境指的是绘图的单位、图纸的界限、绘图区的背景颜色等。本章将介绍这些设置方法，而且可以将大多数设置保存在一个样板中，这样就无需每次绘制新图形时重新进行设置。

4.6.1 设置图形界限

AutoCAD 的绘图区域是无限大的，用户可以绘制任意大小的图形，但由于现实中使用的图纸均有特定的尺寸（如常见的 A4 纸大小为 297mm × 210mm），为了使绘制的图形符合纸张大小，需要设置一定的图形界限。执行【设置绘图界限】命令操作有以下几种方法。

◆菜单栏：选择【格式】|【图形界限】命令。

◆命令行：LIMITS。

通过以上任一种方法执行图形界限命令后，在命令行输入图形界限的两个角点坐标，即可定义图形界限。而在执行图形界限操作之前，需要激活状态栏中的【栅格】按钮▦，只有启用该功能才能查看图限的设置效果。它确定的区域是可见栅格指示的区域。

练习 4-10 设置 A4（297 mm × 210 mm）的图形界限

Step 01 单击快速访问工具栏中的【新建】按钮，新建文件。

Step 02 选择【格式】|【图形界限】命令，设置图形界限，命令行提示如下。此时若选择ON选项，则绘图时图形不能超出图形界限，若超出系统不予显示，选择OFF选项时准予超出界限图形。

```
命令: _limits                                    //调用【图形界限】命令
重新设置模型空间界限:
指定左下角点或 [开(ON)/关(OFF)] <0.0,0.0>: 0,0↙
//指定坐标原点为图形界限左下角点
指定右上角点<420.0,297.0>: 297,210↙              //指定右上角点
```

Step 03 右击状态栏上的【栅格】按钮▦，在弹出的快捷菜单中选择【网格设置】命令，或在命令行输入SE并按Enter键，系统弹出【草图设置】对话框，在【捕捉和栅格】选项卡中，取消选中【显示超出界限的栅格】复选框，如图4-115所示。

Step 04 单击【确定】按钮，设置的图形界限以栅格的范围显示，如图4-116所示。

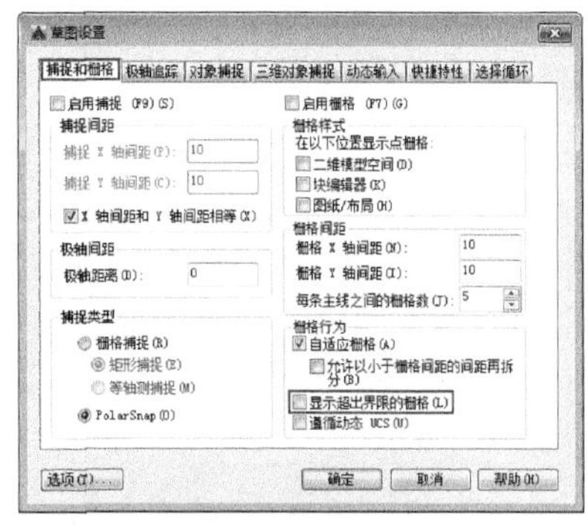

图 4-115 【草图设置】对话框

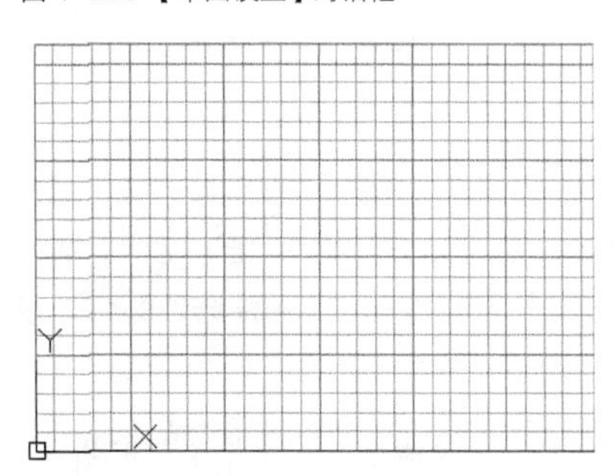

图 4-116 以栅格范围显示绘图界限

Step 05 将设置的图形界限（A4图纸范围）放大至全屏显示，如图4-117所示，命令行操作如下。

```
命令: zoom↙
                                           //调用视图缩放命令
指定窗口的角点，输入比例因子 (nX或nXP)，或者
[全部(A)/中心(C)/动态(D)/范围(E)/上一个(P)/比例(S)/窗口(W)/对象(O)] <实时>: A↙
//激活【全部】选项，正在重生成模型。
```

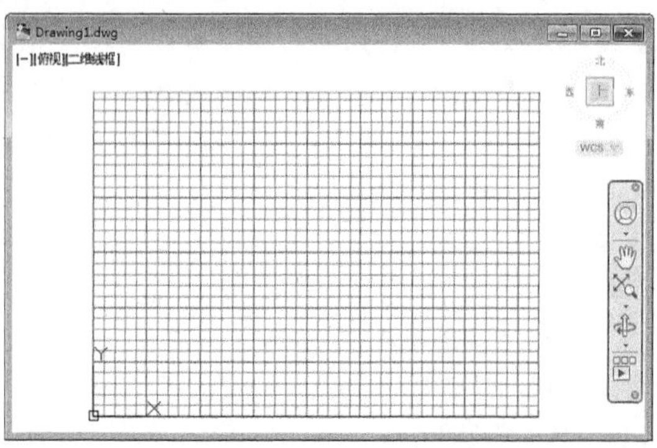

图 4-117 布满整个窗口的栅格

4.6.2 设置 AutoCAD 界面颜色

【选项】对话框的第二个选项卡为【显示】选项卡，如图 4-118 所示。在【显示】选项卡中，可以设置 AutoCAD 工作界面的一些显示选项，如界窗口元素、布局元素、显示精度、显示性能、十字光标大小和参照编辑的褪色度等显示属性。

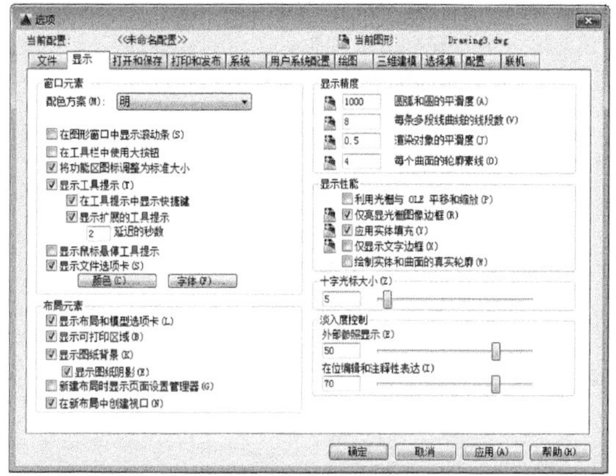

图 4-118 【显示】选项卡

在 AutoCAD 中，提供了两种配色方案：明、暗，可以用来控制 AutoCAD 界面的颜色。在【显示】选项卡中选择【配色方案】下拉列表中的两种选项即可，效果分别如图 4-119 和图 4-120 所示。

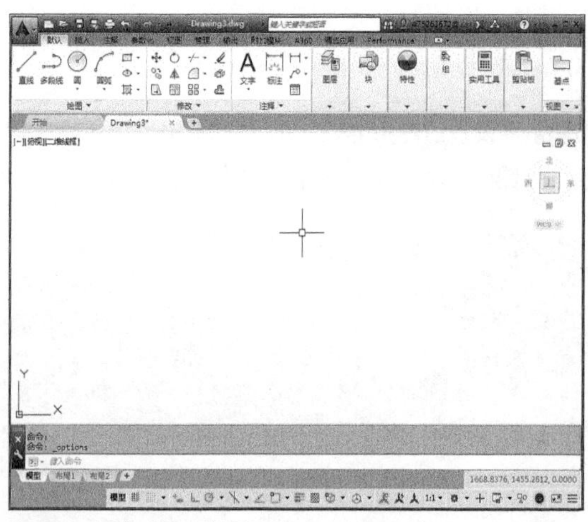

图 4-119 配色方案为【明】

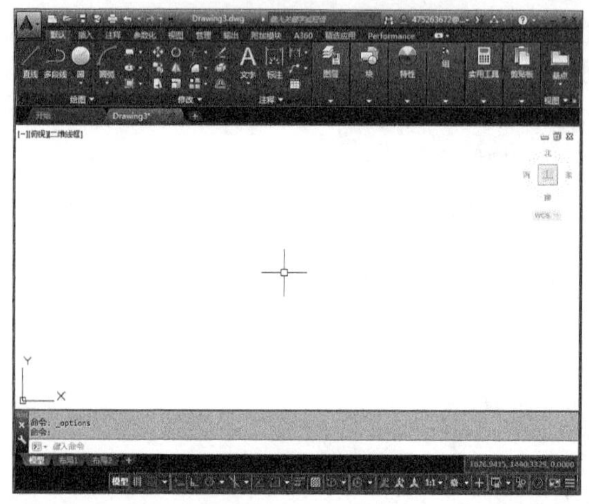

图 4-120 配色方案为【暗】

4.6.3 设置工具按钮提示

AutoCAD 2016 中有一项很人性化的设置，那就是将鼠标悬停至功能区的命令按钮上时，可以出现命令的含义介绍，悬停时间稍长还会出现相关的操作提示，如图 4-121 所示，这有利于初学者熟悉相应的命令。

该提示的出现与否可以在【显示】选项卡的【显示工具提示】复选框进行控制，如图 4-122 所示。取消勾选即不会再出现命令提示。

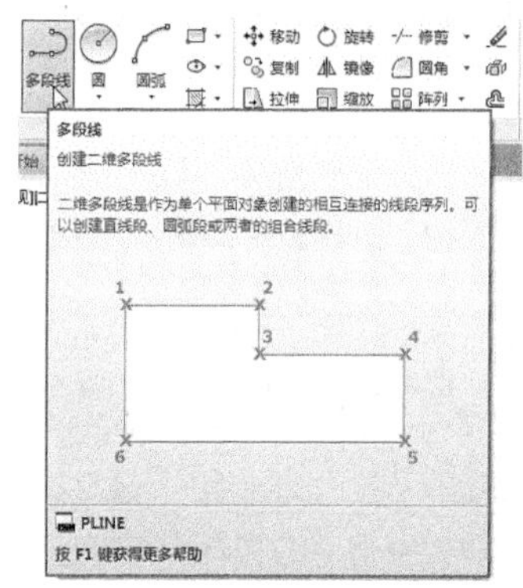

图 4-121 光标置于命令按钮上出现提示

图 4-122 【显示工具提示】复选框

4.6.4 设置 AutoCAD 可打开文件的数量

AutoCAD 2016 为方便用户工作，可支持用户同时打开多个图形，并在其中来回切换。这种设置虽然方便了用户操作，但也有一定的操作隐患：如果图形过多、修改时间一长就很容易让用户遗忘哪些图纸被修改过，哪些没有。

这时就可以限制 AutoCAD 打开文件的数量，使得当用软件打开一个图形文件后，再打开另一个图形文件时，软件自动将之前的图形文件关闭退出，即在【窗口】下拉菜单中，始终只显示一个文件名称。只需取消勾选【显现】选项卡中的【显示文件选项卡】复选框即可，如图 4-123 所示。

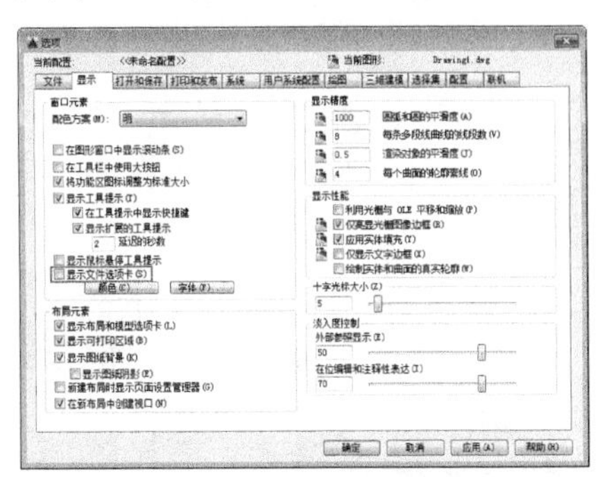

图 4-123 取消勾选【显示文件选项卡】复选框

4.6.5 设置绘图区背景颜色

在 AutoCAD 中可以按用户喜好自定义绘图区的背景颜色。在旧版本的 AutoCAD 中，绘图区默认背景颜色为黑，而在 AutoCAD 2016 中默认背景颜色为白。

单击【显示】选项卡中的【颜色】按钮，打开【图形窗口颜色】对话框，在该对话框可设置各类背景颜色，如二维模型空间、三维平行投影、命令行等，如图 4-124 所示。

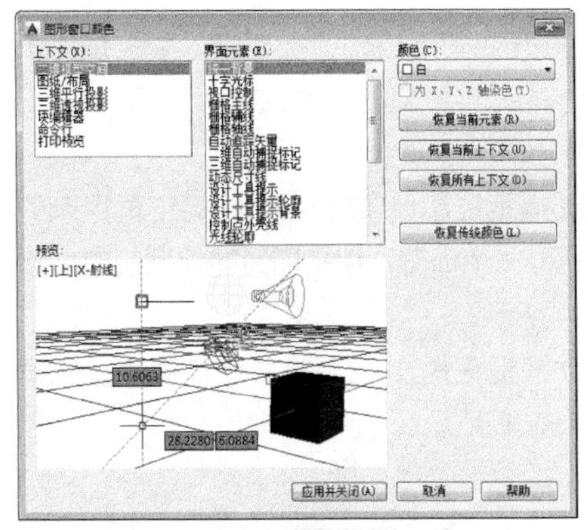

图 4-124 【图形窗口颜色】对话框

4.6.6 设置默认保存类型

在日常工作中，经常要与客户或同事进行图纸往来，有时就难免碰到因为彼此 AutoCAD 版本不同而打不开图纸的情况。虽然按照**练习 3-2**的方法可以解决该问题，但仅限于当前图形。而通过修改【打开与保存】选项卡中的保存类型，就可以让以后的图形都以低版本进行保存，达到一劳永逸的目的。该选项卡用于设置是否自动保存文件、是否维护日志、是否加载外部参照，以及指定保存文件的时间间隔等。

在【打开和保存】选项卡的【另存为】下拉列表中选择要默认保存的文件类型，如【AutoCAD2000/LT2000 图形（*.dwg）】选项，如图 4-125 所示。则以后所有新建的图形在进行保存时，都会保存为低版本的 AutoCAD 2000 类型，实现无障碍打开。

图 4-125 设置默认保存类型

4.6.7 设置十字光标大小

部分读者可能习惯于较大的十字光标，这样的好处就是能直接将十字光标作为水平、垂直方向上的参考。

在【显示】选项卡的【十字光标大小】区域中，用户可以根据自己的操作习惯，调整十字光标的大小，十字光标可以延伸到屏幕边缘。拖动右下方【十字光标大小】区域的滑动钮，如图 4-126 所示，即可调整光标长度，调整效果如图 4-127 所示。十字光标预设尺寸为 5，其大小的取值范围为 1-100，数值越大，十字光标越长，100 表示全屏显示。

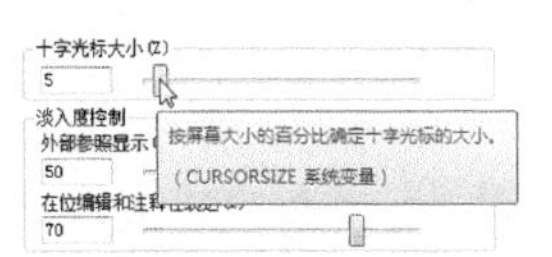

图 4-126 拖动滑动钮

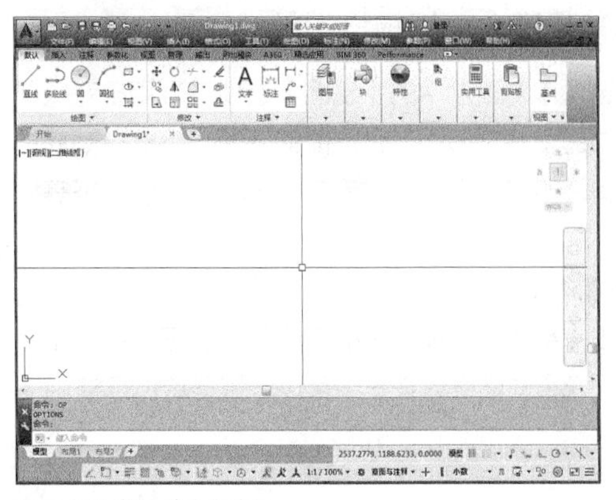

图 4-127 较大的十字光标

4.6.8 设置鼠标右键功能模式

【选项】对话框中的【用户系统配置】选项卡，为用户提供了可以自行定义的选项。这些设置不会改变AutoCAD系统配置，但是可以满足各种用户使用上的偏好。

在AutoCAD中，鼠标动作有特定的含义，例如，左键双击对象将执行编辑，单击鼠标右键将展开快捷菜单。用户可以自主设置鼠标动作的含义。打开【选项】对话框，切换到【用户系统配置】选项卡，在【Windows标准操作】选项组中设置鼠标动作，如图4-128所示。单击【自定义右键单击】按钮，系统弹出【自定义右键单击】对话框，如图4-129所示，可根据需要设置右键单击的含义。

图4-128 【用户系统配置】选项卡

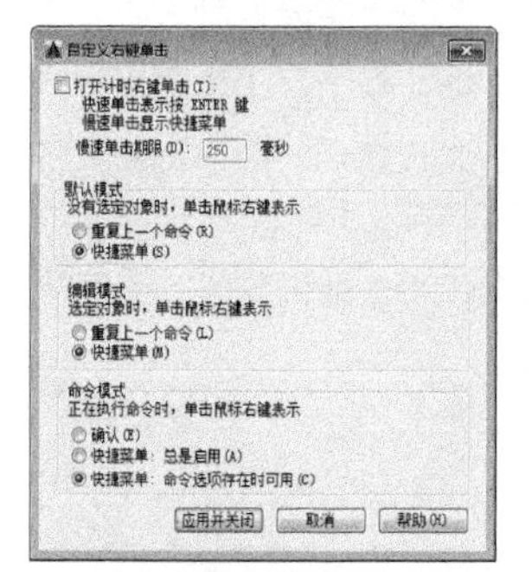

图4-129 【自定义右键单击】对话框

4.6.9 设置自动捕捉标记效果

【选项】对话框中的【绘图】选项卡可用于对象捕捉、自动追踪等定形和定位功能的设置，包括自动捕捉和自动追踪时特征点标记的颜色、大小和显示特征等，如图4-130所示。

1 自动捕捉设置与颜色

单击【绘图】选项卡中的【颜色】按钮，打开【图形窗口颜色】对话框，在其中可以设置各绘图环境中捕捉标记的颜色，如图4-131所示。

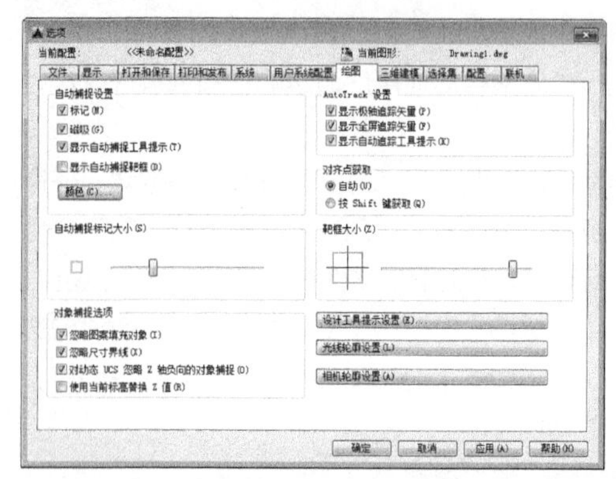

图4-130 【绘图】选项卡

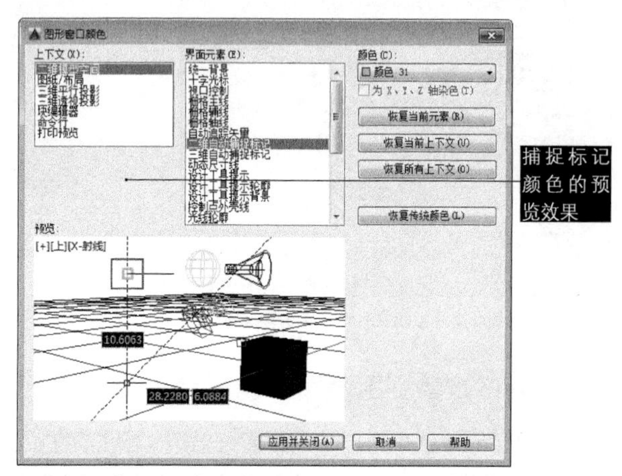

图4-131 【图形窗口颜色】对话框

在【绘图】选项卡的【自动捕捉设置】区域，可以设定与自动捕捉有关的一些特性，各选项含义说明如下。

◆标记：控制自动捕捉标记的显示。该标记是当十字光标移动至捕捉点上时显示的几何符号，如图4-132所示。

◆磁吸：打开或关闭自动捕捉磁吸。磁吸是指十字光标自动移动并锁定到最近的捕捉点上，如图4-133所示。

◆显示自动捕捉提示：控制自动捕捉工具提示的显示。工具提示是一个标签，用来描述捕捉到的对象部分，如图4-134所示。

◆显示自动捕捉靶框：打开或关闭自动捕捉靶框的显示，如图4-135所示。

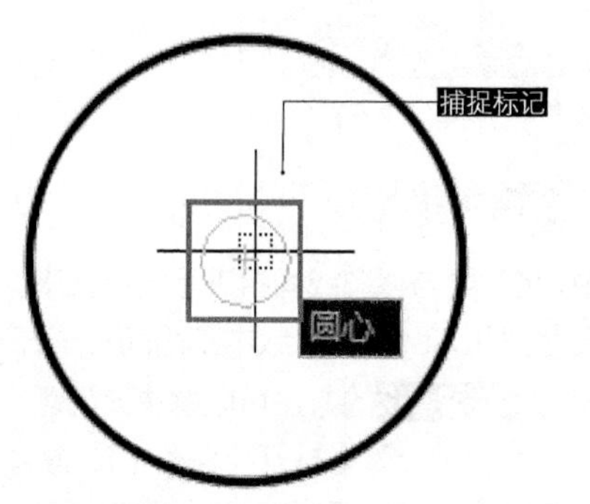

图4-132 自动捕捉标记

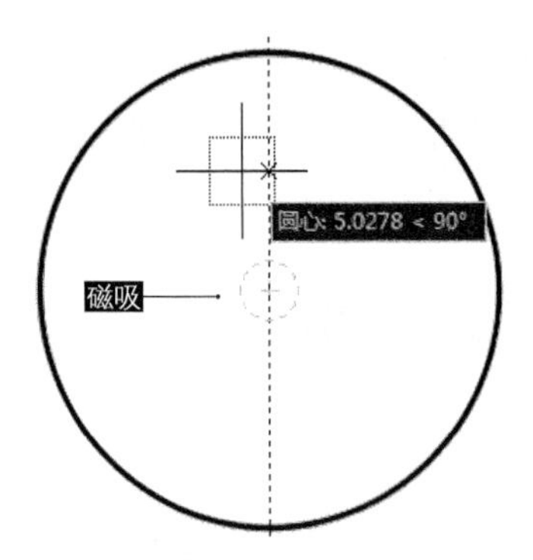

图 4-133 磁吸

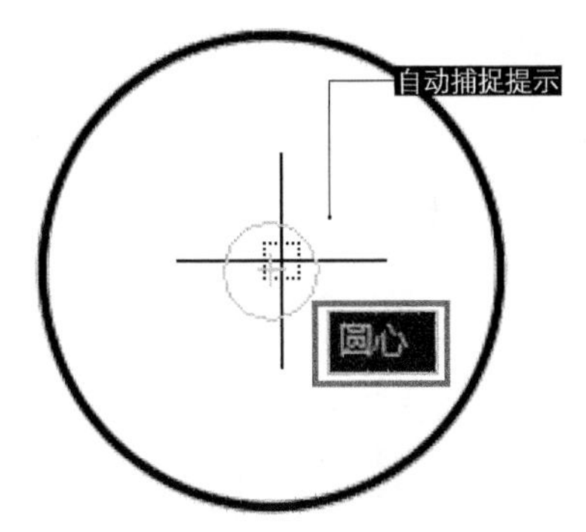

图 4-134 自动捕捉提示

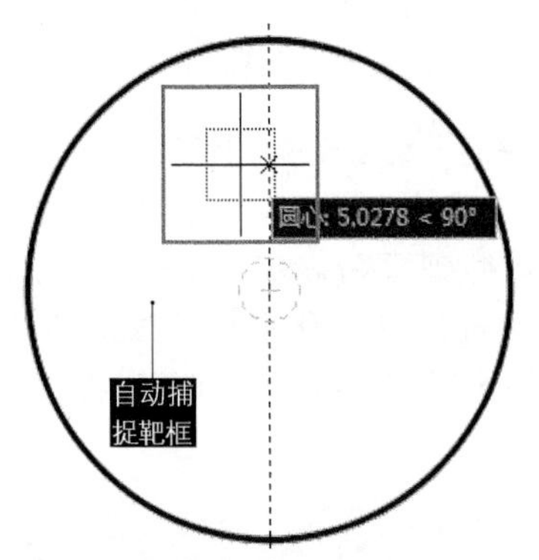

图 4-135 自动捕捉靶框

2 设置自动捕捉标记大小

在【绘图】选项卡拖动【自动捕捉标记大小】区域的滑动钮▯，即可调整捕捉标记大小，如图 4-136 所示。图 4-137 所示为较大的圆心捕捉标记的样式。

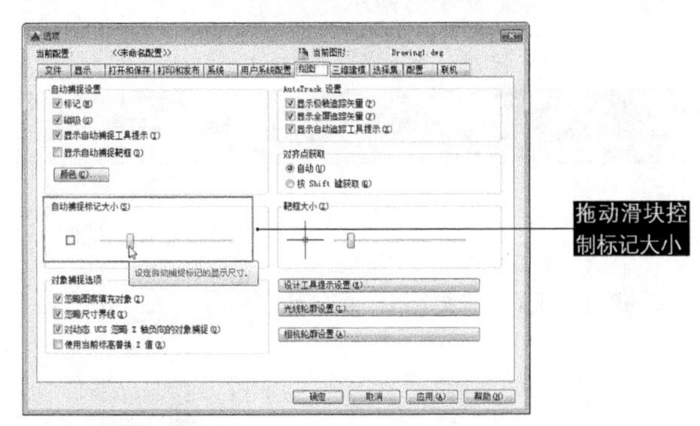

图 4-136 拖动滑动钮

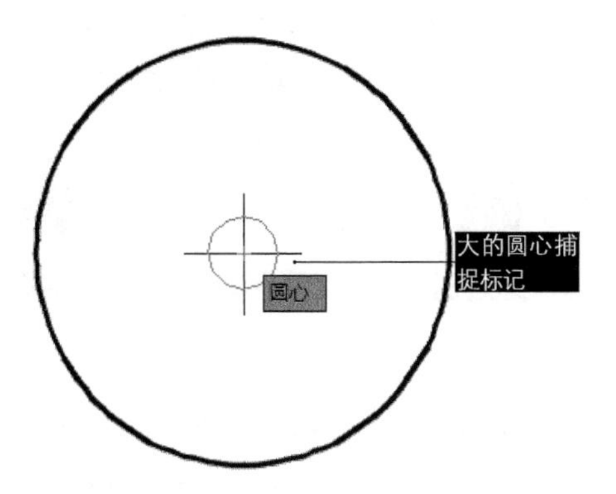

图 4-137 较大的圆心捕捉标记

3 设置捕捉靶框大小

在【绘图】选项卡拖动【自动捕捉标记大小】区域的滑块▯，即可调整捕捉靶框大小，如图 4-138 所示。常规捕捉靶框和大的捕捉靶框对边如图 4-139 所示。

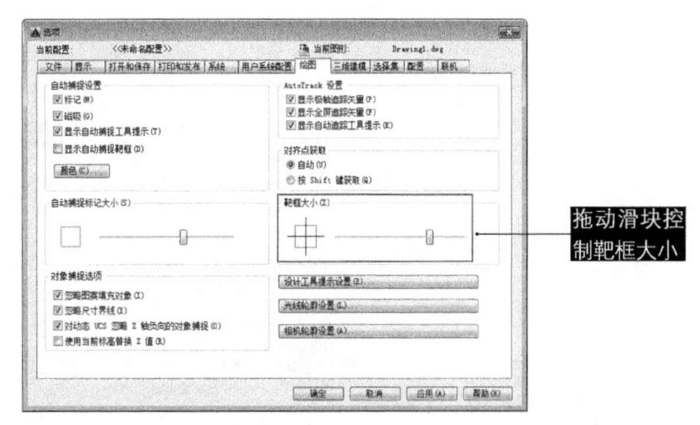

图 4-138 拖动滑动钮

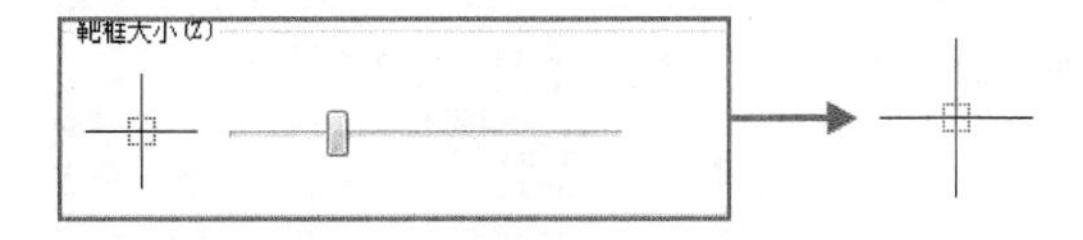

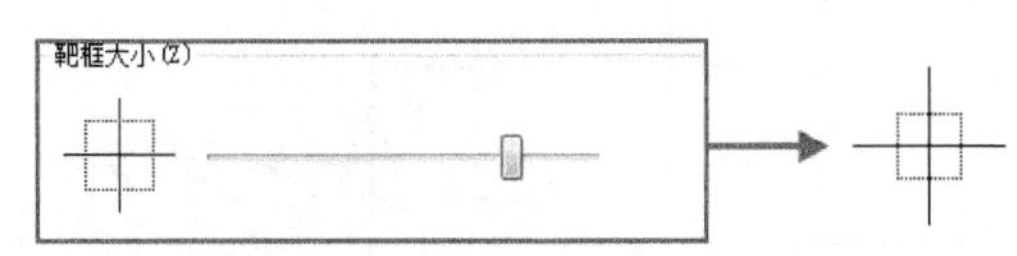

图 4-139 靶框大小示例

此处要注意的是，只有在【绘图】选项卡中勾选【显示自动捕捉靶框】复选框，再去拖动靶框大小滑块，这样在绘图区进行捕捉的时候才能观察到效果。

4.6.10 设置动态输入的 *Z* 轴字段

由于 AutoCAD 默认的绘图工作空间为【草图与注释】，主要用于二维图形的绘制，因此在执行动态输入时，也只会出现 *X*、*Y* 两个坐标输入框，而不会出现 *Z* 轴输入框。但在【三维基础】、【三维建模】等三维工作空间中，就需要使用到 *Z* 轴输入，因此可以在动态输入中将 *Z* 轴输入框调出。

打开【选项】对话框，选择其中的【三维建模】选项卡，勾选右下角【动态输入】区域中的【为指针输入显示 Z 字段】复选框即可，结果如图 4-140 所示。

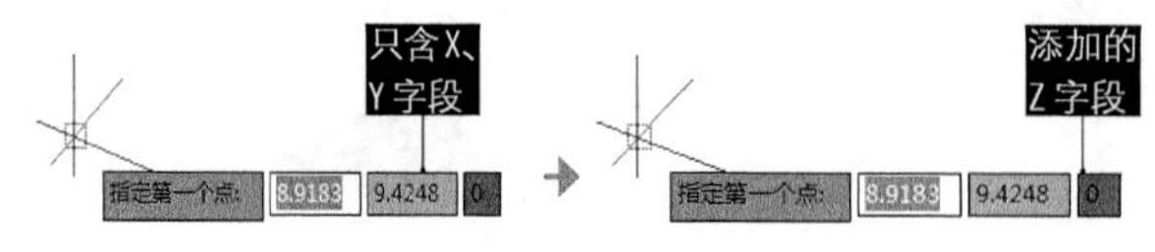

图 4-140 为动态输入添加 Z 字段

4.6.11 设置十字光标拾取框大小

【选项】对话框的【选项集】选项卡用于设置与对象选择有关的特性，如选择模式、拾取框及夹点等，如图 4-141 所示。

在 4.6.7 小节中介绍了十字光标大小的调整，但仅限于水平、竖直两轴线的延伸，中间的拾取框大小并没有得到调整。要调整拾取框的大小，可在【选择集】选项卡中拖动【拾取框大小】区域的滑块，常规的拾取框与放大的拾取框对比如图 4-142 所示。

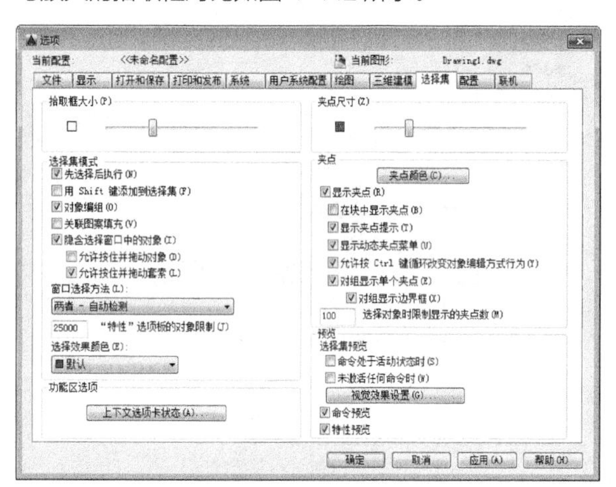

图 4-141 【选择集】选项卡

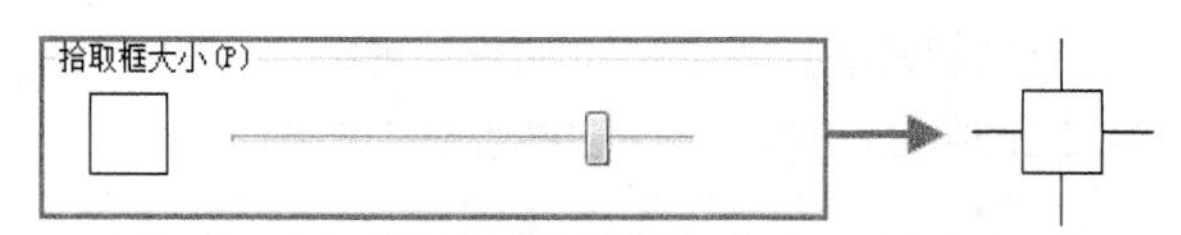

图 4-142 拾取框大小示例

操作技巧

4.6.7小节与本节所设置的十字光标大小是指【选择拾取框】，是用于选择的，只在选择的时候起作用；而4.6.9第3小节中拖动的靶框大小滑块，是指【捕捉靶框】，只有在捕捉的时候起作用。当没有执行命令或命令提示选择对象时，十字光标中心的方框是选择拾取框，当命令行提示定位点时，十字光标中心显示的是捕捉靶框。AutoCAD高版本默认不显示捕捉靶框，一旦提示定位点时，比如你输入一个L命令并按Enter键后，你会看到十字光标中心的小方框会消失。

4.6.12 设置夹点的大小和颜色

除了拾取框和捕捉靶框的大小可以调节之外，还可以通过滑块的形式来调节夹点的显示大小。

夹点（Grips），是指选中图形物体后所显示的特征点，比如直线的特征点是两个端点，一个中点；圆形是 4 个象限点和圆心点等，如图 4-143 所示。

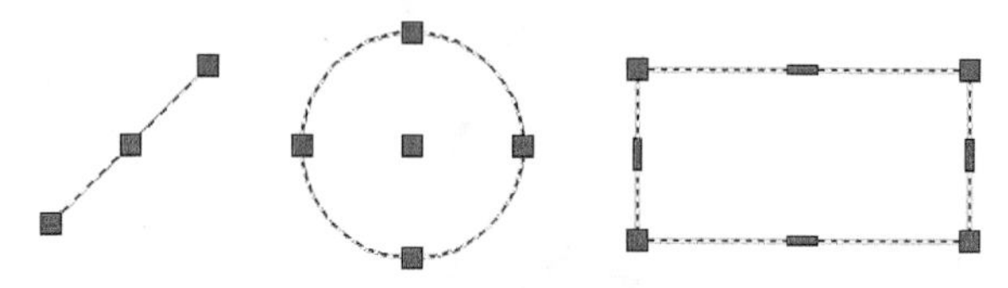

图 4-143 夹点

操作技巧

通常情况下夹点显示为蓝色，被称作“冷夹点”；如果在该对象上选中一个夹点，这个夹点就变成了红色，称作“热夹点”。通过热夹点可以对图形进行编辑，详见本书第6章的6.6.1节。

早期版本中这些夹点只是方形的，但在 AutoCAD 的高版本中又增加了一些其他形式的夹点，如多段线中点处夹点是长方形的，椭圆弧两端的夹点是三角形的加方形的小框，动态块不同参数和动作的夹点形式也不一样，有方形、三角形、圆形、箭头等各种不同形状，如图 4-144 所示。

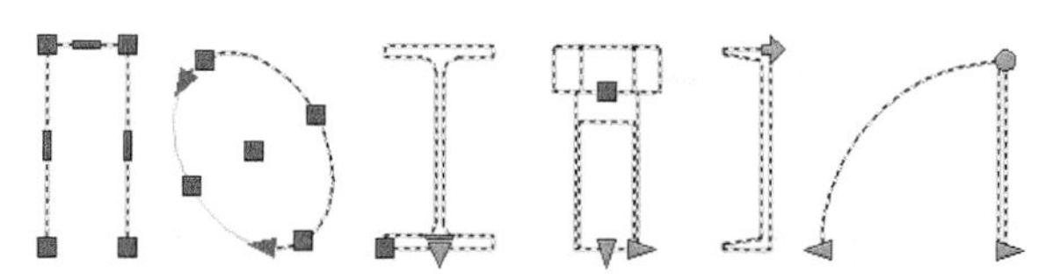

图 4-144 不同的夹点形状

夹点的种类繁多，其表达的意义及操作后的结果也不尽相同，详见表 4-2 所示。

表4-2 夹点类型及使用方法

夹点类型	夹点形状	夹点移动或结果	参数: 关联的动作
标准	■	平面内的任意方向	基点：无 点：移动、拉伸 极轴：移动、缩放、拉伸、极轴拉伸、阵列 XY：移动、缩放、拉伸、阵列

（续表）

夹点类型	夹点形状	夹点移动或结果	参数：关联的动作
线性		按规定方向或沿某一条轴往返移动	线性：移动、缩放、拉伸、阵列
旋转		围绕某一条轴	旋转：旋转
翻转		切换到块几何图形的镜像	翻转：翻转
对齐		平面内的任意方向；如果在某个对象上移动，则使块参照与该对象对齐	对齐：无（隐含动作）
查寻		显示值列表	可见性：无（隐含动作） 查寻：查寻

1 修改夹点大小

要调整夹点的大小，可在【选择集】选项卡中拖动【夹点尺寸】区域的滑块，放大夹点后的图形效果如图 4-145 所示。

2 修改夹点颜色

单击【夹点】区域中的【夹点颜色】按钮，打开【夹点颜色】对话框，如图 4-146 所示。在对话框中即可设置 3 种状态下的夹点颜色，和夹点的外围轮廓颜色。

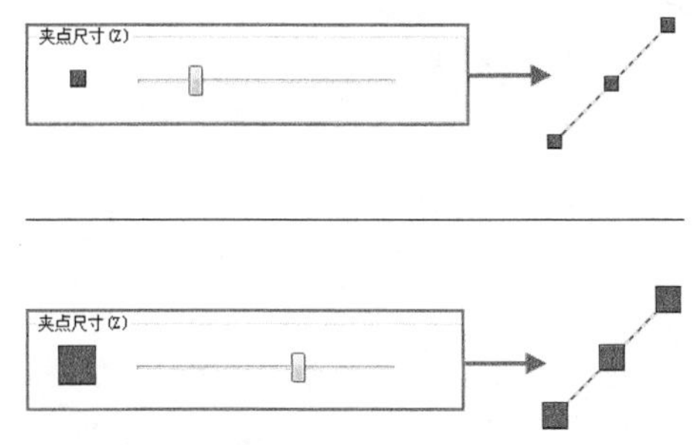

图 4-145 夹点大小对比效果

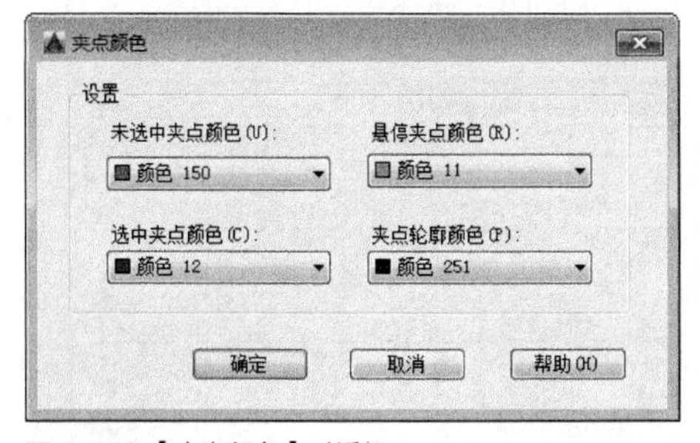

图 4-146 【夹点颜色】对话框

第 5 章 图形绘制

任何复杂的图形都可以分解成多个基本的二维图形，这些图形包括点、直线、圆、多边形、圆弧和样条曲线等，AutoCAD 2016 为用户提供了丰富的绘图功能，用户可以非常轻松地绘制这些图形。通过本章的学习，用户将会对 AutoCAD 平面图形的绘制方法有一个全面的了解和认识，并能熟练掌握常用的绘图命令。

5.1 绘制点

点是所有图形中最基本的图形对象，可以用来作为捕捉和偏移对象的参考点。在 AutoCAD 2016 中，可以通过单点、多点、定数等分和定距等分 4 种方法创建点对象。

5.1.1 点样式

从理论上来讲，点是没有长度和大小的图形对象。在 AutoCAD 中，系统默认情况下绘制的点显示为一个小圆点，在屏幕中很难看清，因此可以使用【点样式】设置，调整点的外观形状，也可以调整点的尺寸大小，以便根据需要，让点显示在图形中。在绘制单点、多点、定数等分点或定距等分点之后，我们经常需要调整点的显示方式，以方便对象捕捉，绘制图形。

• 执行方式

执行【点样式】命令的方法有以下几种。

◆功能区：单击【默认】选项卡【实用工具】面板中的【点样式】按钮，如图 5-1 所示。

◆菜单栏：选择【格式】|【点样式】命令。

◆命令行：DDPTYPE。

• 操作步骤

执行该命令后，将弹出如图 5-2 所示的【点样式】对话框，可以在其中设置共计 20 种点的显示样式和大小。

图 5-1 面板中的【点样式】按钮

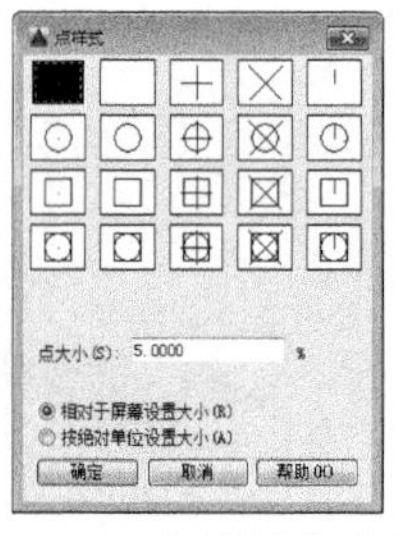

图 5-2 【点样式】对话框

• 选项说明

对话框中各选项的含义说明如下。

◆【点大小（S）】文本框：用于设置点的显示大小，与下面的两个选项有关。

◆【相对于屏幕设置大小（R）】单选框：用于按 AutoCAD 绘图屏幕尺寸的百分比设置点的显示大小，在进行视图缩放操作时，点的显示大小并不改变，在命令行输入 RE 命令即可重生成，始终保持与屏幕的相对比例，如图 5-3 所示。

◆【按绝对单位设置大小（A）】单选框：使用实际单位设置点的大小，同其他的图形元素（如直线、圆），当进行视图缩放操作时，点的显示大小也会随之改变，如图 5-4 所示。

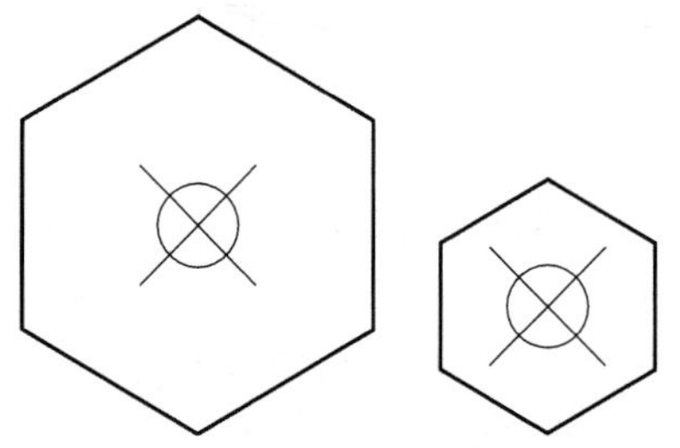

图 5-3 视图缩放时点大小相对于屏幕不变

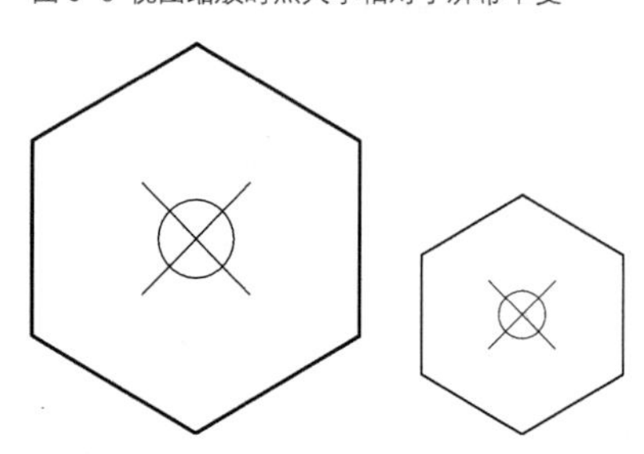

图 5-4 视图缩放时点大小相对于图形不变

练习 5-1 设置点样式绘制孔位

难度：☆☆	
素材文件路径：	素材/第5章/5-1设置点样式绘制孔位.dwg
效果文件路径：	素材/第5章/5-1设置点样式绘制孔位-OK.dwg
视频文件路径：	视频/第5章5-1设置点样式绘制孔位.mp4
播放时长：	1分11秒

在家具设计中，板件上会有许多孔位，如安装连接孔、定位木销孔等，如何快速有效地画出这些孔位，是家具设计人员面对的一个难题。传统的方法是一个个画好，再复制粘贴至对应的位置。当孔位较少时，这种方法还算实用，但如果孔位一多，则很难完成。这时便可以通过设置点样式来表示孔位。

Step 01 打开“第5章/5-1设置点样式绘制孔位.dwg”素材文件，其中已经绘制好了一板料图，且图形在合适位置已经创建好了点，但并没有设置点样式，如图5-5所示。

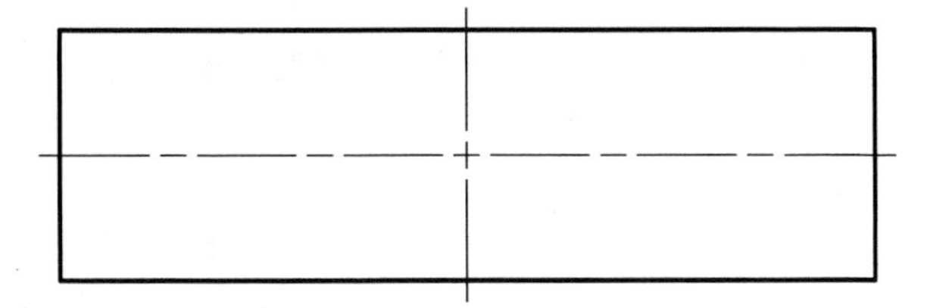

图 5-5 素材文件

Step 02 在【默认】选项卡中，单击【实用工具】面板中的【点样式】按钮，在弹出的【点样式】对话框中选择点样式为，用以表示孔位，如图5-6所示。

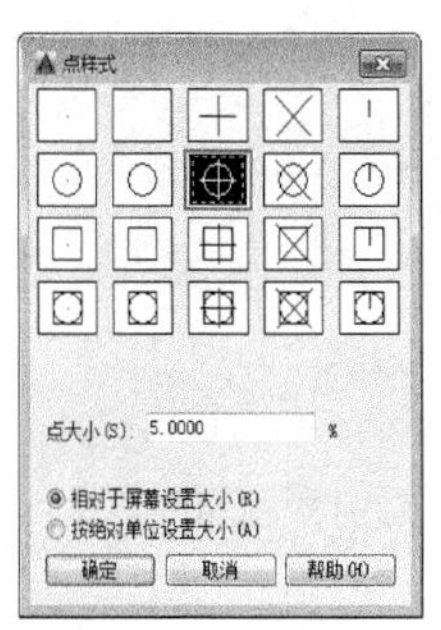

图 5-6 设置点样式

Step 03 单击【确定】按钮，关闭对话框，返回绘图区图形结果如图5-7所示，即可快速表示大量孔位。

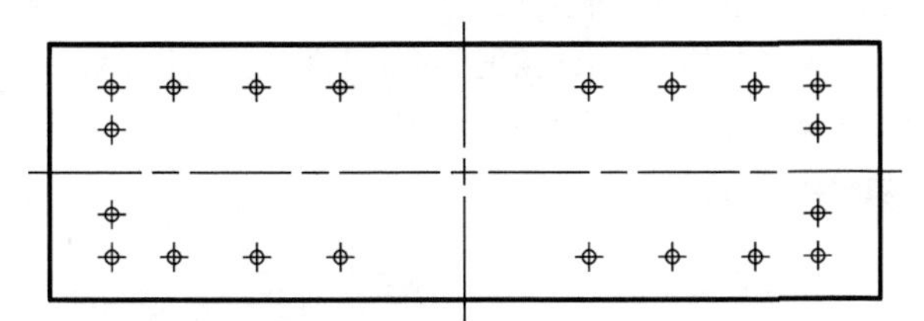

图 5-7 设置点样式表示孔位

·初学解答 点样式的特性

【点样式】与【文字样式】、【标注样式】等不同，在同一个dwg文件中有且仅有一种点样式，而文字样式、标注样式可以“设置”出多种不同的样式。要想设置点视觉效果不同，唯一能做的便是在【特性】中选择不同的颜色。

·熟能生巧 【点尺寸】与【点数值】

除了可以在【点样式】对话框中设置点的显示形状和大小外，还可以使用 PDSIZE（点尺寸）和 PDMODE（点数值）命令来进行设置。这 2 项参数指令含义说明如下。

◆PDSIZE（点尺寸）：在命令行中输入该指令，将提示输入点的尺寸。输入的尺寸为正值时按“绝对单位设置大小”处理；而当输入尺寸为负值时则按“相对于屏幕设置大小”处理。

◆PDMODE（点数值）：在命令行中输入该指令，将提示输入 pdmode 的新值，可以输入从 0~4、32~36、64~68、96~100 的整数，每个值所对应的点形状如图 5-8 所示。

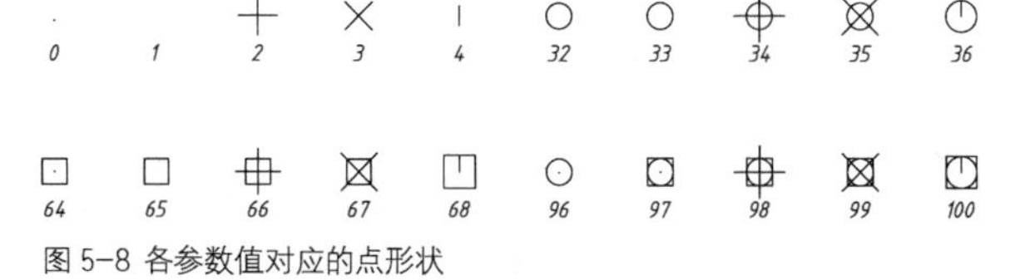

图 5-8 各参数值对应的点形状

5.1.2 单点和多点

在 AutoCAD 2016 中，点的绘制通常使用【多点】命令来完成，【单点】命令已不太常用。

1 单点

绘制单点就是执行一次命令只能指定一个点，指定完后自动结束命令。

·执行方式

执行【单点】命令有以下几种方法。

◆菜单栏：选择【绘图】|【点】|【单点】命令，如图 5-9 所示。

◆命令行：PONIT 或 PO。

·操作步骤

设置好点样式之后，选择【绘图】|【点】|【单点】命令，根据命令行提示，在绘图区任意位置单击，即完成单点的绘制，结果如图 5-10 所示。命令行操作如下。

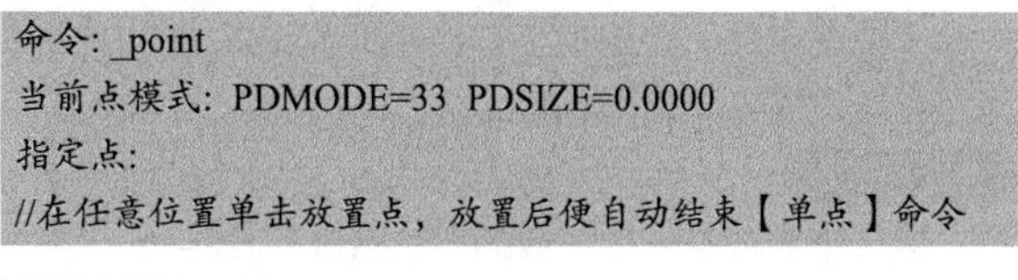

```
命令: _point
当前点模式: PDMODE=33 PDSIZE=0.0000
指定点:
//在任意位置单击放置点，放置后便自动结束【单点】命令
```

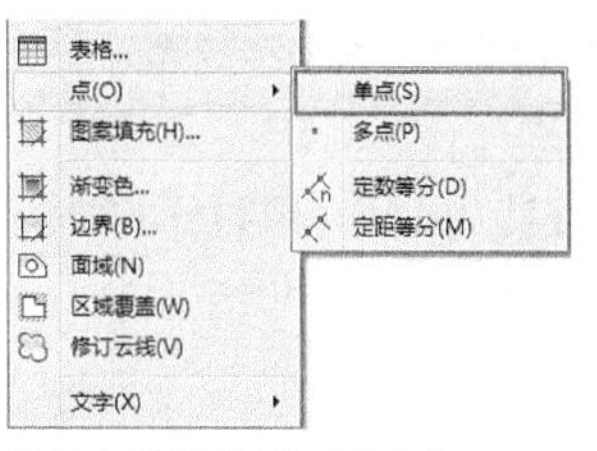

图 5-9 菜单栏中的【单点】

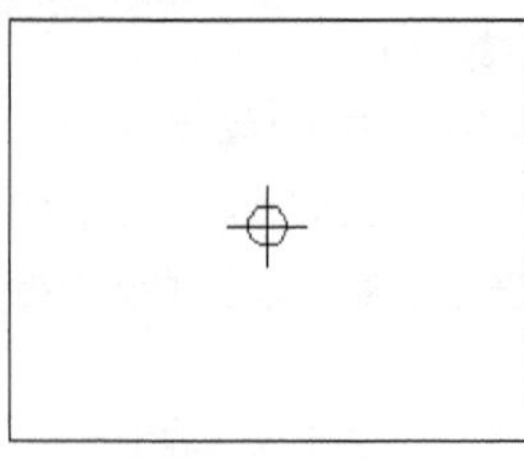

图 5-10 绘制单点效果

2 多点

绘制多点就是指执行一次命令后可以连续指定多个点，直到按 Esc 键结束命令。

• 执行方式

执行【多点】命令有以下几种方法。

◆功能区：单击【绘图】面板中的【多点】按钮，如图 5-11 所示。

◆菜单栏：选择【绘图】|【点】|【多点】命令。

• 操作步骤

设置好点样式之后，单击【绘图】面板中的【多点】按钮，根据命令行提示，在绘图区任意 6 个位置单击，按 Esc 键退出，即可完成多点的绘制，结果如图 5-12 所示。命令行操作如下。

```
命令: _point
当前点模式: PDMODE=33  PDSIZE=0.0000
                                        //在任意位置单击放置点
指定点: *取消*                          //按Esc键完成多点绘制
```

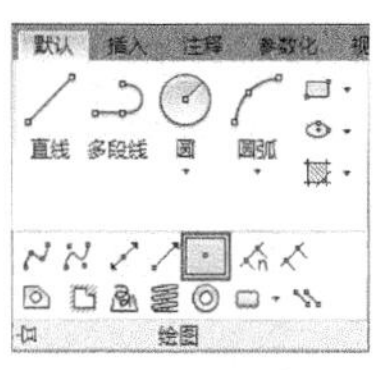

图 5-11 【绘图】面板中的【多点】

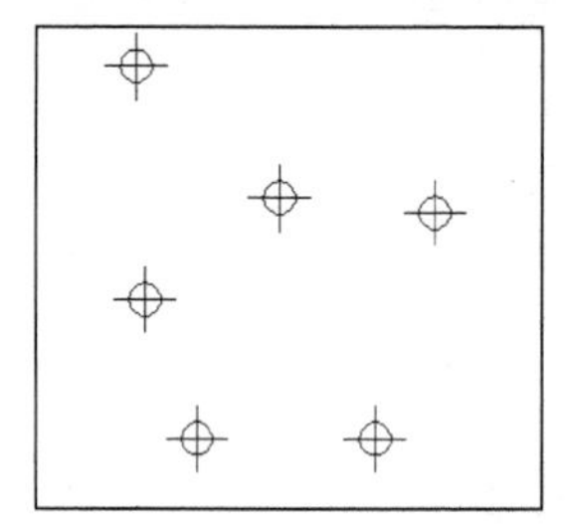

图 5-12 绘制多点效果

5.1.3 定数等分

【定数等分】是将对象按指定的数量分为等长的多段，并在各等分位置生成点。

• 执行方式

执行【定数等分】命令的方法有以下几种。

◆功能区：单击【绘图】面板中的【定数等分】按钮，如图 5-13 所示。

◆菜单栏：选择【绘图】|【点】|【定数等分】命令。

◆命令行：DIVIDE 或 DIV。

• 操作步骤

```
命令: _divide
            //执行【定数等分】命令
选择要定数等分的对象:
            //选择要等分的对象，可以是直线、圆、圆弧、样条曲线、多段线
输入线段数目或 [块(B)]:
//输入要等分的段数
```

• 选项说明

◆“输入线段数目”：该选项为默认选项，输入数字即可将被选中的图形进行平分，如图 5-14 所示。

◆“块（B）”：该命令可以在等分点处生成用户指定的块，如图 5-15 所示。

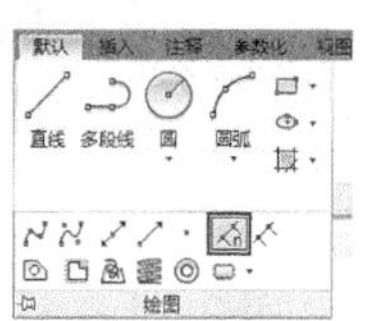

图 5-13 素材图形

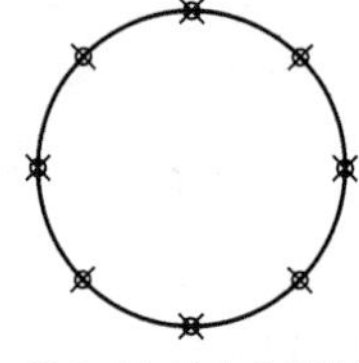

图 5-14 以点定数等分

图 5-15 以块定数等分

> **操作技巧**
>
> 在命令操作过程中，命令行有时会出现“输入线段数目或 [块(B)]:”这样的提示，其中的英文字母如“块（B）”等，是执行各选项命令的输入字符。如果我们要执行“块（B）”选项，那只需在该命令行中输入“B”即可。

5.1.4 定距等分

【定距等分】是将对象分为长度为指定值的多段，并在各等分位置生成点。

• 执行方式

执行【定距等分】命令的方法有以下几种。

◆功能区：单击【绘图】面板中的【定距等分】按钮，如图 5-16 所示。

◆菜单栏：选择【绘图】|【点】|【定距等分】命令。

◆命令行：MEASURE 或 ME。

• 操作步骤

```
命令: _measure
            //执行【定距等分】命令
选择要定距等分的对象:
            //选择要等分的对象，可以是直线、圆、圆弧、样条曲线、多段线
指定线段长度或 [块(B)]:              //输入要等分的单段长度
```

• 选项说明

◆“指定线段长度”：该选项为默认选项，输入的数字即为分段的长度，如图 5-17 所示。

◆“块（B）”：该命令可以在等分点处生成用户

指定的块。

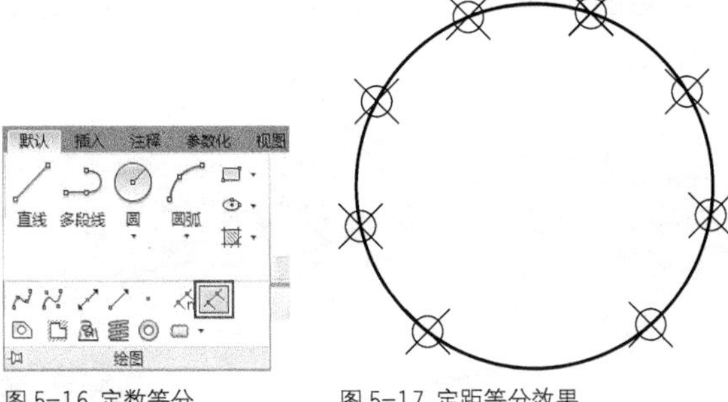

图 5-16 定数等分　　　　图 5-17 定距等分效果

5.2 绘制直线类图形

直线类图形是 AutoCAD 中最基本的图形对象，在 AutoCAD 中，根据用途的不同，可以将线分类为直线、射线、构造线、多线和多线段。不同的直线对象具有不同的特性，下面进行详细讲解。

5.2.1 直线 ★重点★

直线是绘图中最常用的图形对象，只要指定了起点和终点，就可绘制出一条直线。

•执行方式

执行【直线】命令的方法有以下几种。

◆功能区：单击【绘图】面板中的【直线】按钮 。

◆菜单栏：选择【绘图】|【直线】命令。

◆命令行：LINE 或 L。

•操作步骤

```
命令: _line
            //执行【直线】命令
指定第一个点:
            //输入直线段的起点，用鼠标指定点或在命令行中输入点的坐标
指定下一点或 [放弃(U)]:            //输入直线段的端点。也可以用鼠标指定一定角度后，直接输入直线的长度
指定下一点或 [放弃(U)]:            //输入下一直线段的端点。输入“U”表示放弃之前的输入
指定下一点或 [闭合(C)/放弃(U)]:      //输入下一直线段的端点。输入“C”使图形闭合，或按Enter键结束命令
```

•选项说明

◆“指定下一点”：当命令行提示“指定下一点”时，用户可以指定多个端点，从而绘制出多条直线段。但每一段直线又都是一个独立的对象，可以进行单独的编辑操作，如图 5-18 所示。

◆“闭合（C）”：绘制两条以上直线段后，命令行会出现“闭合（C）”选项。此时如果输入 C，则系统会自动连接直线命令的起点和最后一个端点，从而绘制出封闭的图形，如图 5-19 所示。

◆“放弃（U）”：命令行出现“放弃（U）”选项时，如果输入 U，则会擦除最近一次绘制的直线段，如图 5-20 所示。

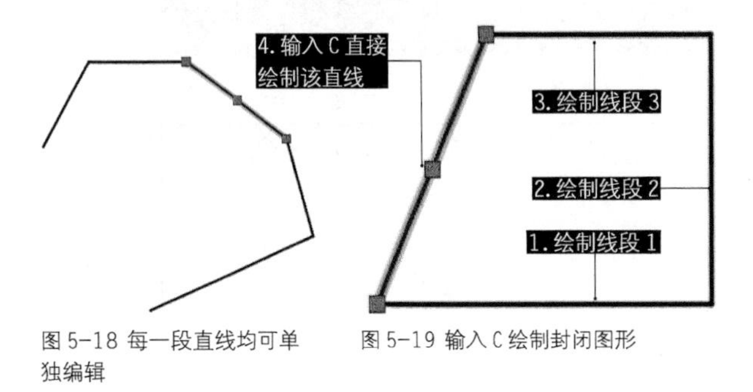

图 5-18 每一段直线均可单独编辑　　图 5-19 输入 C 绘制封闭图形

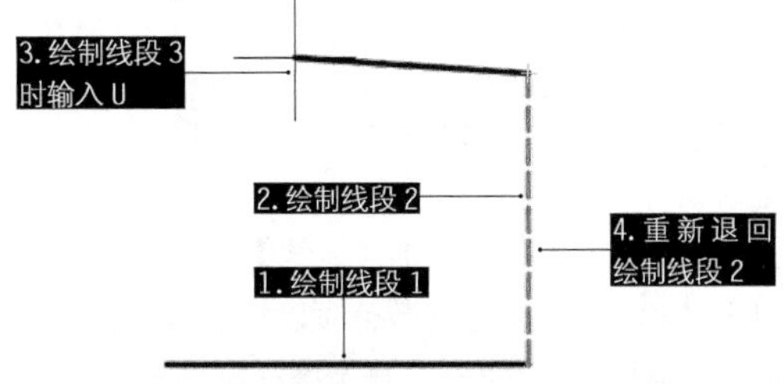

图 5-20 输入 U 重新绘制直线

练习 5-2 使用直线绘制板料轮廓

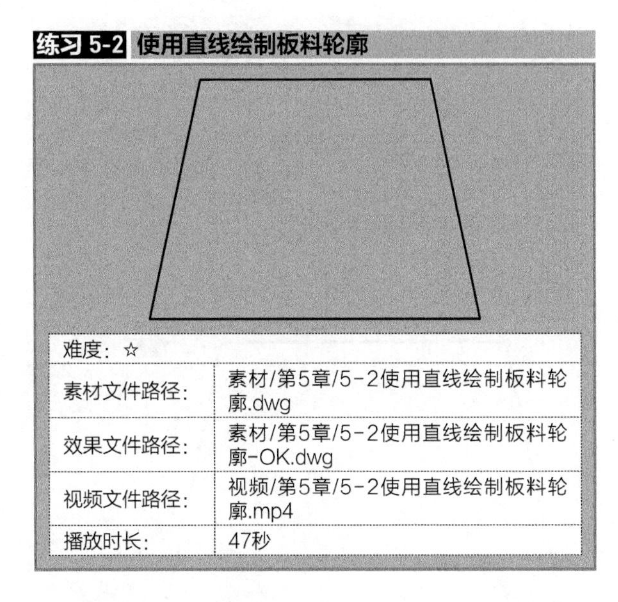

难度：☆	
素材文件路径：	素材/第5章/5-2使用直线绘制板料轮廓.dwg
效果文件路径：	素材/第5章/5-2使用直线绘制板料轮廓-OK.dwg
视频文件路径：	视频/第5章/5-2使用直线绘制板料轮廓.mp4
播放时长：	47秒

直线是应用最多的设计图形，大部分的板材外形轮廓都会以直线表示，除此之外还有中心线、剖面线等辅助线条。本例便应用直线绘制如图 5-21 所示板料图。

Step 01 打开素材文件“第5章/5-2使用直线绘制板料轮廓.dwg”，其中已创建好了4个节点，如图5-22所示。

图 5-21 实木板料

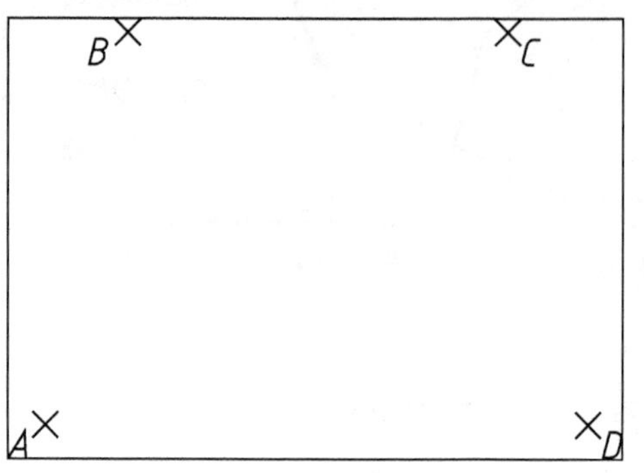

图 5-22 素材图形

Step 02 单击【绘图】面板中的【直线】按钮，可以连续绘制多条相连直线，输入数值可以绘制指定长度的直线，如需绘制图5-23的图形，则命令行操作如下。

```
命令: _line                          //单击【直线】按钮
指定第一个点:                        //移动至点A，单击鼠标左键
指定下一点或 [放弃(U)]:
                                     //移动至点B，单击鼠标左键
指定下一点或 [放弃(U)]:
                                     //移动至点C，单击鼠标左键
指定下一点或 [闭合(C)/放弃(U)]:                    //移动至
点D，单击鼠标左键
指定下一点或 [闭合(C)/放弃(U)]: c↙     //输入C，闭合图形
```

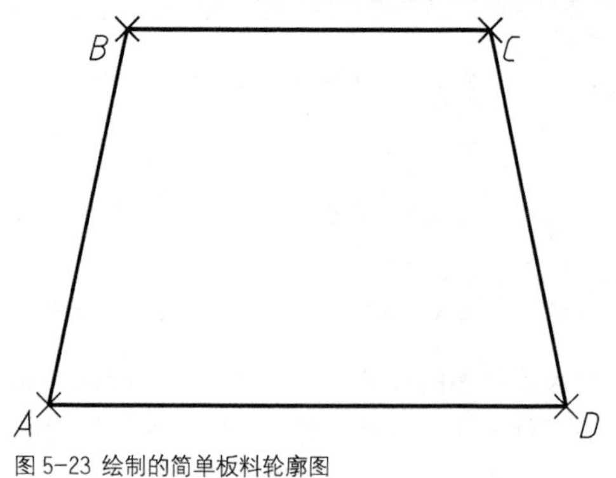

图 5-23 绘制的简单板料轮廓图

·初学解答 直线的起始点

若命令行提示"指定第一个点"时，单击 Enter 键，系统则会自动把上次绘线（或弧）的终点作为本次直线操作的起点。特别的，如果上次操作为绘制圆弧，那单击 Enter 键后会绘出通过圆弧终点的与该圆弧相切的直线段，该线段的长度由鼠标在屏幕上指定的一点与切点之间线段的长度确定，操作效果如图 5-24 所示，命令行操作如下。

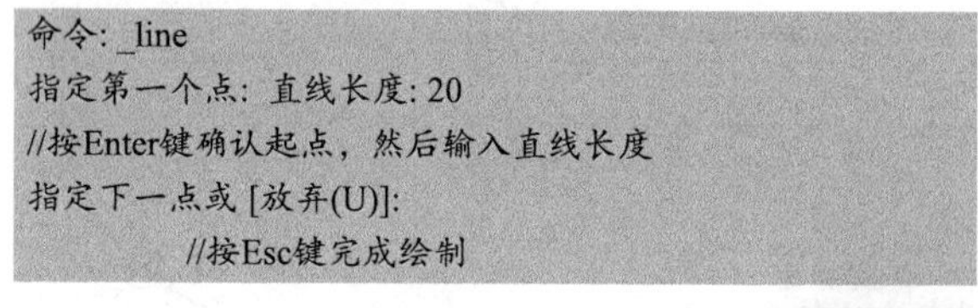

```
命令: _line
指定第一个点: 直线长度: 20
//按Enter键确认起点，然后输入直线长度
指定下一点或 [放弃(U)]:
            //按Esc键完成绘制
```

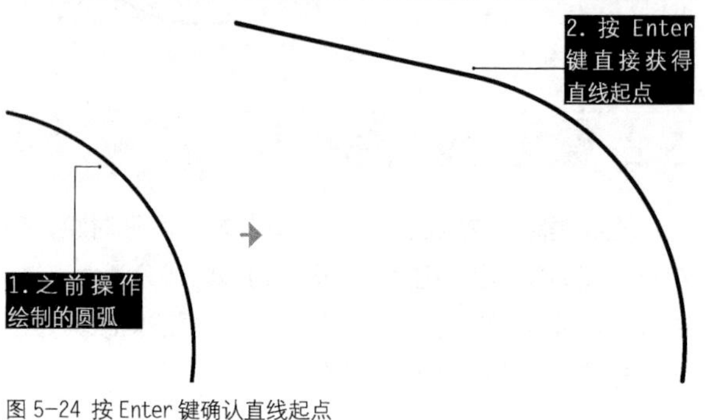

图 5-24 按 Enter 键确认直线起点

·熟能生巧 直线（Line）命令的操作技巧

◆1. 绘制水平、垂直直线。可单击【状态栏】中【正交】按钮，根据正交方向提示，直接输入下一点的距离即可，如图 5-25 所示。不需要输入 @ 符号，使用临时正交模式也可按住 Shift 键不动，在此模式下不能输入命令或数值，可捕捉对象。

◆2. 绘制斜线。可单击【状态栏】中【极轴】按钮，在【极轴】按钮上单击右键，在弹出的快捷菜单中可以选择所需的角度选项，也可以选择【正在追踪设置】选项，则系统会弹出【草图设置】对话框，在【增量角】文本输入框中可设置斜线的捕捉角度，此时，图形即进入了自动捕捉所需角度的状态，其可大大提高制图时输入直线长度的效率，效果如图 5-26 所示。

◆3. 捕捉对象。可按 Shift 键 + 鼠标右键，在弹出的快捷菜单中选择捕捉选项，然后将光标移动至合适位置，程序会自动进行某些点的捕捉，如端点、中点、圆切点等，【捕捉对象】功能的应用可以极大提高制图速度，如图 5-27 所示。

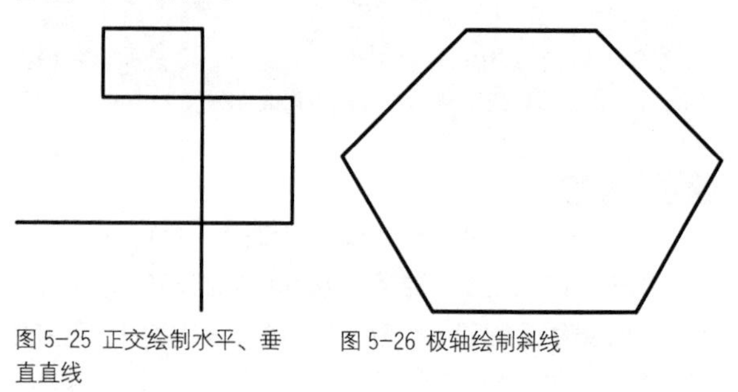

图 5-25 正交绘制水平、垂直直线　　图 5-26 极轴绘制斜线

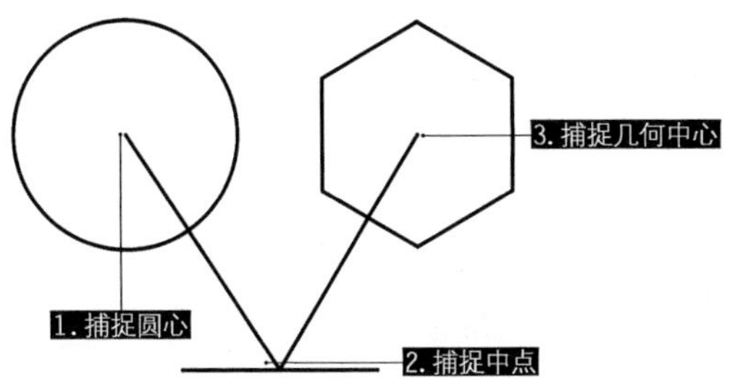

图 5-27 启用捕捉绘制直线

5.2.2 射线

★进阶★

射线是一端固定而另一端无限延伸的直线，它只有起点和方向，没有终点。射线在 AutoCAD 中使用较少，通常用来作为辅助线，尤其在家具制图中可以作为三视图的投影线使用。

执行【射线】的方法有以下几种。

◆功能区：单击【绘图】面板中的【射线】按钮。

◆菜单栏：选择【绘图】|【射线】命令。

◆命令行：RAY。

练习 5-3 根据投影规则绘制相贯线

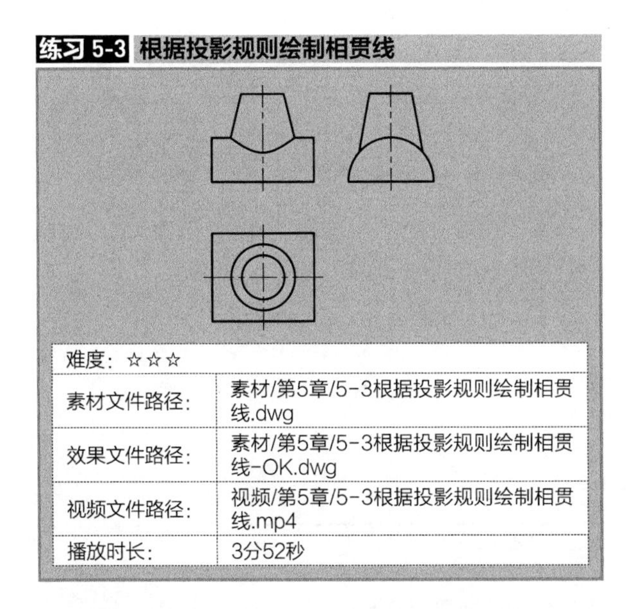

难度：☆☆☆	
素材文件路径：	素材/第5章/5-3根据投影规则绘制相贯线.dwg
效果文件路径：	素材/第5章/5-3根据投影规则绘制相贯线-OK.dwg
视频文件路径：	视频/第5章/5-3根据投影规则绘制相贯线.mp4
播放时长：	3分52秒

两立体表面的交线称为相贯线，如图 5-28 所示。它们的表面（外表面或内表面）相交，均出现了箭头所指的相贯线，在画该类零件的三视图时，必然涉及绘制相贯线的投影问题。

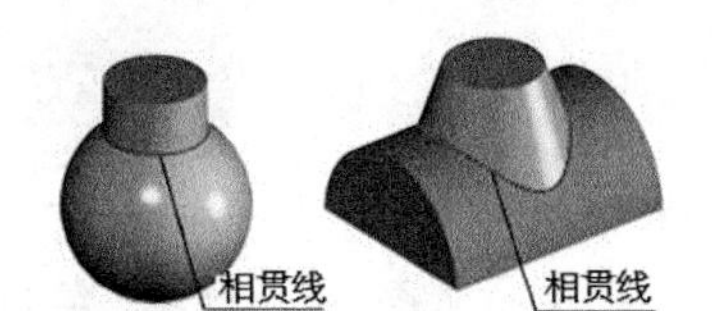

图 5-28 相贯线

Step 01 打开素材文件"第5章/5-3根据投影规则绘制相贯线.dwg"，其中已经绘制好了物体的左视图与俯视图，如图5-29所示。

Step 02 绘制水平投影线。单击【绘图】面板中的【射线】按钮，以左视图中各端点与交点为起点向右绘制射线，如图5-30所示。

Step 03 绘制竖直投影线。按相同方法，以俯视图中各端点与交点为起点，向上绘制射线，如图5-31所示。

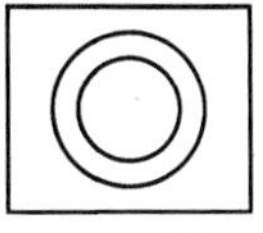

图 5-29 素材图形

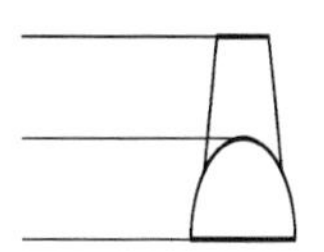

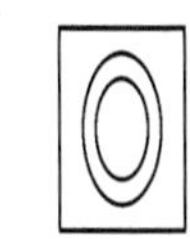

图 5-30 绘制水平投影线

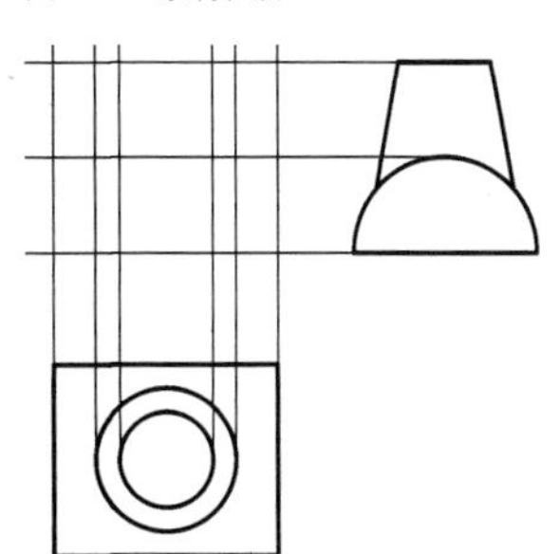

图 5-31 绘制竖直投影线

Step 04 绘制主视图轮廓。绘制主视图轮廓之前，先要分析出俯视图与左视图中各特征点的投影关系（俯视图中的点，如1、2等，即相当于左视图中的点1'、2'，下同），然后单击【绘图】面板中的【直线】按钮，连接各点的投影在主视图中的交点，即可绘制出主视图轮廓，如图5-32所示。

Step 05 求一般交点。目前所得的图形还不足以绘制出完整的相贯线，因此需要另外找出2点，借以绘制出投影线来获取相贯线上的点（原则上5点才能确定一条曲线）。按"长对正、宽相等、高平齐"的原则，在俯视图和左视图绘制如图5-33所示的两条直线，删除多余射线。

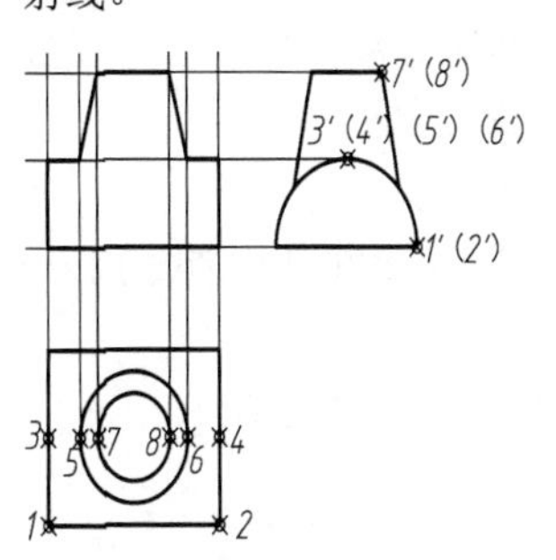

图 5-32 绘制轮廓图

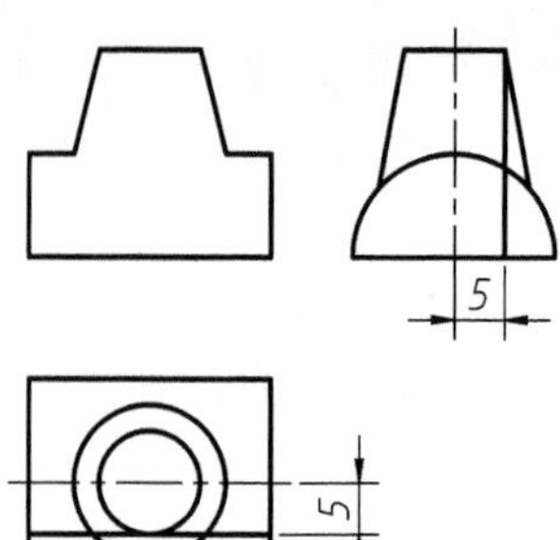

图 5-33 绘制辅助线

Step 06 绘制投影线。根据辅助线与图形的交点为起点，分别使用【射线】命令绘制投影线，如图5-34所示。

Step 07 绘制相贯线。单击【绘图】面板中的【样条曲线】按钮，连接主视图中各投影线的交点，即可得到相贯线，如图5-35所示。

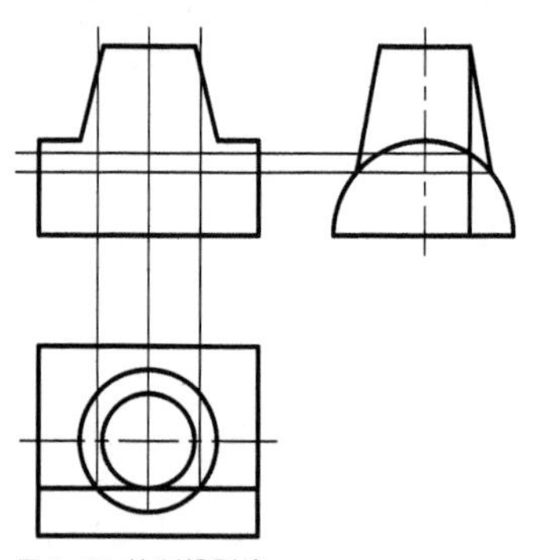

图 5-34 绘制投影线

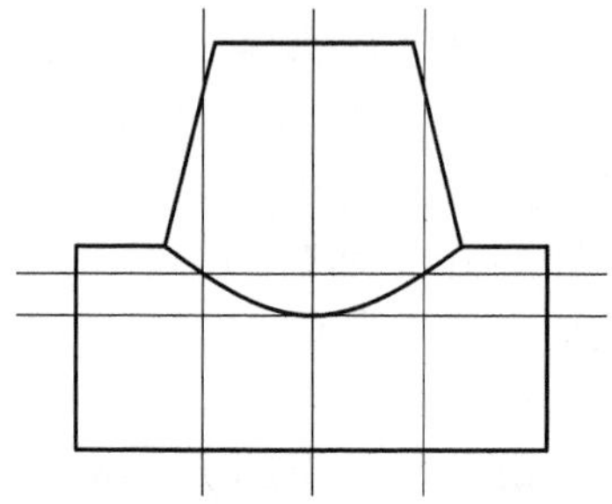

图 5-35 绘制相贯线

5.2.3 构造线

构造线是两端无限延伸的直线，没有起点和终点，主要用于绘制辅助线和修剪边界，在建筑设计中常用来作为辅助线，在机械设计中也可作为轴线使用。构造线只需指定两个点即可确定位置和方向。

•执行方式

◆功能区：单击【绘图】面板中的【构造线】按钮。

◆菜单栏：选择【绘图】|【构造线】命令。

◆命令行： XLINE 或 XL。

•操作步骤

```
命令: _xline                                    //执行【构造线】命令
指定点或 [水平(H)/垂直(V)/角度(A)/二等分(B)/偏移(O)]:
          //输入第一个点
指定通过点:                                      //输入第二个点
指定通过点:                                      //继续输入点，可以
继续画线，按Enter键结束命令
```

•选项说明

◆ “水平(H)”“垂直(V)”：选择“水平”或“垂直”选项，可以绘制水平或垂直的构造线，如图5-36所示。

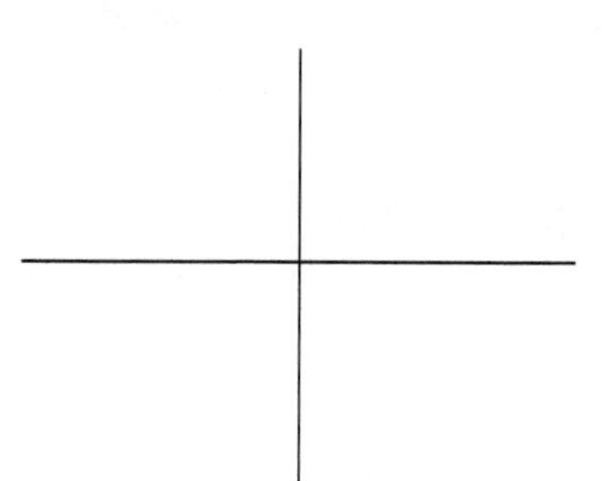

图 5-36 绘制水平或垂直构造线

```
命令: _xline
指定点或 [水平(H)/垂直(V)/角度(A)/二等分(B)/偏移(O)]: h
//输入h或v
指定通过点:          //指定通过点，绘制水平或垂直构造线
```

◆ “角度（A）”：选择“角度”选项，可以绘制用户所输入角度的构造线，如图5-37所示。

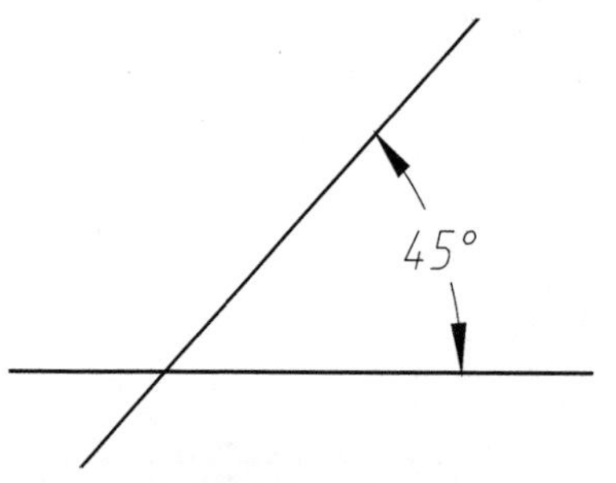

图 5-37 绘制成角度的构造线

```
命令: _xline
指定点或 [水平(H)/垂直(V)/角度(A)/二等分(B)/偏移(O)]: a
         //输入a，选择“角度”选项
输入构造线的角度 (0) 或 [参照(R)]: 45
//输入构造线的角度
指定通过点:          //指定通过点完成创建
```

◆ “二等分（B）”：选择“二等分”选项，可以绘制两条相交直线的角平分线，如图5-38所示。绘制角平分线时，使用捕捉功能依次拾取顶点O、起点A和端点B即可（A、B可为直线上除O点外的任意点）。

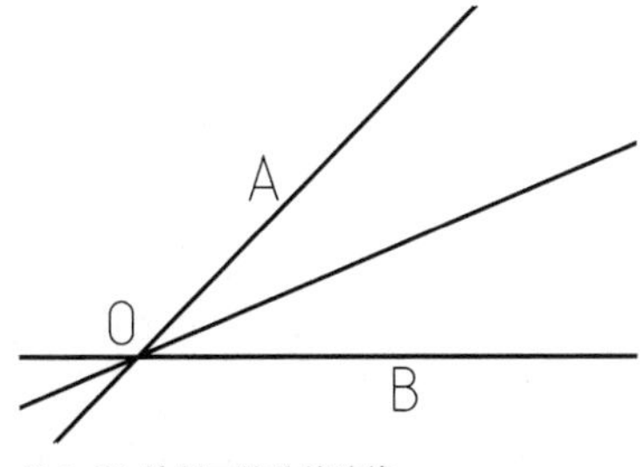

图 5-38 绘制二等分构造线

```
命令: _xline
指定点或 [水平(H)/垂直(V)/角度(A)/二等分(B)/偏移(O)]: b
//输入b，选择“二等分”选项
指定角的顶点:        //选择O点
指定角的起点:        //选择A点
指定角的端点:        //选择B点
```

◆ “偏移（O）”：选择【偏移】选项，可以由已有直线偏移出平行线，如图 5-39 所示。该选项的功能类似于【偏移】命令（详见第 6 章）。通过输入偏移距离和选择要偏移的直线来绘制与该直线平行的构造线。

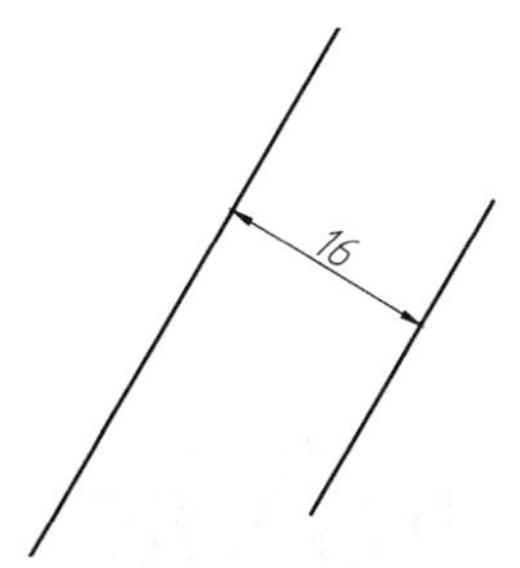

图 5-39 绘制偏移的构造线

```
命令: _xline
指定点或 [水平(H)/垂直(V)/角度(A)/二等分(B)/偏移(O)]: o
//输入O，选择“偏移”选项
指定偏移距离或 [通过(T)] <10.0000>: 16           //输入偏移距离
选择直线对象:                         //选择偏移的对象
指定向哪侧偏移:                       //指定偏移的方向
```

练习 5-4 构造线绘制图形

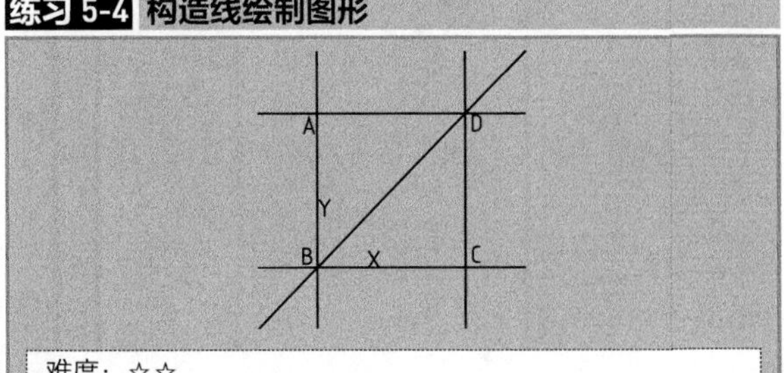

难度：☆☆	
素材文件路径：	无
效果文件路径：	素材/第5章/5-4构造线绘制图形-OK.dwg
视频文件路径：	视频/第5章/5-4构造线绘制图形.mp4
播放时长：	1分33秒

绘制如图 5-40 所示的构造线。

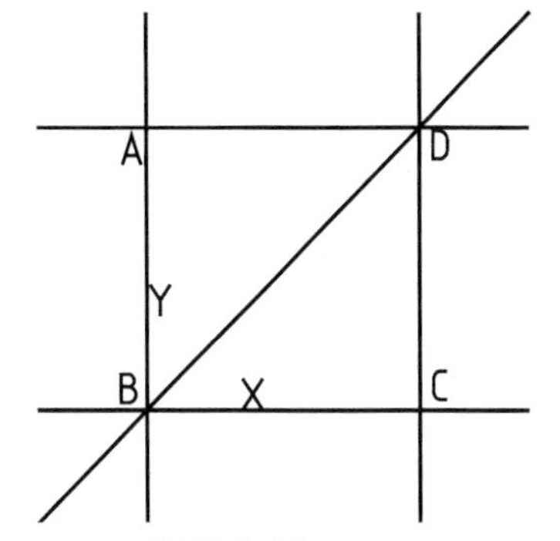

图 5-40 绘制的构造线

Step 01 单击【绘图】滑出面板上的【构造线】按钮，绘制竖直构造线AB和CD。命令行操作如下。

```
命令: XLINE↙
                    //调用【构造线】命令
指定点或 [水平(H)/垂直(V)/角度(A)/二等分(B)/偏移(O)]:V↙
//选择绘制垂直构造线
指定通过点:0,0↙
                    //指定通过原点，完成AB线的绘制
指定通过点: 300,0↙
               //指定通过点，完成CD线的绘制
指定通过点:↙
                    //按Enter键结束【构造线】命令
```

Step 02 重复执行【构造线】命令，绘制水平构造线AD和BC。命令行操作如下。

```
命令: XLINE↙
                    //调用【构造线】命令
指定点或 [水平(H)/垂直(V)/角度(A)/二等分(B)/偏移(O)]:H↙
//选择绘制水平构造线
指定通过点:0,0↙
                    //指定通过原点，完成BC线的绘制
指定通过点: 0,300↙
               //指定通过点，完成AD线的绘制
指定通过点:↙
                    //按Enter键结束【构造线】命令
```

Step 03 重复执行【构造线】命令，绘制倾斜构造线BD。命令行操作如下。

```
命令: XLINE↙
                    //调用【构造线】命令
指定点或 [水平(H)/垂直(V)/角度(A)/二等分(B)/偏移(O)]: A↙
//选择绘制倾斜构造线
输入构造线的角度 (0) 或 [参照(R)]: 45↙ //输入构造线角度
指定通过点: 0,0↙
                    //指定通过点，完成BD线的绘制
指定通过点:↙
                    //按Enter键结束【构造线】命令
```

·初学解答 构造线的特点与应用

构造线是真正意义上的“直线”，可以向两端无限延伸。构造线在控制草图的几何关系、尺寸关系方面，有着极其重要的作用，如三视图中“长对正、高平齐、宽相等”的辅助线，如图5-41所示（图中细实线为构造线，粗实线为轮廓线，下同）。

而且构造线不会改变图形的总面积，因此，它们的无限长的特性对缩放或视点没有影响，并会被显示图形范围的命令所忽略，和其他对象一样，构造线也可以移动、旋转和复制。因此构造线常用来绘制各种绘图过程中的辅助线和基准线，如机械上的中心线、建筑中的墙体线，如图5-42所示。所以构造线是绘图提高效率的常用命令。

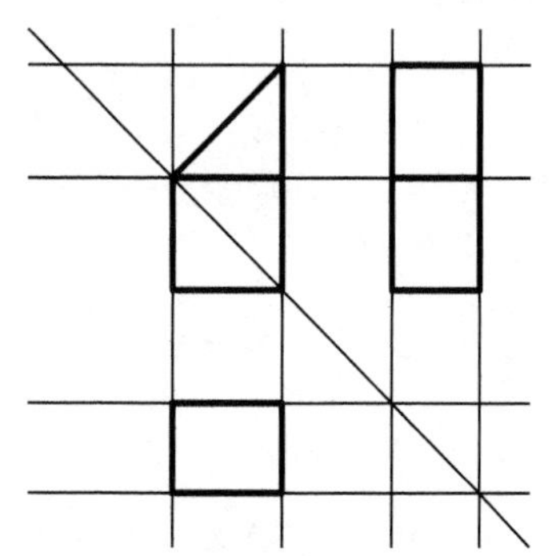

图5-41 构造线辅助绘制三视图

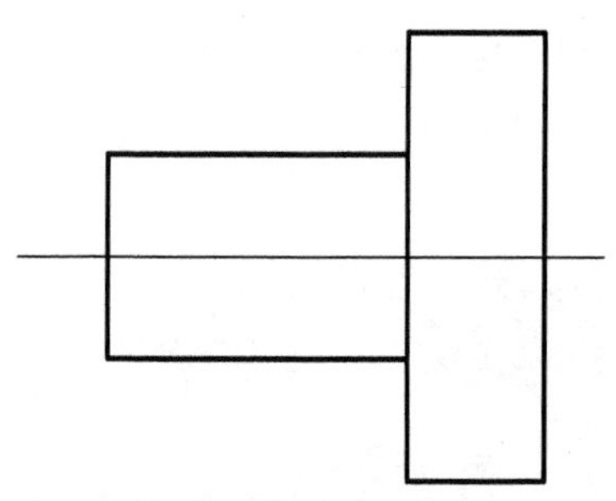

图5-42 构造线用作中心线

5.3 绘制圆、圆弧类图形

在AutoCAD中，圆、圆弧、椭圆、椭圆弧和圆环都属于圆类图形，其绘制方法相对于直线对象较复杂，下面分别对其进行讲解。

5.3.1 圆 ★重点★

圆也是绘图中最常用的图形对象，因此它的执行方式与功能选项也最为丰富。

·执行方式

执行【圆】命令的方法有以下几种。

◆功能区：单击【绘图】面板中的【圆】按钮。

◆菜单栏：选择【绘图】|【圆】命令，然后在子菜单中选择一种绘圆方法。

◆命令行：CIRCLE或C。

·操作步骤

```
命令: _circle                                          //执行【圆】命令
指定圆的圆心或[三点(3P)/两点(2P)/切点、切点、半径(T)]:
                    //选择圆的绘制方式
指定圆的半径或[直径(D)]: 3↙                              //直接输入半径或用鼠标指定半径长度
```

·选项说明

【绘图】面板【圆】的下拉列表中提供了6种绘制圆的命令，各命令的含义如下。

◆【圆心、半径（R）】：用圆心和半径方式绘制圆，如图5-43所示，为默认的执行方式。

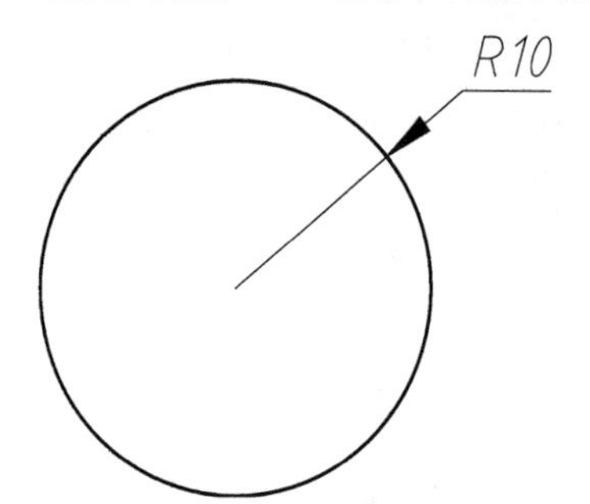

图5-43 【圆心、半径（R）】画圆

```
命令：C↙
CIRCLE指定圆的圆心或[三点(3P)/两点(2P)/切点、切点、半径(T)]:
//输入坐标或用鼠标单击确定圆心
指定圆的半径或[直径(D)]：10↙
//输入半径值，也可以输入相对于圆心的相对坐标，确定圆周上一点
```

◆【圆心、直径（D）】：用圆心和直径方式绘制圆，如图5-44所示。

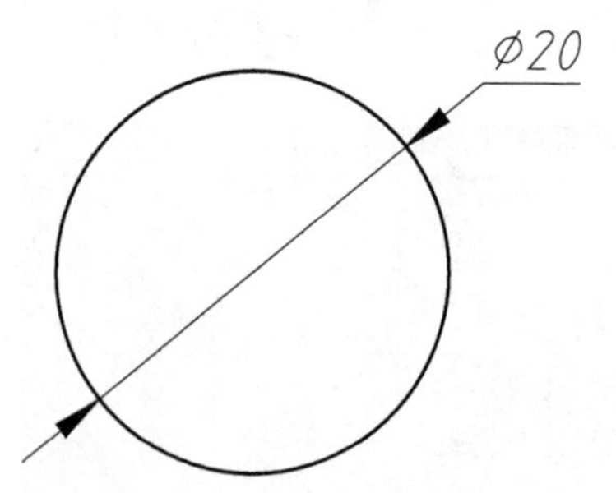

图5-44 【圆心、直径（D）】画圆

```
命令：C↙
CIRCLE指定圆的圆心或[三点(3P)/两点(2P)/切点、切点、半径(T)]:
//输入坐标或用鼠标单击确定圆心
指定圆的半径或[直径(D)]<80.1736>：D↙           //选择直径选项
指定圆的直径<200.00>：20↙                      //输入直径值
```

◆【两点（2P）】：通过两点（2P）绘制圆，实际上是以这两点的连线为直径，以两点连线的中点为圆心画圆。系统会提示指定圆直径的第一端点和第二端点，如图 5-45 所示。

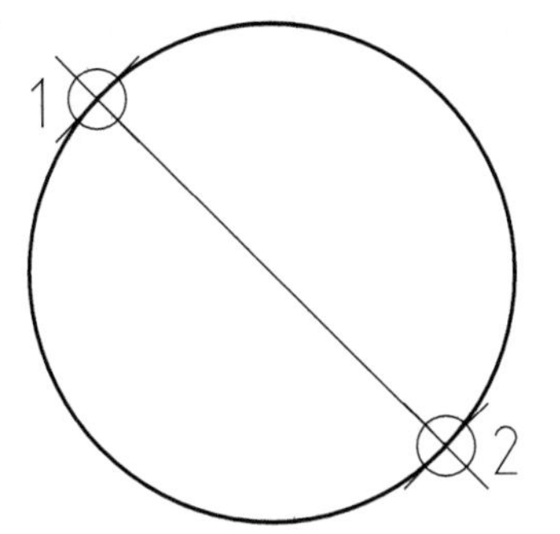

图 5-45 【两点（2P）】画圆

命令：C↙
CIRCLE指定圆的圆心或[三点(3P)/两点(2P)/切点、切点、半径(T)]：2P↙
//选择“两点”选项
指定圆直径的第一个端点： //输入坐标或单击确定直径第一个端点1
指定圆直径的第二个端点： //单击确定直径第二个端点2，或输入相对于第一个端点的相对坐标

◆【三点（3P）】：通过三点（3P）绘制圆，实际上是绘制这 3 点确定的三角形的唯一的外接圆。系统会提示指定圆上的第一点、第二点和第三点，如图 5-46 所示。

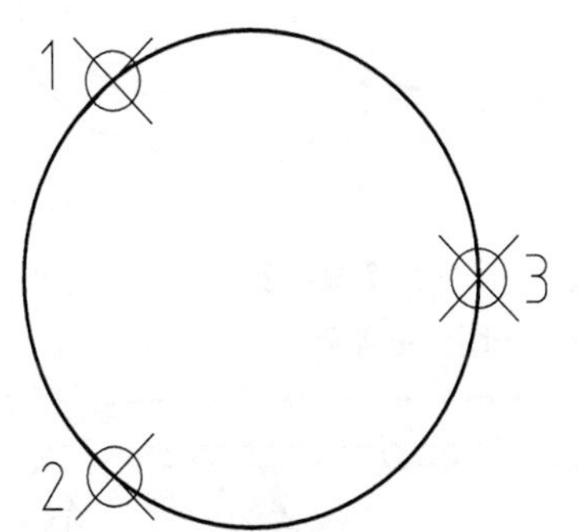

图 5-46 【三点（3P）】画圆

命令：C↙
CIRCLE指定圆的圆心或[三点(3P)/两点(2P)/切点、切点、半径(T)]：3P↙ //选择“三点”选项
指定圆上的第一个点： //单击确定第1点
指定圆上的第二个点： //单击确定第2点
指定圆上的第三个点： //单击确定第3点

◆【相切、相切、半径（T）】：如果已经存在两个图形对象，再确定圆的半径值，就可以绘制出与这两个对象相切的公切圆。系统会提示指定圆的第一切点和第二切点及圆的半径，如图 5-47 所示。

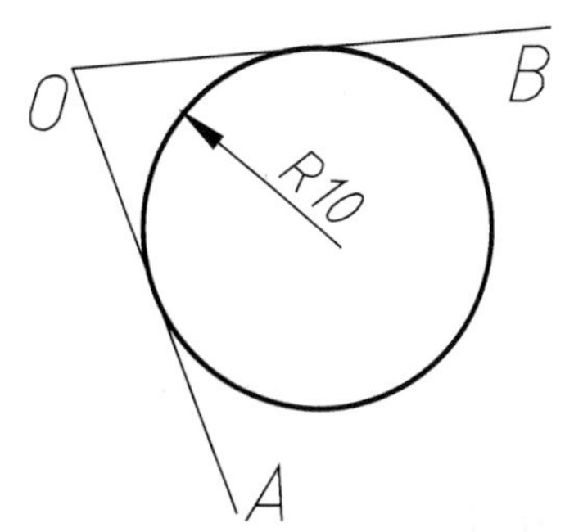

图 5-47 【相切、相切、半径（T）】画圆

命令: _circle
指定圆的圆心或 [三点(3P)/两点(2P)/切点、切点、半径(T)]: T
//选择“切点、切点、半径”选项
指定对象与圆的第一个切点： //单击直线OA上任意一点
指定对象与圆的第二个切点： //单击直线OB上任意一点
指定圆的半径: 10↙ //输入半径值

◆【相切、相切、相切（A）】：选择三条切线来绘制圆，可以绘制出与 3 个图形对象相切的公切圆。如图 5-48 所示。

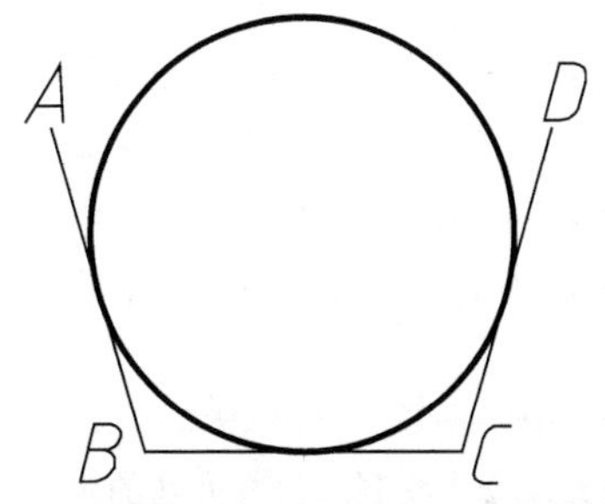

图 5-48 【相切、相切、相切（A）】画圆

命令: _circle
指定圆的圆心或 [三点(3P)/两点(2P)/切点、切点、半径(T)]: _3p
//单击面板中的“相切、相切、相切”按钮
指定圆上的第一个点: _tan 到 //单击直线AB上任意一点
指定圆上的第二个点: _tan 到 //单击直线BC上任意一点
指定圆上的第三个点: _tan 到 //单击直线CD上任意一点

•初学解答 绘图时不显示虚线框

用 AutoCAD 绘制矩形、圆时，通常会在鼠标光标处显示一动态虚线框，用来在视觉上帮助设计者判断图形绘制的大小，十分方便。但有时由于新手的误操作，会使得该虚线框无法显示，如图 5-49 所示。

这是由于系统变量 DRAGMODE 的设置出现了问题。只需在命令行中输入 DRAGMODE，然后根据提示，将选项修改为“自动（A）”或“开（ON）”即可（推荐设置为自动）。即可让虚线框显示恢复正常，如图 5-50 所示。

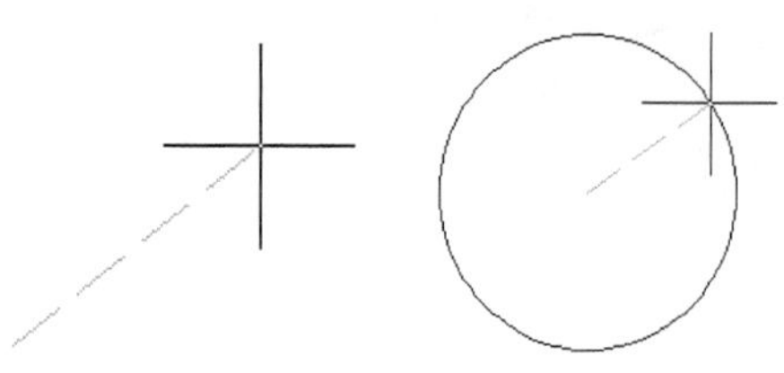

图 5-49 绘图时不显示动态虚线框　　图 5-50 正常状态下绘图显示动态虚线框

练习 5-5 使用圆绘制家具纹饰

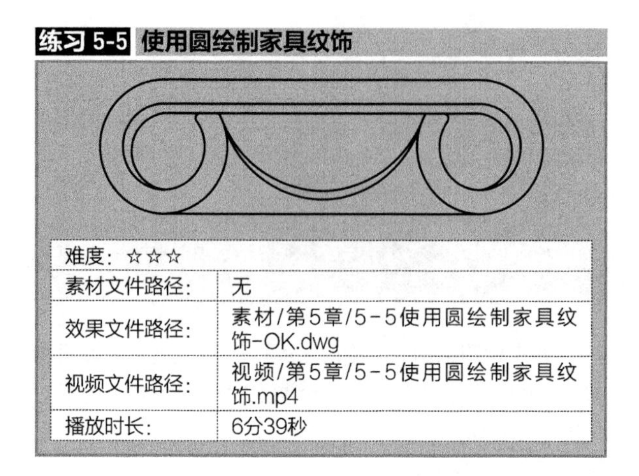

难度：☆☆☆	
素材文件路径：	无
效果文件路径：	素材/第5章/5-5使用圆绘制家具纹饰-OK.dwg
视频文件路径：	视频/第5章/5-5使用圆绘制家具纹饰.mp4
播放时长：	6分39秒

为了使家具看上去更美观，木匠们通常会在榫卯工序完成后或者正在做榫卯的时候在需要雕刻的部件雕刻纹饰，称之为雕花。雕花的图形各式各样，中式和西式皆有不同风格，本例便使用圆命令绘制一简单的纹饰，适用于各类家具。

Step 01 启动AutoCAD 2016，新建一空白文档。

Step 02 先执行【直线】命令，绘制一长度为70的水平线段，然后单击【绘图】面板中的【圆】按钮，分别以线段的两个端点为圆心，绘制直径为Ø28的圆，如图5-51所示。

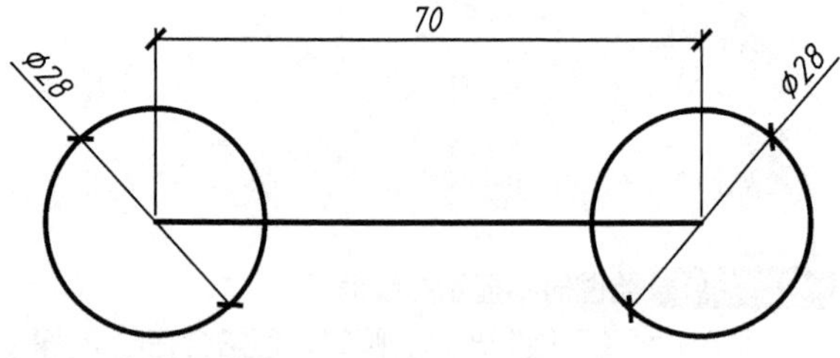

图 5-51 绘制 Ø28 的圆

Step 03 再单击【绘图】面板中的【圆】按钮，使用【圆心、半径】的方式，以右侧中心线的交点为圆心，绘制半径为9的圆形，如图5-52所示。

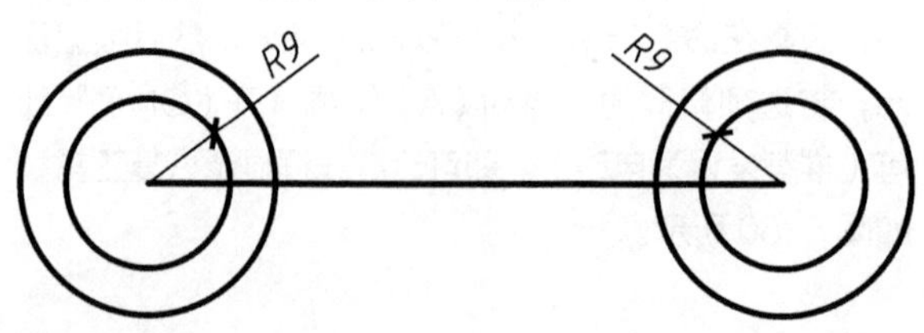

图 5-52 绘制半径 R9 的圆

Step 04 删除原70长的水平线段，然后再输入L执行【直线】命令，分别捕捉4个圆的象限点，绘制3条水平线段，将圆的象限点连接起来，如图5-53所示。

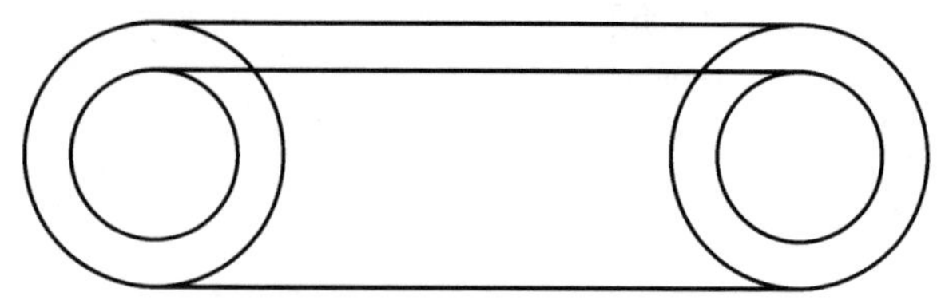

图 5-53 连接圆的象限点绘制直线

Step 05 输入C执行【圆】命令，使用【相切、相切、半径】的方式，捕捉两个圆的切点绘制两个公切圆，半径分别为23和24，如图5-54所示。

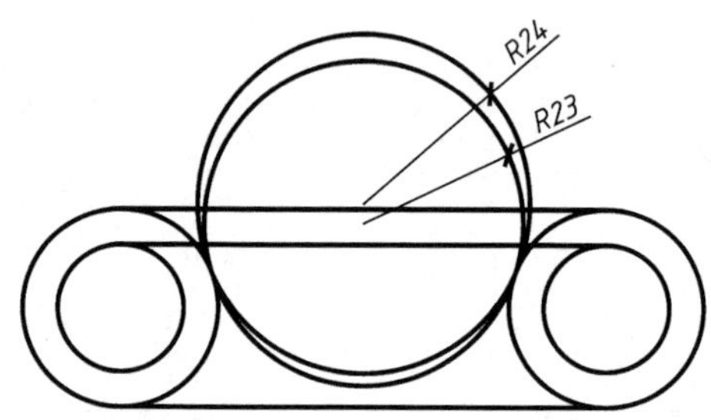

图 5-54 绘制 R23 和 R24 的公切圆

Step 06 单击【修改】面板中的【修剪】按钮，剪切掉上方的部分，保留下部分的弧线，如图5-55所示。

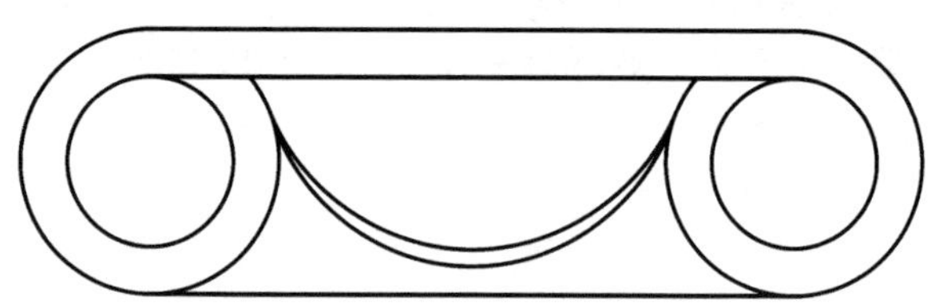

图 5-55 修剪图形

Step 07 单击【修改】面板中的【偏移】按钮，将第二条水平线向下偏移2，如图5-56所示。

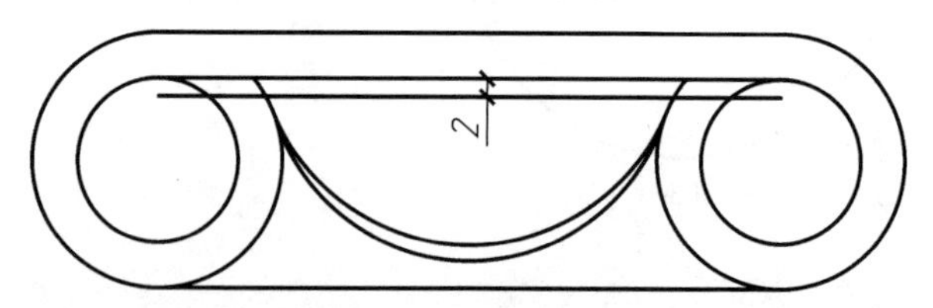

图 5-56 偏移线段

Step 08 再单击【修改】面板中的【修剪】按钮，将R9的小圆在第2条和第3条线段之间的部分修剪掉，如图5-57所示。

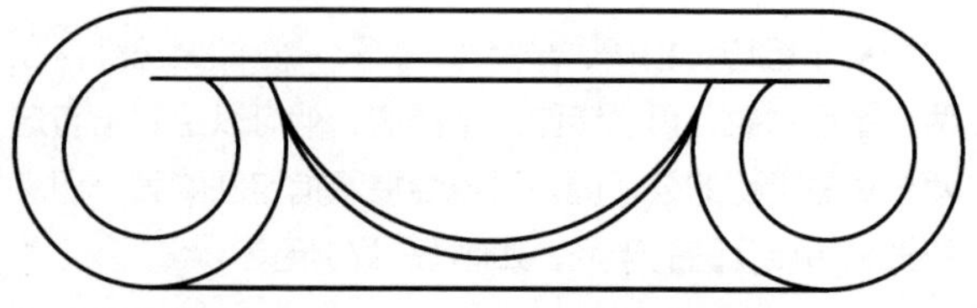

图 5-57 修剪图形

Step 09 再单击【修改】面板中的【偏移】按钮，将R9的小圆向内偏移2，如图5-58所示。

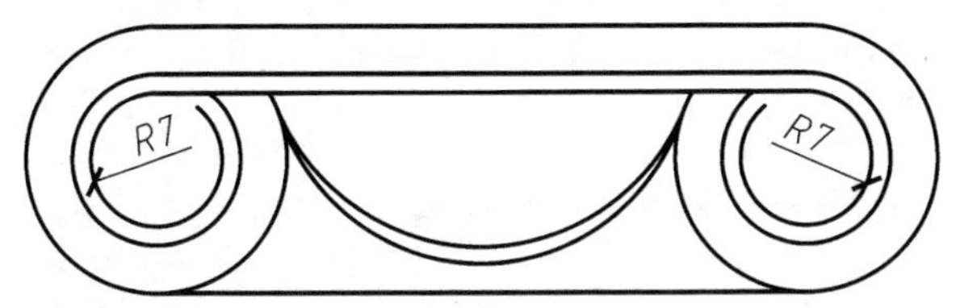

图 5-58 向内偏移 R9 的圆

Step 10 接着输入XL，执行【构造线】命令，分别过R7的圆心绘制两条竖直的构造线，如图5-59所示。

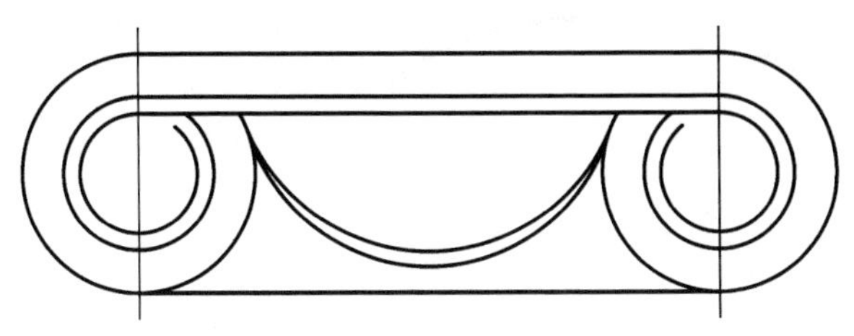

图 5-59 绘制竖直的构造线

Step 11 单击【修改】面板中的【修剪】按钮，修剪R7的圆弧，接着选中端点，将其放置在R9圆的下象限点上，如图5-60所示。

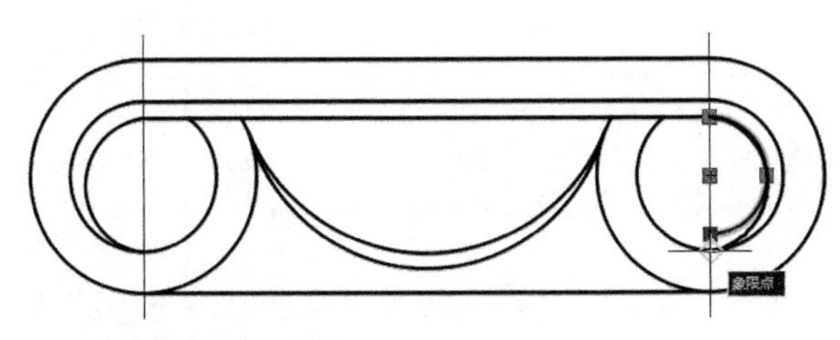

图 5-60 修剪并调整 R7 圆弧

Step 12 删除竖直构造线，然后调用【圆】命令，使用【相切、相切、半径】的方式，在图5-61所示的位置绘制两个半径为1的圆。

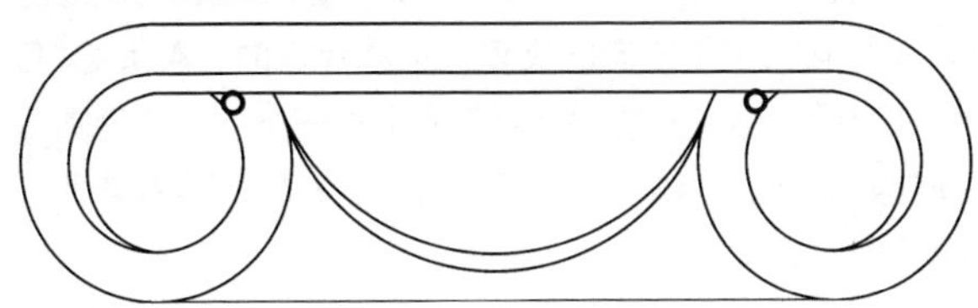

图 5-61 绘制 R1 的辅助圆

Step 13 单击【修改】面板中的【修剪】按钮，修剪出圆角，最终效果如图5-62所示。

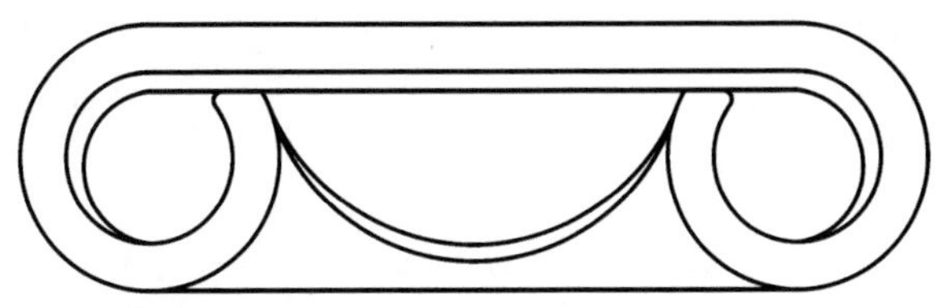

图 5-62 最终效果

知识链接

【修剪】、【偏移】及夹点操作等命令的具体使用方法见本书第6章。

5.3.2 圆弧

圆弧即圆的一部分，在技术制图中，经常需要用圆弧来光滑连接已知的直线或曲线。

• 执行方式

执行【圆弧】命令的方法有以下几种。

- ◆功能区：单击【绘图】面板中的【圆弧】按钮。
- ◆菜单栏：选择【绘图】|【圆弧】命令。
- ◆命令行：ARC 或 A。

• 操作步骤

```
命令: _arc                                          //执行【圆弧】命令
指定圆弧的起点或 [圆心(C)]:                          //指定圆弧的起点
指定圆弧的第二个点或 [圆心(C)/端点(E)]:
                                                    //指定圆弧的第二点
指定圆弧的端点:                                      //指定圆弧的端点
```

• 选项说明

在【绘图】面板【圆弧】按钮的下拉列表中提供了11 种绘制圆弧的命令，各命令的含义如下。

◆ “三点（P）” ：通过指定圆弧上的 3 点绘制圆弧，需要指定圆弧的起点、通过的第二个点和端点，如图 5-63 所示。

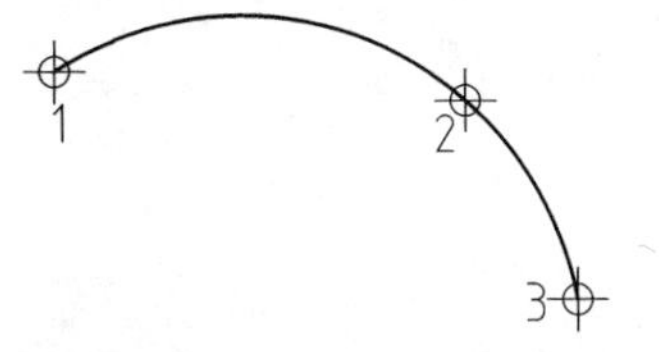

图 5-63 “三点（P）”画圆弧

```
命令: _arc
指定圆弧的起点或 [圆心(C)]:                          //指定圆弧的起点1
指定圆弧的第二个点或 [圆心(C)/端点(E)]:
//指定点2
指定圆弧的端点:                                      //指定点3
```

◆ “起点、圆心、端点（S）” ：通过指定圆弧的起点、圆心、端点绘制圆弧，如图 5-64 所示。

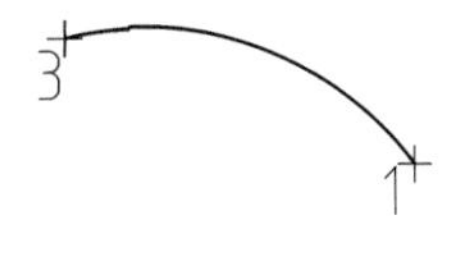

图 5-64 “起点、圆心、端点（S）”画圆弧

```
命令: _arc
指定圆弧的起点或 [圆心(C)]:                              //指定圆弧的起点1
指定圆弧的第二个点或 [圆心(C)/端点(E)]: _c              //系统自动选择
指定圆弧的圆心:                                          //指定圆弧的圆心2
指定圆弧的端点(按住 Ctrl 键以切换方向)或 [角度(A)/弦长(L)]:
                                                         //指定圆弧的端点3
```

◆ “起点、圆心、角度（T）” ：通过指定圆弧的起点、圆心、包含角度绘制圆弧，执行此命令时会出现“指定夹角”的提示，在输入角时，如果当前环境设置逆时针方向为角度正方向，且输入正的角度值，则绘制的圆弧是从起点绕圆心沿逆时针方向绘制，反之则沿顺时针方向绘制，如图 5-65 所示。

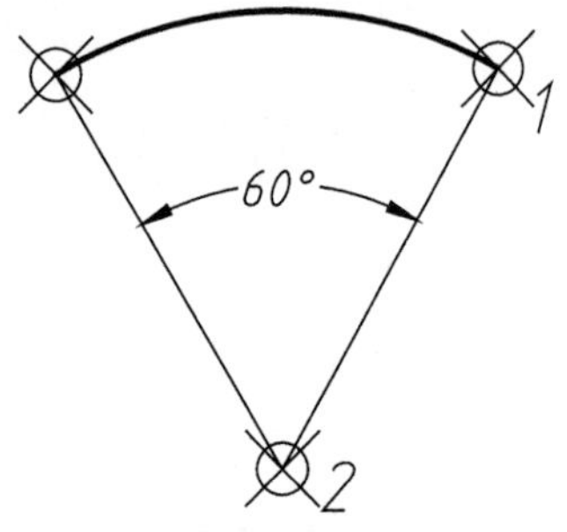

图 5-65 “起点、圆心、角度（T）”画圆弧

```
命令: _arc
指定圆弧的起点或 [圆心(C)]:                     //指定圆弧的起点1
指定圆弧的第二个点或 [圆心(C)/端点(E)]: _c
                                                //系统自动选择
指定圆弧的圆心:                                 //指定圆弧的圆心2
指定圆弧的端点(按住 Ctrl 键以切换方向)或 [角度(A)/弦长(L)]: _a
                                                //系统自动选择
指定夹角(按住 Ctrl 键以切换方向): 60↙              //输入圆弧夹角角度
```

◆ “起点、圆心、长度（A）” ：通过指定圆弧的起点、圆心、弧长绘制圆弧，如图 5-66 所示。另外，在命令行提示的“指定弦长”提示信息下，如果所输入的值为负，则该值的绝对值将作为对应整圆的空缺部分的圆弧的弧长。

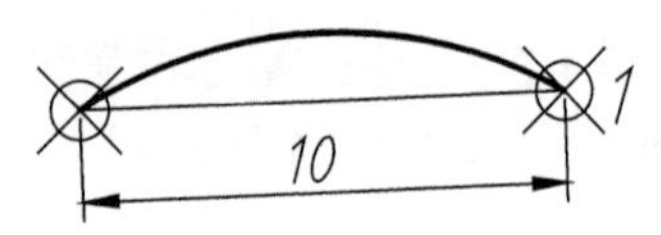

图 5-66 “起点、圆心、长度（A）”画圆弧

```
命令: _arc
指定圆弧的起点或 [圆心(C)]:
//指定圆弧的起点1
指定圆弧的第二个点或 [圆心(C)/端点(E)]: _c          //系统自动选择
指定圆弧的圆心:                                   //指定圆弧的圆心2
指定圆弧的端点(按住 Ctrl 键以切换方向)或 [角度(A)/弦长(L)]: _l
                                                 //系统自动选择
指定弦长(按住 Ctrl 键以切换方向): 10↙                //输入弦长
```

◆ “起点、端点、角度（N）” ：通过指定圆弧的起点、端点、包含角绘制圆弧，如图 5-67 所示。

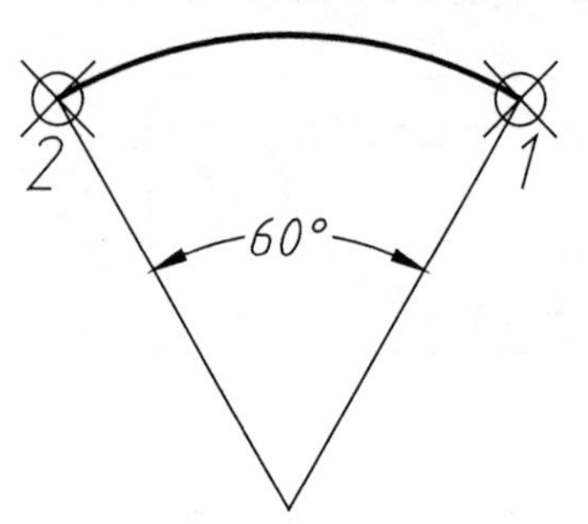

图 5-67 “起点、端点、角度（N）”画圆弧

```
命令: _arc
指定圆弧的起点或 [圆心(C)]:                       //指定圆弧的起点1
指定圆弧的第二个点或 [圆心(C)/端点(E)]: _e
                                                 //系统自动选择
指定圆弧的端点:                                   //指定圆弧的端点2
指定圆弧的中心点(按住 Ctrl 键以切换方向)或[角度(A)/方向(D)/半径(R)]: _a
                                                 //系统自动选择
指定夹角(按住 Ctrl 键以切换方向): 60↙   //输入圆弧夹角角度
```

◆ “起点、端点、方向（D）” ：通过指定圆弧的起点、端点和圆弧的起点切向绘制圆弧，如图 5-68 所示。命令执行过程中会出现“指定圆弧的起点切向”提示信息，此时拖动鼠标动态地确定圆弧在起始点处的切线方向和水平方向的夹角。拖动鼠标时，AutoCAD 会在当前光标与圆弧起始点之间形成一条线，即为圆弧在起始点处的切线。确定切线方向后，单击拾取键即可得到相应的圆弧。

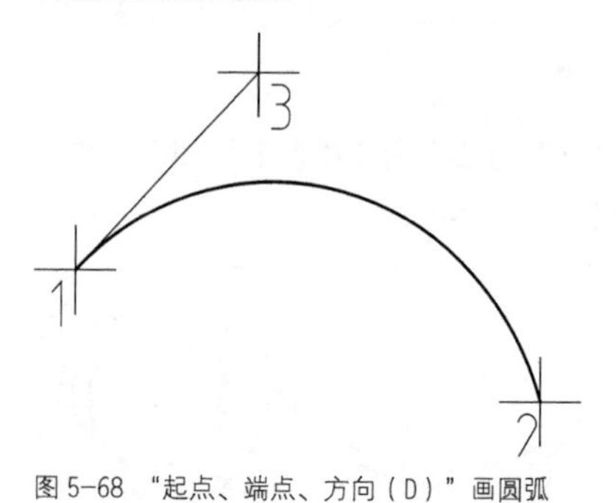

图 5-68 “起点、端点、方向（D）”画圆弧

```
命令: _arc
指定圆弧的起点或 [圆心(C)]:
//指定圆弧的起点1
指定圆弧的第二个点或 [圆心(C)/端点(E)]: _e          //系统自动选择
指定圆弧的端点:                                      //指定圆弧的端点2
指定圆弧的中心点(按住 Ctrl 键以切换方向)或 [角度(A)/方向(D)/半径(R)]: _d          //系统自动选择
指定圆弧起点的相切方向(按住Ctrl键以切换方向):  //指定点3确定方向
```

◆ “起点、端点、半径（R）”：通过指定圆弧的起点、端点和圆弧半径绘制圆弧，如图 5-69 所示。

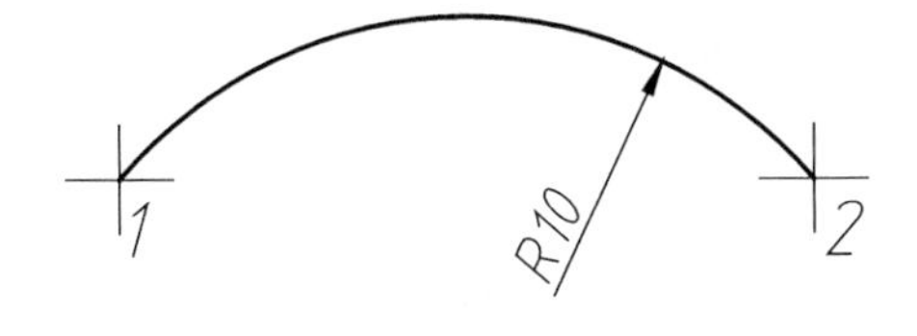

图 5-69 “起点、端点、半径（R）”画圆弧

```
命令: _arc
指定圆弧的起点或 [圆心(C)]:
//指定圆弧的起点1
指定圆弧的第二个点或 [圆心(C)/端点(E)]: _e          //系统自动选择
指定圆弧的端点:                                      //指定圆弧的端点2
指定圆弧的中心点(按住 Ctrl 键以切换方向)或 [角度(A)/方向(D)/半径(R)]: _r          //系统自动选择
指定圆弧的半径(按住 Ctrl 键以切换方向): 10↙          //输入圆弧的半径
```

提示

半径值与圆弧方向的确定请参见本节的“初学解答：圆弧的方向与大小”。

◆ “圆心、起点、端点（C）”：以圆弧的圆心、起点、端点方式绘制圆弧，如图 5-70 所示。

图 5-70 “圆心、起点、端点（C）”画圆弧

```
命令: _arc
指定圆弧的起点或 [圆心(C)]: _c              //系统自动选择
指定圆弧的圆心:                              //指定圆弧的圆心1
指定圆弧的起点:                              //指定圆弧的起点2
指定圆弧的端点(按住 Ctrl 键以切换方向)或 [角度(A)/弦长(L)]:
                                             //指定圆弧的端点3
```

◆ “圆心、起点、角度（E）”：以圆弧的圆心、起点、圆心角方式绘制圆弧，如图 5-71 所示。

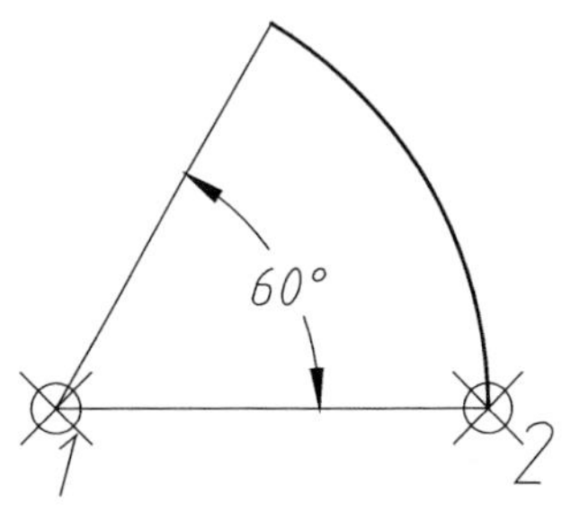

图 5-71 “圆心、起点、角度（E）”画圆弧

```
命令: _arc
指定圆弧的起点或 [圆心(C)]: _c              //系统自动选择
指定圆弧的圆心:                              //指定圆弧的圆心1
指定圆弧的起点:                              //指定圆弧的起点2
指定圆弧的端点(按住 Ctrl 键以切换方向)或 [角度(A)/弦长(L)]: _a          //系统自动选择
指定夹角(按住 Ctrl 键以切换方向): 60↙       //输入圆弧的夹角角度
```

◆ “圆心、起点、长度（L）”：以圆弧的圆心、起点、弧长方式绘制圆弧，如图 5-72 所示。

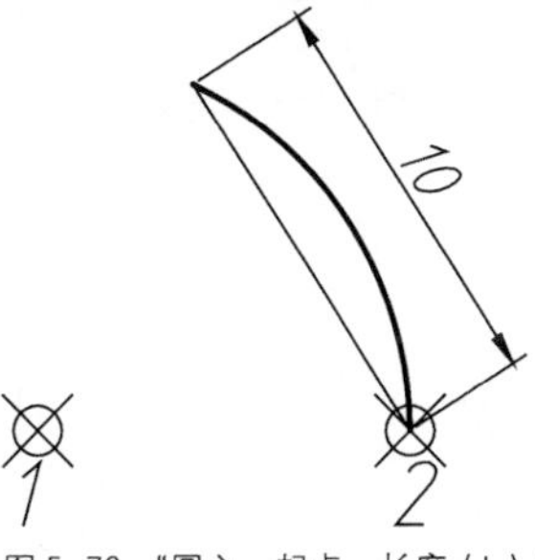

图 5-72 “圆心、起点、长度（L）”画圆弧

```
命令: _arc
指定圆弧的起点或 [圆心(C)]: _c              //系统自动选择
指定圆弧的圆心:                              //指定圆弧的圆心1
指定圆弧的起点:                              //指定圆弧的起点2
指定圆弧的端点(按住 Ctrl 键以切换方向)或 [角度(A)/弦长(L)]: _l          //系统自动选择
指定弦长(按住 Ctrl 键以切换方向): 10↙       //输入弦长
```

◆ “连续（O）”：绘制其他直线与非封闭曲线后选择【绘图】|【圆弧】|【继续】命令，系统将自动以刚才绘制的对象的终点作为即将绘制的圆弧的起点。

练习 5-6 用圆弧绘制圆茶几

难度：☆☆	
素材文件路径：	素材/第5章/5-6用圆弧绘制圆茶几.dwg
效果文件路径：	素材/第5章/5-6用圆弧绘制圆茶几-OK.dwg
视频文件路径：	视频/第5章/5-6用圆弧绘制圆茶几.mp4
播放时长：	3分7秒

茶几一般有方形和圆形两种，方茶几比较适合中规中矩的家居环境设计，圆茶几则更适合年轻的朋友打造一个轻松的客厅环境，所以很多休闲户外家具都设计为圆茶几。本例便绘制一简单的圆茶几平面图。

Step 01 打开素材文件“第5章/5-6用圆弧绘制圆茶几.dwg”，其中已绘制好了一直径为Ø600的圆，如图5-73所示。

Step 02 单击【绘图】面板中的【定数等分】按钮，将素材圆等分为8份，然后设置点样式，显示出等分点效果，如图5-74所示。命令行操作过程如下。

```
命令: _divide                          //执行【定数等分】命令
选择要定数等分的对象:
输入线段数目或 [块(B)]: 8↙             //输入等分数目
```

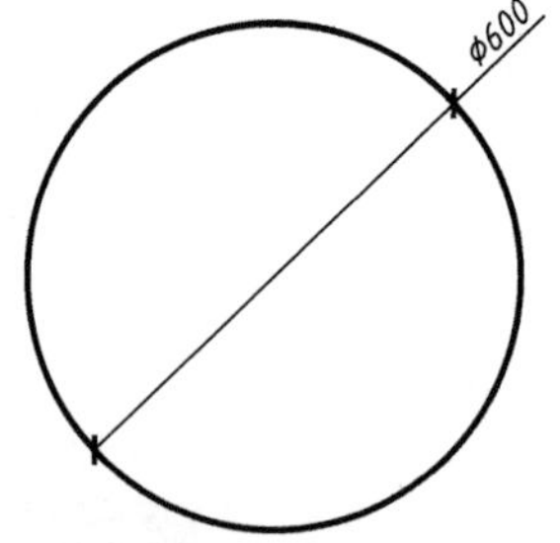

图 5-73 素材图形

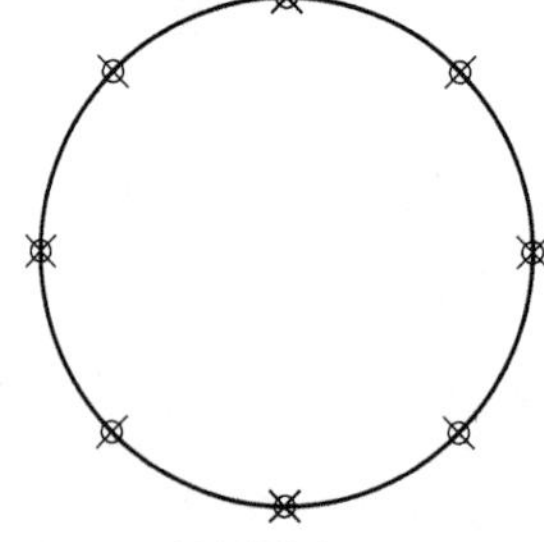

图 5-74 创建等分点

Step 03 要捕捉等分点，需要先设置对象捕捉。右键单击状态栏中的【对象捕捉】按钮，在弹出的快捷菜单中勾选【节点】，如图5-75所示。

Step 04 接着在【绘图】面板中单击【起点、端点、半径】按钮，捕捉圆上的等分节点，绘制一段半径为300的圆弧（在绘制时要注意起点和端点的顺序），如图5-76所示，命令行提示如下。

```
命令: _arc                                       //执行【圆弧】命令
指定圆弧的起点或 [圆心(C)]:
指定圆弧的第二个点或 [圆心(C)/端点(E)]: _e
指定圆弧的端点:                                  //以点1为圆弧的起点
指定圆弧的中心点(按住 Ctrl 键以切换方向)或 [角度(A)/方向(D)/半径(R)]: _r      //以点2为圆弧的起点
指定圆弧的半径(按住 Ctrl 键以切换方向): 300↙
//输入圆弧半径
```

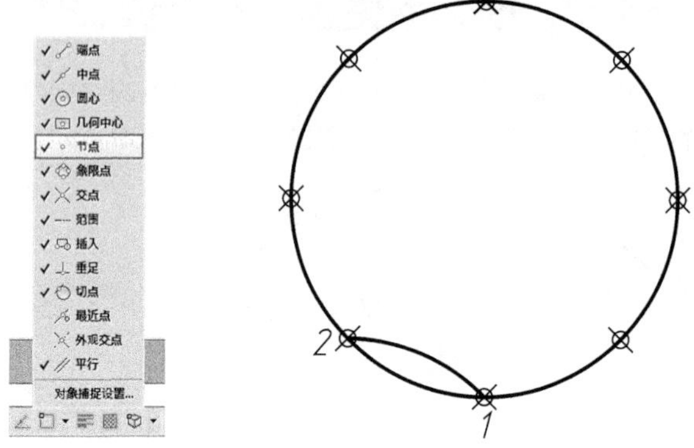

图 5-75 设置节点捕捉　　图 5-76 绘制圆弧

Step 05 在【默认】选项卡中，单击【修改】面板中的【环形阵列】按钮，执行【阵列】命令。在绘图区中选择圆弧为阵列对象，然后指定Ø600圆心为阵列中心，最后设置项目总数为8，效果如图5-77所示。

Step 06 单击【修改】面板中的【偏移】按钮，将所得的8段圆弧向内偏移20，如图5-78所示。

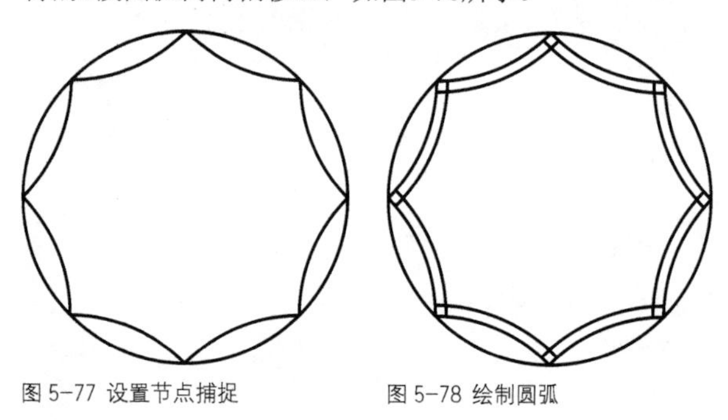

图 5-77 设置节点捕捉　　图 5-78 绘制圆弧

Step 07 单击【修改】面板中的【修剪】按钮，剪切掉弧线相交的部分，最终结果如图5-79所示。

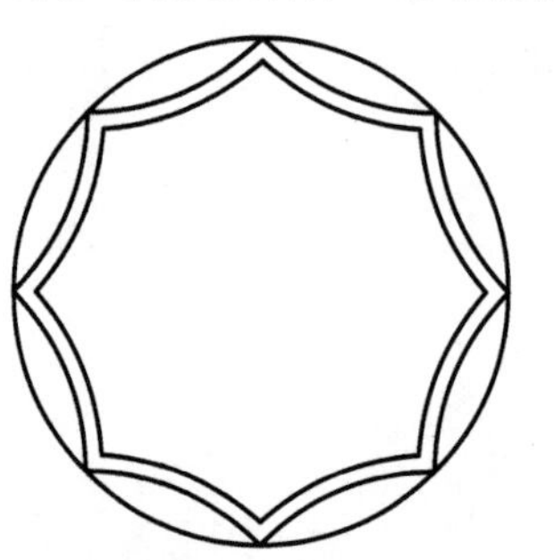

图 5-79 圆茶几平面图

练习 5-7 绘制葫芦形体 ★重点★

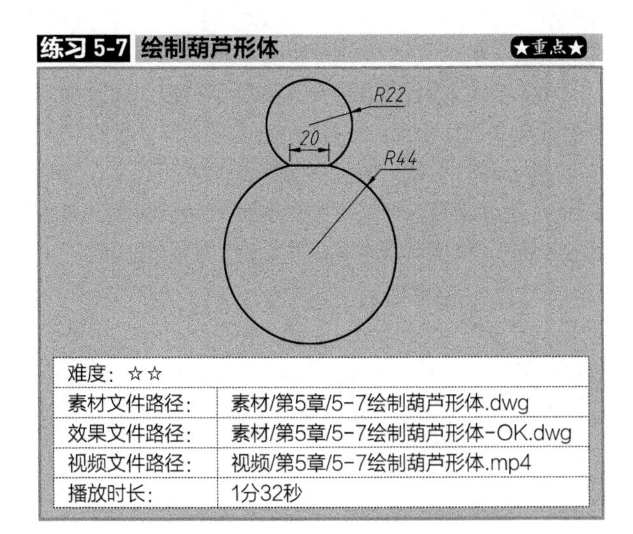

难度：☆☆	
素材文件路径：	素材/第5章/5-7绘制葫芦形体.dwg
效果文件路径：	素材/第5章/5-7绘制葫芦形体-OK.dwg
视频文件路径：	视频/第5章/5-7绘制葫芦形体.mp4
播放时长：	1分32秒

在绘制圆弧的时候，有些绘制出来的结果和用户本人所设想的不一样，这是因为没有弄清楚圆弧的大小和方向。下面通过一个经典例题来进行说明。

Step 01 打开素材文件“第5章/5-7绘制葫芦形体.dwg”，其中已绘制好了一长度为20的线段，如图5-80所示。

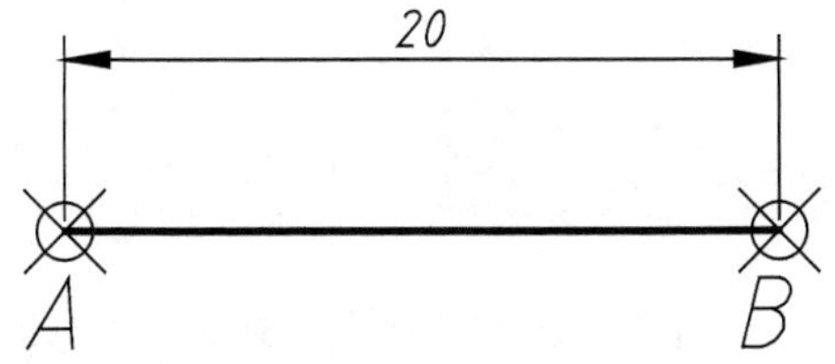

图 5-80 素材图形

Step 02 绘制上圆弧。单击【绘图】面板中【圆弧】按钮的下拉箭头▼，在下拉列表中选择【起点、端点、半径】选项，接着选择直线的右端点B作为起点、左端点A作为端点，然后输入半径值 -22，即可绘制上圆弧，如图5-81所示。

Step 03 绘制下圆弧。单击Enter或空格键，重复执行【起点、端点、半径】绘圆弧命令，接着选择直线的左端点A作为起点，右端点B作为端点，然后输入半径值 -44，即可绘制下圆弧，如图5-82所示。

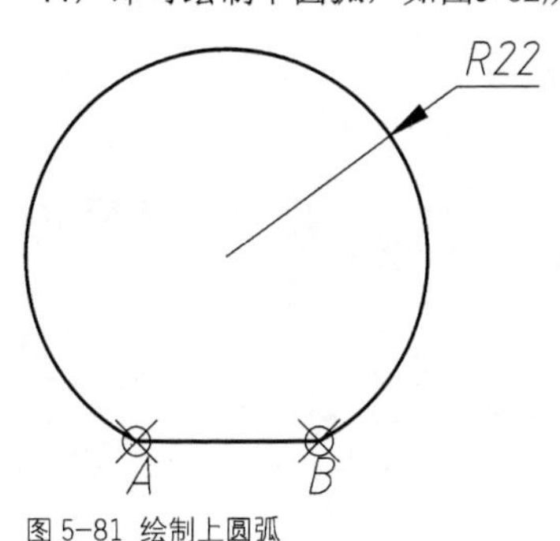

图 5-81 绘制上圆弧

R44

图 5-82 绘制下圆弧

·初学解答 圆弧的方向与大小

【圆弧】是新手最容易犯错的命令之一。由于圆弧的绘制方法以及子选项都很丰富，因此初学者在掌握【圆弧】命令的时候容易对概念理解不清楚。如在上例在绘制葫芦形体时，就有两处非常规的地方。

◆1. 为什么绘制上、下圆弧时，起点和端点是互相颠倒的?

◆2. 为什么输入的半径值是负数?

只需弄懂这两个问题，就可以理解大多数的圆弧命令，解释如下。

AutoCAD 中圆弧绘制的默认方向是逆时针方向，因此在绘制上圆弧的时候，如果我们以 A 点为起点，B 点为端点，则会绘制出如图 5-83 所示的圆弧（命令行虽然提示按 Ctrl 键反向，但只能外观发现，实际绘制时还是会按原方向处理）。

根据几何学的知识我们可知，在半径已知的情况下，弦长对应两段圆弧：优弧（弧长较长的一段）和劣弧（弧长短的一段）。而在 AutoCAD 中只有输入负值才能绘制出优弧，具体关系如图 5-84 所示。

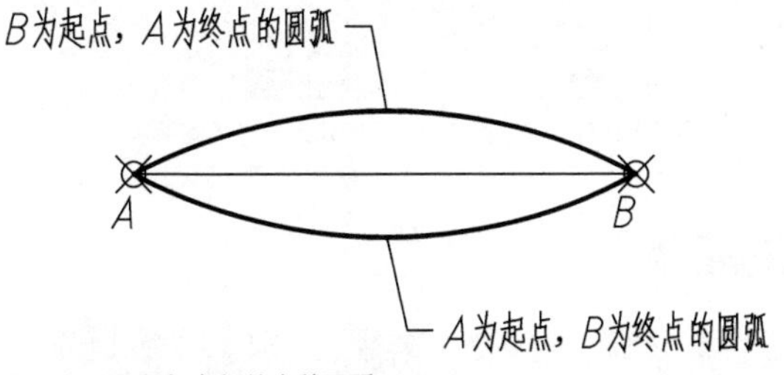

图 5-83 不同起点与终点的圆弧

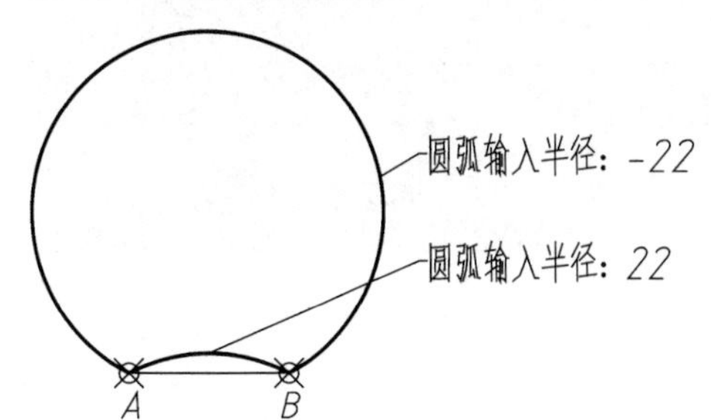

图 5-84 不同输入半径的圆弧

5.3.3 椭圆

椭圆是到两定点（焦点）的距离之和为定值的所有点的集合，与圆相比，椭圆的半径长度不一，形状由定义其长度和宽度的两条轴决定，较长的称为长轴，较短的称为短轴，如图5-85所示。在建筑绘图中，很多图形都是椭圆形的，比如地面拼花、室内吊顶造型等，在机械制图中也一般用椭圆来绘制轴测图上的圆。

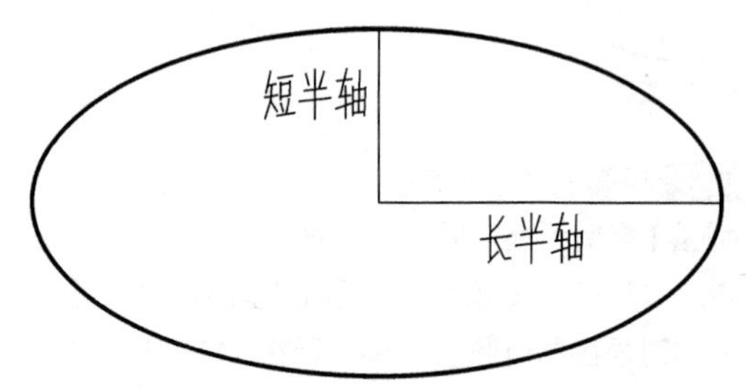

图5-85 椭圆的长轴和短轴

•执行方式

在AutoCAD 2016中启动绘制【椭圆】命令有以下几种常用方法。

◆功能区：单击【绘图】面板中的【椭圆】按钮，即【圆心】或【轴，端点】按钮，如图5-86所示。

◆菜单栏：执行【绘图】|【椭圆】命令，如图5-87所示。

◆命令行：ELLIPSE或EL。

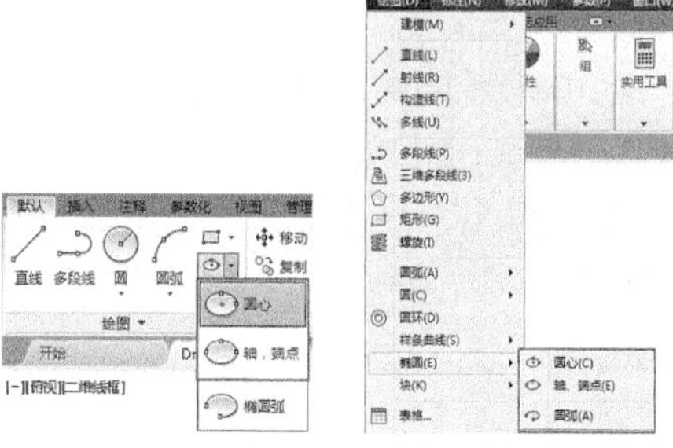

图5-86 【绘图】面板中的【椭圆】按钮　　图5-87 不同输入半径的圆弧

•操作步骤

```
命令: _ellipse                                //执行【椭圆】命令
指定椭圆的轴端点或 [圆弧(A)/中心点(C)]: _c
                                              //系统自动选择绘制对象为椭圆
指定椭圆的中心点:                  //在绘图区中指定椭圆的中心点
指定轴的端点:                      //在绘图区中指定一点
指定另一条半轴长度或 [旋转(R)]:
//在绘图区中指定一点或输入数值
```

•选项说明

在【绘图】面板【椭圆】按钮的下拉列表中有【圆心】和【轴，端点】2种方法，各方法含义介绍如下。

◆【圆心】：通过指定椭圆的中心点、一条轴的一个端点及另一条轴的半轴长度来绘制椭圆，如图5-88所示。即命令行中的“中心点（C）”选项。

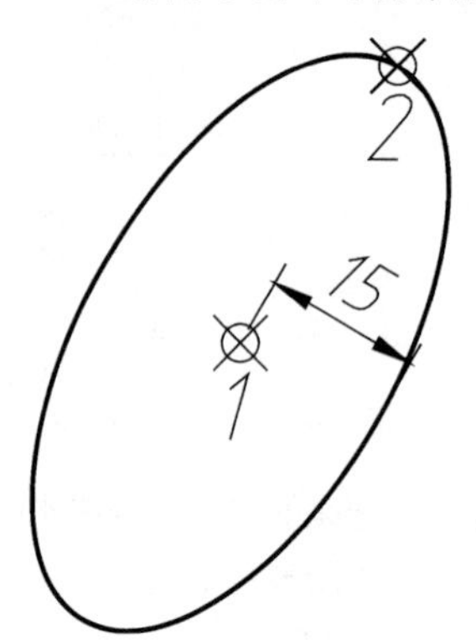

图5-88 【圆心】画椭圆

```
命令: _ellipse
                                    //执行【椭圆】命令
指定椭圆的轴端点或 [圆弧(A)/中心点(C)]: _c
                                    //系统自动选择椭圆的绘制方法
指定椭圆的中心点:                   //指定中心点1
指定轴的端点:                       //指定轴端点2
指定另一条半轴长度或 [旋转(R)]:15↙    //输入另一半轴长度
```

◆【轴，端点】：通过指定椭圆一条轴的两个端点及另一条轴的半轴长度来绘制椭圆，如图5-89所示。即命令行中的“圆弧（A）”选项。

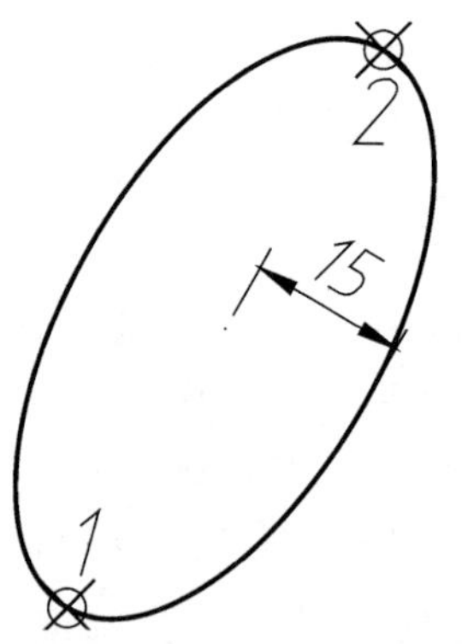

图5-89 【轴，端点】画椭圆

```
命令: _ellipse                              //执行【椭圆】命令
指定椭圆的轴端点或 [圆弧(A)/中心点(C)]:
//指定点1
指定轴的另一个端点:                                   //指定点2
指定另一条半轴长度或 [旋转(R)]: 15↙
//输入另一半轴的长度
```

练习 5-8 绘制椭圆书桌平面图

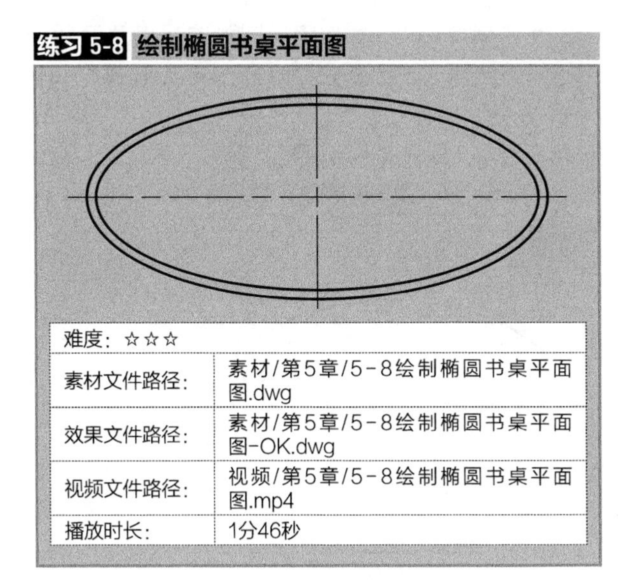

难度：☆☆☆	
素材文件路径：	素材/第5章/5-8绘制椭圆书桌平面图.dwg
效果文件路径：	素材/第5章/5-8绘制椭圆书桌平面图-OK.dwg
视频文件路径：	视频/第5章/5-8绘制椭圆书桌平面图.mp4
播放时长：	1分46秒

相比于常规的桌面造型，椭圆的外形简捷、现代、时尚、美观，整体看起来大方而又实用，打破了古典家具容易显老气的定律，十足新古典主义的范儿，如图 5-90 所示。本例便通过椭圆命令绘制如图 5-91 所示的桌面。

图 5-90 椭圆桌

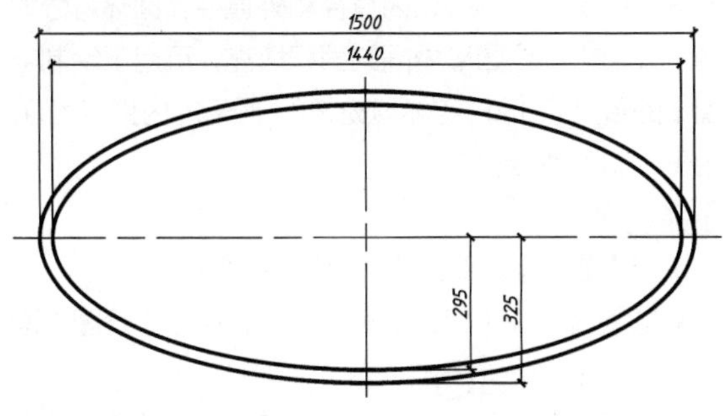

图 5-91 椭圆书桌平面图

Step 01 启动AutoCAD 2016，打开“第5章/5-8绘制椭圆书桌平面图.dwg”文件，素材文件内已经绘制好了中心线，如图5-92所示。

Step 02 单击【绘图】面板中的【椭圆】按钮，以中心线的交点为中心点，接着分别通过相对坐标的方式输入大椭圆的长轴端点为（@750,0），短轴端点为（@0,325），结果如图5-93所示，命令行操作提示如下。

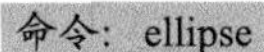

```
命令: _ellipse
指定椭圆的轴端点或 [圆弧(A)/中心点(C)]: _c
指定椭圆的中心点:                    //选择中心线交点为中心点
指定轴的端点: @750,0                 //通过相对坐标输入长轴端点
指定另一条半轴长度或 [旋转(R)]: @0,325
                                     //通过相对坐标输入短轴端点
```

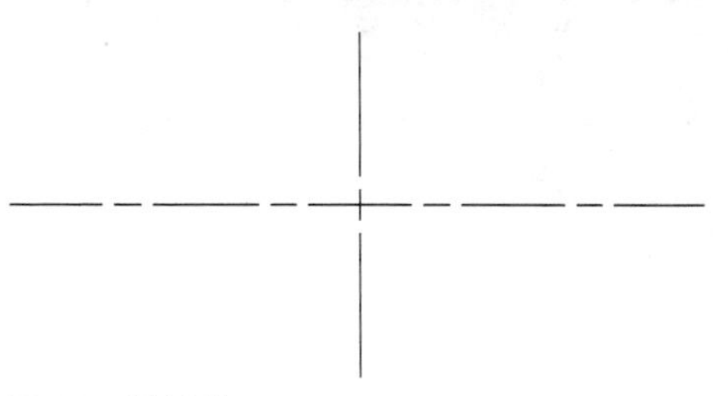

图 5-92 素材文件

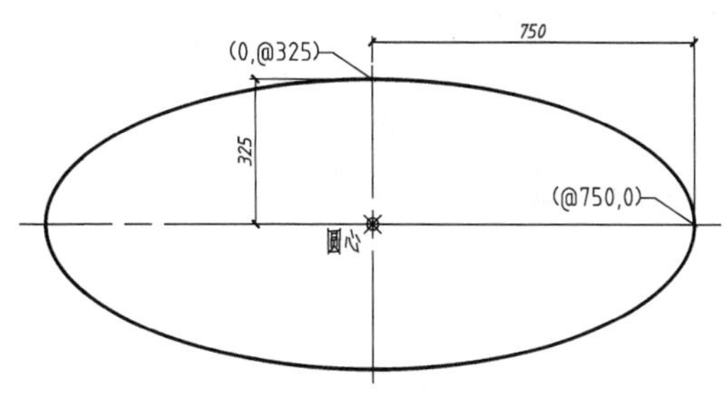

图 5-93 绘制左侧的圆

Step 03 接着使用相同方法，绘制内部的小椭圆，最终结果如图5-94所示。

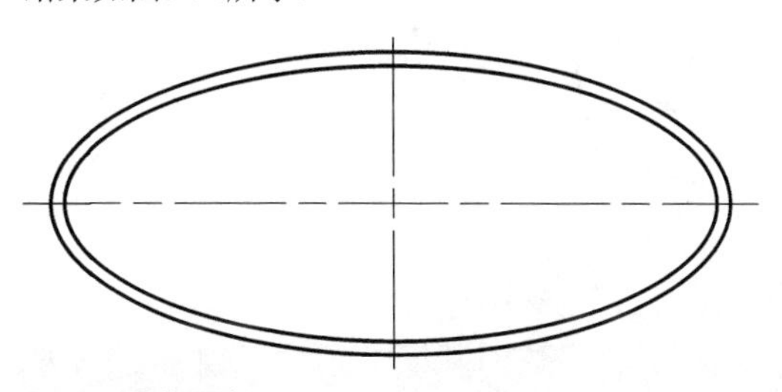

图 5-94 最终图形

5.3.4 椭圆弧

椭圆弧是椭圆的一部分。绘制椭圆弧需要确定的参数有：椭圆弧所在椭圆的两条轴及椭圆弧的起点和终点的角度。

• 执行方式

执行【椭圆弧】命令的方法有以下 2 种。

◆面板：单击【绘图】面板中的【椭圆弧】按钮。

◆菜单栏：选择【绘图】|【椭圆】|【椭圆弧】命令。

•操作步骤

```
命令: _ellipse                          //执行【椭圆弧】命令
指定椭圆的轴端点或 [圆弧(A)/中心点(C)]: _a
//系统自动选择绘制对象为椭圆弧
指定椭圆弧的轴端点或 [中心点(C)]:
            //在绘图区指定椭圆一轴的端点
指定轴的另一个端点:
                        //在绘图区指定该轴的另一端点
指定另一条半轴长度或 [旋转(R)]:
            //在绘图区中指定一点或输入数值
指定起点角度或 [参数(P)]:
            //在绘图区中指定一点或输入椭圆弧的起始角度
指定端点角度或 [参数(P)/夹角(I)]:
            //在绘图区中指定一点或输入椭圆弧的终止角度
```

•选项说明

【椭圆弧】中各选项含义与【椭圆】一致，唯有在指定另一半轴长度后，会提示指定起点角度与端点角度来确定椭圆弧的大小，这时有两种指定方法，即“角度（A）”“参数（P）”和“夹角”（I），分别介绍如下。

◆“角度（A）”：输入起点与端点角度来确定椭圆弧，角度以椭圆轴中较长的一条为基准进行确定，如图 5-95 所示。

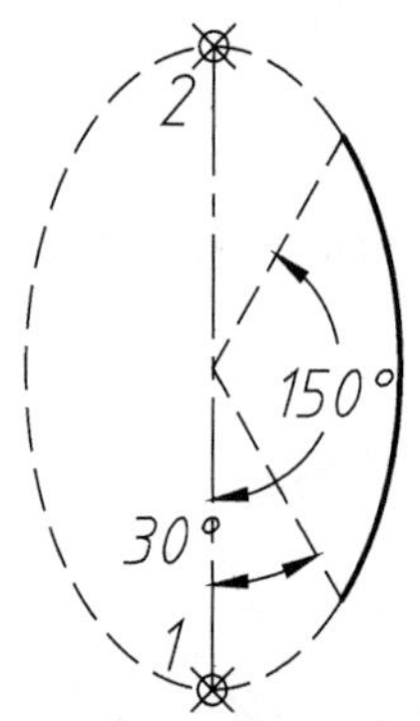

图 5-95 “角度（A）”绘制椭圆弧

```
命令: _ellipse                              //执行【椭圆】命令
指定椭圆的轴端点或 [圆弧(A)/中心点(C)]: _a        //系统自动选择绘制椭圆弧
指定椭圆弧的轴端点或 [中心点(C)]:
//指定轴端点1
指定轴的另一个端点:                          //指定轴端点2
指定另一条半轴长度或 [旋转(R)]: 6↙
//输入另一半轴长度
指定起点角度或 [参数(P)]: 30↙                //输入起始角度
指定端点角度或 [参数(P)/夹角(I)]: 150↙        //输入终止角度
```

◆“参数（P）”：用参数化矢量方程式（p(n)=c+a×cos(n)+b×sin(n)，其中 n 是用户输入的参数；c 是椭圆弧的半焦距；a 和 b 分别是椭圆长轴与短轴的半轴长。）定义椭圆弧的端点角度。使用“起点参数”选项可以从角度模式切换到参数模式。模式用于控制计算椭圆的方法。

◆“夹角（I）”：指定椭圆弧的起点角度后，可选择该选项，然后输入夹角角度来确定圆弧，如图 5-96 所示。值得注意的是，89.4° 到 90.6° 之间的夹角值无效，因为此时椭圆将显示为一条直线，如图 5-97 所示。这些角度值的倍数将每隔 90° 产生一次镜像效果。

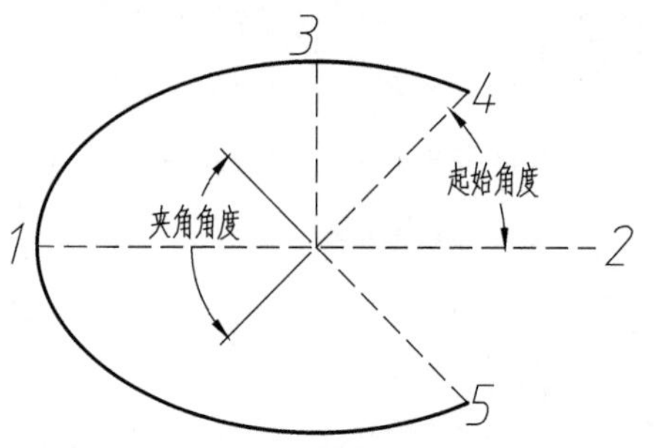

图 5-96 “夹角（I）”绘制椭圆弧

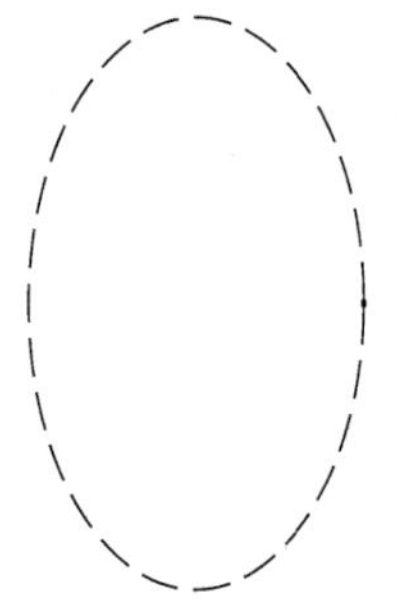

图 5-97 89.4° 到 90.6° 之间的夹角不显示椭圆弧

> **操作技巧**
>
> 椭圆弧的起始角度从长轴开始计算。

5.3.5 圆环 ★进阶★

圆环是由同一圆心、不同直径的两个同心圆组成的，控制圆环的参数是圆心、内直径和外直径。圆环可分为“填充环”（两个圆形中间的面积填充，可用于绘制电路图中的各接点）和“实体填充圆”（圆环的内直径为 0，可用于绘制各种标识）。

•执行方式

执行【圆环】命令的方法有以下 3 种。

◆功能区：在【默认】选项卡中，单击【绘图】面板中的【圆环】按钮◎。

◆菜单栏：选择【绘图】|【圆环】菜单命令。

◆命令行：DONUT 或 DO。

•操作步骤

```
命令: _donut                          //执行【圆环】命令
指定圆环的内径 <0.5000>:10↙            //指定圆环内径
指定圆环的外径 <1.0000>:20↙            //指定圆环外径
指定圆环的中心点或 <退出>:
```

```
                    //在绘图区中指定一点放置圆环，放置位
置为圆心
指定圆环的中心点或 <退出>: *取消*
//按ESC键退出圆环命令
```

• 选项说明

在绘制圆环时，命令行提示指定圆环的内径和外径，正常圆环的内径小于外径，且内径不为零，则效果如图 5-98 所示；若圆环的内径为 0，则圆环为一黑色实心圆，如图 5-99 所示；如果圆环的内径与外径相等，则圆环就是一个普通圆，如图 5-100 所示。

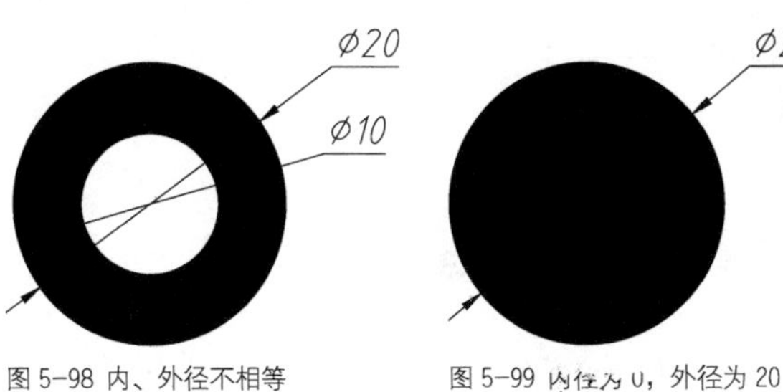

图 5-98 内、外径不相等　　图 5-99 内径为 0，外径为 20

图 5-100 内径与外径均为 20

• 初学解答 圆环的显示效果

AutoCAD 默认情况下，所绘制的圆环为填充的实心图形。如果在绘制圆环之前在命令行中输入 FILL，则可以控制圆环和圆的填充可见性。执行 FILL 命令后，命令行提示如下。

```
命令: fill↙
输入模式[开(ON)][关(OFF)]<开>:
          //输入ON或者OFF来选择填充效果的开、关
```

选择【开 (ON)】模式，表示绘制的圆环和圆都会填充，如图 5-101 所示；而选择【关 (OFF)】模式，表示绘制的圆环和圆不予填充，如图 5-102 所示。

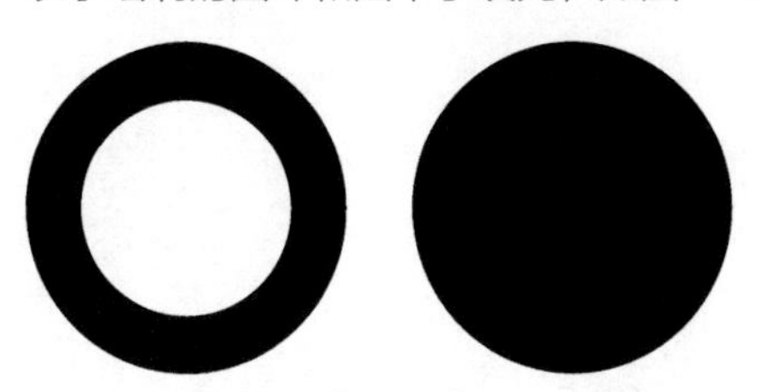

图 5-101 填充效果为【开 (ON)】

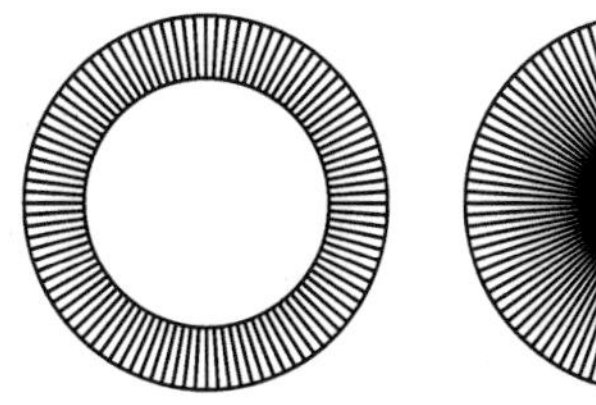
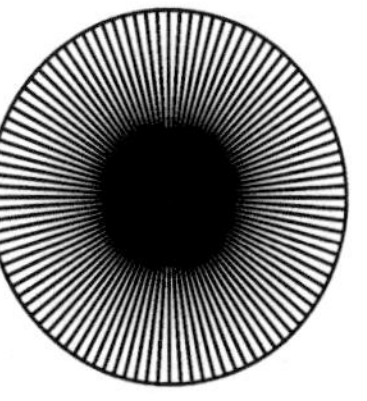

图 5-102 填充效果为【关 (OFF)】

此外，执行【直径】标注命令，可以对圆环进行标注。但标注值为外径与内径之和的一半，如图 5-103 所示。

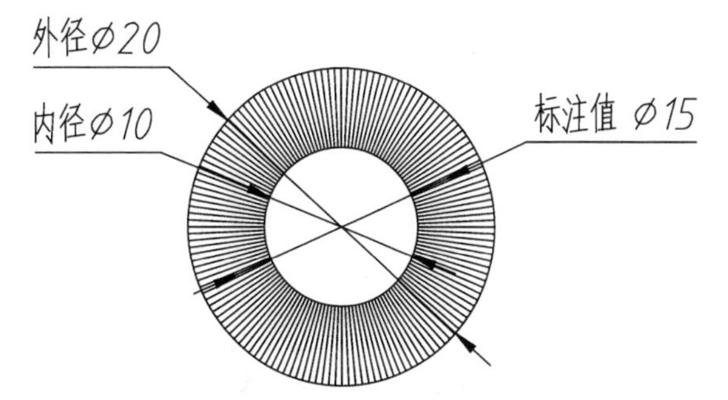

图 5-103 圆环对象的标注值

5.4 多段线

多段线又称为多义线，是 AutoCAD 中常用的一类复合图形对象。由多段线所构成的图形是一个整体，可以统一对其进行编辑修改。

5.4.1 多段线概述

使用【多段线】命令可以生成由若干条直线和圆弧首尾连接形成的复合线实体。所谓复合对象，即是指图形的所有组成部分均为一整体，单击时会选择整个图形，不能进行选择性编辑。直线与多段线的选择效果对比如图 5-104 所示。

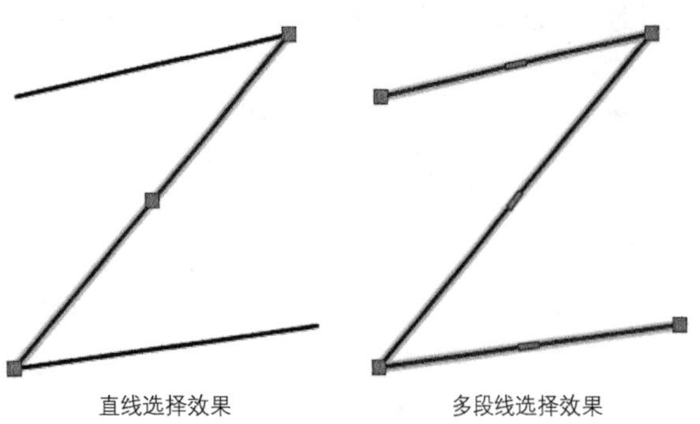

直线选择效果　　多段线选择效果

图 5-104 直线与多段线的选择效果对比

• 执行方式

调用【多段线】命令的方式如下。

◆ 功能区：单击【绘图】面板中的【多段线】按钮 ，如图 5-105 所示。

◆ 菜单栏：调用【绘图】|【多段线】菜单命令，

如图 5-106 所示。

◆命令行：PLINE 或 PL。

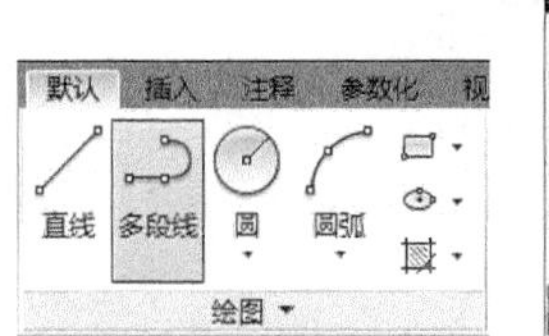

图 5-105 【绘图】面板中的【多段线】按钮

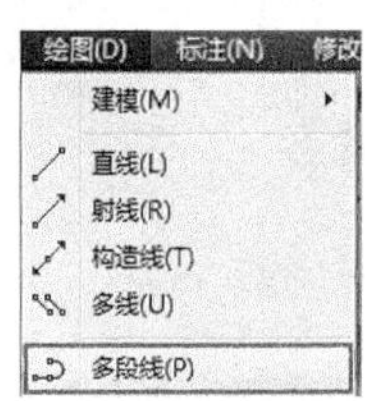

图 5-106 【多段线】菜单命令

·操作步骤

```
命令: _pline                                  //执行【多段线】命令
指定起点:                                     //在绘图区中任意指定一点为起点，有临时的加号标记显示
当前线宽为 0.0000                              //显示当前线宽
指定下一个点或 [圆弧(A)/半宽(H)/长度(L)/放弃(U)/宽度(W)]:
                                              //指定多段线的端点
指定下一点或 [圆弧(A)/闭合(C)/半宽(H)/长度(L)/放弃(U)/宽度(W)]:  //指定下一段多段线的端点
指定下一点或 [圆弧(A)/闭合(C)/半宽(H)/长度(L)/放弃(U)/宽度(W)]:  //指定下一端点或按Enter键结束
```

由于多段线中各子选项众多，因此通过以下两个部分进行讲解：多段线 - 直线、多段线 - 圆弧。

5.4.2 多段线 - 直线

在执行多段线命令时，选择“直线（L）”子选项后便开始创建直线，是默认的选项。若要开始绘制圆弧，可选择“圆弧（A）”选项。直线状态下的多段线，除“长度（L）”子选项之外，其余皆为通用选项，其含义效果分别介绍如下。

◆“闭合（C）”：该选项含义同【直线】命令中的一致，可连接第一条和最后一条线段，以创建闭合的多段线。

◆“半宽（H）”：指定从宽线段的中心到一条边的宽度。选择该选项后，命令行提示用户分别输入起点与端点的半宽值，而起点宽度将成为默认的端点宽度，如图 5-107 所示。

◆“长度（L）”：按照与上一线段相同的角度、方向创建指定长度的线段。如果上一线段是圆弧，将创建与该圆弧段相切的新直线段。

◆“宽度（W）”：设置多段线起始与结束的宽度值。选择该选项后，命令行提示用户分别输入起点与端点的宽度值，而起点宽度将成为默认的端点宽度，如图 5-108 所示。

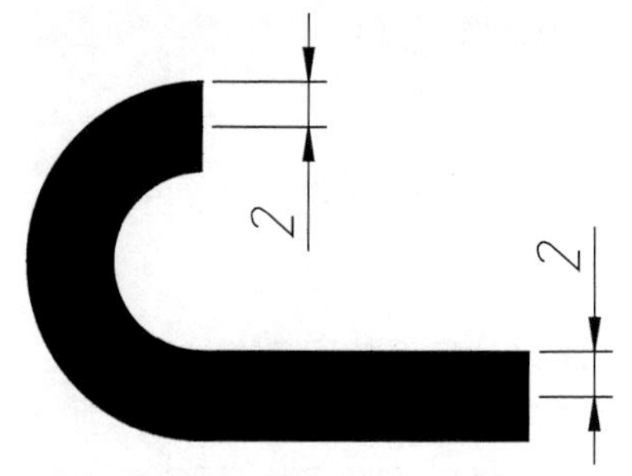

图 5-107 半宽为 2 示例

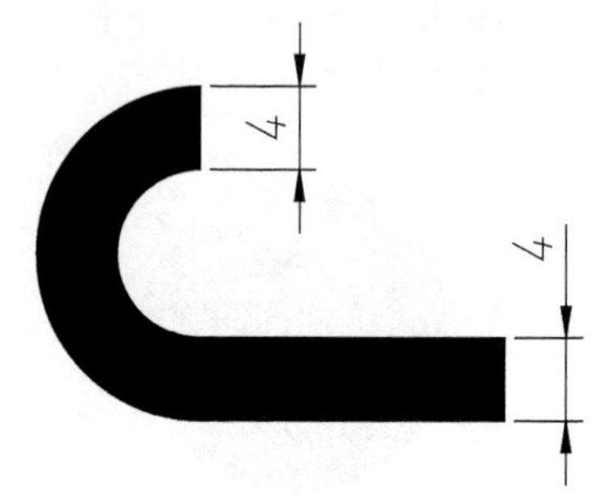

图 5-108 宽度为 4 示例

·初学解答 **具有宽度的多段线**

为多段线指定宽度后，有如下几点需要注意。

◆带有宽度的多段线其起点与端点仍位于中心处，如图 5-109 所示。

◆一般情况下，带有宽度的多段线在转折角处会自动相连，如图 5-110 所示；但在圆弧段互不相切、有非常尖锐的角（小于 29°）或者使用点画线线型的情况下将不倒角，如图 5-111 所示。

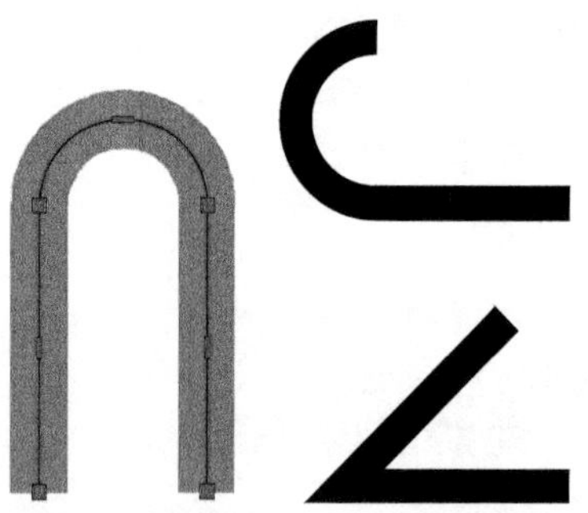

图 5-109 多段线位于宽度效果的中点　图 5-110 多段线在转角处自动相连

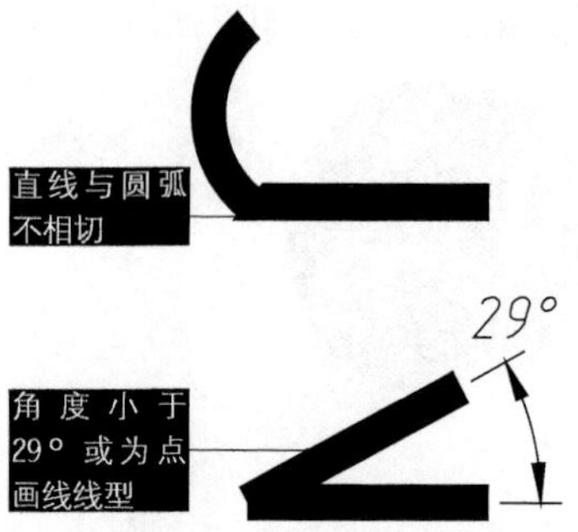

图 5-111 多段线在转角处不相连的情况

练习 5-9 绘制封边符号

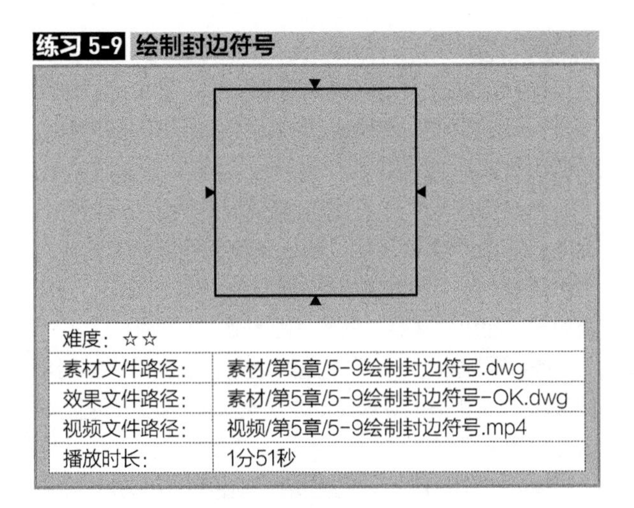

难度：☆☆	
素材文件路径：	素材/第5章/5-9绘制封边符号.dwg
效果文件路径：	素材/第5章/5-9绘制封边符号-OK.dwg
视频文件路径：	视频/第5章/5-9绘制封边符号.mp4
播放时长：	1分51秒

贴面、封边、钻孔是板式家具设计图加工的基本工序，而封边质量又是表现最明显的，如图 5-112 所示。如何选配封边设备，提高生产能力和保证质量是板式家具设计图生产厂家所关注的问题。家具设计图中，封边符号用一实心填充的三角形表示，如图 5-113 所示。本例便介绍如何巧用多段线来绘制封边符号。

图 5-112 板材的封边

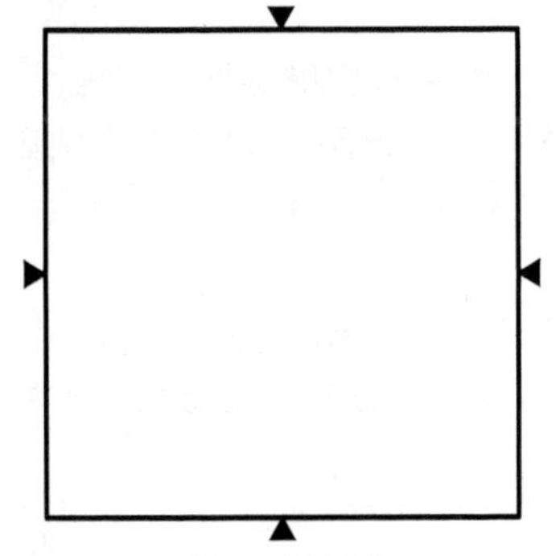

图 5-113 板材图上的封边符号

Step 01 启动AutoCAD 2016，打开“第5章/5-8绘制椭圆书桌平面图.dwg”文件，素材文件内已经绘制好了一板材图，如图5-114所示。

Step 02 绘制封边符号。单击【绘图】面板中的【多段线】按钮，选择板材轮廓图的任意一边中点为起点，然后设置起点宽度值为0，端点宽度值为10，绘制一段长度为6的多段线，如图5-115所示，命令行操作过程如下。

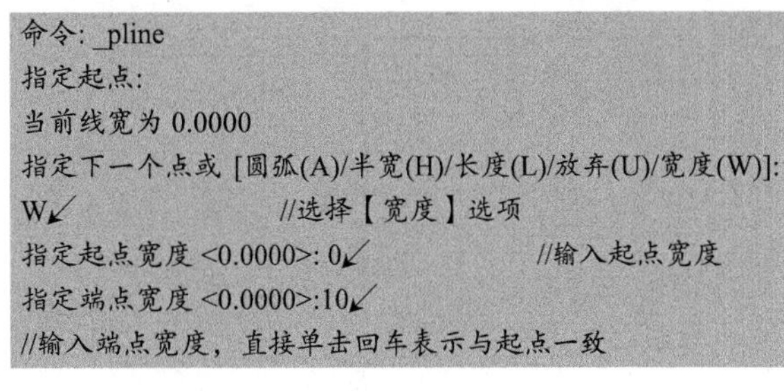

命令: _pline
指定起点:
当前线宽为 0.0000
指定下一个点或 [圆弧(A)/半宽(H)/长度(L)/放弃(U)/宽度(W)]:
W↙ //选择【宽度】选项
指定起点宽度 <0.0000>: 0↙ //输入起点宽度
指定端点宽度 <0.0000>:10↙
//输入端点宽度，直接单击回车表示与起点一致

图 5-114 素材图形

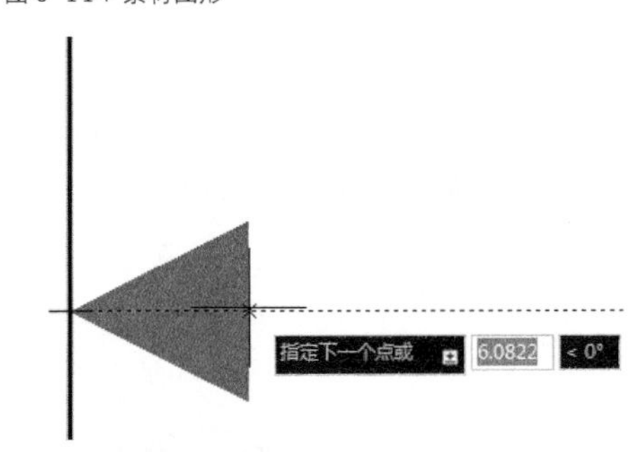

图 5-115 多段线绘制效果

Step 03 光标向右移动，引出追踪线确保水平，输入指引线的长度6，结果如图5-116所示，命令行操作过程如下。

指定下一个点或 [圆弧(A)/半宽(H)/长度(L)/放弃(U)/宽度(W)]: 6↙
//输入指引线长

Step 04 按相同方法，对板材的4个边都添加封边符号，最终结果如图5-117所示。

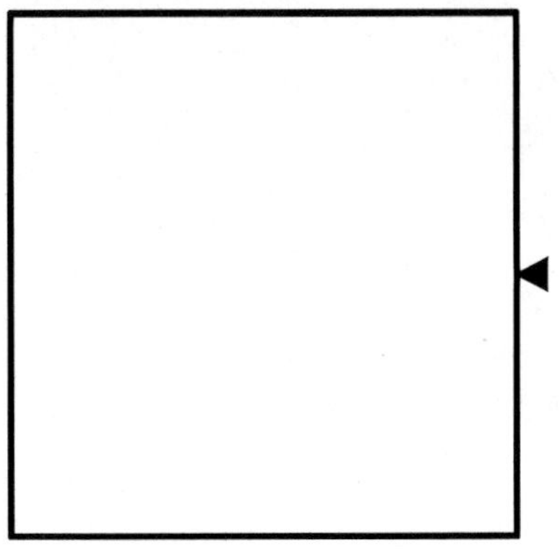

图 5-116 添加封边符号

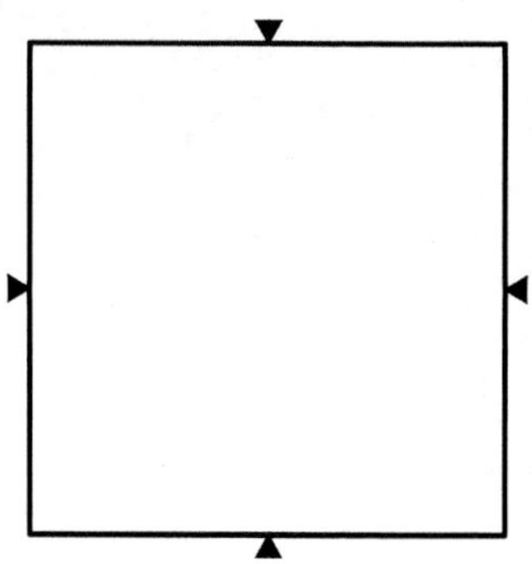

图 5-117 最终效果

> **操作技巧**
>
> 在多段线绘制过程中，可能预览图形不会及时显示出带有宽度的转角效果，让用户误以为绘制出错。而其实只要单击Enter键完成多段线的绘制，便会自动为多段线添加转角处的平滑效果。

5.4.3 多段线－圆弧

在执行多段线命令时，选择“圆弧（A）”子选项后便开始创建与上一线段（或圆弧）相切的圆弧段，如图 5-118 所示。若要重新绘制直线，可选择“直线（L）”选项。

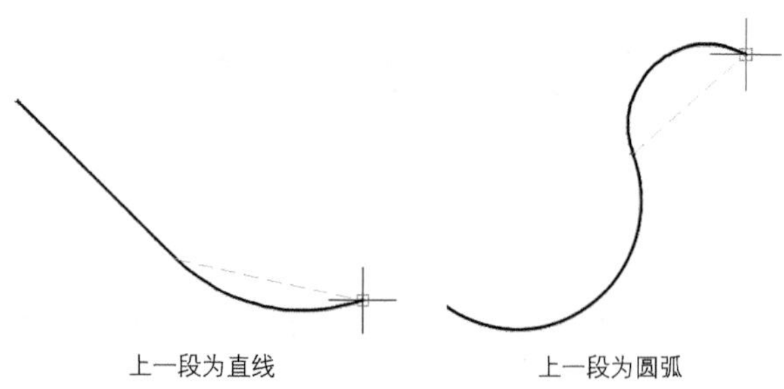

图 5-118 多段线创建圆弧时自动相切

• 操作过程

```
命令: _pline                                    //执行【多段线】命令
指定起点:                       //在绘图区中任意指定一点为起点
当前线宽为 0.0000
指定下一个点或 [圆弧(A)/半宽(H)/长度(L)/放弃(U)/宽度(W)]:
A↙                        //选择“圆弧”子选项
指定圆弧的端点(按住 Ctrl 键以切换方向)或
 //指定圆弧的一个端点
[角度(A)/圆心(CE)/方向(D)/半宽(H)/直线(L)/半径(R)/第二个点(S)/放弃(U)/宽度(W)]:
指定圆弧的端点(按住 Ctrl 键以切换方向)或
//指定圆弧的另一个端点
[角度(A)/圆心(CE)/闭合(CL)/方向(D)/半宽(H)/直线(L)/半径(R)/第二个点(S)/放弃(U)/宽度(W)]: *取消
```

• 选项说明

根据上面的命令行操作过程可知，在执行“圆弧（A）”子选项下的【多段线】命令时，会出现9种子选项，各选项含义部分介绍如下。

◆ “角度（A）”：指定圆弧段的从起点开始的包含角，如图 5-119 所示。输入正数将按逆时针方向创建圆弧段。输入负数将按顺时针方向创建圆弧段。方法类似于“起点、端点、角度”画圆弧。

◆ “圆心（CE）”：通过指定圆弧的圆心来绘制圆弧段，如图 5-120 所示。方法类似于“起点、圆心、端点”画圆弧。

◆ “方向（D）”：通过指定圆弧的切线来绘制圆弧段，如图 5-121 所示。方法类似于“起点、端点、方向”画圆弧。

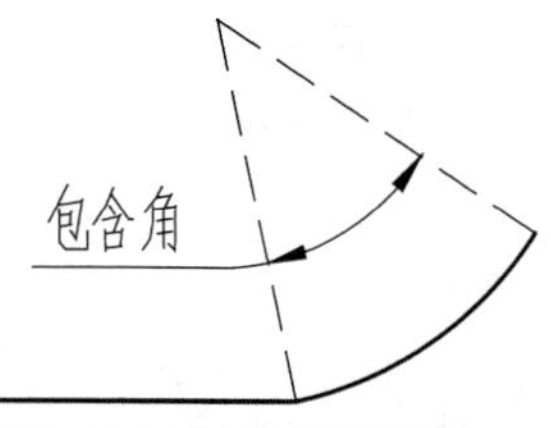

图 5-119 通过角度绘制多段线圆弧

图 5-120 通过圆心绘制多段线圆弧

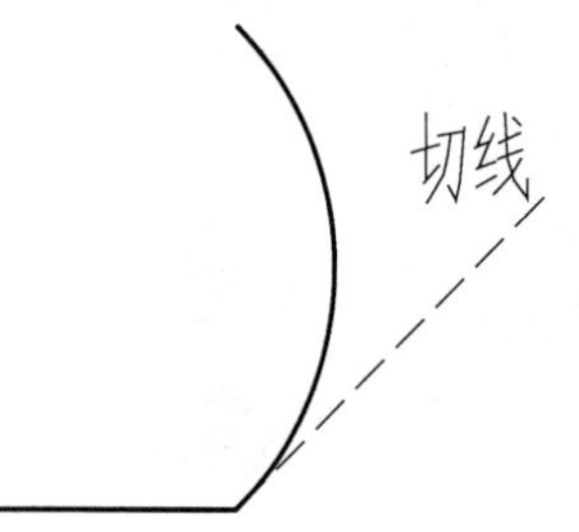

图 5-121 通过切线绘制多段线圆弧

◆ “直线（L）”：从绘制圆弧切换到绘制直线。

◆ “半径（R）”：通过指定圆弧的半径来绘制圆弧，如图 5-122 所示。方法类似于“起点、端点、半径”画圆弧。

◆ “第二个点（S）”：通过指定圆弧上的第二点和端点来进行绘制，如图 5-123 所示。方法类似于“三点”画圆弧。

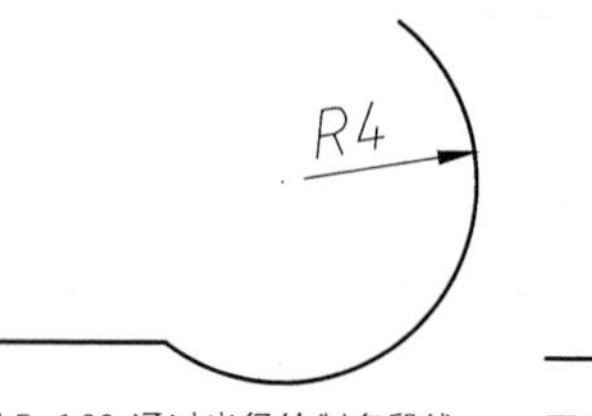

图 5-122 通过半径绘制多段线圆弧

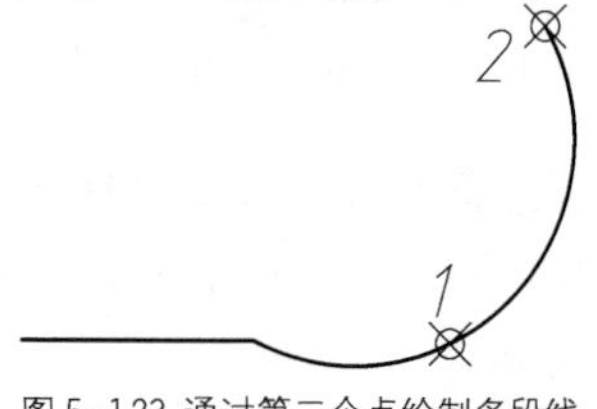

图 5-123 通过第二个点绘制多段线圆弧

练习 5-10 多段线绘制旋梯指引符号

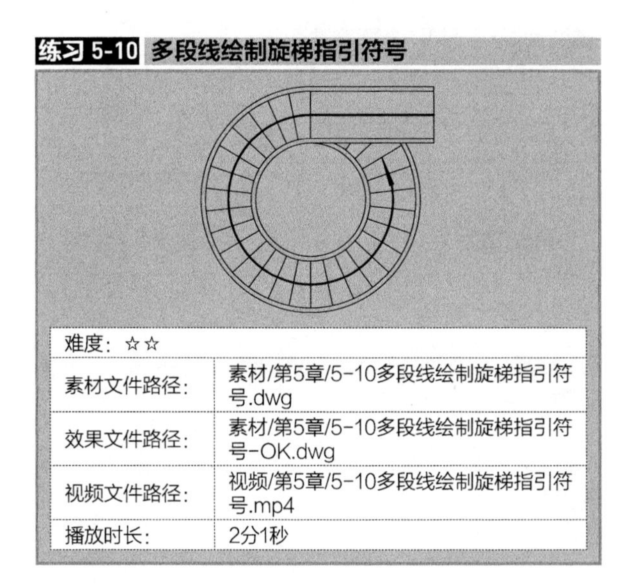

难度：☆☆	
素材文件路径：	素材/第5章/5-10多段线绘制旋梯指引符号.dwg
效果文件路径：	素材/第5章/5-10多段线绘制旋梯指引符号-OK.dwg
视频文件路径：	视频/第5章/5-10多段线绘制旋梯指引符号.mp4
播放时长：	2分1秒

旋梯，通常是围绕一根单柱布置，俯视面呈圆形，其平台和踏步均为扇形平面，踏步内侧宽度很小，并形成较陡的坡度，如图 5-124 所示。由于其流线造型美观、典雅，且节省空间而受欢迎。

Step 01 打开素材文件“第5章/5-10多段线绘制旋梯指引符号.dwg”，其中已经绘制好了一旋梯平面图，如图5-125所示。

图 5-124 旋梯

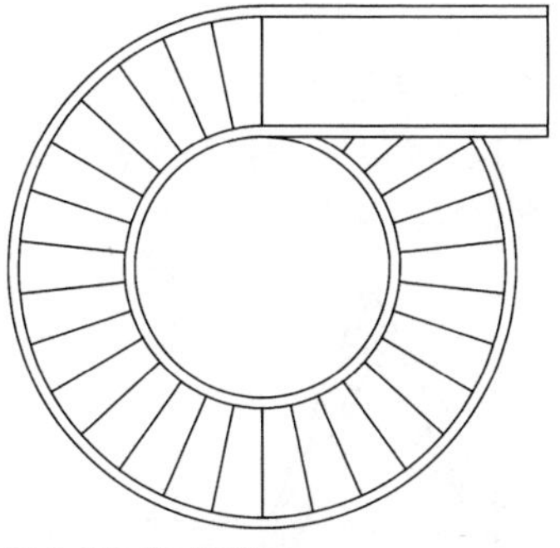

图 5-125 素材图形

Step 02 输入PL执行【多段线】命令，捕捉最右侧直线的中点，再向左捕捉竖直直线中点，单击确定为第一段多段线，如图5-126所示。

Step 03 再根据命令行提示，输入A执行【圆弧】子选项，切换至圆弧绘制方式，再根据选项提示选择【圆心】次子选项，捕捉内圆的圆心并单击，如图5-127所示。

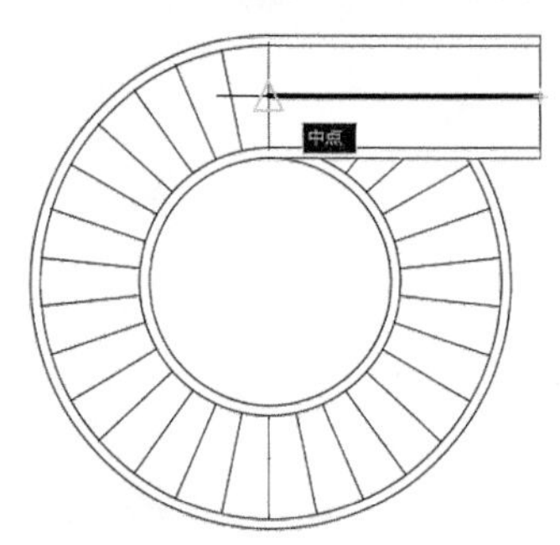

图 5-126 绘制第一段直线多段线

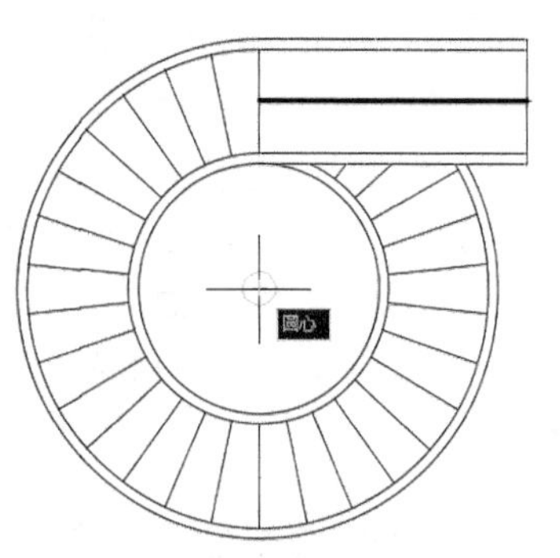

图 5-127 捕捉第二段圆弧多段线的圆心

Step 04 此时拖动鼠标即可出现圆弧多段线，接着根据命令提示输入A选择【角度】子选项，输入角度值280，单击Enter键确定第二段圆弧多段线的绘制，结果如图5-128所示，命令行操作提示如下。

```
指定下一点或 [圆弧(A)/闭合(C)/半宽(H)/长度(L)/放弃(U)/宽度(W)]: A↙          //激活“圆弧”选项
指定圆弧的端点(按住 Ctrl 键以切换方向)或
[角度(A)/圆心(CE)/闭合(CL)/方向(D)/半宽(H)/直线(L)/半径(R)/第二个点(S)/放弃(U)/宽度(W)]: CE↙
指定圆弧的圆心:                              //选择内圆的圆心
指定圆弧的端点(按住 Ctrl 键以切换方向)或 [角度(A)/长度(L)]: A↙          //激活“角度”选项
指定夹角(按住 Ctrl 键以切换方向): 280↙
                                             //输入角度值
```

Step 05 再根据命令行提示输入L执行【直线】子选项，设置起点的宽度为100，端点宽度为0，拖动至第二根楼梯线的中点并单击，绘制出一个箭头指引，如图5-129所示。

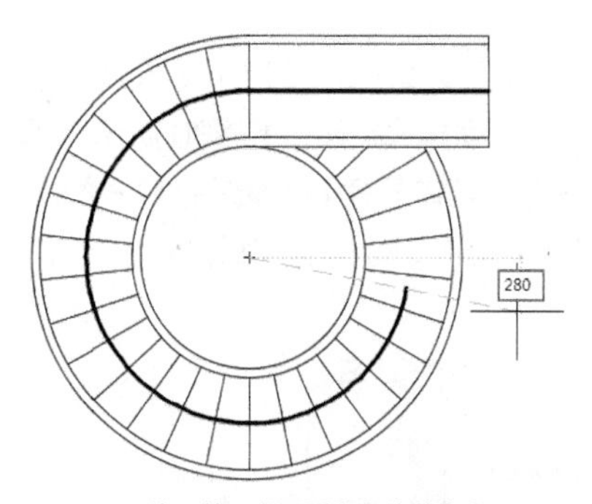

图 5-128 输入第二段圆弧多段线的角度

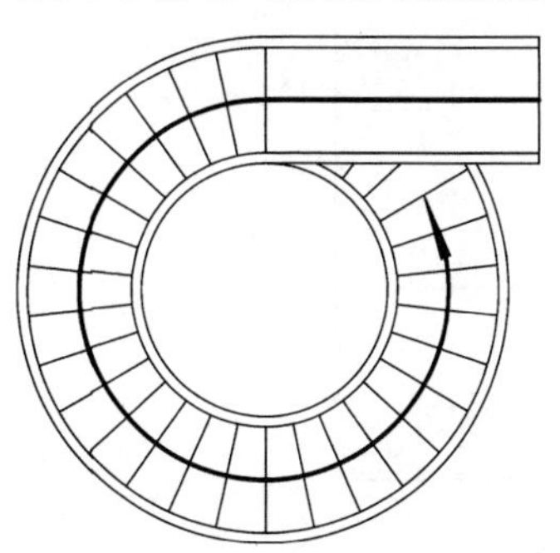

图 5-129 绘制第二段圆弧多段线的箭头

5.5 多线

多线是一种由多条平行直线组成的组合图形对象，它可以由1~16条平行直线组成。多线在实际工程设计中的应用非常广泛，通常可以用来绘制各种键槽，因为多线特有的特征形式可以一次性将键槽形状绘制出来，因此相较于直线、圆弧等常规作图方法，有一定的便捷性。

5.5.1 多线概述

使用【多线】命令可以快速生成大量平行直线，多线同多段线一样，也是复合对象，绘制的每一条多线都是一个完整的整体，不能对其进行偏移、延伸、修剪等编辑操作，只能将其分解为多条直线后才能编辑。

稍有不同的是【多线】需要在绘制前设置好样式与其他参数，开始绘制后便不能再随意更改。而【多段线】在一开始并不需做任何设置，而在绘制的过程中可以根据众多的子选项随时进行调整。

5.5.2 设置多线样式

系统默认的STANDARD样式由两条平行线组成，并且平行线的间距是定值。如果要绘制不同规格和样式的多线（带封口或更多数量的平行线），就需要设置多线的样式。

•执行方式

执行【多线样式】命令的方法有以下几种。

◆菜单栏：选择【格式】|【多线样式】命令。

◆命令行：MLSTYLE。

•操作步骤

使用上述方法打开【多线样式】对话框，其中可以新建、修改或者加载多线样式，如图5-130所示；单击其中的【新建】按钮，可以打开【创建新的多线样式】对话框，然后定义新多线样式的名称（如平键），如图5-131所示。

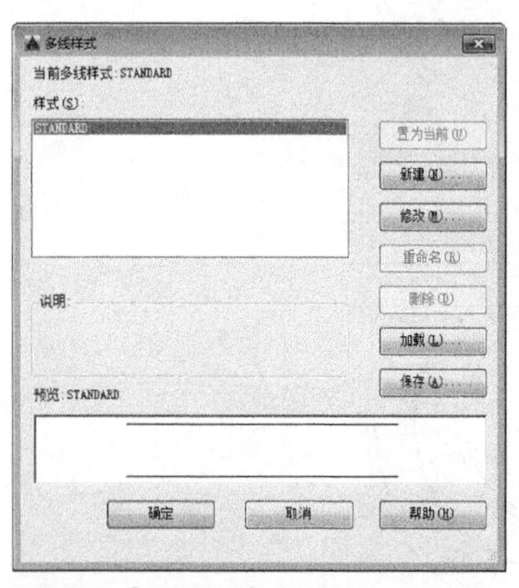

图5-130 【多线样式】对话框

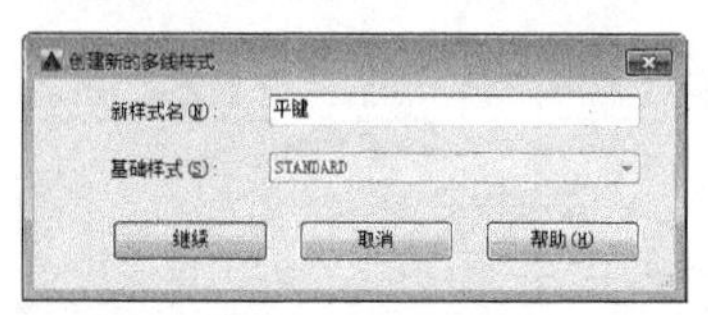

图5-131 【创建新的多线样式】对话框

接着单击【继续】按钮，便打开【新建多线样式】对话框，可以在其中设置多线的各种特性，如图5-132所示。

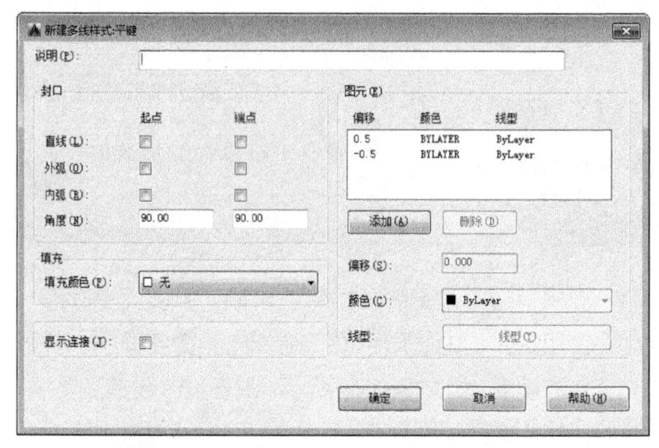

图5-132 【新建多线样式】对话框

•选项说明

【新建多线样式】对话框中各选项的含义如下。

◆【封口】：设置多线的平行线段之间两端封口的样式。当取消【封口】选项区中的复选框勾选，绘制的多段线两端将呈打开状态，如图5-133所示为多线的各种封口形式。

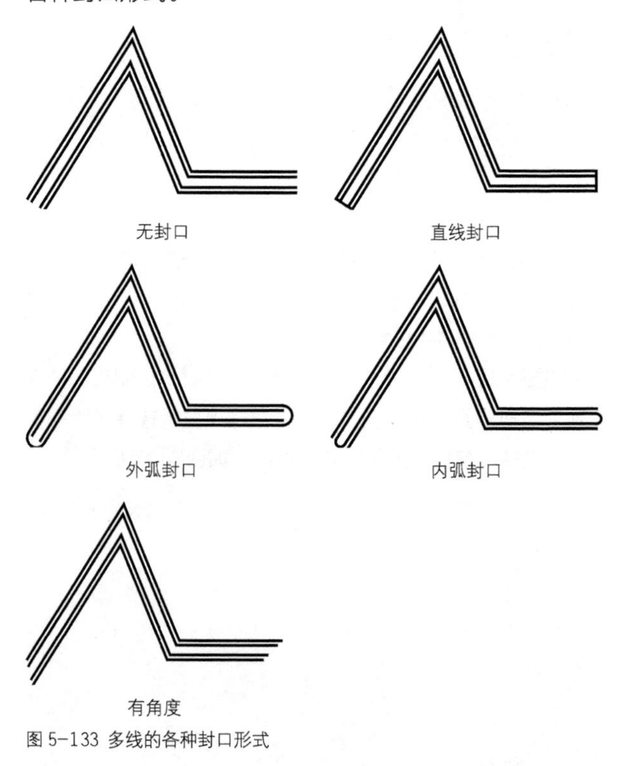

图5-133 多线的各种封口形式

◆【填充颜色】下拉列表：设置封闭的多线内的填充颜色，选择【无】选项，表示使用透明颜色填充，如图 5-134 所示。

图 5-134 各多线的填充颜色效果

◆【显示连接】复选框：显示或隐藏每条多线段顶点处的连接，效果如图 5-135 所示。

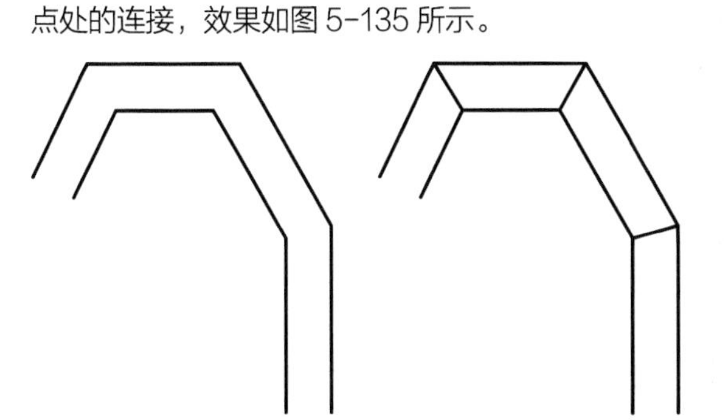

图 5-135 【显示连接】复选框效果

◆图元：构成多线的元素，通过单击【添加】按钮可以添加多线的构成元素，也可以通过单击【删除】按钮删除这些元素。

◆偏移：设置多线元素从中线的偏移值，值为正表示向上偏移，值为负表示向下偏移。

◆颜色：设置组成多线元素的直线线条颜色。

◆线型：设置组成多线元素的直线线条线型。

5.5.3 绘制多线

• 执行方式

在 AutoCAD 中执行【多线】命令的方法不多，只有以下 2 种。不过读者也可以通过本书第 2 章的**练习 2-4** 来向功能区中添加【多线】按钮。

◆菜单栏：选择【绘图】|【多线】命令。

◆命令行：MLINE 或 ML。

• 操作步骤

```
命令: _mline                                    //执行【多线】命令
当前设置: 对正 = 上，比例 = 20.00，样式 = STANDARD
          //显示当前的多线设置
指定起点或 [对正(J)/比例(S)/样式(ST)]:          //指定多线起点或修改多线设置
指定下一点:                                     //指定多线的端点
指定下一点或 [放弃(U)]:          //指定下一段多线的端点
指定下一点或 [闭合(C)/放弃(U)]:
          //指定下一段多线的端点或按Enter键结束
```

• 选项说明

执行【多线】的过程中，命令行会出现 3 种设置类型："对正（J）""比例（S）""样式（ST）"，分别介绍如下。

◆"对正（J）"：设置绘制多线时相对于输入点的偏移位置。该选项有【上】、【无】和【下】3 个选项，【上】表示多线顶端的线随着光标移动；【无】表示多线的中心线随着光标移动；【下】表示多线底端的线随着光标移动，如图 5-136 所示。

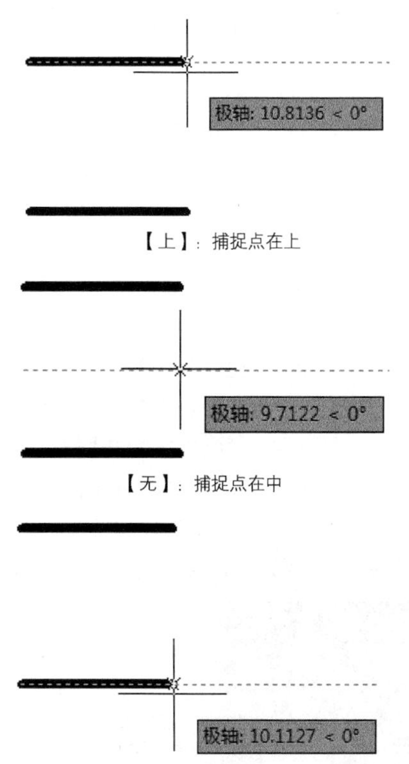

图 5-136 多线的对正

◆"比例（S）"：设置多线样式中多线的宽度比例，可以快速定义多线的间隔宽度，如图 5-137 所示。

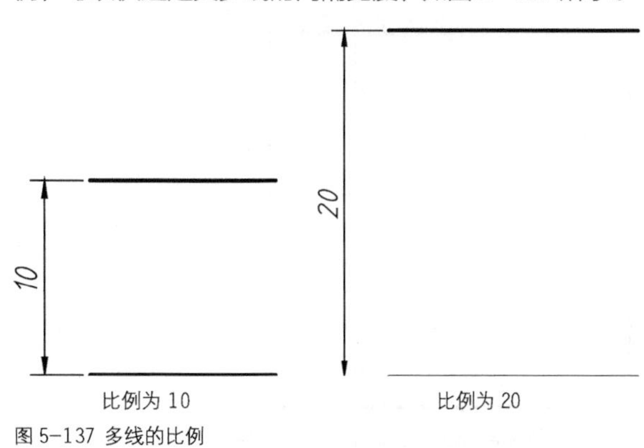

图 5-137 多线的比例

◆ “样式（ST）”：设置绘制多线时使用的样式，默认的多线样式为STANDARD，选择该选项后，可以在提示信息“输入多线样式”或“？”后面输入已定义的样式名。输入“？”则会列出当前图形中所有的多线样式。

练习 5-11 绘制板材侧边孔

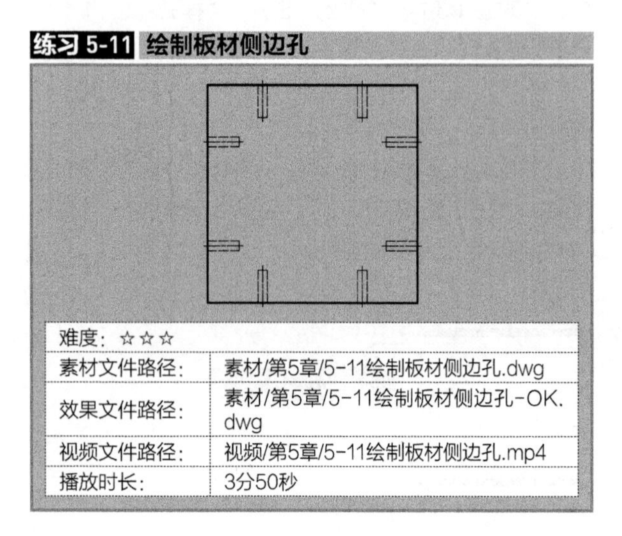

难度：☆☆☆	
素材文件路径：	素材/第5章/5-11绘制板材侧边孔.dwg
效果文件路径：	素材/第5章/5-11绘制板材侧边孔-OK.dwg
视频文件路径：	视频/第5章/5-11绘制板材侧边孔.mp4
播放时长：	3分50秒

板材有时需要在侧边钻孔，用以安放圆榫，如图5-138所示。圆榫是现在较常见的插入榫，主要用于板式家具部件之间的接合与定位，也可用于实木框架的接合。作为独立榫，用于制作圆榫的材质应选用密度大、无节无朽、纹理通直，具有中等硬度和材性的木材，一般用青冈栎、柞木、水曲柳等。而在板材的平面图中，侧边孔一般用虚线的矩形框表示，如图5-139所示，如果改用多线命令绘制，则相较于其他方法要方便许多。

图5-138 圆榫连接

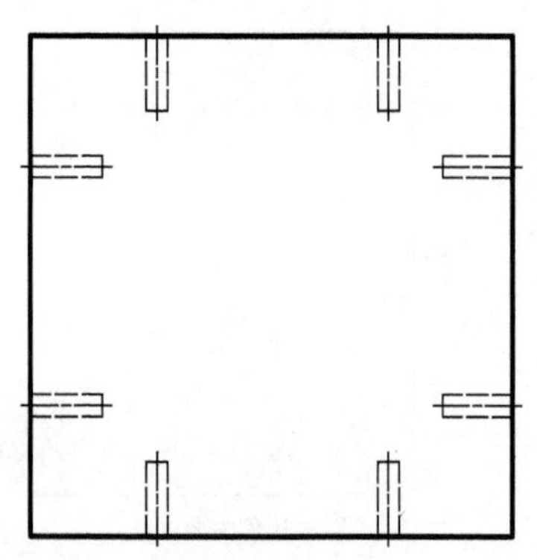

图5-139 板材平面图中的侧边孔

Step 01 启动AutoCAD 2016，打开“第5章/5-11绘制板材侧边孔.dwg”文件，素材文件内已经绘制好了一板材图以及各侧边孔的中心线，如图5-140所示。

Step 02 设置多线样式。选择【格式】|【多线样式】命令，打开【多线样式】对话框。

Step 03 新建多线样式。单击【新建】按钮，弹出【新建新的多线样式】对话框，在【新样式名】文本框中输入“侧边孔”，如图5-141所示。

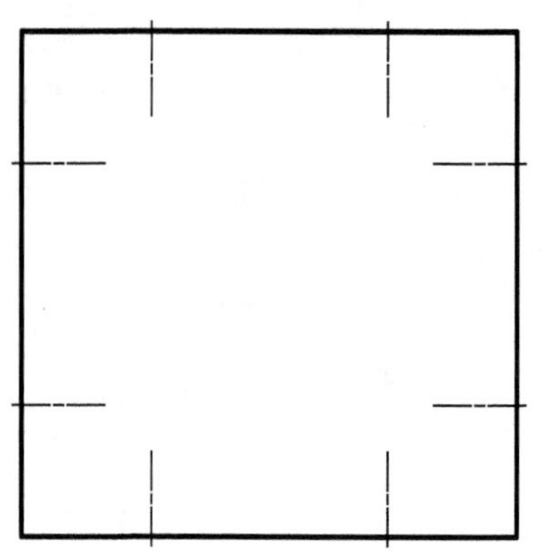

图5-140 素材图形

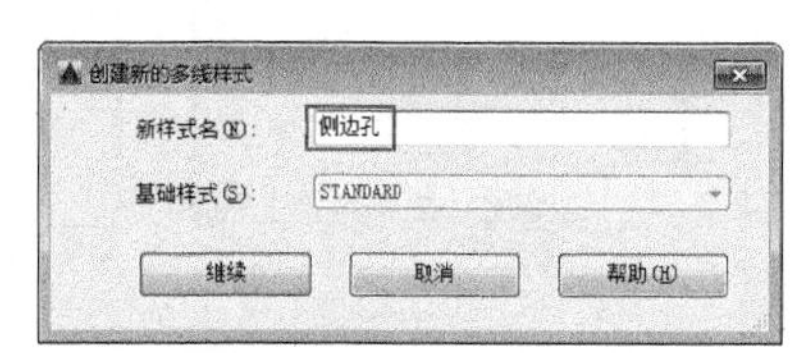

图5-141 创建“侧边孔”样式

Step 04 设置多线端点封口样式。单击【继续】按钮，打开【新建多线样式：侧边孔】对话框，然后在【封口】选项组中勾选【直线】的【端点】复选框，如图5-142所示。

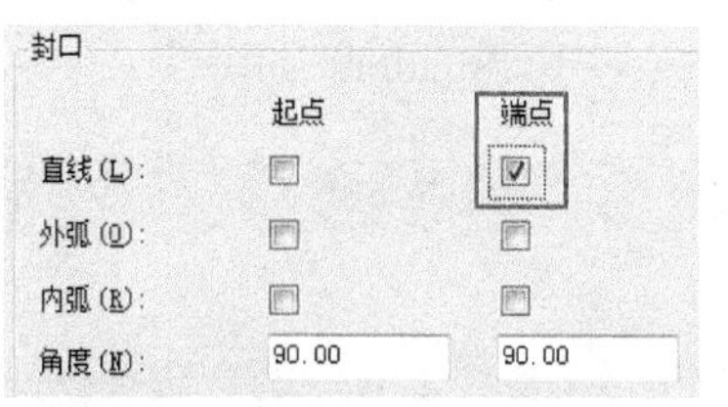

图5-142 设置侧边孔多线的端点封口样式

Step 05 设置多线宽度。在【图元】选项组中选择0.5的线型样式，在【偏移】栏中输入6；再选择 - 0.5的线型样式，修改偏移值为-6，结果如图5-143所示。

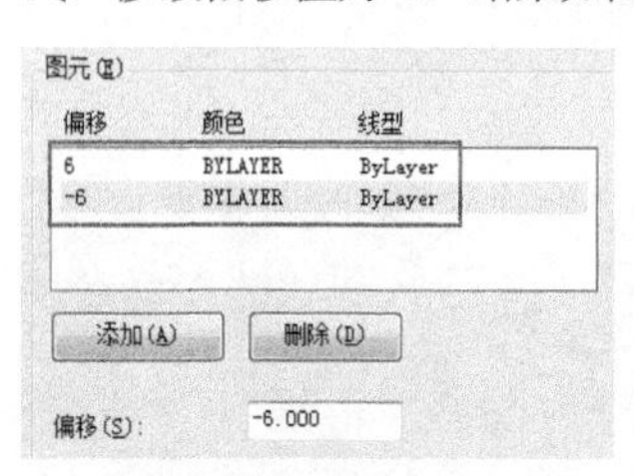

图5-143 设置多线宽度

Step 06 设置多线线型。在【图元】的下方设置多线颜色为【洋红】，然后单击【线型】按钮，选择虚线线型，如图5-144所示。

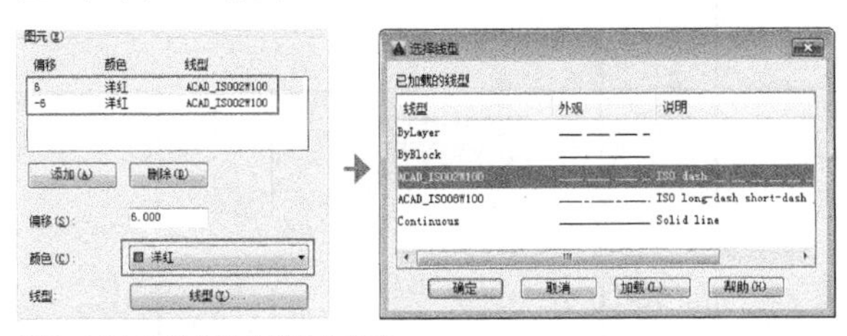

图 5-144 设置多线的线型与颜色

Step 07 设置当前多线样式。单击【确定】按钮，返回【多线样式】对话框，在【样式】列表框中选择“侧边孔”样式，单击【置为当前】按钮，将该样式设置为当前，如图5-145所示。

Step 08 绘制侧边孔。在命令行中输入ML，执行【多线】命令，以板料轮廓线与中心线的交点为起点，绘制长度为40的侧边孔，如图5-146所示。命令行操作如下。

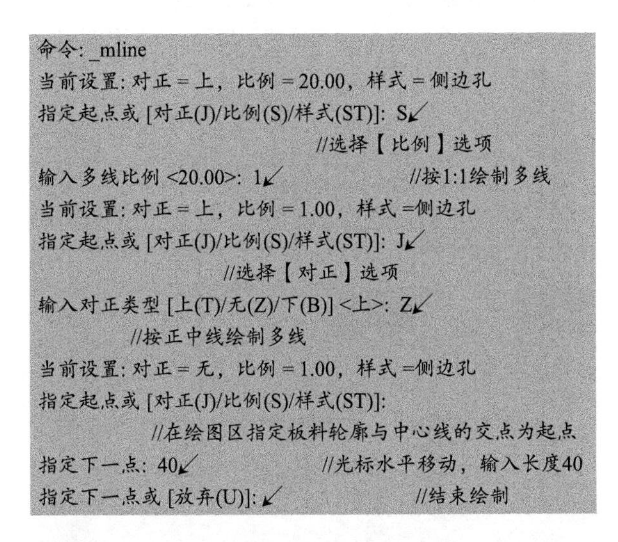

```
命令: _mline
当前设置: 对正 = 上, 比例 = 20.00, 样式 = 侧边孔
指定起点或 [对正(J)/比例(S)/样式(ST)]: S↙
                                    //选择【比例】选项
输入多线比例 <20.00>: 1↙                //按1:1绘制多线
当前设置: 对正 = 上, 比例 = 1.00, 样式 =侧边孔
指定起点或 [对正(J)/比例(S)/样式(ST)]: J↙
                         //选择【对正】选项
输入对正类型 [上(T)/无(Z)/下(B)] <上>: Z↙
              //按正中线绘制多线
当前设置: 对正 = 无, 比例 = 1.00, 样式 =侧边孔
指定起点或 [对正(J)/比例(S)/样式(ST)]:
                //在绘图区指定板料轮廓与中心线的交点为起点
指定下一点: 40↙                //光标水平移动, 输入长度40
指定下一点或 [放弃(U)]: ↙                //结束绘制
```

Step 09 按相同方法绘制其他的侧边孔，即可完成图形的绘制。

图 5-145 将“侧边孔”样式置为当前

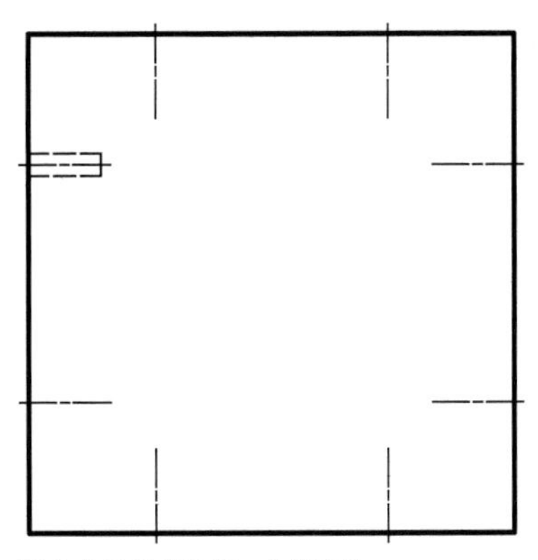

图 5-146 绘制的第一个侧边孔

5.5.4 编辑多线

之前介绍了多线是复合对象，只能将其分解为多条直线后才能编辑。但在 AutoCAD 中，也可以用自带的【多线编辑工具】对话框中进行编辑。

·执行方式

打开【多线编辑工具】对话框有以下 3 种方法。

◆菜单栏：执行【修改】|【对象】|【多线】命令，如图 5-147 所示。

◆命令行：MLEDIT。

◆快捷操作：双击绘制的多线图形。

·操作步骤

执行上述任一命令后，系统自动弹出【多线编辑工具】对话框，如图 5-148 所示。根据图样单击选择一种适合工具图标，即可使用该工具编辑多线。

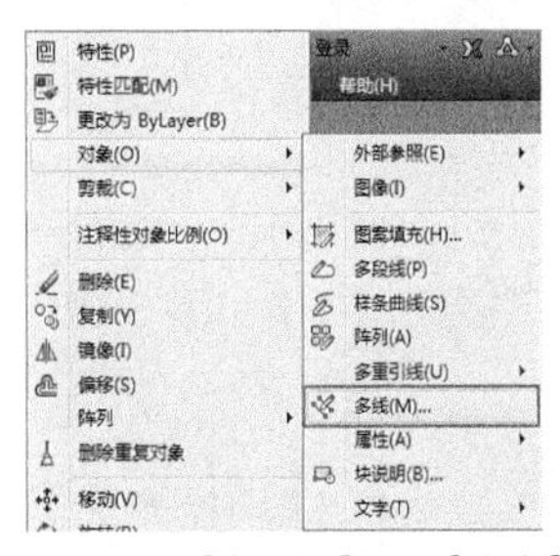

图 5-147 【菜单栏】调用【多线】编辑命令

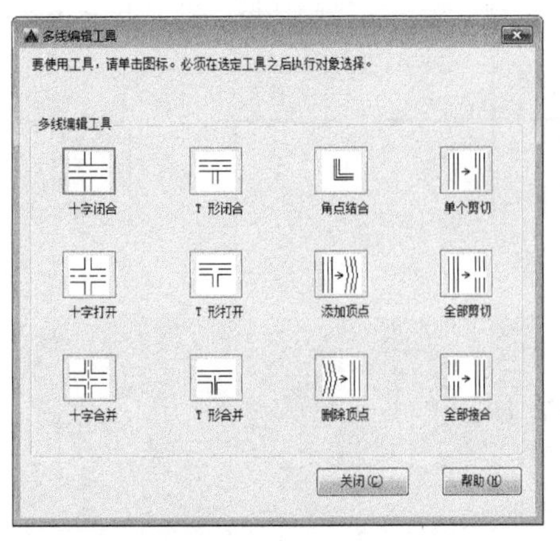

图 5-148 【多线编辑工具】对话框

•选项说明

【多线编辑工具】对话框中共有4列12种多线编辑工具：第一列为十字交叉编辑工具，第二列为T字交叉编辑工具，第三列为角点结合编辑工具，第四列为中断或接合编辑工具。具体介绍如下。

◆【十字闭合】：可在两条多线之间创建闭合的十字交点。选择该工具后，先选择第一条多线，作为打断的隐藏多线；再选择第二条多线，即前置的多线，效果如图5-149所示。

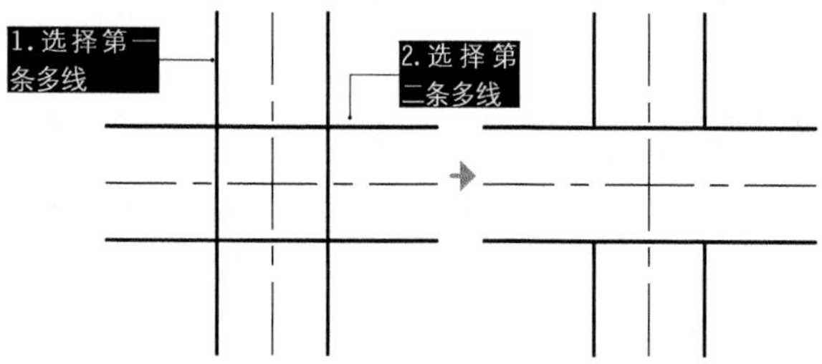

图5-149 十字闭合

◆【十字打开】：在两条多线之间创建打开的十字交点。打断将插入第一条多线的所有元素和第二条多线的外部元素，效果如图5-150所示。

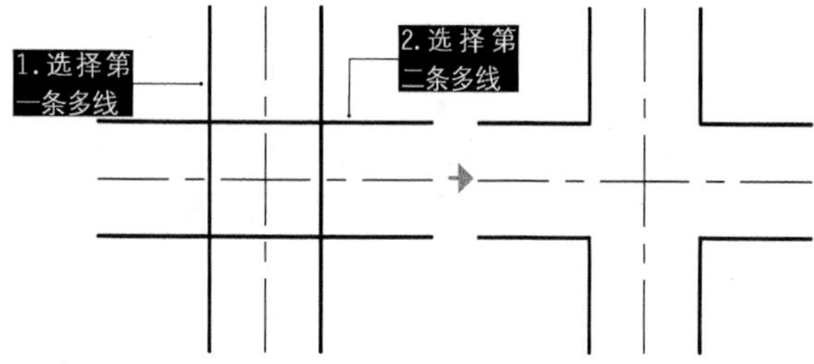

图5-150 十字打开

◆【十字合并】：在两条多线之间创建合并的十字交点。选择多线的次序并不重要，效果如图5-151所示。

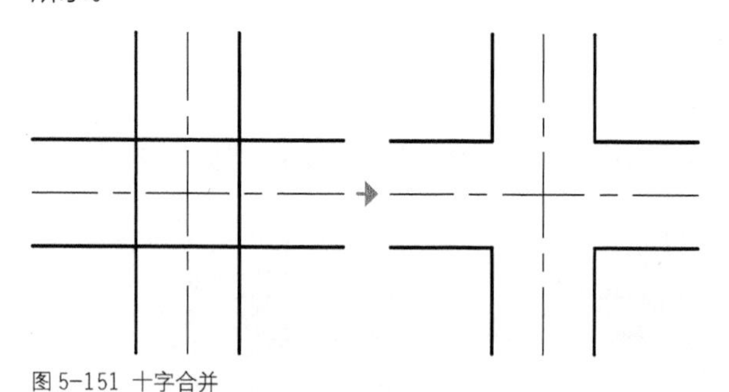

图5-151 十字合并

操作技巧

对于双数多线来说，"十字打开"和"十字合并"结果是一样的；但对于三线，中间线的结果是不一样的，效果如图5-152所示。

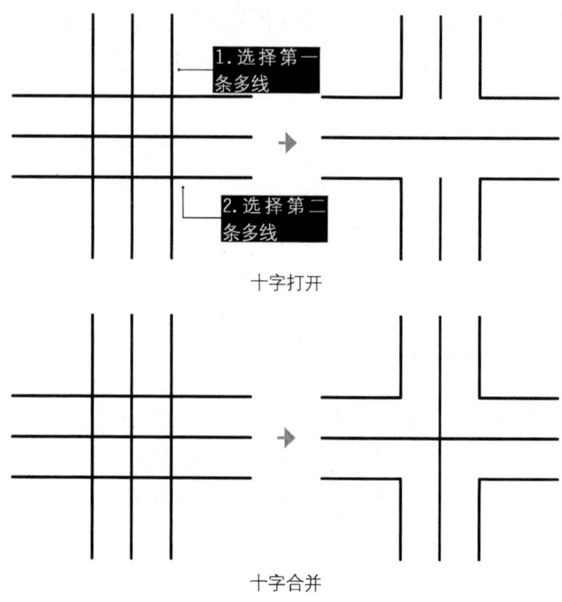

图5-152 三线的编辑效果

◆【T形闭合】：在两条多线之间创建闭合的T形交点。将第一条多线修剪或延伸到与第二条多线的交点处，如图5-153所示。

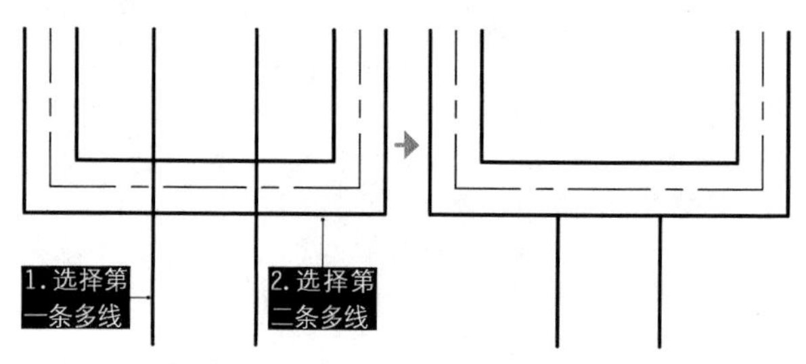

图5-153 T形闭合

◆【T形打开】：在两条多线之间创建打开的T形交点。将第一条多线修剪或延伸到与第二条多线的交点处，如图5-154所示。

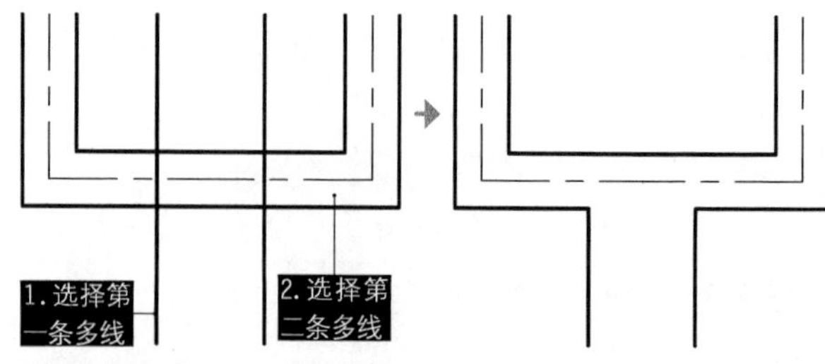

图5-154 T形打开

◆【T形合并】：在两条多线之间创建合并的T形交点。将多线修剪或延伸到与另一条多线的交点处，如图5-155所示。

操作技巧

【T形闭合】、【T形打开】和【T形合并】的选择对象顺序应先选择T字的下半部分，再选择T字的上半部分，如图5-156所示。

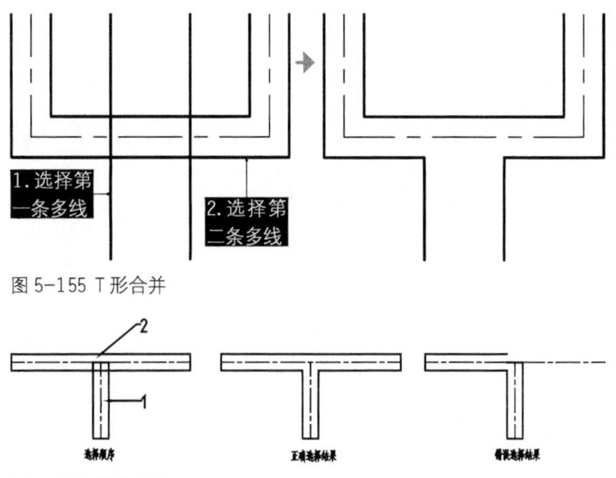

图 5-155 T 形合并

图 5-156 选择顺序

◆【角点结合】：在多线之间创建角点结合。将多线修剪或延伸到它们的交点处，效果如图 5-157 所示。

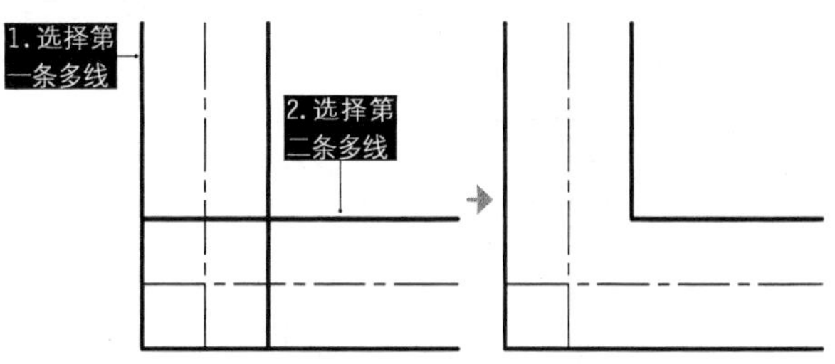

图 5-157 角点结合

◆【添加顶点】：向多线上添加一个顶点。新添加的角点就可以用于夹点编辑，效果如图 5-158 所示。

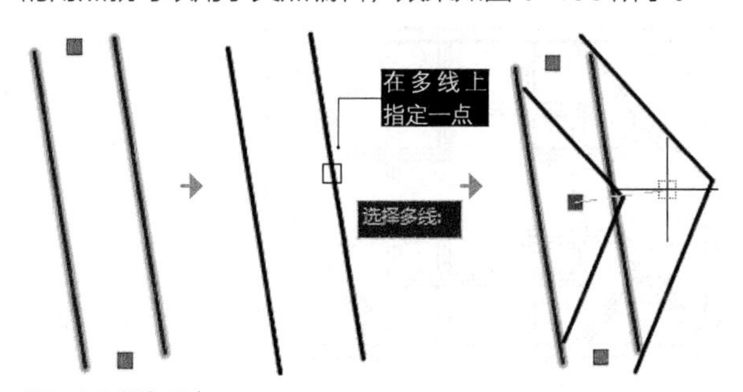

图 5-158 添加顶点

◆【删除顶点】：从多线上删除一个顶点，效果如图 5-159 所示。

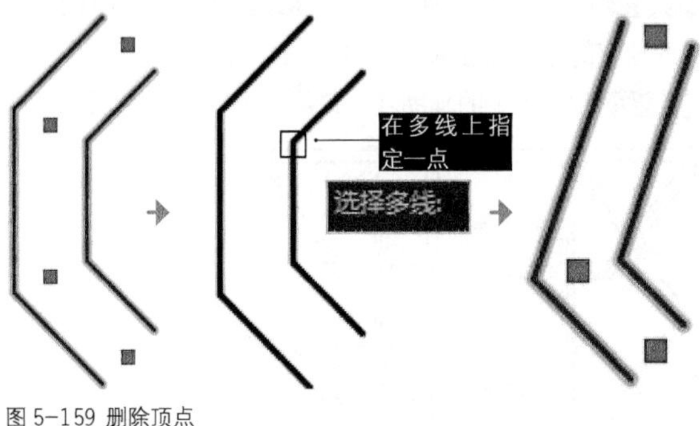

图 5-159 删除顶点

◆【单个剪切】：在选定多线元素中创建可见打断，效果如图 5-160 所示。

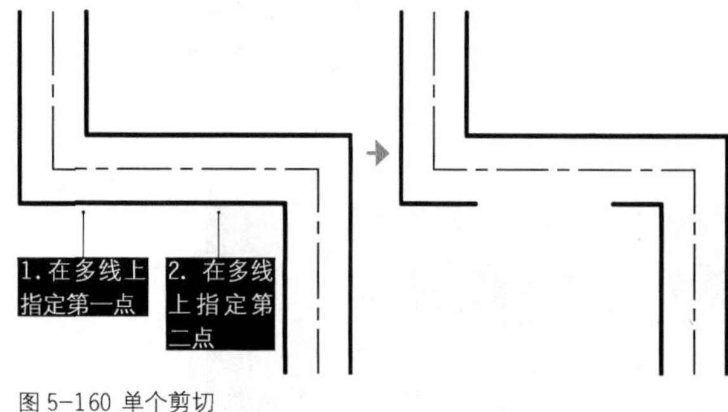

图 5-160 单个剪切

◆【全部剪切】：创建穿过整条多线的可见打断，效果如图 5-161 所示。

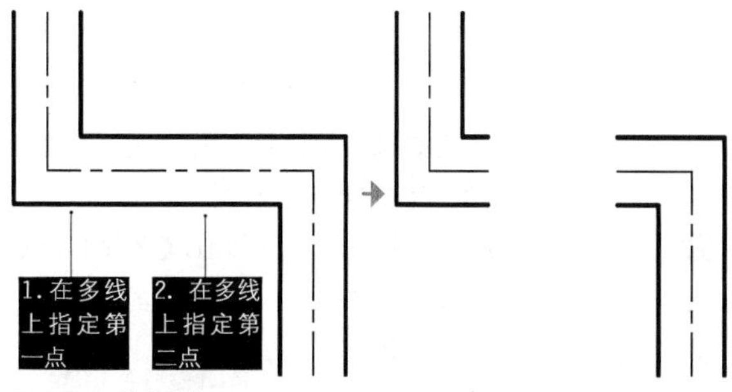

图 5-161 全部剪切

◆【全部接合】：将已被剪切的多线线段重新接合起来，如图 5-162 所示。

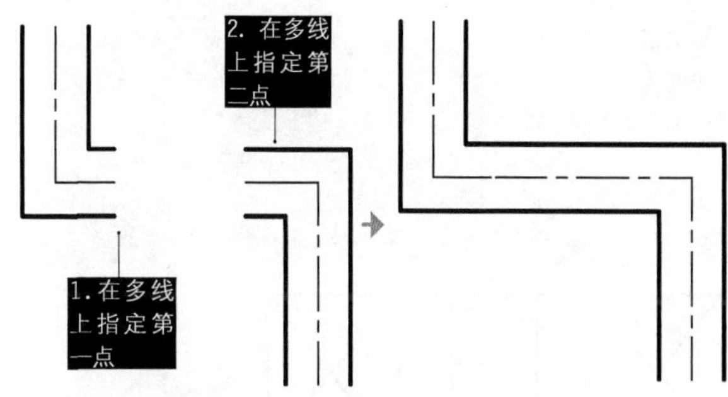

图 5-162 全部接合

练习 5-12 绘制窗棂

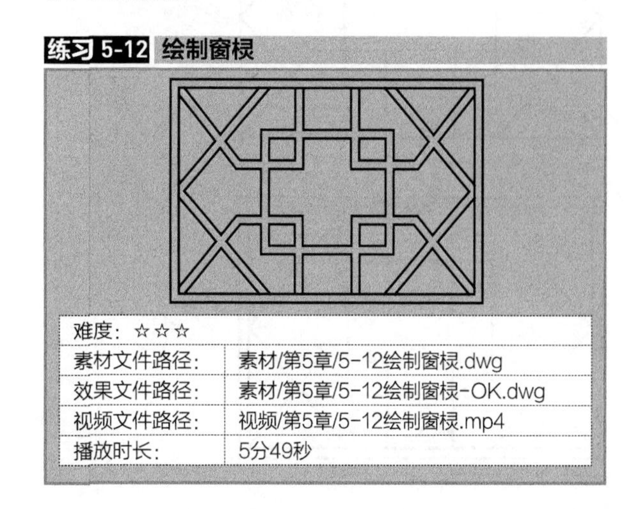

难度：☆☆☆	
素材文件路径：	素材/第5章/5-12绘制窗棂.dwg
效果文件路径：	素材/第5章/5-12绘制窗棂-OK.dwg
视频文件路径：	视频/第5章/5-12绘制窗棂.mp4
播放时长：	5分49秒

窗棂即窗格（窗里面的横的或竖的格），是中国传统木构建筑的框架结构设计，是窗成为传统中式建筑中最重要的构成要素之一，成为建筑的审美中心。窗有板棂窗、格扇、隔断、支摘窗、遮羞窗等，如图5-163所示。通过绘制窗棂，读者可以熟练掌握多线的绘制和编辑方法。

图5-163 木质窗棂

Step 01 打开文件。单击【快速访问】工具栏中的【打开】按钮，打开配套资源中提供的“第5章/5-12 绘制窗棂.dwg”素材文件，如图5-164所示。

Step 02 绘制外轮廓。在命令行中输入ML【多线】命令并按Enter键，开启F3对象捕捉模式，绘制窗扇的外轮廓，如图5-165所示。命令行的提示如下。

```
命令: ML↙        MLINE              //调用【多线】命令
当前设置: 对正 = 上，比例 = 20.00，样式 = STANDARD
指定起点或 [对正(J)/比例(S)/样式(ST)]:
//默认多线的设置
指定下一点:                        //捕捉矩形轮廓任意角点
指定下一点或 [放弃(U)]:            //按上面的方式捕捉第二点
指定下一点或 [闭合(C)/放弃(U)]:
                  //按上面的方式捕捉第三点
指定下一点或 [闭合(C)/放弃(U)]: C↙
          //激活【闭合】选项，按Enter键完成外轮廓的绘制
```

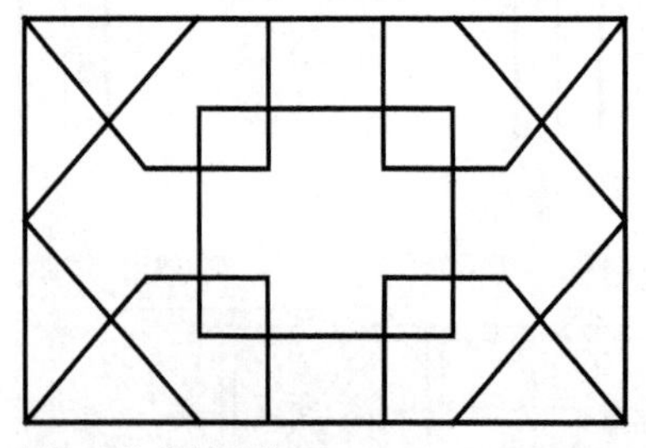

图5-164 素材图形

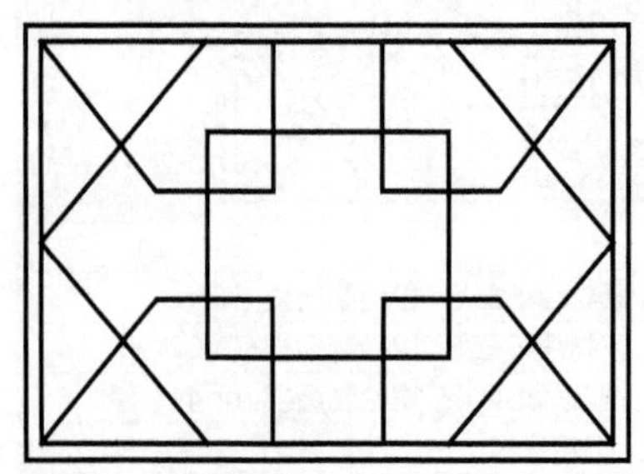

图5-165 绘制外轮廓

Step 03 绘制内轮廓。按空格键重复【多线】命令，绘制窗扇的内轮廓，如图5-166所示。命令行提示如下。

```
命令: ML↙        MLINE        //调用【多线】命令
当前设置: 对正 = 上，比例 = 20.00，样式 = STANDARD
指定起点或 [对正(J)/比例(S)/样式(ST)]: J↙
                              //激活【对正】选项
输入对正类型 [上(T)/无(Z)/下(B)] <上>: Z↙
                        //设置对正类型为无
指定起点或 [对正(J)/比例(S)/样式(ST)]: //指定多线绘制的起点
指定下一点:               //按照辅助线，绘制窗扇内轮廓
指定下一点或 [放弃(U)]:
指定下一点或 [闭合(C)/放弃(U)]:
指定下一点或 [闭合(C)/放弃(U)]:
……
```

图5-166 绘制内轮廓

Step 04 编辑多线。鼠标双击多线，弹出【多线编辑工具】对话框，选择合适的编辑工具对需要接合的对象进行编辑，结果如图5-167所示。

图5-167 编辑多线

Step 05 在命令行中输入X【分解】命令，选择内轮廓多线进行分解操作。

Step 06 在命令行中输入TR【修剪】命令，对内轮廓超出外轮廓的地方进行修剪，如图5-168所示。

Step 07 删除多余的辅助线，最终效果如图5-169所示。

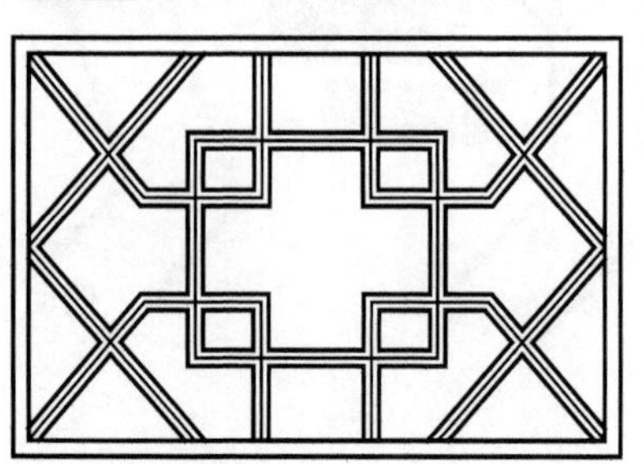

图5-168 修剪多线

图 5-169 窗棂绘制效果

5.6 矩形与多边形

多边形图形包括矩形和正多边形，也是在绘图过程中使用较多的一类图形。

5.6.1 矩形

矩形就是我们通常说的长方形，是通过输入矩形的任意两个对角位置确定的，在 AutoCAD 中绘制矩形可以为其设置倒角、圆角以及宽度和厚度值，如图 5-170 所示。

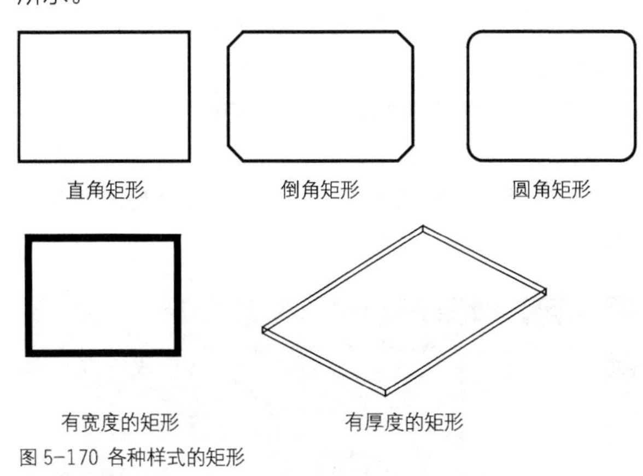

图 5-170 各种样式的矩形

•执行方式

调用【矩形】命令的方法如下。

◆功能区：在【默认】选项卡中，单击【绘图】面板中的【矩形】按钮▭。

◆菜单栏：执行【绘图】|【矩形】菜单命令。

◆命令行：RECTANG 或 REC。

•操作步骤

执行该命令后，命令行提示如下。

```
命令: _rectang                          //执行【矩形】命令
指定第一个角点或 [倒角(C)/标高(E)/圆角(F)/厚度(T)/宽度(W)]:      //指定矩形的第一个角点
指定另一个角点或 [面积(A)/尺寸(D)/旋转(R)]:
                                        //指定矩形的对角点
```

•选项说明

在指定第一个角点前，有 5 个子选项，而指定第二个对角点的时候有 3 个，各选项含义具体介绍如下。

◆“倒角（C）”：用来绘制倒角矩形，选择该选项后可指定矩形的倒角距离，如图 5-171 所示。设置该选项后，执行矩形命令时此值成为当前的默认值，若不需设置倒角，则要再次将其设置为 0。

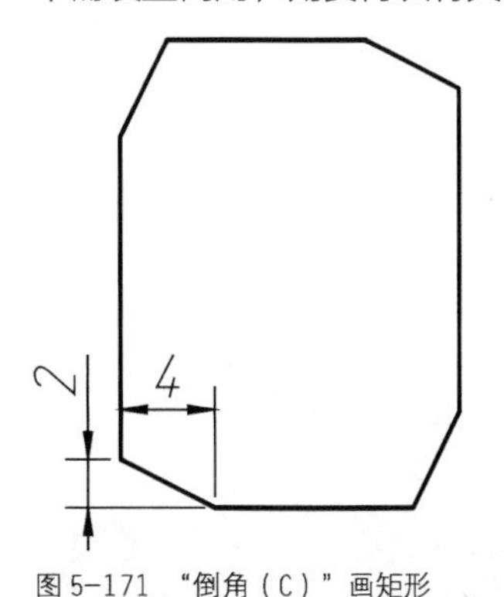

图 5-171 “倒角（C）”画矩形

```
命令: _rectang
指定第一个角点或 [倒角(C)/标高(E)/圆角(F)/厚度(T)/宽度(W)]: C                //选择“倒角”选项
指定矩形的第一个倒角距离 <0.0000>: 2
                                        //输入第一个倒角距离
指定矩形的第二个倒角距离 <2.0000>: 4
                                        //输入第二个倒角距离
指定第一个角点或 [倒角(C)/标高(E)/圆角(F)/厚度(T)/宽度(W)]:
                                        //指定第一个角点
指定另一个角点或 [面积(A)/尺寸(D)/旋转(R)]: //指定第二个角点
```

◆“标高（E）”：指定矩形的标高，即 Z 方向上的值。选择该选项后可在高为标高值的平面上绘制矩形，如图 5-172 所示。

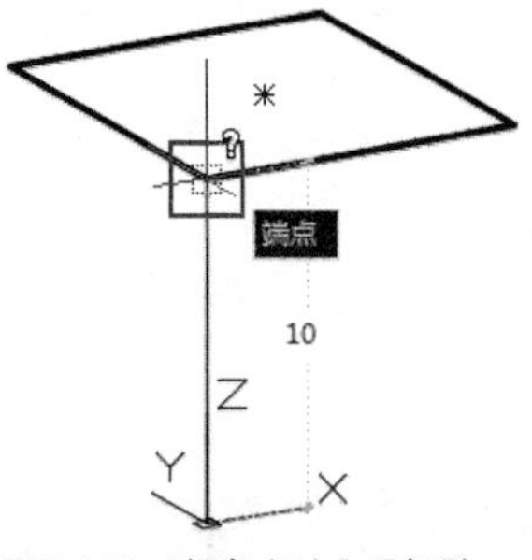

图 5-172 “标高（E）”画矩形

```
命令: _rectang
指定第一个角点或 [倒角(C)/标高(E)/圆角(F)/厚度(T)/宽度(W)]: E                //选择“标高”选项
指定矩形的标高 <0.0000>: 10                         //输入标高
指定第一个角点或 [倒角(C)/标高(E)/圆角(F)/厚度(T)/宽度(W)]:
//指定第一个角点
指定另一个角点或 [面积(A)/尺寸(D)/旋转(R)]: //指定第二个角点
```

◆“圆角（F）”：用来绘制圆角矩形。选择该选项后可指定矩形的圆角半径，绘制带圆角的矩形，如图5-173所示。

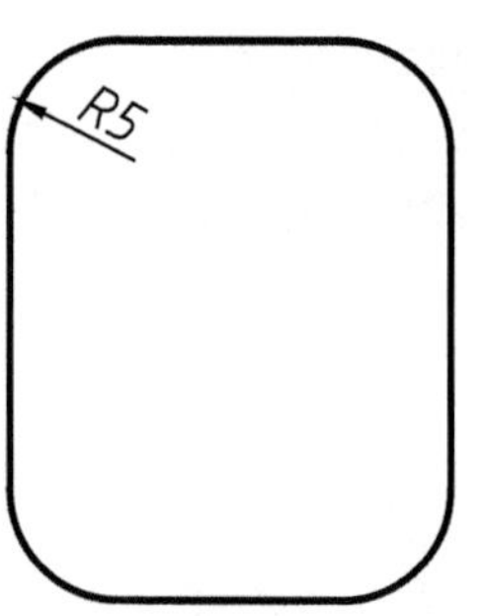

图5-173 “圆角（F）”画矩形

命令：_rectang
指定第一个角点或 [倒角(C)/标高(E)/圆角(F)/厚度(T)/宽度(W)]: F　　//选择“圆角”选项
指定矩形的圆角半径 <0.0000>: 5
　　//输入圆角半径值
指定第一个角点或 [倒角(C)/标高(E)/圆角(F)/厚度(T)/宽度(W)]:
　　//指定第一个角点
指定另一个角点或 [面积(A)/尺寸(D)/旋转(R)]: //指定第二个角点

操作技巧

如果矩形的长度和宽度太小而无法使用当前设置创建矩形时，绘制出来的矩形将不进行圆角或倒角。

◆“厚度（T）”：用来绘制有厚度的矩形，该选项为要绘制的矩形指定Z轴上的厚度值，如图5-174所示。

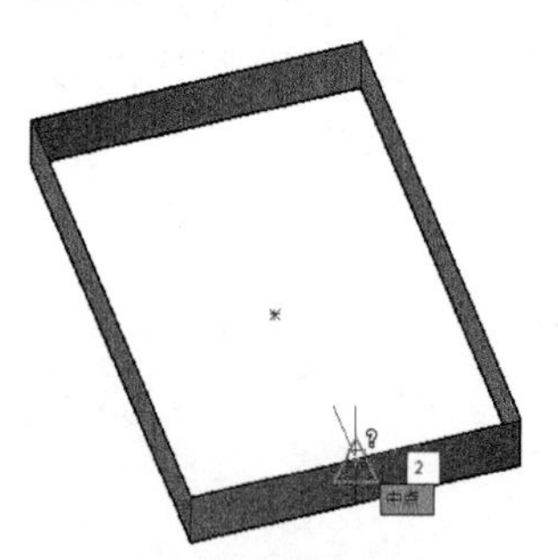

图5-174 “厚度（T）”画矩形

命令：_rectang
指定第一个角点或 [倒角(C)/标高(E)/圆角(F)/厚度(T)/宽度(W)]: T　　//选择“厚度”选项
指定矩形的厚度 <0.0000>: 2
　　//输入矩形厚度值
指定第一个角点或 [倒角(C)/标高(E)/圆角(F)/厚度(T)/宽度(W)]:
　　//指定第一个角点
指定另一个角点或 [面积(A)/尺寸(D)/旋转(R)]:
　　//指定第二个角点

◆“宽度（W）”：用来绘制有宽度的矩形，该选项为要绘制的矩形指定线的宽度，效果如图5-175所示。

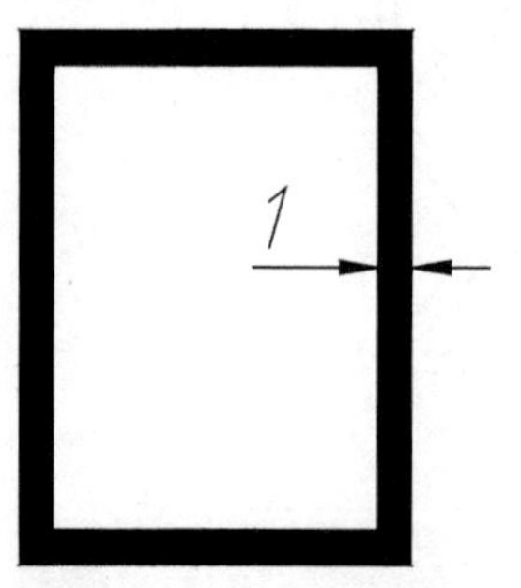

图5-175 “宽度（W）”画矩形

命令：_rectang
指定第一个角点或 [倒角(C)/标高(E)/圆角(F)/厚度(T)/宽度(W)]: W　　//选择“宽度”选项
指定矩形的线宽 <0.0000>: 1　　//输入线宽值1
指定第一个角点或 [倒角(C)/标高(E)/圆角(F)/厚度(T)/宽度(W)]:　　//指定第一个角点
指定另一个角点或 [面积(A)/尺寸(D)/旋转(R)]: //指定第二个角点

◆面积：该选项提供另一种绘制矩形的方式，即通过确定矩形面积大小的方式绘制矩形。

◆尺寸：该选项通过输入矩形的长和宽确定矩形的大小。

◆旋转：选择该选项，可以指定绘制矩形的旋转角度。

练习 5-13 绘制插板平面图

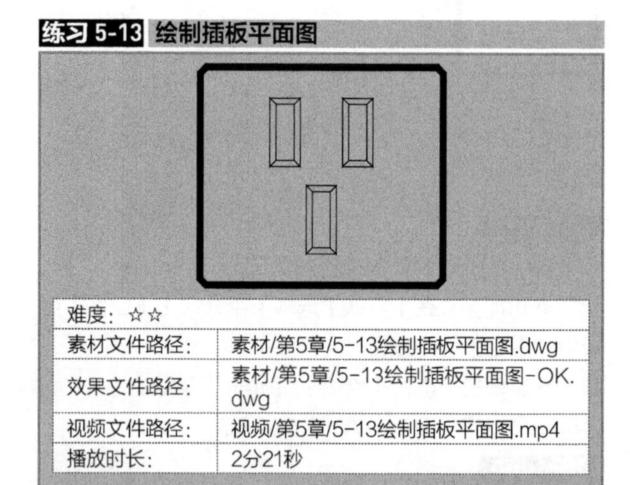

难度：☆☆	
素材文件路径：	素材/第5章/5-13绘制插板平面图.dwg
效果文件路径：	素材/第5章/5-13绘制插板平面图-OK.dwg
视频文件路径：	视频/第5章/5-13绘制插板平面图.mp4
播放时长：	2分21秒

Step 01 启动AutoCAD 2016，新建一空白文档。

Step 02 绘制插板轮廓。单击【绘图】面板中的【矩形】按钮▭，绘制带宽度的矩形，如图5-176所示。命令行操作过程如下。

Step 03 绘制辅助线。单击【绘图】面板中的【直线】按钮╱，连接矩形中点，绘制两条相互垂直的辅助线，如图5-177所示。

```
命令: _rectang
指定第一个角点或 [倒角(C)/标高(E)/圆角(F)/厚度(T)/宽度(W)]: C↙
指定矩形的第一个倒角距离 <0.0000>: 1↙
指定矩形的第二个倒角距离 <1.0000>: 1↙
指定第一个角点或 [倒角(C)/标高(E)/圆角(F)/厚度(T)/宽度(W)]: W↙
指定矩形的线宽 <0.0000>: 1↙
指定第一个角点或 [倒角(C)/标高(E)/圆角(F)/厚度(T)/宽度(W)]: 0,0↙
指定另一个角点或 [面积(A)/尺寸(D)/旋转(R)]: 35,40↙
```

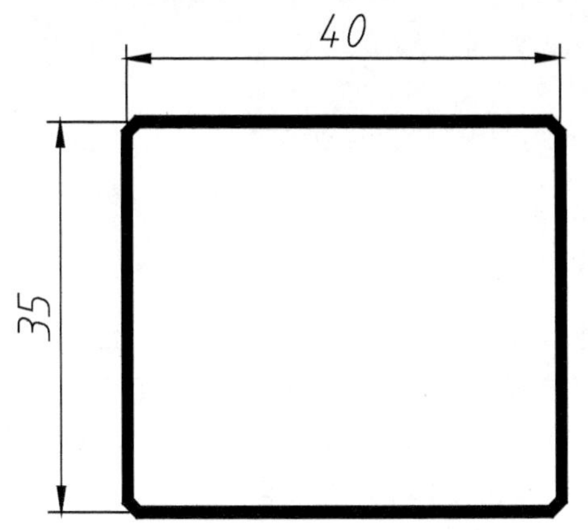

图 5-176 绘制插板轮廓

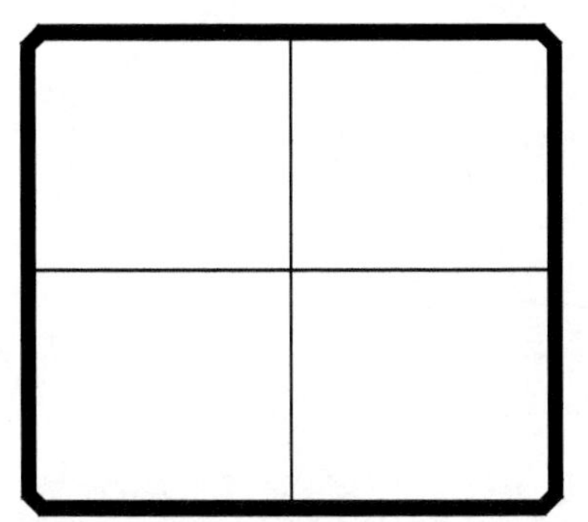

图 5-177 绘制辅助线

Step 04 偏移中心线。在命令行中输入O执行【偏移】命令，分别偏移水平和竖直中心线，如图5-178所示。

Step 05 在命令行中输入FILL并按Enter键，关闭图形填充。命令行操作如下。

```
命令: fill↙
输入模式[开(ON)][关(OFF)]<开>:
命令: off↙                              //关闭图形填充
```

Step 06 绘制垂直插孔。单击【绘图】面板中的【矩形】按钮，设置倒角距离为0，矩形宽度为1，以辅助线交点为对角点，绘制图5-179所示的插孔，绘制完成之后删除多余的构造线。

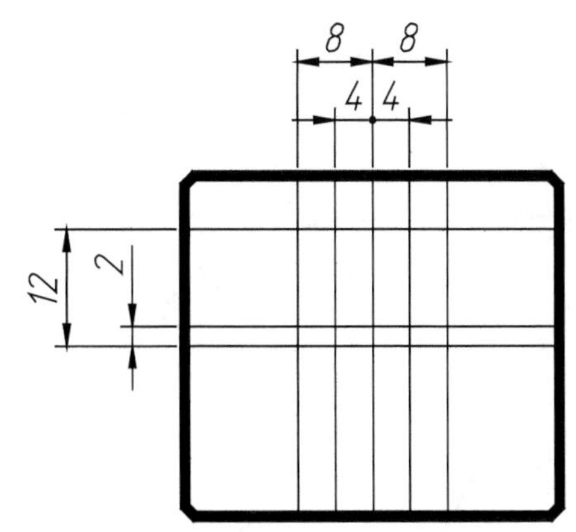

图 5-178 偏移辅助线

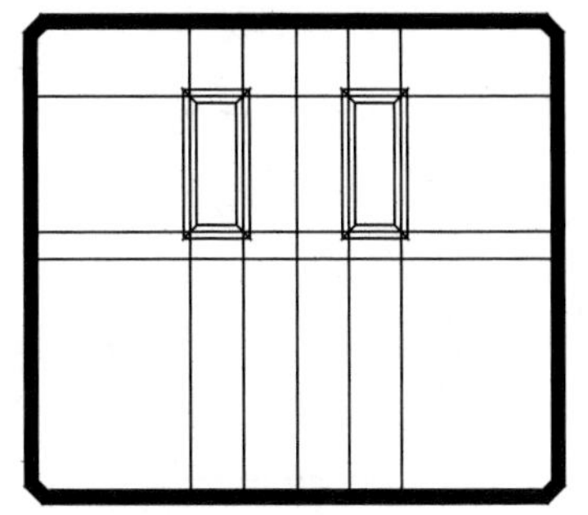

图 5-179 绘制插孔矩形

Step 07 再次偏移辅助线。删去先前偏移所得的辅助线，然后再在命令行中输入O执行【偏移】命令，分别偏移水平和竖直中心线，如图5-180所示。

Step 08 单击【绘图】面板中的【矩形】按钮，保持矩形参数不变，以构造线交点为对角点绘制矩形，如图5-181所示。插板平面图绘制完成。

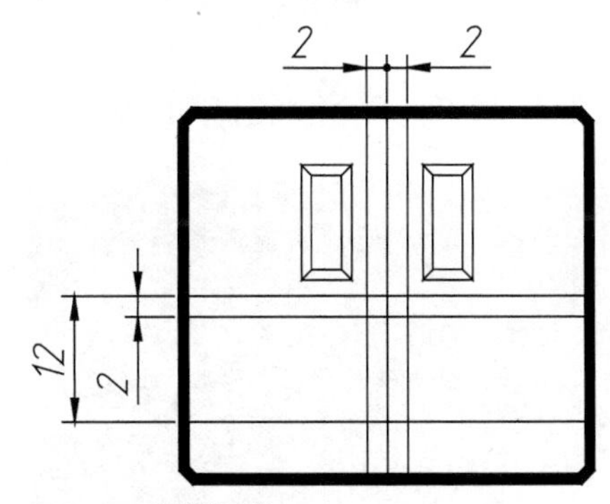

图 5-180 偏移辅助线

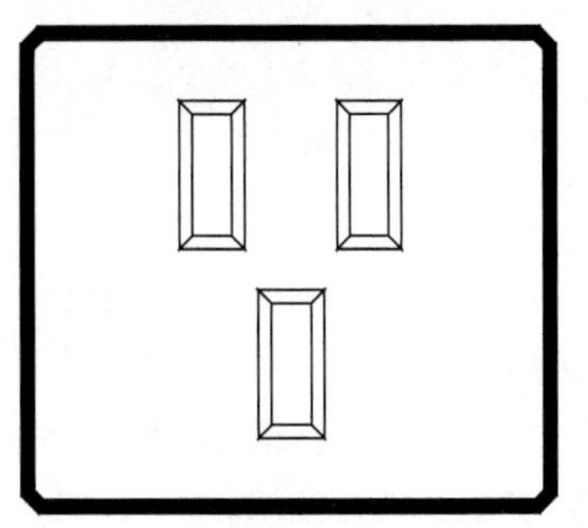

图 5-181 绘制插孔矩形

5.6.2 多边形

正多边形是由 3 条或 3 条以上长度相等的线段首尾相接形成的闭合图形，其边数范围值为 3 ~ 1024，如图 5-182 所示为各种正多边形效果。

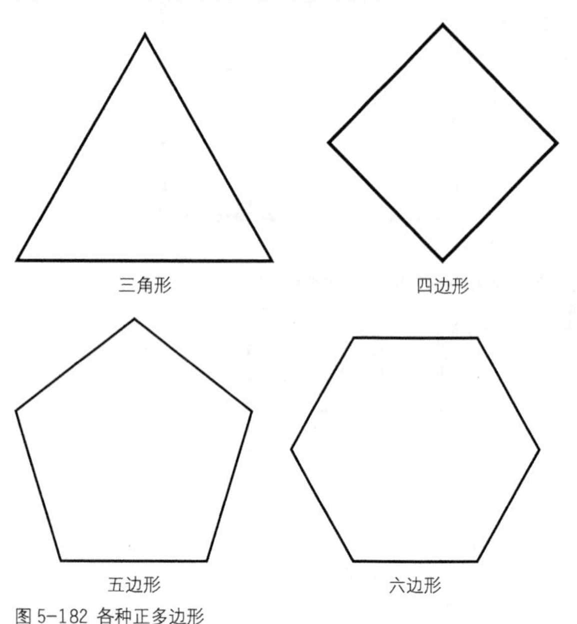

图 5-182 各种正多边形

•执行方式

调用【多边形】命令有以下 3 种方法。

◆功能区：在【默认】选项卡中，单击【绘图】面板中的【多边形】按钮。

◆菜单栏：选择【绘图】|【多边形】菜单命令。

◆命令行：POLYGON 或 POL。

•操作步骤

执行【多边形】命令后，命令行将出现如下提示。

```
命令: polygon↙                          //执行【多边形】命令
输入侧面数 <4>:                    //指定多边形的边数，默认状态为四边形
指定正多边形的中心点或 [边(E)]:
        //确定多边形的一条边来绘制正多边形，由边数和边长确定
输入选项 [内接于圆(I)/外切于圆(C)] <I>:          //选择正多边形的创建方式
指定圆的半径:
                  //指定创建正多边形时的内接于圆或外切于圆的半径
```

•选项说明

执行【多边形】命令时，在命令行中共有 4 种绘制方法，各方法具体介绍如下。

◆中心点：通过指定正多边形中心点的方式来绘制正多边形，为默认方式，如图 5-183 所示。

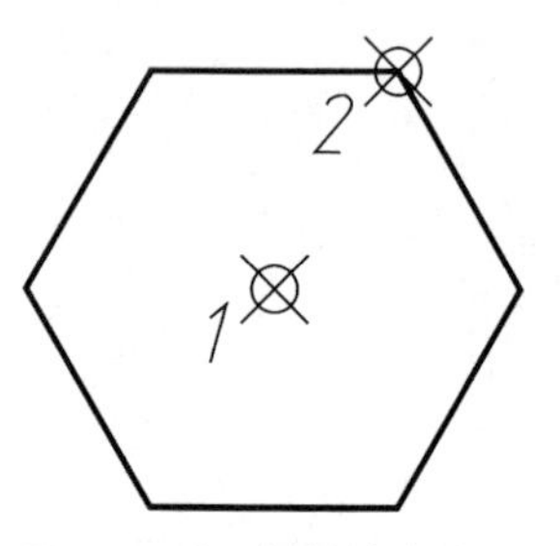

图 5-183 中心点绘制多边形

```
命令: _polygon
输入侧面数 <5>: 6                                //指定边数
指定正多边形的中心点或 [边(E)]:
//指定中心点1
输入选项 [内接于圆(I)/外切于圆(C)] <I>:            //选择多边形创建方式
指定圆的半径: 100
//输入圆半径或指定端点2
```

◆“边（E）”：通过指定多边形边的方式来绘制正多边形。该方式将通过边的数量和长度确定正多边形，如图 5-184 所示。选择该方式后不可指定“内接于圆”或“外切于圆”选项。命令行的操作如下。

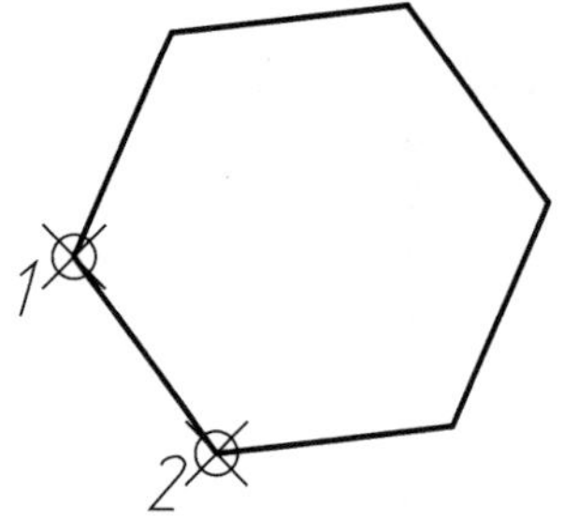

图 5-184 “边（E）”绘制多边形

```
命令: _polygon
输入侧面数 <5>: 6                 //指定边数
指定正多边形的中心点或 [边(E)]: E        //选择“边”选项
指定边的第一个端点:                //指定多边形某条边的端点1
指定边的第一个端点:
                                  //指定多边形某条边的端点2
```

◆“内接于圆（I）”：该选项表示以指定正多边形内接圆半径的方式来绘制正多边形，如图 5-185 所示。命令行的操作如下。

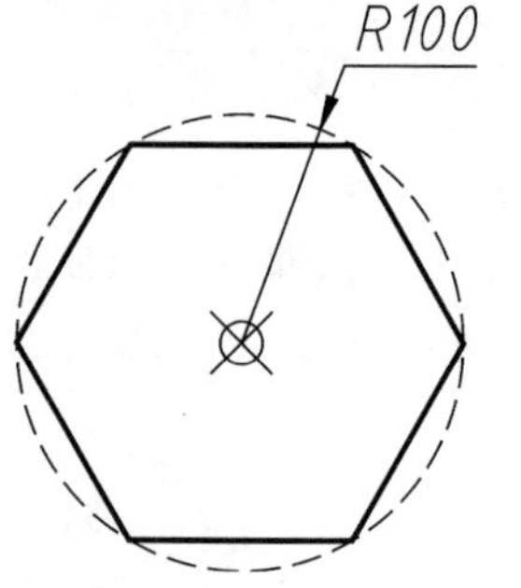

图 5-185 “内接于圆（I）”绘制多边形

```
命令: _polygon
输入侧面数 <5>: 6                      //指定边数
指定正多边形的中心点或 [边(E)]:
//指定中心点
输入选项 [内接于圆(I)/外切于圆(C)] <I>:      //选择"内接于圆"方式
指定圆的半径: 100                      //输入圆半径
```

◆ "外切于圆（C）"：内接于圆表示以指定正多边形内接圆半径的方式来绘制正多边形；外切于圆表示以指定正多边形外切圆半径的方式来绘制正多边形，如图 5-186 所示。命令行的操作如下。

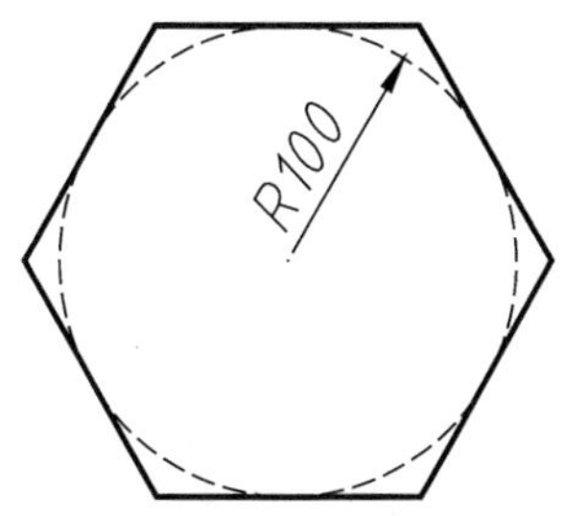

图 5-186 "外切于圆（C）"绘制多边形

```
命令: _polygon
输入侧面数 <5>: 6                      //指定边数
指定正多边形的中心点或 [边(E)]:
//指定中心点
输入选项 [内接于圆(I)/外切于圆(C)] <I>: C    //选择"外切于圆"方式
指定圆的半径: 100                      //输入圆半径
```

5.7 样条曲线

样条曲线是经过或接近一系列给定点的平滑曲线，它能够自由编辑，以及控制曲线与点的拟合程度。在景观设计中，常用来绘制水体、流线形的园路及模纹等；在建筑制图中，常用来表示剖面符号等图形；在机械产品设计领域则常用来表示某些产品的轮廓线或剖切线。

5.7.1 绘制样条曲线 ★重点★

在 AutoCAD 2016 中，样条曲线可分为"拟合点样条曲线"和"控制点样条曲线"两种，"拟合点样条曲线"的拟合点与曲线重合，如图 5-187 所示；"控制点样条曲线"是通过曲线外的控制点控制曲线的形状，如图 5-188 所示。

图 5-187 拟合点样条曲线

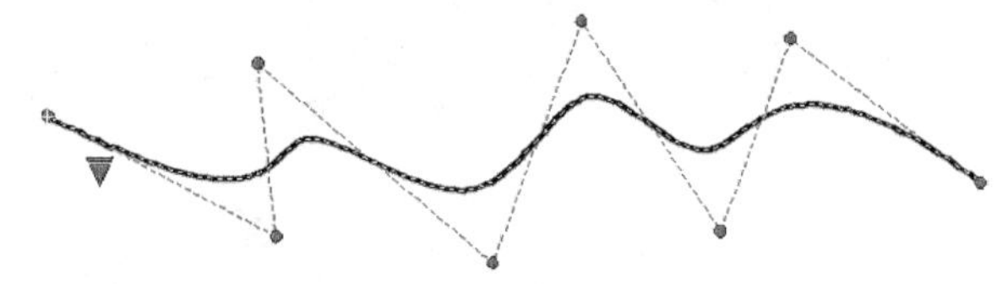
图 5-188 控制点样条曲线

•执行方式

调用【样条曲线】命令的方法如下。

◆功能区：单击【绘图】滑出面板上的【样条曲线拟合】按钮或【样条曲线控制点】按钮，如图 5-189 所示。

◆菜单栏：选择【绘图】|【样条曲线】命令，然后在子菜单中选择【拟合点】或【控制点】命令，如图 5-190 所示。

◆命令行：SPLINE 或 SPL。

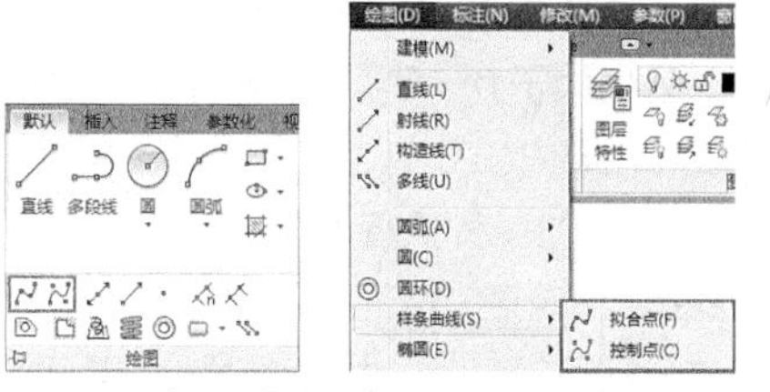
图 5-189 【绘图】面板中的样条曲线按钮　图 5-190 样条曲线的菜单命令

•操作步骤

执行【样条曲线拟合】命令时，命令行操作介绍如下。

```
命令: _spline                    //执行【样条曲线拟合】命令
当前设置: 方式=拟合  节点=弦
                                 //显示当前样条曲线的设置
指定第一个点或 [方式(M)/节点(K)/对象(O)]: _M
                                 //系统自动选择
输入样条曲线创建方式 [拟合(F)/控制点(CV)] <拟合>: _FIT
            //系统自动选择"拟合"方式
当前设置: 方式=拟合  节点=弦
                          //显示当前方式下的样条曲线设置
指定第一个点或 [方式(M)/节点(K)/对象(O)]:
                          //指定样条曲线起点或选择创建方式
输入下一个点或 [起点切向(T)/公差(L)]:
                                 //指定样条曲线上的第2点
输入下一个点或 [端点相切(T)/公差(L)/放弃(U)/闭合(C)]:
            //指定样条曲线上的第3点
            //要创建样条曲线，最少需指定3个点
```

执行【样条曲线控制点】命令时，命令行操作介绍如下。

```
命令: _spline                    //执行【样条曲线控制点】命令
当前设置: 方式=控制点  阶数=3
                                 //显示当前样条曲线的设置
指定第一个点或 [方式(M)/阶数(D)/对象(O)]: _M
```

```
                    //系统自动选择
输入样条曲线创建方式 [拟合(F)/控制点(CV)] <拟合>: _CV
          //系统自动选择“控制点”方式
当前设置: 方式=控制点  阶数=3
                    //显示当前方式下的样条曲线设置
指定第一个点或 [方式(M)/阶数(D)/对象(O)]:
                    //指定样条曲线起点或选择创建方式
输入下一个点:        //指定样条曲线上的第2点
输入下一个点或 [闭合(C)/放弃(U)]:
                    //指定样条曲线上的第3点
```

·选项说明

虽然在 AutoCAD 2016 中，绘制样条曲线有【样条曲线拟合】和【样条曲线控制点】两种方式，但是操作过程却基本一致，只有少数选项有区别（“节点”与“阶数”），因此命令行中各选项统一介绍如下。

◆ “拟合（F）”：即执行【样条曲线拟合】方式，通过指定样条曲线必须经过的拟合点来创建 3 阶（3 次）B 样条曲线。在公差值大于 0（零）时，样条曲线必须在各个点的指定公差距离内。

◆ “控制点（CV）”：即执行【样条曲线控制点】方式，通过指定控制点来创建样条曲线。通过移动控制点调整样条曲线的形状通常可以提供比移动拟合点更好的效果。

◆ “节点（K）”：指定节点参数化，是一种计算方法，用来确定样条曲线中连续拟合点之间的零部件曲线如何过渡。该选项下分 3 个子选项，“弦”“平方根”和“统一”，具体介绍请见本节的“初学解答：样条曲线的节点”。

◆ “阶数（D）”：设置生成的样条曲线的多项式阶数。使用此选项可以创建 1 阶（线性）、2 阶（两次）、3 阶（3 次）直到最高 10 阶的样条曲线。

◆ “对象（O）”：执行该选项后，选择二维或三维的、二次或三次的多段线，可将其转换成等效的样条曲线，如图 5-191 所示。

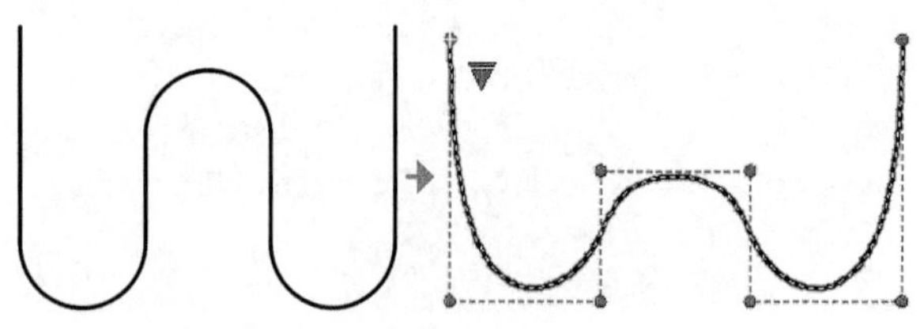

图 5-191 将多段线转为样条曲线

操作技巧

根据 DELOBJ 系统变量的设置，可设置保留或放弃原多段线。

练习 5-14 使用样条曲线绘制餐椅

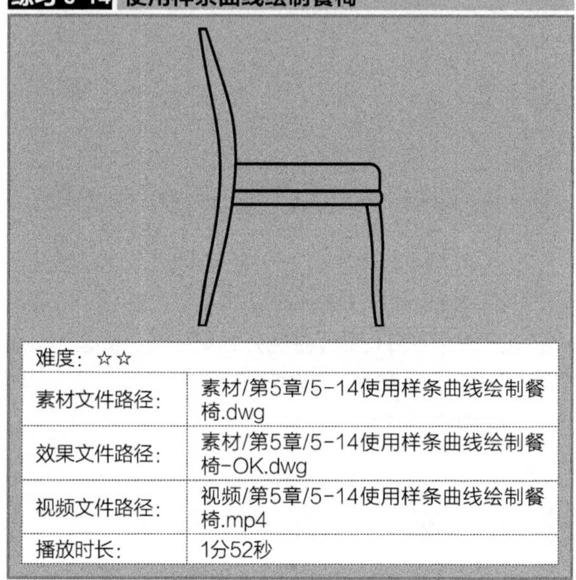

难度：☆☆	
素材文件路径：	素材/第5章/5-14使用样条曲线绘制餐椅.dwg
效果文件路径：	素材/第5章/5-14使用样条曲线绘制餐椅-OK.dwg
视频文件路径：	视频/第5章/5-14使用样条曲线绘制餐椅.mp4
播放时长：	1分52秒

专供就餐用的椅子称为餐椅，是餐厅家具的一种，餐椅座面由木框架和皮革软垫组成，如图 5-192 所示。

Step 01 启动AutoCAD 2016，打开“第5章/5-14使用样条曲线绘制餐椅.dwg”文件，素材文件内已经绘制好了一餐椅侧立面图的座垫部分，如图5-193所示，接下来可用样条曲线命令补全后面的靠椅部分。

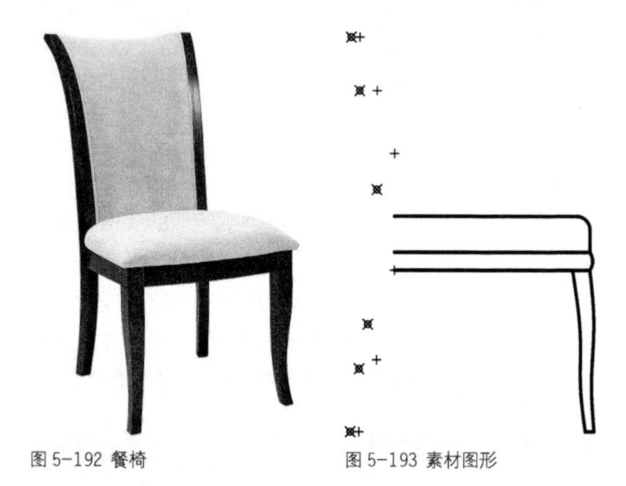

图 5-192 餐椅　　图 5-193 素材图形

Step 02 绘制第一条样条曲线。单击【绘图】面板中的【样条曲线】按钮，捕捉⊠点绘制靠椅部分的第一条轮廓线，从下至上依次连接各辅助点，结果如图5-194所示。

Step 03 绘制第二条样条曲线。单击Enter键完成第一条样条曲线的绘制，然后再按Enter键重复执行【样条曲线】命令，捕捉素材文件中的┼点绘制靠椅的第二条轮廓线，结果如图5-195所示。

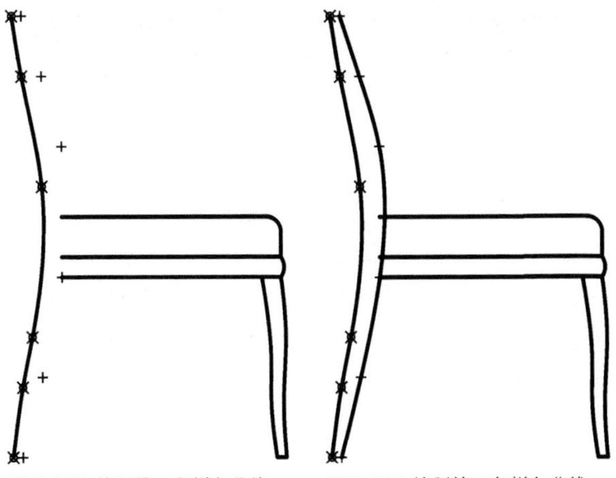

图 5-194 绘制第一条样条曲线　　图 5-195 绘制第二条样条曲线

Step 04 修剪整理图形。使用【直线】命令连接两样条曲线的首尾两端，再修剪坐垫在样条曲线上的多余部分，并删除辅助点，最终结果如图5-196所示。

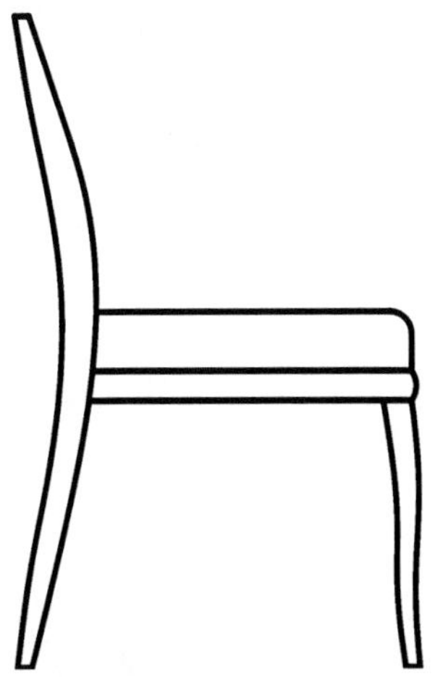

图 5-196 完成效果

•初学解答 样条曲线的节点

在执行【样条曲线拟合】命令时，指定第一点之前命令行中会出现如下操作提示。

```
指定第一个点或 [方式(M)/节点(K)/对象(O)]:
```

如果选择“节点（K）”选项，则会出现如下提示。共 3 个子选项，分别介绍如下。

```
输入节点参数化 [弦(C)/平方根(S)/统一(U)] <弦>:
```

◆“弦（C）”：（弦长方法）均匀隔开连接每个部件曲线的节点，使每个关联的拟合点对之间的距离成正比，如图 5-197 中的实线所示。

◆“平方根（S）”：（向心方法）均匀隔开连接每个部件曲线的节点，使每个关联的拟合点对之间的距离的平方根成正比。此方法通常会产生更“柔和”的曲线，如图 5-197 中的虚线所示。

◆“统一（U）”：（等间距分布方法）均匀隔开每个零部件曲线的节点，使其相等，而不管拟合点的间距如何。此方法通常可生成泛光化拟合点的曲线，如图 5-197 中的点画线所示。

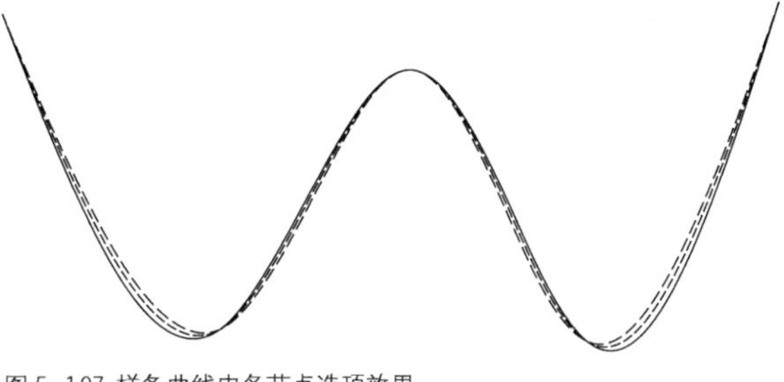

图 5-197 样条曲线中各节点选项效果

5.7.2 编辑样条曲线

与【多线】一样，AutoCAD 2016 也提供了专门编辑【样条曲线】的工具。由 SPLINE 命令绘制的样条曲线具有许多特征，如数据点的数量及位置、端点特征性及切线方向等，用 SPLINEDIT（编辑样条曲线）命令可以改变曲线的这些特征。

•执行方式

要对样条曲线进行编辑，有以下 3 种方法。

◆功能区：在【默认】选项卡中，单击【修改】面板中的【编辑样条曲线】按钮，如图 5-198 所示。

◆菜单栏：选择【修改】|【对象】|【样条曲线】菜单命令，如图 5-199 所示。

◆命令行：SPEDIT。

图 5-198 【绘图】面板中的样条曲线编辑按钮

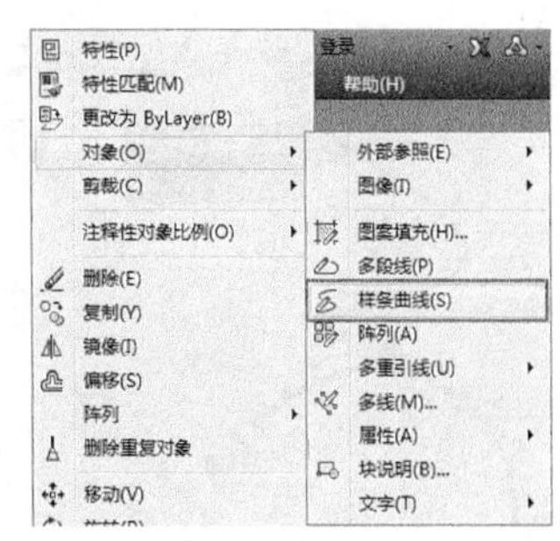

图 5-199 【菜单栏】调用【样条曲线】编辑命令

•操作步骤

按上述方法执行【编辑样条曲线】命令后，选择要编辑的样条曲线，便会在命令行中出现如下提示。

输入选项 [闭合 (C)/ 合并 (J)/ 拟合数据 (F)/ 编辑顶点 (E)/ 转换为多线段 (P)/ 反转 (R)/ 放弃 (U)/ 退出 (X)]:< 退出 >

选择其中的子选项即可执行对应命令。

•选项说明

命令行中各选项的含义说明如下。

1 闭合（C）

用于闭合开放的样条曲线，执行此选项后，命令将自动变为【打开(O)】，如果再执行【打开】命令又会切换回来，如图 5-200 所示。

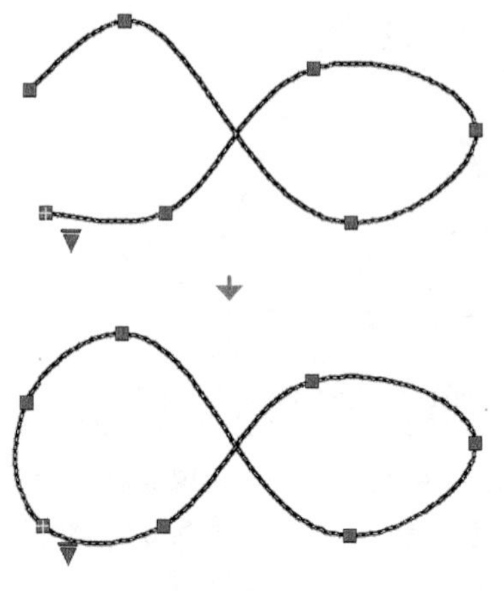

图 5-200 闭合的编辑效果

2 合并（J）

将选定的样条曲线与其他样条曲线、直线、多段线和圆弧在重合端点处合并，以形成一个较大的样条曲线。对象在连接点处使用扭折连接在一起（C0 连续性），如图 5-201 所示。

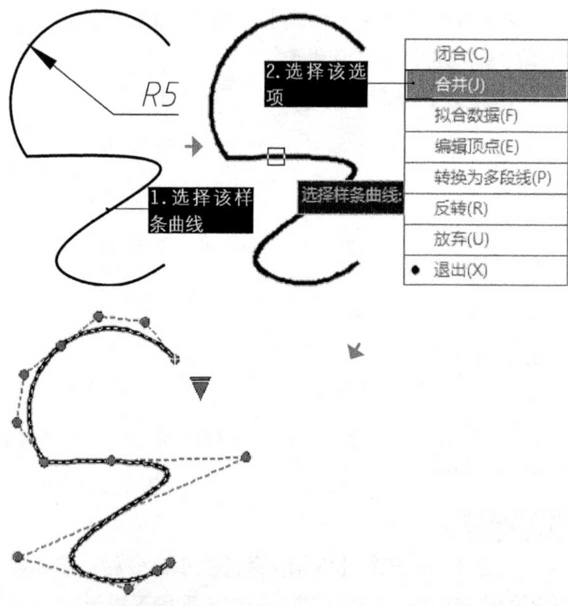

图 5-201 将其他图形合并至样条曲线

3 拟合数据（F）

用于编辑“拟合点样条曲线”的数据。拟合数据包括所有的拟合点、拟合公差及绘制样条曲线时与之相关联的切线。

选择该选项后，样条曲线上各控制点将会被激活，命令行提示如下。

```
输入拟合数据选项[添加(A)/闭合(C)/删除(D)/扭折(K)/移动(M)/清理(P)/切线(T)/公差(L)/退出(X)]:<退出>:
```

对应的选项表示各个拟合数据编辑工具，各选项的含义如下。

◆ “添加（A）”：为样条曲线添加新的控制点。选择一个拟合点后，请指定要以下一个拟合点（将自动亮显）方向添加到样条曲线的新拟合点；如果在开放的样条曲线上选择了最后一个拟合点，则新拟合点将添加到样条曲线的端点；如果在开放的样条曲线上选择第一个拟合点，则可以选择将新拟合点添加到第一个点之前或之后。效果如图 5-202 所示。

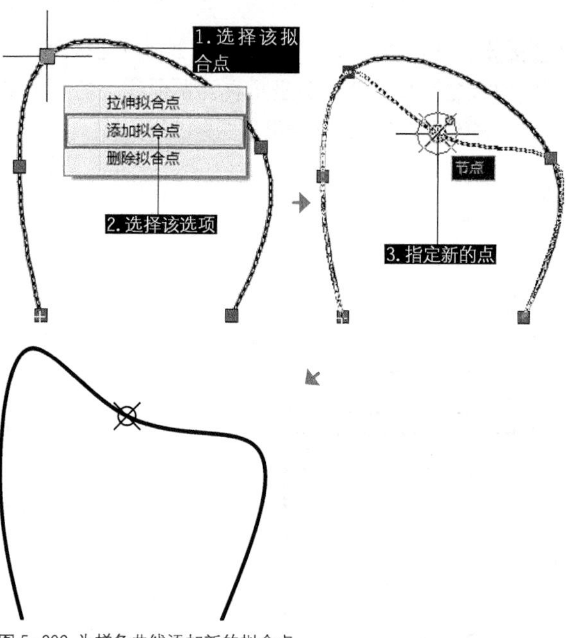

图 5-202 为样条曲线添加新的拟合点

◆ “闭合（J）”：用于闭合开放的样条曲线，效果同之前介绍的“闭合（C）”，如图 5-200 所示。

◆ “删除（D）”：用于删除样条曲线的拟合点并重新用其余点拟合样条曲线，如图 5-203 所示。

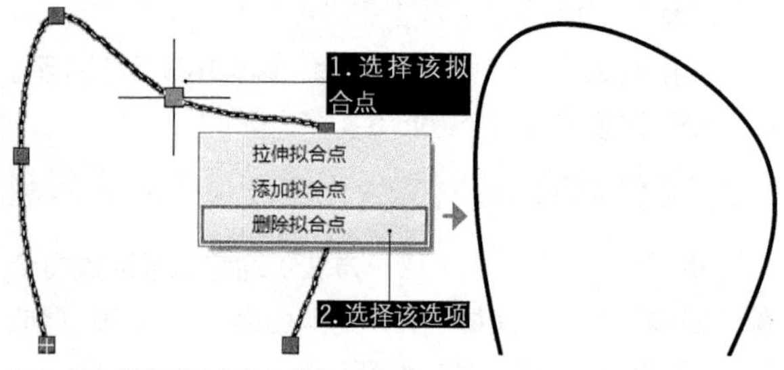

图 5-203 删除样条曲线上的拟合点

◆ “扭折（K）”：凭空在样条曲线上的指定位置添加节点和拟合点，这不会保持在该点的相切或曲率连续性，效果如图 5-204 所示。

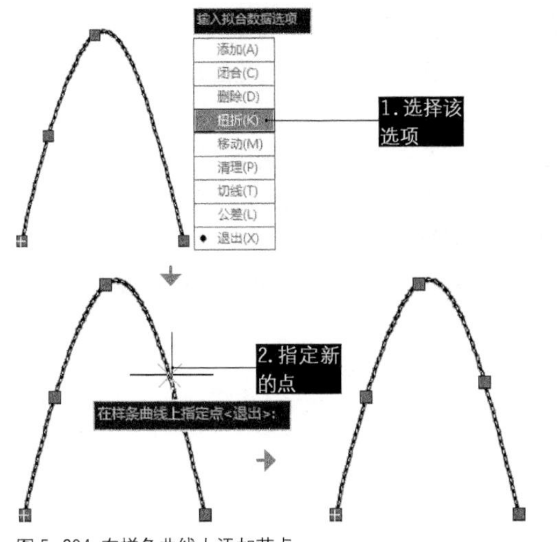

图 5-204 在样条曲线上添加节点

◆ “移动（M）”：可以依次将拟合点移动到新位置。

◆ “清理（P）”：从图形数据库中删除样条曲线的拟合数据，将样条曲线从“拟合点”转换为“控制点”，如图 5-205 所示。

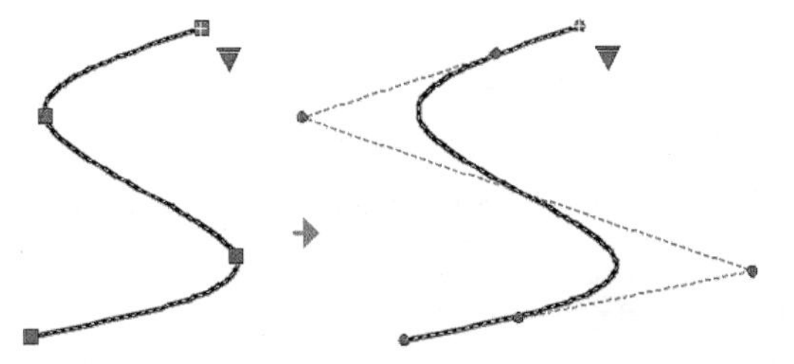
图 5-205 将样条曲线从“拟合点”转换为“控制点”

◆ “切线（T）”：更改样条曲线的开始和结束切线。指定点以建立切线方向。可以使用对象捕捉，如垂直或平行，效果如图 5-206 所示。

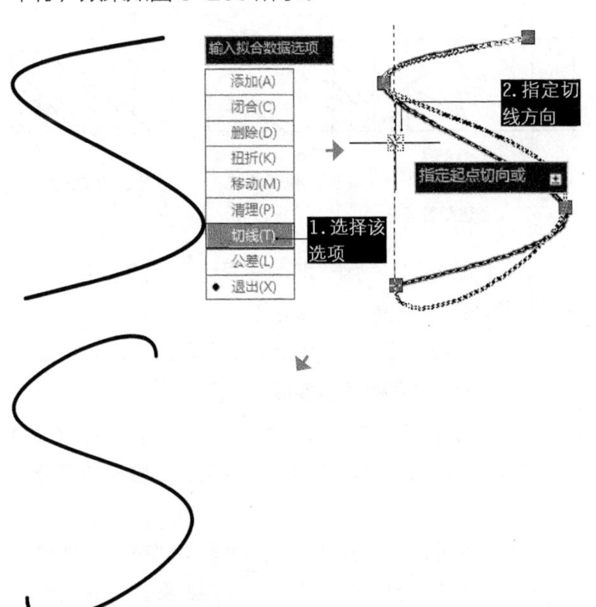

图 5-206 修改样条曲线的切线方向

◆ “公差（L）”：重新设置拟合公差的值。

◆ “退出（X）”：退出拟合数据编辑。

4 编辑顶点（E）

用于精密调整“控制点样条曲线”的顶点，选取该选项后，命令行提示如下。

```
输入顶点编辑选项 [添加(A)/删除(D)/提高阶数(E)/移动(M)/权值(W)/退出(X)] <退出>:
```

对应的选项表示编辑顶点的多个工具，各选项的含义如下。

◆ “添加（A）”：在位于两个现有的控制点之间的指定点处添加一个新控制点，如图 5-207 所示。

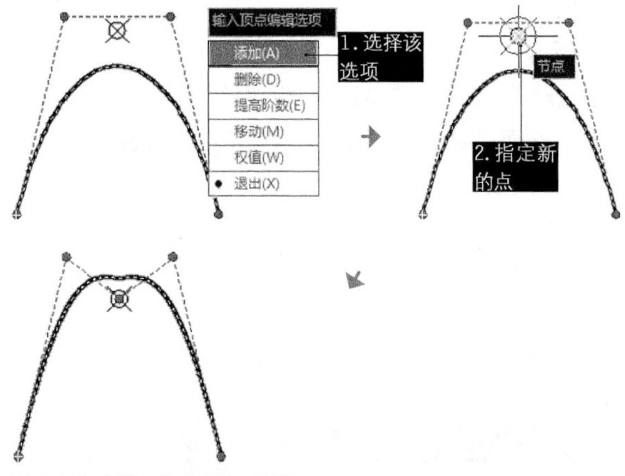

图 5-207 在样条曲线上添加顶点

◆ “删除（D）”：删除样条曲线的顶点，如图 5-208 所示。

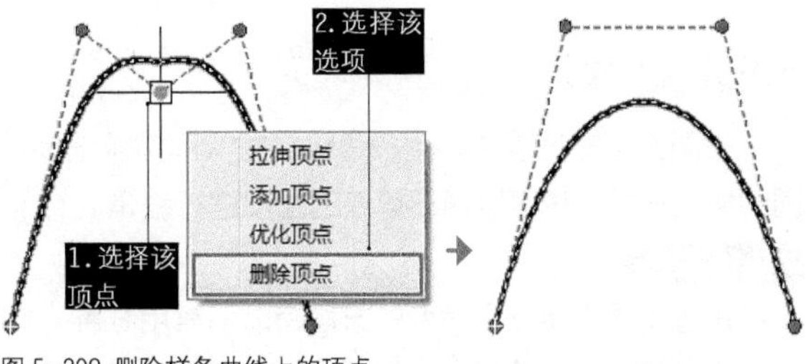

图 5-208 删除样条曲线上的顶点

◆ “提高阶数（E）”：增大样条曲线的多项式阶数（阶数加 1），阶数最高为 26。这将增加整个样条曲线的控制点的数量，效果如图 5-209 所示。

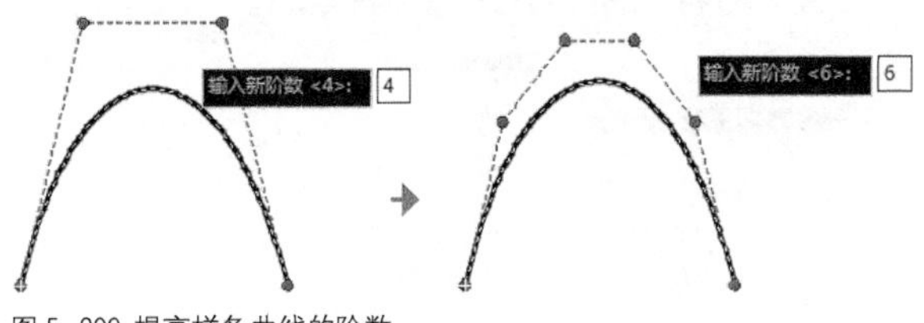

图 5-209 提高样条曲线的阶数

◆ “移动（M）”：将样条曲线上的顶点移动到合适位置。

◆ “权值（W）”：修改不同样条曲线控制点的权值，并根据指定控制点的新权值重新计算样条曲线。权值越大，样条曲线越接近控制点，如图 5-210 所示。

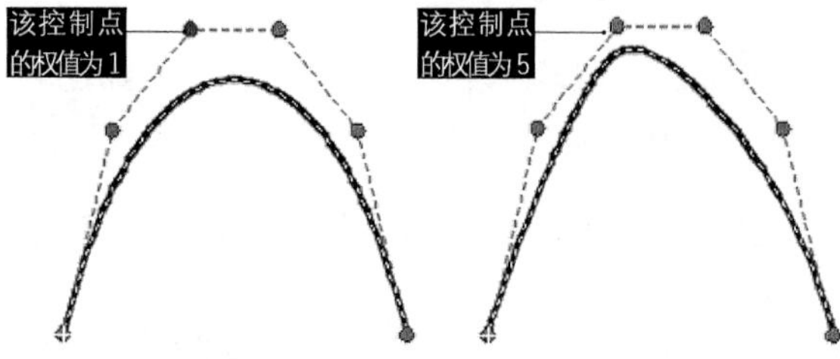

图 5-210 提高样条曲线控制点的权值

5 转换为多段线（P）

用于将样条曲线转换为多段线。精度值决定生成的多段线与样条曲线的接近程度，有效值为介于 0 到 99 之间的任意整数。但是较高的精度值会降低性能。

6 反转（E）

可以反转样条曲线的方向。

7 放弃（U）

还原操作，每选择一次将取消上一次的操作，可一直返回到编辑任务开始时的状态。

5.8 图案填充与渐变色填充

使用 AutoCAD 的图案和渐变色填充功能，可以方便地对图形进行图案和渐变色填充，以区别不同形体的各个组成部分。

5.8.1 图案填充

在图案填充过程中，用户可以根据实际需求选择不同的填充样式，也可以对已填充的图案进行编辑。

·执行方式

执行【图案填充】命令的方法有以下常用 3 种。

◆功能区：在【默认】选项卡中，单击【绘图】面板中的【图案填充】按钮，如图 5-211 所示。

◆菜单栏：选择【绘图】|【图案填充】菜单命令，如图 5-212 所示。

◆命令行：BHATCH 或 CH 或 H。

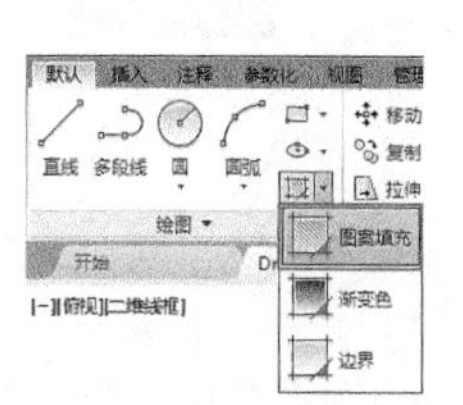

图 5-211 【修改】面板中的【图案填充】按钮

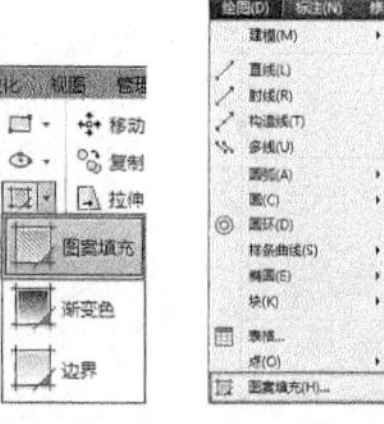

图 5-212【图案填充】菜单命令

·操作步骤

在 AutoCAD 中执行【图案填充】命令后，将显示【图案填充创建】选项卡，如图 5-213 所示。选择所选的填充图案，在要填充的区域中单击，生成效果预览，然后于空白处单击或单击【关闭】面板上的【关闭图案填充】按钮即可创建。

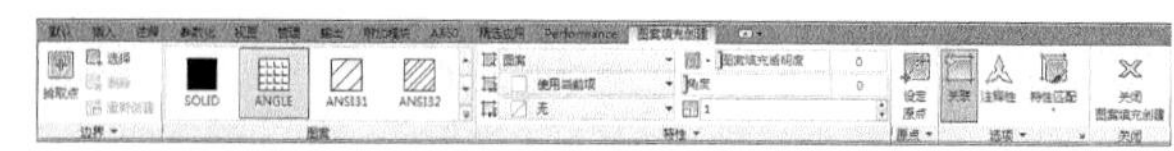

图 5-213 【图案填充创建】选项卡

·选项说明

该选项卡由【边界】、【图案】、【特性】、【原点】、【选项】和【关闭】6 个面板组成，分别介绍如下。

【边界】面板

如图 5-214 所示为展开【边界】面板中隐藏的选项，其面板中各选项的含义如下。

◆【拾取点】：单击此按钮，然后在填充区域中单击一点，AutoCAD 自动分析边界集，并从中确定包围该点的闭合边界。

◆【选择】：单击此按钮，然后根据封闭区域选择对象确定边界。可通过选择封闭对象的方法确定填充边界，但并不自动检测内部对象，如图 5-215 所示。

图 5-214 【边界】面板

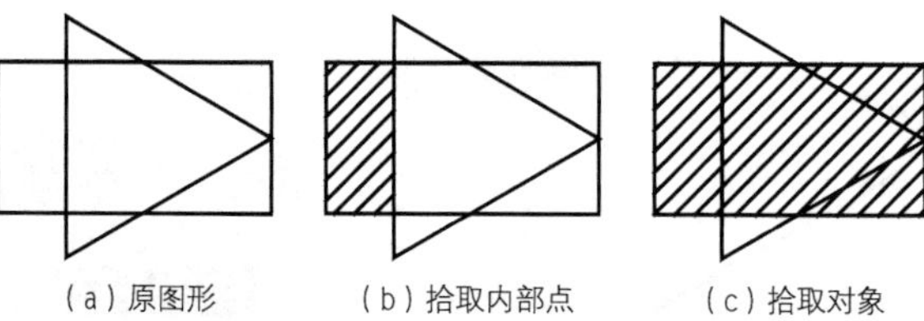

（a）原图形　（b）拾取内部点　（c）拾取对象

图 5-215 创建图案填充

◆【删除】：用于取消边界，边界即为在一个大的封闭区域内存在的一个独立的小区域。

◆【重新创建】：编辑填充图案时，可利用此按钮生成与图案边界相同的多段线或面域。

◆【显示边界对象】：单击按钮，AutoCAD 显示当前的填充边界。使用显示的夹点可修改图案填充边界。

◆【保留边界对象】：创建图案填充时，创建多段线或面域作为图案填充的边缘，并将图案填充对象与其关联。单击下拉按钮，在下拉列表中包括【不保留边界】、【保留边界：多段线】、【保留边界：面域】。

◆【选择新边界集】：指定对象的有限集（称为边界集），以便由图案填充的拾取点进行评估。单击下拉按钮，在下拉列表中展开【使用当前视口】选项，根据当前视口范围中的所有对象定义边界集，选择此选项将放弃当前的任何边界集。

【图案】面板

显示所有预定义和自定义图案的预览图案。单击右侧的按钮可展开【图案】面板，拖动滚动条选择所需的填充图案，如图 5-216 所示。

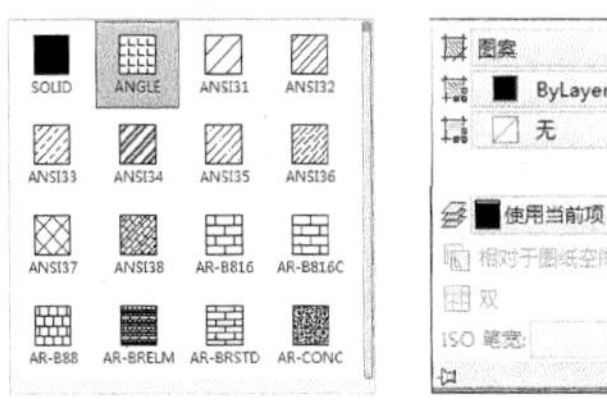

图 5-216 【图案】面板

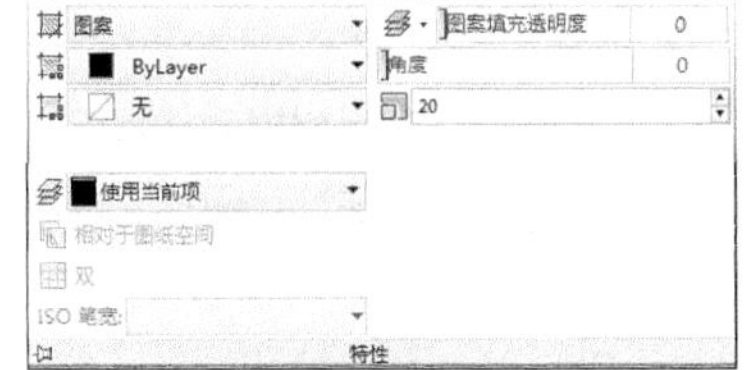

图 5-217 【特性】面板

【特性】面板

图 5-217 所示为展开的【特性】面板中的隐藏选项，其各选项含义如下。

◆【图案】：单击下拉按钮，在下拉列表中包括【实体】、【图案】、【渐变色】、【用户定义】4 个选项。若选择【图案】选项，则使用 AutoCAD 预定义的图案，这些图案保存在“acad.pat”和“acadiso.pat”文件中。若选择【用户定义】选项，则采用用户定制的图案，这些图案保存在“.pat”类型文件中。

◆【颜色】（图案填充颜色）/（背景色）：单击下拉按钮，在弹出的下拉列表中选择需要的图案颜色和背景颜色，默认状态下为无背景颜色，如图 5-218 与图 5-219 所示。

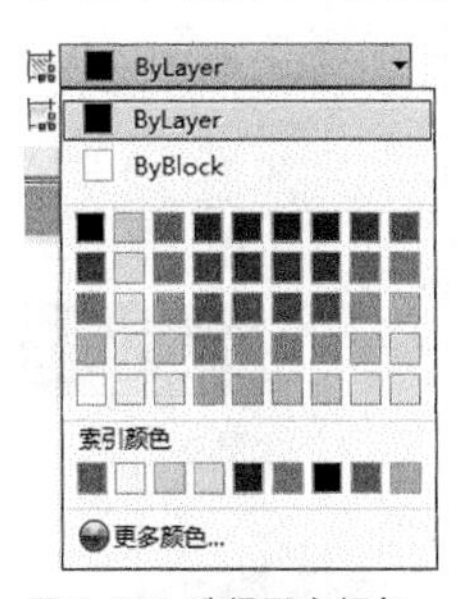

图 5-218 选择图案颜色

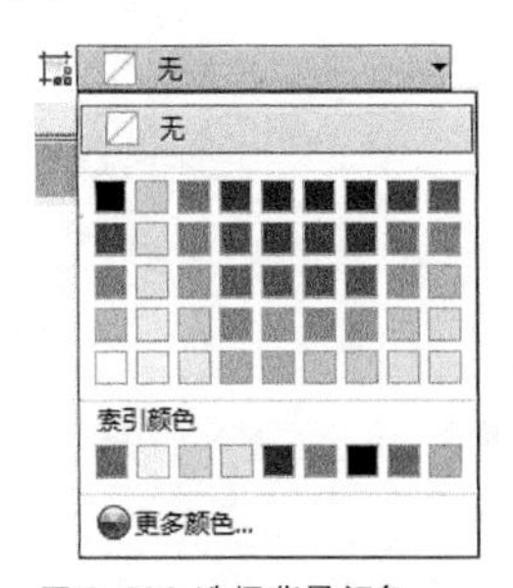

图 5-219 选择背景颜色

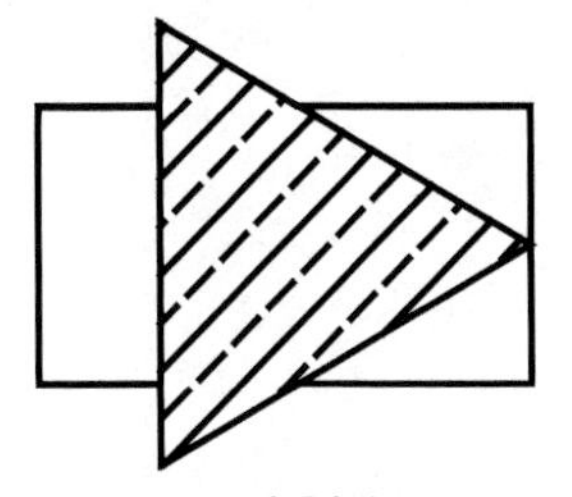

（a）透明度为 0

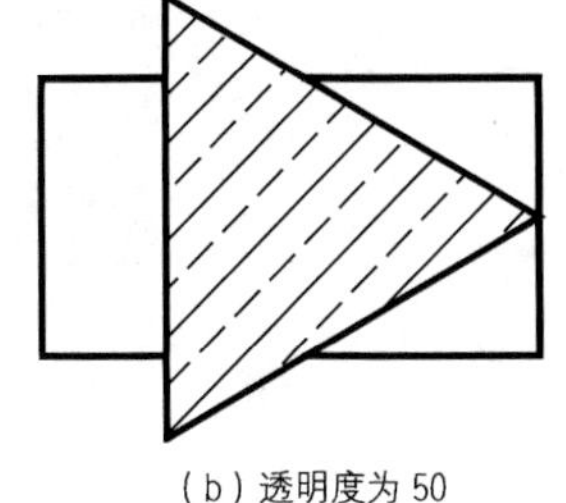

（b）透明度为 50

图 5-220 设置图案填充的透明度

◆【图案填充透明度】：通过拖动滑块，可以设置填充图案的透明度，如图 5-220 所示。设置完透明度之后，需要单击状态栏中的【显示 / 隐藏透明度】按钮，透明度才能显示出来。

◆【角度】：通过拖动滑块，可以设置图案的填充角度，如图 5-221 所示

◆【比例】：通过在文本框中输入比例值，可以设置缩放图案的比例，如图 5-222 所示。

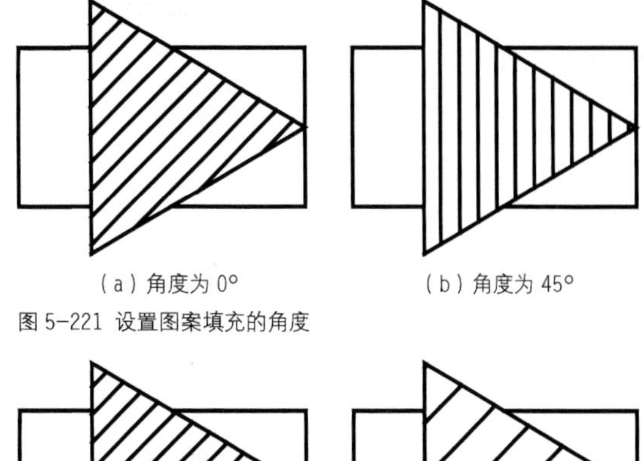

（a）角度为 0°　　（b）角度为 45°

图 5-221 设置图案填充的角度

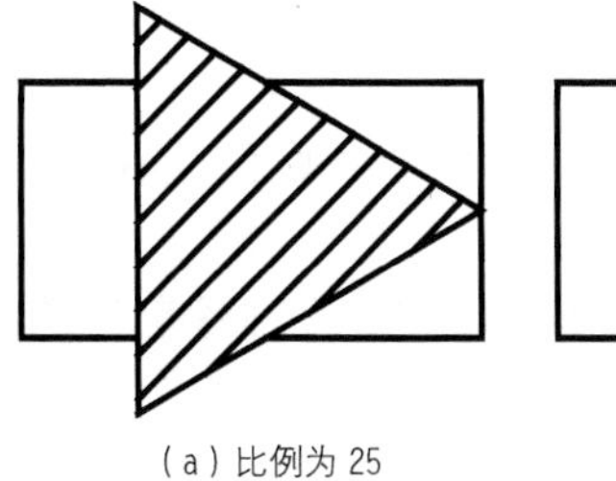

（a）比例为 25

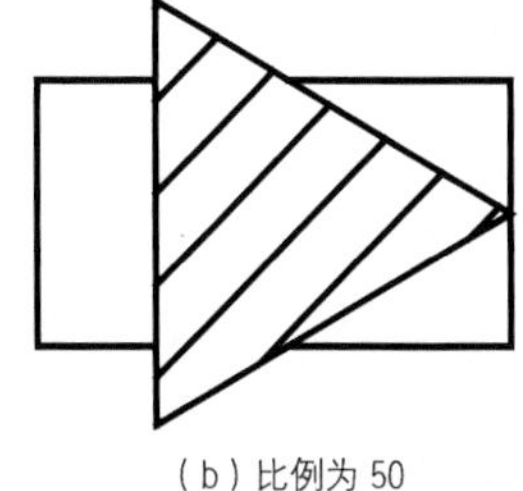

（b）比例为 50

图 5-222 设置图案填充的比例

◆【图层】：在右方的下拉列表中可以指定图案填充所在的图层。

◆【相对于图纸空间】：适用于布局。用于设置相对于布局空间单位缩放图案。

◆【双】：只有在【用户定义】选项时才可用。用于将绘制两组相互呈 90° 的直线填充图案，从而构成交叉线填充图案。

◆【ISO 笔宽】：设置基于选定笔宽缩放 ISO 预定义图案。只有图案设置为 ISO 图案的一种时才可用。

【原点】面板

图 5-223 所示是【原点】展开隐藏的面板选项，指定原点的位置有【左下】、【右下】、【左上】、【右上】、【中心】、【使用当前原点】6 种方式。

◆【设定原点】：指定新的图案填充原点，如图 5-224 所示。

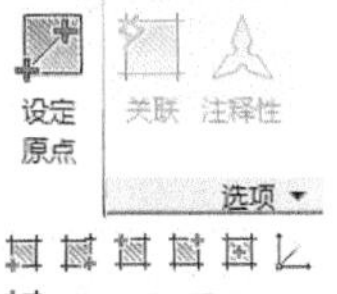

图 5-223 【原点】面板

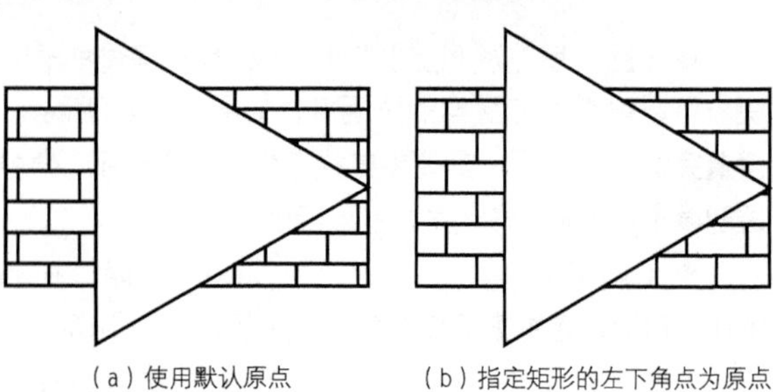

（a）使用默认原点　（b）指定矩形的左下角点为原点

图 5-224 设置图案填充的原点

◎【选项】面板

图5-225所示为展开的【选项】面板中的隐藏选项，其各选项含义如下。

图 5-225 【原点】面板

◆【关联】：控制当用户修改当期图案时是否自动更新图案填充。

◆【注释性】：指定图案填充为可注释特性。单击信息图标以了解相关注释性对象的更多信息。

◆【特性匹配】：使用选定图案填充对象的特性设置图案填充的特性，图案填充原点除外。单击下拉按钮，在下拉列表中包括【使用当前原点】和【使用原图案原点】。

◆【允许的间隙】：指定要在几何对象之间桥接最大的间隙，这些对象经过延伸后将闭合边界。

◆【创建独立的图案填充】：一次在多个闭合边界创建的填充图案是各自独立的。选择时，这些图案是单一对象。

◆【孤岛】：在闭合区域内的另一个闭合区域。单击下拉按钮，在下拉列表中包含【无孤岛检测】、【普通孤岛检测】、【外部孤岛检测】和【忽略孤岛检测】，如图 5-226 所示。其中各选项的含义如下。

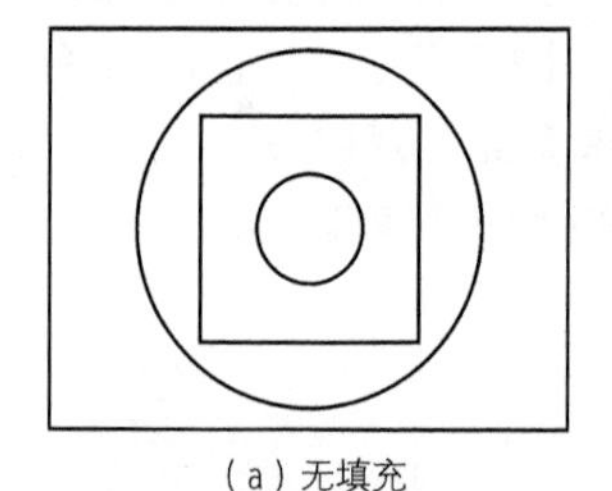

（a）无填充

（b）普通填充方式

图 5-226 孤岛的 4 种显示方式

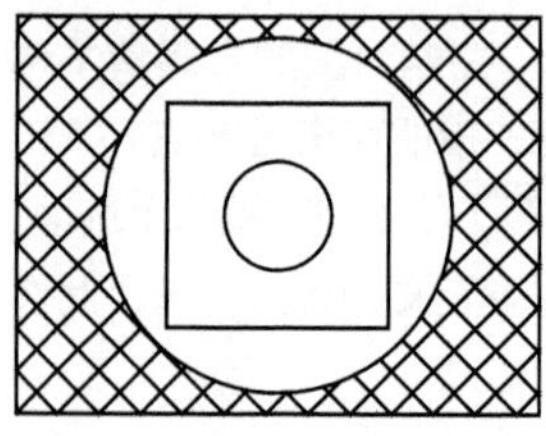

（c）外部填充方式

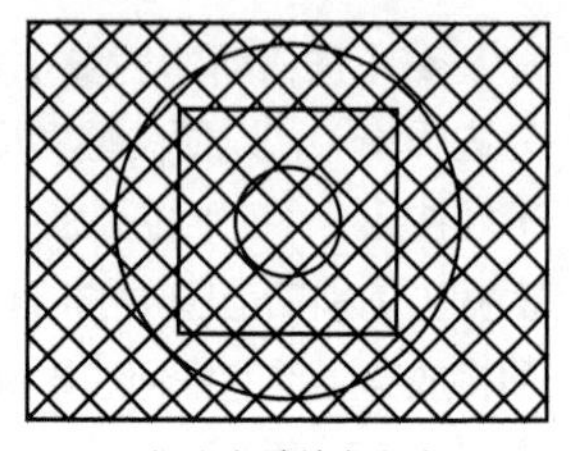

（d）忽略填充方式

图 5-226 孤岛的 4 种显示方式（续）

无孤岛检测：关闭以使用传统孤岛检测方法。

普通：从外部边界向内填充，即第一层填充，第二层不填充。

外部：从外部边界向内填充，即只填充从最外边界向内第一边界之间的区域。

忽略：忽略最外层边界包含的其他任何边界，从最外层边界向内填充全部图形。

◆【绘图次序】：指定图案填充的创建顺序。单击下拉按钮，在下拉列表中包括【不指定】、【后置】、【前置】、【置于边界之后】、【置于边界之前】。默认情况下，图案填充绘制次序是置于边界之后。

◆【图案填充和渐变色】对话框：单击【选项】面板上的按钮，打开【图案填充与渐变色】对话框，如图 5-227 所示。其中的选项与【图案填充创建】选项卡中的选项基本相同。

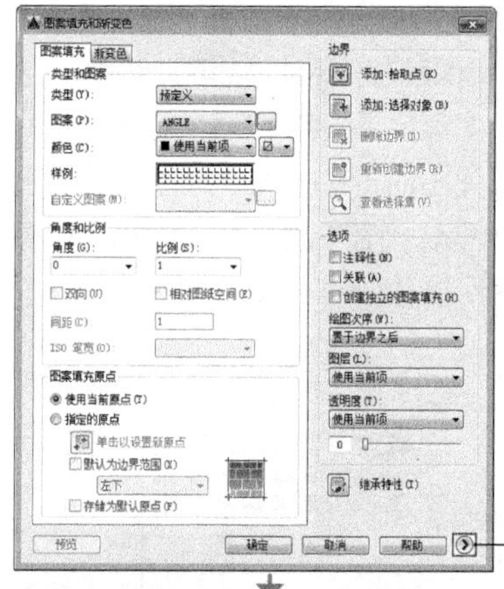

图 5-227 【图案填充与渐变色】对话框

◎【关闭】面板

单击面板上的【关闭图案填充创建】按钮，可退出图案填充。也可按 Esc 键代替此按钮操作。

在弹出【图案填充创建】选项卡之后，再在命令行中输入 T，即可进入设置界面，即打开【图案填充和渐变色】对话框。单击该对话框右下角的【更多选项】按钮⊙，展开如图 5-227 所示的对话框，显示出更多选项。对话框中的选项含义与【图案填充创建】选项卡基本相同，不再赘述。

•初学解答 图案填充找不到范围

在使用【图案填充】命令时常常碰到找不到线段封闭范围的情况，尤其是文件本身比较大的时候。此时可以采用【Layiso】（图层隔离）命令让欲填充的范围线所在的层“孤立”或“冻结”，再用【图案填充】命令就可以快速找到所需填充范围。

•熟能生巧 对象不封闭时进行填充

如果图形不封闭，就会出现这种情况，弹出“边界定义错误”对话框，如图 5-228 所示；而且在图纸中会用红色圆圈标示出没有封闭的区域，如图 5-229 所示。

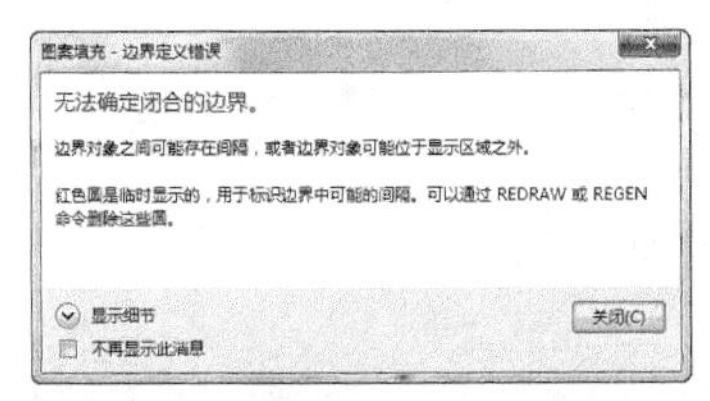

图 5-228 “边界定义错误”对话框

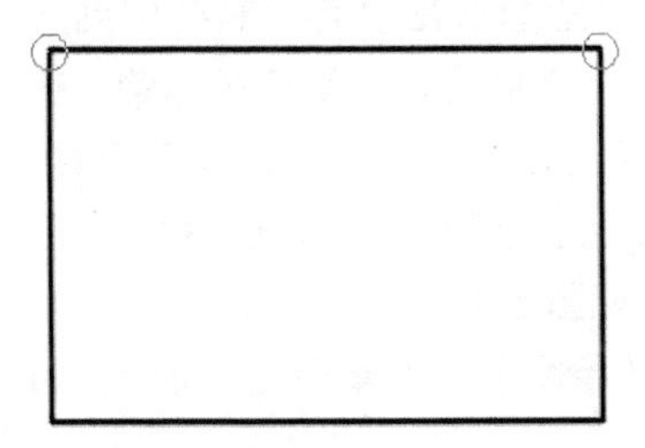

图 5-229 红色圆圈圈出未封闭区域

这时可以在命令行中输入 Hpgaptol，即可输入一个新的数值，用以指定图案填充时可忽略的最小间隙，小于输入数值的间隙都不会影响填充效果，结果如图 5-230 所示。

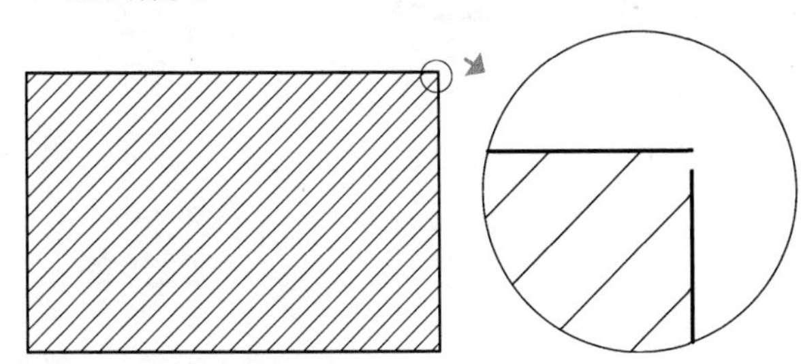

图 5-230 忽略微小间隙进行填充

•精益求精 创建无边界的图案填充

在 AutoCAD 中创建填充图案最常用方法是选择一个封闭的图形或在一个封闭的图形区域中拾取一个点。创建填充图案时，我们通常都是输入 HATCH 或 H 快捷键，打开【图案填充创建】选项卡进行填充的。

但是在【图案填充创建】选项卡中是无法创建无边界填充图案的，它要求填充区域是封闭的。有的用户会想到创建填充后删除边界线或隐藏边界线的显示来达成效果，显然这样做是可行的，不过有一种更正规的方法，下面通过一个例子来进行说明。

练习 5-15 填充家具详图

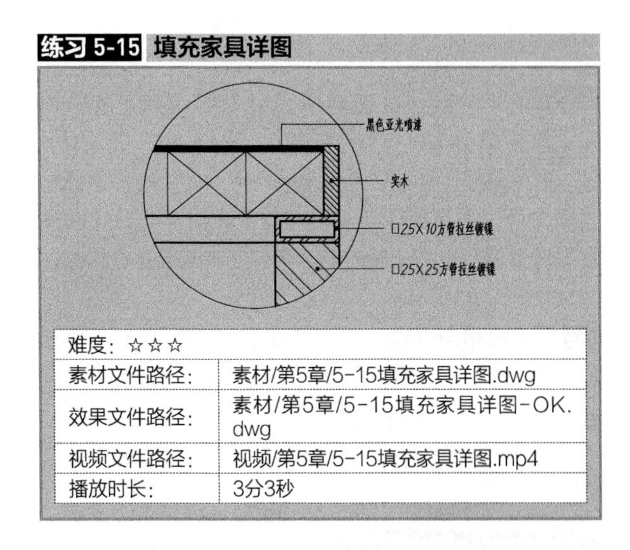

难度：☆☆☆	
素材文件路径：	素材/第5章/5-15填充家具详图.dwg
效果文件路径：	素材/第5章/5-15填充家具详图-OK.dwg
视频文件路径：	视频/第5章/5-15填充家具详图.mp4
播放时长：	3分3秒

为清楚地表示家具某个部分的结构，将家具或其零、部件的该部分结构用大于基本视图或者原图像的画图比例画出，这样的放大图形称之为详图。在详图的绘制过程中，为了区分各部件，需要对不同图形区域进行图案填充。

Step 01 打开素材文件“第5章/5-15填充家具详图.dwg”，如图5-231所示。

Step 02 单击【绘图】面板上的▨按钮，根据命令行提示，选择【设置（T）】选项，系统弹出【图案填充和渐变色】对话框，如图5-232所示。

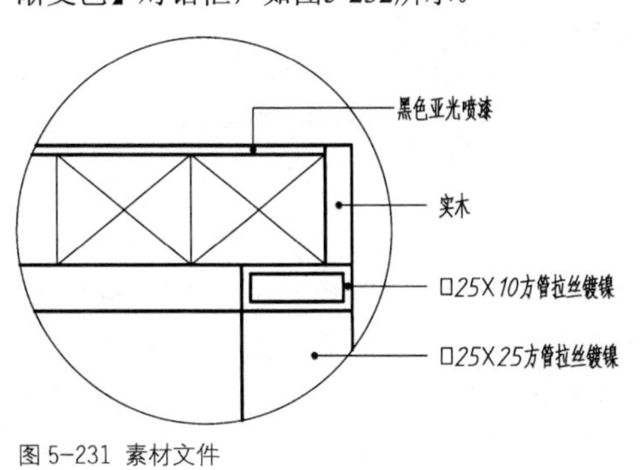

图 5-231 素材文件

图 5-232 【图案填充和渐变色】对话框

Step 03 展开【图案】列表框，在列表中选择SOLID图案，然后单击【边界】选项组中【添加拾取点】按钮，系统暂时隐藏对话框，返回绘图界面，在“黑色亚光喷漆”引线所指区域单击，返回【图案填充和渐变色】对话框后单击【确定】，即可对该区域进行填充，效果如图5-233所示。

Step 04 按相同方法，执行【图案填充】命令，选择ANSI31，设置填充比例0.5，对“实木”引线所指区域进行填充，结果如图5-234所示。

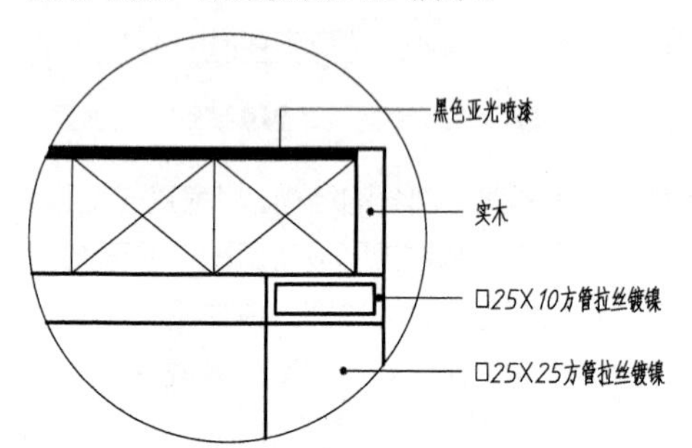

图 5-233 填充“黑色亚光喷漆”区域

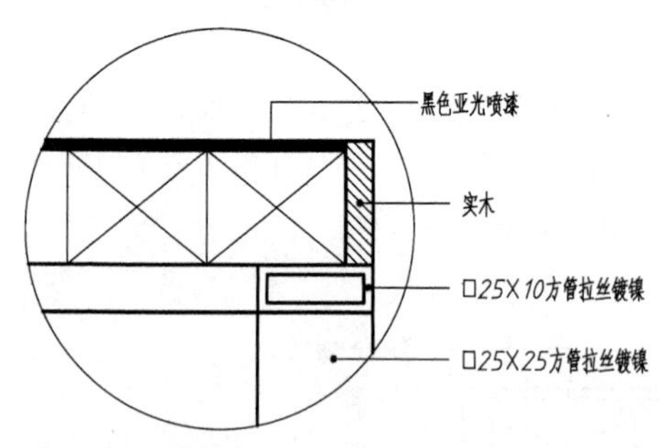

图 5-234 填充“实木”区域

Step 05 在命令行输入H并单击Enter键，系统弹出【图案填充创建】选项卡，在【图案】面板中选择【ANSI32】样式，填充比例修改为0.5，然后单击【边界】面板中【添加拾取点】按钮，在“□25×10方管拉丝镀镍”区域内单击，按Enter键完成填充，结果如图5-235所示。

Step 06 在命令行输入H并单击Enter键，系统弹【图案填充创建】选项卡，在【图案】面板中选择【ANSI32】样式，角度修改为90°，填充比例修改为1，然后单击【边界】面板中【添加选择对象】按钮，在“□25×25方管拉丝镀镍”区域内单击，按Enter键完成填充，结果如图5-236所示。

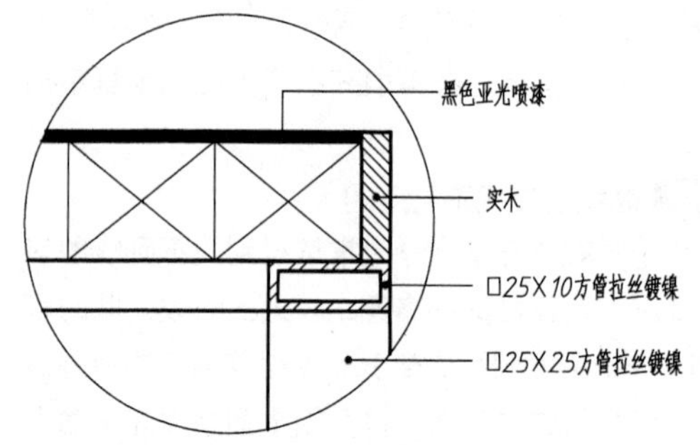

图 5-235 填充“□ 25×10 方管拉丝镀镍”区域

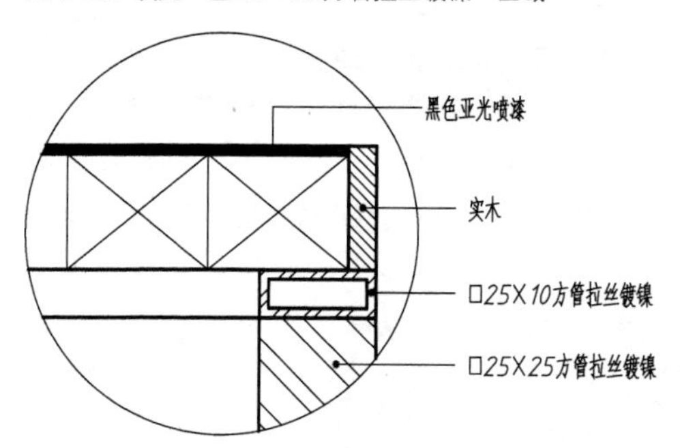

图 5-236 填充“□ 25×25 方管拉丝镀镍”区域

5.8.2 渐变色填充

在绘图过程中，有些图形在填充时需要用到一种或多种颜色。例如，绘制装潢、美工图纸等。在AutoCAD 2016中调用【图案填充】的方法有以下几种。

◆功能区：在【默认】选项卡中，单击【绘图】面板【渐变色】按钮，如图 5-237 所示。

◆菜单栏：执行【绘图】|【图案填充】命令，如图 5-238 所示。

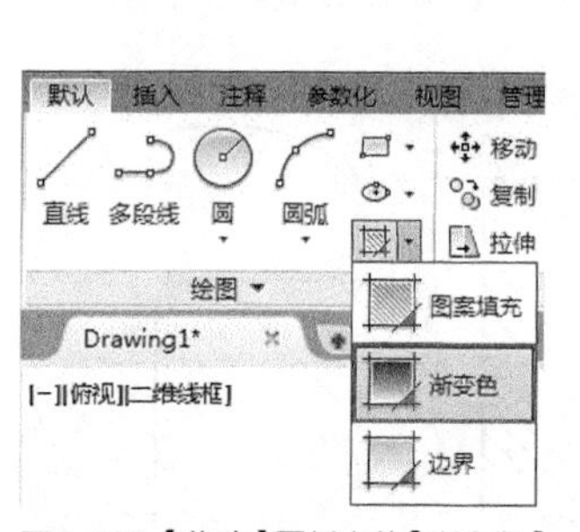

图 5-237【修改】面板中的【渐变色】按钮

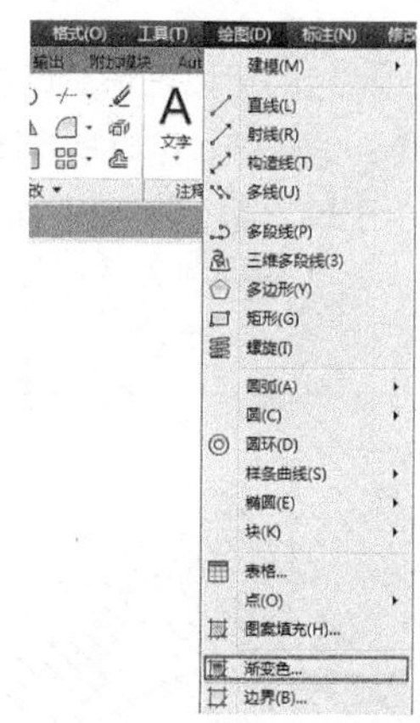

图 5-238 【渐变色】菜单命令

执行【渐变色】填充操作后，将弹出如图 5-239 所示的【图案填充创建】选项卡。该选项卡同样由【边界】、【图案】等 6 个面板组成，只是图案换成了渐变色，各面板功能与之前介绍过的图案填充一致，在此不重复介绍。

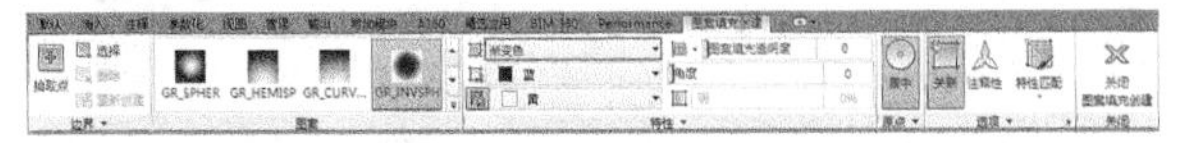

图 5-239 【图案填充创建】选项卡

如果在命令行提示“拾取内部点或 [选择对象 (S)/ 放弃 (U)/ 设置 (T)]:”时，激活【设置（T）】选项，将打开图 5-240 所示的【图案填充和渐变色】对话框，并自动切换到【渐变色】选项卡。

该对话框中常用选项含义如下。

◆【单色】：指定的颜色将从高饱和度的单色平滑过渡到透明的填充方式。

◆【双色】：指定的两种颜色进行平滑过渡的填充方式，如图 5-241 所示。

◆【颜色样本】：设定渐变填充的颜色。单击浏览按钮打开【选择颜色】对话框，从中选择 AutoCAD 索引颜色（AIC）、真彩色或配色系统颜色。显示的默认颜色为图形的当前颜色。

◆【渐变样式】：在渐变区域有 9 种固定渐变填充的图案，这些图案包括径向渐变、线性渐变等。

◆【向列表框】：在该列表框中，可以设置渐变色的角度以及其是否居中。

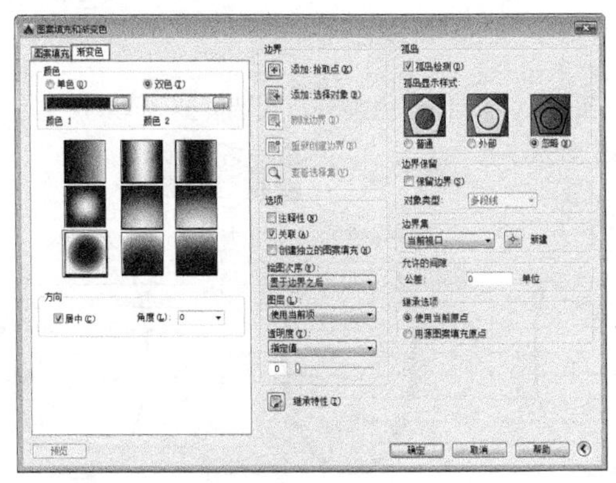

图 5-240 【渐变色】选项卡

图 5-241 渐变色填充效果

5.8.3 编辑填充的图案

在为图形填充了图案后，如果对填充效果不满意，还可以通过【编辑图案填充】命令对其进行编辑。可编辑内容包括填充比例、旋转角度和填充图案等。AutoCAD 2016 增强了图案填充的编辑功能，可以同时选择并编辑多个图案填充对象。

◆执行【编辑图案填充】命令的方法有以下常用的 6 种。

◆功能区：在【默认】选项卡中，单击【修改】面板中的【编辑图案填充】按钮，如图 5-242 所示。

◆菜单栏：选择【修改】|【对象】|【图案填充】菜单命令，如图 5-243 所示。

◆命令行：HATCHEDIT 或 HE。

◆快捷操作 1：在要编辑的对象上单击鼠标右键，在弹出的快捷菜单中选择【图案填充编辑】选项。

◆快捷操作 2：在绘图区双击要编辑的图案填充对象。

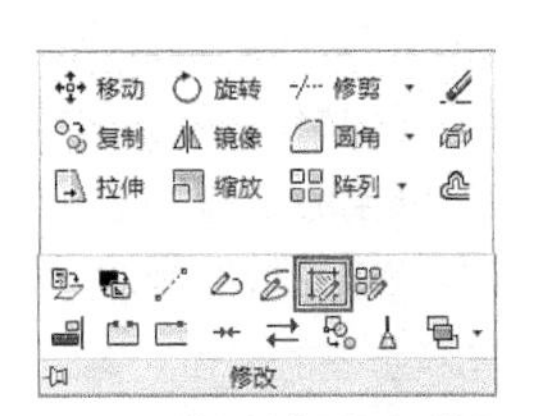

图 5-242【修改】面板中的【编辑图案填充】按钮

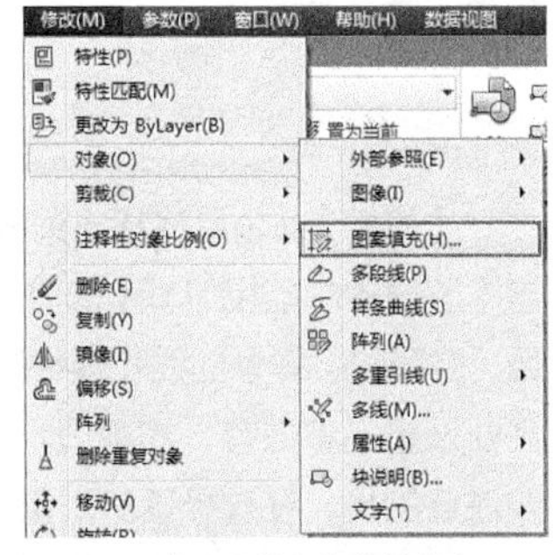

图 5-243 【图案填充】菜单命令

调用该命令后，先选择图案填充对象，系统弹出【图案填充编辑】对话框，如图 5-244 所示。该对话框中的参数与【图案填充和渐变色】对话框中的参数一致，修改参数即可修改图案填充效果。

图 5-244 【图案填充编辑】对话框

第 6 章 图形编辑

前面章节学习了各种图形对象的绘制方法，为了创建图形的更多细节特征以及提高绘图的效率，AutoCAD 提供了许多编辑命令，常用的有：【移动】、【复制】、【修剪】、【倒角】与【圆角】等。本章讲解这些命令的使用方法，以进一步提高读者绘制复杂图形的能力。

使用编辑命令，能够方便地改变图形的大小、位置、方向、数量及形状，从而绘制出更为复杂的图形。常用的编辑命令均集中在【默认】选项卡的【修改】面板中，如图 6-1 所示。

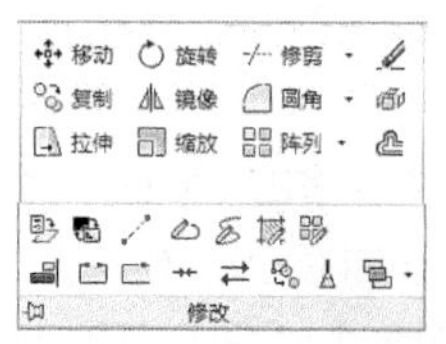

图 6-1 【修改】面板中的编辑命令

6.1 图形修剪类

AutoCAD 绘图不可能一蹴而就，要想得到最终的完整图形，自然需要用到各种修剪命令将多余的部分剪去或删除，因此修剪类命令是 AutoCAD 编辑命令中最为常用的一类。

6.1.1 修剪 ★重点★

【修剪】命令是将超出边界的多余部分修剪删除掉，与橡皮擦的功能相似。【修剪】操作可以修剪直线、圆、弧、多段线、样条曲线和射线等。在调用命令的过程中，需要设置的参数有“修剪边界”和“修剪对象”两类。要注意的是，在选择修剪对象时光标所在的位置。需要删除哪一部分，则在该部分上单击。

• 执行方式

在 AutoCAD 2016 中【修剪】命令有以下几种常用调用方法。

◆功能区：单击【修改 】面板中的【修剪】按钮 ，如图 6-2 所示。

◆菜单栏：执行【修改】|【修剪】命令，如图 6-3 所示。

◆命令行：TRIM 或 TR。

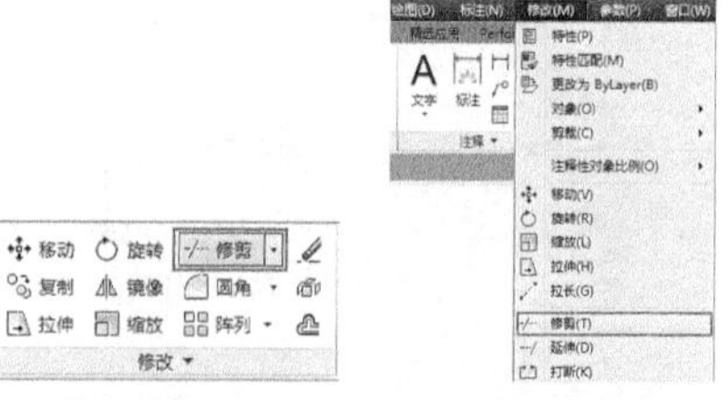

图 6-2【修改】面板中的【修剪】按钮　　图 6-3 【修剪】菜单命令

• 操作步骤

执行上述任一命令后，选择作为剪切边的对象（可以是多个对象），命令行提示如下。

```
当前设置:投影=UCS，边=无
选择边界的边
选择对象或 <全部选择>:
//鼠标选择要作为边界的对象
选择对象:        //可以继续选择对象或按Enter键结束选择
选择要延伸的对象，或按住 Shift 键选择要延伸的对象，或
[栏选(F)/窗交(C)/投影(P)/边(E)/放弃(U)]:
                 //选择要修剪的对象
```

• 选项说明

执行【修剪】命令、并选择对象之后，在命令行中会出现一些选择类的选项，这些选项的含义如下。

◆ “栏选（F）”：用栏选的方式选择要修剪的对象，如图 6-4 所示。

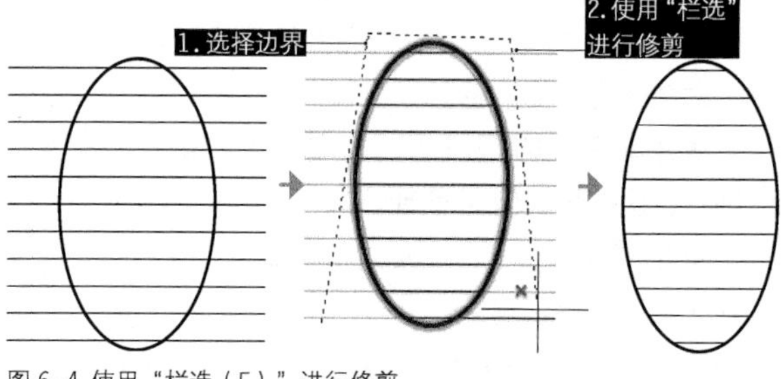

图 6-4 使用“栏选（F）”进行修剪

◆ “窗交（C）”：用窗交方式选择要修剪的对象，如图 6-5 所示。

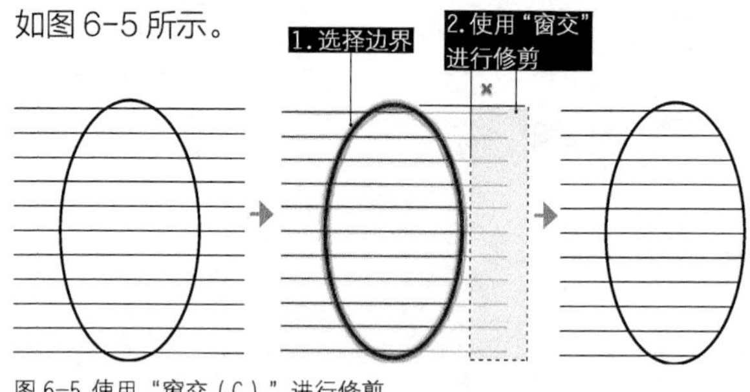

图 6-5 使用“窗交（C）”进行修剪

◆ “投影（P）”：用以指定修剪对象时使用的投影方式，即选择进行修剪的空间。

◆ “边（E）”：指定修剪对象时是否使用【延伸】模式，默认选项为【不延伸】模式，即修剪对象必须与修剪边界相交才能够修剪。如果选择【延伸】模式，则修剪对象与修剪边界的延伸线相交即可被修剪。例如，图 6-6 所示的圆弧，使用【延伸】模式才能够被修剪。

◆ “放弃（U）”：放弃上一次的修剪操作。

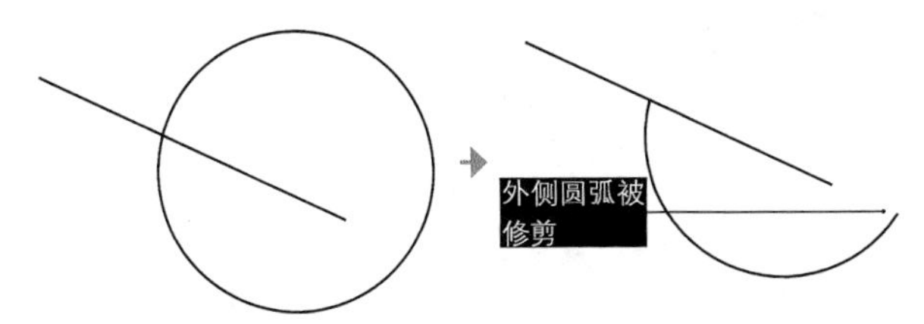

图 6-6 延伸模式修剪效果

•熟能生巧 快速修剪

剪切边也可以同时作为被剪边。默认情况下，选择要修剪的对象（即选择被剪边），系统将以剪切边为界，将被剪切对象上位于拾取点一侧的部分剪切掉。

利用【修剪】工具可以快速完成图形中多余线段的删除效果，如图 6-7 所示。

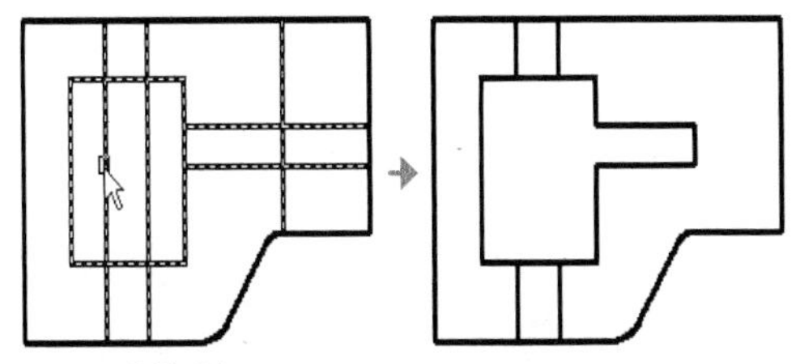

图 6-7 修剪对象

在修剪对象时，可以一次选择多个边界或修剪对象，从而实现快速修剪。例如，要将一个“井”字形路口打通，在选择修剪边界时可以使用【窗交】方式同时选择 4 条直线，如图 6-8（b）所示；然后单击 Enter 键确认，再将光标移动至要修剪的对象上，如图 6-8（c）所示；单击鼠标左键即可完成一次修剪，依次在其他段上单击，则能得到最终的修剪结果，如图 6-8（d）所示。

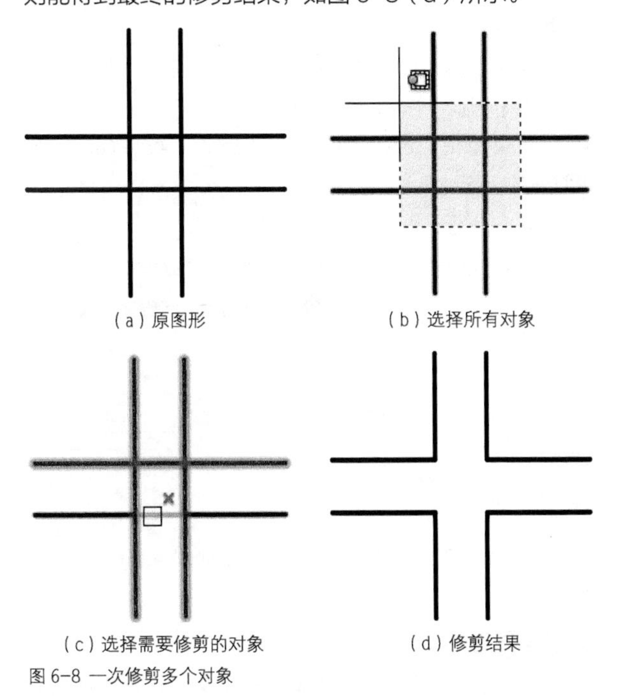

图 6-8 一次修剪多个对象

练习 6-1 修剪长条餐桌

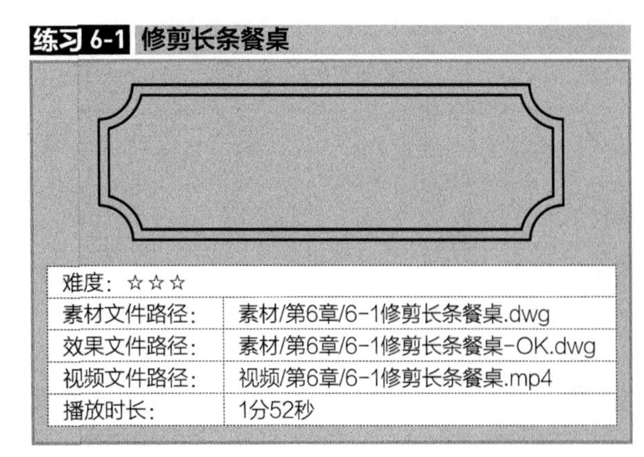

难度：☆☆☆	
素材文件路径：	素材/第6章/6-1修剪长条餐桌.dwg
效果文件路径：	素材/第6章/6-1修剪长条餐桌-OK.dwg
视频文件路径：	视频/第6章/6-1修剪长条餐桌.mp4
播放时长：	1分52秒

餐桌的原意，是指专供吃饭用的桌子。按材质可分为实木餐桌、钢木餐桌、大理石餐桌、大理石餐台、大理石茶几、玉石餐桌、玉石餐台、玉石茶几、云石餐桌等。餐桌的形状对家居的氛围有一些影响，长方形的餐桌更适用于较大型的聚会，本例所绘餐桌平面图如图 6-9 所示，在用 AutoCAD 绘制该餐桌的四角内凹部分时，就需用到【修剪】命令。

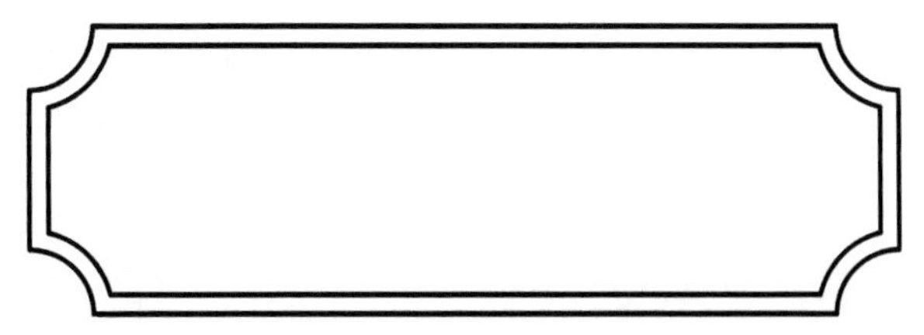

图 6-9 长条餐桌平面

Step 01 打开“第6章\ 6-1修剪长条餐桌.dwg”素材文件，其中已经绘制好了一矩形，如图6-10所示。

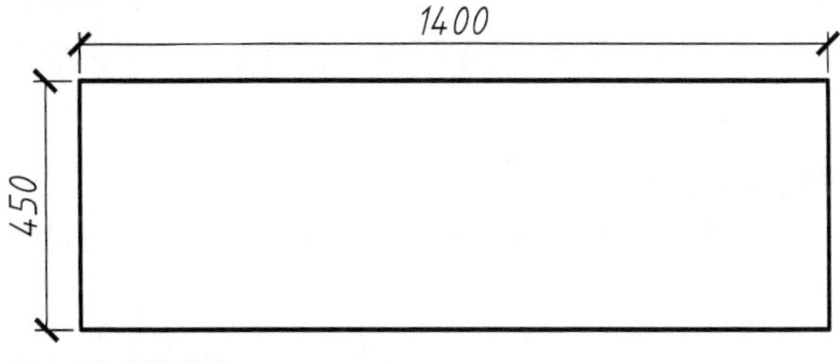

图 6-10 素材图形

Step 02 单击【绘图】面板中的【圆】按钮，分别以矩形的4个顶点为圆心绘制半径为100的圆，如图6-11所示。

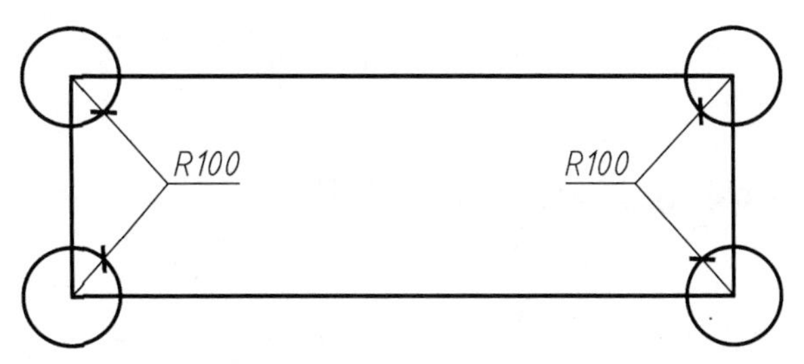

图 6-11 绘制四角的辅助圆

Step 03 单击【修改】面板中的【修剪】按钮，对矩形和圆进行修剪，结果如图6-12所示。

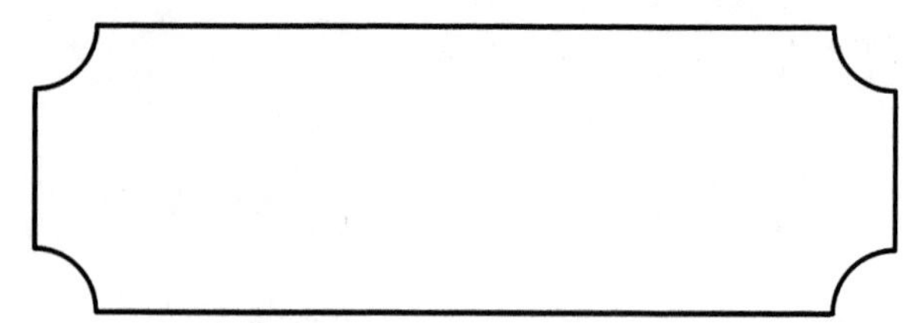

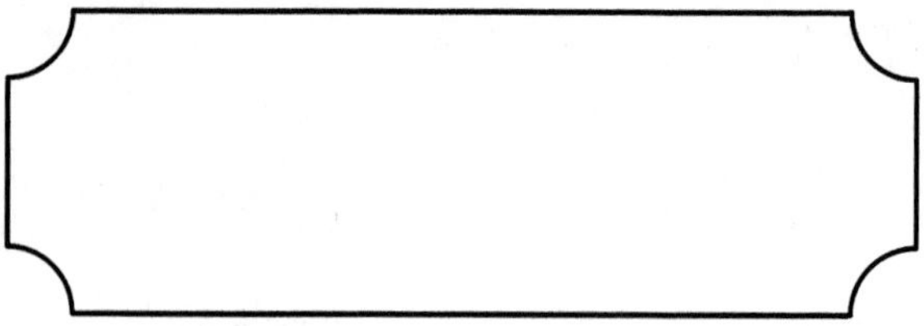

图 6-12 修剪四角的辅助圆

Step 04 接着单击【修改】面板中的【偏移】按钮，依次选择图形中的各线段和圆弧，向内偏移40，如图6-13所示。

图 6-13 向内偏移图形

Step 05 再单击【修改】面板中的【修剪】按钮，修剪图形中线段的突出部分，即可得到最终的餐桌图形，如图6-9所示。

6.1.2 延伸

【延伸】命令是将没有和边界相交的部分延伸补齐，它和【修剪】命令是一组相对的命令。在调用命令的过程中，需要设置的参数有延伸边界和延伸对象两类。【延伸】命令的使用方法与【修剪】命令的使用方法相似。在使用延伸命令时，如果在按下 Shift 键的同时选择对象，则可以切换执行【修剪】命令 。

• 执行方式

在 AutoCAD 2016 中，【延伸】命令有以下几种常用调用方法。

◆功能区：单击【修改】面板中的【延伸】按钮，如图 6-14 所示。

◆菜单栏：单击【修改】|【延伸】命令，如图 6-15 所示。

◆命令行：EXTEND 或 EX。

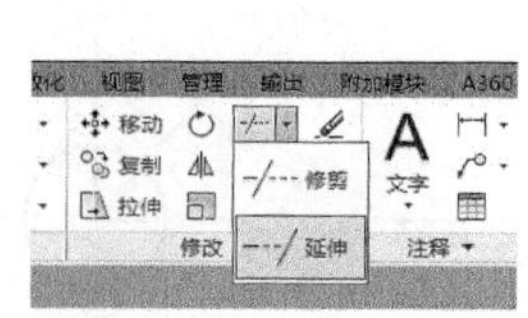

图 6-14【修改】面板中的【延伸】按钮

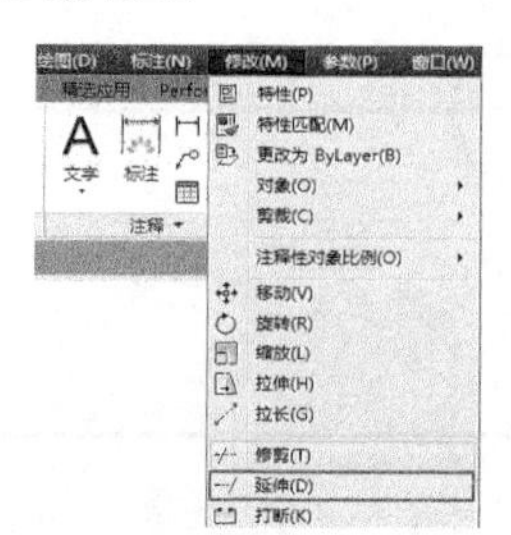

图 6-15 【延伸】菜单命令

• 操作步骤

执行【延伸】命令后，选择要的对象（可以是多个对象），命令行提示如下。

> 选择要修剪的对象，或按住 Shift 键选择要修剪的对象，或[栏选(F)/窗交(C)/投影(P)/边(E)/删除(R)/放弃(U)]:

选择延伸对象时，需要注意延伸方向的选择。朝哪个边界延伸，则在靠近边界的那部分上单击。如图 6-16 所示，将直线 *AB* 延伸至边界直线 *M* 时，需要在 *A* 端单击直线，将直线 *AB* 延伸到直线 *N* 时，则在 *B* 端单击直线。

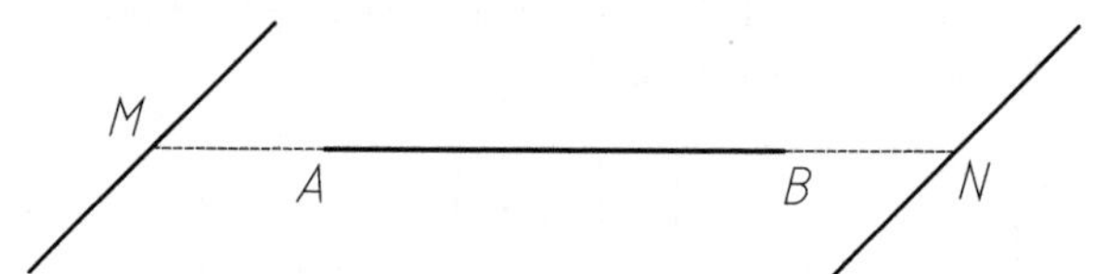

图 6-16 使用【延伸】命令延伸直线

> **提示**
>
> 命令行中各选项的含义与【修剪】命令相同，在此不多加赘述。

6.1.3 删除

【删除】命令可将多余的对象从图形中完全清除，是 AutoCAD 最为常用的命令之一，使用也最为简单。

• 执行方式

在 AutoCAD 2016 中执行【删除】命令的方法有以下 4 种。

◆功能区：在【默认】选项卡中，单击【修改】面板中的【删除】按钮，如图 6-17 所示。

◆菜单栏：选择【修改】|【删除】菜单命令，如图 6-18 所示。

◆命令行：ERASE 或 E。

◆快捷操作：选中对象后直接按 Delete。

图 6-17【修改】面板中的【删除】按钮

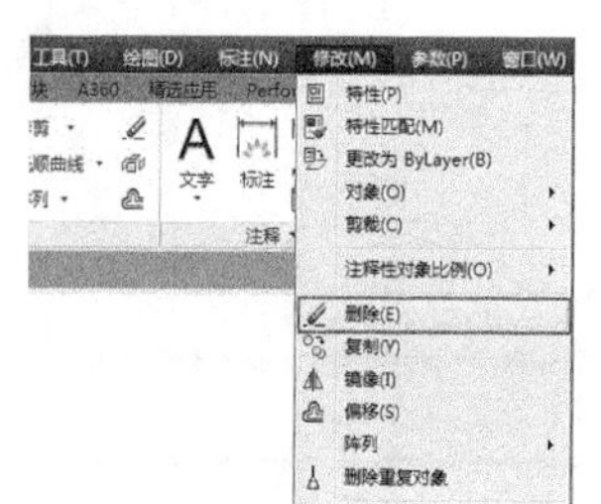

图 6-18 【删除】菜单命令

• 操作步骤

执行上述命令后，根据命令行的提示选择需要删除的图形对象，按 Enter 键即可删除已选择的对象，如图 6-19 所示。

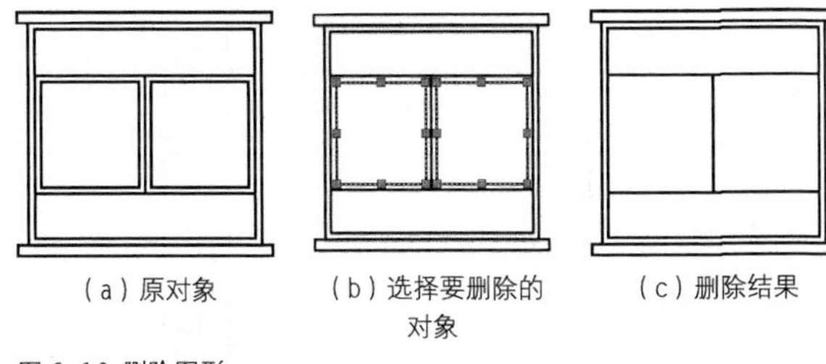

（a）原对象　（b）选择要删除的对象　（c）删除结果

图 6-19 删除图形

·熟能生巧 恢复删除对象

在绘图时如果意外删错了对象，可以使用 UNDO【撤销】命令或 OOPS【恢复删除】命令将其恢复。

◆UNDO【撤销】：即放弃上一步操作，快捷键 Ctrl+Z，对所有命令有效。

◆OOPS【恢复删除】：OOPS 可恢复由上一个 ERASE【删除】命令删除的对象，该命令对 ERASE 有效。

·熟能生巧 删除命令的隐藏选项

此外【删除】命令还有一些隐藏选项，在命令行提示“选择对象”时，除了用选择方法选择要删除的对象外，还可以输入特定字符，执行隐藏操作，介绍如下。

◆输入“L”：删除绘制的上一个对象。

◆输入“P”：删除上一个选择集。

◆输入“All”：从图形中删除所有对象。

◆输入“？”：查看所有选择方法列表。

6.2 图形变化类

在绘图的过程中，可能要对某一图元进行移动、旋转或拉伸等操作来辅助绘图，因此操作类命令也是使用极为频繁的一类编辑命令。

6.2.1 移动

【移动】命令是将图形从一个位置平移到另一位置，移动过程中图形的大小、形状和倾斜角度均不改变。在调用命令的过程中，需要确定的参数有：需要移动的对象，移动基点和第二点。

·执行方式

【移动】命令有以下几种调用方法。

◆功能区：单击【修改】面板中的【移动】按钮 ，如图 6-20 所示。

◆菜单栏：执行【修改】|【移动】命令，如图 6-21 所示。

◆命令行：MOVE 或 M。

图 6-20【修改】面板中的【移动】按钮　图 6-21 【移动】菜单命令

·操作步骤

调用【移动】命令后，根据命令行提示，在绘图区中拾取需要移动的对象后按右键确定，然后拾取移动基点，最后指定第二个点（目标点）即可完成移动操作，如图 6-22 所示。命令行操作如下。

```
命令: _move                                   //执行【移动】命令
选择对象: 找到 1 个                            //选择要移动的对象
指定基点或 [位移(D)] <位移>:                   //选取移动的参考点
指定第二个点或 <使用第一个点作为位移>:
                                              //选取目标点，放置图形
```

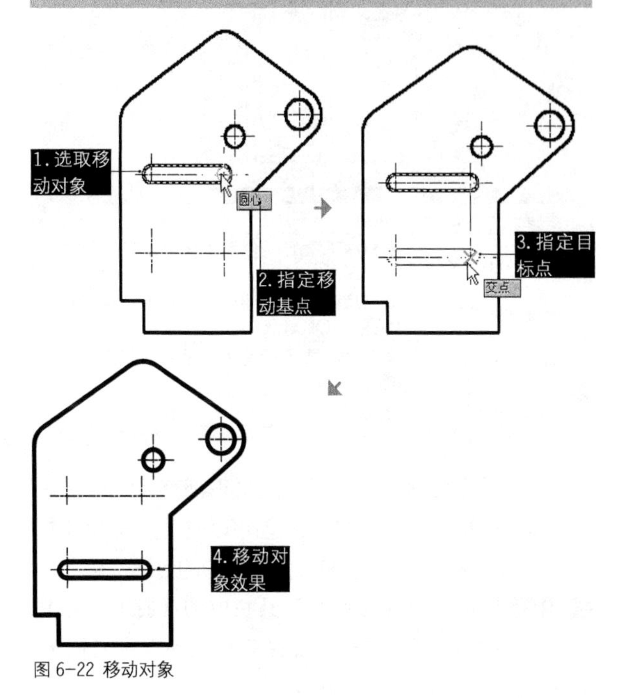

图 6-22 移动对象

·选项说明

执行【移动】命令时，命令行中只有一个子选项：“位移（D）”，该选项可以输入坐标以表示矢量。输入的坐标值将指定相对距离和方向，如图 6-23 为输入坐标（500，100）的位移结果。

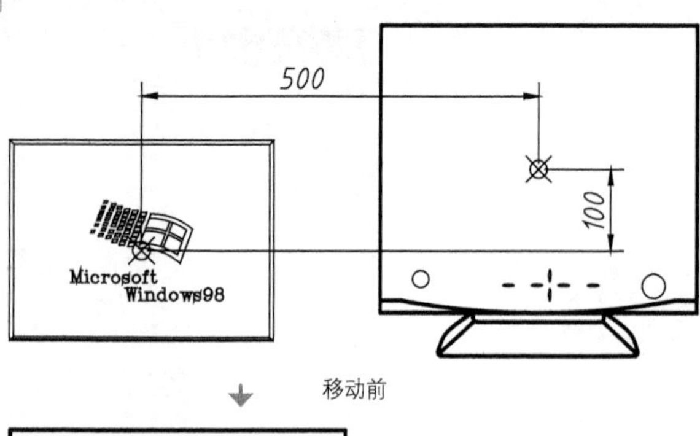

移动前

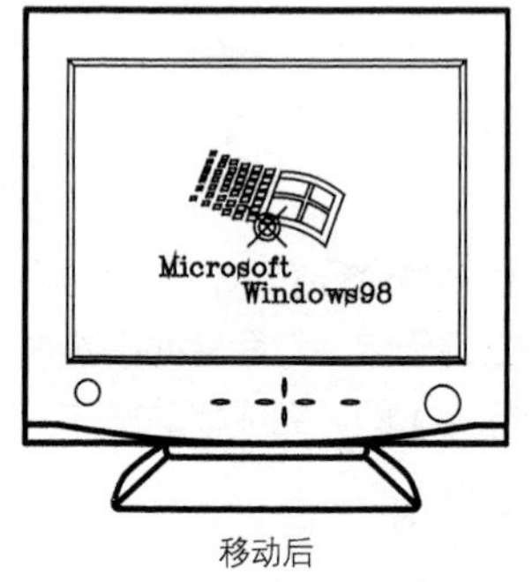

移动后

图 6-23 位移移动效果图

练习 6-2 使用移动完善卫生间图形

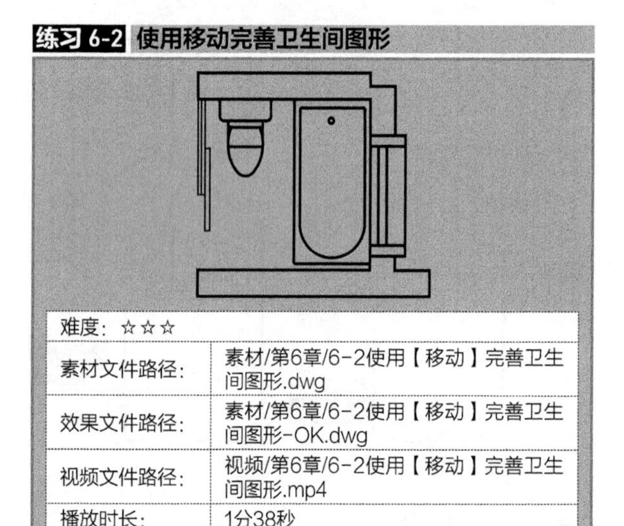

难度：☆☆☆	
素材文件路径：	素材/第6章/6-2使用【移动】完善卫生间图形.dwg
效果文件路径：	素材/第6章/6-2使用【移动】完善卫生间图形-OK.dwg
视频文件路径：	视频/第6章/6-2使用【移动】完善卫生间图形.mp4
播放时长：	1分38秒

在布置平面图时，有很多装饰图形都有现成的图块，如马桶、书桌、门等。因此在设计时可以先直接插入图块，然后使用【移动】命令将其放置在图形的合适位置上。

Step 01 单击【快速访问】工具栏中的【打开】按钮，打开“第6章/6-2使用【移动】完善卫生间图形.dwg”素材文件，如图6-24所示。

Step 02 在【默认】选项卡中，单击【修改】面板的【移动】按钮，选择浴缸，按空格或按Enter键确定。

Step 03 选择浴缸的右上角作为移动基点，拖至厕所的右上角，如图6-25所示。

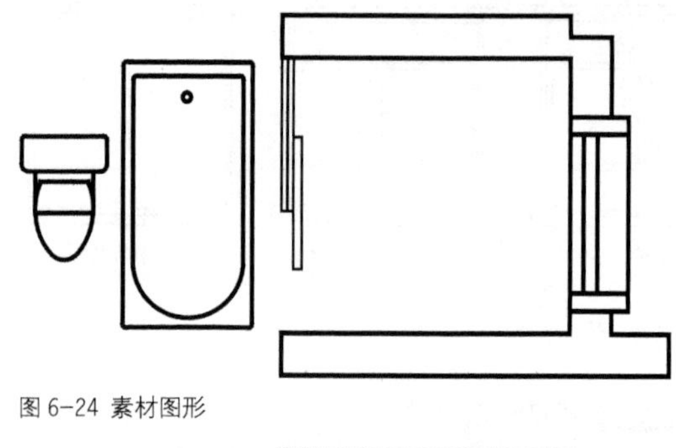

图 6-24 素材图形

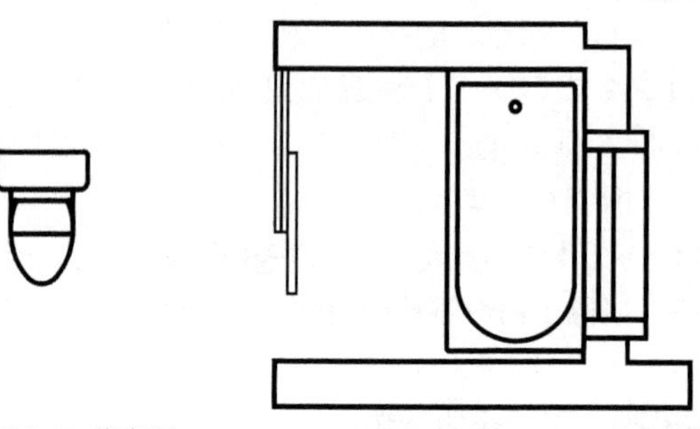

图 6-25 移动浴缸

Step 04 重复调用【移动】命令，将马桶移至厕所的上方，最终效果如图6-26所示。

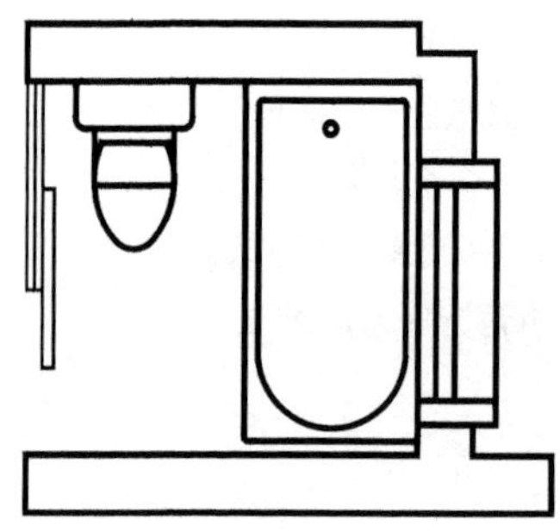

图 6-26 移动马桶

6.2.2 旋转

【旋转】命令是将图形对象绕一个固定的点（基点）旋转一定的角度。在调用命令的过程中，需要确定的参数有：“旋转对象”“旋转基点”和“旋转角度”。默认情况下逆时针旋转的角度为正值，顺时针旋转的角度为负值。

·执行方式

在 AutoCAD 2016 中【旋转】命令有以下几种常用调用方法。

◆功能区：单击【修改】面板中的【旋转】按钮，如图 6-27 所示。

◆菜单栏：执行【修改】|【旋转】命令，如图 6-28 所示。

◆命令行：ROTATE 或 RO。

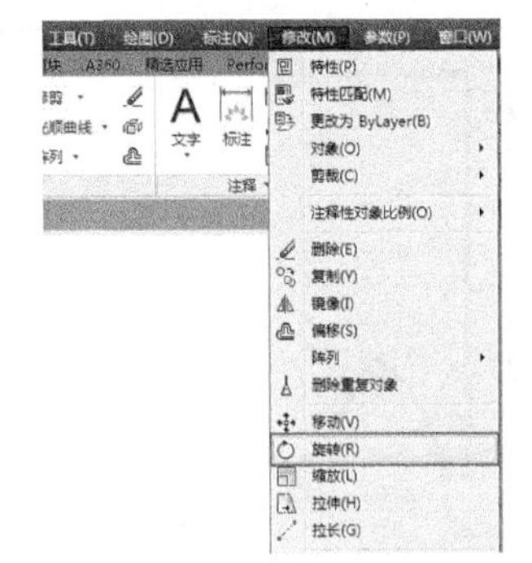

图 6-27【修改】面板中的【旋转】按钮　　图 6-28 【旋转】菜单命令

• 操作步骤

按上述方法执行【旋转】命令后，命令行提示如下。

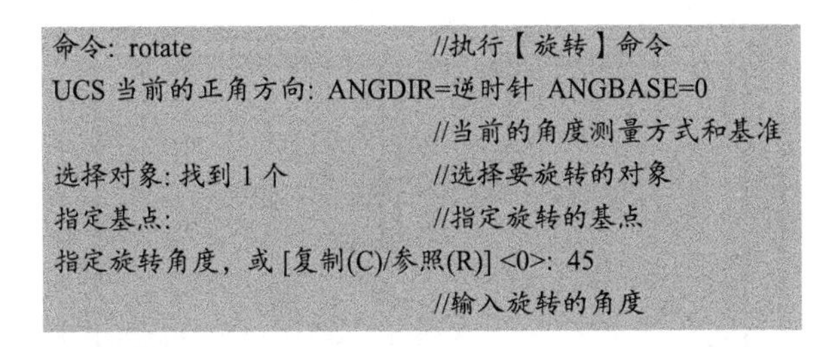

```
命令: rotate                          //执行【旋转】命令
UCS 当前的正角方向: ANGDIR=逆时针 ANGBASE=0
                                      //当前的角度测量方式和基准
选择对象: 找到 1 个                   //选择要旋转的对象
指定基点:                             //指定旋转的基点
指定旋转角度, 或 [复制(C)/参照(R)] <0>: 45
                                      //输入旋转的角度
```

• 选项说明

在命令行提示“指定旋转角度”时，除了默认的旋转方法，还有“复制（C）”和“参照（R）”两种旋转，分别介绍如下。

◆默认旋转：利用该方法旋转图形时，源对象将按指定的旋转中心和旋转角度旋转至新位置，不保留对象的原始副本。执行上述任一命令后，选取旋转对象，然后指定旋转中心，根据命令行提示输入旋转角度，按 Enter 键即可完成旋转对象操作，如图 6-29 所示。

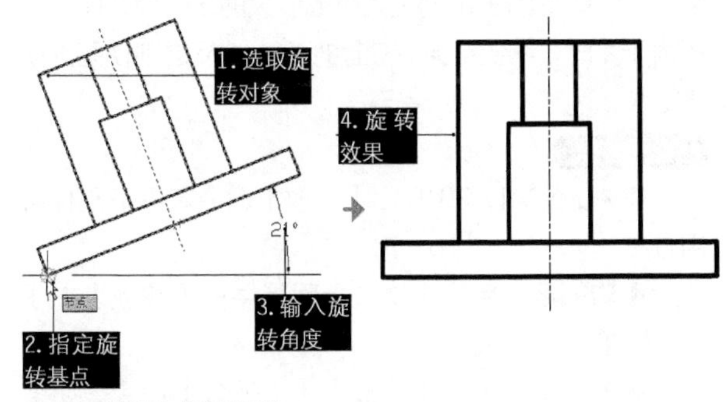

图 6-29 默认方式旋转图形

◆“复制（C）”：使用该旋转方法进行对象的旋转时，不仅可以将对象的放置方向调整一定的角度，还保留源对象。执行【旋转】命令后，选取旋转对象，然后指定旋转中心，在命令行中激活复制（C）子选项，并指定旋转角度，按Enter键退出操作，如图6-30所示。

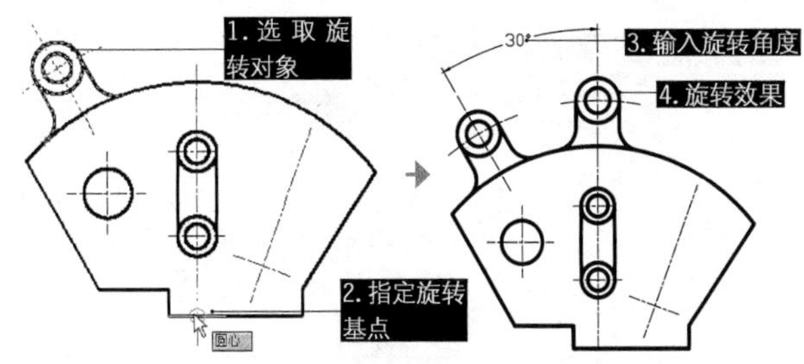

图 6-30 “复制（C）”旋转对象

◆“参照（R）”：可以将对象从指定的角度旋转到新的绝对角度，特别适合于旋转那些角度值为非整数或未知的对象。执行【旋转】命令后，选取旋转对象然后指定旋转中心，在命令行中激活参照（R）子选项，再指定参照第一点、参照第二点，这两点的连线与 X 轴的夹角即为参照角，接着移动鼠标即可指定新的旋转角度，如图 6-31 所示。

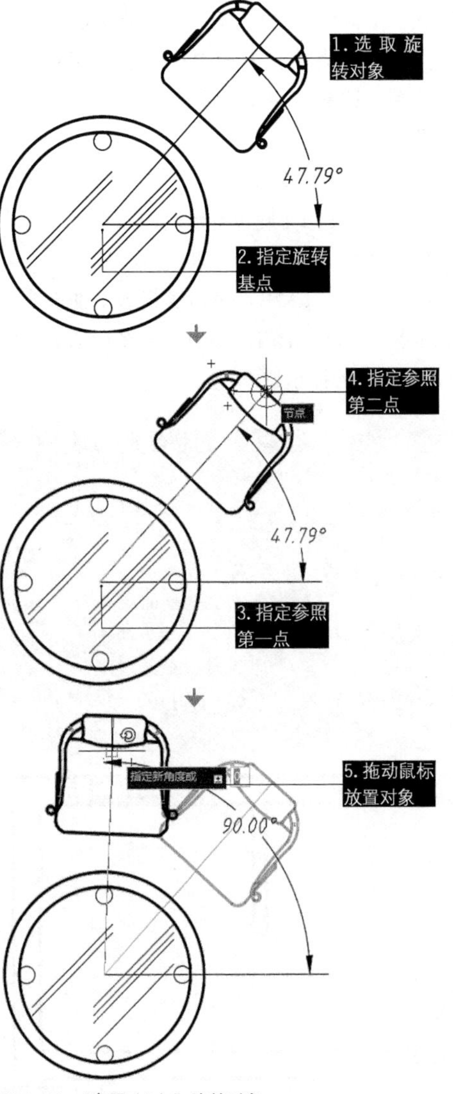

图 6-31 “参照（R）”旋转对象

练习 6-3 使用旋转修改门图形

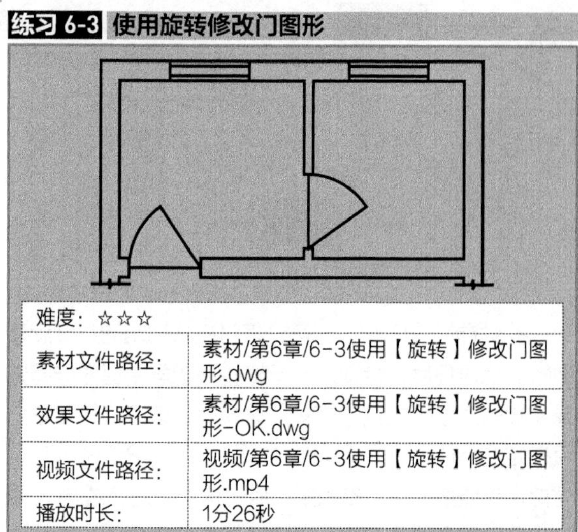

难度：☆☆☆	
素材文件路径：	素材/第6章/6-3使用【旋转】修改门图形.dwg
效果文件路径：	素材/第6章/6-3使用【旋转】修改门图形-OK.dwg
视频文件路径：	视频/第6章/6-3使用【旋转】修改门图形.mp4
播放时长：	1分26秒

平面图中有许多图块是相同且重复的，如门、窗等图形的图块。【移动】命令可以将这些图块放置在所设计的位置，但某些情况下却力不能及，如旋转了一定角度的位置。这时就可使用【旋转】命令来辅助绘制。

Step 01 单击【快速访问】工具栏中的【打开】按钮，打开“第6章/6-3使用【旋转】修改门图形.dwg”素材文件，如图6-32所示。

Step 02 在【默认】选项卡中，单击【修改】面板中的【复制】按钮，复制一个门，拖至另一个门口处，如图6-33所示。命令行的提示如下。

```
命令: co↙        cory                          //调用【复制】命令
选择对象: 指定对角点: 找到3个
选择对象:                                      //选择门图形
当前设置:  复制模式 = 多个
指定基点或 [位移(D)/模式(O)] <位移>:
                                    //指定门右侧的基点
指定第二个点或 [阵列(A)] <使用第一个点作为位移>:
                                    //指定墙体中点为目标点
指定第二个点或 [阵列(A)/退出(E)/放弃(U)] <退出>:  *取消*
//按ESC键退出
```

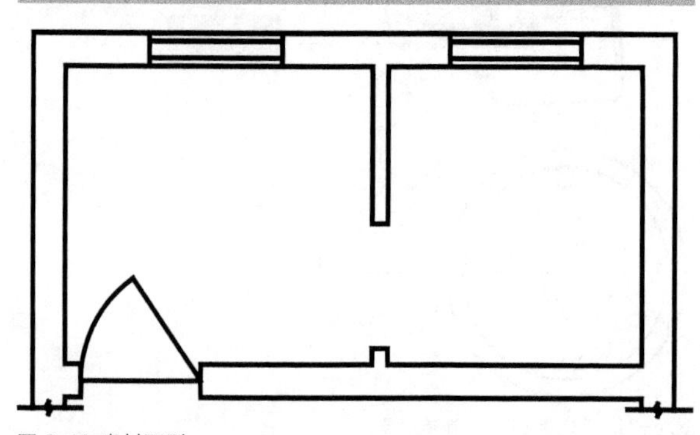

图 6-32 素材图形

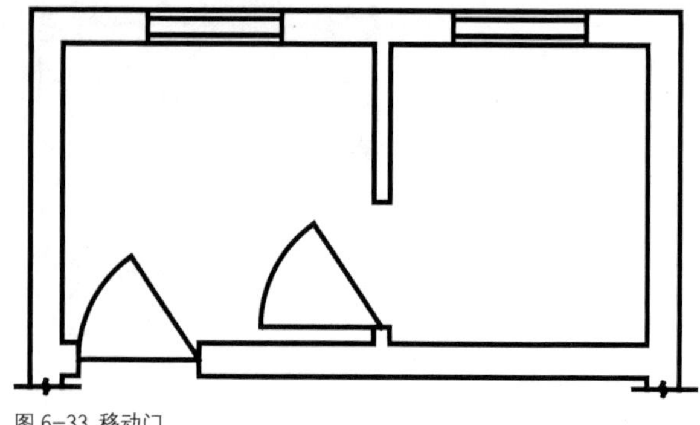

图 6-33 移动门

Step 03 在【默认】选项卡中，单击【修改】面板中的【旋转】按钮，对第二个门进行旋转，角度为 -90，如图6-34所示。

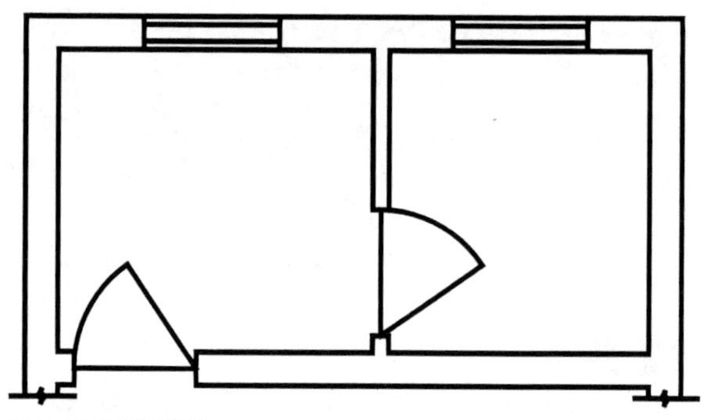

图 6-34 旋转门效果

6.2.3 缩放

利用【缩放】工具可以将图形对象以指定的缩放基点为缩放参照，放大或缩小一定比例，创建出与源对象成一定比例且形状相同的新图形对象。在命令执行过程中，需要确定的参数有“缩放对象”“基点”和“比例因子”。比例因子也就是缩小或放大的比例值，比例因子大于 1 时，缩放结果是使图形变大，反之则使图形变小。

• 执行方式

在 AutoCAD 2016 中【缩放】命令有以下几种调用方法。

◆ 功能区：单击【修改】面板中的【缩放】按钮，如图 6-35 所示。

◆ 菜单栏：执行【修改】|【缩放】命令，如图 6-36 所示。

◆ 命令行：SCALE 或 SC。

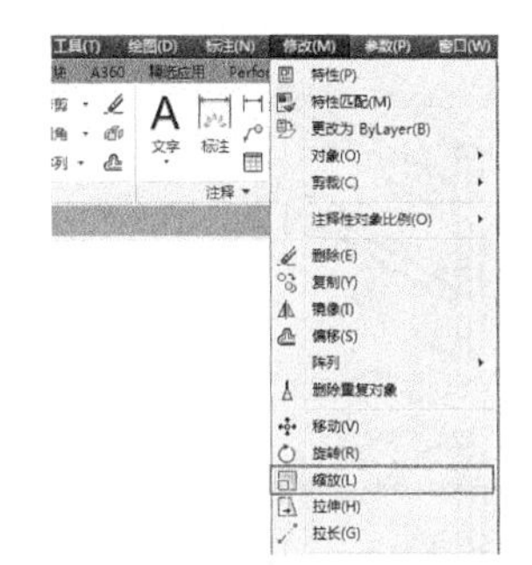

图 6-35【修改】面板中的【缩放】按钮　图 6-36 【缩放】菜单命令

• 操作步骤

执行以上任一方式启用【缩放】命令后，命令行操作提示如下。

```
命令: _scale                              //执行【缩放】命令
选择对象: 找到 1 个                        //选择要缩放的对象
指定基点:                                  //选取缩放的基点
指定比例因子或 [复制(C)/参照(R)]: 2         //输入比例因子
```

• 选项说明

【缩放】命令与【旋转】差不多，除了默认的操作之外，同样有“复制（C）”和“参照（R）”两个子选项，介绍如下。

◆默认缩放：指定基点后直接输入比例因子进行缩放，不保留对象的原始副本，如图 6-37 所示。

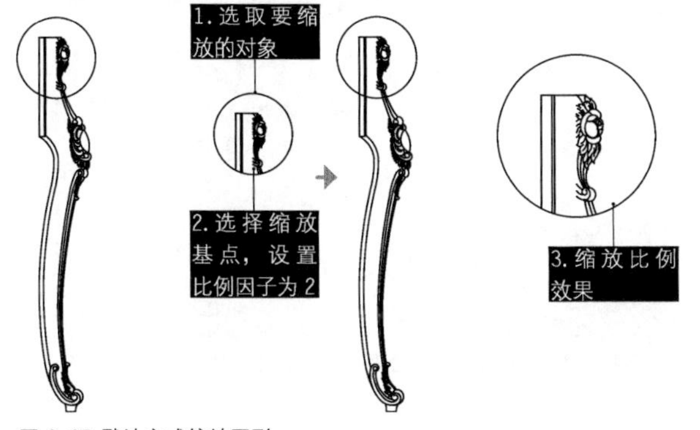

图 6-37 默认方式缩放图形

◆“复制（C）”：在命令行输入 c，选择该选项进行缩放后可以在缩放时保留源图形，如图 6-38 所示。

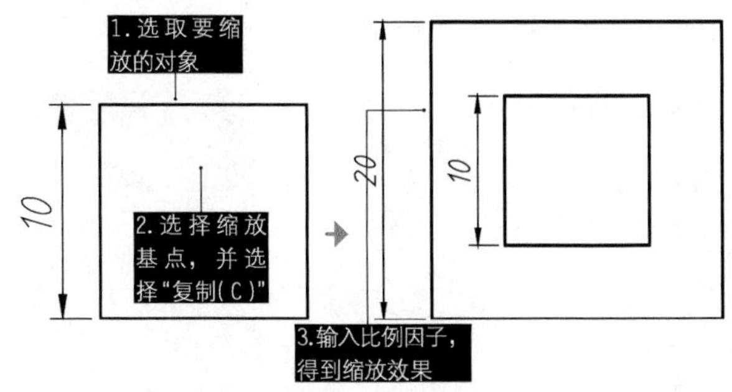

图 6-38 “复制（C）”缩放图形

◆“参照（R）”：如果选择该选项，则命令行会提示用户需要输入“参照长度”和“新长度”数值，由系统自动计算出两长度之间的比例数值，从而定义出图形的缩放因子，对图形进行缩放操作，如图 6-39 所示。

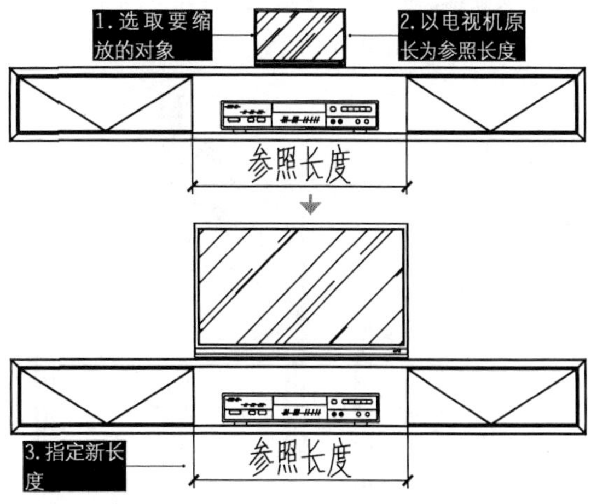

图 6-39 “参照（R）”缩放图形

练习 6-4 参照缩放椅子轴测图

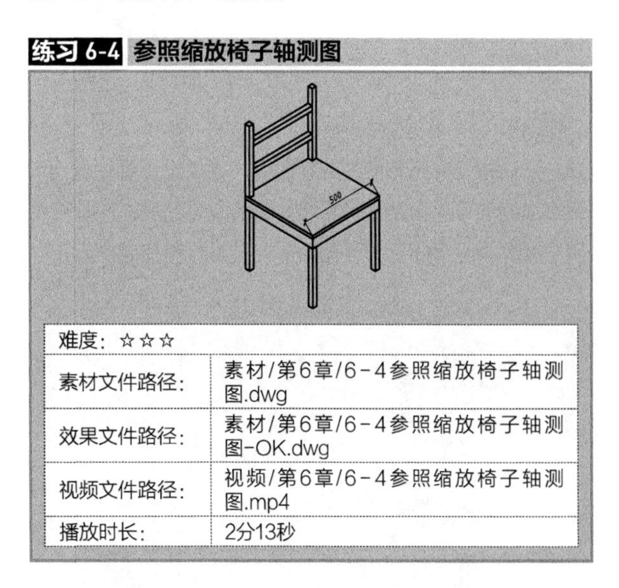

难度：☆☆☆

素材文件路径：	素材/第6章/6-4参照缩放椅子轴测图.dwg
效果文件路径：	素材/第6章/6-4参照缩放椅子轴测图-OK.dwg
视频文件路径：	视频/第6章/6-4参照缩放椅子轴测图.mp4
播放时长：	2分13秒

在家具设计中，由于三视图不够直观，常常会结合轴测图来进行表达。但如果后期家具尺寸有边，轴测图很难修改，这时便可以使用参照缩放进行调控，完成图 6-40 所示的尺寸调整。

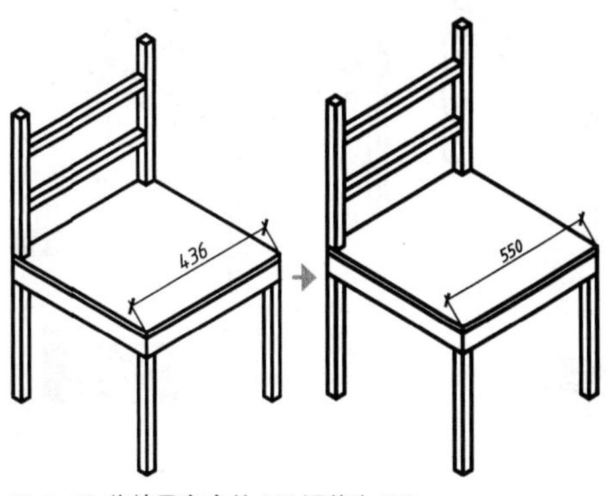

图 6-40 将椅子宽度从 436 调整为 550

Step 01 打开“第6章/6-4参照缩放椅子轴测图.dwg”素材文件，素材图形如图6-41所示，其中已绘制好一椅子的轴侧图，宽度为436。

Step 02 在【默认】选项卡中，单击【修改】面板中的【缩放】按钮，选择整个轴测图，然后指定椅子的最下方端点为基点，如图6-42所示。

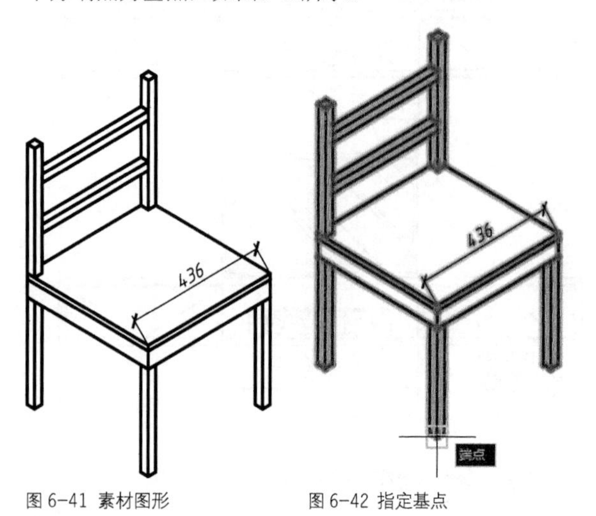

图 6-41 素材图形　　图 6-42 指定基点

Step 03 此时根据命令行提示，选择“参照（R）”选项，然后指定参照长度的测量起点，再指定测量终点，即指定原始的椅子宽度，接着输入新的参照长度，即最终的椅子宽度550，操作如图6-43所示，命令行操作如下。

```
指定比例因子或 [复制(C)/参照(R)]: R
        //选择“参照”选项
        //以最下方端点为参照长度的测量起点
指定参照长度 <2839.9865>: 指定第二点:
        //以最右侧的端点为参照长度的测量终点
指定新的长度或 [点(P)] <1.0000>: 550
        //输入或指定新的参照长度
```

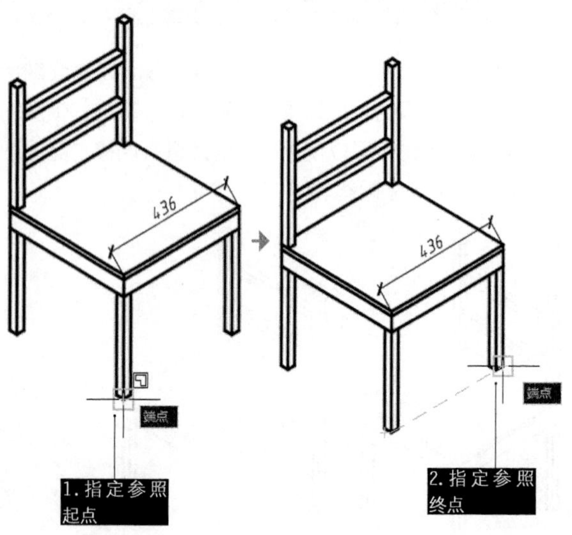

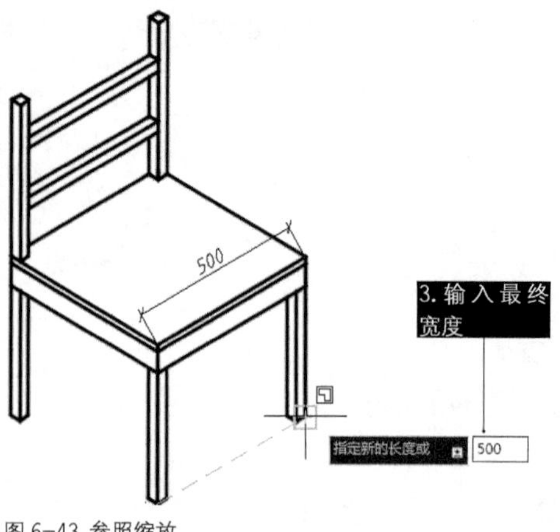

图 6-43 参照缩放

6.2.4 拉伸 ★重点★

【拉伸】命令通过沿拉伸路径平移图形夹点的位置，使图形产生拉伸变形的效果。它可以对选择的对象按规定方向和角度拉伸或缩短，并且使对象的形状发生改变。

·执行方式

【拉伸】命令有以下几种常用调用方法。

◆功能区：单击【修改】面板中的【拉伸】按钮，如图 6-44 所示。

◆菜单栏：执行【修改】|【拉伸】命令，如图 6-45 所示。

◆命令行：STRETCH 或 S。

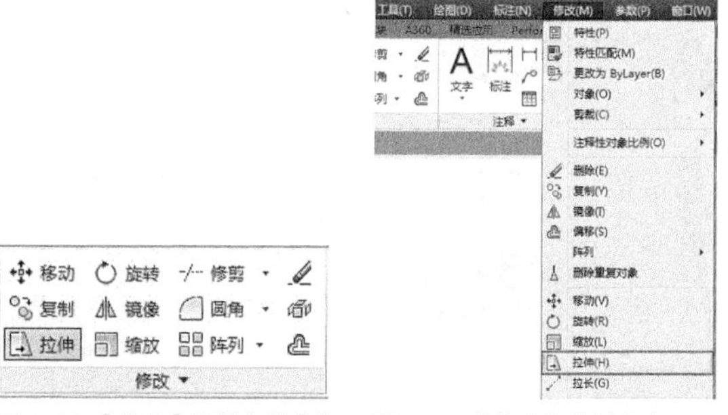

图 6-44 【修改】面板中的【拉伸】按钮　　图 6-45 【拉伸】菜单命令

·操作步骤

拉伸命令需要设置的主要参数有“拉伸对象”“拉伸基点”和“拉伸位移”3 项。“拉伸位移”决定了拉伸的方向和距离，如图 6-46 所示，命令行操作如下。

```
命令: _stretch                            //执行【拉伸】命令
以交叉窗口或交叉多边形选择要拉伸的对象
选择对象: 指定对角点: 找到 1 个
选择对象:                                  //以窗交、圈围等方式选择拉伸对象
指定基点或 [位移(D)] <位移>:               //指定拉伸基点
指定第二个点或 <使用第一个点作为位移>:
                                          //指定拉伸终点
```

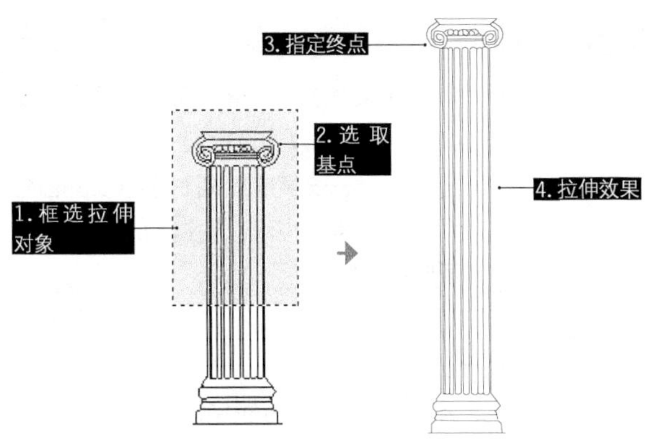

图 6-46 拉伸对象

拉伸遵循以下原则。

◆ 通过单击选择和窗口选择获得的拉伸对象将只被平移，不被拉伸。

◆ 通过框选选择获得的拉伸对象，如果所有夹点都落入选择框内，图形将发生平移，如图 6-47 所示；如果只有部分夹点落入选择框，图形将沿拉伸位移拉伸，如图 6-48 所示；如果没有夹点落入选择窗口，图形将保持不变，如图 6-49 所示。

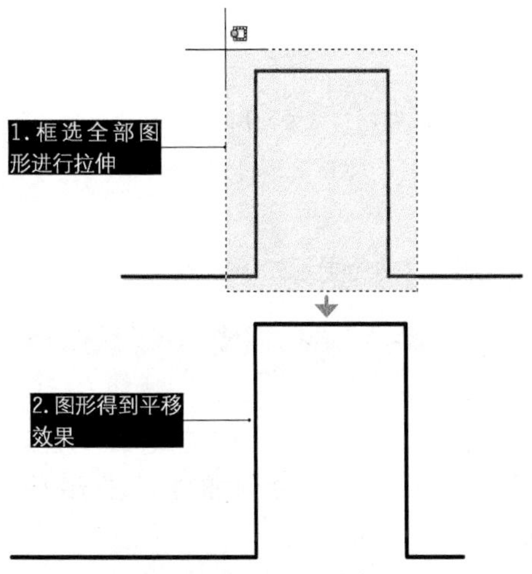

图 6-47 框选全部图形拉伸得到平移效果

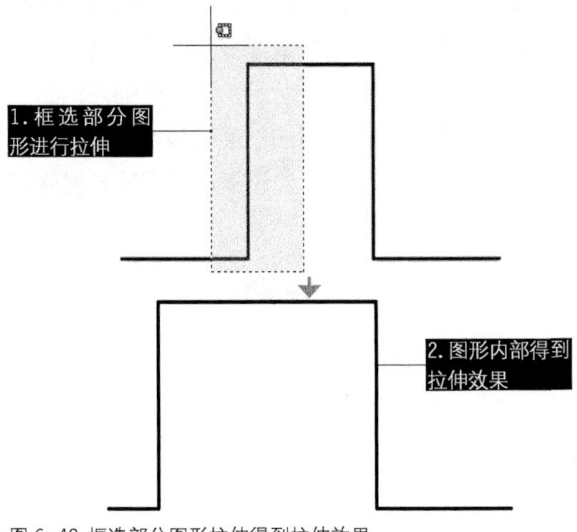

图 6-48 框选部分图形拉伸得到拉伸效果

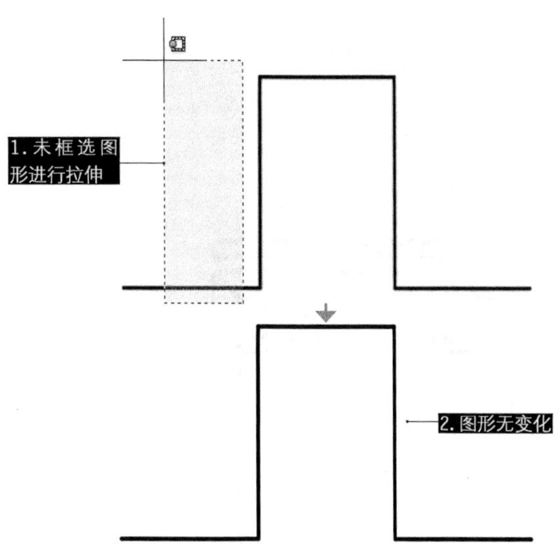

图 6-49 未框选图形拉伸无效果

• 选项说明

【拉伸】命令同【移动】命令一样，命令行中只有一个子选项：“位移（D）”，该选项可以输入坐标以表示矢量。输入的坐标值将指定拉伸相对于基点的距离和方向，如图 6-23 为输入坐标（1000，200）的位移结果。

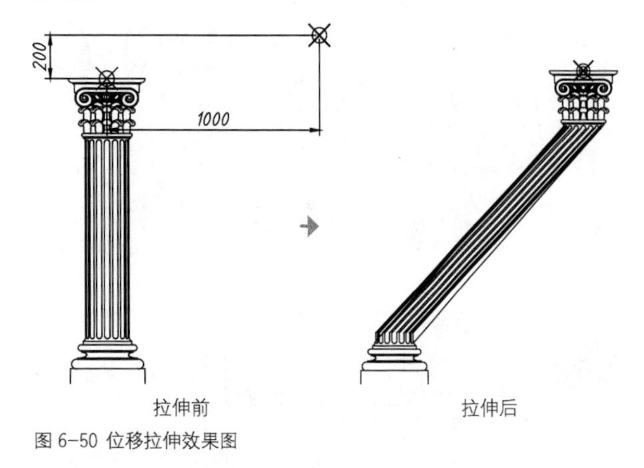

图 6-50 位移拉伸效果图

练习 6-5 使用拉伸修改茶几高度

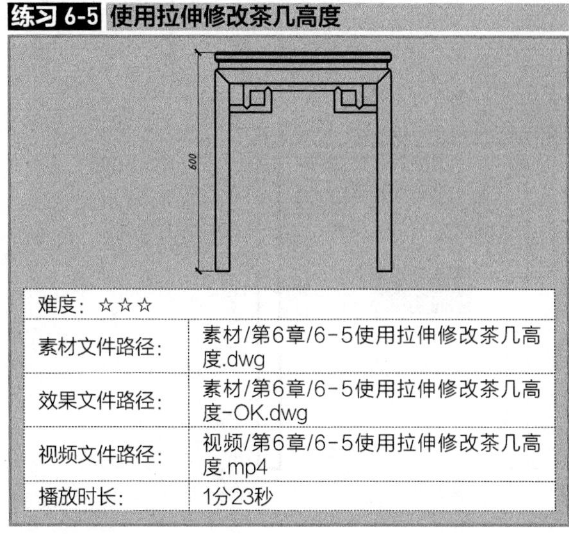

难度：☆☆☆	
素材文件路径：	素材/第6章/6-5使用拉伸修改茶几高度.dwg
效果文件路径：	素材/第6章/6-5使用拉伸修改茶几高度-OK.dwg
视频文件路径：	视频/第6章/6-5使用拉伸修改茶几高度.mp4
播放时长：	1分23秒

茶几一般分方形、矩形两种，高度与扶手椅的扶手相当，一般都是放在客厅沙发的位置。通常情况下是两把椅子中间夹一茶几，用以放杯盘茶具。

Step 01 打开“第6章\6-5使用拉伸修改茶几高度.dwg”素材文件，如图6-51所示。

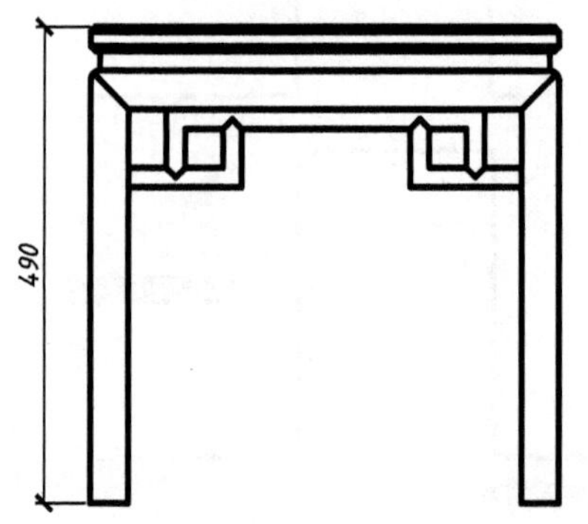

图 6-51 素材图形

Step 02 在【默认】选项卡中，单击【修改】面板上的【拉伸】按钮，将茶几沿垂直方向拉伸110，操作如图6-52所示，命令行提示如下。

```
命令: _stretch↙                              //调用【拉伸】命令
以交叉窗口或交叉多边形选择要拉伸的对象
选择对象:                                     //框选对象
选择对象:↙                                    //按Enter键结束选择
指定基点或 [位移(D)] <位移>:
                                     //选择顶边上任意一点
指定第二个点或 <使用第一个点作为位移>: <正交 开> 110↙
            //打开正交功能，在竖直方向拖动指针并输入拉伸距离
```

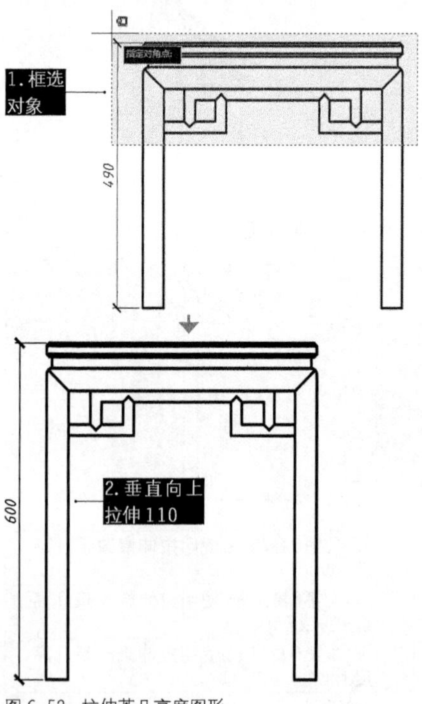

图 6-52 拉伸茶几高度图形

6.2.5 拉长

拉长图形就是改变原图形的长度，可以把原图形变长，也可以将其缩短。用户可以通过指定一个长度增量、角度增量（对于圆弧）、总长度或者相对于原长的百分比增量来改变原图形的长度，也可以通过动态拖动的方式来直接改变原图形的长度。

• 执行方式

调用【拉长】命令的方法如下。

◆功能区：单击【修改】面板中的【拉长】按钮，如图 6-53 所示。

◆菜单栏：调用【修改】|【拉长】菜单命令，如图 6-54 所示。

◆命令行：LENGTHEN 或 LEN。

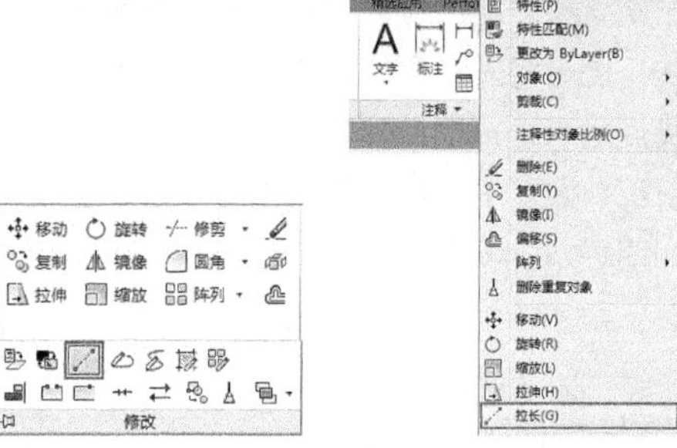

图 6-53 【修改】面板中的【拉长】按钮　　图 6-54 【拉长】菜单命令

• 操作步骤

调用该命令后，命令行显示如下提示。

```
选择要测量的对象或 [增量(DE)/百分比(P)/总计(T)/动态(DY)]
<总计(T)>:
```

只有选择了各子选项，确定了拉长方式后，才能对图形进行拉长，因此各操作需结合不同的选项进行说明。

• 选项说明

命令行中各子选项含义如下。

◆ “增量(DE)”：表示以增量方式修改对象的长度。可以直接输入长度增量来拉长直线或者圆弧，长度增量为正时拉长对象，如图 6-55 所示，为负时缩短对象；也可以输入 A，通过指定圆弧的长度和角增量来修改圆弧的长度，如图 6-56 所示。通过指定圆弧的长度修改其长度的命令行操作如下。

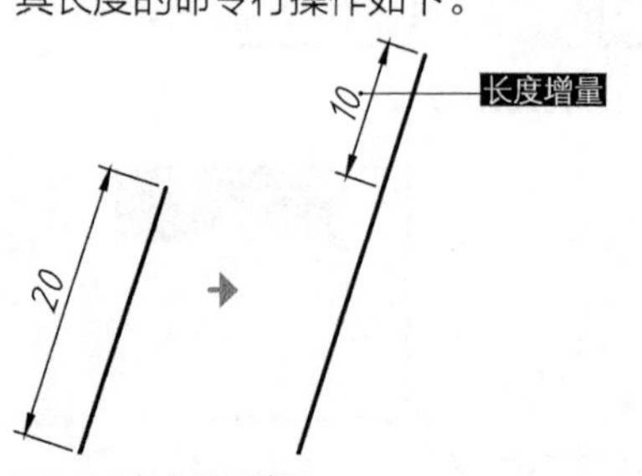

图 6-55 长度增量效果

命令: _lengthen
选择要测量的对象或 [增量(DE)/百分比(P)/总计(T)/动态(DY)]: DE //输入DE，选择“增量”选项
输入长度增量或 [角度(A)] <0.0000>:10 //输入增量数值
选择要修改的对象或 [放弃(U)]: //按Enter键完成操作

通过角增量修改圆弧的长度命令行操作如下。

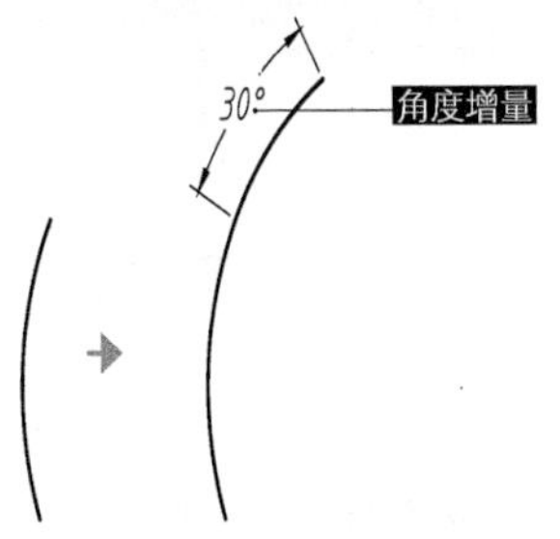

图 6-56 角度增量效果

命令: _lengthen
选择要测量的对象或 [增量(DE)/百分比(P)/总计(T)/动态(DY)]: DE
//输入DE，选择“增量”选项
输入长度增量或 [角度(A)] <0.0000>: A //输入A执行角度方式
输入角度增量 <0>:30 //输入角度增量
选择要修改的对象或 [放弃(U)]: //按Enter键完成操作

◆ “百分数（P）”：通过输入百分比来改变对象的长度或圆心角大小，百分比的数值以原长度为参照。若输入 50，则表示将图形缩短至原长度的 50%，如图 6-57 所示。命令行操作提示如下。

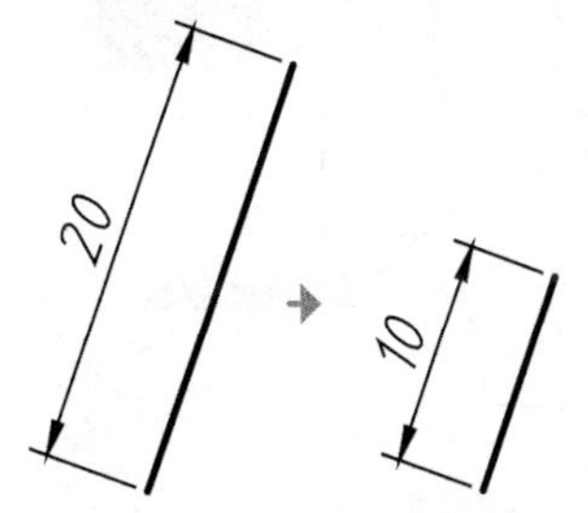

图 6-57 “百分数（P）”增量效果

命令: _lengthen
选择要测量的对象或 [增量(DE)/百分比(P)/总计(T)/动态(DY)]: P //输入P，选择“百分比”选项
输入长度百分数 <0.0000>:50 //输入百分比数值
选择要修改的对象或 [放弃(U)]: //按Enter键完成操作

◆ “全部（T）”：将对象从离选择点最近的端点拉长到指定值，该指定值为拉长后的总长度，因此该方法特别适合于对一些尺寸为非整数的线段（或圆弧）进行操作，如图 6-58 所示。命令行操作如下。

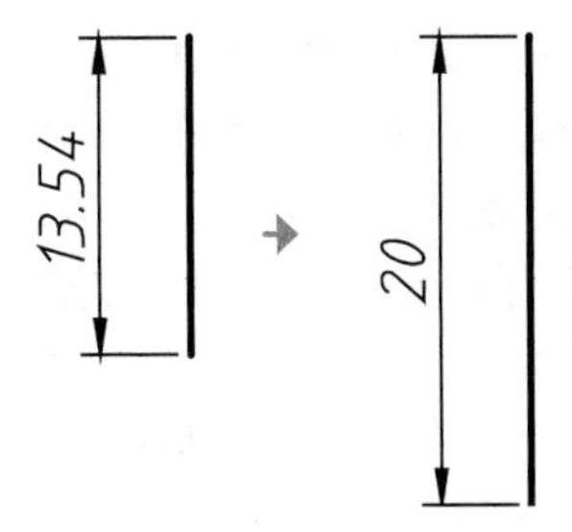

图 6-58 “全部（T）”增量效果

命令: _lengthen
选择要测量的对象或 [增量(DE)/百分比(P)/总计(T)/动态(DY)]: T //输入T，选择“总计”选项
指定总长度或 [角度(A)] <0.0000>: 20 //输入总长数值
选择要修改的对象或 [放弃(U)]: //按Enter键完成操作

◆ “动态（DY）”：用动态模式拖动对象的一个端点来改变对象的长度或角度，如图 6-59 所示。命令行操作如下。

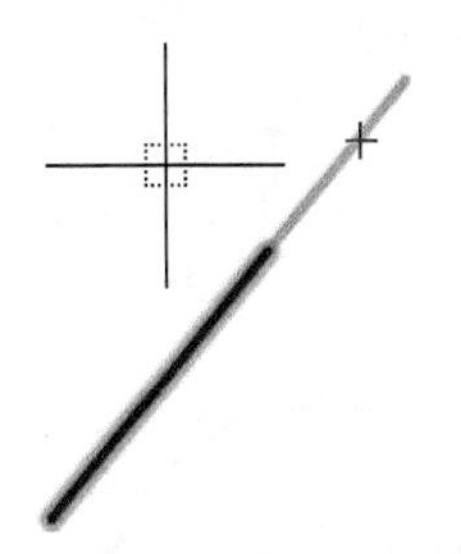

图 6-59 “动态（DY）”增量效果

命令: _lengthen
选择要测量的对象或 [增量(DE)/百分比(P)/总计(T)/动态(DY)]: DY //输入DY，选择“动态”选项
选择要修改的对象或 [放弃(U)]: //选择要拉长的对象
指定新端点: //指定新的端点
选择要修改的对象或 [放弃(U)]: //按Enter键完成操作

练习 6-6 使用拉长修改中心线

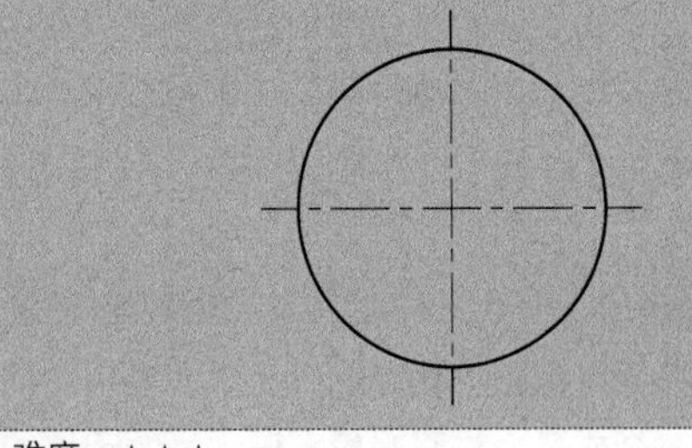

难度：☆☆☆	
素材文件路径：	素材/第6章/6-6使用拉长修改中心线.dwg
效果文件路径：	素材/第6章/6-6使用拉长修改中心线-OK.dwg
视频文件路径：	视频/第6章/6-6使用拉长修改中心线.mp4
播放时长：	1分16秒

大部分图形（如圆、矩形）均需要绘制中心线，而在绘制中心线的时候，通常需要将中心线延长至图形外，且伸出长度相等。如果一根根去拉伸中心线的话，就略显麻烦，这时就可以使用【拉长】命令来快速延伸中心线，使其符合设计规范。

Step 01 打开“第6章\6-6使用拉长修改中心线.dwg”素材文件，如图6-60所示。

Step 02 单击【修改】面板中的按钮，激活【拉长】命令，在2条中心线的各个端点处单击，向外拉长3个单位，命令行操作如下。

```
命令: _lengthen
选择对象或 [增量(DE)/百分数(P)/全部(T)/动态(DY)]:DE↙
                                        //选择“增量”选项
输入长度增量或 [角度(A)] <0.5000>: 3↙  //输入每次拉长增量
选择要修改的对象或 [放弃(U)]:
选择要修改的对象或 [放弃(U)]:
选择要修改的对象或 [放弃(U)]:
选择要修改的对象或 [放弃(U)]:
            //依次在两中心线4个端点附近单击，完成拉长
选择要修改的对象或 [放弃(U)]:↙        //按Enter结束拉长
命令，拉长结果如图6-61所示。
```

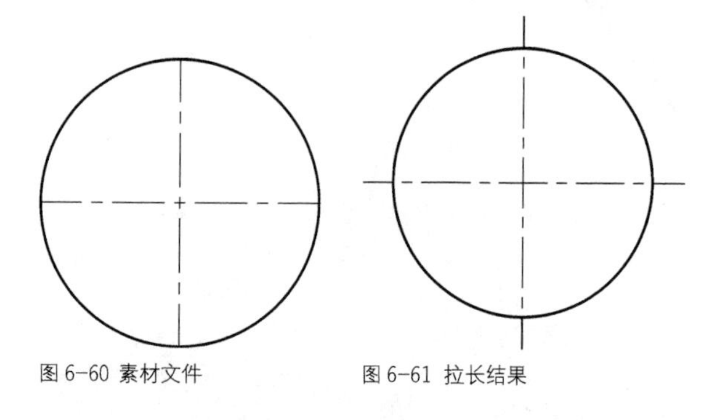

图 6-60 素材文件　　图 6-61 拉长结果

6.3 图形复制类

如果设计图中含有大量重复或相似的图形，就可以使用图形复制类命令进行快速绘制，如【复制】、【偏移】、【镜像】、【阵列】等。

6.3.1 复制 ★重点★

【复制】命令是指在不改变图形大小、方向的前提下，重新生成一个或多个与原对象一模一样的图形。在命令执行过程中，需要确定的参数有复制对象、基点和第二点，配合坐标、对象捕捉、栅格捕捉等其他工具，可以精确复制图形。

•执行方式

在 AutoCAD 2016 中调用【复制】命令有以下几种常用方法。

◆功能区：单击【修改】面板中的【复制】按钮，如图 6-62 所示。

◆菜单栏：执行【修改】|【复制】命令，如图 6-63 所示。

◆命令行：COPY 或 CO 或 CP

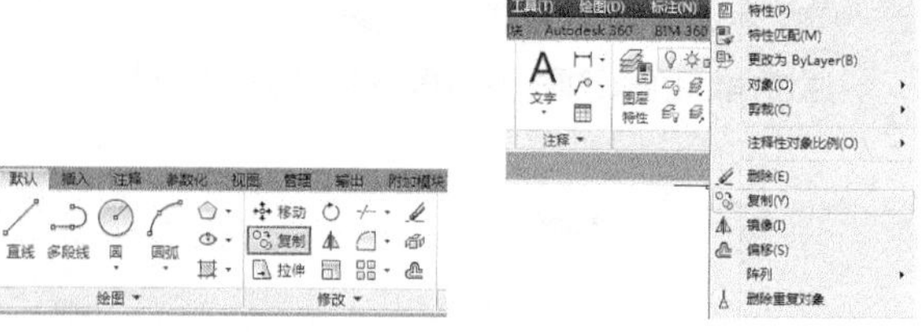

图 6-62 【修改】面板中的【复制】按钮　　图 6-63 【复制】菜单命令

•操作步骤

执行【复制】命令后，选取需要复制的对象，指定复制基点，然后拖动鼠标指定新基点即可完成复制操作，继续单击，还可以复制多个图形对象，如图 6-64 所示。命令行操作如下。

```
命令: _copy                                  //执行【复制】命令
选择对象: 找到 1 个                          //选择要复制的图形
当前设置: 复制模式 = 多个                    //当前的复制设置
指定基点或 [位移(D)/模式(O)] <位移>:         //指定复制的基点
指定第二个点或 [阵列(A)] <使用第一个点作为位移>:
                                             //指定放置点1
指定第二个点或 [阵列(A)/退出(E)/放弃(U)] <退出>: //指定放
置点2
指定第二个点或 [阵列(A)/退出(E)/放弃(U)] <退出>: // 单击
Enter键完成操作
```

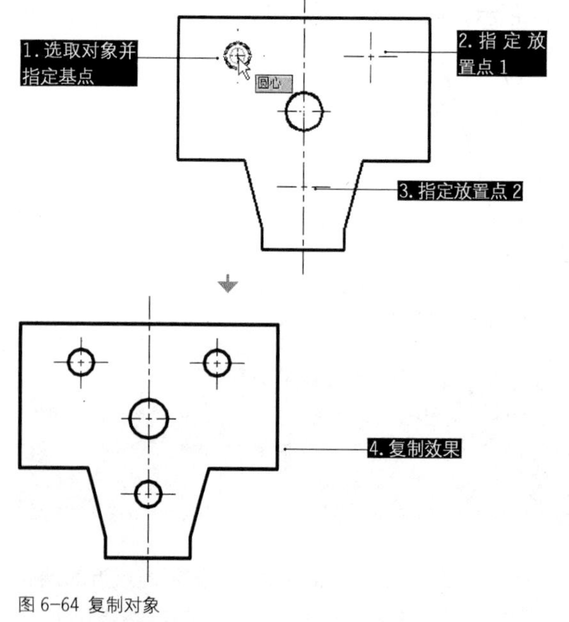

图 6-64 复制对象

•选项说明

执行【复制】命令时，命令行中出现的各选项介绍如下。

◆ “位移（D）”：使用坐标指定相对距离和方向。指定的两点定义一个矢量，指示复制对象的放置离原位置有多远以及以哪个方向放置。基本与【移动】、【拉伸】命令中的“位移（D）”选项一致，在此不多加赘述。

◆ “模式（O）”：该选项可控制【复制】命令是否自动重复。选择该选项后会有“单一（S）”“多个（M）”两个子选项，“单一（S）”可创建选择对象的单一副本，执行一次复制后便结束命令；而“多个（M）”则可以自动重复。

◆ “阵列（A）”：选择该选项，可以以线性阵列的方式快速大量复制对象，如图 6-65 所示。命令行操作如下。

```
命令: _copy                                    //执行【复制】命令
选择对象: 找到 1 个                              //选择复制对象
当前设置: 复制模式 = 多个
指定基点或 [位移(D)/模式(O)] <位移>:              //指定复制基点
指定第二个点或 [阵列(A)] <使用第一个点作为位移>: A
                                    //输入A，选择“阵列”选项
输入要进行阵列的项目数: 4
                                    //输入阵列的项目数
指定第二个点或 [布满(F)]: 10
                                    //移动鼠标确定阵列间距
指定第二个点或 [阵列(A)/退出(E)/放弃(U)] <退出>:
                                    //按Enter键完成操作
```

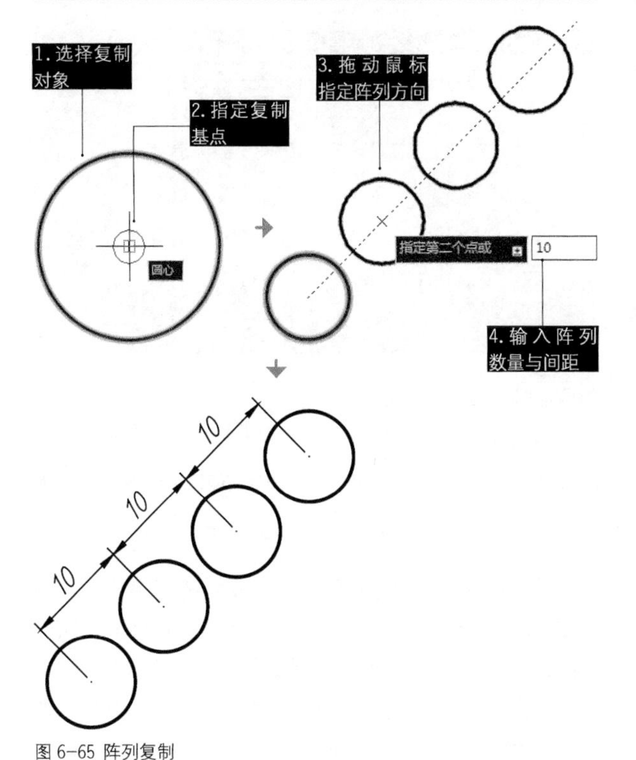

图 6-65 阵列复制

练习 6-7 使用复制补全孔位符号

难度：☆☆☆	
素材文件路径：	素材/第6章/6-7使用复制补全孔位符号.dwg
效果文件路径：	素材/第6章/6-7使用复制补全孔位符号-OK.dwg
视频文件路径：	视频/第6章/6-7使用复制补全孔位符号.mp4
播放时长：	56秒

Step 01 打开素材文件“第6章/6-7使用复制补全孔位符号.dwg”，素材图形如图6-66所示。

Step 02 单击【修改】面板中的【复制】按钮，复制螺纹孔到A、B、C点，如图6-67所示。命令行操作如下。

```
命令: _copy                                    //执行【复制】命令
选择对象: 指定对角点: 找到 2 个
                                    //选择螺纹孔内、外圆弧
选择对象:                            //按Enter键结束选择
当前设置: 复制模式 = 多个
指定基点或 [位移(D)/模式(O)] <位移>:
                                    //选择孔位的圆心作为基点
指定第二个点或 [阵列(A)] <使用第一个点作为位移>:
                                    //选择A点
指定第二个点或 [阵列(A)/退出(E)/放弃(U)] <退出>:
                                    //选择B点
指定第二个点或 [阵列(A)/退出(E)/放弃(U)] <退出>:
                                    //选择C点
指定第二个点或 [阵列(A)/退出(E)/放弃(U)] <退出>:*取消*
                                    //按Esc键退出复制
```

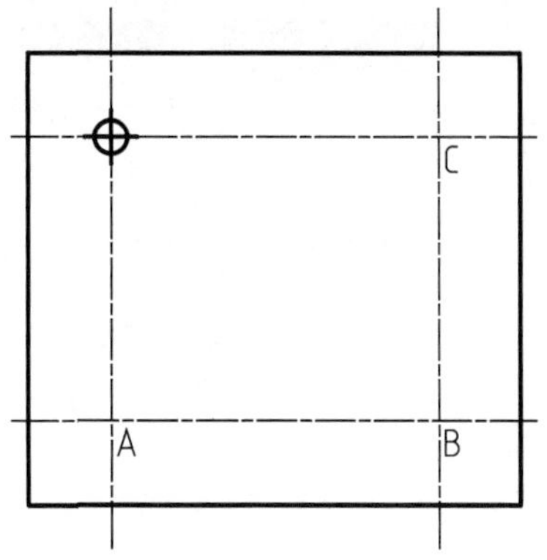

图 6-66 素材图形

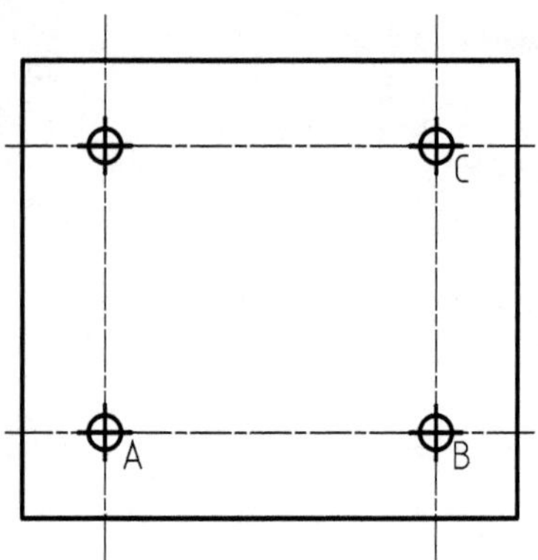

图 6-67 复制的结果

6.3.2 偏移

使用【偏移】工具可以创建与源对象成一定距离的形状相同或相似的新图形对象。可以进行偏移的图形对象包括直线、曲线、多边形、圆、圆弧等，如图 6-68 所示。

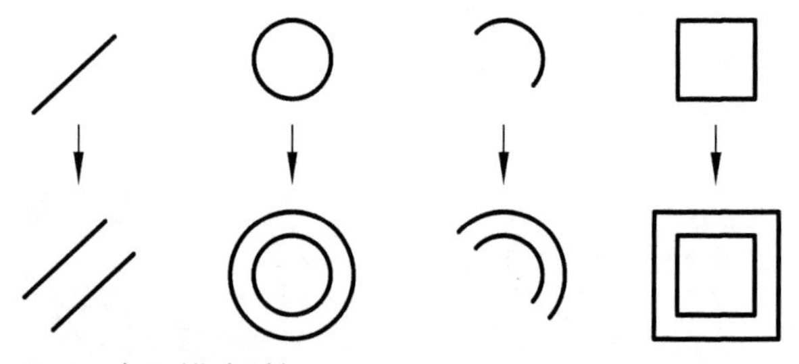

图 6-68 各图形偏移示例

• 执行方式

在 AutoCAD 2016 中调用【偏移】命令有以下几种常用方法。

◆功能区：单击【修改】面板中的【偏移】按钮，如图 6-69 所示。

◆菜单栏：执行【修改】|【偏移】命令，如图 6-70 所示。

◆命令行：OFFSET 或 O。

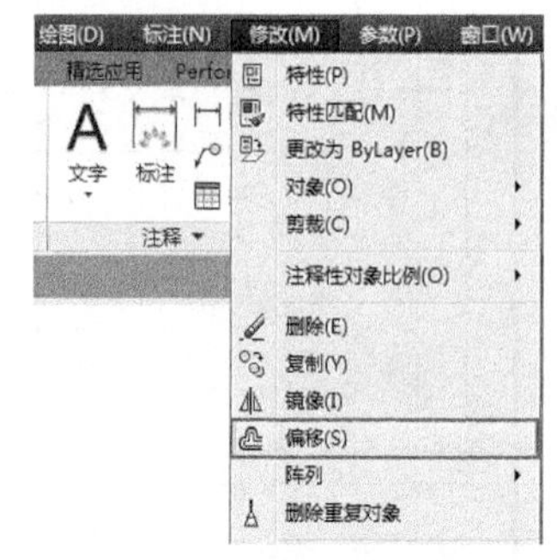

图 6-69【修改】面板中的【偏移】按钮　　图 6-70 【偏移】菜单命令

• 操作步骤

偏移命令需要输入的参数有需要偏移的“源对象”“偏移距离”和“偏移方向”。只要在需要偏移的一侧的任意位置单击即可确定偏移方向，也可以指定偏移对象通过已知的点。执行【偏移】命令后命令行操作如下。

```
命令：_offset↙
            //调用【偏移】命令
指定偏移距离或 [通过(T)/删除(E)/图层(L)] <通过>:
            //输入偏移距离
选择要偏移的对象，或 [退出(E)/放弃(U)] <退出>:
            //选择偏移对象
指定通过点或 [退出(E)/多个(M)/放弃(U)] <退出>:
            //输入偏移距离或指定目标点
```

• 选项说明

命令行中各选项的含义如下。

◆ “通过（T）”：指定一个通过点定义偏移的距离和方向，如图 6-71 所示。

◆ “删除（E）”：偏移源对象后将其删除。

◆ “图层（L）”：确定将偏移对象创建在当前图层上还是源对象所在的图层上。

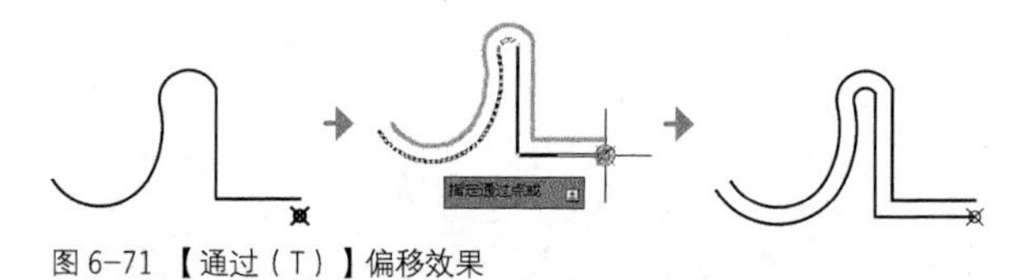

图 6-71 【通过（T）】偏移效果

练习 6-8 通过偏移绘制酒柜

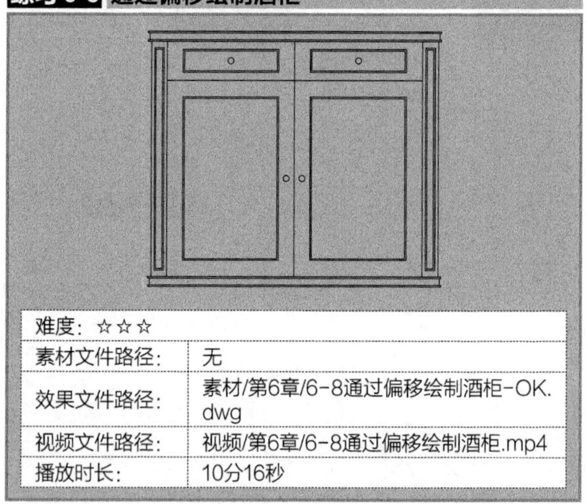

难度：☆☆☆	
素材文件路径：	无
效果文件路径：	素材/第6章/6-8通过偏移绘制酒柜-OK.dwg
视频文件路径：	视频/第6章/6-8通过偏移绘制酒柜.mp4
播放时长：	10分16秒

酒柜对不少家庭来说，已经成为餐厅中的一道不可或缺的风景线，它陈列的不同美酒色彩艳丽，可令餐厅平添不少华丽的色彩，看着就令人食欲大增。

Step 01 绘制柜体。执行REC【矩形】命令，分别绘制尺寸为920×30、720×900的矩形，如图 6-72所示。接着调用X【分解】命令分解矩形，执行O【偏移】命令，向内偏移矩形边，如图 6-73所示。

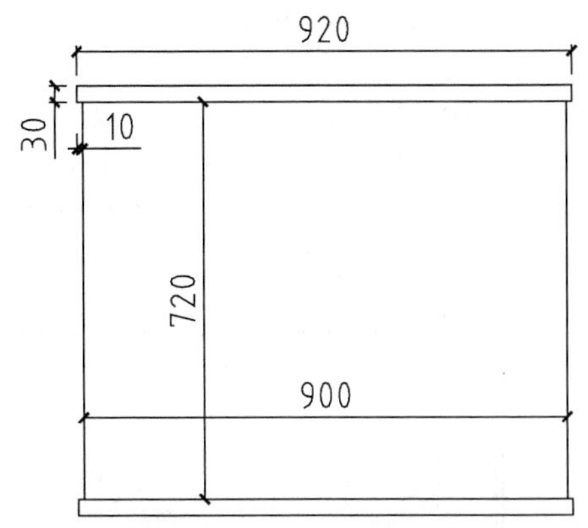

图 6-72 绘制矩形

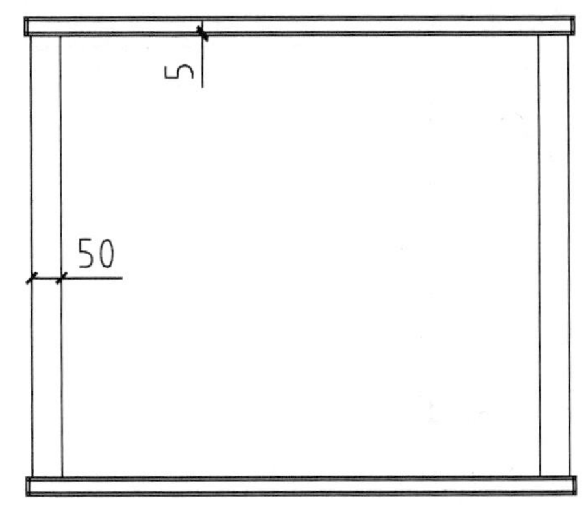

图 6-73 向内偏移矩形边

Step 02 调用TR【修剪】命令，修剪线段如图 6-74所示。调用O【偏移】命令，选择轮廓线向内侧偏移，如图 6-75所示。

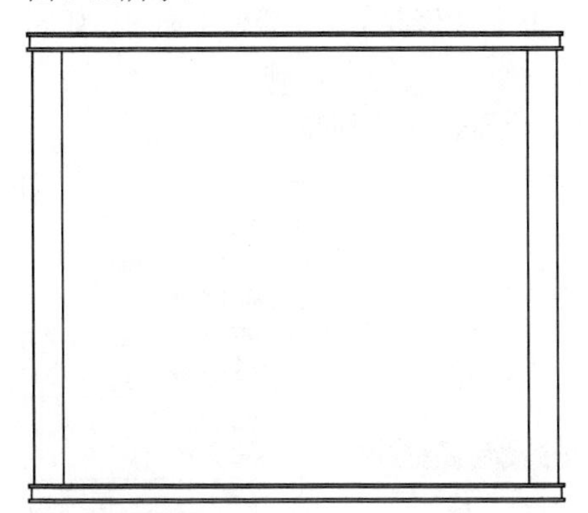
图 6-74 修剪线段

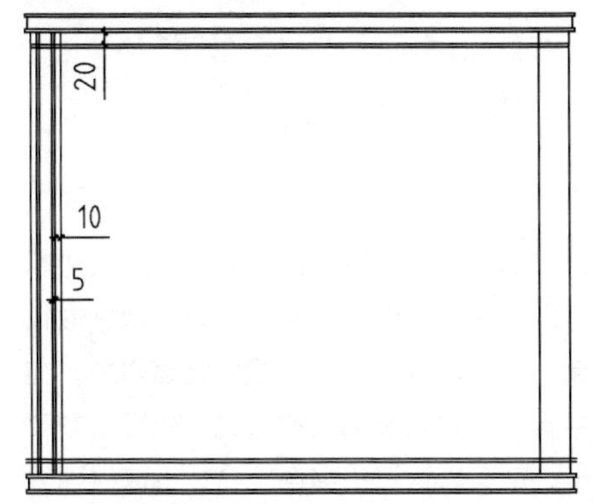

图 6-75 偏移线段

Step 03 调用TR【修剪】命令，修剪线段如图 6-76所示。选择绘制完成的图形，执行MI【镜像】命令，将其镜像复制至右侧，如图 6-77所示。

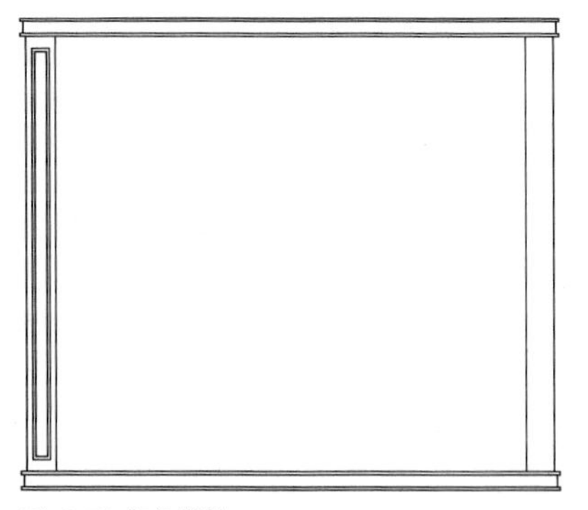
图 6-76 修剪线段

图 6-77 复制图形

Step 04 绘制抽屉。执行O【偏移】命令、TR【修剪】命令，偏移并修剪线段的结果如图 6-78所示。调用O【偏移】命令，偏移线段如图 6-79所示。

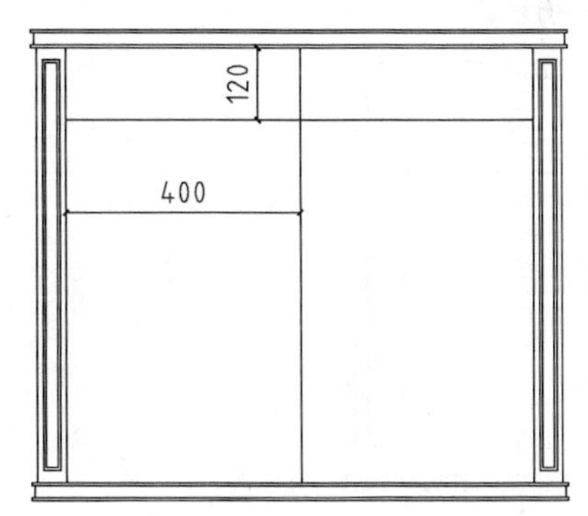

图 6-78 偏移并修剪线段

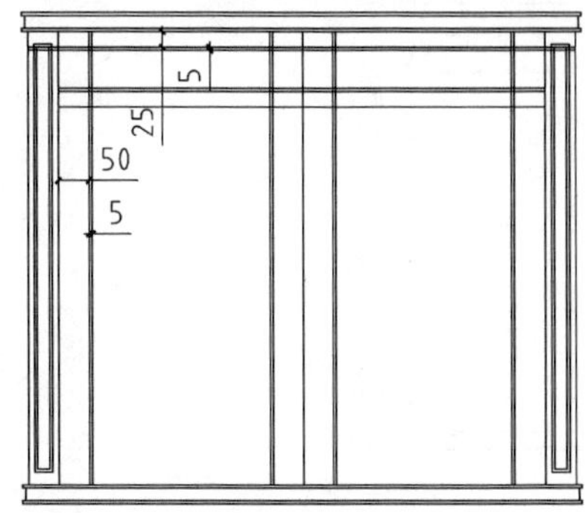

图 6-79 偏移线段

Step 05 调用TR【修剪】命令修剪线段，完成抽屉装饰面板的绘制结果如图 6-80所示。接着执行C【圆】命令，绘制半径为10的圆形表示抽屉的拉手，如图 6-81所示。

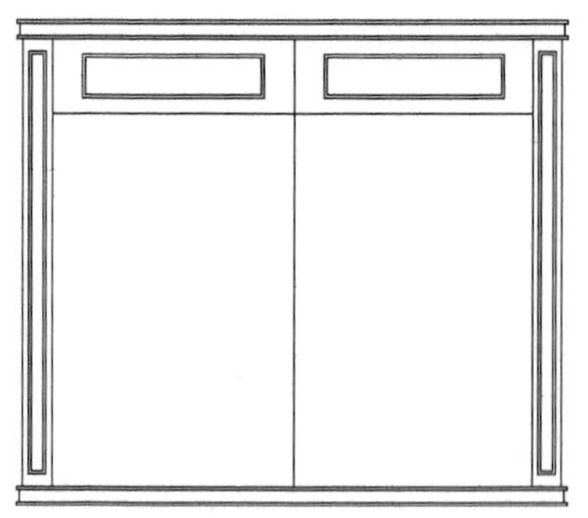

图 6-80 绘制结果

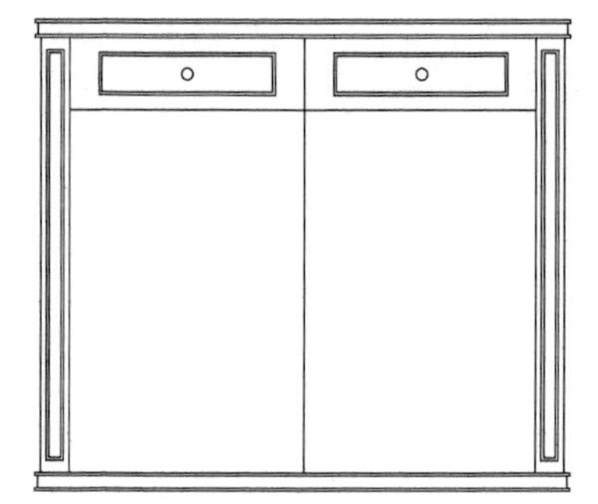

图 6-81 绘制抽屉拉手

Step 06 沿用上述的绘制方法，执行O【偏移】命令、TR【修剪】命令，偏移并修剪线段，绘制柜门装饰面板，结果如图 6-82所示。调用CO【复制】命令，选择抽屉拉手向下移动复制，绘制柜门拉手后酒柜绘制完成，结果如图 6-83所示。

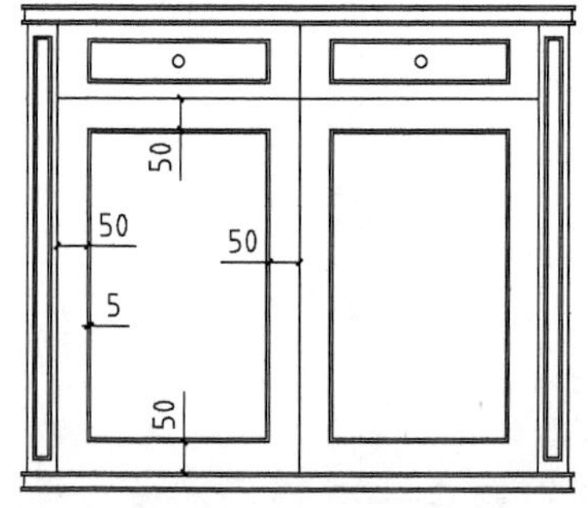

图 6-82 绘制柜门

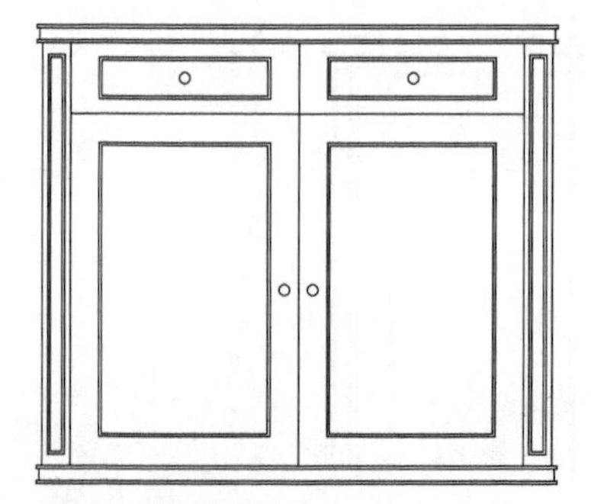

图 6-83 绘制柜门拉手

6.3.3 镜像

【镜像】命令是指将图形绕指定轴（镜像线）镜像复制，常用于绘制结构规则且有对称特点的图形，如图6-84 所示。AutoCAD 2016 通过指定临时镜像线镜像对象，镜像时可选择删除或保留源对象。

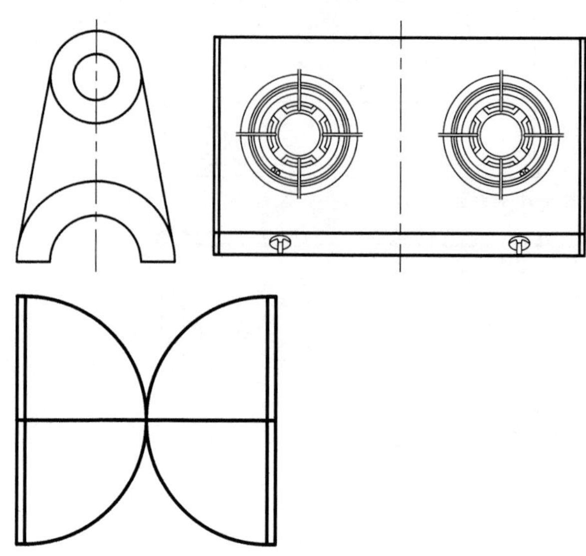

图 6-84 对称图形

• 执行方式

在AutoCAD 2016 中【镜像】命令的调用方法如下。

◆ 功能区：单击【修改】面板中的【镜像】按钮，如图 6-85 所示。

◆ 菜单栏：执行【修改】|【镜像】命令，如图6-86 所示。

◆ 命令行：MIRROR 或 MI。

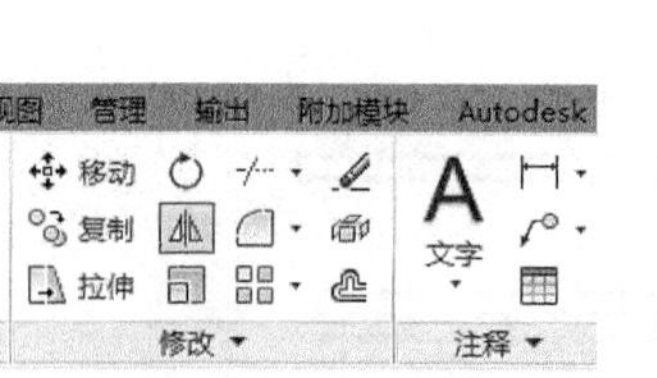

图 6-85 【功能区】调用【镜像】命令

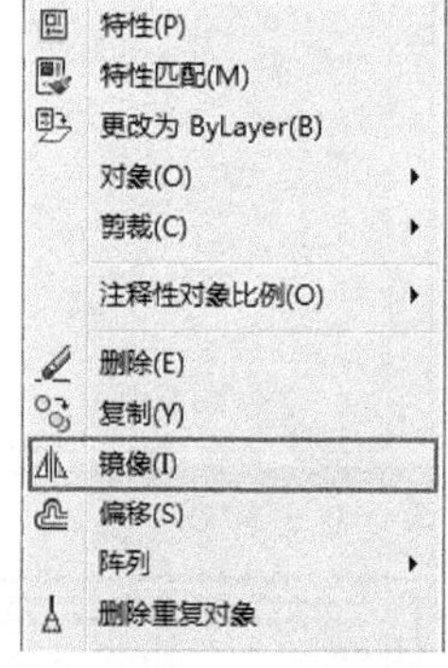

图 6-86 【菜单栏】调用【镜像】命令

• 操作步骤

在命令执行过程中，需要确定镜像复制的对象和对称轴。对称轴可以是任意方向的，所选对象将根据该轴线进行对称复制，并且可以选择删除或保留源对象。在实际工程设计中，许多对象都为对称形式，如果绘制了这些图例的一半，就可以通过【镜像】命令迅速得到另一半，如图 6-87 所示。

调用【镜像】命令，命令行提示如下。

```
命令：_mirror↙                                //调用【镜像】命令
选择对象：指定对角点：找到 14 个
//选择镜像对象
指定镜像线的第一点：              //指定镜像线第一点A
指定镜像线的第二点：              //指定镜像线第二点B
要删除源对象吗？[是(Y)/否(N)] <N>：↙          //选择是
否删除源对象，或按Enter键结束命令
```

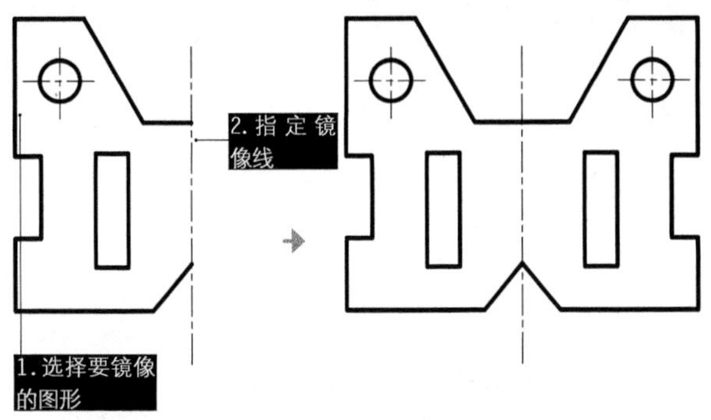

图 6-87 镜像图形

> **操作技巧**
>
> 如果是水平或者竖直方向镜像图形，可以使用【正交】功能快速指定镜像轴。

• 选项说明

【镜像】操作十分简单，命令行中的子选项不多，只有在结束命令前可选择是否删除源对象。如果选择“是”，则删除选择的镜像图形，效果如图 6-88 所示。

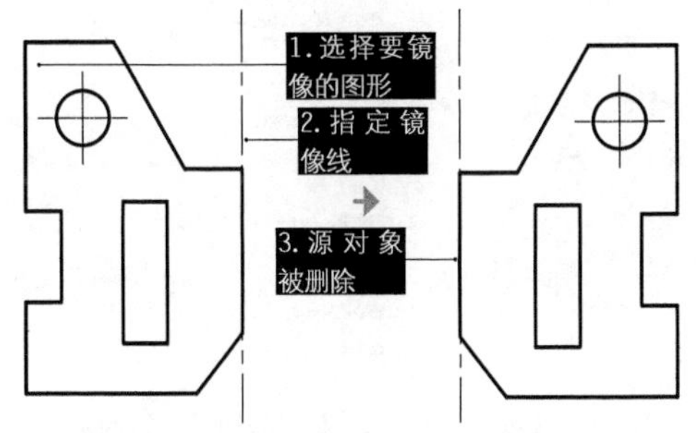

图 6-88 删除源对象的镜像

• 初学解答 文字对象的镜像效果

在 AutoCAD 中，除了能镜像图形对象外，还可以对文字进行镜像，但文字的镜像效果可能会出现颠倒，这时就可以通过控制系统变量 MIRRTEXT 的值来控制文字对象的镜像方向。

在命令行中输入 MIRRTEXT，设置 MIRRTEXT 变量值，不同值效果如图 6-89 所示。

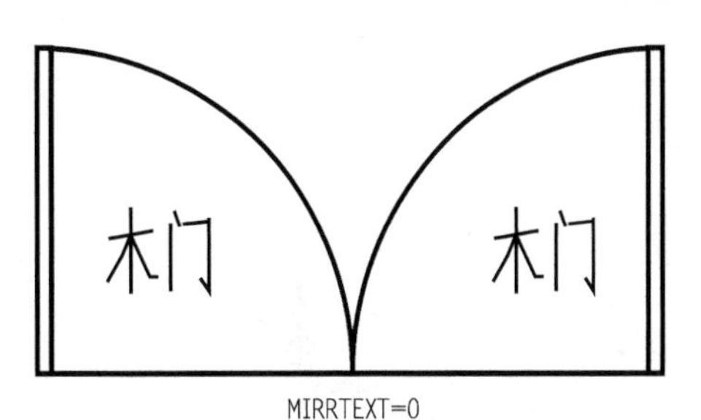

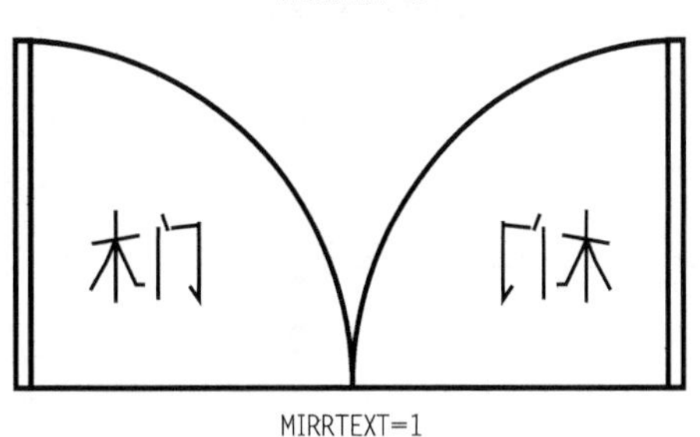

图 6-89 不同 MIRRTEXT 变量值镜像效果

练习 6-9 镜像绘制矮柜图形

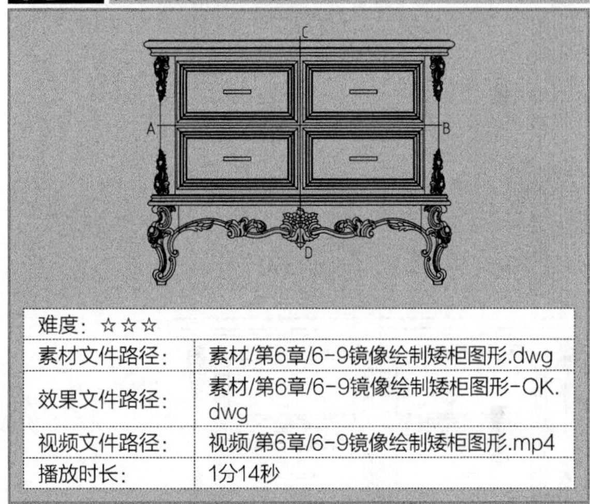

难度：☆☆☆	
素材文件路径：	素材/第6章/6-9镜像绘制矮柜图形.dwg
效果文件路径：	素材/第6章/6-9镜像绘制矮柜图形-OK.dwg
视频文件路径：	视频/第6章/6-9镜像绘制矮柜图形.mp4
播放时长：	1分14秒

许多家具都具有对称的效果，如各种桌、椅、柜、凳，因此在绘制这部分图形时，就可以先绘制一半，然后利用【镜像】命令来快速完成余下部分。

Step 01 打开“第6章/6-9镜像绘制矮柜图形.dwg”素材文件，素材图形如图6-90所示。

Step 02 镜像复制图形。在【默认】选项卡中，单击【修改】面板中的【镜像】按钮，以水平中心线的A、B两点为镜像线，镜像复制左下方矩形，操作如图6-91所示，命令行提示如下。

```
命令：_mirror                                //执行【镜像】命令
选择对象：指定对角点：找到 1 个        //选择左下方的抽屉图形
选择对象：                                    //按Enter键确定
指定镜像线的第一点：                    //捕捉确定对称轴第一点A
指定镜像线的第二点：                //捕捉确定对称轴第二点B
要删除源对象吗？[是(Y)/否(N)] <N>:N↙
            //选择不删除源对象，按Enter键确定完成镜像
```

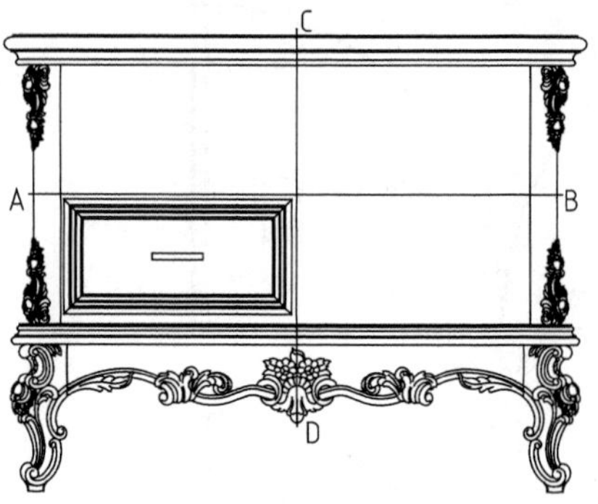

图 6-90 素材图形

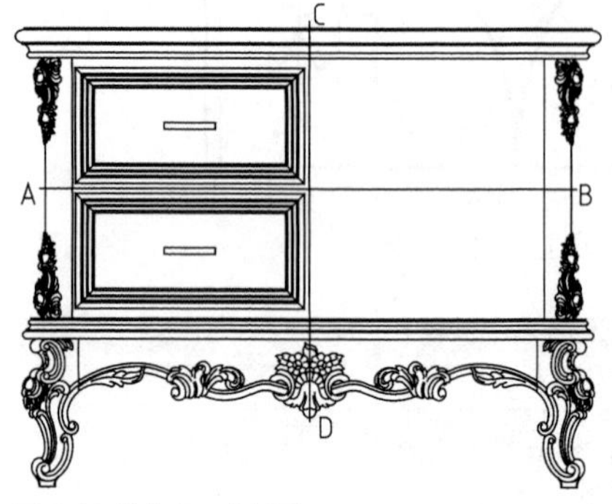

图 6-91 镜像左下方矩形

Step 03 按相同方法，重复执行【镜像】命令，然后选择左侧的两个抽屉图形为镜像对象，以竖直中心线CD为镜像线，得到如图6-92所示的图形。

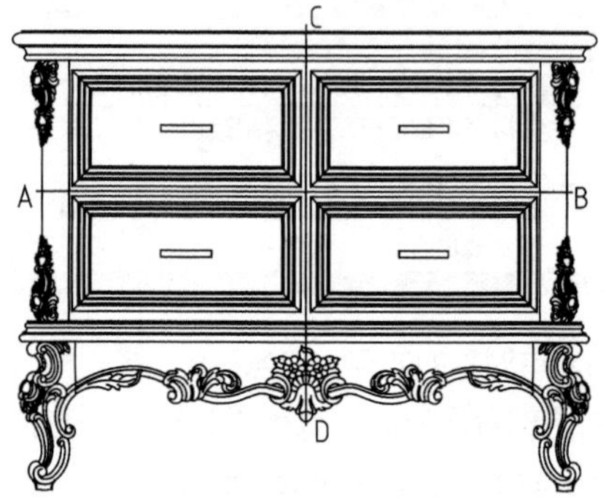

图 6-92 重复镜像完成绘制

6.4 图形阵列类

复制、镜像和偏移等命令，一次只能复制得到一个对象副本。如果想要按照一定规律大量复制图形，可以使用 AutoCAD 2016 提供的【阵列】命令。【阵列】是一个功能强大的多重复制命令，它可以一次将选择的对象复制多个并按指定的规律进行排列。

在 AutoCAD 2016 中，提供了 3 种【阵列】方式：矩形阵列、极轴（即环形）阵列、路径阵列，可以按照矩形、环形（极轴）和路径的方式，以定义的距离、角度和路径复制出源对象的多个对象副本，如图 6-93 所示。

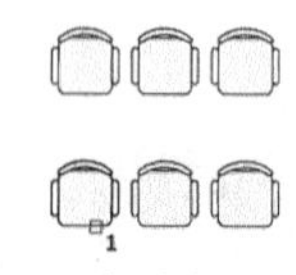

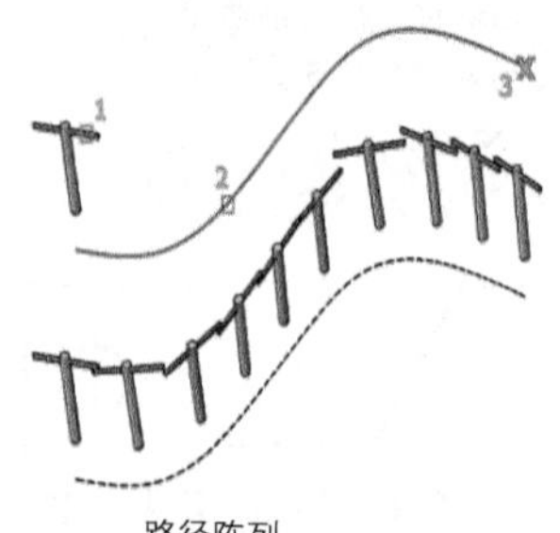

图 6-93 阵列的 3 种方式

6.4.1 矩形阵列

矩形阵列就是将图形呈行列类进行排列，如园林平面图中的道路绿化、建筑立面图的窗格、规律摆放的桌椅等。

•执行方式

调用【阵列】命令的方法如下。

◆功能区：在【默认】选项卡中，单击【修改】面板中的【矩形阵列】按钮，如图 6-94 所示。

◆菜单栏：执行【修改】|【阵列】|【矩形阵列】命令，如图 6-95 所示。

◆命令行：ARRAYRECT

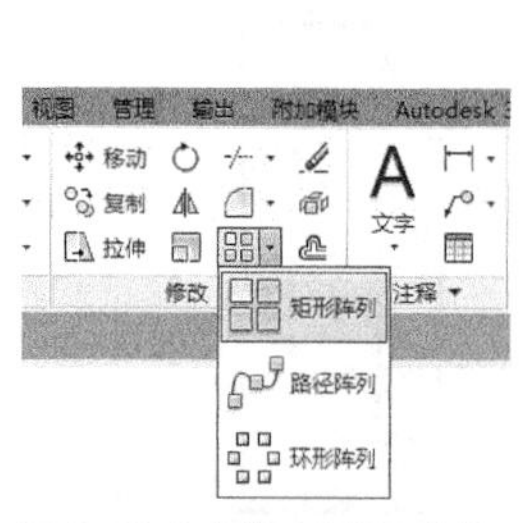

图 6-94 【功能区】调用【矩形阵列】命令

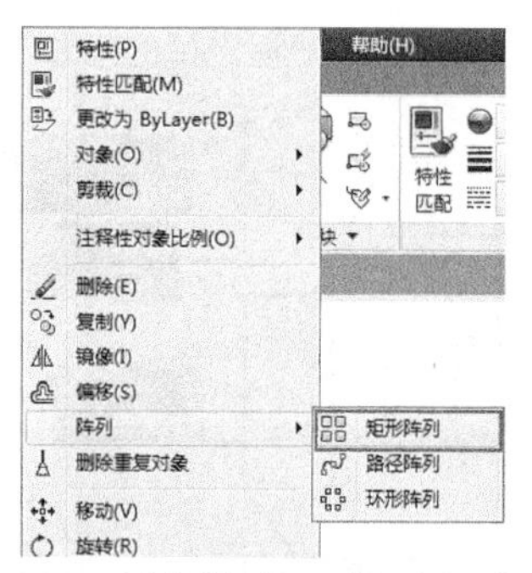

图 6-95 【菜单栏】调用【矩形阵列】命令

•操作步骤

使用矩形阵列需要设置的参数有阵列的“源对象”“行”和“列”的数目、“行距”和“列距”。行和列的数目决定了需要复制的图形对象有多少个。

调用【阵列】命令，功能区显示矩形方式下的【阵列创建】选项卡，如图 6-96 所示，命令行提示如下。

```
命令: _arrayrect                          //调用【矩形阵列】命令
选择对象: 找到 1 个                        //选择要阵列的对象
类型 = 矩形  关联 = 是                     //显示当前的阵列设置
选择夹点以编辑阵列或 [关联(AS)/基点(B)/计数(COU)/间距
(S)/列数(COL)/行数(R)/层数(L)/退出(X)]: ↙
//设置阵列参数，按Enter键退出
```

图 6-96 【阵列创建】选项卡

• 选项说明

命令行中主要选项介绍如下。

◆ “关联（AS）”：指定阵列中的对象是关联的还是独立的。选择“是”，则单个阵列对象中的所有阵列项目皆关联，类似于块，更改源对象则所有项目都会更改，如图 6-97（a）所示；选择“否”，则创建的阵列项目均作为独立对象，更改一个项目不影响其他项目，如图 6-97（b）所示。图 6-96【阵列创建】选项卡中的【关联】按钮亮显则为“是”，反之为“否”。

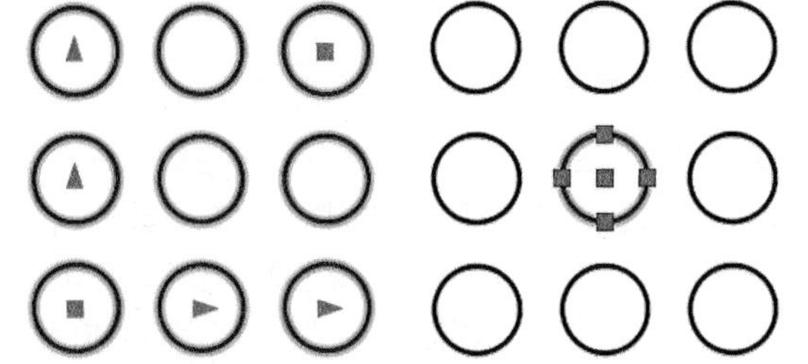

（a）选择“是”：所有对象关联　（b）选择“否”：所有对象独立

图 6-97 阵列的关联效果

◆ “基点（B）”：定义阵列基点和基点夹点的位置，默认为质心，如图 6-98 所示。该选项只有在启用“关联”时才有效。效果同【阵列创建】选项卡中的【基点】按钮。

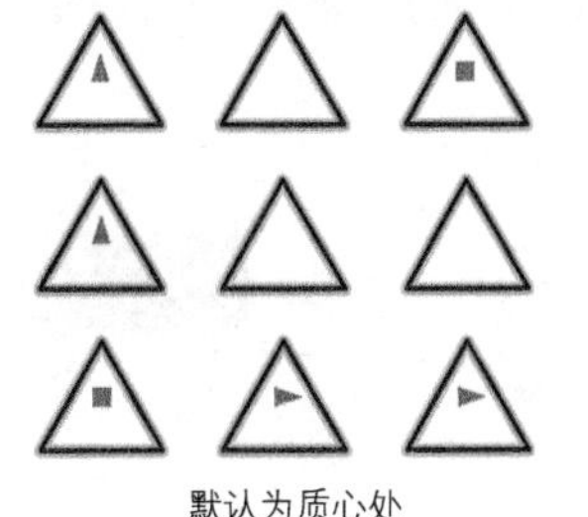

默认为质心处

其余位置

图 6-98 不同的基点效果

◆ “计数（COU）”：可指定行数和列数，并使用户在移动光标时可以动态观察阵列结果，如图 6-99 所示。效果同【阵列创建】选项卡中的【列数】、【行数】文本框。

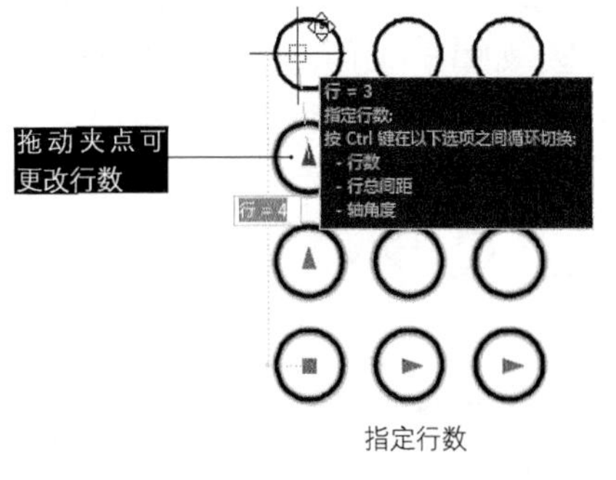

指定行数

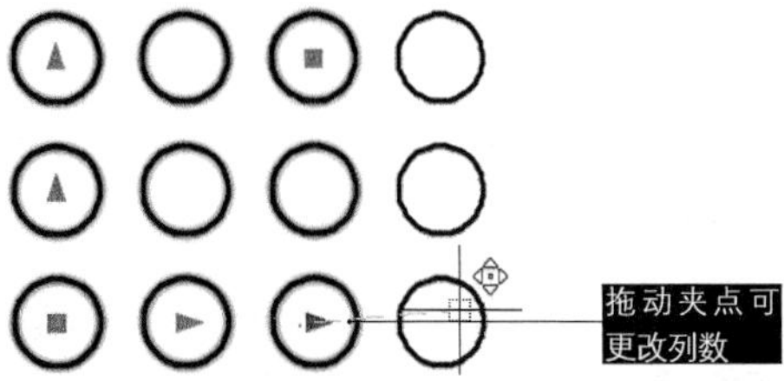

指定列数

图 6-99 更改阵列的行数与列数

> **操作技巧**
>
> 在矩形阵列的过程中，如果希望阵列的图形往相反的方向复制时，在列数或行数前面加“-”符号即可，也可以向反方向拖动夹点。

◆ “间距（S）”：指定行间距和列间距并使用户在移动光标时可以动态观察结果，如图 6-100 所示。效果同【阵列创建】选项卡中的两个【介于】文本框。

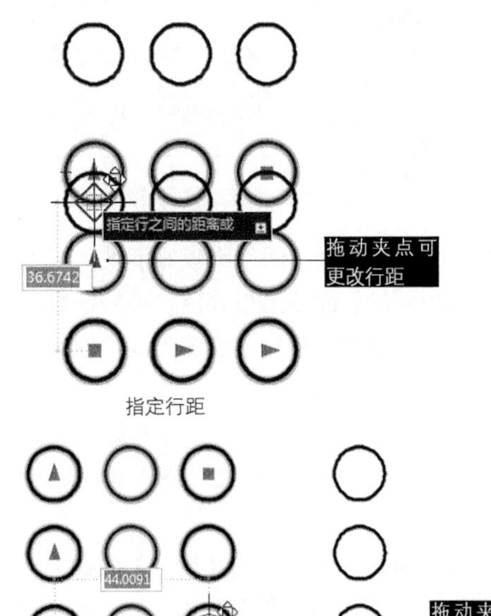

指定行距

指定列距

图 6-100 更改阵列的行距与列距

◆ “列数（COL）”：依次编辑列数和列间距，效果同【阵列创建】选项卡中的【列】面板。

◆ “行数（R）”：依次指定阵列中的行数、行间距以及行之间的增量标高。“增量标高”即相当于本书第5章5.6.1矩形章节中的“标高”选项，指三维效果中Z方向上的增量，如图6-101所示即为“增量标高”为10的效果。

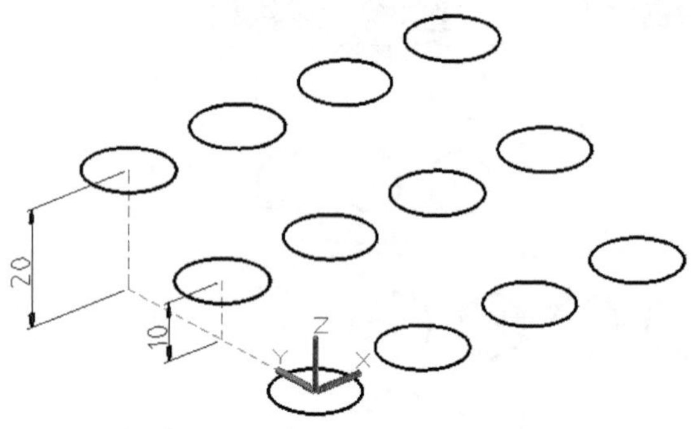

图6-101 阵列的增量标高效果

◆ “层数（L）”：指定三维阵列的层数和层间距，效果同【阵列创建】选项卡中的【层级】面板，二维情况下无需设置。

练习 6-10 矩形阵列沙发坐垫扣

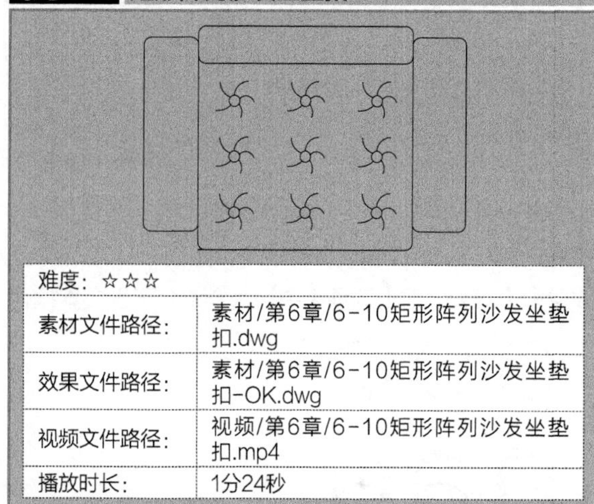

难度：☆☆☆	
素材文件路径：	素材/第6章/6-10矩形阵列沙发坐垫扣.dwg
效果文件路径：	素材/第6章/6-10矩形阵列沙发坐垫扣-OK.dwg
视频文件路径：	视频/第6章/6-10矩形阵列沙发坐垫扣.mp4
播放时长：	1分24秒

皮沙发比较大气、时尚，而且比较好清洗。好的皮沙发也是比较耐用的。而且造型简洁，很好搭配，最重要的是皮沙发的质感比较好，坐在上面很舒服，其上的纽扣点缀便可以通过阵列方式绘制。

Step 01 单击【快速访问】工具栏中的【打开】按钮，打开“第6章/6-10矩形阵列沙发坐垫扣.dwg”文件，如图6-102所示。

Step 02 在【默认】选项卡中，单击【修改】面板中的【矩形阵列】按钮，选择纽扣图形作为阵列对象，设置行数为3，行间距为200，列数为3，列间距为150，阵列结果如图6-103所示。

图6-102 素材图形

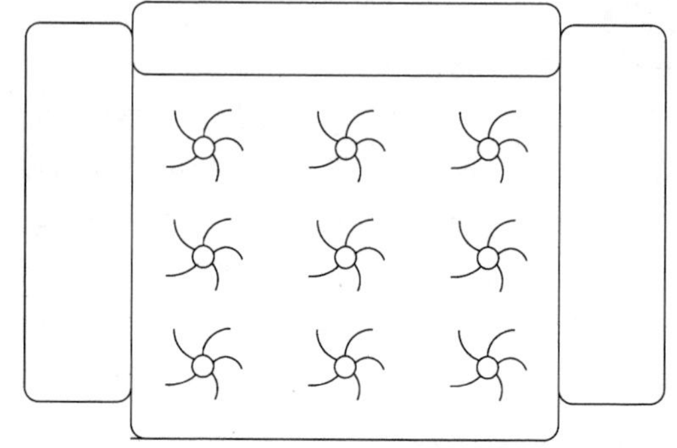

图6-103 阵列结果

6.4.2 路径阵列

路径阵列可沿曲线（可以是直线、多段线、三维多段线、样条曲线、螺旋、圆弧、圆或椭圆）阵列复制图形，通过设置不同的基点，能得到不同的阵列结果。在园林设计中，使用路径阵列可快速复制园路与街道旁的树木，或者草地中的汀步图形。

·执行方式

调用【路径阵列】命令的方法如下。

◆功能区：在【默认】选项卡中，单击【修改】面板中的【路径阵列】按钮，如图6-104所示。

◆菜单栏：执行【修改】|【阵列】|【路径阵列】命令，如图6-105所示。

◆命令行：ARRAYPATH。

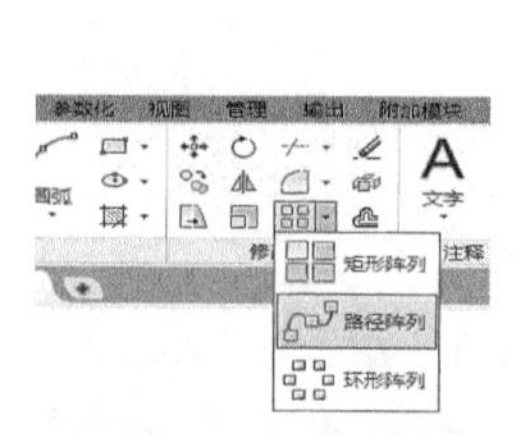

图6-104 【功能区】调用【路径阵列】命令

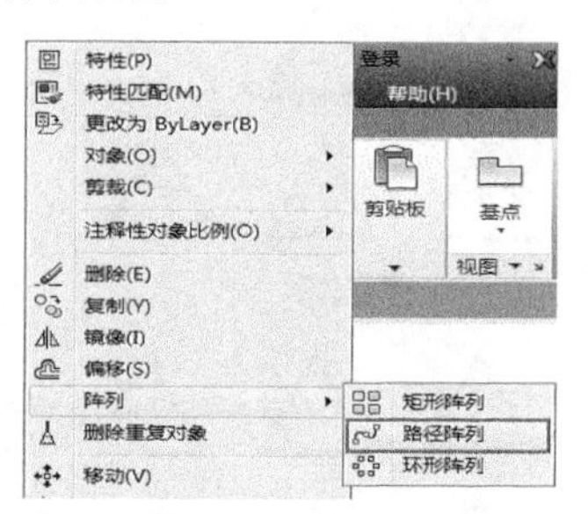

图6-105 【菜单栏】调用【路径阵列】命令

·操作步骤

路径阵列需要设置的参数有“阵列路径”“阵列对

象”和“阵列数量”“方向”等。

调用【阵列】命令，功能区显示路径方式下的【阵列创建】选项卡，如图 6-106 所示，命令行提示如下。

```
命令: _arraypath                        //调用【路径阵列】命令
选择对象: 找到 1 个                     //选择要阵列的对象
选择对象:
类型 = 路径  关联 = 是                   //显示当前的阵列设置
选择路径曲线:                           //选取阵列路径
选择夹点以编辑阵列或 [关联(AS)/方法(M)/基点(B)/切向(T)/
项目(I)/行(R)/层(L)/对齐项目(A)/Z 方向(Z)/退出(X)] <退出
>: ↙                                   //设置阵列参数，按Enter键退出
```

图 6-106 【阵列创建】选项卡

• 选项说明

命令行中主要选项介绍如下。

◆ “关联（AS）”：与【矩形阵列】中的“关联”选项相同，这里不重复讲解。

◆ “方法（M）”：控制如何沿路径分布项目，有“定数等分（D）”和“定距等分（M）”两种方式。效果与本书第 5 章的 5.1.3 定数等分、5.1.4 定距等分中的“块”一致，只是阵列方法较灵活，对象不限于块，可以是任意图形。

◆ “基点（B）”：定义阵列的基点。路径阵列中的项目相对于基点放置，选择不同的基点，进行路径阵列的效果也不同，如图 6-107 所示。效果同【阵列创建】选项卡中的【基点】按钮。

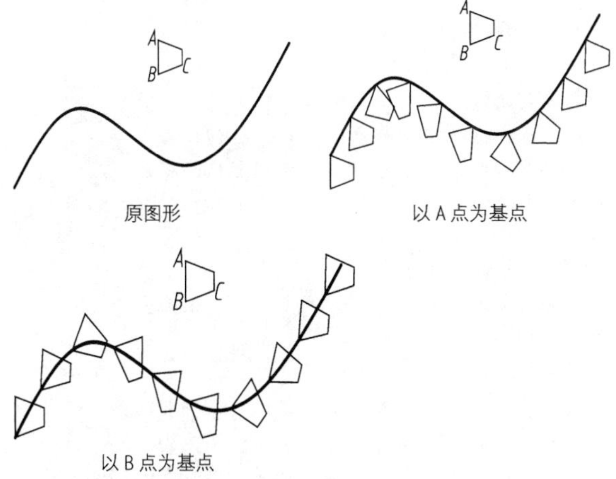

图 6-107 不同基点的路径阵列

◆ “切向（T）”：指定阵列中的项目如何相对于路径的起始方向对齐，不同基点、切向的阵列效果如图 6-108 所示。效果同【阵列创建】选项卡中的【切线方向】按钮。

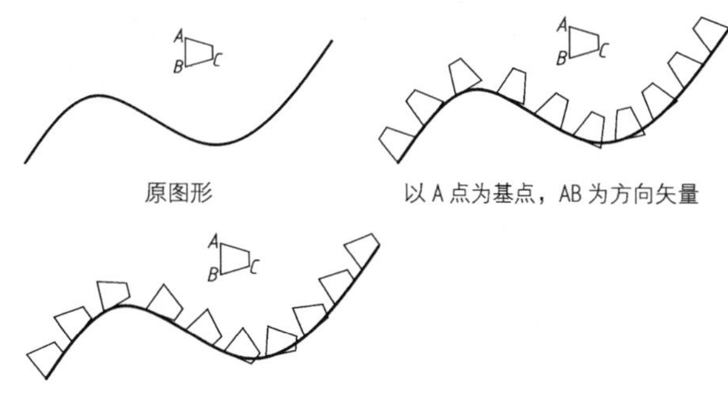

图 6-108 不同基点、切向的路径阵列

◆ “项目（I）”：根据“方法”设置，指定项目数（方法为定数等分）或项目之间的距离（方法为定距等分），如图 6-109 所示。效果同【阵列创建】选项卡中的【项目】面板。

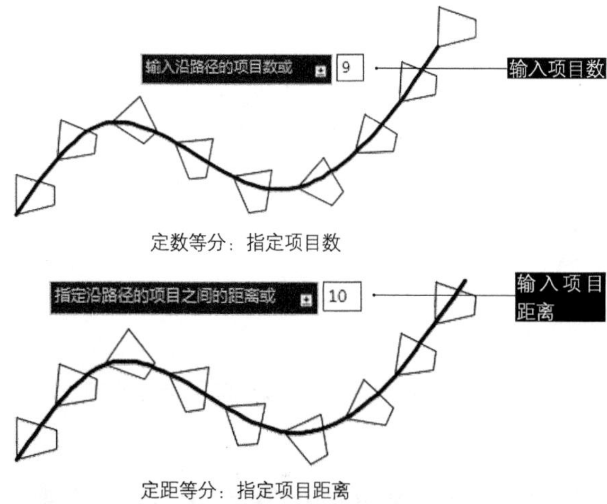

图 6-109 根据所选方法输入阵列的项目数

◆ “行（R）”：指定阵列中的行数、它们之间的距离以及行之间的增量标高，如图 6-110 所示。效果同【阵列创建】选项卡中的【行】面板。

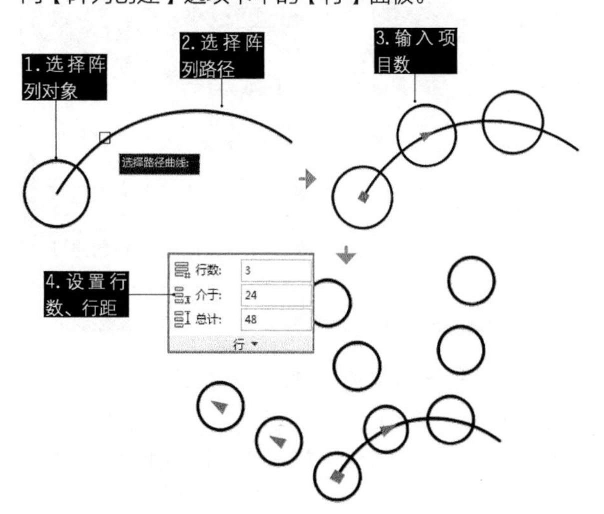

图 6-110 路径阵列的“行”效果

◆ “层（L）”：指定三维阵列的层数和层间距，效果同【阵列创建】选项卡中的【层级】面板，二维情况下无需设置。

◆ “对齐项目（A）”：指定是否对齐每个项目以与路径的方向相切，对齐相对于第一个项目的方向，效果对比如图 6-111 所示。【阵列创建】选项卡中的【对齐项目】按钮亮显则开启，反之关闭。

开启“对齐项目”效果

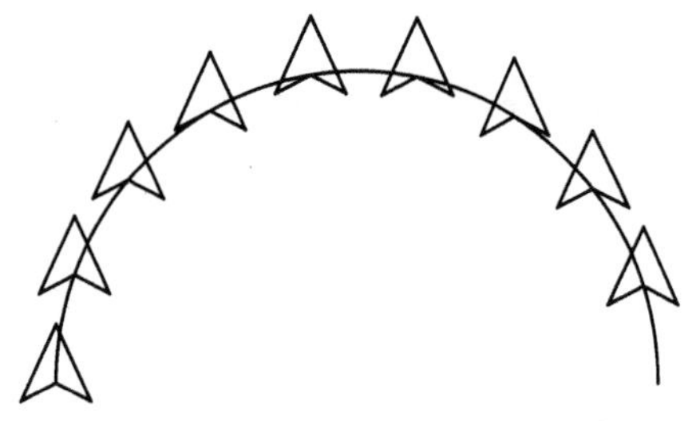

关闭“对齐项目”效果

图 6-111 对齐项目效果

◆Z 方向：控制是否保持项目的原始 z 方向或沿三维路径自然倾斜项目。

练习 6-11 路径阵列绘制园路汀步

难度：☆☆☆	
素材文件路径：	素材/第6章/6-11路径阵列绘制园路汀步.dwg
效果文件路径：	素材/第6章/6-11路径阵列绘制园路汀步-OK.dwg
视频文件路径：	视频/第6章/6-11路径阵列绘制园路汀步.mp4
播放时长：	1分3秒

在中国古典园林中，常以零散的叠石点缀于窄而浅的水面上，如图 6-112 所示。使人易于蹑步而行，名为“汀步”，或叫“掇步”“踏步”，日本又称为“泽飞”。汀步在园林中虽属小景，但并不是可有可无，恰恰相反，却是更见“匠心”。这种古老渡水设施，质朴自然，别有情趣，因此在当代园林设计中得到了大量运用。本例便通过【路径阵列】方法创建一园林汀步。

Step 01 单击【快速访问】工具栏中的【打开】按钮，打开“6-11路径阵列绘制园路汀步.dwg”文件，如图6-113所示。

图 6-112 汀步

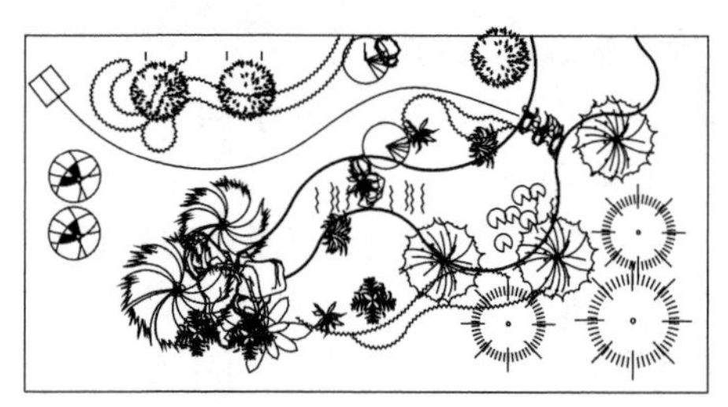

图 6-113 素材图形

Step 02 在【默认】选项卡中，单击【修改】面板中的【路径阵列】按钮，选择阵列对象和阵列曲线进行阵列，命令行操作如下。

```
命令: _arraypath                          //执行【路径阵列】命令
选择对象: 找到 1 个
//选择矩形汀步图形，按Enter确认
类型 = 路径  关联 = 是
选择路径曲线:
//选择样条曲线作为阵列路径，按Enter确认
选择夹点以编辑阵列或 [关联(AS)/方法(M)/基点(B)/切向(T)/项目(I)/行(R)/层(L)/对齐项目(A)/z 方向(Z)/退出(X)] <退出>: I↙
//选择“项目”选项
指定沿路径的项目之间的距离或 [表达式(E)] <126>: 700↙
//输入项目距离
最大项目数 = 16
指定项目数或 [填写完整路径(F)/表达式(E)] <16>:↙
//按Enter键确认阵列数量
选择夹点以编辑阵列或 [关联(AS)/方法(M)/基点(B)/切向(T)/项目(I)/行(R)/层(L)/对齐项目(A)/z 方向(Z)/退出(X)] <退出>:↙
//按Enter键完成操作
```

Step 03 路径阵列完成后，删除路径曲线，园路汀步绘制完成，最终效果如图6-114所示。

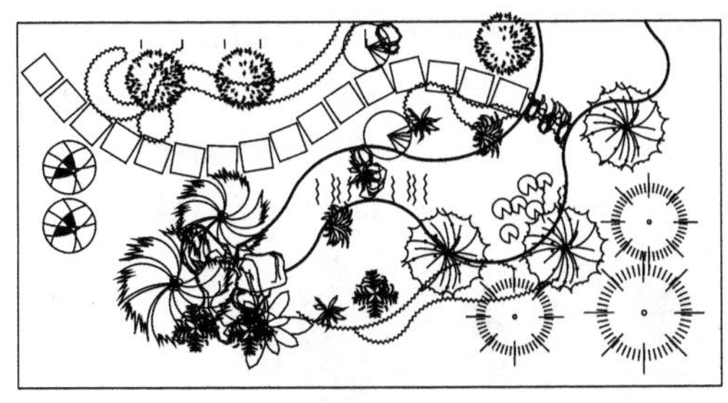

图 6-114 路径阵列结果

6.4.3 环形阵列 ★重点★

【环形阵列】即极轴阵列，是以某一点为中心点进行环形复制，阵列结果是使阵列对象沿中心点的四周均匀排列成环形。

• 执行方式

调用【环形阵列】命令的方法如下。

◆功能区：在【默认】选项卡中，单击【修改】面板中的【环形阵列】按钮，如图 6-115 所示。

◆菜单栏：执行【修改】|【阵列】|【环形阵列】命令，如图 6-116 所示。

◆命令行：ARRAYPOLAR。

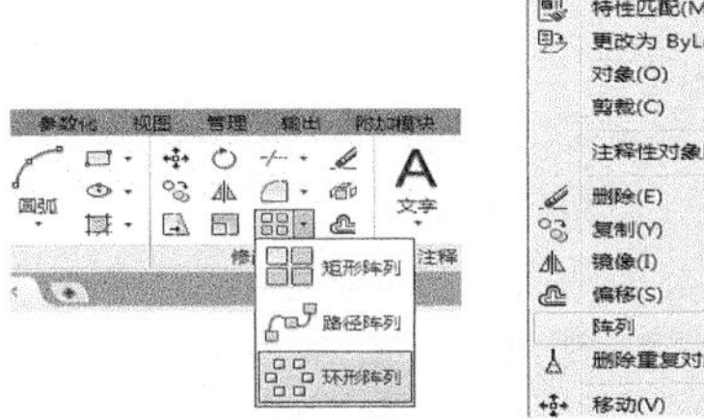

图 6-115【功能区】调用【环形阵列】命令

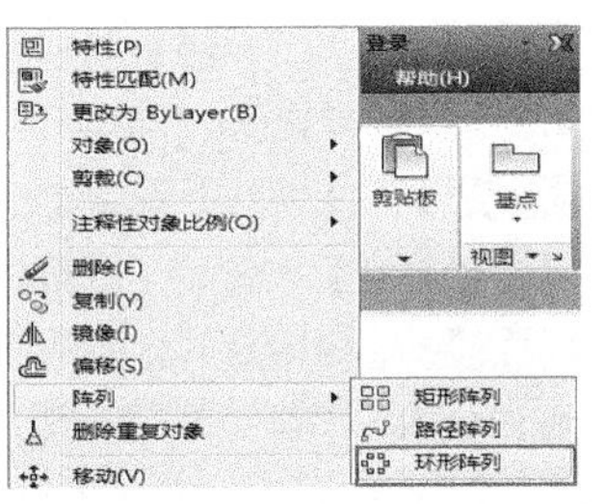

图 6-116【菜单栏】调用【环形阵列】命令

• 操作步骤

【环形阵列】需要设置的参数有阵列的"源对象""项目总数""中心点位置"和"填充角度"。填充角度是指全部项目排成的环形所占有的角度。例如，对于 360° 填充，所有项目将排满一圈，如图 6-117 所示；对于 240° 填充，所有项目只排满三分之二圈，如图 6-118 所示。

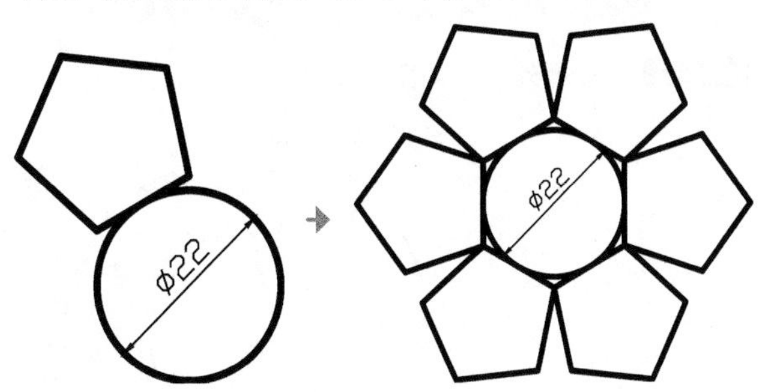

图 6-117 指定项目总数和填充角度阵列

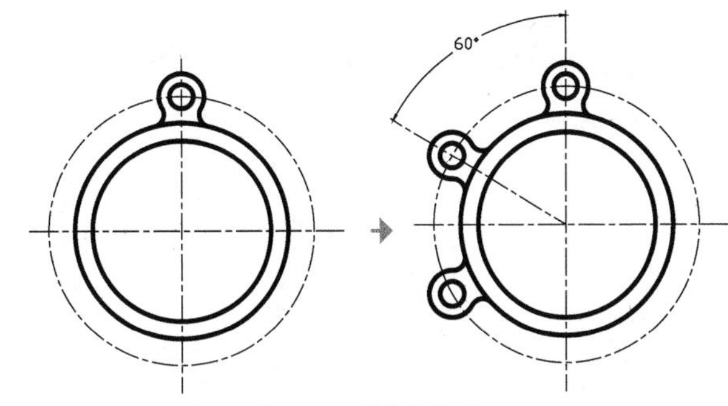

图 6-118 指定项目总数和项目间的角度阵列

调用【阵列】命令，功能区面板显示【阵列创建】选项卡，如图 6-119 所示，命令行提示如下。

```
命令: _arraypolar                    //调用【环形阵列】命令
选择对象: 找到 1 个                   //选择阵列对象
选择对象:
类型 = 极轴  关联 = 是                //显示当前的阵列设置
指定阵列的中心点或 [基点(B)/旋转轴(A)]:
                                      //指定阵列中心点
选择夹点以编辑阵列或 [关联(AS)/基点(B)/项目(I)/项目间角度(A)/填充角度(F)/行(ROW)/层(L)/旋转项目(ROT)/退出(X)] <退出>: ↙
                    //设置阵列参数并按Enter键退出
```

图 6-119 【阵列创建】选项卡

• 选项说明

命令行主要选项介绍如下。

◆"关联（AS）"：与【矩形阵列】中的"关联"选项相同，这里不重复讲解。

◆"基点（B）"：指定阵列的基点，默认为质心，效果同【阵列创建】选项卡中的【基点】按钮。

◆"项目（I）"：使用值或表达式指定阵列中的项目数，默认为 360° 填充下的项目数，如图 6-120 所示。

◆"项目间角度（A）"：使用值表示项目之间的角度，如图 6-121 所示。同【阵列创建】选项卡中的【项目】面板。

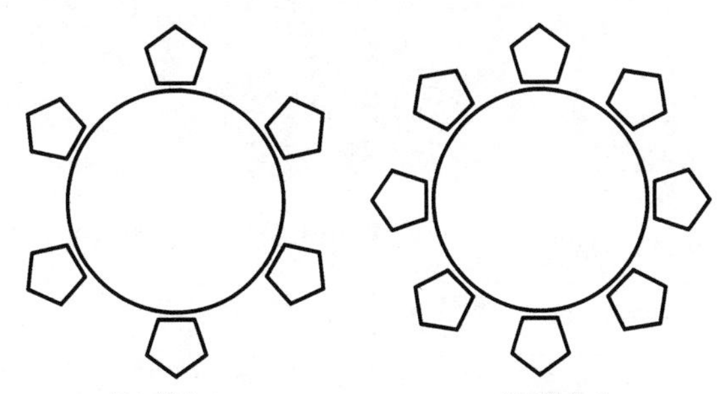

图 6-120 不同的项目数效果

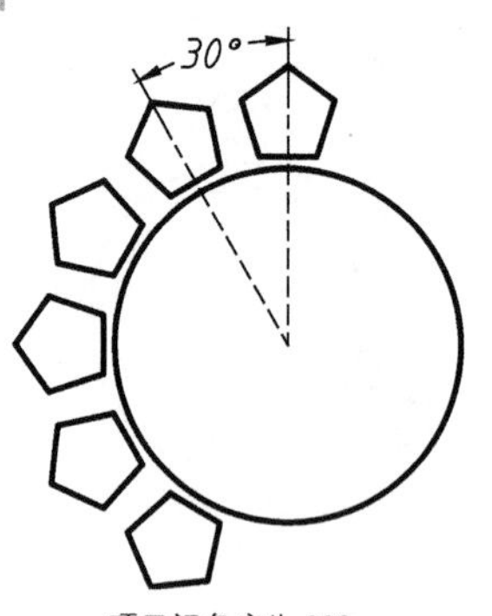

项目间角度为 30°

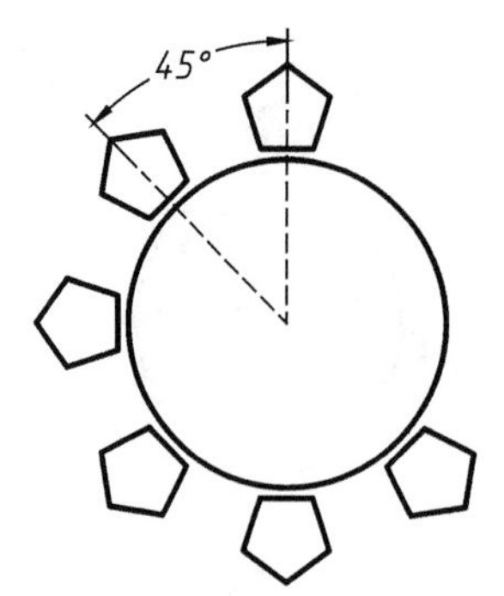

项目间角度为 45°

图 6-121 不同的项目间角度效果

◆ "填充角度（F）"：使用值或表达式指定阵列中第一个和最后一个项目之间的角度，即环形阵列的总角度。

◆ "行（ROW）"：指定阵列中的行数、它们之间的距离以及行之间的增量标高，效果与【路径阵列】中的"行（R）"选项一致，在此不重复讲解。

◆ "层（L）"：指定三维阵列的层数和层间距，效果同【阵列创建】选项卡中的【层级】面板，二维情况下无需设置。

◆ "旋转项目（ROT）"：控制在阵列项时是否旋转项，效果对比如图 6-122 所示。【阵列创建】选项卡中的【旋转项目】按钮亮显则开启，反之关闭。

开启"旋转项目"效果

关闭"旋转项目"效果

图 6-122 旋转项目效果

练习 6-12 环形阵列绘制组合沙发

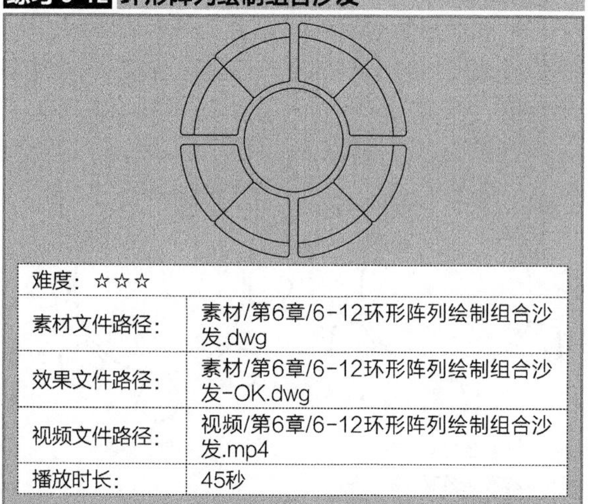

难度：☆☆☆	
素材文件路径：	素材/第6章/6-12环形阵列绘制组合沙发.dwg
效果文件路径：	素材/第6章/6-12环形阵列绘制组合沙发-OK.dwg
视频文件路径：	视频/第6章/6-12环形阵列绘制组合沙发.mp4
播放时长：	45秒

组合沙发允许用户根据自己的喜好和实际需求进行重新重组组合从而创作出适合自己的形态。主要对于有多种功能需求和空间限制的情况下有帮助。常见的组合沙发有环形、L 形等，如图 6-123 所示。

环形沙发

L 形沙发

图 6-123 组合沙发

Step 01 打开"第6章/6-12环形阵列绘制组合沙发.dwg"文件，如图6-124所示。

Step 02 在【默认】选项卡中，单击【修改】面板中的【环形阵列】按钮，启动环形阵列。

Step 03 选择图形右上角的扇形作为阵列对象，命令行操作如下。

```
类型 = 极轴  关联 = 是
指定阵列的中心点或 [基点(B)/旋转轴(A)]:
            //指定沙发圆心作为阵列的中心点进行阵列
选择夹点以编辑阵列或 [关联(AS)/基点(B)/项目(I)/项目间角度(A)/填充角度(F)/行(ROW)/层(L)/旋转项目(ROT)/退出(X)] <退出>: I↙
输入阵列中的项目数或 [表达式(E)] <6>: 4↙
选择夹点以编辑阵列或 [关联(AS)/基点(B)/项目(I)/项目间角度(A)/填充角度(F)/行(ROW)/层(L)/旋转项目(ROT)/退出(X)] <退出>:
```

Step 04 环形阵列结果如图6-125所示。

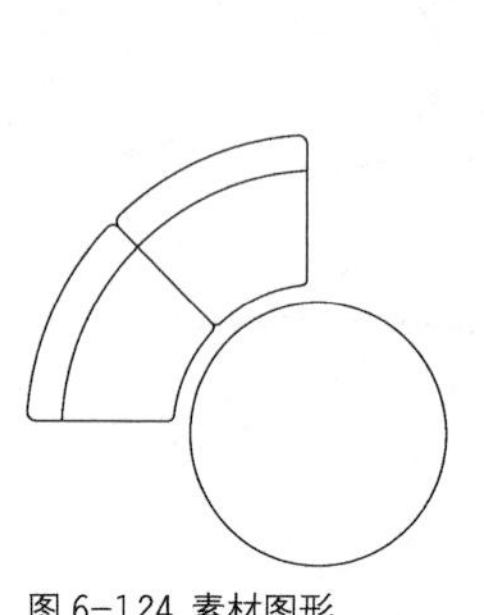
图 6-124 素材图形

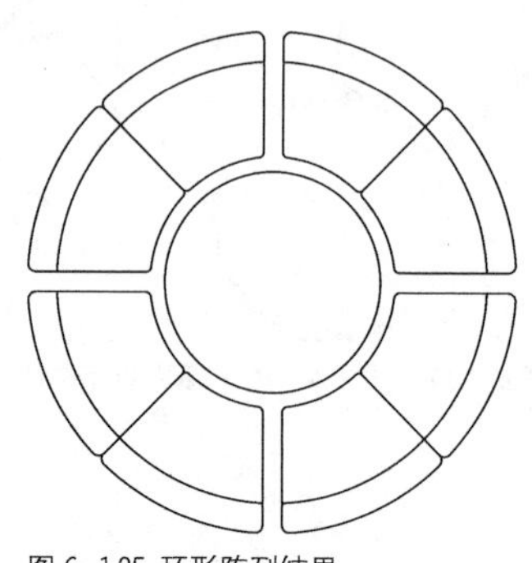
图 6-125 环形阵列结果

·熟能生巧 编辑关联阵列

要对所创建的阵列进行编辑，可使用如下方法。

◆命令行：ARRAYEDIT。

◆快捷操作 1：选中阵列图形，拖动对应夹点。

◆快捷操作 2：选中阵列图形，打开如图 6-126 所示的【阵列】选项卡，选择该选项卡中的功能进行编辑。这里要引起注意的是，不同的阵列类型，对应的【阵列】选项卡中的按钮虽然不一样，但名称却是一样的。

◆快捷操作 3：按 Ctrl 键拖动阵列中的项目。

图 6-126 3 种【阵列】选项卡

单击【阵列】选项卡【选项】面板中的【替换项目】按钮，用户可以使用其他对象替换选定的项目，其他阵列项目将保持不变，如图 6-127 所示。

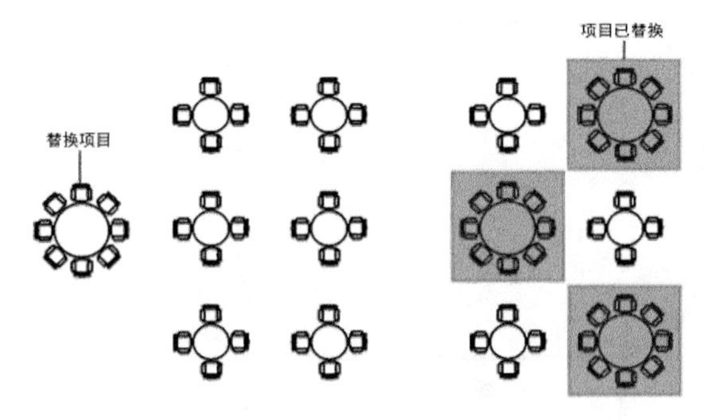

图 6-127 替换阵列项目

单击【阵列】选项卡【选项】面板中的【编辑来源】按钮，可进入阵列项目源对象编辑状态，保存更改后，所有的更改（包括创建新的对象）将立即应用于参考相同源对象的所有项目，如图 6-128 所示。

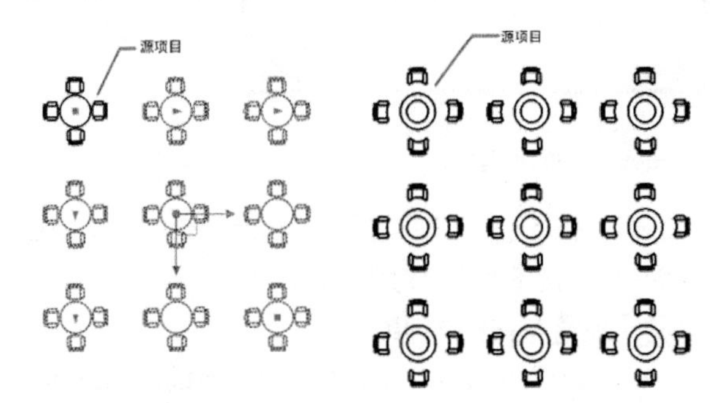

图 6-128 编辑阵列源项目

按 Ctrl 键并单击阵列中的项目，可以单独删除、移动、旋转或缩放选定的项目，而不会影响其余的阵列，如图 6-129 所示。

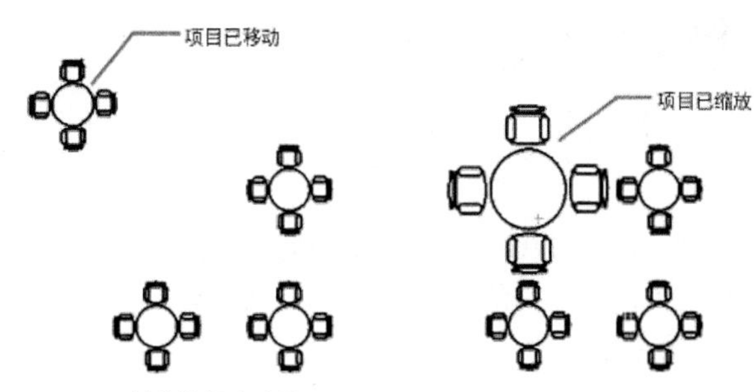

图 6-129 单独编辑阵列项目

6.5 辅助绘图类

图形绘制完成后，有时还需要对细节部分做一定的处理，这些细节处理包括倒角、倒圆、曲线及多段线的调整等；此外部分图形可能还需要分解或打断进行二次编辑，如矩形、多边形等。

6.5.1 圆角

利用【圆角】命令可以将两条相交的直线通过一个圆弧连接起来，通常用来表示在机械加工中把工件的棱角切削成圆弧面，是倒钝、去毛刺的常用手段，因此多见于机械制图中，如图 6-130 所示。

·执行方式

在 AutoCAD 2016 中【圆角】命令有以下几种调用方法。

◆功能区：单击【修改】面板中的【圆角】按钮，如图 6-131 所示。

◆菜单栏：执行【修改】|【圆角】命令。

◆命令行：FILLET 或 F。

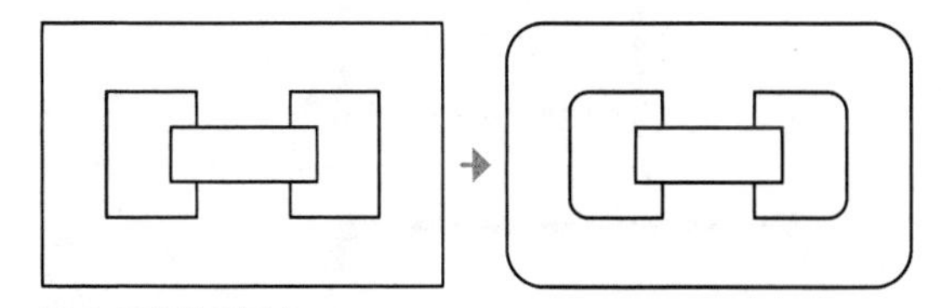

图 6-130 绘制圆角

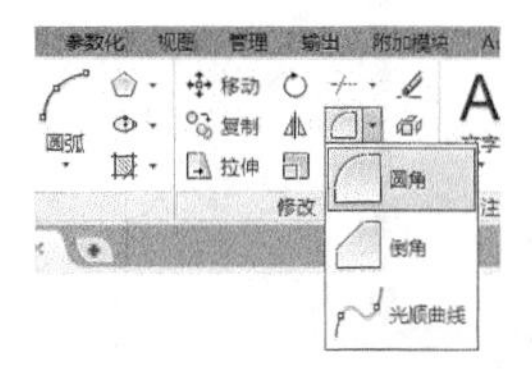

图 6-131 【修改】面板中的【圆角】按钮

·操作步骤

执行【圆角】命令后，命令行显示如下。

```
命令:_fillet                          //执行【圆角】命令
当前设置:模式 = 修剪，半径 = 3.0000
                                      //当前圆角设置
```

选择第一个对象或 [放弃(U)/多段线(P)/半径(R)/修剪(T)/多个(M)]:　　//选择要倒圆的第一个对象
选择第二个对象，或按住 Shift 键选择对象以应用角点或 [半径(R)]:　　//选择要倒圆的第二个对象

创建的圆弧的方向和长度由选择对象所拾取的点确定，始终在距离所选位置的最近处创建圆角，如图6-132所示。

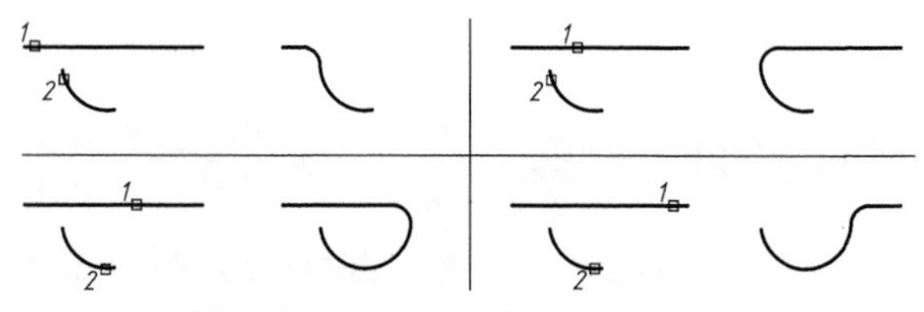

图 6-132 所选对象位置与所创建圆角的关系

重复【圆角】命令之后，圆角的半径和修剪选项无须重新设置，直接选择圆角对象即可，系统默认以上一次圆角的参数创建之后的圆角。

• 选项说明

命令行中各选项的含义如下。

◆ “放弃（U）”：放弃上一次的圆角操作。

◆ “多段线（P）”：选择该项将对多段线中每个顶点处的相交直线进行圆角，并且圆角后的圆弧线段将成为多段线的新线段（除非“修剪（T）”选项设置为“不修剪”），如图6-133所示。

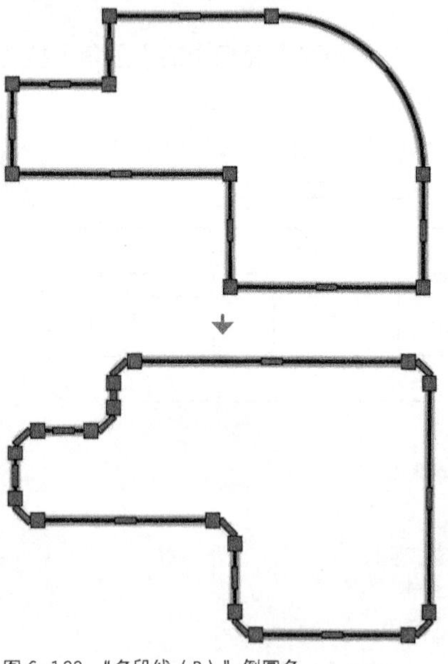
图 6-133 “多段线（P）”倒圆角

◆ “半径（R）”：选择该项，可以设置圆角的半径，更改此值不会影响现有圆角。0半径值可用于创建锐角，还原已倒圆的对象，或为两条直线、射线、构造线、二维多段线创建半径为0的圆角会延伸或修剪对象以使其相交，如图6-134所示。

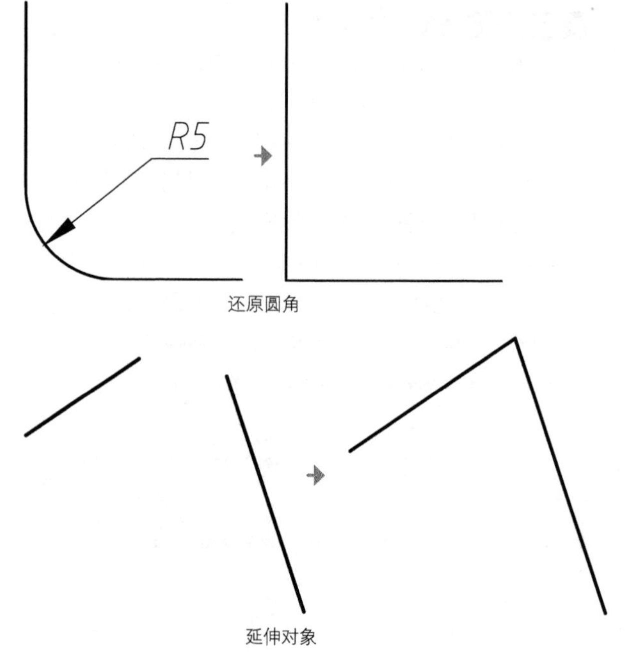

图 6-134 半径值为0的倒圆角作用

◆ “修剪（T）”：选择该项，设置是否修剪对象。修剪与不修剪的效果对比如图6-135所示。

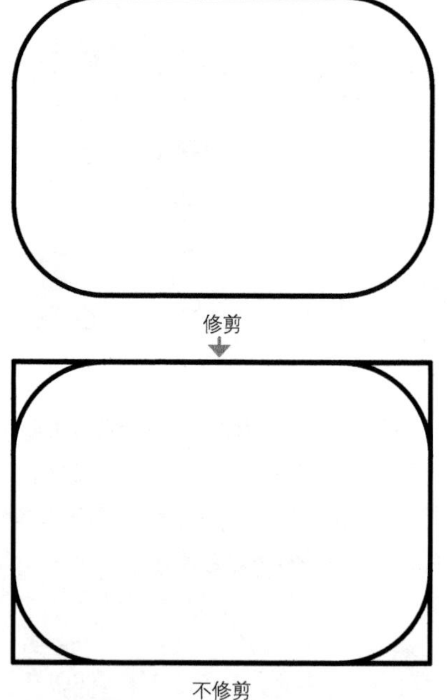

图 6-135 倒圆角的修剪效果

◆ “多个（M）”：选择该选项，可以在依次调用命令的情况下对多个对象进行圆角。

• 初学解答　平行线倒圆角

在 AutoCAD 2016 中，两条平行直线也可进行圆角，但圆角直径需为两条平行线的距离，如图6-136所示。

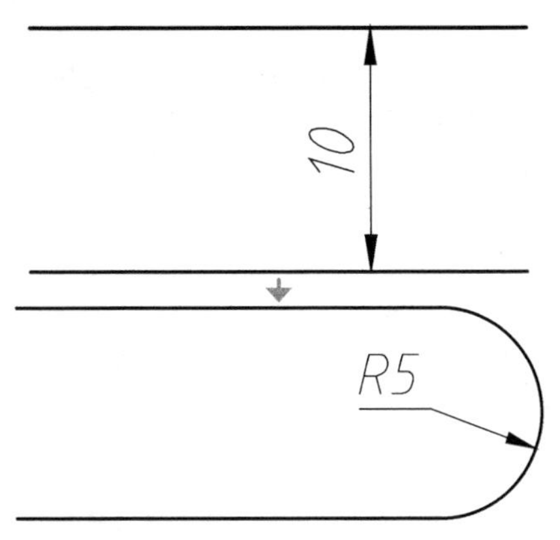

图 6-136 平行线倒圆角

·熟能生巧 快速创建半径为 0 的圆角

创建半径为 0 的圆角在设计绘图时十分有用，不仅能还原已经倒圆的线段，还可以作为【延伸】命令让线段相交。

但如果每次创建半径为 0 的圆角，都需要选择"半径（R）"进行设置的话，则操作多有不便。这时就可以按住 Shift 键来快速创建半径为 0 的圆角，如图 6-137 所示。

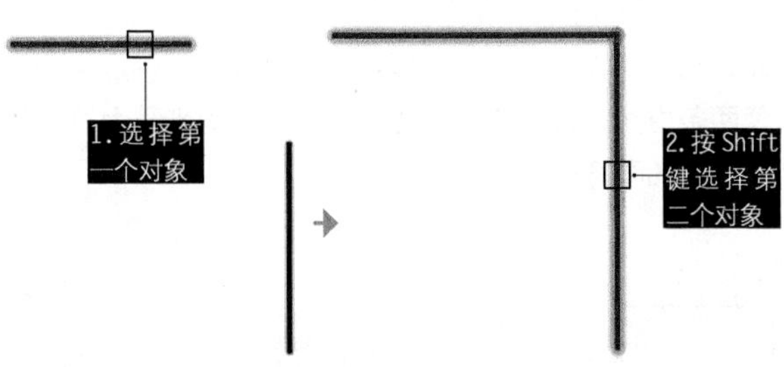

图 6-137 快速创建半径为 0 的圆角

练习 6-13 绘制衣柜俯视图

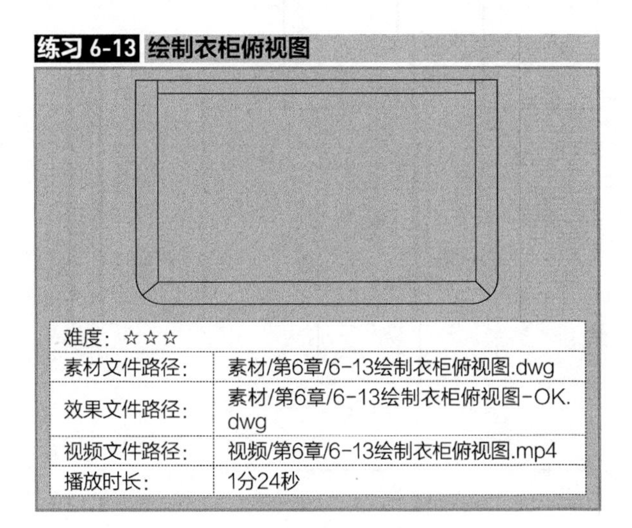

难度：☆☆☆	
素材文件路径：	素材/第6章/6-13绘制衣柜俯视图.dwg
效果文件路径：	素材/第6章/6-13绘制衣柜俯视图-OK.dwg
视频文件路径：	视频/第6章/6-13绘制衣柜俯视图.mp4
播放时长：	1分24秒

在家具设计中，倒圆角可以去除锐边（安全着想），让家具外形更美观，本例通过对衣柜俯视图的绘制可以进一步帮助读者理解倒圆角的操作及含义。

Step 01 打开"第6章/6-13绘制衣柜俯视图.dwg"素材文件，素材图形如图 6-138所示。

Step 02 【执行X【分解】命令分解矩形，执行O【偏移】命令，选择矩形边向内偏移，结果如图 6-139所示。

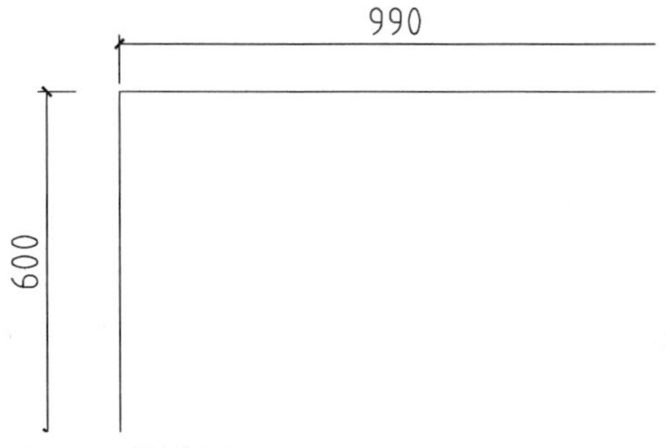

图 6-138 绘制矩形

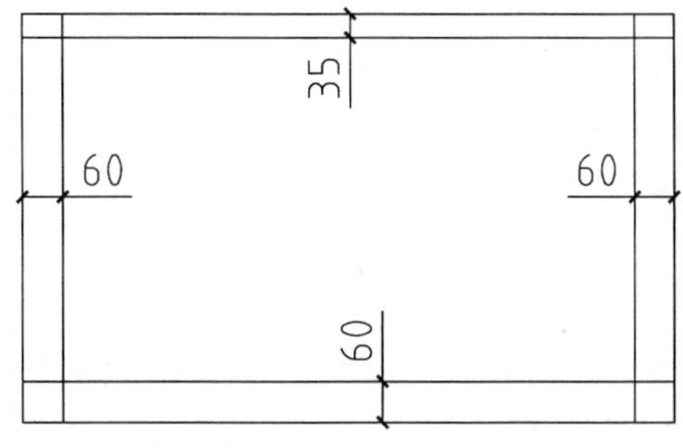

图 6-139 偏移线段

Step 03 执行TR【修剪】命令，修剪线段，结果如图 6-140所示。

Step 04 执行F【圆角】命令，设置圆角半径为70，对线段执行圆角修剪操作，结果如图 6-141所示。

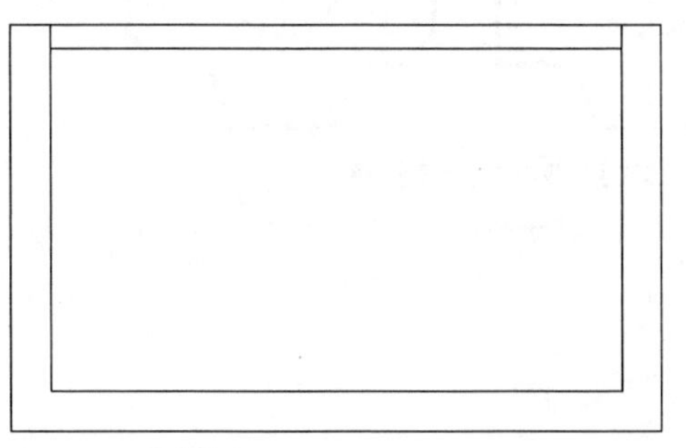

图 6-140 修剪线段

图 6-141 圆角操作

Step 05 执行L【直线】命令，绘制对角线如图 6-142 所示。

图 6-142 绘制对角线

6.5.2 倒角

【倒角】命令用于将两条非平行直线或多段线以一斜线相连，在机械、家具、室内等设计图中均有应用。默认情况下，需要选择进行倒角的两条相邻的直线，然后按当前的倒角大小对这两条直线倒角。如图 6-143 所示，为绘制倒角的图形。

• 执行方式

在 AutoCAD 2016 中，【倒角】命令有以下几种调用方法：

◆功能区：单击【修改】面板中的【倒角】按钮，如图 6-144 所示。

◆菜单栏：执行【修改】|【倒角】命令。

◆命令行：CHAMFER 或 CHA。

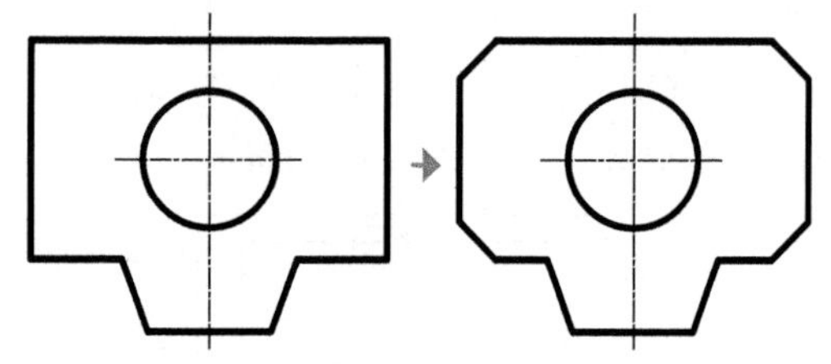

图 6-143 【修改】面板中的【倒角】按钮

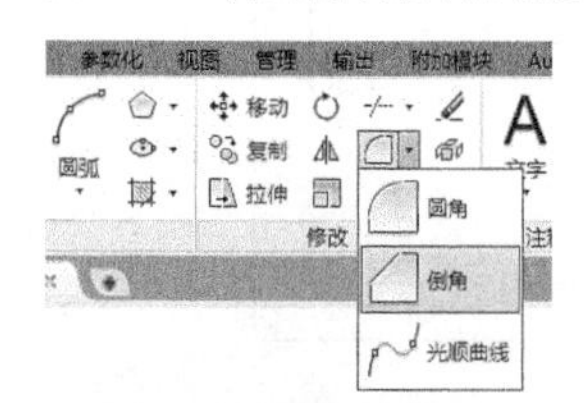

图 6-144 绘制倒角

• 操作步骤

倒角命令使用分个两个步骤，第一步确定倒角的大小，通过命令行里的【距离】选项实现，第二步是选择需要倒角的两条边。调用【倒角】命令，命令行提示如下。

```
命令：_chamfer                                    //调用【倒角】命令
（“修剪”模式）当前倒角距离 1 = 0.0000，距离 2 = 0.0000
选择第一条直线或 [放弃(U)/多段线(P)/距离(D)/角度(A)/修剪(T)/方式(E)/多个(M)]:
//选择倒角的方式，或选择第一条倒角边
选择第二条直线，或按住 Shift 键选择直线以应用角点或 [距离(D)/角度(A)/方法(M)]:
//选择第二条倒角边
```

• 选项说明

命令行中各选项含义说明如下。

◆ “放弃（U）”：放弃上一次的倒角操作。

◆ “多段线（P）”：对整个多段线每个顶点处的相交直线进行倒角，并且倒角后的线段将成为多段线的新线段。如果多段线包含的线段过短以至于无法容纳倒角距离，则不对这些线段倒角，如图 6-145 所示（倒角距离为 3）。

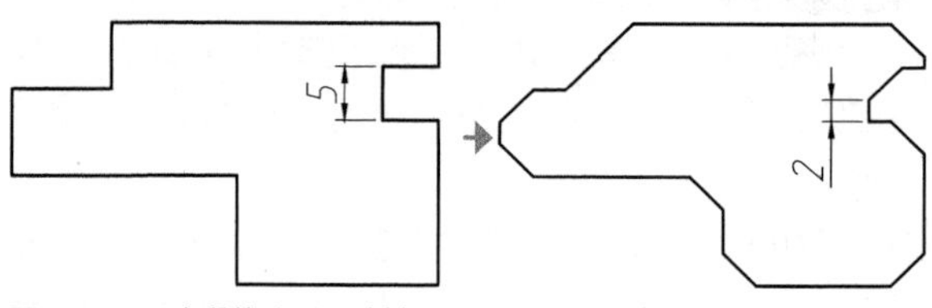

图 6-145 “多段线（P）”倒角

◆ “距离（D）”：通过设置两个倒角边的倒角距离来进行倒角操作，第二个距离默认与第一个距离相同。如果将两个距离均设定为零，CHAMFER 将延伸或修剪两条直线，以使它们终止于同一点，同半径为 0 的倒圆角，如图 6-146 所示。

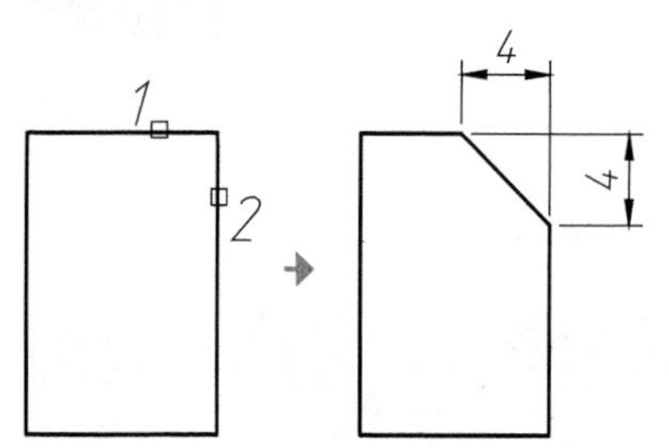

距离 1= 距离 2=4

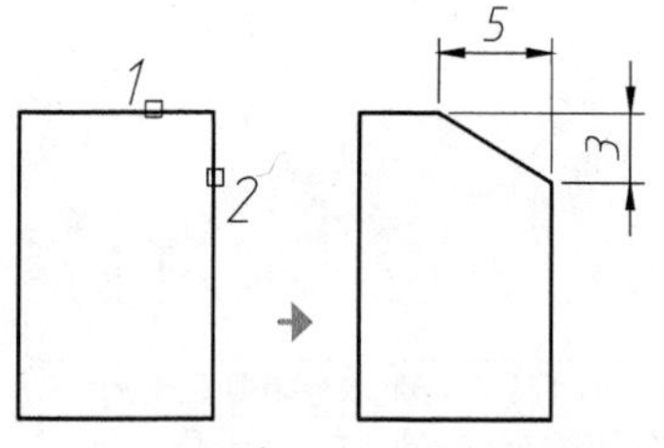

距离 1=5，距离 2=3

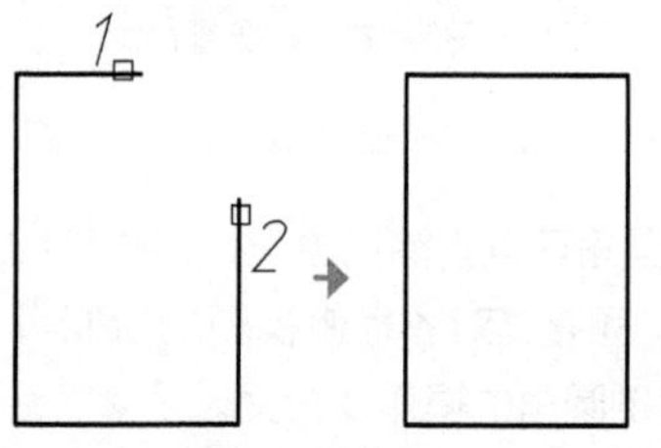

距离 1= 距离 2=0

图 6-146 不同“距离（D）”的倒角

◆ “角度（A）”：用第一条线的倒角距离和第二条线的角度设定倒角距离，如图 6-147 所示。

◆ “修剪（T）”：设定是否对倒角进行修剪，如图 6-148 所示。

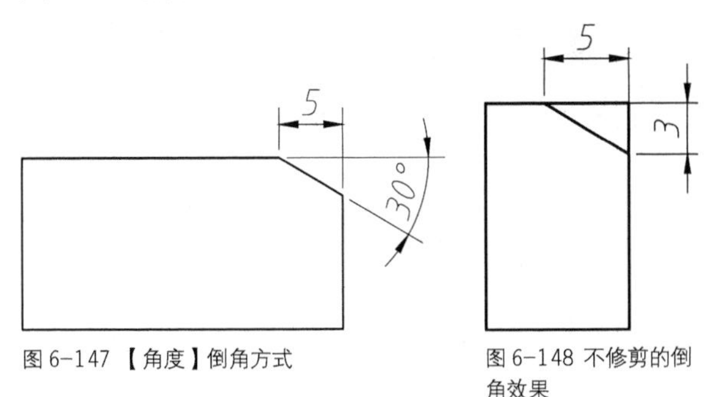

图 6-147 【角度】倒角方式　　图 6-148 不修剪的倒角效果

◆ “方式（E）”：选择倒角方式，与选择【距离 (D)】或【角度 (A)】的作用相同。

◆ “多个（M）”：选择该项，可以对多组对象进行倒角。

练习 6-14 绘制衣柜俯视图

难度：☆☆	
素材文件路径：	素材/第6章/6-14家具倒斜角处理.dwg
效果文件路径：	素材/第6章/6-14家具倒斜角处理-OK.dwg
视频文件路径：	视频/第6章/6-14家具倒斜角处理.mp4
播放时长：	39秒

在家具设计中，随处可见倒斜角，如洗手池、八角桌、方凳等。

Step 01 按Ctrl+O快捷键，打开“第6章\6-14家具倒斜角处理.dwg”素材文件，如图6-149所示。

Step 02 单击【修改】工具栏中的【倒角】按钮，对图形外侧轮廓进行倒角，命令行提示如下。

```
命令: CHAMFER↙
（“修剪”模式）当前倒角距离 1 = 0.0000，距离 2 = 0.0000
选择第一条直线或 [放弃(U)/多段线(P)/距离(D)/角度(A)/修剪(T)/方式(E)/多个(M)]:D↙      //输入D，选择“距离”选项
指定第一个倒角距离 <0.0000>: 55↙
//输入第一个倒角距离
指定第二个倒角距离 <55.0000>:55↙
//输入第二个倒角距离
选择第一条直线或 [放弃(U)/多段线(P)/距离(D)/角度(A)/修剪(T)/方式(E)/多个(M)]:
选择第二条直线，或按住 Shift 键选择直线以应用角点或 [距离(D)/角度(A)/方法(M)]:              //分别选择待倒角的线段，完成倒角操作，结果如图6-150所示
```

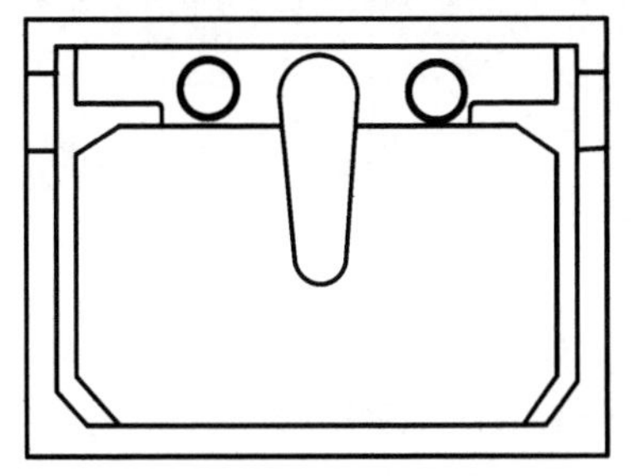

图 6-149 素材图形

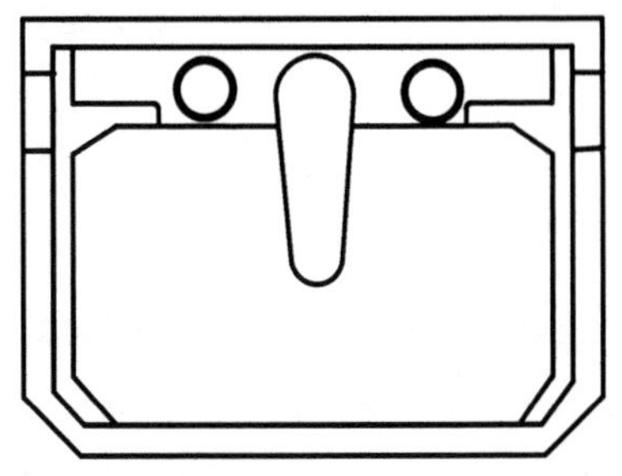

图 6-150 倒角结果

6.5.3 光顺曲线

【光顺曲线】命令是指在两条开放曲线的端点之间，创建相切或平滑的样条曲线，有效对象包括：直线、圆弧、椭圆弧、螺旋线、没闭合的多段线和没闭合的样条曲线。

• 执行方式

执行【光顺曲线】命令有以下 3 种方法。

◆ 功能区：在【默认】选项卡中，单击【修改】面板中的【光顺曲线】按钮，如图 6-151 所示。

◆ 菜单栏：选择【修改】|【光顺曲线】菜单命令。

◆ 命令行：BLEND。

• 操作步骤

光顺曲线的操作方法与倒角类似，依次选择要光顺的 2 个对象即可，效果如图 6-152 所示。

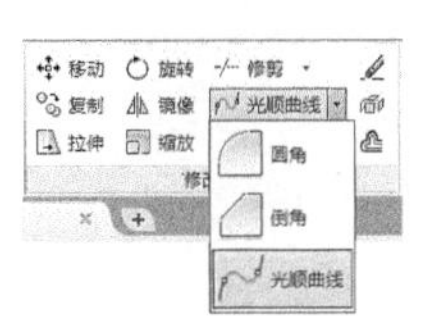

图 6-151 【修改】面板中的【光顺曲线】按钮

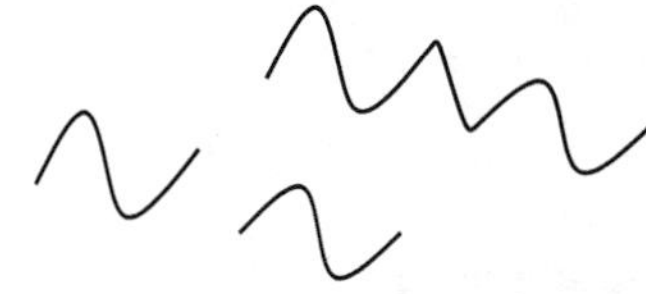

图 6-152 光顺曲线

执行上述命令后，命令行提示如下。

```
命令: _BLEND↙                                  //调用【光顺曲线】命令
连续性 = 相切
选择第一个对象或 [连续性(CON)]:                  //要光顺的对象
选择第二个点: CON↙                             //激活【连续性】选项
输入连续性 [相切(T)/平滑(S)] <相切>: S↙
                                              //激活【平滑】选项
选择第二个点:                                  //单击第二点完成命令操作
```

• 选项说明

其中各选项的含义如下。

◆ 连续性（CON）：设置连接曲线的过渡类型，有"相切""平滑"两个子选项，含义说明如下。

◆ 相切（T）：创建一条3阶样条曲线，在选定对象的端点处具有相切连续性。

◆ 平滑（S）：创建一条5阶样条曲线，在选定对象的端点处具有曲率连续性。

6.5.4 对齐 ★重点★

【对齐】命令可以使当前的对象与其他对象对齐，既适用于二维对象，也适用于三维对象。在对齐二维对象时，可以指定1对或2对对齐点（源点和目标点），在对齐三维对象时则需要指定3对对齐点。

• 执行方式

在AutoCAD 2016中【对齐】命令有以下几种常用调用方法。

◆ 功能区：单击【修改】面板中的【对齐】按钮，如图6-153所示。

◆ 菜单栏：执行【修改】|【三维操作】|【对齐】命令，如图6-154所示。

◆ 命令行：ALIGN或AL。

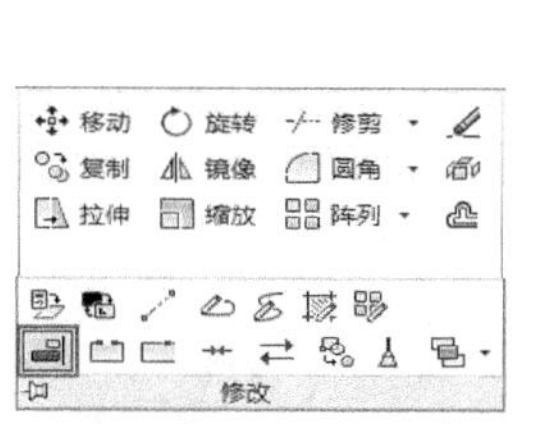

图6-153【修改】面板中的【对齐】按钮

图6-154【对齐】菜单命令

• 操作步骤

执行上述任一命令后，根据命令行提示，依次选择源点和目标点，按Enter键结束操作，如图6-155所示。命令行操作如下。

```
命令: _align                                   //执行【对齐】命令
选择对象: 找到 1 个                             //选择要对齐的对象
指定第一个源点:                                 //指定源对象上的一点
指定第一个目标点:                               //指定目标对象上的对应点
指定第二个源点:                                 //指定源对象上的一点
指定第二个目标点:                               //指定目标对象上的对应点
指定第三个源点或 <继续>:↙                      //按Enter键完成选择
是否基于对齐点缩放对象? [是(Y)/否(N)] <否>:   ↙
                                              //按Enter键结束命令
```

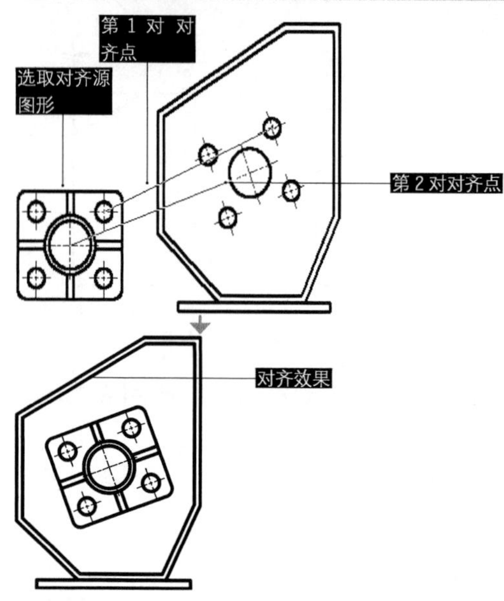

图6-155 对齐对象

• 选项说明

执行【对齐】命令后，根据命令行提示选择要对齐的对象，并按Enter键结束命令。在这个过程中，可以指定一对、两对或3对对齐点（一个源点和一个目标点合称为一对"对齐点"）来对齐选定对象。对齐点的对数不同，操作结果也不同，具体介绍如下。

◎ 一对对齐点（一个源点、一个目标点）

当只选择一对源点和目标点时，所选的对象将在二维或三维空间从源点1移动到目标点2，类似于【移动】操作，如图6-156所示。

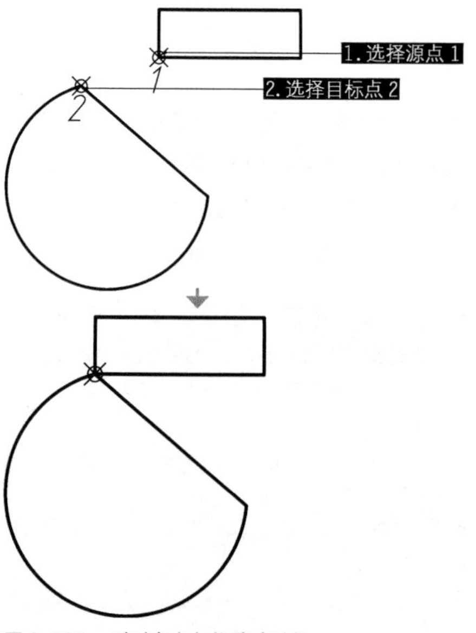

图6-156 一对对齐点仅能移动对象

该对齐方法的命令行操作如下

```
命令: ALIGN                         //执行【对齐】命令
选择对象: 找到 1 个                  //选择图中的矩形
指定第一个源点:                      //选择点1
指定第一个目标点:                    //选择点2
指定第二个源点:↙                     //按Enter键结束操作，矩形移动至对象上
```

◎ 两对对齐点（两个源点、两个目标点）

当选择两对点时，可以移动、旋转和缩放选定对象，以便与其他对象对齐。第一对源点和目标点定义对齐的基点（点1、2），第二对对齐点定义旋转的角度（点3、4），效果如图 6-157 所示。

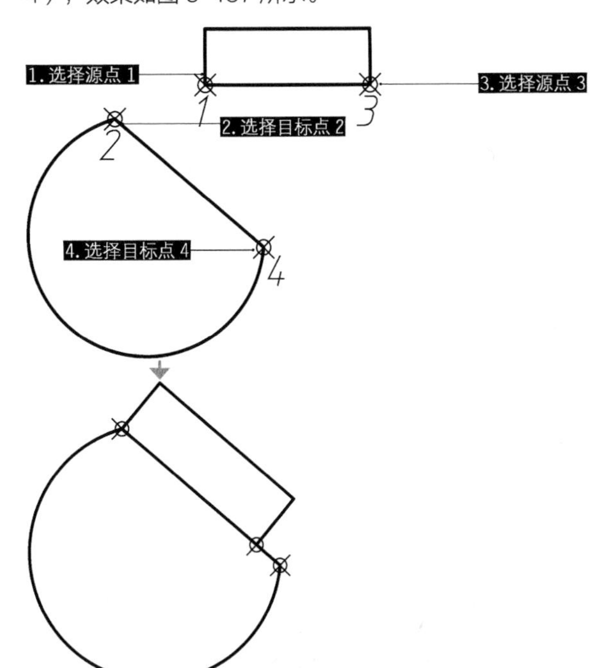

图 6-157 两对对齐点可将对象移动并对齐

该对齐方法的命令行操作如下。

```
命令: ALIGN                         //执行【对齐】命令
选择对象: 找到 1 个                  //选择图中的矩形
指定第一个源点:                      //选择点1
指定第一个目标点:                    //选择点2
指定第二个源点:                      //选择点3
指定第二个目标点:                    //选择点4
指定第三个源点或 <继续>:↙            //按Enter键完成选择
是否基于对齐点缩放对象? [是(Y)/否(N)] <否>:↙
                                    //按Enter键结束操作
```

在输入了第二对点后，系统会给出【缩放对象】的提示。如果选择“是（Y）”，则源对象将进行缩放，使得其上的源点 3 与目标点 4 重合，效果如图 6-158 所示；如果选择“否（N）”，则源对象大小保持不变，源点 3 落在目标点 2、4 的连线上，如图 6-157 所示。

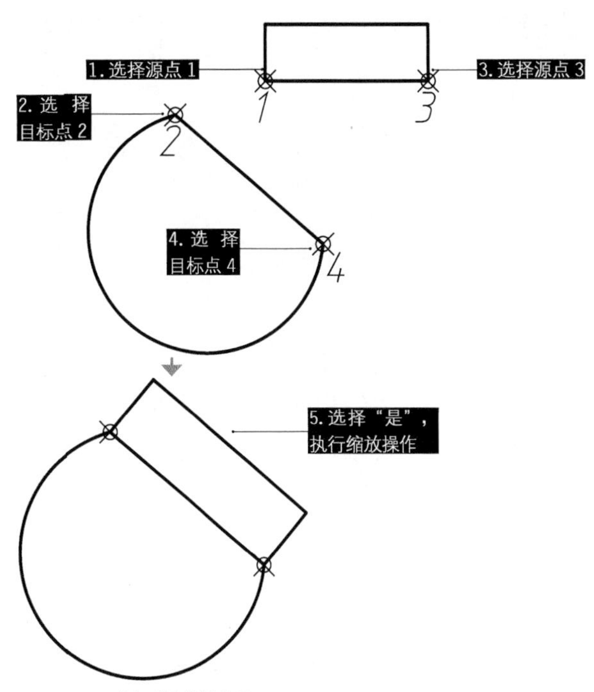

图 6-158 对齐时的缩放效果

> **操作技巧**
>
> 只有使用两对点对齐对象时才能使用缩放。

◎ 3 对对齐点（3 个源点、3 个目标点）

对于二维图形来说，两对对齐点已可以满足绝大多数的使用需要，只有在三维空间中才会用得上 3 对对齐点。当选择 3 对对齐点时，选定的对象可在三维空间中进行移动和旋转，使之与其他对象对齐，如图 6-159 所示。

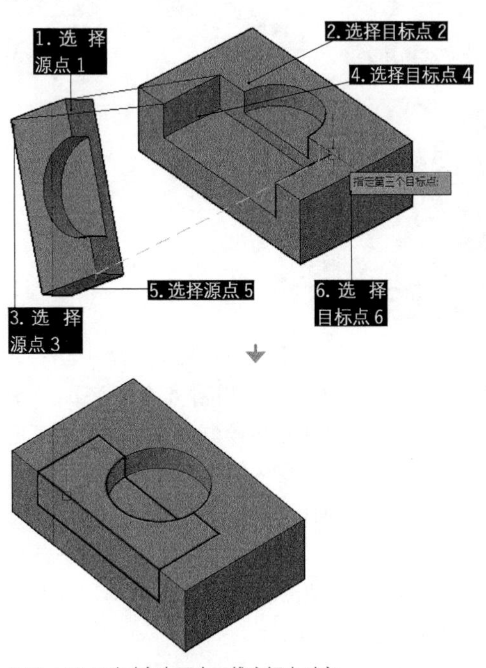

图 6-159 3 对对齐点可在三维空间中对齐

练习 6-15 使用对齐命令装配榫卯 ★重点★

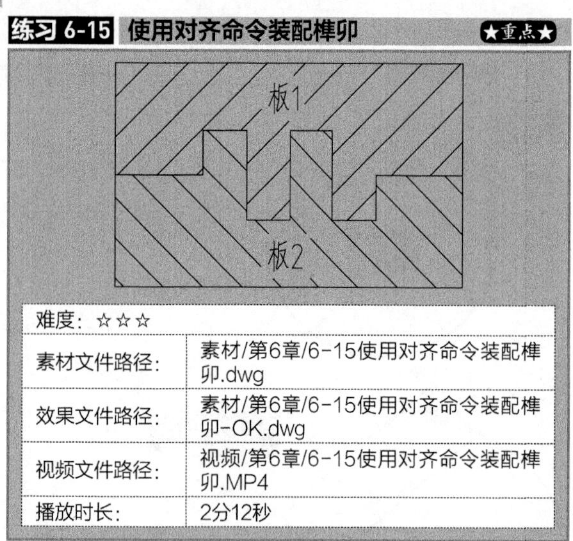

难度：☆☆☆	
素材文件路径：	素材/第6章/6-15使用对齐命令装配榫卯.dwg
效果文件路径：	素材/第6章/6-15使用对齐命令装配榫卯-OK.dwg
视频文件路径：	视频/第6章/6-15使用对齐命令装配榫卯.MP4
播放时长：	2分12秒

榫卯是在两个木构件上所采用的一种凹凸结合的连接方式。凸出部分叫榫（或榫头）；凹进部分叫卯（或榫眼、榫槽），榫和卯咬合，起到连接作用。这是中国古代建筑、家具及其他木制器械的主要结构方式，如图6-160 所示。榫卯结构是榫和卯的结合，是木件之间多与少、高与低、长与短之间的巧妙组合，可有效地限制木件向各个方向的扭动。最基本的榫卯结构由两个构件组成，其中一个的榫头插入另一个的卯眼中，使两个构件连接并固定。榫头伸入卯眼的部分被称为榫舌，其余部分则称作榫肩。

图 6-160 各种榫卯结构

Step 01 打开“第6章/6-15使用对齐命令装配三通管.dwg”素材文件，其中已经绘制好了两块板材平面图，但图形比例不一致，如图6-161所示。

Step 02 单击【修改】面板中的【对齐】按钮，执行【对齐】命令，选择第一块板材图形，然后根据三通管和装配管的对接方式，按图6-162所示选择对应的两对对齐点（1对应2、3对应4）。

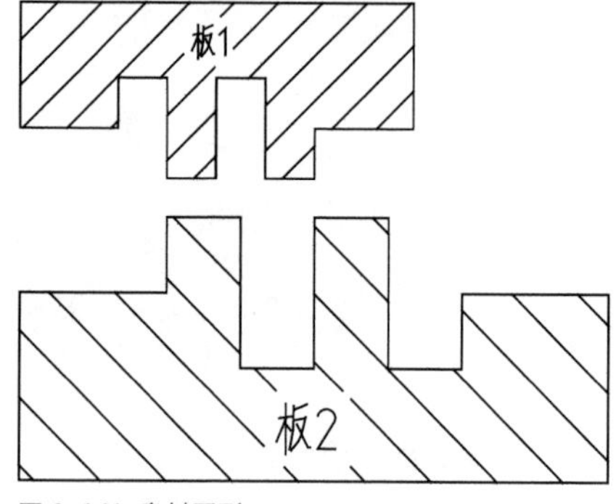

图 6-161 素材图形

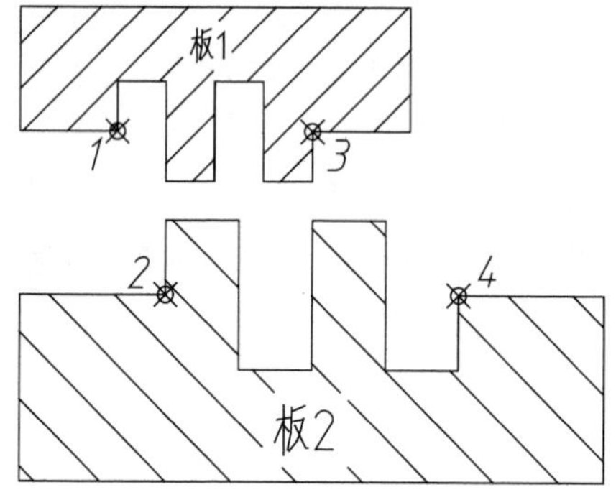

图 6-162 选择对齐点

Step 03 两对对齐点指定完毕后，单击Enter键，命令行提示“是否基于对齐点缩放对象”，输入Y，选择“是”，再单击Enter键，即可将装配管对齐至三通管中，效果如图6-163所示。

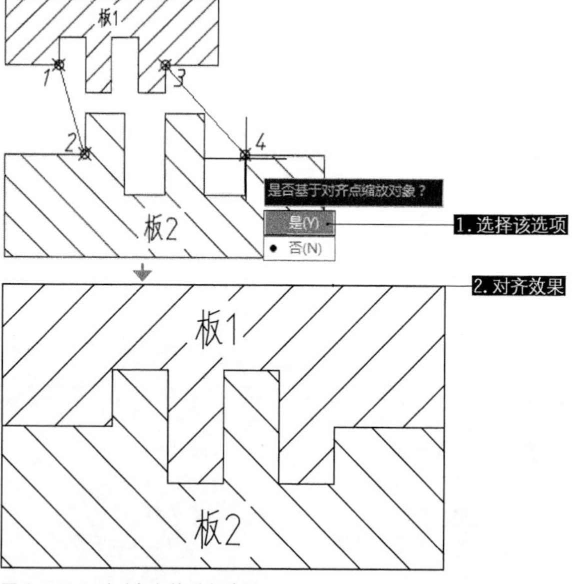

图 6-163 3 对对齐点的对齐效果

6.5.5 分解

【分解】命令是将某些特殊的对象，分解成多个独立的部分，以便于更具体的编辑。主要用于将复合对象，如矩形、多段线、块、填充等，还原为一般的图形对象。

分解后的对象，其颜色、线型和线宽都可能发生改变。

•执行方式

在 AutoCAD 2016 中【分解】命令有以下几种调用方法。

◆功能区：单击【修改】面板中的【分解】按钮 ，如图 6-164 所示。

◆菜单栏：选择【修改】|【分解】命令，如图 6-165 所示。

◆命令行：EXPLODE 或 X。

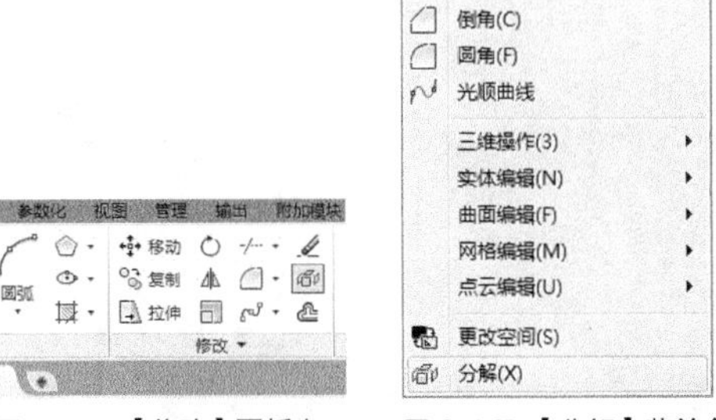

图 6-164 【修改】面板中的【分解】按钮　　图 6-165 【分解】菜单命令

•操作步骤

执行上述任一命令后，选择要分解的图形对象，按 Enter 键，即可完成分解操作，操作方法与【删除】一致。如图 6-166 所示的微波炉图块被分解后，可以单独选择到其中的任一条边。

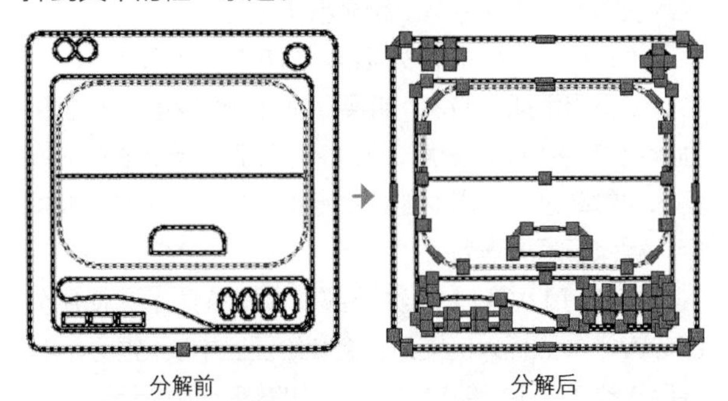

图 6-166 图形分解前后对比

•初学解答 各 AutoCAD 对象的分解效果

根据前面的介绍可知，【分解】命令可用于各复合对象，如矩形、多段线、块等，除此之外该命令还能对三维对象以及文字进行分解，这些对象的分解效果总结如下。

◆二维多段线：将放弃所有关联的宽度或切线信息。对于宽多段线将沿多段线中心放置直线和圆弧，如图 6-167 所示。

◆三维多段线：将分解成直线段。分解后的直线段线型、颜色等特性将按原三维多段线，如图 6-168 所示。

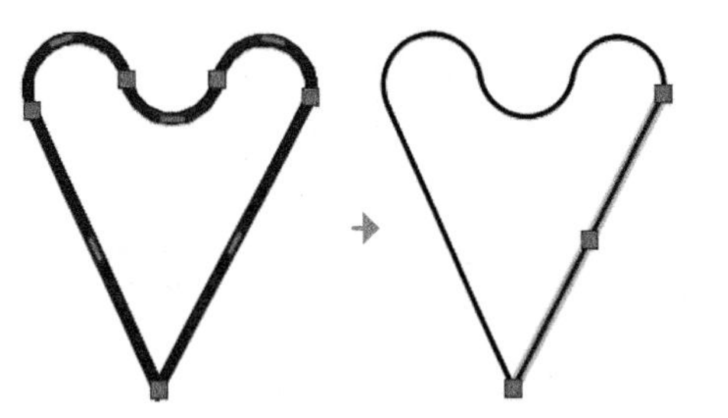

图 6-167 二维多段线分解为单独的线

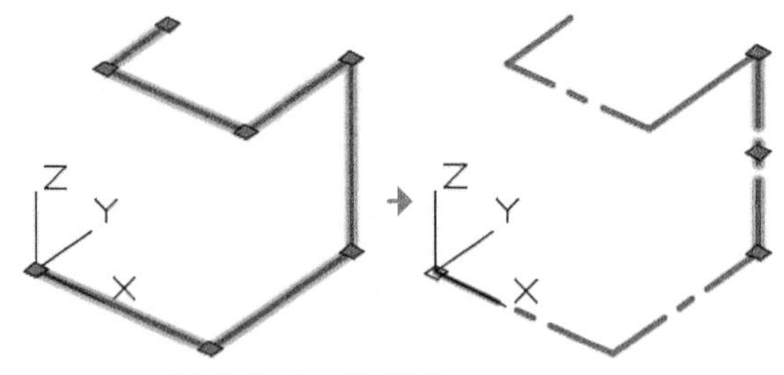

图 6-168 三维多段线分解为单独的线

◆阵列对象：将阵列图形分解为原始对象的副本，相对于复制出来的图形，如图 6-169 所示。

◆填充图案：将填充图案分解为直线、圆弧、点等基本图形，如图 6-170 所示。SOLID 实体填充图形除外。

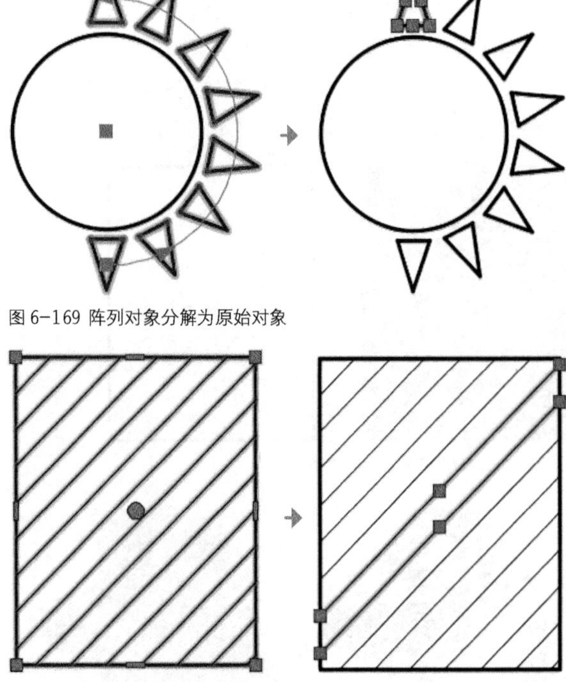

图 6-169 阵列对象分解为原始对象

图 6-170 填充图案分解为基本图形

◆引线：根据引线的不同，可分解成直线、样条曲线、实体（箭头）、块插入（箭头、注释块）、多行文字或公差对象，如图 6-171 所示。

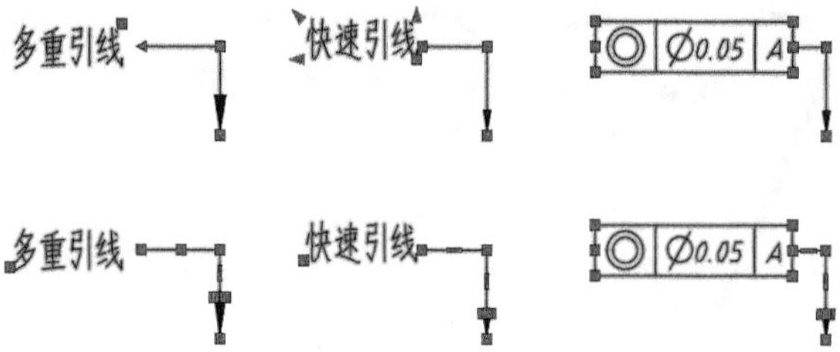

多重引线　快速引线　Ø0.05 A

多重引线　快速引线　Ø0.05 A

图 6-171 引线分解为单行文字和多段线

◆多行文字：将分解成单行文字。如果要将文字彻底分解至直线等图元对象，需使用 TXTEXP【文字分解】命令，效果如图 6-172 所示。

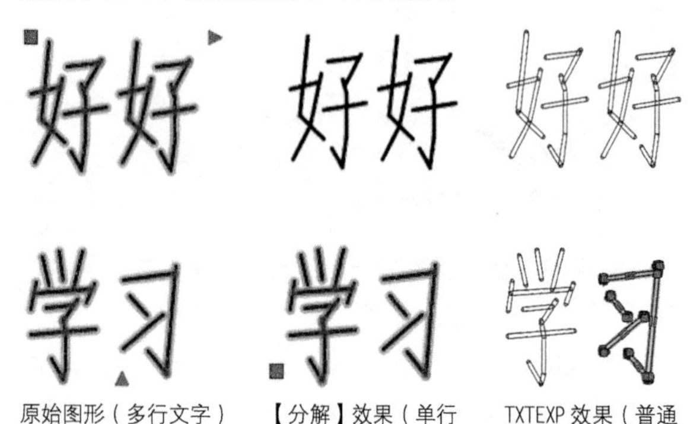

原始图形（多行文字）　【分解】效果（单行文字）　TXTEXP 效果（普通线条）

图 6-172 多行文字的分解效果

◆面域：分解成直线、圆弧或样条曲线，即还原为原始图形，消除面域效果，如图 6-173 所示。

◆三维实体：将实体上平整的面分解成面域，不平整的面分解为曲面，如图 6-174 所示。

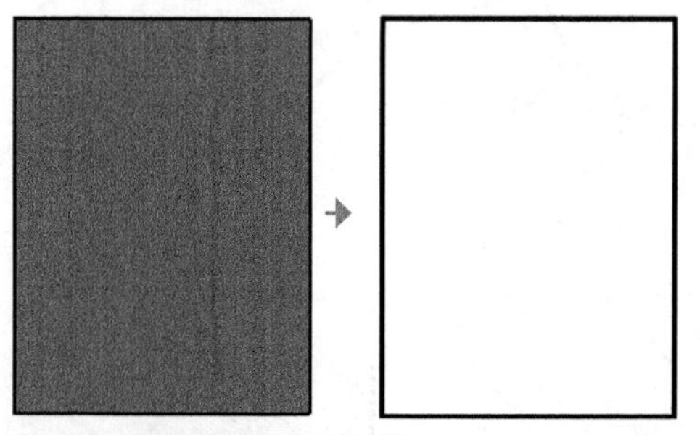

图 6-173 面域对象分解为原始图形

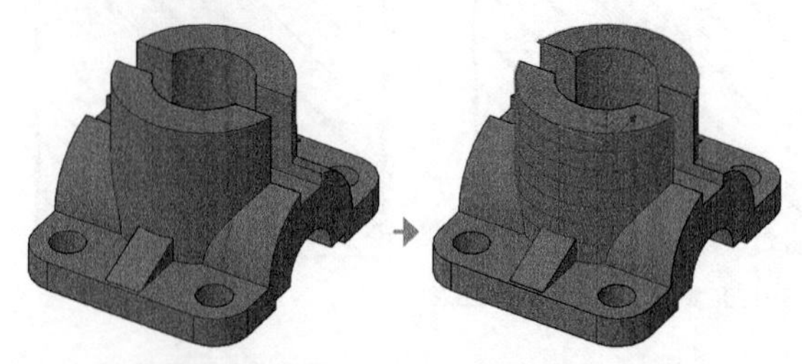

图 6-174 三维实体分解为面

◆三维曲面：分解成直线、圆弧或样条曲线，即还原为基本轮廓，消除曲面效果，如图 6-175 所示。

◆三维网格：将每个网格面分解成独立的三维面对象，网格面将保留指定的颜色和材质，如图 6-176 所示。

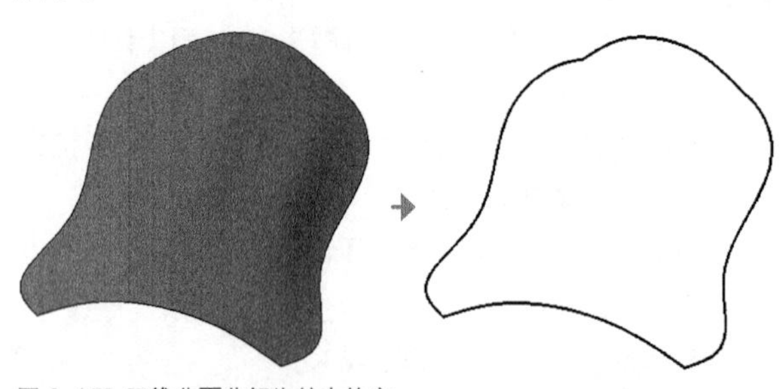

图 6-175 三维曲面分解为基本轮廓

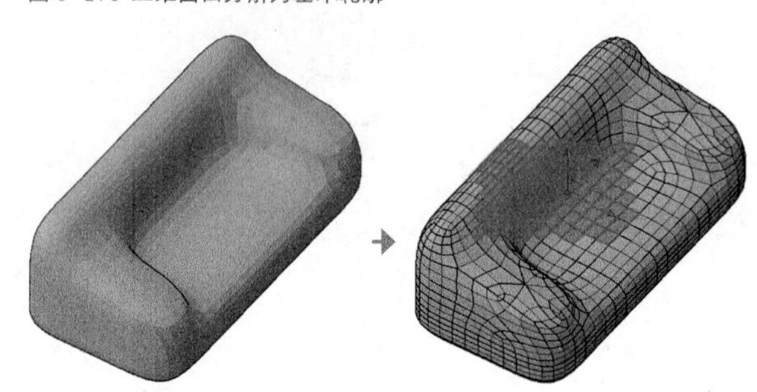

图 6-176 三维网格分解为多个三维面

•精益求精　不能被分解的图块

在 AutoCAD 中，有 3 类图块是无法使用【分解】命令分解的，即 MINSERT【阵列插入图块】、外部参照、外部参照的依赖块等 3 类图块。而分解一个包含属性的块将删除属性值并重新显示属性定义。

◆MINSERT【阵列插入图块】：用 MINSERT 命令多重引用插入的块，如果行列数目设置不为 1 的话，插入的块将不能被分解，如图 6-177 所示。该命令在插入块的时候，可以通过命令行指定行数、列数以及间距，类似于矩形阵列。

◆XATTACH【附着外部 DWG 参照】：使用外部 DWG 参照插入的图形，会在绘图区中淡化显示，只能用作参考，不能编辑与分解，如图 6-178 所示。

◆外部参照的依赖块：即外部参照图形中所包含的块。

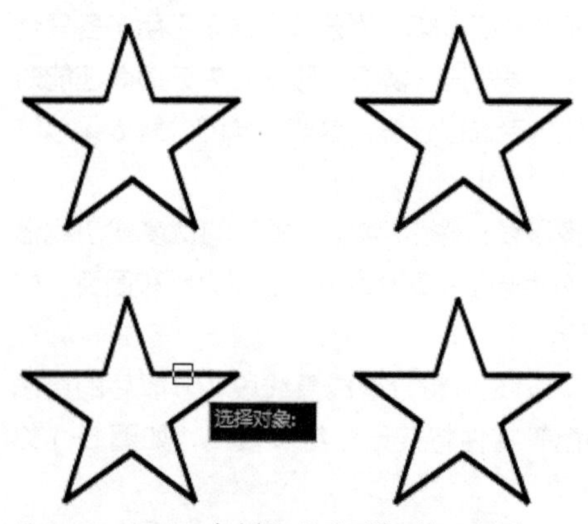

图 6-177 MINSERT 命令插入并阵列的图块无法分解

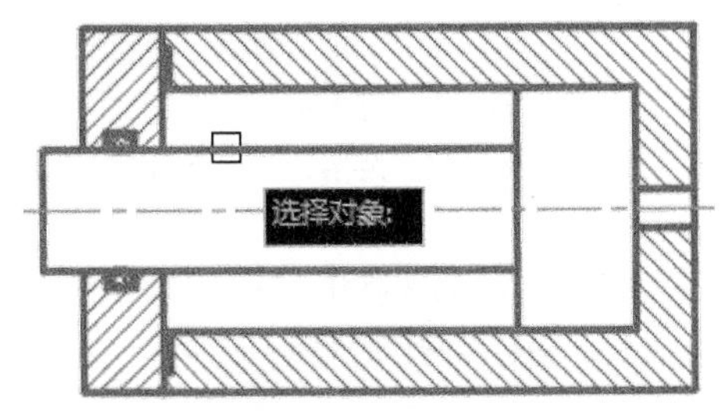

图 6-178 外部参照插入的图形无法分解

6.5.6 打断

在 AutoCAD2016 中，根据打断点数量的不同，“打断”命令可以分为【打断】和【打断于点】两种，分别介绍如下。

1 打断

执行【打断】命令可以在对象上指定两点，然后两点之间的部分会被删除。被打断的对象不能是组合形体，如图块等，只能是单独的线条，如直线、圆弧、圆、多段线、椭圆、样条曲线、圆环等。

• 执行方式

在 AutoCAD 2016 中【打断】命令有以下几种调用方法。

◆功能区：单击【修改】面板上的【打断】按钮 ，如图 6-179 所示。

◆菜单栏：执行【修改】|【打断】命令，如图 6-180 所示。

◆命令行：BREAK 或 BR。

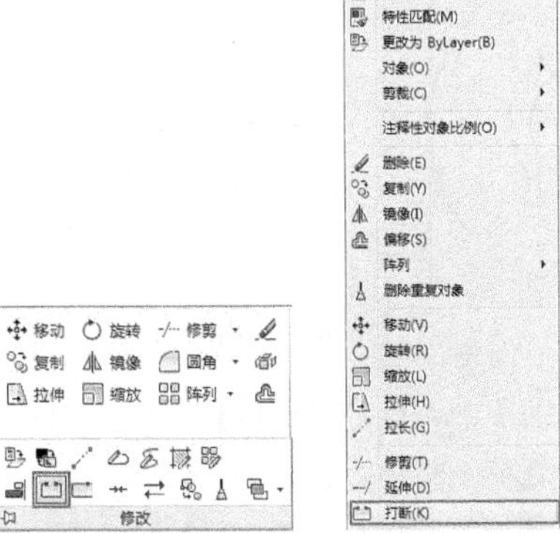

图 6-179 【修改】面板中的【打断】按钮

图 6-180 【打断】菜单命令

• 操作步骤

【打断】命令可以在选择的线条上创建两个打断点，从而将线条断开。如果在对象之外指定一点为第二个打断点，系统将以该点到被打断对象的垂直点位置为第二个打断点，除去两点间的线段。图 6-181 所示为打断对象的过程，可以看到利用【打断】命令能快速完成图形效果的调整。对应的命令行操作如下。

```
命令: _break                         //执行【打断】命令
选择对象:                            //选择要打断的图形
指定第二个打断点 或 [第一点(F)]: F↙
//选择“第一点”选项，指定打断的第一点
指定第一个打断点:                    //选择A点
指定第二个打断点:                    //选择B点
```

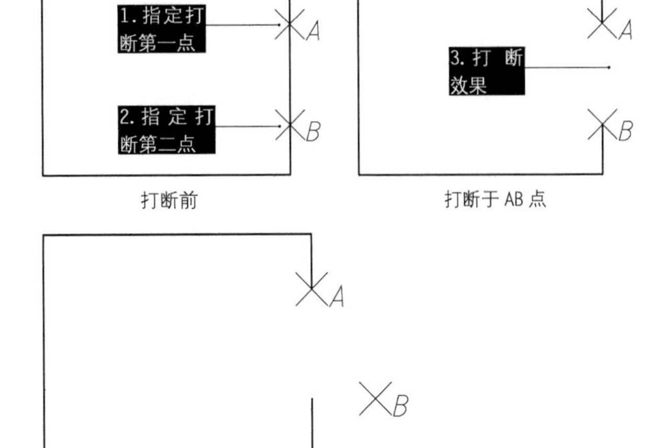

图 6-181 图形打断效果

• 选项说明

默认情况下，系统会以选择对象时的拾取点作为第一个打断点。若此时直接在对象上选取另一点，即可去除两点之间的图形线段，但这样的打断效果往往不符合要求，因此可在命令行中输入字母 F，执行“第一点(F)”选项，通过指定第一点来获取准确的打断效果。

2 打断于点

【打断于点】是从【打断】命令派生出来的，【打断于点】是指通过指定一个打断点，将对象从该点处断开成两个对象。

• 执行方式

在 AutoCAD 2016 中【打断于点】命令不能通过命令行输入和菜单调用，因此只有以下 2 种调用方法。

◆功能区：【修改】面板中的【打断于点】按钮 ，如图 6-182 所示。

◆工具栏：调出【修改】工具栏，单击其中的【打断于点】按钮 。

• 操作步骤

【打断于点】命令在执行过程中，需要输入的参数只有“打断对象”和一个“打断点”。打断之后的对象外观无变化，没有间隙，但选择时可见已在打断点处分成两个对象，如图 6-183 所示。对应命令行操作如下。

```
命令:_break                          //执行【打断于点】命令
选择对象:                            //选择要打断的图形
指定第二个打断点 或 [第一点(F)]:_f
            //系统自动选择“第一点”选项
指定第一个打断点:                    //指定打断点
指定第二个打断点:@                   //系统自动输入@结束命令
```

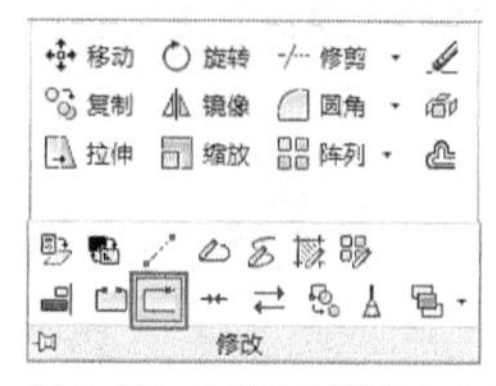

图 6-182 【修改】面板中的【打断于点】按钮

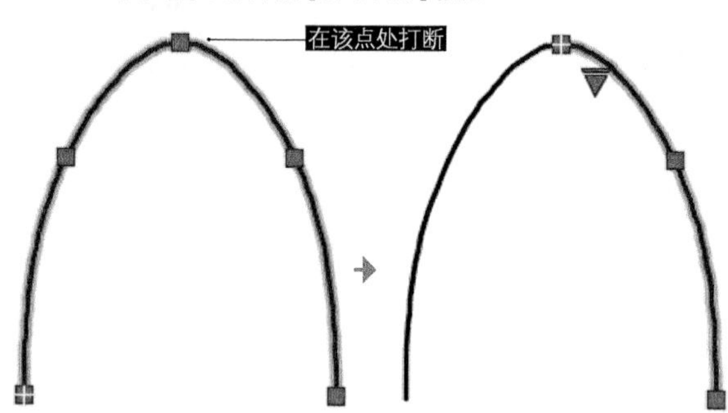

图 6-183 打断于点的图形

操作技巧

不能在一点打断闭合对象（如圆）。

·初学解答 【打断于点】与【打断】命令的区别

读者可以发现【打断于点】与【打断】的命令行操作相差无几，甚至在命令行中的代码都是“_break”。这是由于【打断于点】可以理解为【打断】命令的一种特殊情况，即第二点与第一点重合。因此，如果在执行【打断】命令时，要想让输入的第二个点和第一个点相同，那在指定第二点时在命令行输入“@”字符即可——此操作即相当于【打断于点】。

练习 6-16 使用打断绘制螺旋沙发

难度：☆☆☆	
素材文件路径：	素材/第6章/6-16使用打断绘制螺旋沙发.dwg
效果文件路径：	素材/第6章/6-16使用打断绘制螺旋沙发-OK.dwg
视频文件路径：	视频/第6章/6-16使用打断绘制螺旋沙发.mp4
播放时长：	5分43秒

现在的家具造型越来越时尚，因此外观不再拘泥于传统的直线造型，像本例所绘制的螺旋沙发，其平面图都是不规则的曲线，这种曲线的绘制便需要借助打断命令来调整完成。

Step 01 打开“第6章/6-16使用打断绘制螺旋沙发.dwg”素材文件，素材图形中已绘制好了中心线，如图6-184所示。

Step 02 单击【修改】面板中的【偏移】按钮，将竖直中心线向两侧各偏移1025，然后再单独向右侧偏移325，效果如图6-185所示。

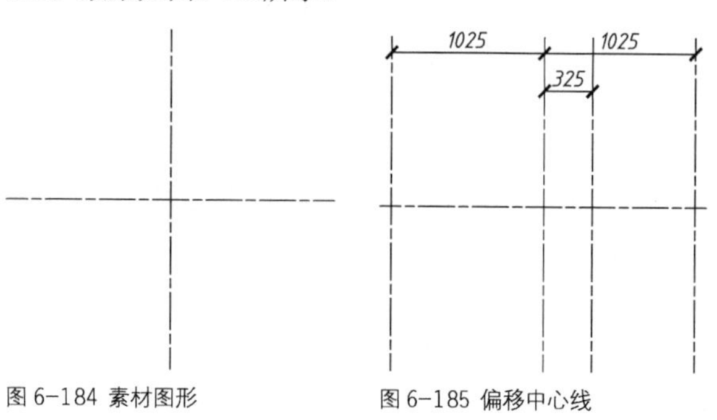

图 6-184 素材图形　　图 6-185 偏移中心线

Step 03 输入C执行【圆】命令，以原中心线的交点为圆心，分别绘制半径为375、505、1025的3个圆，如图6-188所示。

Step 04 单击空格键继续绘制圆，以375偏移辅助线与原水平中心线的交点为圆心，绘制半径为120、180、700的3个圆，如图6-187所示。

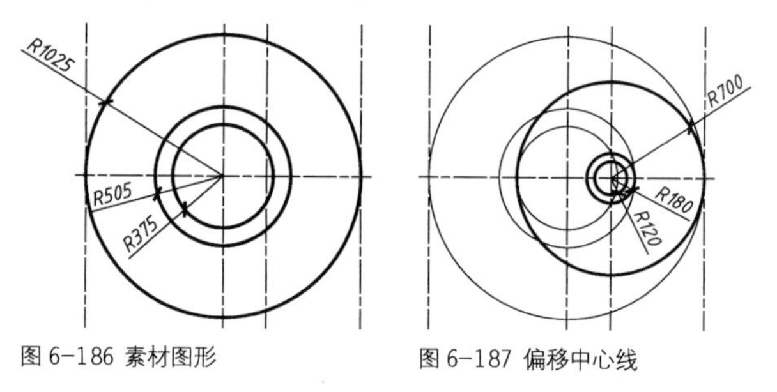

图 6-186 素材图形　　图 6-187 偏移中心线

Step 05 单击【修改】面板中的【修剪】按钮，修剪多余图形，将所绘圆修剪至如图6-188所示。

Step 06 再单击【修改】面板中的【偏移】按钮，将R505、R180的圆弧向内偏移30，如图6-189所示。

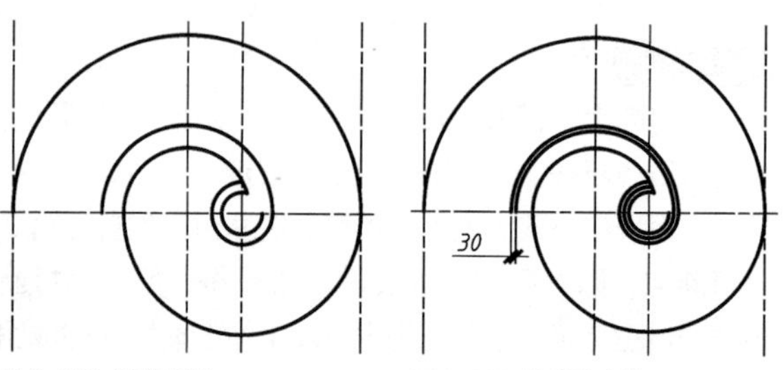

图 6-188 修剪图形　　图 6-189 偏移轮廓线

Step 07 选择向内偏移的圆弧，然后调整其左侧夹点，将其移动至原R505圆弧的端点上，再将右侧的夹点移动至R180的圆弧上，结果如图6-190所示。

Step 08 单击【修改】面板上的【打断于点】按钮，将中间的3段圆弧从它们与水平辅助线的交点处打断，结果如图6-191所示。

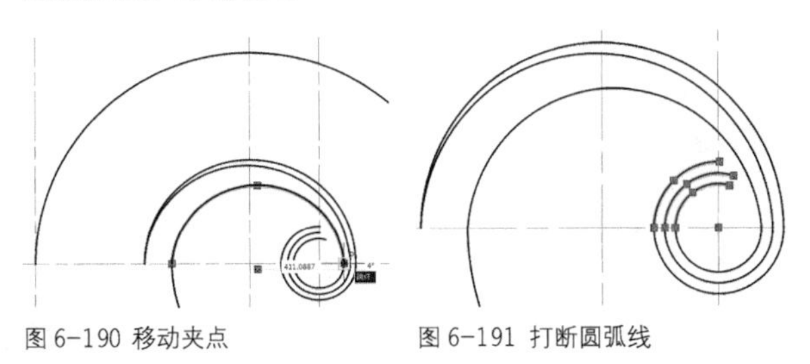

图 6-190 移动夹点　　图 6-191 打断圆弧线

> **操作技巧**
>
> 如果这里不使用【打断于点】命令将圆弧从水平线交点处打断，那么接下来在调整弧线的端点时，水平线下方的弧线也会跟着变形。

Step 09 接着调整圆弧的端点，最后绘制一段圆弧将其相连，结果如图6-192所示。

Step 10 输入L执行【直线】命令，连接最外侧的水平端点，删除多余辅助线，完成螺旋沙发的绘制，如图6-193所示。

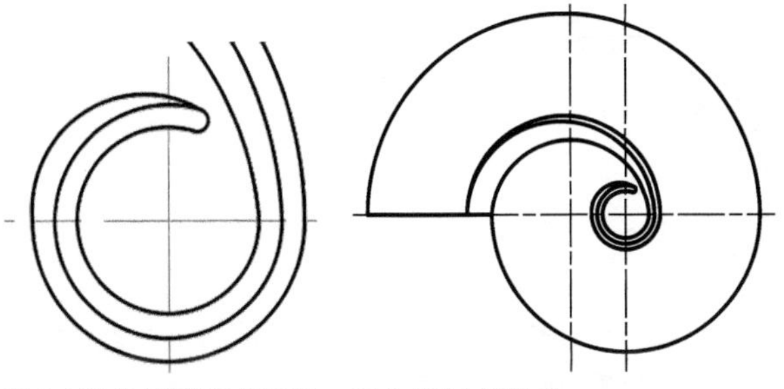

图 6-192 绘制圆弧进行连接　　图 6-193 最终效果

6.5.7 合并

【合并】命令用于将独立的图形对象合并为一个整体。它可以将多个对象进行合并，对象包括直线、多段线、三维多段线、圆弧、椭圆弧、螺旋线和样条曲线等。

• 执行方式

在 AutoCAD 2016 中【合并】命令有以下几种调用方法。

◆功能区：单击【修改】面板中的【合并】按钮，如图 6-194 所示。

◆菜单栏：执行【修改】|【合并】命令，如图 6-195 所示。

◆命令行：JOIN 或 J。

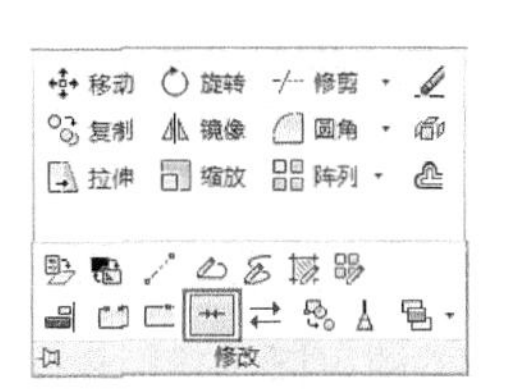

图 6-194 【修改】面板中的【合并】按钮

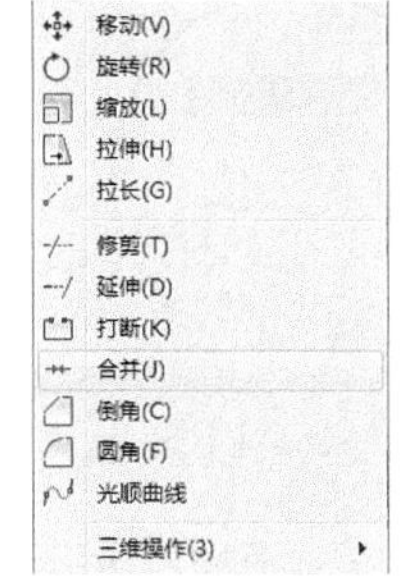

图 6-195 【合并】菜单命令

• 操作步骤

执行以上任一命令后，选择要合并的对象按 Enter 键退出，如图 6-196 所示。命令行操作如下。

```
命令: _join                                   //执行【合并】命令
选择源对象或要一次合并的多个对象: 找到 1 个
                                              //选择源对象
选择要合并的对象: 找到 1 个，总计 2 个
                                              //选择要合并的对象
选择要合并的对象: ↙                            //按Enter键完成操作
```

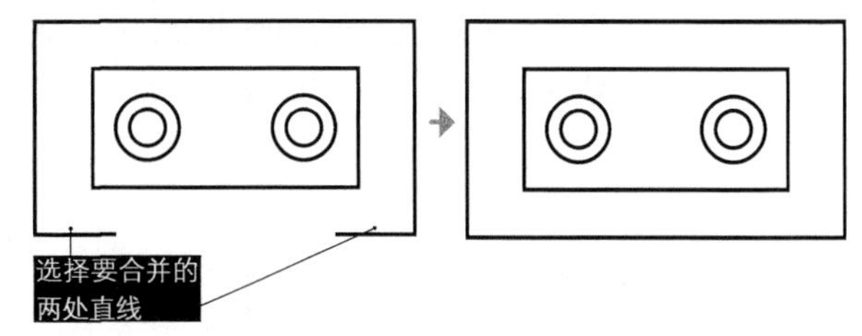

图 6-196 合并图形

• 选项说明

【合并】命令产生的对象类型取决于所选定的对象类型、首先选定的对象类型以及对象是否共线（或共面）。因此【合并】操作的结果与所选对象及选择顺序有关，因此本书将不同对象的合并效果总结如下。

◆直线：两直线对象必须共线才能合并，它们之间可以有间隙，如图 6-197 所示；如果选择源对象为直线，再选择圆弧，合并之后将生成多段线，如图 6-198 所示。

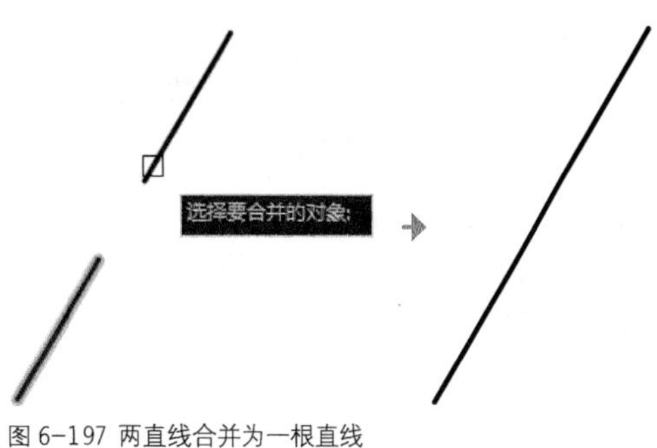

图 6-197 两直线合并为一根直线

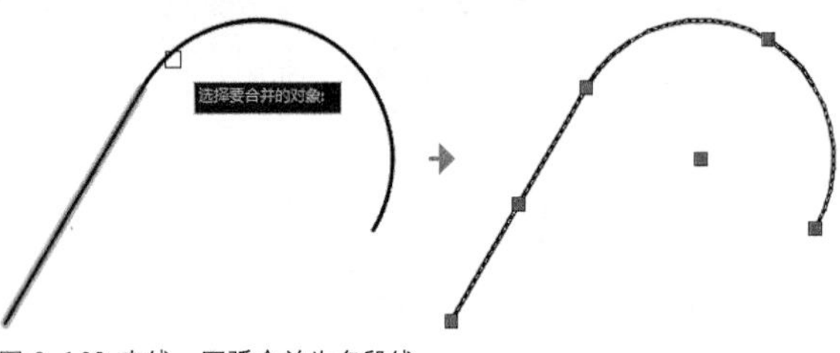

图 6-198 直线、圆弧合并为多段线

◆多段线：直线、多段线和圆弧可以合并到源多段线。所有对象必须连续且共面，生成的对象是单条多段线，如图 6-199 所示。

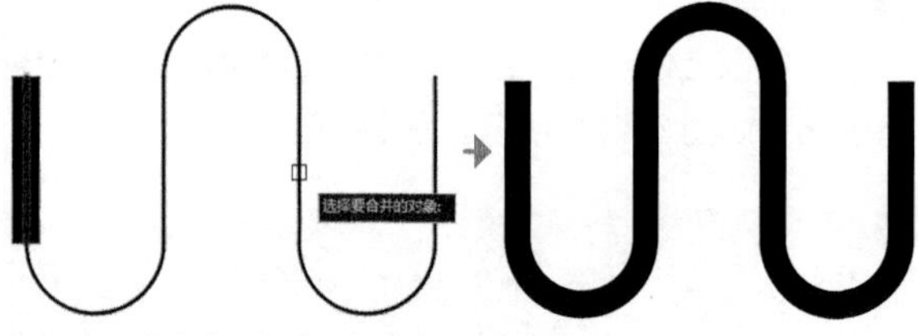

图 6-199 多段线与其他对象合并仍为多段线

◆三维多段线：所有线性或弯曲对象都可以合并到源三维多段线。所选对象必须是连续的，可以不共面。产生的对象是单条三维多段线或单条样条曲线，分别取决于用户连接到线性对象还是弯曲的对象，如图 6-200 和图 6-201 所示。

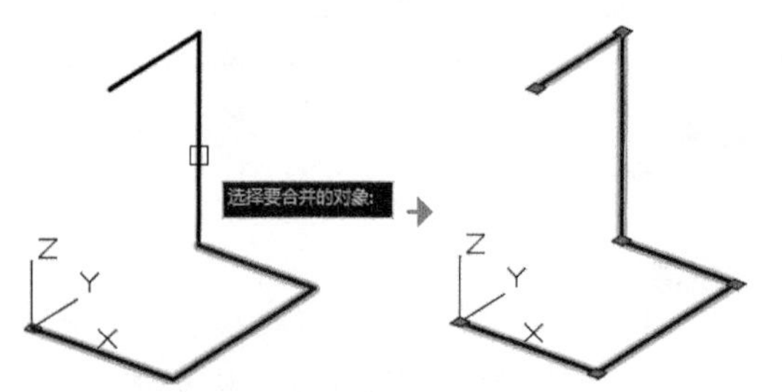

图 6-200 线性的三维多段线合并为单条多段线

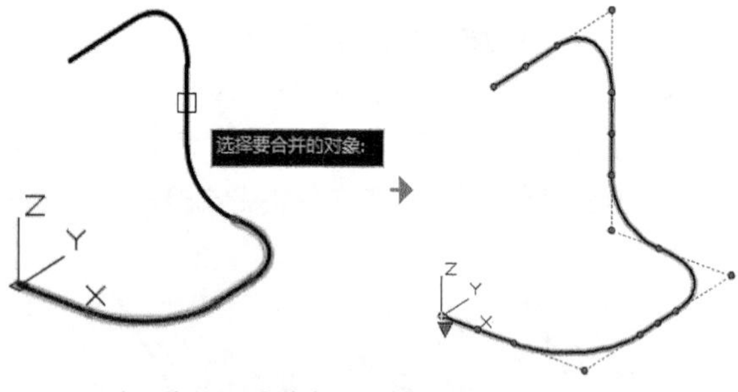

图 6-201 弯曲的三维多段线合并为样条曲线

◆圆弧：只有圆弧可以合并到源圆弧。所有的圆弧对象必须同心、同半径，之间可以有间隙。合并圆弧时，源圆弧按逆时针方向进行合并，因此不同的选择顺序，所生成的圆弧也有优弧、劣弧之分，如图 6-202 所示和图 6-203 所示；如果两圆弧相邻，之间没有间隙，则合并时命令行会提示是否转换为圆，选择“是（Y）”，则生成一整圆，如图 6-204 所示，选择“否（N）”，则无效果；如果选择单独的一段圆弧，则可以在命令行提示中选择“闭合（L）”，来生成该圆弧的整圆，如图 6-205 所示。

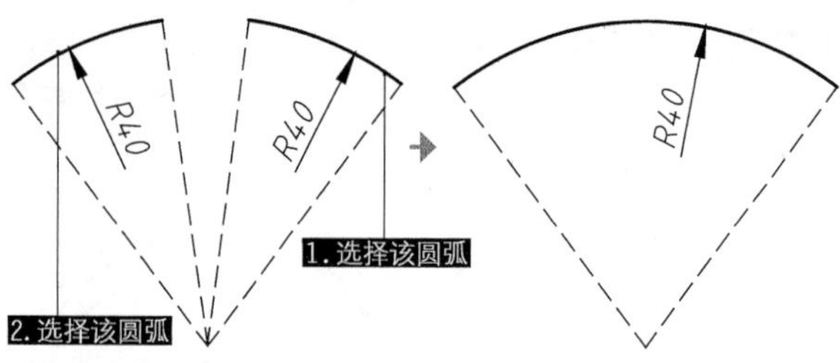

图 6-202 按逆时针顺序选择圆弧合并生成劣弧

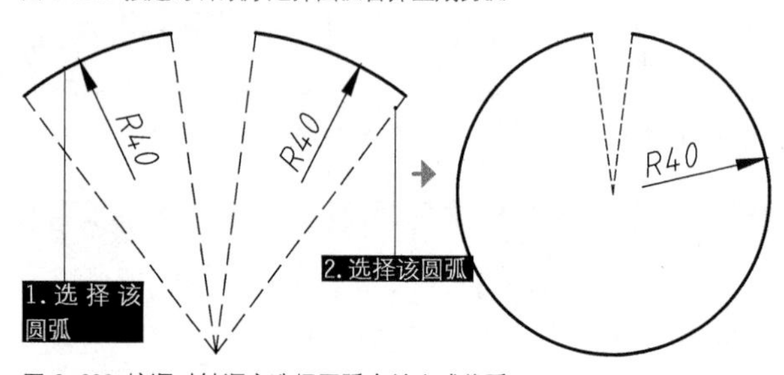

图 6-203 按顺时针顺序选择圆弧合并生成优弧

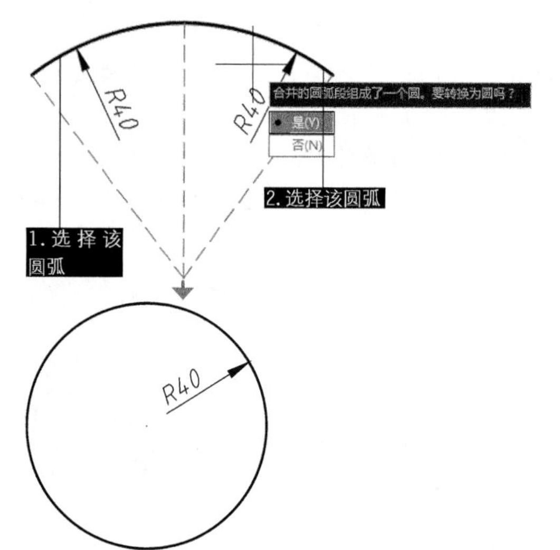

图 6-204 圆弧相邻时可合并生成整圆

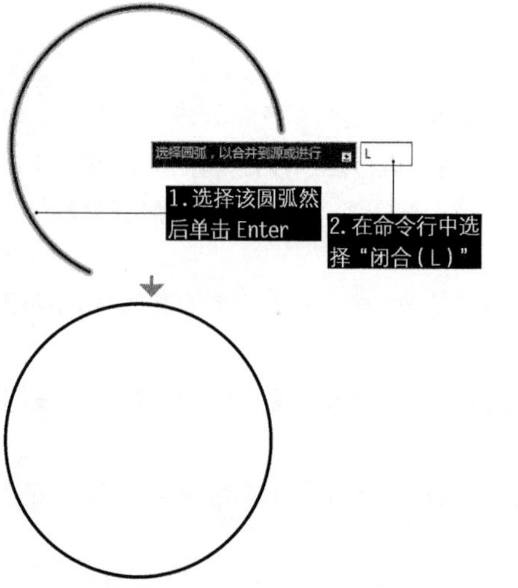

图 6-205 单段圆弧合并可生成整圆

◆椭圆弧：仅椭圆弧可以合并到源椭圆弧。椭圆弧必须共面且具有相同的主轴和次轴，它们之间可以有间隙。从源椭圆弧按逆时针方向合并椭圆弧。操作基本与圆弧一致，在此不重复介绍。

◆螺旋线：所有线性或弯曲对象可以合并到源螺旋线。要合并的对象必须是相连的，可以不共面。结果对象是单个样条曲线，如图 6-206 所示。

◆样条曲线：所有线性或弯曲对象可以合并到源样条曲线。要合并的对象必须是相连的，可以不共面。结果对象是单个样条曲线，如图 6-207 所示。

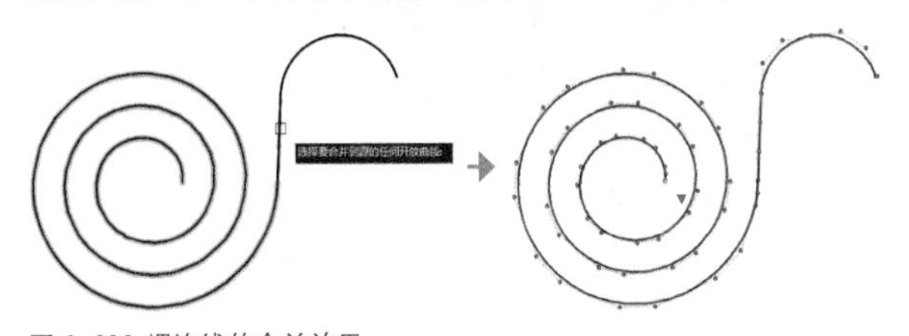

图 6-206 螺旋线的合并效果

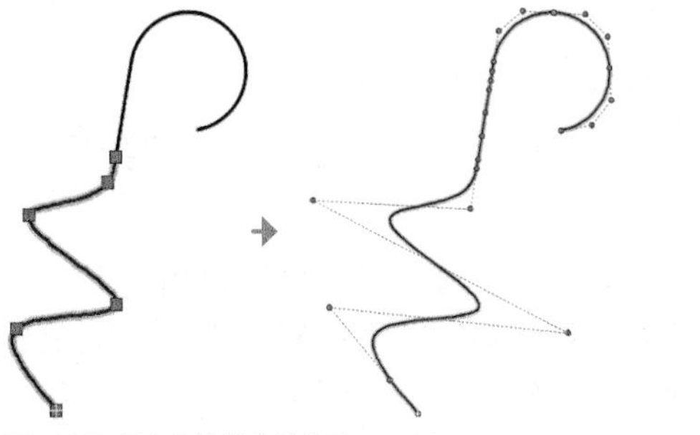

图 6-207 样条曲线的合并效果

6.6 通过夹点编辑图形

所谓“夹点”，指的是图形对象上的一些特征点，如端点、顶点、中点、中心点等，图形的位置和形状通常是由夹点的位置决定的。在 AutoCAD 中，夹点是一种集成的编辑模式，利用夹点可以编辑图形的大小、位置、方向以及对图形进行镜像复制操作等。

6.6.1 夹点模式概述

在夹点模式下，图形对象以虚线显示，图形上的特征点（如端点、圆心、象限点等）将显示为蓝色的小方框，如图 6-208 所示，这样的小方框称为夹点。

夹点有未激活和被激活两种状态。蓝色小方框显示的夹点处于未激活状态，单击某个未激活夹点，该夹点以红色小方框显示，处于被激活状态，被称为热夹点。以热夹点为基点，可以对图形对象进行拉伸、平移、复制、缩放和镜像等操作。同时按 Shift 键可以选择激活多个热夹点。

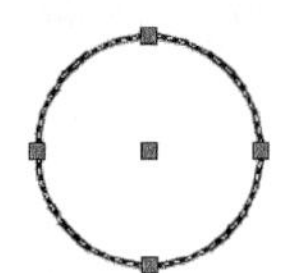

图 6-208 不同对象的夹点

知识链接

夹点的大小、颜色等特征的修改请见本书第4章的4.6.12小节。

6.6.2 利用夹点拉伸对象

如需利用夹点来拉伸图形，则操作方法如下。

◆快捷操作：在不执行任何命令的情况下选择对象，然后单击其中的一个夹点，系统自动将其作为拉伸的基点，即进入“拉伸”编辑模式。通过移动夹点，就可以将图形对象拉伸至新位置。夹点编辑中的【拉伸】与 STRETCH【拉伸】命令一致，效果如图 6-209 所示。

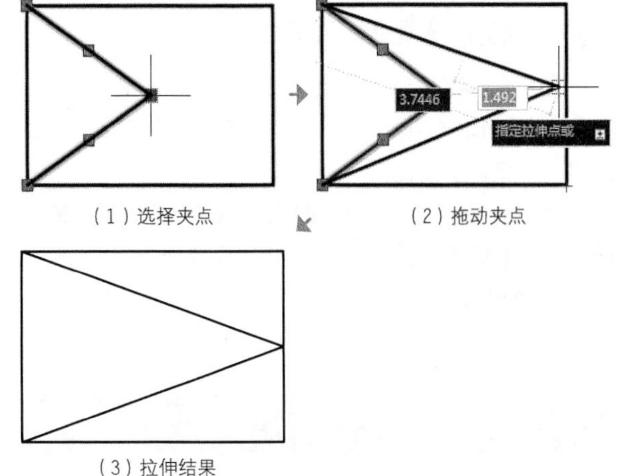

（1）选择夹点　（2）拖动夹点　（3）拉伸结果

图 6-209 利用夹点拉伸对象

操作技巧

对于某些夹点，拖动时只能移动而不能拉伸，如文字、块、直线中点、圆心、椭圆中心和点对象上的夹点。

6.6.3 利用夹点移动对象

如需利用夹点来移动图形，则操作方法如下。

◆快捷操作：选中一个夹点，单击 1 次 Enter 键，即进入【移动】模式。

◆命令行：在夹点编辑模式下确定基点后，输入 MO 进入【移动】模式，选中的夹点即为基点。

◆通过夹点进入【移动】模式后，命令行提示如下。

```
** MOVE **
指定移动点或 [基点(B)/复制(C)/放弃(U)/退出(X)]:
```

使用夹点移动对象，可以将对象从当前位置移动到新位置，同 MOVE【移动】命令，如图 6-210 所示。

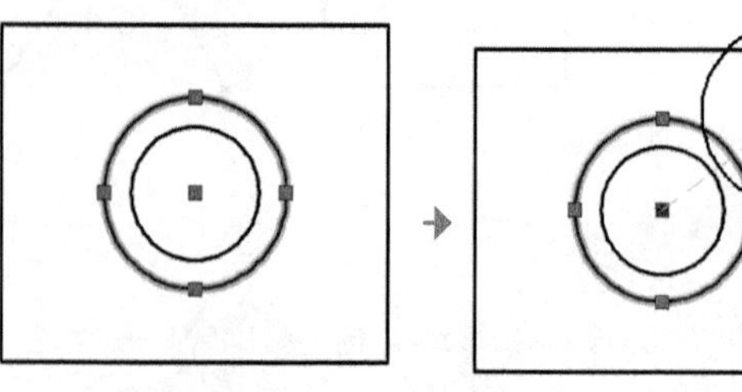

（1）选择夹点

（2）按 1 次 Enter 键，拖动夹点

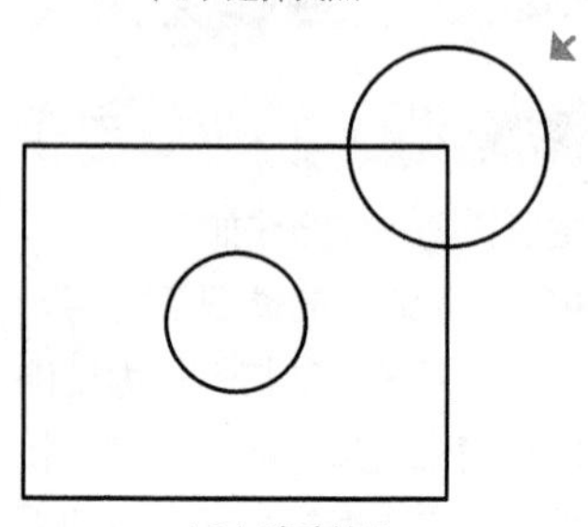

（3）移动结果

图 6-210 利用夹点移动对象

6.6.4 利用夹点旋转对象

如需利用夹点来旋转图形，则操作方法如下。

◆快捷操作：选中一个夹点，单击 2 次 Enter 键，即进入【旋转】模式。

◆命令行：在夹点编辑模式下确定基点后，输入 RO 进入【旋转】模式，选中的夹点即为基点。

◆通过夹点进入【旋转】模式后，命令行提示如下。

```
** 旋转 **
指定旋转角度或 [基点(B)/复制(C)/放弃(U)/参照(R)/退出(X)]:
```

默认情况下，输入旋转角度值或通过拖动方式确定旋转角度后，即可将对象绕基点旋转指定的角度。也可以选择【参照】选项，以参照方式旋转对象。操作方法同 ROTATE【旋转】命令，利用夹点旋转对象如图 6-211 所示。

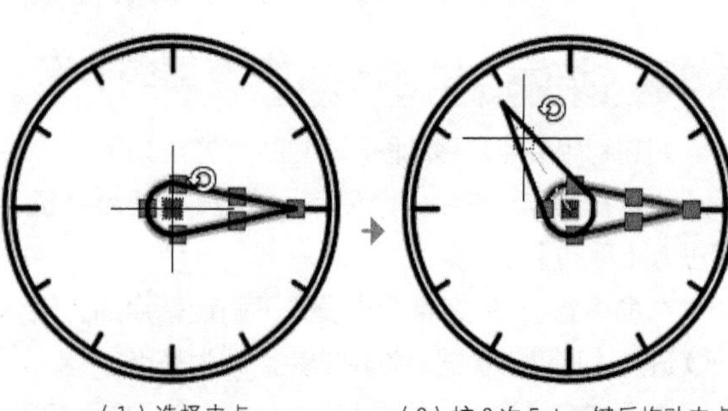

（1）选择夹点　　（2）按 2 次 Enter 键后拖动夹点

（3）旋转结果

图 6-211 利用夹点旋转对象

6.6.5 利用夹点缩放对象

如需利用夹点来缩放图形，则操作方法如下。

◆快捷操作：选中一个夹点，单击 3 次 Enter 键，即进入【缩放】模式。

◆命令行：选中的夹点即为缩放基点，输入 SC 进入【缩放】模式。

◆通过夹点进入【缩放】模式后，命令行提示如下。

```
** 比例缩放 **
指定比例因子或 [基点(B)/复制(C)/放弃(U)/参照(R)/退出(X)]:
```

默认情况下，当确定了缩放的比例因子后，AutoCAD 将相对于基点进行缩放对象操作。当比例因子大于 1 时放大对象；当比例因子大于 0 而小于 1 时缩小对象，操作同 SCALE【缩放】命令，如图 6-212 所示。

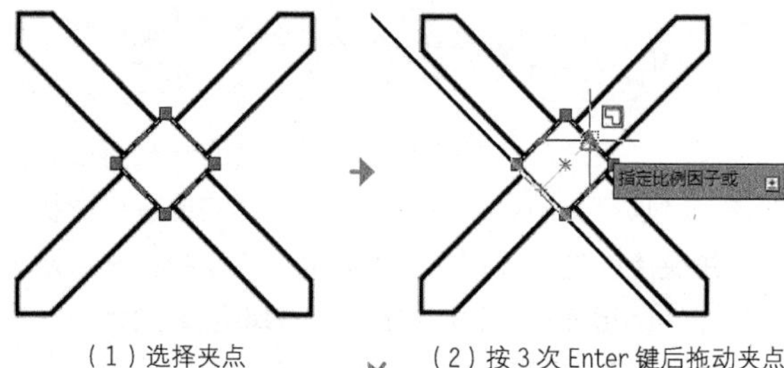

（1）选择夹点　　（2）按 3 次 Enter 键后拖动夹点

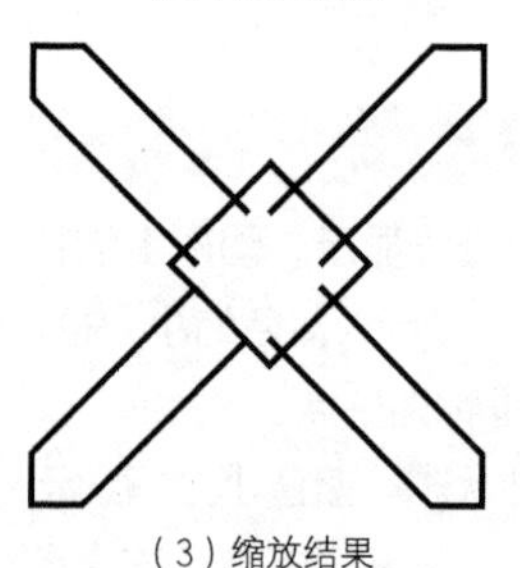

（3）缩放结果

图 6-212 利用夹点缩放对象

6.6.6 利用夹点镜像对象

如需利用夹点来镜像图形，则操作方法如下。

◆快捷操作：选中一个夹点，单击 4 次 Enter 键，即进入【镜像】模式。

◆命令行：输入 MI 进入【镜像】模式，选中的夹点即为镜像线第一点。

◆通过夹点进入【镜像】模式后，命令行提示如下。

```
** 镜像 **
指定第二点或 [基点(B)/复制(C)/放弃(U)/退出(X)]:
```

指定镜像线上的第 2 点后，AutoCAD 将以基点作为镜像线上的第 1 点，将对象进行镜像操作并删除源对象。利用夹点镜像对象如图 6-213 所示。

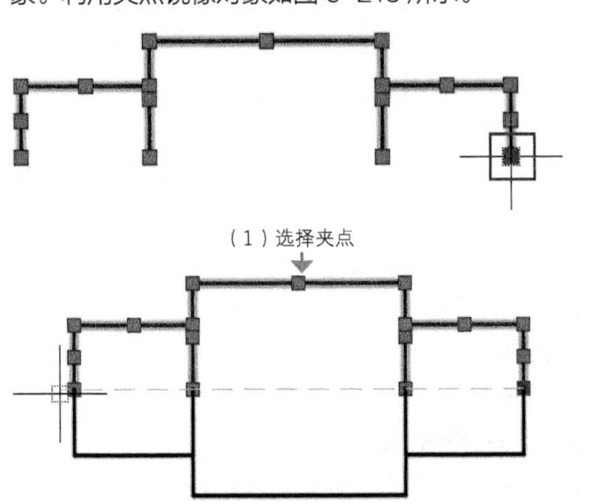

（1）选择夹点

（2）按 4 次 Enter 键后拖动夹点

图 6-213 利用夹点镜像对象

6.6.7 利用夹点复制对象

如需利用夹点来复制图形，则操作方法如下。

◆命令行： 选中夹点后进入【移动】模式，然后在命令行中输入 C，调用“复制（C）”选项即可，命令行操作如下。

```
** MOVE **                                          //进入【移动】模式
指定移动点 或 [基点(B)/复制(C)/放弃(U)/退出(X)]:C↙
                                                    //选择“复制”选项
** MOVE (多个) **                                   //进入【复制】模式
指定移动点 或 [基点(B)/复制(C)/放弃(U)/退出(X)]: ↙
                                    //指定放置点，并按Enter键完成操作
```

使用夹点复制功能，选定中心夹点进行拖动时需按住 Ctrl 键，复制效果如图 6-214 所示。

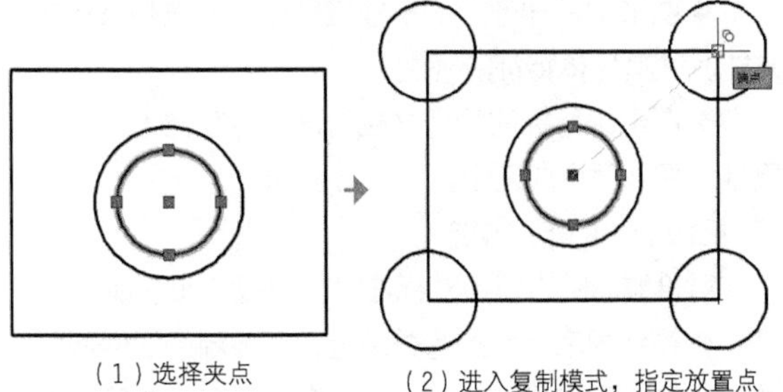

（1）选择夹点

（2）进入复制模式，指定放置点

图 6-214 夹点复制

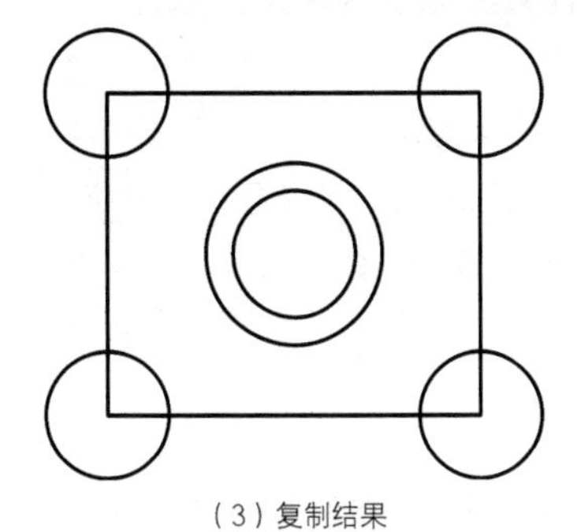

（3）复制结果

图 6-214 夹点复制（续）

第 7 章 创建图形标注

使用 AutoCAD 进行设计绘图时，首先要明确的一点就是：图形中的线条长度，并不代表物体的真实尺寸，一切数值应按标注为准。无论是家具设计还是加工，所依据的应是图纸标注的尺寸值，因而尺寸标注是绘图中最为重要的部分。像一些成熟的设计师，在现场或无法使用 AutoCAD 的场合，会直接用笔在纸上手绘出一张草图，图不一定要画得好看，但记录的数据却力求准确。由此也可见，图形仅是标注的辅助而已。

对于不同的对象，其定位所需的尺寸类型也不同。AutoCAD 2016 包含了一套完整的尺寸标注的命令，可以标注直径、半径、角度、直线及圆心位置等对象，还可以标注引线、形位公差等辅助说明。

7.1 尺寸标注的组成与原则

尺寸标注在 AutoCAD 中是一个复合体，以块的形式存储在图形中。在标注尺寸时需要遵循一定的规则，以避免标注混乱或引起歧义。

7.1.1 尺寸标注的组成

在 AutoCAD 中，一个完整的尺寸标注由“尺寸界线”“尺寸线”“尺寸箭头”和“尺寸文字”4 个要素构成，如图 7-1 所示。AutoCAD 的尺寸标注命令和样式设置，都是围绕着这 4 个要素进行的。

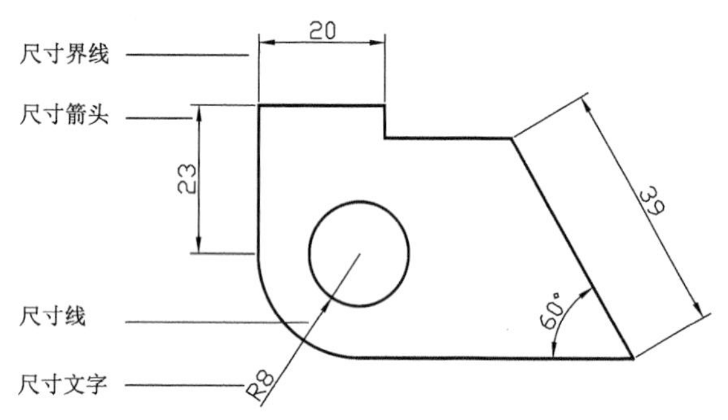

图 7-1 尺寸标注的组成要素

各组成部分的作用与含义分别如下。

◆“尺寸界线”：也称为投影线，用于标注尺寸的界限，由图样中的轮廓线、轴线或对称中心线引出。标注时，延伸线从所标注的对象上自动延伸出来，它的端点与所标注的对象接近但并未相连。

◆“尺寸箭头”：也称为标注符号。标注符号显示在尺寸线的两端，用于指定标注的起始位置。AutoCAD 默认使用闭合的填充箭头作为标注符号。此外，AutoCAD 还提供了多种箭头符号，以满足不同行业的需要，如家具制图的箭头以 45° 的粗短斜线表示，而机械制图的箭头以实心三角形箭头表示等。

◆“尺寸线”：用于表明标注的方向和范围。通常与所标注对象平行，放在两延伸线之间，一般情况下为直线，但在角度标注时，尺寸线呈圆弧形。

◆“尺寸文字”：表明标注图形的实际尺寸大小，通常位于尺寸线上方或中断处。在进行尺寸标注时，AutoCAD 会生动生成所标注对象的尺寸数值，我们也可以对标注的文字进行修改、添加等编辑操作。

7.1.2 尺寸标注的原则

尺寸标注要求对标注对象进行完整、准确、清晰的标注，标注的尺寸数值真实地反应标注对象的大小。国家标准对尺寸标注做了详细的规定，要求尺寸标注必须遵守以下基本原则。

◆物体的真实大小应以图形上所标注的尺寸数值为依据，与图形的显示大小和绘图的精确度无关。

◆图形中的尺寸为图形所表示的物体的最终尺寸，如果是绘制过程中的尺寸（如在涂镀前的尺寸等），则必须另加说明。

◆物体的每一尺寸，一般只标注一次，并应标注在最能清晰反映该结构的视图上。

由于 AutoCAD 在家具和机械方面运用最为广泛，所以这里仅讲解家具和机械方面相关的尺寸标注的规定。

1 家具标注的相关规定

对家具制图进行尺寸标注时，应遵守如下规定。

◆当图形中的尺寸以毫米为单位时，不需要标注计量单位。否则须注明所采用的单位代号或名称，如 cm（厘米）和 m（米）。

◆图形的真实大小应以图样上标注的尺寸数值为依据，与所绘制图形的大小比例及准确性无关。

◆尺寸数字一般写在尺寸线上方，也可以写在尺寸线中断处。尺寸数字的字高必须相同。

◆标注文字中的字体必须按照国家标准规定进行书写，即汉字必须使用仿宋体，数字使用阿拉伯数字或罗马数字，字母使用希腊字母或拉丁字母。各种字体的具体大小可以从 2.5、3.5、5、7、10、14 以及 20 这 7 种规格中选取。

◆图形中每一部分的尺寸应只标注一次并且标注在最能反映其形体特征的视图上。

◆图形中所标注的尺寸应为该构件在完工后的标准尺寸，否则须另加说明。

2 机械标注的相关规定

对机械制图进行尺寸标注时，应遵循如下规定。

◆符合国家标准的有关规定，标注制造零件所需的全部尺寸，不重复不遗漏，尺寸排列整齐，并符合设计和工艺的要求。

◆每个尺寸一般只标注一次，尺寸数字为零件的真实大小，与所绘图形的比例及准确性无关。尺寸标注以毫米为单位，若采用其他单位则必须注明单位名称。

◆标注文字中的字体按照国家标准规定书写，图样中的字体为仿宋体，字号分 1.8、2.5、3.5、5、7、10、14、和 20 等 8 种，其字体高度应按 2 的比率递增。

◆字母和数字分 A 型和 B 型，A 型字体的笔画宽度（d）与字体高度（h）符合 d=h/14，B 型字体的笔画宽度与字体高度符合 d=h/10。在同一张纸上，只允许选用一种形式的字体。

◆字母和数字分直体和斜体两种，但在同一张纸上只能采用一种书写形式，常用的是斜体。

7.2 尺寸标注样式

【标注样式】用来控制标注的外观，如箭头样式、文字位置和尺寸公差等。在同一个 AutoCAD 文档中，可以同时定义多个不同的命名样式。修改某个样式后，就可以自动修改所有用该样式创建的对象。

绘制不同的工程图纸，需要设置不同的尺寸标注样式，要系统地了解尺寸设计和制图的知识，请参考有关机械或家具等有关行业制图的国家规范和标准，以及其他的相关资料。

7.2.1 新建标注样式

同之前介绍过的【多线】命令一样，尺寸标注在 AutoCAD 中也需要指定特定的样式来进行下一步操作。但尺寸标注样式的内容相当丰富，涵盖了标注从箭头形状到尺寸线的消隐、伸出距离、文字对齐方式等诸多方面。因此可以通过在 AutoCAD 中设置不同的标注样式，使其适应不同的绘图环境，如机械标注、家具标注等。

•执行方式

如果要新建标注样式，可以通过【标注样式和管理器】对话框来完成。在 AutoCAD 2016 中调用【标注样式和管理器】有以下几种常用方法。

◆功能区：在【默认】选项卡中单击【注释】面板下拉列表中的【标注样式】按钮，如图 7-2 所示。

◆菜单栏：执行【格式】|【标注样式】命令，如图 7-3 所示。

◆命令行：DIMSTYLE 或 D。

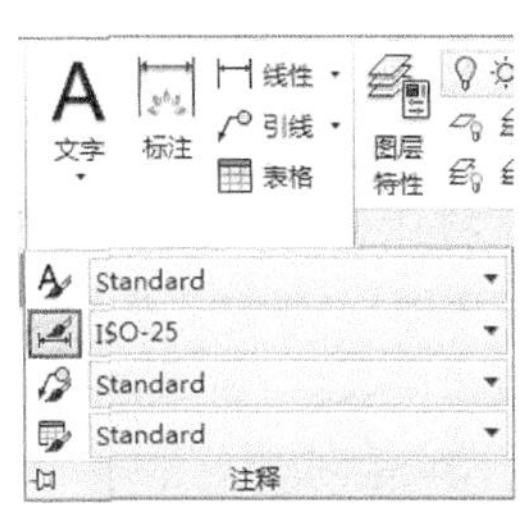

图 7-2 【注释】面板中的【标注样式】按钮

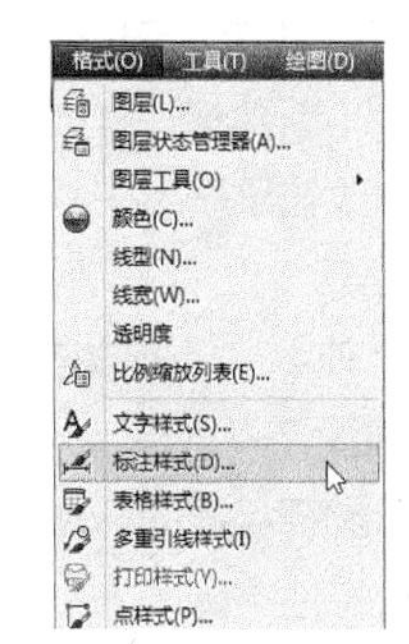

图 7-3 【标注样式】菜单命令

•操作步骤

执行上述任一命令后，系统弹出【标注样式管理器】对话框，如图 7-4 所示。

单击【新建】按钮，系统弹出【创建新标注样式】对话框，如图 7-5 所示。然后在【新样式名】文本框中输入新样式的名称，单击【继续】按钮，即可打开【新建标注样式】对话框进行新建。

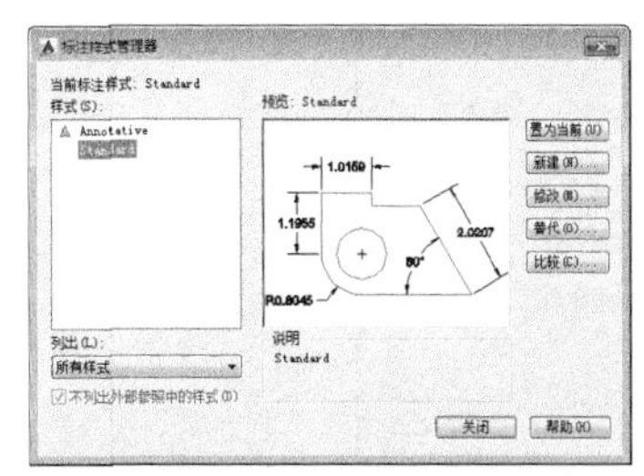

图 7-4 【标注样式管理器】对话框

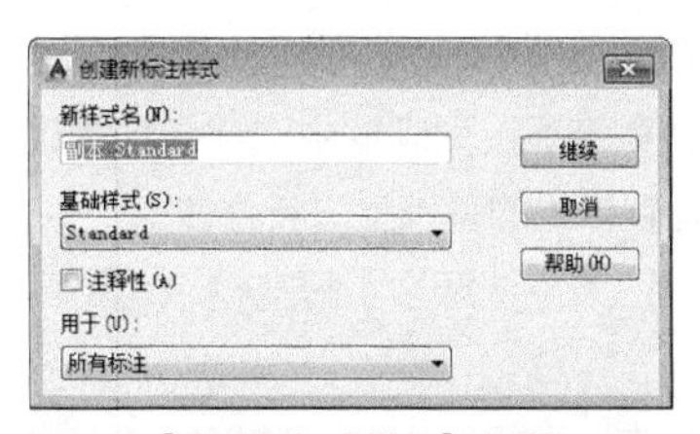

图 7-5 【创建新标注样式】对话框

•选项说明

【标注样式管理器】对话框中各按钮的含义介绍如下。

◆【置为当前】：将在左边“样式”列表框中选定的标注样式设定为当前标注样式。当前样式将应用于所创建的标注。

◆【新建】：单击该按钮，打开【创建新标注样式】对话框，输入名称后可打开【新建标注样式】对话框，从中可以定义新的标注样式。

◆【修改】：单击该按钮，打开【修改标注样式】对话框，从中可以修改现有的标注样式。该对话框各选项均与【新建标注样式】对话框一致。

◆【替代】：单击该按钮，打开【替代当前样式】

对话框，从中可以设定标注样式的临时替代值。该对话框各选项与【新建标注样式】对话框一致。替代将作为未保存的更改结果显示在“样式”列表中的标注样式下，如图 7-6 所示。

◆【比较】：单击该按钮，打开【比较标注样式】对话框，如图 7-7 所示。从中可以比较所选定的两个标注样式（选择相同的标注样式进行比较，则会列出该样式的所有特性）。

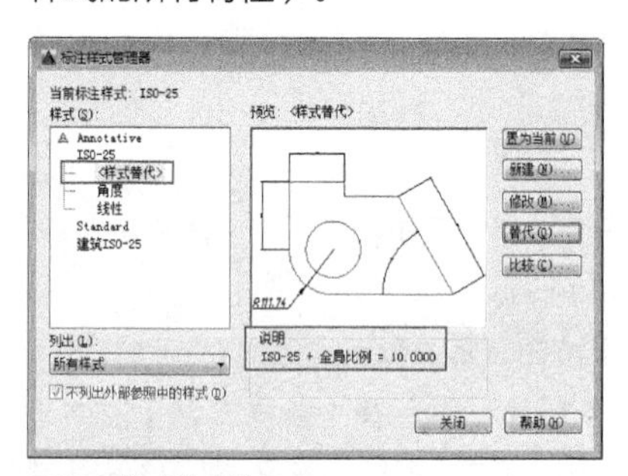

图 7-6 样式替代效果

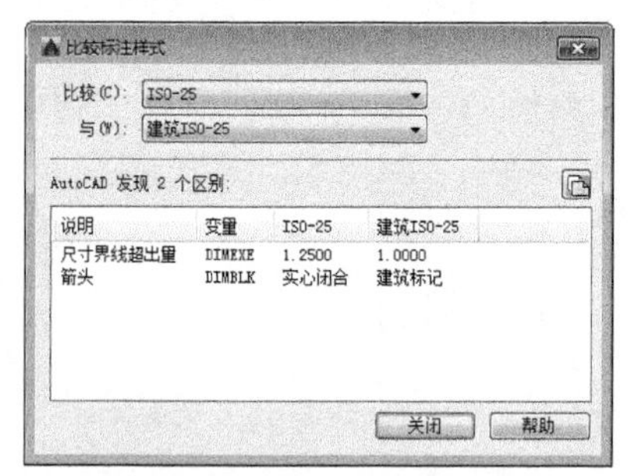

图 7-7 【比较标注样式】对话框

【创建新标注样式】对话框中各按钮的含义介绍如下。

◆【基础样式】：在该下拉列表框中选择一种基础样式，新样式将在该基础样式的基础上进行修改。

◆【注释性】：勾选该【注释性】复选框，可将标注定义成可注释对象。

◆【用于】下拉列表：选择其中的一种标注，即可创建一种仅适用于该标注类型（如仅用于直径标注、线性标注等）的标注子样式，如图 7-8 所示。

设置了新样式的名称、基础样式和适用范围后，单击该对话框中的【继续】按钮，系统弹出【新建标注样式】对话框，在上方 7 个选项卡中可以设置标注中的直线、符号和箭头、文字、单位等内容，如图 7-9 所示。

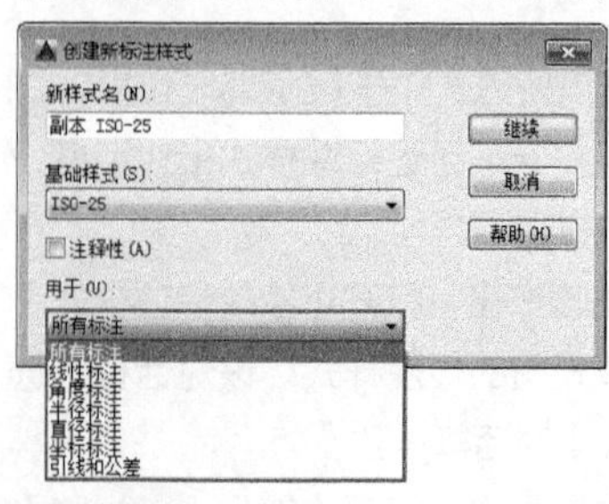

图 7-8 用于选定的标注

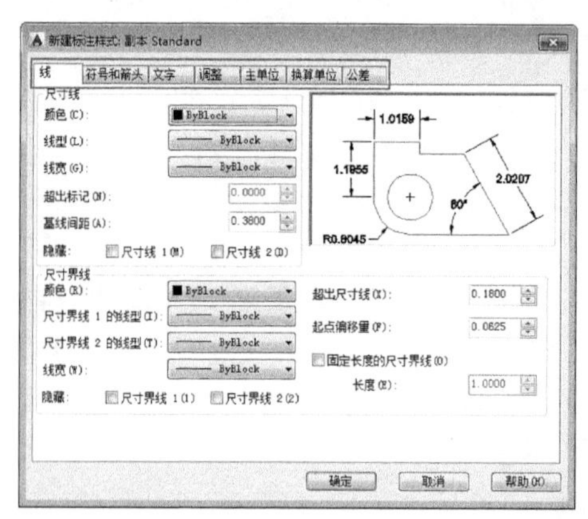

图 7-9 【新建标注样式】对话框

操作技巧

AutoCAD 2016中的标注按类型分的话，只有“线性标注”“角度标注”“半径标注”“直径标注”“坐标标注”“引线标注”6个类型。

7.2.2 设置标注样式 ★重点★

在上文新建标注样式的介绍中，打开【新建标注样式】对话框之后的操作是最重要的，这也是本小节所要着重讲解的。在【新建标注样式】对话框中可以设置尺寸标注的各种特性，对话框中有【线】、【符号和箭头】、【文字】、【调整】、【主单位】、【换算单位】和【公差】共 7 个选项卡，如图 7-9 所示，每一个选项卡对应一种特性的设置，分别介绍如下。

1 【线】选项卡

切换到【新建标注样式】对话框中的【线】选项卡，如图 7-9 所示，可见【线】选项卡中包括【尺寸线】和【尺寸界线】两个选项组。在该选项卡中可以设置尺寸线、尺寸界线的格式和特性。

【尺寸线】选项组

◆【颜色】：用于设置尺寸线的颜色，一般保持默认值“Byblock”（随块）即可。也可以使用变量 DIMCLRD 设置。

◆【线型】：用于设置尺寸线的线型，一般保持默认值“Byblock”（随块）即可。

◆【线宽】：用于设置尺寸线的线宽，一般保持默认值“Byblock”（随块）即可。也可以使用变量 DIMLWD 设置。

◆【超出标记】：用于设置尺寸线超出量。若尺寸线两端是箭头，则此框无效；若在对话框的【符号和箭头】选项卡中设置了箭头的形式是“倾斜”和“家具标记”时，可以设置尺寸线超过尺寸界线外的距离，如图 7-10 所示。

◆【基线间距】：用于设置基线标注中尺寸线之间的间距。

◆【隐藏】：【尺寸线 1】和【尺寸线 2】分别控制了第一条和第二条尺寸线的可见性，如图 7-11 所示。

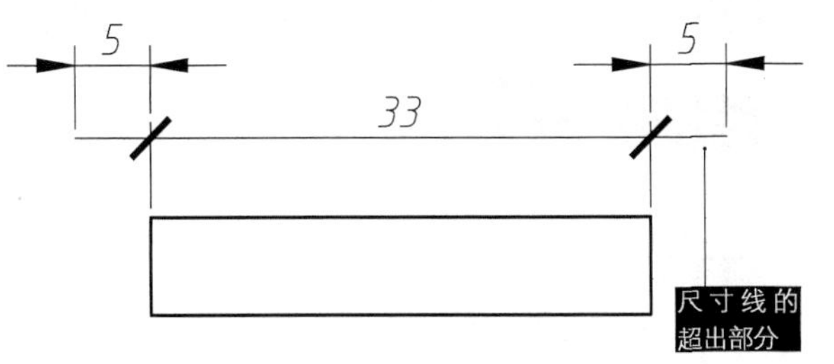

图 7-10 【超出标记】设置为 5 时的示例

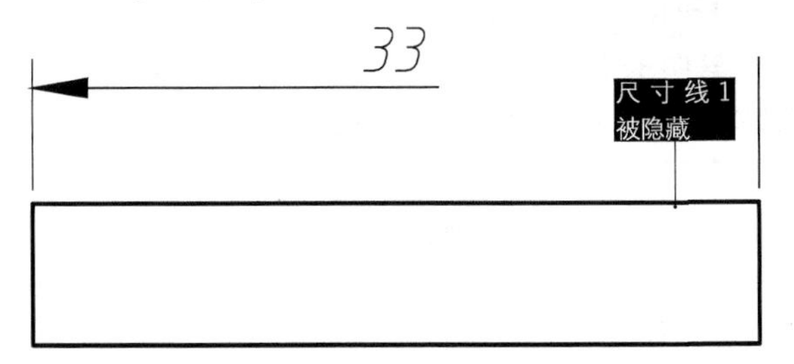

图 7-11 【隐藏尺寸线 1】效果图

◎【尺寸界线】选项组

◆【颜色】：用于设置延伸线的颜色，一般保持默认值“Byblock”（随块）即可。也可以使用变量 DIMCLRD 设置。

◆【线型】：分别用于设置【尺寸界线 1】和【尺寸界线 2】的线型，一般保持默认值“Byblock”（随块）即可。

◆【线宽】：用于设置延伸线的宽度，一般保持默认值“Byblock”（随块）即可。也可以使用变量 DIMLWD 设置。

◆【隐藏】：【尺寸界线 1】和【尺寸界线 2】分别控制了第一条和第二条尺寸界线的可见性。

◆【超出尺寸线】：控制尺寸界线超出尺寸线的距离，如图 7-12 所示。

◆【起点偏移量】：控制尺寸界线起点与标注对象端点的距离，如图 7-13 所示。

图 7-12 【超出尺寸线】设置为 5 时的示例

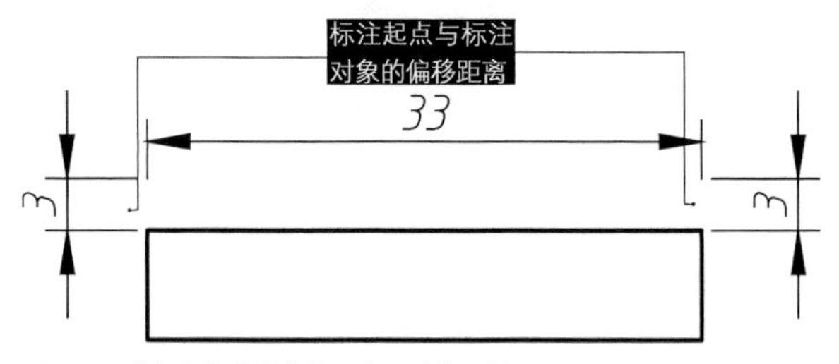

图 7-13 【起点偏移量】设置为 3 时的示例

操作技巧

如果是在机械制图的标注中，为了区分尺寸标注和被标注对象，用户应使尺寸界线与标注对象不接触，因此尺寸界线的【起点偏移量】一般设置为2~3mm。

2 【符号和箭头】选项卡

【符号和箭头】选项卡中包括【箭头】、【圆心标记】、【折断标注】、【弧长符号】、【半径折弯标注】和【线性折弯标注】共 6 个选项组，如图 7-14 所示。

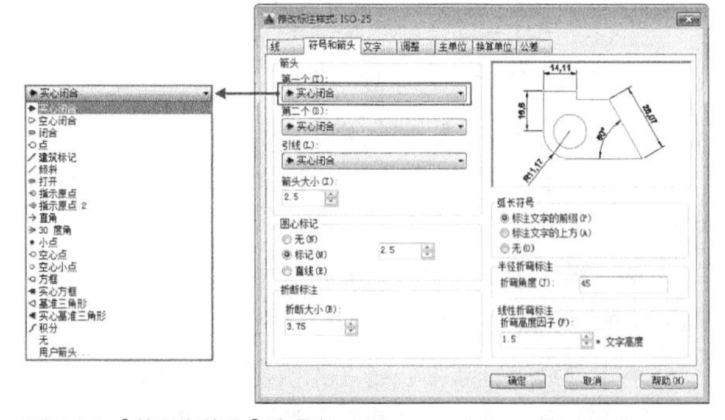

图 7-14 【符号和箭头】选项卡

◎【箭头】选项组

◆【第一个】以及【第二个】：用于选择尺寸线两端的箭头样式。在家具绘图中通常设为“家具标注”或“倾斜”样式，如图 7-15 所示；机械制图中通常设为“箭头”样式，如图 7-16 所示。

◆【引线】：用于设置快速引线标注（命令：LE）中的箭头样式，如图 7-17 所示。

◆【箭头大小】：用于设置箭头的大小。

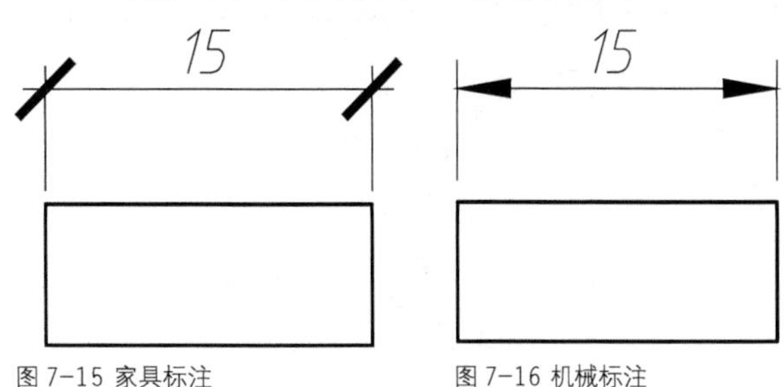

图 7-15 家具标注 图 7-16 机械标注

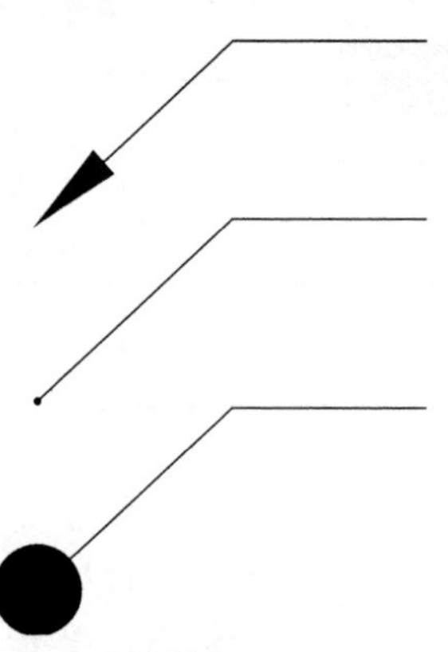

图 7-17 引线样式

> **操作技巧**
>
> Auto CAD中提供了19种箭头，如果选择了第一个箭头的样式，第二个箭头会自动选择和第一个箭头一样的样式。也可以在第二个箭头下拉列表中选择不同的样式。

◎【圆心标记】选项组

圆心标记是一种特殊的标注类型，在使用【圆心标记】时，可以在圆弧中心生成一个标注符号，【圆心标记】选项组用于设置圆心标记的样式。各选项的含义如下。

◆【无】：使用【圆心标记】命令时，无圆心标记，如图 7-18 所示。

◆【标记】：创建圆心标记。在圆心位置将会出现小十字架，如图 7-19 所示。

◆【直线】创建中心线。在使用【圆心标记】命令时，十字架线将会延伸到圆或圆弧外边，如图 7-20 所示。

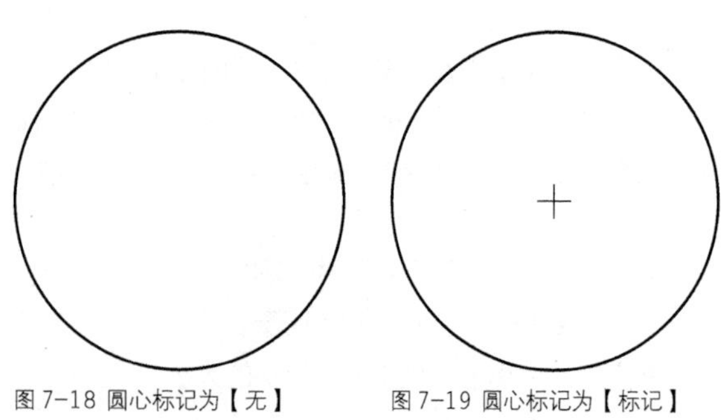

图 7-18 圆心标记为【无】　　图 7-19 圆心标记为【标记】

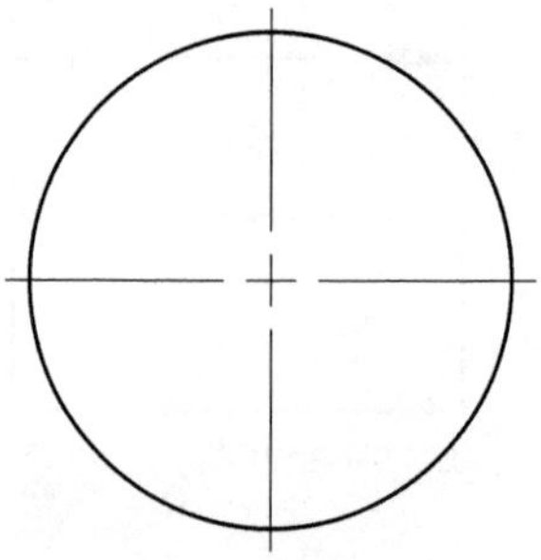

图 7-20 圆心标记为【直线】

> **操作技巧**
>
> 可以取消选中【调整】选项卡中的【在尺寸界线之间绘制尺寸线】复选框，这样就能在标注直径或半径尺寸时，同时创建圆心标记，如图7-21所示。

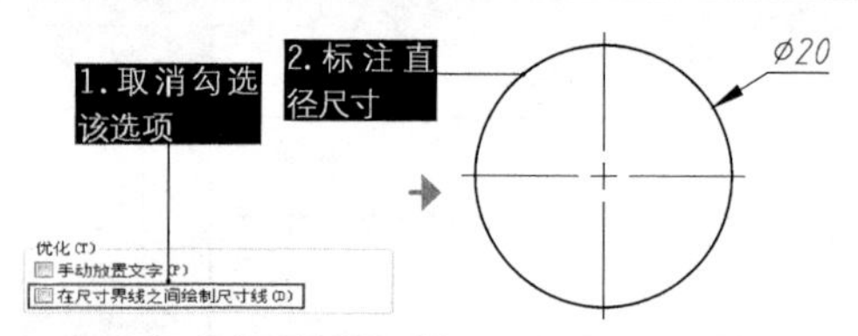

图 7-21 标注时同时创建尺寸与圆心标记

◎【折断标注】选项组

其中的【折断大小】文本框可以设置在执行DIMBREAK【标注打断】命令时标注线的打断长度。

◎【弧长符号】选项组

在该选项组中可以设置弧长符号的显示位置，包括【标注文字的前缀】、【标注文字的上方】和【无】3种方式，如图 7-22 所示。

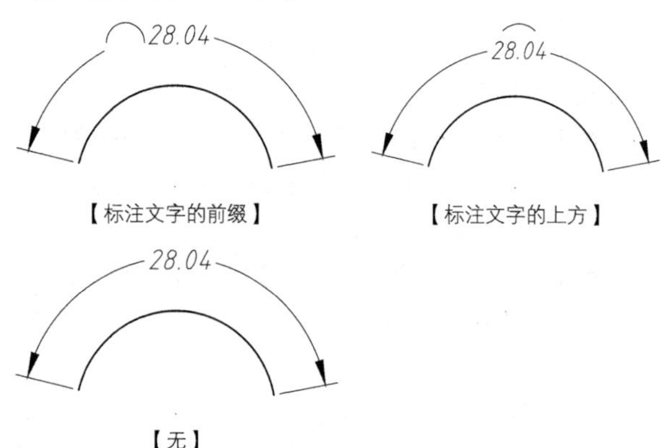

图 7-22 弧长标注的类型

◎【半径折弯标注】选项组

其中的【折弯角度】文本框可以确定折弯半径标注中，尺寸线的横向角度，其值不能大于 90°。

◎【线性折弯标注】选项组

其中的【折弯高度因子】文本框可以设置折弯标注打断时折弯线的高度。

3 【文字】选项卡

【文字】选项卡包括【文字外观】、【文字位置】和【文字对齐】3个选项组，如图 7-23 所示。

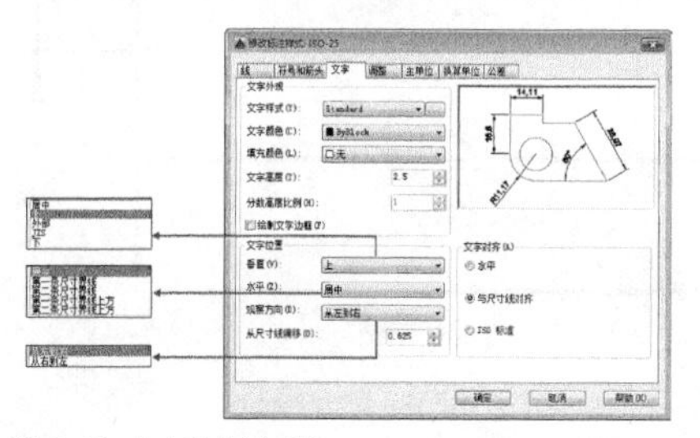

图 7-23 【文字】选项卡

◎【文字外观】选项组

◆【文字样式】：用于选择标注的文字样式。也可以单击其后的▭按钮，系统弹出【文字样式】对话框，选择文字样式或新建文字样式。

◆【文字颜色】：用于设置文字的颜色，一般保持默认值“Byblock”（随块）即可。也可以使用变量 DIMCLRT 设置。

◆【填充颜色】：用于设置标注文字的背景色。默认为“无”，如果图纸中尺寸标注很多，就会出现图形轮廓线、中心线、尺寸线与标注文字相重叠的情况，这时若将【填充颜色】设置为“背景”，即可有效改善图形，如图 7-24 所示。

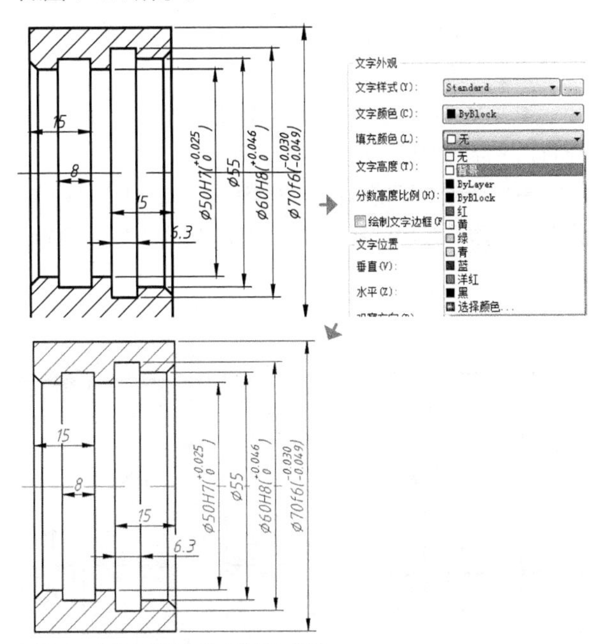

图 7-24 【填充颜色】为“背景”效果

◆【文字高度】：设置文字的高度，也可以使用变量 DIMCTXT 设置。

◆【分数高度比例】：设置标注文字的分数相对于其他标注文字的比例，AutoCAD 将该比例值与标注文字高度的乘积作为分数的高度。

◆【绘制文字边框】：设置是否给标注文字加边框。

◎【文字位置】选项组

◆【垂直】：用于设置标注文字相对于尺寸线在垂直方向的位置。【垂直】下拉列表中有【置中】、【上方】、【外部】和 JIS 等选项。选择【置中】选项可以把标注文字放在尺寸线中间；选择【上】选项将把标注文字放在尺寸线的上方；选择【外部】选项可以把标注文字放在远离第一定义点的尺寸线一侧；选择 JIS 选项则按 JIS 规则（日本工业标准）放置标注文字。各种效果如图 7-25 所示。

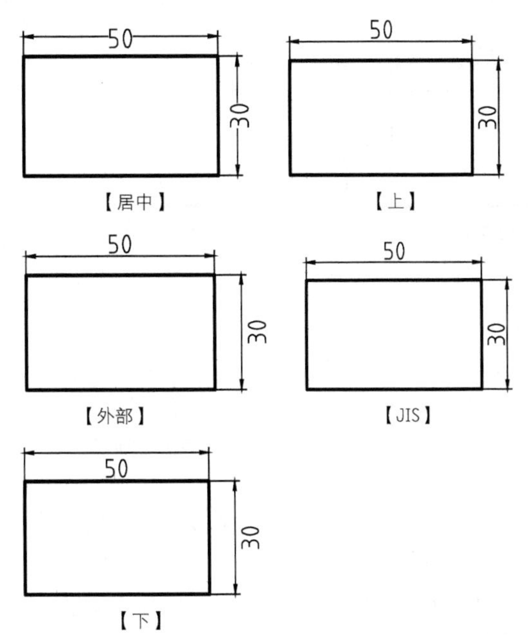

图 7-25 文字设置垂直方向的位置效果图

◆【水平】：用于设置标注文字相对于尺寸线和延伸线在水平方向的位置。其中水平放置位置有【居中】、【第一条尺寸界限】、【第二条尺寸界线】、【第一条尺寸界线上方】、【第二条尺寸界线上方】，各种效果如图 7-26 所示。

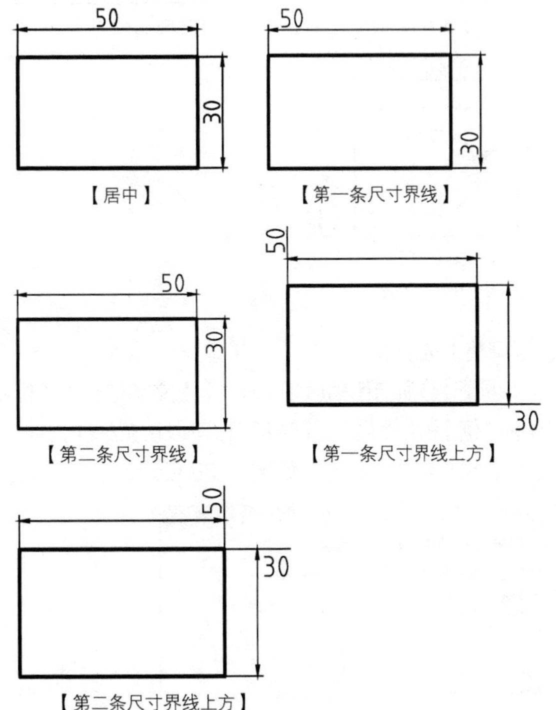

图 7-26 尺寸文字在水平方向上的相对位置

◆【从尺寸线偏移】：设置标注文字与尺寸线之间的距离，如图 7-27 所示。

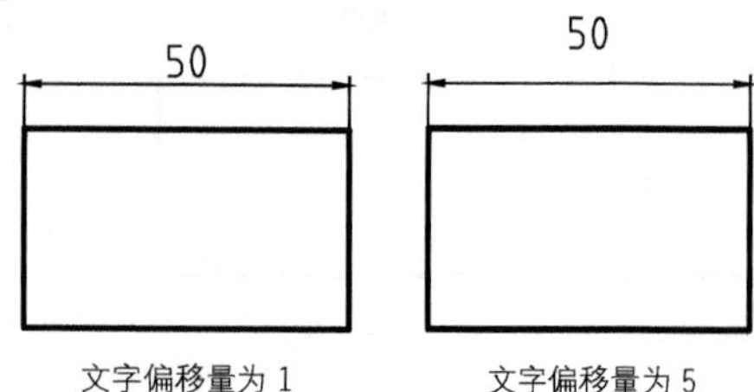

图 7-27 文字偏移量设置

◎【文字对齐】选项组

在【文字对齐】选项组中，可以设置标注文字的对齐方式，如图 7-28 所示。各选项的含义如下。

◆【水平】单选按钮：无论尺寸线的方向如何，文字始终水平放置。

◆【与尺寸线对齐】单选按钮：文字的方向与尺寸线平行。

◆【ISO 标准】单选按钮：按照 ISO 标准对齐文字。当文字在尺寸界线内时，文字与尺寸线对齐。当文字在尺寸界线外时，文字水平排列。

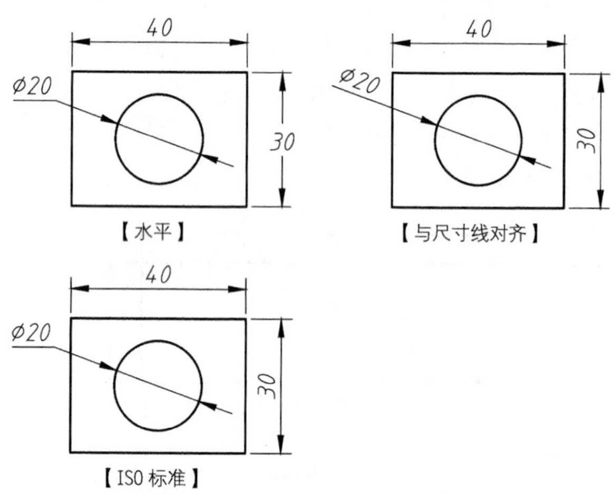

图 7-28 尺寸文字对齐方式

4 【调整】选项卡

【调整】选项卡包括【调整选项】、【文字位置】、【标注特征比例】和【优化】4 个选项组，可以设置标注文字、尺寸线、尺寸箭头的位置，如图 7-29 所示。

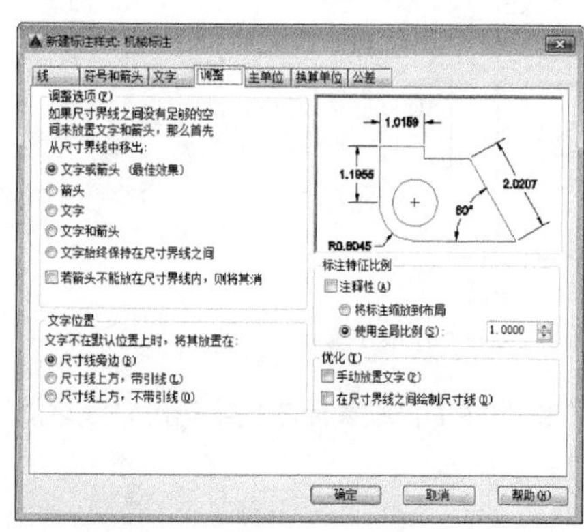

图 7-29 【调整】选项卡

◎【调整选项】选项组

在【调整选项】选项组中，可以设置当尺寸界线之间没有足够的空间同时放置标注文字和箭头时，应从尺寸界线之间移出的对象，如图 7-30 所示。各选项的含义如下。

◆【文字或箭头(最佳效果)】单选按钮：表示由系统选择一种最佳方式来安排尺寸文字和尺寸箭头的位置。

◆【箭头】单选按钮：表示将尺寸箭头放在尺寸界线外侧。

◆【文字】单选按钮：表示将标注文字放在尺寸界线外侧。

◆【文字和箭头】单选按钮：表示将标注文字和尺寸线都放在尺寸界线外侧。

◆【文字始终保持在尺寸界线之间】单选按钮：表示标注文字始终放在尺寸界线之间。

◆【若箭头不能放在尺寸界线内，则将其消除】单选按钮：表示当尺寸界线之间不能放置箭头时，不显示标注箭头。

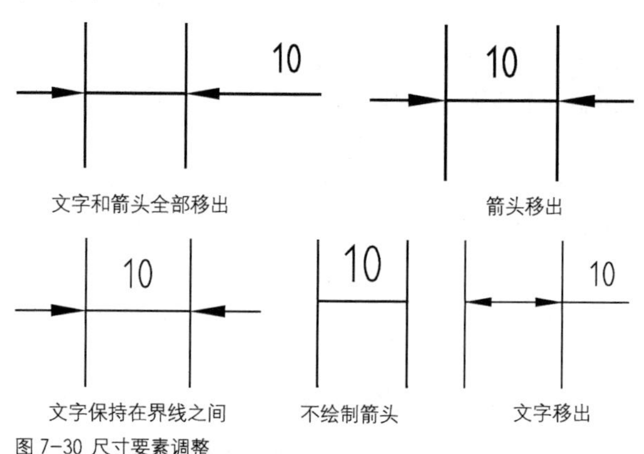

图 7-30 尺寸要素调整

◎【文字位置】选项组

在【文字位置】选项组中，可以设置当标注文字不在默认位置时应放置的位置，如图 7-31 所示。各选项的含义如下。

◆【尺寸线旁边】单选按钮：表示当标注文字在尺寸界线外部时，将文字放置在尺寸线旁边。

◆【尺寸线上方，带引线】单选按钮：表示当标注文字在尺寸界线外部时，将文字放置在尺寸线上方并加一条引线相连。

◆【尺寸线上方，不带引线】单选按钮：表示当标注文字在尺寸界线外部时，将文字放置在尺寸线上方，不加引线。

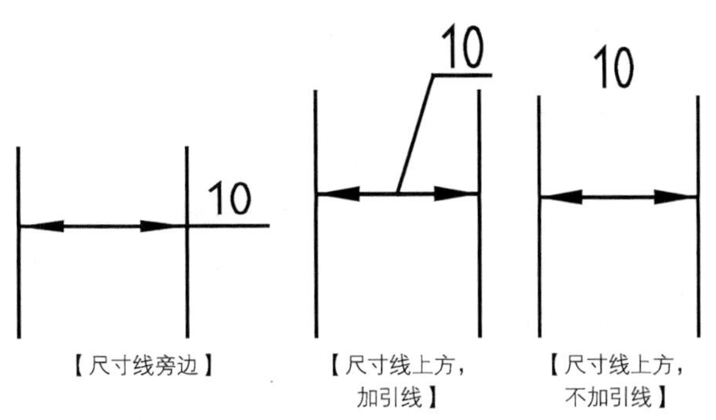

图 7-31 文字位置调整

【标注特征比例】选项组

在【标注特征比例】选项组中，可以设置标注尺寸的特征比例以便通过设置全局比例来调整标注的大小。各选项的含义如下。

◆【注释性】复选框：选择该复选框，可以将标注定义成可注释性对象。

◆【将标注缩放到布局】单选按钮：选中该单选按钮，可以根据当前模型空间视口与图纸之间的缩放关系设置比例。

◆【使用全局比例】单选按钮：选择该单选按钮，可以对全部尺寸标注设置缩放比例，该比例不改变尺寸的测量值，效果如图 7-32 所示。

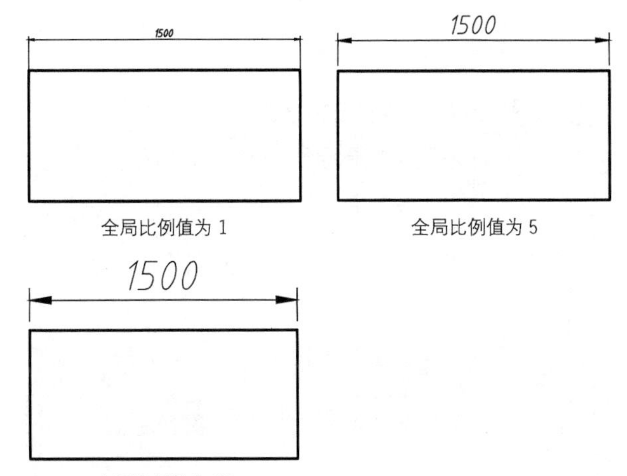

图 7-32 设置全局比例值

【优化】选项组

在【优化】选项组中，可以对标注文字和尺寸线进行细微调整。该选项区域包括以下两个复选框。

◆【手动放置文字】：表示忽略所有水平对正设置，并将文字手动放置在“尺寸线位置”的相应位置。

◆【在尺寸界线之间绘制尺寸线】：表示在标注对象时，始终在尺寸界线间绘制尺寸线。

5 【主单位】选项卡

【主单位】选项卡包括【线性标注】、【测量单位比例】、【消零】、【角度标注】和【消零】5 个选项组，如图 7-33 所示。

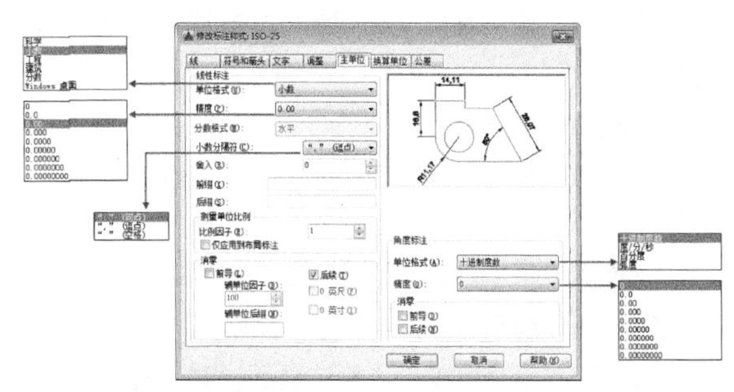

图 7-33 【主单位】选项卡

【主单位】选项卡可以对标注尺寸的精度进行设置，并能给标注文本加入前缀或者后缀等。

【线性标注】选项组

◆【单位格式】：设置除角度标注之外的其余各标注类型的尺寸单位，包括【科学】、【小数】、【工程】、【家具】、【分数】等选项。

◆【精度】：设置除角度标注之外的其他标注的尺寸精度。

◆【分数格式】：当单位格式是分数时，可以设置分数的格式，包括【水平】、【对角】和【非堆叠】3 种方式。

◆【小数分隔符】：设置小数的分隔符，包括【逗点】、【句点】和【空格】3 种方式。

◆【舍入】：用于设置除角度标注外的尺寸测量值的舍入值。

◆【前缀】和【后缀】：设置标注文字的前缀和后缀，在相应的文本框中输入字符即可。

【测量单位比例】选项组

使用【比例因子】文本框可以设置测量尺寸的缩放比例，AutoCAD 的实际标注值为测量值与该比例的积。选中【仅应用到布局标注】复选框，可以设置该比例关系仅适用于布局。

【消零】选项组

该选项组中包括【前导】和【后续】两个复选框。设置是否消除角度尺寸的前导和后续零，如图 7-34 所示。

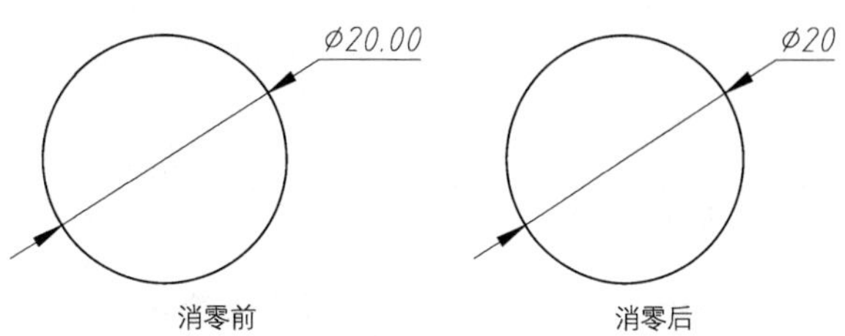

图 7-34 【后续】消零示例

【角度标注】选项组

◆【单位格式】：在此下拉列表框中设置标注角度时的单位。

◆【精度】：在此下拉列表框的设置标注角度的尺寸精度。

6 【换算单位】选项卡

【换算单位】选项卡包括【换算单位】、【消零】和【位置】3个选项组，如图7-35所示。

【换算单位】可以方便地改变标注的单位，通常我们用的就是公制单位与英制单位的互换。

选中【显示换算单位】复选框后，对话框的其他选项才可用，可以在【换算单位】选项组中设置换算单位的【单位格式】、【精度】、【换算单位倍数】、【舍入精度】、【前缀】及【后缀】等，方法与设置主单位的方法相同，在此不一一讲解。

7 【公差】选项卡

【公差】选项卡包括【公差格式】、【公差对齐】、【消零】、【换算单位公差】和【消零】5个选项组，如图7-36所示。

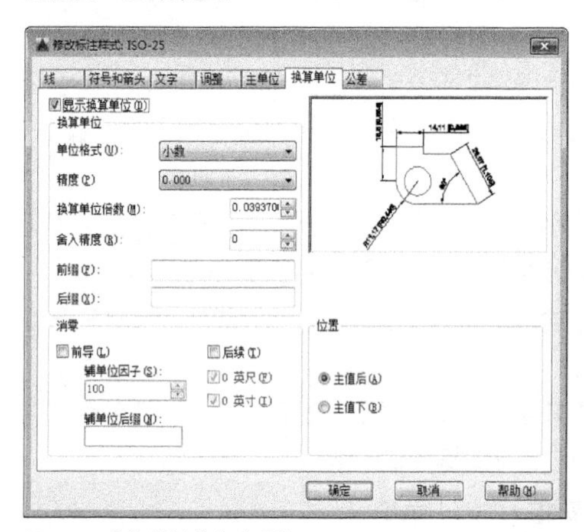

图7-35 【换算单位】选项卡

图7-36 【公差】选项卡

【公差】选项卡可以设置公差的标注格式，其中常用功能含义如下。

◆【方式】：在此下拉列表框中有表示标注公差的几种方式，如图7-37所示。

◆【上偏差和下偏差】设置尺寸上偏差、下偏差值。

◆【高度比例】：确定公差文字的高度比例因子。确定后，AutoCAD将该比例因子与尺寸文字高度之积作为公差文字的高度。

◆【垂直位置】：控制公差文字相对于尺寸文字的位置，包括【上】、【中】和【下】3种方式。

◆【换算单位公差】：当标注换算单位时，可以设置换算单位精度和是否消零。

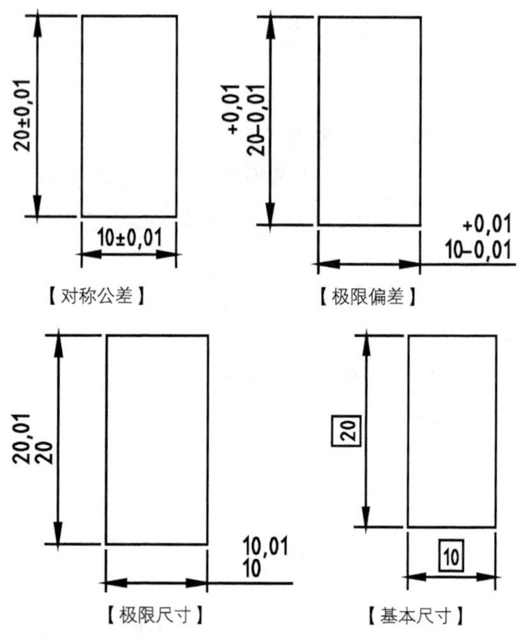

图7-37 公差的各种表示方式效果图

练习7-1 创建家具制图标注样式

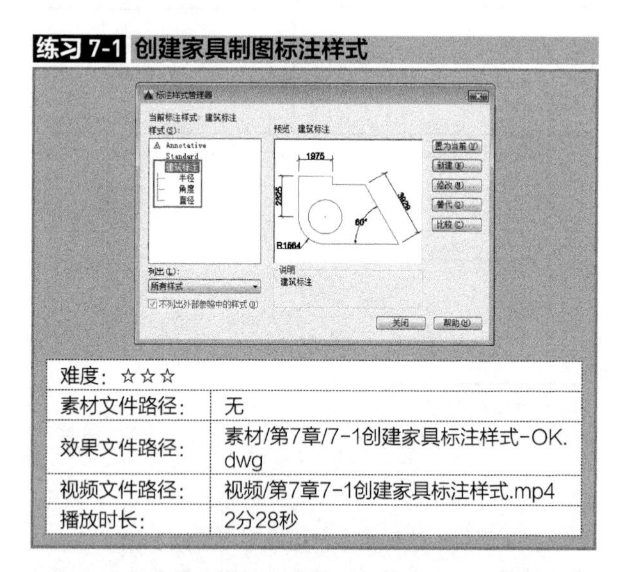

难度：☆☆☆	
素材文件路径：	无
效果文件路径：	素材/第7章/7-1创建家具标注样式-OK.dwg
视频文件路径：	视频/第7章7-1创建家具标注样式.mp4
播放时长：	2分28秒

家具标注样式可按《QB/T 1338-2012 家具制图》来进行设置。需要注意的是，家具制图中的线性标注箭头为斜线的家具标记，而半径、直径、角度标注则仍为实心箭头，因此在新建家具标注样式时要注意分开设置。

Step 01 新建空白文档，单击【注释】面板中的【标注样式】按钮，打开【标注样式管理器】对话框，如图

7-38所示。

Step 02 设置通用参数。单击【标注样式管理器】对话框中的【新建】按钮，打开【创建新标注样式】对话框，在其中输入【家具标注】样式名，如图7-39所示。

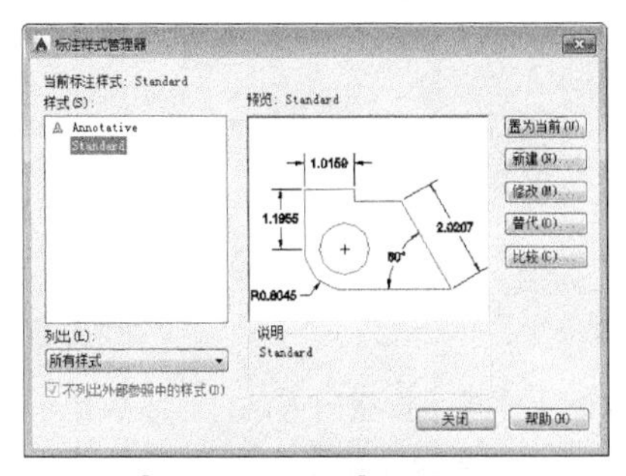

图 7-38 【标注样式管理器】对话框

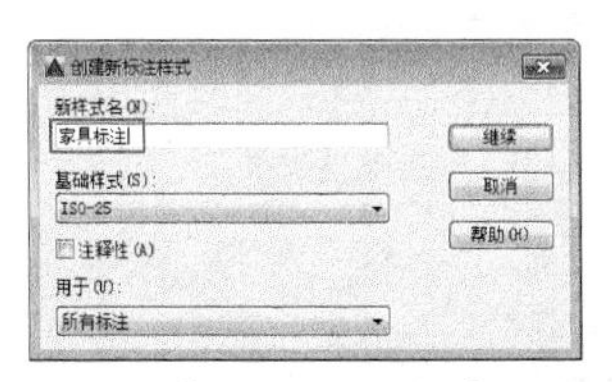

图 7-39 【创建新标注样式】对话框

Step 03 单击【创建新标注样式】对话框中的【继续】按钮，打开【新建标注样式：家具标注】对话框，选择【线】选项卡，设置【基线间距】为7，【超出尺寸线】为2，【起点偏移量】为3，如图7-40所示。

Step 04 选择【符号和箭头】选项卡，在【箭头】参数栏的【第一个】、【第二个】下拉列表中选择【家具标记】；在【引线】下拉列表中保持默认，最后设置箭头大小为2，如图7-41所示。

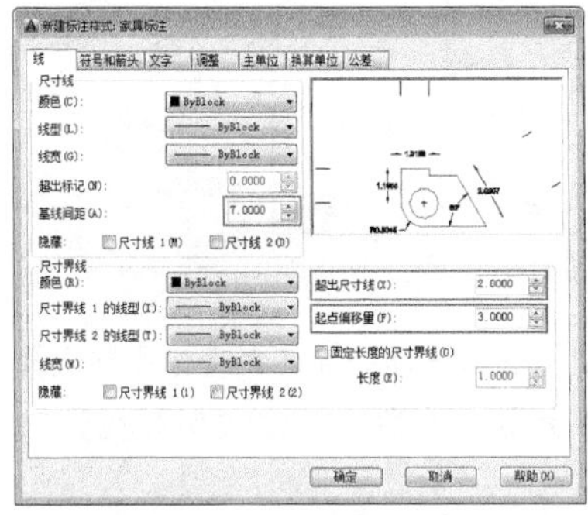

图 7-40 设置【线】选项卡中的参数

图 7-41 设置【箭头和文字】选项卡中的参数

Step 05 选择【文字】选项卡，设置【文字高度】为3.5，然后在文字位置区域中选择【上方】，文字对齐方式选择【与尺寸线对齐】，如图7-42所示。

Step 06 选择【调整】选项卡，因为家具图往往尺寸都非常巨大，因此设置全局比例为10，如图7-43所示。

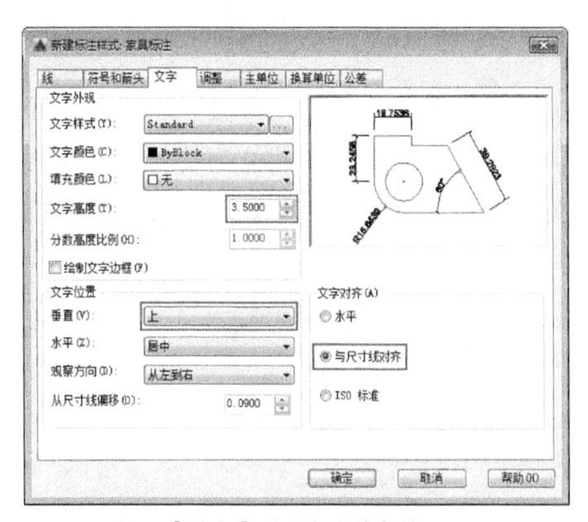

图 7-42 设置【文字】选项卡中的参数

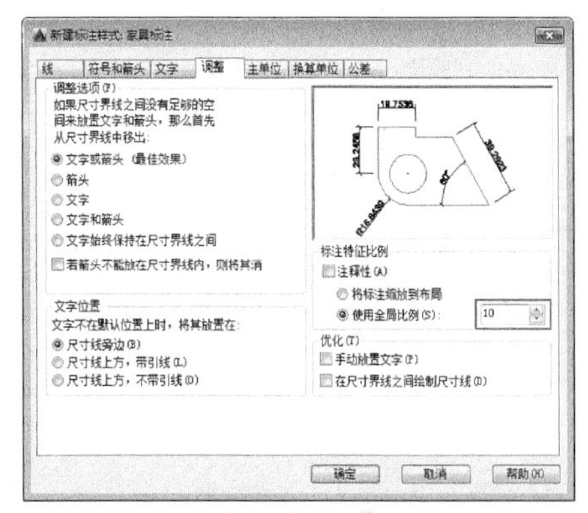

图 7-43 设置【调整】选项卡中的参数

Step 07 其余选项卡参数保持默认，单击【确定】按钮，返回【标注样式管理器】对话框。以上为家具标注的常规设置，接着再针对性地设置半径、直径、角度等标注样式。

Step 08 设置半径标注样式。在【标注样式管理器】对话框中选择创建好的【家具标注】，然后单击【新建】按钮，打开【创建新标注样式】对话框，输入新样式名为“半径”，在【基础样式】下拉列表中选择【半径标注】选项，如图7-44所示。

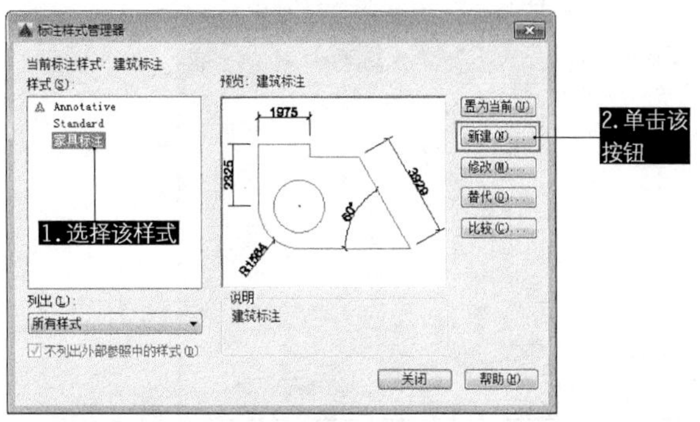

图 7-44 创建仅用于半径标注的样式

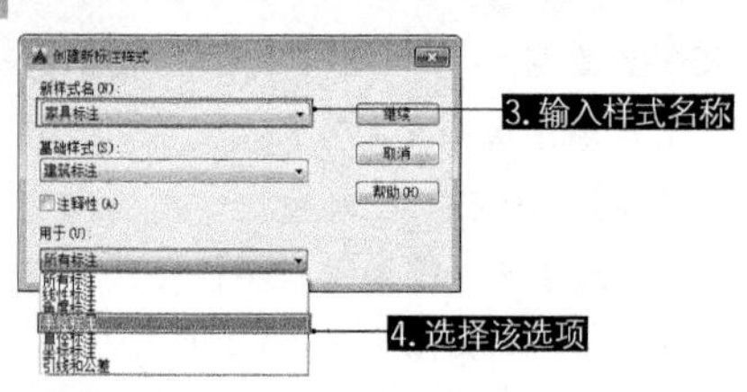

图 7-44 创建仅用于半径标注的样式（续）

Step 09 单击【继续】按钮，打开【新建标注样式：家具标注：半径】对话框，设置其中的箭头符号为【实心闭合】，文字对齐方式为【ISO标准】，其余选项卡参数不变，如图7-45所示。

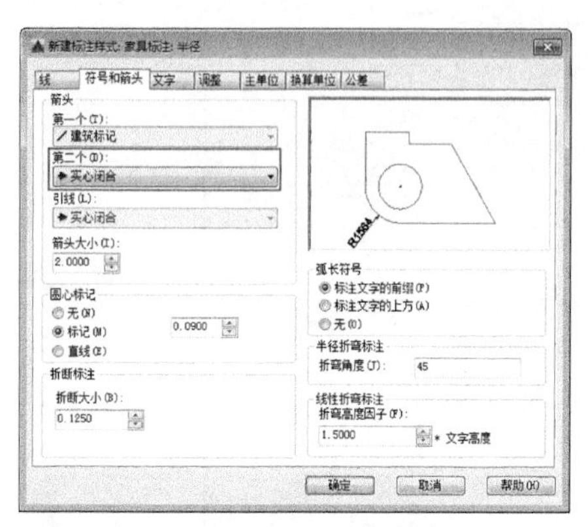

图 7-45 设置半径标注的参数

Step 10 单击【确定】按钮，返回【标注样式管理器】对话框，可在左侧的【样式】列表框中发现在【家具标注】下多出了一个【半径】分支，如图7-46所示。

Step 11 设置直径标注样式。按相同方法，设置仅用于直径的标注样式，结果如图7-47所示。

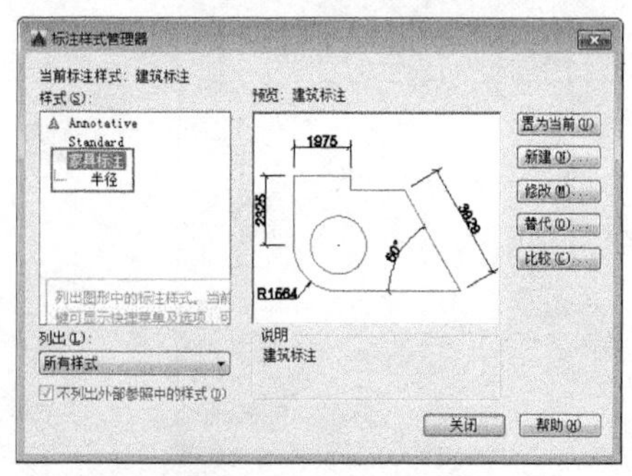

图 7-46 新创建的半径标注

图 7-47 设置直径标注的参数

Step 12 设置角度标注样式。按相同方法，设置仅用于角度的标注样式，结果如图7-48所示。

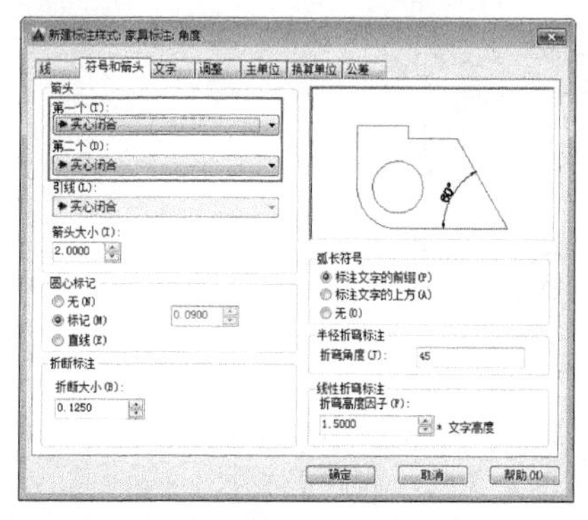

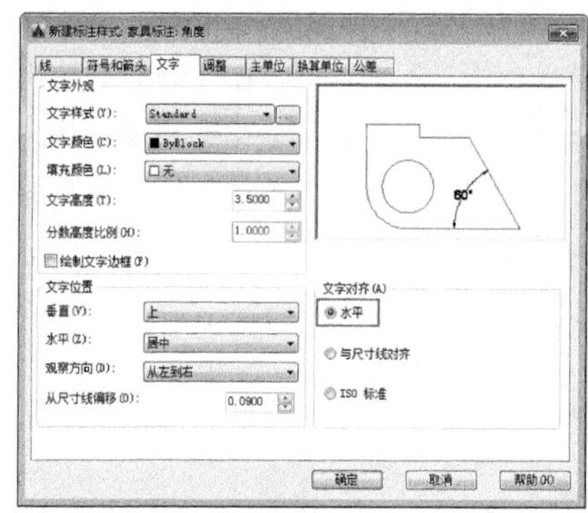

图 7-48 设置角度标注的参数

Step 13 设置完成之后的家具标注样式在【标注样式管理器】中如图7-49所示，典型的标注实例如图7-50所示。

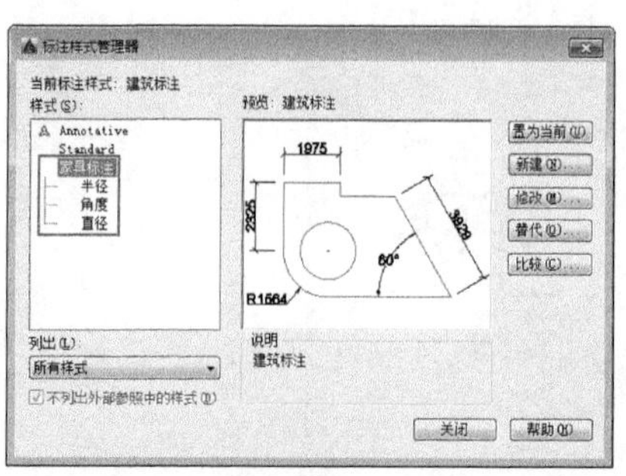

图 7-49 新创建的标注样式

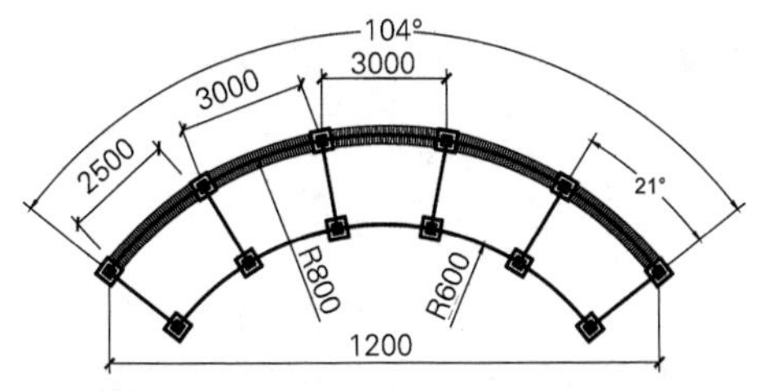

图 7-50 家具标注样例

练习 7-2 创建公制－英制的换算样式 ★进阶★

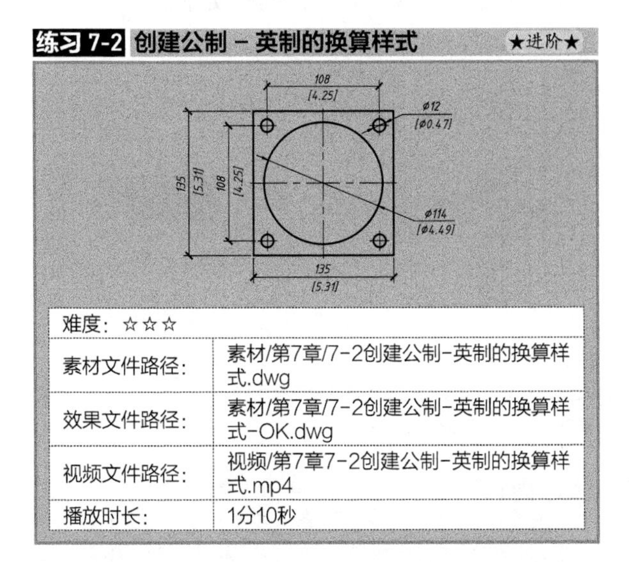

难度：☆☆☆	
素材文件路径：	素材/第7章/7-2创建公制-英制的换算样式.dwg
效果文件路径：	素材/第7章/7-2创建公制-英制的换算样式-OK.dwg
视频文件路径：	视频/第7章7-2创建公制-英制的换算样式.mp4
播放时长：	1分10秒

在现实的设计工作中，有时会碰到一些国外设计师所绘制的图纸，或绘图发往国外。此时就必须注意图纸上所标注的尺寸是“公制”还是“英制”。一般来说，图纸上如果标有单位标记，如 INCHES、in（英寸），或在标注数字后有“＇”标记，则为英制尺寸；反之，带有 METRIC、mm（毫米）字样的，则为公制尺寸。

1 in（英寸）= 25.4 mm（毫米），因此英制尺寸如果换算为我国所用的公制尺寸，需放大 25.4 倍，反之缩小 1/25.4（约 0.0393）。本例便通过新建标注样式的方式，在公制尺寸旁添加英制尺寸的参考，以高效、快速地完成尺寸换算。

Step 01 打开“第7章/7-2创建公制-英制的换算样式.dwg”素材文件，其中已绘制好一法兰零件图形，并已添加公制尺寸标注，如图7-51所示。

Step 02 单击【注释】面板中的【标注样式】按钮，打开【标注样式管理器】对话框，选择当前正在使用的【ISO-25】标注样式，单击【修改】按钮，如图7-52所示。

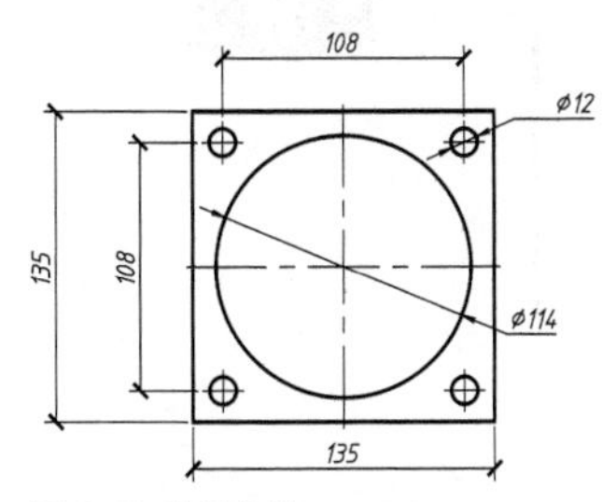

图 7-51 素材文件

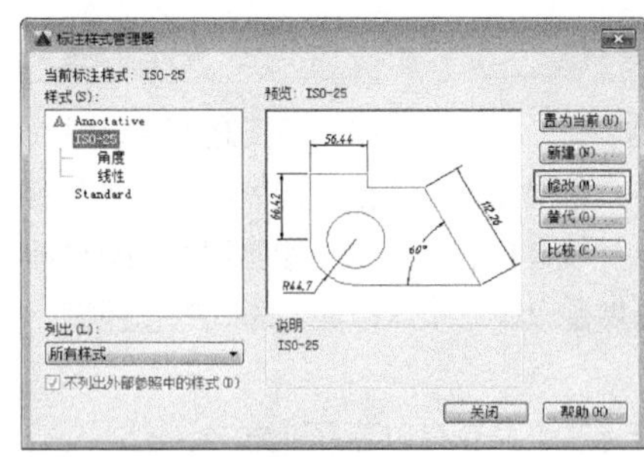

图 7-52 【标注样式管理器】对话框

Step 03 启用换算单位。打开【修改标注样式：ISO-25】对话框，切换到其中的【换算单位】选项卡，勾选【显示换算单位】复选框，然后在【换算单位倍数】文本框中输入0.0393701，即毫米换算至英寸的比例值，再在【位置】区域选择换算尺寸的放置位置，如图7-53所示。

Step 04 单击【确定】按钮，返回绘图区，可见在原标注区域的指定位置处添加了带括号的数值，该值即为英制尺寸，如图7-54所示。

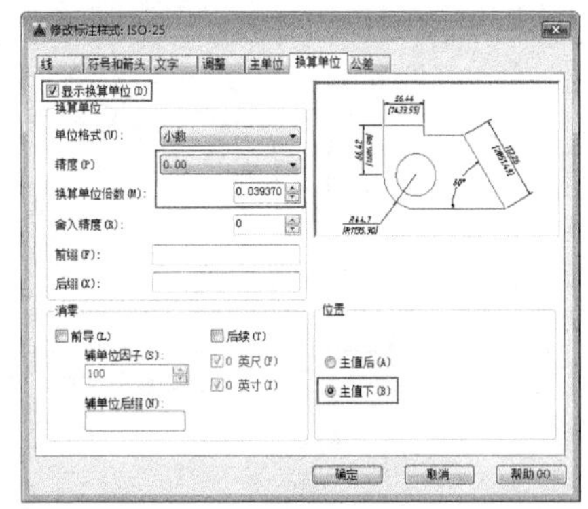

图 7-53 【修改标注样式】对话框

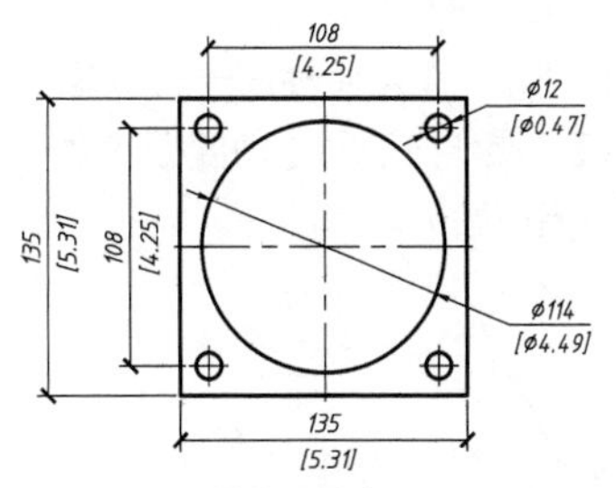

图 7-54 尺寸换算后的成品

7.3 标注的创建

为了更方便、快捷地标注图纸中的各个方向和形式的尺寸，AutoCAD 2016 提供了智能标注、线性标注、径向标注、角度标注和多重引线标注等多种标注类型。掌握这些标注方法可以为各种图形灵活添加尺寸标注，使其成为生产制造或施工的依据。

7.3.1 智能标注 ★重点★

【智能标注】命令为AutoCAD 2016的新增功能，可以根据选定的对象类型自动创建相应的标注，如选择一条线段，则创建线性标注；选择一段圆弧，则创建半径标注。可以看做是以前【快速标注】命令的加强版。

•执行方式

执行【智能标注】命令有以下几种方式。

◆功能区：在【默认】选项卡中，单击【注释】面板中的【标注】按钮。

◆命令行：DIM。

•操作步骤

使用上面任一种方式启动【智能标注】命令，将鼠标置于对应的图形对象上，就会自动创建出相应的标注，如图7-55所示。如果需要，可以使用命令行选项更改标注类型。具体操作命令行提示如下。

```
选择对象或指定第一个尺寸界线原点或 [角度(A)/基线(B)/连续(C)/坐标(O)/对齐(G)/分发(D)/图层(L)/放弃(U)]:
//选择图形或标注对象
```

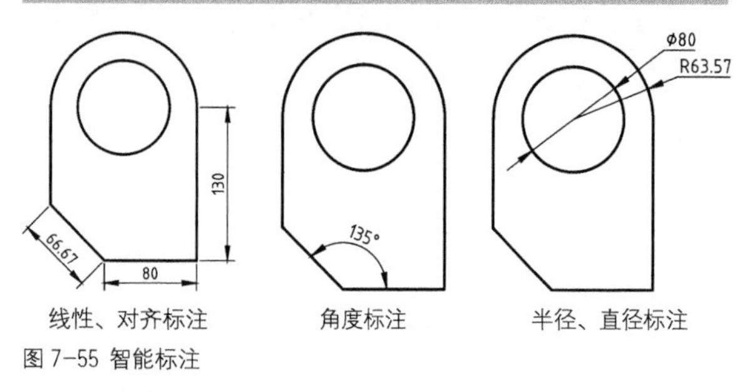

图7-55 智能标注

•选项说明

命令行中各选项的含义说明如下。

◆"角度（A）"：创建一个角度标注来显示3个点或两条直线之间的角度，操作方法同【角度标注】，如图7-56所示。命令行操作如下。

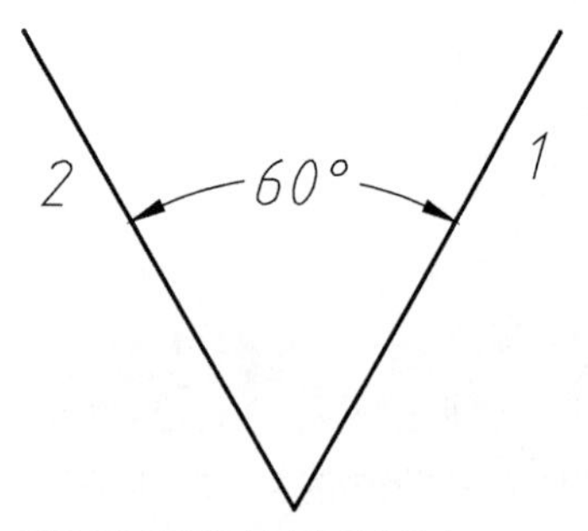

图7-56 "角度（A）"标注尺寸

```
命令: _dim                              //执行【智能标注】命令
选择对象或指定第一个尺寸界线原点或 [角度(A)/基线(B)/连续(C)/坐标(O)/对齐(G)/分发(D)/图层(L)/放弃(U)]:A↙
                                        //选择"角度"选项
选择圆弧、圆、直线或 [顶点(V)]:
                                        //选择第1个对象
选择直线以指定角度的第二条边:
                                        //选择第2个对象
指定角度标注位置或 [多行文字(M)/文字(T)/文字角度(N)/放弃(U)]:                     //放置角度
```

◆"基线（B）"：从上一个或选定标准的第一条界线创建线性、角度或坐标标注，操作方法同【基线标注】，如图7-57所示。命令行操作如下。

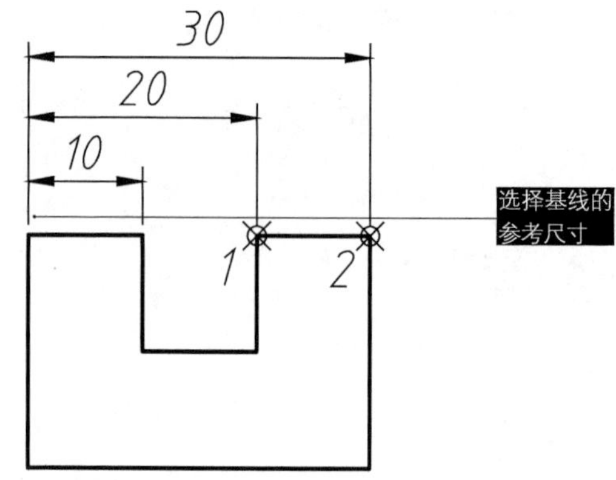

图7-57 "基线（B）"标注尺寸

```
命令: _dim                              //执行【智能标注】命令
选择对象或指定第一个尺寸界线原点或 [角度(A)/基线(B)/连续(C)/坐标(O)/对齐(G)/分发(D)/图层(L)/放弃(U)]:  B↙
//选择"基线"选项
当前设置: 偏移 (DIMDLI) = 3.750000   //当前的基线标注参数
指定作为基线的第一个尺寸界线原点或 [偏移(O)]:  //选择基线的参考尺寸
指定第二个尺寸界线原点或 [选择(S)/偏移(O)/放弃(U)] <选择>:
标注文字 = 20                    //选择基线标注的下一点1
指定第二个尺寸界线原点或 [选择(S)/偏移(O)/放弃(U)] <选择>:
标注文字 = 30                    //选择基线标注的下一点2
……                               //按Enter键结束命令
```

◆"连续（C）"：从选定标注的第二条尺寸界线创建线性、角度或坐标标注，操作方法同【连续标注】，如图7-58所示。命令行操作如下。

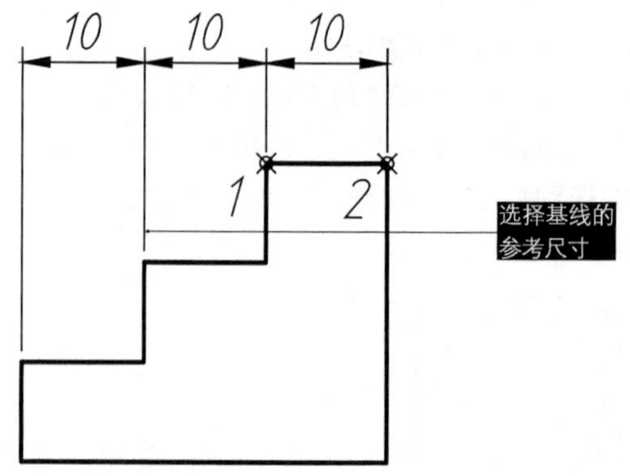

图7-58 "连续（C）"标注尺寸

```
命令: _dim                          //执行【智能标注】命令
选择对象或指定第一个尺寸界线原点或 [角度(A)/基线(B)/连
续(C)/坐标(O)/对齐(G)/分发(D)/图层(L)/放弃(U)]:   C↙
//选择"连续"选项
指定第一个尺寸界线原点以继续:      //选择标注的参考尺寸
指定第二个尺寸界线原点或 [选择(S)/放弃(U)] <选择>:
标注文字 = 10                      //选择连续标注的下一点1
指定第二个尺寸界线原点或 [选择(S)/放弃(U)] <选择>:
标注文字 = 10                      //选择连续标注的下一点2
……下略……                          //按Enter键结束命令
```

◆ "坐标（O）"：创建坐标标注，提示选取部件上的点，如端点、交点或对象中心点，如图 7-59 所示。命令行操作如下。

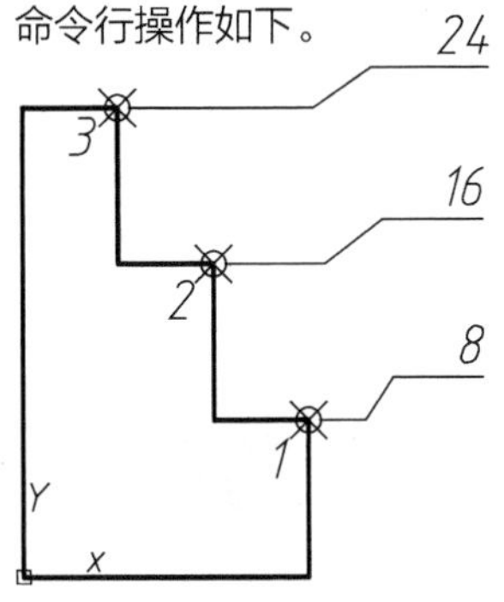

图 7-59 "坐标（O）"标注尺寸

```
命令: _dim                          //执行【智能标注】命令
选择对象或指定第一个尺寸界线原点或[角度(A)/基线(B)/连
续(C)/坐标(O)/对齐(G)/分发(D)/图层(L)/放弃(U)]:   O↙
                                    //选择"坐标"选项
指定点坐标或 [放弃(U)]:        //选择点1
指定引线端点或 [X基准(X)/Y基准(Y)/多行文字(M)/文字(T)/
角度(A)/放弃(U)]:
标注文字 = 8
指定点坐标或 [放弃(U)]:        /选择点2
指定引线端点或[X基准(X)/Y基准(Y)/多行文字(M)/文字(T)/角
度(A)/放弃(U)]:
标注文字 = 16
指定点坐标或 [放弃(U)]:↙      //按Enter键结束命令
```

◆ "对齐（G）"：将多个平行、同心或同基准的标注对齐到选定的基准标注，用于调整标注，让图形看起来工整、简洁，如图 7-60 所示，命令行操作如下。

```
命令: _dim                          //执行【智能标注】命令
选择对象或指定第一个尺寸界线原点或 [角度(A)/基线(B)/连
续(C)/对齐(G)/分发(D)/图层(L)/放弃(U)]:G↙
                                    //选择"对齐"选项
选择基准标注:                       //选择基准标注10
选择要对齐的标注:找到 1 个    //选择要对齐的标注12
选择要对齐的标注:找到 1 个，总计 2 个
                                    //选择要对齐的标注15
选择要对齐的标注: ↙              //按Enter键结束命令
```

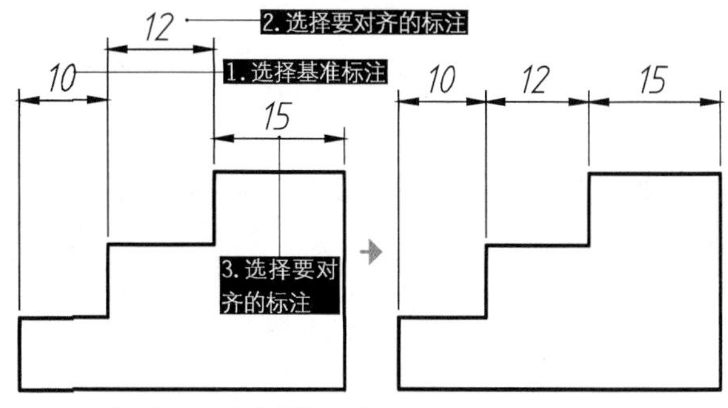

图 7-60 "对齐（G）"选项修改标注

知识链接

该操作也可以通过DIMSPACE【调整间距】命令来完成。详见本章第7.4.2小节。

◆ "分发（D）"：指定可用于分发一组选定的孤立线性标注或坐标标注的方法，可将标注按一定间距隔开，如图 7-61 所示。命令行操作如下。

```
命令: _dim                          //执行【智能标注】命令
选择对象或指定第一个尺寸界线原点或 [角度(A)/基线(B)/连
    续(C)/对齐(G)/分发(D)/图层(L)/放弃(U)]:D↙
                                    //选择"分发"选项
当前设置: 偏移 (DIMDLI) = 6.000000
                                    //当前"分发"选项的参数设
                  置，偏移值即为间距值
指定用于分发标注的方法 [相等(E)/偏移(O)] <相等>:O
          //选择"偏移"选项选择基准标注或 [偏移(O)]:
                  //选择基准标注10
选择要分发的标注或 [偏移(O)]:找到 1 个
                        //选择要隔开的标注12
选择要分发的标注或 [偏移(O)]:找到 1 个，总计 2 个
                        //选择要隔开的标注15
选择要分发的标注或 [偏移(O)]: ↙
                    //按Enter键结束命令
```

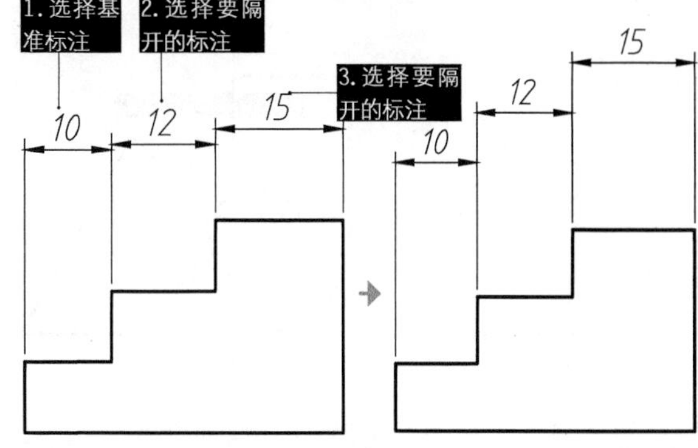

图 7-61 "分发（D）"选项修改标注

知识链接

该操作也可以通过DIMSPACE【调整间距】命令来完成。详见本章第7.4.2小节。

◆ “图层（L）”：为指定的图层指定新标注，以替代当前图层。输入 Use Current 或“.”以使用当前图层。

练习 7-3 使用智能标注注释图形 ★重点★

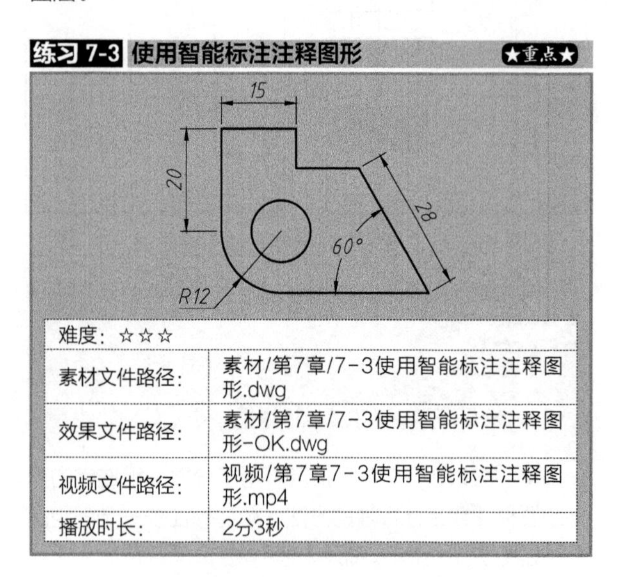

难度：☆☆☆	
素材文件路径：	素材/第7章/7-3使用智能标注注释图形.dwg
效果文件路径：	素材/第7章/7-3使用智能标注注释图形-OK.dwg
视频文件路径：	视频/第7章7-3使用智能标注注释图形.mp4
播放时长：	2分3秒

如果读者在使用 AutoCAD 2016 之前，有用过 UG、Solidworks 或天正 CAD 等设计软件的话，那对【智能标注】命令的操作肯定不会感到陌生。传统的 AutoCAD 标注方法需要根据对象的类型来选择不同的标注命令，这种方式效率低下，已不合时宜。因此，快速选择对象，实现无差别标注的方法就应运而生，本例便仅通过【智能标注】对图形添加标注，读者也可以使用传统方法进行标注，以此来比较二者之间的差异。

Step 01 打开“第7章/7-3 使用智能标注注释图形.dwg”素材文件，其中已绘制好一示例图形，如图7-62所示。

Step 02 标注水平尺寸。在【默认】选项卡中，单击【注释】面板上的【标注】按钮，然后移动光标至图形上方的水平线段，系统自动生成线性标注，如图7-63所示。

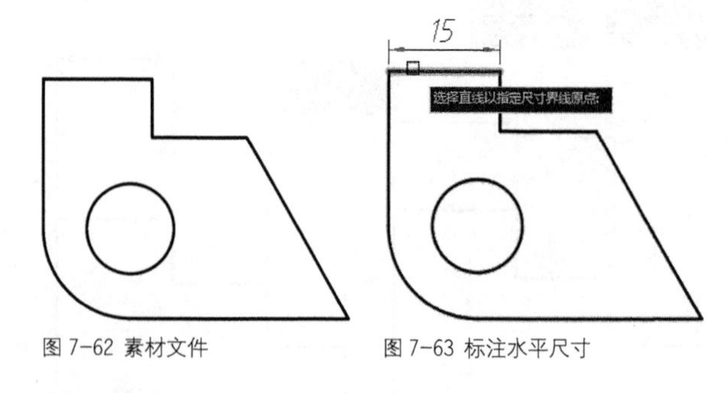

图 7-62 素材文件　　图 7-63 标注水平尺寸

Step 03 标注竖直尺寸。放置好上步骤创建的尺寸，即可继续执行【智能标注】命令。接着选择图形左侧的竖直线段，即可得到图7-64所示的竖直尺寸。

Step 04 标注半径尺寸。放置好竖直尺寸，接着选择左下角的圆弧段，即可创建半径标注，如图7-65所示。

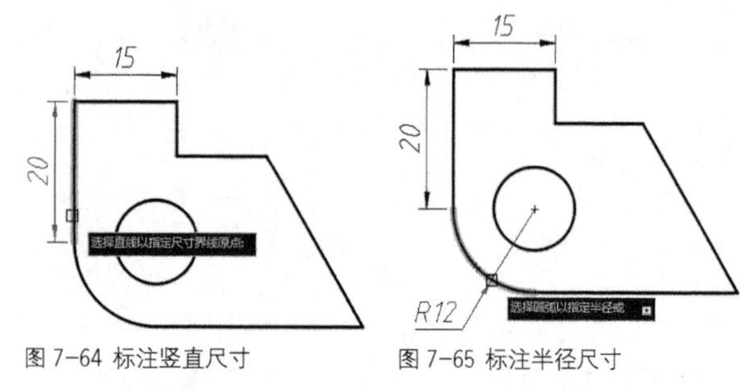

图 7-64 标注竖直尺寸　　图 7-65 标注半径尺寸

Step 05 标注角度尺寸。放置好半径尺寸，继续执行【智能标注】命令。选择图形底边的水平线，然后不要放置标注，直径选择右侧的斜线，即可创建角度标注，如图7-66所示。

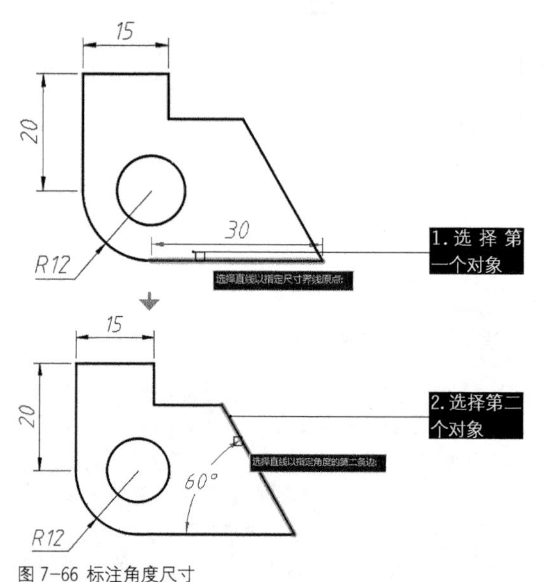

图 7-66 标注角度尺寸

Step 06 创建对齐标注。放置角度标注之后，移动光标至右侧的斜线，得到如图7-67所示的对齐标注。

Step 07 单击Enter键结束【智能标注】命令，最终标注结果如图7-68所示。读者也可自行使用【线性】、【半径】等传统命令进行标注，以比较两种方法之间的异同，来选择自己所习惯的一种。

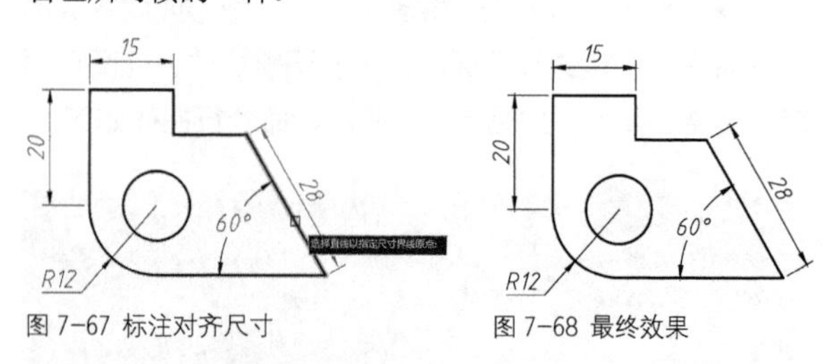

图 7-67 标注对齐尺寸　　图 7-68 最终效果

7.3.2 线性标注 ★重点★

可以使用水平、竖直或旋转的尺寸线创建线性的标注尺寸。【线性标注】仅用于标注任意两点之间的水平或竖直方向的距离。

• 执行方式

执行【线性标注】命令的方法有以下几种。

◆功能区：在【默认】选项卡中，单击【注释】面板中的【线性】按钮，如图 7-69 所示。

◆菜单栏：选择【标注】|【线性】命令，如图 7-70 所示。

◆命令行：DIMLINEAR 或 DLI。

图 7-69 【注释】面板中的【线性】按钮

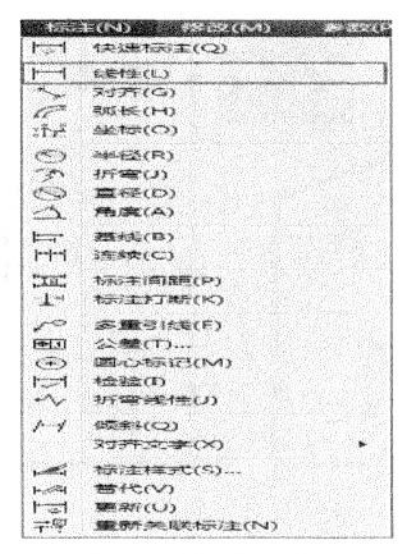

图 7-70 【线性】菜单命令

• 操作步骤

执行【线性标注】命令后，依次指定要测量的两点，即可得到线性标注尺寸。命令行操作提示如下。

```
命令: _dimlinear                    //执行【线性标注】命令
指定第一个尺寸界线原点或 <选择对象>:
                                    //指定测量的起点
指定第二条尺寸界线原点:             //指定测量的终点
指定尺寸线位置或                    //放置标注尺寸，结束操作
```

• 选项说明

执行【线性标注】命令后，有两种标注方式，即【指定原点】和【选择对象】。这两种方式的操作方法与区别介绍如下。

1 指定原点

默认情况下，在命令行提示下指定第一条尺寸界线的原点，并在“指定第二条尺寸界线原点”提示下指定第二条尺寸界线原点，命令提示行如下。

```
指定尺寸线位置或[多行文字(M)/文字(T)/角度(A)/水平(H)/垂直(V)/旋转(R)]:
```

因为线性标注有水平和竖直方向两种可能，因此指定尺寸线的位置后，尺寸值才能够完全确定。以上命令行中其他选项的功能说明如下。

◆“多行文字（C）”：选择该选项将进入多行文字编辑模式，可以使用【多行文字编辑器】对话框输入并设置标注文字。其中，文字输入窗口中的尖括号（< >）表示系统测量值。

◆“文字（C）”：以单行文字形式输入尺寸文字。

◆“角度（C）”：设置标注文字的旋转角度，效果如图 7-71 所示。

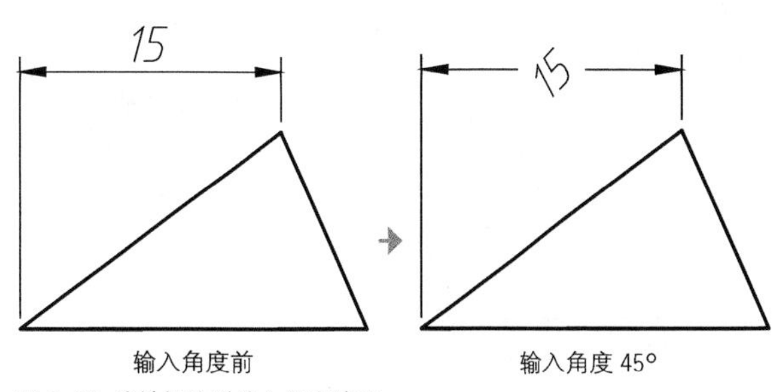

图 7-71 线性标注时输入角度效果

◆“水平和垂直（C）”：标注水平尺寸和垂直尺寸。可以直接确定尺寸线的位置，也可以选择其他选项来指定标注的标注文字内容或标注文字的旋转角度。

◆“旋转（C）”：旋转标注对象的尺寸线，测量值也会随之调整，相当于【对齐标注】。

◆指定原点标注的操作方法示例如图 7-72 所示，命令行的操作过程如下。

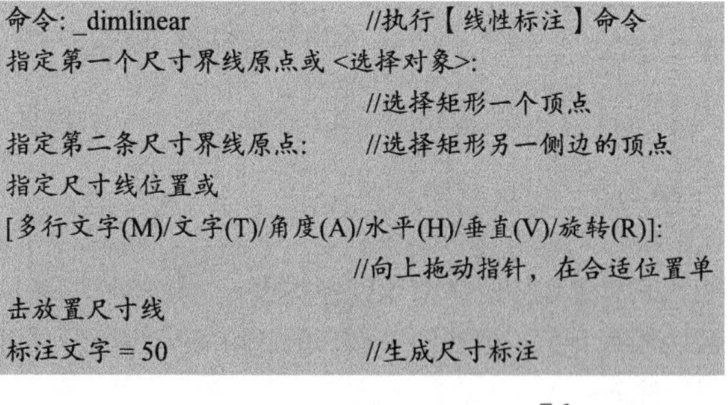

```
命令: _dimlinear                    //执行【线性标注】命令
指定第一个尺寸界线原点或 <选择对象>:
                                    //选择矩形一个顶点
指定第二条尺寸界线原点:             //选择矩形另一侧边的顶点
指定尺寸线位置或
[多行文字(M)/文字(T)/角度(A)/水平(H)/垂直(V)/旋转(R)]:
                                    //向上拖动指针，在合适位置单
击放置尺寸线
标注文字 = 50                       //生成尺寸标注
```

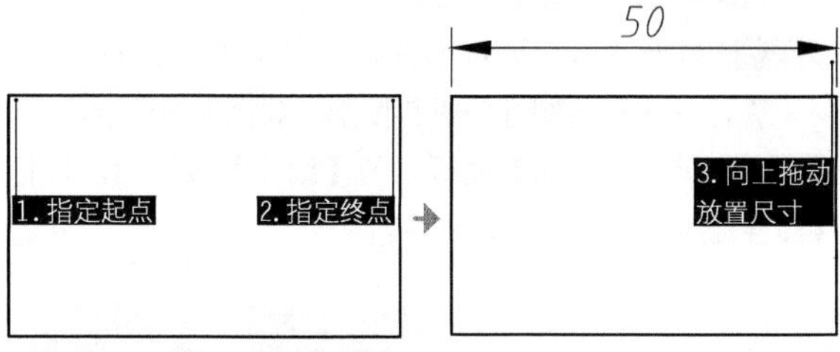

图 7-72 线性标注之【指定原点】

2 选择对象

执行【线性标注】命令之后，直接按 Enter 键，则要求选择标注尺寸的对象。选择了对象之后，系统便以对象的两个端点作为两条尺寸界线的起点。

该标注的操作方法示例如图 7-73 所示，命令行的操作过程如下。

```
命令: _dimlinear                    //执行【线性标注】命令
指定第一个尺寸界线原点或 <选择对象>:↙
                          //按Enter键选择“选择对象”选项
选择标注对象:             //单击直线AB
指定尺寸线位置或
[多行文字(M)/文字(T)/角度(A)/水平(H)/垂直(V)/旋转(R)]:
                          //水平向右拖动指针，在合适位置放置尺
寸线（若上下拖动，则生成水平尺寸）
标注文字 = 30
```

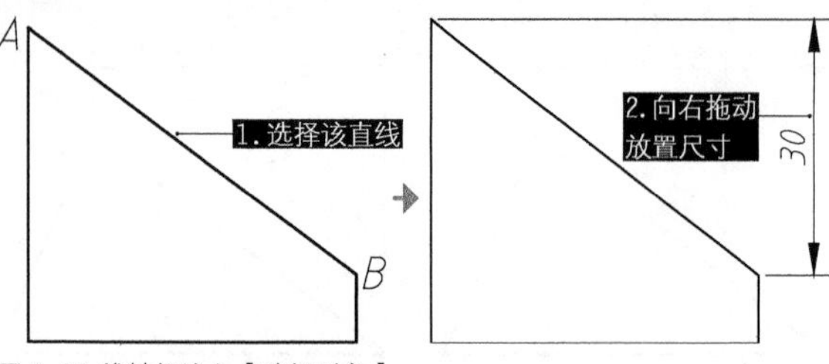

图 7-73 线性标注之【选择对象】

练习 7-4 标注板料的线性尺寸

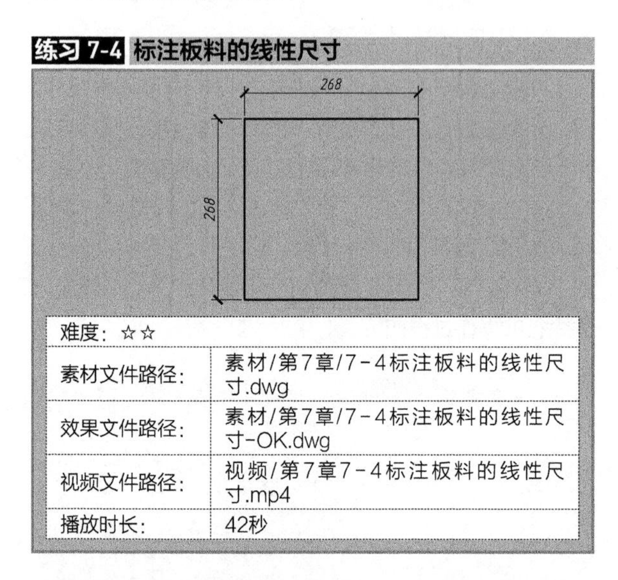

难度：☆☆	
素材文件路径：	素材/第7章/7-4标注板料的线性尺寸.dwg
效果文件路径：	素材/第7章/7-4标注板料的线性尺寸-OK.dwg
视频文件路径：	视频/第7章7-4标注板料的线性尺寸.mp4
播放时长：	42秒

家具制作中经常会用到各种板料，这类材料通常被切割为完整、规范的形状，因此可采用线性尺寸进行标注。

Step 01 打开“第7章/7-4 标注板料的线性尺寸.dwg”素材文件，其中已绘制好一板料图形，如图7-74所示。

Step 02 单击【注释】面板中的【线性】按钮，执行【线性标注】命令，具体操作如下。

```
命令: _dimlinear
指定第一个尺寸界线原点或 <选择对象>:
        //指定标注对象起点指定第二条尺寸界线原点:
        //指定标注对象终点指定尺寸线位置或
[多行文字(M)/文字(T)/角度(A)/水平(H)/垂直(V)/旋转(R)]:
标注文字 = 48 //单击左键，确定尺寸线放置位置，完成操作
```

Step 03 用同样的方法标注其垂直方向的尺寸，标注完成后，其效果如图7-75所示。

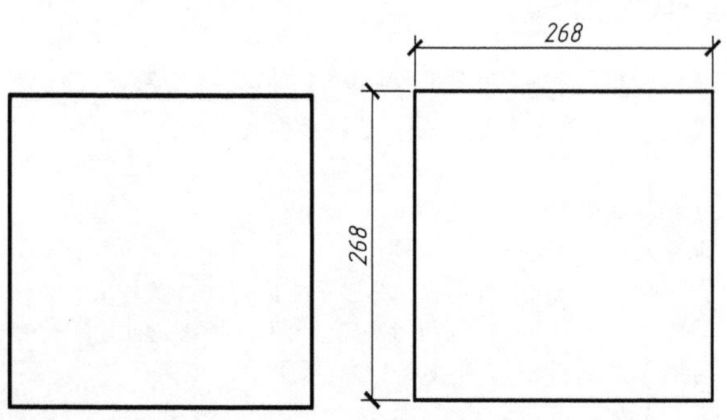

图 7-74 素材图形　　图 7-75 线性标注结果

7.3.3 对齐标注 ★重点★

在对直线段进行标注时，如果该直线的倾斜角度未知，那么使用【线性标注】的方法将无法得到准确的测量结果，这时可以使用【对齐标注】完成如图 7-76 所示的标注效果。

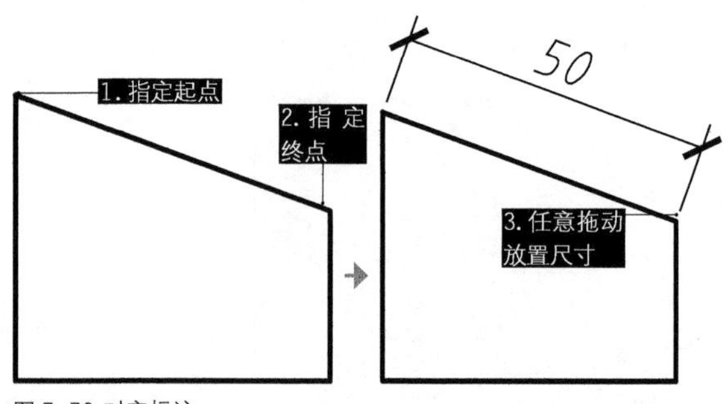

图 7-76 对齐标注

• 执行方式

在 AutoCAD 中调用【对齐标注】有以下几种常用方法。

◆ 功能区：在【默认】选项卡中，单击【注释】面板中的【对齐】按钮，如图 7-77 所示。

◆ 菜单栏：执行【标注】|【对齐】命令，如图 7-78 所示。

◆ 命令行：DIMALIGNED 或 DAL。

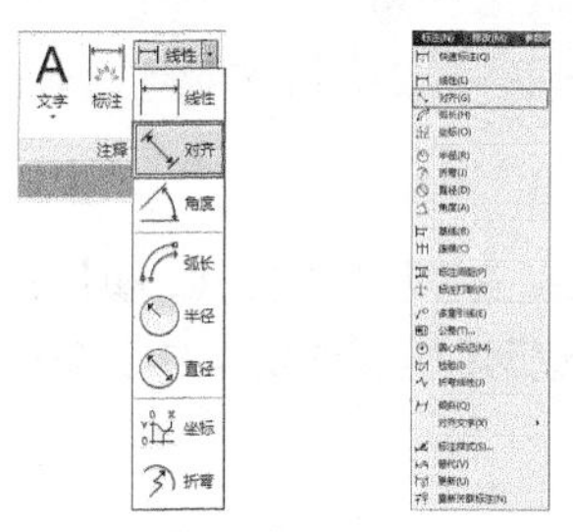

图 7-77 【注释】面板中的【对齐】按钮　　图 7-78 【对齐】菜单命令

• 操作步骤

【对齐标注】的使用方法与【线性标注】相同，指定两目标点后就可以创建尺寸标注，命令行操作如下。

```
命令: _dimaligned
指定第一个尺寸界线原点或 <选择对象>:
                        //指定测量的起点
指定第二条尺寸界线原点:  /指定测量的终点
指定尺寸线位置或         //放置标注尺寸，结束操作
[多行文字(M)/文字(T)/角度(A)]:
标注文字 = 50
```

• 选项说明

命令行中各选项含义与【线性标注】中的一致，这里不再赘述。

练习 7-5 标注楔子的对齐尺寸

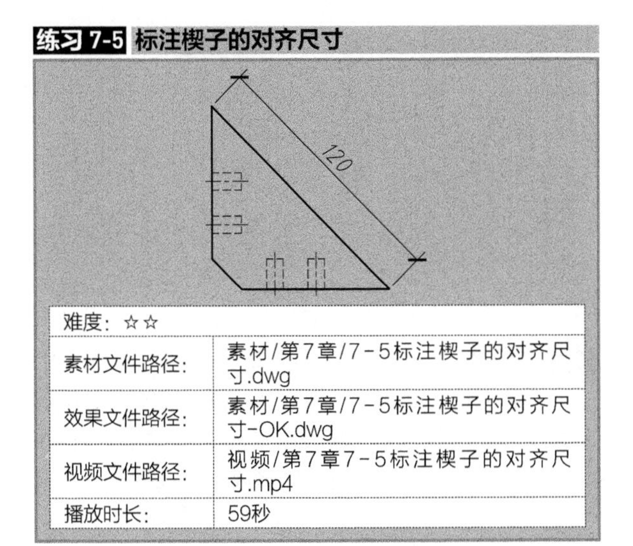

难度：☆☆	
素材文件路径：	素材/第7章/7-5标注楔子的对齐尺寸.dwg
效果文件路径：	素材/第7章/7-5标注楔子的对齐尺寸-OK.dwg
视频文件路径：	视频/第7章7-5标注楔子的对齐尺寸.mp4
播放时长：	59秒

在家具制图中，同样有许多非水平、垂直的平行轮廓，这类尺寸的标注就需要用到【对齐】命令。

Step 01 单击【快速访问】工具栏中的【打开】按钮，打开“第7章/7-5 标注楔子的对齐尺寸.dwg”素材文件，如图 7-79所示。

Step 02 在【默认】选项卡中，单击【注释】面板中的【对齐】按钮，执行【对齐标注】命令，具体步骤如下。

```
命令: _dimaligned
指定第一个尺寸界线原点或 <选择对象>:
                                   //指定斜边的端点为起点
指定第二条尺寸界线原点:      //指定斜边的另一端点为终点
指定尺寸线位置或
[多行文字(M)/文字(T)/角度(A)]:
标注文字 = 120                   //单击左键，确定尺寸线放置
位置，完成操作
```

Step 03 用同样的方法标注其他非水平、竖直的线性尺寸，对齐标注完成后，其效果如图 7-80所示。

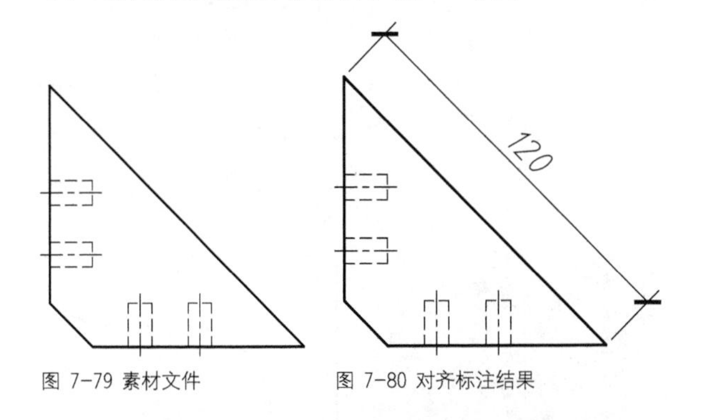

图 7-79 素材文件　　图 7-80 对齐标注结果

7.3.4 角度标注

利用【角度】标注命令不仅可以标注两条呈一定角度的直线、或 3 个点之间的夹角，选择圆弧的话，还可以标注圆弧的圆心角。

• 执行方式

在 AutoCAD 中调用【角度】标注有以下几种方法。

◆功能区：在【默认】选项卡中，单击【注释】面板中的【角度】按钮，如图 7-81 所示。

◆菜单栏：执行【标注】|【角度】命令，如图 7-82 所示。

命令行： DIMANGULAR 或 DAN。

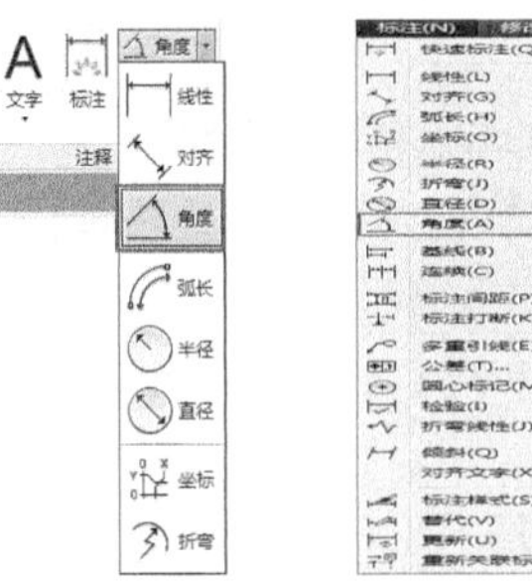

图 7-81 【注释】面板中的【角度】按钮　　图 7-82 【角度】菜单命令

• 操作步骤

通过以上任意一种方法执行该命令后，选择图形上要标注角度尺寸的对象，即可进行标注。操作示例如图 7-83 所示，命令行操作过程如下。

```
命令: _dimangular
选择圆弧、圆、直线或 <指定顶点>:         //选择直线CO
选择第二条直线:                          //选择直线AO
指定标注弧线位置或 [多行文字(M)/文字(T)/角度(A)/象限点
(Q)]:      //在锐角内放置圆弧线，结束命令
标注文字 = 45↙          //单击Enter，重复【角度标注】命令
命令: _dimangular           //执行【角度标注】命令
选择圆弧、圆、直线或 <指定顶点>:
                                   //选择圆弧AB
指定标注弧线位置或 [多行文字(M)/文字(T)/角度(A)/象限点
(Q)]:      //在合适位置放置圆弧线，结束命令
标注文字 = 50
```

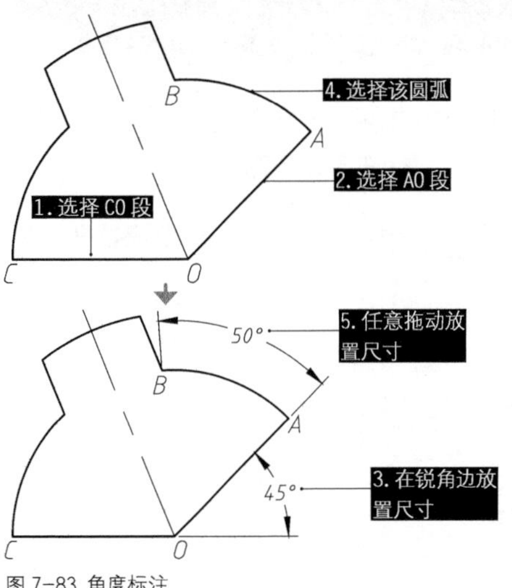

图 7-83 角度标注

·选项说明

【角度】标注同【线性】标注一样，也可以选择具体的对象来进行标注，其他选项含义均一样，在此不重复介绍。

7.3.5 半径标注 ★重点★

利用【半径】标注可以快速标注圆或圆弧的半径大小，系统自动在标注值前添加半径符号“R”。

·执行方式

执行【半径】标注命令的方法有以下几种。

◆功能区：在【默认】选项卡中，单击【注释】面板中的【半径】按钮，如图7-84所示。

◆菜单栏：执行【标注】|【半径】命令，如图7-85所示。

◆命令行：DIMRADIUS或DRA。

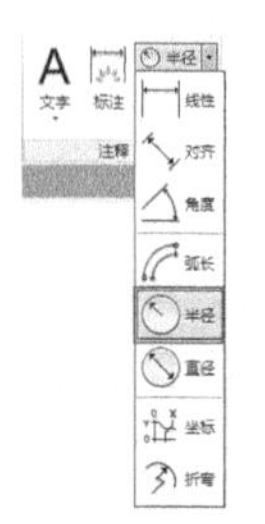

图7-84 【注释】面板中的【半径】按钮

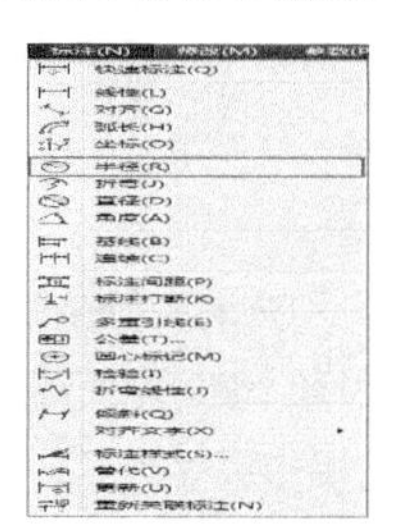

图7-85 【半径】菜单命令

·操作步骤

执行任一命令后，命令行提示选择需要标注的对象，单击圆或圆弧即可生成半径标注，拖动指针在合适的位置放置尺寸线。该标注方法的操作示例如图7-86所示，命令行操作过程如下。

```
命令:_dimradius                    //执行【半径】标注命令
选择圆弧或圆:                      //单击选择圆弧A
标注文字 = 150
指定尺寸线位置或[多行文字(M)/文字(T)/角度(A)]:
            //在圆弧内侧合适位置放置尺寸线，结束命令
```

单击Enter键可重复上一命令，按此方法重复【半径】标注命令，即可标注圆弧B的半径。

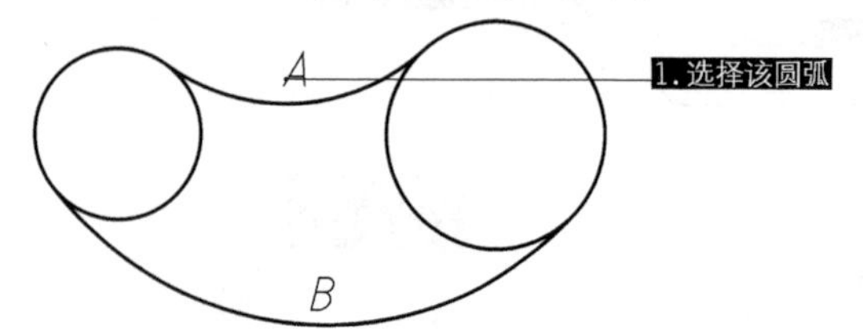

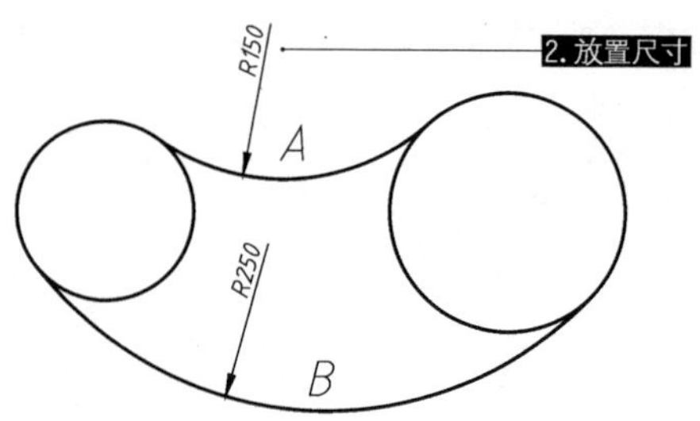

图7-86 半径标注

·选项说明

【半径】标注中命令行各选项含义与之前所介绍的一致，在此不重复介绍。唯独半径标记“R”需引起注意。

在系统默认情况下，系统自动加注半径符号“R”。但如果在命令行中选择【多行文字】和【文字】选项重新确定尺寸文字时，只有在输入的尺寸文字加前缀，才能使标注出的半径尺寸有半径符号“R”，否则没有该符号。

练习7-6 标注站牙的半径尺寸

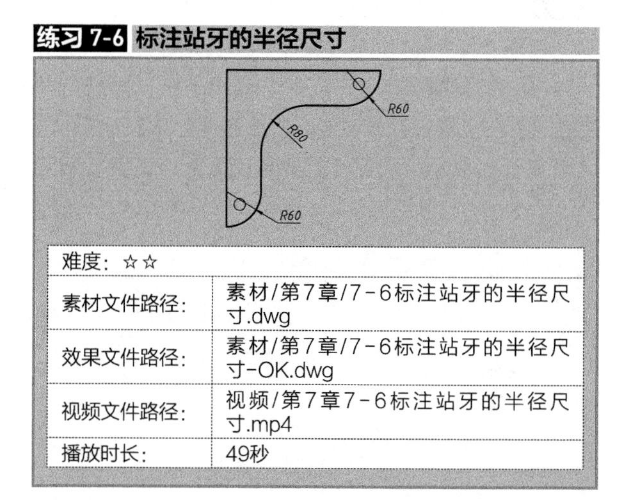

难度：☆☆	
素材文件路径：	素材/第7章/7-6标注站牙的半径尺寸.dwg
效果文件路径：	素材/第7章/7-6标注站牙的半径尺寸-OK.dwg
视频文件路径：	视频/第7章/7-6标注站牙的半径尺寸.mp4
播放时长：	49秒

【半径】标注适用于标注图纸上一些未画成整圆的圆弧和圆角。如果为一整圆，宜使用【直径】标注；而如果对象的半径值过大，则应使用【折弯】标注。站牙是明清古典家具行话，在古典家具当中十分常见，就是用来固定立柱的牙子，如图7-87所示。北京匠师称之为“站牙”，即清代匠作所谓的“壶瓶牙子”。

Step 01 单击打开“第7章/7-6标注站牙的半径尺寸.dwg”素材文件，如图7-88所示。

图7-87 站牙

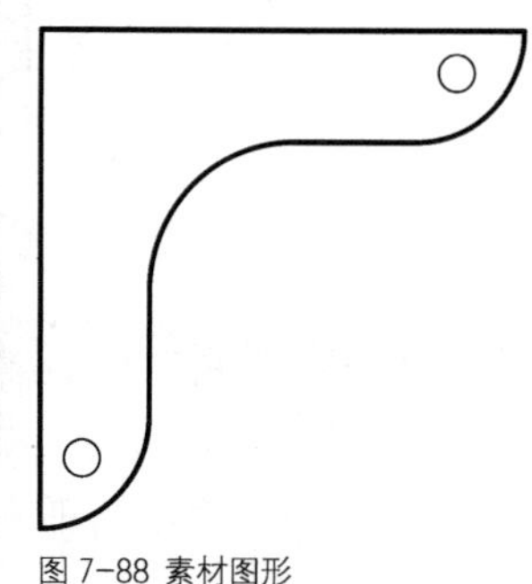

图7-88 素材图形

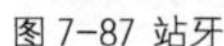

Step 02 单击【注释】面板中的【半径】按钮，选择右侧的圆弧为对象，标注半径如图7-89所示，命令行操作如下。

```
命令: _dimradius
选择圆弧或圆:                  //选择右侧圆弧
标注文字 = 80
指定尺寸线位置或 [多行文字(M)/文字(T)/角度(A)]:
                              //在合适位置放置尺寸线，结束命令
```

Step 03 用同样的方法标注其他不为整圆的圆弧以及倒圆角，效果如图7-90所示。

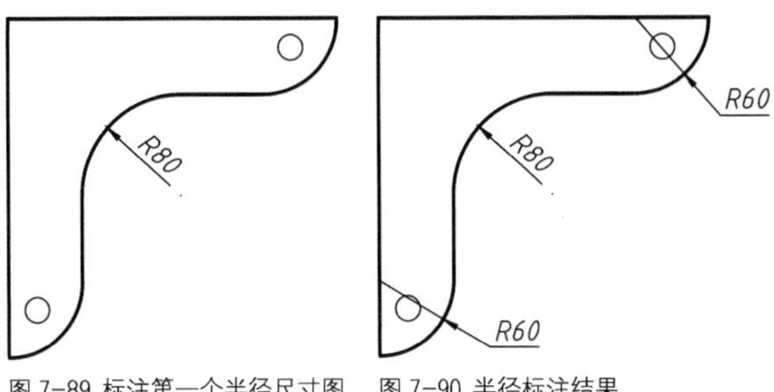

图 7-89 标注第一个半径尺寸图　图 7-90 半径标注结果

7.3.6 直径标注 ★重点★

利用【直径】标注可以标注圆或圆弧的直径大小，系统自动在标注值前添加直径符号“Ø”。

•执行方式

执行【直径】标注命令的方法有以下几种。

◆功能区：在【默认】选项卡中，单击【注释】面板中的【直径】按钮，如图 7-91 所示。

◆菜单栏：执行【标注】|【角度】命令，如图 7-92 所示。

◆命令行：DIMDIAMETER 或 DDI。

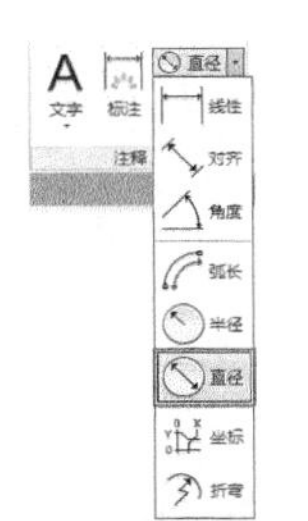

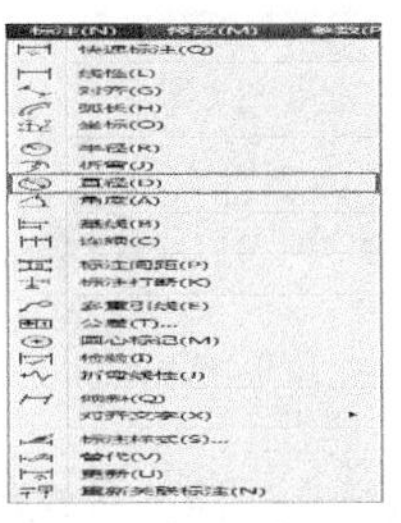

图 7-91 【注释】面板中的【直径】按钮　图 7-92 【直径】菜单命令

•操作步骤

【直径】标注的方法与【半径】标注的方法相同，执行【直径】标注命令之后，选择要标注的圆弧或圆，然后指定尺寸线的位置即可，如图 7-93 所示，命令行操作如下。

```
命令: _dimdiameter                 //执行【直径】标注命令
选择圆弧或圆:                      //单击选择圆
标注文字 = 160
指定尺寸线位置或 [多行文字(M)/文字(T)/角度(A)]:
                                  //在合适位置放置尺寸线，结束命令
```

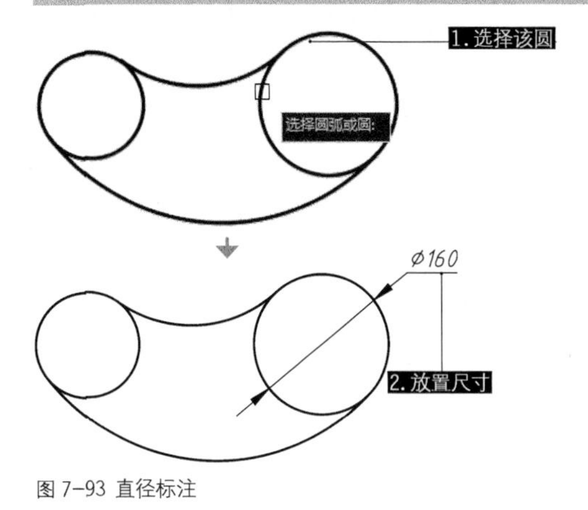

图 7-93 直径标注

•选项说明

【直径】标注中命令行各选项含义与【半径】标注一致，在此不重复介绍。

练习 7-7 标注零件图的直径尺寸

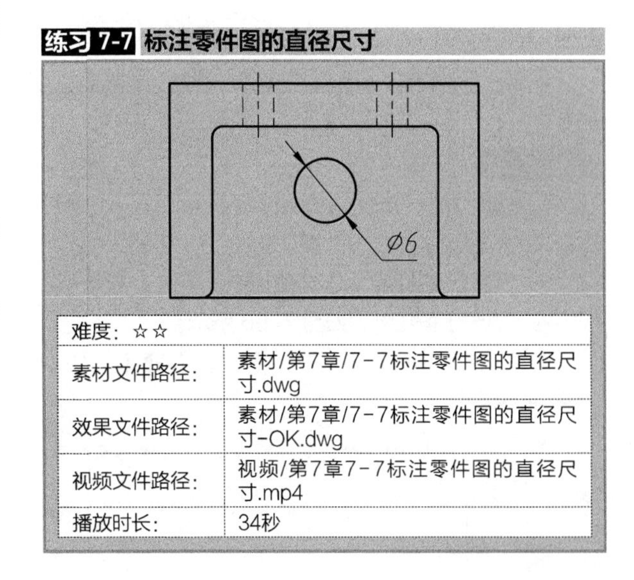

难度：☆☆	
素材文件路径：	素材/第7章/7-7标注零件图的直径尺寸.dwg
效果文件路径：	素材/第7章/7-7标注零件图的直径尺寸-OK.dwg
视频文件路径：	视频/第7章7-7标注零件图的直径尺寸.mp4
播放时长：	34秒

图纸中的整圆的直径一般用【直径】标注命令标注，而不用【半径标注】。

Step 01 单击【快速访问】工具栏中的【打开】按钮，打开“第7章/7-7标注零件图的直径尺寸.dwg”素材文件，如图7-94所示。

Step 02 单击【注释】面板中的【直径】按钮，选择中心的圆为对象，标注直径如图7-95所示，命令行操作如下。

```
命令: _dimdiameter
选择圆弧或圆:                              //选择中心圆
标注文字 = 6
```

```
指定尺寸线位置或 [多行文字(M)/文字(T)/角度(A)]:
//在合适位置放置尺寸线，结束命令
```

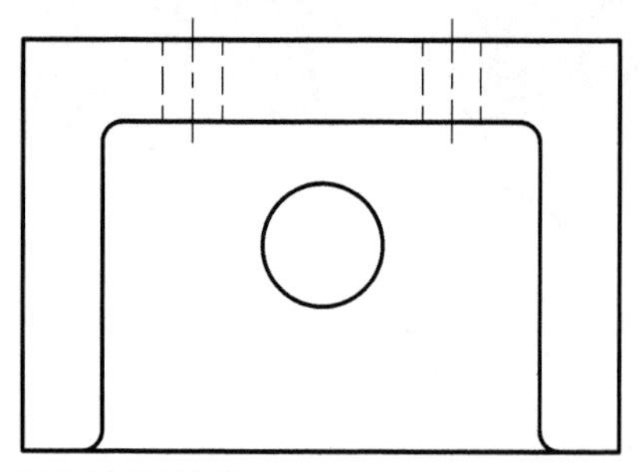

图 7-94 素材文件

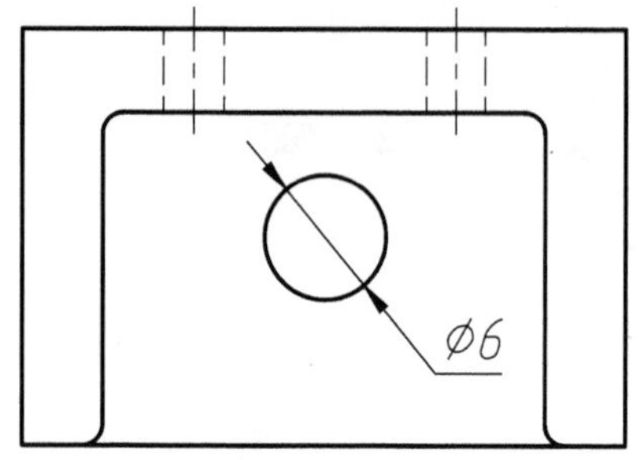

图 7-95 直径标注结果

7.3.7 弧长标注

【弧长】标注用于标注圆弧、椭圆弧或者其他弧线的长度。

·执行方式

在 AutoCAD 中调用【弧长】标注有以下几种常用方法。

◆功能区：在【默认】选项卡中，单击【注释】面板中的【弧长】按钮，如图 7-96 所示。

◆菜单栏：执行【标注】|【弧长】命令，如图 7-97 所示。

◆命令行：DIMARC。

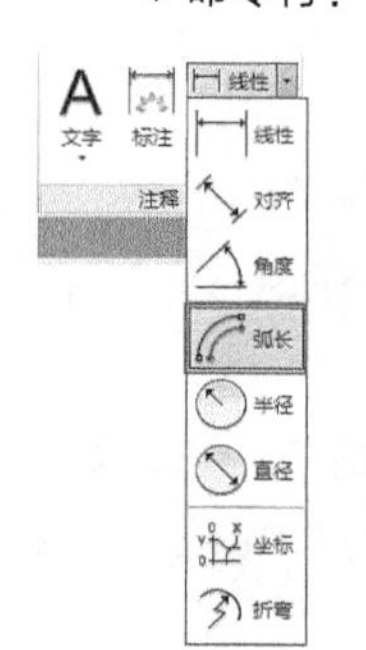

图 7-96 【注释】面板中的【弧长】按钮

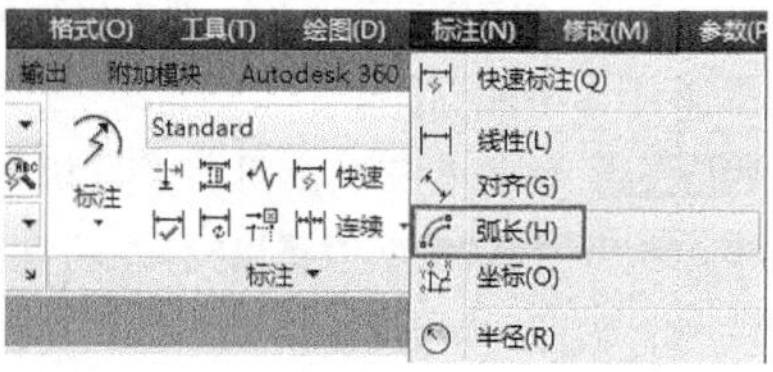

图 7-97 【弧长】菜单命令

·操作步骤

【弧长】标注的操作与【半径】、【直径】标注相同，直接选择要标注的圆弧即可。该标注的操作方法示例如图 7-98 所示，命令行的操作过程如下。

```
命令: _dimarc                        //执行【弧长标注】命令
选择弧线段或多段线圆弧段:
                                     //单击选择要标注的圆弧
指定弧长标注位置或 [多行文字(M)/文字(T)/角度(A)/部分(P)/
引线(L)]:
标注文字 = 67                        //在合适的位置放置标注
```

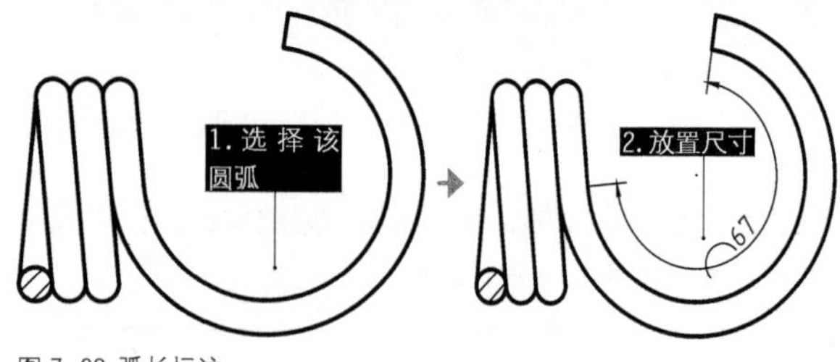

图 7-98 弧长标注

7.3.8 坐标标注 ★进阶★

【坐标】标注是一类特殊的引注，用于标注某些点相对于 UCS 坐标原点的 *X* 和 *Y* 坐标。

·执行方式

在 AutoCAD 2016 中调用【坐标】标注有以下几种常用方法。

◆功能区：在【默认】选项卡中，单击【注释】面板上的【坐标】按钮，如图 7-99 所示。

◆菜单栏：执行【标注】|【坐标】命令，如图 7-100 所示。

◆命令行：DIMORDINATE/DOR。

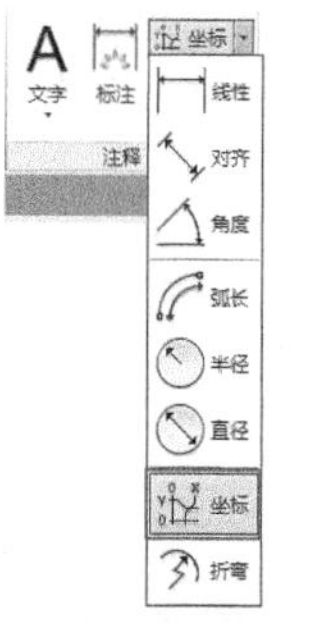

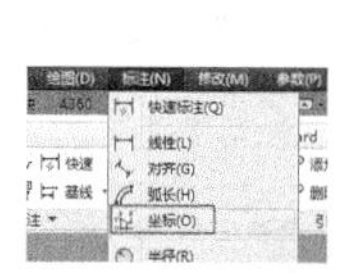

图 7-99 【注释】面板中的【坐标】按钮

图 7-100 【坐标】菜单命令

·操作步骤

按上述方法执行【坐标】命令后，指定标注点，即可进行坐标标注，如图 7-101 所示，命令行提示如下。

```
命令: _dimordinate
指定点坐标:
指定引线端点或 [X 基准(X)/Y 基准(Y)/多行文字(M)/文字(T)/
角度(A)]:
标注文字 = 100
```

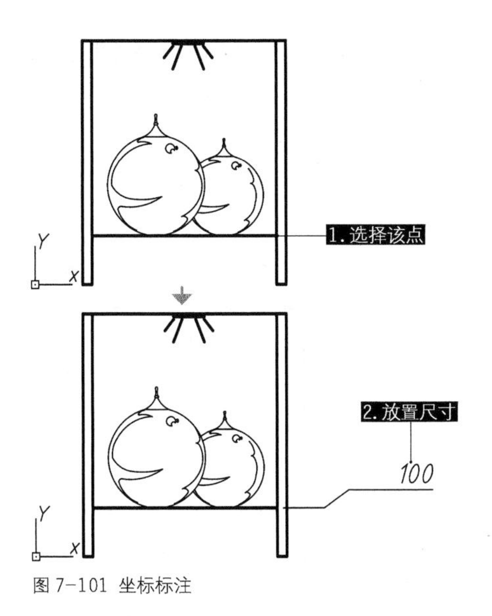

图 7-101 坐标标注

• 选项说明

命令行各选项的含义如下。

◆ 指定引线端点：通过拾取绘图区中的点确定标注文字的位置。

◆ “X 基准（X）”：系统自动测量所选择点的 *X* 轴坐标值并确定引线和标注文字的方向，如图 7-102 所示。

◆ “Y 基准（Y）”：系统自动测量所选择点的 *Y* 轴坐标值并确定引线和标注文字的方向，如图 7-103 所示。

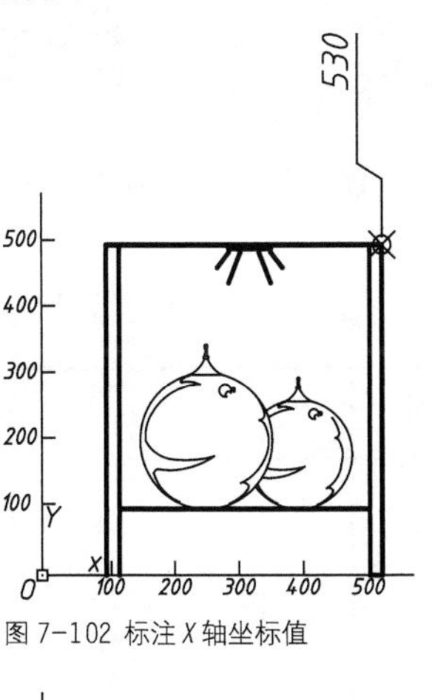

图 7-102 标注 *X* 轴坐标值

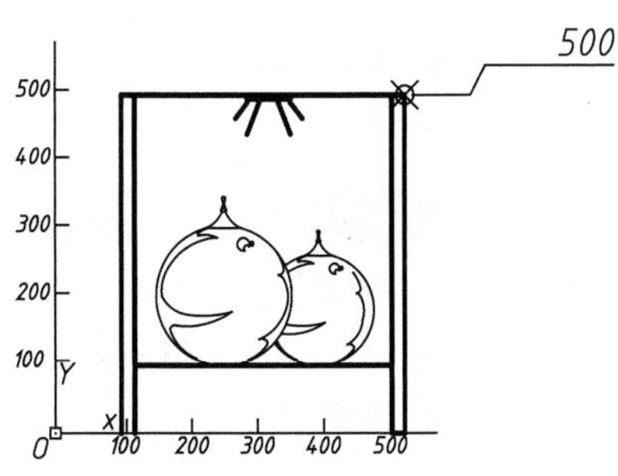

图 7-103 标注 *Y* 轴坐标值

知识链接

也可以通过移动光标的方式在“X基准（X）”和“Y基准（Y）”中来回切换，光标上、下移动为*X*轴坐标；光标左、右移动为*Y*轴坐标。

◆ “多行文字（M）”：选择该选项可以通过输入多行文字的方式输入多行标注文字。

◆ “文字（T）”：选择该选项可以通过输入单行文字的方式输入单行标注文字。

◆ “角度（A）”：选择该选项可以设置标注文字的方向与 *X*（*Y*）轴夹角，系统默认为 0°，与【线性标注】中的选项一致。

7.3.9 连续标注

【连续】标注是以指定的尺寸界线（必须以【线性】、【坐标】或【角度】标注界线）为基线进行标注，但【连续标注】所指定的基线仅作为与该尺寸标注相邻的连续标注尺寸的基线，依此类推，下一个尺寸标注都以前一个标注与其相邻的尺寸界线为基线进行标注。

• 执行方式

在 AutoCAD 2016 中调用【连续】标注有如下几种常用方法。

◆ 功能区：在【注释】选项卡中，单击【标注】面板中的【连续】按钮，如图 7-104 所示。

◆ 菜单栏：执行【标注】|【连续】命令，如图 7-105 所示。

◆ 命令行：DIMCONTINUE 或 DCO。

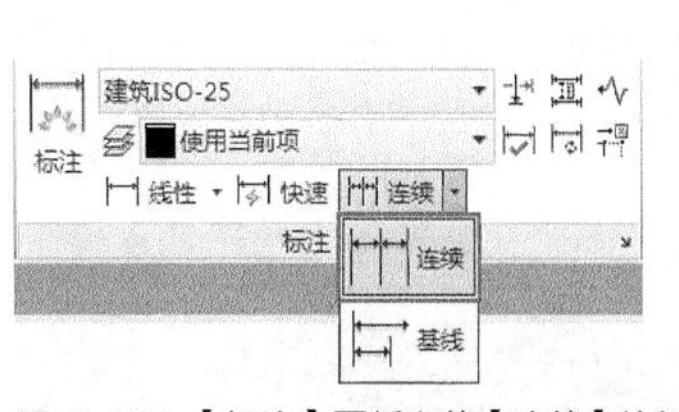

图 7-104 【标注】面板上的【连续】按钮

图 7-105【连续】菜单命令

• 操作步骤

标注连续尺寸前，必须存在一个尺寸界线起点。进行连续标注时，系统默认将上一个尺寸界线终点作为连续标注的起点，提示用户选择第二条延伸线起点，重复指定第二条延伸线起点，则创建出连续标。【连续】标注在进行墙体标注时极为方便，其效果如图 7-106 所示，命令行操作如下。

```
命令: _dimcontinue                    //执行【连续标注】命令
选择连续标注:                         //选择作为基准的标注
指定第二个尺寸界线原点或 [选择(S)/放弃(U)] <选择>:
                              //指定标注的下一点，系统自动放置尺寸
标注文字 = 2400
指定第二个尺寸界线原点或 [选择(S)/放弃(U)] <选择>:
                              //指定标注的下一点，系统自动放置尺寸
标注文字 = 1400
指定第二个尺寸界线原点或 [选择(S)/放弃(U)] <选择>:
                              //指定标注的下一点，系统自动放置尺寸
标注文字 = 1600
指定第二个尺寸界线原点或 [选择(S)/放弃(U)] <选择>:
                              //指定标注的下一点，系统自动放置尺寸
标注文字 = 820
指定第二个尺寸界线原点或 [选择(S)/放弃(U)] <选择>:↙
                              //按Enter键完成标注
选择连续标注: *取消*↙          //按Enter键结束命令
```

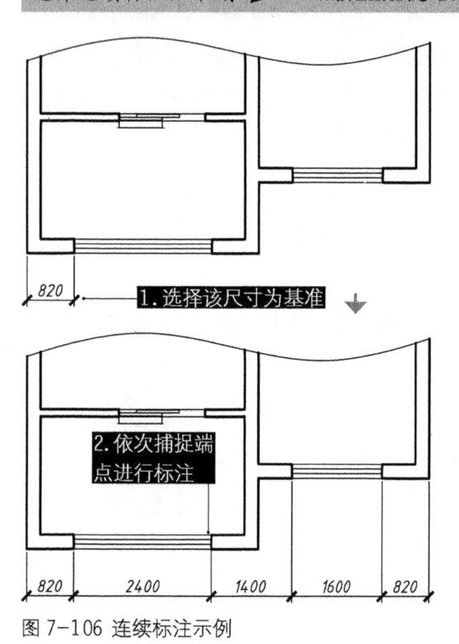

图 7-106 连续标注示例

•选项说明

在执行【连续】标注时，可随时执行命令行中的“选择（S）”选项进行重新选取，也可以执行“放弃（U）”命令退回到上一步进行操作。

练习 7-8 连续标注板料尺寸

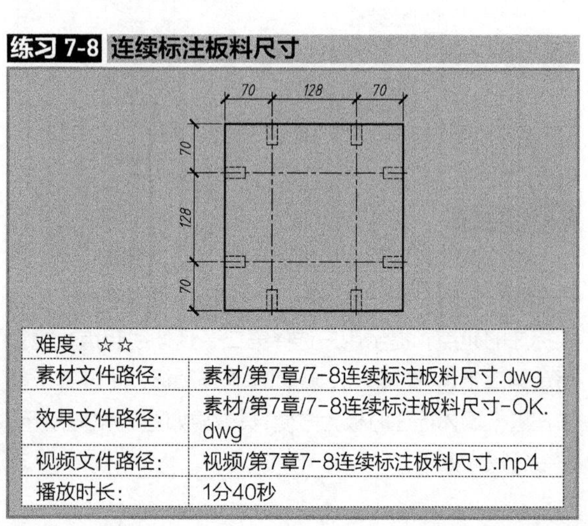

难度：☆☆	
素材文件路径：	素材/第7章/7-8连续标注板料尺寸.dwg
效果文件路径：	素材/第7章/7-8连续标注板料尺寸-OK.dwg
视频文件路径：	视频/第7章7-8连续标注板料尺寸.mp4
播放时长：	1分40秒

Step 01 按Ctrl+O组合键，打开“第7章/7-8连续标注板料尺寸.dwg”素材文件，如图7-107所示。

Step 02 标注第一个尺寸。在命令行中输入DLI，执行【线性标注】命令，为图形添加第一个尺寸标注，如图7-108所示。

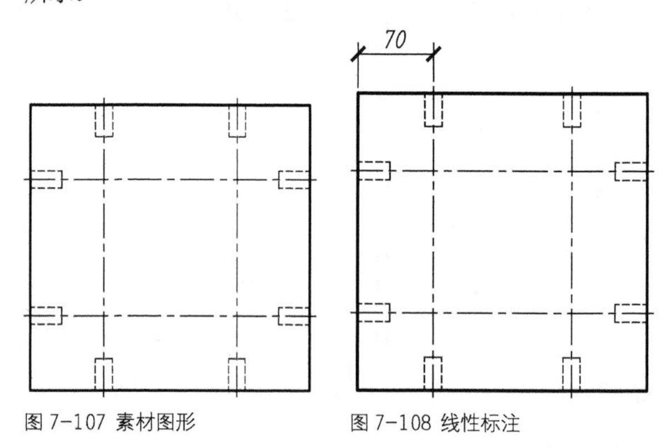

图 7-107 素材图形　　图 7-108 线性标注

Step 03 在【注释】选项卡中，单击【标注】面板中的【连续】按钮，执行【连续标注】命令，命令行提示如下。

```
命令: DCO↙   DIMCONTINUE
                              //调用【连续标注】命令
选择连续标注:                  //选择标注
指定第二条尺寸界线原点或 [放弃(U)/选择(S)] <选择>:
              //指定第二条尺寸界线原点
标注文字 = 128
指定第二条尺寸界线原点或 [放弃(U)/选择(S)] <选择>:
标注文字 = 70      //按Esc键退出绘制，完成连续标注的结果如图7-109所示
```

Step 04 用上述相同的方法继续标注轴线，结果如图7-110所示。

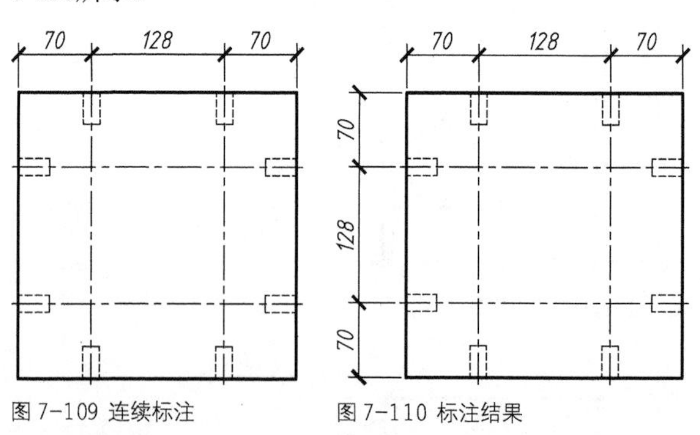

图 7-109 连续标注　　图 7-110 标注结果

7.3.10 基线标注

【基线】标注用于以同一尺寸界线为基准的一系列尺寸标注，即从某一点引出的尺寸界线作为第一条尺寸界线，依次进行多个对象的尺寸标注。

•执行方式

在 AutoCAD 2016 中调用【基线】标注有如下几

种常用方法。

◆功能区：在【注释】选项卡中，单击【标注】面板中的【基线】按钮，如图 7-111 所示。

◆菜单栏：【标注】|【基线】命令，如图 7-112 所示。

◆命令行： DIMBASELINE 或 DBA。

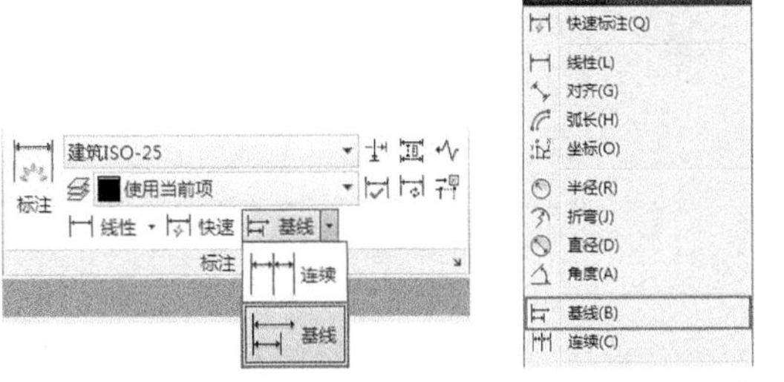

图 7-111 【标注】面板上的【基线】按钮　　图 7-112 【基线】菜单命令

·操作步骤

按上述方式执行【基线】标注命令后，将光标移动到第一条尺寸界线起点，单击鼠标左键，即完成一个尺寸标注。重复拾取第二条尺寸界线的终点即可以完成一系列基线尺寸的标注，如图 7-113 所示，命令行操作如下。

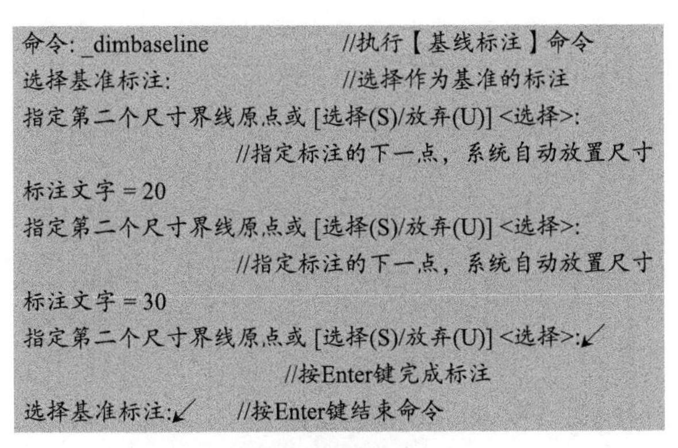

```
命令: _dimbaseline                   //执行【基线标注】命令
选择基准标注:                        //选择作为基准的标注
指定第二个尺寸界线原点或 [选择(S)/放弃(U)] <选择>:
                      //指定标注的下一点，系统自动放置尺寸
标注文字 = 20
指定第二个尺寸界线原点或 [选择(S)/放弃(U)] <选择>:
                      //指定标注的下一点，系统自动放置尺寸
标注文字 = 30
指定第二个尺寸界线原点或 [选择(S)/放弃(U)] <选择>:↙
                          //按Enter键完成标注
选择基准标注:↙        //按Enter键结束命令
```

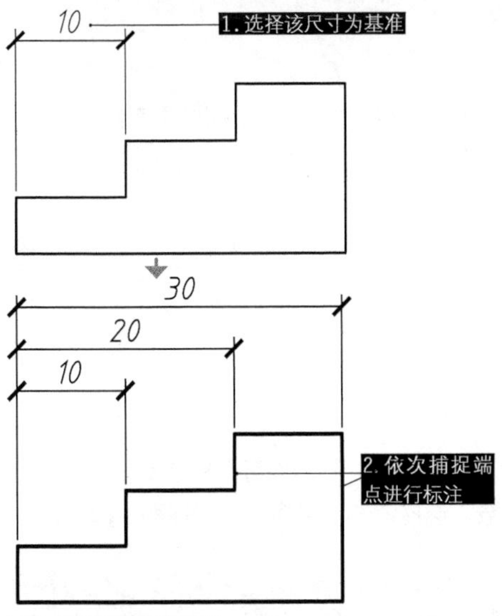

图 7-113 基线标注示例

·选项说明

【基线】标注的各命令行选项与【连续】标注相同，在此不重复介绍。

7.3.11 多重引线标注 ★重点★

使用【多重引线】工具添加和管理所需的引出线，不仅能够快速地标注装配图的证件号和引出公差，而且能够更清楚地标识制图的标准、说明等内容。此外，还可以通过修改【多重引线样式】对引线的格式、类型以及内容进行编辑。因此本节便按“创建多重引线标注”和“管理多重引线样式”两部分来进行介绍。

1 创建多重引线标注

本小节介绍多重引线的标注方法。

·执行方式

在 AutoCAD 2016 中启用【多重引线】标注有以下几种常用方法。

◆功能区：在【默认】选项卡中，单击【注释】面板上的【引线】按钮，如图 7-114 所示。

◆菜单栏：执行【标注】|【多重引线】命令，如图 7-115 所示。

◆命令行：MLEADER 或 MLD。

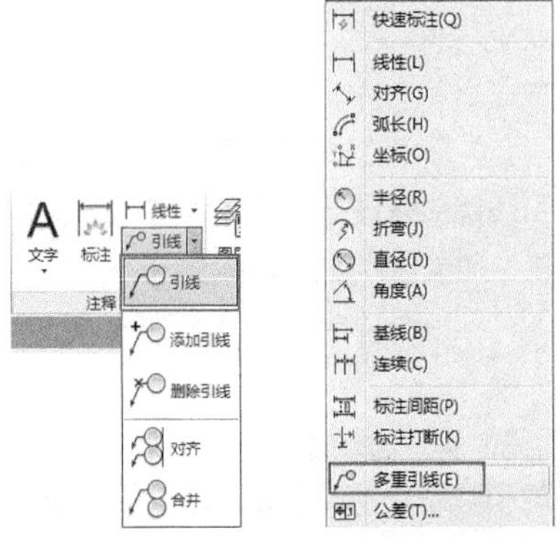

图 7-114 【注释】面板上的【引线】按钮　　图 7-115 【多重引线】标注菜单命令

·操作步骤

执行上述任一命令后，在图形中单击确定引线箭头位置；然后在打开的文字出入窗口中输入注释内容即可，如图 7-116 所示，命令行提示如下。

```
命令: _mleader                          //执行【多重引线】命令
指定引线箭头的位置或 [引线基线优先(L)/内容优先(C)/选项
(O)] <选项>:                            //指定引线箭头位置
指定引线基线的位置:
                                        //指定基线位置，并输入注释
文字，空白处单击即可结束命令
```

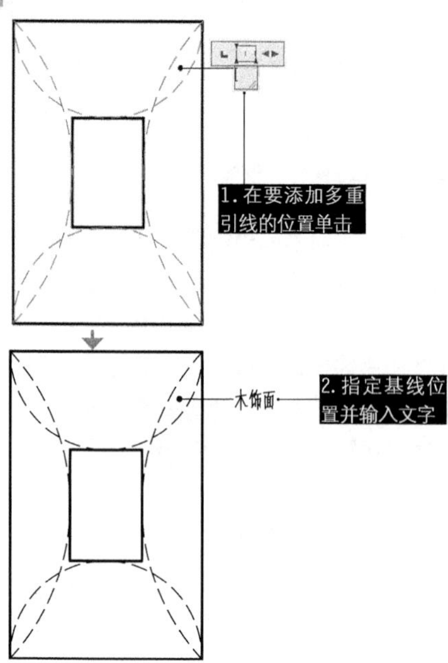

图 7-116 多重引线标注示例

•选项说明

命令行中各选项含义说明如下。

◆ “引线基线优先（L）”：选择该选项，可以颠倒多重引线的创建顺序，为先创建基线位置（即文字输入的位置），再指定箭头位置。

◆ “引线箭头优先（H）”：即默认先指定箭头、再指定基线位置的方式。

◆ “内容优先（L）”：选择该选项，可以先创建标注文字，再指定引线箭头来进行标注。该方式下的基线位置可以自动调整，随鼠标移动方向而定。

◆ “选项（O）”：该选项含义请见本节的“熟能生巧”。

•熟能生巧 多重引线的类型与设置

如果执行【多重引线】中的“选项（O）”命令，则命令行出现如下提示。

```
输入选项 [引线类型(L)/引线基线(A)/内容类型(C)/最大节点数(M)/第一个角度(F)/第二个角度(S)/退出选项(X)] <退出选项>:
```

“引线类型（L）”可以设置多重引线的处理方法，其下还分有 3 个子选项，介绍如下。

◆ “直线（S）”：将多重引线设置为直线形式，如图 7-117 所示，为默认的显示状态。

◆ “样条曲线（P）”：将多重引线设置为样条曲线形式，如图 7-118 所示，适合在一些凌乱、复杂的图形环境中进行标注。

◆ “无（N）”：创建无引线的多重引线，效果就相当于【多行文字】，如图 7-119 所示。

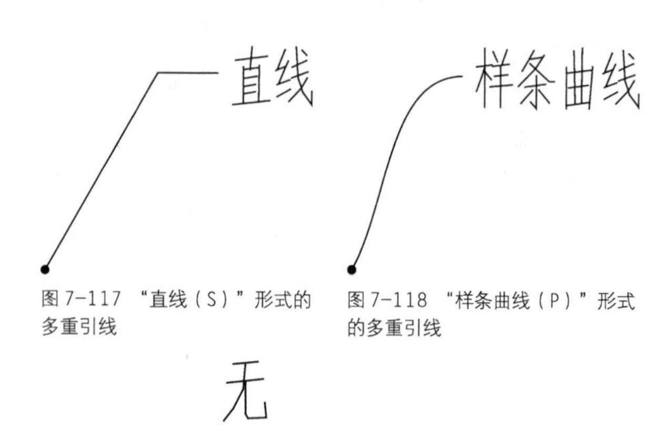

图 7-117 “直线（S）”形式的多重引线

图 7-118 “样条曲线（P）”形式的多重引线

无

图 7-119 “无（N）”形式的多重引线

“引线基线（A）”选项可以指定是否添加水平基线。如果输入“是”，将提示设置基线的长度，效果同【多重引线样式管理器】中的【设置基线距离】文本框。

“内容类型（C）”选项可以指定要用于多重引线的内容类型，其下同样有 3 个子选项，介绍如下。

◆ “块（B）”：将多重引线后面的内容设置为指定图形中的块，如图 7-120 所示。

◆ “多行文字（M）”：将多重引线后面的内容设置为多行文字，如图 7-121 所示，为默认设置。

◆ “无（N）”：指定没有内容显示在引线的末端，显示效果为一纯引线，如图 7-122 所示。

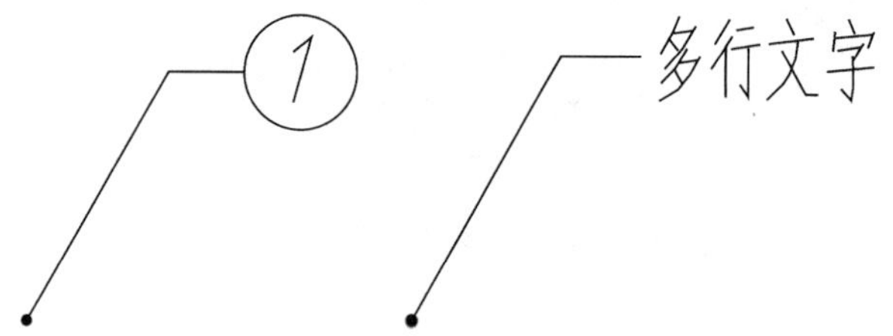

图 7-120 多重引线后接图块 图 7-121 多重引线后接多行文字

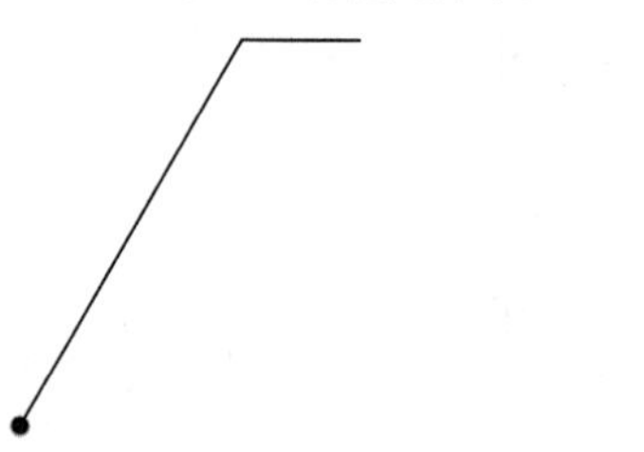

图 7-122 多重引线后不接内容

“最大节点数（M）”选项可以指定新引线的最大点数或线段数。选择该选项后命令行出现如下提示。

```
输入引线的最大节点数 <2>:          //输入【多行引线】的节点数，默认为2，即由2条线段构成
```

所谓节点，可简单理解为在创建【多重引线】时鼠标的单击点（指定的起点即为第 1 点）。在不同的节点数显示效果如图 7-123 所示；而当选择“样条曲线(P)”形式的多重引线时，节点数即相当于样条曲线的控制点数，效果如图 7-124 所示。

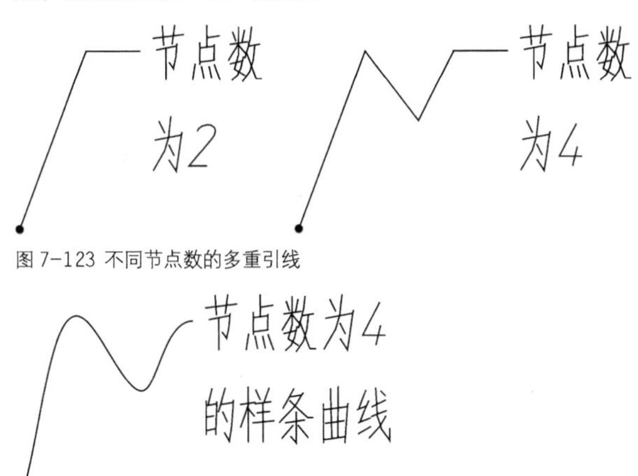

图 7-123 不同节点数的多重引线

图 7-124 样条曲线形式下的多节点引线

“第一个角度（F）”选项可以约束新引线中的第一个点的角度；“第二个角度（S）”选项则可以约束新引线中的第二个角度。这两个选项联用可以创建外形工整的多重引线，效果如图 7-125 所示。

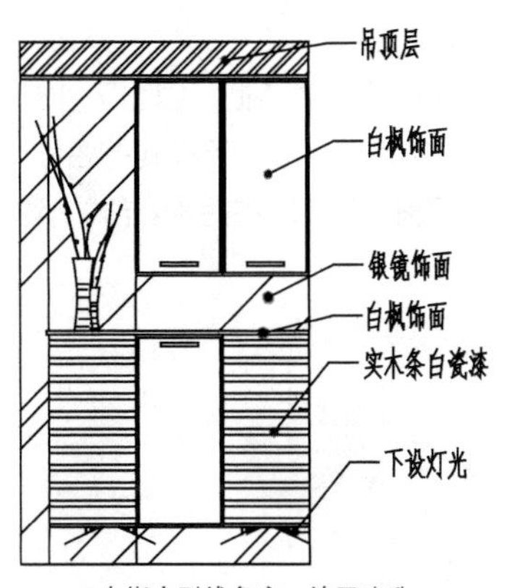

未指定引线角度，效果凌乱

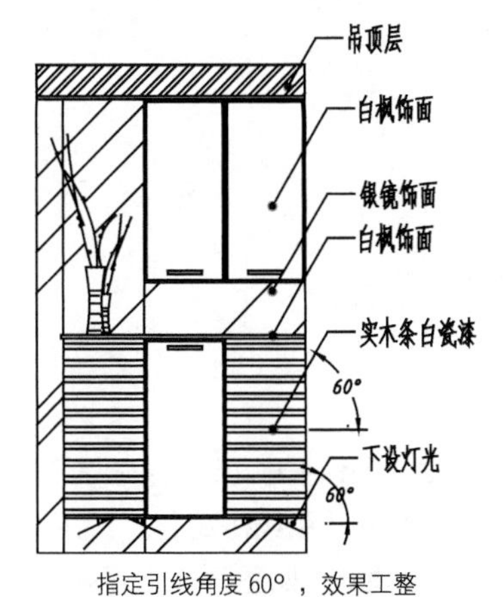

指定引线角度 60°，效果工整

图 7-125 设置多重引线的角度效果

练习 7-9 多重引线标注圆几立面图 ★进阶★

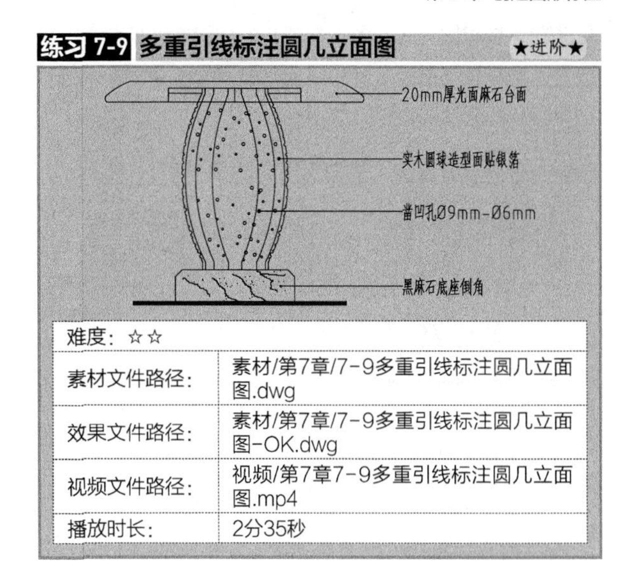

难度：☆☆	
素材文件路径：	素材/第7章/7-9多重引线标注圆几立面图.dwg
效果文件路径：	素材/第7章/7-9多重引线标注圆几立面图-OK.dwg
视频文件路径：	视频/第7章7-9多重引线标注圆几立面图.mp4
播放时长：	2分35秒

在家具制图中，不同的表面有不同的处理方法或者材质要求，这时就需要使用多重引线标注来将其标明。

Step 01 打开“第7章/7-9多重引线标注圆几立面图.dwg”素材文件，其中已绘制好一圆几的立面图，如图7-126所示。

Step 02 绘制辅助线。单击【修改】面板中的【偏移】按钮，将图形中的竖直中心线向右偏移500，并延长用作多重引线的对齐线，如图7-127所示。

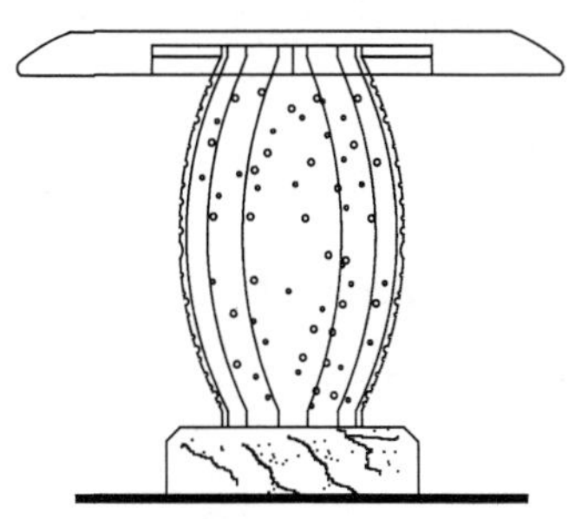

图 7-126 素材图形

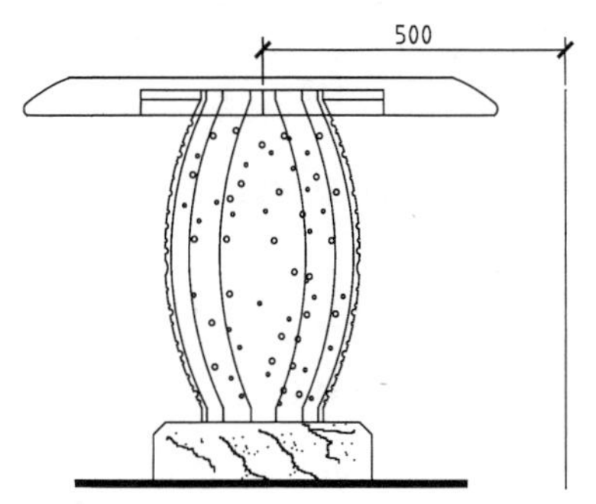

图 7-127 设置多重引线对齐线

Step 03 在【默认】选项卡中，单击【注释】面板上的【引线】按钮，执行【多重引线】命令，在圆几台面处单击放置，然后水平向右拉动引线至上一步所绘制的对齐线上，输入文字为“20mm厚光面麻石台面”，如图7-128所示。

Step 04 按相同方法，向下在圆几的椭圆立柱处单击一点放置，同样拉动引线至对齐线上，输入文字为“实木圆球造型面贴银箔”，如图7-129所示。

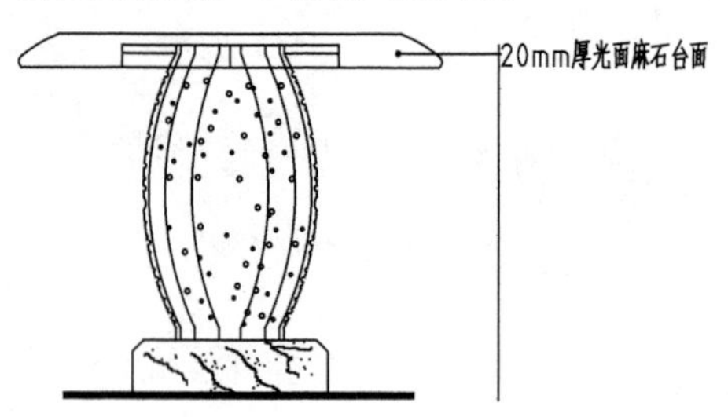

图 7-128 添加第一个多重引线标注

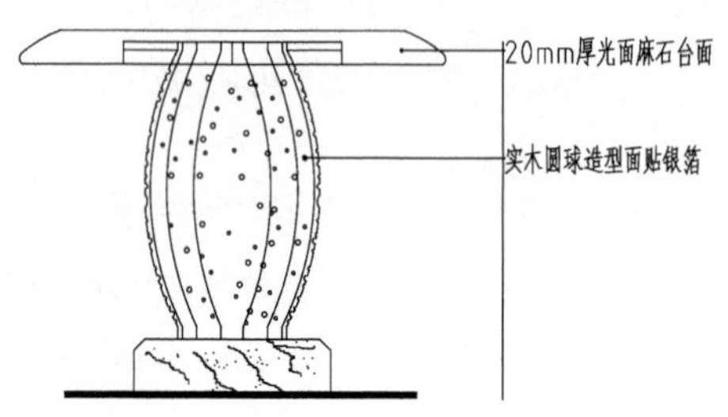

图 7-129 添加多重引线标注

Step 05 再在立柱上的任意小圆内单击一点，拉动引线至对齐线上，输入文字为“凿凹孔Ø9mm-Ø6mm”，如图7-130所示。

Step 06 最后在立柱的底座上单击一点，拉动引线至右侧的对齐线上，输入文字为“黑麻石底座倒角”，如图7-131所示。

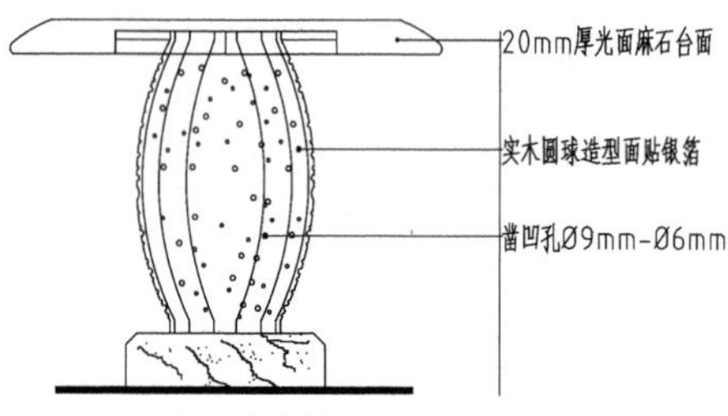

图 7-130 添加多重引线标注

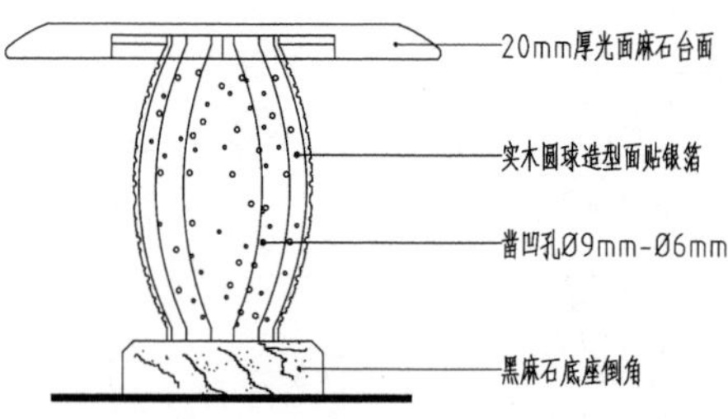

图 7-131 添加其余多重引线标注

2 设置多重引线样式

与标注一样，多重引线也可以设置“多重引线样式”来指定引线的默认效果，如箭头、引线、文字等特征。创建不同样式的多重引线，可以使其适用于不同的使用环境。

• 执行方式

在 AutoCAD 2016 中打开【多重引线样式管理器】有以下几种常用方法。

◆ 功能区：在【默认】选项卡中单击【注释】面板下拉列表中的【多重引线样式】按钮，如图 7-132 所示。

◆ 菜单栏：执行【格式】|【多重引线样式】命令，如图 7-133 所示。

◆ 命令行：MLEADERSTYLE 或 MLS。

图 7-132 【注释】面板中的【多重引线样式】按钮

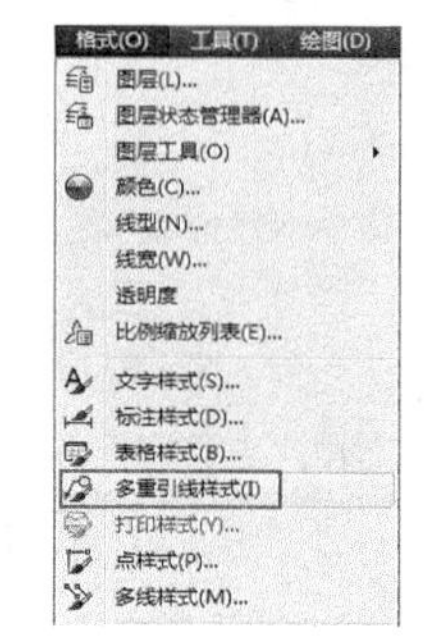

图 7-133 【多重引线样式】菜单命令

• 操作步骤

执行以上任一方法系统均将打开【多重引线样式管理器】对话框，如图 7-134 所示。

该对话框和【标注样式管理器】对话框功能类似，可以设置多重引线的格式和内容。单击【新建】按钮，系统弹出【创建新多重引线样式】对话框，如图 7-135 所示。然后在【新样式名】文本框中输入新样式的名称，单击【继续】按钮，即可打开【修改多重引线样式】对话框进行修改。

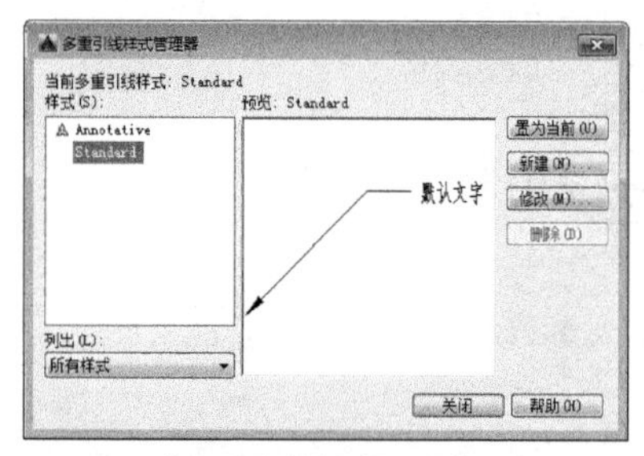

图 7-134 【多重引线样式管理器】对话框

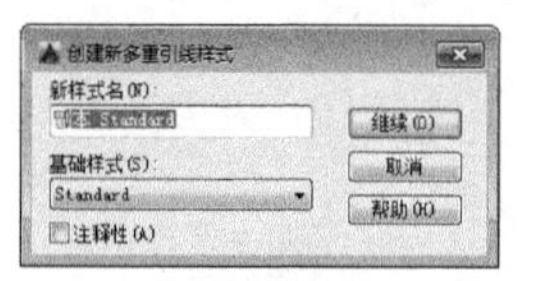

图 7-135 【创建新多重引线样式】对话框

• 选项说明

在【修改多重引线样式】对话框中可以设置多重引线标注的各种特性，对话框中有【引线格式】、【引线结构】和【内容】这 3 个选项卡，如图 7-136 所示。每一个选项卡对应一种特性的设置，分别介绍如下。

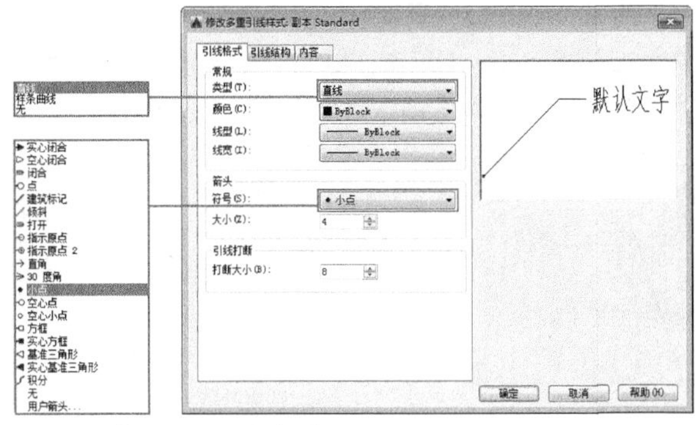

图 7-136 【修改多重引线样式】对话框

【引线格式】选项卡

该选项卡如图 7-136 所示，可以设置引线的线型、颜色和类型，具体选项含义介绍如下。

◆【类型】：用于设置引线的类型，包含【直线】、【样条曲线】和【无】3 种，效果同前文介绍过的“引线类型（L）”命令行选项，见本章图 7-117~ 图 7-119。

◆【颜色】：用于设置引线的颜色，一般保持默认值“Byblock”（随块）即可。

◆【线型】：用于设置引线的线型，一般保持默认值“Byblock”（随块）即可。

◆【线宽】：用于设置引线的线宽，一般保持默认值“Byblock”（随块）即可。

◆【符号】：可以设置多重引线的箭头符号，共 19 种。

◆【大小】：用于设置箭头的大小。

◆【打断大小】：设置多重引线在用于 DIMBREAK【标注打断】命令时的打断大小。该值只有在对【多重引线】使用【标注打断】命令时才能观察到效果，值越大，则打断的距离越大，如图 7-137 所示。

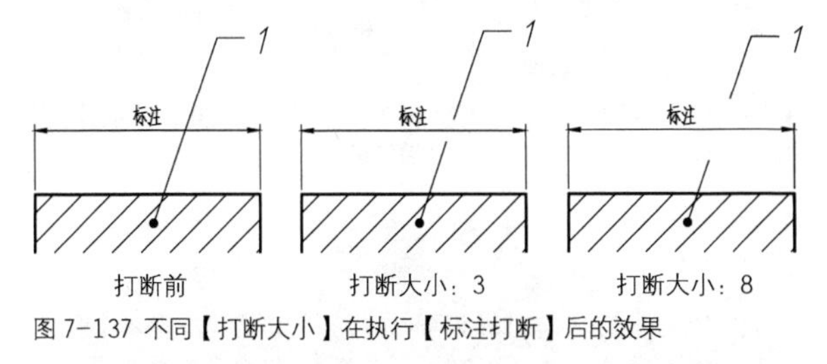

图 7-137 不同【打断大小】在执行【标注打断】后的效果

> **知识链接**
>
> 有关DIMBREAK【标注打断】命令的知识请见本章第 7.4.1节-标注打断。

【引线结构】选项卡

该选项卡如图 7-138 所示，可以设置【多重引线】的折点数、引线角度以及基线长度等，各选项具体含义介绍如下。

◆【最大引线点数】：可以指定新引线的最大点数或线段数，效果同前文介绍的“最大节点数（M）”命令行选项，见本章图 7-123。

◆【第一段角度】：该选项可以约束新引线中的第一个点的角度，效果同前文介绍的“第一个角度（F）”命令行选项。

◆【第二段角度】：该选项可以约束新引线中的第二个点的角度，效果同前文介绍的“第二个角度（S）”命令行选项。

◆【自动包含基线】：确定【多重引线】命令中是否含有水平基线。

◆【设置基线距离】：确定【多重引线】中基线的固定长度。只有勾选【自动包含基线】复选框后才可使用。

【内容】选项卡

【内容】选项卡如图 7-139 所示，在该选项卡中，可以对【多重引线】的注释内容进行设置，如文字样式、文字对齐等。

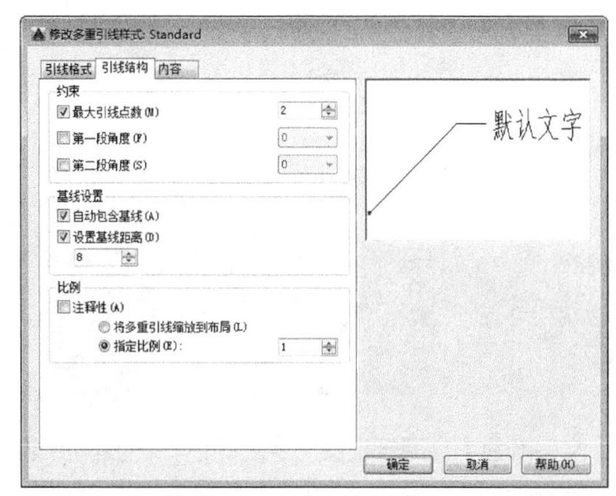

图 7-138 【引线结构】选项卡

图 7-139 【内容】选项卡

◆【多重引线类型】：该下拉列表中可以选择【多重引线】的内容类型，包含【多行文字】、【块】和【无】3 个选项，效果同前文介绍过的“内容类型（C）”命令行选项，见本章图 7-120~ 图 7-122。

◆【文字样式】：用于选择标注的文字样式。也可以单击其后的□按钮，系统弹出【文字样式】对话框，选择文字样式或新建文字样式。

◆【文字角度】指定标注文字的旋转角度，下有【保持水平】、【按插入】、【始终正向读取】3个选项。【保持水平】为默认选项，无论引线如何变化，文字始终保持水平位置，如图7-140所示；【按插入】则根据引线方向自动调整文字角度，使文字对齐至引线，如图7-141所示；【始终正向读取】同样可以让文字对齐至引线，但对齐时会根据引线方向自动调整文字方向，使其一直保持从左往右的正向读取方向，如图7-142所示。

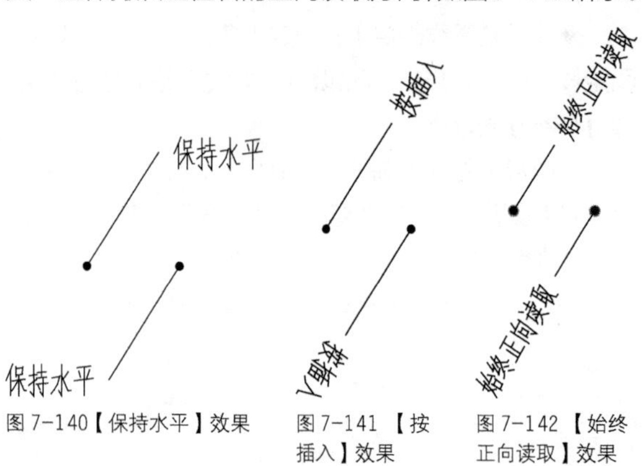

图7-140【保持水平】效果　图7-141【按插入】效果　图7-142【始终正向读取】效果

操作技巧

【文字角度】只有在取消【自动包含基线】复选框后才会生效。

【文字颜色】：用于设置文字的颜色，一般保持默认值“Byblock”（随块）即可。

◆【文字高度】：设置文字的高度。

◆【始终左对正】：始终指定文字内容左对齐。

◆【文字加框】：为文字内容添加边框，如图7-143所示。边框始终从基线的末端开始，与文本之间的间距就相当于基线到文本的距离，因此通过修改【基线间隙】文本框中的值，就可以控制文字和边框之间的距离。

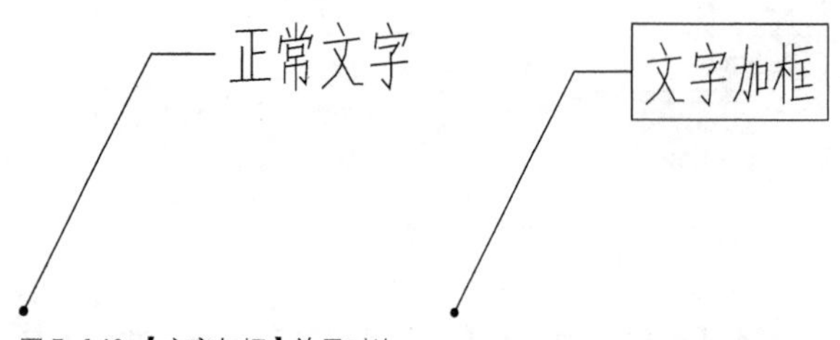

图7-143【文字加框】效果对比

◆【引线连接-水平连接】：将引线插入到文字内容的左侧或右侧，【水平连接】包括文字和引线之间的基线，如图7-144所示。为默认设置。

◆【引线连接-垂直连接】：将引线插入到文字内容的顶部或底部，【垂直连接】不包括文字和引线之间的基线，如图7-145所示。

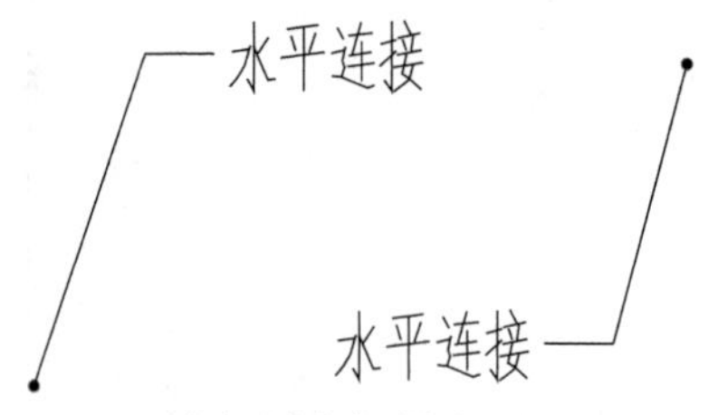

图7-144【水平连接】引线在文字内容左、右两侧

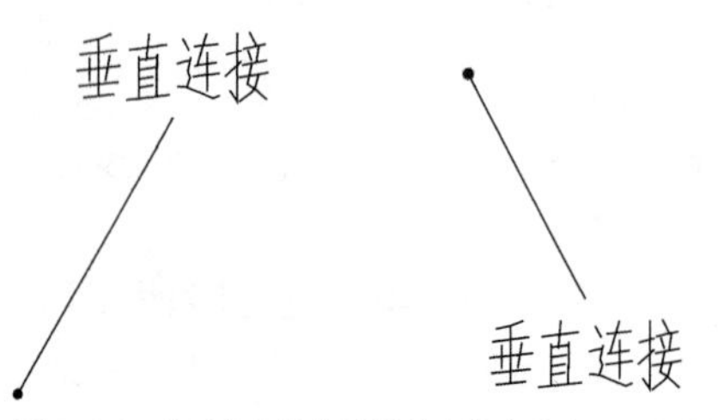

图7-145【垂直连接】引线在文字内容上、下两侧

操作技巧

【垂直连接】选项下不含基线效果。

◆【连接位置】：该选项控制基线连接到文字的方式，根据【引线连接】的不同有不同的选项。如果选择的是【水平连接】，则【连接位置】有左、右之分，每个下拉列表都有9个位置可选，如图7-146所示；如果选择的是【垂直连接】，则【连接位置】有上、下之分，每个下拉列表只有2个位置可选，如图7-147所示。

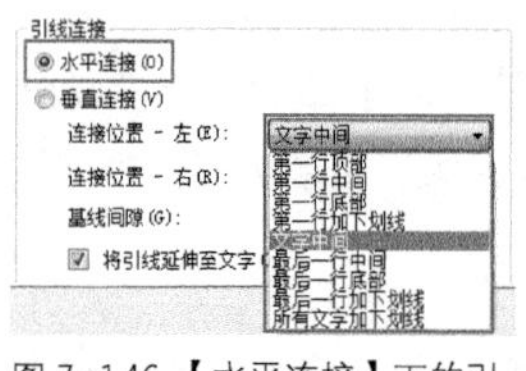

图7-146【水平连接】下的引线连接位置

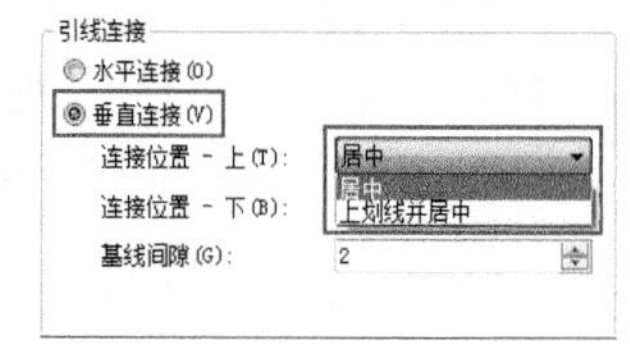

图7-147【垂直连接】下的引线连接位置

操作技巧

【水平连接】下的9种引线连接位置如图7-148所示；【垂直连接】下的2种引线连接位置如图7-149所示。通过指定合适的位置，可以创建出适用于不同行业的多重引线，有关典例请见本章的**练习7-13**。

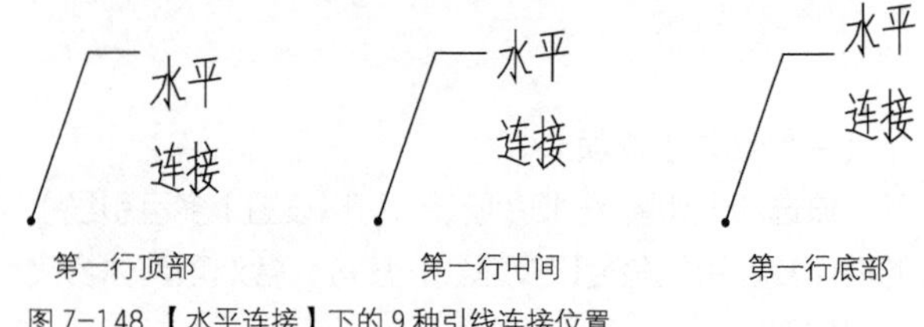

图7-148【水平连接】下的9种引线连接位置

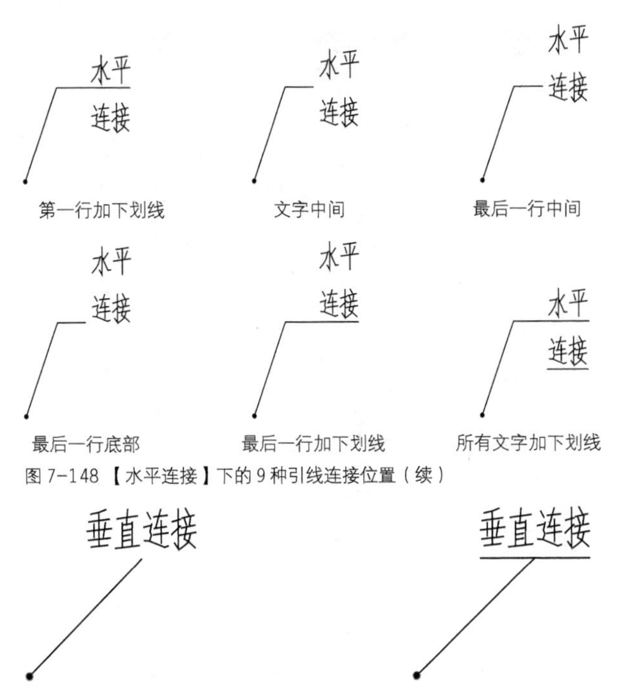

图 7-148 【水平连接】下的 9 种引线连接位置（续）

图 7-149 【垂直连接】下的 2 种引线连接位置

◆【基线间隙】：该文本框中可以指定基线和文本内容之间的距离，如图 7-150 所示。

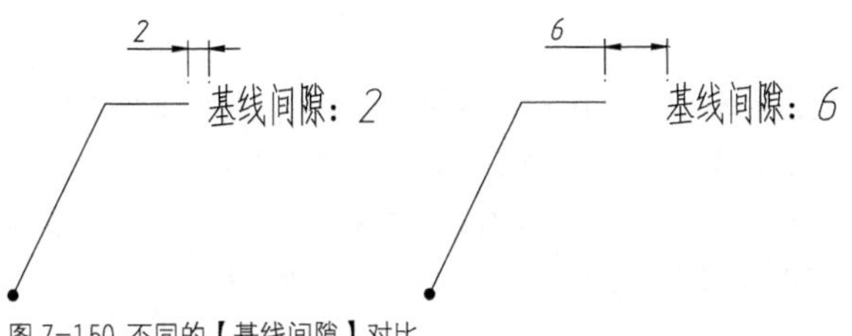

图 7-150 不同的【基线间隙】对比

7.3.12 快速引线标注

【快速引线】标注命令是 AutoCAD 常用的引线标注命令，相较于【多重引线】来说，【快速引线】是一种形式较为自由的引线标注，其结构组成如图 7-151 所示，其中转折次数可以设置，注释内容也可设置为其他类型。

• 执行方式

【快速引线】命令只能在命令行中输入 QLEADER 或 LE 来执行。

• 操作步骤

在命令行中输入 QLEADER 或 LE，然后按 Enter 键，此时命令行提示。

```
命令: LE                                    //执行【快速引线】命令
QLEADER
指定第一个引线点或 [设置(S)] <设置>:
//指定引线箭头位置
指定下一点:                                 //指定转折点位置
指定下一点:                                 //指定要放置内容的位置
指定文字宽度 <0>:↙
                                            //输入文本宽度或保持默认
输入注释文字的第一行 <多行文字(M)>: 快速引线↙//输入文本内容
输入注释文字的下一行:↙
                        //指定下一行内容或单击Enter键完成操作
```

• 选项说明

在命令行中输入 S，系统弹出【引线设置】对话框，如图 7-152 所示，可以在其中对引线的注释、引出线和箭头、附着等参数进行设置。

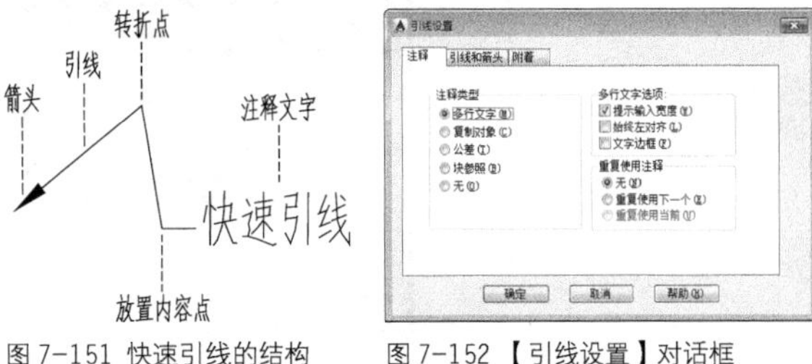

图 7-151 快速引线的结构　　图 7-152 【引线设置】对话框

7.4 标注的编辑

在创建尺寸标注后，如未能达到预期的效果，还可以对尺寸标注进行编辑，如修改尺寸标注文字的内容、编辑标注文字的位置、更新标注和关联标注等操作，而不必删除所标注的尺寸对象再重新进行标注。

7.4.1 标注打断

在图纸内容丰富，标注繁多的情况下，过于密集的标注线就会影响图纸的观察效果，甚至让用户混淆尺寸，引起疏漏，造成损失。因此为了使图纸尺寸结构清晰，就可使用【标注打断】命令在标注线交叉的位置将其打断。

• 执行方式

执行【标注打断】命令的方法有以下几种。

◆功能区：在【注释】选项卡中，单击【标注】面板中的【打断】按钮，如图 7-153 所示。

◆菜单栏：选择【标注】|【标注打断】命令，如图 7-154 所示。

◆命令行：DIMBREAK。

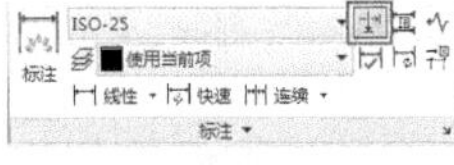

图 7-153【标注】面板上的【打断】按钮

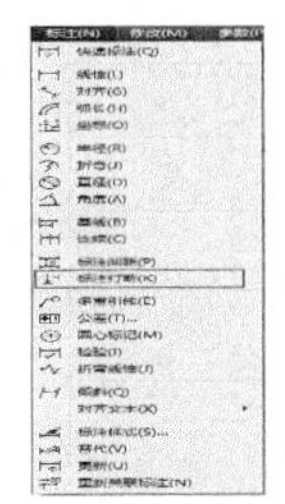

图 7-154 【标注打断】标注菜单命令

·操作步骤

【标注打断】的操作示例如图 7-155 所示，命令行操作过程如下。

```
命令: _DIMBREAK                    //执行【标注打断】命令
选择要添加/删除折断的标注或 [多个(M)]:
                                   //选择线性尺寸标注50
选择要折断标注的对象或 [自动(A)/手动(M)/删除(R)] <自动
>:↙                               //选择多重引线或直接按Enter键
1 个对象已修改
```

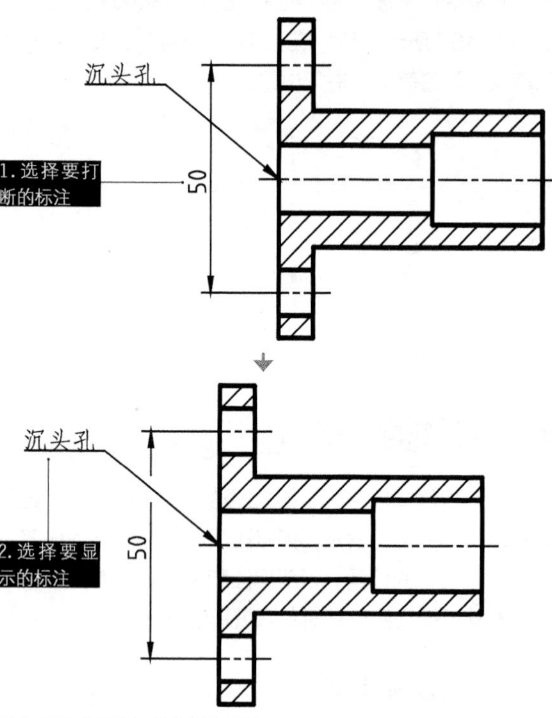

图 7-155 【标注打断】操作示例

·选项说明

命令行中各选项的含义如下。

◆ “多个（M）”：指定要向其中添加折断或要从中删除折断的多个标注。

◆ “自动（A）”：此选项是默认选项，用于在标注相交位置自动生成打断。普通标注的打断距离为【修改标注样式】对话框中【箭头和符号】选项卡下【折断大小】文本框中的值，见本章 7.2.2 小节中的图 7-14；多重引线的打断距离则通过【修改多重引线样式】对话框中【引线格式】选项卡下的【打断大小】文本框中的值来控制，见本章 7.3.12 中的第 2 小节，图 7-137。

◆ “手动（M）”：选择此项，需要用户指定两个打断点，将两点之间的标注线打断。

◆ “删除（R）”：选择此项可以删除已创建的打断。

练习 7-10 打断标注优化图形

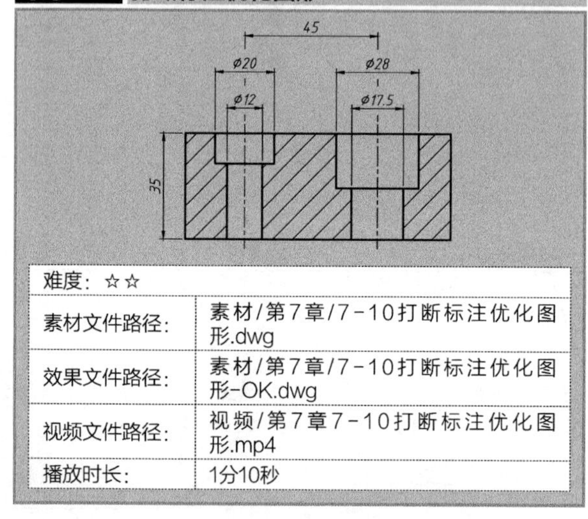

难度：☆☆	
素材文件路径：	素材/第7章/7-10打断标注优化图形.dwg
效果文件路径：	素材/第7章/7-10打断标注优化图形-OK.dwg
视频文件路径：	视频/第7章7-10打断标注优化图形.mp4
播放时长：	1分10秒

如果图形中孔系繁多，结构复杂，那图形的定位尺寸、定形尺寸就相当丰富，而且互相交叉，对我们观察图形有一定影响。而且这类图形打印出来之后，如果打印机像素不高，就可能模糊成一团，让加工人员无从下手。因此本例便通过对一定位块的标注进行优化，来让读者进一步理解【标注打断】命令的操作。

Step 01 打开素材文件“第7章/7-10打断标注优化图形.dwg”，如图7-156所示，可见各标注相互交叉，有尺寸被遮挡。

Step 02 在【注释】选项卡中，单击【标注】面板中的【打断】按钮，然后在命令行中输入M，执行“多个（M）”选项，接着选择最上方的尺寸45，接着依次选择Ø20、Ø12尺寸，结果如图7-157所示，命令行操作如下。

```
命令: _DIMBREAK
选择要添加/删除折断的标注或 [多个(M)]: M↙
                         //选择“多个”选项
选择标注: 找到 1 个
                         //选择最上方的尺寸45为要打断的尺寸
选择标注:
                         //选择左侧的Ø20尺寸
选择要折断标注的对象或 [自动(A)/删除(R)] <自动>:
                         //选择左侧的Ø12尺寸
1 个对象已修改
```

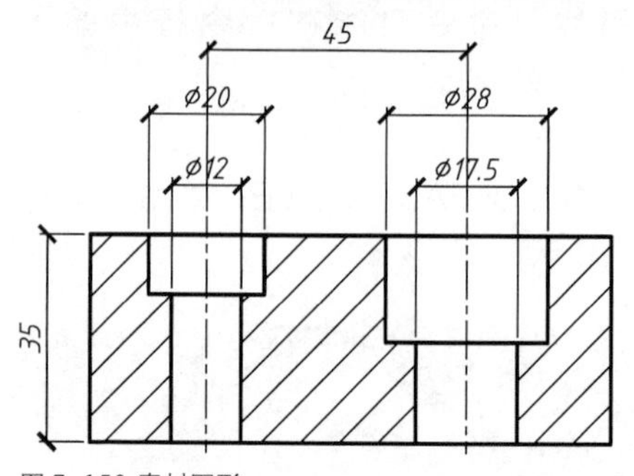

图 7-156 素材图形

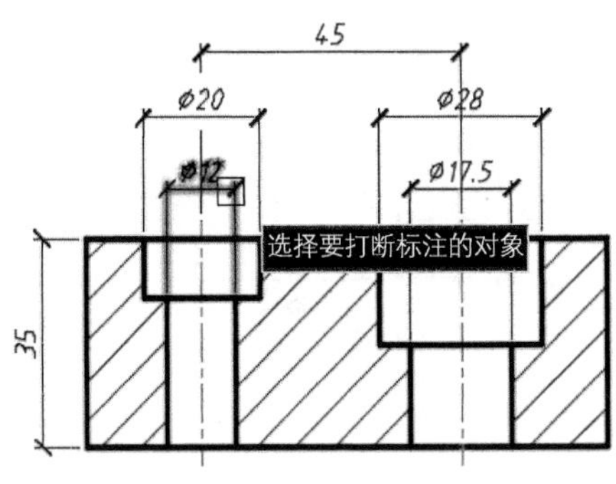

图 7-157 打断尺寸 45

Step 03 根据相同的方法，打断其余要显示的尺寸，最终结果如图7-158所示。

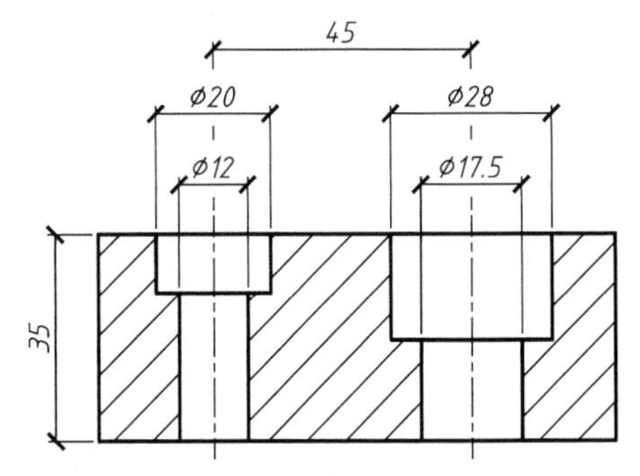

图 7-158 图形的最终打断效果

> **操作技巧**
>
> 在 **Step 02** 中选择完尺寸45之后，可以直接双击两次Enter键，完成所有尺寸的选择，即让45与其他尺寸都进行一次打断操作。

7.4.2 调整标注间距

在 AutoCAD 中进行基线标注时，如果没有设置合适的基线间距，可能使尺寸线之间的间距过大或过小，如图 7-159 所示。利用【调整间距】命令，可调整互相平行的线性尺寸或角度尺寸之间的距离。

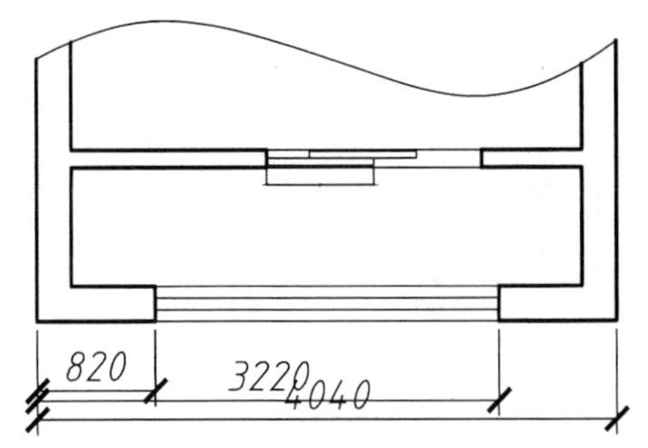

图 7-159 标注间距过小

•执行方式

◆功能区：在【注释】选项卡中，单击【标注】面板中的【调整间距】按钮，如图 7-160 所示。

◆菜单栏：选择【标注】|【调整间距】命令，如图 7-161 所示。

◆命令行：DIMSPACE。

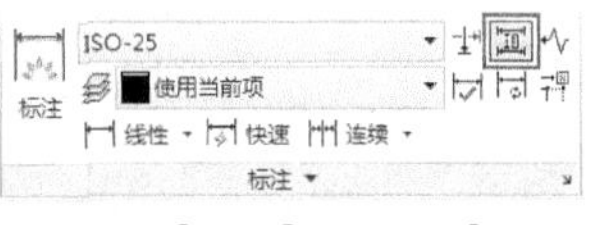

图 7-160 【标注】面板上的【调整间距】按钮

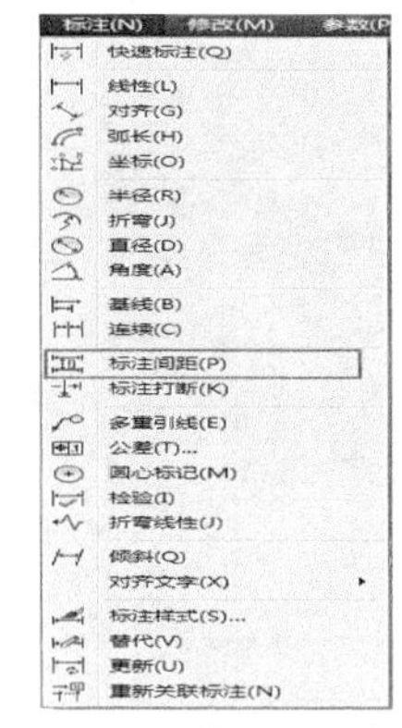

图 7-161 【调整间距】标注菜单命令

•操作步骤

◆【调整间距】命令的操作示例如图 7-162 所示，命令行操作如下。

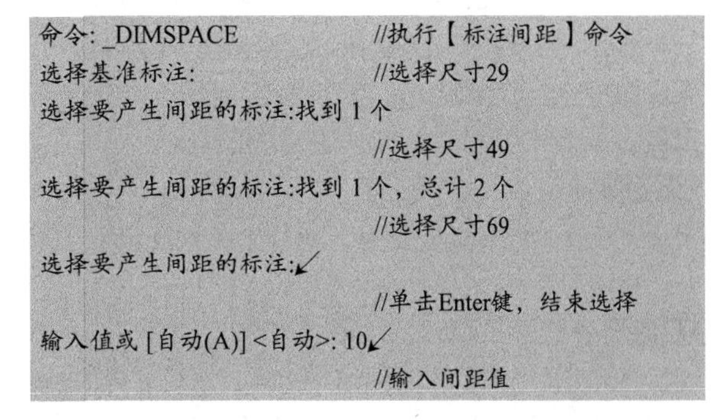

```
命令: _DIMSPACE                    //执行【标注间距】命令
选择基准标注:                       //选择尺寸29
选择要产生间距的标注:找到 1 个
                                   //选择尺寸49
选择要产生间距的标注:找到 1 个，总计 2 个
                                   //选择尺寸69
选择要产生间距的标注:↙
                                   //单击Enter键，结束选择
输入值或 [自动(A)] <自动>: 10↙
                                   //输入间距值
```

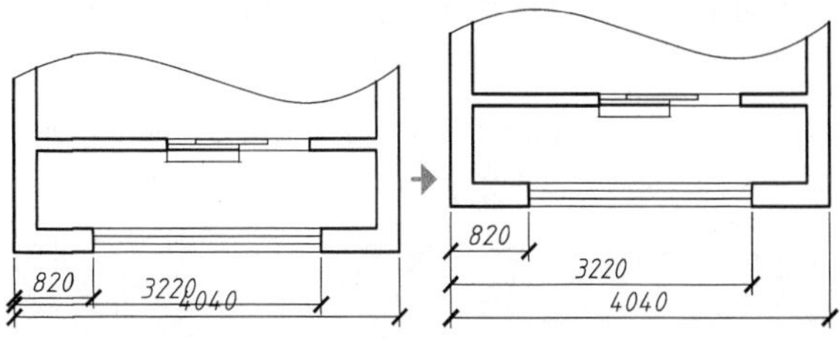

图 7-162 调整标注间距的效果

•选项说明

【调整间距】命令可以通过“输入值”和“自动(A)”这两种方式来创建间距，两种方式的含义解释如下。

◆“输入值”：为默认选项。可以在选定的标注间隔开所输入的间距距离。如果输入的值为 0，则可以将多个标注对齐在同一水平线上。

◆“自动(A)”：根据所选择的基准标注的标注样式中指定的文字高度自动计算间距。所得的间距距离是标注文字高度的 2 倍。

练习 7-11 调整间距优化图形

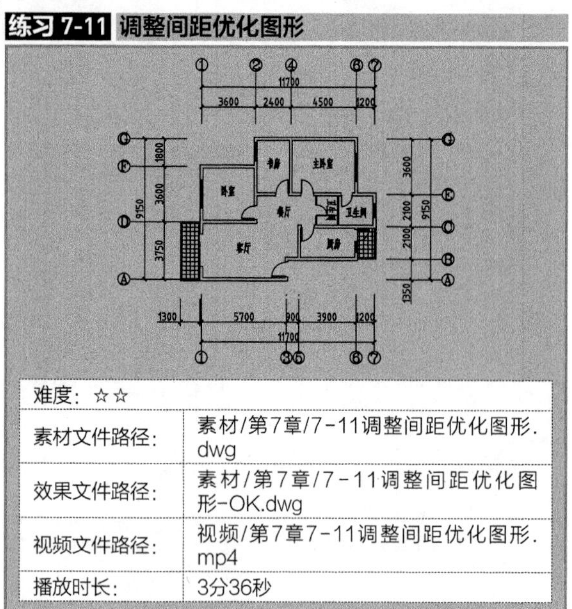

难度：☆☆	
素材文件路径：	素材/第7章/7-11调整间距优化图形.dwg
效果文件路径：	素材/第7章/7-11调整间距优化图形-OK.dwg
视频文件路径：	视频/第7章7-11调整间距优化图形.mp4
播放时长：	3分36秒

在家具等工程类图纸中，墙体及其轴线尺寸均需要整列或整排的对齐。但是，有些时候图形会因为标注关联点的设置问题，导致尺寸移位，就需要重新将尺寸一一对齐，这在打开外来图纸时尤其常见。如果用户纯手工地去一个个调整标注，那效率十分低下，这时就可以借助【调整间距】命令来快速整理图形。

Step 01 打开素材文件“第7章/7-11调整间距优化图形.dwg”，如图7-163所示，图形中各尺寸出现了移位，并不工整。

Step 02 水平对齐底部尺寸。在【注释】选项卡中，单击【标注】面板中的【调整间距】按钮，选择左下方的阳台尺寸1300作为基准标注，然后依次选择右方的尺寸5700、900、3900、1200作为要产生间距的标注，输入间距值为0，则所选尺寸都统一水平对齐至尺寸1300处，如图7-164所示，命令行操作如下。

```
命令: _DIMSPACE
选择基准标注: /                                  //选择尺寸1300
选择要产生间距的标注:找到 1 个
                                                 //选择尺寸5700
选择要产生间距的标注:找到 1 个, 总计 2 个
                                                 //选择尺寸900
选择要产生间距的标注:找到 1 个, 总计 3 个
                                                 //选择尺寸3900
选择要产生间距的标注:找到 1 个, 总计 4 个
                                                 //选择尺寸1200
选择要产生间距的标注:↙
//单击Enter, 结束选择
输入值或 [自动(A)] <自动>: 0↙
                                    //输入间距值0, 得到水平排列
```

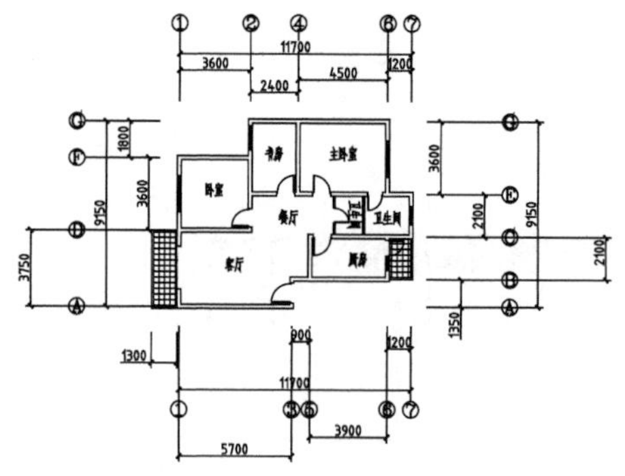

图 7-163 素材图形

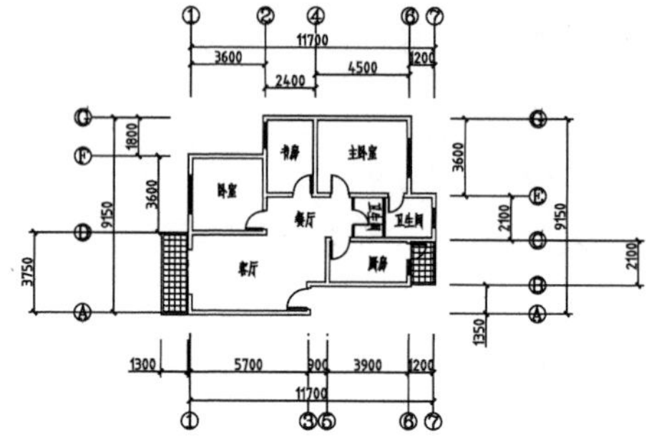

图 7-164 水平对齐尺寸

Step 03 垂直对齐右侧尺寸。选择右下方1350尺寸为基准尺寸，然后选择上方的尺寸2100、2100、3600，输入间距值为0，得到垂直对齐尺寸，如图7-165所示。

Step 04 对齐其他尺寸。按相同方法，对齐其余尺寸，最外层的总长尺寸除外，效果如图7-166所示。

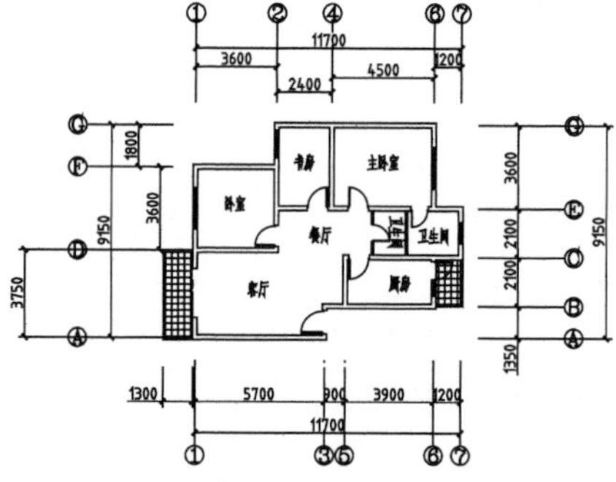

图 7-165 垂直对齐尺寸

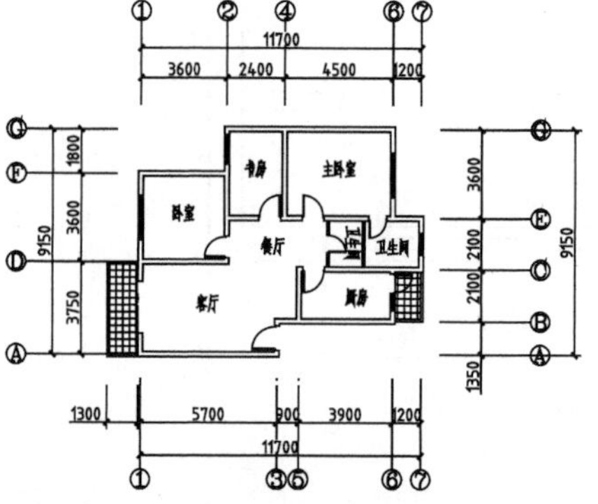

图 7-166 对齐其余尺寸

Step 05 调整外层间距。再次执行【调整间距】命令，仍选择左下方的阳台尺寸1300作为基准尺寸，然后选择下方的总长尺寸11700为要产生间距的尺寸，输入间距值为1300，效果如图7-167所示。

Step 06 按相同方法，调整所有的外层总长尺寸，最终结果如所示。

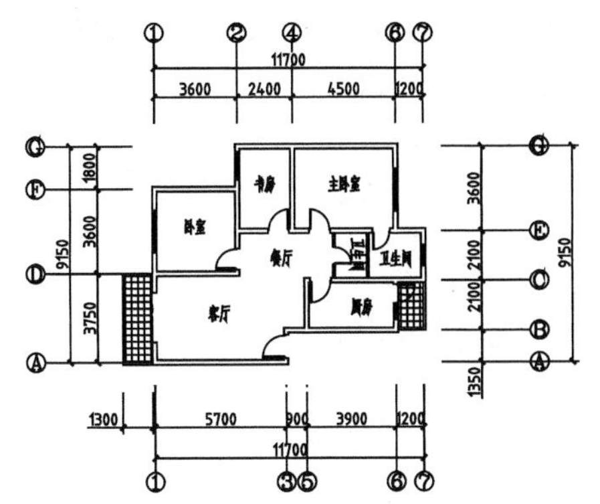

图 7-167 调整外层间距

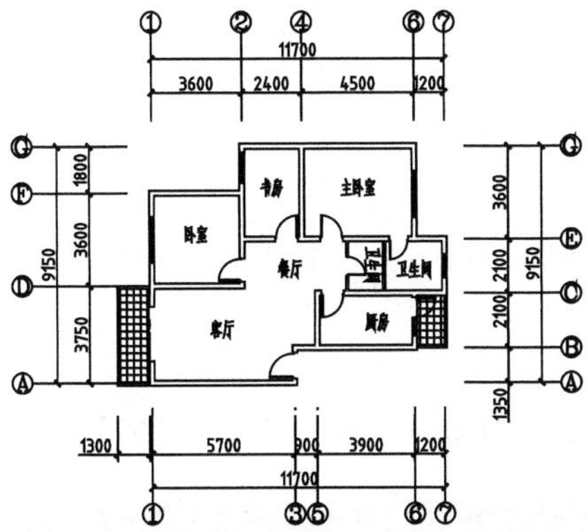

图 7-168 调整后最终结果

7.4.3 折弯线性标注

在标注一些长度较大的轴类打断视图的长度尺寸时，可以对应的使用折弯线性标注。

• 执行方式

在 AutoCAD 2016 中调用【折弯线性】标注有以下几种常用方法。

◆功能区：在【注释】选项卡中，单击【标注】面板中的【折弯线性】按钮，如图 7-169 所示。

◆菜单栏：执行【标注】|【折弯线性】命令，如图 7-170 所示。

◆命令行：DIMJOGLINE。

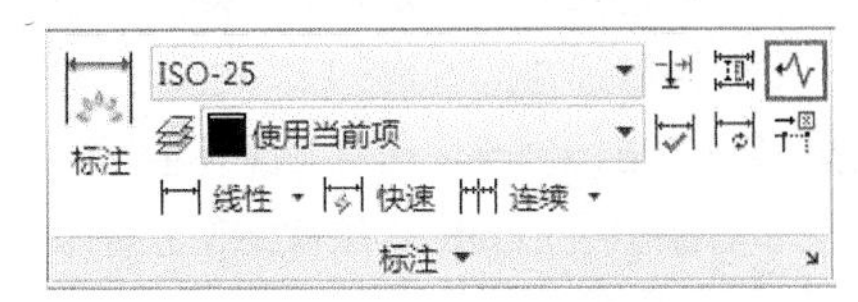

图 7-169 【标注】面板上的【折弯线性】按钮

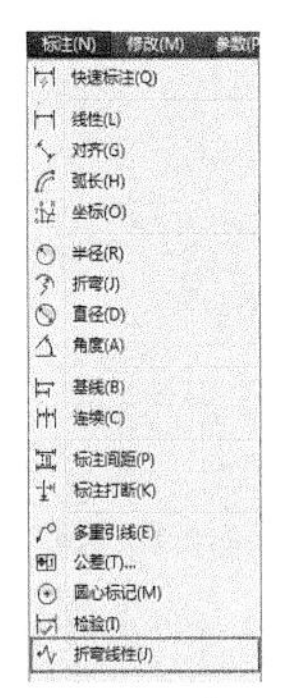

图 7-170 【折弯线性】标注菜单命令

• 操作步骤

执行上述任一命令后，选择需要添加折弯的线性标注或对齐标注，然后指定折弯位置即可，如图 7-171 所示，命令行操作如下。

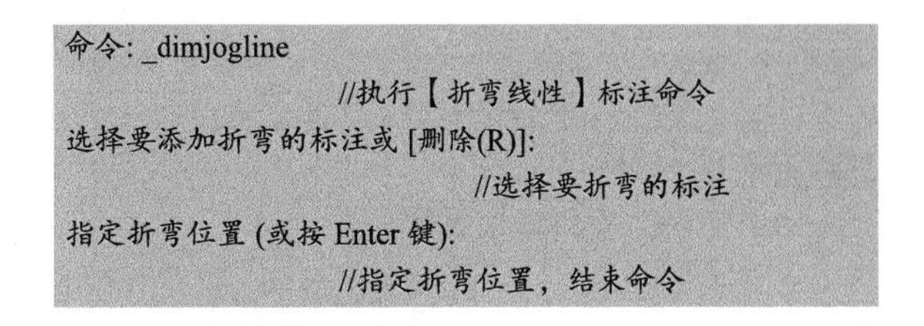

```
命令：_dimjogline
                    //执行【折弯线性】标注命令
选择要添加折弯的标注或 [删除(R)]:
                    //选择要折弯的标注
指定折弯位置 (或按 Enter 键):
                    //指定折弯位置，结束命令
```

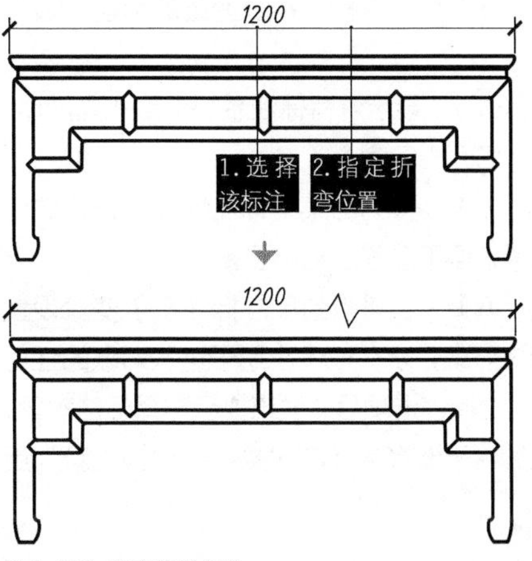

图 7-171 折弯线性标注

7.4.4 更新标注 ★进阶★

在创建尺寸标注过程中，若发现某个尺寸标注不符合要求，可采用替代标注样式的方法修改尺寸标注的相关变量，然后使用【标注更新】功能使要修改的尺寸标注按所设置的尺寸样式进行更新。

• 执行方式

【标注更新】命令主要有以下几种调用方法。

◆功能区：在【注释】选项卡中，单击【标注】面板上的【更新】按钮，如图 7-172 所示。

◆菜单栏：选择【标注】|【更新】菜单命令，如图 7-173 所示。

◆命令行：DIMSTYLE。

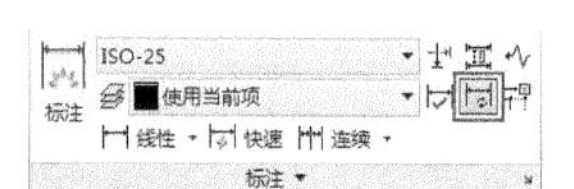

图 7-172 【标注】面板上的【更新】按钮

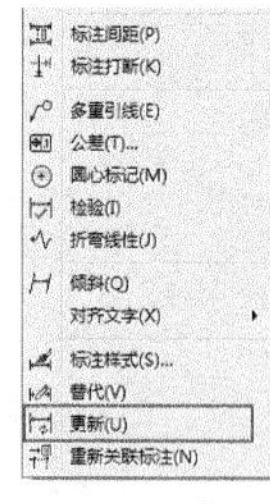

图 7-173 【更新】标注菜单命令

• 操作步骤

执行【标注更新】命令后，命令行操作提示如下。

```
命令: _dimstyle↙                    //调用【更新】标注命令
当前标注样式: 标注  注释性: 否
输入标注样式选项
[注释性(AN)/保存(S)/恢复(R)/状态(ST)/变量(V)/应用(A)/?] <
恢复>: _apply
选择对象: 找到 1 个
```

• 选项说明

命令行中其各选项含义如下。

◆ "注释性（AN）"：将标注更新为可注释的对象。

◆ "保存（S）"：将标注系统变量的当前设置保存到标注样式。

◆ "状态（ST）"：显示所有标注系统变量的当前值，并自动结束 DIMSTYLE 命令。

◆ "变量（V）"：列出某个标注样式或设置选定标注的系统变量，但不能修改当前设置。

◆ "应用（A）"：将当前尺寸标注系统变量设置应用到选定标注对象，永久替代应用于这些对象的任何现有标注样式。选择该选项后，系统提示选择标注对象，选择标注对象后，所选择的标注对象将自动被更新为当前标注格式。

7.4.5 尺寸关联性 ★进阶★

尺寸关联是指尺寸对象及其标注的对象之间建立了联系，当图形对象的位置、形状、大小等发生改变时，其尺寸对象也会随之动态更新。如一个长 50、宽 30 的矩形，使用【缩放】命令将矩形等放大两倍，不仅图形对象放大了两倍，而且尺寸标注也同时放大了两倍，尺寸值变为缩放前的两倍，如图 7-174 所示。

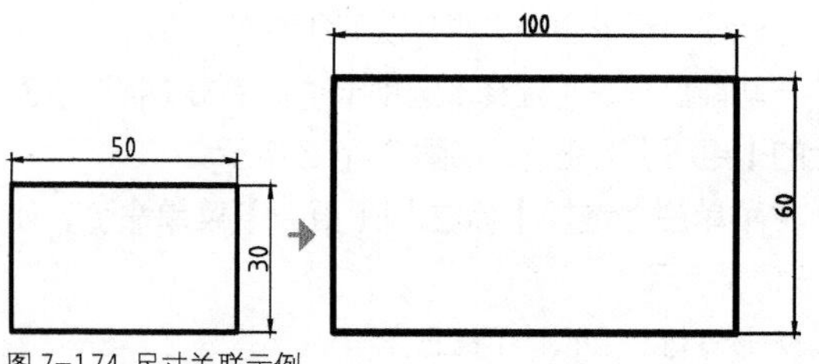

图 7-174 尺寸关联示例

1 尺寸关联

在模型窗口中标注尺寸时，尺寸是自动关联的，无须用户进行关联设置。但是，如果在输入尺寸文字时不使用系统的测量值，而是由用户手工输入尺寸值，那么尺寸文字将不会与图形对象关联。

• 执行方式

对于没有关联，或已经解除了关联的尺寸对象和图形对象，重建标注关联的方法如下。

◆ 功能区：在【注释】选项卡中，单击【标注】面板中的【重新关联】按钮，如图 7-175 所示。

◆ 菜单栏：执行【标注】|【重新关联标注】命令，如图 7-176 所示。

◆ 命令行：DIMREASSOCIATE 或 DRE。

图 7-175 【标注】面板上的【重新关联】按钮

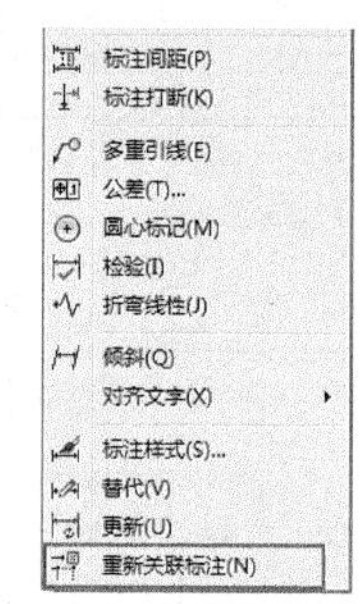

图 7-176 【重新关联标注】菜单命令

• 操作步骤

执行【重新关联】命令之后，命令行提示如下。

```
命令: _dimreassociate              //执行【重新关联】命令
选择要重新关联的标注
选择对象或 [解除关联(D)]: 找到 1 个
                                   //选择要建立关联的尺寸
选择对象或 [解除关联(D)]:
指定第一个尺寸界线原点或 [选择对象(S)] <下一个>:
                                   //选择要关联的第一点
指定第二个尺寸界线原点 <下一个>:
                                   //选择要关联的第二点
```

每个关联点提示旁边都会显示有一个标记，如果当前标注的定义点与几何对象之间没有关联，则标记将显示为蓝色的"╳"；如果定义点与几何对象之间已有了关联，则标记将显示为蓝色的"☒"。

2 解除关联

对于已经建立了关联的尺寸对象及其图形对象，可以用【解除关联】命令解除尺寸与图形的关联性。解除标注关联后，对图形对象进行修改，尺寸对象不会发生任何变化。因为尺寸对象已经和图形对象彼此独立，没有任何关联关系了。

• 执行方式

解除关联只有如下两种方法。

◆命令行：DIMDISASSOCIATE 或 DDA。

◆内容选项：执行【重新关联】命令时选择其中的“解除关联（D）”选项。

•操作步骤

在命令行中输入 DDA 命令并按 Enter 键，执行【解除关联】命令后，命令行提示如下。

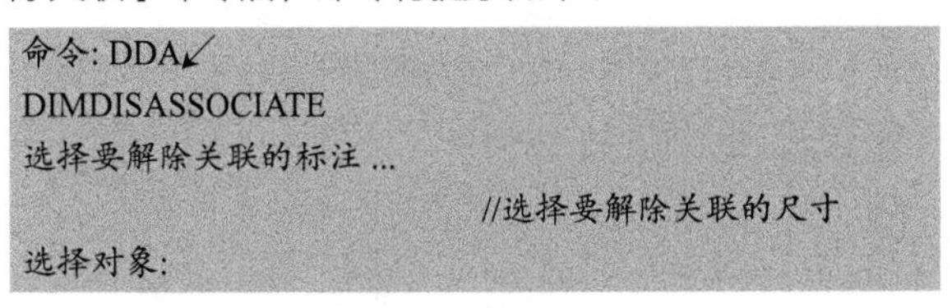

```
命令: DDA↙
DIMDISASSOCIATE
选择要解除关联的标注 ...
                              //选择要解除关联的尺寸
选择对象:
```

选择要解除关联的尺寸对象，按 Enter 键即可解除关联。

7.4.6 倾斜标注 ★进阶★

【倾斜标注】命令可以旋转、修改或恢复标注文字，并更改尺寸界线的倾斜角。

•执行方式

AutoCAD 中启动【倾斜标注】命令有如下 3 种常用方法。

◆功能区：在【注释】选项卡中，单击【标注】滑出面板上的【倾斜】按钮，如图 7-177 所示。

◆菜单栏：调用【标注】|【倾斜】菜单命令，如图 7-178 所示。

◆命令行：DIMEDIT 或 DED。

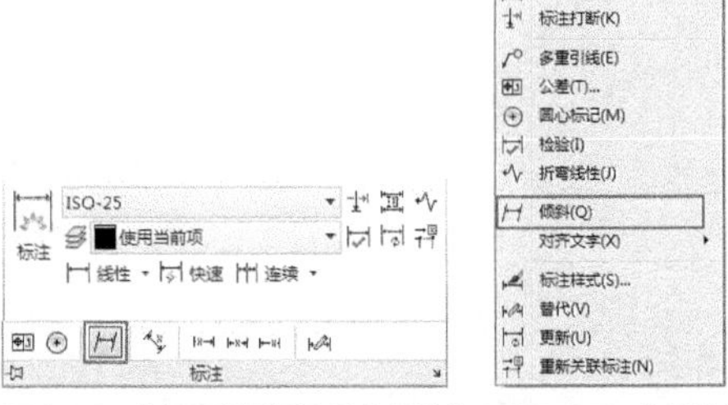

图 7-177 【标记】面板上的【倾斜】按钮　图 7-178 【倾斜】标注菜单命令

•操作步骤

在以前版本的 AutoCAD 中，【倾斜】命令归类于 DIMEDIT【标注编辑】命令之内，而到了 AutoCAD 2016，开始作为一个独立的命令出现在面板上。但如果还是以命令行中输入 DIMEDIT 的方式调用，则可以执行其他属于【标注编辑】的命令，此时的命令行提示如下。

```
输入标注编辑类型[默认（H）/新建（N）/旋转（R）/倾斜（O）]〈默认〉:
```

•选项说明

命令行中各选项的含义如下。

◆“默认（H）”：选择该选项并选择尺寸对象，可以按默认位置和方向放置尺寸文字。

◆“新建（N）”：选择该选项后，系统将打开【文字编辑器】选项卡，选中输入框中的所有内容，然后重新输入需要的内容，单击该对话框上的【确定】按钮。返回绘图区，单击要修改的标注，如图 7-179 所示，按 Enter 键即可完成标注文字的修改，结果如图 7-180 所示。

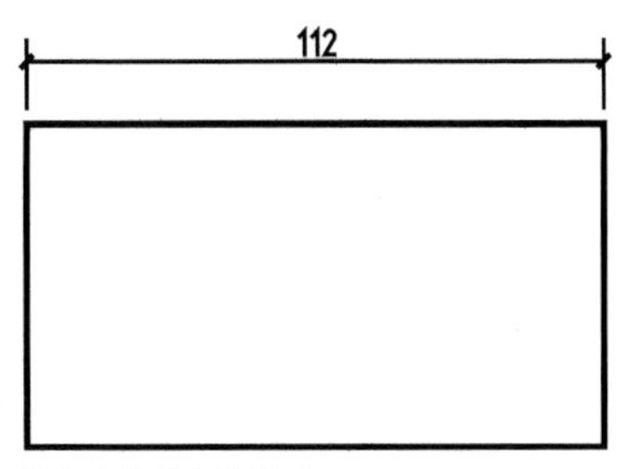

图 7-179 选择修改对象

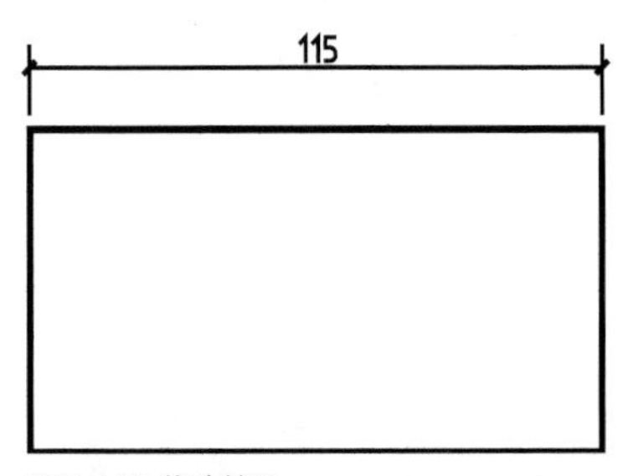

图 7-180 修改结果

◆“旋转（R）”：选择该项后，命令行提示“输入文字旋转角度：”，此时，输入文字旋转角度后，单击要修改的文字对象，即可完成文字的旋转。如图 7-181 所示为将文字旋转 30° 后的效果对比。

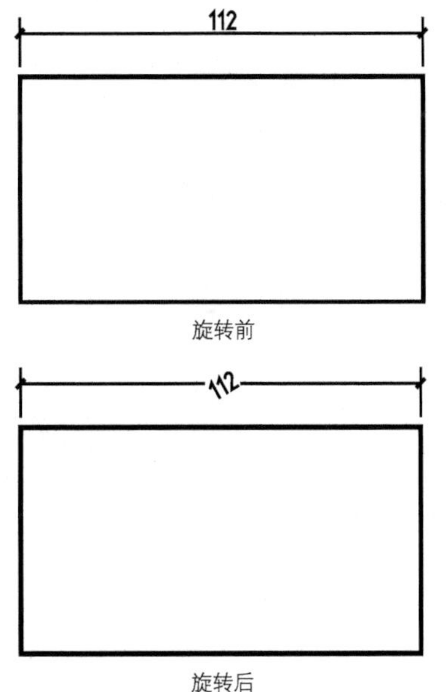

图 7-181 文字旋转效果对比

◆ “倾斜（O）”：用于修改延伸线的倾斜度。选择该项后，命令行会提示选择修改对象，并要求输入倾斜角度。如图 7-182 所示为延伸线倾斜 60° 后的效果对比。

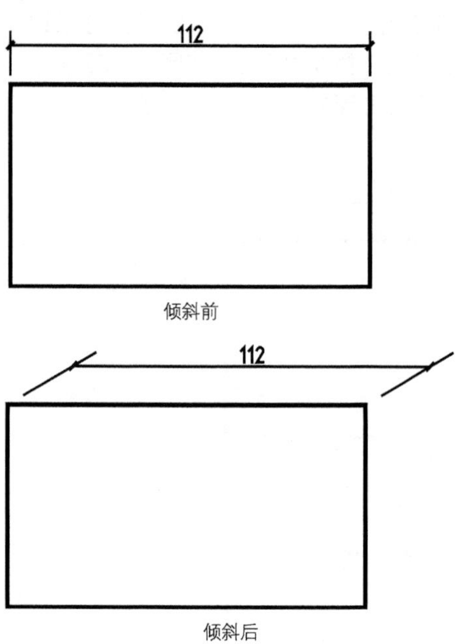

图 7-182 延伸线倾斜效果对比

操作技巧

在命令行中输入DDEDIT或ED命令，也可以很方便地修改标注文字的内容。

第 8 章 文字和表格

文字和表格是图纸中的重要组成部分，用于注释和说明图形难以表达的特征，例如，平面图纸中的技术要求、明细表，施工图纸中的安装施工说明、图纸目录表等。本章便介绍 AutoCAD 中文字、表格的设置和创建方法。

8.1 创建文字

文字注释是绘图过程中很重要的内容，进行各种设计时，不仅要绘制出图形，还需要在图形中标注一些注释性的文字，这样可以对不便于表达的图形设计加以说明，使设计表达更加清晰。

8.1.1 文字样式的创建与其他操作

与【标注样式】一样，文字内容也可以设置【文字样式】来定义文字的外观，包括字体、高度、宽度比例、倾斜角度以及排列方式等，是对文字特性的一种描述。

1 新建文字样式

要创建文字样式首先要打开【文字样式】对话框。该对话框不仅显示了当前图形文件中已经创建的所有文字样式，并显示当前文字样式及其有关设置、外观预览。在该对话框中不但可以新建并设置文字样式，还可以修改或删除已有的文字样式。

•执行方式

调用【文字样式】有以下几种常用方法。

◆功能区：在【默认】选项卡中，单击【注释】滑出面板上的【文字样式】按钮，如图 8-1 所示。

◆菜单栏：选择【格式】|【文字样式】菜单命令，如图 8-2 所示。

◆命令行：STYLE 或 ST。

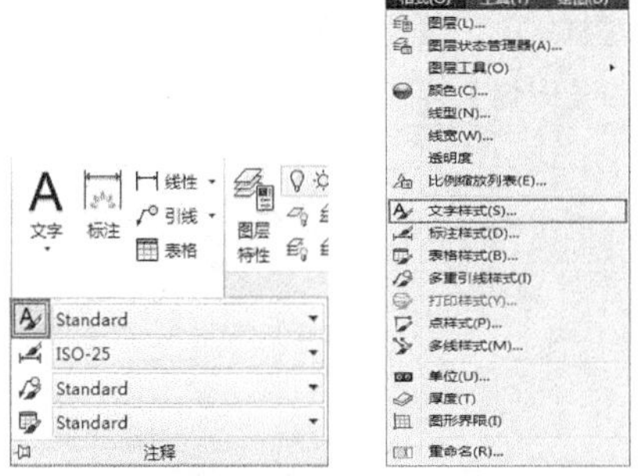

图 8-1【注释】面板中的【文字样式】按钮　图 8-2 【文字样式】菜单命令

•操作步骤

通过执行该命令后，系统弹出【文字样式】对话框，如图 8-3 所示，可以在其中新建或修改当前文字样式，以指定字体、高度等参数。

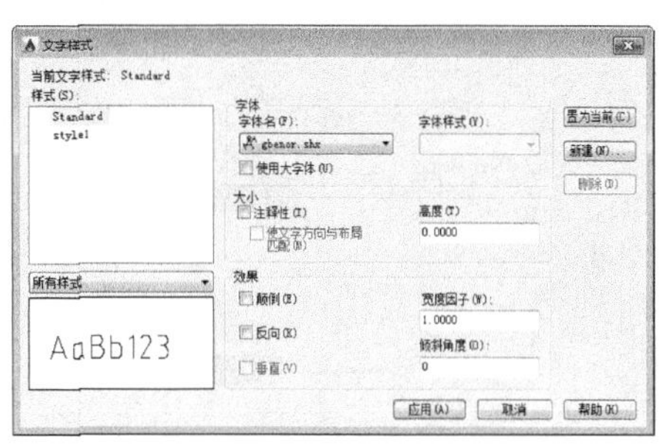

图 8-3 【文字样式】对话框

•选项说明

【文字样式】对话框中各参数的含义如下。

◆【样式】列表框：列出了当前可以使用的文字样式，默认文字样式为 Standard（标准）。

◆【字体名】下拉列表：在该下拉列表中可以选择不同的字体，如宋体、黑体和楷体等，如图 8-4 所示。

◆【使用大字体】复选框：用于指定亚洲语言的大字体文件，只有后缀名为 .SHX 的字体文件才可以创建大字体。

◆【字体样式】下拉列表：在该下拉列表中可以选择其他字体样式。

◆【置为当前】按钮：单击该按钮，可以将选择的文字样式设置成当前的文字样式

◆【新建】按钮：单击该按钮，系统弹出【新建文字样式】对话框，如图 8-5 所示。在样式名文本框中输入新建样式的名称，单击【确定】按钮，新建文字样式将显示在【样式】列表框中。

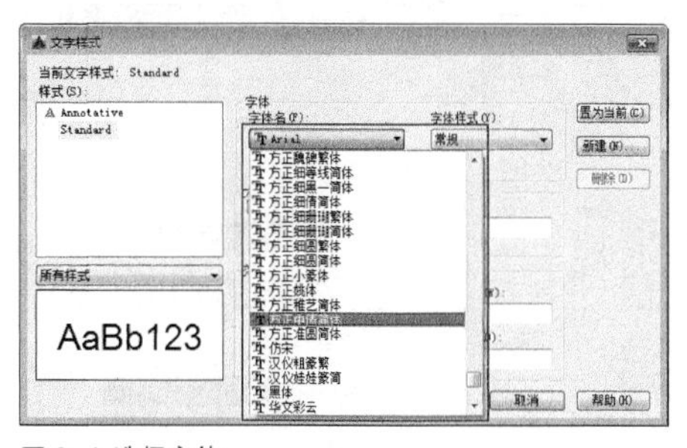

图 8-4 选择字体

图 8-5 【新建文字样式】复选框

◆【颠倒】复选框：勾选【颠倒】复选框之后，文字方向将翻转，如图 8-6 所示。

◆【反向】复选框：勾选【反向】复选框，文字的阅读顺序将与开始时相反，如图 8-7 所示。

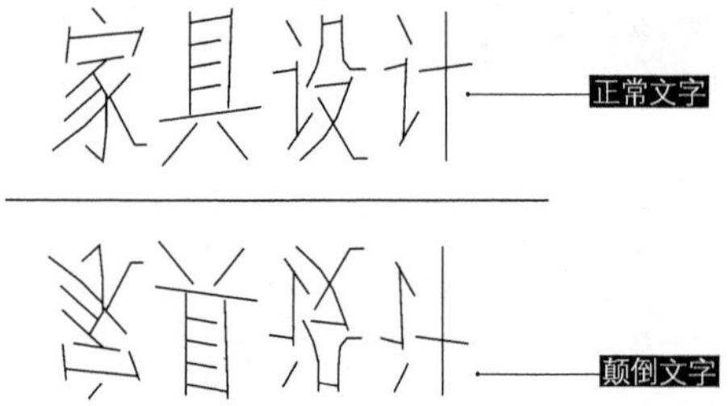

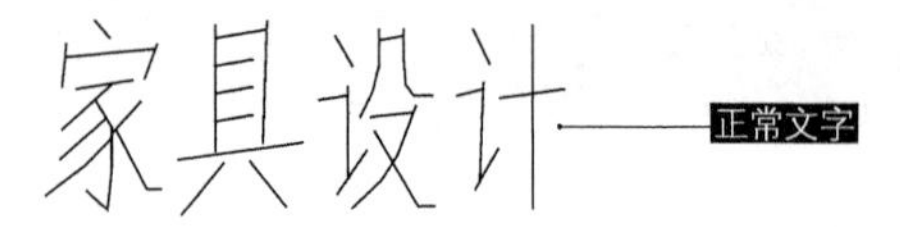

颠倒文字

图 8-6 颠倒文字效果

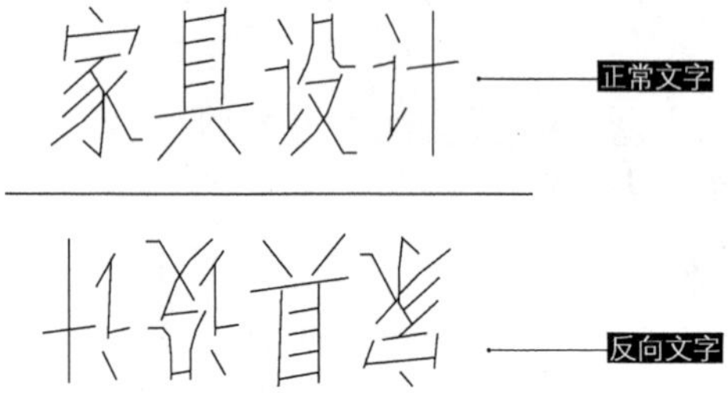

正常文字

反向文字

图 8-7 反向文字效果

◆【高度】文本框：该参数可以控制文字的高度，即控制文字的大小。

◆【宽度因子】文本框：该参数控制文字的宽度，正常情况下宽度比例为 1。如果增大比例，那么文字将会变宽。图 8-8 所示为宽度因子变为 1.5 时的效果。

◆【倾斜角度】文本框：该参数控制文字的倾斜角度，正常情况下为 0。图 8-9 所示为文字倾斜 45° 后的效果。要注意的是用户只能输入 -85° ~ 85° 之间的角度值，超过这个区间的角度值将无效。

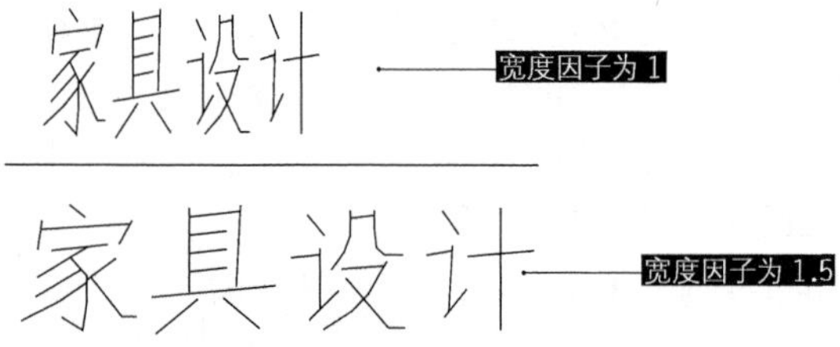

宽度因子为 1

宽度因子为 1.5

图 8-8 调整宽度因子

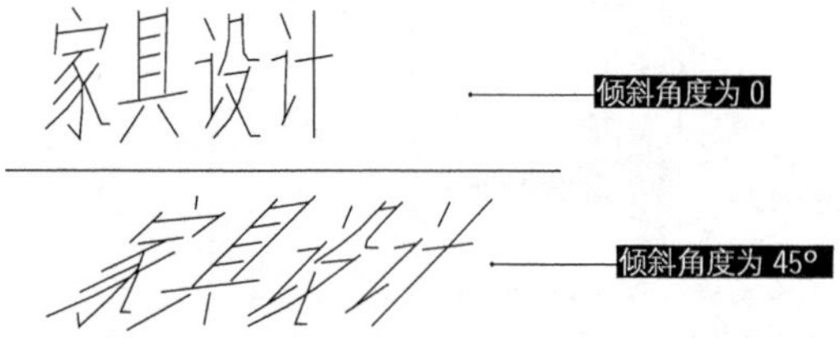

倾斜角度为 0

倾斜角度为 45°

图 8-9 调整倾斜角度

•初学解答 修改了文字样式，却无相应变化?

在【文字样式】对话框中修改的文字效果，仅对单行文字有效果。用户如果使用的是多行文字创建的内容，则无法通过更改【文字样式】对话框中的设置来达到相应效果，如倾斜、颠倒等。

•熟能生巧 图形中的文字显示为问号?

打开文件后字体和符号变成了问号“？”，或有些字体不显示；打开文件时提示“缺少 SHX 文件”或“未找到字体”；出现上述字体无法正确显示的情况均是字体库出现了问题，可能是系统中缺少显示该文字的字体文件、指定的字体不支持全角标点符号或文字样式已被删除，有的特殊文字需要特定的字体才能正确显示。下面通过一个例子来介绍修复的方法。

练习 8-1 将“???”还原为正常文字

欧式前缘餐桌

难度：☆☆☆	
素材文件路径：	素材/第8章/8-1还原为正常文字.dwg
效果文件路径：	素材/第8章/8-1还原为正常文字-OK.dwg
视频文件路径：	视频/第8章/8-1还原为正常文字.mp4
播放时长：	1分8秒

在进行实际的设计工作时，因为要经常与其他设计师进行图纸交流，所有会碰到许多外来图纸，这时就很容易碰到图纸中文字或标注显示不正常的情况。这一般都是样式出现了问题，因为电脑中没有样式所选用的字体，故显示问号或其他乱码。

Step 01 打开“第8章/8-1将“???”还原为正常文字.dwg”素材文件，所创建的文字显示为问号，内容不明，如图8-10所示。

Step 02 点选出现问号的文字，单击鼠标右键，在弹出的下拉列表中选择【特性】选项，系统弹出【特性】管理器。在【特性】管理器【文字】列表中，可以查看文字的【内容】、【样式】、【高度】等特性，并且能够修改。将其修改为【宋体】样式，如图8-11所示。

?????

图 8-10 素材文件

图 8-11 修改文字样式

Step 03 文字得到正确显示，如图8-12所示。

欧式前缘餐桌

图 8-12 正常显示的文字

·精益求精 shx 字体与 .ttf 字体的区别

在 AutoCAD 2016 中存在着两种类型的字体文件：.shx 字体和 .ttf（TrueType）字体。这两类字体文件都支持英文显示，但显示中、日、韩等非 ASCII 编码的亚洲文字字体时就会出现一些问题。

当选择 SHX 字体时，【使用大字体】复选框显亮，用户选中该复选框，然后在【大字体】下拉列表中选择大字体文件，一般使用 gbcbig.shx 大字体文件，如图 8-13 所示。

在【大小】选项组中可进行注释性和高度设置，如图 8-14 所示。其中，在【高度】文本框中键入数值可改变当前文字的高度不进行设置，其默认值为 0，并且每次使用该样式时命令行都将提示指定文字高度。

图 8-13 使用【大字体】

图 8-14 设置文字高度

这两种字体的含义分别介绍如下。

◎ SHX 字体文件

SHX 字体是 AutoCAD 自带的字体文件，符合 AutoCAD 的标准。这种字体文件的后缀名是“.shx”，存放在 AutoCAD 的文件搜索路径下。

在【文字样式】对话框中，SHX 字体前面会显示一个圆规形状的图标。AutoCAD 默认的 SHX 字体文件是“txt.shx”。AutoCAD 自带的 SHX 字体文件都不支持中文等亚洲语言字体。为了能够显示这些亚洲语言字体，一类被称作大字体文件（big font）的特殊类型的 SHX 文件被第三方开发出来。

为了在使用 SHX 字体文件时能够正常显示中文，可以将字体设置为同时使用 SHX 文件和大字体文件。或者在【SHX 字体】下拉列表框中选择需要的 SHX 文件，用于显示英文，而在【大字体】下拉列表框中选择能够支持中文显示的大字体文件。

值得注意的是，有的大字体文件仅仅支持有限的亚洲文字字体，并不一定支持中文显示。在【大字体】下拉列表框中选择的大字体文件如果不能支持中文时，中文会无法正常显示。

◎ TrueType 字体文件

TrueType 字体是 Windows 自带的字体文件，符合 Windows 标准。支持这种字体的字体文件的后缀是“.ttf”。这些文件存放在“Windonws\Fonts\”下。

在【文字样式】对话框中取消【使用大字体】复选框，可以在【字体名】下拉列表框中显示所有的 TrueType 字体和 SHX 字体列表。TrueType 字体前面会显示一个“T”形图标。

中文版的 Windows 都带有支持中文显示的 TTF 字体文件，其中包括经常使用的字体如“宋体”“黑体”“楷体 -GB2312”等。由于中国用户的计算机几乎都安装了中文版 Windows，所以用 TTF 字体标注中文就不会出现中文显示不正常的问题。

2 应用文字样式

在创建的多种文字样式中，只能有一种文字样式作为当前的文字样式，系统默认创建的文字均按照当前文字样式。因此要应用文字样式，首先应将其设置为当前文字样式。

◆设置当前文字样式的方法有以下两种。

◆在【文字样式】对话框的【样式】列表框中选择要置为当前的文字样式，单击【置为当前】按钮，如图 8-15 所示。

◆在【注释】面板的【文字样式控制】下拉列表框中选择要置为当前的文字样式，如图 8-16 所示。

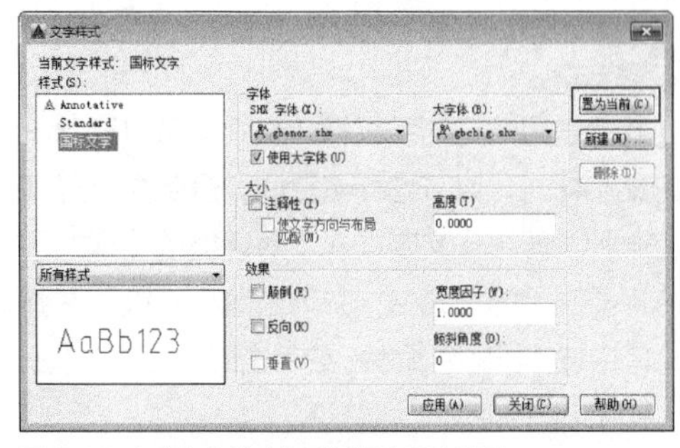

图 8-15 在【文字样式】对话框中置为当前

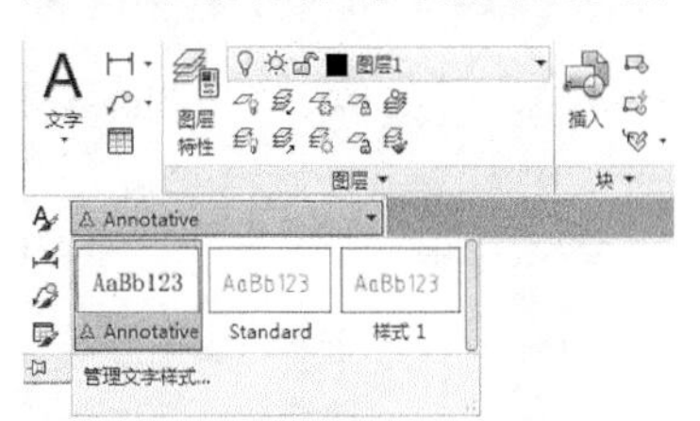

图 8-16 通过【注释】面板设置当前文字样式

3 重命名文字样式

有时在命名文字样式时出现错误，需对其进行修改，重命名文字样式的方法有以下 2 种。

◆在命令行输入 RENAME（或 REN）并回车，打开【重命名】对话框。在【命名对象】列表框中选择【文字样式】，然后在【项目】列表框中选择【标注】，在【重命名为】文本框中输入新的名称，如“园林景观标注”，然后单击【重命名为】按钮，最后单击【确定】按钮关闭对话框，如图 8-17 所示。

◆在【文字样式】对话框的【样式】列表框中选择要重命名的样式名，并单击鼠标右键，在弹出的快捷菜单中选择【重命名】命令，如图 8-18 所示。但采用这种方式不能重命名 Standard 文字样式。

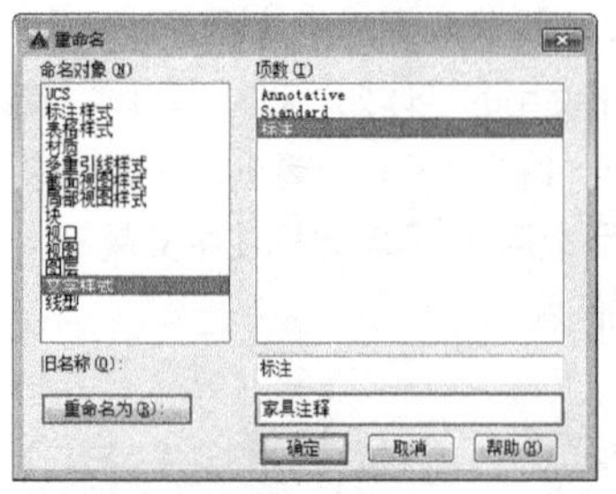

图 8-17 【重命名】对话框

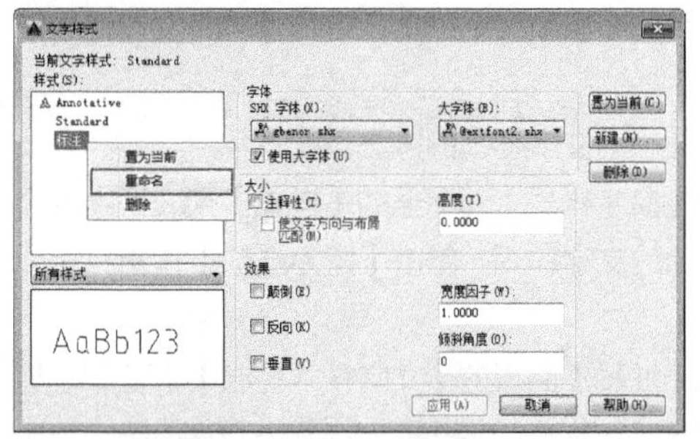

图 8-18 重命名文字样式

4 删除文字样式

文字样式会占用一定的系统存储空间，可以删除一些不需要的文字样式，以节约存储空间。删除文字样式的方法只有一种，即在【文字样式】对话框的【样式】列表框中选择要删除的样式名，并单击鼠标右键，在弹出的快捷菜单中选择【删除】命令，或单击对话框中的【删除】按钮，如图 8-19 所示。

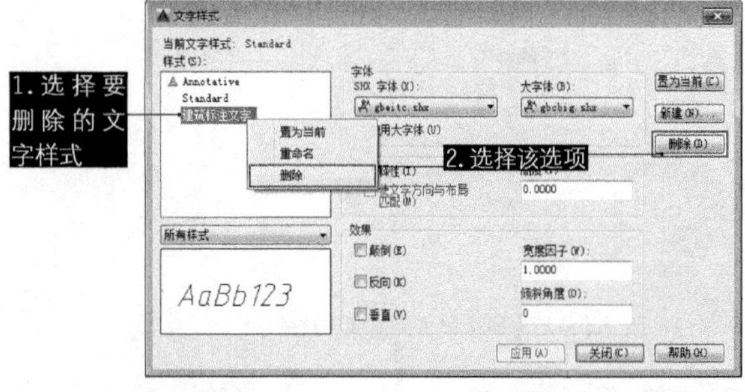

图 8-19 删除文字样式

操作技巧

当前的文字样式不能被删除。如果要删除当前文字样式，可以先将别的文字样式置为当前，然后再进行删除。

练习 8-2 创建国标文字样式

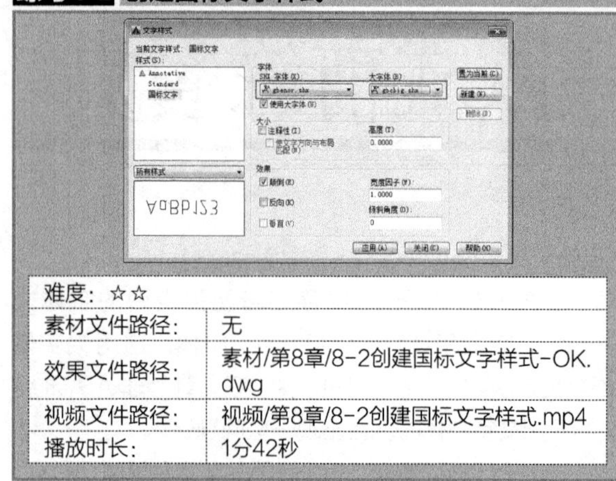

难度：	☆☆
素材文件路径：	无
效果文件路径：	素材/第8章/8-2创建国标文字样式-OK.dwg
视频文件路径：	视频/第8章/8-2创建国标文字样式.mp4
播放时长：	1分42秒

国家标准规定了工程图纸中字母、数字及汉字的书写规范（详见 GB/T 14691-1993《技术制图 字体》）。AutoCAD 也专门提供了 3 种符合国家标准的中文字体文件，即【gbenor.shx】、【gbeitc.shx】、【gbcbig.shx】文件。其中，【gbenor.shx】、【gbeitc.shx】用于标注直体和斜体字母和数字，【gbcbig.shx】用于标注中文（需要勾选【使用大字体】复选框）。本例便创建【gbenor.shx】字体的国标文字样式。

Step 01 单击【快速访问】工具栏中的【新建】按钮，新建图形文件。

Step 02 在【默认】选项卡中，单击【注释】面板中的【文字样式】按钮，系统弹出【文字样式】对话框，如图8-20所示。

Step 03 单击【新建】按钮，弹出【新建文字样式】对话框，系统默认新建【样式1】样式名，在【样式名】文本框中输入“国标文字”，如图8-21所示。

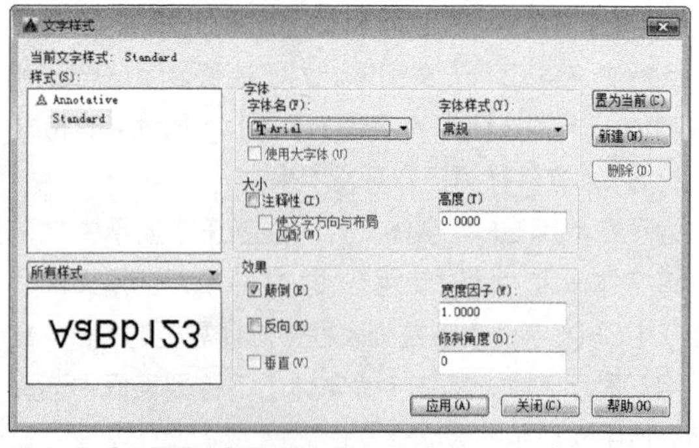

图 8-20 【文件样式】对话框

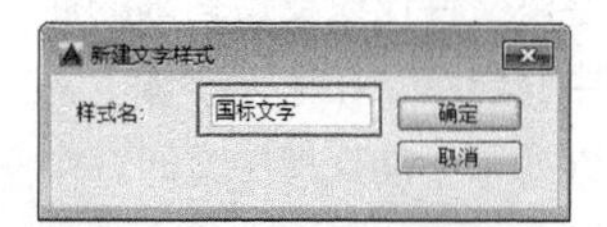

图 8-21 【新建标注样式】对话框

Step 04 单击【确定】按钮，在样式列表框中新增【国标文字】文字样式，如图8-22所示。

Step 05 单击【字体】选项组下的【字体名】列表框中选择【gbenor.shx】字体，勾选【使用大字体】复选框，在大字体复选框中选择【gbcbig.shx】字体。其他选项保持默认，如图8-23所示。

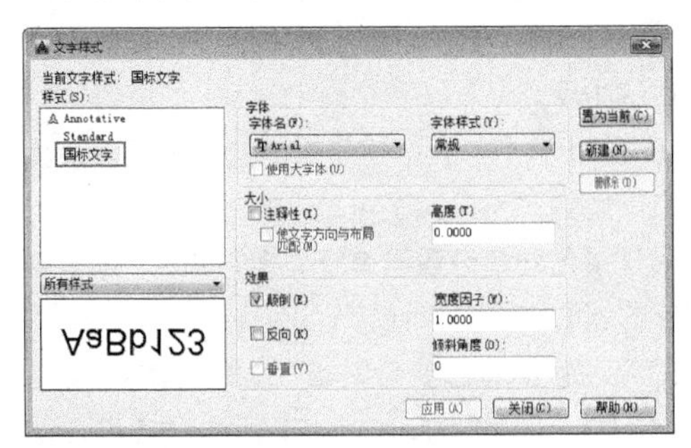

图 8-22 新建标注样式

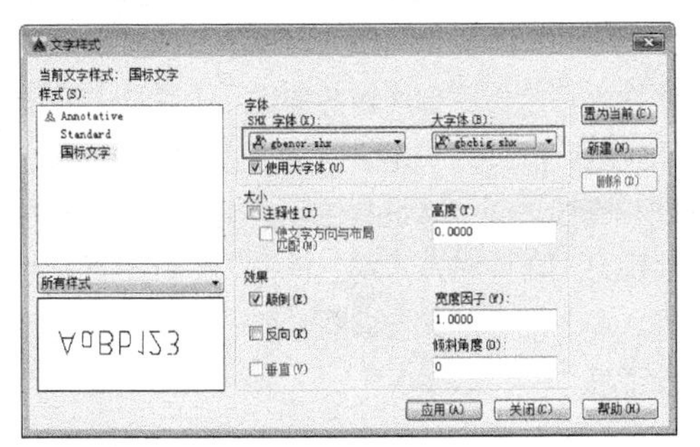

图 8-23 更改设置

Step 06 单击【应用】按钮，然后单击【置为当前】按钮，将【国标文字】置于当前样式。

Step 07 单击【关闭】按钮，完成【国标文字】的创建。创建完成的样式可用于【多行文字】、【单行文字】等文字创建命令，也可以用于标注、动态块中的文字。

8.1.2 创建单行文字

【单行文字】是将输入的文字以“行”为单位作为一个对象来处理。即使在单行文字中输入若干行文字，每一行文字仍是单独的对象。【单行文字】的特点就是每一行均可以独立移动、复制或编辑，因此，可以用来创建内容比较简短的文字对象，如图形标签、名称、时间等。

•执行方式

在 AutoCAD 2015 中启动【单行文字】命令的方法有以下几种。

◆功能区：在【默认】选项卡中，单击【注释】面板上的【单行文字】按钮A，如图 8-24 所示。

◆菜单栏：执行【绘图】|【文字】|【单行文字】命令，如图 8-25 所示。

◆命令行：DT 或 TEXT 或 DTEXT。

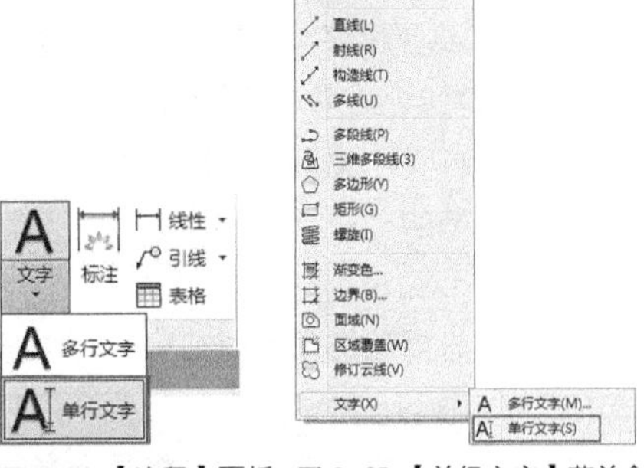

图 8-24 【注释】面板中的【单行文字】按钮　图 8-25 【单行文字】菜单命令

•操作步骤

调用【单行文字】命令后，就可以根据命令行的提示输入文字，命令行提示如下。

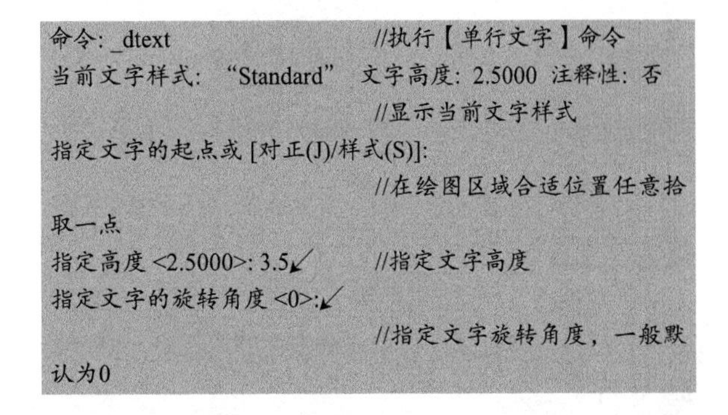

```
命令: _dtext                          //执行【单行文字】命令
当前文字样式: "Standard"  文字高度: 2.5000  注释性: 否
                                      //显示当前文字样式
指定文字的起点或 [对正(J)/样式(S)]:
                                      //在绘图区域合适位置任意拾
取一点
指定高度 <2.5000>: 3.5↙               //指定文字高度
指定文字的旋转角度 <0>:↙
                                      //指定文字旋转角度，一般默
认为0
```

在调用命令的过程中，需要输入的参数有文字起点、文字高度（此提示只有在当前文字样式的字高为0时才显示）、文字旋转角度和文字内容。文字起点用于指定文字的插入位置，是文字对象的左下角点。文字旋转角度指文字相对于水平位置的倾斜角度。

设置完成后，绘图区域将出现一个带光标的矩形框，在其中输入相关文字即可，如图 8-26 所示。

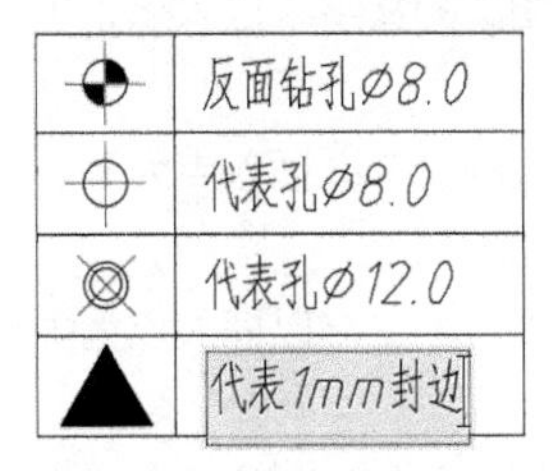

图 8-26 输入单行文字

在输入单行文字时，按 Enter 键不会结束文字的输入，而是表示换行，且行与行之间还是互相独立存在的；在空白处单击左键则会新建另一处单行文字；只有按快捷键 Ctrl+Enter 才能结束单行文字的输入。

•选项说明

【单行文字】命令行中各选项含义说明如下。

◆“指定文字的起点”：默认情况下，所指定的起点位置即是文字行基线的起点位置。在指定起点位置后，继续输入文字的旋转角度即可进行文字的输入。在输入完成后，按两次回车键或将鼠标移至图纸的其他任意位置并单击，然后按 Esc 键即可结束单行文字的输入。

◆ “对正（J）”：该选项可以设置文字的对正方式，共有 15 种方式，详见本节的“初学解答：单行文字的对正方式”。

◆ “样式（S）”：选择该选项可以在命令行中直接输入文字样式的名称，也可以输入“？”，便会打开【AutoCAD 文本窗口】对话框，该对话框将显示当前图形中已有的文字样式和其他信息，如图 8-27 所示。

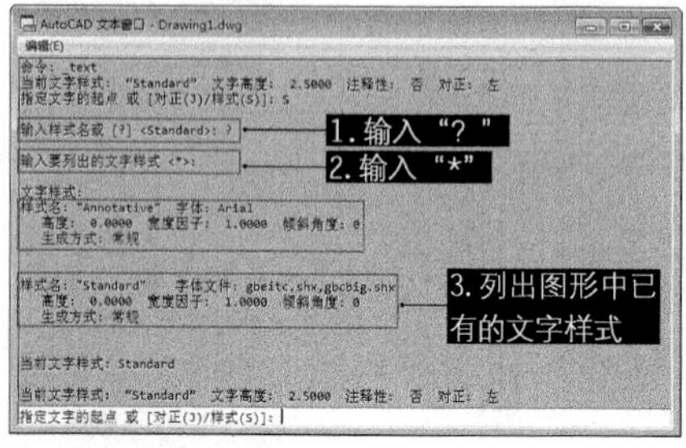

图 8-27 【AutoCAD 文本窗口】对话框

·初学解答 单行文字的对正方式

“对正（J）”备选项用于设置文字的缩排和对齐方式。选择该备选项，可以设置文字的对正点，命令行提示如下。

```
[左(L)/居中(C)/右(R)/对齐(A)/中间(M)/布满(F)/左上(TL)/中上(TC)/右上(TR)/左中(ML)/正中(MC)/右中(MR)/左下(BL)/中下(BC)/右下(BR)]:
```

命令行提示中主要选项分别介绍如下。

◆ “左（L）”：可使生成的文字以插入点为基点向左对齐。

◆ “居中（C）”：可使生成的文字以插入点为中心向两边排列。

◆ “右（R）”：可使生成的文字以插入点为基点向右对齐。

◆ “中间（M）”：可使生成的文字以插入点为中央向两边排列。

◆ “左上（TL）”：可使生成的文字以插入点为字符串的左上角。

◆ “中上（TC）”：可使生成的文字以插入点为字符串顶线的中心点。

◆ “右上（TR）”：可使生成的文字以插入点为字符串的右上角。

◆ “左中（ML）”：可使生成的文字以插入点为字符串的左中点。

◆ “正中（MC）”：可使生成的文字以插入点为字符串的正中点。

◆ “右中（MR）”：可使生成的文字以插入点为字符串的右中点。

◆ “左下（BL）”：可使生成的文字以插入点为字符串的左下角。

◆ “中下（BC）”：可使生成的文字以插入点为字符串底线的中点。

◆ “右下（BR）”：可使生成的文字以插入点为字符串的右下角。

要充分理解各对齐位置与单行文字的关系，就需要先了解文字的组成结构。

AutoCAD 为【单行文字】的水平文本行规定了 4 条定位线：顶线（Top Line）、中线（Middle Line）、基线（Base Line）、底线（Bottom Line），如图 8-28 所示。顶线为大写字母顶部所对齐的线，基线为大写字母底部所对齐的线，中线处于顶线与基线的正中间，底线为长尾小字字母底部所在的线，汉字在顶线和基线之间。系统提供了如图 8-28 所示的 13 个对齐点以及 15 种对齐方式。其中，各对齐点即为文本行的插入点，结合前文与该图，即可对单行文字的对齐有充分了解。

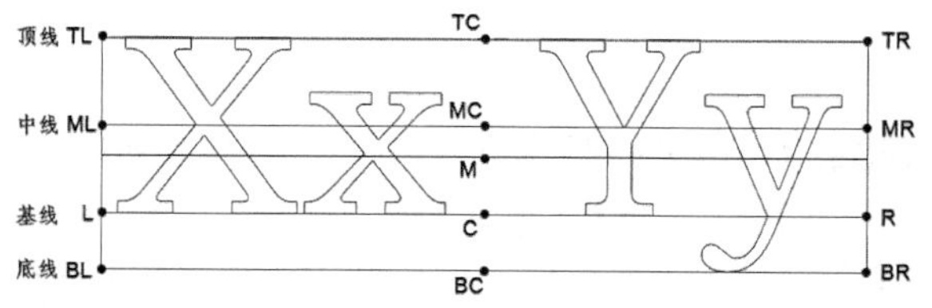

图 8-28 对齐方位示意图

图 8-28 中还有“对齐（A）”和“布满（F）”这两种方式没有示意，分别介绍如下。

◆ “对齐（A）”：指定文本行基线的两个端点确定文字的高度和方向。系统将自动调整字符高度使文字在两端点之间均匀分布，而字符的宽高比例不变，如图 8-29 所示。

◆ “布满（F）”：指定文本行基线的两个端点确定文字的方向。系统将调整字符的宽高比例，以使文字在两端点之间均匀分布，而文字高度不变，如图 8-30 所示。

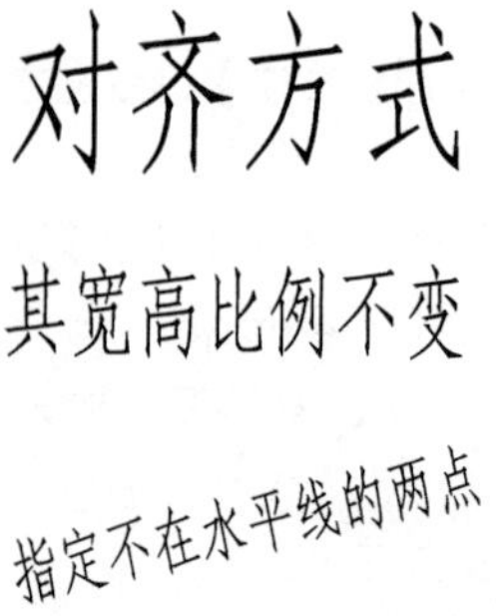

对齐方式

其宽高比例不变

指定不在水平线的两点

图 8-29 文字【对齐】方式效果

文字布满

其文字高度不变

指定不在水平上的两点

图 8-30 文字【布满】方式效果

练习 8-3 使用单行文字注释图形

	反面钻孔Ø8.0
	代表孔Ø8.0
	代表孔Ø12.0
	代表1mm封边

难度：☆☆	
素材文件路径：	素材/第8章/8-3使用单行文字注释图形.dwg
效果文件路径：	素材/第8章/8-3使用单行文字注释图形-OK.dwg
视频文件路径：	视频/第8章/8-3使用单行文字注释图形.mp4
播放时长：	2分34秒

单行文字输入完成后，可以不退出命令，而直接在另一个要输入文字的地方单击鼠标，同样会出现文字输入框。因此在需要进行多次单行文字标注的图形中使用此方法，可以大大节省时间。因此如果要制作暖通图例，可以使用该方法。

Step 01 打开“第8章/8-3使用单行文字注释图形.dwg”素材文件，其中已绘制好了一暖通图例表，如图8-31所示。

Step 02 在【默认】选项卡中，单击【注释】面板中的【文字】下拉列表中的【单行文字】按钮A，然后根据命令行提示输入文字：“反面钻孔Ø8.0”，如图8-32所示，命令行提示如下。

```
命令:_ dtext
当前文字样式: "Standard"  文字高度: 2.5000  注释性: 否
指定文字的起点或 [对正(J)/样式(S)]: J↙
                //选择“对正”选项
输入选项 [左(L)/居中(C)/右(R)/对齐(A)/中间(M)/布满(F)/左上(TL)/中上(TC)/右上(TR)/左中(ML)/正中(MC)/右中(MR)/左下(BL)/中下(BC)/右下(BR)]: MC↙
//选择“正中”对正方式
指定文字的中间点:
            //单击右边第一行单元格的位置中心进行放置
指定高度 <2.5000>: 400↙             //指定文字高度
指定文字的旋转角度 <0>:↙                //指定文字角度。
                  //输入文字，按Ctrl+Enter，结束命令
           //单击下一框位置中心即可继续输入单行文字
命令: _text
当前文字样式: "Standard"  文字高度: 2.5000  注释性: 否
对正: 左
指定文字的中间点:                //选择表格的左上角点
指定高度 <2.5000>: 400↙        //输入文字高度为600
指定文字的旋转角度 <0>:↙        //文字旋转角度为0
                //输入文字“反面钻孔Ø8.0”
```

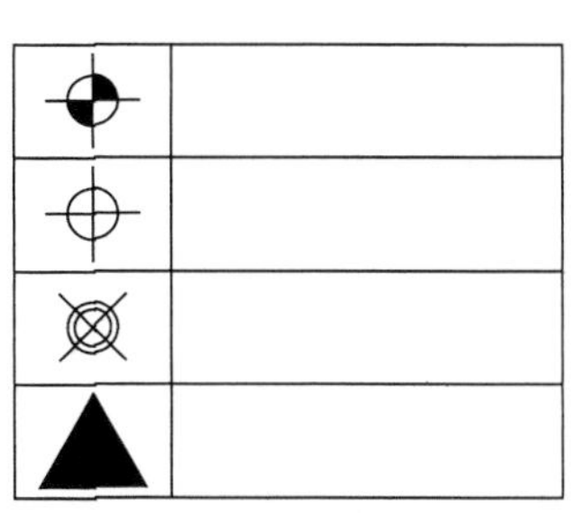

图 8-31 素材文件

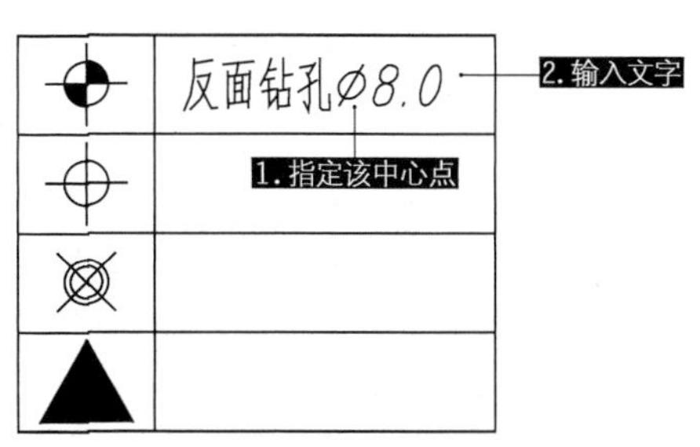

图 8-32 创建第一个单行文字

Step 03 输入完成后，可以不退出命令，直接在右边的框格中单击鼠标，同样会出现文字输入框，输入第二个单行文字：“代表孔Ø8.0”，如图8-33所示。

Step 04 按相同方法，在各个框格中输入图例名称，最终效果如图8-34所示。

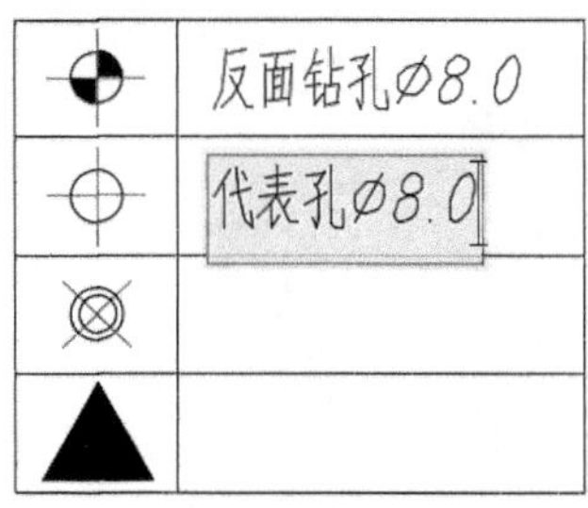

图 8-33 创建第二个单行文字

	反面钻孔Ø8.0
	代表孔Ø8.0
	代表孔Ø12.0
	代表1mm封边

图 8-34 创建其余单行文字

8.1.3 单行文字的编辑与其他操作

同 Word、Excel 等办公软件一样，在 AutoCAD 中，也可以对文字进行编辑和修改。本节便介绍如何在 AutoCAD 中对【单行文字】的文字特性和内容进行编辑与修改。

1 修改文字内容

修改文字内容的方法如下。

◆菜单栏：调用【修改】|【对象】|【文字】|【编辑】菜单命令。

◆命令行：DDEDIT 或 ED。

◆快捷操作：直接在要修改的文字上双击。

调用以上任意一种操作后，文字将变成可输入状态，如图 8-35 所示。此时可以重新输入需要的文字内容，然后按 Enter 键退出即可，如图 8-36 所示。

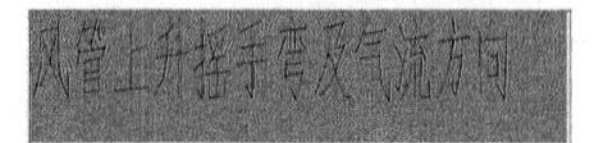

图 8-35 可输入状态　图 8-36 编辑文字内容

2 修改文字特性

在标注的文字出现错输、漏输及多输入的状态下，可以运用上面的方法修改文字的内容。但是它仅仅只能够修改文字的内容，而很多时候我们还需要修改文字的高度、大小、旋转角度、对正样式等特性。

修改单行文字特性的方法有以下 3 种。

◆功能区：在【注释】选项卡中，单击【文字】面板中的【缩放】按钮缩放或【对正】按钮，如图 8-37 所示。

◆菜单栏：调用【修改】|【对象】|【文字】|【比例】/【对正】菜单命令，如图 8-38 所示。

◆对话框：在【文字样式】对话框中修改文字的颠倒、反向和垂直效果。

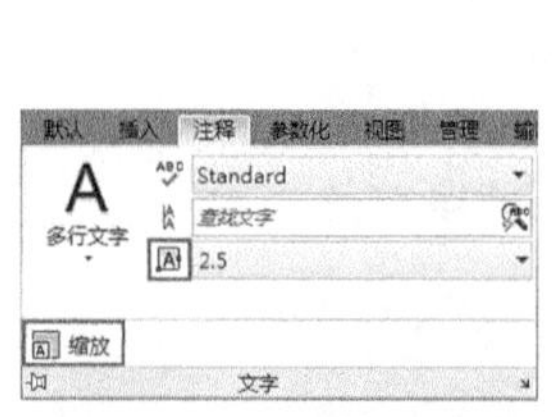

图 8-37 【文字】面板中的修改文字按钮

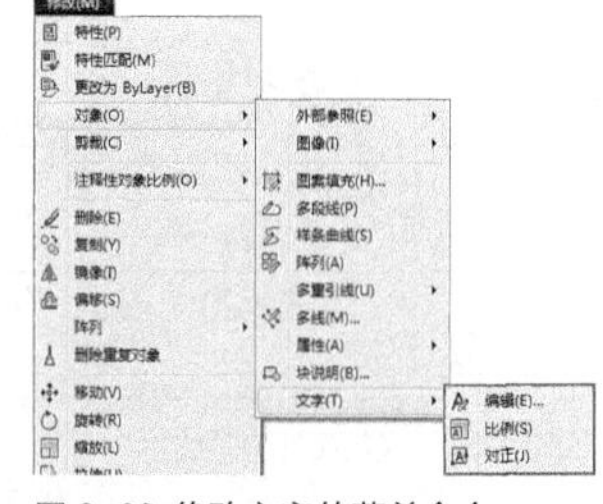

图 8-38 修改文字的菜单命令

3 单行文字中插入特殊符号

单行文字的可编辑性较弱，只能通过输入控制符的方式插入特殊符号。

AutoCAD 的特殊符号由两个百分号（%%）和一个字母构成，常用的特殊符号输入方法如表 8-1 所示。在文本编辑状态输入控制符时，这些控制符也临时显示在屏幕上。当结束文本编辑之后，这些控制符将从屏幕上消失，转换成相应的特殊符号。

表8-1 AutoCAD文字控制符

特殊符号	功 能
%%O	打开或关闭文字上划线
%%U	打开或关闭文字下划线
%%D	标注（°）符号
%%P	标注正负公差（±）符号
%%C	标注直径（Ø）符号

在 AutoCAD 的控制符中，%%O 和 %%U 分别是上划线与下划线的开关。第一次出现此符号时，可打开上划线或下划线；第二次出现此符号时，则会关掉上划线或下划线。

8.1.4 创建多行文字 ★重点★

【多行文字】又称为段落文字，是一种更易于管理的文字对象，可以由两行以上的文字组成，而且各行文字都是作为一个整体处理。在制图中常使用多行文字功能创建较为复杂的文字说明，如图样的工程说明或技术要求等。与【单行文字】相比，【多行文字】格式更工整规范，可以对文字进行更为复杂的编辑，如为文字添加下划线，设置文字段落对齐方式，为段落添加编号和项目符号等。

•执行方式

可以通过如下 3 种方法创建多行文字。

◆功能区：在【默认】选项卡中，单击【注释】面板上的【多行文字】按钮A，如图 8-39 所示。

◆菜单栏：选择【绘图】|【文字】|【多行文字】命令，如图 8-40 所示。

◆命令行：T 或 MT 或 MTEXT。

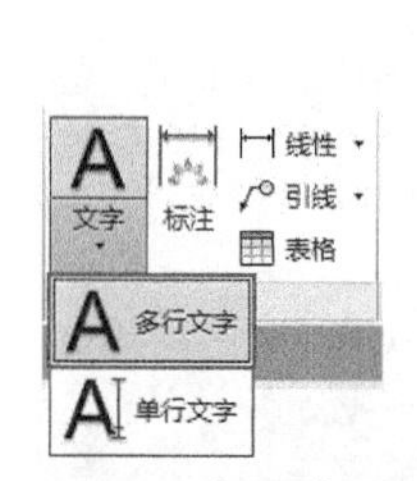

图 8-39 【注释】面板中的【多行文字】按钮

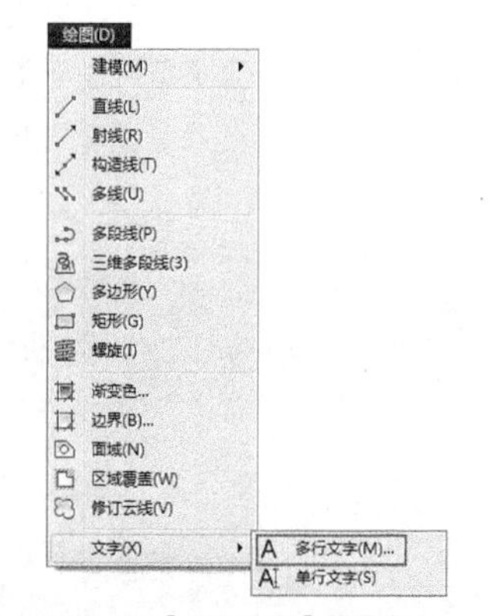

图 8-40 【多行文字】菜单命令

•操作过程

调用该命令后，命令行操作如下。

```
命令: mtext
当前文字样式: “景观设计文字样式” 文字高度: 600 注释性: 否
指定第一角点:                    //指定多行文字框的第一个角点
指定对角点或 [高度(H)/对正(J)/行距(L)/旋转(R)/样式(S)/宽度(W)/栏(C)]:    //指定多行文字框的对角点
```

在指定了输入文字的对角点之后，弹出如图 8-41 所示的【文字编辑器】选项卡和编辑框，用户可以在编辑框中输入、插入文字。

图 8-41 多行文字编辑器

•选项说明

【多行文字编辑器】由【多行文字编辑框】和【文字编辑器】选项卡组成，它们的作用说明如下。

◆【多行文字编辑框】：包含了制表位和缩进，可以十分快捷地对所输入的文字进行调整，各部分功能如图 8-42 所示。

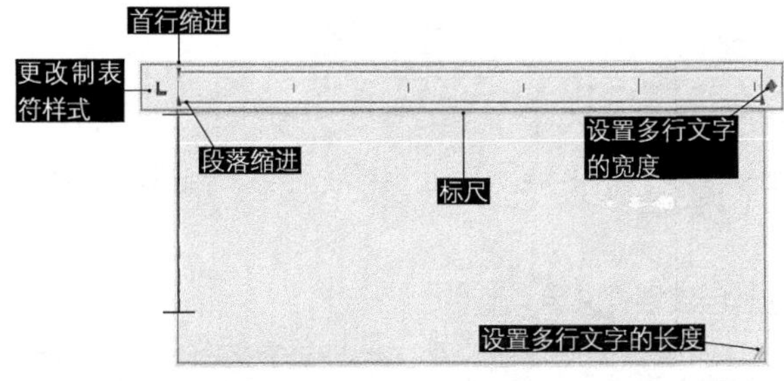

图 8-42 多行文字编辑器标尺功能

◆【文字编辑器】选项卡：包含【样式】面板、【格式】面板、【段落】面板、【插入】面板、【拼写检查】面板、【工具】面板、【选项】面板和【关闭】面板，如图 8-43 所示。在多行文字编辑框中，选中文字，通过【文字编辑器】选项卡中可以修改文字的大小、字体、颜色等，完成在一般文字编辑中常用的一些操作。

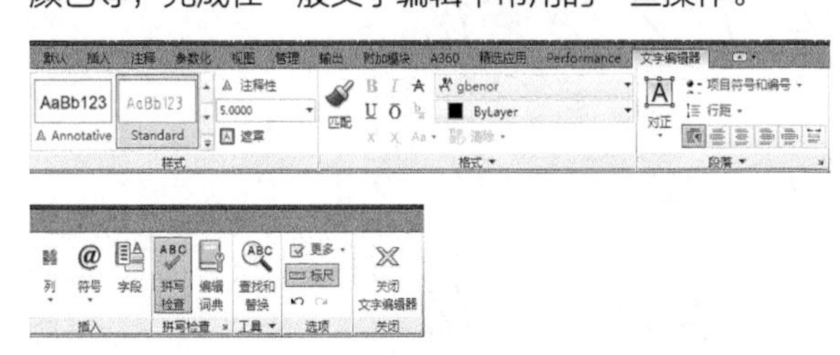

图 8-43 【文字编辑器】选项卡

练习 8-4 创建保温安装标准通则

保温安装通则
（1）给排水管道选用阻燃型闭式结构橡塑海绵保温材料。
（2）所用保温材料要具备出厂合格证明书或质量鉴定文件。
（3）使用的保温材料应符合招标文件设计参数的要求和消防防火规范要求。
（4）管道保温应在防腐及水压试验合格后方可进行，不能颠倒工序。

难度：☆☆	
素材文件路径：	素材/第8章/8-4创建保温安装标准通则.dwg
效果文件路径：	素材/第8章/8-4创建保温安装标准通则-OK.dwg
视频文件路径：	视频/第8章/8-4创建保温安装标准通则.mp4
播放时长：	2分10秒

保温安装标准通则旨在减少设备、管道及其附件在工作过程中的散热损失和工艺生产过程中介质的温度下降过快，延迟介质凝结，保持设备及管道的生产能力与安全，节约能源，提高工作效益，降低环境温度，改善劳动条件，防止操作人员烫伤。下面便通过【多行文字】来创建图纸中的保温安装标准通则 。

Step 01 打开“第8章/8-4创建保温安装标准通则.dwg”素材文件，其中已绘制好了一采暖平面图，如图8-44所示。

Step 02 设置文字样式。选择【格式】|【文字样式】命令，新建名称为“文字”的文字样式。

Step 03 在【文字样式】对话框中设置字体为【仿宋】，字体样式为【常规】，高度为500，宽度因子为0.7，并将该字体设置为当前，如图8-45所示。

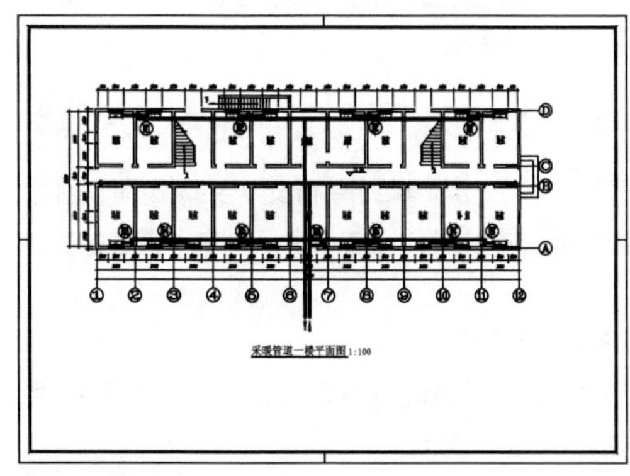

图 8-44 素材图形

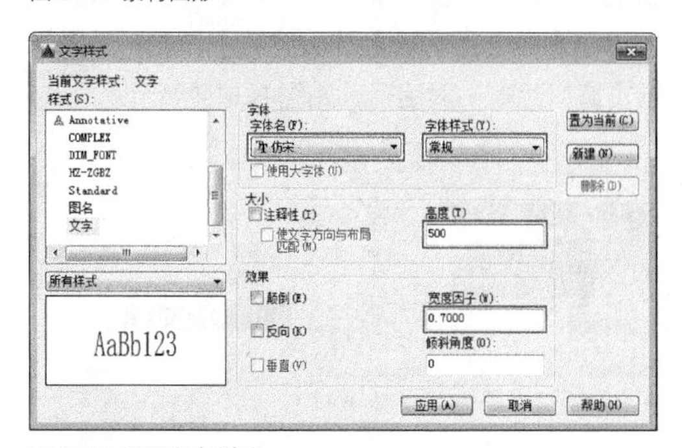

图 8-45 设置文字样式

Step 04 在命令行中输入T并按Enter键，根据命令行提示在图形左下角指定一个矩形范围作为文本区域，如图8-46所示。

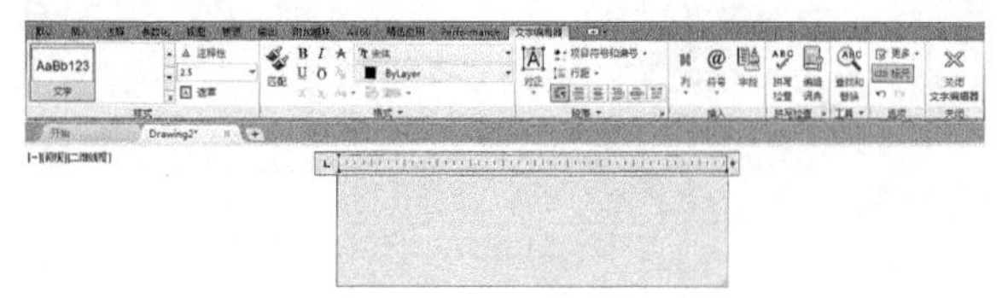

图 8-46 指定文本框

Step 05 在文本框中输入如图8-47所示的多行文字，在【文字编辑器】选项卡中设置字高为500，输入一行之后，按Enter键换行。在文本框外任意位置单击，结束输入，结果如图8-48所示。

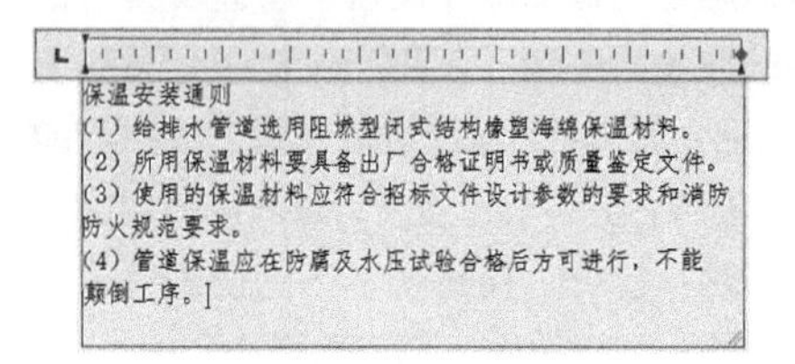
保温安装通则
(1) 给排水管道选用阻燃型闭式结构橡塑海绵保温材料。
(2) 所用保温材料要具备出厂合格证明书或质量鉴定文件。
(3) 使用的保温材料应符合招标文件设计参数的要求和消防防火规范要求。
(4) 管道保温应在防腐及水压试验合格后方可进行，不能颠倒工序。]

图 8-47 输入多行文字

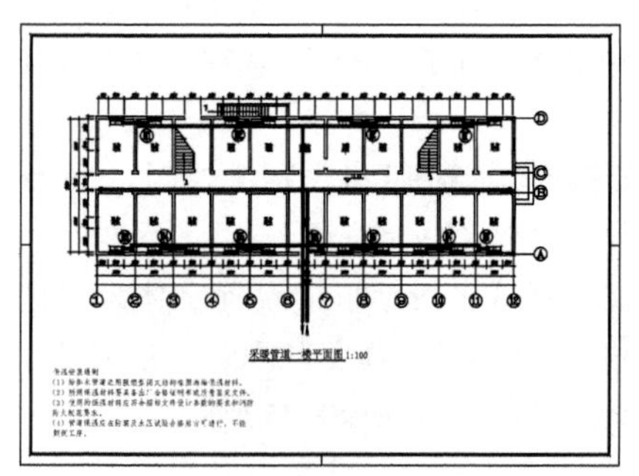

图 8-48 保温安装标准通则

8.1.5 多行文字的编辑与其他操作 ★重点★

【多行文字】的编辑和【单行文字】编辑操作相同，在此不再赘述，本节只介绍与【多行文字】有关的其他操作。

1 添加多行文字背景

有时为了使文字更清晰地显示在复杂的图形中，用户可以为文字添加不透明的背景。

双击要添加背景的多行文字，打开【文字编辑器】选项卡，单击【样式】面板上的【遮罩】按钮［遮罩］，系统弹出【背景遮罩】对话框，如图8-49所示。

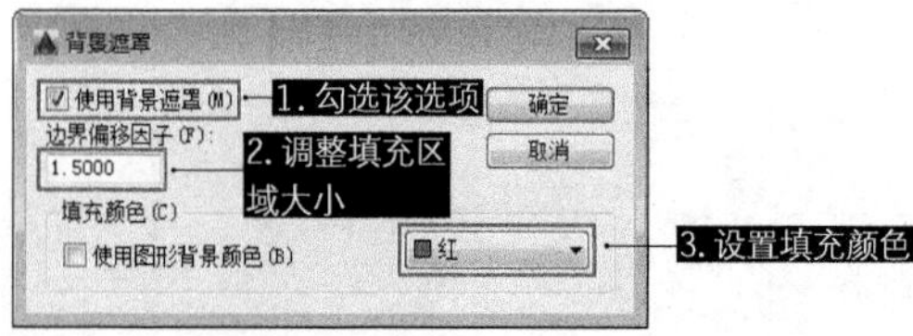

图 8-49 【背景遮罩】对话框

勾选其中的【使用背景遮盖】选项，再设置填充背景的大小和颜色即可，效果如图8-50所示。

图 8-50 多行文字文字背景效果

2 多行文字中插入特殊符号

与单行文字相比，在多行文字中插入特殊字符的方式更灵活。除了使用控制符的方法外，还有以下两种途径。

◆在【文字编辑器】选项卡中，单击【插入】面板上的【符号】按钮，在弹出列表中选择所需的符号即可，如图8-51所示。

◆在编辑状态下右击，在弹出的快捷菜单中选择【符号】命令，如图8-52所示，其子菜单中包括了常用的各种特殊符号。

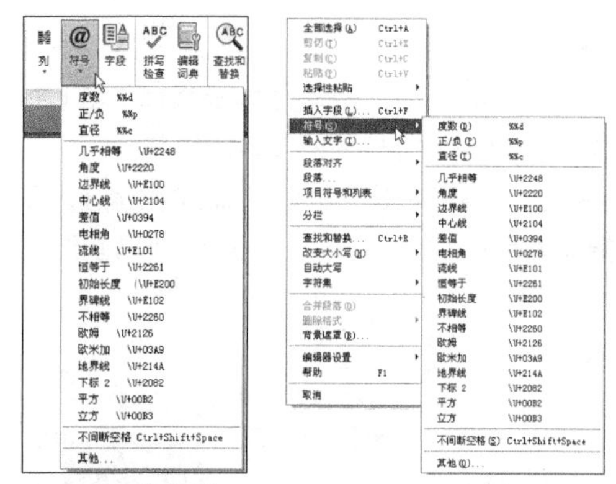

图 8-51 在【符号】下拉列表中选择符号　　图 8-52 使用快捷菜单输入特殊符号

3 创建堆叠文字

如果要创建堆叠文字（一种垂直对齐的文字或分数），可先输入要堆叠的文字，然后在其间使用“/”“#”或“^”分隔，再选中要堆叠的字符，单击【文字编辑器】选项卡中【格式】面板中的【堆叠】按钮，则文字按照要求自动堆叠。堆叠文字在机械绘图中应用很多，可以用来创建尺寸公差、分数等，如图8-53所示。需要注意的是，这些分割符号必须是英文格式的符号。

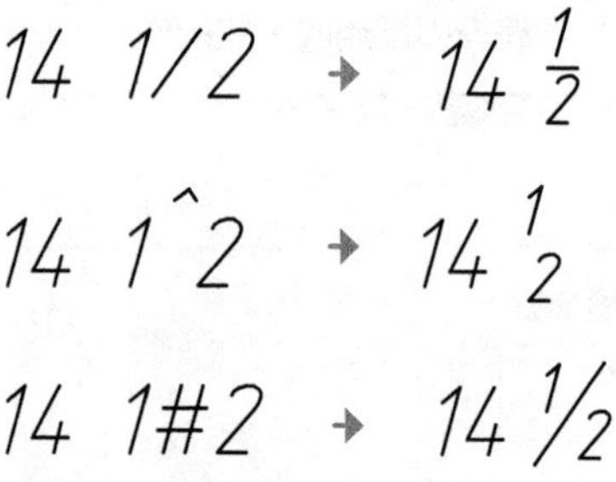

14 1/2 → $14\ \frac{1}{2}$

14 1^2 → $14\ {}^{1}_{2}$

14 1#2 → 14 ½

图 8-53 文字堆叠效果

8.1.6 文字的查找与替换

在一个图形文件中往往有大量的文字注释，有时需要查找某个词语，并将其替换，例如，替换某个拼写上的错误，这时就可以使用【查找】命令定位至特定的词语，并进行替换 。

• 执行方式

执行【查找】命令的方法有以下几种。

◆功能区：在【注释】选项卡中，于【文字】面板上的【查找】文本框中输入要查找的文字，如图 8-54 所示。

◆菜单栏：选择【编辑】|【查找】命令，如图 8-55 所示。

◆命令行：FIND。

图 8-54 【文字】面板中的【查找】文本框

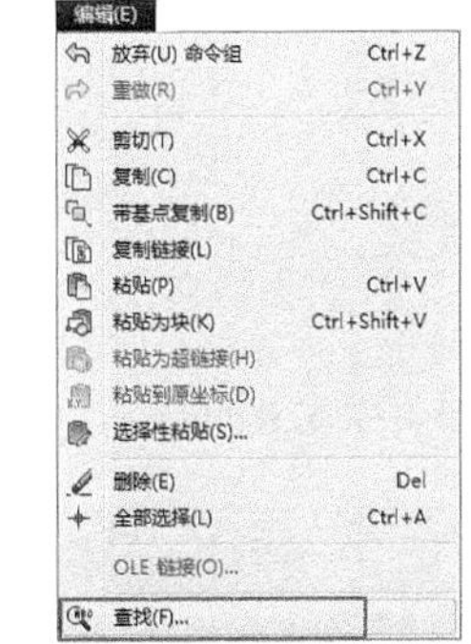

图 8-55 【查找】菜单命令

• 操作步骤

执行以上任一操作之后，弹出【查找和替换】对话框，如图 8-56 所示。然后在【查找内容】文本框中输入要查找的文字，或在【替换为】文本框中输入要替换的文本，单击【完成】按钮即可完成操作。该对话框的操作与 Word 等其他文本编辑软件一致。

图 8-56 【查找和替换】对话框

• 选项说明

该对话框中各选项的含义如下。

◆【查找内容】下拉列表框：用于指定要查找的内容。

◆【替换为】下拉列表框：指定用于替换查找内容的文字。

◆【查找位置】下拉列表框：用于指定查找范围是在整个图形中查找还是仅在当前选择中查找。

◆【搜索选项】选项组：用于指定搜索文字的范围和大小写区分等。

◆【文字类型】选项组：用于指定查找文字的类型。

◆【查找】按钮：输入查找内容之后，此按钮变为可用，单击即可查找指定内容。

◆【替换】按钮：用于将光标当前选中的文字替换为指定文字。

◆【全部替换】按钮：将图形中所有的查找结果替换为指定文字。

练习 8-5 替换文字

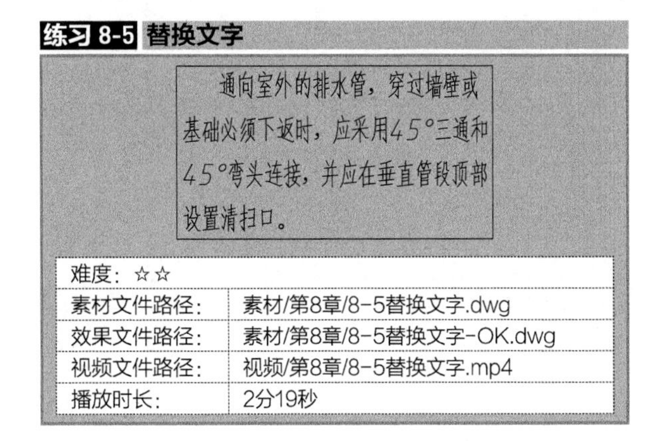

通向室外的排水管，穿过墙壁或基础必须下返时，应采用45°三通和45°弯头连接，并应在垂直管段顶部设置清扫口。

难度：☆☆	
素材文件路径：	素材/第8章/8-5替换文字.dwg
效果文件路径：	素材/第8章/8-5替换文字-OK.dwg
视频文件路径：	视频/第8章/8-5替换文字.mp4
播放时长：	2分19秒

在实际工作中经常碰到要修改文字的情况，因此灵活使用查找与替换功能就格外方便了，在本例中需要将文字中的“弯管”替换为“弯头”。

Step 01 打开“第8章/8-5替换文字.dwg”文件，如图8-57所示。

Step 02 在命令行输入FIND并回车，打开【查找和替换】对话框。在【查找内容】文本框中输入“弯管”，在【替换为】文本框中输入“弯头”。

Step 03 在【查找位置】下拉列表框中选择【整个图形】选项，也可以单击该下拉列表框右侧的【选择对象】按钮，选择一个图形区域作为查找范围，如图8-58所示。

通向室外的排水管，穿过墙壁或基础必须下返时，应采用45°三通和45°弯管连接，并应在垂直管段顶部设置清扫口。

图 8-57 输入文字

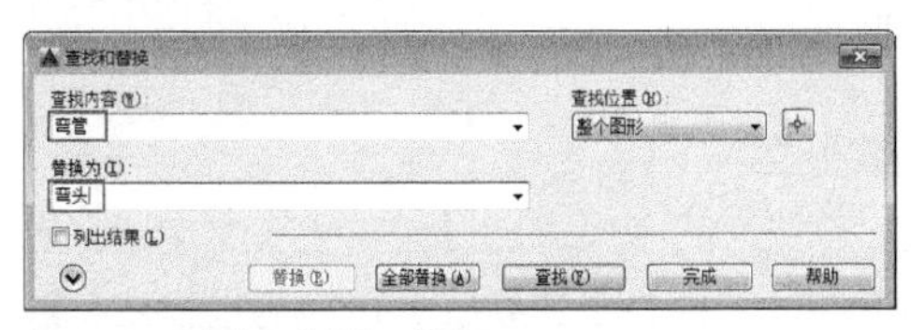

图 8-58 “查找和替换”对话框

Step 04 单击对话框左下角的【更多选项】按钮，展开折叠的对话框。在【搜索选项】区域取消【区分大小写】复选框，在【文字类型】区域取消【块属性值】复选框，如图8-59所示。

Step 05 单击【全部替换】按钮，将当前文字中所有符合查找条件的字符全部替换。在弹出的【查找和替换】对话框中单击"确定"按钮，关闭对话框，结果如图8-60所示。

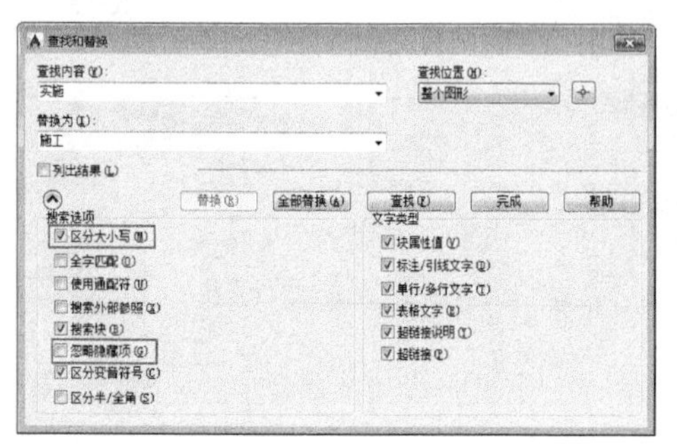

图 8-59 设置查找与替换选项

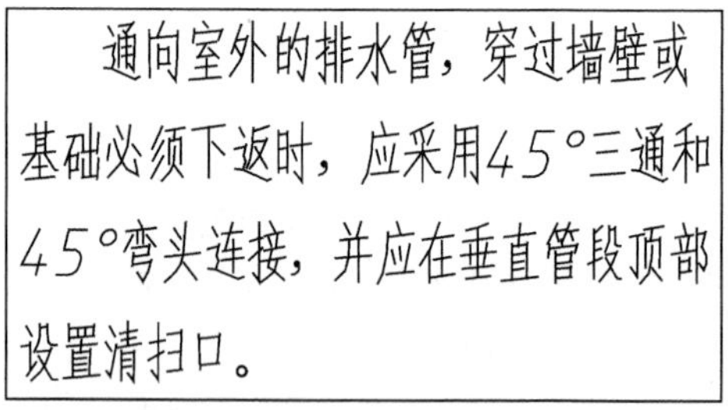

通向室外的排水管，穿过墙壁或基础必须下返时，应采用45°三通和45°弯头连接，并应在垂直管段顶部设置清扫口。

图 8-60 替换结果

8.1.7 注释性文字 ★进阶★

基于AutoCAD软件的特点，用户可以直接按1：1比例绘制图形，当通过打印机或绘图仪将图形输出到图纸时，再设置输出比例。这样，绘制图形时就不需要考虑尺寸的换算问题，而且同一幅图形可以按不同的比例多次输出。

但这种方法就存在一个问题，当以不同的比例输出图形时，图形按比例缩小或放大，这是我们所需要的。其他一些内容，如文字、尺寸文字和尺寸箭头的大小等也会按比例缩小或放大，它们就无法满足绘图标准的要求。利用AutoCAD 2016的注释性对象功能，则可以解决此问题。

为方便操作，用户可以专门定义注释性文字样式，用于定义注释性文字样式的命令也是STYLE，其定义过程与前面介绍的内容相似，只需选中【注释性】复选框即可。

◎ 标注注释性文字

当用"DTEXT"命令标注【注释性】文字后，应首先将对应的【注释性】文字样式设为当前样式，然后利用状态栏上的【注释比例】列表设置比例，如图8-61所示，最后可以用DTEXT命令标注文字了。

对于已经标注的非注释性文字或对象，可以通过特性窗口将其设置为注释性文字。只要通过特性面板或选择【工具】|【选项板】|【特性】或选择【修改】|【特性】，选中该文字，则可以利用特性窗口将【注释性】设为【是】，如图8-62所示，通过注释比例设置比例即可。

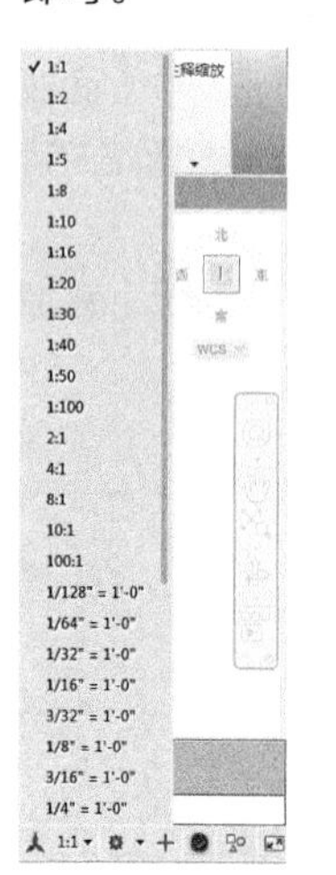

图 8-61 注释比例列表

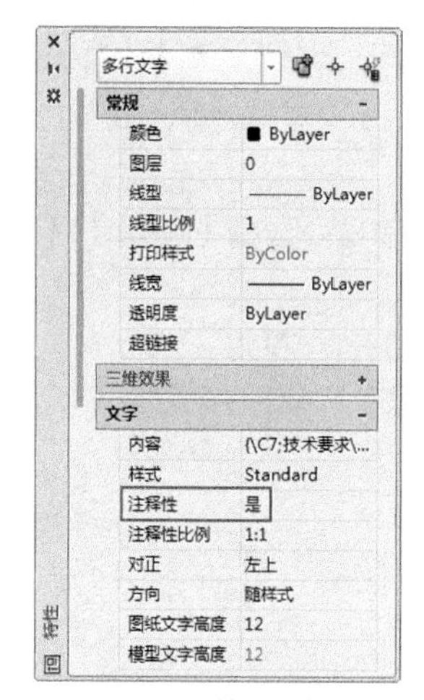

图 8-62 利用特性窗口设置文字注释性

8.2 创建表格

表格在各类制图中的运用非常普遍，主要用来展示与图形相关的标准、数据信息、材料和装配信息等内容。根据不同类型的图形（如机械图形、工程图形、电子的线路图形等），对应的制图标准也不相同，这就需要设置符合产品设计要求的表格样式，并利用表格功能快速、清晰、醒目地反映设计思想及创意。使用AutoCAD的表格功能，能够自动地创建和编辑表格，其操作方法与Word、Excel相似。

8.2.1 表格样式的创建

与文字类似，AutoCAD中的表格也有一定样式，包括表格内文字的字体、颜色、高度以及表格的行高、行距等。在插入表格之前，应先创建所需的表格样式。

• 执行方式

创建表格样式的方法有以下几种。

◆功能区：在【默认】选项卡中，单击【注释】滑出面板上的【表格样式】按钮，如图8-63所示。

◆菜单栏：选择【格式】|【表格样式】命令，如图8-64所示。

◆命令行：TABLESTYLE或TS。

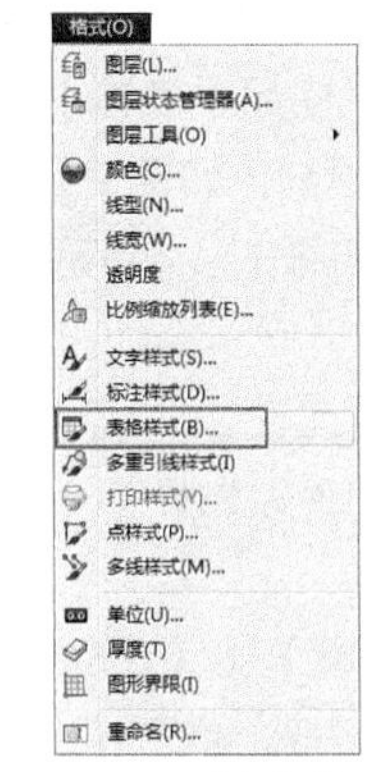

图 8-63 【注释】面板中的【表格样式】按钮

图 8-64 【表格样式】菜单命令

•操作步骤

执行上述任一命令后，系统弹出【表格样式】对话框，如图 8-65 所示。

通过该对话框可执行将表格样式置为当前、修改、删除或新建操作。单击【新建】按钮，系统弹出【创建新的表格样式】对话框，如图 8-66 所示。

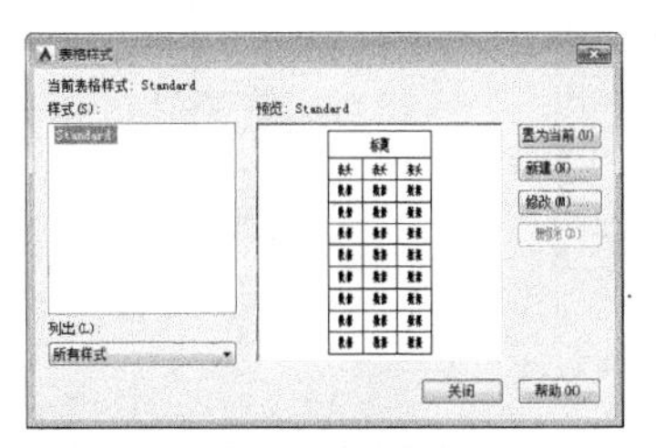

图 8-65 【表格样式】对话框

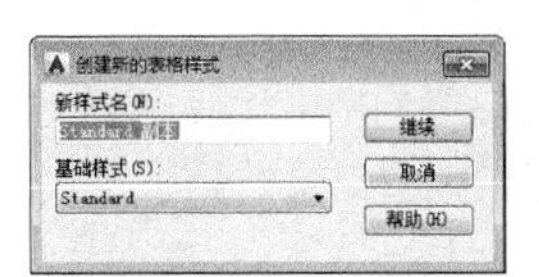

图 8-66 【创建新的表格样式】对话框

在【新样式名】文本框中输入表格样式名称，在【基础样式】下拉列表框中选择一个表格样式为新的表格样式提供默认设置，单击【继续】按钮，系统弹出【新建表格样式】对话框，如图 8-67 所示，可以对样式进行具体设置。

当单击【新建表格样式】对话框中【管理单元样式】按钮时，弹出如图 8-68 所示【管理单元格式】对话框，在该对话框里可以对单元样式进行添加、删除和重命名。

图 8-67 【新建表格样式】对话框

图 8-68 【管理单元样式】对话框

•选项说明

【新建表格样式】对话框由【起始表格】、【常规】、【单元样式】和【单元样式预览】4 个区域组成，其各选项的含义如下。

【起始表格】区域

该选项允许用户在图形中制定一个表格用作样例来设置此表格样式的格式。单击【选择表格】按钮，进入绘图区，可以在绘图区选择表格录入表格。【删除表格】按钮与【选择表格】按钮作用相反。

【常规】区域

该选项用于更改表格方向，通过【表格方向】下拉列表框选择【向下】或【向上】来设置表格方向。

◆【向下】：创建由上而下读取的表格，标题行和列都在表格的顶部。

◆【向上】：创建由下而上读取的表格，标题行和列都在表格的底部。

◆【预览框】：显示当前表格样式设置效果的样例。

【单元样式】区域

该区域用于定义新的单元样式或修改现有单元样式。

◆【单元样式】列表 数据 ：该列表中显示表格中的单元样式。系统默认提供了【数据】、【标题】和【表头】3 种单元样式，用户如需要创建新的单元样式，可以单击右侧第一个【创建新单元样式】按钮，打开【创建新单元样式】对话框，如图 8-69 所示。在对话框中输入新的单元样式名，单击【继续】按钮创建新的单元样式。

如单击右侧第二个【管理单元样式】按钮时，则弹出如图 8-70 所示【管理单元格式】对话框，在该对话框里可以对单元格式进行添加、删除和重命名。

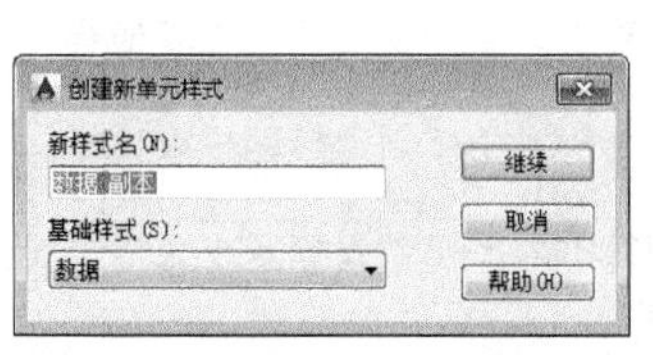

图 8-69 【创建新单元格式】对话框

图 8-70 【管理单元格式】对话框

【单元样式】区域中还有 3 个选项卡，如图 8-71 所示，各含义分别介绍如下。

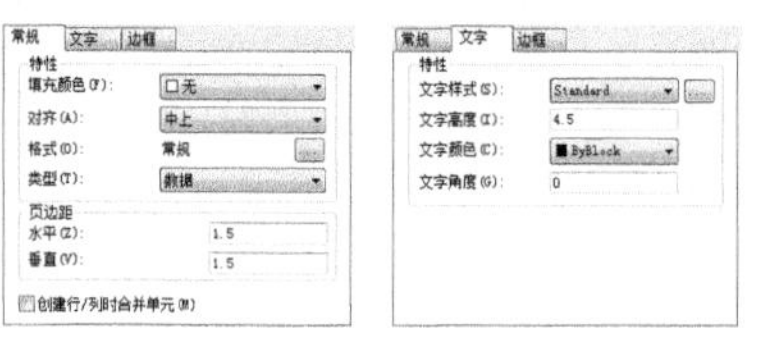

【常规】选项卡　　【文字】选项卡　　【边框】选项卡

图 8-71 【单元样式】区域中的 3 个选项卡

【常规】选项卡

◆【填充颜色】：制定表格单元的背景颜色，默认值为【无】。

◆【对齐】：设置表格单元中文字的对齐方式。

◆【水平】：设置单元文字与左右单元边界之间的距离。

◆【垂直】：设置单元文字与上下单元边界之间的距离。

【文字】选项卡

◆【文字样式】：选择文字样式，单击按钮，打开【文字样式】对话框，利用它可以创建新的文字样式。

◆【文字角度】：设置文字倾斜角度。逆时针为正，顺时针为负。

【边框】选项卡

◆【线宽】：指定表格单元的边界线宽。

◆【颜色】：指定表格单元的边界颜色。

◆按钮：将边界特性设置应用于所有单元格。

◆按钮：将边界特性设置应用于单元的外部边界。

◆按钮：将边界特性设置应用于单元的内部边界。

◆按钮：将边界特性设置应用于单元的底、左、上及右边界。

◆按钮：隐藏单元格的边界。

练习 8-6 创建标题栏表格样式

难度：☆☆☆	
素材文件路径：	素材/第8章/8-6创建标题栏表格样式.dwg
效果文件路径：	素材/第8章/8-6创建标题栏表格样式-OK.dwg
视频文件路径：	视频/第8章/8-6创建标题栏表格样式.mp4
播放时长：	1分48秒

家具制图中的标题栏尺寸和格式已经标准化，在AutoCAD 中可以使用【表格】工具创建，也可以直接使用直线进行绘制。如要使用【表格】创建，则必须先创建它的表格样式。本例便创建一简单的零件图标题栏表格样式。

Step 01 打开素材文件“第8章/8-6创建标题栏表格样式.dwg”，其中已经绘制好了一家具成品图，如图8-72所示。

Step 02 选择【格式】|【表格样式】命令，系统弹出【表格样式】对话框，单击【新建】按钮，系统弹出【创建新的表格样式】对话框，在【新样式名】文本框中输入“标题栏”，如图8-73所示。

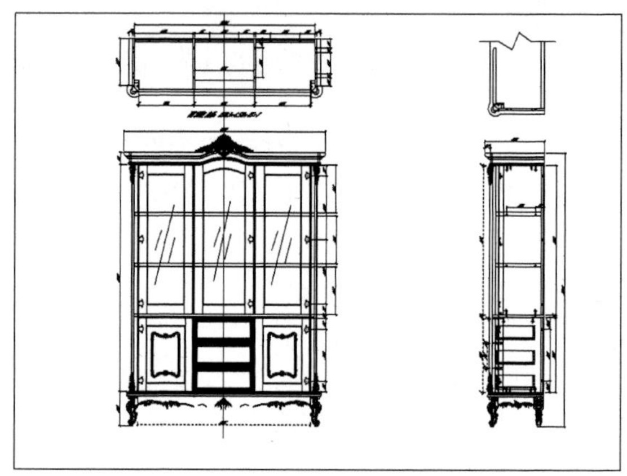

图 8-72 素材文件

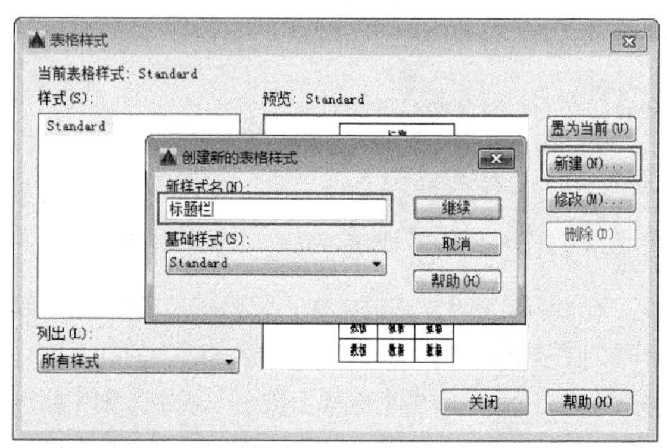

图 8-73 输入表格样式名

Step 03 设置表格样式。单击【继续】按钮，系统弹出【新建表格样式：标题栏】对话框，在【表格方向】下拉列表中选择【向上】；切换至选择【文字】选项卡，在【文字样式】下拉列表中选择【表格文字】选项，并设置【文字高度】为4，如图8-74所示。

Step 04 单击【确定】按钮，返回【表格样式】对话框，选择新创建的“标题栏”样式，然后单击【置为当前】按钮，如图8-75所示。单击【关闭】按钮，完成表格样式的创建。

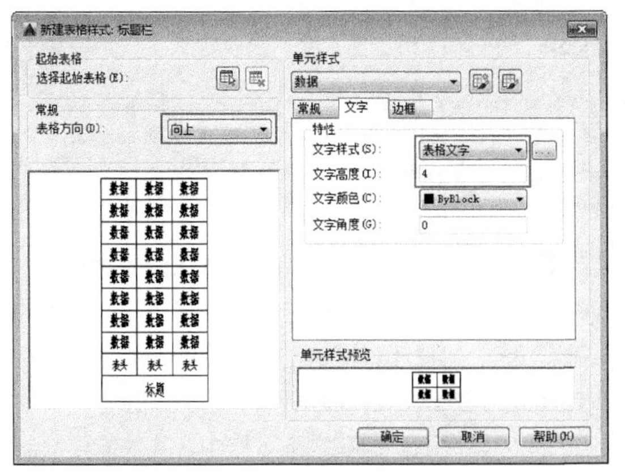

图 8-74 设置文字样式

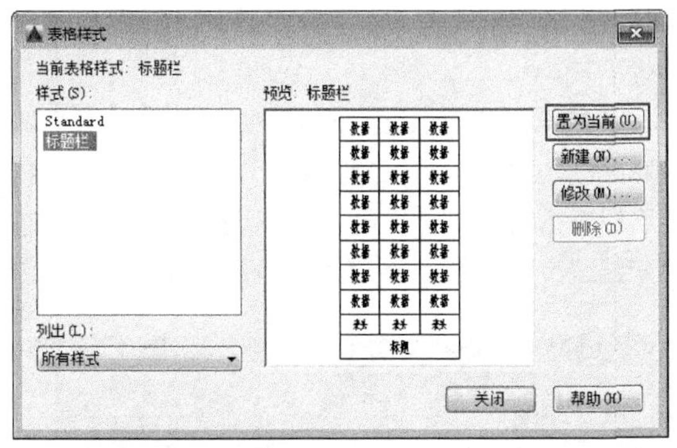

图 8-75 将“标题栏”样式置为当前

8.2.2 插入表格

表格是在行和列中包含数据的对象，在设置表格样式后便可以从空格或表格样式创建表格对象，还可以将表格链接至 Microsoft Excel 电子表格中的数据。

•执行方式

在 AutoCAD 2016 中插入表格有以下几种常用方法。

◆功能区：在【默认】选项卡中，单击【注释】面板中的【表格】按钮，如图 8-76 所示。

◆菜单栏：执行【绘图】|【表格】命令，如图 8-77 所示。

◆命令行：TABLE 或 TB。

图 8-76 【注释】面板中的【表格】按钮

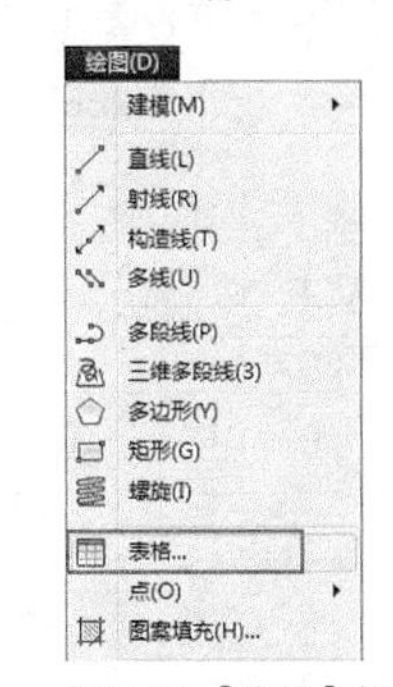

图 8-77 【表格】菜单命令

•操作步骤

通过以上任意一种方法执行该命令后，系统弹出【插入表格】对话框，如图 8-78 所示。在【插入表格】面板中包含多个选项组和对应选项。

设置好列数和列宽、行数和行高后，单击【确定】按钮，并在绘图区指定插入点，将会在当前位置按照表格设置插入一个表格，然后在此表格中添加上相应的文本信息即可完成表格的创建。

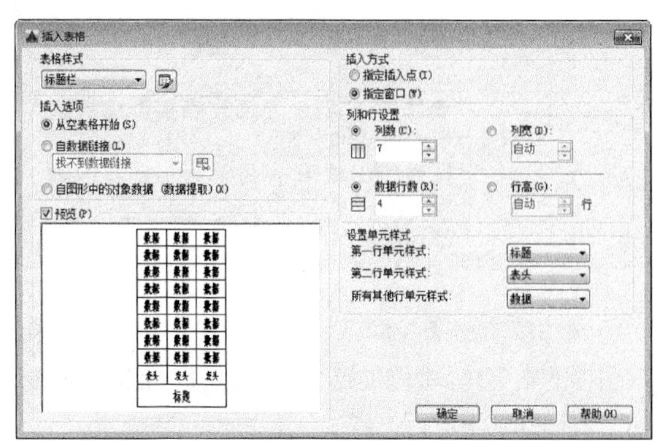

图 8-78 【插入表格】对话框

•选项说明

【插入表格】对话框中包含 5 大区域，各区域参数的含义说明如下。

◆【表格样式】区域：在该区域中不仅可以从下拉列表框中选择表格样式，也可以单击右侧的按钮后创建新表格样式。

◆【插入选项】区域：该区域中包含 3 个单选按钮，其中选中【从空表格开始】单选按钮可以创建一个空的表格；而选中【自数据链接】单选按钮可以从外部导入数据来创建表格，如 Excel；若选中【自图形中的对象数据（数据提取）】单选按钮则可以用于从可输出到表格或外部的图形中提取数据来创建表格。

◆【插入方式】区域：该区域中包含两个单选按钮，其中选中【指定插入点】单选按钮可以在绘图窗口中的某点插入固定大小的表格；选中【指定窗口】单选按钮可以在绘图窗口中通过指定表格两对角点的方式来创建任意大小的表格。

◆【列和行设置】区域：在此选项区域中，可以通过改变【列】、【列宽】、【数据行】和【行高】文本框中的数值来调整表格的外观大小。

◆【设置单元样式】区域：在此选项组中可以设置【第一行单元样式】、【第二行单元样式】和【所有其他单元样式】选项。默认情况下，系统均以【从空表格开始】方式插入表格。

练习 8-7 通过表格创建标题栏

难度：☆☆☆	
素材文件路径：	素材/第8章/8-6创建标题栏表格样式-OK.dwg
效果文件路径：	素材/第8章/8-7通过表格创建标题栏-OK.dwg
视频文件路径：	视频/第8章/8-7通过表格创建标题栏.mp4
播放时长：	2分42秒

与其他技术制图类似，机械制图中的标题栏也配置在图框的右下角。本例便延续**练习 8-6**的结果，在“标题栏”表格样式下进行创建。

Step 01 打开素材文件“第8章/8-6创建标题栏表格样式-OK.dwg”，如图8-72所示。

Step 02 在命令行输入TB并按Enter键，系统弹出【插入表格】对话框。选择插入方式为【指定窗口】，然后设置【列数】为12，【行数】为1，设置所有行的单元样式均为【数据】，如图8-79所示。

Step 03 单击【插入表格】对话框上的【确定】按钮，然后在绘图区单击确定表格左下角点，向上拖动指针，在合适的位置单击确定表格左下角点。生成的表格如图8-80所示。

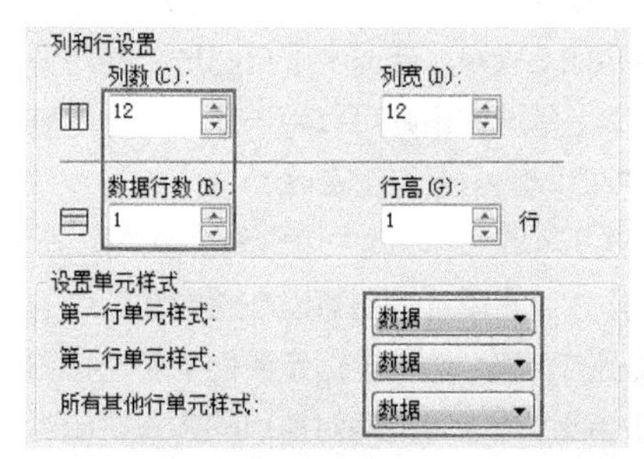

图 8-79 设置表格参数

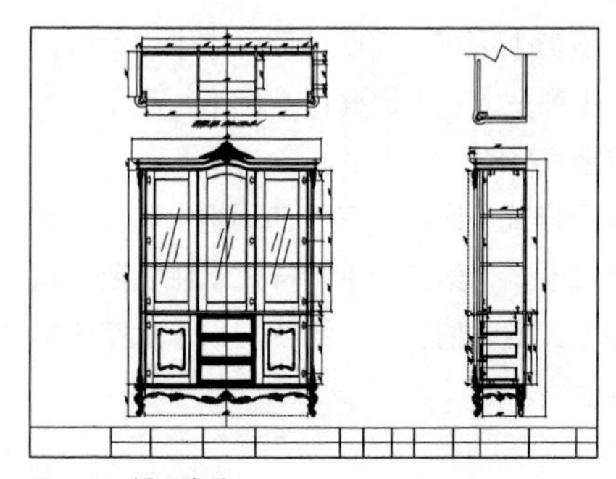

图 8-80 插入表格

> **操作技巧**
>
> 在设置行数的时候需要看清楚对话框中输入的是【数据行数】，这里的数据行数是应该减去标题与表头的数值，即“最终行数=输入行数+2”。

•精益求精 将Excel输入为AutoCAD中的表格

AutoCAD程序具有完善的图形绘制功能、强大的图形编辑功能。尽管还有文字与表格的处理能力，但相对于专业的数据处理、统计分析和辅助决策的Excel软件来说功能还是很弱。但在实际工作中，往往需要绘制各种复杂的表格，输入大量的文字，并调整表格大小和文字样式。这在AutoCAD程序中操作比较烦琐，速度也将慢下来。

因此如果将Word、Excel等文档中的表格数据选择性粘贴插入到AutoCAD程序中，且插入后的表格数据也会以表格的形式显示于绘图区，这样就能极大地方便用户整理。下面通过一个练习来介绍方法。

练习 8-8 通过Excel生成AutoCAD表格 ★重点★

难度：☆☆☆	
素材文件路径：	素材/第8章/8-8电气设施统计表.xls
效果文件路径：	素材/第8章/8-8电气设施统计表-OK.dwg
视频文件路径：	视频/第8章/8-8通过Excel创建表格.mp4
播放时长：	1分28秒

如果要统计的数据过多，如电气设施的统计表，那首选肯定会使用Excel进行处理，然后在导入AutoCAD中作为表格即可。而且在一般公司中，这类表格数据都由其他部门制作，设计人员无需再自行整理。

Step 01 打开素材文件“第8章/8-8电气设施统计表.xls”，如图8-81所示，已用Excel创建好了一电气设施的统计表格。

电 气 设 备 设 施 一 览 表

统计：姜程笑　统计日期：2012年3月22日　审核：罗武　审核日期：2012年3月22日　编号：10

序号	名称	规格型号		重量/原值（吨/万元）	制造/投用（时间）	主体材质	操作条件	安装地点/使用部门	生产制造单位	备注
1	吸氨泵、碳化泵、浓氨泵（TH01）	MNS	1		2010、04/2010、08	敷铝锌板	交流控制（AC380V/220V）	碳化配电室/	上海德力西开关有限公司	
2	离心机1#-3#主机，辅机控制（TH02）	MNS	1		2010、04/2010、08	敷铝锌板	交流控制（AC380V/220V）	碳化配电室/	上海德力西开关有限公司	
3	防爆控制箱	XBK-B24D24G	1		2010、07	铸铁	交流控制（AC220V）	碳化值班室内/	新黎明防爆电器有限公司	
4	防爆照明（动力）配电箱	CBP51-7KXXG	1		2010、11	铸铁	交流控制（AC380V）	碳化二楼/	长城电器集团有限公司	
5	防爆动力（电磁）启动箱	BXG	1		2010、07	铸铁	交流控制（AC380V）	碳化值班室内/	新黎明防爆电器有限公司	
6	防爆照明（动力）配电箱	CBP51-7KXXG	1		2010、11	铸铁	交流控制（AC380V）	碳化一楼/	长城电器集团有限公司	
7	碳化循环水控制柜		1		2010、11	普通钢板	交流控制（AC380V）	碳化配电室内/	自配控制柜	
8	碳化深水泵控制柜		1		2011、04	普通钢板	交流控制（AC380V）	碳化配电室内/	自配控制柜	
9	防爆控制箱	XBK-B12D12G	1		2010、07	铸铁	交流控制（AC380V）	碳化二楼/	新黎明防爆电器有限公司	
10	防爆控制箱	XBK-B30D30G	1		2010、07	铸铁	交流控制（AC380V）	碳化二楼/	新黎明防爆电器有限公司	

图 8-81 素材文件

Step 02 将表格主体（即行3~13、列A~K），复制到剪贴板。

Step 03 然后打开AutoCAD，新建一空白文档，再选择【编辑】菜单中的【选择性粘贴】选项，打开【选择性粘贴】对话框，选择其中的“AutoCAD图元”选项，如图8-82所示。

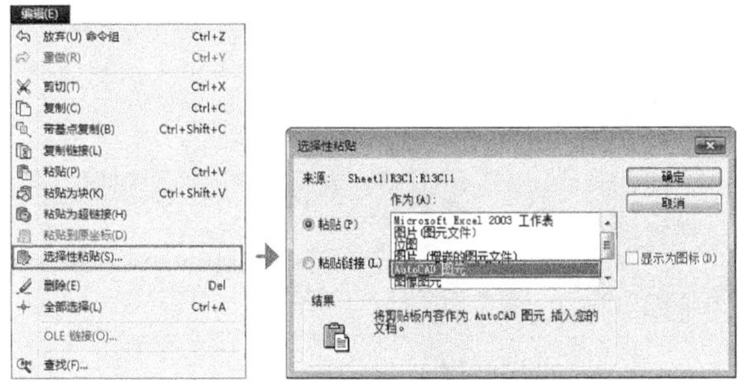

图 8-82 选择性粘贴

Step 04 确定以后，表格即转化成AutoCAD 中的表格，如图8-83所示。即可以编辑其中的文字，非常方便。

序号	名 称	规格型号		重量/原值（吨/万元）	制造/投用 （时间）	主体材质	操作条件	安装地点 / 使用部门	生产制造单位	备注
1.0000	液氨泵、碳化泵、浓氨泵（TH01）	MNS	1.0000		2010.04/2010.08	敷铝锌板	交流控制（AC380V/220V）	碳化配电室/	上海德力西开关有限公司	
2.0000	离心机1#-3#主机、辅机控制（TH02）	MNS	1.0000		2010.04/2010.08	敷铝锌板	交流控制（AC380V/220V）	碳化配电室/	上海德力西开关有限公司	
3.0000	防爆控制箱	XBK-B24D24G	1.0000		2010.07	铸铁	交流控制（AC220V）	碳化值班室内/	新黎明防爆电器有限公司	
4.0000	防爆照明（动力）配电箱	CBP51-7KXXG	1.0000		2010.11	铸铁	交流控制（AC380V）	碳化二楼/	长城电器集团有限公司	
5.0000	防爆动力（电磁）启动箱	BXG	1.0000		2010.07	铸铁	交流控制（AC380V）	碳化值班室内/	新黎明防爆电器有限公司	
6.0000	防爆照明（动力）配电箱	CBP51-7KXXG	1.0000		2010.11	铸铁	交流控制（AC380V）	碳化一楼/	长城电器集团有限公司	
7.0000	碳化循环水控制柜		1.0000		2010.11	普通钢板	交流控制（AC380V）	碳化配电室内/	自配控制柜	
8.0000	碳化深水泵控制柜		1.0000		2011.04	普通钢板	交流控制（AC380V）	碳化配电室内/	自配控制柜	
9.0000	防爆控制箱	XBK-B12D12G	1.0000		2010.07	铸铁	交流控制（AC380V）	碳化二楼/	新黎明防爆电器有限公司	
10.0000	防爆控制箱	XBK-B30D30G	1.0000		2010.07	铸铁	交流控制（AC380V）	碳化二楼/	新黎明防爆电器有限公司	

图 8-83 粘贴为 AutoCAD 中的表格

8.2.3 编辑表格

在添加完成表格后，不仅可根据需要对表格整体或表格单元执行拉伸、合并或添加等编辑操作，而且可以对表格的表指示器进行所需的编辑，其中包括编辑表格形状和添加表格颜色等设置。

1 编辑表格

当选中整个表格，单击鼠标右键，弹出的快捷菜单如图 8-84 所示。可以对表格进行剪切、复制、删除、移动、缩放和旋转等简单操作，还可以均匀调整表格的行、列大小，删除所有特性替代。当选择【输出】命令时，还可以打开【输出数据】对话框，以 .csv 格式输出表格中的数据。

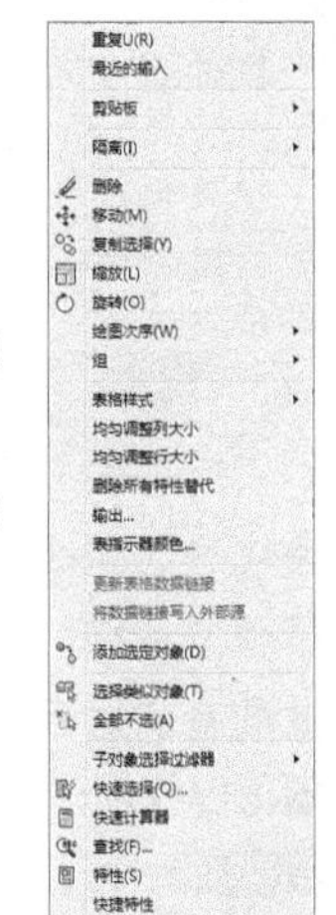

图 8-84 快捷菜单

当选中表格后，也可以通过拖动夹点来编辑表格，其各夹点的含义，如图 8-85 所示。

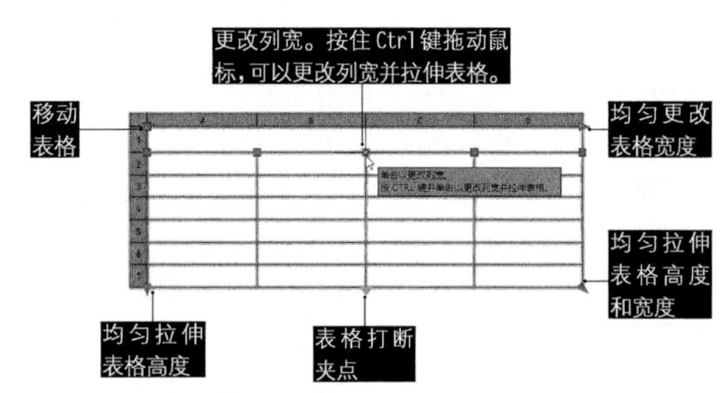

图 8-85 选中表格时各夹点的含义

2 编辑表格单元格

当选中表格单元格时，其右键快捷菜单如图 8-86 所示。

当选中表格单元格后，在表格单元格周围出现夹点，也可以通过拖动这些夹点来编辑单元格，其各夹点的含义如图 8-87 所示。如果要选择多个单元格，可以按鼠标左键并在与欲选择的单元格上拖动；也可以按住 shift 键并在欲选择的单元格内按鼠标左键，可以同时选中这两个单元格以及它们之间的所有单元格。

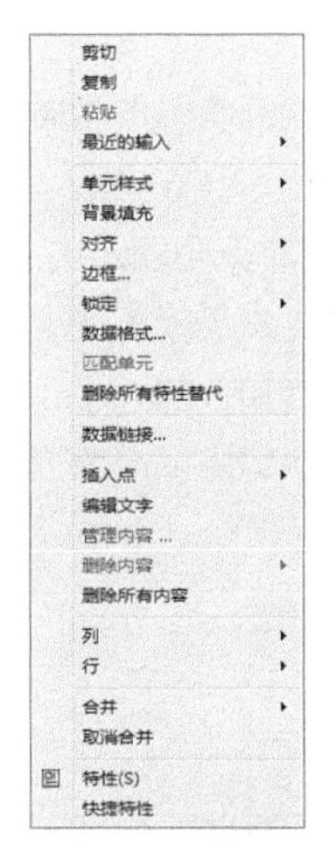

图 8-86 快捷菜单

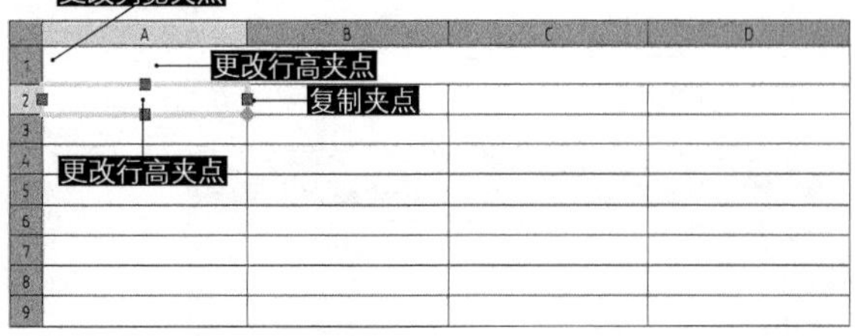

图 8-87 通过夹点调整单元格

8.2.4 添加表格内容

在 AutoCAD 2016 中，表格的主要作用就是能够清晰、完整、系统地表现图纸中的数据。表格中的数据都是通过表格单元进行添加的，表格单元不仅可以包含文本信息，而且还可以包含多个

块。此外，还可以将 AutoCAD 中的表格数据与 Microsoft Excel 电子表格中的数据进行链接。

确定表格的结构之后，最后在表格中添加文字、块、公式等内容。添加表格内容之前，必须了解单元格的选中状态和激活状态。

◆选中状态：单元格的选中状态在上一节已经介绍，如图 8-87 所示。单击单元格内部即可选中单元格，选中单元格之后系统弹出【表格单元】选项卡。

◆激活状态：在单元格的激活状态，单元格呈灰底显示，并出现闪动光标，如图 8-88 所示。双击单元格可以激活单元格，激活单元格之后系统弹出【文字编辑器】选项卡。

1 添加数据

当创建表格后，系统会自动亮显第一个表格单元，并打开【文字格式】工具栏，此时可以开始输入文字，在输入文字的过程中，单元的行高会随输入文字的高度或行数的增加而增加。要移动到下一单元，可以按 Tab 键或是用箭头键向左、向右、向上和向下移动。通过在选中的单元中按 F2 键可以快速编辑单元格文字。

2 在表格中添加块

在表格中添加块和方程式需要选中单元格。选中单元格之后，系统将弹出【表格单元】选项卡，单击【插入】面板上的【块】按钮，系统弹出【在表格单元中插入块】对话框，如图 8-89 所示，浏览到块文件然后插入块。在表格单元中插入块时，块可以自动适应单元的大小，也可以调整单元以适应块的大小，并且可以将多个块插入到同一个表格单元中。

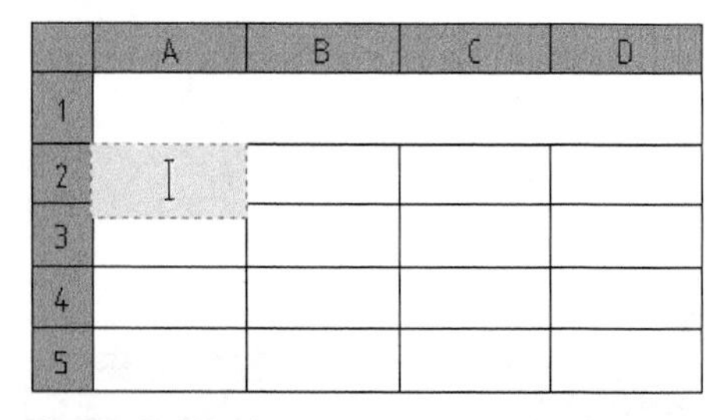

图 8-88 激活单元格

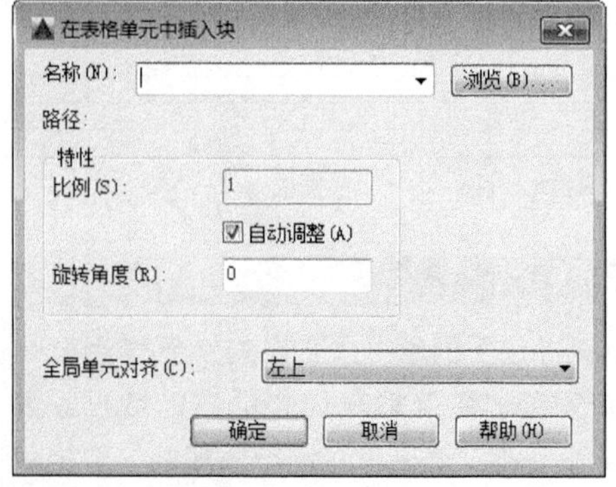

图 8-89 【在表格单元中插入块】对话框

3 在表格中添加方程式

在表格中添加方程式可以将某单元格的值定义为其他单元格的组合运算值。选中单元格之后，在【表格单元】选项卡中，单击【插入】面板上的【公式】按钮，弹出如图 8-90 所示的选项，选择【方程式】选项，将激活单元格，进入文字编辑模式。输入与单元格标号相关的运算公式，如图 8-91 所示。该方程式的运算结果如图 8-92 所示。如果修改方程所引用的单元格，运算结果也随之更新。

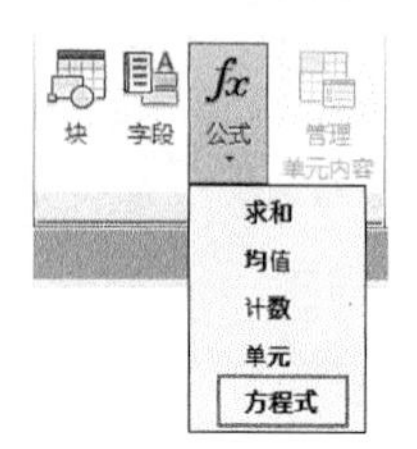

图 8-90 【公式】下拉列表

	A	B	C	D
1				
2	1	2	3	=A2+B2+C2
3				
4				
5				

图 8-91 输入方程表达式

1	2	3	6

图 8-92 方程运算结果

练习 8-9 填写标题栏表格

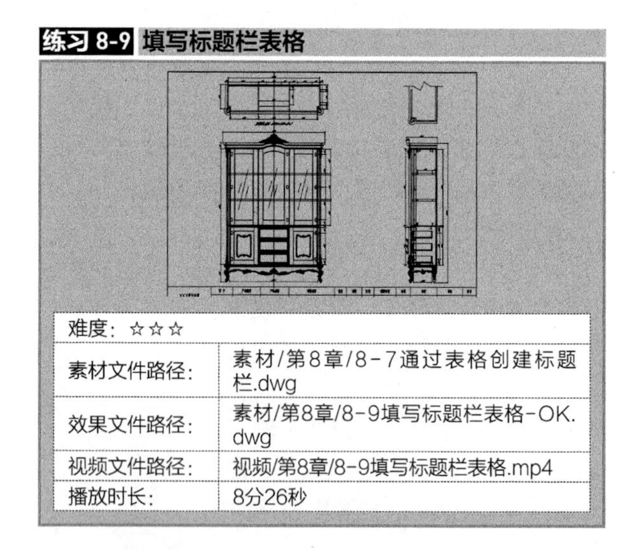

难度：☆☆☆	
素材文件路径：	素材/第8章/8-7通过表格创建标题栏.dwg
效果文件路径：	素材/第8章/8-9填写标题栏表格-OK.dwg
视频文件路径：	视频/第8章/8-9填写标题栏表格.mp4
播放时长：	8分26秒

标题栏一般由更改区、签字区、其他区、名称以及代号区组成。填写的内容主要有设计单位名称、建筑单位名称、工程名称、图样代号以及设计、审核、批准者的姓名、日期等。本例延续**练习 8-7**的结果，填写已经创建完成的标题栏。

Step 01 打开素材文件“第8章/8-8通过表格创建标题栏-OK.dwg”，如图8-80所示，其中已经绘制好了零件图形和空白表格。

Step 02 选中表格，然后将其拉伸至图框的另一侧，使其覆盖整个图框下方部分，如图8-93所示。

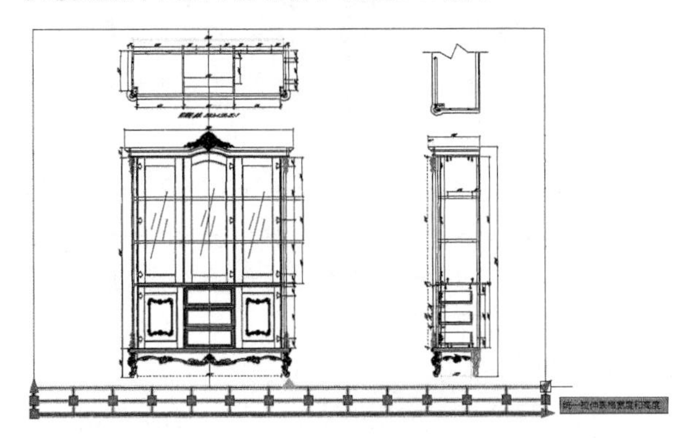

图 8-93 拉伸表格

Step 03 编辑标题栏。框选最左侧的3个单元格，然后单击【表格单元】选项卡中【合并】面板上的【合并全部】按钮，合并结果如图8-94所示。

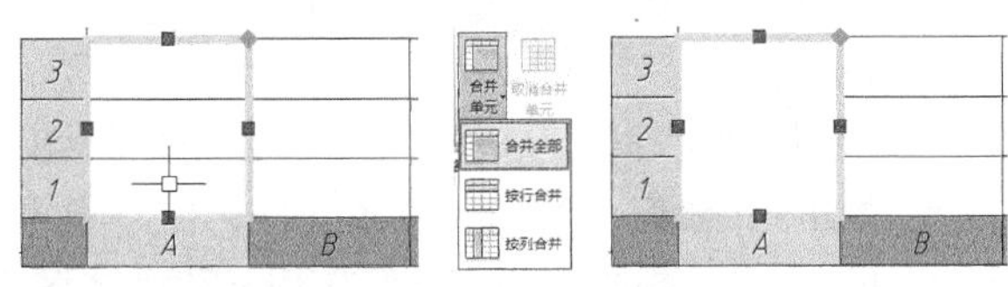

图 8-94 合并单元格

Step 04 合并其余单元格。使用相同的方法，合并其余的单元格，最终结果如图8-95所示。

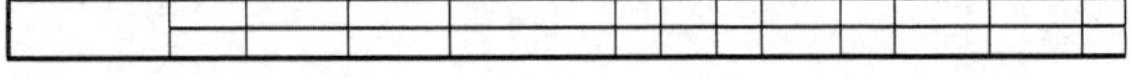

图 8-95 合并其余单元格

Step 05 输入文字。双击最左侧合并之后的大单元格，输入设计单位名称：“XXX设计公司”，同时调整单元格的宽度，如图8-96所示。此时输入的文字，其样式为“标题栏”表格样式中所设置的样式。

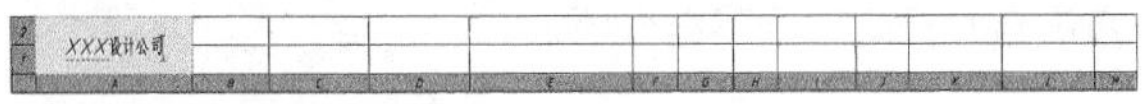

图 8-96 输入单元格文字

Step 06 按相同方法，输入其他文字，如“设计”“审核”等，如图8-97所示。

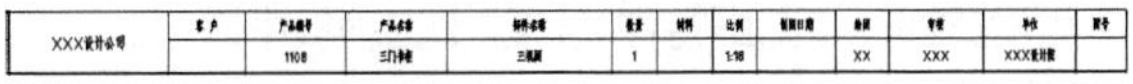

图 8-97 在其他单元格中输入文字

第 9 章 图层与图层特性

图层是 AutoCAD 提供给用户的组织图形的强有力工具。AutoCAD 的图形对象必须绘制在某个图层上，它可能是默认的图层，也可以是用户自己创建的图层。利用图层的特性，如颜色、线宽、线型等，可以非常方便地区分不同的对象。此外，AutoCAD 还提供了大量的图层管理功能（打开 / 关闭、冻结 / 解冻、加锁 / 解锁等），这些功能使用户在组织图层时非常方便。

9.1 图层概述

本节介绍图层的基本概念和分类原则，使读者对 AutoCAD 图层的含义和作用，以及一些使用的原则有一个清晰的认识。

9.1.1 图层的基本概念

AutoCAD 图层相当于传统图纸中使用的重叠图纸。它就如同一张张透明的图纸，整个 AutoCAD 文档就是由若干透明图纸上下叠加的结果，如图 9-1 所示。用户可以根据不同的特征、类别或用途，将图形对象分类组织到不同的图层中。同一个图层中的图形对象具有许多相同的外观属性，如线宽、颜色、线型等。

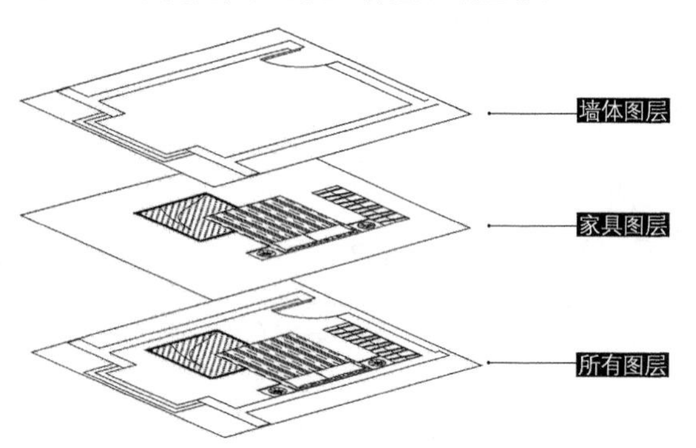

图 9-1　图层的原理

按图层组织数据有很多好处。首先，图层结构有利于设计人员对 AutoCAD 文档的绘制和阅读。不同工种的设计人员，可以将不同类型数据组织到各自的图层中，最后统一叠加。阅读文档时，可以暂时隐藏不必要的图层，减少屏幕上的图形对象数量，提高显示效率，也有利于看图。修改图纸时，可以锁定或冻结其他工种的图层，以防误删、误改他人图纸。其次，按照图层组织数据，可以减少数据冗余，压缩文件数据量，提高系统处理效率。许多图形对象都有共同的属性。如果逐个记录这些属性，那么这些共同属性将被重复记录。而按图层组织数据以后，具有共同属性的图形对象同属一个层。

9.1.2 图层分类原则

按照图层组织数据，将图形对象分类组织到不同的图层中，这是 AutoCAD 设计人员的一个良好习惯。在新建文档时，首先应该在绘图前大致设计好文档的图层结构。多人协同设计时，更应该设计好一个统一而又规范的图层结构，以便数据交换和共享。切忌将所有的图形对象全部放在同一个图层中。

图层可以按照以下的原则组织。

◆按照图形对象的使用性质分层。例如，在建筑设计中，可以将墙体、门窗、家具、绿化分在不同的层。

◆按照外观属性分层。具有不同线型或线宽的实体应当分数不同的图层，这是一个很重要的原则。例如，机械设计中，粗实线（外轮廓线）、虚线（隐藏线）和点画线（中心线）就应该分属 3 个不同的层，这样分层也方便打印控制。

◆按照模型和非模型分层。AutoCAD 制图的过程实际上是建模的过程。图形对象是模型的一部分；文字标注、尺寸标注、图框、图例符号等并不属于模型本身，是设计人员为了便于设计文件的阅读而人为添加的说明性内容。所以模型和非模型应当分属不同的层。

9.2 图层的创建与设置

图层的新建、设置等操作通常在【图层特性管理器】选项板中进行。此外，用户也可以使用【图层】面板或【图层】工具栏快速管理图层。【图层特性管理器】选项板中可以控制图层的颜色、线型、线宽、透明度、是否打印等，本节仅介绍其中常用的前三种，后面的设置操作方法与此相同，便不再介绍。

9.2.1 新建并命名图层

在使用 AutoCAD 进行绘图工作前，用户宜先根据自身行业要求创建好对应的图层。AutoCAD 的图层创建和设置都在【图层特性管理器】选项板中进行。

•执行方式

打开【图层特性管理器】选项板有以下几种方法。

◆功能区：在【默认】选项卡中，单击【图层】面板中的【图层特性】按钮，如图 9-2 所示。

◆菜单栏：选择【格式】|【图层】命令，如图 9-3 所示。

◆命令行：LAYER 或 LA。

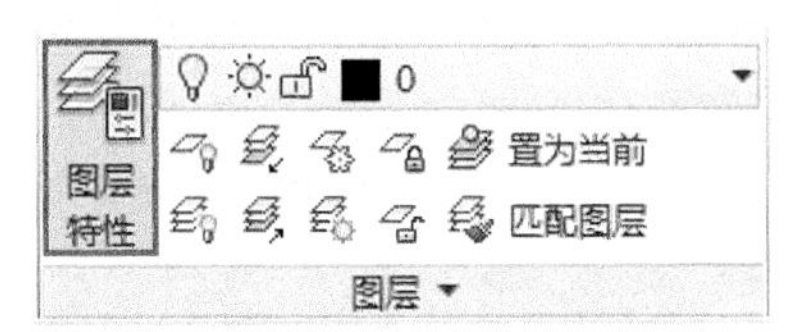

图 9-2 【图层】面板中的【图层特性】按钮

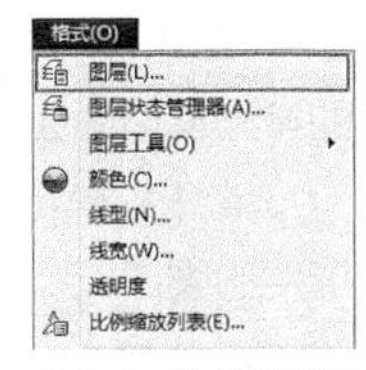

图 9-3 菜单栏【图层】命令

• 操作步骤

执行任一命令后，弹出【图层特性管理器】选项板，如图 9-4 所示，单击对话框上方的【新建】按钮，即可新建一个图层项目。默认情况下，创建的图层会以“图层 1”“图层 2”等顺序进行命名，用户也可以自行输入易辨别的名称，如“轮廓线”“中心线”等。输入图层名称之后，依次设置该图层对应的颜色、线型、线宽等特性。

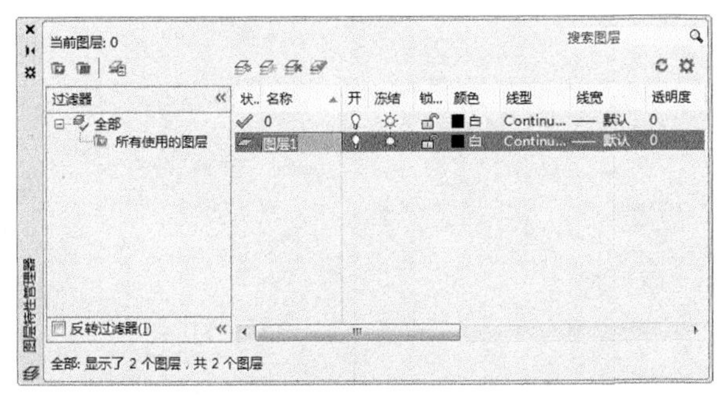

图 9-4 【图层特性管理器】选项板

设置为当前的图层项目前会出现✔符号。如图 9-5 所示为将粗实线图层置为当前图层，颜色设置为红色、线型为实线，线宽为 0.3mm 的结果。

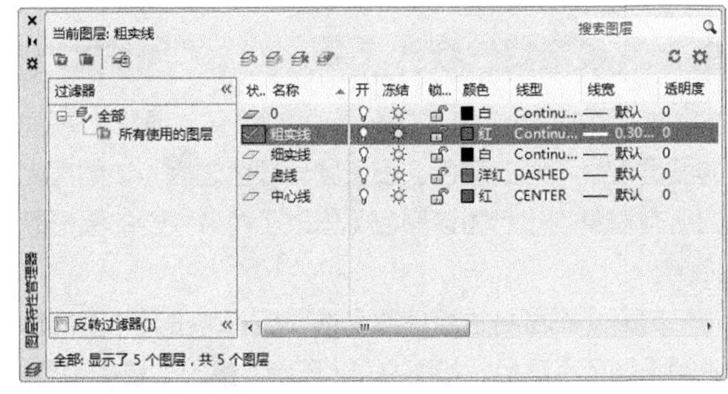

图 9-5 粗实线图层

操作技巧

图层的名称最多可以包含255个字符，并且中间可以含有空格，图层名区分大小写字母。图层名不能包含的符号有：<、>、^、“、”、；、？、*、|、,、=、’等，如果用户在命名图层时提示失败，可检查是否含有了这些非法字符。

• 选项说明

【图层特性管理器】选项板主要分为【图层树状区】与【图层设置区】两部分，如图 9-6 所示。

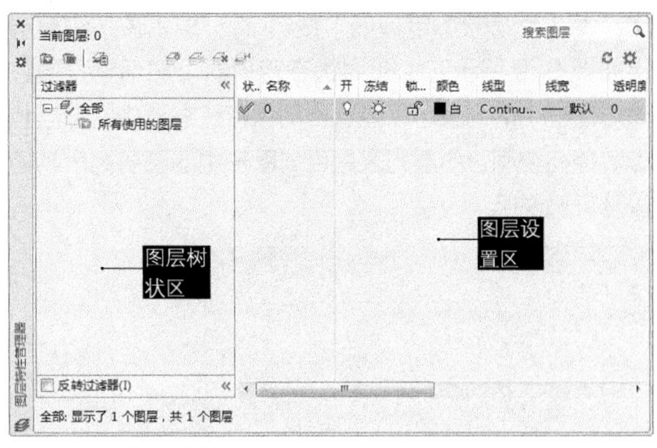

图 9-6 图层特性管理器

图层树状区

【图层树状区】用于显示图形中图层和过滤器的层次结构列表，其中【全部】用于显示图形中所有的图层，而【所有使用的图层】过滤器则为只读过滤器，过滤器按字母顺序进行显示。

【图层树状区】各选项及功能按钮的作用如下。

◆【新建特性过滤器】按钮：单击该按钮将弹出图 9-7 所示的【图层过滤器特性】对话框，此时可以根据图层的若干特性（如颜色、线宽）创建【特性过滤器】。

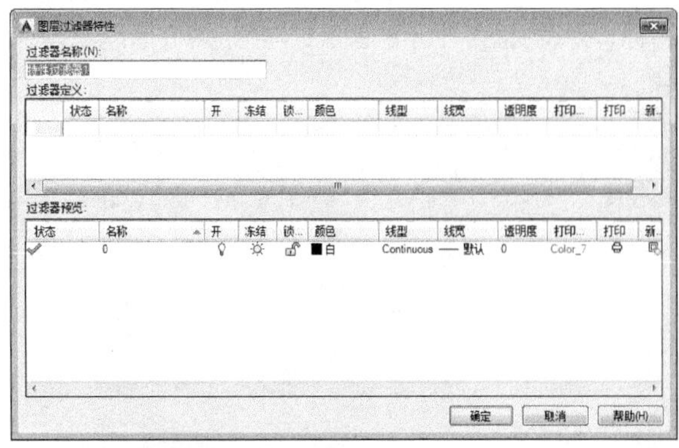

图 9-7 【图层过滤器特性】对话框

◆【新建组过滤器】按钮：单击该按钮可创建【组过滤器】，在【组过滤器】内可包含多个【特性过滤器】，如图 9-8 所示。

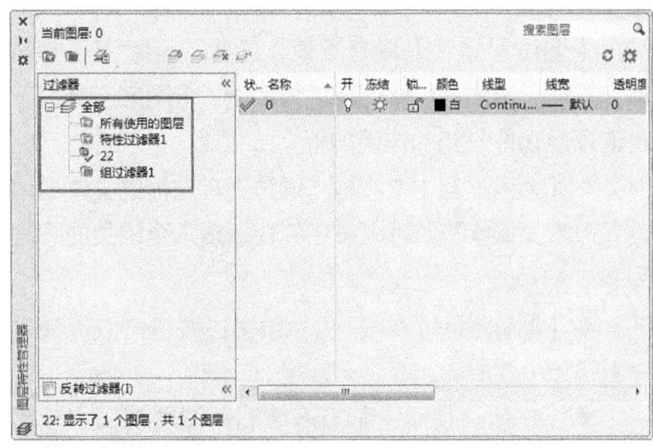

图 9-8 创建组过滤器

◆【图层状态管理器】按钮：单击该按钮将弹出如图 9-9 所示的【图层状态管理器】对话框，通过该对话框中的列表可以查看当前保存在图形中的图层状态、存在空间、图层列表是否与图形中的图层列表相同以及可选说明。

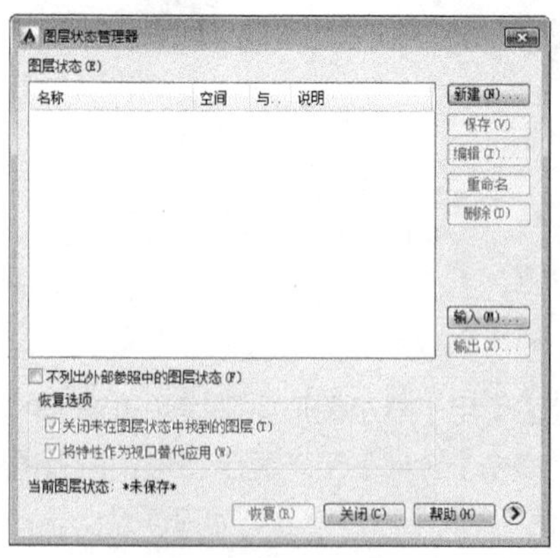

图 9-9　图层状态管理器

◆【反转过滤器】复选框：勾选该复选框后，将在右侧列表中显示所有与过滤性不符合的图层，当【特性过滤器 1】中选择到所有颜色为绿色的图层时，勾选该复选框将显示所有非绿色的图层，如图 9-10 所示。

◆【状态栏】：在状态栏内罗列出了当前过滤器的名称、列表视图中显示的图层数与图形中的图层数等信息。

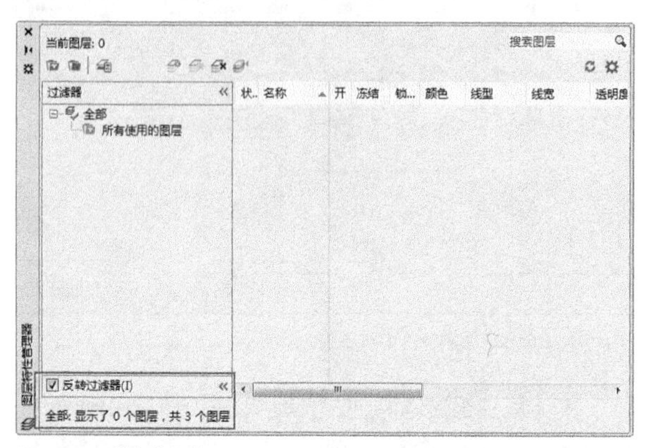

图 9-10　反转过滤器

◎ 图层设置区

【图层设置区】具有搜索、创建、删除图层等功能，并能显示图层具体的特性与说明，【图形设置区】各选项及功能按钮的作用如下。

◆【搜索图层】文本框：通过在其左侧的文本框内输入搜索关键字符，可以按名称快速搜索至相关的图层列表。

◆【新建图层】按钮：单击该按钮可以在列表中新建一个图层。

◆【在所有视口中都被冻结的新图层视口】按钮：单击该按钮可以创建一个新图层，但在所有现有的布局视口中会将其冻结。

◆【删除图层】按钮：单击该按钮将删除当前选中的图层。

◆【置为当前】按钮：单击该按钮可以将当前选中的图层置为当前层，用户所绘制的图形将存放在该图层上。

◆【刷新】按钮：单击该按钮可以刷新图层列表中的内容。

◆【设置】按钮：单击该按钮将显示如图 9-11 所示的【图层设置】对话框，用于调整【新图层通知】、【隔离图层设置】以及【对话框设置】等内容。

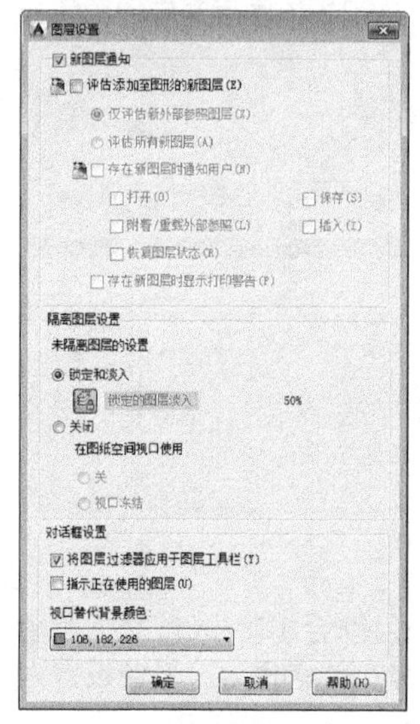

图 9-11　【图层设置】对话框

9.2.2 设置图层颜色 ★重点★

如前文所述，为了区分不同的对象，通常为不同的图层设置不同的颜色。设置图层颜色之后，该图层上的所有对象均显示为该颜色（修改了对象特性的图形除外）。

打开【图层特性管理器】选项板，单击某一图层对应的【颜色】项目，如图 9-12 所示，弹出【选择颜色】对话框，如图 9-13 所示。在调色板中选择一种颜色，单击【确定】按钮，即完成颜色设置。

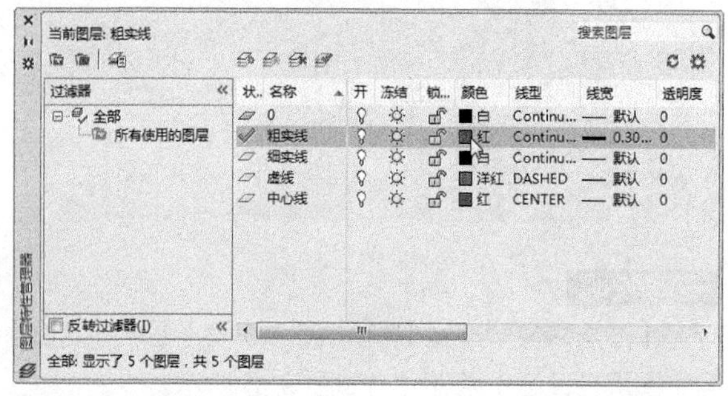

图 9-12　单击图层颜色项目

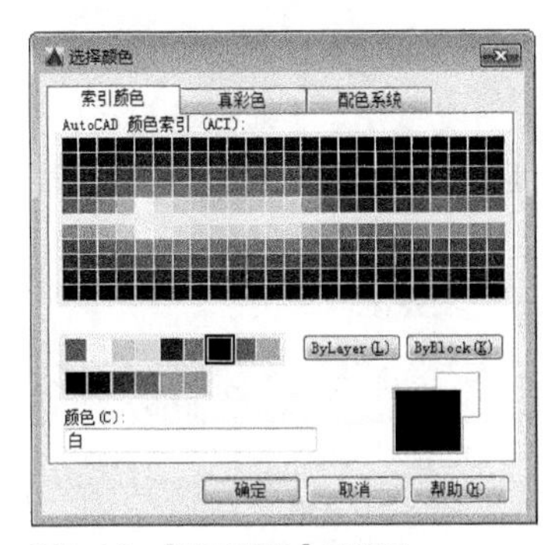

图 9-13 【选择颜色】对话框

9.2.3 设置图层线型 ★重点★

线型是指图形基本元素中线条的组成和显示方式，如实线、中心线、点画线、虚线等。通过线型的区别，可以直观判断图形对象的类别。在 AutoCAD 中默认的线型是实线（Continuous），其他的线型需要加载才能使用。

在【图层特性管理器】选项板中，单击某一图层对应的【线型】项目，弹出【选择线型】对话框，如图 9-14 所示。在默认状态下，【选择线型】对话框中只有 Continuous 一种线型。如果要使用其他线型，必须将其添加到【选择线型】对话框中。单击【加载】按钮，弹出【加载或重载线型】对话框，如图 9-15 所示，从对话框中选择要使用的线型，单击【确定】按钮，完成线型加载。

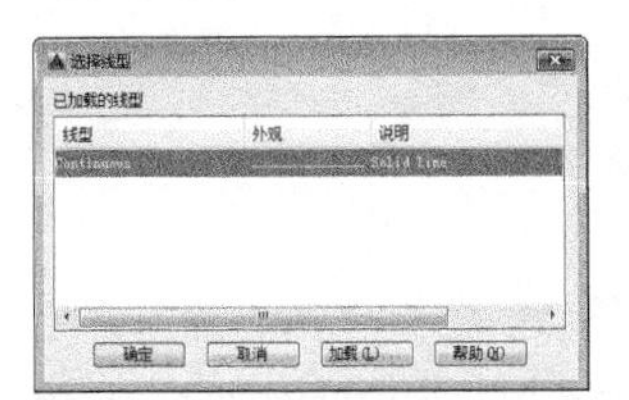

图 9-14 【选择线型】对话框

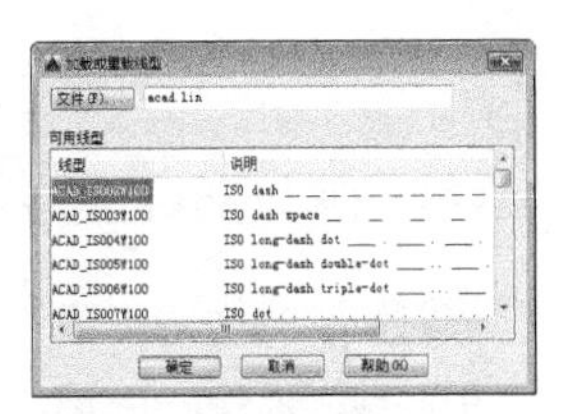

图 9-15 【加载或重载线型】对话框

练习 9-1 调整中心线线型比例

难度：☆☆☆	
素材文件路径：	素材/第9章/9-1调整中心线线型比例.dwg
效果文件路径：	素材/第9章/9-1调整中心线线型比例-OK.dwg
视频文件路径：	视频/第9章/9-1调整中心线线型比例.mp4
播放时长：	43秒

有时设置好了非连续线型（如虚线、中心线）的图层，但绘制时仍会显示出实线的效果。这通常是因为线型的【线型比例】值过大，修改数值即可显示出正确的线型效果，如图 9-16 所示。具体操作方法说明如下。

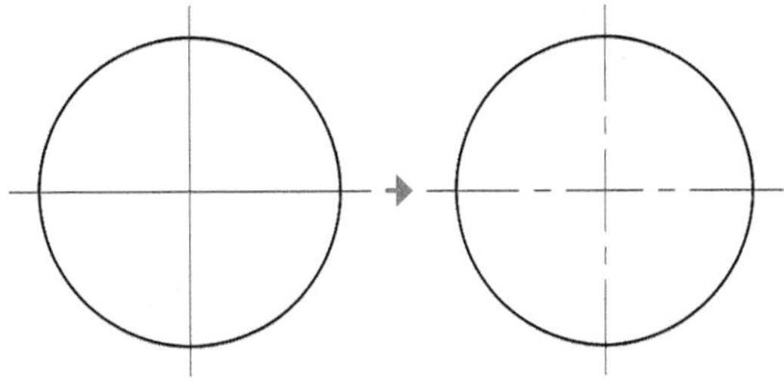

图 9-16 线型比例的变化效果

Step 01 打开“第9章/9-1调整中心线线型比例.dwg”素材文件，如图9-17所示，图形的中心线为实线显示。

Step 02 在【默认】选项卡中，单击【特性】面板中【线型】下拉列表中的【其他】按钮，如图9-18所示。

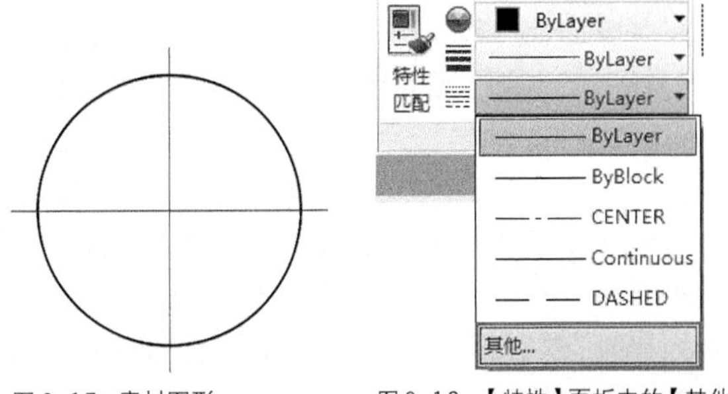

图 9-17 素材图形

图 9-18 【特性】面板中的【其他】按钮

Step 03 系统弹出【线型管理器】对话框，在中间的线型列表框中选中中心线所在的图层【CENTER】，然后在右下方的【全局比例因子】文本框中输入新值为0.25，如图9-19所示。

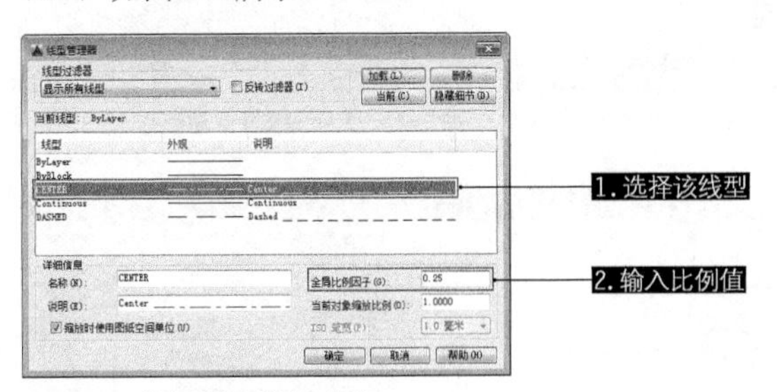

图 9-19 【线型管理器】对话框

Step 04 设置完成之后，单击对话框中的【确定】按钮返回绘图区，可以看到中心线的效果发生了变化，为合适的点画线，如图9-20所示。

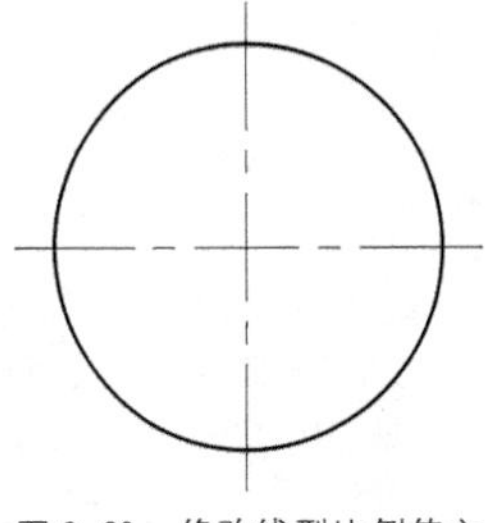

图 9-20 修改线型比例值之后的图形

9.2.4 设置图层线宽 ★重点★

线宽即线条显示的宽度。使用不同宽度的线条表现对象的不同部分，可以提高图形的表达能力和可读性，如图 9-21 所示。

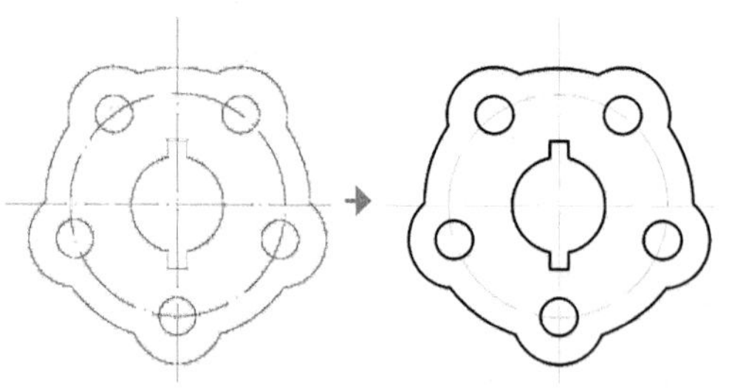

图 9-21 线宽变化

在【图层特性管理器】选项板中，单击某一图层对应的【线宽】项目，弹出【线宽】对话框，如图 9-22 所示，从中选择所需的线宽即可。

如果需要自定义线宽，在命令行中输入 LWEIGHT 或 LW 并按 Enter 键，弹出【线宽设置】对话框，如图 9-23 所示，通过调整线宽比例，可使图形中的线宽显示得更宽或更窄。

机械、建筑制图中通常采用粗、细两种线宽，在 AutoCAD 中常设置粗细比例为 2 ：1。共有 0.25/0.13、0.35/0.18、0.5/0.25、0.7/0.35、1/0.5、1.4/0.7、2/1（单位均为 mm）这 7 种组合，同一图纸只允许采用一种组合。其余行业制图请查阅相关标准。

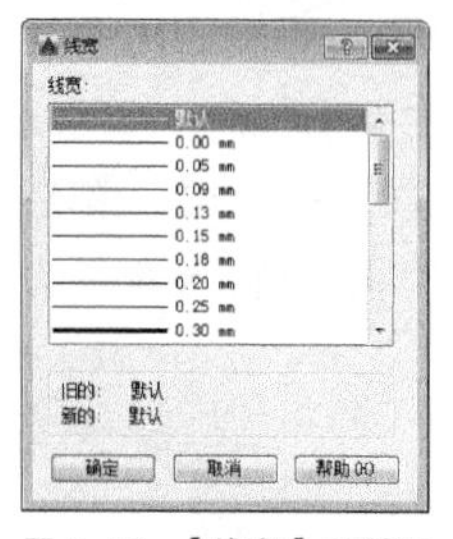

图 9-22 【线宽】对话框

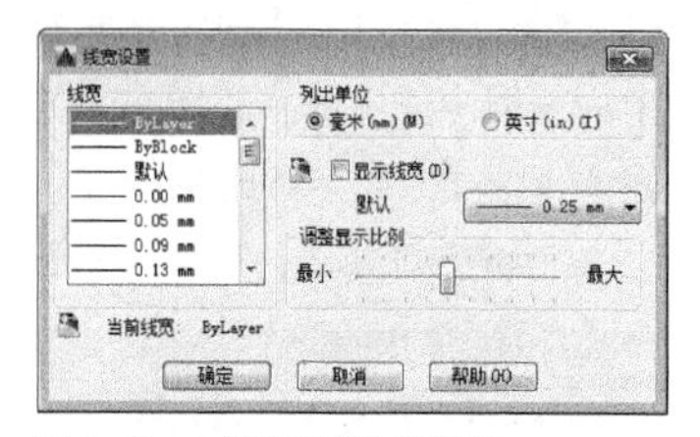

图 9-23 【线宽设置】对话框

练习 9-2 创建绘图基本图层

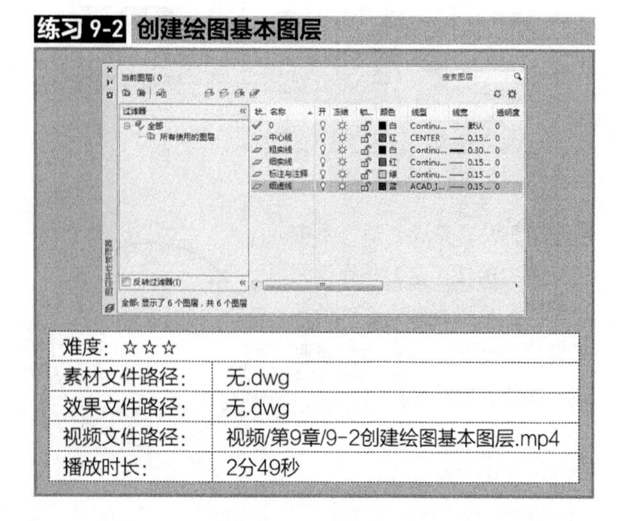

难度：☆☆☆	
素材文件路径：	无.dwg
效果文件路径：	无.dwg
视频文件路径：	视频/第9章/9-2创建绘图基本图层.mp4
播放时长：	2分49秒

本案例介绍绘图基本图层的创建，在该实例中要求分别建立【粗实线】、【中心线】、【细实线】、【标注与注释】和【细虚线】层，这些图层的主要特性如表 9-1 所示。

表 9-1 图层列表

序号	图层名	线宽/mm	线型	颜色	打印属性
1	粗实线	0.3	CONTINUOUS	白	打印
2	细实线	0.15	CONTINUOUS	红	打印
3	中心线	0.15	CENTER	红	打印
4	标注与注释	0.15	CONTINUOUS	绿	打印
5	细虚线	0.15	ACAD-ISO 02W100	蓝	打印

Step 01 单在【默认】选项卡中，单击【图层】面板中的【图层特性】按钮。系统弹出【图层特性管理器】选项板，单击【新建】按钮，新建图层。系统默认名称为【图层1】的新建图层，如图9-24所示。

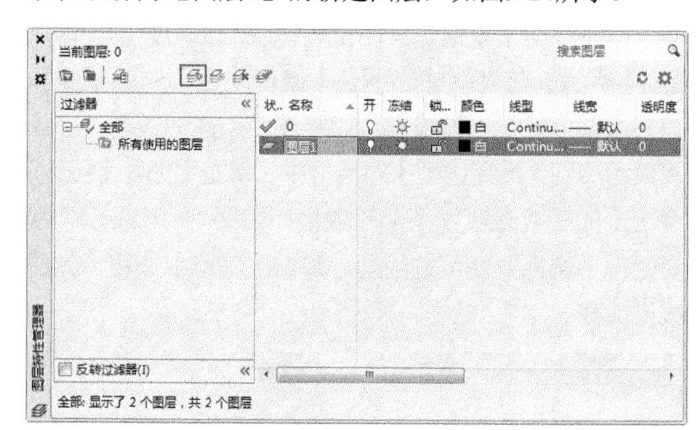

图 9-24 【图层特性管理器】选项板

Step 02 此时文本框呈可编辑状态，在其中输入文字“中心线”并按Enter键，完成中心线图层的创建，如图9-25所示。

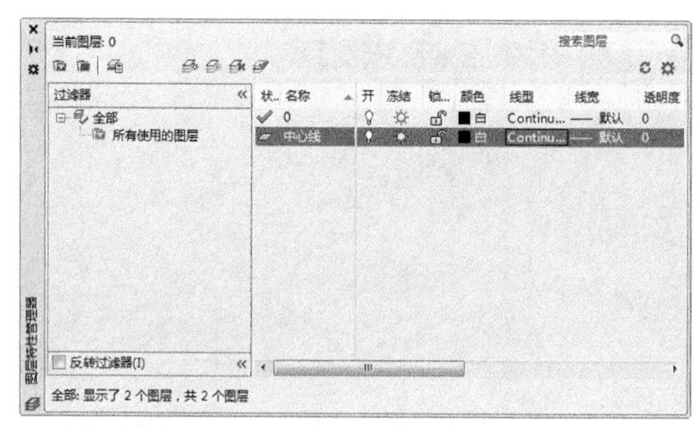

图 9-25 重命名图层

Step 03 单击【颜色】属性项，在弹出的【选择颜色】对话框中，选择【红色】，如图9-26所示。单击【确定】按钮，返回【图层特性管理器】选项板。

Step 04 单击【线型】属性项，弹出【选择线型】对话框，如图9-27所示。

图 9-26 设置图层颜色

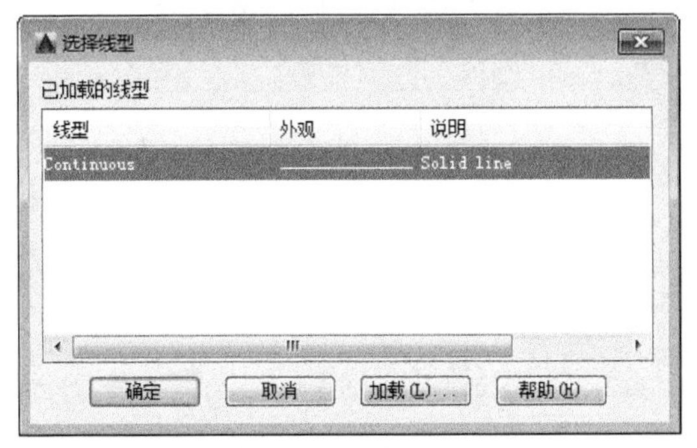

图 9-27 【选择线型】对话框

Step 05 在对话框中单击【加载】按钮，在弹出的【加载或重载线型】对话框中选择CENTER线型，如图9-28所示。单击【确定】按钮，返回【选择线型】对话框。再次选择CENTER线型，如图9-29所示。

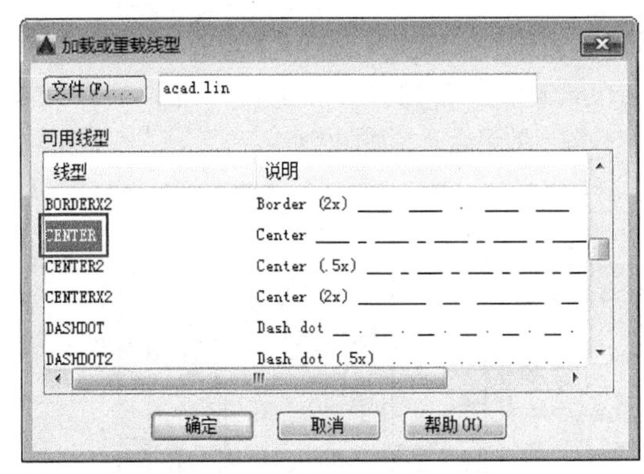

图 9-28 【加载或重载线型】对话框

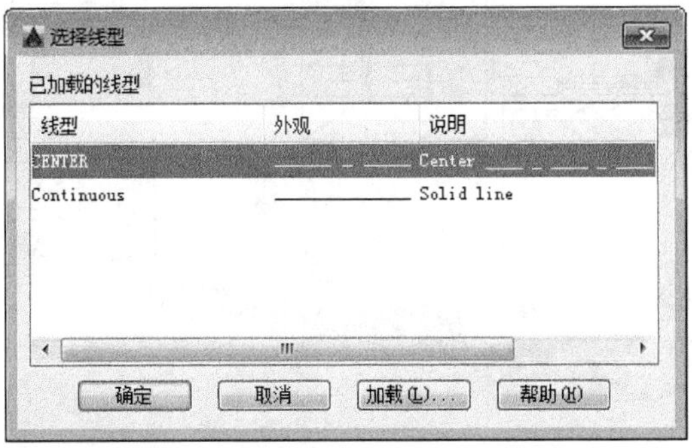

图 9-29 设置线型

Step 06 单击【确定】按钮，返回【图层特性管理器】选项板。单击【线宽】属性项，在弹出的【线宽】对话框中，选择线宽为0.15mm，如图9-30所示。

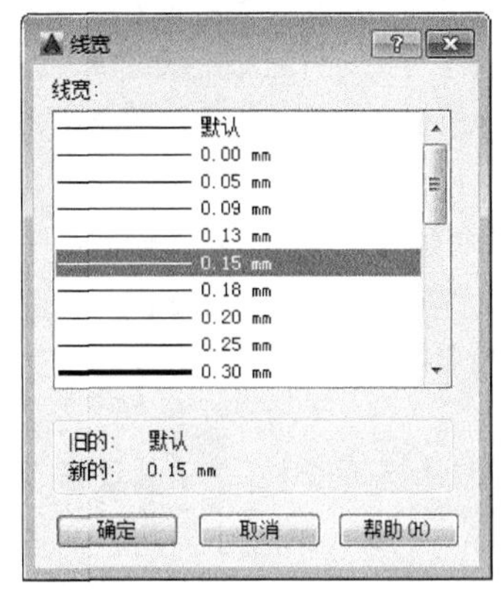

图 9-30 选择线宽

Step 07 单击【确定】按钮，返回【图层特性管理器】选项板。设置的中心线图层如图9-31所示。

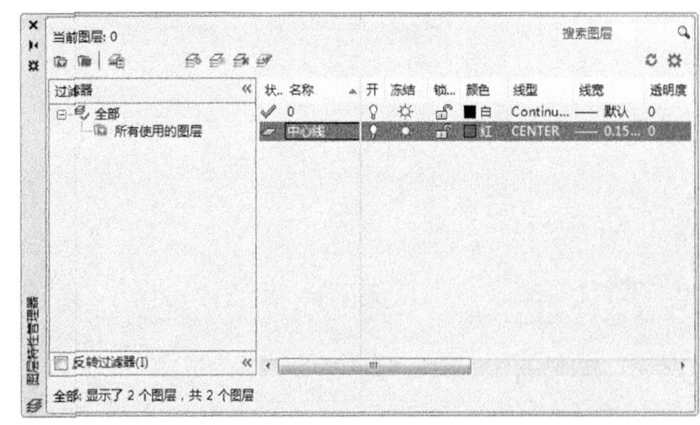

图 9-31 设置的中心线图层

Step 08 重复上述步骤，分别创建【粗实线】层、【细实线】层、【标注与注释】层和【细虚线】层，为各图层选择合适的颜色、线型和线宽特性，结果如图9-32所示。

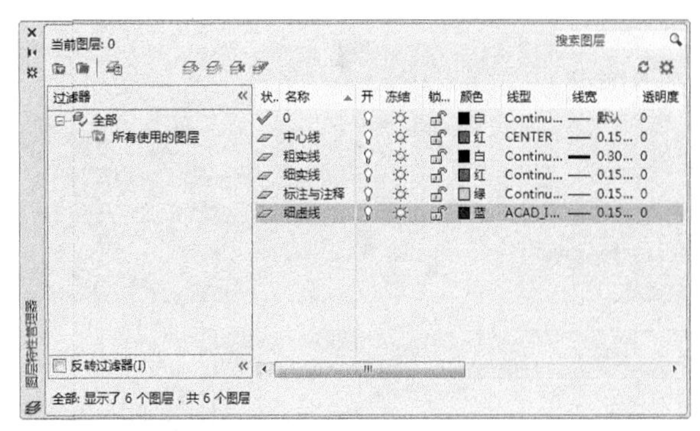

图 9-32 图层设置结果

9.3 图层的其他操作

在 AutoCAD 中，还可以对图层进行隐藏、冻结以及锁定等其他操作，这样在使用 AutoCAD 绘制复杂的

图形对象时，就可以有效地降低误操作，提高绘图效率。

9.3.1 打开与关闭图层 ★重点★

在绘图的过程中可以将暂时不用的图层关闭，被关闭的图层中的图形对象将不可见，并且不能被选择、编辑、修改以及打印。在 AutoCAD 中关闭图层的常用方法有以下几种。

◆对话框：在【图层特性管理器】对话框中选中要关闭的图层，单击 按钮即可关闭选择图层，图层被关闭后该按钮将显示为 ，表明该图层已经被关闭，如图 9-33 所示。

◆功能区：在【默认】选项卡中，打开【图层】面板中的【图层控制】下拉列表，单击目标图层 按钮即可关闭图层，如图 9-34 所示。

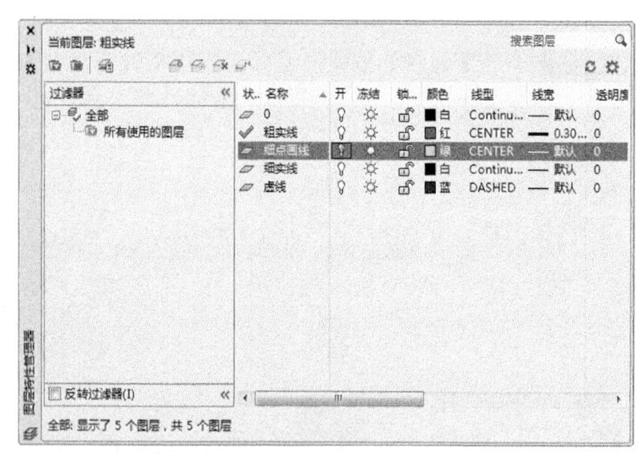

图 9-33 通过图层特性管理器关闭图层

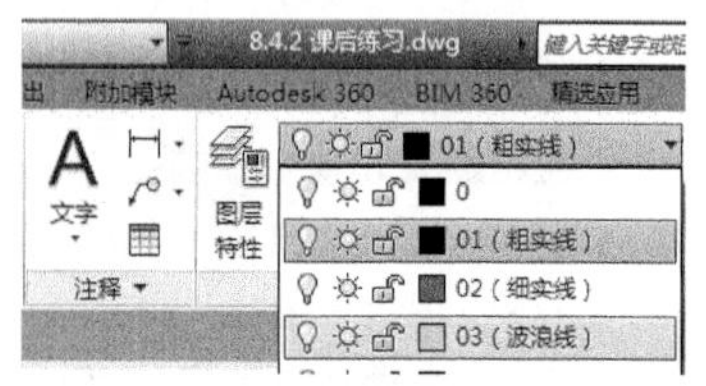

图 9-34 通过功能面板图标关闭图层

操作技巧

当关闭的图层为【当前图层】时，将弹出如图9-35所示的确认对话框，此时单击【关闭当前图层】链接即可。如果要恢复关闭的图层，重复以上操作，单击图层前的【关闭】图标 即可打开图层。

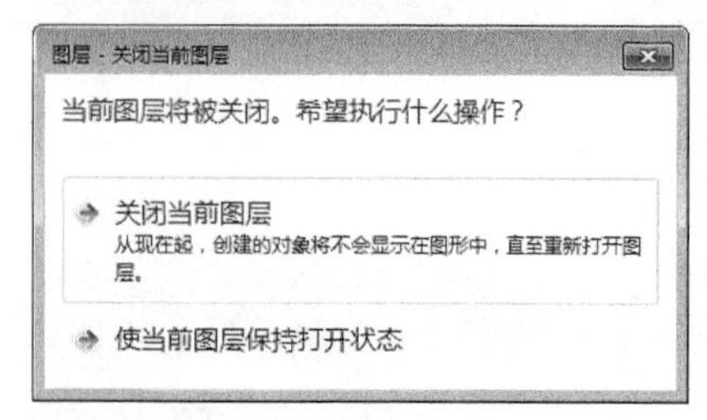

图 9-35 确定关闭当前图层

练习 9-3 通过关闭图层控制图形

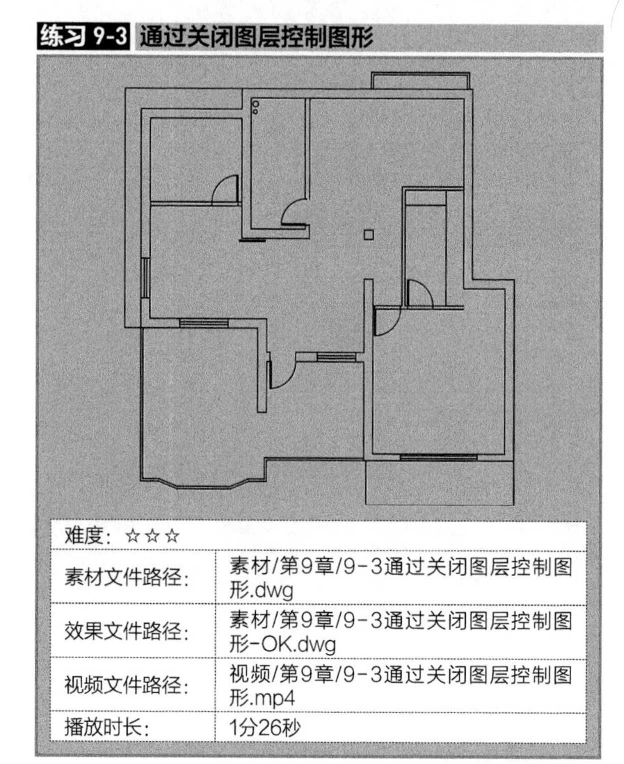

难度：☆☆☆	
素材文件路径：	素材/第9章/9-3通过关闭图层控制图形.dwg
效果文件路径：	素材/第9章/9-3通过关闭图层控制图形-OK.dwg
视频文件路径：	视频/第9章/9-3通过关闭图层控制图形.mp4
播放时长：	1分26秒

有时需要将家具平面图放置在室内设计图上，并分别属于不同图层，如家具图形属于“家具层”、墙体图形属于“墙体层”、轴线类图形属于“轴线层”等，这样做的好处就是可以通过打开或关闭图层来控制设计图的显示，使其快速呈现仅含墙体、仅含轴线之类的图形。

Step 01 打开素材文件“第9章/9-3通过关闭图层控制图形.dwg”，其中已经绘制好了一室内平面图，如图9-36所示；且图层效果全开，如图9-37所示。

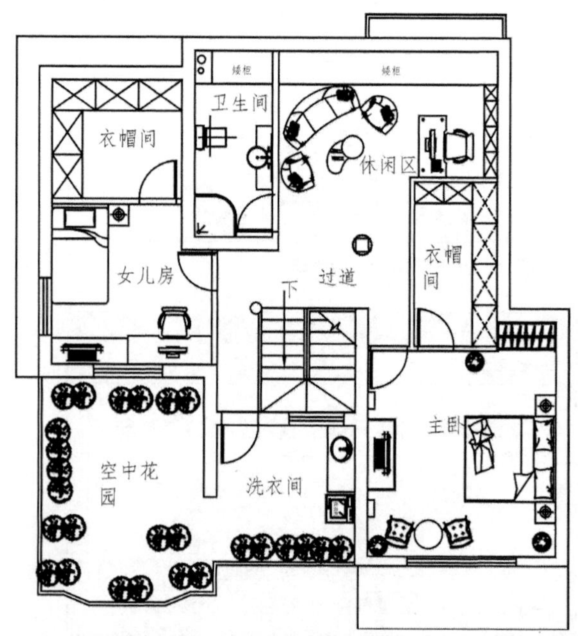

图 9-36 素材图形

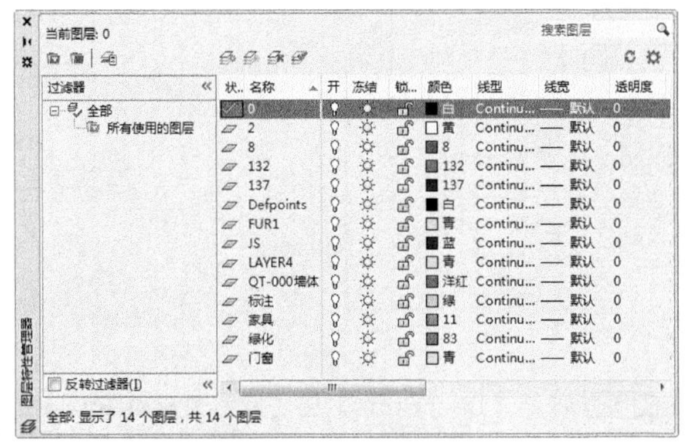

图 9-37　素材中的图层

Step 02 设置图层显示。在【默认】选项卡中，单击【图层】面板中的【图层特性】按钮，打开【图层特性管理器】选项板。在对话框内找到【家具】层，选中该层前的打开/关闭图层按钮，单击此按钮此时按钮变成，即可关闭【家具】层。再按此方法关闭其他图层，只保留【QT-000墙体】和【门窗】图层开启，如图9-38所示。

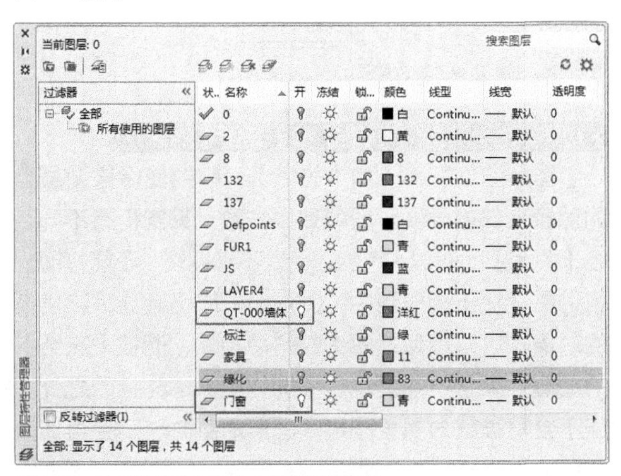

图 9-38　关闭除墙体和门窗之外的所有图层

Step 03 关闭【图层特性管理器】选项板，此时图形仅包含墙体和门窗，效果如图9-39所示。

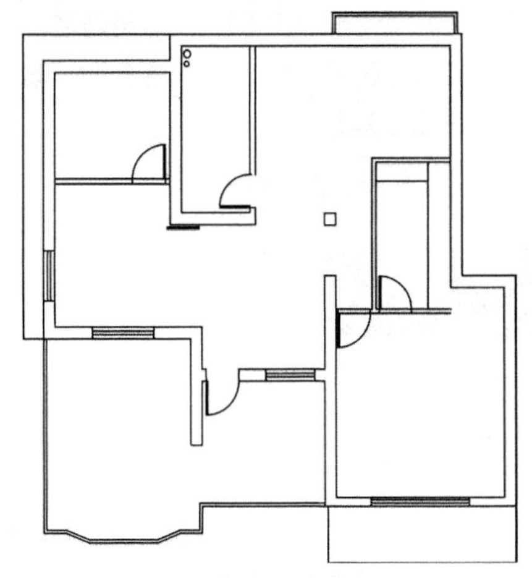

图 9-39　关闭图层效果

9.3.2 冻结与解冻图层 ★重点★

将长期不需要显示的图层冻结，可以提高系统运行速度，减少了图形刷新的时间，因为这些图层将不会被加载到内存中。AutoCAD 不会在被冻结的图层上显示、打印或重生成对象。

在 AutoCAD 中冻结图层的常用方法有以下几种。

◆对话框：在【图层特性管理器】对话框中单击要冻结的图层前的【冻结】按钮，即可冻结该图层，图层冻结后将显示为，如图 9-40 所示。

◆功能区：在【默认】选项卡中，打开【图层】面板中的【图层控制】下拉列表，单击目标图层按钮，如图 9-41 所示。

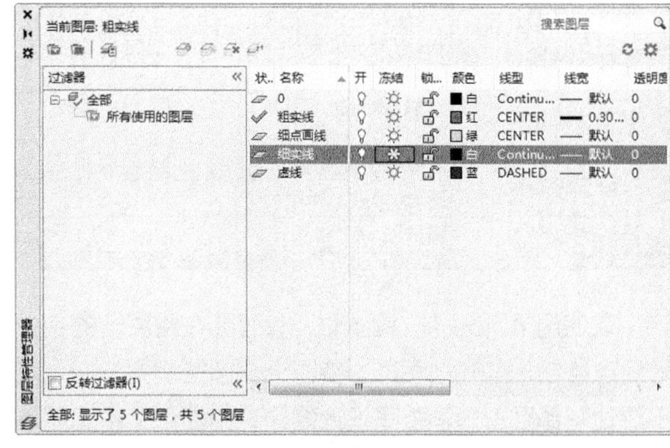

图 9-40　通过图层特性管理器冻结图层

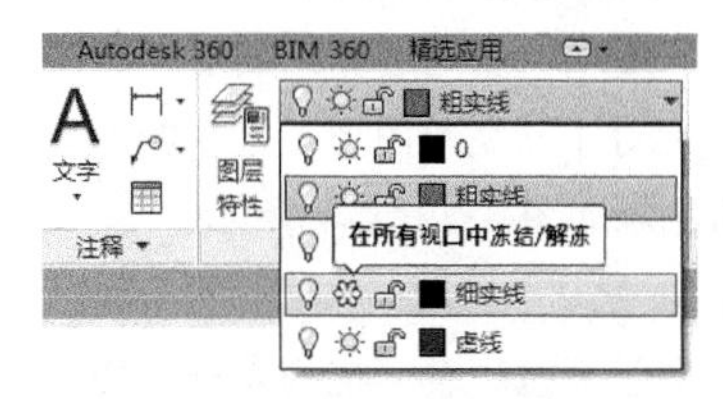

图 9-41　通过功能面板图标冻结图层

操作技巧

如果要冻结的图层为【当前图层】时，将弹出如图9-42所示的对话框，提示无法冻结【当前图层】，此时需要将其他图层设置为【当前图层】才能冻结该图层。如果要恢复冻结的图层，重复以上操作，单击图层前的【解冻】图标即可解冻图层。

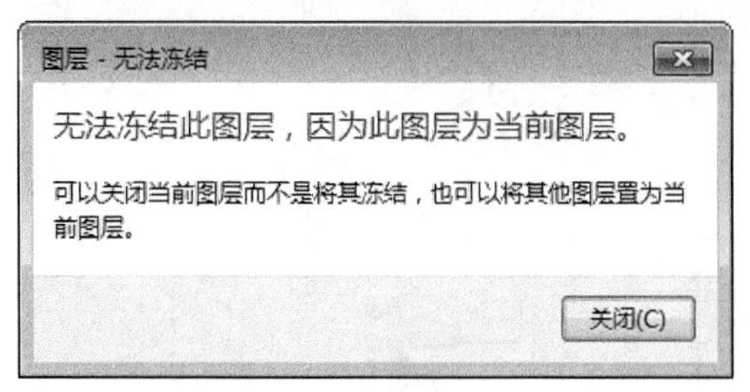

图 9-42　图层无法冻结

练习 9-4 通过冻结图层控制图形

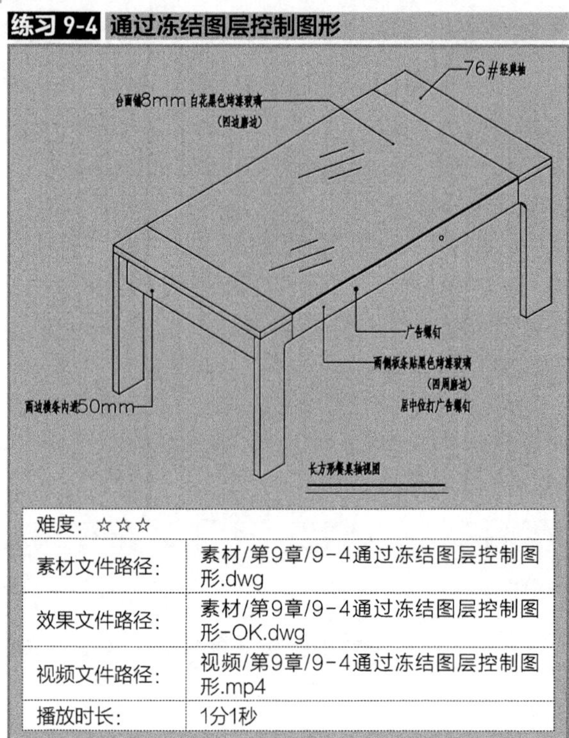

难度：☆☆☆	
素材文件路径：	素材/第9章/9-4通过冻结图层控制图形.dwg
效果文件路径：	素材/第9章/9-4通过冻结图层控制图形-OK.dwg
视频文件路径：	视频/第9章/9-4通过冻结图层控制图形.mp4
播放时长：	1分1秒

在使用AutoCAD绘图时，有时会在绘图区的空白处随意绘制一些辅助图形。待图纸全部绘制完毕后，既不想让辅助图形影响整张设计图的完整性，又不想删除这些辅助图形，这时就可以使用【冻结】工具来将其隐藏。

Step 01 打开素材文件“第9章/9-4通过冻结图层控制图形.dwg”，其中已经绘制好了一完整图形，但在图形上方还有绘制过程中遗留的辅助图，如图9-43所示。

Step 02 冻结图层。在【默认】选项卡中，打开【图层】面板中的【图层控制】下拉列表，在列表框内找到【辅助线】层，单击该层前的【冻结】按钮☼，变成❄，即可冻结【Defpoints】层，如图9-44所示。

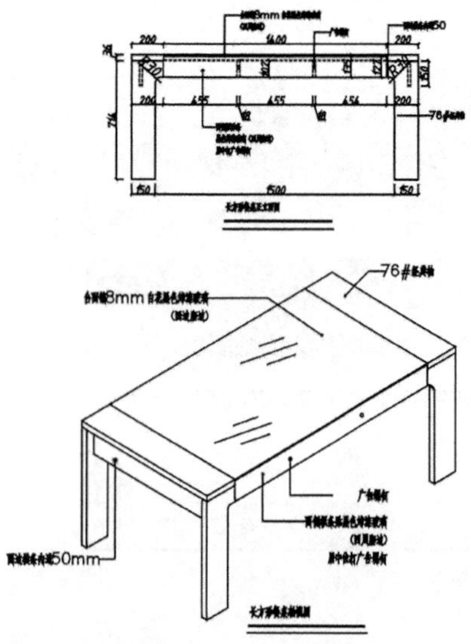

图 9-43 素材图形

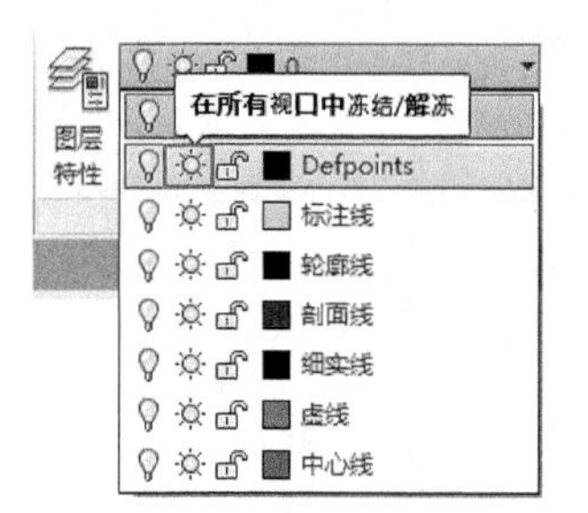

图 9-44 冻结不需要的图形图层

Step 03 冻结【Defpoints】层之后的图形如图9-45所示，可见上方的辅助图形被消隐。

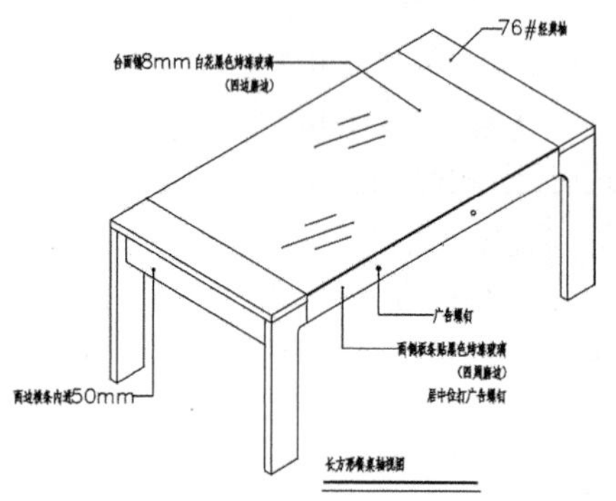

图 9-45 图层冻结之后的结果

•初学解答：图层【冻结】和【关闭】的区别

图层的【冻结】和【关闭】，都能使得该图层上的对象全部被隐藏，看似效果一致，其实仍有不同。被【关闭】的图层，不能显示、不能编辑、不能打印，但仍然存在于图形当中，图形刷新时仍会计算该层上的对象，可以近似理解为被“忽视”；而被【冻结】的图层，除了不能显示、不能编辑、不能打印之外，还不会再被认为属于图形，图形刷新时也不会再计算该层上的对象，可以理解为被“无视”。

图层【冻结】和【关闭】的一个典型区别就是视图刷新时的处理差别，以**练习 9-4**为例，如果选择关闭【Defpoints】层，那双击鼠标中键进行【范围】缩放时，则效果如图9-46所示，辅助图虽然已经隐藏，但图形上方仍空出了它的区域；反之【冻结】则如图9-47所示，相当于删除了辅助图。

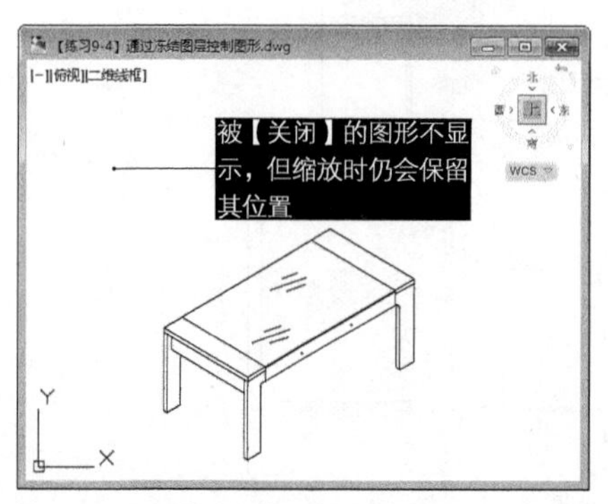

图 9-46 图层【关闭】时的视图缩放效果

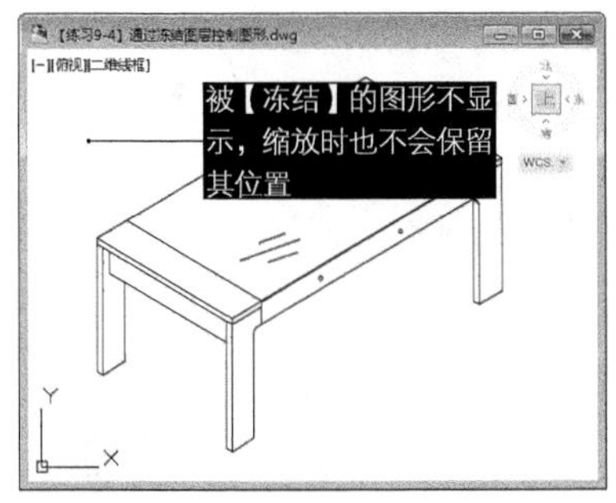

图 9-47 图层【冻结】时的视图缩放效果

9.3.3 锁定与解锁图层

如果某个图层上的对象只需要显示，不需要选择和编辑，那么可以锁定该图层。被锁定图层上的对象仍然可见，但会淡化显示，而且可以被选择、标注和测量，但不能被编辑、修改和删除，另外还可以在该层上添加新的图形对象。因此使用 AutoCAD 绘图时，可以将中心线、辅助线等基准线条所在的图层锁定。

锁定图层的常用方法有以下几种。

◆对话框：在【图层特性管理器】对话框中单击【锁定】图标，即可锁定该图层，图层锁定后该图标将显示为，如图 9-48 所示。

◆功能区：在【默认】选项卡中，打开【图层】面板中的【图层控制】下拉列表，单击图标即可锁定该图层，如图 9-49 所示。

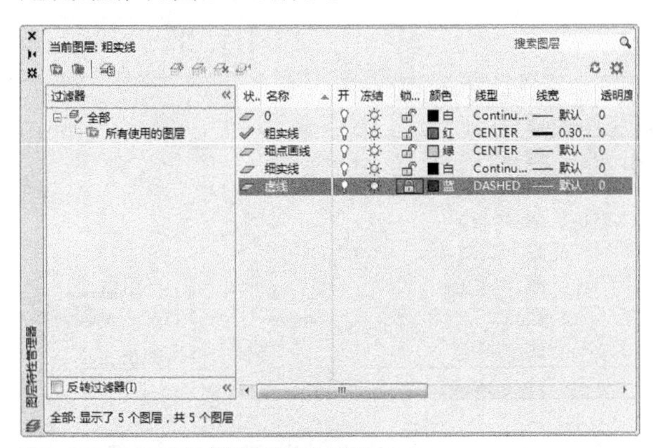

图 9-48 通过图层特性管理器锁定图层

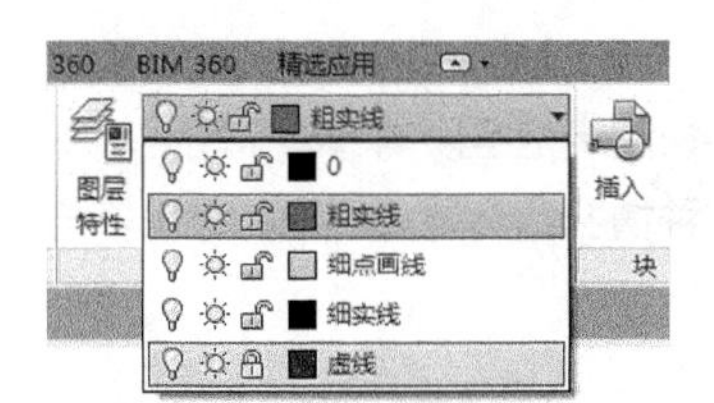

图 9-49 通过功能面板图标锁定图层

操作技巧

如果要解除图层锁定，重复以上的操作单击【解锁】按钮，即可解锁已经锁定的图层。

9.3.4 设置当前图层 ★重点★

当前图层是当前工作状态下所处的图层。设定某一图层为当前图层之后，接下来所绘制的对象都位于该图层中。如果要在其他图层中绘图，就需要更改当前图层。

在 AutoCAD 中设置当前层有以下几种常用方法。

◆对话框：在【图层特性管理器】选项板中选择目标图层，单击【置为当前】按钮，如图 9-50 所示。被置为当前的图层在项目前会出现✔符号。

◆功能区 1：在【默认】选项卡中，单击【图层】面板中【图层控制】下拉列表，在其中选择需要的图层，即可将其设置为当前图层，如图 9-51 所示。

◆功能区 2：在【默认】选项卡中，单击【图层】面板中【置为当前】按钮，即可将所选图形对象的图层置为当前，如图 9-52 所示。

◆命令行：在命令行中输入 CLAYER 命令，然后输入图层名称，即可将该图层置为当前。

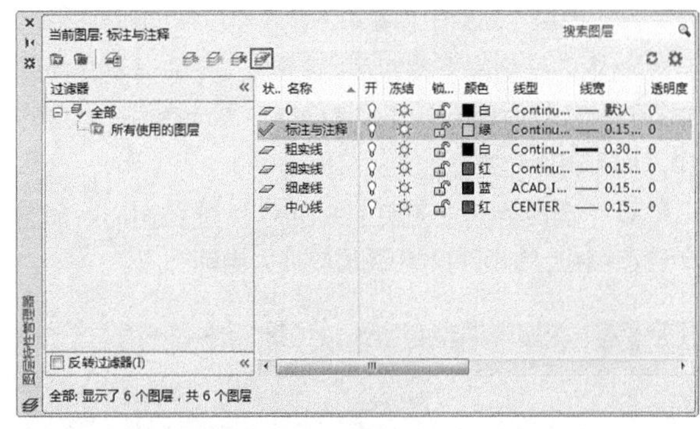

图 9-50 【图层特性管理器】中置为当前

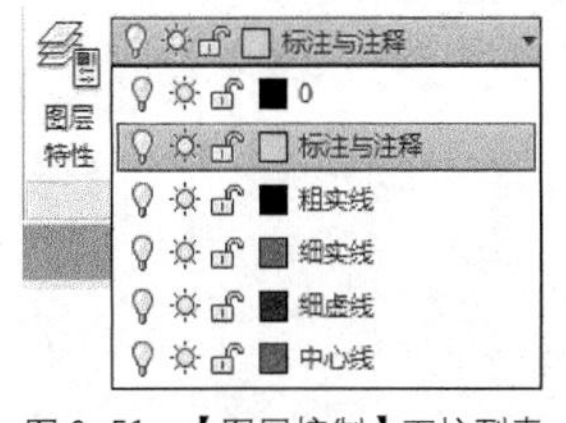

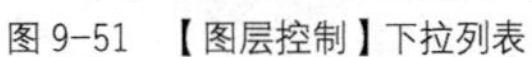

图 9-51 【图层控制】下拉列表

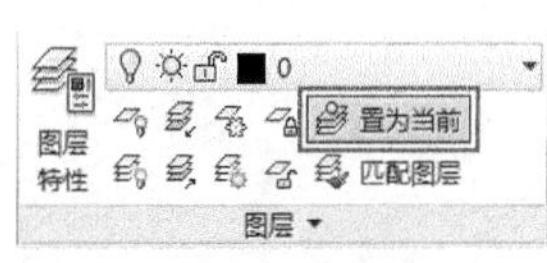

图 9-52 【置为当前】按钮

9.3.5 转换图形所在图层 ★重点★

在 AutoCAD 中还可以十分灵活地进行图层转换，即将某一图层内的图形转换至另一图层，同时使其颜色、线型、线宽等特性发生改变。

如果某图形对象需要转换图层，可以先选择该图形对象，然后单击【图层】面板中的【图层控制】下拉列表框，选择要转换的目标图层即可，如图 9-53 所示。

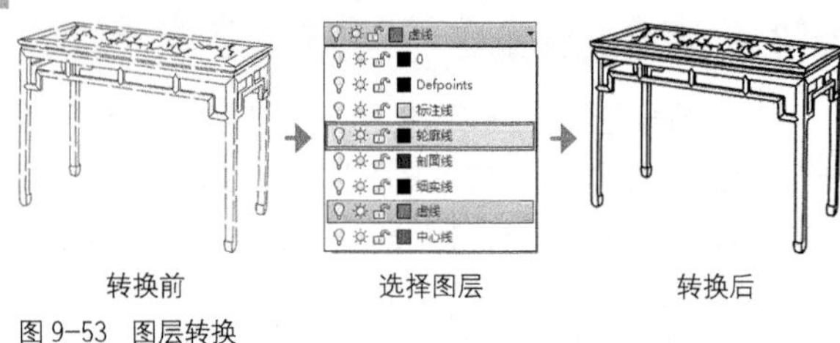

图 9-53　图层转换

绘制复杂的图形时，由于图形元素的性质不同，用户常需要将某个图层上的对象转换到其他图层上，同时使其颜色、线型、线宽等特性发生改变。除了之前所介绍的方法之外，其余在 AutoCAD 中转换图层的方法如下。

1 通过【图层控制】列表转换图层

选择图形对象后，在【图层控制】下拉列表选择所需图层。操作结束后，列表框自动关闭，被选中的图形对象转移至刚选择的图层上。

2 通过【图层】面板中的命令转换图层

在【图层】面板中，有如下命令可以帮助转换图层。

◆【匹配图层】按钮 匹配图层：先选择要转换图层的对象，然后单击 Enter 键确认，再选择目标图层对象，即可将原对象匹配至目标图层。

◆【更改为当前图层】按钮：选择图形对象后单击该按钮，即可将对象图层转换为当前图层。

练习 9-5 切换图形至 Defpoint 层

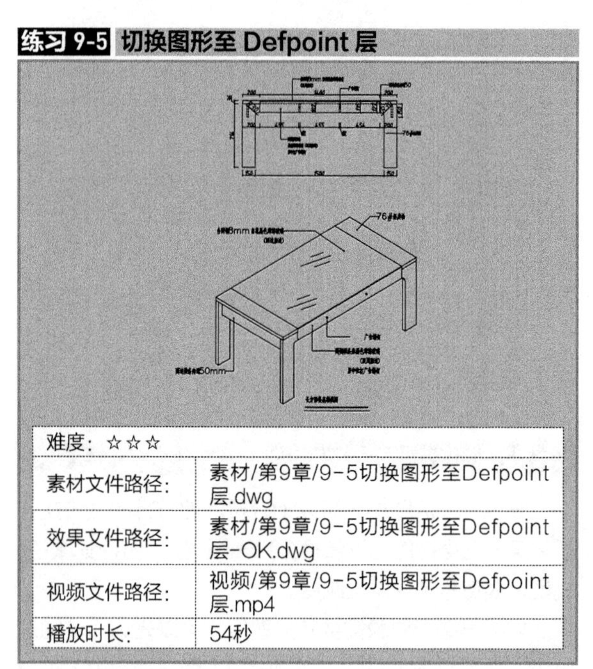

难度：☆☆☆	
素材文件路径：	素材/第9章/9-5切换图形至Defpoint层.dwg
效果文件路径：	素材/第9章/9-5切换图形至Defpoint层-OK.dwg
视频文件路径：	视频/第9章/9-5切换图形至Defpoint层.mp4
播放时长：	54秒

练习 9-4中素材遗留的辅助图，已经事先设置好了为【Defpoints】层，这在现实的工作当中是不大可能出现的。因此习惯的做法是最后新建一个单独的图层，然后将要隐藏的图形转移至该图层上，再进行冻结、关闭等操作。

Step 01 打开“第9章/9-5切换图形至Defpoint层.dwg”素材文件，其中已经绘制好了一完整图形，在图形上方还有绘制过程中遗留的参考图，如图9-54所示。

Step 02 选择要切换图层的对象。框选上方的参考图，如图9-55所示。

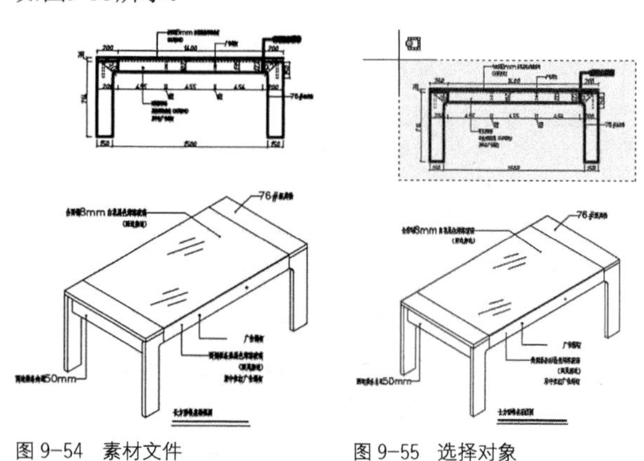
图 9-54　素材文件　　图 9-55　选择对象

Step 03 切换图层。然后在【默认】选项卡中，打开【图层】面板中的【图层控制】下拉列表，在列表框内选择【Defpoints】层并单击，如图9-56所示。

Step 04 此时图形对象由其他图层转换为【Defpoints】层，如图9-57所示。再延续**练习 9-4**的操作，即可完成冻结。

图 9-56　【图层控制】下拉列表　　图 9-57　最终效果

9.3.6 排序图层、按名称搜索图层

有时即便对图层进行了过滤，得到的图层结果还是很多，这时如果想要快速定位至所需的某个图层就不是一件简单的事情。此种情况就需要应用到图层排序与搜索。

1 排序图层

在【图层特性管理器】选项板中可以对图层进行排序，以便图层的寻找。在【图形特性管理器】选项板中，单击列表框顶部的【名称】标题，图层将以字母的顺序排列出来，如果再次单击，排列的顺序将倒过来，如图 9-58 所示。

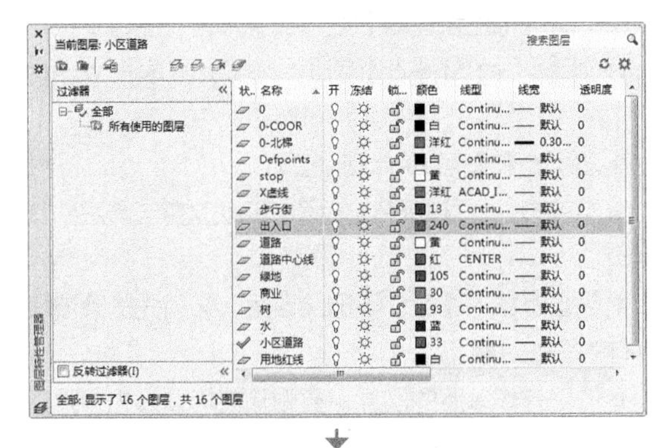

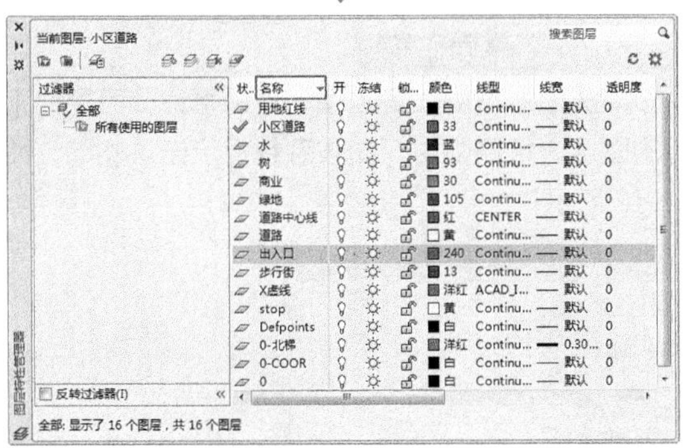

图 9-58 排序图层效果

2 按名称搜索图层

对于复杂且图层多的设计图纸而言，逐一查取某一图层很浪费时间，因此可以通过输入图层名称来快速地搜索图层，大大提高了工作效率。

打开【图层特性管理器】选项板，在右上角搜索图层中输入图层名称，系统则自动搜索到该图层，如图 9-59 所示。

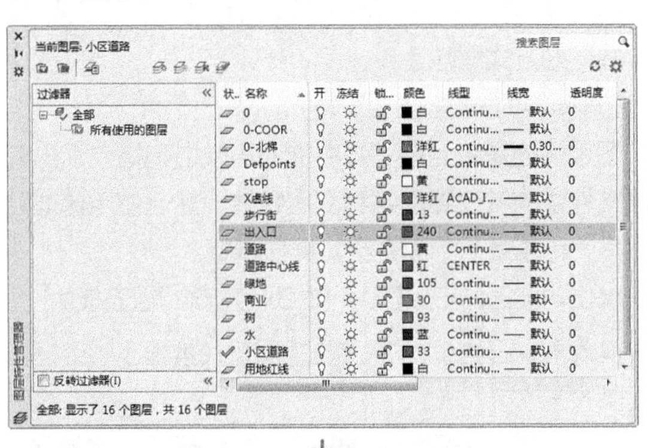

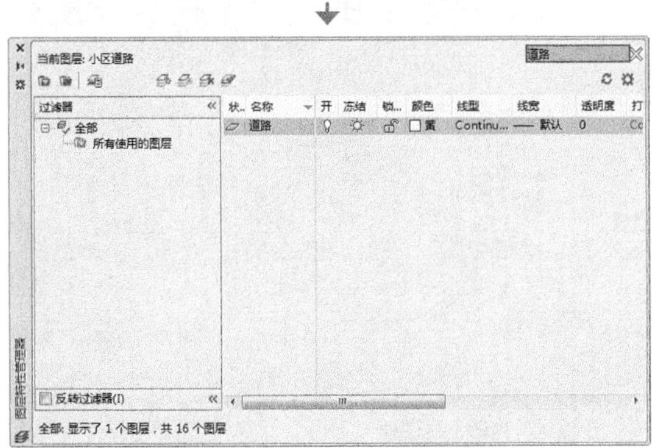

图 9-59 按名称搜索图层

9.3.7 保存和恢复图层状态 ★进阶★

通常在编辑部分对象的过程中，可以锁定其他图层以免修改这些图层上的对象；也可以在最终打印图形前将某些图层设置为不可打印，但对草图是可以打印的；还可以暂时改变图层的某些特性，如颜色、线型、线宽和打印样式等，然后再改回来。

每次调整所有这些图层状态和特性都可能要花费很长的时间。实际上，可以保存并恢复图层状态集，也就是保存并恢复某个图形的所有图层的特性和状态，保存图层状态集之后，可随时恢复其状态。还可以将图层状态设置导出到外部文件中，然后在另一个具有完全相同或类似图层的图形中使用该图层状态设置。

1 保存图层状态

要保存图层状态，可以按下面的步骤进行操作。

Step 01 创建好所需的图层并设置好它们的各项特性。

Step 02 在【图层特性管理器】中单击【图层状态管理器】按钮，打开【图层状态管理器】对话框，如图 9-60所示。

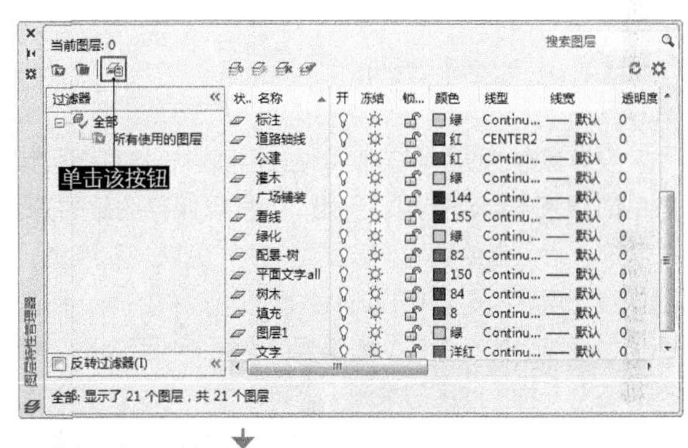

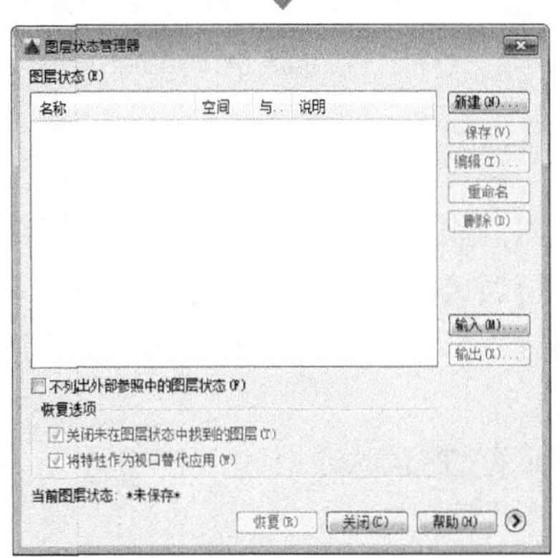

图 9-60 打开【图层状态管理器】对话框

Step 03 在对话框中单击【新建】按钮，系统弹出【要保存的新图层状态】对话框，在该对话框的【新图层状态名】文本框中输入新图层的状态名，如图9-61所示，用户也可以输入说明文字进行备忘。最后单击【确定】按钮返回。

Step 04 系统返回【图层状态管理器】对话框，这时单击对话框右下角的按钮，展开其余选项，在【要恢复的图层特性】区域内选择要保存的图层状态和特性即可，如图9-62所示。

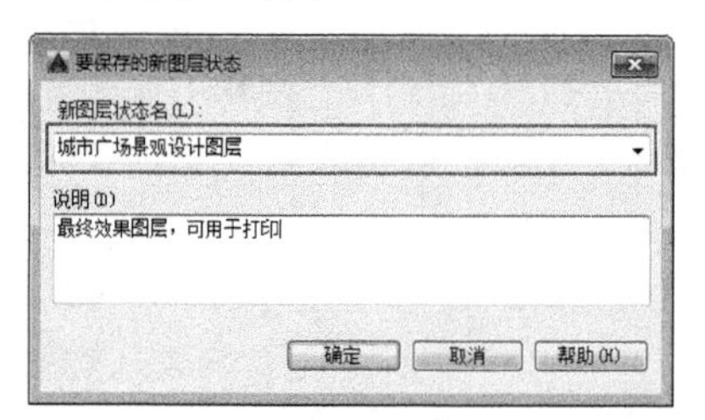

图 9-61 【要保存的新图层状态】对话框

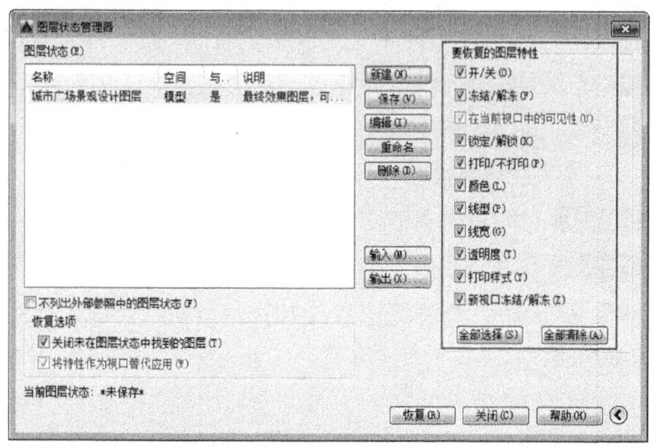

图 9-62 选择要保存的图层状态和特性

没有保存的图层状态和特性在后面进行恢复图层状态的时候就不会起作用。例如，如果仅保存图层的开/关状态，然后在绘图时修改图层的开/关状态和颜色，那恢复图层状态时，仅仅开/关状态可以被还原，而颜色仍为修改后的新颜色。如果要使得图形与保存图层状态时完全一样（就图层来说），可以勾选【关闭未在图层状态中找到的图层（T）】选项，这样，在恢复图层状态时，在图层状态已保存之后新建的所有图层都会被关闭。

2 恢复图层状态

要恢复图层状态，同样需先打开【图层状态管理器】对话框，然后选择图层状态并单击【恢复】按钮即可。利用【图层状态管理器】可以在以下几个方面管理图层状态。

◆恢复：恢复保存的图层状态。

◆删除：删除某图层状态。

◆输出：以 .las 文件形式保存某图层状态的设置。输出图层状态可以使得其他人访问用户创建的图层状态。

◆输入：输入之前作为 .las 文件输出的图层状态。输入图层状态使得可以访问其他人保存的图层状态。

9.3.8 删除多余图层

在图层创建过程中，如果新建了多余的图层，此时可以在【图层特性管理器】选项板中单击【删除】按钮将其删除，但 AutoCAD 规定以下 4 类图层不能被删除。

◆图层 0 和图层 Defpoints。

◆当前图层。要删除当前层，可以改变当前层到其他层。

◆包含对象的图层。要删除该层，必须先删除该层中所有的图形对象。

◆依赖外部参照的图层。要删除该层，必先删除外部参照。

·精益求精：删除顽固图层

如果图形中图层太多且杂，不易管理，而要把不使用的图层进行删除时，却被系统提示无法删除，如图 9-63 所示。

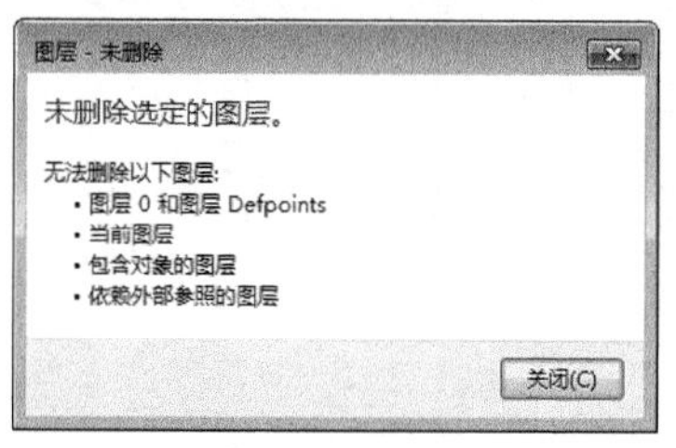

图 9-63 【图层 - 未删除】对话框

不仅如此，局部打开图形中的图层也被视为已参照并且不能删除。对于 0 图层和 Defpoints 图层是系统自己建立的，无法删除这是常识，用户应该把图形绘制在别的图层；对于当前图层无法删除，可以更改当前图层再实行删除操作；对于包含对象或依赖外部参照的图层实行移动操作比较困难，用户可以使用“图层转换”或“图层合并”的方式删除。

1 图层转换的方法

图层转换是将当前图像中的图层映射到指定图形或标准文件中的其他图层名和图层特性，然后使用这些贴图对其进行转换。下面介绍其操作步骤。

单击功能区【管理】选项卡【CAD 标准】组面板中【图层转换器】按钮，系统弹出【图层转换器】对话框，如图 9-64 所示。

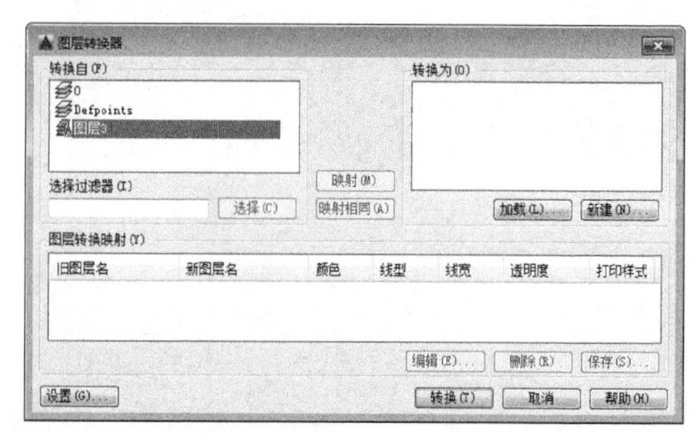

图 9-64 【图层转换器】对话框

单击对话框【转换为】功能框中【新建】按钮，系统弹出【新图层】对话框，如图 9-65 所示。在【名称】文本框中输入现有的图层名称或新的图层名称，并设置线型、线宽、颜色等属性，单击【确定】按钮。

单击对话框【设置】按钮，弹出如图 9-66 所示【设置】对话框。在此对话框中可以设置转换后图层的属性状态和转换时的请求，设置完成后单击【确定】按钮。

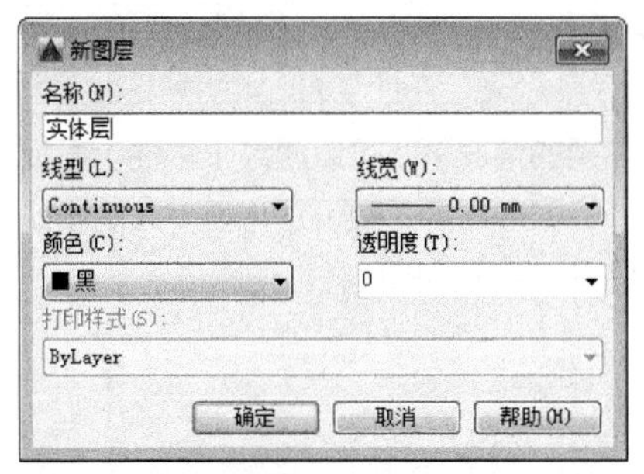

图 9-65　【新图层】对话框

设置
强制对象颜色为 ByLayer (C)
强制对象线型为 ByLayer (L)
强制对象透明度为 ByLayer
转换块中的对象 (T)
写入转换日志 (W)
选定时显示图层内容 (S)
确定
取消
帮助 (H)

图 9-66　【设置】对话框

在【图层转换器】对话框【转换自】选项列表中选择需要转换的图层名称，在【转换为】选项列表中选择需要转换到的图层。这时激活【映射】按钮，单击此按钮，在【图层转换映射】列表中将显示图层转换映射列表，如图 9-67 所示。

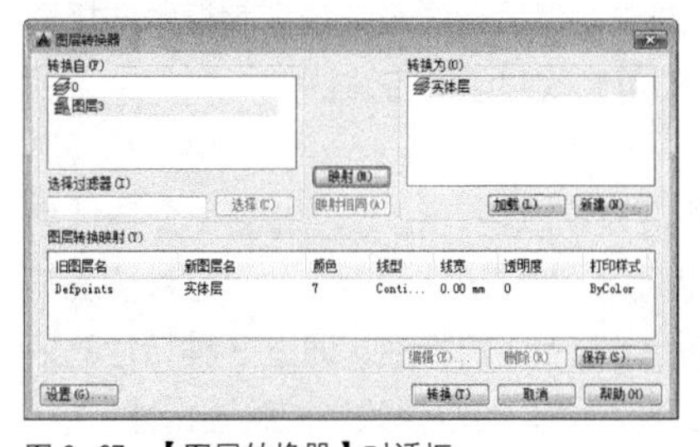

图 9-67　【图层转换器】对话框

映射完成后单击【转换】按钮，系统弹出【图层转换器 - 未保存更改】对话框，如图 9-68 所示，选择【仅转换】选项即可。这时打开【图层特性管理器】对话框，会发现选择的【转换自】图层不见了，这是由于转换后图层被系统自动删除，如果选择的【转换自】图层是 0 图层和 Defpoints 图层，将不会被删除。

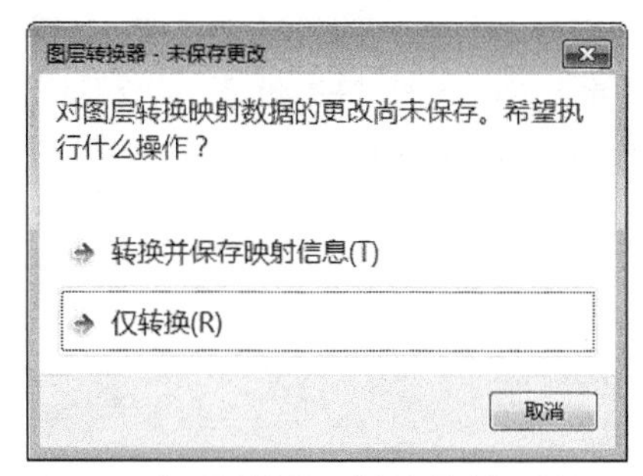

图 9-68　【图层转换器 - 未保存更改】对话框

2 图层合并的方法

可以通过合并图层来减少图形中的图层数。将所合并图层上的对象移动到目标图层，并从图形中清理原始图层。以这种方法同样可以删除顽固图层，下面介绍其操作步骤。

在命令行中输入 LAYMRG 并单击 Enter 键，系统提示：选择要合并的图层上的对象或［命名 (N)］。可以用鼠标在绘图区框选图形对象，也可以输入 N 并单击 Enter 键。输入 N 并单击 Enter 键后弹出【合并图层】对话框，如图 9-69 所示。在【合并图层】对话框中选择要合并的图层，单击【确定】按钮。

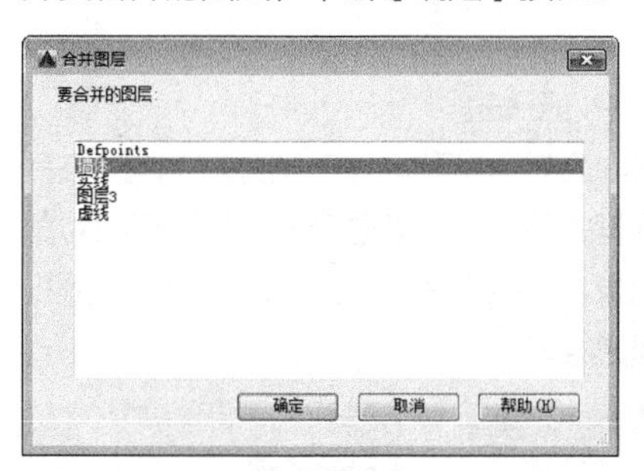

图 9-69　选择要合并的图层

如需继续选择合并对象可以框选绘图区对象或输入 N 并单击 Enter 键；如果选择完毕，单击 Enter 键即可。命令行提示：选择目标图层上的对象或［名称 (N)］。可以用鼠标在绘图区框选图形对象，也可以输入 N 并单击 Enter 键。输入 N 并单击 Enter 键弹出【合并图层】对话框，如图 9-70 所示。

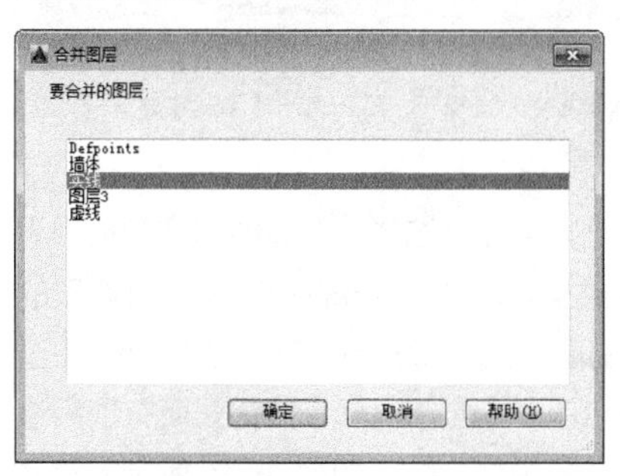

图 9-70　选择合并到的图层

在【合并图层】对话框中选择要合并的图层，单击

【确定】按钮。系统弹出【合并到图层】对话框，如图 9-71 所示。单击【是】按钮。这时打开【图层特性管理器】对话框，图层列表中【墙体】被删除了。

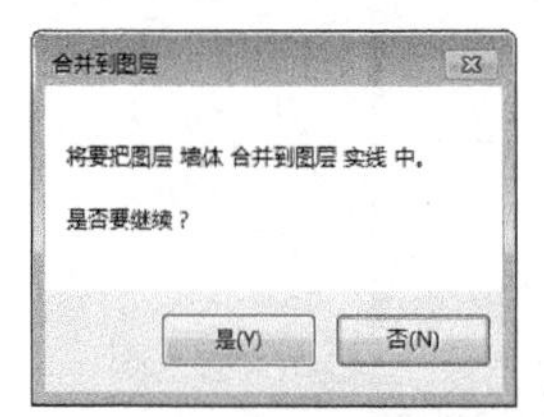

图 9-71 【合并到图层】对话框

9.3.9 清理图层和线型 ★进阶★

由于图层和线型的定义都要保存在图形数据库中，所以它们会增加图形的大小。因此，清除图形中不再使用的图层和线型就非常有用。当然，也可以删除多余的图层，但有时很难确定哪个图层中没有对象。而使用【清理】PURGE 命令就可以删除对正不再使用的定义，包括图层和线型。

调用【清理】命令的方法如下。

◆应用程序菜单按钮：在应用程序菜单按钮中选择【图形实用工具】，然后再选择【清理】选项，如图 9-72 所示。

◆命令行：PURGE。

执行上述命令后都会打开如图 9-73 所示的【清理】对话框。在对话框的顶部，可以选择查看能清理的对象或不能清理的对象。不能清理的对象可以帮助用户分析对象不能被清理的原因。

图 9-72 应用程序菜单按钮中选择【清理】

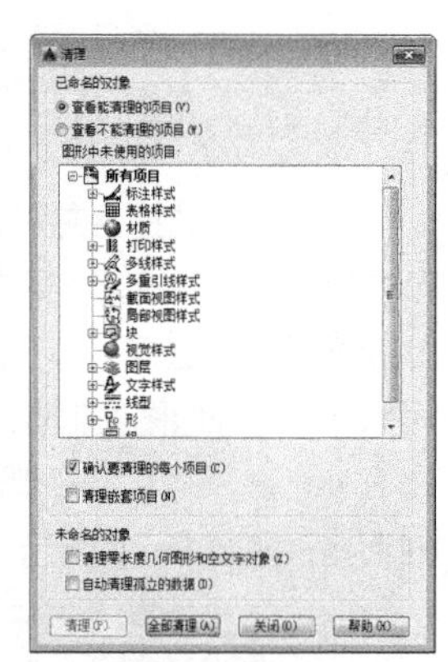

图 9-73 【清理】对话框

要开始进行清理操作，选择【查看能清理的项目】选项。每种对象类型前的“+”号表示它包含可清理的对象。要清理个别项目，只需选择该选项，然后单击【清理】按钮；也可以单击【全部清理】按钮对所有项目进行清理。清理的过程中将会弹出如图 9-74 所示的对话框，提示用户是否确定清理该项目。

图 9-74 【清理 - 确认清理】对话框

9.4 图形特性设置

在用户确实需要的情况下，可以通过【特性】面板或工具栏为所选择的图形对象单独设置特性，绘制出既属于当前层，又具有不同于当前层特性的图形对象。

操作技巧

频繁设置对象特性，会使图层的共同特性减少，不利于图层组织。

9.4.1 查看并修改图形特性

一般情况下，图形对象的显示特性都是【随图层】（ByLayer），表示图形对象的属性与其所在的图层特性相同；若选择【随块】（ByBlock）选项，则对象从它所在的块中继承颜色和线型。

1 通过【特性】面板编辑对象属性

• 执行方式

◆功能区：在【默认】选项卡的【特性】面板中选择要编辑的属性栏，如图 9-75 所示。

图 9-75 【特性】面板

• 操作步骤

该面板分为多个选项列表框，分别控制对象的不同特性。选择一个对象，然后在对应选项列表框中选择要修改为的特性，即可修改对象的特性。

• 选项说明

默认设置下，对象颜色、线宽、线型 3 个特性为 ByLayer（随图层），即与所在图层一致，这种情况下绘制的对象将使用当前图层的特性，通过 3 种特性的下拉列表框（见图 9-76），可以修改当前绘图特性。

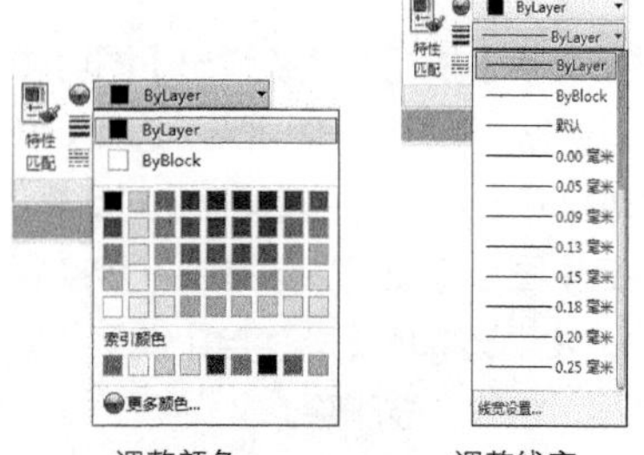

调整颜色

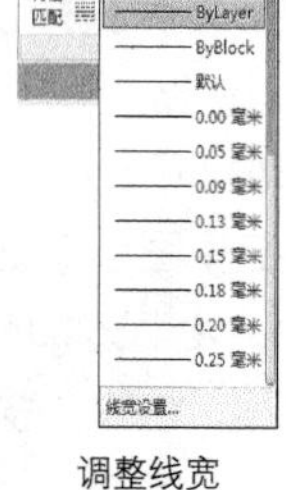

调整线宽

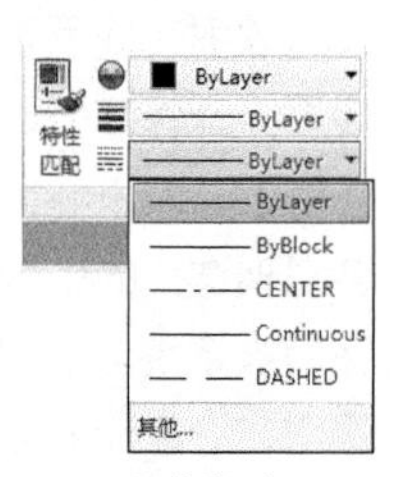

调整线型

图 9-76 【特性】面板选项列表

·初学解答：Bylayer（随层）与Byblock（随块）的区别

图形对象有几个基本属性，即颜色、线型、线宽等，这几个属性可以控制图形的显示效果和打印效果，合理设置好对象的属性，不仅可以使图面看上去更美观、清晰，更重要的是可以获得正确的打印效果。在设置对象的颜色、线型、线宽的属性时都会看到列表中的 Bylayer（随层）、Byblock（随块）这两个选项。

Bylayer（随层）即对象属性使用它所在的图层的属性。绘图过程中通常会将同类的图形放在同一个图层中，用图层来控制图形对象的属性很方便。因此通常设置好图层的颜色、线型、线宽等，然后在所在图层绘制图形，假如图形对象属性有误，还可以调换图层。

图层特性是硬性的，不管独立的图形对象、图块、外部参照等都会分配在图层中。图块对象所属图层跟图块定义时图形所在图层和块参照插入的图层都有关系。如果图块在 0 层创建定义，图块插入哪个层，图块就属于哪个层；如果图块不在 0 层创建定义，图块无论插入到哪个层，图块仍然属于原来创建的那个图层。

Byblock（随块）即对象属性使用它所在的图块的属性。通常只有将要做成图块的图形对象才设置为这个属性。当图形对象设置为 Byblock 并被定义成图块后，我们可以直接调整图块的属性，设置成 Byblock 属性的对象属性将跟随图块设置变化而变化。

2 通过【特性】选项板编辑对象属性

【特性】选项板能查看和修改的图形特性只有颜色、线型和线宽，【特性】选项板则能查看并修改更多的对象特性。

·执行方式

在 AutoCAD 中打开对象的【特性】选项板有以下几种常用方法。

◆功能区：选择要查看特性的对象，然后单击【标准】面板中的【特性】按钮。

◆菜单栏：选择要查看特性的对象，然后选择【修改】|【特性】命令；也可先执行菜单命令，再选择对象。

◆命令行：选择要查看特性的对象，然后在命令行中输入 PROPERTIES 或 PR 或 CH 并按 Enter 键。

◆快捷键：选择要查看特性的对象，然后按快捷键 Ctrl+1。

·操作步骤

如果只选择了单个图形，执行以上任意一种操作将打开该对象的【特性】选项板，如图 9-77 所示，对其中所显示的图形信息进行修改即可。

·选项说明

从选项板中可以看到，该选项板不但列出了颜色、线宽、线型、打印样式、透明度等图形常规属性，还增添了【三维效果】以及【几何图形】两大属性列表框，可以查看和修改其材质效果以及几何属性。

如果同时选择了多个对象，弹出的选项板则显示了这些对象的共同属性，在不同特性的项目上显示“* 多种 *”，如图 9-78 所示。在【特性】选项板中包括选项列表框和文本框等项目，选择相应的选项或输入参数，即可修改对象的特性。

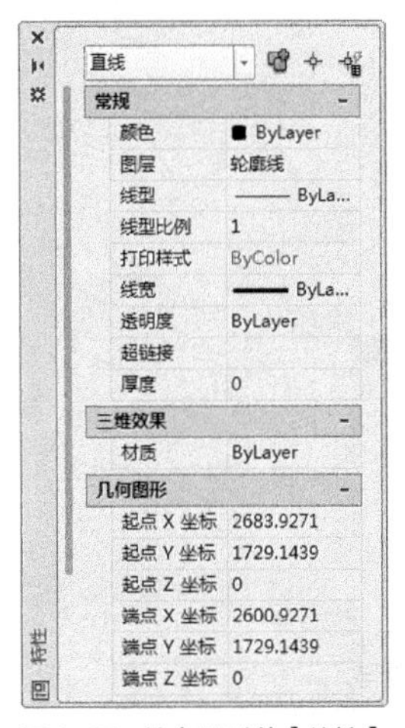

图 9-77 单个图形的【特性】选项板

图 9-78 多个图形的【特性】选项板

9.4.2 匹配图形属性 ★重点★

特性匹配的功能就如同 Office 软件中的“格式刷”一样，可以把一个图形对象（源对象）的特性完全“继承”给另外一个（或一组）图形对象（目标对象），是这些图形对象的部分或全部特性和源对象相同。

在 AutoCAD 中执行【特性匹配】命令有以下两种常用方法。

◆功能区：单击【默认】选项卡内【特性】面板的【特性匹配】按钮，如图 9-79 所示。

◆菜单栏：执行【修改】|【特性匹配】命令。

◆命令行：MATCHPROP 或 MA。

特性匹配命令执行过程当中，需要选择两类对象：源对象和目标对象。操作完成后，目标对象的部分或全部特性和源对象相同。命令行输入如下所示。

```
命令：ma↙
                                  //调用【特性匹配】命令
matchprop
选择源对象：
                                            //单击选择源对象
当前活动设置： 颜色 图层 线型 线型比例 线宽 透明度 厚度
打印样式 标注 文字 图案填充 多段线 视口 表格材质 阴影显
示 多重引线
选择目标对象或 [设置(S)]:
                      //光标变成格式刷形状，选择目标对象，
可以立即修改其属性
```

```
选择目标对象或 [设置(S)]: ↙
        //选择目标对象完毕后单击Enter键，结束命令
```

通常，源对象可供匹配的的特性很多，选择“设置”备选项，将弹出如图 9-80 所示的“特性设置”对话框。在该对话框中，可以设置哪些特性允许匹配，哪些特性不允许匹配。

图 9-79 【特性】面板

图 9-80 【特性设置】对话框

练习 9-6 特性匹配图形

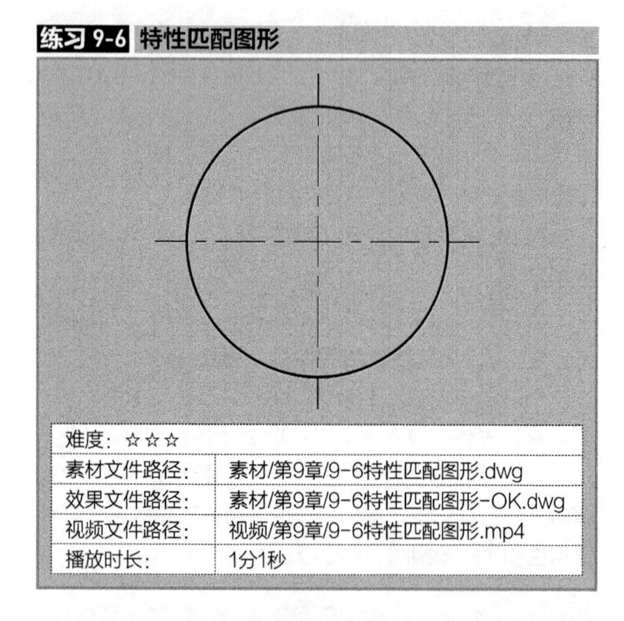

难度：☆☆☆	
素材文件路径：	素材/第9章/9-6特性匹配图形.dwg
效果文件路径：	素材/第9章/9-6特性匹配图形-OK.dwg
视频文件路径：	视频/第9章/9-6特性匹配图形.mp4
播放时长：	1分1秒

为如图 9-81 所示的素材文件进行特性匹配，其最终效果如图 9-82 所示。

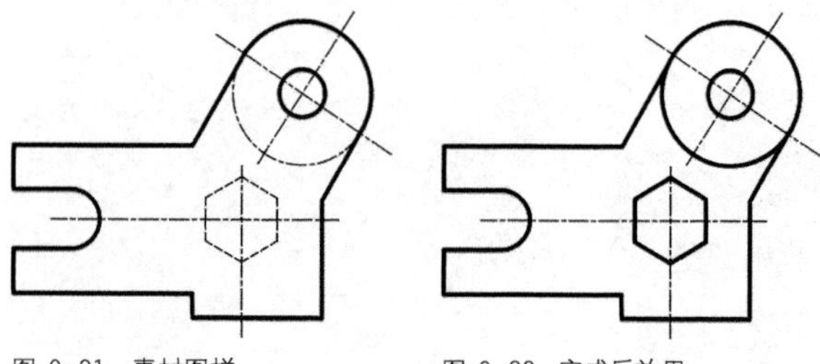
图 9-81 素材图样　　图 9-82 完成后效果

Step 01 单击【快速访问栏】中的打开按钮，打开“第9章/9-6特性匹配图形.dwg”素材文件，如图 9-81所示。

Step 02 单击【默认】选项卡中【特性】面板中的【特性匹配】按钮，选择如图 9-83所示的源对象。

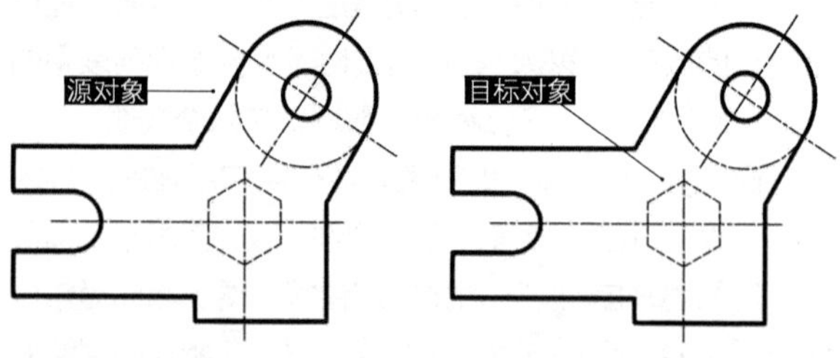

图 9-83 选择源对象　　图 9-84 选择目标对象

Step 03 当鼠标由方框变成刷子时，表示源对象选择完成。单击素材图样中的六边形，此时图形效果如图 9-84所示。命令行操作如下。

```
命令: _matchprop
选择源对象:
                    //选择如图 9-83所示中的直线为源对象
当前活动设置: 颜色 图层 线型 线型比例 线宽 透明度 厚度 打印样式 标注 文字 图案填充 多段线 视口 表格材质 阴影显示 多重引线
选择目标对象或 [设置(S)]:
        //选择如图 9-84所示中的六边形目标对象
```

Step 04 重复以上操作，继续给素材图样进行特性匹配，最后完成效果如图 9-82所示。

第 10 章 图块与设计中心

在实际制图中，常常需要用到同样的图形，例如，机械设计中的粗糙度符号，室内设计中的门、床、家居、电器等。如果每次都重新绘制，不但浪费了大量的时间，同时也降低了工作效率。因此，AutoCAD 提供了图块的功能，用户可以将一些经常使用的图形对象定义为图块。当需要重新利用这些图形时，只需要按合适的比例插入相应的图块到指定的位置即可。

在设计过程中，我们会反复调用图形文件、样式、图块、标注、线型等内容，为了提高 AutoCAD 系统的效率，AutoCAD 提供了设计中心这一资源管理工具，对这些资源进行分门别类的管理。

10.1 图块

图块是由多个对象组成的集合，每个图块都具有块名。通过建立图块，用户可以将多个对象作为一个整体来操作。

在 AutoCAD 中，使用图块可以提高绘图效率、节省存储空间，同时还便于修改和重新定义图块。图块的特点具体解释如下。

◆提高绘图效率：使用 AutoCAD 进行绘图过程中，经常需绘制一些重复出现的图形，如建筑工程图中的门和窗等，如果把这些图形做成图块并以文件的形式保存在电脑中，当需要调用时再将其调入到图形文件中，就可以避免大量的重复工作，从而提高工作效率。

◆节省存储空间：AutoCAD 要保存图形中的每一个相关信息，如对象的图层、线型和颜色等，都占用大量的空间，可以把这些相同的图形先定义成一个块，然后再插入所需的位置，如在绘制建筑工程图时，可将需修改的对象用图块定义，从而节省大量的存储空间。

◆为图块添加属性：AutoCAD 允许为图块创建具有文字信息的属性并可以在插入图块时指定是否显示这些属性。

10.1.1 内部图块

内部图块是存储在图形文件内部的块，只能在存储文件中使用，而不能在其他图形文件中使用。

•执行方式

调用【创建块】命令的方法如下。

◆功能区：在【默认】选项卡中，单击【块】面板中的【创建块】按钮。

◆菜单栏：执行【绘图】|【块】|【创建】命令。

◆命令行：在命令行中输入 BLOCK/B。

•操作步骤

执行上述任一命令后，系统弹出【块定义】对话框，如图 10-1 所示。在对话框中设置好块名称、块对象、块基点这 3 个主要要素即可创建图块。

图 10-1 【块定义】对话框

•选项说明

【块定义】对话框中常用选项的功能介绍如下。

◆【名称】文本框：用于输入或选择块的名称。

◆【拾取点】按钮：单击该按钮，系统切换到绘图窗口中拾取基点。

◆【选择对象】按钮：单击该按钮，系统切换到绘图窗口中拾取创建块的对象。

◆【保留】单选按钮：创建块后保留源对象不变。

◆【转换为块】单选按钮：创建块后将源对象转换为块。

◆【删除】单选按钮：创建块后删除源对象。

◆【允许分解】复选框：勾选该选项，允许块被分解。

创建图块之前需要有源图形对象，才能使用 AutoCAD 创建为块。可以定义一个或多个图形对象为图块。

练习 10-1 创建电视内部图块

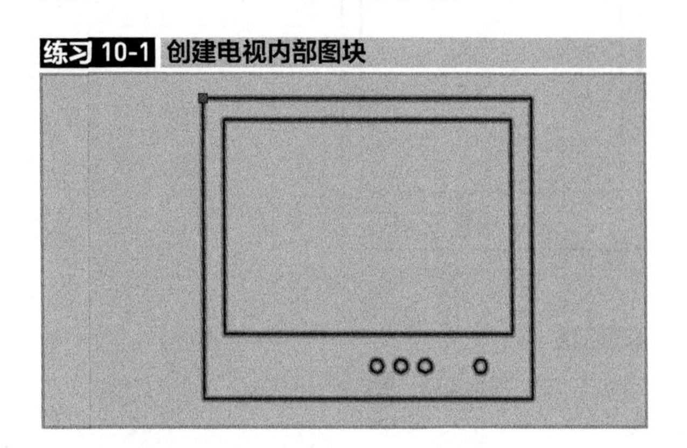

难度：☆☆	
素材文件路径：	素材/第10章/10-1创建电视内部图块.dwg
效果文件路径：	素材/第10章/10-1创建电视内部图块-OK.dwg
视频文件路径：	视频/第10章/10-1创建电视内部图块.mp4
播放时长：	2分30秒

本例创建好的电视机图块只存在于“创建电视内部图块 -OK.dwg”这个素材文件之中。

Step 01 单击【快速访问】工具栏中的【新建】按钮，新建空白文件。

Step 02 在【常用】选项卡中，单击【绘图】面板中的【矩形】按钮，绘制长800、宽600的矩形。

Step 03 在命令行中输入O，将矩形向内偏移50，如图10-2所示。

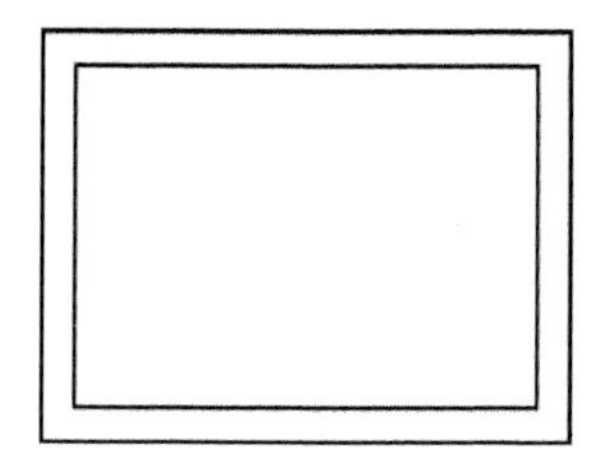

图 10-2　绘制矩形

Step 04 在【常用】选项卡中，单击【修改】面板中的【拉伸】按钮，窗交选择外矩形的下侧边作为拉伸对象，向下拉伸100的距离，如图10-3所示。

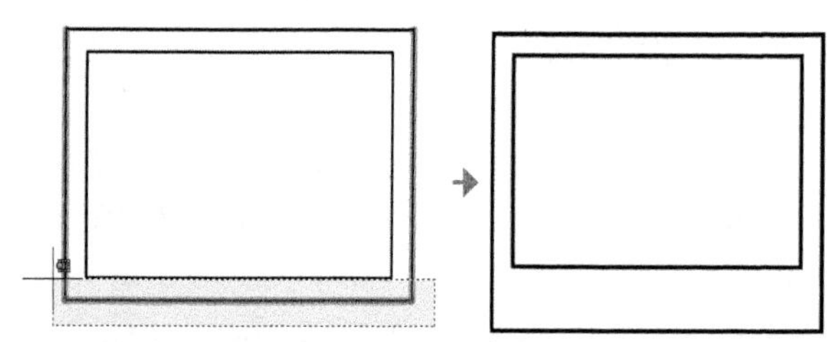

图 10-3　选择拉伸对象

Step 05 在矩形内绘制几个圆作为电视机按钮，拉伸结果如图10-4所示。

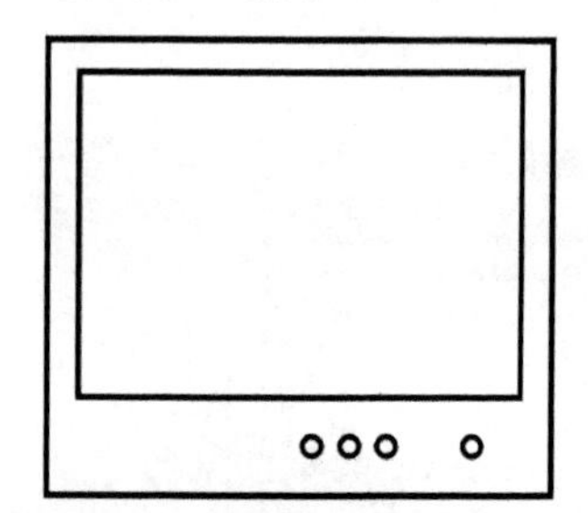

图 10-4　矩形拉伸后效果

Step 06 在【常用】选项卡中，单击【块】面板中的【创建块】按钮，系统弹出【块定义】对话框，在【名称】文本框中输入电视，如图10-5所示。

图 10-5　【块定义】对话框

Step 07 在【对象】选项区域单击【选择对象】按钮，在绘图区选择整个图形，按空格键返回对话框。

Step 08 在【基点】选项区域单击【拾取点】按钮，返回绘图区指定图形中心点作为块的基点，如图10-6所示。

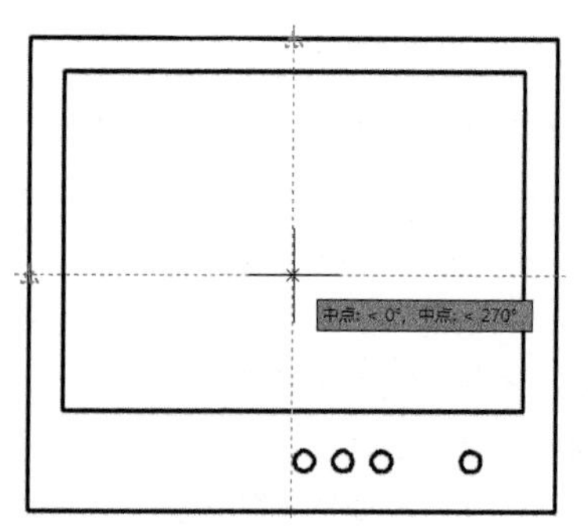

图 10-6　选择基点

Step 09 单击【确定】按钮，完成普通块的创建，此时图形成为一个整体，其夹点显示如图10-7所示。

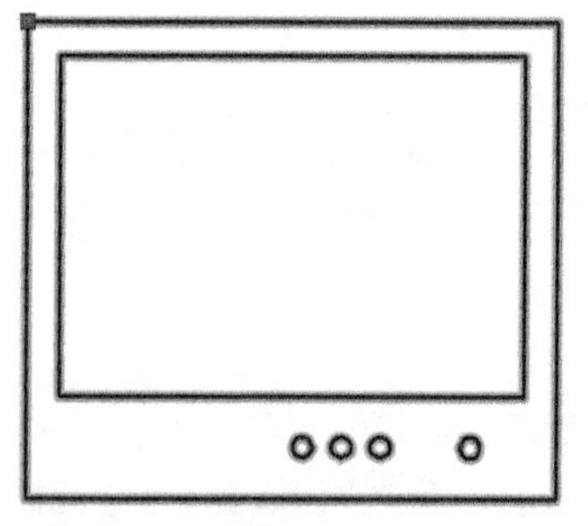

图 10-7　电视图块

·熟能生巧：统计文件中图块的数量

在室内、园林等设计图纸中，都具有数量非常多的图块，若要人工进行统计则工作效率很低，且准确度不高。这时就可以使用第 4 章所学的快速选择命令来进行统计，下面通过一个例子来进行说明。

练习 10-2 统计平面图中的沙发数量 ★进阶★

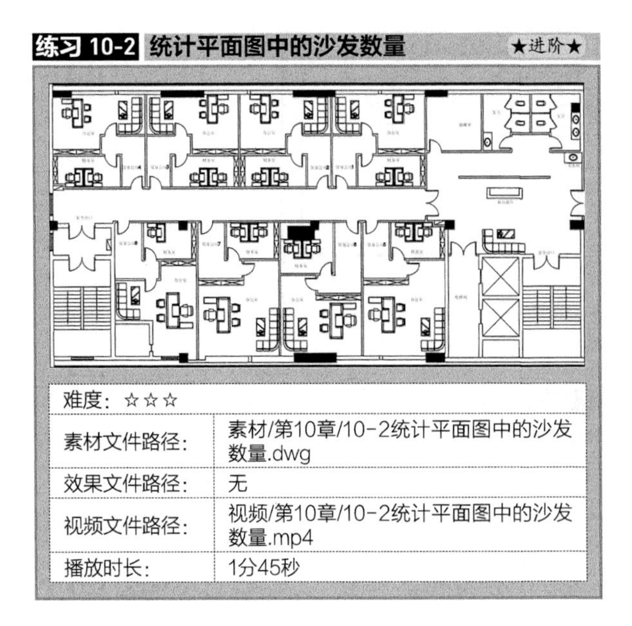

难度：☆☆☆	
素材文件路径：	素材/第10章/10-2统计平面图中的沙发数量.dwg
效果文件路径：	无
视频文件路径：	视频/第10章/10-2统计平面图中的沙发数量.mp4
播放时长：	1分45秒

创建图块不仅可以减少平面设计图所占的内存大小，还能更快地进行布置，且事后可以根据需要进行统计。本例便根据某办公室的设计平面图，来统计所用的沙发数量。

Step 01 打开“第10章/10-2统计办公室中的沙发数量.dwg”素材文件，如图10-8所示。

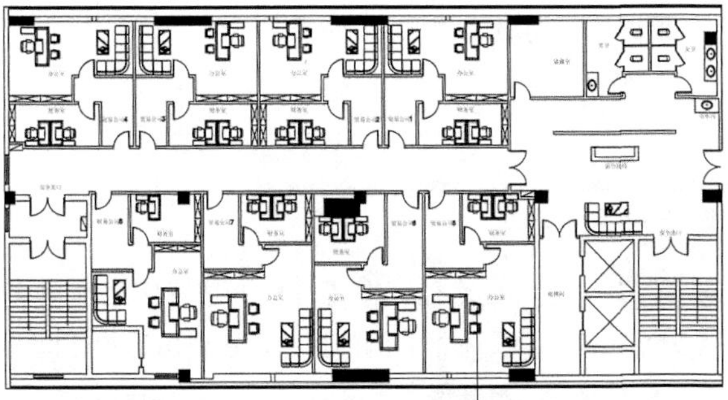

图 10-8 素材文件

双击该图形

Step 02 查找块对象的名称。在【块】面板中单击【块编辑器】按钮［编辑］，系统弹出【编辑块定义】对话框，在块列表中显示出图形中所有的图块名称，如图10-9所示。

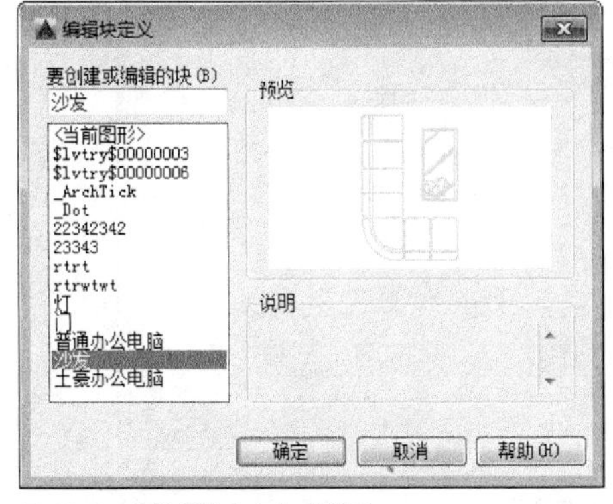

图 10-9 【编辑块定义】对话框

Step 03 在命令行中输入QSELECT并按Enter键，弹出【快速选择】对话框，选择应用到【整个图形】，在【对象类型】下拉列表中选择【块参照】选项，在【特性】列表框中选择【名称】选项，再在【值】下拉列表中选择“普通办公电脑”选项，指定【运算符】选项为【=等于】，如图10-10所示。

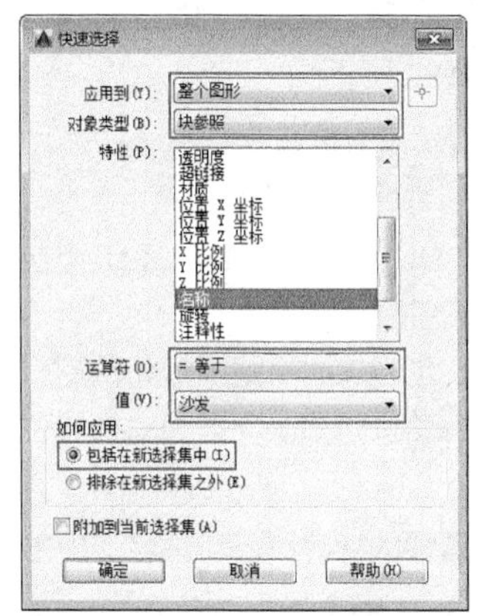

图 10-10 【快速选择】对话框

Step 04 设置完成后单击对话框中【确定】按钮，在文本信息栏里就会显示找到对象的数量，如图10-11所示，即为5张沙发。

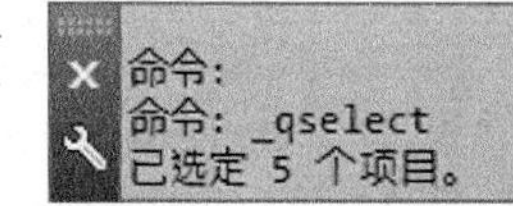

图 10-11 命令行中显示数量

10.1.2 外部图块

内部块仅限于在创建块的图形文件中使用，当其他文件中也需要使用时，则需要创建外部块，也就是永久块。外部图块不依赖于当前图形，可以在任意图形文件中调用并插入。使用【写块】命令可以创建外部块。

• 执行方式

调用【写块】命令的方法如下。

◆ 命令行：在命令行中输入 WBLOCK/W。

• 操作步骤

执行该命令后，系统弹出【写块】对话框，如图10-12所示。

图 10-12 【写块】对话框

【写块】对话框常用选项介绍如下。

◆【块】：将已定义好的块保存，可以在下拉列表中选择已有的内部块，如果当前文件中没有定义的块，该单选按钮不可用。

◆【整个图形】：将当前工作区中的全部图形保存为外部块。

◆【对象】：选择图形对象定义为外部块。该项为默认选项，一般情况下选择此项即可。

◆【拾取点】按钮：单击该按钮，系统切换到绘图窗口中拾取基点。

◆【选择对象】按钮：单击该按钮，系统切换到绘图窗口中拾取创建块的对象。

◆【保留】单选按钮：创建块后保留源对象不变。

◆【从图形中删除】：将选定对象另存为文件后，从当前图形中删除它们。

◆【目标】：用于设置块的保存路径和块名。单击该选项组【文件名和路径】文本框右边的按钮，可以在打开的对话框中选择保存路径。

练习 10-3 创建电视外部图块

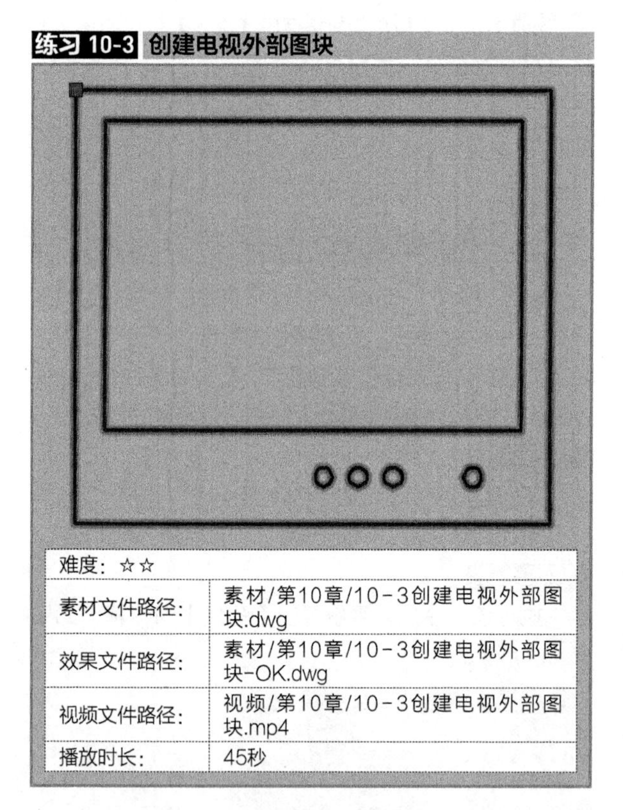

难度：☆☆	
素材文件路径：	素材/第10章/10-3创建电视外部图块.dwg
效果文件路径：	素材/第10章/10-3创建电视外部图块-OK.dwg
视频文件路径：	视频/第10章/10-3创建电视外部图块.mp4
播放时长：	45秒

本例创建好的电视机图块，不仅存在于“10-3 创建电视外部图块-OK.dwg”中，还存在于所指定的路径（桌面）上。

Step 01 单击【快速访问】工具栏中的【打开】按钮，打开“第10章/10-3创建电视外部图块.dwg”素材文件，如图10-13所示。

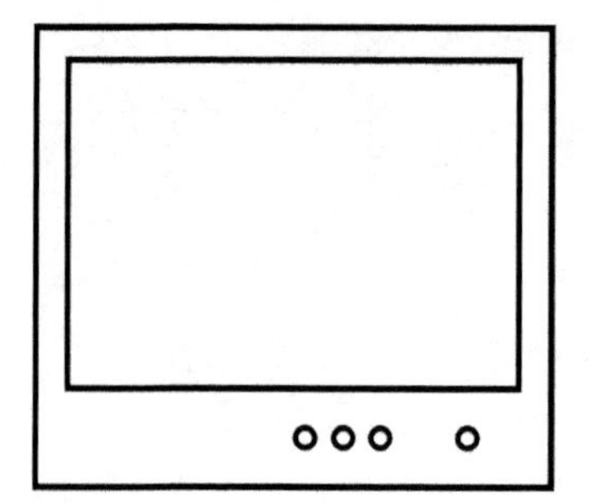

图 10-13　素材图形

Step 02 在命令行中输入WBLOCK，打开【写块】对话框，在【源】选项区域选择【块】复选框，然后在其右侧的下拉列表框中选择【电视】图块，如图10-14所示。

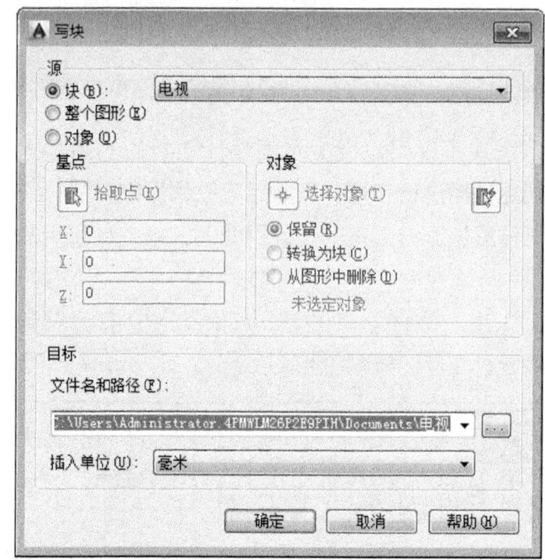

图 10-14　选择目标块

Step 03 指定保存路径。在【目标】选项区域，单击【文件和路径】文本框右侧的按钮，在弹出的对话框中选择保存路径，将其保存于桌面上，如图10-15所示。

Step 04 单击【确定】按钮，完成外部块的创建。

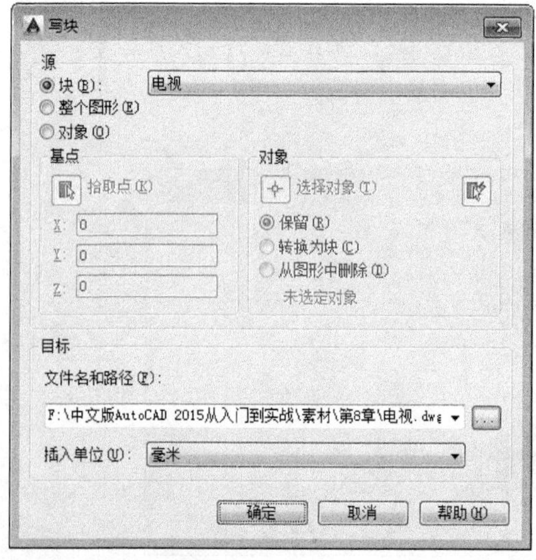

图 10-15　指定保存路径

10.1.3 块属性 ★重点★

图块包含的信息可以分为两类：图形信息和非图形信息。块属性是图块的非图形信息，例如，办公室工程中定义办公桌图块，每个办公桌的编号、使用者等属性。块属性必须和图块结合在一起使用，在图纸上显示为块实例的标签或说明，单独的属性是没有意义的。

1 创建块属性

在 AutoCAD 中添加块属性的操作主要分为三步。

Step 01 定义块属性。

Step 02 在定义图块时附加块属性。

Step 03 在插入图块时输入属性值。

•执行方式

定义块属性必须在定义块之前进行。定义块属性的命令启动方式有以下几种。

◆功能区：单击【插入】选项卡【属性】面板【定义属性】按钮，如图 10-16 所示。

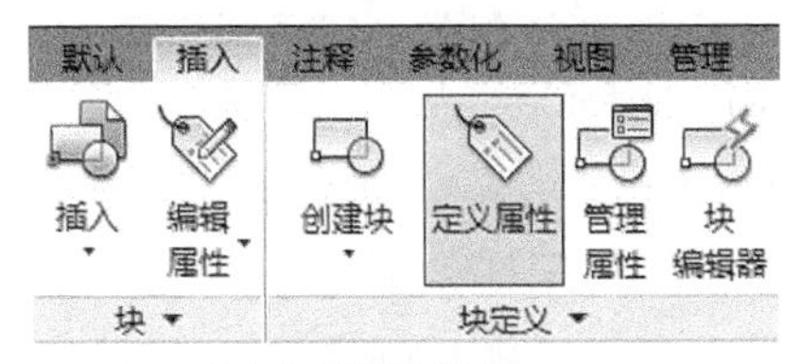

图 10-16 定义块属性面板按钮

◆菜单栏：单击【绘图】|【块】|【定义属性】命令，如图 10-17 所示。

◆命令行：ATTDEF 或 ATT。

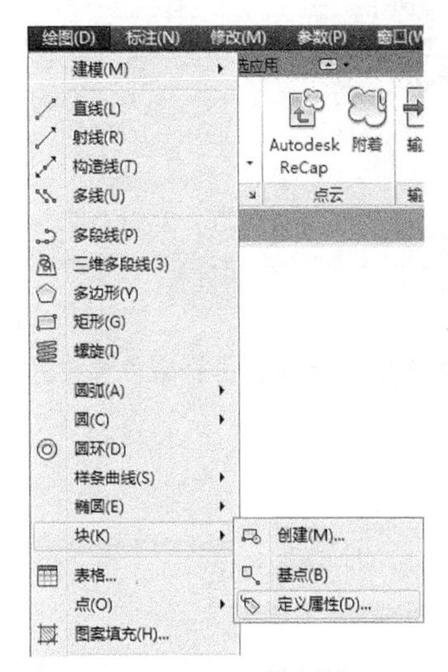

图 10-17 定义块属性菜单命令

•操作步骤

执行上述任一命令后，系统弹出【属性定义】对话框，如图 10-18 所示。然后分别填写【标记】、【提示】与【默认值】，再设置好文字位置与对齐等属性，单击【确定】按钮，即可创建一块属性。

图 10-18 【属性定义】对话框

•选项说明

【属性定义】对话框中常用选项的含义如下。

◆【属性】：用于设置属性数据，包括“标记”“提示”“默认”3 个文本框。

◆【插入点】：该选项组用于指定图块属性的位置。

◆【文字设置】：该选项组用于设置属性文字的对正、样式、高度和旋转。

2 修改属性定义

直接双击块属性，系统弹出【增强属性编辑器】对话框。在【属性】选项卡的列表中选择要修改的文字属性，然后在下面的【值】文本框中输入块中定义的标记和值属性，如图 10-19 所示。

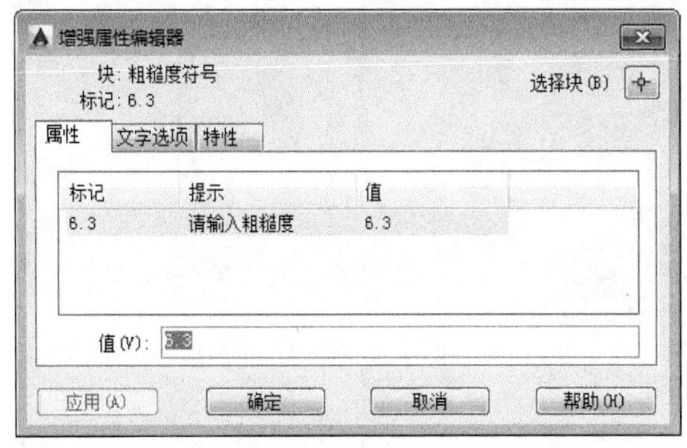

图 10-19 【增强属性编辑器】对话框

在【增强属性编辑器】对话框中，各选项卡的含义如下。

◆属性：显示了块中每个属性的标识、提示和值。在列表框中选择某一属性后，在【值】文本框中将显示出该属性对应的属性值，可以通过它来修改属性值。

◆文字选项：用于修改属性文字的格式，该选项卡如图 10-20 所示。

◆特性：用于修改属性文字的图层以及其线宽、线型、颜色及打印样式等，该选项卡如图 10-21 所示。

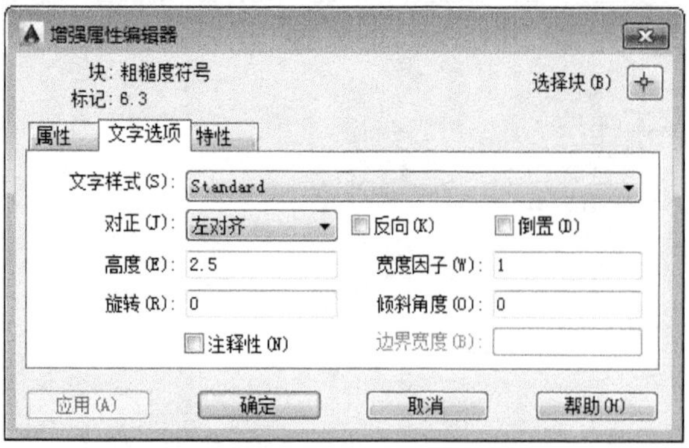

图 10-20 【文字选项】选项卡

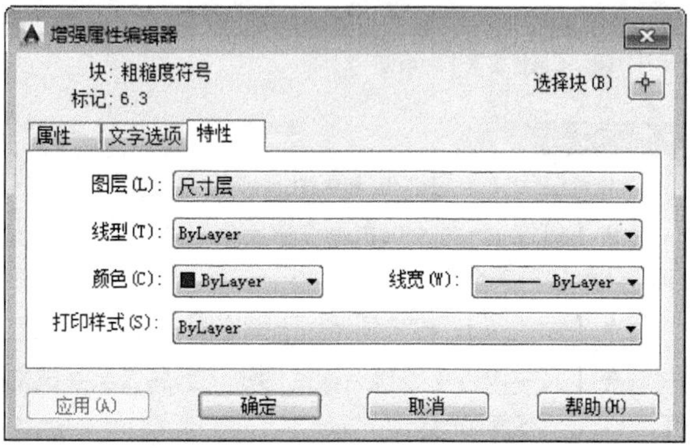

图 10-21 【特性】选项卡

下面通过一典型例子来说明属性块的作用与含义。

练习 10-4 创建详图索引符号 ★重点★

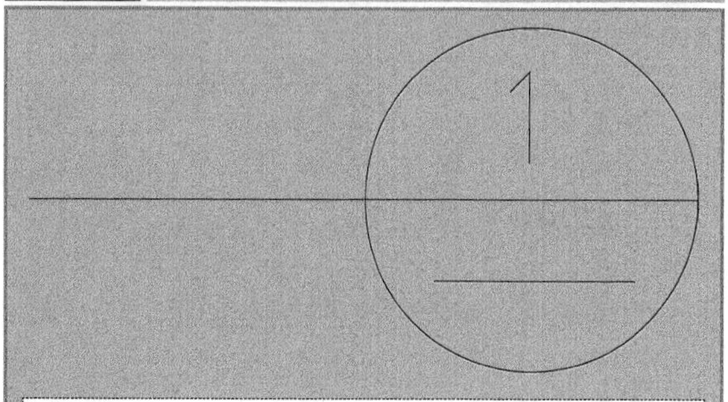

难度：☆☆☆	
素材文件路径：	素材/第10章/10-4创建详图索引符号.dwg
效果文件路径：	素材/第10章/10-4创建详图索引符号-OK.dwg
视频文件路径：	视频/第10章/10-4创建详图索引符号.mp4
播放时长：	2分45秒

在施工图中，有时会因为比例问题而无法表达清楚某一局部，为方便施工需另画详图。一般用索引符号注明画出详图的位置、详图的编号以及详图所在的图纸编号。索引符号和详图符号内的详图编号与图纸编号两者对应一致。详图索引符号在图形中形状相似，仅数值不同，因此可以创建为属性块，在绘图时直接调用即可，具体方法如下。

Step 01 打开“第10章/10-4 创建详图索引符号.dwg”素材文件，其中已经绘制好了一未标文字的索引符号。按“国标”规定，索引符号的圆和引出线均应以细实线绘制，圆直径为8~10mm。引出线应对准圆心，圆内过圆心画一水平线，上半圆中用阿拉伯数字注明该详图的编号，下半圆中用阿拉伯数字注明该详图所在图纸的图纸号。如果详图与被索引的图样在同一张图纸内，则在下半圆中间画一水平细实线，如图10-22所示。

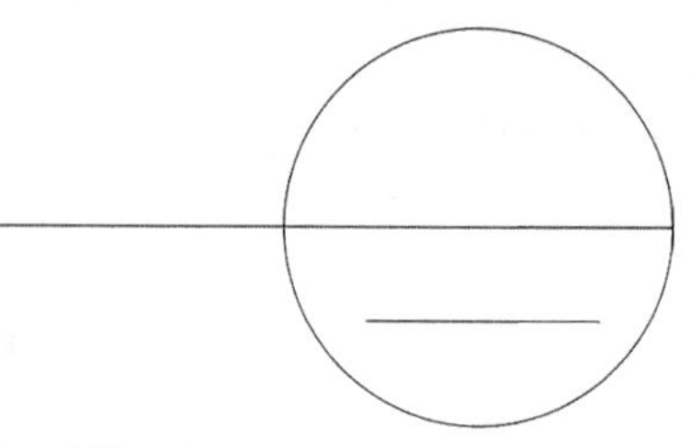

图 10-22 素材图形

Step 02 在【默认】选项卡中，单击【块】面板上的【定义属性】按钮，系统弹出【属性定义】对话框，定义属性参数，如图10-23所示。

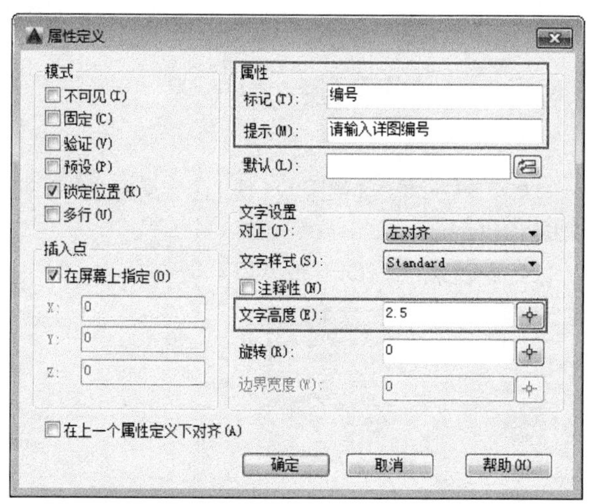

图 10-23 【属性定义】对话框

Step 03 单击【确定】按钮，在上半圆的合适位置放置属性定义，如图10-24所示。

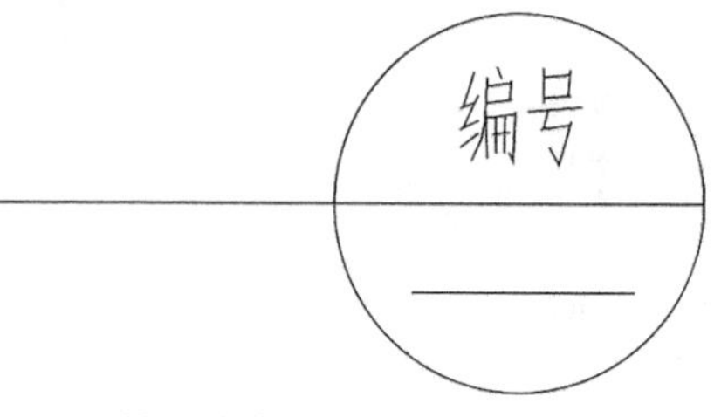

图 10-24 插入属性定义

Step 04 在【默认】选项卡中，单击【块】面板上的【创建】按钮，系统弹出【块定义】对话框。在【名称】下拉列表框中输入“详图索引符号”；单击【拾取点】按钮，拾取最左端的直线端点作为基点；单击【选择对象】按钮，选择符号图形和属性定义，如图10-25所示。

图 10-25 【块定义】对话框

Step 05 单击【确定】按钮，系统弹出【编辑属性】对话框，更改属性值为1，如图10-26所示。

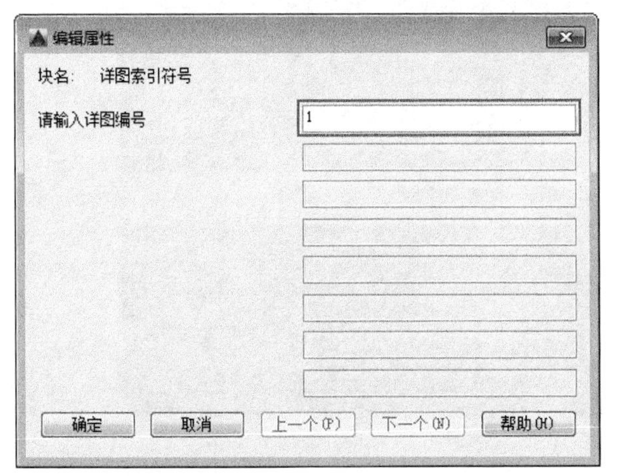

图 10-26 【编辑属性】对话框

Step 06 单击【确定】按钮，标高符创建完成，如图10-27所示。

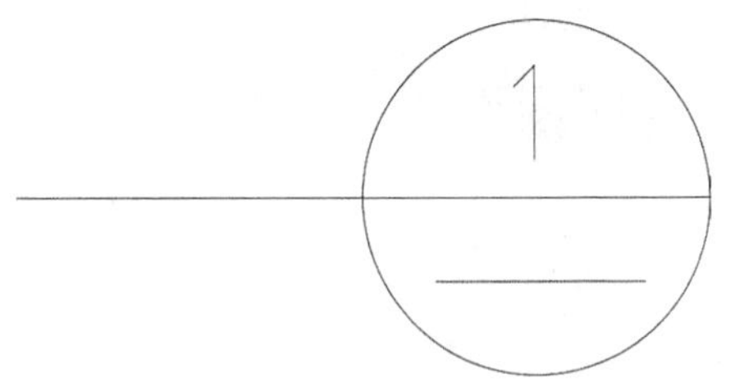

图 10-27 标高属性块

10.1.4 动态图块 ★重点★

在 AutoCAD 中，可以为普通图块添加动作，将其转换为动态图块，动态图块可以直接通过移动动态夹点来调整图块大小、角度，避免了频繁的参数输入或命令调用（如缩放、旋转、镜像命令等），使图块的操作变得更加轻松。

创建动态块的步骤有两步：一是往图块中添加参数，二是为添加的参数添加动作。动态块的创建需要使用【块编辑器】。块编辑器是一个专门的编写区域，用于添加能够使块成为动态块的元素。

调用【块编辑器】命令的方法如下。

- ◆菜单栏：执行【工具】|【块编辑器】命令。
- ◆命令行：在命令行中输入 BEDIT/BE。
- ◆功能区：在【插入】选项卡中，单击【块】面板中的【块编辑器】按钮。

练习 10-5 创建沙发动态图块 ★重点★

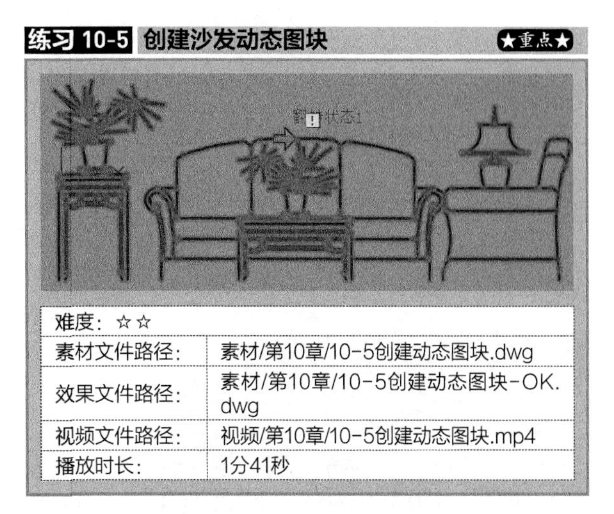

难度：☆☆	
素材文件路径：	素材/第10章/10-5创建动态图块.dwg
效果文件路径：	素材/第10章/10-5创建动态图块-OK.dwg
视频文件路径：	视频/第10章/10-5创建动态图块.mp4
播放时长：	1分41秒

Step 01 单击【快速访问】工具栏中的【打开】按钮，打开“第10章/10-5创建动态图块.dwg”素材文件。

Step 02 在命令行中输入BEDIT，系统弹出【编辑块定义】对话框，选择对话框中的【沙发】块，如图 10-28 所示。

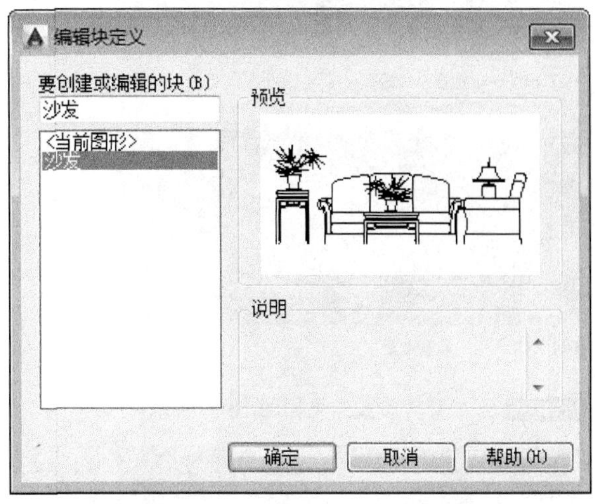

图 10-28 【编辑块定义】对话框

Step 03 单击【确定】按钮，打开【块编辑器】面板，此时绘图窗口变为浅灰色。

Step 04 为图块添加线性参数。在【块编写选项板】右侧单击【参数】选项卡，再单击【翻转】按钮，如图

10-29所示，为块添加翻转参数，命令行提示如下。

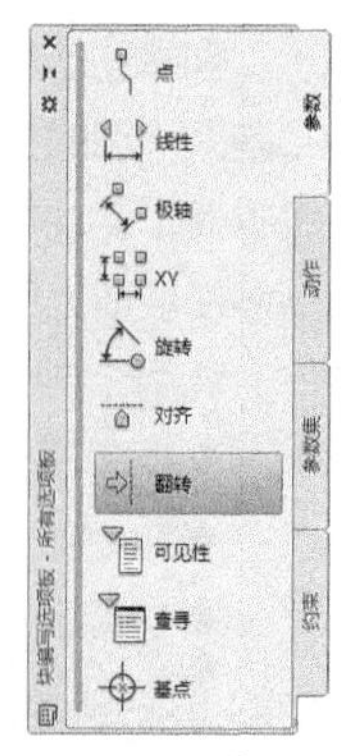

图 10-29 【块编辑器】面板

```
命令: _BParameter 翻转
指定投影线的基点或 [名称(N)/标签(L)/说明(D)/选项板(P)]:
            //在如图 10-30所示位置指定基点
指定投影线的端点:
            //在如图 10-31所示的位置指定端点
指定标签位置:
            //在如图 10-32所示的位置指定标签位置
```

图 10-30 指定基点

图 10-31 指定投引线端点

图 10-32 指定标签位置

Step 05 添加翻转参数结果如图 10-33所示。

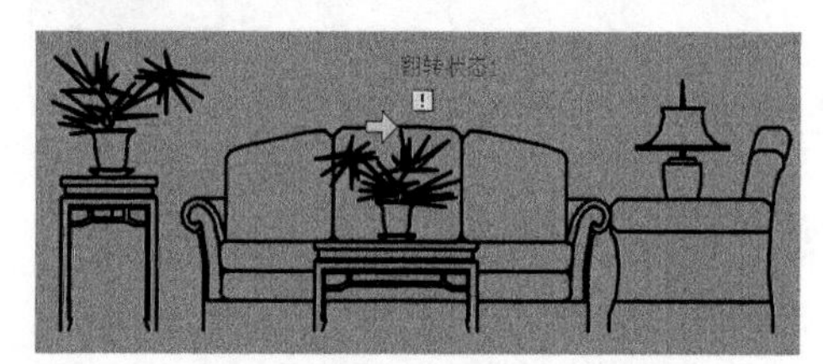
图 10-33 添加参数的效果

Step 06 为线性参数添加动作。在【编写选项板】右侧单击【动作】选项卡，再单击【翻转】按钮，如图 10-34所示，根据提示为线性参数添加拉伸动作，命令行提示如下。

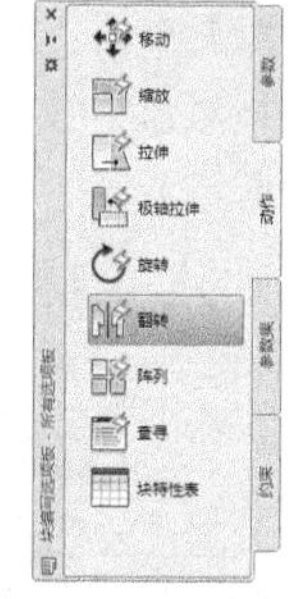

图 10-34 【动作】选项卡

```
命令: _BActionTool 翻转
选择参数:
            //如图 10-35所示，选择【翻转状态1】
指定动作的选择集
            //如图 10-36所示，选择全部图形
选择对象: 指定对角点: 找到 388 个
```

图 10-35 选择动作参数

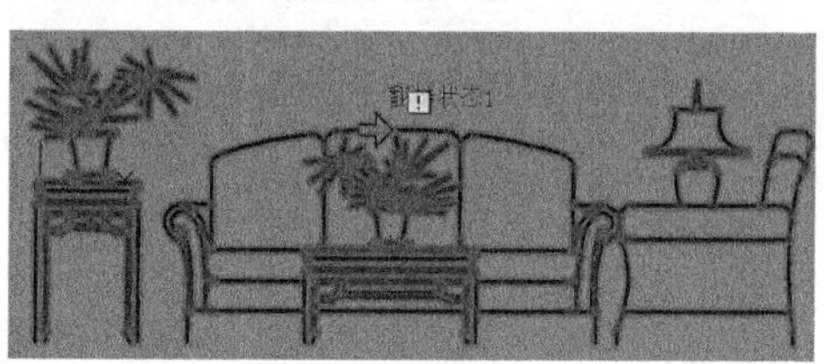
图 10-36 选择对象

Step 07 在【块编辑器】选项卡中，单击【保存块】按钮，如图 10-37所示。保存创建的动作块，单击【关闭块编辑器】按钮，关闭块编辑器，完成动态块的创建，并返回到绘图窗口。

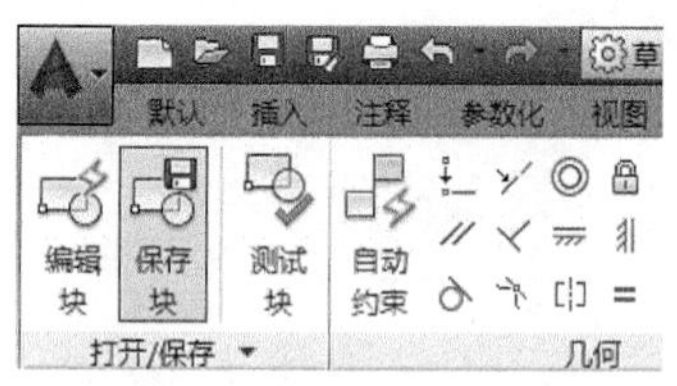

图 10-37 保存块定义

Step 08 为图块添加翻转动作效果如图 10-38所示。

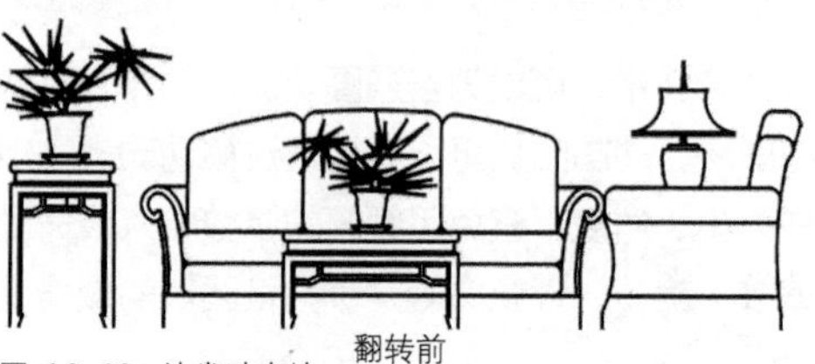

图 10-38 沙发动态块

图 10-38 沙发动态块（续）

10.1.5 插入块

块定义完成后，就可以插入与块定义关联的块实例了。

• 执行方式

启动【插入块】命令的方式有以下几种。

◆功能区：单击【插入】选项卡【注释】面板【插入】按钮，如图 10-39 所示。

图 10-39 插入块工具按钮

◆菜单栏：执行【插入】|【块】命令，如图 10-40 所示。

◆命令行：INSERT 或 I。

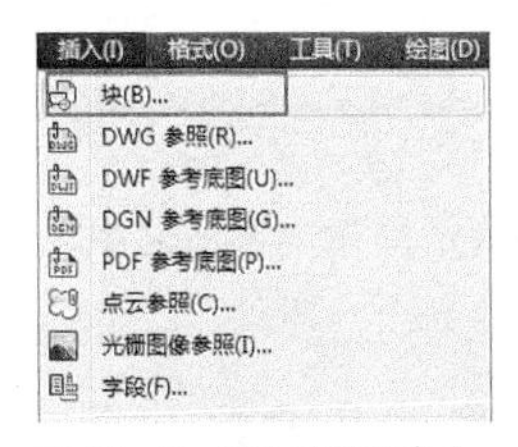

图 10-40 插入块菜单命令

• 操作步骤

执行上述任一命令后，系统弹出【插入】对话框，如图 10-41 所示。在其中选择要插入的图块，再返回绘图区指定基点即可。

• 选项说明

该对话框中常用选项的含义如下。

◆【名称】下拉列表框：用于选择块或图形名称。可以单击其后的【浏览】按钮，系统弹出【打开图形文件】对话框，选择保存块和外部图形。

◆【插入点】选项区域：设置块的插入点位置。

◆【比例】选项区域：用于设置块的插入比例。

◆【旋转】选项区域：用于设置块的旋转角度。可直接在【角度】文本框中输入角度值，也可以通过选中【在屏幕上指定】复选框，在屏幕上指定旋转角度。

◆【分解】复选框：可以将插入的块分解成块的各基本对象。

练习 10-6 插入螺钉图块

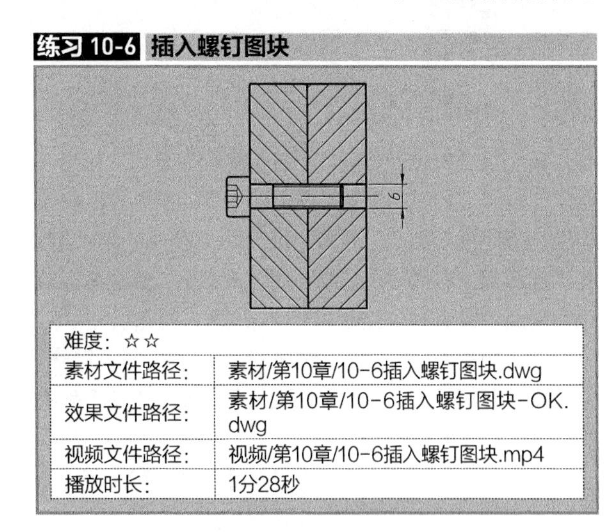

难度：☆☆	
素材文件路径：	素材/第10章/10-6插入螺钉图块.dwg
效果文件路径：	素材/第10章/10-6插入螺钉图块-OK.dwg
视频文件路径：	视频/第10章/10-6插入螺钉图块.mp4
播放时长：	1分28秒

在如图 10-42 所示的通孔图形中，插入定义好的“螺钉”块。因为定义的螺钉图块公称直径为 10，该通孔的直径仅为 6，因此门图块应缩小至原来的 0.6 倍。

Step 01 打开素材文件“第10章/10-6插入螺钉图块.dwg”，其中已经绘制好了一通孔，如图10-42所示。

图 10-41 【插入】对话框

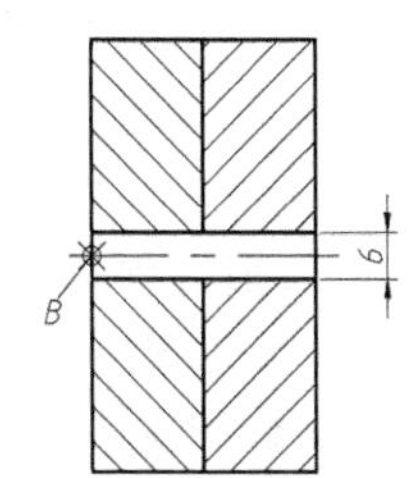

图 10-42 素材图形

Step 02 调用I【插入】命令，系统弹出【插入】对话框。

Step 03 选择需要插入的内部块。打开【名称】下拉列表框，选择【螺钉】图块。

Step 04 确定缩放比例。勾选【统一比例】复选框，在【X】框中输入“0.6”，如图10-43所示。

Step 05 确定插入基点位置。勾选【在屏幕上指定】复选框，单击【确定】按钮退出对话框。插入块实例到所示的B点位置，如图10-44所示，结束操作。

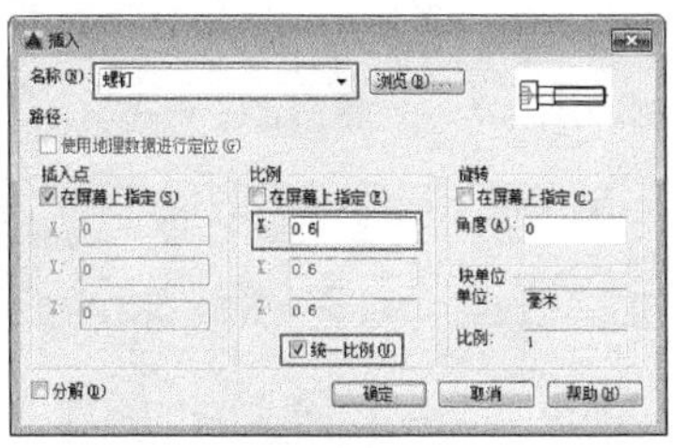

图 10-43 设置插入参数

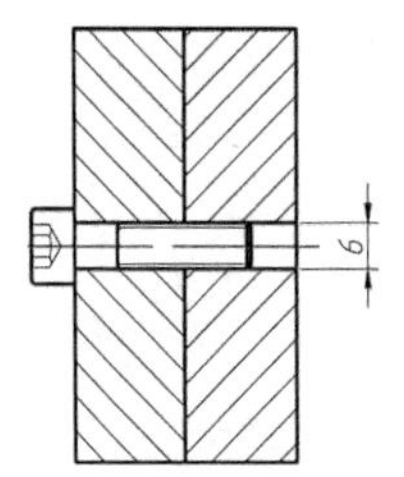

图 10-44 完成图形

10.2 编辑块

图块在创建完成后还可随时对其进行编辑，如重命名图块、分解图块、删除图块和重定义图块等操作。

10.2.1 设置插入基点

在创建图块时，可以为图块设置插入基点，这样在插入时就可以直接捕捉基点插入。但是如果创建的块事先没有指定插入基点，插入时系统默认的插入点为该图的坐标原点，这样往往会给绘图带来不便，此时可以使用【基点】命令为图形文件制定新的插入原点。

调用【基点】命令的方法如下。

◆功能区：在【默认】选项卡中，单击【块】面板中的【设置基点】按钮。

◆菜单栏：执行【绘图】|【块】|【基点】命令。

◆命令行：在命令行中输入 BASE。

执行该命令后，可以根据命令行提示输入基点坐标或用鼠标直接在绘图窗口中指定。

10.2.2 重命名图块

创建图块后，对其进行重命名的方法有多种。如果是外部图块文件，可直接在保存目录中对该图块文件进行重命名；如果是内部图块，可使用重命名命令 RENAME/REN 来更改图块的名称。

调用【重命名图块】命令的方法如下。

◆菜单栏：执行【格式】|【重命名】命令。

◆命令行：在命令行中输入 RENAME/REN。

练习 10-7 重命名图块

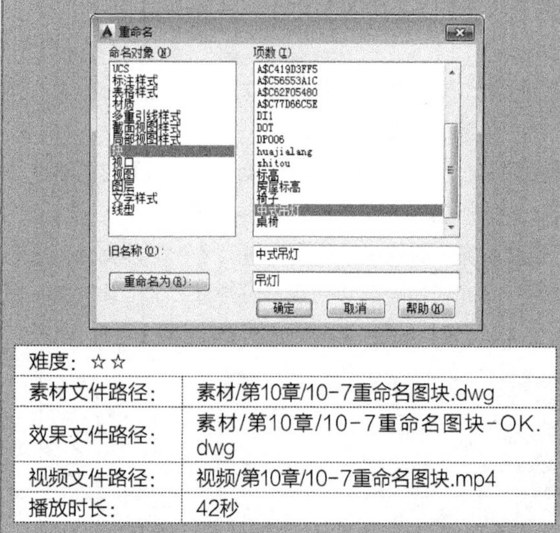

难度：☆☆	
素材文件路径：	素材/第10章/10-7重命名图块.dwg
效果文件路径：	素材/第10章/10-7重命名图块-OK.dwg
视频文件路径：	视频/第10章/10-7重命名图块.mp4
播放时长：	42秒

如果已经定义好了图块，但最后觉得图块的名称不合适，便可以通过该方法来重新定义。

Step 01 单击【快速访问】工具栏中的【打开】按钮，打开“第10章/10-7重命名图块.dwg”文件。

Step 02 在命令行中输入REN【重命名图块】命令，系统弹出【重命名】对话框，如图 10-45所示。

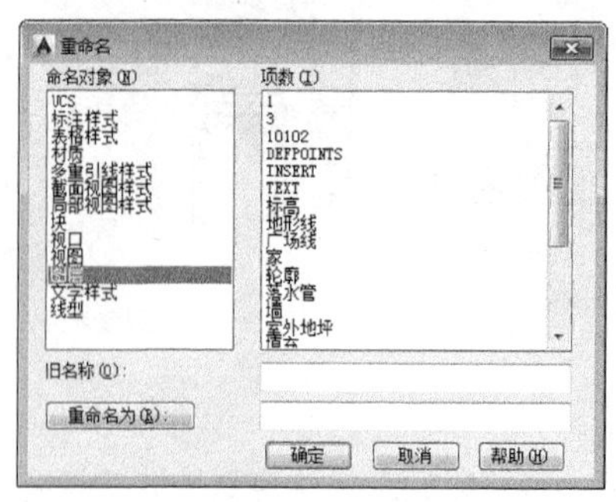

图 10-45 【重命名】对话框

Step 03 在对话框左侧的【命名对象】列表框中选择【块】选项，在右侧的【项目】列表框中选择【中式吊灯】块。

Step 04 在【旧名称】文本框中显示的是该块的旧名称，在【重命名为】按钮后面的文本框中输入新名称【吊灯】，如图10-46所示。

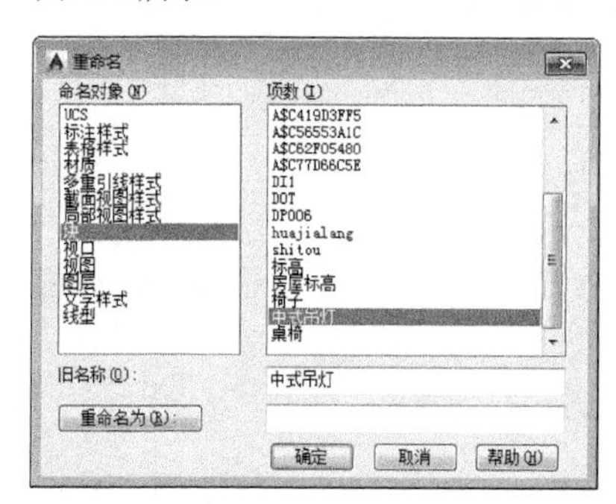

图 10-46 选择需重命名对象

Step 05 单击【重命名为】按钮确定操作，重命名图块完成，如图 10-47所示。

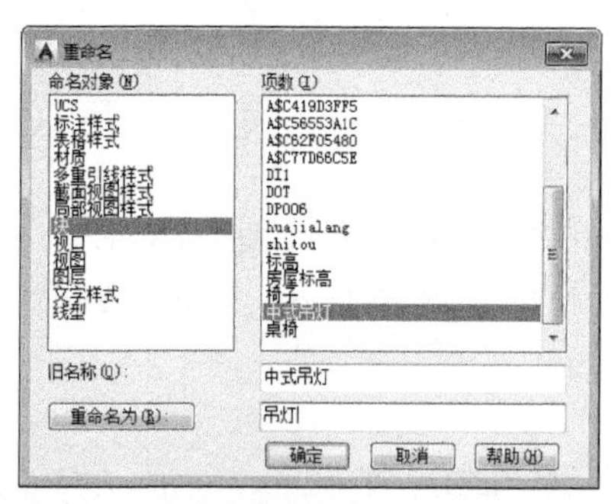

图 10-47 重命名完成效果

10.2.3 分解图块

由于插入的图块是一个整体，在需要对图块进行编辑时，必须先将其分解。

·执行方式

调用【分解图块】的命令方法如下。

◆功能区：在【默认】选项卡中，单击【修改】面板中的【分解】按钮。

◆菜单栏：执行【修改】|【分解】命令。

◆工具栏：单击【修改】工具栏中的【分解】按钮。

◆命令行：在命令行中输入 EXPLODE/X。

•操作步骤

分解图块的操作非常简单，执行分解命令后，选择要分解的图块，再按回车键即可。图块被分解后，它的各个组成元素将变为单独的对象，之后便可以单独对各个组成元素进行编辑。

练习 10-8 分解图块

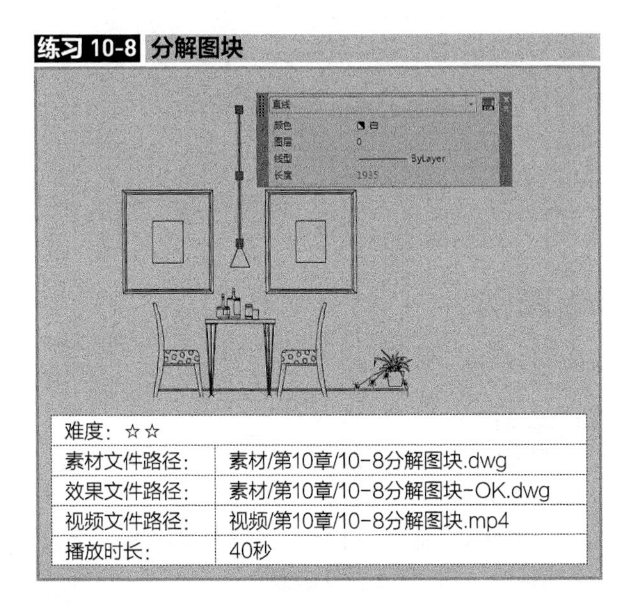

难度：☆☆	
素材文件路径：	素材/第10章/10-8分解图块.dwg
效果文件路径：	素材/第10章/10-8分解图块-OK.dwg
视频文件路径：	视频/第10章/10-8分解图块.mp4
播放时长：	40秒

Step 01 单击【快速访问】工具栏中的【打开】按钮，打开“第10章/10-8分解图块.dwg”文件，如图 10-48所示。

Step 02 框选图形，图块的夹点显示和属性板如图10-49所示。

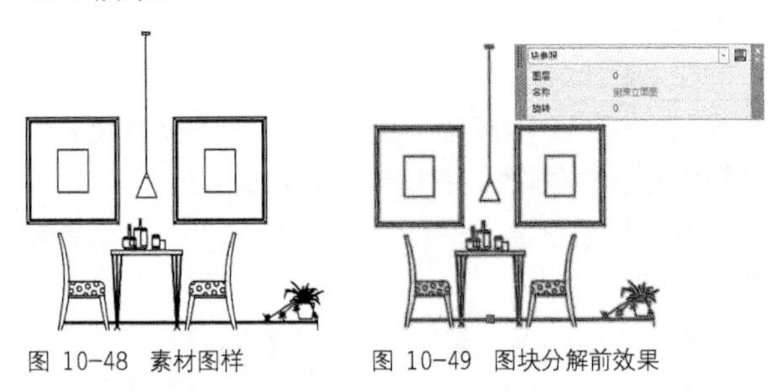

图 10-48 素材图样　　图 10-49 图块分解前效果

Step 03 在命令行中输入X【分解】命令，回车键确认分解，分解后框选图形效果如图 10-50所示。

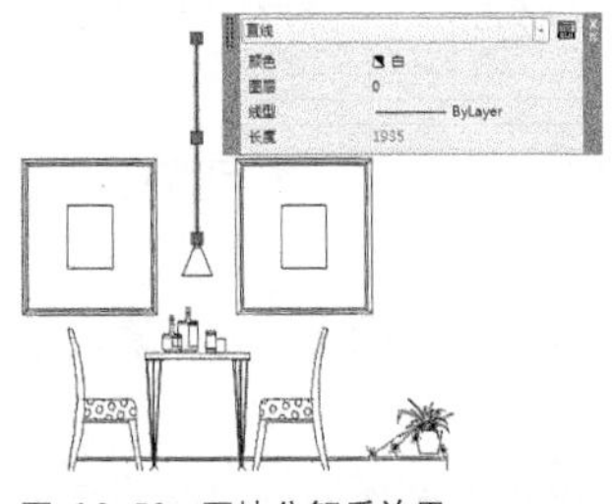

图 10-50 图块分解后效果

10.2.4 删除图块

如果图块是外部图块文件，可直接在电脑中删除；如果图块是内部图块，可使用以下删除方法删除。

◆应用程序：单击【应用程序】按钮，在下拉菜单中选择【图形实用工具】中的【清理】命令。

◆命令行：在命令行中输入 PURGE/PU。

练习 10-9 删除图块

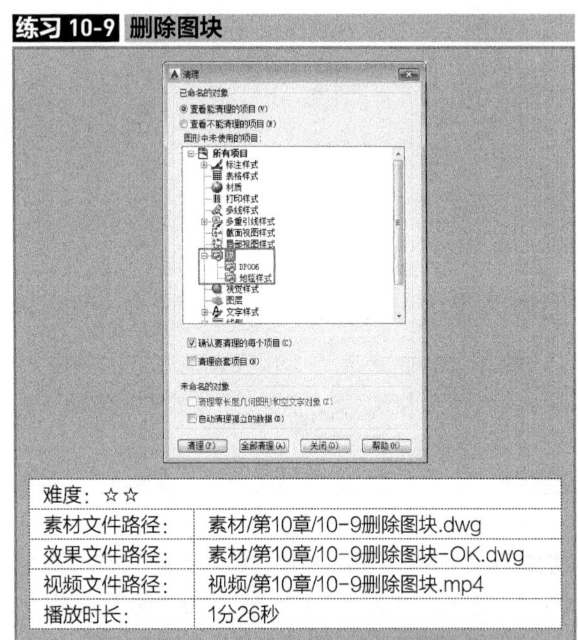

难度：☆☆	
素材文件路径：	素材/第10章/10-9删除图块.dwg
效果文件路径：	素材/第10章/10-9删除图块-OK.dwg
视频文件路径：	视频/第10章/10-9删除图块.mp4
播放时长：	1分26秒

图形中如果存在有用不到的图块，最好将其清除，否则过多的图块文件会占用图形的内存，使得绘图时反应变慢。

Step 01 单击【快速访问】工具栏中的【打开】按钮，打开“第10章/10-9删除图块.dwg”文件。

Step 02 在命令行中输入PU【删除图块】命令，系统弹出【清理】对话框，如图 10-51所示。

Step 03 选择【查看能清理的项目】单选按钮，在【图形中未使用的项目】列表框中双击【块】选项，展开此项将显示当前图形文件中的所有内部块，如图 10-52所示。

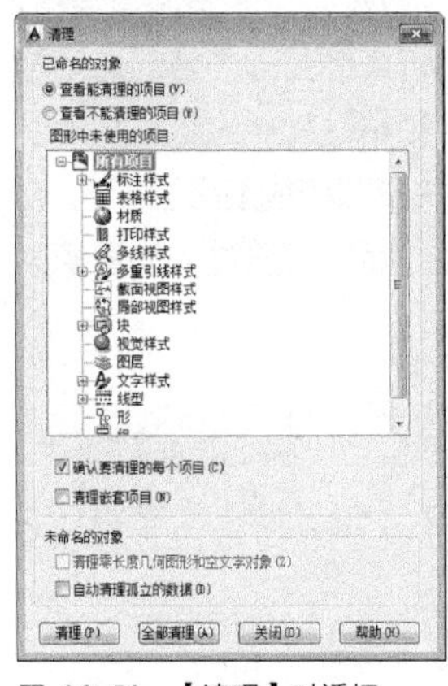

图 10-51 【清理】对话框

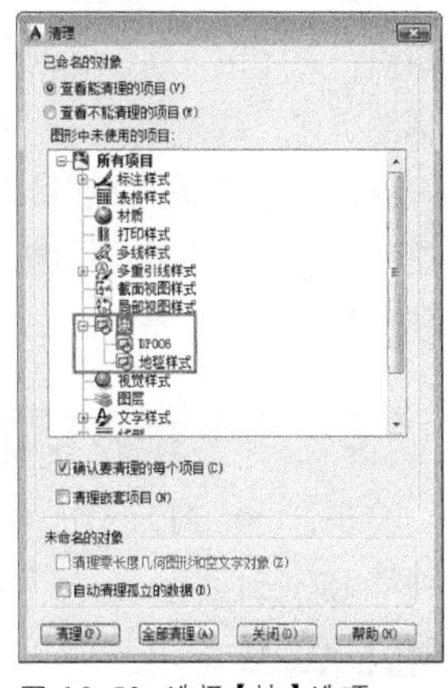

图 10-52 选择【块】选项

Step 04 选择要删除的【DP006】图块，然后单击【清理】按钮，清理后如图 10-53所示。

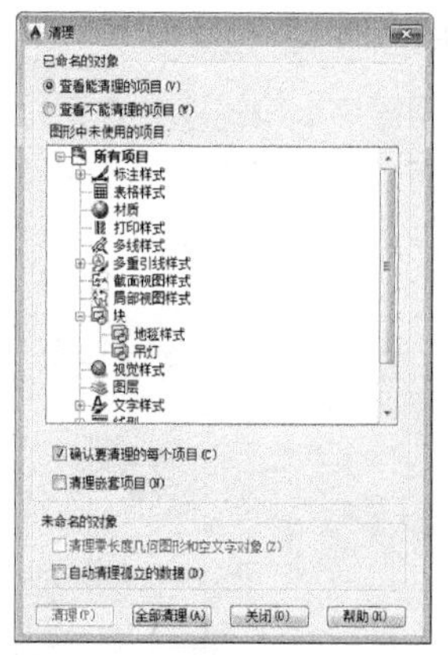

图 10-53 清理后效果

10.2.5 重新定义图块

通过对图块的重定义，可以更新所有与之关联的块实例，实现自动修改，其方法与定义块的方法基本相同。

其具体操作步骤如下。

Step 01 使用分解命令将当前图形中需要重新定义的图块分解为由单个元素组成的对象。

Step 02 对分解后的图块组成元素进行编辑。完成编辑后，再重新执行【块定义】命令，在打开的【块定义】对话框的【名称】下拉列表中选择源图块的名称。

Step 03 选择编辑后的图形并为图块指定插入基点及单位，单击【确定】按钮，在打开如图10-54所示的询问对话框中单击【重定义】按钮，完成图块的重定义。

图 10-54 【重定义块】对话框

10.3 AutoCAD设计中心

AutoCAD 设计中心类似于 Windows 资源管理器，可执行对图形、块、图案填充和其他图形内容的访问等辅助操作，并在图形之间复制和粘贴其他内容，从而使设计者更好地管理外部参照、块参照和线型等图形内容。这种操作不仅可简化绘图过程，而且可通过网络资源共享来服务当前产品设计。

10.3.1 设计中心窗口 ★进阶★

在 AutoCAD 2016 中进入【设计中心】有以下 2 种常用方法。

• 执行方式

◆ 快捷键：Ctrl+2。

◆ 功能区：在【视图】选项卡中，单击【选项板】面板中的【设计中心】工具按钮。

• 操作步骤

执行上述任一命令后，均可打开 AutoCAD【设计中心】选项板，如图 10-55 所示。

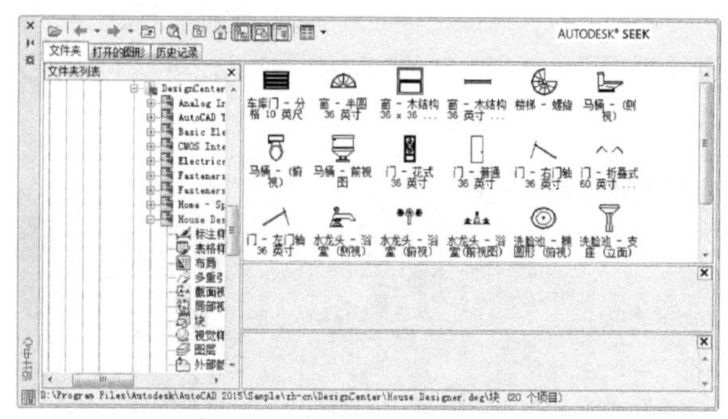

图 10-55 【设计中心】选项板

• 选项说明

设计中心窗口的按钮和选项卡的含义及设置方法如下所述。

选项卡操作

在设计中心中，可以在 4 个选项卡之间进行切换，各选项含义如下。

◆ 文件夹：指定文件夹列表框中的文件路径（包括网络路径），右侧显示图形信息。

◆ 打开的图形：该选项卡显示当前已打开的所有图形，并在右方的列表框中包括图形中的块、图层、线型、文字样式、标注样式和打印样式。

◆ 历史记录：该选项卡中显示最近在设计中心打开的文件列表。

按钮操作

在【设计中心】选项卡中，要设置对应选项卡中树状视图与控制板中显示的内容，可以单击选项卡上方的按钮执行相应的操作，各按钮的含义如下。

◆ 加载按钮：使用该按钮通过桌面、收藏夹等路径加载图形文件。

◆ 搜索按钮：用于快速查找图形对象。

◆ 收藏夹按钮：通过收藏夹来标记存放在本地硬盘和网页中常用的文件。

◆ 主页按钮：将设计中心返回到默认文件夹。

◆ 树状图切换按钮：使用该工具打开 / 关闭树状视图窗口。

◆ 预览按钮：使用该工具打开 / 关闭选项卡右下侧窗格。

◆ 说明按钮：打开或关闭说明窗格，以确定是否显示说明窗格内容。

◆ 视图按钮：用于确定控制板显示内容的显示格式。

10.3.2 设计中心查找功能 ★进阶★

使用设计中心的【查找】功能，可在弹出的【搜索】对话框中快速查找图形、块特征、图层特征和尺寸样式等内容，将这些资源插入当前图形，可辅助当前设计。单击【设计中心】选项板中的【搜索】按钮，系统弹出【搜索】对话框，如图 10-56 所示。

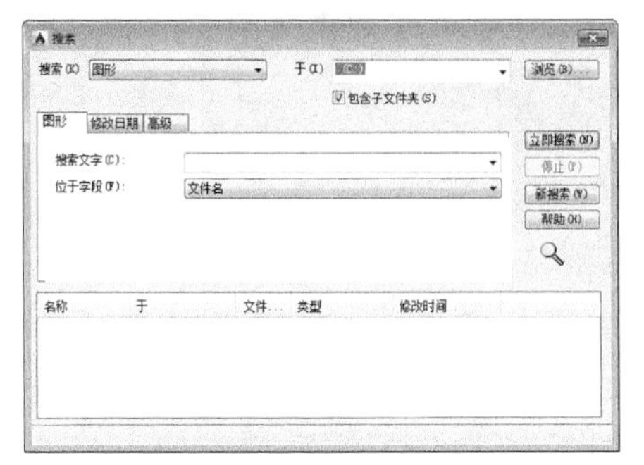

图 10-56 【搜索】对话框

在该对话框指定搜索对象所在的盘符，然后在【搜索文字】列表框中输入搜索对象名称，在【位于字段】列表框中输入搜索类型，单击【立即搜索】按钮，即可执行搜索操作。另外，还可以选择其他选项卡设置不同的搜索条件。

将图形选项卡切换到【修改日期】选项卡，可指定图形文件创建或修改的日期范围。默认情况下不指定日期，需要在此之前指定图形修改日期。

切换到【高级】选项卡可指定其他搜索参数。

10.3.3 插入设计中心图形 ★进阶★

使用 AutoCAD 设计中心最终的目的是在当前图形中调入块、引用图像和外部参照，并且在图形之间复制块、图层、线型、文字样式、标注样式以及用户定义的内容等。也就是说根据插入内容类型的不同，对应插入设计中心图形的方法也不相同。

1 插入块

通常情况下执行插入块操作可根据设计需要确定插入方式。

◆自动换算比例插入块：选择该方法插入块时，可从设计中心窗口中选择要插入的块，并拖动到绘图窗口。移到插入位置时释放鼠标，即可实现块的插入操作。

◆常规插入块：在【设计中心】对话框中选择要插入的块，然后用鼠标右键将该块拖动到窗口后释放鼠标，此时将弹出一个快捷菜单，选择【插入块】选项，即可弹出【插入块】对话框，可按照插入块的方法确定插入点、插入比例和旋转角度，将该块插入到当前图形中。

2 复制对象

复制对象就是在控制板中展开相应的块、图层、标注样式列表，然后选中某个块、图层或标注样式并将其拖入到当前图形，即可获得复制对象效果。如果按住右键将其拖入当前图形，此时系统将弹出一个快捷菜单，通过此菜单可以进行相应的操作。

3 以动态块形式插入图形文件

要以动态块形式在当前图形中插入外部图形文件，只需要通过右键快捷菜单，执行【块编辑器】命令即可，此时系统将打开【块编辑器】窗口，用户可以通过该窗口将选中的图形创建为动态图块。

4 引入外部参照

从【设计中心】对话框选择外部参照，用鼠标右键将其拖动到绘图窗口后释放，在弹出的快捷菜单中选择【附加为外部参照】选项，弹出【外部参照】对话框，可以在其中确定插入点、插入比例和旋转角度。

练习 10-10 插入沙发图块

难度：☆☆☆	
素材文件路径：	无
效果文件路径：	素材/第10章/10-10插入沙发图块-OK.dwg
视频文件路径：	视频/第10章/10-10插入沙发图块.mp4
播放时长：	2分59秒

Step 01 单击快速访问工具栏上的【新建】按钮，新建空白文件。

Step 02 按Ctrl+2组合键，打开【设计中心】选项板。

Step 03 展开【文件夹】标签，在树状图目录中定位“第10章”素材文件夹，文件夹中包含的所有图形文件显示在内容区，如图10-57所示。

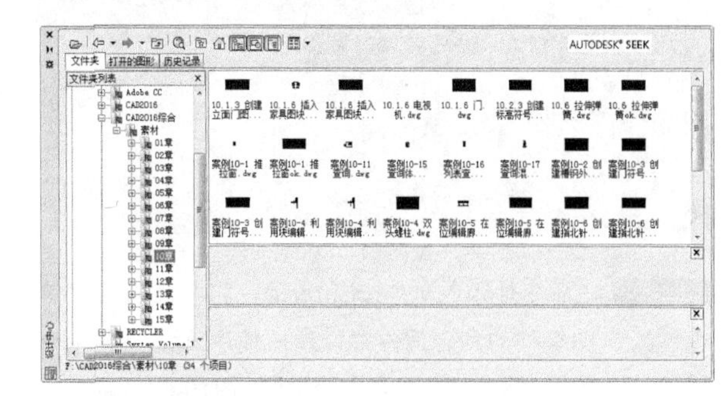

图 10-57 浏览文件夹

Step 04 在内容区选择“长条沙发”文件并右击，弹出快捷菜单，如图10-58所示，选择【插入为块】命令，系统弹出【插入】对话框，如图10-59所示。

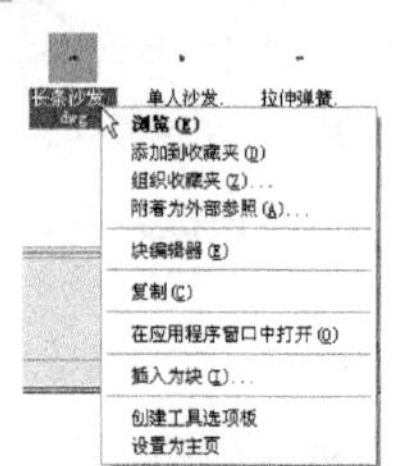

图 10-58 快捷菜单

图 10-59 【插入】对话框

Step 05 单击【确定】按钮，将该图形作为一个块插入到当前文件，如图10-60所示。

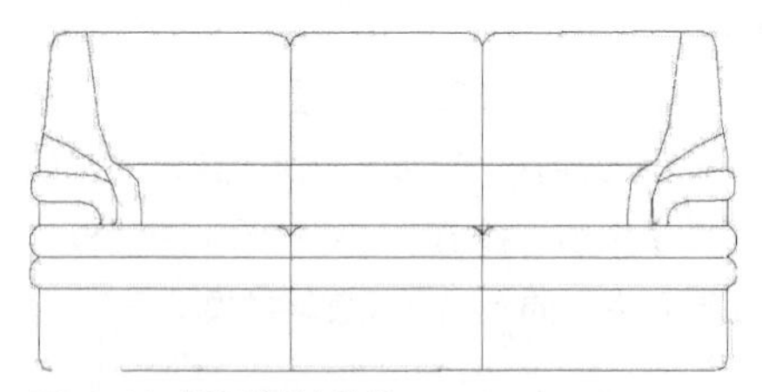

图 10-60 插入的长条沙发

Step 06 在内容区选择同文件夹的“长条沙发”图形文件，将其拖动到绘图区，根据命令行提示插入单人沙发，图10-61所示。命令行操作如下。

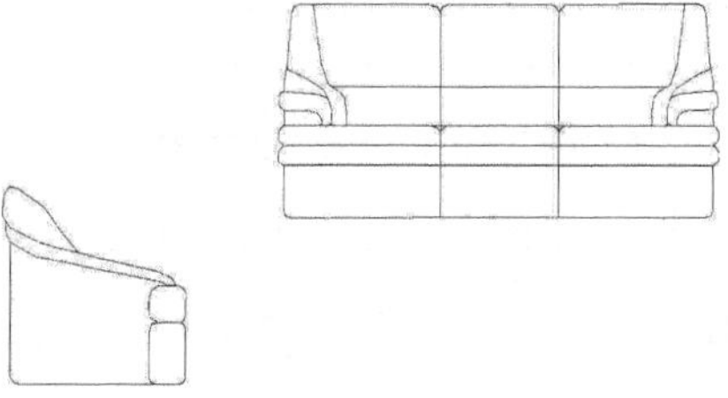

图 10-61 插入单人沙发

```
命令: _INSERT 输入块名或 [?] <长条沙发>:
单位: 毫米  转换: 1
指定插入点或 [基点(B)/比例(S)/X/Y/Z/旋转(R)]:
                                //选择块的插入点
输入 X 比例因子，指定对角点，或 [角点(C)/XYZ(XYZ)]
<1>:↙              //使用默认X比例因子
输入 Y 比例因子或 <使用 X 比例因子>:↙
                                            //使用默
认Y比例因子
指定旋转角度 <0>:↙
          //使用默认旋转角度
```

Step 07 在命令行输入M并按Enter键，将刚插入的“单人沙发”图块移动到合适位置，然后使用【镜像】命令镜像一个与之对称的单人沙发，结果如图10-62所示。

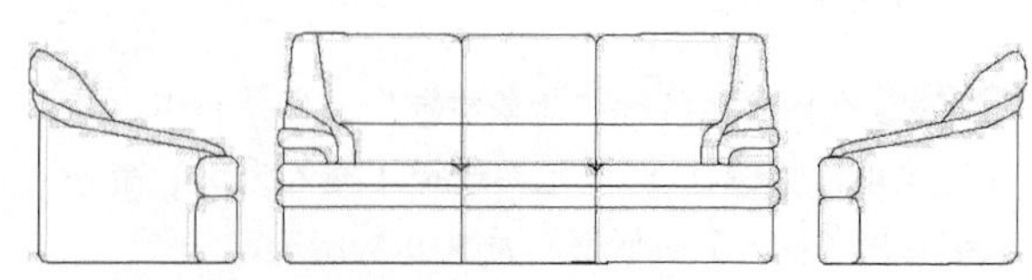

图 10-62 移动和镜像沙发的结果

Step 08 在【设计中心】选项板左侧切换到【打开的图形】窗口，树状图中显示当前打开的图形文件，选择【块】项目，在内容区显示当前文件中的两个图块，如图10-63所示。

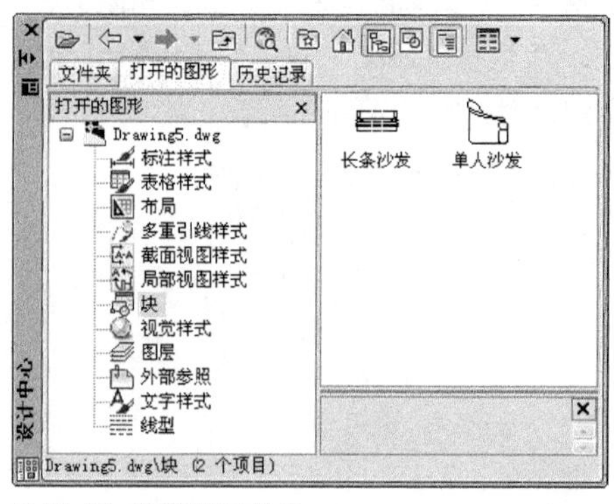

图 10-63 当前图形中的块

第 11 章 图形打印和输出

当完成所有的设计和制图工作之后，就需要将图形文件通过绘图仪或打印输出为图样。本章主要讲述 AutoCAD 出图过程中涉及的一些问题，包括模型空间与图样空间的转换、打印样式、打印比例设置等。

11.1 模型空间与布局空间

模型空间和布局空间是 AutoCAD 的两个功能不同的工作空间，单击绘图区下面的标签页，可以在模型空间和布局空间切换，一个打开的文件中只有一个模型空间和两个默认的布局空间，用户也可创建更多的布局空间。

11.1.1 模型空间

当打开或新建一个图形文件时，系统将默认进入模型空间，如图 11-1 所示。模型空间是一个无限大的绘图区域，可以在其中创建二维或三维图形，以及进行必要的尺寸标注和文字说明。

模型空间对应的窗口称模型窗口，在模型窗口中，十字光标在整个绘图区域都处于激活状态，并且可以创建多个不重复的平铺视口，以展示图形的不同视口，如在绘制机械三维图形时，可以创建多个视口，以从不同的角度观测图形。在一个视口中对图形做出修改后，其他视口也会随之更新，如图 11-2 所示。

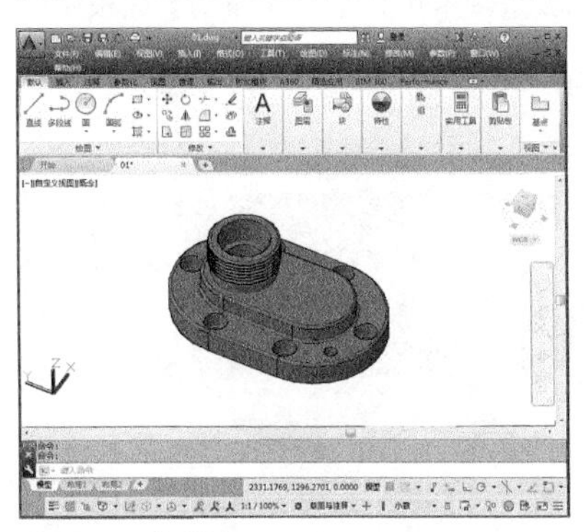

图 11-1　模型空间

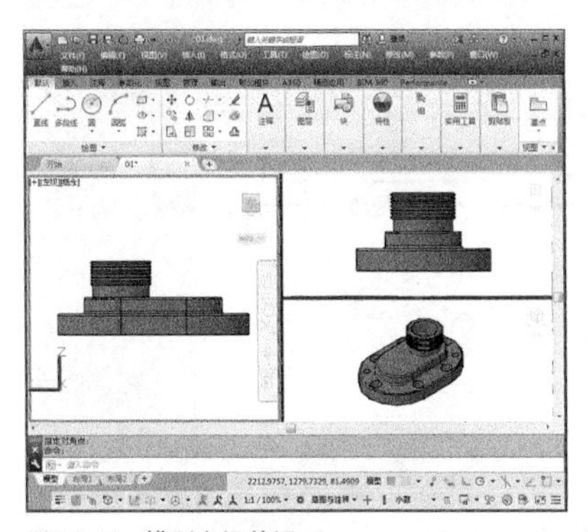

图 11-2　模型空间的视口

11.1.2 布局空间

布局空间又称为图纸空间，主要用于出图。模型建立后，需要将模型打印到纸面上形成图样。使用布局空间可以方便地设置打印设备、纸张、比例尺、图样布局，并预览实际出图的效果，如图 11-3 所示。

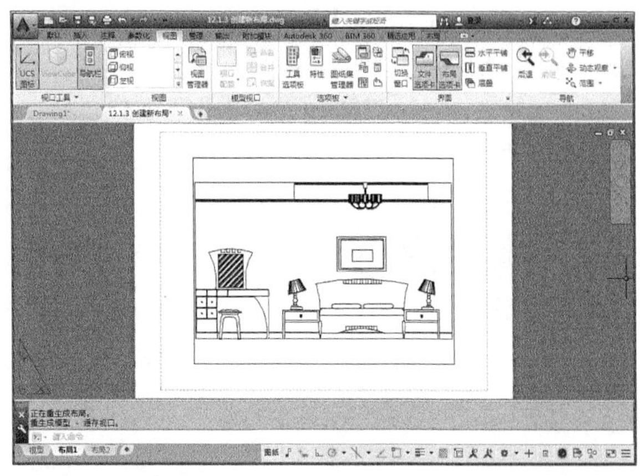

图 11-3　布局空间

布局空间对应的窗口称布局窗口，可以在同一个 AutoCAD 文档中创建多个不同的布局图，单击工作区左下角的各个布局按钮，可以从模型窗口切换到各个布局窗口，当需要将多个视图放在同一张图样上输出时，布局就可以很方便地控制图形的位置，输出比例等参数。

11.1.3 空间管理

右击绘图窗口下【模型】或【布局】选项卡，在弹出的快捷菜单中选择相应的命令，可以对布局进行删除、新建、重命名、移动、复制、页面设置等操作，如图 11-4 所示。

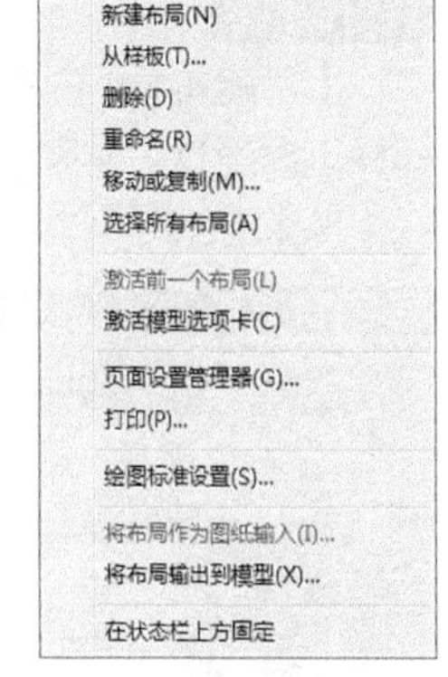

图 11-4　布局快捷菜单

1 空间的切换

在模型中绘制完图样后，若需要进行布局打印，可单击绘图区左下角的布局空间选项卡，即【布局 1】和【布局 2】进入布局空间，对图样打印输出的布局效果进行设置。设置完毕后，单击【模型】选项卡即可返回到模型空间，如图11-5所示。

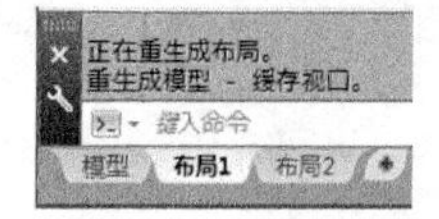

图 11-5 空间切换

2 创建新布局

布局是一种图纸空间环境，它模拟显示图纸页面，提供直观的打印设置，主要用来控制图形的输出，布局中所显示的图形与图纸页面上打印出来的图形完全一样。

•执行方式

调用【创建布局】的方法如下。

◆功能区：在【布局】选项卡中，单击【布局】面板中的【新建】按钮，如图11-6所示

◆菜单栏：执行【工具】|【向导】|【创建布局】命令，如图11-7所示。

◆命令行：在命令行中输入LAYOUT。

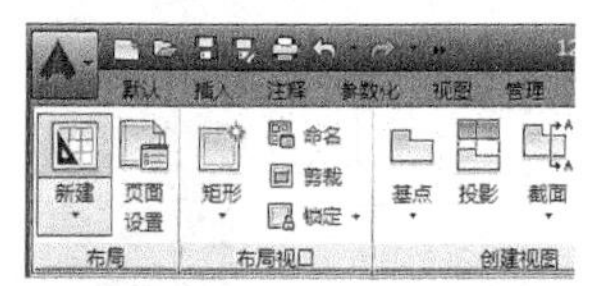

图 11-6 【功能区】调用【新建布局】命令

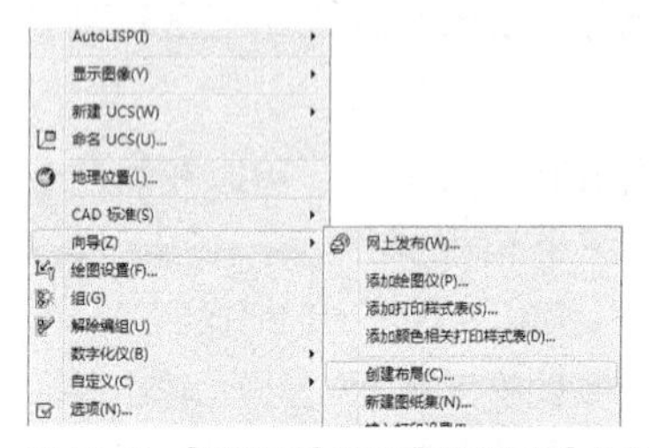

图 11-7 【菜单栏】调用【创建布局】命令

◆快捷方式：右击绘图窗口下的【模型】或【布局】选项卡，在弹出的快捷菜单中，选择【新建布局】命令。

•操作步骤

【创建布局】的操作过程与新建文件相差无几，同样可以通过功能区中的选项卡来完成。下面便通过一个具体案例来进行说明。

练习 11-1 创建新布局

难度：☆☆	
素材文件路径：	素材/第11章/11-1创建新布局.dwg
效果文件路径：	素材/第11章/11-1创建新布局-OK.dwg
视频文件路径：	视频/第11章/11-1创建新布局.mp4
播放时长：	53秒

创建布局并重命名为合适的名称，可以起到快速浏览文件的作用，也能快速定位至需要打印的图纸，如立面图、平面图等。

Step 01 单击【快速访问】工具栏中的【打开】按钮，打开“第11章/11-1创建新布局.dwg”，如图11-8所示是【布局1】窗口显示界面。

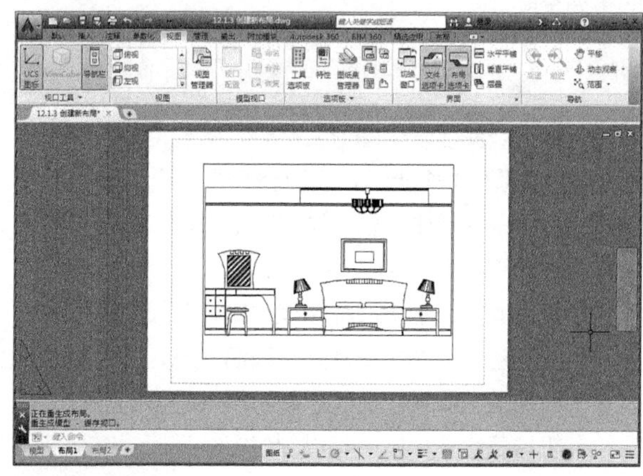
图 11-8 素材文件

Step 02 在【布局】选项卡中，单击【布局】面板中的【新建】按钮，新建名为【立面图布局】的布局，命令行提示如下。

```
命令: _layout↙
输入布局选项 [复制(C)/删除(D)/新建(N)/样板(T)/重命名(R)/另存为(SA)/设置(S)/?] <设置>: _new
输入新布局名 <布局3>: 立面图布局
```

Step 03 完成布局的创建，单击【立面图布局】选项卡，切换至【立面图布局】空间，效果如图11-9所示。

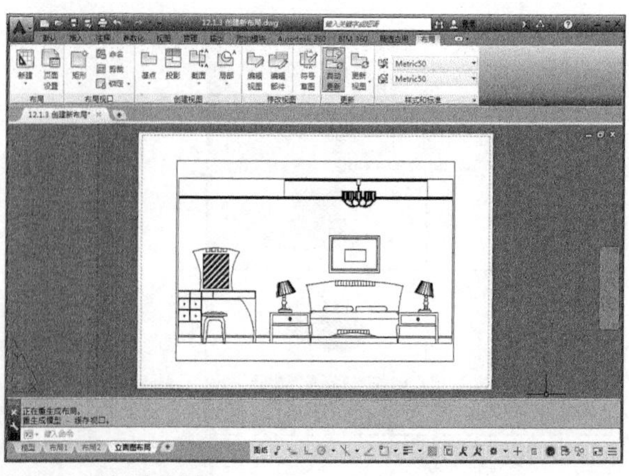
图 11-9 创建布局空间

3 插入样板布局

在 AutoCAD 中，提供了多种样板布局供用户使用。

• 执行方式

插入样板布局方法如下。

◆功能区：在【布局】选项卡中，单击【布局】面板中的【从样板】按钮，如图 11-10 所示。

◆菜单栏：执行【插入】|【布局】|【来自样板的布局】命令，如图 11-11 所示。

图 11-10 【功能区】调用【从样板】命令

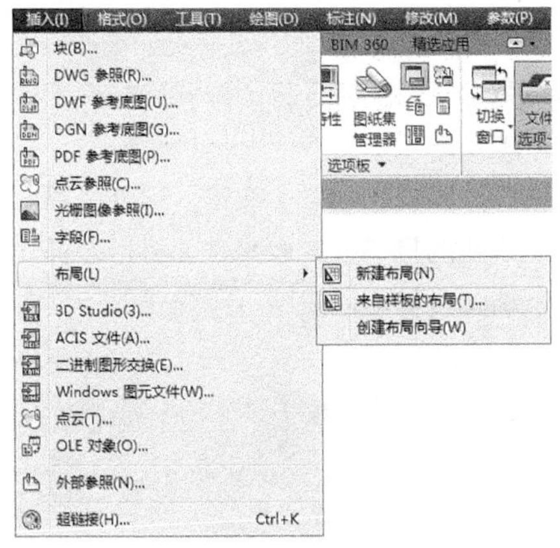

图 11-11 【菜单栏】调用【来自样板的布局】命令

◆快捷方式：右击绘图窗口左下方的布局选项卡，在弹出的快捷菜单中选择【来自样板】命令。

• 操作步骤

执行上述命令后，系将弹出【从文件选择样板】对话框，可以在其中选择需要的样板创建布局。

练习 11-2 插入样板布局

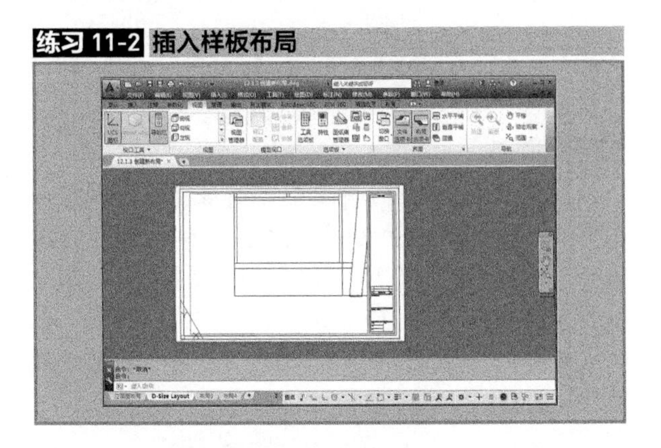

难度：☆☆	
素材文件路径：	无
效果文件路径：	素材/第11章/11-2插入样板布局-OK.dwg
视频文件路径：	视频/第11章/11-2插入样板布局.mp4
播放时长：	42秒

如果需要将图纸发送至国外的客户，可以尽量采用 AutoCAD 中自带的英制或公制模板。

Step 01 单击【快速访问】工具栏中的【新建】按钮，新建空白文件。

Step 02 在【布局】选项卡中，单击【布局】面板中的【从样板】按钮，系统弹出【从文件选择样板】对话框，如图11-12所示。

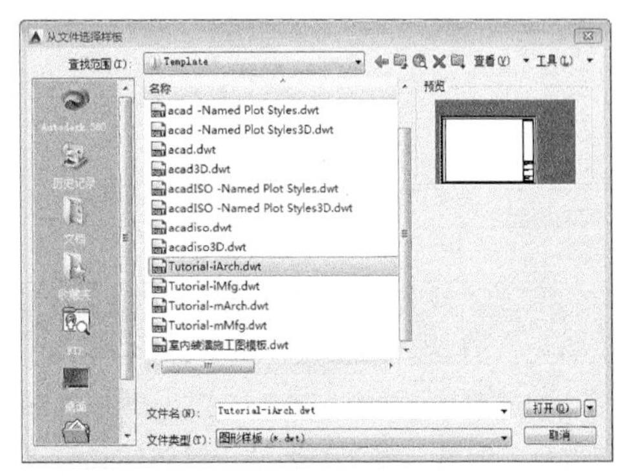

图 11-12 【从文件选择样板】对话框

Step 03 选择【Tutorial-iArch】样板，单击【打开】按钮，系统弹出【插入布局】对话框，如图11-13所示，选择布局名称后单击【确定】按钮。

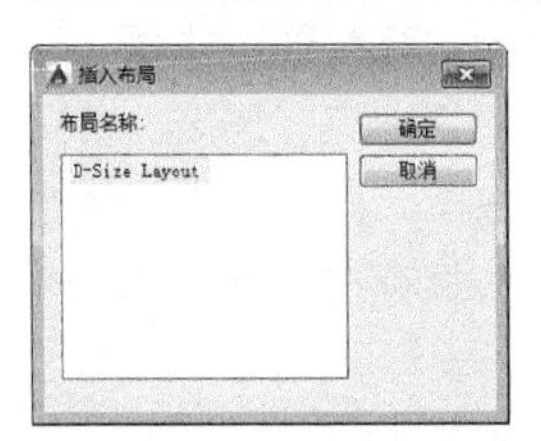

图 11-13 【插入布局】对话框

Step 04 完成样板布局的插入，切换至新创建的【D-Size Layout】布局空间，效果如图11-14所示。

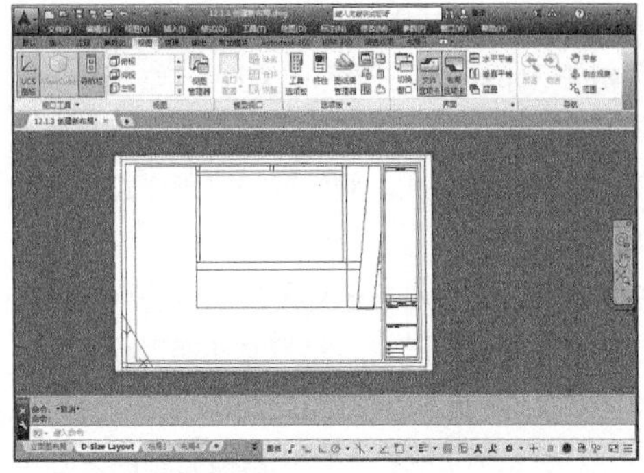

图 11-14 样板空间

4 布局的组成

布局图中通常存在 3 个边界，如图 11-15 所示，最外层的是纸张边界，是在【纸张设置】中的纸张类型和打印方向确定的。靠里面的一个虚线线框是打印边界，其作用就好像 Word 文档中的页边距一样，只有位于打印边界内部的图形才会被打印出来。位于图形四周的实线线框为视口边界，边界内部的图形就是模型空间中的模型，视口边界的大小和位置是可调的。

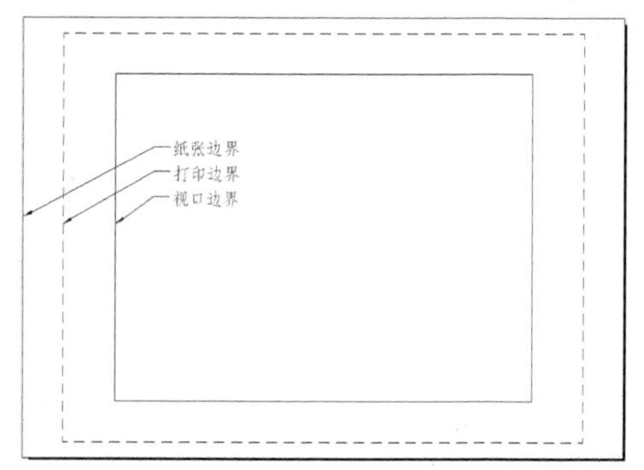

图 11-15 布局图的组成

11.2 打印样式

在图形绘制过程中，AutoCAD 可以为单个的图形对象设置颜色、线型、线宽等属性，这些样式可以在屏幕上直接显示出来。在出图时，有时用户希望打印出来的图样和绘图时图形所显示的属性有所不同，例如，在绘图时一般会使用各种颜色的线型，但打印时仅以黑白打印。

打印样式的作用就是在打印时修改图形外观。每种打印样式都有其样式特性，包括端点、连接、填充图案，以及抖动、灰度等打印效果。打印样式特性的定义都以打印样式表文件的形式保存在 AutoCAD 的支持文件搜索路径下。

11.2.1 打印样式的类型

AutoCAD 中有两种类型的打印样式：【颜色相关样式（CTB）】和【命名样式（STB）】。

◆颜色相关打印样式以对象的颜色为基础，共有 255 种颜色相关打印样式。在颜色相关打印样式模式下，通过调整与对象颜色对应的打印样式可以控制所有具有同种颜色的对象的打印方式。颜色相关打印样式表文件的后缀名为“.ctb”。

◆命名打印样式可以独立于对象的颜色使用，可以给对象指定任意一种打印样式，不管对象的颜色是什么。命名打印样式表文件的后缀名为“.stb”。

简而言之，“.ctb”的打印样式是根据颜色来确定线宽的，同一种颜色只能对应一种线宽；而“.stb”则是根据对象的特性或名称来指定线宽的，同一种颜色打印出来可以有两种不同的线宽，因为它们的对象可能不一样。

11.2.2 打印样式的设置

使用打印样式可以多方面控制对象的打印方式，打印样式属于对象的一种特性，它用于修改打印图形的外观。用户可以设置打印样式来代替其他对象原有的颜色、线型和线宽等特性。在同一个 AutoCAD 图形文件中，不允许同时使用两种不同的打印样式类型，但允许使用同一类型的多个打印样式。例如，若当前文档使用命名打印样式时，图层特性管理器中的【打印样式】属性项是不可用的，因为该属性只能用于设置颜色打印样式。

•执行方式

设置【打印样式】的方法如下。

◆菜单栏：执行【文件】|【打印样式管理器】命令。

◆命令行：在命令行中输入 STYLESMANAGER。

•操作步骤

执行上述任一命令后，系统自动弹出如图 11-16 所示对话框。所有 CTB 和 STB 打印样式表文件都保存在这个对话框中。

双击【添加打印样式表向导】按钮，可以根据对话框提示逐步创建新的打印样式表文件。将打印样式附加到相应的布局图，就可以按照打印样式的定义进行打印了。

图 11-16 打印样式管理器

•选项说明

在系统盘的 AutoCAD 存贮目录下，可以打开如图 11-16【Plot Styles】文件夹，其中便存放着 AutoCAD 自带的 10 种打印样式（.ctp），各打印样式含义说明如下。

◆acad.ctp：默认的打印样式表，所有打印设置均为初始值；

◆fillPatterns.ctb：设置前 9 种颜色使用前 9 个填充图案，所有其他颜色使用对象的填充图案；

◆grayscale.ctb：打印时将所有颜色转换为灰度；

◆monochrome.ctb：将所有颜色打印为黑色；

◆screening 100%.ctb：对所有颜色使用 100% 墨水；

◆screening 75%.ctb：对所有颜色使用 75% 墨水；

◆screening 50%.ctb：对所有颜色使用 50% 墨水；

◆screening 25%.ctb：对所有颜色使用 25% 墨水。

练习 11-3 添加颜色打印样式

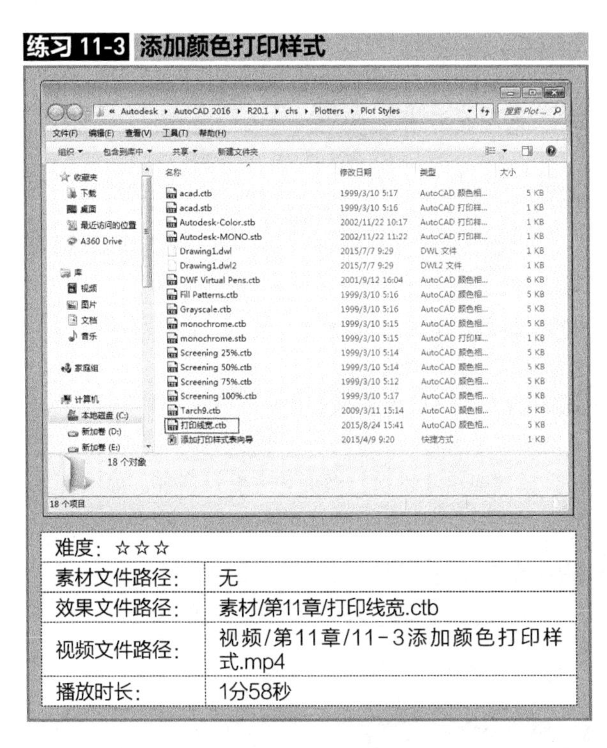

难度：☆☆☆	
素材文件路径：	无
效果文件路径：	素材/第11章/打印线宽.ctb
视频文件路径：	视频/第11章/11-3添加颜色打印样式.mp4
播放时长：	1分58秒

使用颜色打印样式可以通过图形的颜色设置不同的打印宽度、颜色、线型等打印外观。

Step 01 单击【快速访问】工具栏中的【新建】按钮，新建空白文件。

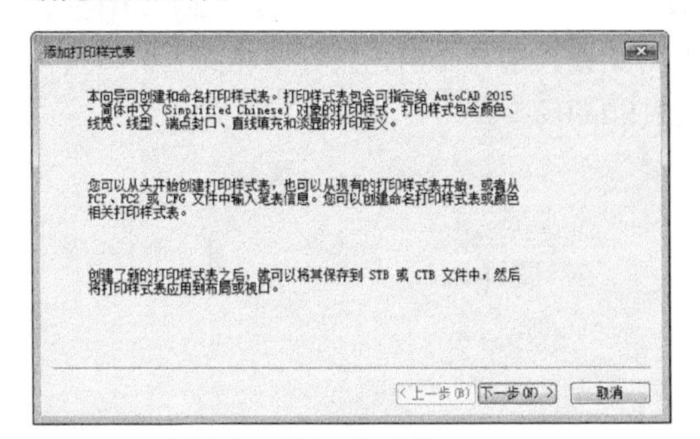

图 11-17 【添加打印样式表】对话框

Step 02 执行【文件】|【打印样式管理器】菜单命令，系统自动弹出【打印样式管理器】对话框，双击【添加打印样式表向导】图标，系统弹出【添加打印样式表】对话框，如图11-17所示，单击【下一步】按钮，系统转换成【添加打印样式表-开始】对话框，如图11-18所示。

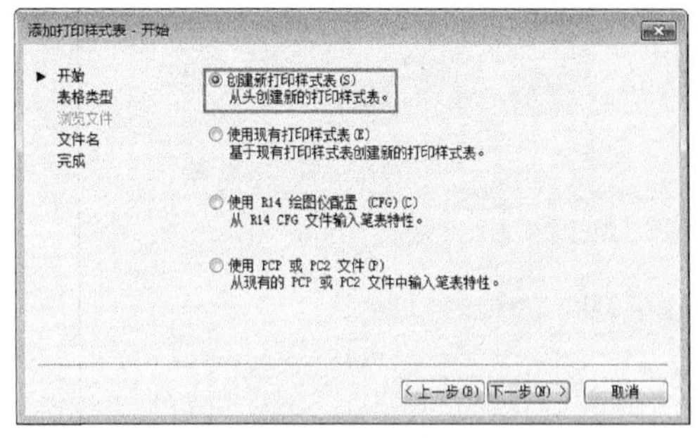

图 11-18 【添加打印样式表 - 开始】对话框

Step 03 选择【创建新打印样式表】单选按钮，单击【下一步】按钮，系统打开【添加打印样式表-选择打印样式表】对话框，如图11-19所示，选择【颜色相关打印样式表】单选按钮，单击【下一步】按钮，系统转换成【添加打印样式表-文件名】对话框，如图11-20所示，新建一个名为【打印线宽】的颜色打印样式表文件，单击【下一步】按钮。

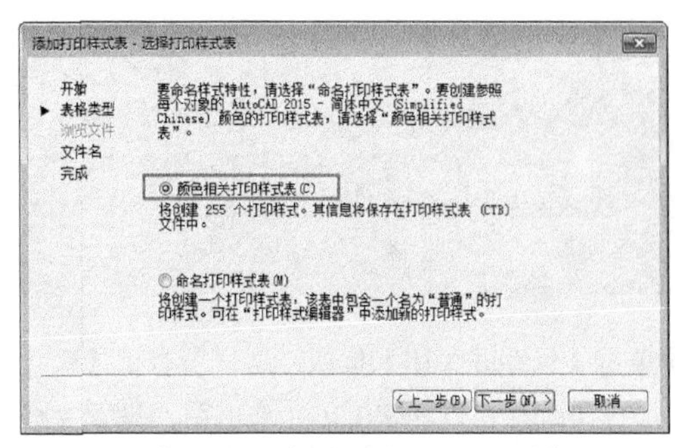

图 11-19 【添加打印样式表 - 选择打印样式表】对话框

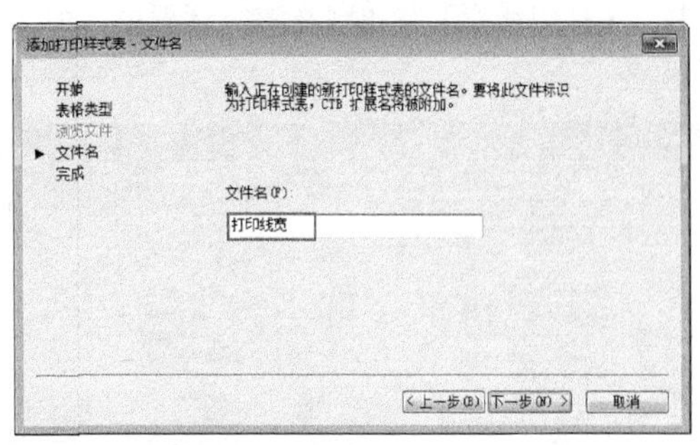

图 11-20 【添加打印样式表 - 文件名】对话框

Step 04 在【添加打印样式表-完成】对话框中单击【打印样式表编辑器】按钮，如图11-21所示，打开如所示的【打印样式表编辑器】对话框。

Step 05 在【打印样式】列表框中选择【颜色1】，单击【表格视图】选项卡中【特性】选项组，在【颜色】下拉列表框中选择黑色，在【线宽】下拉列表框中选择线宽0.3000毫米，如图11-22所示。

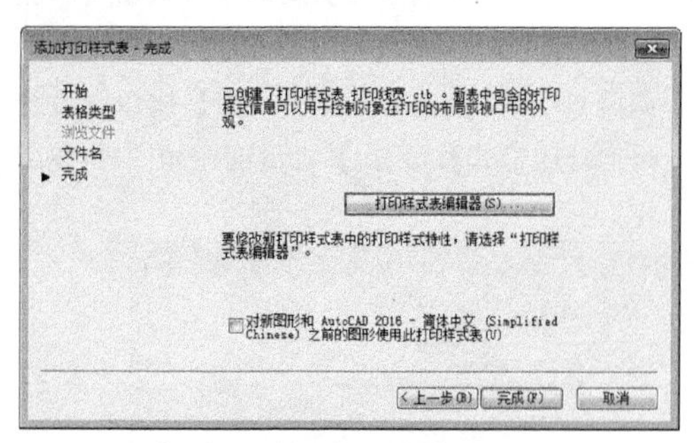

图 11-21　【添加打印样式表 - 完成】对话框

图 11-22　【打印样式表编辑器】对话框

操作技巧

黑白打印机常用灰度区分不同的颜色，使得图样比较模糊。可以在【打印样式表编辑器】对话框的【颜色】下拉列表框中将所有颜色的打印样式设置为“黑色”，以得到清晰的出图效果。

Step 06 单击【保存并关闭】按钮，这样所有用【颜色1】的图形打印时都将以线宽0.3000来出图，设置完成后，再选择【文件】|【打印样式管理器】，在打开的对话框中，【打印线宽】就出现在该对话框中，如图11-23所示。

图 11-23　添加打印样式结果

练习 11-4　添加命名打印样式

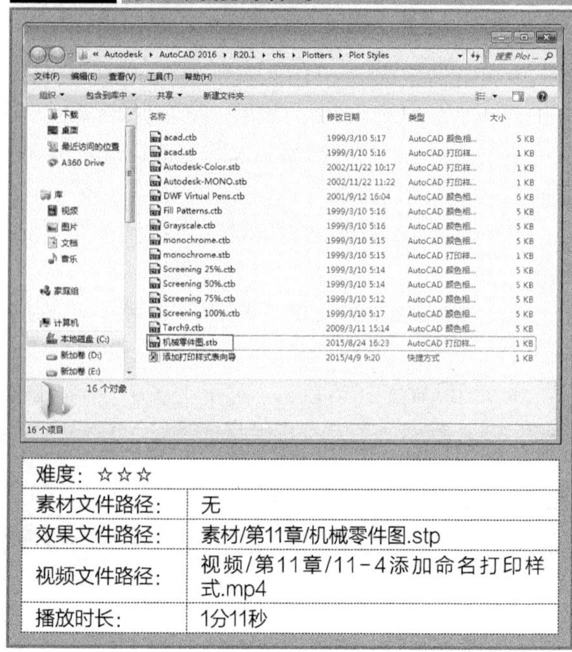

难度：☆☆☆	
素材文件路径：	无
效果文件路径：	素材/第11章/机械零件图.stp
视频文件路径：	视频/第11章/11-4添加命名打印样式.mp4
播放时长：	1分11秒

采用“.stb”打印样式类型，为不同的图层设置不同的命名打印样式。

Step 01 单击【快速访问】工具栏中的【新建】按钮，新建空白文件。

Step 02 执行【文件】|【打印样式管理器】菜单命令，单击系统弹出的对话框中的【添加打印样式表向导】图标，系统弹出【添加打印样式表】对话框，如图11-24所示。

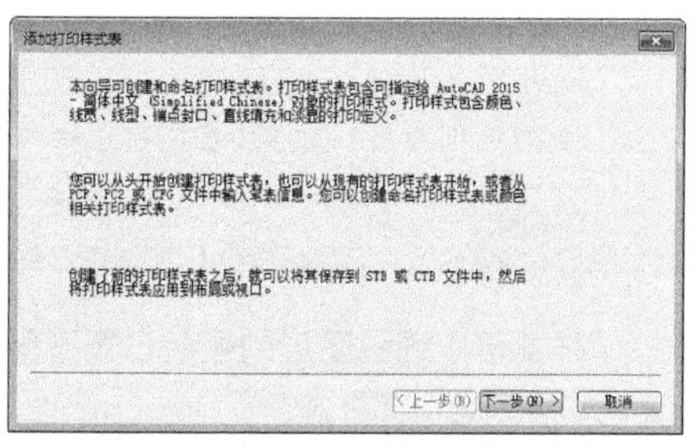

图 11-24　【添加打印样式表】对话框

Step 03 单击【下一步】按钮，打开【添加打印样式表-开始】对话框，选择【创建新打印样式表】单选按钮，如图11-25所示。

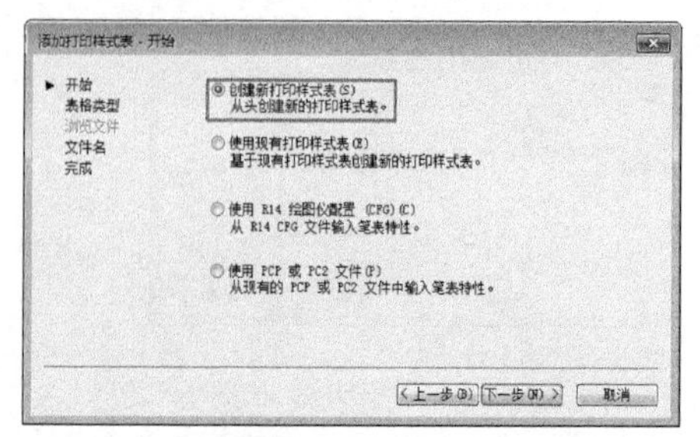

图 11-25　【添加打印样式表 - 开始】对话框

Step 04 单击【下一步】按钮，打开【添加打印样式表 - 选择打印样式表】对话框，单击【命名打印样式表】单选按钮，如图11-26所示。

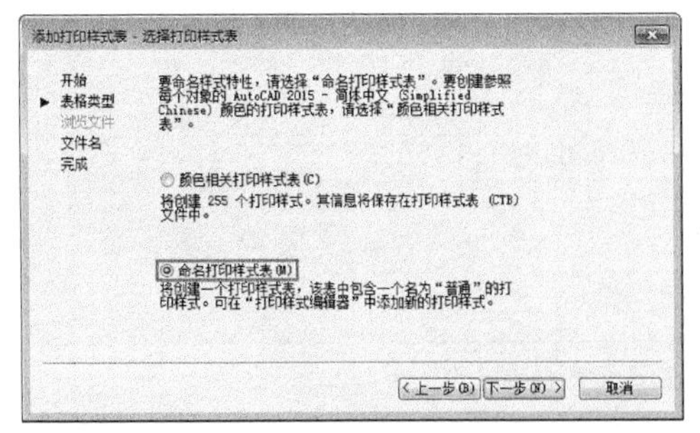

图 11-26 【添加打印样式表 - 选择打印样式表】对话框

Step 05 单击【下一步】按钮，系统打开【添加打印样式表-文件名】对话框，如图11-27所示，新建一个名为【机械零件图】的命名打印样式表文件，单击【下一步】按钮。

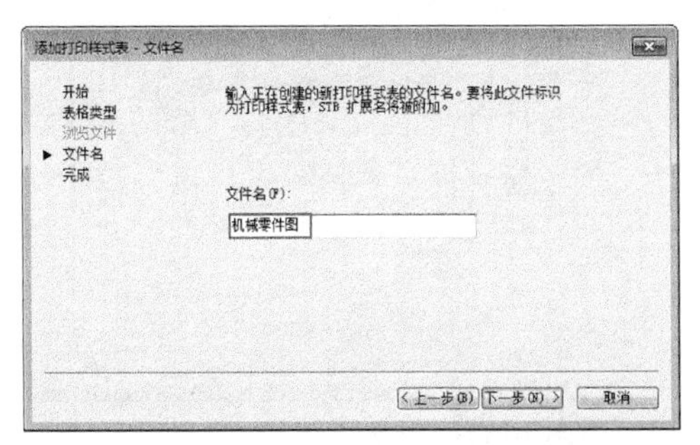

图 11-27 【添加打印样式表 - 文件名】对话框

Step 06 在【添加打印样式表-完成】对话框中单击【打印样式表编辑器】按钮，如图11-28所示。

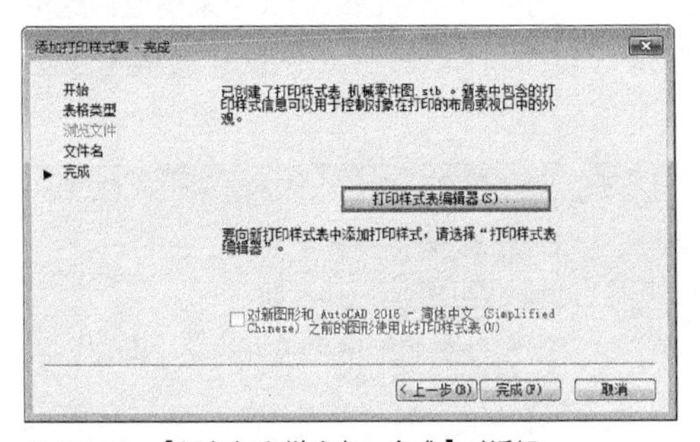

图 11-28 【添加打印样式表 - 完成】对话框

Step 07 在打开的【打印样式表编辑器-机械零件图.stb】对话框中，在【表格视图】选项卡中，单击【添加样式】按钮，添加一个名为【粗实线】的打印样式，设置【颜色】为黑色，【线宽】为0.3毫米。用同样的方法再添加一个打印样式命名为【细实线】，设置【颜色】为黑色，【线宽】为0.1毫米，【淡显】为30，如图11-29所示。设置完成后，单击【保存并关闭】按钮退出对话框。

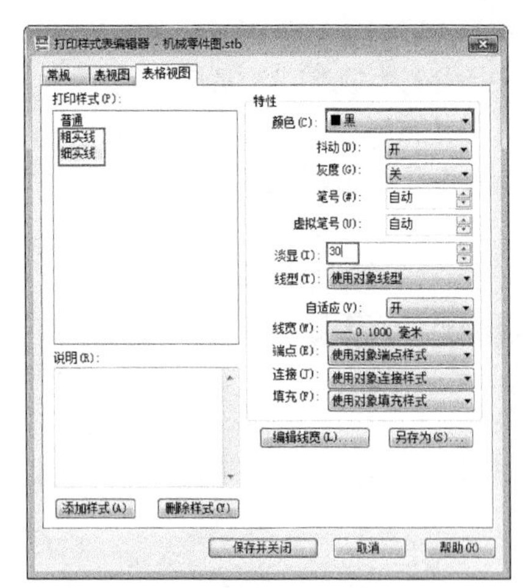

图 11-29 【打印样式表编辑器】对话框

Step 08 设置完成后，再执行【文件】【打印样式管理器】，在打开的对话框中，【机械零件图】就出现在该对话框中，如图11-30所示。

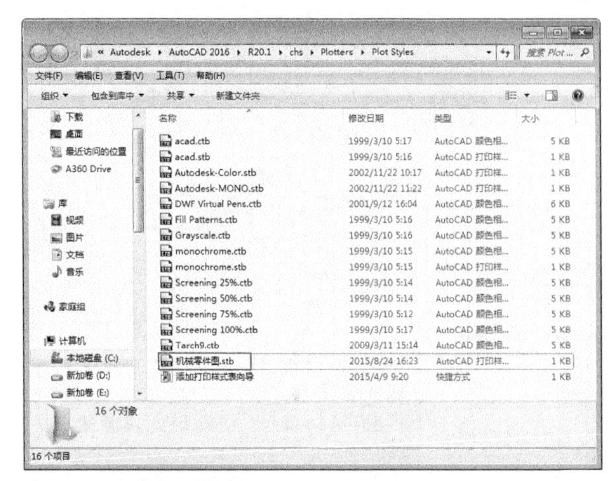

图 11-30 添加打印样式结果

11.3 布局图样

在正式出图之前，需要在布局窗口中创建好布局图，并对绘图设备、打印样式、纸张、比例尺和视口等进行设置。布局图显示的效果就是图样打印的实际效果。

11.3.1 创建布局

打开一个新的AutoCAD图形文件时，就已经存在了两个布局：【布局1】和【布局2】。在布局图标签上右击，弹出快捷菜单。在弹出的快捷菜单中选择【新建布局】命令，通过该方法，可以新建更多的布局图。

·执行方式

【创建布局】命令的方法如下。

◆功能区：在【布局】选项卡中，单击【布局】面板中的【新建】按钮。

◆菜单栏：执行【插入】|【布局】|【新建布局】命令。

◆命令行：在命令行中输入 LAYOUT。

◆快捷方式：在【布局】选项卡上单击鼠标右键，在弹出的快捷菜单中选择【新建布局】命令。

•操作步骤

执行上述任一方法均可创建新布局。

•熟能生巧：通过向导创建布局

上述介绍的方法所创建的布局，都与图形自带的【布局 1】与【布局 2】相同，如果要创建新的布局格式，只能通过布局向导来创建。下面通过一个例子来进行介绍。

练习 11-5 通过向导创建布局 ★进阶★

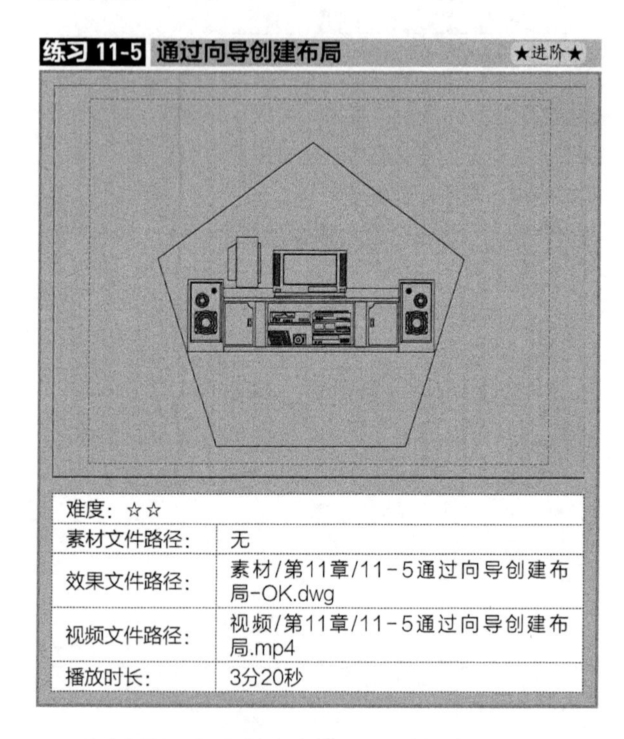

难度：☆☆	
素材文件路径：	无
效果文件路径：	素材/第11章/11-5通过向导创建布局-OK.dwg
视频文件路径：	视频/第11章/11-5通过向导创建布局.mp4
播放时长：	3分20秒

通过使用向导创建布局可以选择【打印机 / 绘图仪】、定义【图纸尺寸】、插入【标题栏】等，其外能够自定义视口，能够使模型在视口中显示完整。这些定义能够被创建为模板文件（.dwt），方便调用。要使用向导创建布局，可以按以下方法来激活 LAYOUTWIZARD 命令。

◆方法一：在命令行中输入 LAYOUTWIZARD 回车。

◆方法二：单击【插入】菜单，在弹出的下拉菜单中选择【布局】|【创建布局向导】命令。

◆方法三：单击【工具】菜单，在弹出的下拉菜单中选择【向导】|【创建布局】命令。

Step 01 新建空白文档，然后按上述任一方法执行命令后，系统弹出【创建布局-开始】对话框，在【输入新布局的名称】文本框中输入名称，如图11-31所示。

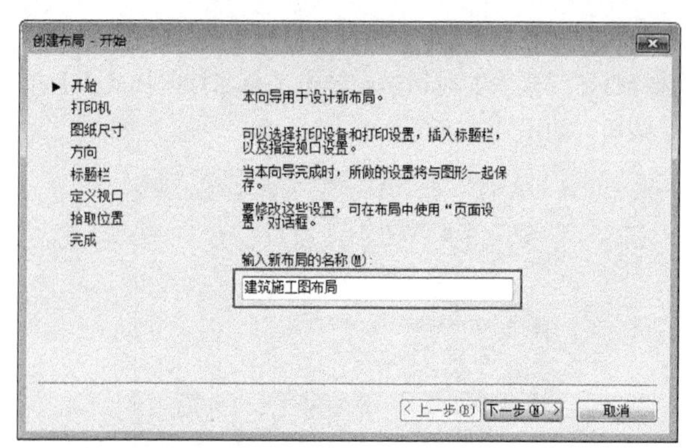

图 11-31 【创建布局 - 开始】对话框

Step 02 单击对话框的【下一步】按钮，系统跳转到【创建布局-打印机】对话框，在绘图仪列表中选择合适的选项，如图11-32所示。

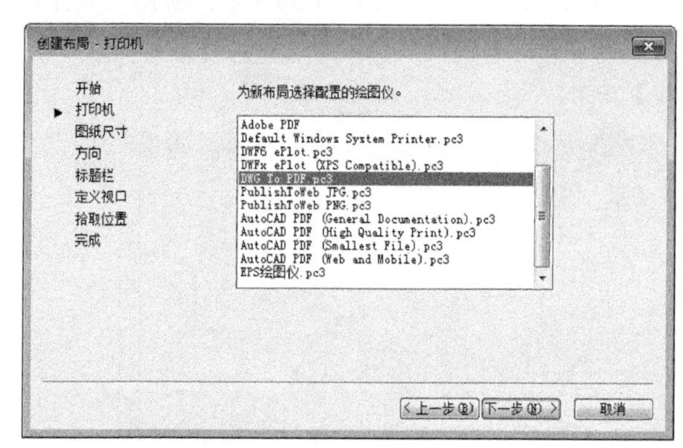

图 11-32 【创建布局 - 打印机】对话框

Step 03 单击对话框【下一步】按钮，系统跳转到【创建布局-图纸尺寸】对话框，在图纸尺寸下拉列表中选择合适的尺寸，尺寸根据实际图纸的大小来确定，这里选择A4图纸，如图11-33所示。并设置图形单位为【毫米】。

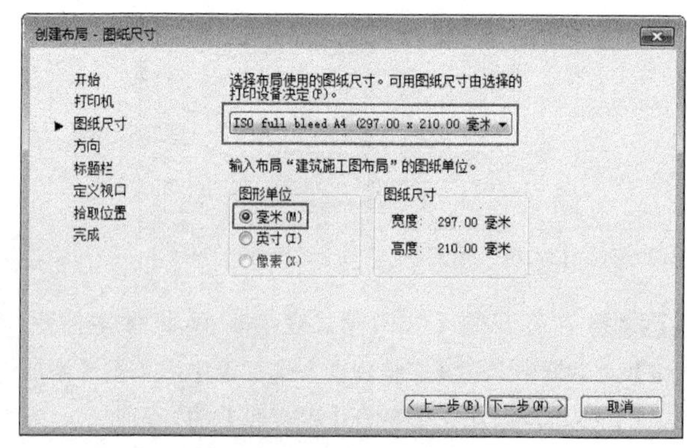

图 11-33 【创建布局 - 图纸尺寸】对话框

Step 04 单击对话框【下一步】按钮，系统跳转到【创建布局-方向】对话框，一般选择图形方向为【横向】，如图11-34所示。

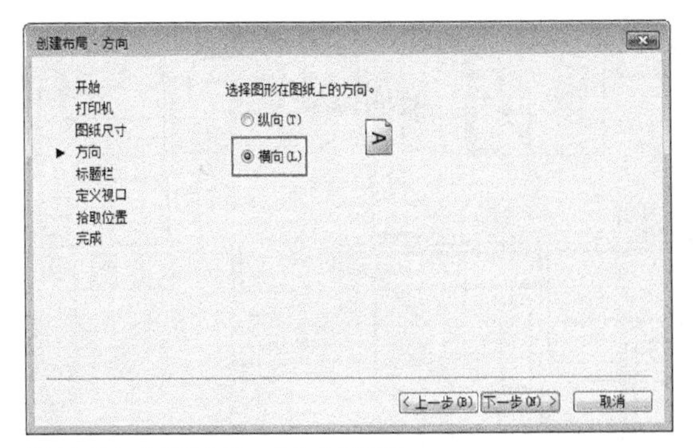

图 11-34 【创建布局 - 方向】对话框

Step 05 单击对话框【下一步】按钮，系统跳转到【创建布局-标题栏】对话框，如图 11-35所示，此处选择系统自带的国外版建筑图标题栏。

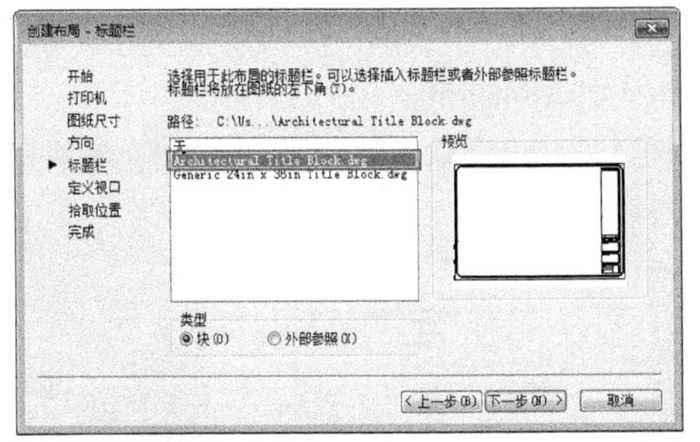

图 11-35 【创建布局 - 标题栏】对话框

技巧点拨

用户也可以自行创建标题栏文件，然后放至路径：C:\Users\Administrator\AppData\Local\Autodesk\AutoCAD 2016\R20.1\chs\Template中。可以控制以图块或外部参照的方式创建布局。

Step 06 单击对话框【下一步】按钮，系统跳转到【创建布局-定义视口】对话框，在【视口设置】选项框中可以设置4种不同的选项，如图11-36所示。这与【VPORTS】命令类似，在这里可以设置【阵列】视口，而在【视口】对话框中可以修改视图样式和视觉样式等。

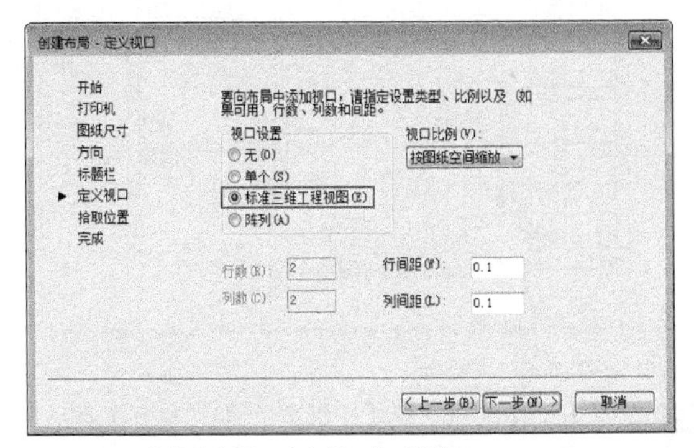

图 11-36 【创建布局 - 定义视口】对话框

Step 07 单击对话框【下一步】按钮，系统跳转到【创建布局-拾取位置】对话框，如图11-37所示。单击【选择位置】按钮，可以在图纸空间中框选矩形作为视口，如果不指定位置直接单击【下一步】按钮，系统会默认为“布满”的方式。

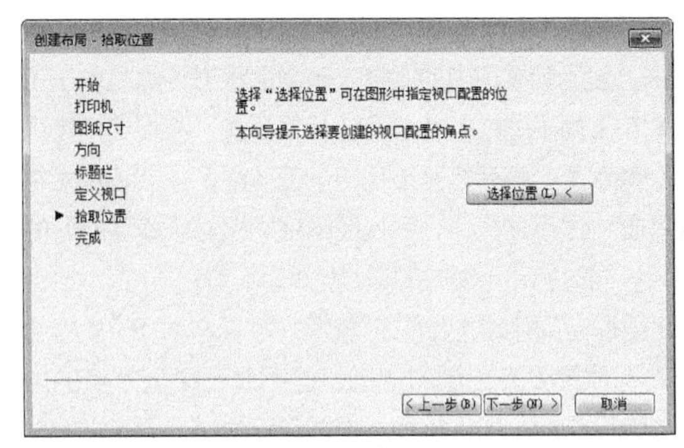

图 11-37 【创建布局 - 拾取位置】对话框

Step 08 单击对话框中【下一步】按钮，系统跳转到【创建布局-完成】对话框，再单击对话框中【完成】按钮，结束整个布局的创建。

11.3.2 调整布局 ★重点★

创建好一个新的布局图后，接下来的工作就是对布局图中的图形位置和大小进行调整和布置。

1 调整视口

视口的大小和位置是可以调整的，视口边界实际上是在图样空间中自动创建的一个矩形图形对象，单击视口边界，4 个角点上出现夹点，可以利用夹点拉伸的方法调整视口，如图 11-38 所示。

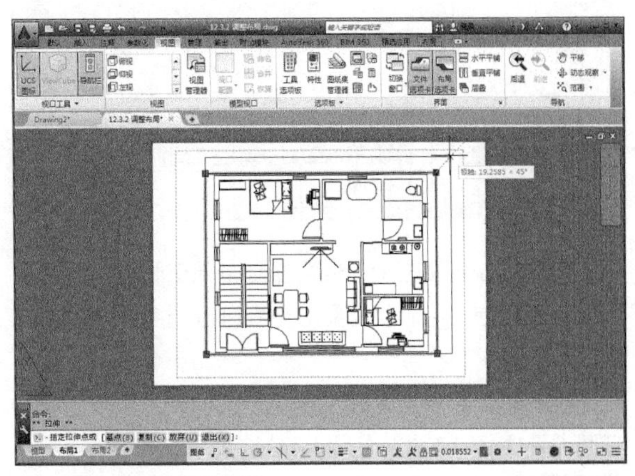
图 11-38 利用夹点调整视口

如果出图时只需要一个视口，通常可以调整视口边界到充满整个打印边界。

2 设置图形比例

设置比例尺是出图过程中最重要的一个步骤，该比例尺反映了图上距离和实际距离的换算关系。

AutoCAD 制图和传统纸面制图在设置比例尺这一步

骤上有很大的不同。传统制图的比例尺一开始就已经确定，并且绘制的是经过比例换算后的图形。而在 AutoCAD 建模过程中，在模型空间中始终按照1：1的实际尺寸绘图。只有在出图时，才按照比例尺将模型缩小到布局图上进行出图。

如果需要观看当前布局图的比例尺，首先应在视口内部双击，使当前视口内的图形处于激活状态，然后单击工作区间右下角【图样】/【模型】切换开关，将视口切换到模式空间状态。然后打开【视口】工具栏。在该工具栏右边文本框中显示的数值，就是图样空间相对于模型空间的比例尺，同时也是出图时的最终比例。

3 在图样空间中增加图形对象

有时候需要在出图时添加一些不属于模型本身的内容，如制图说明、图例符号、图框、标题栏、会签栏等，此时可以在布局空间状态下添加这些对象，这些对象只会添加到布局图中，而不会添加到模型空间中。

练习 11-6 调整布局

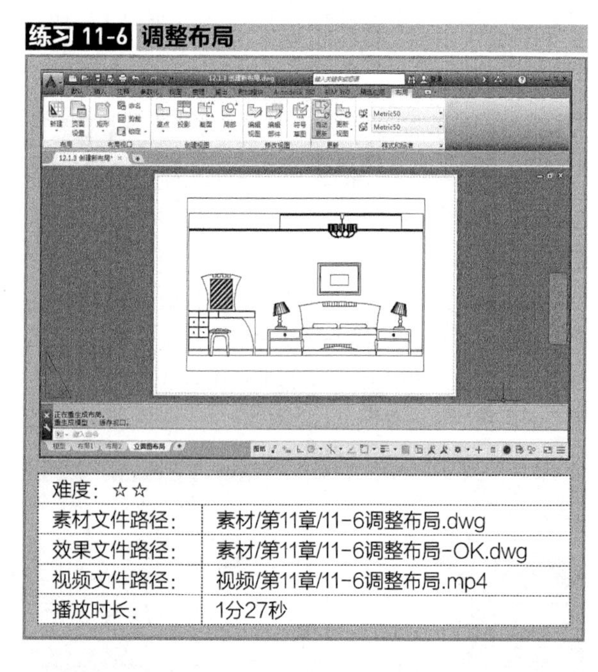

难度：☆☆	
素材文件路径：	素材/第11章/11-6调整布局.dwg
效果文件路径：	素材/第11章/11-6调整布局-OK.dwg
视频文件路径：	视频/第11章/11-6调整布局.mp4
播放时长：	1分27秒

有时绘制好了图形，但切换至布局空间时，显示的效果并不理想，这时就需要对布局进行调整，使视图符合打印的要求。

Step 01 单击【快速访问】工具栏中的【打开】按钮，打开“第11章/11-6调整布局.dwg”，如图11-39所示。

Step 02 在【布局】选项卡中，单击【布局】面板中的【新建】按钮，新建名为【标准层平面图】布局，命令行提示如下。

```
输入布局选项 [复制(C)/删除(D)/新建(N)/样板(T)/重命名(R)/另存为(SA)/设置(S)/?] <设置>: _new↙
输入新布局名 <布局3>:标准层平面图↙
```

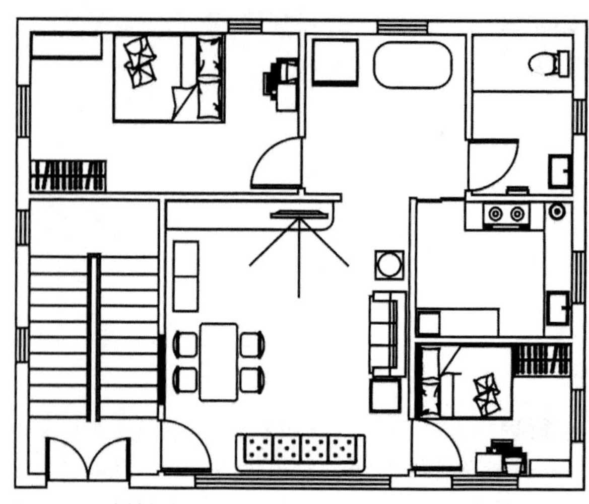

图 11-39　素材文件

Step 03 创建完毕后，切换至【标准层平面图】布局空间，效果如图11-40所示。

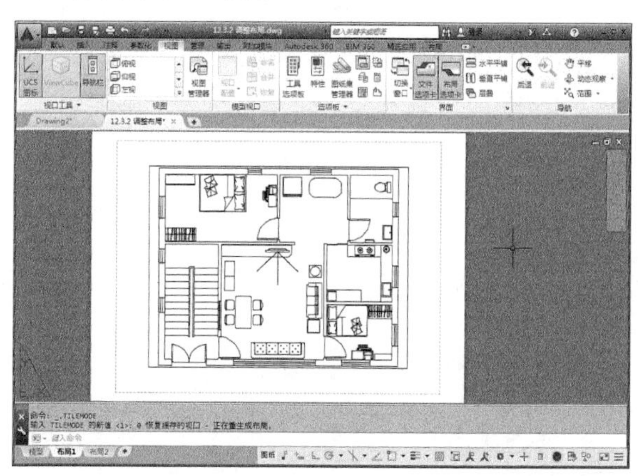

图 11-40　切换空间

Step 04 单击图样空间中的视口边界，四个角点上出现夹点，调整视口边界到充满整个打印边界，如图11-41所示。

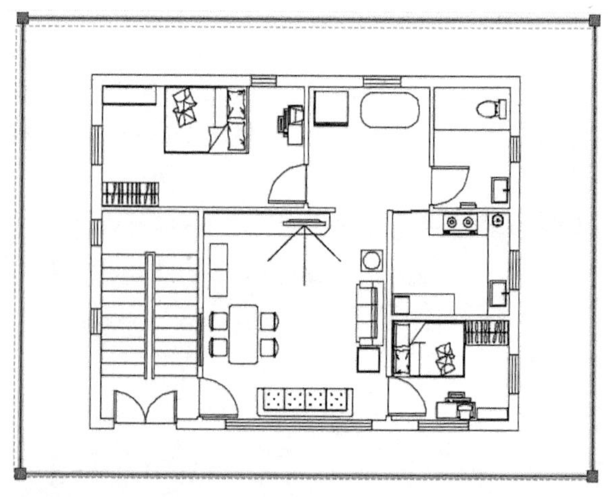

图 11-41　调整布局

Step 05 单击工作区右下角【图纸/模型】切换开关图纸，将视口切换到模型空间状态。

Step 06 在命令行输入ZOOM，调用【缩放】命令，使所有的图形对象充满整个视口，并调整图形到合适位置，如图11-42所示。

Step 07 完成布局的调整，此时工作区右边显示的就是当前图形的比例尺。

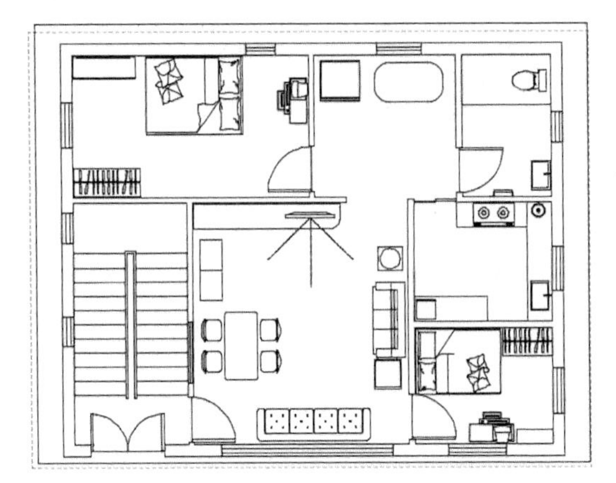

图 11-42 缩放图形

11.4 视口

视口是在布局空间中构造布局图时涉及的一个概念，布局空间相当于一张空白的纸，要在其上布置图形时，先要在纸上开一扇窗，让存在于里面的图形能够显示出来，视口的作用就相当于这扇窗。可以将视口视为布局空间的图形对象，并对其进行移动和调整，这样就可以在一个布局内进行不同视图的放置、绘制、编辑和打印。视口可以相互重叠或分离。

11.4.1 删除视口

打开布局空间时，系统就已经自动创建了一个视口，所以能够看到分布在其中的图形。

在布局中，选择视口的边界，如图 11-43 所示，按 Delete 键可删除视口，删除后，显示于该视口的图像将不可见，如图 11-44 所示。

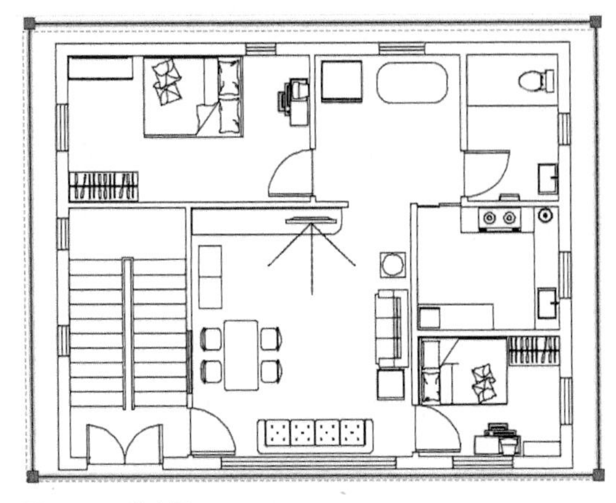

图 11-43 选中视口

图 11-44 删除视口

11.4.2 新建视口 ★进阶★

系统默认的视口往往不能满足布局的要求，尤其是在进行多视口布局时，这时需要手动创建新视口，并对其进行调整和编辑。

【新建视口】的方法如下。

◆功能区：在【输出】选项卡中，单击【布局视口】面板中各按钮，可创建相应的视口。

◆菜单栏：执行【视图】|【视口】命令。

◆命令行：VPORTS

1 创建标准视口

执行上述命令下的【新建视口】子命令后，将打开【视口】对话框，如图 11-45 所示，在【新建视口】选项卡的【标准视口】列表中可以选择要创建的视口类型，在右边的预览窗口中可以进行预览。可以创建单个视口，也可以创建多个视口，如图 11-46 所示，还可以选择多个视口的摆放位置。

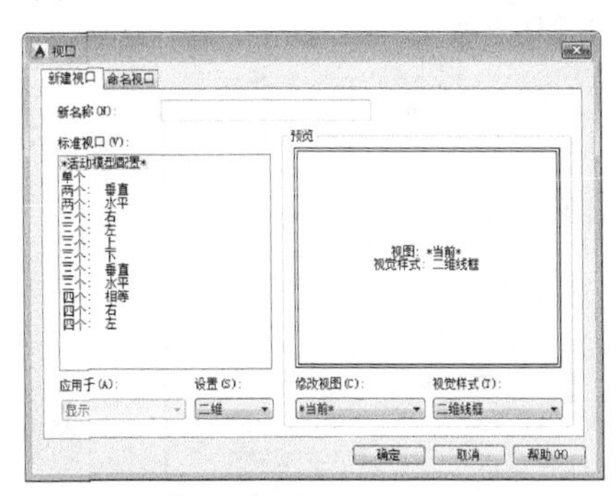

图 11-45 【视口】对话框

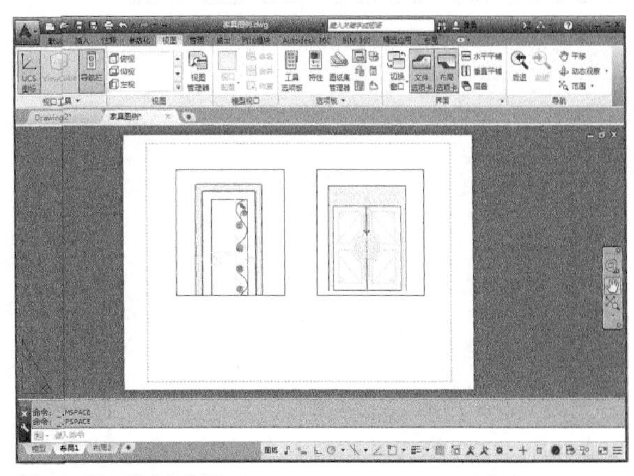

图 11-46 创建多个视口

调用多个视口的方法如下。

◆功能区：在【布局】选项卡中，单击【布局视口】中的各按钮，如图 11-47 所示。

◆菜单栏：执行【视图】|【视口】命令，如图 11-48 所示。

◆命令行：VPORTS。

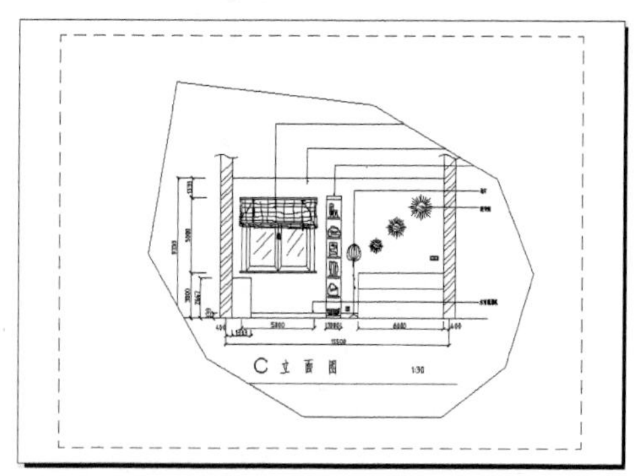

图 11-47 【功能区】调用【视口】命令

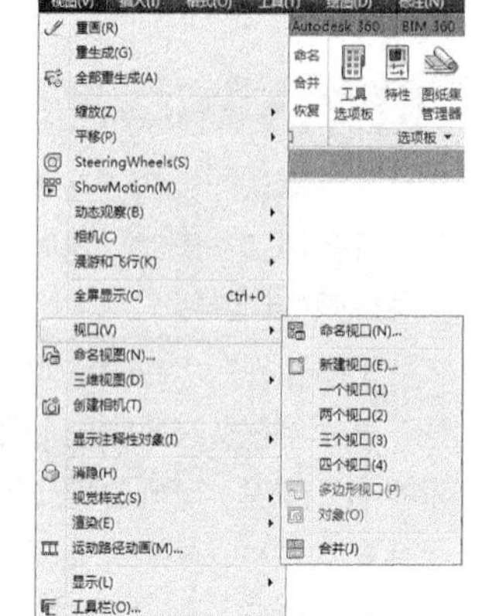

图 11-48 【菜单栏】调用【视口】命令

2 创建特殊形状的视口

执行上述命令中的【多边形视口】命令，可以创建多边形的视口，如图 11-49 所示。甚至还可以在布局图样中手动绘制特殊的封闭对象边界，如多边形、圆、样条曲线或椭圆等，然后使用【对象】命令，将其转换为视口，如图 11-50 所示。

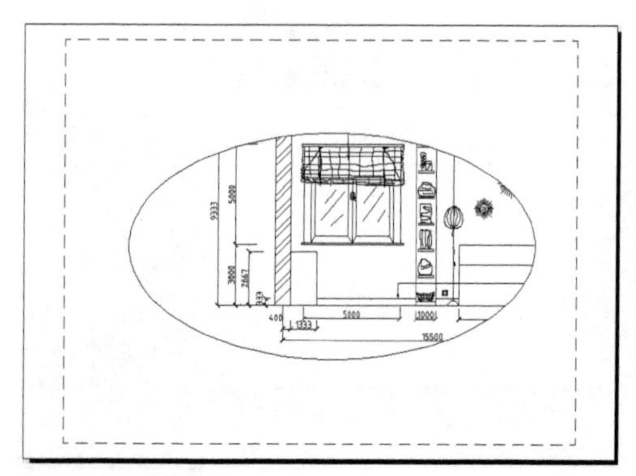

图 11-49 多边形视口

图 11-50 转换为视口

练习 11-7 创建正五边形视口

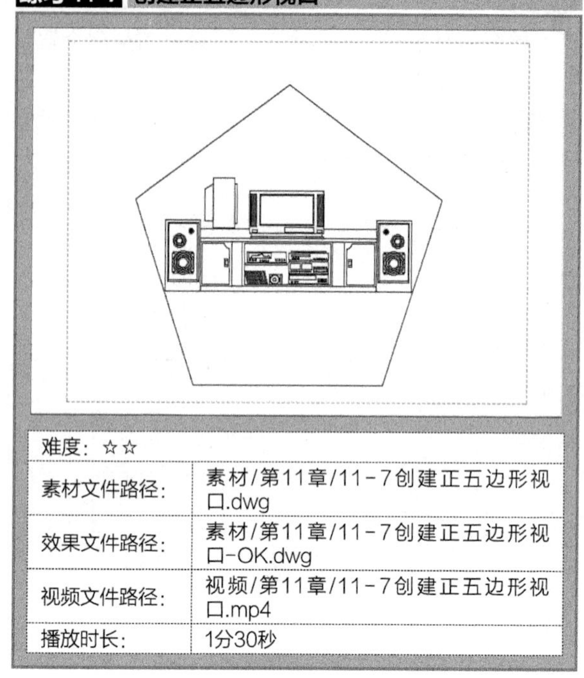

难度：☆☆	
素材文件路径：	素材/第11章/11-7创建正五边形视口.dwg
效果文件路径：	素材/第11章/11-7创建正五边形视口-OK.dwg
视频文件路径：	视频/第11章/11-7创建正五边形视口.mp4
播放时长：	1分30秒

有时为了让布局空间显示更多的内容，可以通过【视口】命令来创建多个显示窗口，也可手工绘制矩形或多边形，然后将其转换为视口。

Step 01 单击【快速访问】工具栏中的【打开】按钮，打开“第11章/11-7创建正五边形视口.dwg”，如图11-51所示。

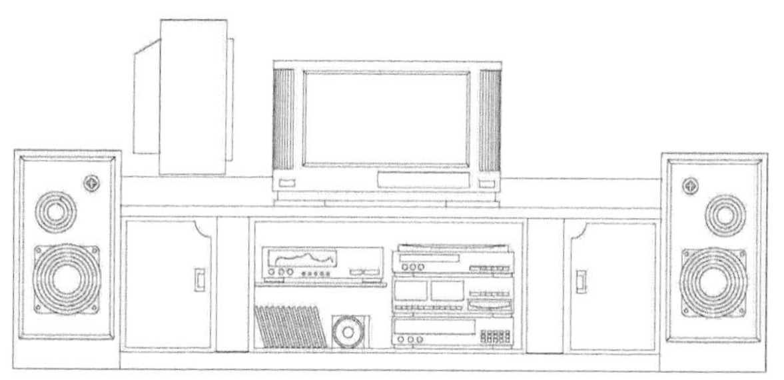

图 11-51 素材文件

Step 02 切换至【布局1】空间，选取默认的矩形浮动视口，按Delete键删除，此时图像将不可见，如图11-52所示。

图 11-52 删除视口

Step 03 在【默认】选项卡中，单击【绘图】面板中的【正多边形】按钮，绘制内接于圆半径为90的正五边形，如图11-53所示。

Step 04 在【布局】选项卡中，单击【布局视口】面板中的【对象】按钮，选择正五边形，将正五边形转换为视口，效果如图11-54所示。

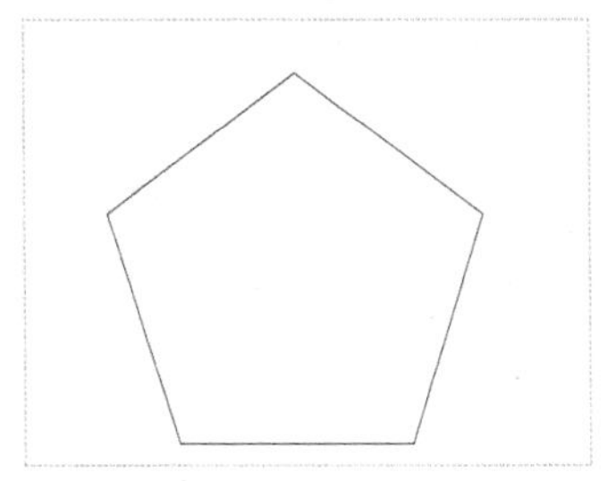

图 11-53 绘制正五边形

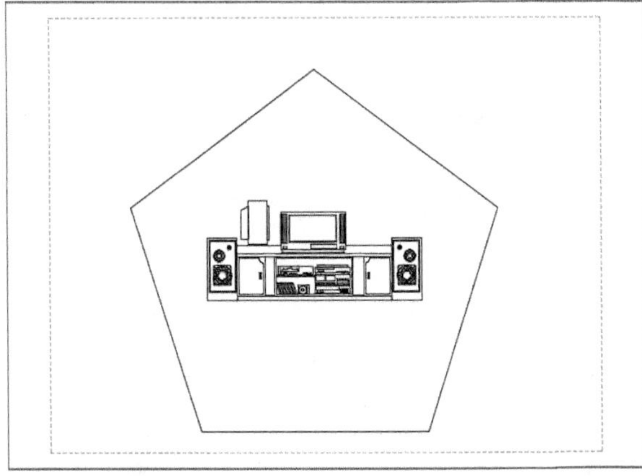

图 11-54 转换视口

Step 05 单击工作区右下角的【模型/图纸空间】按钮 图纸，切换为模型空间，对图形进行缩放，最终结果如图11-55所示。

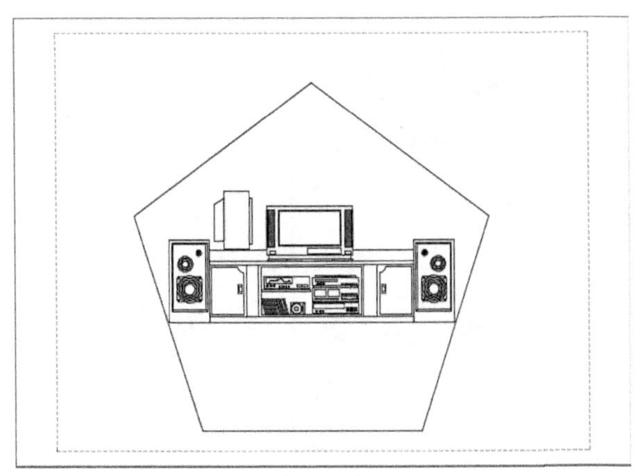

图 11-55 最终效果图

11.4.3 调整视口 ★进阶★

视口创建后，为了使其满足需要，还需要对视口的大小和位置进行调整，相对于布局空间，视口和一般的图形对象没什么区别，每个视口均被绘制在当前层上，且采用当前层的颜色和线型。因此可使用通常的图形编辑方法来编辑视口。例如，可以通过拉伸和移动夹点来调整视口的边界，如图 11-56 所示。

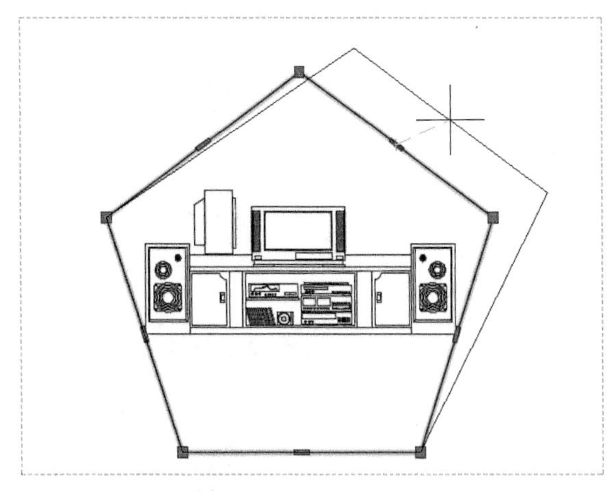

图 11-56 利用夹点调整视口

11.5 页面设置 ★进阶★

页面设置是出图准备过程中的最后一个步骤，打印的图形在进行布局之前，先要对布局的页面进行设置，以确定出图的纸张大小等参数。页面设置包括打印设备、纸张、打印区域、打印方向等参数的设置。页面设置可以命名保存，可以将同一个命名页面设置应用到多个布局图中，也可以从其他图形中输入命名页面设置并应用到当前图形的布局中，这样就避免了在每次打印前都反复进行打印设置的麻烦。

• 执行方式

页面设置在【页面设置管理器】对话框中进行，调用【新建页面设置】的方法如下。

◆ 功能区：在【输出】选项卡中，单击【布局】面板或【打印】面板中的【页面设置管理器】按钮，如图 11-57 所示。

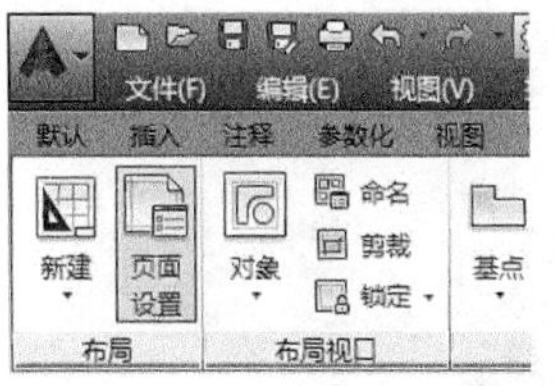

图 11-57 【功能区】调用【页面设置管理器】命令

◆ 菜单栏：执行【文件】|【页面设置管理器】命令，如图 11-58 所示。

◆ 命令行：在命令行中输入 PAGESETUP。

◆ 快捷方式：右击绘图窗口下的【模型】或【布局】选项卡，在弹出的快捷菜单中，选择【页面设置管理器】命令。

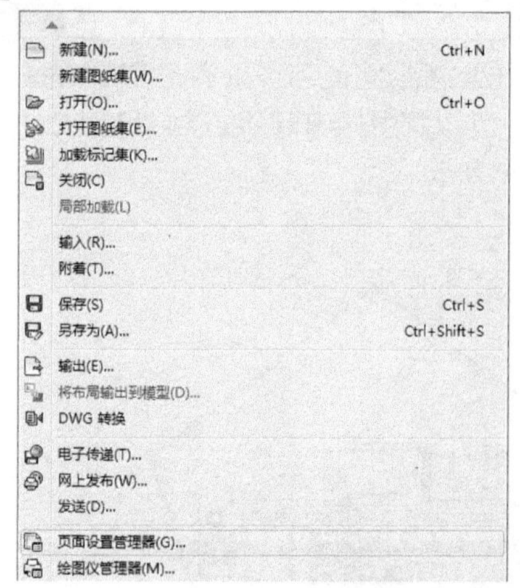

图 11-58 【菜单栏】调用【页面设置管理器】命令

•操作步骤

执行该命令后，将打开【页面设置管理器】对话框，如图 11-59 所示，对话框中显示了已存在的所有页面设置的列表。通过右击页面设置，或单击右边的工具按钮，可以对页面设置进行新建、修改、删除、重命名和当前页面设置等操作。

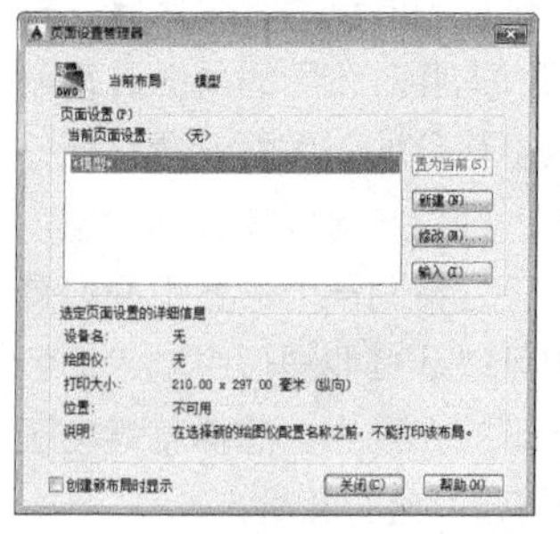

图 11-59 【页面设置管理器】对话框

单击对话框中的【新建】按钮，新建一个页面，或选中某页面设置后单击【修改】按钮，都将打开如图 11-60 所示的【页面设置】对话框。在该对话框中，可以进行打印设备、图样、打印区域、比例等选项的设置。

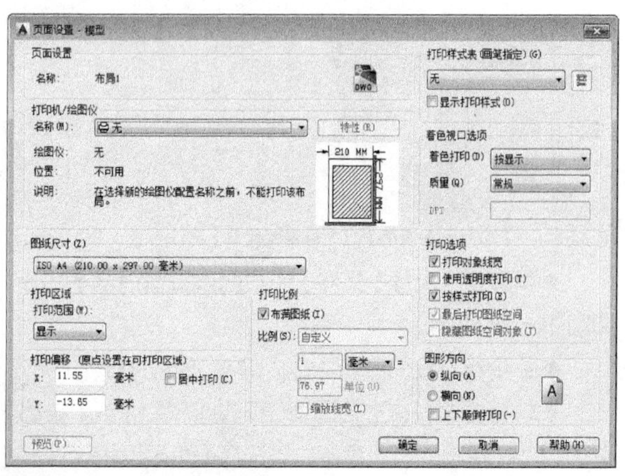

图 11-60 【页面设置】对话框

11.5.1 指定打印设备 ★重点★

【打印机 / 绘图仪】选项组用于设置出图的绘图仪或打印机。如果打印设备已经与计算机或网络系统正确连接，并且驱动程序也已经正常安装，那么在【名称】下拉列表框中就会显示该打印设备的名称，可以选择需要的打印设备。

AutoCAD 将打印介质和打印设备的相关信息储存在后缀名为 *.pc3 的打印配置文件中，这些信息包括绘图仪配置设置指定端口信息、光栅图形和矢量图形的质量、图样尺寸以及取决于绘图仪类型的自定义特性。这样使得打印配置可以用于其他 AutoCAD 文档，能够实现共享，避免了反复设置。

•执行方式

单击功能区【输出】选项卡【打印】组面板中【打印】按钮，系统弹出【打印 - 模型】对话框，如图 11-61 所示。在对话框【打印机 / 绘图仪】功能框的【名称】下拉列表中选择要设置的名称选项，单击右边的【特性】按钮 特性(R)... ，系统弹出【绘图仪配置编辑器】对话框，如图 11-62 所示。

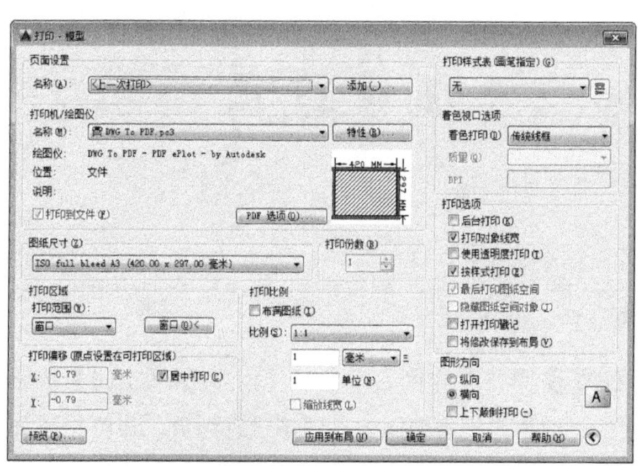

图 11-61 【打印 - 模型】对话框

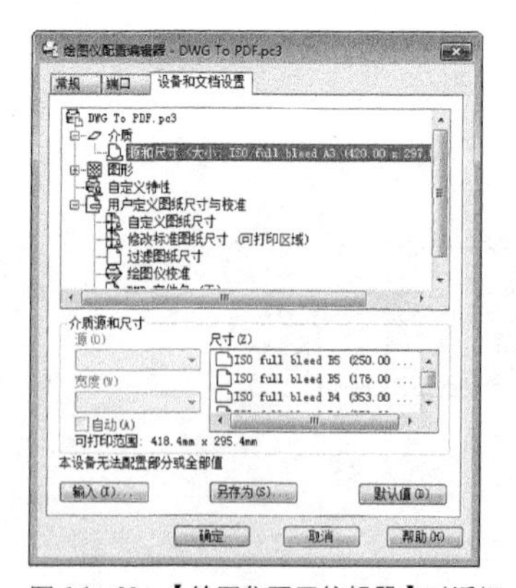

图 11-62 【绘图仪配置编辑器】对话框

•操作步骤

切换到【设备和文档设置】选项卡，选择各个节点，然后进行更改即可，各节点修改的方法见本节的“选项说明”。在这里，如果更改了设置，所做更改将出现在设置名旁边的尖括号 (< >) 中。修改过其值的节点图标上还会显示一个复选标记。

• 选项说明

对话框中共有【介质】、【图形】、【自定义特性】和【用户定义图纸尺寸与校准】这 4 个主节点，除【自定义特性】节点外，其余节点皆有子菜单。下面对各个节点进行介绍。

◎【介质】节点

该节点可指定纸张来源、大小、类型和目标，在点选此选项后，在【尺寸】选项列表中指定。有效的设置取决于配置的绘图仪支持的功能。对于 Windows 系统打印机，必须使用“自定义特性”节点配置介质设置。

◎【图形】节点

为打印矢量图形、光栅图形和 TrueType 文字指定设置。根据绘图仪的性能，可修改颜色深度、分辨率和抖动。可为矢量图形选择彩色输出或单色输出。在内存有限的绘图仪上打印光栅图像时，可以通过修改打印输出质量来提高性能。如果使用支持不同内存安装总量的非系统绘图仪，则可以提供此信息以提高性能。

◎【自定义特性】节点

点选【自定义特性】选项，单击【自定义特性】按钮，系统弹出【PDF 选项】对话框，如图 11-63 所示。在此对话框中可以修改绘图仪配置的特定设备特性。每一种绘图仪的设置各不相同。如果绘图仪制造商没有为设备驱动程序提供“自定义特性”对话框，则“自定义特性”选项不可用。对于某些驱动程序，如 ePLOT，这是显示的唯一树状图选项。对于 Windows 系统打印机，多数设备特有的设置在此对话框中完成。

图 11-63 【PDF 选项】对话框

◎【用户定义图纸尺寸与校准】节点

用户定义图纸尺寸与校准节点。将 PMP 文件附着到 PC3 文件，校准打印机并添加、删除、修订或过滤自定义图纸尺寸，具体步骤介绍如下。

Step 01 在【绘图仪配置编辑器】对话框中点选【自定义图纸尺寸】选项，单击【添加】按钮，系统弹出【自定义图纸尺寸-开始】对话框，如图11-64所示。

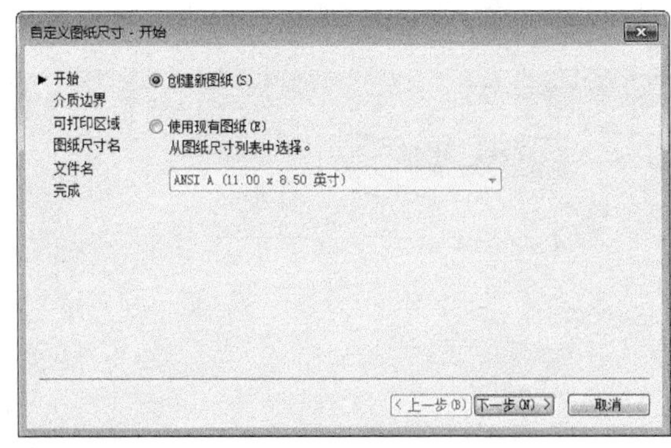

图 11-64 【自定义图纸尺寸 - 开始】对话框

Step 02 在对话框中选择【创建新图纸】单选项，或者选择现有的图纸进行自定义，单击【下一步】按钮，系统跳转到【自定义图纸尺寸-介质边界】对话框，如图11-65所示。在文本框中输入介质边界的宽度和高度值，这里可以设置非标准A0、A1、A2等规格的图框，有些图形需要加长打印便可在此设置。并确定单位名称为毫米。

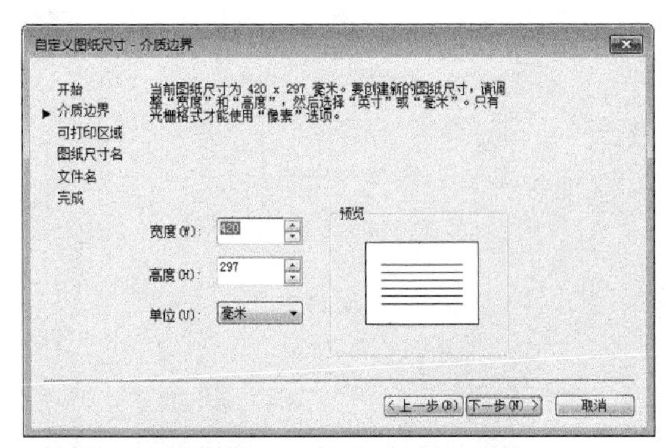

图 11-65 【自定义图纸尺寸 - 介质边界】对话框

Step 03 再单击【下一步】按钮，系统跳转到自定义图纸尺寸-可打印区域】对话框，如图11-66所示。在对话框中可以设置图纸边界与打印边界线的距离，即设置非打印区域。大多数驱动程序根据与图纸边界的指定距离来计算可打印区域。

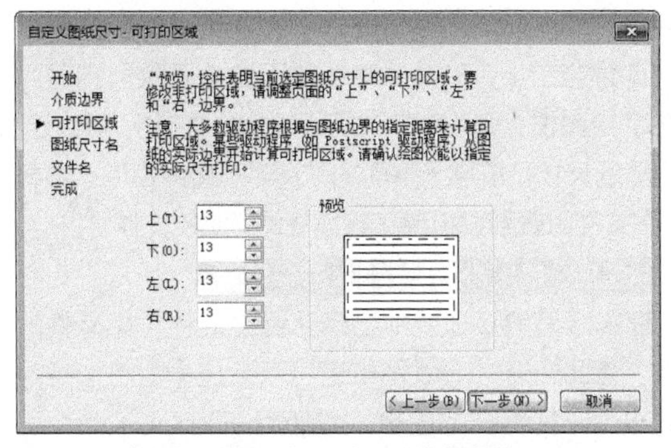

图 11-66 【自定义图纸尺寸 - 可打印区域】对话框

Step 04 单击【下一步】按钮，系统跳转到【自定义图纸尺寸-图纸尺寸名】对话框，如图 11-67所示。在【文件名】文本框中输入图纸尺寸名称。

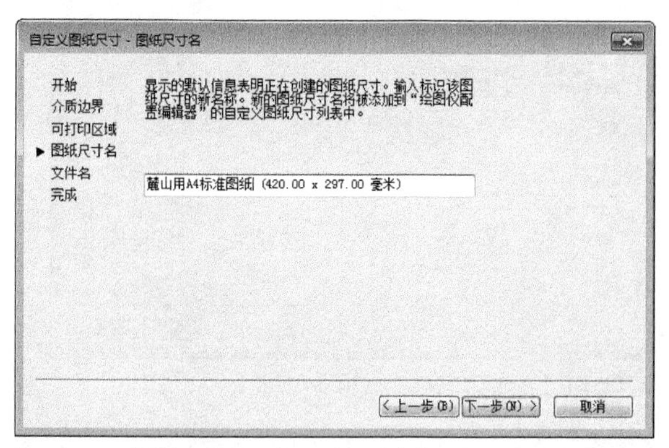

图 11-67 【自定义图纸尺寸 - 图纸尺寸名】对话框

Step 05 单击对话框【下一步】按钮，系统跳转到【自定义图纸尺寸-文件名】对话框，如图11-68所示。在【PMP文件名】文本框中输入文件名称。PMP文件可以跟随PC3文件。输入完成单击【下一步】按钮，再单击【完成】按钮。至此完成整个自定义图纸尺寸的设置。

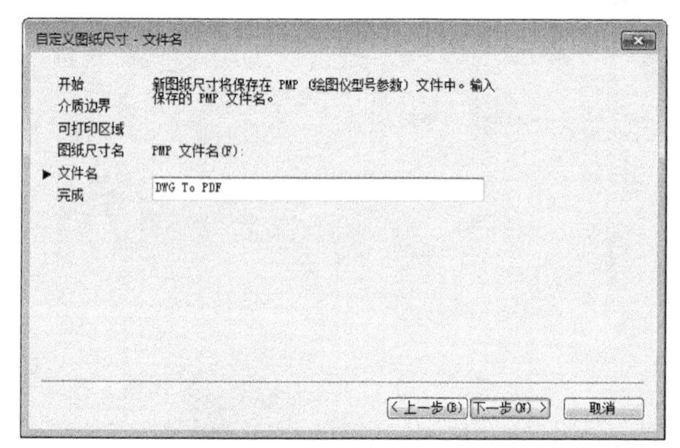

图 11-68 【自定义图纸尺寸 - 文件名】对话框

在配置编辑器中可修改标准图纸尺寸。通过节点可以访问“绘图仪校准”和“自定义图纸尺寸”向导，方法与自定义图纸尺寸方法类似。如果正在使用的绘图仪已校准过，则绘图仪型号参数 (PMP) 文件包含校准信息。如果 PMP 文件还未附着到正在编辑的 PC3 文件中，那么必须创建关联才能够使用 PMP 文件。如果创建当前 PC3 文件时在“添加绘图仪”向导中校准了绘图仪，则 PMP 文件已附着。使用“用户定义的图纸尺寸和校准”下面的“PMP 文件名”选项将 PMP 文件附着到或拆离正在编辑的 PC3 文件。

•熟能生巧：输出高分辨率的 JPG 图片

在第 3 章的 3.3 节中已经介绍了几种常见文件的输出，除此之外，dwg 图纸还可以通过命令将选定对象输出为不同格式的图像，如使用 JPGOUT 命令导出 JPEG 图像文件、使用 BMPOUT 命令导出 BMP 位图图像文件、使用 TIFOUT 命令导出 TIF 图像文件、使用 WMFOUT 命令导出 Windows 图元文件……但是导出的这些格式的图像分辨率很低，如果图形比较大，就无法满足印刷的要求，如图 11-69 所示。

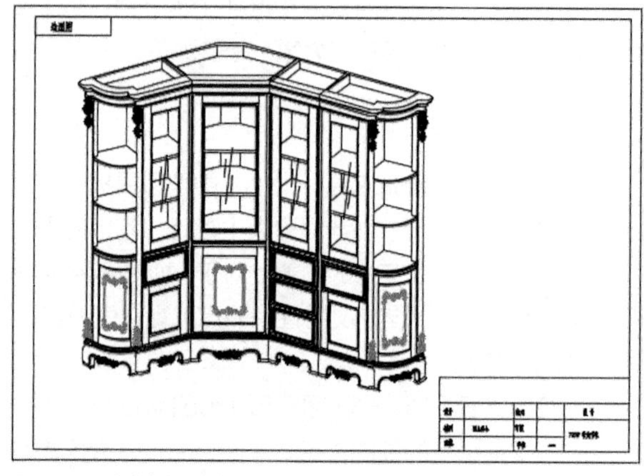

图 11-69 分辨率很低的 JPG 图片

不过，学习了指定打印设备的方法后，就可以通过修改图纸尺寸的方式，来输出高分辨率的 jpg 图片。下面通过一个例子来介绍具体的操作方法。

练习 11-8 输出高分辨率的 JPG 图片 ★进阶★

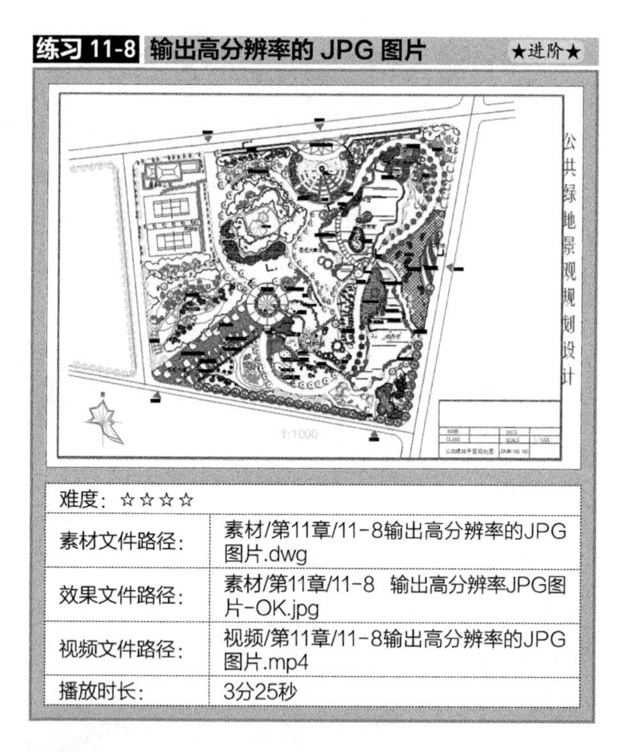

难度：☆☆☆☆	
素材文件路径：	素材/第11章/11-8输出高分辨率的JPG图片.dwg
效果文件路径：	素材/第11章/11-8 输出高分辨率JPG图片-OK.jpg
视频文件路径：	视频/第11章/11-8输出高分辨率的JPG图片.mp4
播放时长：	3分25秒

Step 01 打开“第11章/11-8输出高分辨率JPG图片.dwg”，其中绘制好了某公共绿地平面图，如图11-70所示。

Step 02 按Ctrl+P组合键，弹出【打印-模型】对话框。然后在【名称】下拉列表框中选择所需的打印机，本例要输出JPG图片，便以选择【PublishToWeb JPG.pc3】打印机为例，如图11-71所示。

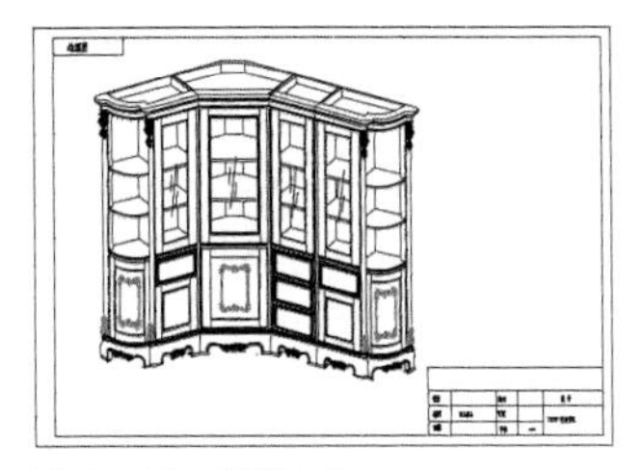

图 11-70 素材文件

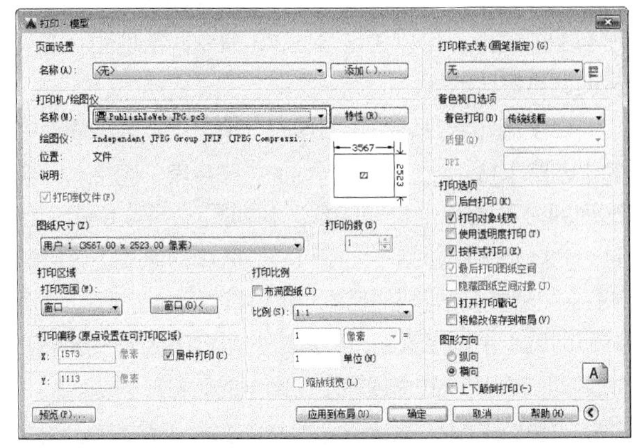

图 11-71 指定打印机

Step 03 单击【PublishToWeb JPG.pc3】右边的【特性】按钮 特性(R)... ，系统弹出【绘图仪配置编辑器】对话框，选择【用户定义图纸尺寸与校准】节点下的【自定义图纸尺寸】，然后单击右下方的【添加】按钮，如图11-72所示。

Step 04 系统弹出【自定义图纸尺寸-开始】对话框，选择【创建新图纸】单选项，然后单击【下一步】按钮，如图11-73所示。

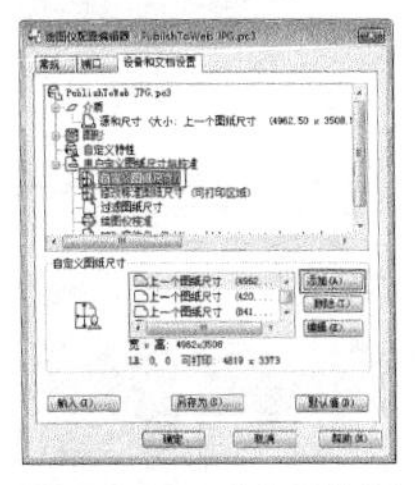

图 11-72 【绘图仪配置编辑器】对话框

图 11-73 【自定义图纸尺寸 - 开始】对话框

Step 05 调整分辨率。系统跳转到【自定义图纸尺寸-介质边界】对话框，这里会提示当前图形的分辨率，可以酌情进行调整，本例修改分辨率如图11-74所示。

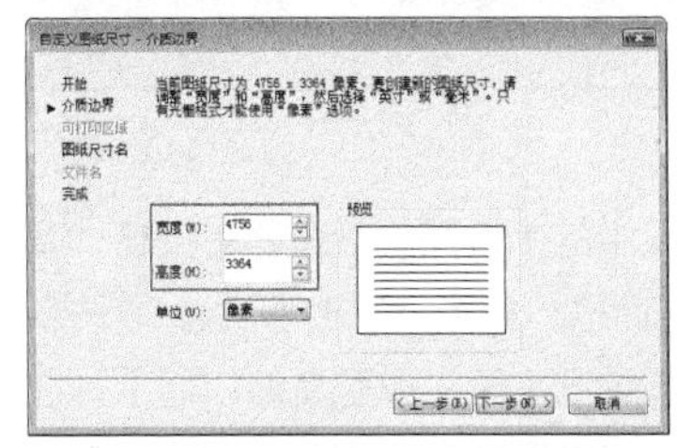

图 11-74 调整分辨率

操作技巧

设置分辨率时，要注意图形的长宽比与原图一致。如果所输入的分辨率与原图长、宽不成比例，则会失真。

Step 06 单击【下一步】按钮，系统跳转到【自定义图纸尺寸-图纸尺寸名】对话框，在【名称】文本框中输入图纸尺寸名称，如图11-75所示。

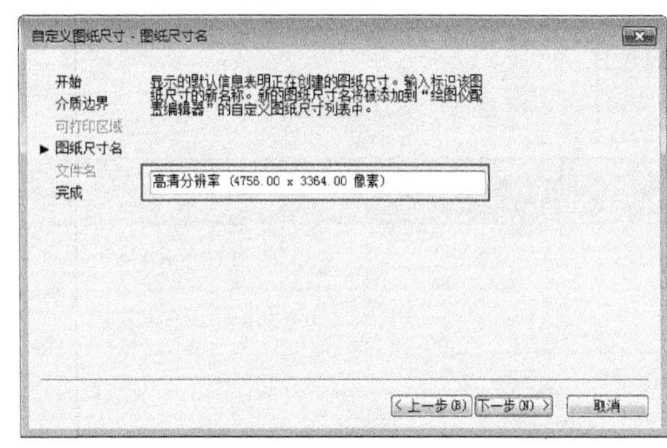

图 11-75 【自定义图纸尺寸 - 图纸尺寸名】对话框

Step 07 单击【下一步】按钮，再单击【完成】按钮，完成高清分辨率的设置。返回【绘图仪配置编辑器】对话框后单击【确定】按钮，再返回【打印-模型】对话框，在【图纸尺寸】下拉列表中选择刚才创建好的【高清分辨率】，如图11-76所示。

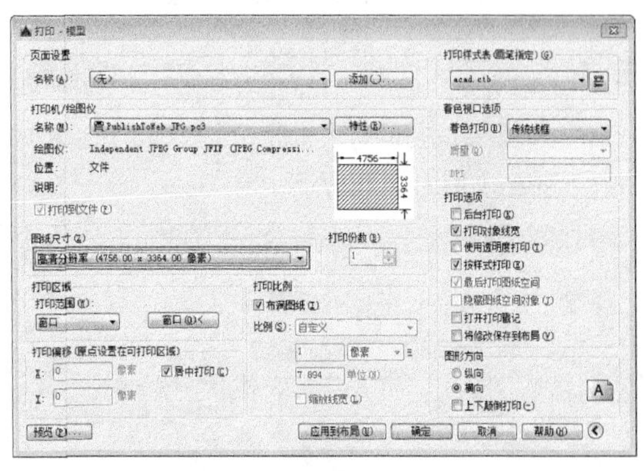

图 11-76 选择图纸尺寸（即分辨率）

Step 08 单击确定按钮，即可输出高清分辨率的JPG图片，局部截图效果如图11-77所示（亦可打开素材中的效果文件进行观察）。

图 11-77 局部效果

11.5.2 设定图纸尺寸 ★重点★

设定图纸尺寸即在【图纸尺寸】下拉列表框中选择打印出图时的纸张类型，控制出图比例。

工程制图的图纸有一定的规范尺寸，一般采用英制A系列图纸尺寸，包括A0、A1、A2等标准型号，以及A0+、A1+等加长图纸型号。图纸加长的规定是：可以将边延长1/4或1/4的整数倍，最多可以延长至原尺寸的两倍，短边不可延长。各型号图纸的尺寸如表11-1所示。

表 11-1 标准图纸尺寸

图纸型号	长宽尺寸
A0	1189mm × 841mm
A1	841mm × 594mm
A2	594mm × 420mm
A3	420mm × 297mm
A4	297mm × 210mm

新建图纸尺寸的步骤为首先在打印机配置文件中新建一个或若干个自定义尺寸，然后保存为新的打印机配置pc3文件。这样，以后需要使用自定义尺寸时，只需要在【打印机/绘图仪】对话框中选择该配置文件即可。

11.5.3 设置打印区域 ★重点★

在使用模型空间打印时，一般在【打印】对话框中设置打印范围，如图11-78所示。

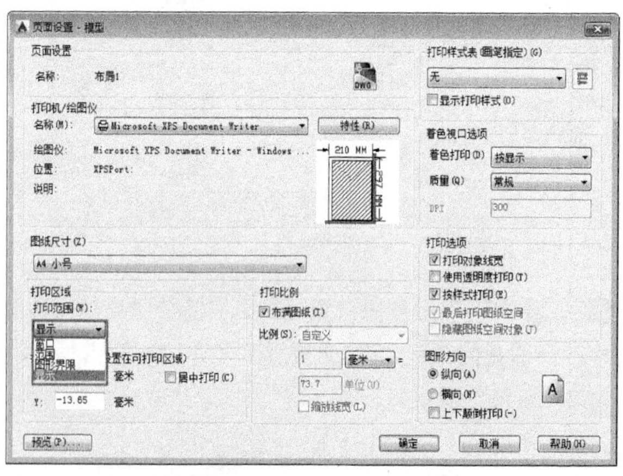

图 11-78 设置打印范围

【打印范围】下拉列表用于确定设置图形中需要打印的区域，其各选项含义如下。

◆【布局】：打印当前布局图中的所有内容。该选项是默认选项，选择该项可以精确地确定打印范围、打印尺寸和比例。

◆【窗口】：用窗选的方法确定打印区域。单击该按钮后，【页面设置】对话框暂时消失，系统返回绘图区，可以用鼠标在模型窗口中的工作区间拉出一个矩形窗口，该窗口内的区域就是打印范围。使用该选项确定打印范围简单方便，但是不能精确比例尺和出图尺寸。

◆【范围】：打印模型空间中包含所有图形对象的范围。

◆【显示】：打印模型窗口当前视图状态下显示的所有图形对象，可以通过ZOOM命令调整视图状态，从而调整打印范围。

在使用布局空间打印图形时，单击【打印】面板中的【预览】按钮，预览当前的打印效果。图签有时会出现部分不能完全打印的状况，如图11-79所示，这是因为图签大小超越了图纸可打印区域的缘故。可以通过【绘图配置编辑器】对话框中的【修改标准图纸所示（可打印区域）】选择重新设置图纸的可打印区域来解决，如图11-80所示的虚线表示了图纸的可打印区域。

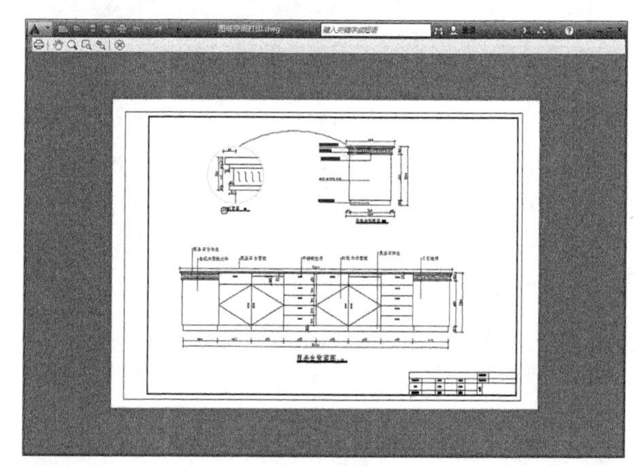

图 11-79 打印预览

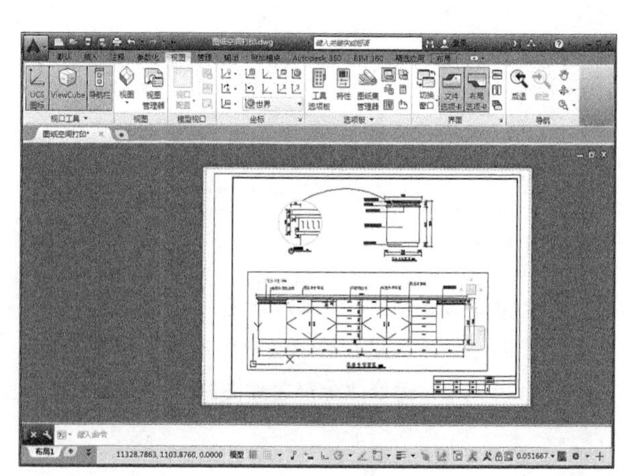

图 11-80 可打印区域

单击【打印】面板中的【绘图仪管理器】按钮，系统弹出【Plotters】对话框，如图11-81所示，双击所设置的打印设备。系统弹出【绘图仪配置编辑器】，在对话框单击选择【修改标准图纸所示（可打印区域）】

选项，重新设置图纸的可打印区域，如图 11-82 所示。也可以在【打印】对话框中选择打印设备后，再单击右边的【特性】按钮，可以打开【绘图仪配置编辑器】对话框。

图 11-81 【Plotters】对话框

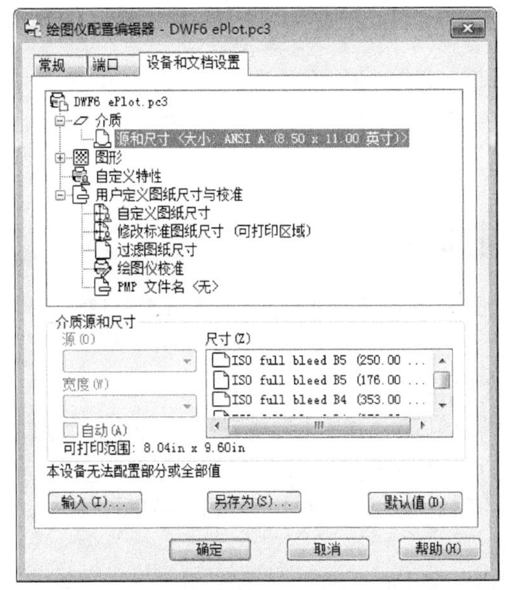

图 11-82 【绘图仪配置编辑器】对话框

在【修改标准图纸尺寸】栏中选择当前使用的图纸类型（即在【页面设置】对话框中的【图纸尺寸】列表中选择的图纸类型），如图 11-83 所示光标所在的位置（不同打印机有不同的显示）。

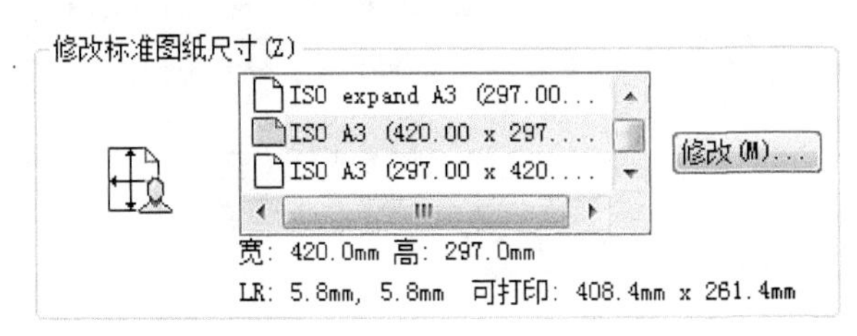

图 11-83 选择图纸类型

单击【修改】按钮弹出【自定义图纸尺寸】对话框，如图 11-84 所示，分别设置上、下、左、右页边距（可以使打印范围略大于图框即可），两次单击【下一步】按钮，再单击【完成】按钮，返回【绘图仪配置编辑器】对话框，单击【确定】按钮关闭对话框。

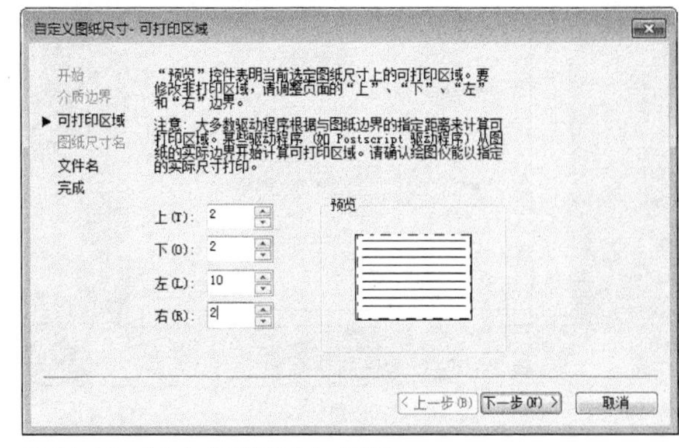

图 11-84 【自定义图纸尺寸】对话框

修改图纸可打印区域之后，此时布局如图 11-85 所示（虚线内表示可打印区域）。

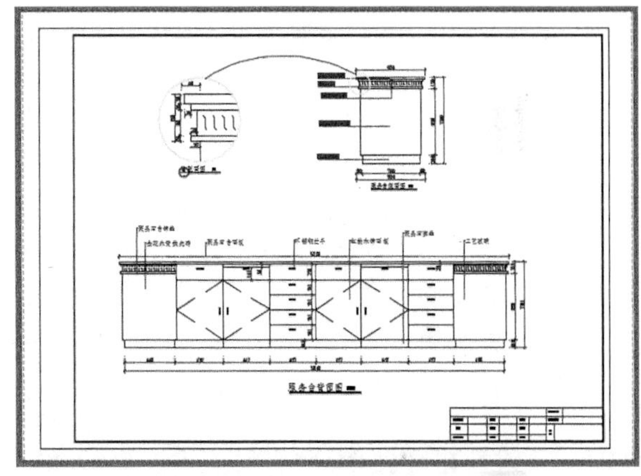

图 11-85 布局效果

在命令行中输入 LAYER，调用【图层特性管理器】命令，系统弹出【图层特性管理器】对话框，将视口边框所在图层设置为不可打印，如图 11-86 所示，这样视口边框将不会被打印。

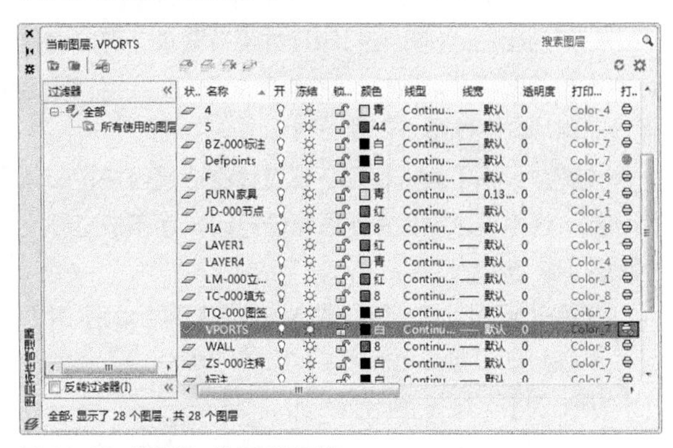

图 11-86 设置视口边框图层属性

再次预览打印效果如图 11-87 所示，图形可以正确打印。

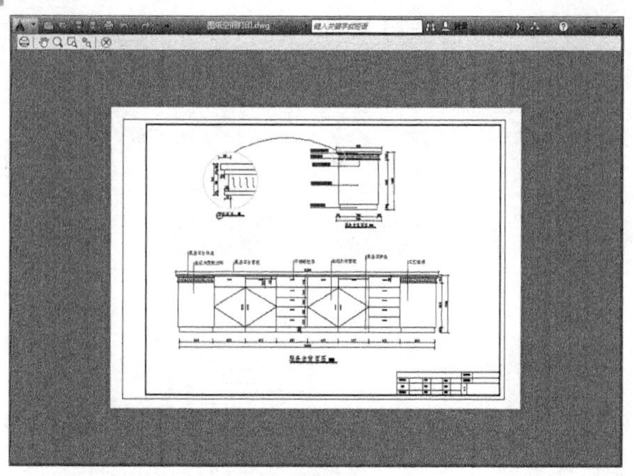

图 11-87　修改页边距后的打印效果

11.5.4 设置打印偏移

【打印偏移】选项组用于指定打印区域偏离图样左下角的 X 方向和 Y 方向偏移值，一般情况下，都要求出图充满整个图样，所以设置 X 和 Y 偏移值均为 0，如图 11-88 所示。

通常情况下打印的图形和纸张的大小一致，不需要修改设置。选中【居中打印】复选框，则图形居中打印。这个【居中】是指在所选纸张大小 A1、A2 等尺寸的基础上居中，也就是 4 个方向上各留空白，而不只是卷筒纸的横向居中。

打印偏移（原点设置在可打印区域）
X：11.55 毫米　居中打印(C)
Y：-13.65 毫米

图 11-88　【打印偏移】设置选项

11.5.5 设置打印比例

1 打印比例

【打印比例】选项组用于设置出图比例尺。在【比例】下拉列表框中可以精确设置需要出图的比例尺。如果选择【自定义】选项，则可以在下方的文本框中设置与图形单位等价的英寸数来创建自定义比例尺。

如果对出图比例尺和打印尺寸没有要求，可以直接选中【布满图样】复选框，这样 AutoCAD 会将打印区域自动缩放到充满整个图样。

【缩放线框】复选框用于设置线宽值是否按打印比例缩放。通常要求直接按照线宽值打印，而不按打印比例缩放。

在 AutoCAD 中，有两种方法控制打印出图比例。

◆ 在打印设置或页面设置的【打印比例】区域设置比例，如图 11-89 所示。

◆ 在图纸空间中使用视口控制比例，然后按照 1 ∶ 1 打印。

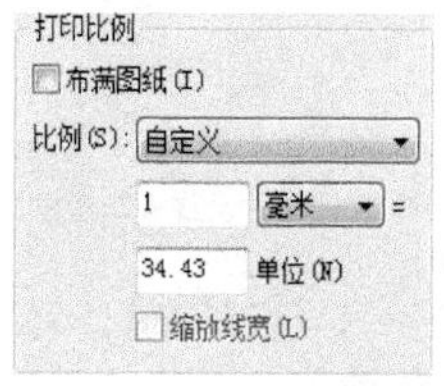

图 11-89　【打印比例】设置选项

2 图形方向

工程制图多需要使用大幅的卷筒纸打印，在使用卷筒纸打印时，打印方向包括两个方面的问题：第一，图纸阅读时所说的图纸方向，是横宽还是竖长；第二，图形与卷筒纸的方向关系，是顺着出纸方向还是垂直于出纸方向。

在 AutoCAD 中分别使用图纸尺寸和图形方向来控制最后出图的方向。在【图形方向】区域可以看到小示意图，其中白纸表示设置图纸尺寸时选择的图纸尺寸是横宽还是竖长，字母 A 表示图形在纸张上的方向。

11.5.6 指定打印样式表

【打印样式表】下拉列表框用于选择已存在的打印样式，从而非常方便地用设置好的打印样式替代图形对象原有属性，并体现到出图格式中。

11.5.7 设置打印方向

在【图形方向】选项组中选择纵向或横向打印，选中【反向打印】复选框，可以允许在图样中上下颠倒地打印图形。

11.6 打印

在完成上述的所有设置工作后，就可以开始打印出图了。

调用【打印】命令的方法如下。

◆ 功能区：在【输出】选项卡中，单击【打印】面板中的【打印】按钮。

◆ 菜单栏：执行【文件】|【打印】命令。

◆ 命令行：PLOT。

◆ 快捷操作：Ctrl+P。

在模型空间中，执行【打印】命令后，系统弹出【打印】对话框，如图 11-90 所示，该对话框与【页面设置】对话框相似，可以进行出图前的最后设置。

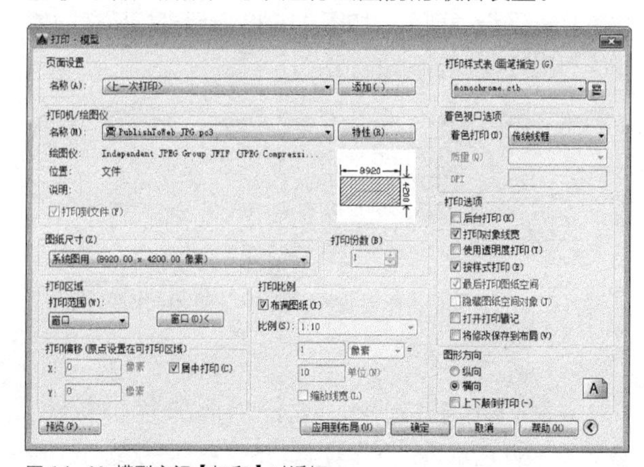

图 11-90 模型空间【打印】对话框

下面通过具体的实战来讲解模型空间打印的具体步骤。

练习 11-9 打印板材孔位图

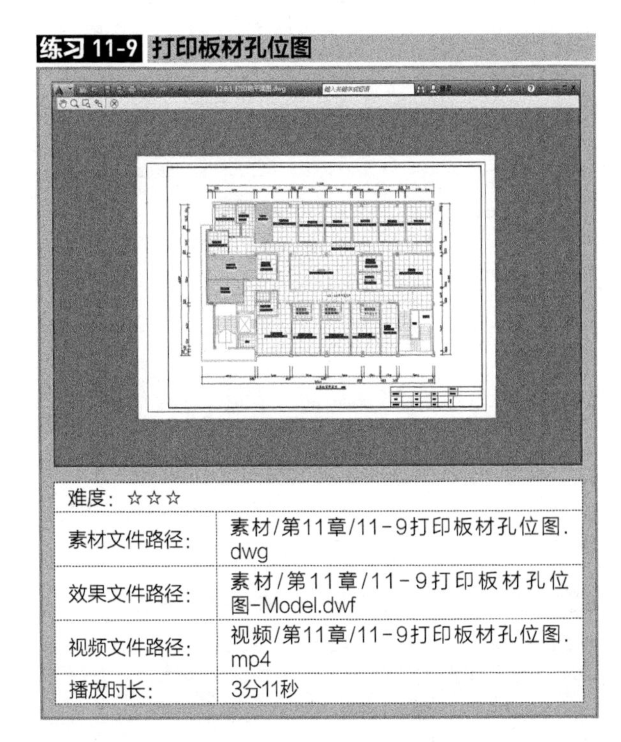

难度：☆☆☆	
素材文件路径：	素材/第11章/11-9打印板材孔位图.dwg
效果文件路径：	素材/第11章/11-9打印板材孔位图-Model.dwf
视频文件路径：	视频/第11章/11-9打印板材孔位图.mp4
播放时长：	3分11秒

本例介绍直接从模型空间进行打印的方法。本例先设置打印参数，然后再进行打印，是基于统一规范的考虑。读者可以用此方法调整自己常用的打印设置，也可以直接从Step 07 开始进行快速打印。

Step 01 单击【快速访问】工具栏中的【打开】按钮，打开“第11章/11-9打印板材孔位图”素材文件，如图11-91所示。

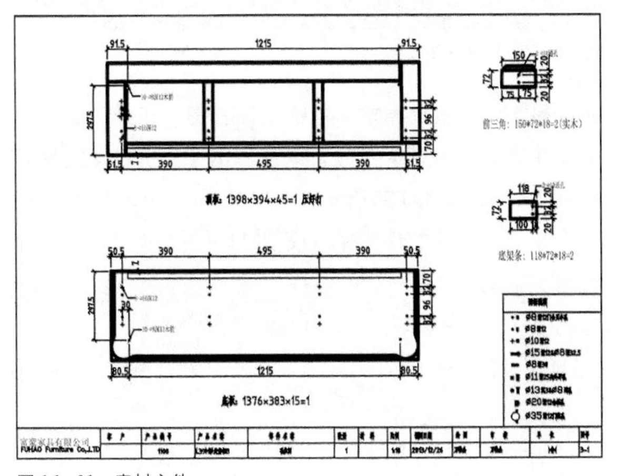

图 11-91 素材文件

Step 02 单击【应用程序】按钮，在弹出的下拉菜单中选择【打印】|【管理绘图仪】命令，系统弹出【Plotter】对话框，如图11-92所示。

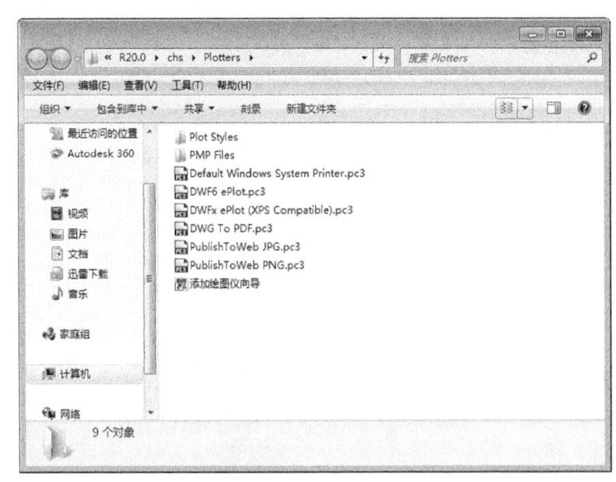

图 11-92 【Plottery】对话框

Step 03 双击对话框中的【DWF6 ePlot】图标，系统弹出【绘图仪配置编辑器-DWF6 ePlot.pc3】对话框。在对话框中单击【设备和文档设置】选项卡。单击选择对话框中的【修改标准图纸尺寸（可打印区域）】，如图11-93所示。

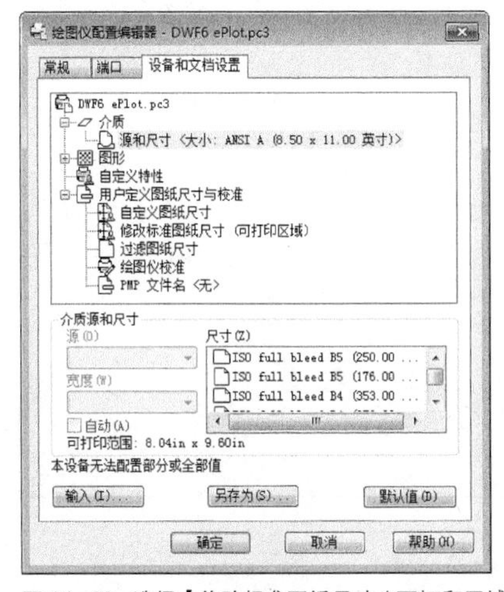

图 11-93 选择【修改标准图纸尺寸（可打印区域）】

Step 04 在【修改标准图纸尺寸】选择框中选择尺寸为【ISOA2（594.00×420.00）】，如图11-94所示。

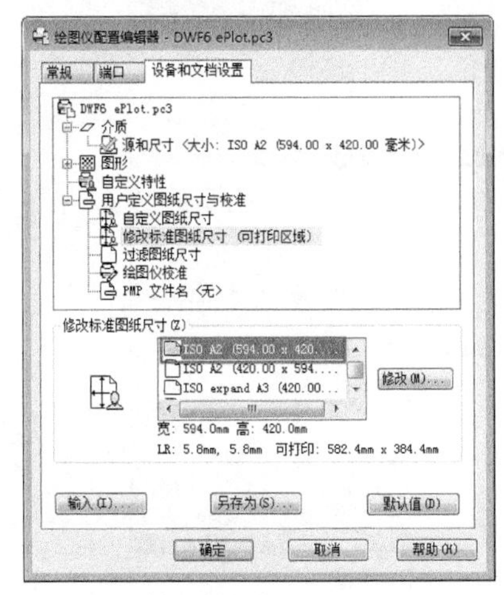

图 11-94 选择图纸尺寸

Step 05 单击【修改】按钮 修改(M)... ，系统弹出【自定义图纸尺寸–可打印区域】对话框，设置参数，如图11-95所示。

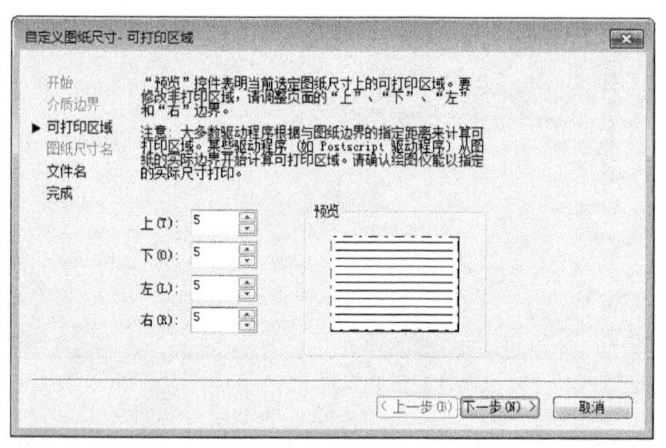

图 11-95　设置图纸打印区域

Step 06 单击【下一步】按钮，系统弹出【自定义图纸尺寸-完成】对话框，如图11-96所示，在对话框中单击【完成】按钮，返回【绘图仪配置编辑器–DWF6 ePlot.pc3】对话框，单击【确定】按钮，完成参数设置。

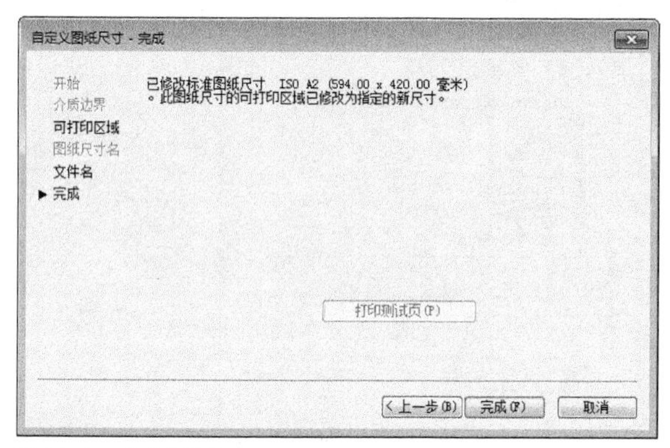

图 11-96　完成参数设置

Step 07 再单击【应用程序】按钮，在其下拉菜单中选择【打印】|【页面设置】命令，系统弹出【页面设置管理器】对话框，如图11-97所示。

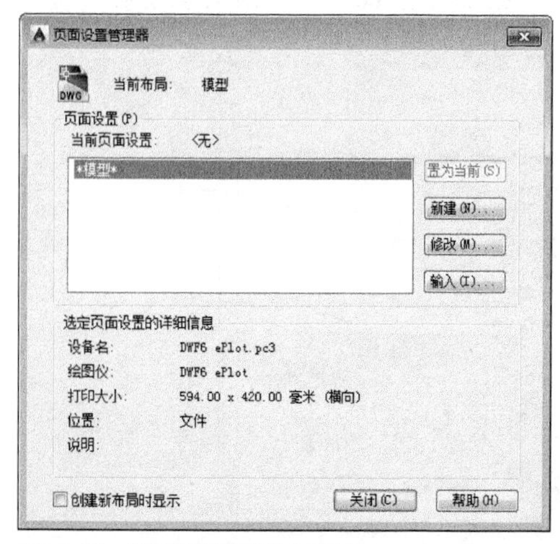

图 11-97　【页面设置管理器】对话框

Step 08 当前布局为【模型】，单击【修改】按钮，系统弹出【页面设置–模型】对话框，设置参数，如图11-98所示。【打印范围】选择【窗口】，框选整个素材文件图形。

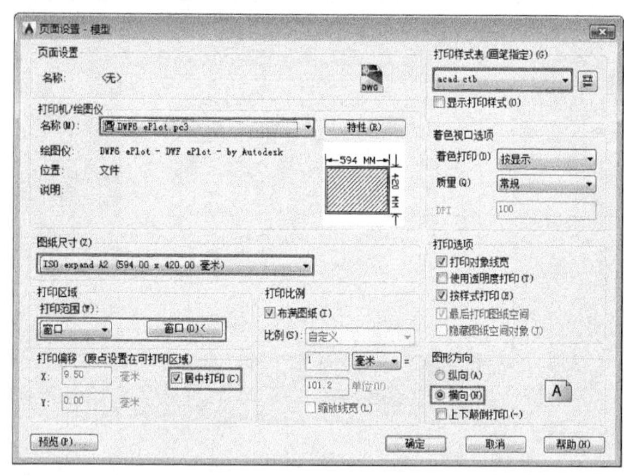

图 11-98　选择图纸尺寸

Step 09 单击【预览】按钮，效果如图11-99所示。

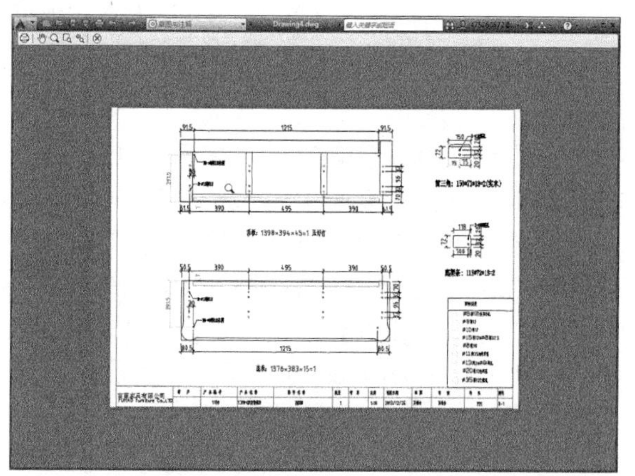

图 11-99　预览效果

Step 10 如果效果满意，单击鼠标右键，在弹出的快捷菜单中选择【打印】选项，系统弹出【浏览打印文件对话框】，如图11-100所示，设置保存路径，单击【保存】按钮，保存文件，完成模型打印的操作。

图 11-100　保存打印文件

第 12 章 三维绘图基础

近年来三维 CAD 技术发展迅速，相比之下，传统的平面 CAD 绘图难免有不够直观、不够生动的缺点，为此 AutoCAD 提供了三维建模的工具，并逐步完善了许多功能。现在，AutoCAD 的三维绘图工具已经能够满足基本的设计需要。

本章主要介绍三维建模之前的预备知识，包括三维建模空间、坐标系的使用、视图和视觉样式的调整等知识，最后介绍在三维空间绘制点和线的方法，为后续章节创建复杂模型奠定基础。

12.1 三维建模工作空间

AutoCAD 三维建模空间是一个三维空间，与草图与注释空间相比，此空间中多出一个 Z 轴方向的维度。三维建模功能区的选项卡有：【常用】、【实体】、【曲面】、【网格】、【渲染】、【参数化】、【插入】、【注释】、【布局】、【视图】、【管理】和【输出】，每个选项卡下都有与之对应的功能面板。由于此空间侧重的是实体建模，所以功能区中还提供了【三维建模】、【视觉样式】、【光源】、【材质】、【渲染】和【导航】等面板，这些都为创建、观察三维图形，以及对附着材质、创建动画、设置光源等操作。

进入三维模型空间的执行方法如下。

◆快速访问工具栏：启动 AutoCAD 2016，单击快速访问工具栏上的【切换工作空间】列表框，如图 12-1 所示，在下拉列表中选择【三维建模】工作空间。

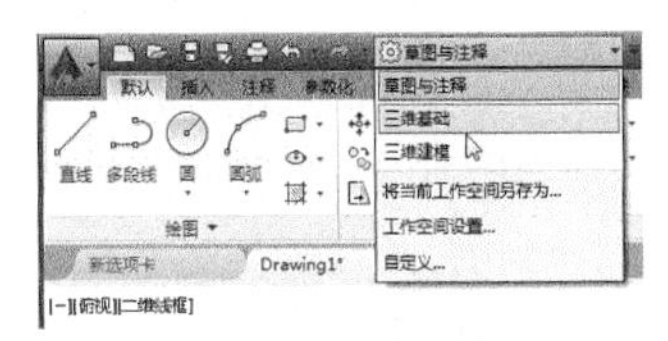

图 12-1　快速访问工具栏切换工作空间

◆状态栏：在状态栏右边，单击【切换工作空间】按钮，展开菜单如图 12-2 所示，选择【三维建模】工作空间。

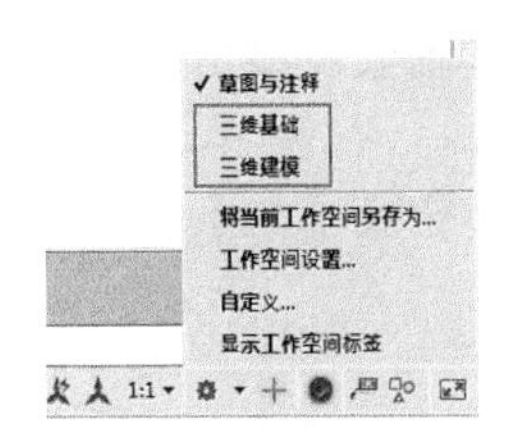

图 12-2　状态栏切换工作空间

12.2 三维模型分类

AutoCAD 支持 3 种类型的三维模型：线框模型、表面模型和实体模型。每种模型都有各自的创建和编辑方法，以及不同的显示效果。

12.2.1 线框模型

线框模型是一种轮廓模型，它是三维对象的轮廓描述，主要由描述对象的三维直线和曲线轮廓，没有面和体的特征。在 AutoCAD 中，可以通过在三维空间绘制点、线、曲线的方式得到线框模型。如图 12-3 所示为线框模型效果。

设计点拨

线框模型虽然具有三维的显示效果，但实际上由线构成，没有面和体的特征，既不能对其进行面积、体积、重心、转动质量、惯性矩形等计算，也不能进行着色、渲染等操作。

12.2.2 表面模型

表面模型是由零厚度的表面拼接组合成三维的模型效果，只有表面而没有内部填充。AutoCAD 中表面模型分为曲面模型和网格模型，曲面模型是连续曲率的单一表面，而网格模型是用许多多边形网格来拟合曲面。表面模型适合于构造不规则的曲面模型，如模具、发动机叶片、汽车等复杂零件的表面，而在体育馆、博物馆等大型建筑的三维效果图中，屋顶、墙面、格间等就可简化为曲面模型。对于网格模型，多边形网格越密，曲面的光滑程度越高。此外，由于表面模型具有面的特征，因此可以对它进行计算面积、隐藏、着色、渲染、求两表面交线等操作。

如图 12-4 所示为创建的表面模型。

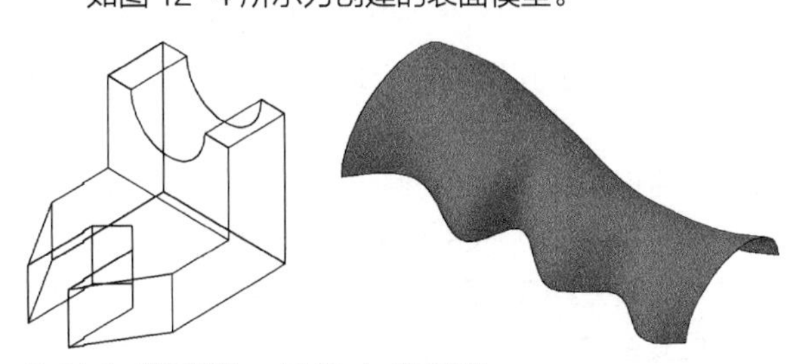

图 12-3　线框模型　　图 12-4　表面模型

12.2.3 实体模型

实体模型具有边线、表面和厚度属性，是最接近真实物体的三维模型。在 AutoCAD 中，实体模型不仅具

有线和面的特征，而且还具有体的特征，各实体对象间可以进行各种布尔运算操作，从而创建复杂的三维实体模型。在 AutoCAD 中还可以直接了解它的特性，如体积、重心、转动惯量、惯性矩等，可以对它进行隐藏、剖切、装配干涉检查等操作，还可以对具有基本形状的实体进行并、交、差等布尔运算，以构造复杂的模型。

如图 12-5 所示为创建的实体模型。

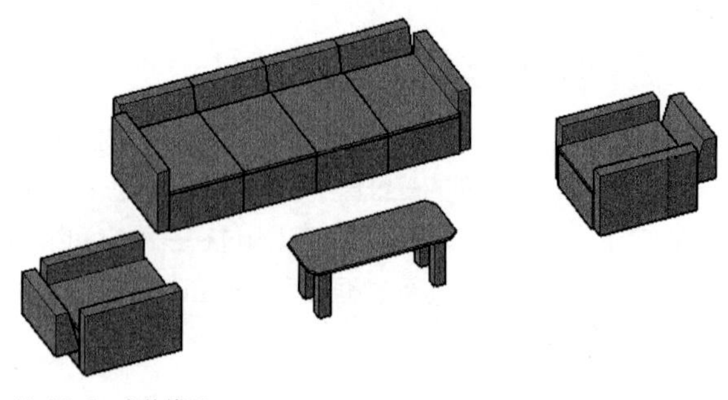

图 12-5 实体模型

·初学解答：【图块】、【面域】和【实体】的区别

【图块】是由多个对象组成的集合，对象间可以不封闭，无规则，并通过块功能可为图块赋予参数和动作等属性。有【内部块（Block）】和【外部块（WBlock）】之分，内部块随图形文件一起，外部块能够以 DWG 文件格式储存供其他文件调用。

通过建立块，用户可以将多个对象作为整体来操作；可以随时将块作为单个对象插入到当前图形中的指定位置上，插入时可以指定不同的缩入系数和旋转角度，如果是定义属性的块，插入后可以更改属性参数。

【面域】（REGION）是使用形成闭合环的对象创建的二维闭合区域，环可以是直线、多段线、圆、圆弧、椭圆、椭圆弧和样条曲线等对象的组合，组成环的对象必须闭合或通过与其他对象共享端点而形成闭合的区域。面域是具有物理特性（例如，质心）的二维封闭区域。可以将现有面域合并到单个复杂面域。

【面域】可用于应用填充和着色；使用 MASSPROP 分析特性（例如，面积）；提取设计信息，例如，形心。也可以通过多个环或者端点相连形成环的开曲线来创建面域。不能通过非闭合对象内部相交构成的闭合区域构造面域，例如，相交的圆弧或自交的曲线。也可以使用 BOUNDARY 创建面域。 可以通过结合、减去或查找面域的交点创建组合面域，形成这些更复杂的面域后，可以应用填充或者分析它们的面积。

【实体】通常以某种基本形状或图元作为起点，之后用户可以对其进行修改和重新合并。其基本的三维对象包括长方体、圆锥体、圆柱体、球体、楔体和圆环体，然后利用布尔运算对这些实体进行合并、求交和求差，这样反复操作会生成更加复杂的实体，也可以将二维对象沿路径拉伸或绕轴旋转来创建实体，通过对实体点、线、面的编辑，可以制作出许多特殊效果。

12.3 三维坐标系

AutoCAD 的三维坐标系由 3 个通过同一点且彼此垂直的坐标轴构成，这 3 个坐标轴分别称为 *X* 轴、*Y* 轴、*Z* 轴，交点为坐标系的原点，也就是各个坐标轴的坐标零点。从原点出发，沿坐标轴正方向上的点用坐标值度量，而沿坐标轴负方向上的点用负的坐标值度量。因此在三维空间中，任意一点的位置可以由该点的三维坐标（x,y,z）唯一确定。

在 AutoCAD 2016 中，【世界坐标系】（WCS）和【用户坐标系】（UCS）是常用的两大坐标系。【世界坐标系】是系统默认的二维图形坐标系，它的原点及各个坐标轴方向固定不变。对于二维图形绘制，世界坐标系足以满足要求，但在三维建模过程中，需要频繁地定位对象，使用固定不变的坐标系十分不便。三维建模一般需要使用【用户坐标系】，【用户坐标系】是用户自定义的坐标系，在建模过程中可以灵活创建。

12.3.1 定义 UCS ★重点★

UCS 坐标系表示了当前坐标系的坐标轴方向和坐标原点位置，也表示了相对于当前 UCS 的X Y平面的视图方向，尤其在三维建模环境中，它可以根据不同的指定方位来创建模型特征。

·执行方式

在 AutoCAD 2016 中管理 UCS 坐标系主要有以下几种常用方法。

◆功能区：单击【坐标】面板工具按钮，如图 12-6 所示。

◆菜单栏：选择【工具】|【新建 UCS】，如图 12-7 所示。

◆命令行：UCS。

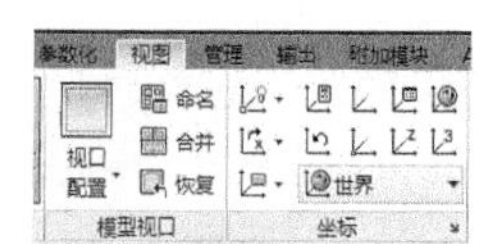

图 12-6 【坐标】面板中的【UCS】命令

新建 UCS(W)
命名 UCS(U)...
地理位置(L)...
CAD 标准(S)
向导(Z)
绘图设置(F)...
组(G)
解除编组(U)
数字化仪(B)
自定义(C)
选项(N)...
世界(W)
上一个
面(F)
对象(O)
视图(V)
原点(N)
Z 轴矢量(A)
三点(3)
X
Y
Z

图 12-7 菜单栏中的【UCS】命令

·操作步骤

接下来以【坐标】面板中的【UCS】命令为例，介绍常用 UCS 坐标的调整方法。

◎ UCS

单击该按钮，命令行出现如下提示。

```
指定 UCS 的原点或 [面(F)/命名(NA)/对象(OB)/上一个(P)/视图(V)/世界(W)/X/Y/Z/Z 轴(ZA)] <世界>:
```

该命令行中各选项与功能区中的按钮相对应。

◎ 世界

该工具用来切换回模型或视图的世界坐标系，即 WCS 坐标系。世界坐标系也称为通用或绝对坐标系，它的原点位置和方向始终是保持不变的，如图 12-8 所示。

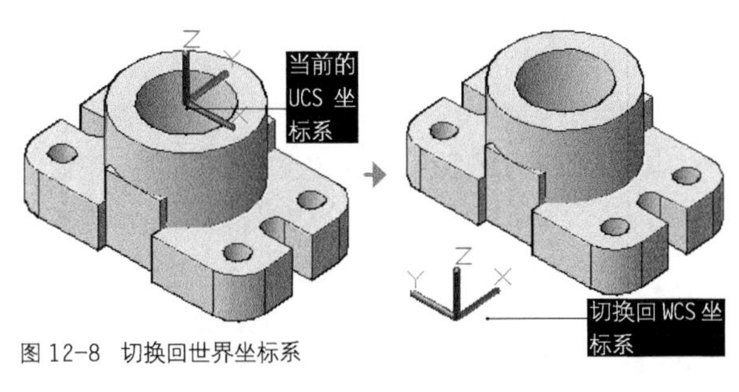

图 12-8　切换回世界坐标系

◎ 上一个 UCS

上一个UCS是通过使用上一个UCS确定坐标系，它相当于绘图中的撤销操作，可返回上一个绘图状态，但区别在于该操作仅返回上一个 UCS 状态，其他图形保持更改后的效果。

◎ 面 UCS

该工具主要用于将新用户坐标系的 *XY* 平面与所选实体的一个面重合。在模型中选取实体面或选取面的一个边界，此面被加亮显示，按 Enter 键即可将该面与新建 UCS 的 *XY* 平面重合，效果如图 12-9 所示。

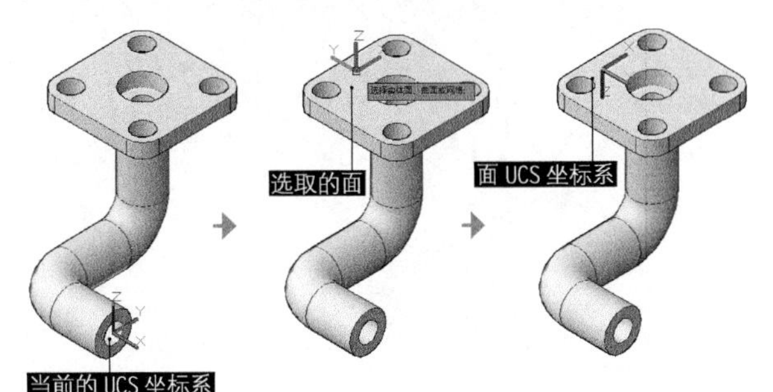

图 12-9　创建面 UCS 坐标

◎ 对象

该工具通过选择一个对象，定义一个新的坐标系，坐标轴的方向取决于所选对象的类型。当选择一个对象时，新坐标系的原点将放置在创建该对象时定义的第一点，*X* 轴的方向为从原点指向创建该对象时定义的第二点，*Z* 轴方向自动保持与 *XY* 平面垂直，如图 12-10 所示。

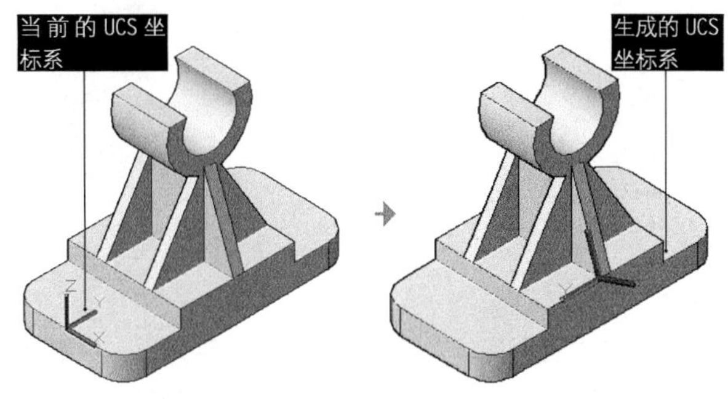

图 12-10　由选取对象生成 UCS 坐标

如果选择不同类型的对象，坐标系的原点位置与 *X* 轴的方向会有所不同，如表 12-1 所示。

表 12-1　选取对象与坐标的关系

对象类型	新建UCS坐标方式
直线	距离选取点最近的一个端点成为新UCS的原点，*X*轴沿直线方向
圆	圆的圆心成为新UCS的原点，*XY*平面与圆面重合。
圆弧	圆弧的圆心成为新的UCS的原点，*X*轴通过距离选取点最近的圆弧端点
二维多段线	多段线的起点成为新的UCS的原点，*X*轴沿从下一个顶点的线段延伸方向。
实心体	实体的第一点成为新的UCS的原点，新*X*轴为两起始点之间的直线
尺寸标注	标注文字的中点为新的UCS的原点，新*X*轴的方向平行于绘制标注时有效UCS的X轴

◎ 视图

该工具可使新坐标系的 *XY* 平面与当前视图方向垂直，*Z* 轴与 *XY* 面垂直，而原点保持不变。通常情况下，该方式主要用于标注文字，当文字需要与当前屏幕平行而不需要与对象平行时，用此方式比较简单。

◎ 原点

【原点】工具是系统默认的 UCS 坐标创建方法，它主要用于修改当前用户坐标系的原点位置，坐标轴方向与上一个坐标相同，由它定义的坐标系将以新坐标形成存在。

在 UCS 工具栏中单击 UCS 按钮，然后利用状态栏中的对象捕捉功能，捕捉模型上的一点，按 Enter 键结束操作。

◎ *Z* 轴矢量

该工具是通过指定一点作为坐标原点，指定一个方向作为 *Z* 轴的正方向，从而定义新的用户坐标系。此时，系统将根据 *Z* 轴方向自动设置 *X* 轴、*Y* 轴的方向，如图 12-11 所示。

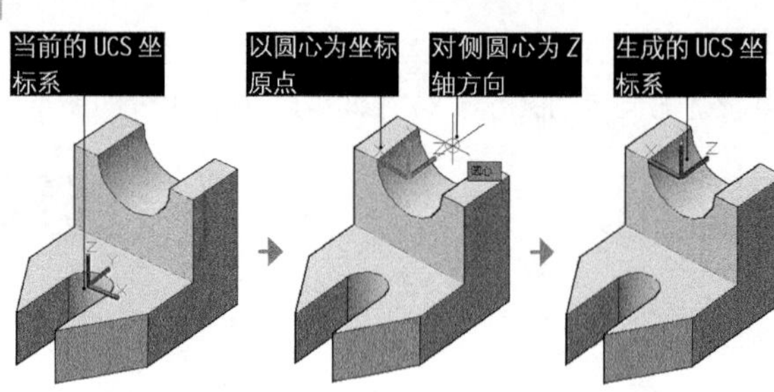

图 12-11　由 Z 轴矢量生成 UCS 坐标系

◎ 三点

该方式是最简单、也是最常用的一种方法、只需选取 3 个点就可确定新坐标系的原点、X 轴与 Y 轴的正向。

◎ X/Y/Z 轴

该方式是将当前 UCS 坐标绕 X 轴、Y 轴或 Z 轴旋转一定的角度，从而生成新的用户坐标系。它可以通过指定两个点或输入一个角度值来确定所需要的角度。

12.3.2 动态 UCS ★重点★

动态 UCS 功能可以在创建对象时使 UCS 的 XY 平面自动与实体模型上的平面临时对齐。

•执行方式

执行动态 UCS 命令的方法如下。

◆ 快捷键：F6。

◆ 状态栏：单击状态栏中的【动态 UCS】按钮。

•操作步骤

使用绘图命令时，可以通过在面的一条边上移动光标对齐 UCS，而无需使用 UCS 命令。结束该命令后，UCS 将恢复到其上一个位置和方向。使用动态 UCS 绘图如图 12-12 所示。

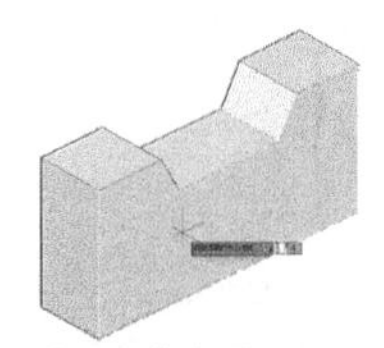

指定面

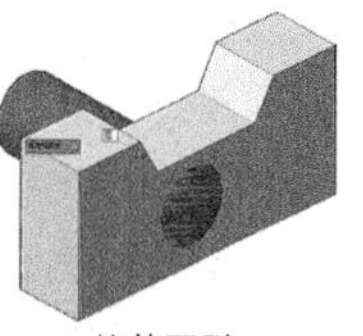

绘制图形

拉伸图形

图 12-12　使用动态 UCS

12.3.3 管理 UCS ★重点★

与图块、参照图形等参考对象一样，UCS 也可以进行管理。

•执行方式

命令行：UCSMAN。

•操作步骤

执行 UCSMAN 命令后，将弹出如图 12-13 所示的【UCS】对话框。该对话框集中了 UCS 命名、UCS 正交、显示方式设置以及应用范围设置等多项功能。

切换至【命名 UCS】选项卡，如果单击【置为当前】按钮，可将坐标系置为当前工作坐标系，单击【详细信息】对话框中显示当前使用和已命名的 UCS 信息，如图 12-14 所示。

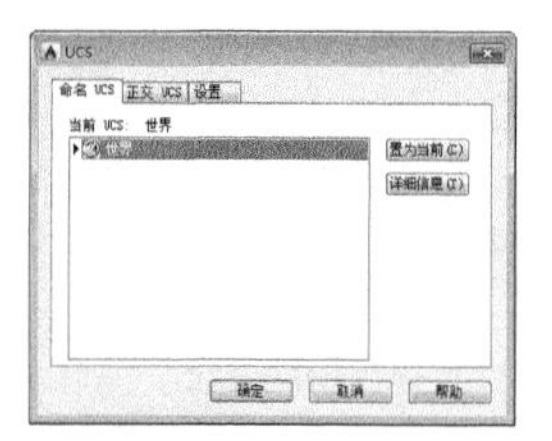

图 12-13　【UCS】对话框

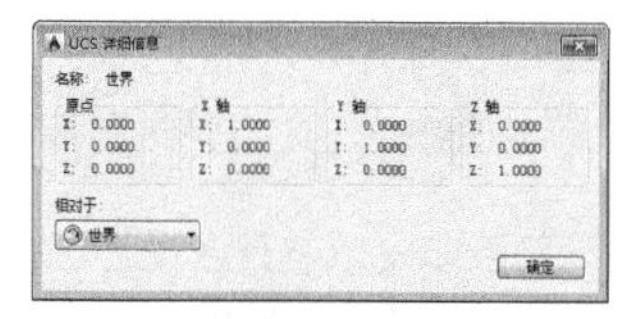

图 12-14　显示当前 UCS 信息

•选项说明

【正交 UCS】选项卡用于将 UCS 设置成一个正交模式。用户可以在【相对于】下拉列表中确定用于定义正交模式 UCS 的基本坐标系，也可以在【当前 UCS：UCS】列表框中选择某一正交模式，并将其置为当前使用，如图 12-15 所示。

单击【设置】选项卡，则可通过【UCS 图标设置】和【UCS 设置】选项组设置 UCS 图标的显示形式、应用范围等特性，如图 12-16 所示。

图 12-15　【正交 UCS】选项卡

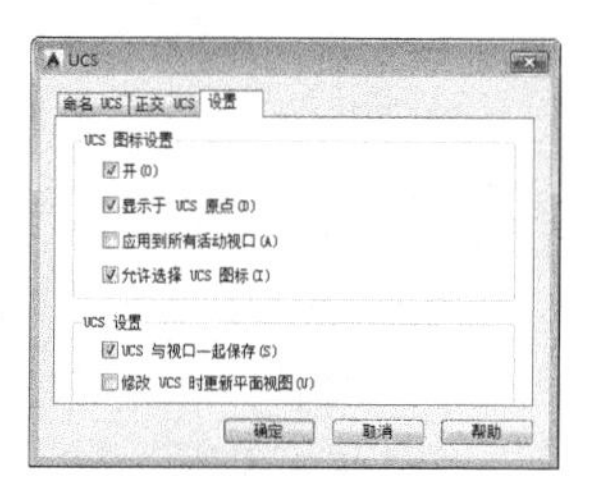

图 12-16　【设置】选项卡

练习 12-1 创建新的用户坐标系

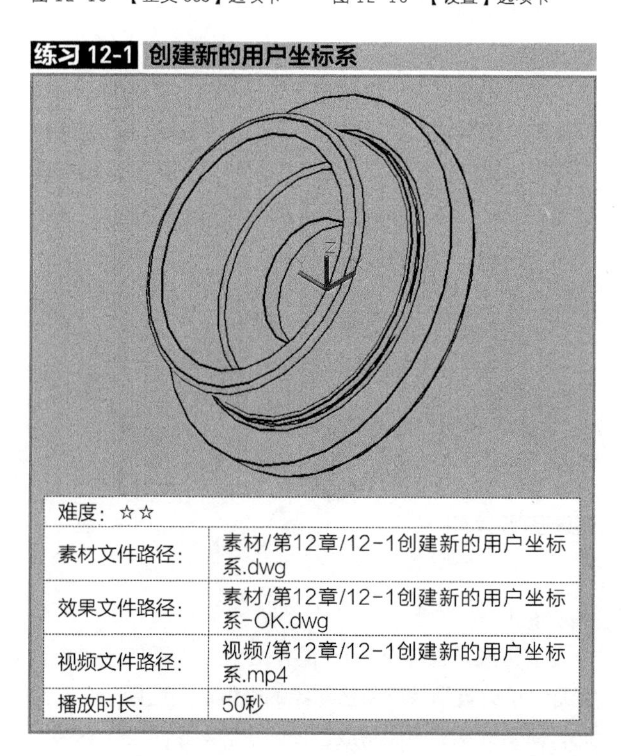

难度：☆☆	
素材文件路径：	素材/第12章/12-1创建新的用户坐标系.dwg
效果文件路径：	素材/第12章/12-1创建新的用户坐标系-OK.dwg
视频文件路径：	视频/第12章/12-1创建新的用户坐标系.mp4
播放时长：	50秒

与其他的建模软件（UG、Solidworks、犀牛）不同，AutoCAD 中没有“基准面”“基准轴”的命令，取而代之的是灵活的 UCS。在 AutoCAD 中通过新建 UCS，同样可以达到其他软件中的“基准面”、“基准轴”效果。

Step 01 单击【快速访问】工具栏中的【打开】按钮，打开“第12章/12-1创建新的用户坐标系.dwg”文件，如图 12-17所示。

Step 02 在【视图】选项卡中，单击【坐标】面板中的【原点】工具按钮。当系统命令行提示指定UCS原点时，捕捉到圆心并单击，即可创建一个以圆心为原点的新用户坐标系，如图 12-18所示。其命令行提示如下。

```
命令: _ucs
                                //调用【新建坐标系】命令
当前 UCS 名称: *没有名称*
指定 UCS 的原点或 [面(F)/命名(NA)/对象(OB)/上一个(P)/视图(V)/世界(W)/X/Y/Z/Z 轴(ZA)] <世界>: _o
指定新原点 <0,0,0>:             //单击选中的圆心
```

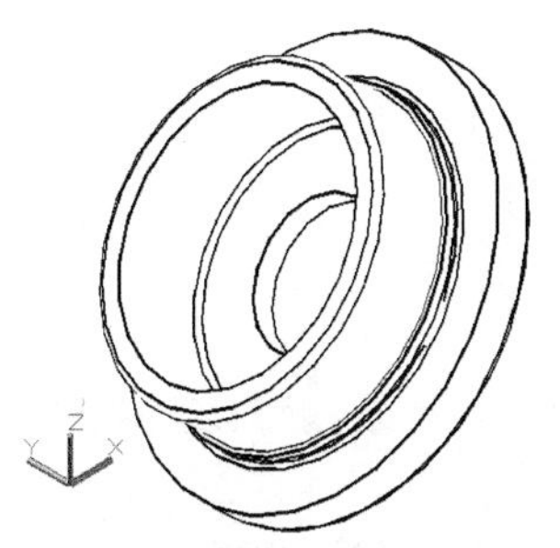

图 12-17　素材图样

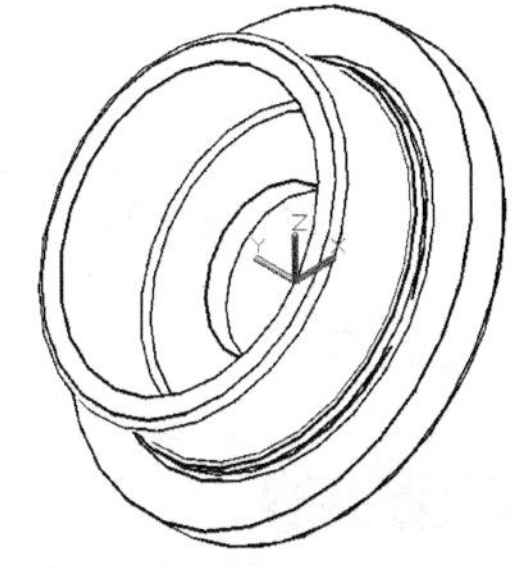

图 12-18　新建用户坐标系

12.4 三维模型的观察

为了从不同角度观察、验证三维效果模型，AutoCAD 提供了视图变换工具。所谓视图变换，是指在模型所在的空间坐标系保持不变的情况下，从不同的视点来观察模型得不到的视图。

因为视图是二维的，所以能够显示在工作区间中。这里，视点如同是一架照相机的镜头，观察对象则是相机对准拍摄的目标点，视点和目标点的连线形成了视线，而拍摄出的照片就是视图。从不同角度拍摄的照片有所不同，所以从不同视点观察得到的视图也不同。

12.4.1 视图控制器 ★重点★

AutoCAD 提供了俯视、仰视、右视、左视、主视和后视 6 个基本视点，如图 12-19 所示。选择【视图】|【三维视图】命令，或者单击【视图】工具栏中相应的图标，工作区间即显示从上述视点观察三维模型的 6 个基本视图。

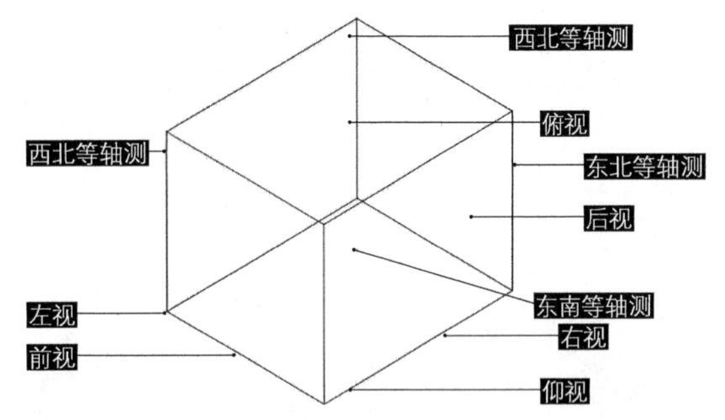

图 12-19　三维视图观察方向

从这 6 个基本视点来观察图形非常方便。因为这 6 个基本视点的视线方向都与 *X*、*Y*、*Z* 三坐标轴之一平行，而与 *XY*、*XZ*、*YZ* 三坐标轴平面之一正交。所以，相对应的 6 个基本视图实际上是三维模型投影在 *XY*、*XZ*、*YZ* 平面上的二维图形。这样，就将三维模型转化为了二维模型。在这 6 个基本视图上对模型进行编辑，就如同绘制二维图形一样。

另外，AutoCAD 还提供了西南等轴测、东南等轴测、东北等轴测和西北等轴测 4 个特殊视点。从这 4 个特殊视点观察，可以得到具有立体感的 4 个特殊视图。在各个视图间进行切换的方法主要有以下几种。

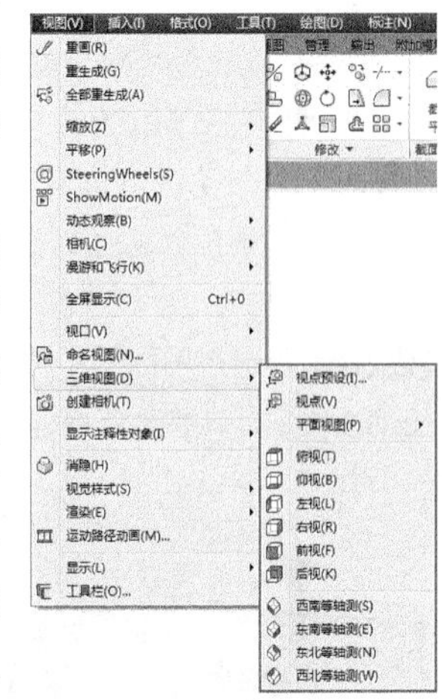

图 12-20　三维视图菜单

◆菜单栏：选择【视图】|【三维视图】命令，展开其子菜单，如图 12-20 所示，选择所需的三维视图。

◆功能区：在【常用】选项卡中，展开【视图】面板中的【视图】下拉列表框，如图 12-21 所示，选择所需的模型视图。

◆视觉样式控件：单击绘图区左上角的视图控件，在弹出的菜单中选择所需的模型视图，如图 12-22 所示。

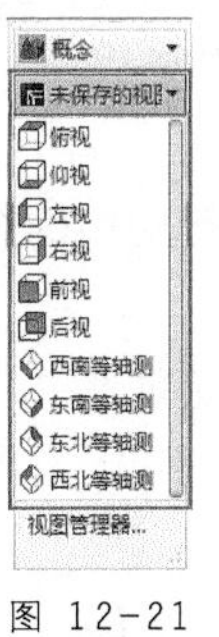

图 12-21【三维视图】下拉列表框

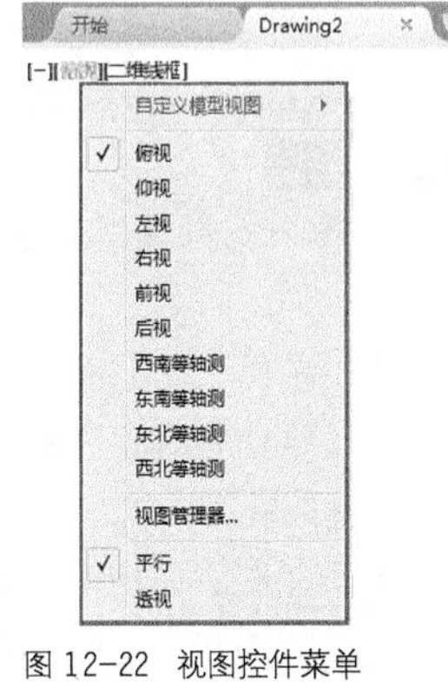

图 12-22　视图控件菜单

练习 12-2 调整视图方向

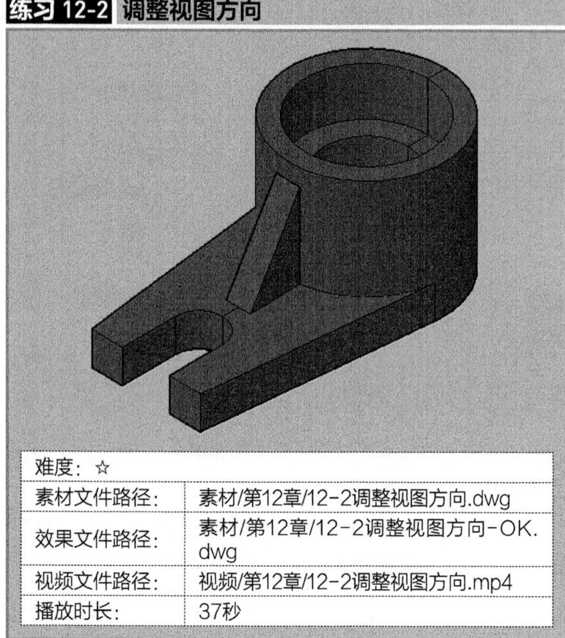

难度：☆	
素材文件路径：	素材/第12章/12-2调整视图方向.dwg
效果文件路径：	素材/第12章/12-2调整视图方向-OK.dwg
视频文件路径：	视频/第12章/12-2调整视图方向.mp4
播放时长：	37秒

通过 AutoCAD 自带的视图工具，可以很方便地将模型视图调节至标准方向。

Step 01 单击【快速访问】工具栏中的【打开】按钮，打开“第12章/12-2调整视图方向.dwg”文件，如图12-23所示。

Step 02 单击视图面板中的【西南等轴测】按钮，选择俯视面区域，转换至西南等轴测，结果如图12-24所示。

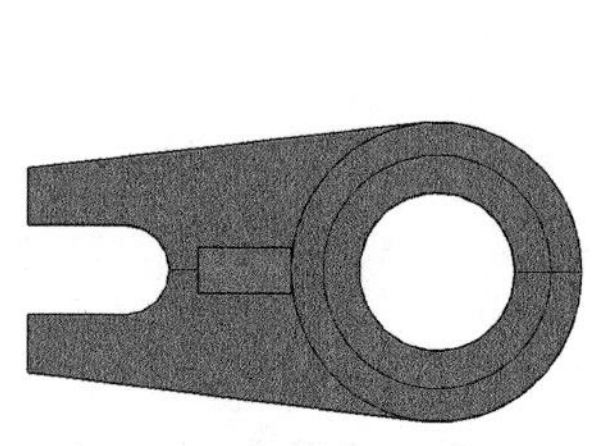

图 12-23　素材图样

图 12-24　西南等轴测视图

12.4.2 视觉样式

★重点★

视觉样式用于控制视口中的三维模型边缘和着色的显示。一旦对三维模型应用了视觉样式或更改了其他设置，就可以在视口中查看视觉效果。

• 执行方式

在各个视觉样式间进行切换的方法主要有以下几种。

◆功能区：在【常用】选项卡中，展开【视图】面板中的【视觉样式】下拉列表框，如图 12-25 所示，选择所需的视觉样式。

◆菜单栏：选择【视图】|【视觉样式】命令，展开其子菜单，如图 12-26 所示，选择所需的视觉样式。

◆视觉样式控件：单击绘图区左上角的视觉样式控件，在弹出的菜单中选择所需的视觉样式，如图 12-27 所示。

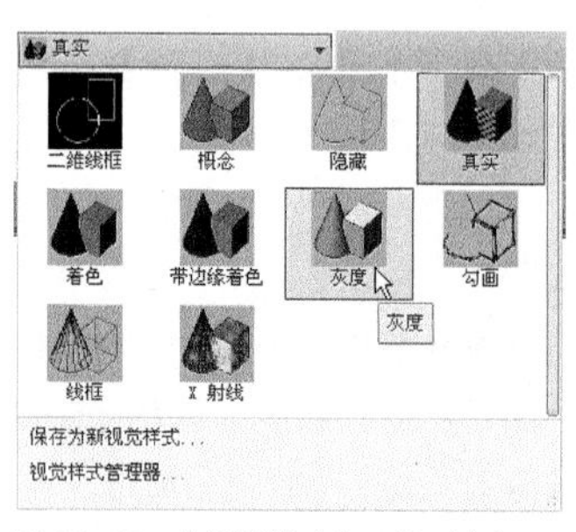

图 12-25　【视觉样式】下拉列表框

图 12-26　【视觉样式】菜单

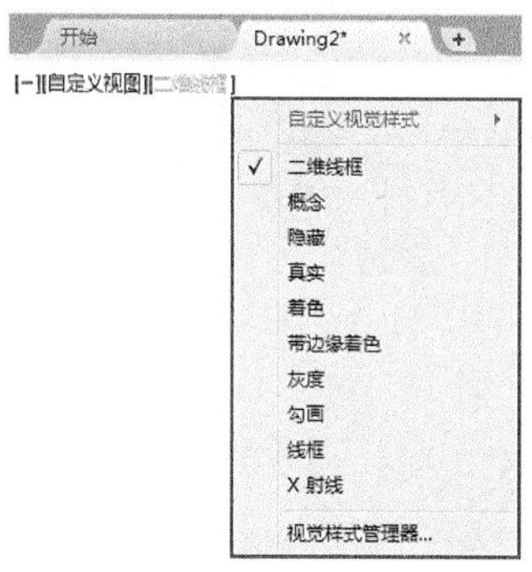

图 12-27　视觉样式控件菜单

• 操作步骤

选择任意视觉样式，即可将视图切换对应的效果。

• 选项说明

AutoCAD 2016 中有以下几种视觉样式。

◆二维线框：是在三维空间中的任何位置放置二维（平面）对象来创建的线框模型，图形显示用直线和曲线表示边界的对象。光栅和 OLE 对象、线型和线宽均可见，而且默认显示模型的所有轮廓线，如图 12-28 所示。

◆概念：使用平滑着色和古氏面样式显示对象，同时对三维模型消隐。古氏面样式在冷暖颜色而不是明暗效果之间转换。效果缺乏真实感，但可以更方便地查看模型的细节，如图 12-29 所示。

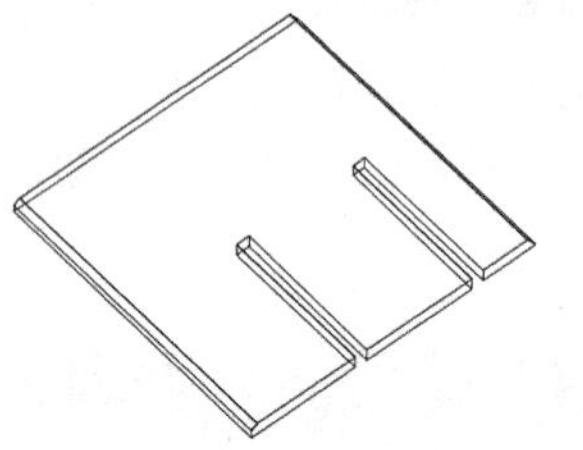

图 12-28　二维线框视觉样式

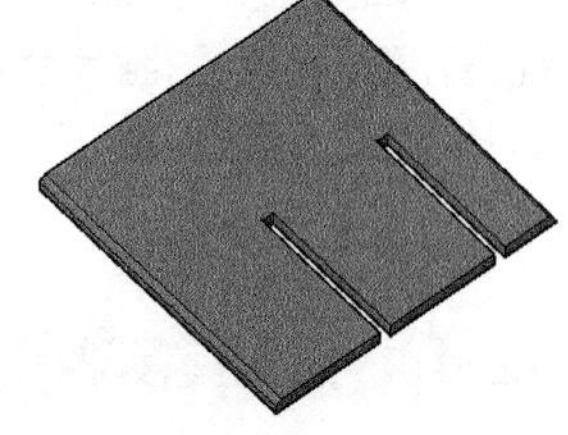

图 12-29　概念视觉样式

◆隐藏：即三维隐藏，用三维线框表示法显示对象，并隐藏背面的线。此种显示方式可以较为容易和清晰地观察模型，此时显示效果如图 12-30 所示。

◆真实：使用平滑着色来显示对象，并显示已附着到对象的材质，此种显示方法可得到三维模型的真实感表达，如图 12-31 所示。

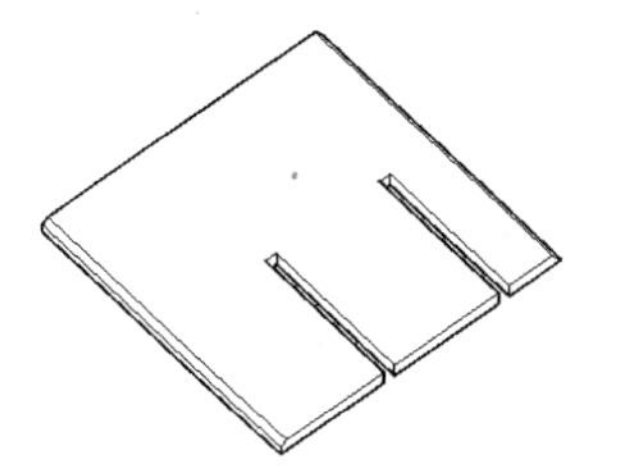

图 12-30 隐藏视觉样式

图 12-31 真实视觉样式

◆着色：该样式与真实样式类似，不显示对象轮廓线，使用平滑着色显示对象，效果如图 12-32 所示。

◆带边缘着色：该样式与着色样式类似，对其表面轮廓线以暗色线条显示，如图 12-33 所示。

图 12-32 着色视觉样式

图 12-33 带边缘着色视觉样式

◆灰度：使用平滑着色和单色灰度显示对象并显示可见边，效果如图 12-34 所示。

◆勾画：使用线延伸和抖动边修改显示手绘效果的对象，仅显示可见边，如图 12-35 所示。

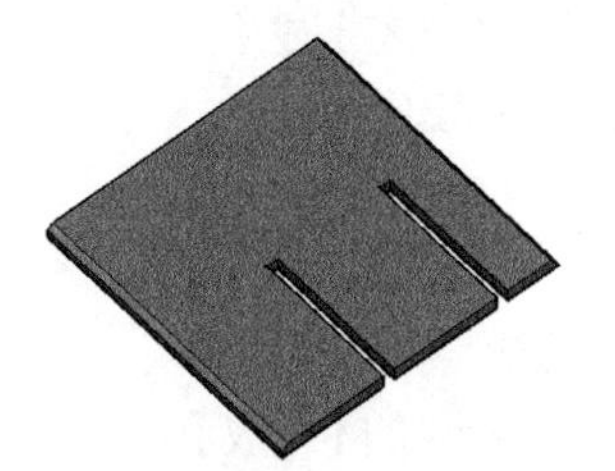

图 12-34 灰度视觉样式

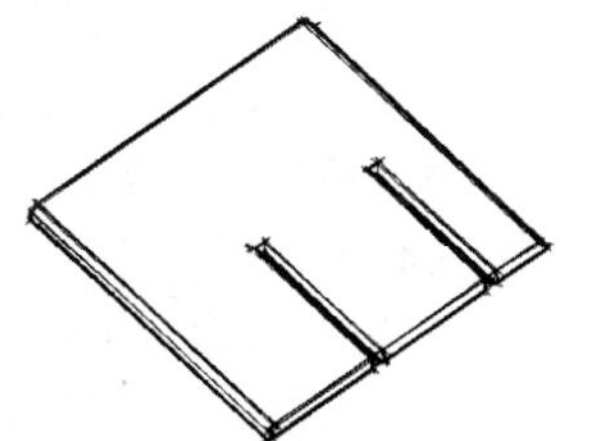

图 12-35 勾画视觉样式

◆线框：即三维线框，通过使用直线和曲线表示边界的方式显示对象，所有的边和线都可见。在此种显示方式下，复杂的三维模型难以分清结构。此时，坐标系变为一个着色的三维 UCS 图标。如果系统变量 COMPASS 为 1，三维指南针将出现，如图 12-36 所示。

◆X 射线：以局部透视方式显示对象，因而不可见边也会褪色显示，如图 12-37 所示。

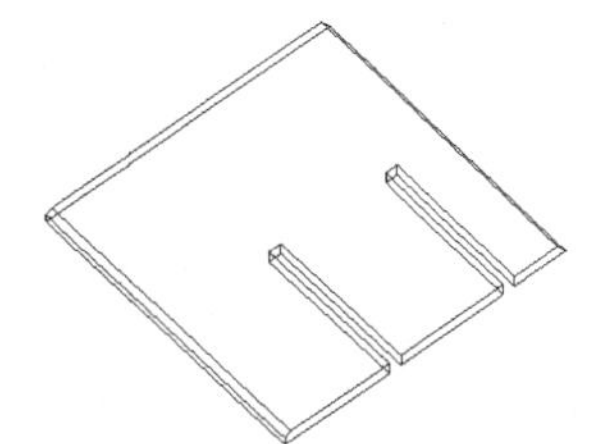

图 12-36 线框视觉样式

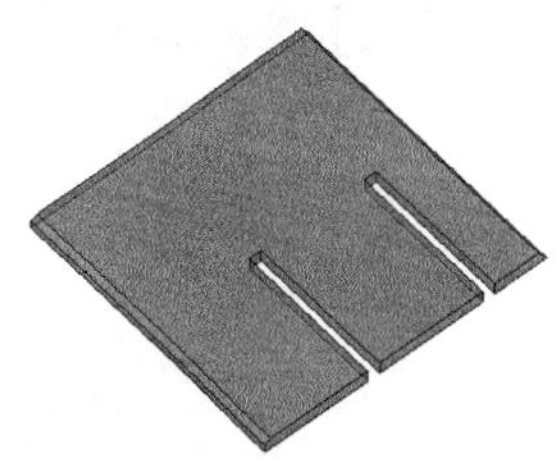

图 12-37 X 射线视觉样式

12.4.3 管理视觉样式

在实际建模过程中，除了应用 10 种默认视觉样式外，还可以通过【视觉样式管理器】选项面板来控制边线显示、面显示、背景显示、材质和纹理以及模型显示精度等特性。

·执行方式

通过【视觉样式管理器】可以对各种视觉样式进行调整，打开该管理器有以下几种方法。

◆功能区：单击【视图】选项卡中【视觉样式】面板右下角按钮。

◆菜单栏：选择【视图】|【视觉样式】|【视觉样式管理器】命令。

◆命令行：VISUALSTYLES。

通过以上任意一种方法打开【视觉样式管理器】选项板，如图 12-38 所示。

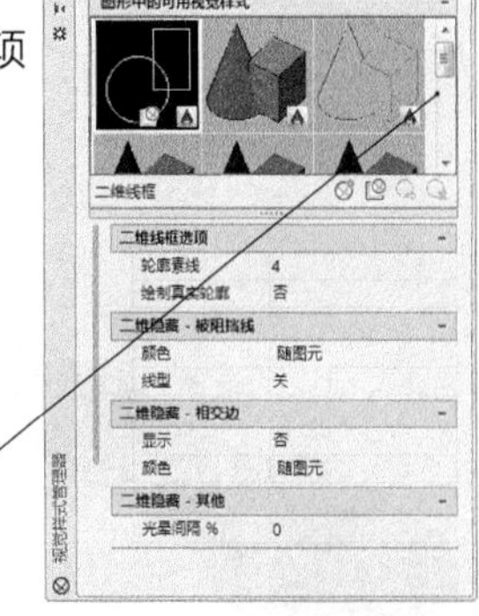

图 12-38 【视觉样式管理器】选项板

·操作步骤

在【图形中可用视觉样式】列表中显示了图形中的可用视觉样式的样例图像。当选定某一视觉样式，该视觉样式显示黄色边框，选定的视觉样式的名称显示在选项板的顶部。在【视觉样式管理器】选项板的下部，集中了该视觉样式的面设置、环境设置和边设置等参数。

在【视觉样式管理器】选项板中，使用工具条中的工具按钮，可以创建新的视觉样式、将选定的视觉样式应用于当前视口、将选定的视觉样式输出到工具选项板以及删除选定的视觉样式。

用户可以在【图形中的可用视觉样式】列表中选择一种视觉样式作为基础，然后在参数栏设置所需的参数，即可创建自定义的视觉样式。

练习 12-3 调整视觉样式

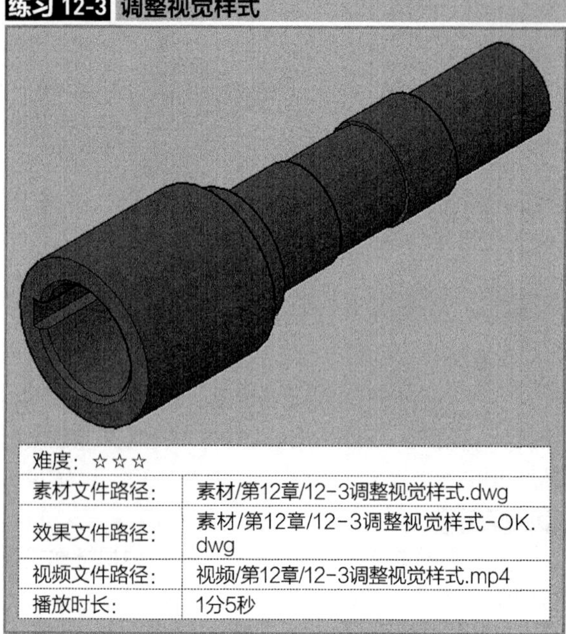

难度：☆☆☆	
素材文件路径：	素材/第12章/12-3调整视觉样式.dwg
效果文件路径：	素材/第12章/12-3调整视觉样式-OK.dwg
视频文件路径：	视频/第12章/12-3调整视觉样式.mp4
播放时长：	1分5秒

即便是相同的视觉样式，如果参数设置不一样，其显示效果也不一样。本例便通过调整模型的光源质量，来进行演示。

Step 01 单击【快速访问】工具栏中的【打开】按钮，打开“第12章/12-3调整视觉样式”文件，如图 12-39所示。

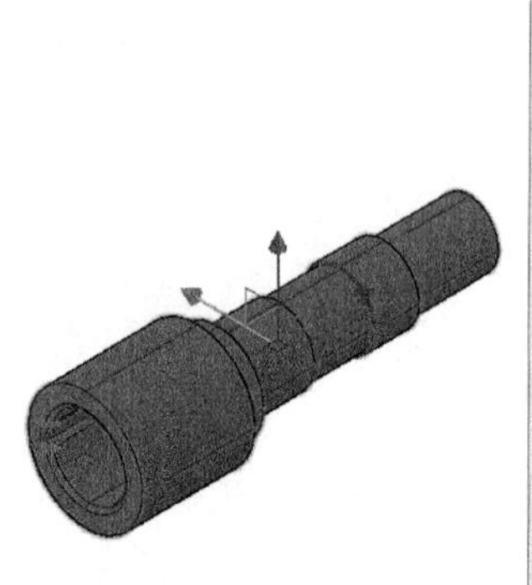

图 12-39 素材图样

Step 02 在【视图】选项卡中，单击【视觉样式】面板右下角按钮，系统弹出【视觉样式管理器】对话框，单击【面设置】选项组下的【光源质量】下拉列表，选择【镶嵌面的】选项，效果如图 12-40所示。

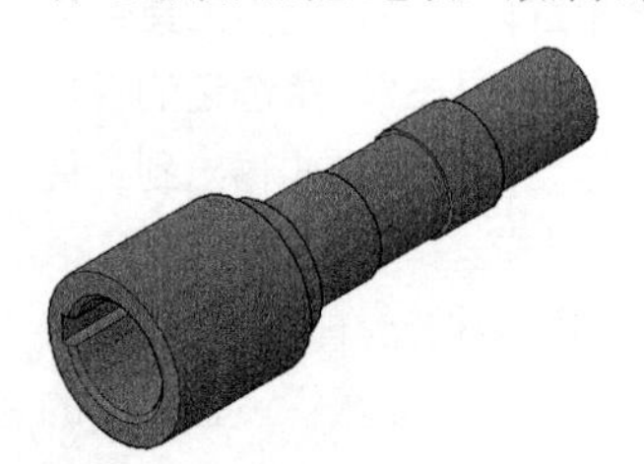

图 12-40 调整效果

12.4.4 三维视图的平移、旋转与缩放 ★重点★

利用【三维平移】工具可以将图形所在的图纸随鼠标的任意移动而移动。利用【三维缩放】工具可以改变图纸的整体比例，从而达到放大图形观察细节或缩小图形观察整体的目的。通过如图 12-41 所示【三维建模】工作空间中【视图】选项卡中的【导航】面板可以快速执行这两项操作。

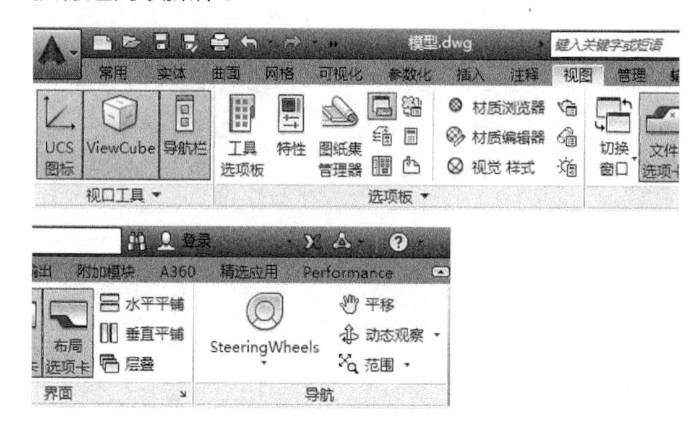

图 12-41 三维建模空间【视图】选项卡

1 三维平移对象

三维平移有以下几种操作方法。

◆功能区：单击【导航】面板中的【平移】功能按钮，此时绘图区中的指针呈形状，按住鼠标左键并沿任意方向拖动，窗口内的图形将随光标在同一方向上移动。

◆鼠标操作：按住鼠标中键进行拖动。

2 三维旋转对象

三维旋转有以下几种操作方法。

◆功能区：在【视图】选项卡中激活【导航】面板，然后执行【导航】面板中的【动态观察】或【自由动态观察】命令，即可进行旋转，具体操作详见下一节。

◆鼠标操作：Shift+ 鼠标中键进行拖动。

3 三维缩放对象

三维缩放有以下几种操作方法。

◆功能区：单击【导航】面板中的【缩放】功能按钮，此根据实际需要，选择其中一种方式进行缩放即可。

◆鼠标操作：滚动鼠标滚轮。

单击【导航】面板中的【缩放】功能按钮后，其命令行提示如下。

```
[全部(A)/中心(C)/动态(D)/范围(E)/上一个(P)/比例(S)/窗口(W)/对象(O)] <实时>:
```

此时也可直接单击【缩放】功能按钮后的下拉按钮，选择对应的工具按钮进行缩放。

12.4.5 三维动态观察

AutoCAD 提供了一个交互的三维动态观察器，该命令可以在当前视口中创建一个三维视图，用户可以使用鼠标来实时地控制和改变这个视图以得到不同的观察效果。使用三维动态观察器，既可以查看整个图形，也可以查看模型中任意的对象。

通过如图 12-42 所示【视图】选项卡【导航】面板工具，可以快速执行三维动态观察。

1 受约束的动态观察

利用此工具可以对视图中的图形进行一定约束的动态观察，即水平、垂直或对角拖动对象进行动态观察。在观察视图时，视图的目标位置保持不动，并且相机位置（或观察点）围绕该目标移动。默认情况下，观察点会约束沿着世界坐标系的 *XY* 平面或 *Z* 轴移动。

单击【导航】面板中的【动态观察】按钮，此时【绘图区】光标呈形状。按住鼠标左键并拖动光标可以对视图进行受约束三维动态观察，如图 12-43 所示。

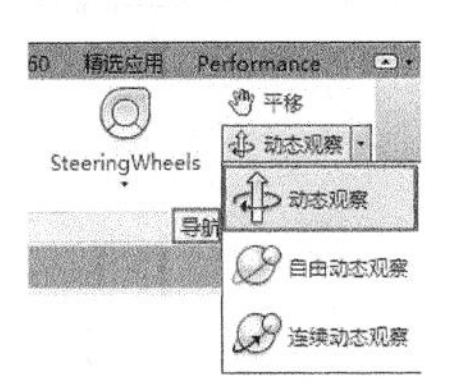

图 12-42　三维建模空间视图选项卡

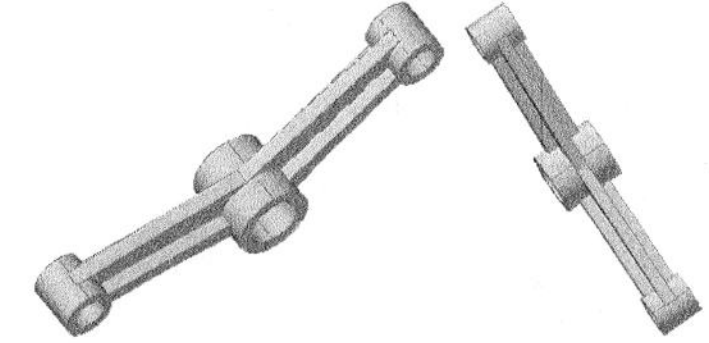

图 12-43　受约束的动态观察

2 自由动态观察

利用此工具可以对视图中的图形进行任意角度的动态观察，此时选择并在转盘的外部拖动光标，这将使视图围绕延长线通过转盘的中心并垂直于屏幕的轴旋转。

单击【导航】面板中的【自由动态观察】按钮，此时在【绘图区】显示出一个导航球，如图 12-44 所示，分别介绍如下。

◎ 光标在弧线球内拖动

当在弧线球内拖动光标进行图形的动态观察时，光标将变成形状，此时观察点可以在水平、垂直以及对角线等任意方向上移动任意角度，即可以对观察对象做全方位的动态观察，如图 12-45 所示。

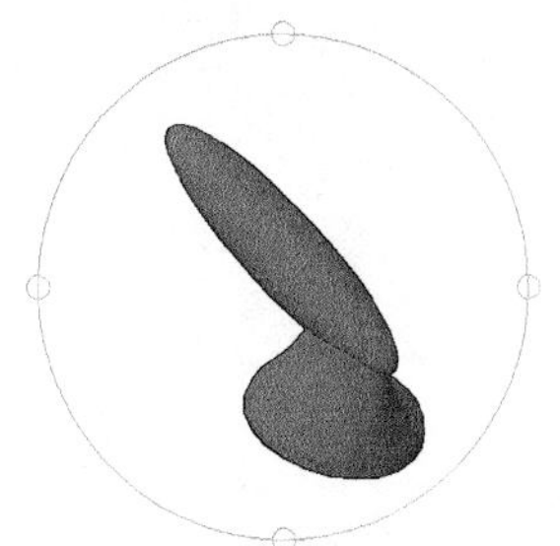
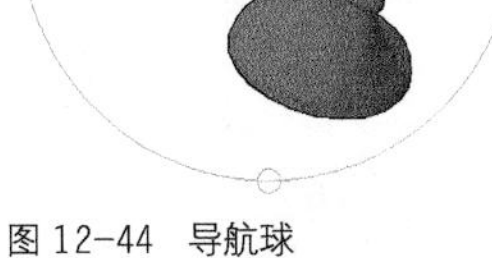

图 12-44　导航球

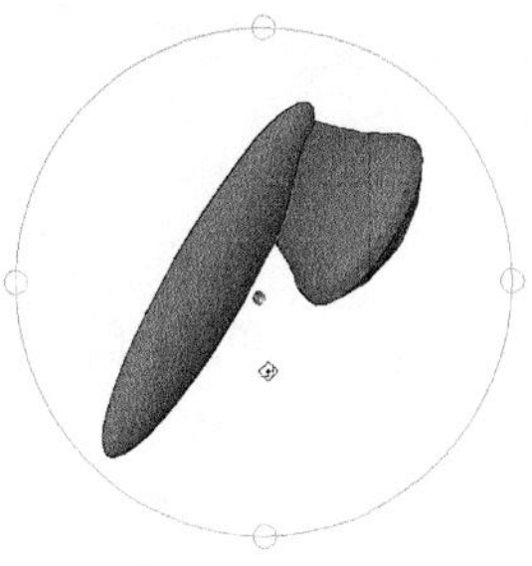

图 12-45　光标在弧线球内拖动

◎ 光标在弧线球外拖动

当光标在弧线外部拖动时，光标呈形状，此时拖动光标，图形将围绕着一条穿过弧线球球心且与屏幕正交的轴（即弧线球中间的绿色圆心）进行旋转，如图 12-46 所示。

◎ 光标在左右侧小圆内拖动

当光标置于导航球顶部或者底部的小圆上时，光标呈形状，按鼠标左键并上下拖动将使视图围绕着通过导航球中心的水平轴进行旋转。当光标置于导航球左侧或者右侧的小圆时，光标呈形状，按鼠标左键并左右拖动将使视图围绕着通过导航球中心的垂直轴进行旋转，如图 12-47 所示。

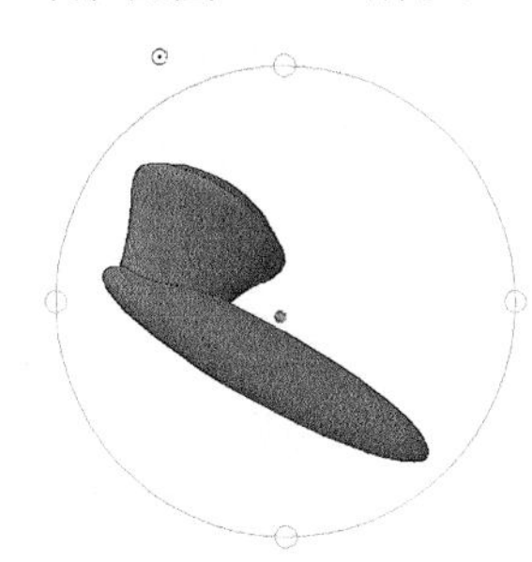

图 12-46　光标在弧线球外拖动

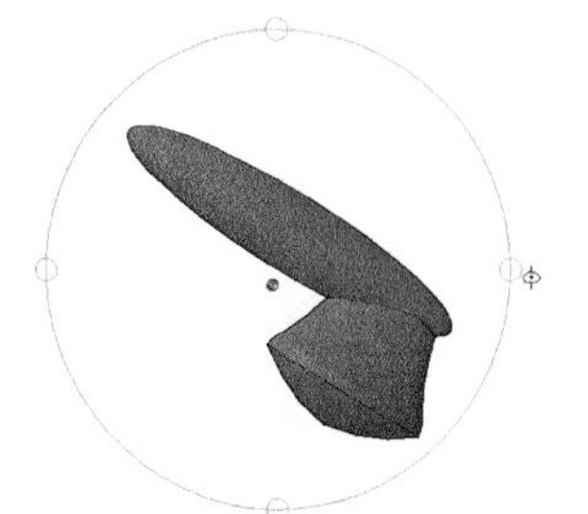

图 12-47　光标在左右侧小圆内拖动

3 连续动态观察

利用此工具可以使观察对象绕指定的旋转轴和旋转速度连续做旋转运动，从而对其进行连续动态的观察。

单击【导航】面板中的【连续动态观察】按钮，此时在【绘图区】光标呈形状，单击鼠标左键并拖动光标，使对象沿拖动方向开始移动。释放鼠标后，对象将在指定的方向上继续运动。光标移动的速度决定了对象的旋转速度。

12.4.6 ViewCube（视角立方）

在【三维建模】工作空间中，使用 ViewCube 工具可切换各种正交或轴测视图模式，即可切换 6 种正交视图、8 种正等轴测视图和 8 种斜等轴测视图，以及其他视图方向，可以根据需要快速调整模型的视点。

ViewCube 工具中显示了非常直观的 3D 导航立方体，单击该工具图标的各个位置将显示不同的视图效果，如图 12-48 所示。

该工具图标的显示方式可根据设计进行必要的修改，用鼠标右键单击立方体并执行【ViewCube 设置】选项，系统弹出【ViewCube 设置】对话框，如图 12-49 所示。

在该对话框设置参数值可控制立方体的显示和行为，并且可在对话框中设置默认的位置、尺寸和立方体的透明度。

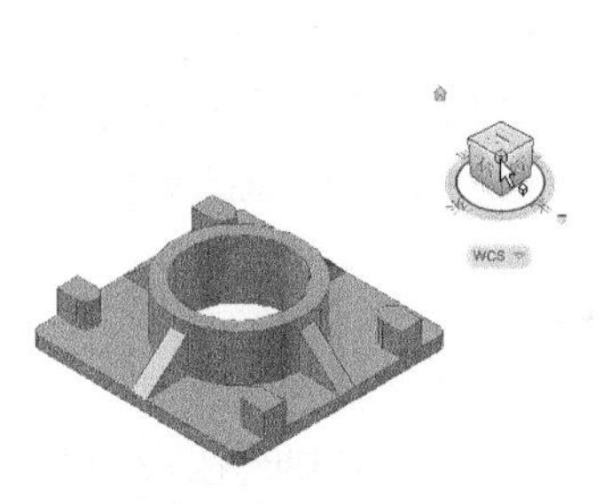

图 12-48 利用导航工具切换视图方向

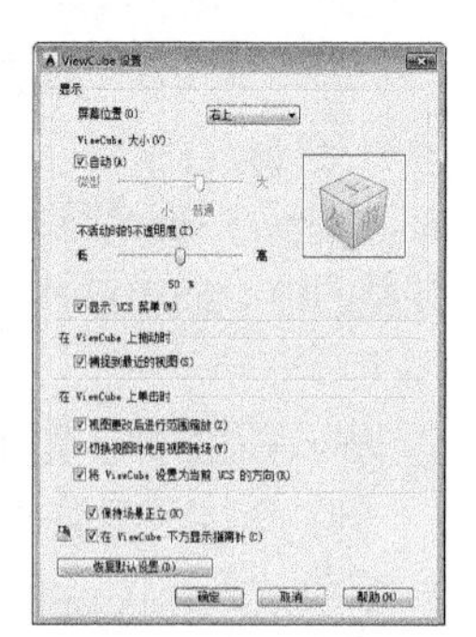

图 12-49 【View Cube 设置】对话框

此外，用鼠标右键单击 ViewCube 工具，可以通过弹出的快捷菜单定义三维图形的投影样式，模型的投影样式可分为【平行】投影和【透视】投影两种。

◆【平行】投影模式：是平行的光源照射到物体上所得到的投影，可以准确地反映模型的实际形状和结构，效果如图 12-50 所示。

◆【透视】投影模式：可以直观地表达模型的真实投影状况，具有较强的立体感。透视投影视图取决于理论相机和目标点之间的距离。当距离较小时产生的投影效果较为明显；反之，当距离较大时产生的投影效果较为轻微，效果如图 12-51 所示。

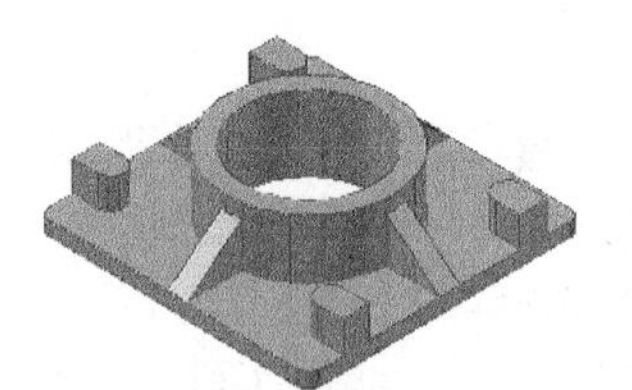

图 12-50 【平行】投影模式

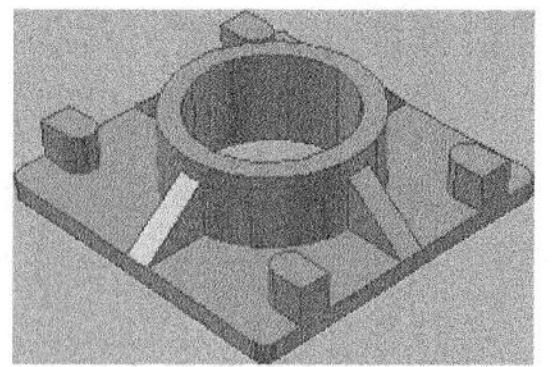

图 12-51 【透视】投影模式

12.4.7 控制盘辅助操作

控制盘又称为 SteeringWheels，是用于追踪悬停在绘图窗口上的光标的菜单，通过这些菜单可以从单一界面中访问二维和三维导航工具，选择【视图】|SteeringWheels 命令，打开导航控制盘，如图 12-52 所示。

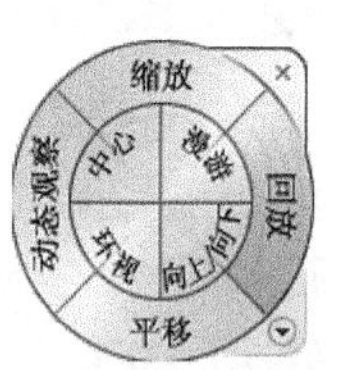

图 12-52 全导航控制盘

控制盘分为若干个按钮，每个按钮包含一个导航工具。可以通过单击按钮或单击并拖动悬停在按钮上的光标来启动导航工具。用鼠标右键单击【导航控制盘】，弹出如图 12-53 所示的快捷菜单。整个控制盘分为 3 个不同的控制盘来达到用户的使用要求，其中各个控制盘均拥有其独有的导航方式，分别介绍如下。

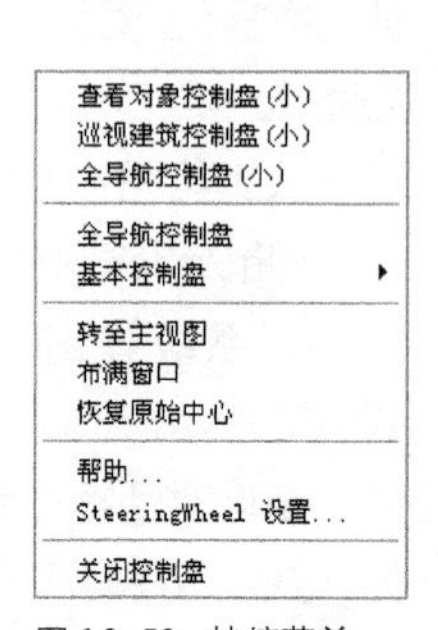

图 12-53 快捷菜单

◆查看对象控制盘：如图 12-54 所示，将模型置于中心位置，并定义中心点，使用【动态观察】工具栏中的工具可以缩放和动态观察模型。

◆巡视建筑控制盘：如图 12-55 所示，通过将模型视图移近、移远或环视，以及更改模型视图的标高来导航模型。

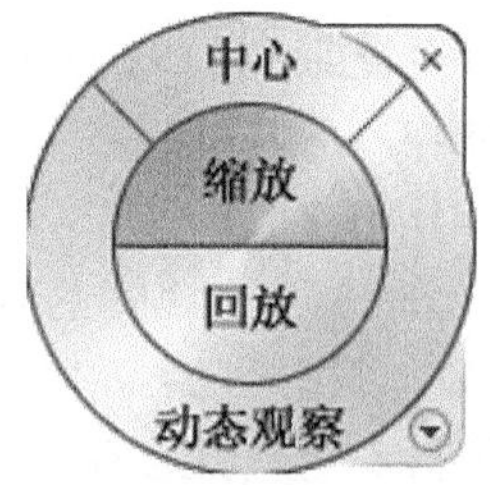

图 12-54 查看对象控制盘

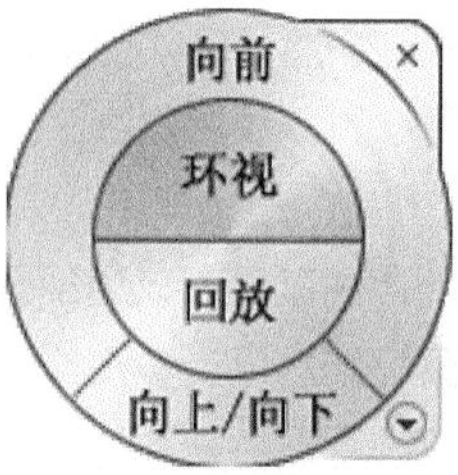

图 12-55 巡视建筑控制盘

◆全导航控制盘：如图 12-52 所示，将模型置于中心位置并定义轴心点，便可执行漫游和环视、更改视图标高、动态观察、平移和缩放模型等操作。

单击该控制盘中的任意按钮都将执行相应的导航操作。在执行多次导航操作后，单击【回放】按钮或单击【回放】按钮并在上面拖动，可以显示回放历史，恢复先前的视图，如图 12-56 所示。

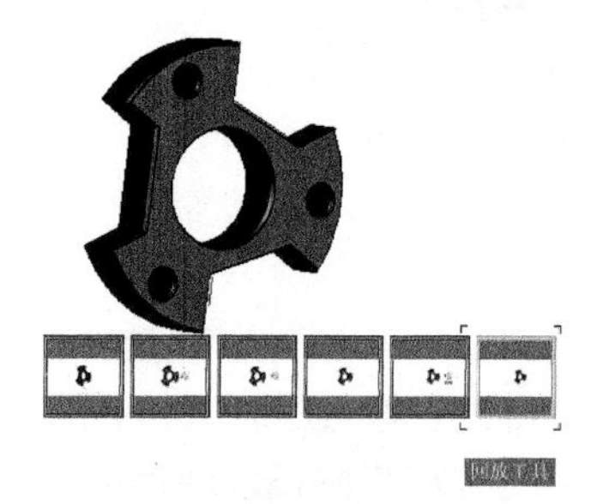

图 12-56 回放视图

此外，还可以根据设计需要对滚轮各参数值进行设置，即自定义导航滚轮的外观和行为。用鼠标右键单击导航控制盘，选择【SteeringWheels 设置】命令，弹出【SteeringWheels 设置】对话框，如图 12-57 所示，可以设置导航控制盘中的各个参数。

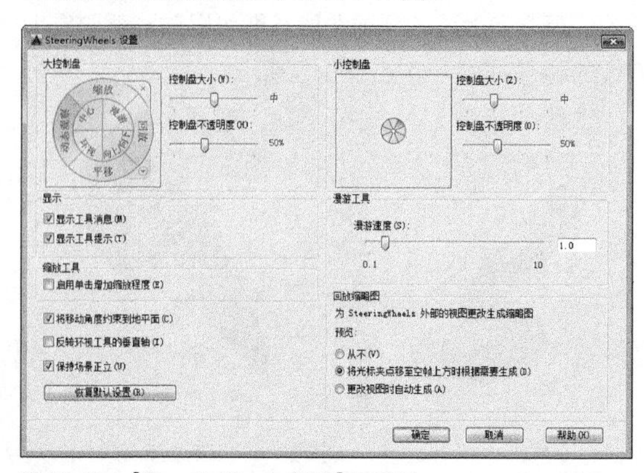

图 12-57 【SteeringWheels 设置】对话框

第 13 章 创建三维实体和网格曲面

在 AutoCAD 中，曲面、网格和实体都能用来表现模型的外观。本章先介绍实体建模方法，包括基本实体、由二维图形创建实体的各种方法，再介绍创建网格曲面的方法。

13.1 创建基本实体

基本实体是构成三维实体模型的最基本的元素，如长方体、楔体、球体等，在 AutoCAD 中可以通过多种方法来创建基本实体。

13.1.1 创建长方体

长方体具有长、宽、高三个尺寸参数，可以创建各种方形基体，例如，创建零件的底座、支撑板、建筑墙体及家具等。

•执行方式

在 AutoCAD 2016 中调用绘制【长方体】命令有以下几种方法。

◆功能区：在【常用】选项卡中，单击【建模】面板【长方体】按钮。

◆工具栏：单击【建模】工具栏【长方体】按钮。

◆菜单栏：执行【绘图】|【建模】|【长方体】命令。

◆命令行：在命令行中输入 BOX。

•操作步骤

通过以上任意一种方法执行该命令，命令行出现如下提示。

```
指定第一个角点[中心（C）]:
```

•选项说明

此时可以根据提示利用两种方法进行长方体的绘制。

1 指定角点

该方法是创建长方体的默认方法，即是通过依次指定长方体底面的两对角点或指定一角点和长、宽、高的方式进行长方体的创建，如图 13-1 所示。

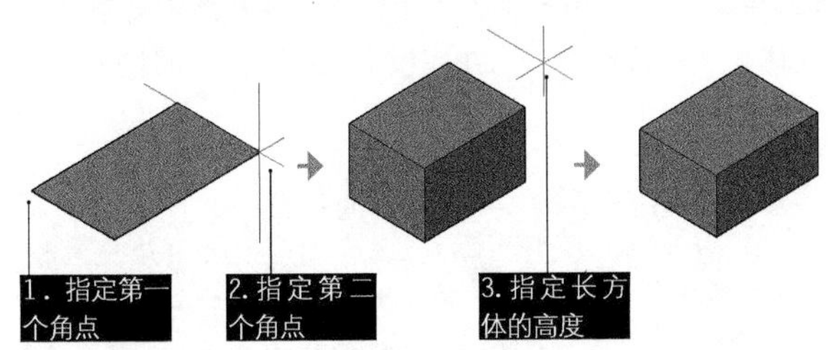

图 13-1　利用指定角点的方法绘制长方体

2 指定中心

利用该方法可以先指定长方体中心，再指定长方体中截面的一个角点或长度等参数，最后指定高度来创建长方体，如图 13-2 所示。

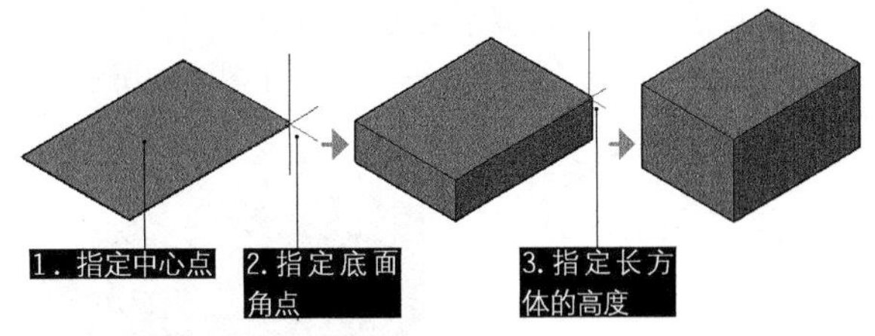

图 13-2　利用指定中心的方法绘制长方体

练习 13-1 绘制长方体

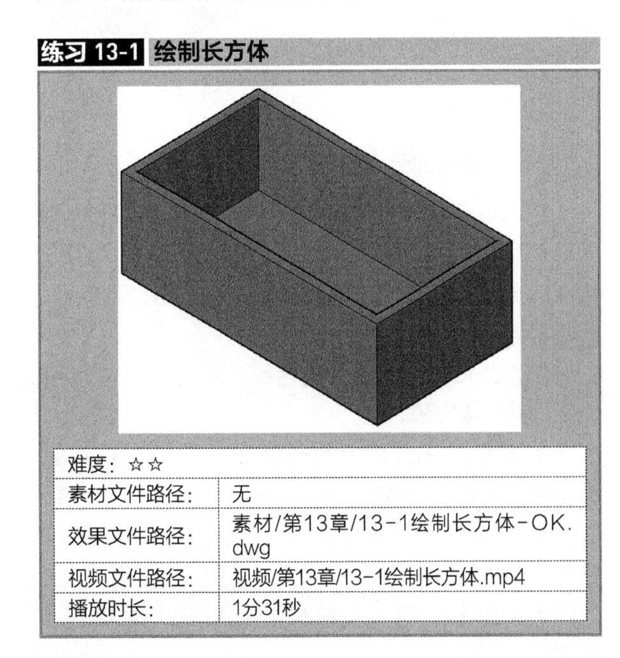

难度：☆☆	
素材文件路径：	无
效果文件路径：	素材/第13章/13-1绘制长方体-OK.dwg
视频文件路径：	视频/第13章/13-1绘制长方体.mp4
播放时长：	1分31秒

Step 01 启动AutoCAD 2016，单击【快速访问】工具栏中的【新建】按钮，建立一个新的空白图形。

Step 02 在【常用】选项卡中，单击【建模】面板上【长方体】按钮，绘制一个长方体，其命令行提示如下。

```
命令: _box                          //调用【长方体】命令
指定第一个角点或 [中心(C)]:C↙
                                    //选择定义长方体中心
指定中心: 0,0,0↙
                                    //输入坐标，指定长方体中心
指定其他角点或 [立方体(C)/长度(L)]: L↙
                                    //由长度定义长方体
指定长度: 40↙
```

```
                    //捕捉到X轴正向，然后输入长度为40
指定宽度: 20↙
                    //输入长方体宽度为20
指定高度或 [两点(2P)]: 20↙
                    //输入长方体高度为20
指定高度或 [两点(2P)] <175>:
                    //指定高度
```

Step 03 通过操作即可完成如图 13-3所示的长方体。

Step 04 单击【功能区】中【实体编辑】面板上【抽壳】工具按钮，选择顶面为删除的面，抽壳距离为2，即可创建一个长方体箱体，其效果如图 13-4所示。

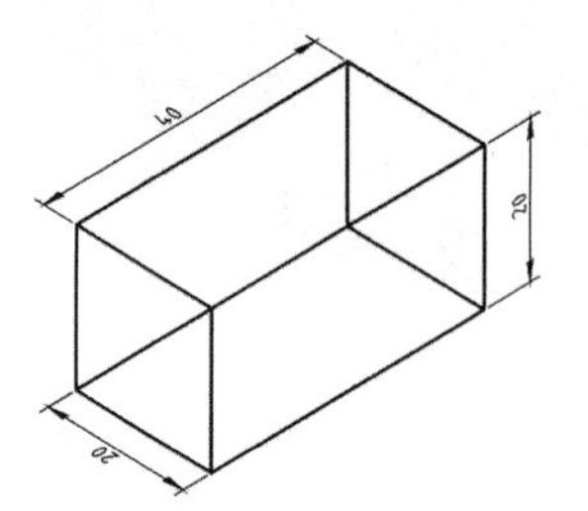
图 13-3 绘制长方体

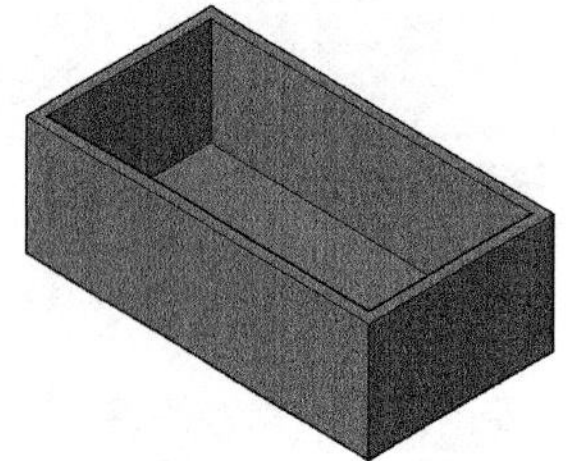
图 13-4 完成效果

13.1.2 创建圆柱体

在 AutoCAD 中创建的【圆柱体】是以面或圆为截面形状，沿该截面法线方向拉伸所形成的实体，常用于绘制各类轴类零件、建筑图形中的各类立柱等特征。

·执行方式

在 AutoCAD 2016 中调用绘制【圆柱体】命令有以下几种常用方法。

◆功能区：在【常用】选项卡中，单击【建模】面板【圆柱体】工具按钮，如图13-5 所示。

◆菜单栏：执行【绘图】|【建模】|【圆柱体】命令，如图13-6 所示。

◆工具栏：单击【建模】工具栏【圆柱体】按钮。

◆命令行：CYLINDER。

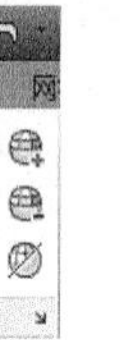

图 13-5 圆柱体创建工具按钮

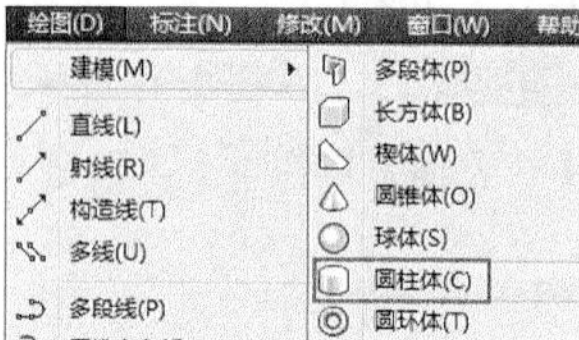

图 13-6 创建圆柱体菜单命令

·操作步骤

执行上述任一命令后，命令行提示如下。

```
指定底面的中心点或 [三点(3P)/两点(2P)/切点、切点、半径(T)/椭圆(E)]:
根据命令行提示选择一种创建方法即可绘制【圆柱体】图形，如图13-7所示。
```

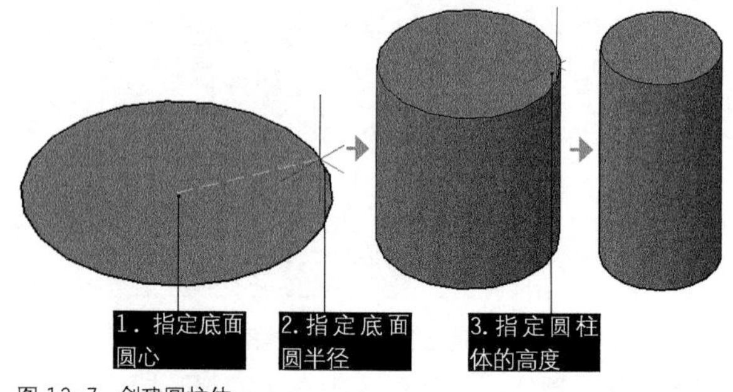

图 13-7 创建圆柱体

练习 13-2 绘制圆柱体

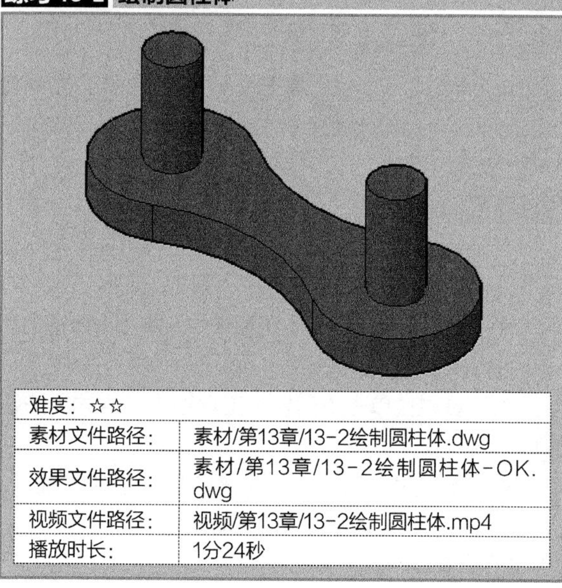

难度: ☆☆	
素材文件路径:	素材/第13章/13-2绘制圆柱体.dwg
效果文件路径:	素材/第13章/13-2绘制圆柱体-OK.dwg
视频文件路径:	视频/第13章/13-2绘制圆柱体.mp4
播放时长:	1分24秒

Step 01 单击【快速访问】工具栏中的【打开】按钮，打开“第13章/13-2绘制圆柱体.dwg”文件，如图 13-8所示。

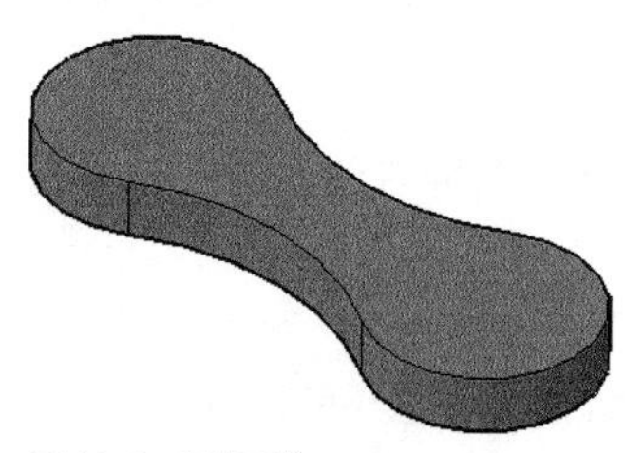
图 13-8 素材图样

Step 02 在【常用】选项卡中，单击【建模】面板【圆柱体】工具按钮，在底板上面绘制两个圆柱体，命令行提示如下。

```
命令: _cylinder                    //调用【圆柱体】命令
指定底面的中心点或 [三点(3P)/两点(2P)/切点、切点、半径
(T)/椭圆(E)]:                      //捕捉到圆心为中心点
指定底面半径或 [直径(D)] <50.0000>: 7↙
                                   //输入圆柱体底面半径
```

```
指定高度或 [两点(2P)/轴端点(A)] <10.0000>: 30↙
                                    //输入圆柱体高度
```

Step 03 通过以上操作，即可绘制一个圆柱体，如图13-9所示。

Step 04 重复以上操作，绘制另一边的圆柱体，即可完成连接板的绘制，其效果如图 13-10所示。

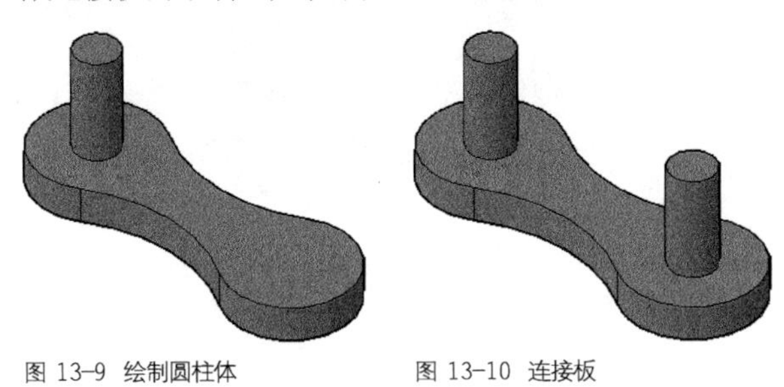

图 13-9 绘制圆柱体　　图 13-10 连接板

13.1.3 绘制圆锥体

【圆锥体】是指以圆或椭圆为底面形状、沿其法线方向并按照一定锥度向上或向下拉伸而形成的实体。使用【圆锥体】命令可以创建【圆锥】、【平截面圆锥】两种类型的实体。

1 创建常规圆锥体

• 执行方式

在 AutoCAD 2016 中调用绘制【圆锥体】命令有以下几种常用方法。

◆功能区：在【常用】选项卡中，单击【建模】面板【圆锥体】工具按钮，如图 13-11 所示。

◆菜单栏：执行【绘图】|【建模】|【圆锥体】命令，如图 13-12 所示。

◆工具栏：单击【建模】工具栏【圆锥体】按钮 。

◆命令行：CONE。

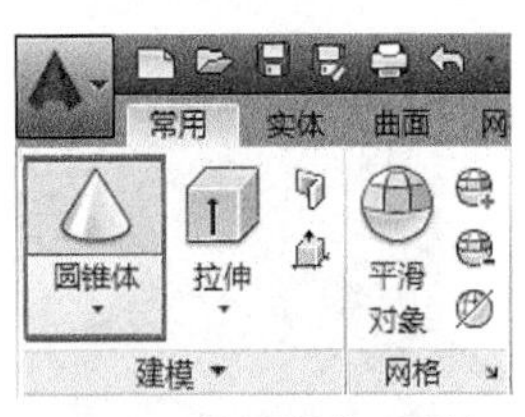

图 13-11 创建圆锥体工具按钮

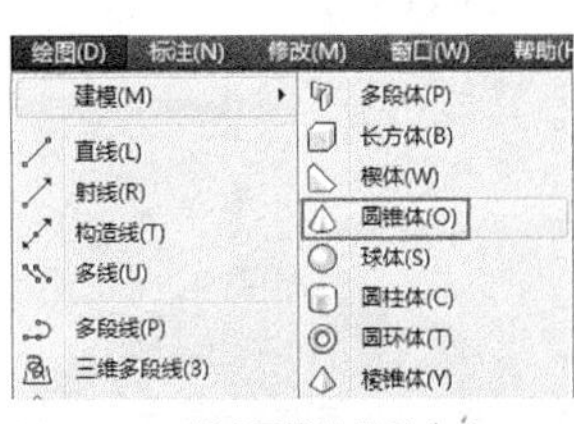

图 13-12 创建圆锥体菜单命令

• 操作步骤

执行上述任一命令后，在【绘图区】指定一点为底面圆心，并分别指定底面半径值或直径值，最后指定圆锥高度值，即可获得【圆锥体】效果，如图 13-13 所示。

2 创建平截面圆锥体

平截面圆锥体即圆台体，可看作是由平行于圆锥底面，且与底面的距离小于锥体高度的平面为截面，截取该圆锥而得到的实体。

当启用【圆锥体】命令后，指定底面圆心及半径，命令提示行信息为"指定高度或 [两点 (2P)/ 轴端点 (A)/ 顶面半径 (T)] <9.1340>:"，选择【顶面半径】选项，输入顶面半径值，最后指定平截面圆锥体的高度，即可获得【平截面圆锥】效果，如图 13-14 所示。

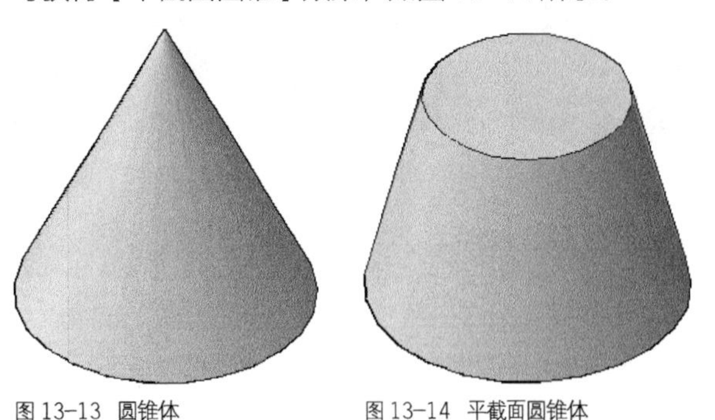

图 13-13 圆锥体　　图 13-14 平截面圆锥体

练习 13-3 绘制圆锥体

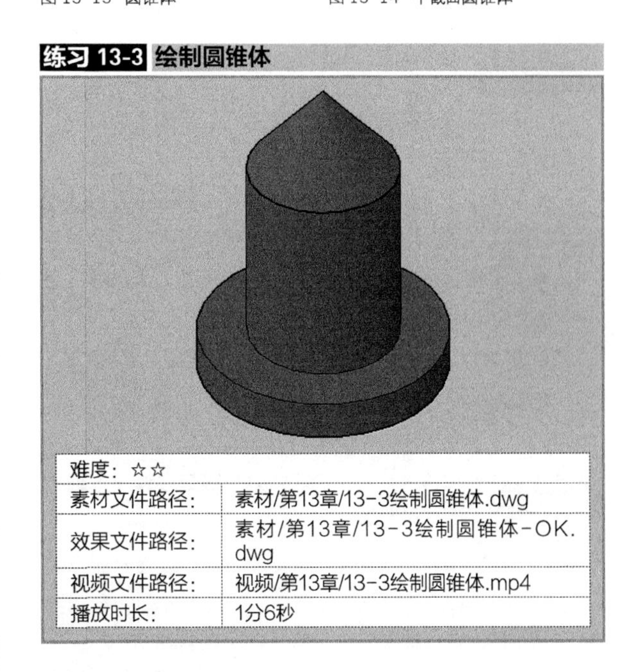

难度：☆☆	
素材文件路径：	素材/第13章/13-3绘制圆锥体.dwg
效果文件路径：	素材/第13章/13-3绘制圆锥体-OK.dwg
视频文件路径：	视频/第13章/13-3绘制圆锥体.mp4
播放时长：	1分6秒

Step 01 单击【快速访问】工具栏中的【打开】按钮，打开"第13章/13-3绘制圆锥体.dwg"文件，如图 13-15 所示。

Step 02 在【默认】选项卡中，单击【建模】面板上【圆锥体】按钮 ，绘制一个圆锥体，命令行提示如下。

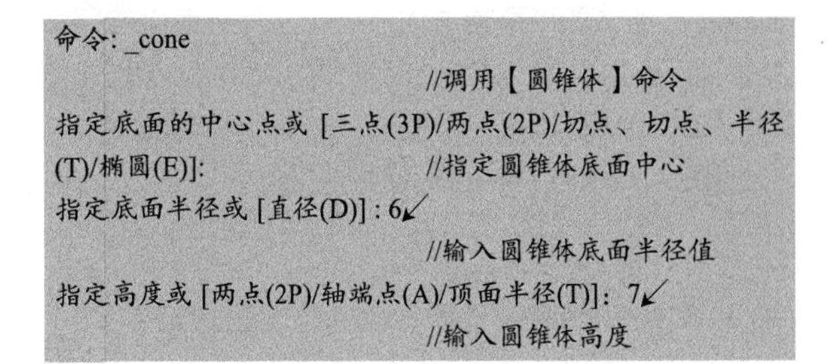

```
命令: _cone
                                    //调用【圆锥体】命令
指定底面的中心点或 [三点(3P)/两点(2P)/切点、切点、半径(T)/椭圆(E)]:
                                    //指定圆锥体底面中心
指定底面半径或 [直径(D)] : 6↙
                                    //输入圆锥体底面半径值
指定高度或 [两点(2P)/轴端点(A)/顶面半径(T)]: 7↙
                                    //输入圆锥体高度
```

Step 03 通过以上操作，即可绘制一个圆锥体，如图13-16所示。

Step 04 调用ALIGN【对齐】命令，将圆锥体移动到圆柱顶面。其效果如图 13-17所示。

图 13-15　素材图样

图 13-16　圆锥体

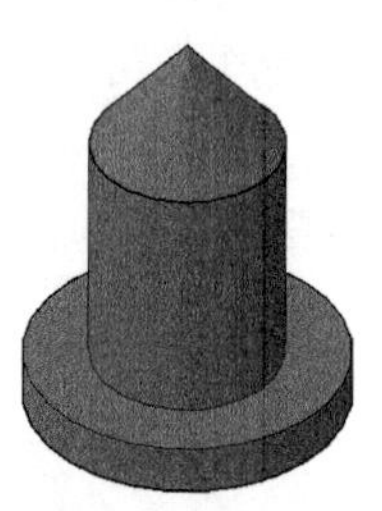

图 13-17　销钉

13.1.4 创建球体

【球体】是在三维空间中，到一个点（即球心）距离相等的所有点的集合形成的实体，它广泛应用于机械、建筑等制图中，如创建档位控制杆、建筑物的球形屋顶等。

·执行方式

在 AutoCAD 2016 中调用绘制【球体】命令有以下几种常用方法。

◆功能区：在【常用】选项卡中，单击【建模】面板【球体】工具按钮，如图 13-18 所示。

◆菜单栏：执行【绘图】|【建模】|【球体】命令，如图 13-19 所示。

◆工具栏：单击【建模】工具栏【球体】按钮。

◆命令行：SPHERE。

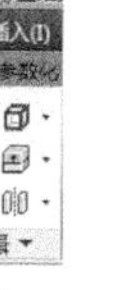

图 13-18　球体创建工具按钮

图 13-19　创建球体菜单命令

·操作步骤

执行上述任一命令后，命令行提示如下。

```
指定中心点或 [三点(3P)/两点(2P)/切点、切点、半径(T)]:
```

此时直接捕捉一点为球心，然后指定球体的半径值或直径值，即可获得球体效果。另外，可以按照命令行提示使用以下 3 种方法创建球体，即【三点】、【两点】和【相切、相切、半径】，其具体的创建方法与二维图形中【圆】的相关创建方法类似。

练习 13-4 绘制球体

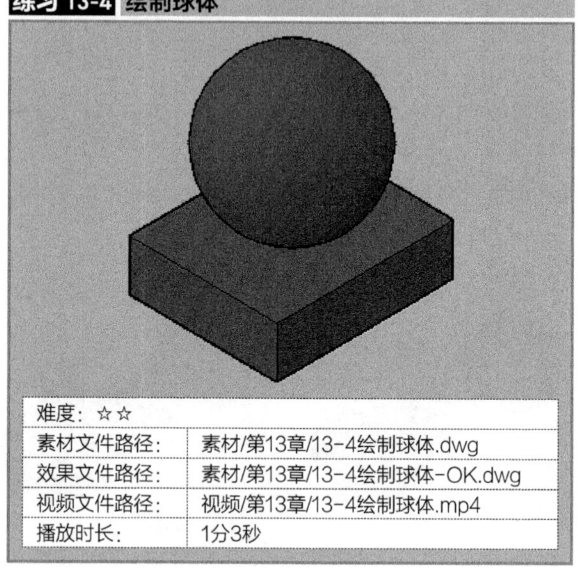

难度：	☆☆
素材文件路径：	素材/第13章/13-4绘制球体.dwg
效果文件路径：	素材/第13章/13-4绘制球体-OK.dwg
视频文件路径：	视频/第13章/13-4绘制球体.mp4
播放时长：	1分3秒

Step 01 单击【快速访问】工具栏中的【打开】按钮，打开“第13章/13-4绘制球体.dwg”文件，如图 13-20所示。

Step 02 在【常用】选项卡中，单击【建模】面板上【球体】按钮，在底板上绘制一个球体，命令行提示如下。

```
命令: _sphere
                         //调用【球体】命令
指定中心点或 [三点(3P)/两点(2P)/切点、切点、半径(T)]:
2p↙                              //指定绘制球体方法
指定直径的第一个端点:
                         //捕捉到长方体上表面的中心
指定直径的第二个端点: 120↙
                         //输入球体直径，绘制完成
```

Step 03 通过以上操作即可完成球体的绘制，其效果如图 13-21所示。

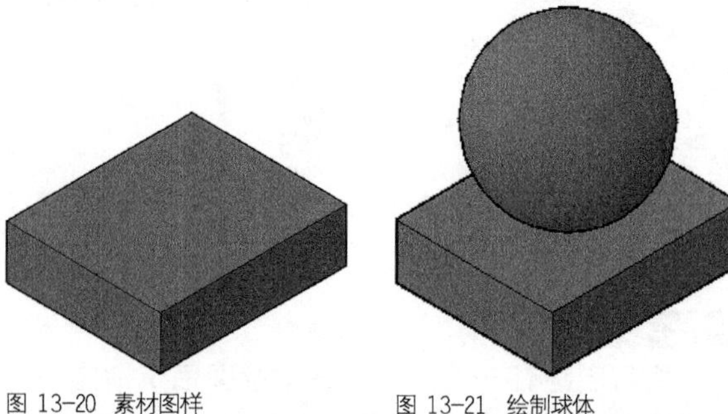

图 13-20　素材图样　　图 13-21　绘制球体

13.1.5 创建楔体

【楔体】可以看作是以矩形为底面，其一边沿法线方向拉伸所形成的具有楔状特征的实体。该实体通常用于填充物体的间隙，如安装设备时用于调整设备高度及水平度的楔体和楔木。

• 执行方式

在 AutoCAD 2016 中调用绘制【楔体】命令有以下几种常用方法。

◆功能区：在【常用】选项卡中，单击【建模】面板【楔体】工具按钮，如图 13-22 所示。

◆菜单栏：执行【绘图】|【建模】|【楔体】命令，如图 13-23 所示。

◆工具栏：单击【建模】工具栏【楔体】按钮。

◆命令行：WEDGE 或 WE。

图 13-22　创建楔体工具按钮

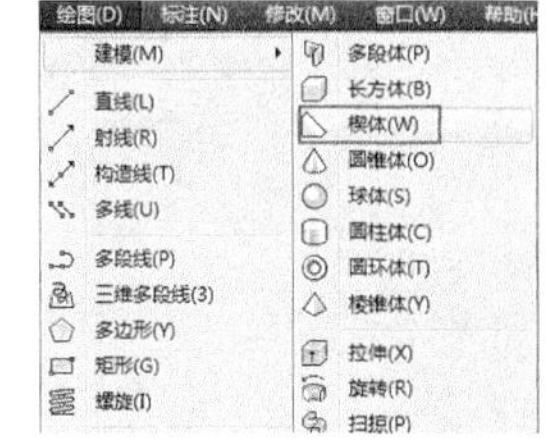

图 13-23　创建楔体菜单命令

• 操作步骤

执行以上任意一种方法均可创建【楔体】，创建【楔体】的方法同创建长方体的方法类似。操作如图 13-24 所示，命令行提示如下。

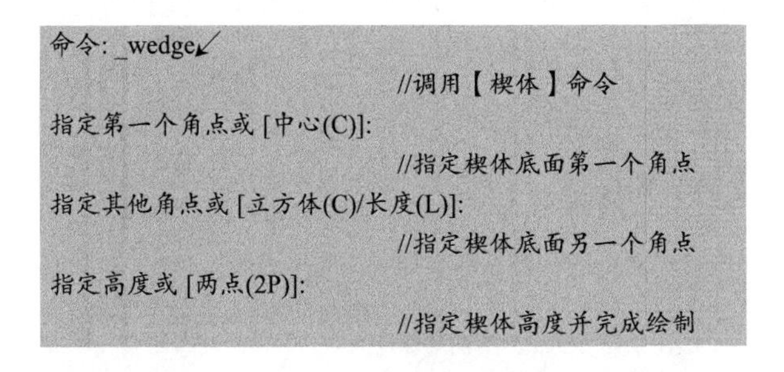

```
命令: _wedge↙
                          //调用【楔体】命令
指定第一个角点或 [中心(C)]:
                          //指定楔体底面第一个角点
指定其他角点或 [立方体(C)/长度(L)]:
                          //指定楔体底面另一个角点
指定高度或 [两点(2P)]:
                          //指定楔体高度并完成绘制
```

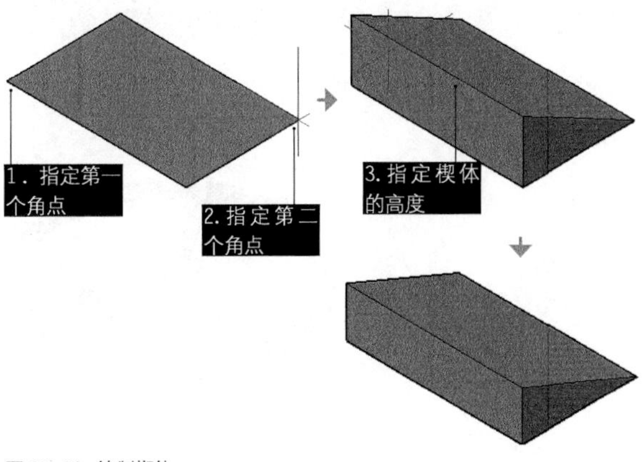

图 13-24　绘制楔体

练习 13-5　绘制楔体

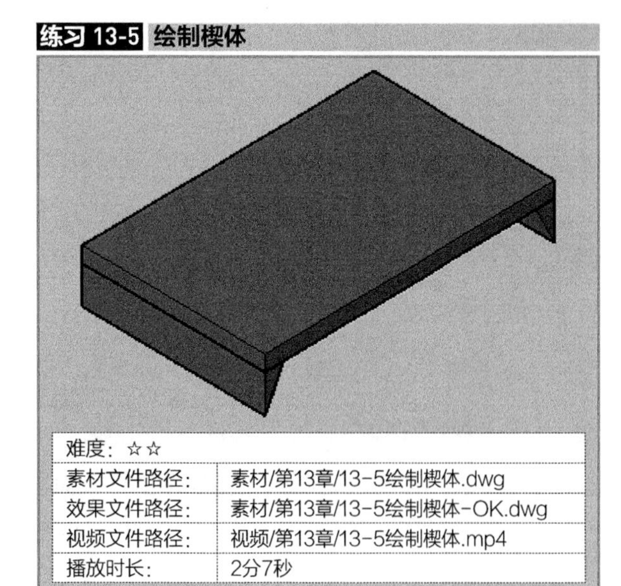

难度：☆☆	
素材文件路径：	素材/第13章/13-5绘制楔体.dwg
效果文件路径：	素材/第13章/13-5绘制楔体-OK.dwg
视频文件路径：	视频/第13章/13-5绘制楔体.mp4
播放时长：	2分7秒

Step 01 单击【快速访问】工具栏中的【打开】按钮，打开“第13章/13-5绘制楔体.dwg”文件，如图13-25所示。

Step 02 在【常用】选项卡中，单击【建模】面板上【楔体】按钮，在长方体底面创建两个支撑，命令行提示如下。

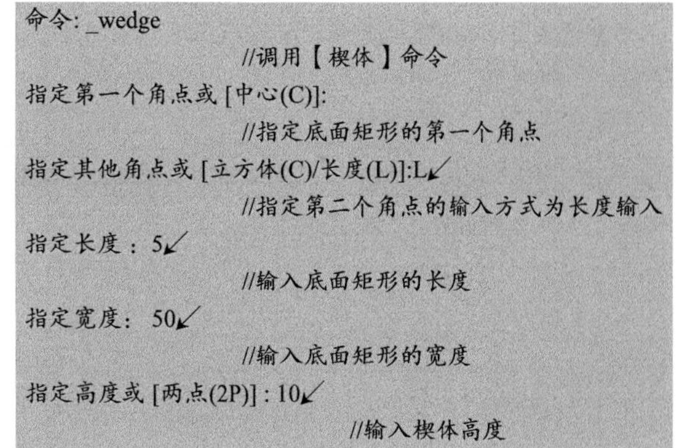

```
命令: _wedge
                          //调用【楔体】命令
指定第一个角点或 [中心(C)]:
                          //指定底面矩形的第一个角点
指定其他角点或 [立方体(C)/长度(L)]:L↙
                          //指定第二个角点的输入方式为长度输入
指定长度 : 5↙
                          //输入底面矩形的长度
指定宽度: 50↙
                          //输入底面矩形的宽度
指定高度或 [两点(2P)] : 10↙
                          //输入楔体高度
```

Step 03 通过以上操作，即可绘制一个楔体，如图13-26所示。

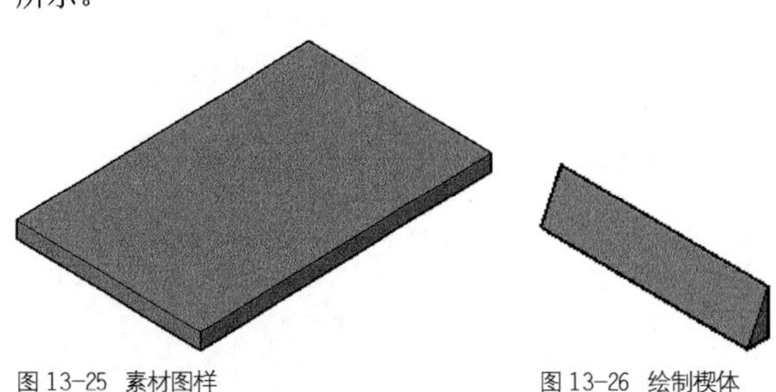

图 13-25　素材图样　　图 13-26　绘制楔体

Step 04 重复以上操作绘制另一个楔体，调用ALIGN【对齐】命令将两个楔体移动到合适位置，其效果如图13-27所示。

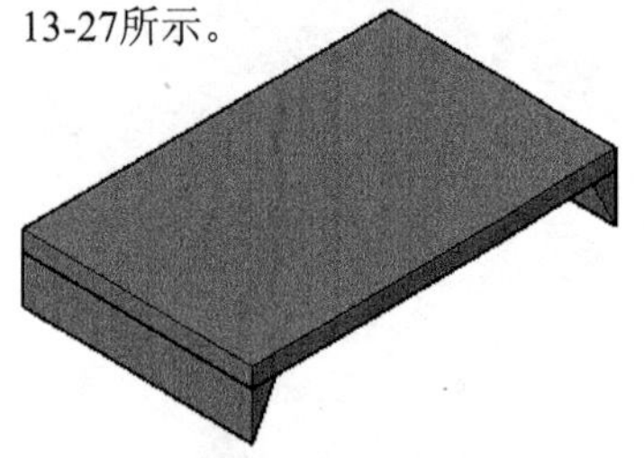

图 13-27　绘制座板

13.1.6 创建圆环体

【圆环体】可以看作是在三维空间内，圆轮廓线绕与其共面直线旋转所形成的实体特征，该直线即是圆环的中心线；直线和圆心的距离即是圆环的半径；圆轮廓线的直径即是圆环的直径。

·执行方式

在 AutoCAD 2016 中调用绘制【圆环体】命令有以下几种常用方法。

◆功能区：在【常用】选项卡中，单击【建模】面板【圆环体】工具按钮，如图13-28 所示。

◆菜单栏：执行【绘图】|【建模】|【圆环体】命令，如图13-29 所示。

◆工具栏：单击【建模】工具栏【圆环体】按钮◎。

◆命令行：TORUS。

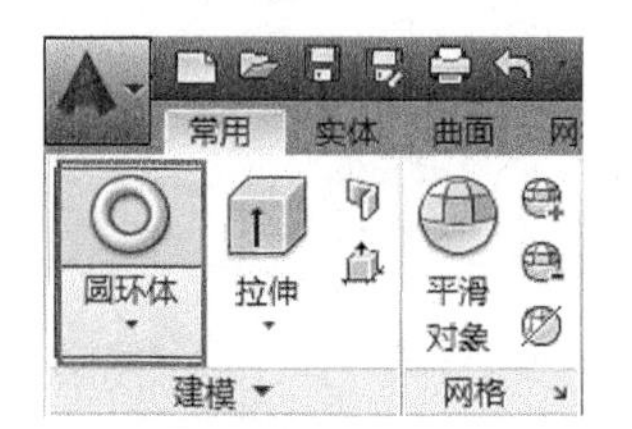

图 13-28　创建圆环体工具按钮

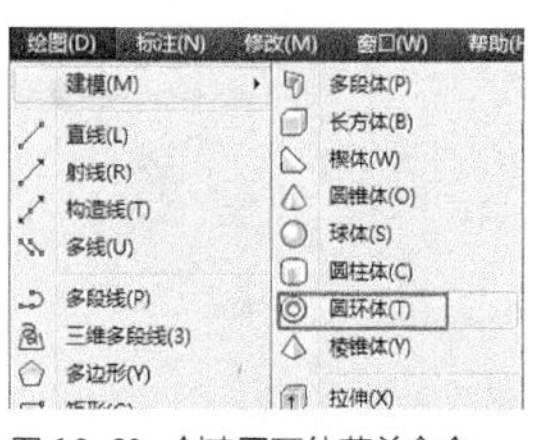

图 13-29　创建圆环体菜单命令

·操作步骤

通过以上任意一种方法执行该命令后，首先确定圆环的位置和半径，然后确定圆环圆管的半径即可完成创建，如图 13-30 所示，命令行操作提示如下。

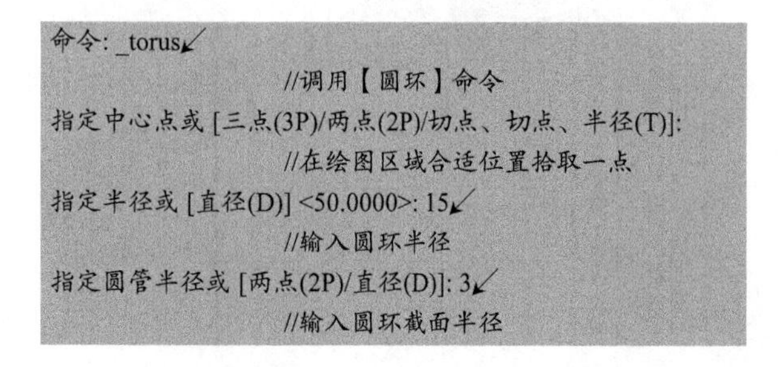

```
命令: _torus↙
                    //调用【圆环】命令
指定中心点或 [三点(3P)/两点(2P)/切点、切点、半径(T)]:
                    //在绘图区域合适位置拾取一点
指定半径或 [直径(D)] <50.0000>: 15↙
                    //输入圆环半径
指定圆管半径或 [两点(2P)/直径(D)]: 3↙
                    //输入圆环截面半径
```

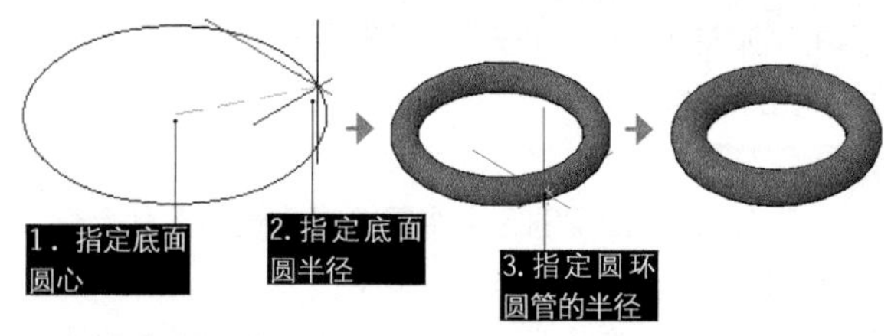

图 13-30　创建圆环体

练习 13-6 创建圆环体

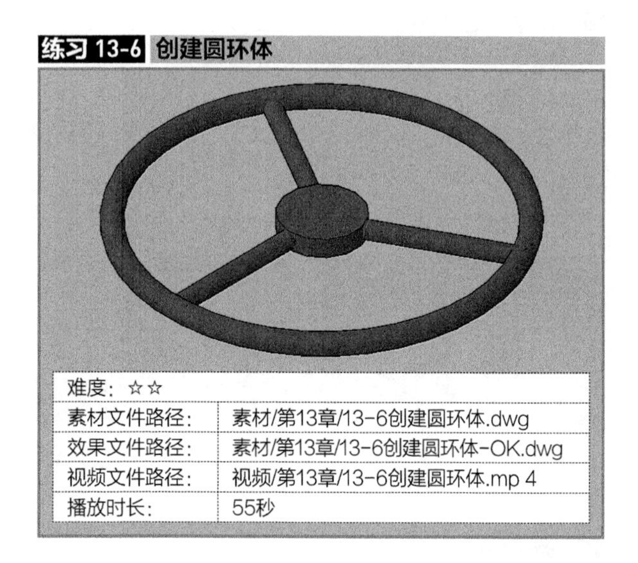

难度:	☆☆
素材文件路径:	素材/第13章/13-6创建圆环体.dwg
效果文件路径:	素材/第13章/13-6创建圆环体-OK.dwg
视频文件路径:	视频/第13章/13-6创建圆环体.mp 4
播放时长:	55秒

Step 01 单击【快速访问】工具栏中的【打开】按钮，打开“第13章/13-6绘制圆环.dwg”文件，如图 13-31 所示。

Step 02 在【常用】选项卡中，单击【建模】面板上【圆环体】工具按钮◎，绘制一个圆环体，命令行提示如下。

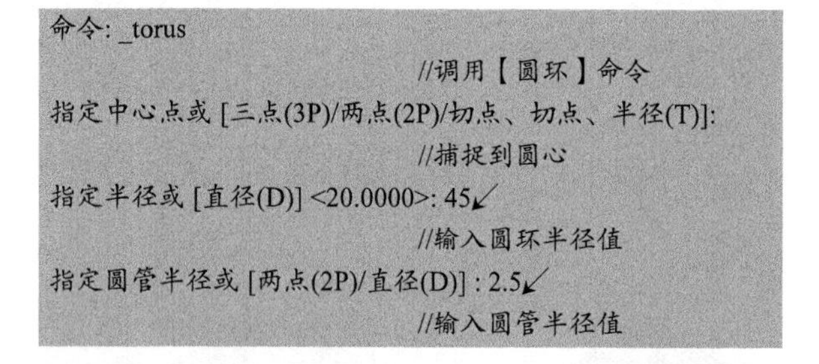

```
命令: _torus
                    //调用【圆环】命令
指定中心点或 [三点(3P)/两点(2P)/切点、切点、半径(T)]:
                    //捕捉到圆心
指定半径或 [直径(D)] <20.0000>: 45↙
                    //输入圆环半径值
指定圆管半径或 [两点(2P)/直径(D)] : 2.5↙
                    //输入圆管半径值
```

Step 03 通过以上操作，即可绘制一个圆环体，其效果如图 13-32所示。

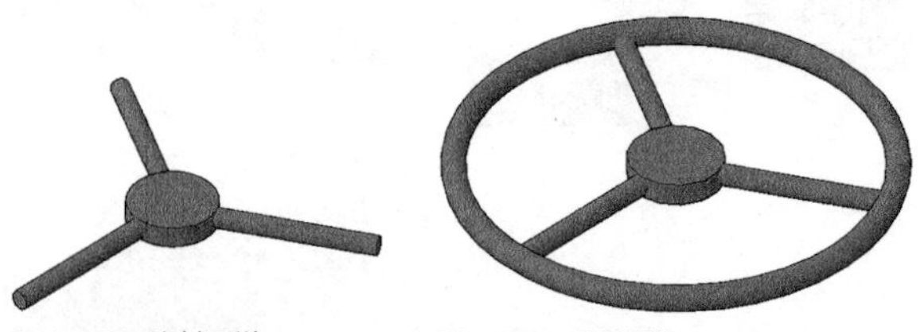

图 13-31　素材图样　　图 13-32　绘制手轮

13.1.7 创建棱锥体

【棱锥体】可以看作是以一个多边形面为底面，其余各面是由有一个公共顶点的具有三角形特征的面所构成的实体。

·执行方式

在 AutoCAD 2016 中调用绘制【棱锥体】命令有以下几种常用方法。

◆功能区：在【常用】选项卡中，单击【建模】面板【棱锥体】工具按钮，如图 13-33 所示。

◆菜单栏：执行【绘图】|【建模】|【棱锥体】命令，如图 13-34 所示。

◆工具栏：单击【建模】工具栏【棱锥体】按钮。

◆命令行：PYRAMID。

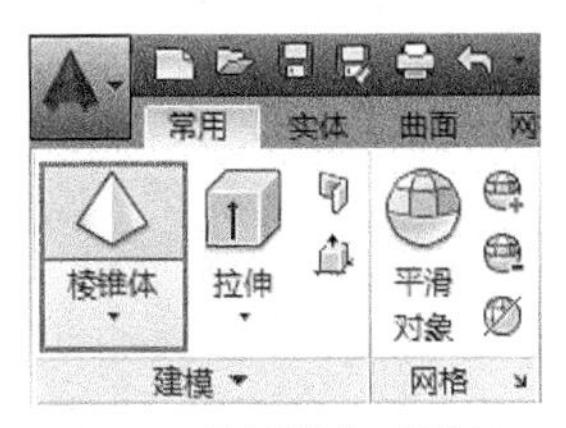

图 13-33 创建棱锥体工具按钮

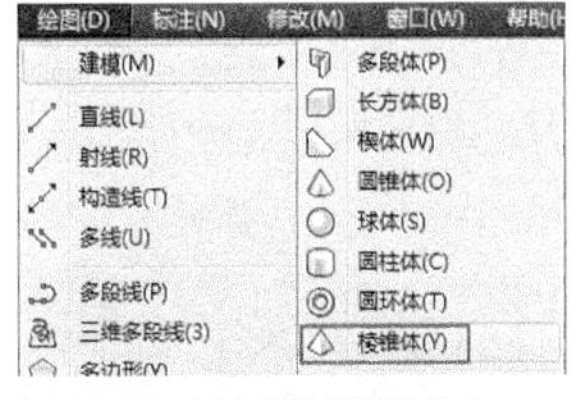

图 13-34 创建棱锥体菜单命令

·操作步骤

在 AutoCAD 中使用以上任意一种方法可以通过参数的调整创建多种类型的【棱锥体】和【平截面棱锥体】。其绘制方法与绘制【圆锥体】的方法类似，绘制完成的结果如图 13-35 和图 13-36 所示。

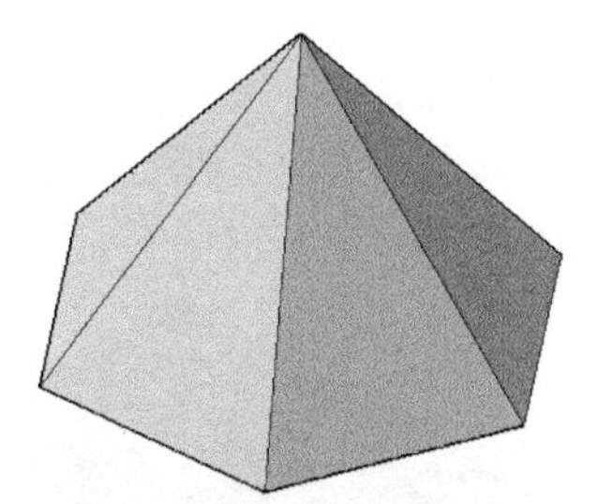

图 13-35 棱锥体

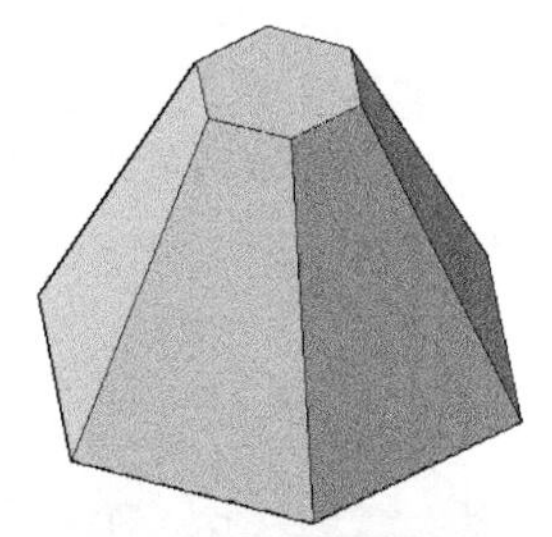

图 13-36 平截面棱锥体

> **操作技巧**
>
> 利用【棱锥体】工具进行棱锥体创建时，所指定的边数必须是3～32之间的整数。

13.2 由二维对象生成三维实体

在 AutoCAD 中，几何形状简单的模型可由各种基本实体组合而成，对于截面形状和空间形状复杂的模型，用基本实体将很难或无法创建，因此 AutoCAD 提供另外一种实体创建途径，即由二维轮廓进行拉伸、旋转、放样、扫掠等方式创建实体。

13.2.1 拉伸 ★重点★

【拉伸】工具可以将二维图形沿其所在平面的法线方向扫描，而形成三维实体。该二维图形可以是多段线、多边形、矩形、圆、椭圆、闭合的样条曲线、圆环和面域等。拉伸命令常用于创建某一方向上截面固定不变的实体，例如，机械中的齿轮、轴套、垫圈等，建筑制图中的楼梯栏杆、管道、异性装饰等物体。

·执行方式

在 AutoCAD,2016 中调用【拉伸】命令有以下几种常用方法。

◆功能区：在【常用】选项卡中，单击【建模】面板【拉伸】按钮。

◆工具栏：单击【建模】工具栏【拉伸】按钮。

◆菜单栏：执行【绘图】|【建模】|【拉伸】命令。

◆命令行：EXTRUDE/EXT。

·操作步骤

通过以上任意一种方法执行该命令后，可以使用两种拉伸二维轮廓的方法：一种是指定拉伸的倾斜角度和高度，生成直线方向的常规拉伸体；另一种是指定拉伸路径，可以选择多段线或圆弧，路径可以闭合，也可以不闭合。如图 13-37 所示，即为使用拉伸命令创建的实体模型。

调用【拉伸】命令后，选中要拉伸的二维图形，命令行提示如下。

```
指定拉伸的高度或 [方向(D)/路径(P)/倾斜角(T)/表达式(E)] <2.0000>: 2
```

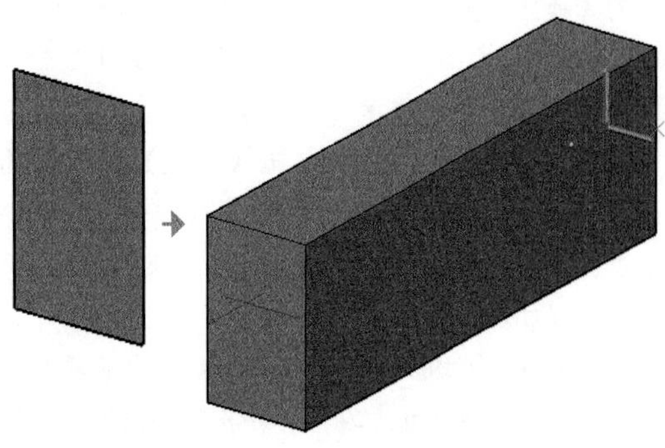

图 13-37 创建拉伸实体

> **操作技巧**
>
> 当指定拉伸角度时，其取值范围为 - 90° ～90° ，正值表示从基准对象逐渐变细，负值表示从基准对象逐渐变粗。默认情况下，角度为0，表示在与二维对象所在的平面垂直的方向上进行拉伸。

•选项说明

命令行中各选项的含义如下。

◆ “方向（D）”：默认情况下，对象可以沿Z轴方向拉伸，拉伸的高度可以为正值或负值，此选项通过指定一个起点到端点的方向，来定义拉伸方向。

◆ “路径（P）”：通过指定拉伸路径将对象拉伸为三维实体，拉伸的路径可以是开放的，也可以是封闭的。

◆ “倾斜角（T）”：通过指定的角度拉伸对象，拉伸的角度也可以为正值或负值，其绝对值不大于90°。若倾斜角为正，将产生内锥度，创建的侧面向里靠；若倾斜角度为负，将产生外锥度，创建的侧面则向外。

练习 13-7 绘制门把手

难度：☆☆☆	
素材文件路径：	无
效果文件路径：	素材/第13章/13-7绘制门把手-OK.dwg
视频文件路径：	视频/第13章/13-7绘制门把手.mp4
播放时长：	7分21秒

Step 01 启动AutoCAD 2016，单击【快速访问】工具栏中的【新建】按钮，建立一个新的空白图形。

Step 02 将工作空间切换到【三维建模】工作空间中，单击【绘图】面板中的【矩形】按钮，绘制一个长为10宽为5的矩形。然后单击【修改】面板中的【圆角】按钮，在矩形边角创建R1的圆角。然后绘制两个半径为0.5的圆，其圆心到最近边的距离为1.2，截面轮廓效果如图 13-38所示。

Step 03 将视图切换到【东南等轴测】，将图形转换为面域，并利用【差集】命令由矩形面域减去两个圆的面域，然后单击【建模】面板上的【拉伸】按钮，拉伸高度为1.5，效果如图 13-39所示。命令行提示如下。

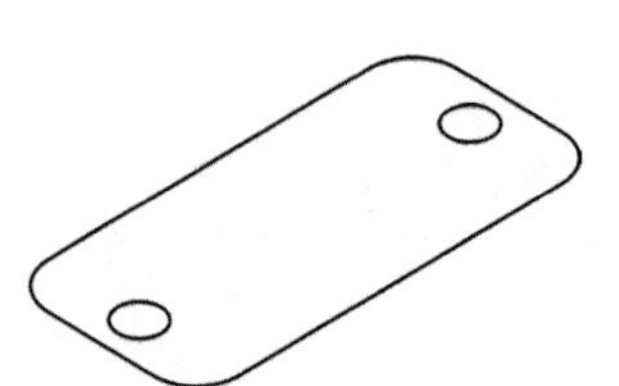
图 13-38 绘制底面

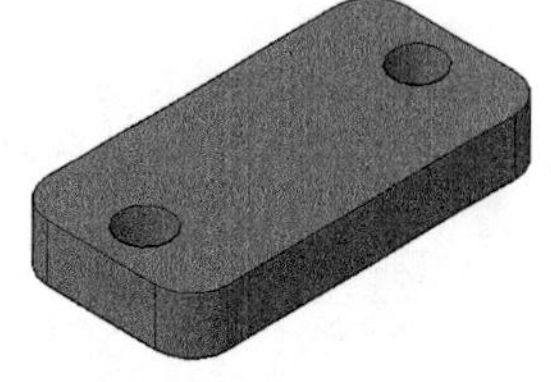
图 13-39 拉伸

```
命令: _extrude
                                    //调用拉伸命令
当前线框密度: ISOLINES=4, 闭合轮廓创建模式 = 实体
选择要拉伸的对象或 [模式(MO)]: _MO 闭合轮廓创建模式
[实体(SO)/曲面(SU)] <实体>: _SO
选择要拉伸的对象或 [模式(MO)]: 找到 1 个
                                    //选择面域
指定拉伸的高度或 [方向(D)/路径(P)/倾斜角(T)/表达式(E)]:
1.5                                 //输入拉伸高度
```

Step 04 单击【绘图】面板中的【圆】按钮，绘制两个半径为0.7的圆，位置如图 13-40所示。

Step 05 单击【建模】面板上的【拉伸】按钮，选择上一步绘制的两个圆，向下拉伸高度为0.2。单击实体编辑中的【差集】按钮，在底座中和减去两圆柱实体，效果如图 13-41所示。

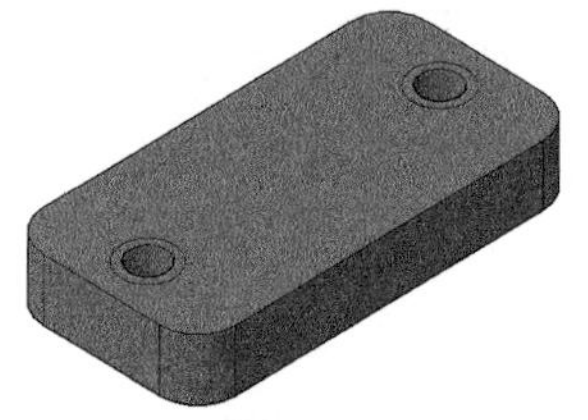
图 13-40 绘制圆

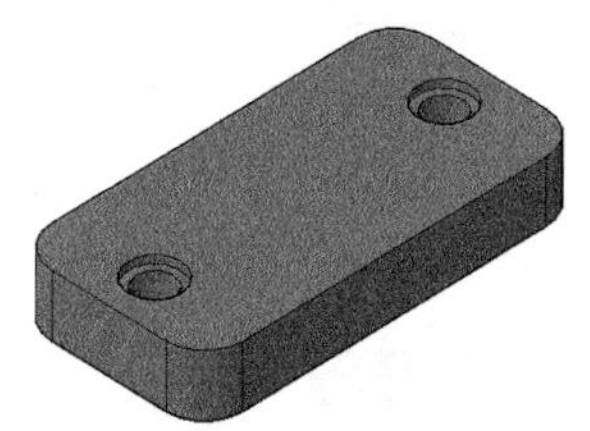
图 13-41 沉孔效果

Step 06 单击【绘图】面板中的【矩形】按钮，绘制一个边长为2的正方形，在边角处创建半径为0.5的圆角，效果如图 13-42所示。

Step 07 单击【建模】面板上的【拉伸】按钮，拉伸上一步绘制的正方形，拉伸高度为1，效果如图 13-43所示。

图 13-42 绘制正方形

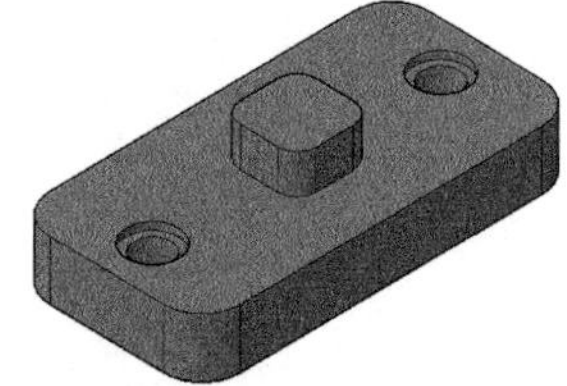
图 13-43 拉伸正方体

Step 08 单击【绘图】面板中的【椭圆】按钮，绘制如图 13-44所示的长轴为2、短轴为1的椭圆。

Step 09 在椭圆和正方体的交点绘制一个高为3长为10圆角为R1的路径，效果如图 13-45所示。

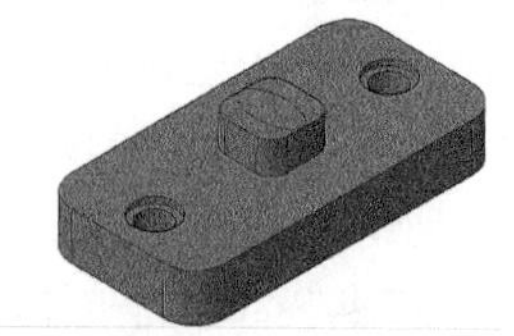
图 13-44 绘制椭圆

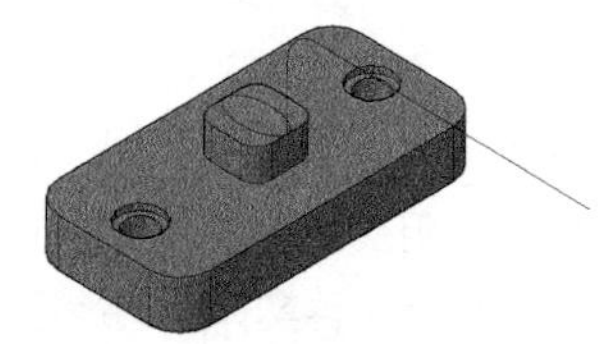
图 13-45 绘制拉伸路径

Step 10 单击【建模】面板上的【拉伸】按钮，拉

伸椭圆，拉伸路径选择上一步绘制的拉伸路径，命令行提示如下。

```
命令_extrude                                         //调用【拉伸】命令
当前线框密度: ISOLINES=4，闭合轮廓创建模式 = 实体
选择要拉伸的对象或 [模式(MO)]: _MO 闭合轮廓创建模式
[实体(SO)/曲面(SU)] <实体>: _SO
选择要拉伸的对象或 [模式(MO)]: 找到 1 个
                                   //选择椭圆
指定拉伸的高度或 [方向(D)/路径(P)/倾斜角(T)/表达式(E)]
<1.0000>: p↙                       //选择路径方式
选择拉伸路径或[倾斜角（T）]:
                                   //选择绘制的路径
```

Step 11 通过以上操作步骤即可完成门把手的创建，如图 13-46所示。

图 13-46 门把手

•精益求精：创建三维文字

在一些专业的三维建模软件（如 UG、Solidworks）中，经常可以看到三维文字的创建，并利用创建好的三维文字与其他的模型实体进行编辑，得到镂空或雕刻状的铭文。在 AutoCAD 的三维功能虽然有所不足，但同样可以获得这种效果，下面通过一个例子来介绍具体的方法。

练习 13-8 创建三维文字 ★进阶★

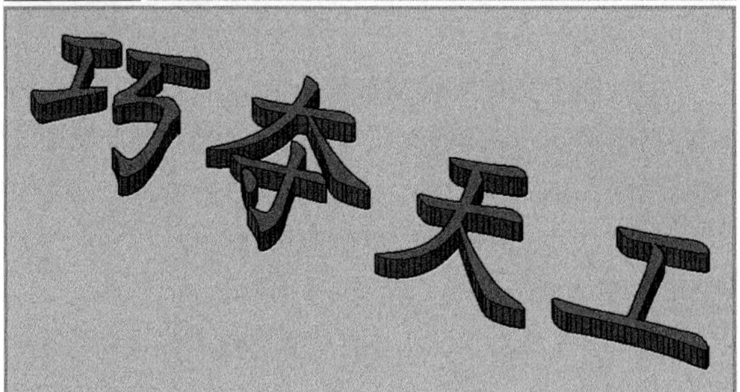

难度：☆☆☆☆	
素材文件路径：	无
效果文件路径：	素材/第13章/13-8创建三维文字-OK.dwg
视频文件路径：	视频/第13章/13-8创建三维文字.mp4
播放时长：	2分31秒

三维文字对于建模来说非常重要，只有创建出了三维文字，才可以在模型中表现出独特的商标或品牌名称。通过 AutoCAD 的三维建模功能，同样也可以创建这样的三维文字。

Step 01 执行【多行文字】命令，创建任意文字。值得注意的是，字体必须为隶书、宋体、新魏等中文字体，如图13-47所示。

Step 02 在命令行中输入Txtexp（文字分解）命令，然后选中要分解的文字，即可得到文字分解后的线框图，如图13-48所示。

图 13-47 输入多行文字

图 13-48 使用 Txtexp 命令分解文字

Step 03 单击【绘图】面板中的【面域】按钮，选中所有的文字线框，创建文字面域，如图13-49所示。

Step 04 再使用【并集】命令，分别框选各个文字上的小片面域，即可合并为单独的文字面域，效果如图13-50所示。

图 13-49 创建的文字面域

图 13-50 合并小块的文字面域

Step 05 如果再与其他对象执行【并集】或【差集】等操作，即可获得三维浮雕文字或者三维镂空文字，效果如图13-51所示。

图 13-51 创建的三维文字效果

13.2.2 旋转 ★重点★

旋转是将二维对象绕指定的旋转线旋转一定的角度而形成的模型实体，如带轮、法兰盘和轴类等具有回旋特征的零件。用于旋转的二维对象可以是封闭多段线、多边形、圆、椭圆、封闭样条曲线、圆环及封闭区域。三维对象、包含在块中的对象、有交叉或干涉的多段线不能被旋转，而且每次只能旋转一个对象。

•执行方式

在 AutoCAD 2016 中调用该命令有以下几种常用方法。

◆功能区：在【常用】选项卡中，单击【建模】面板【旋转】工具按钮，如图 13-52 所示。

◆菜单栏：执行【绘图】|【建模】|【旋转】命令，如图 13-53 所示。

◆工具栏：单击【建模】工具栏【旋转】按钮。

◆命令行：REVOLVE 或 REV。

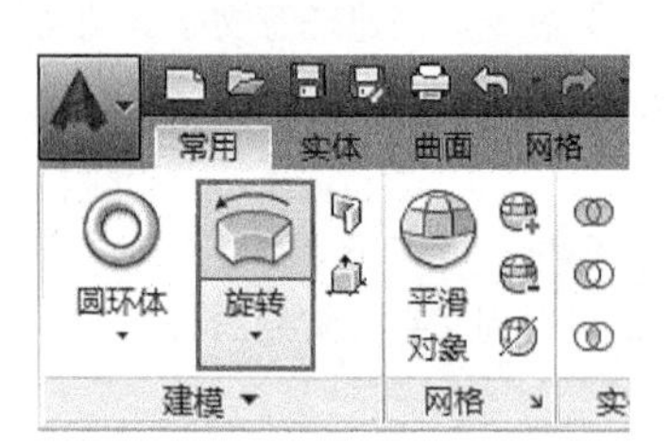

图 13-52 【旋转】工具按钮

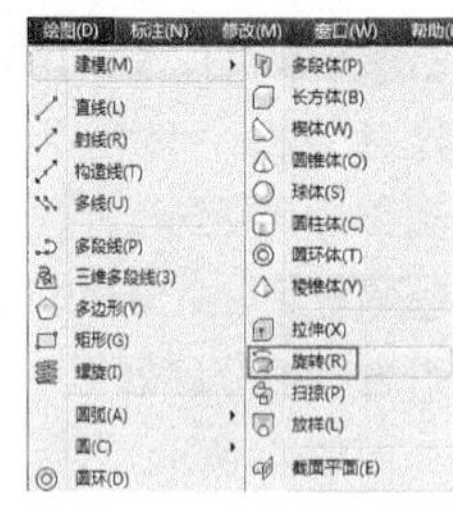
图 13-53 【旋转】菜单命令

·操作步骤

通过以上任意一种方法可调用旋转命令，选取旋转对象，将其旋转 360°，结果如图 13-54 所示，命令行提示如下。

```
命令: REVOLVE↙
选择要旋转的对象: 找到 1 个
//选取素材面域为旋转对象
选择要旋转的对象:↙
        //按Enter键
指定轴起点或根据以下选项之一定义轴 [对象(O)/X/Y/Z] <对象>:        //选择直线上端点为轴起点
指定轴端点:
        //选择直线下端点为轴端点
指定旋转角度或 [起点角度(ST)] <360>:↙
        //按Enter键
```

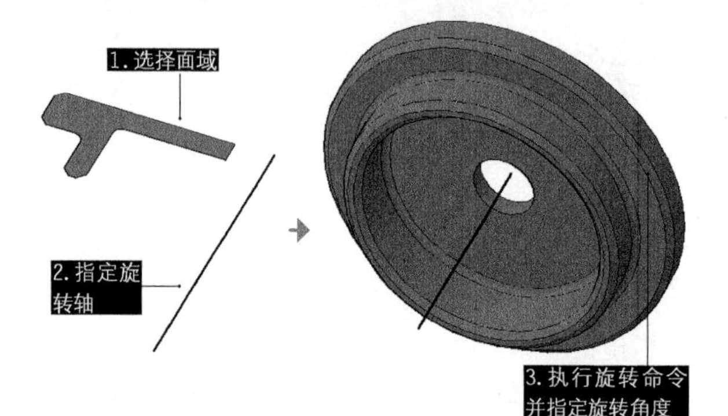

图 13-54 创建旋转体

练习 13-9 绘制花盆

难度:	☆☆
素材文件路径:	素材/第13章/13-9绘制花盆.dwg
效果文件路径:	素材/第13章/13-9绘制花盆-OK.dwg
视频文件路径:	视频/第13章/13-9绘制花盆.mp4
播放时长:	1分18秒

Step 01 单击【快速访问】工具栏中的【打开】按钮，打开“第13章/13-9绘制花盆.dwg”文件，如图 13-55 所示。

Step 02 单击【建模】面板中【旋转】按钮。选中花盆的轮廓线，通过旋转命令绘制实体花盆，其命令行提示如下。

```
命令: _revolve
        //调用【旋转】命令
当前线框密度: ISOLINES=4, 闭合轮廓创建模式 = 实体
选择要旋转的对象或 [模式(MO)]: _MO 闭合轮廓创建模式 [实体(SO)/曲面(SU)] <实体>: _SO
选择要旋转的对象或 [模式(MO)]: 指定对角点: 找到 40 个
        //选中花盆的所有轮廓线
指定轴起点或根据以下选项之一定义轴 [对象(O)/X/Y/Z] <对象>:        //定义旋转轴的起点
指定轴端点:
        //定义旋转轴的端点
指定旋转角度或 [起点角度(ST)/反转(R)/表达式(EX)] <360>:
        //系统默认为旋转一周，按Enter键，旋转对象
```

Step 03 通过以上操作即可完成花盆的绘制，其效果如图 13-56所示。

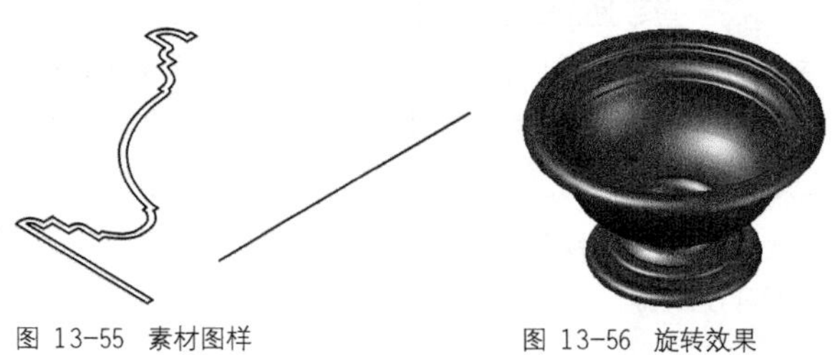
图 13-55 素材图样　　图 13-56 旋转效果

13.2.3 放样 ★重点★

【放样】实体即将横截面沿指定的路径或导向运动扫描所得到的三维实体。横截面指的是具有放样实体截面特征的二维对象，并且使用该命令时必须指定两个或两个以上的横截面来创建放样实体。

·执行方式

在 AutoCAD 2016 中调用【放样】命令有以下几种常用方法。

◆功能区：在【常用】选项卡中，单击【建模】面板【放样】工具按钮，如图 13-57 所示。

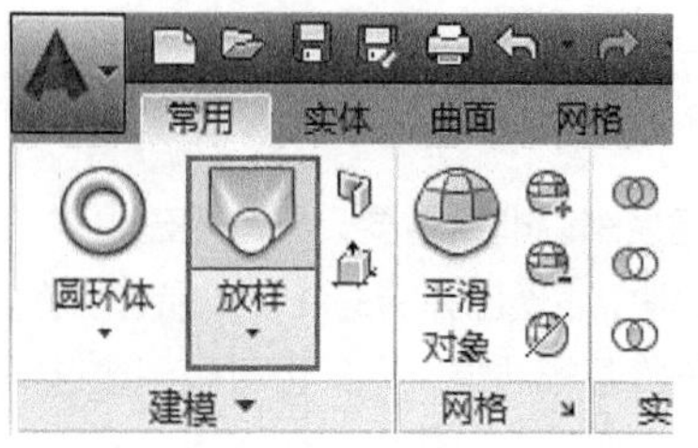

图 13-57 【建模】面板中的【放样】按钮

◆菜单栏：执行【绘图】|【建模】|【放样】命令，如图 13-58 所示。

◆命令行：LOFT。

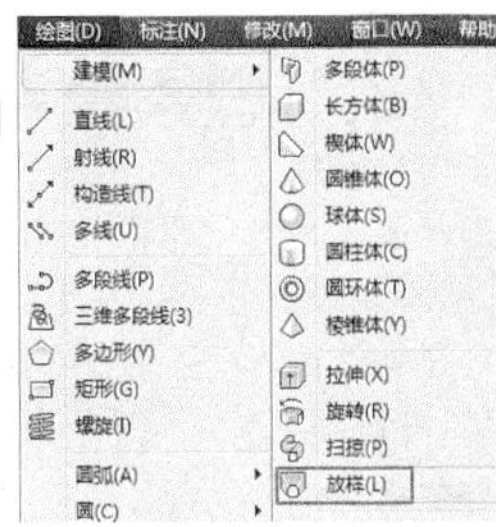

图 13-58 【放样】菜单命令

•操作步骤

执行【放样】命令后，根据命令行的提示，依次选择截面图形，然后定义放样选项，即可创建放样图形。操作如图 13-59 所示，命令行操作如下。

```
命令: _loft
                                              //调用【放样】命令
当前线框密度: ISOLINES=4，闭合轮廓创建模式 = 实体
按放样次序选择横截面或 [点(PO)/合并多条边(J)/模式(MO)]:
_MO 闭合轮廓创建模式 [实体(SO)/曲面(SU)] <实体>: _SO
按放样次序选择横截面或 [点(PO)/合并多条边(J)/模式(MO)]:
找到 1 个                                      //选取横截面1
按放样次序选择横截面或 [点(PO)/合并多条边(J)/模式(MO)]:
找到 1 个，总计 2 个                           //选取横截面2
按放样次序选择横截面或 [点(PO)/合并多条边(J)/模式(MO)]:
找到 1 个，总计 3 个                           //选取横截面3
按放样次序选择横截面或 [点(PO)/合并多条边(J)/模式(MO)]:
找到 1 个，总计 4 个                           //选取横截面4
选中了 4 个横截面
输入选项 [导向(G)/路径(P)/仅横截面(C)/设置(S)/连续性(CO)/
凸度幅值(B)]: p↙      //选择路径方式
选择路径轮廓:
                                              //选择路径5
```

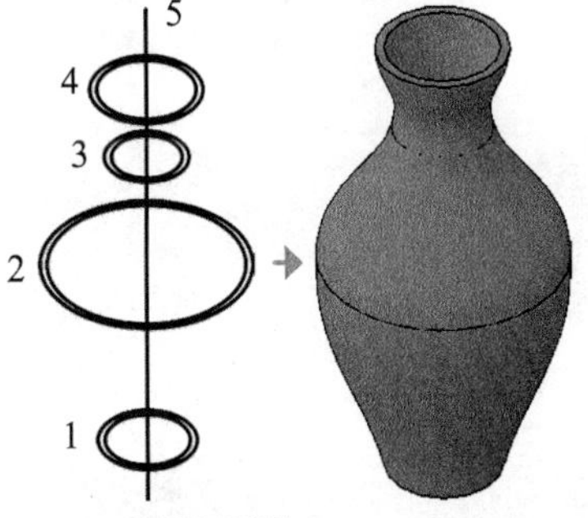

图 13-59 创建放样体

练习 13-10 绘制花瓶

难度：☆☆	
素材文件路径：	素材/第13章/13-10绘制花瓶.dwg
效果文件路径：	素材/第13章/13-10绘制花瓶-OK.dwg
视频文件路径：	视频/第13章/13-10绘制花瓶.mp4
播放时长：	1分3秒

Step 01 单击【快速访问】工具栏中的【打开】按钮，打开“第13章/13-10绘制花瓶.dwg”素材文件。

Step 02 单击【常用】选项卡【建模】面板中的【放样】工具按钮，然后依次选择素材中的4个截面，操作如图13-60所示，命令行操作如下。

```
命令: _loft
                              //调用【放样】命令
当前线框密度: ISOLINES=4，闭合轮廓创建模式 = 实体
按放样次序选择横截面或 [点(PO)/合并多条边(J)/模式(MO)]:
_mo 闭合轮廓创建模式 [实体(SO)/曲面(SU)] <实体>: _su
按放样次序选择横截面或 [点(PO)/合并多条边(J)/模式(MO)]:
找到 1 个
按放样次序选择横截面或 [点(PO)/合并多条边(J)/模式(MO)]:
找到 1 个，总计 2 个
按放样次序选择横截面或 [点(PO)/合并多条边(J)/模式(MO)]:
找到 1 个，总计 3 个
按放样次序选择横截面或 [点(PO)/合并多条边(J)/模式(MO)]:
找到 1 个，总计 4 个
按放样次序选择横截面或 [点(PO)/合并多条边(J)/模式(MO)]:
 选中了 4 个横截面
输入选项 [导向(G)/路径(P)/仅横截面(C)/设置(S)] <仅横截面>:
C↙                            //选择截面连接方式
```

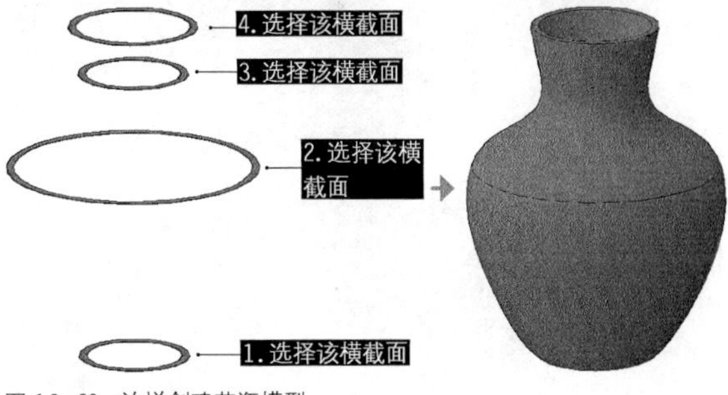

图 13-60 放样创建花瓶模型

13.2.4 扫掠 ★重点★

使用【扫掠】工具可以将扫掠对象沿着开放或闭合的二维或三维路径运动扫描，来创建实体或曲面。

•执行方式

在 AutoCAD 2016 中调用【扫掠】命令有以下几种常用方法。

◆功能区：在【常用】选项卡中，单击【建模】面板【扫掠】工具按钮，如图 13-61 所示。

◆菜单栏：执行【绘图】|【建模】|【扫掠】命令，如图 13-62 所示。

◆工具栏：三级【建模】工具栏【扫掠】按钮。
◆命令行：SWEEP。

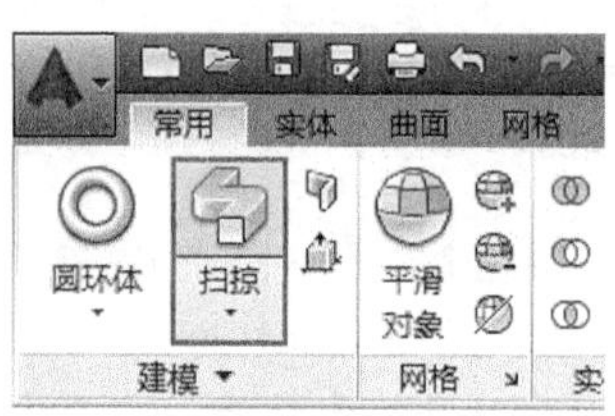

图 13-61 扫掠工具按钮

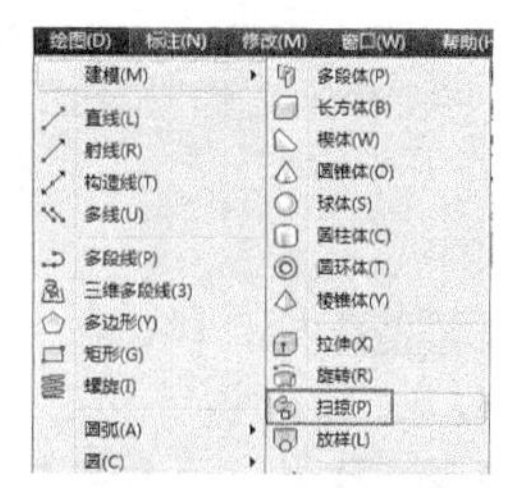

图 13-62 扫掠菜单命令

·操作步骤

执行【扫掠】命令后，按命令行提示选择扫掠截面与扫掠路径即可，如图 13-63 所示。

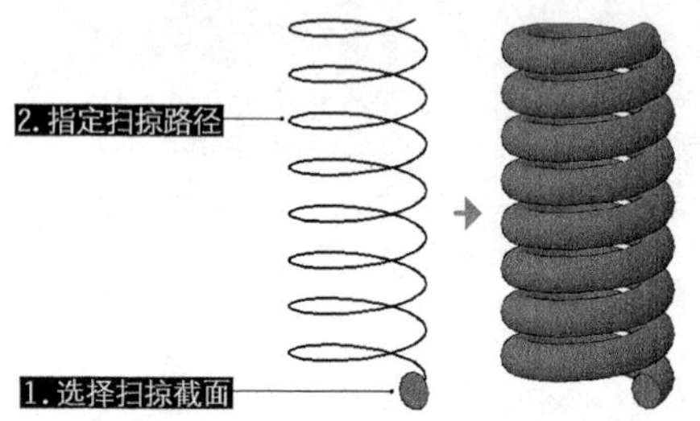

图 13-63 扫掠

练习 13-11 绘制连接管

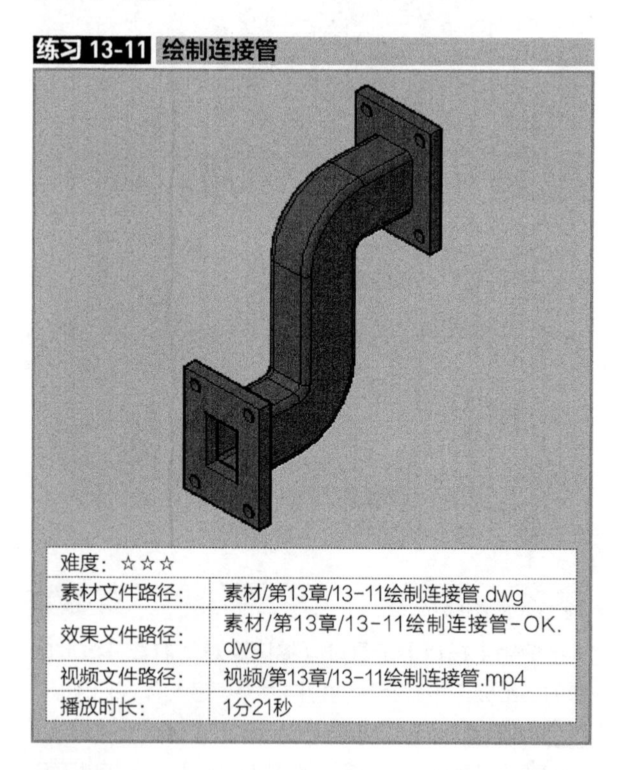

难度：☆☆☆	
素材文件路径：	素材/第13章/13-11绘制连接管.dwg
效果文件路径：	素材/第13章/13-11绘制连接管-OK.dwg
视频文件路径：	视频/第13章/13-11绘制连接管.mp4
播放时长：	1分21秒

Step 01 单击【快速访问】工具栏中的【打开】按钮，打开“第13章/13-11绘制连接管.dwg”文件，如图 13-64 所示。

Step 02 单击【建模】面板中【扫掠】按钮，选取图中管道的截面图形，选择中间的扫掠路径，完成管道的绘制，其命令行提示如下。

```
命令: _sweep
                    //调用【扫掠】命令
当前线框密度: ISOLINES=4，闭合轮廓创建模式 = 实体
选择要扫掠的对象或 [模式(MO)]: _MO 闭合轮廓创建模式
[实体(SO)/曲面(SU)] <实体>: _SO
选择要扫掠的对象或 [模式(MO)]: 找到 1 个
//选择扫掠的对象管道横截面图形，如图 13-64所示。
选择扫掠路径或 [对齐(A)/基点(B)/比例(S)/扭曲(T)]: //选择扫
掠路径2，如图 13-64、图13-65所示。
```

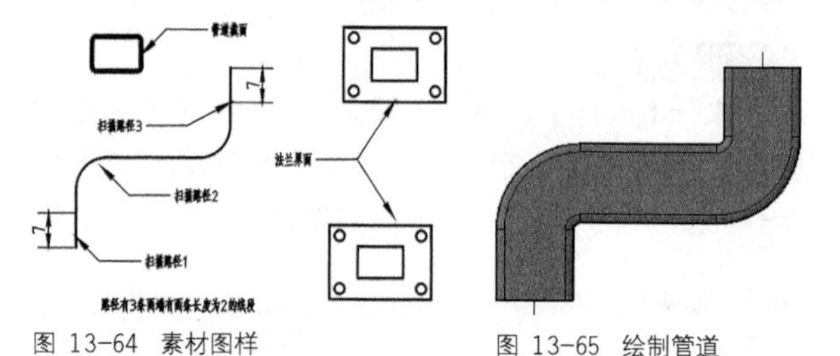

图 13-64 素材图样 图 13-65 绘制管道

Step 03 通过以上的操作完成管道的绘制，如图 13-65所示。接着创建法兰，再次单击【建模】面板中【扫掠】按钮，选择法兰截面图形，选择路径1作为扫掠路径，完成一端连接法兰的绘制，效果如图 13-66所示。

Step 04 重复以上操作，绘制另一端的连接法兰，效果如图 13-67所示。

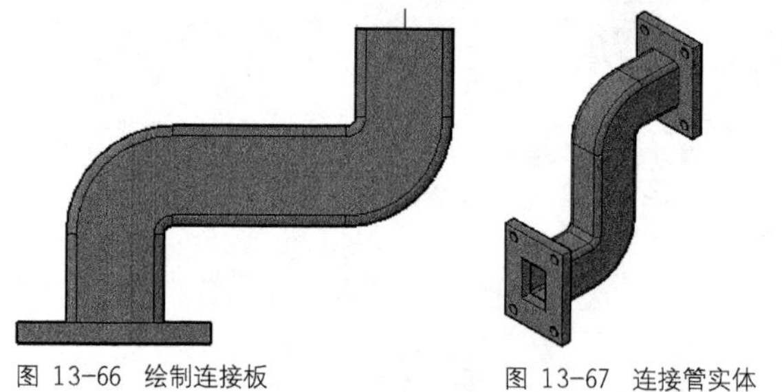

图 13-66 绘制连接板 图 13-67 连接管实体

> **操作技巧**
>
> 在创建比较复杂的放样实体时，可以指定导向曲线来控制点如何匹配相应的横截面，以防止创建的实体或曲面中出现皱褶等缺陷。

13.3 创建网格曲面

网格是用离散的多边形表示实体的表面，与实体模型一样，可以对网格模型进行隐藏、着色和渲染。同时网格模型还具有实体模型所没有的编辑方式，包括锐化、分割和增加平滑度等。

创建网格的方式有多种，包括使用基本网格图元创建规则网格，以及使用二维或三维轮廓线生成复杂网格。AutoCAD 2016 的网格命令集中在【网格】选项卡中，如图 13-68 所示。

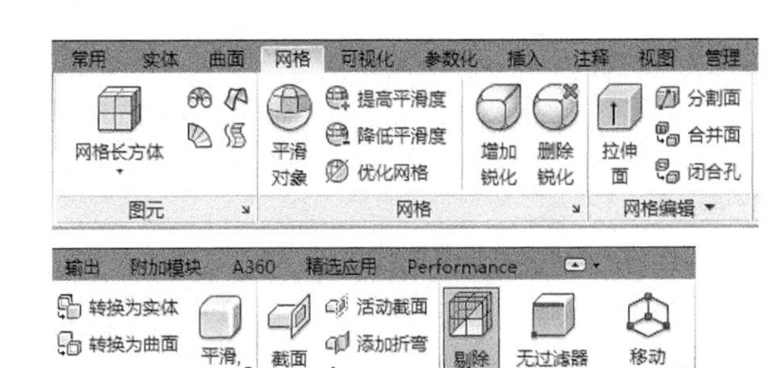

图 13-68 【网格】选项卡

13.3.1 创建基本体网格

AutoCAD 2016 提供了 7 种基本体素的三维网格图元，如长方体、圆锥体、球体以及圆环体等。

• 执行方式

调用【网格图元】命令有以下几种方法。

◆功能区：在【网格】选项卡中，在【图元】面板上选择要创建的图元类型，如图 13-69 所示。

◆菜单栏：选择【绘图】|【建模】|【网格】|【图元】命令，在子菜单中选择要创建的图元类型，如图 13-70 所示。

◆命令行：MESH。

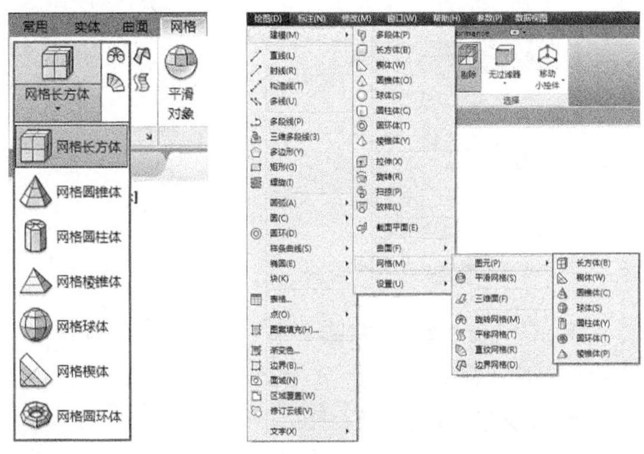

图 13-69 网格图元工具按钮　图 13-70 网格图元菜单命令

• 操作步骤

各种基本体网格的操作方法不一样，因此接下来对各网格图元逐一讲解。

1 创建网格长方体

绘制网格长方体时，其底面将与当前 UCS 的 *XY* 平面平行，并且其初始位置的长、宽、高分别与当前 UCS 的 *X*、*Y*、*Z* 轴平行。在指定长方体的长、宽、高时，正值表示向相应的坐标值正方向延伸，负值表示向相应的坐标值的负方向延伸。最后，需要指定长方体表面绕 *Z* 轴的旋转角度，以确定其最终位置。创建的网格长方体如图 13-71 所示。

2 创建网格圆锥体

如果选择绘制圆锥体，可以创建底面为圆形或椭圆的网格圆锥，如图 13-72 所示；如果指定顶面半径，还可以创建网格圆台，如图 13-73 所示。

默认情况下，网格圆锥体的底面位于当前 UCS 的 *XY* 平面上，圆锥体的轴线与 *Z* 轴平行。使用【椭圆】选项，可以创建底面为椭圆的圆锥体；使用【顶面半径】选项，可以创建倾斜至椭圆面或平面的圆台；选择【切点、切点、半径 (T)】选项可以创建底面与两个对象相切的网格圆锥或圆台，创建的新圆锥体位于尽可能接近指定的切点的位置，这取决于半径距离。

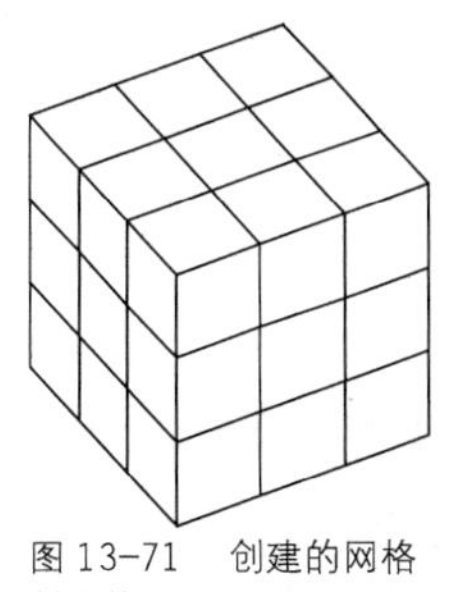

图 13-71 创建的网格长方体

图 13-72 创建的网格圆锥体

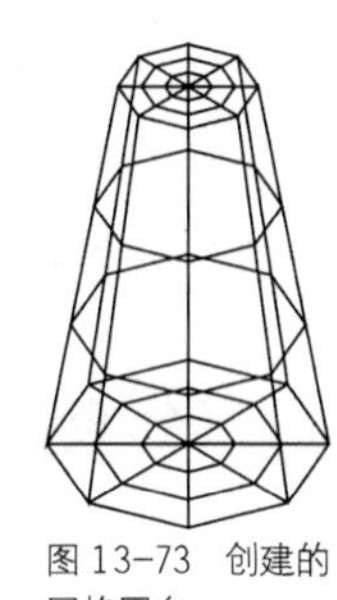

图 13-73 创建的网格圆台

3 创建网格圆柱体

如果选择绘制圆柱体，可以创建底面为圆形或椭圆的网格圆锥或网格圆台，如图 13-74 所示。绘制网格圆柱体的过程与绘制网格圆锥体相似，即先指定底面形状，再指定高度，这里不再介绍。

4 创建网格棱锥体

默认情况下，可以创建最多具有 32 个侧面的网格棱锥体，如图 13-75 所示。

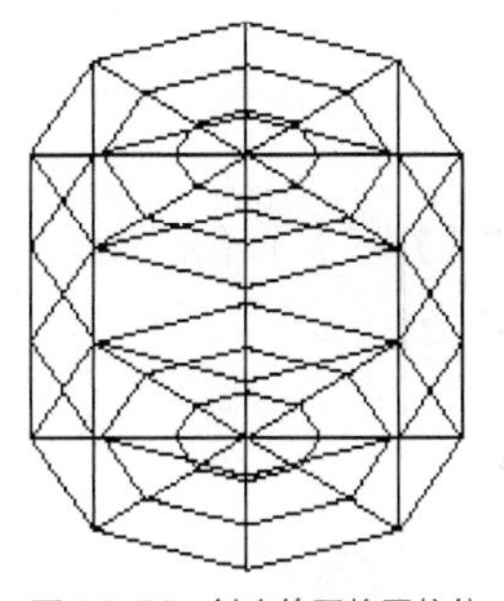

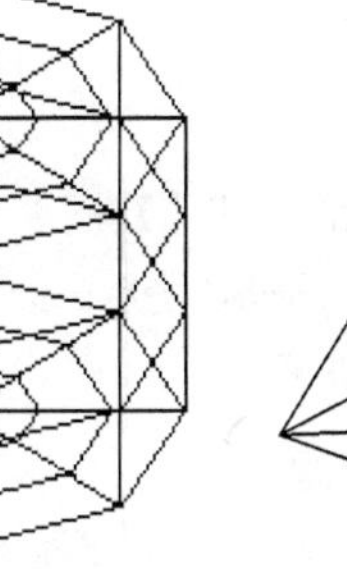

图 13-74 创建的网格圆柱体

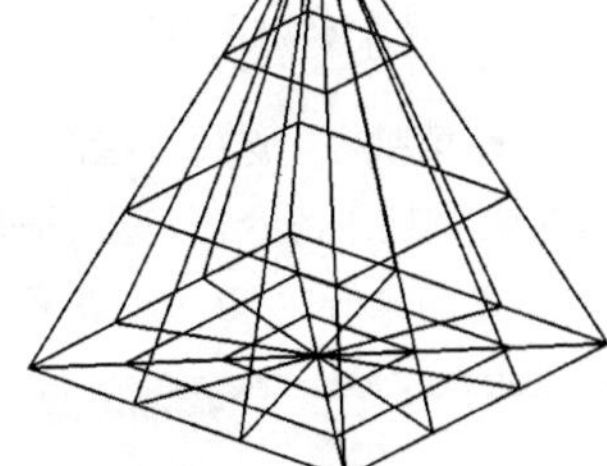

图 13-75 创建的网格棱锥体

5 创建网格球体

网格球体是使用梯形网格面和三角形网格面拼接成的网格对象，如图 13-76 所示。如果从球心开始创建，网格球体的中心轴将与当前 UCS 的 *Z* 轴平行。网格球体有多种创建方式，可以过指定中心点、三点、两点或相切、相切、半径来创建网格球体。

6 创建网格楔体

网格楔体可以看作是一个网格长方体沿着对角面剖

切出一半的结果，如图 13-77 所示。因此其绘制方式与网格长方体基本相同，默认情况下楔体的底面绘制为与当前 UCS 的 *XY* 平面平行，楔体的高度方向与 *Z* 轴平行。

7 绘制网格圆环体

网格圆环体如图 13-78 所示，其具有两个半径值：一个是圆管半径，另一个是圆环半径，圆环半径是圆环体的圆心到圆管圆心之间的距离。默认情况下，圆环体将与当前 UCS 的 *XY* 平面平行，且被该平面平分。

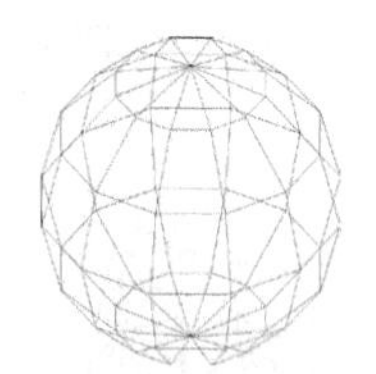
图 13-76　创建的网格球体

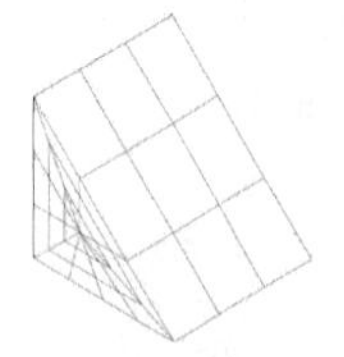
图 13-77　创建的网格楔体

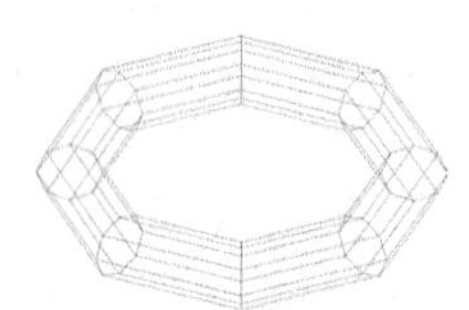
图 13-78　创建的网格圆环

13.3.2 创建旋转网格

使用【旋转网格】命令可以将曲线或轮廓绕指定的旋转轴旋转一定的角度，从而创建旋转网格。旋转轴可以是直线，也可以是开放的二维或三维多段线。

·执行方式

调用【旋转网格】命令有以下几种方法。

◆功能区：在【网格】选项卡中，单击【图元】面板上的【旋转曲面】工具按钮，如图 13-79 所示。

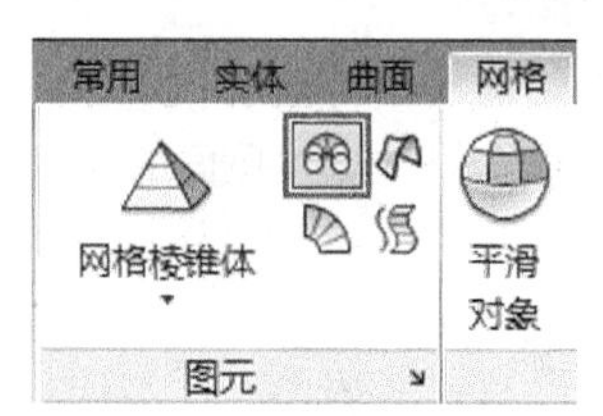

图 13-79　【旋转网格】工具按钮

◆菜单栏：选择【绘图】|【建模】|【网格】|【旋转网格】命令，如图 13-80 所示。

◆命令行：REVSURF。

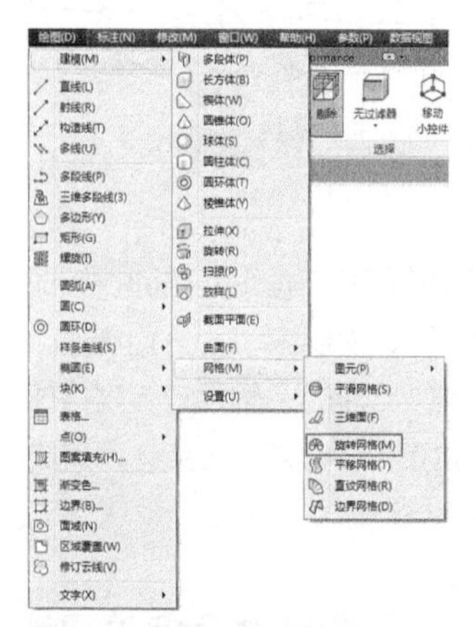
图 13-80　【旋转网格】菜单命令

·操作步骤

【旋转网格】操作同【旋转】命令一样，先选择要旋转的轮廓，然后再指定旋转轴输入旋转角度即可，如图 13-81 所示。

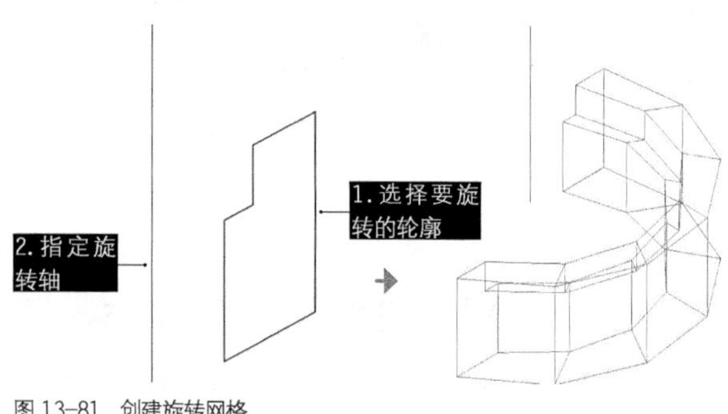

图 13-81　创建旋转网格

13.3.3 创建直纹网格

直纹网格是以空间两条曲线为边界，创建直线连接的网格。直纹网格的边界可以是直线、圆、圆弧、椭圆、椭圆弧、二维多段线、三维多段线和样条曲线。

·执行方式

调用【直纹网格】命令有以下几种方法。

◆功能区：在【网格】选项卡中，单击【图元】面板上的【直纹曲面】工具按钮，如图 13-82 所示。

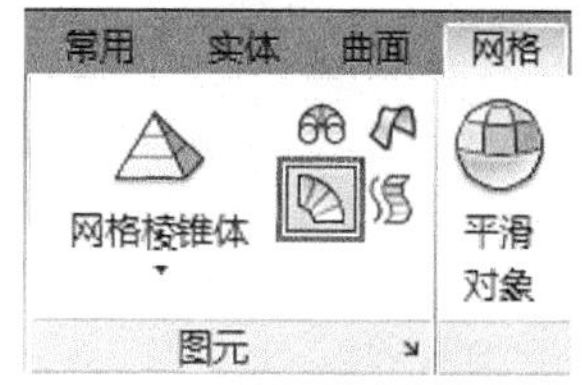

图 13-82　【直纹网格】工具按钮

◆菜单栏：选择【绘图】|【建模】|【网格】|【直纹网格】命令，如图 13-83 所示。

◆命令行：RULESURF。

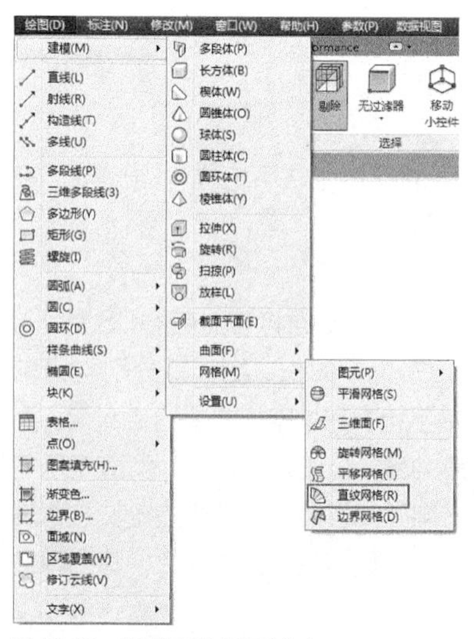
图 13-83　【直纹网格】菜单命令

·操作步骤

除了使用点作为直纹网格的边界，直纹网格的两个边界必须同时开放或闭合。且在调用命令时，因选择曲线的点不一样，绘制的直线会出现交叉和平行两种情况，分别如图 13-84 和图 13-85 所示。

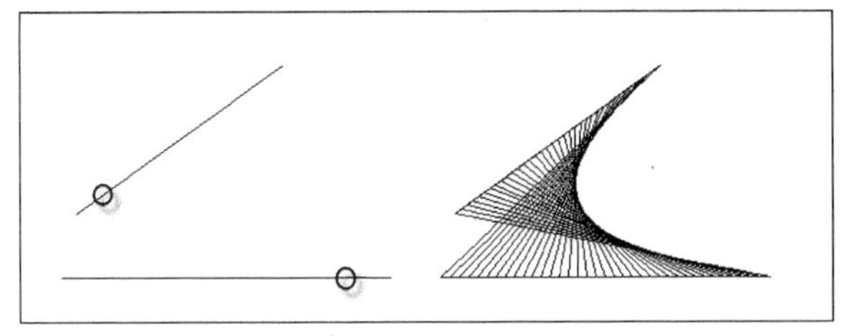

图 13-84 拾取点位置交叉创建交叉的网格面

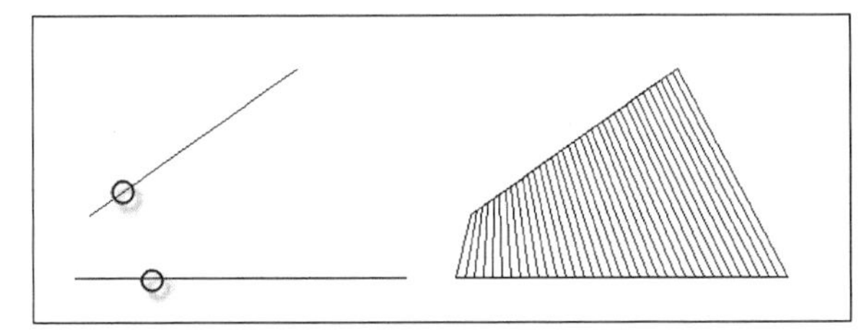

图 13-85 拾取点位置平行创建平行的网格面

13.3.4 创建平移网格

使用【平移网格】命令可以将平面轮廓沿指定方向进行平移，从而绘制出平移网格。平移的轮廓可以是直线、圆、圆弧、椭圆、椭圆弧、二维多段线、三维多段线和样条曲线等。

·执行方式

调用【平移网格】命令有以下几种方法。

◆功能区：在【网格】选项卡中，单击【图元】面板上的【平移曲面】按钮，如图 13-86 所示。

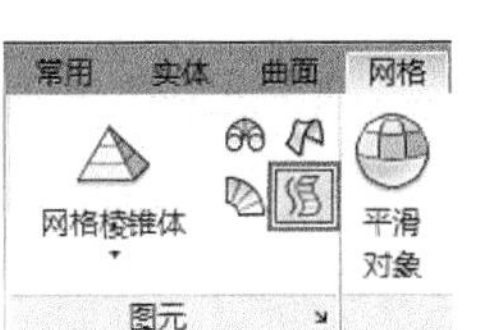

图 13-86 【平移网格】面板按钮

◆菜单栏：选择【绘图】|【建模】|【网格】|【平移网格】命令，如图 13-87 所示。

◆命令行：TABSURF。

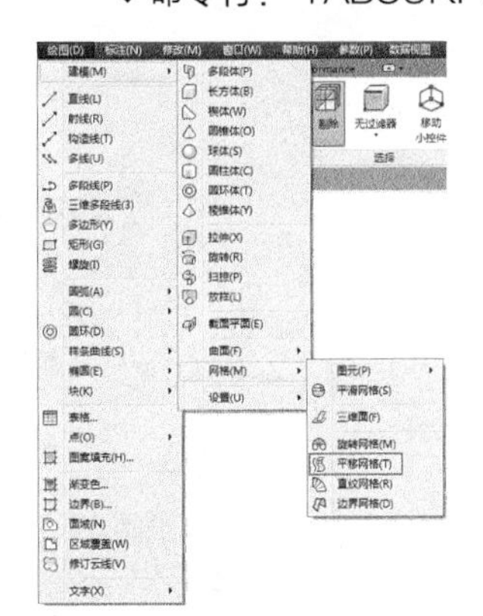

图 13-87 【平移网格】菜单命令

·操作步骤

执行【平移网格】命令后，根据提示先选择轮廓图形，再选择用作方向矢量的图形对象，即可创建平移网格，如图 13-88 所示。这里要注意的是轮廓图形只能是单一的图形对象，不能是面域等复杂图形。

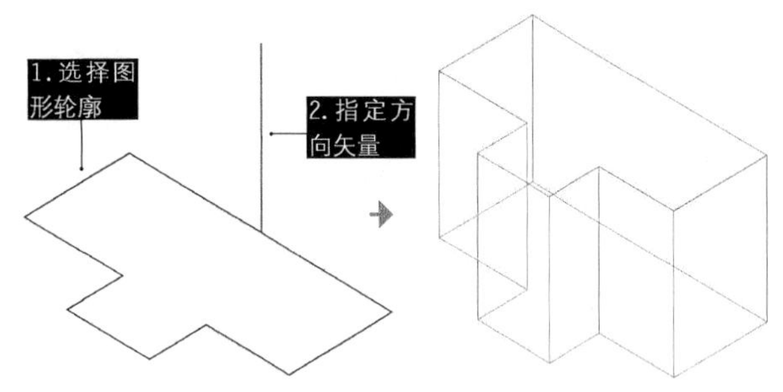

图 13-88 创建旋转网格

13.3.5 创建边界网格 ★进阶★

使用【边界网格】命令可以由 4 条首尾相连的边创建一个三维多边形网格。

·执行方式

调用【边界网格】命令有以下几种方法。

◆功能区：在【网格】选项卡中，单击【图元】面板上的【边界曲面】按钮，如图 13-89 所示。

图 13-89 【边界网格】面板按钮

◆菜单栏：选择【绘图】|【建模】|【网格】|【边界网格】命令，如图 13-90 所示。

◆命令行：EDGESURF。

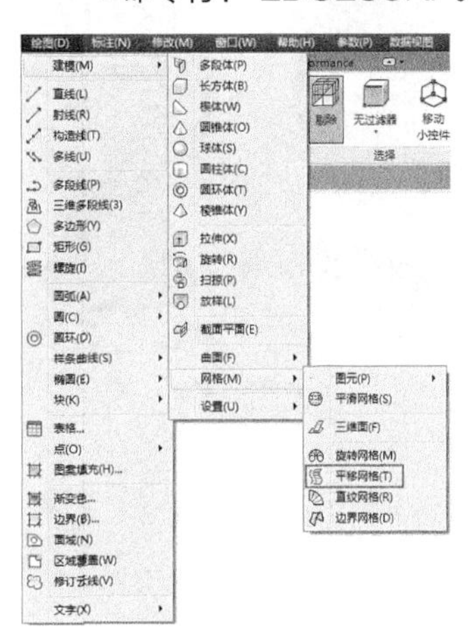

图 13-90 【边界网格】菜单命令

·操作步骤

创建边界曲面时，需要依次选择 4 条边界。边界可以是圆弧、直线、多段线、样条曲线和椭圆弧，并且必须形成闭合环和共享端点。边界网格的效果如图 13-91 所示。

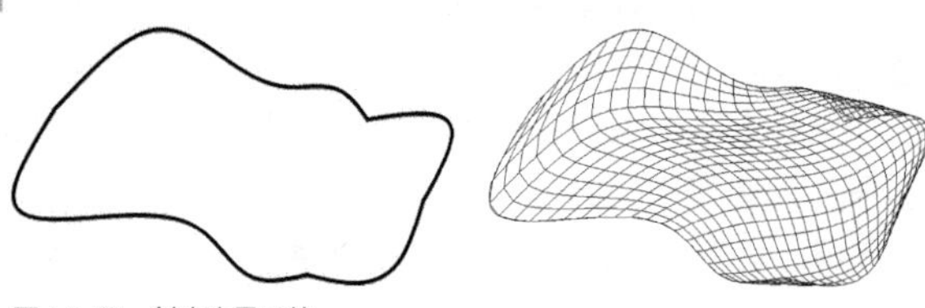

图 13-91 创建边界网格

13.3.6 转换网格

★进阶★

AutoCAD 2016 中除了能够将实体或曲面模型转换为网格，也可以将网格转换为实体或曲面模型。转换网格的命令集中在【网格】选项卡中的【转换网格】面板上，如图 13-92 所示。

面板右侧的选项列表，列出了转换控制选项，如图 13-93 所示。先在该列表选择一种控制类型，然后单击【转换为实体】按钮或【转换为曲面按钮】，最后选择要转换的网格对象，该网格即被转换。

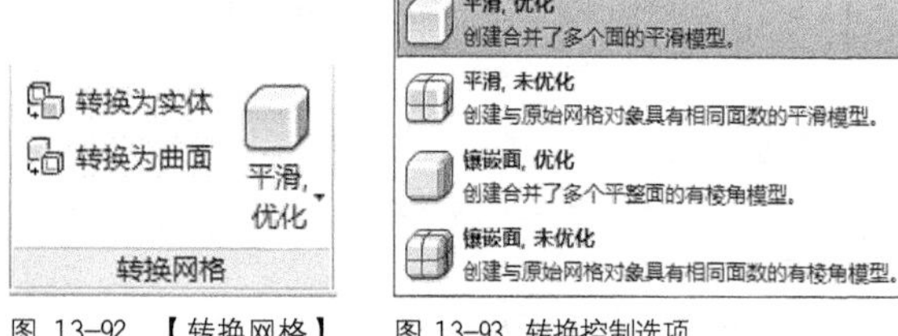

图 13-92 【转换网格】面板

图 13-93 转换控制选项

如图 13-94 所示的网格模型，选择不同的控制类型，转换效果如图 13-95、图 13-96 所示。

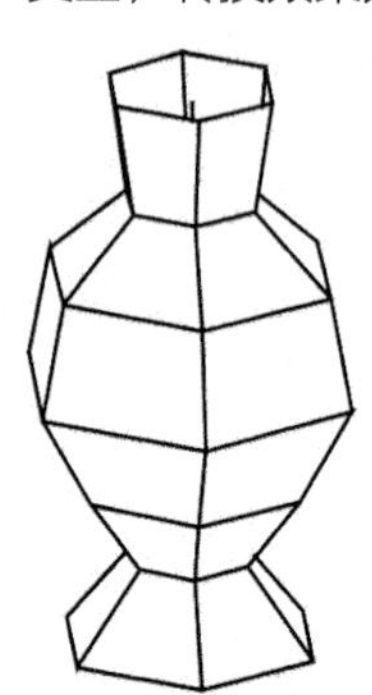

图 13-94 网格模型

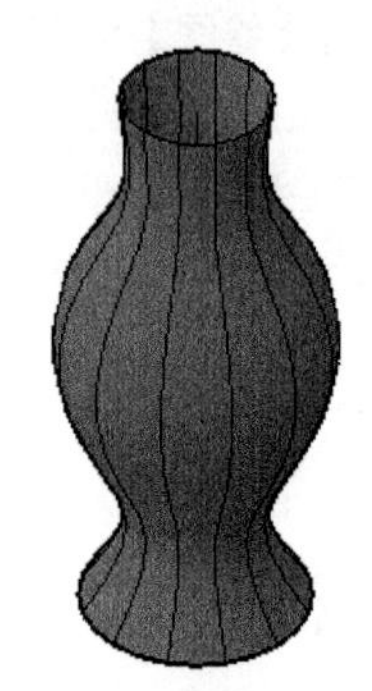

图 13-95 平滑优化

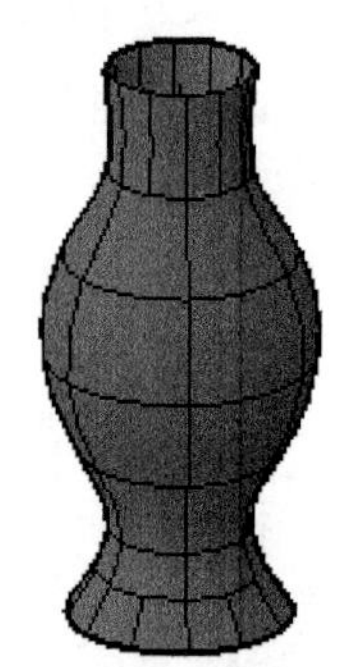

图 13-96 平滑未优化

第 14 章 三维模型的编辑

在 AutoCAD 中，由基本的三维建模工具只能创建初步的模型的外观，模型的细节部分，如壳、孔、圆角等特征，需要由相应的编辑工具来创建。另外模型的尺寸、位置、局部形状的修改，也需要用到一些编辑工具。

14.1 布尔运算

AutoCAD 的【布尔运算】功能贯穿建模的整个过程，尤其是在建立一些机械零件的三维模型时使用更为频繁，该运算用来确定多个体（曲面或实体）之间的组合关系，也就是说通过该运算可将多个形体组合为一个形体，从而实现一些特殊的造型，如孔、槽、凸台和齿轮特征都是执行布尔运算组合而成的新特征。

与二维面域中的【布尔运算】一致，三维建模中【布尔运算】同样包括【并集】、【差集】以及【交集】3 种运算方式。

14.1.1 并集运算

【并集】运算是将两个或两个以上的实体（或面域）对象组合成为一个新的组合对象。执行并集操作后，原来各实体相互重合的部分变为一体，使其成为无重合的实体。

•执行方式

在 AutoCAD 2016 中启动【并集】运算有以下几种常用方法。

◆功能区：在【常用】选项卡中，单击【实体编辑】面板中的【并集】工具按钮，如图 14-1 所示。

◆菜单栏：执行【修改】|【实体编辑】|【并集】命令，如图 14-2 所示。

◆命令行：UNION 或 UNI。

图 14-1 【实体编辑】面板中的【并集】按钮

图 14-2 【并集】菜单命令

•操作步骤

执行上述任一命令后，在【绘图区】中选取所要合并的对象，按 Enter 键或者单击鼠标右键，即可执行合并操作，效果如图 14-3 所示。

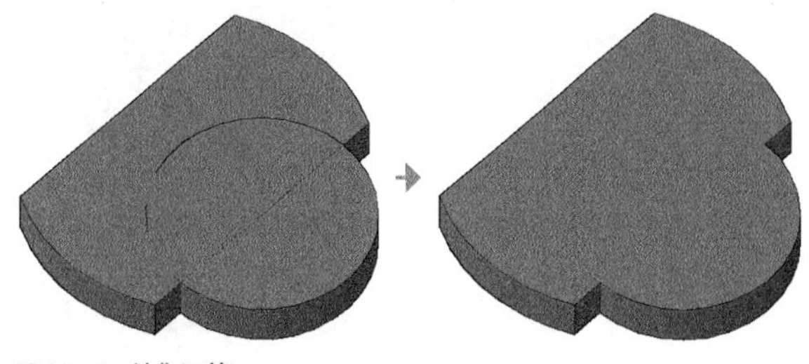

图 14-3 并集运算

练习 14-1 通过并集创建红桃心

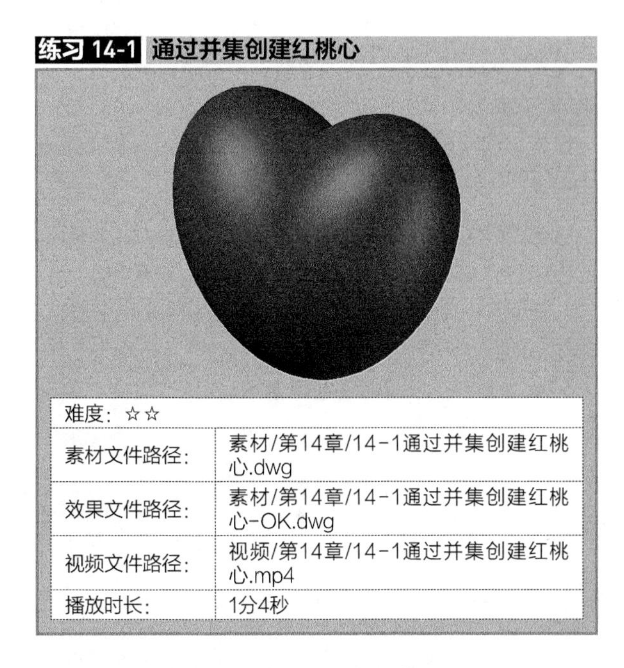

难度：☆☆	
素材文件路径：	素材/第14章/14-1通过并集创建红桃心.dwg
效果文件路径：	素材/第14章/14-1通过并集创建红桃心-OK.dwg
视频文件路径：	视频/第14章/14-1通过并集创建红桃心.mp4
播放时长：	1分4秒

有时仅靠体素命令无法创建出满意的模型，还需要借助结合多个体素的办法来进行创建，如本例中的红桃心。

Step 01 单击【快速访问】工具栏中的【打开】按钮，打开“第14章/14-1通过并集创建红桃心.dwg”文件，如图 14-4所示。

Step 02 单击【实体编辑】面板中【并集】按钮，依次选择长方体和两个圆柱体，然后单击右键完成并集运算，命令行提示如下。

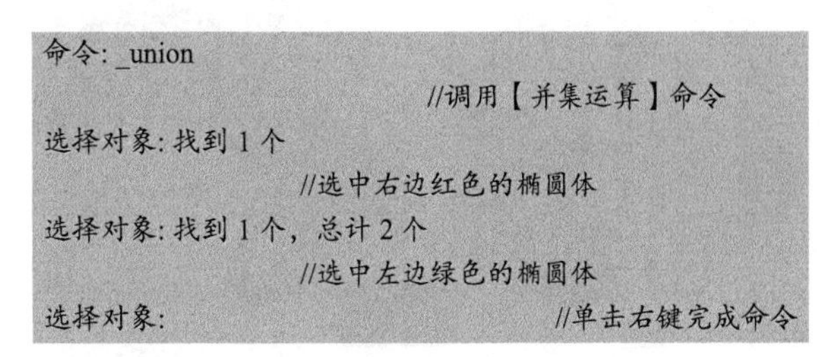

```
命令: _union
                                //调用【并集运算】命令
选择对象: 找到 1 个
                    //选中右边红色的椭圆体
选择对象: 找到 1 个，总计 2 个
                    //选中左边绿色的椭圆体
选择对象:                              //单击右键完成命令
```

Step 03 通过以上操作即可完成并集运算，效果如图14-5所示。

图 14-4 素材图样

图 14-5 并集运算

14.1.2 差集运算

差集运算就是将一个对象减去另一个对象从而形成新的组合对象。与并集操作不同的是首先选取的对象则为被剪切对象，之后选取的对象则为剪切对象。

• 执行方式

在 AutoCAD 2016 中进行【差集】运以下几种常用方法。

◆功能区：在【常用】选项卡中，单击【实体编辑】面板中的【差集】工具按钮，如图 14-6 所示。

◆菜单栏：执行【修改】|【实体编辑】|【差集】命令，如图 14-7 所示。

◆命令行：SUBTRACT 或 SU。

图 14-6 【实体编辑】面板中的【差集】按钮

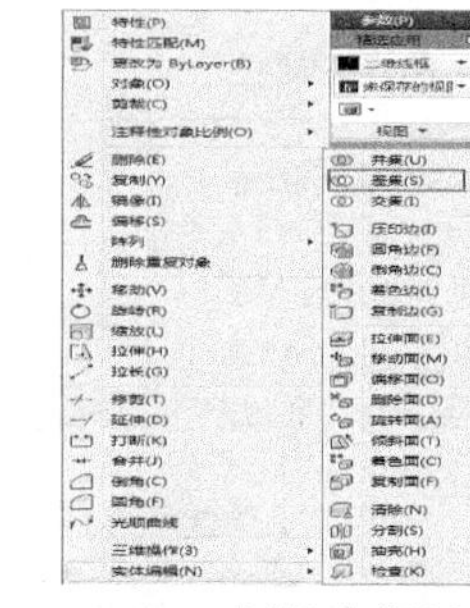
图 14-7 【差集】菜单命令

• 操作步骤

执行上述任一命令后，在【绘图区】中选取被剪切的对象，按 Enter 键或单击鼠标右键，然后选取要剪切的对象，按 Enter 键或单击鼠标右键即可执行差集操作，差集运算效果如图 14-8 所示。

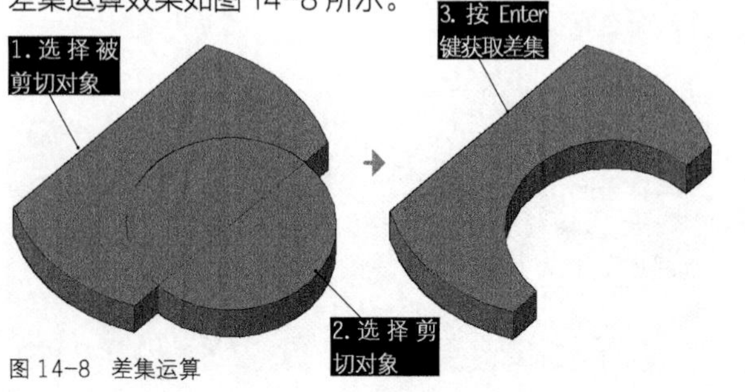

图 14-8 差集运算

> **操作技巧**
>
> 在执行差集运算时，如果第二个对象包含在第一个对象之内，则差集操作的结果是第一个对象减去第二个对象；如果第二个对象只有一部分包含在第一个对象之内，则差集操作的结果是第一个对象减去两个对象的公共部分。

练习 14-2 通过差集创建通孔

难度：☆☆	
素材文件路径：	素材/第14章/14-2通过差集创建通孔.dwg
效果文件路径：	素材/第14章/14-2通过差集创建通孔-OK.dwg
视频文件路径：	视频/第14章/14-2通过差集创建通孔.mp4
播放时长：	40秒

在家具零件中常有孔、洞等特征，如果要创建这样的三维模型，那在 AutoCAD 中就可以通过【差集】命令来进行。

Step 01 单击【快速访问】工具栏中的【打开】按钮，打开“第14章/14-2通过差集创建通孔.dwg”文件，如图14-9所示。

Step 02 单击【实体编辑】面板【差集】按钮，选取大圆柱体为被减的对象，按Enter键或单击鼠标右键完成选择，然后选取与大圆柱相交的小圆柱体为要减去的对象，按Enter键或单击鼠标右键即可执行差集操作，其命令行提示如下。

```
命令：_subtract 选择要从中减去的实体、曲面和面域……
                                    //调用【差集】命令
选择对象：找到 1 个
//选择被剪切对象
选择要减去的实体、曲面和面域……
选择对象：找到 1 个
//选择要减去的对象
选择对象：
            //单击右键完成差集运算操作
```

Step 03 通过以上操作即可完成【差集】运算，其效果如图 14-10所示。

Step 04 重复以上操作，继续进行【差集】运算，完成图形绘制。其效果如图 14-11所示。

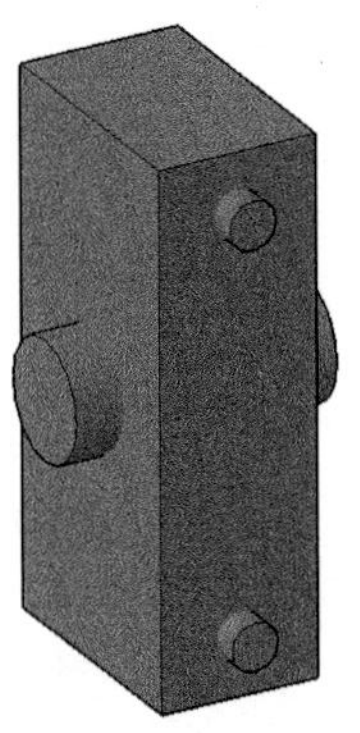

图 14-9 素材图样

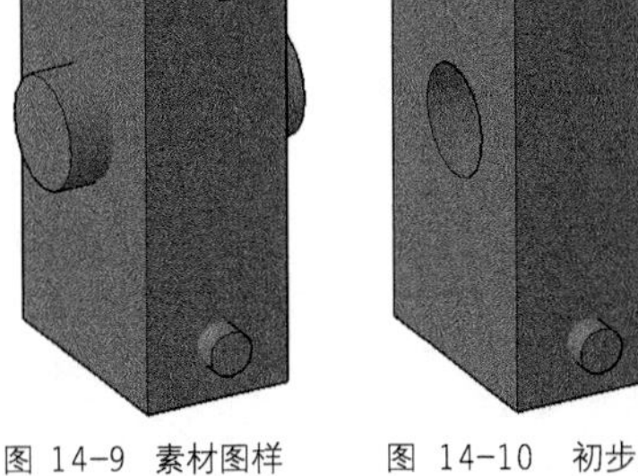

图 14-10 初步差集运算结果

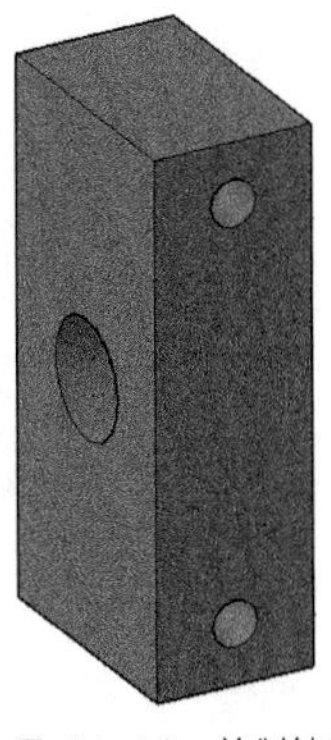

图 14-11 绘制结果图

14.1.3 交集运算

在三维建模过程中执行交集运算可获取两相交实体的公共部分，从而获得新的实体，该运算是差集运算的逆运算。

•执行方式

在 AutoCAD 2016 中进行【交集】运算有以下几种常用方法。

◆功能区：在【常用】选项卡中，单击【实体编辑】面板中的【交集】工具按钮，如图 14-12 所示。

图 14-12 【实体编辑】面板中的【交集】按钮

◆菜单栏：执行【修改】|【实体编辑】|【交集】命令，如图 14-13 所示。

◆命令行：INTERSECT 或 IN。

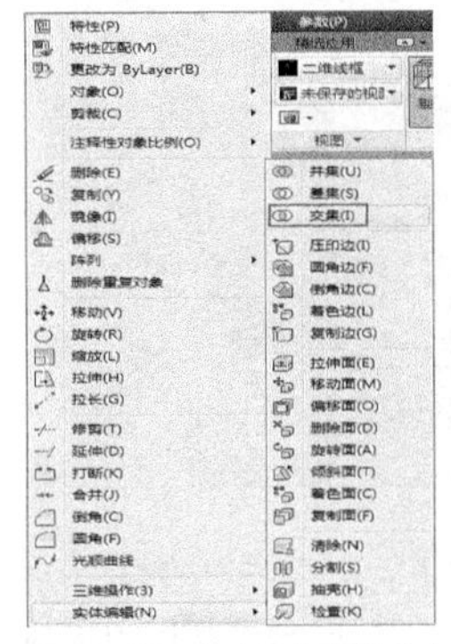

图 14-13 【交集】菜单命令

•操作步骤

通过以上任意一种方法执行该命令，然后在【绘图区】选取具有公共部分的两个对象，按 Enter 键或单击鼠标右键即可执行相交操作，其运算效果如图 14-14 所示。

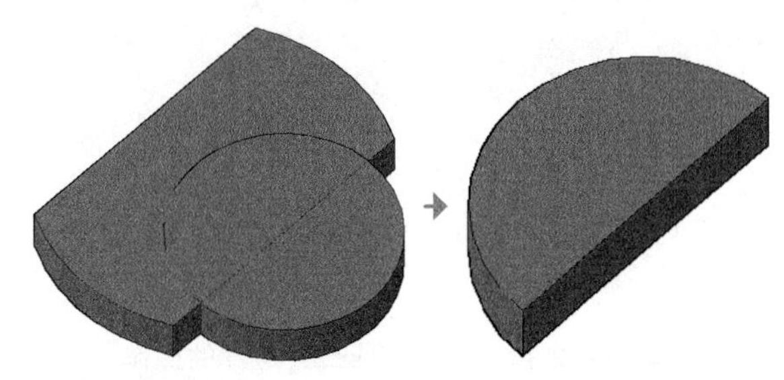

图 14-14 交集运算

练习 14-3 通过交集创建飞盘

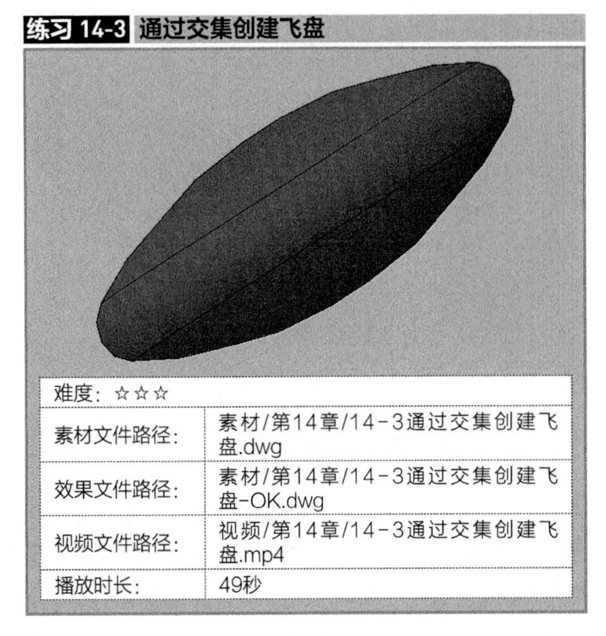

难度：☆☆☆	
素材文件路径：	素材/第14章/14-3通过交集创建飞盘.dwg
效果文件路径：	素材/第14章/14-3通过交集创建飞盘-OK.dwg
视频文件路径：	视频/第14章/14-3通过交集创建飞盘.mp4
播放时长：	49秒

与其他有技术含量的工作一样，建模也讲究技巧与方法，而不是单纯的掌握软件所提供的命令。本例的飞盘模型就是一个很典型的例子，如果不通过创建球体再取交集的方法，而是通过常规的建模手段来完成，则往往会事倍功半，劳而无获。

Step 01 单击【快速访问】工具栏中的【打开】按钮，打开“第14章/14-3通过交集创建飞盘.dwg”文件，如图 14-15所示。

Step 02 单击【实体编辑】面板上【交集】按钮，然后依次选取具有公共部分的两个球体，按Enter键或单击鼠标右键，执行相交操作。其命令行提示如下。

图 14-15 素材图样

```
命令: _intersect↙
                    //调用【交集】命令
```

```
选择对象：找到 1 个
                    //选择一个球体
选择对象：找到 1 个，总计 2 个
                    //选择第二个球体
选择对象：
                              //单击鼠标右键完成交集命令
```

Step 03 通过以上操作即可完成交集运算的操作，其效果如图 14-16所示。

Step 04 单击【修改】面板上【圆角】按钮，在边线处创建圆角，其效果如图 14-17所示。

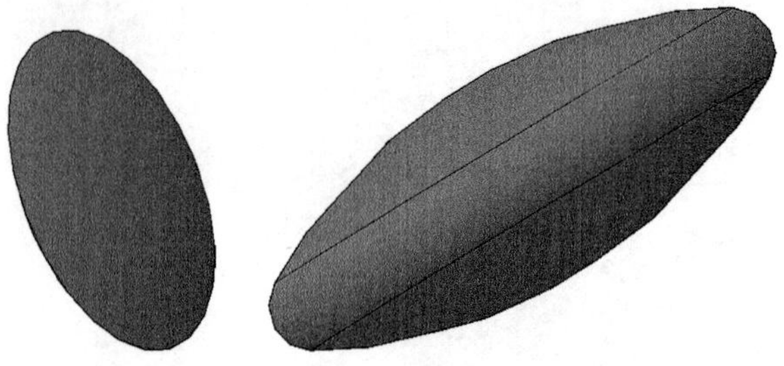

图 14-16　交集结果　图 14-17　创建的飞盘模型

14.2 三维实体的编辑

在对三维实体进行编辑时，不仅可以对实体上单个表面和边线执行编辑操作，同时还可以对整个实体执行编辑操作。

14.2.1 创建倒角和圆角

【倒角】和【圆角】工具不仅在二维环境中能够实现，使用这两种工具能够对所创建的三维对象进行倒角和圆角效果的处理。

1 三维倒角

在三维建模过程中创建倒角特征主要用于孔特征零件或轴类零件，为方便安装轴上其他零件，防止擦伤或者划伤其他零件和安装人员。

•执行方式

在 AutoCAD 2016 中调用【倒角】有以下几种常用方法。

◆功能区：在【实体】选项卡中，单击【实体编辑】面板【倒角边】工具按钮，如图 14-18 所示。

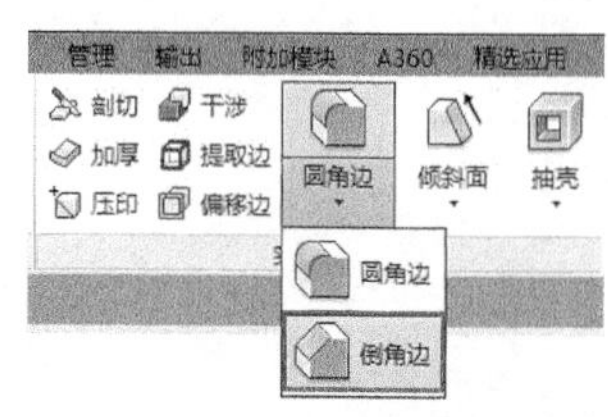

图 14-18 【实体编辑】面板中的【倒角边】按钮

◆菜单栏：执行【修改】|【实体编辑】|【倒角边】命令，如图 14-19 所示。

◆命令行：CHAMFEREDGE。

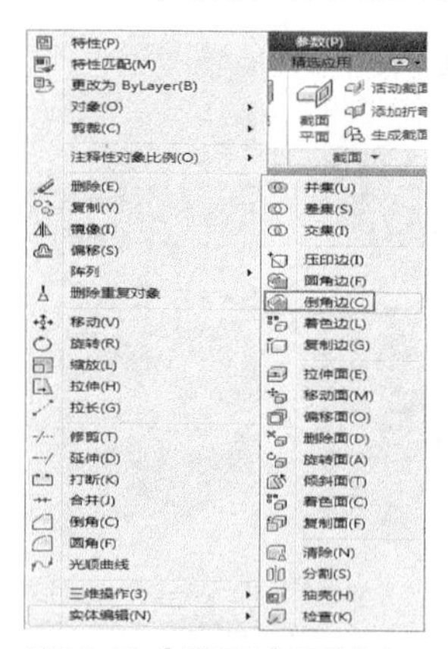

图 14-19 【倒角边】菜单命令

•操作步骤

执行上述任一命令后，根据命令行的提示，在【绘图区】选取绘制倒角所在的基面，按 Enter 键分别指定倒角距离，指定需要倒角的边线，按 Enter 键即可创建三维倒角，效果如图 14-20 所示。

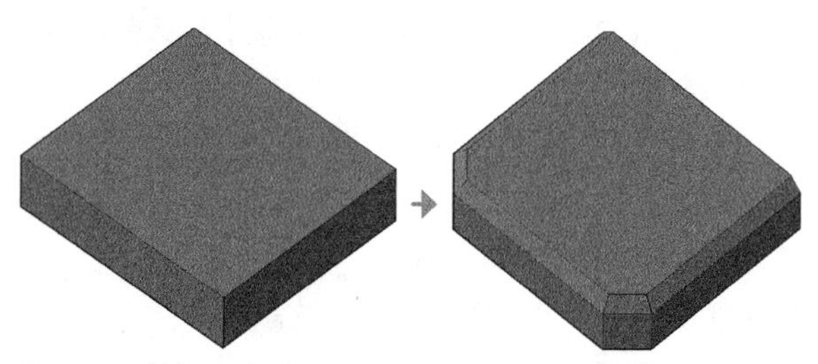

图 14-20　创建三维倒角

练习 14-4 对模型倒斜角

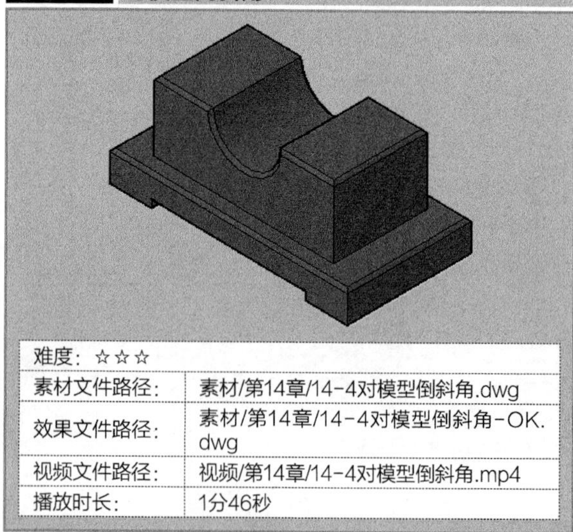

难度：☆☆☆	
素材文件路径：	素材/第14章/14-4对模型倒斜角.dwg
效果文件路径：	素材/第14章/14-4对模型倒斜角-OK.dwg
视频文件路径：	视频/第14章/14-4对模型倒斜角.mp4
播放时长：	1分46秒

三维模型的倒斜角操作相比于二维图形来说，要更为繁琐一些，在进行倒角边的选择时，可能选中目标显示得不明显，这是操作【倒角边】要注意的地方。

Step 01 单击【快速访问】工具栏中的【打开】按钮，

打开“第14章/14-4对模型倒斜角.dwg”素材文件，如图14-21所示。

Step 02 在【实体】选项卡中，单击【实体编辑】面板上【倒角边】按钮，选择如图 14-22所示的边线为倒角边，命令行提示如下。

```
命令: _chamferedge
                    //调用【倒角边】命令
选择一条边或 [环(L)/距离(D)]:
                    //选择同一面上需要倒角的边
选择同一个面上的其他边或 [环(L)/距离(D)]:
选择同一个面上的其他边或 [环(L)/距离(D)]:
选择同一个面上的其他边或 [环(L)/距离(D)]:
按 Enter 键接受倒角或 [距离(D)]:d
                    //单击右键结束选择倒角边，然后输入d
设置倒角参数
指定基面倒角距离或 [表达式(E)] <1.0000>: 2
指定其他曲面倒角距离或 [表达式(E)] <1.0000>: 2
//输入倒角参数
按 Enter 键接受倒角或 [距离(D)]:
                    //按Enter键结束倒角边命令
```

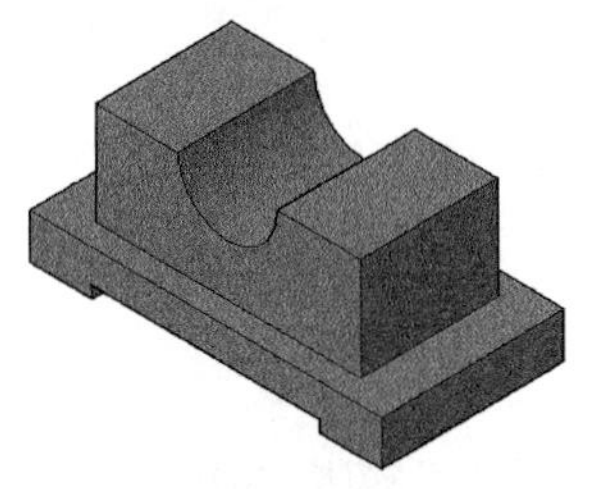
图 14-21 素材图样

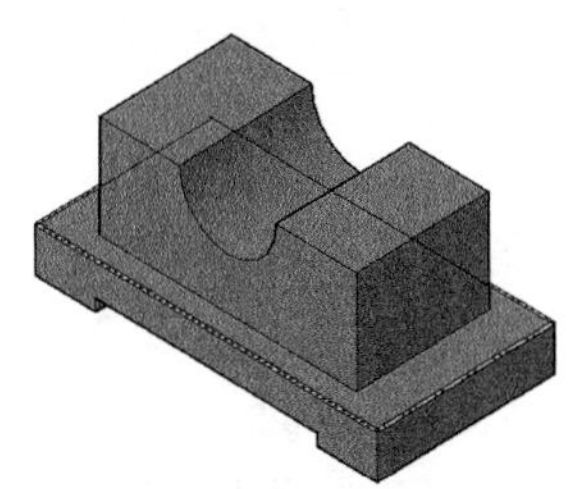
图 14-22 选择倒角边

Step 03 通过以上操作即可完成倒角边的操作，其效果如图 14-23所示。

Step 04 重复以上操作，继续完成其他边的倒角操作，如图 14-24所示。

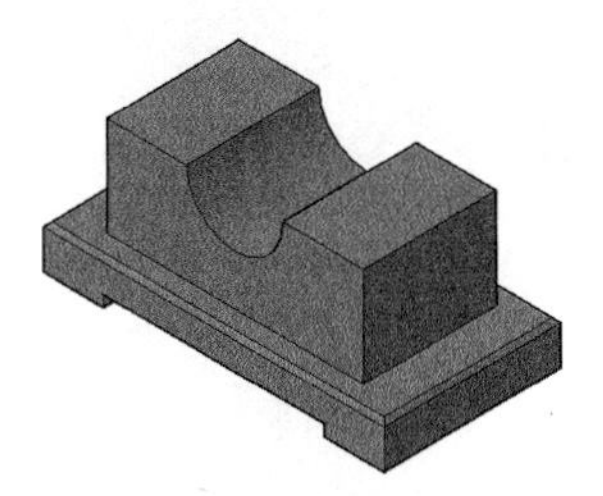
图 14-23 倒角效果

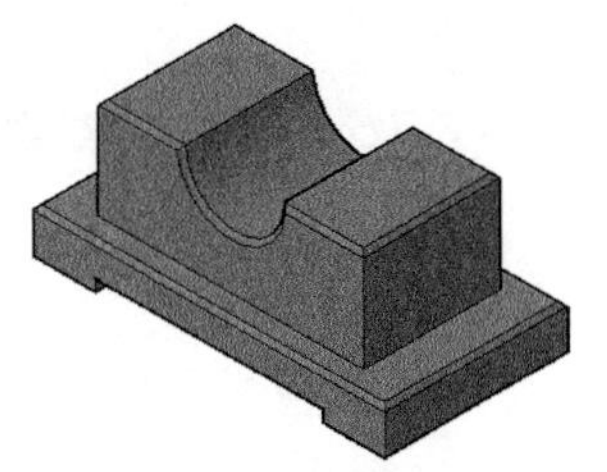
图 14-24 完成所有边的倒角

2 三维圆角

在三维建模过程中创建圆角特征主要用在回转零件的轴肩处，以防止轴肩应力集中，在长时间的运转中断裂。

• 执行方式

在 AutoCAD 2016 中调用【圆角】有以下几种常用方法。

◆功能区：在【实体】选项卡中，单击【实体编辑】面板【圆角边】工具按钮，如图 14-25 所示。

◆菜单栏：执行【修改】|【实体编辑】|【圆角边】命令，如图 14-26 所示。

◆命令行：FILLETEDGE。

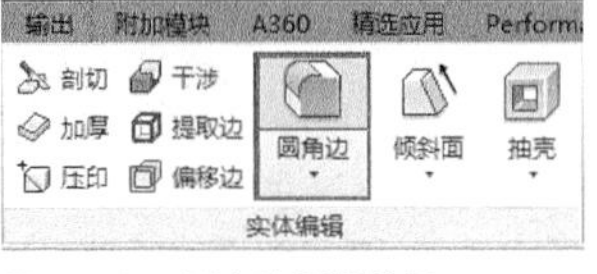

图 14-25 圆角边面板按钮

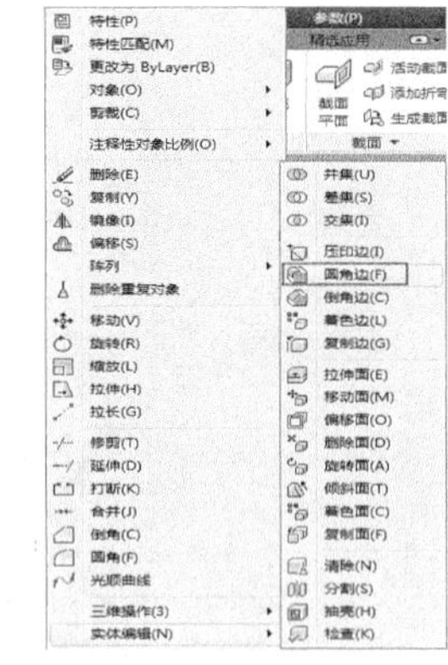
图 14-26 圆角边菜单命令

• 操作步骤

执行上述任一命令后，然后在【绘图区】选取需要绘制圆角的边线，输入圆角半径，按 Enter 键，其命令行出现“选择边或 [链 (C)/ 环 (L)/ 半径 (R)]:”提示。选择【链】选项，则可以选择多个边线进行倒圆角；选择【半径】选项，则可以创建不同半径值的圆角，按 Enter 键即可创建三维倒圆角，如图 14-27 所示。

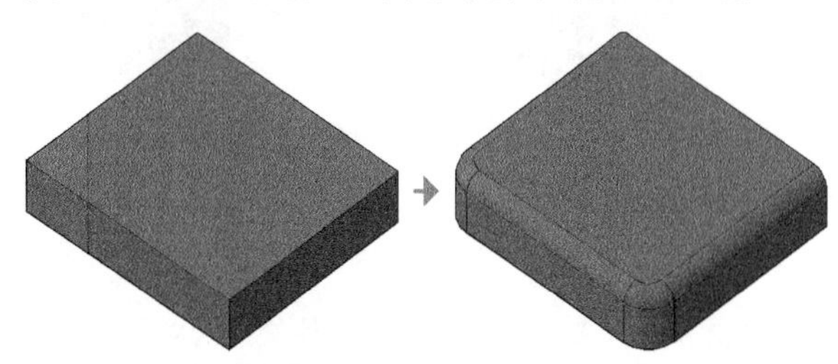
图 14-27 创建三维圆角

练习 14-5 对模型倒圆角

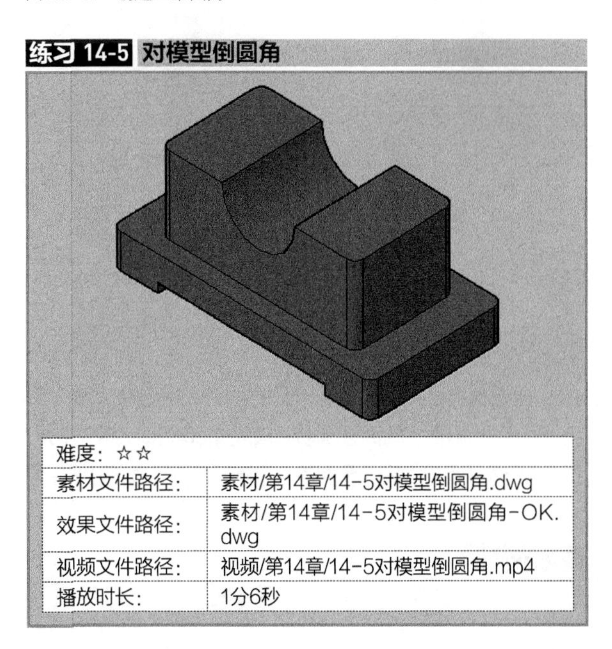

难度：☆☆

素材文件路径：	素材/第14章/14-5对模型倒圆角.dwg
效果文件路径：	素材/第14章/14-5对模型倒圆角-OK.dwg
视频文件路径：	视频/第14章/14-5对模型倒圆角.mp4
播放时长：	1分6秒

Step 01 单击【快速访问】工具栏中的【打开】按钮，打开“第14章/14-5对模型倒圆角.dwg”文件，如图14-28所示。

Step 02 单击【实体编辑】面板上【圆角边】按钮，选择图 14-29所示的边为要圆角的边，其命令行提示如下。

```
命令: _filletedge
                        //调用【圆角边】命令
半径 = 1.0000
选择边或 [链(C)/环(L)/半径(R)]:
                        //选择要圆角的边
选择边或 [链(C)/环(L)/半径(R)]:
                        //单击右键结束边选择
已选定 1 个边用于圆角。
按 Enter 键接受圆角或 [半径(R)]:r↙
            //选择半径参数
指定半径或 [表达式(E)] <1.0000>: 5↙
            //输入半径值
按 Enter 键接受圆角或 [半径(R)]: ↙
            //按Enter键结束操作
```

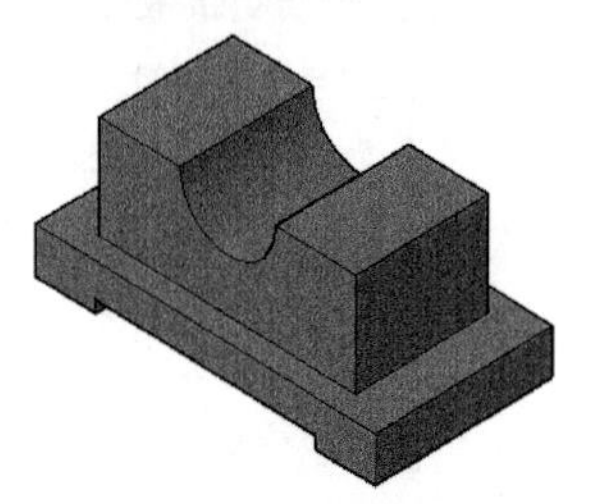
图 14-28 素材图样

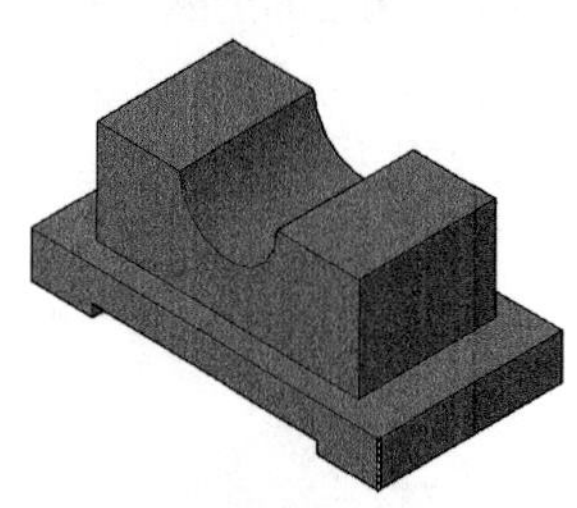
图 14-29 选择倒圆角边

Step 03 通过以上操作即可完成三维圆角的创建，其效果如图 14-30所示。

Step 04 继续重复以上操作创建其他位置的圆角，效果如图 14-31所示。

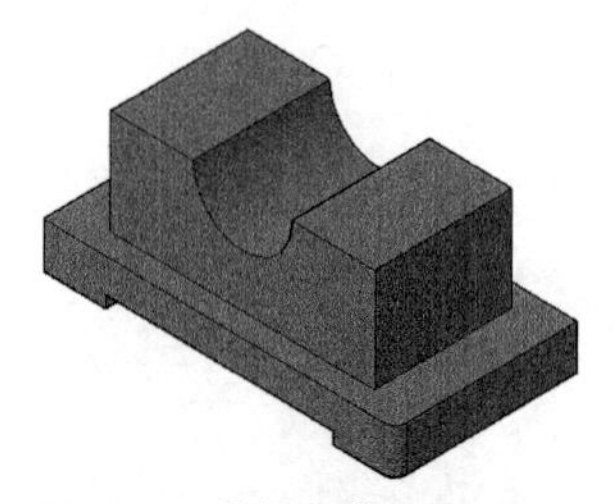
图 14-30 倒圆角效果

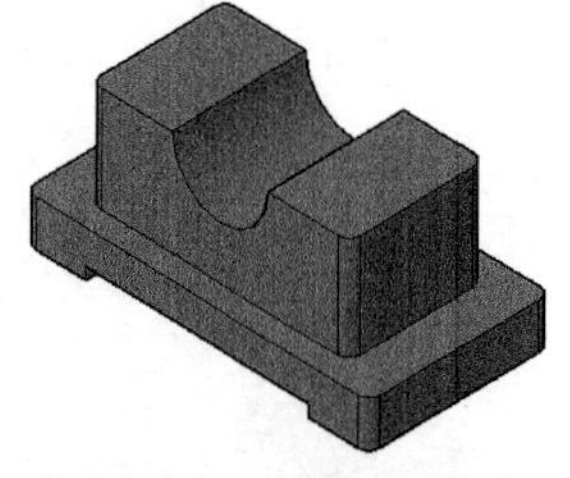
图 14-31 完成所有边倒圆角

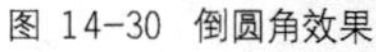

14.2.2 抽壳

通过执行【抽壳】操作可将实体以指定的厚度，形成一个空的薄层，同时还允许将某些指定面排除在壳外。指定正值从圆周外开始抽壳，指定负值从圆周内开始抽壳。

• 执行方式

在 AutoCAD 2016 中调用【抽壳】有以下几种常用方法。

◆ 功能区：在【实体】选项卡中，单击【实体编辑】面板【抽壳】工具按钮，如图 14-33 所示。

◆ 菜单栏：执行【修改】|【实体编辑】|【抽壳】命令，如图 14-32 所示。

◆ 命令行：SOLIDEDIT。

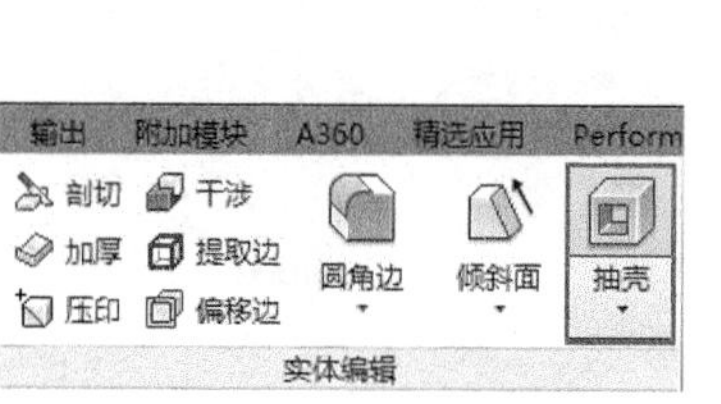

图 14-32 【实体编辑】面板中的【抽壳】按钮

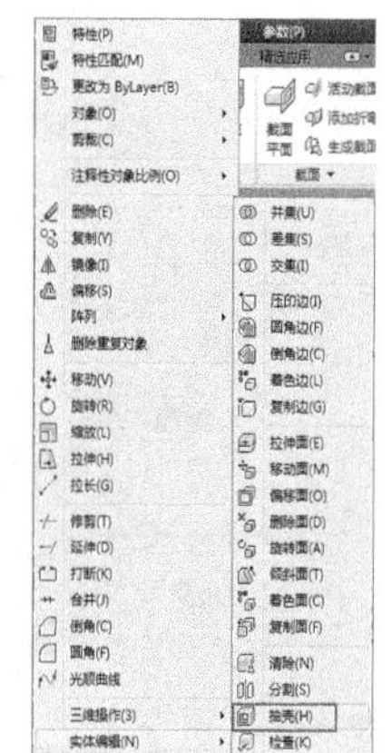
图 14-33 【抽壳】菜单命令

• 操作步骤

执行上述任一命令后，可根据设计需要保留所有面执行抽壳操作（即中空实体）或删除单个面执行抽壳操作，分别介绍如下。

删除抽壳面

该抽壳方式通过移除面形成内孔实体。执行【抽壳】命令，在绘图区选取待抽壳的实体，继续选取要删除的单个或多个表面并单击右键，输入抽壳偏移距离，按Enter 键，即可完成抽壳操作，其效果如图 14-34 所示。

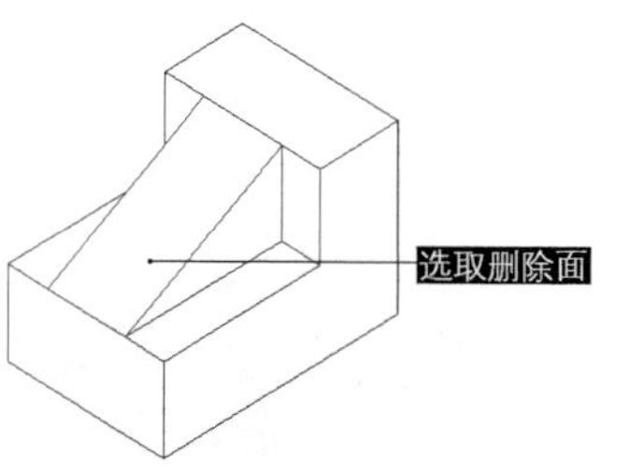

图 14-34 删除面执行抽壳操作

保留抽壳面

该抽壳方法与删除面抽壳操作不同之处在于：该抽壳方法是在选取抽壳对象后，直接按 Enter 键或单击右键，并不选取删除面，而是输入抽壳距离，从而形成中空的抽壳效果，如图 14-35 所示。

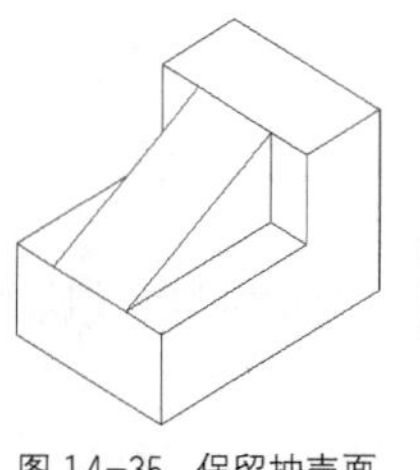
图 14-35 保留抽壳面

14.2.3 加厚 ★重点★

在三维建模环境中，可以将网格曲面、平面曲面或截面曲面等多种曲面类型的曲面通过加厚处理形成具有一定厚度的三维实体。

•执行方式

在 AutoCAD 2016 中调用【加厚】命令有以下几种常用方法。

◆功能区：在【实体】选项卡中，单击【实体编辑】面板【加厚】工具按钮，如图 14-37 所示。

◆菜单栏：执行【修改】|【三维操作】|【加厚】命令，如图 14-36 所示。

◆命令行：THICKEN。

图 14-36 【实体编辑】面板中的【加厚】按钮

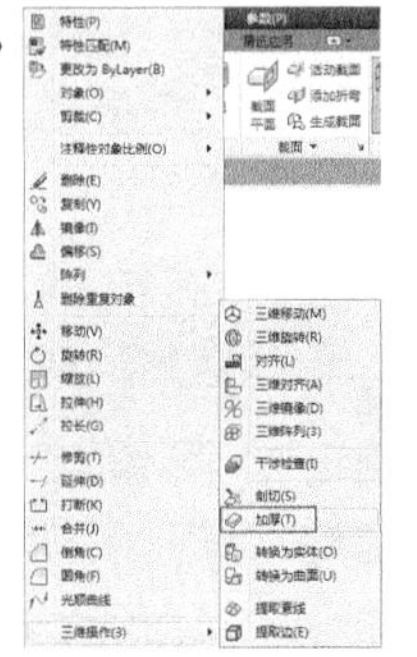

图 14-37 【加厚】菜单命令

•操作步骤

执行上述任一命令后即可进入【加厚】模式，直接在【绘图区】选择要加厚的曲面，然后单击右键或按 Enter 键后，在命令行中输入厚度值并按 Enter 键确认，即可完成加厚操作，如图 14-38 所示。

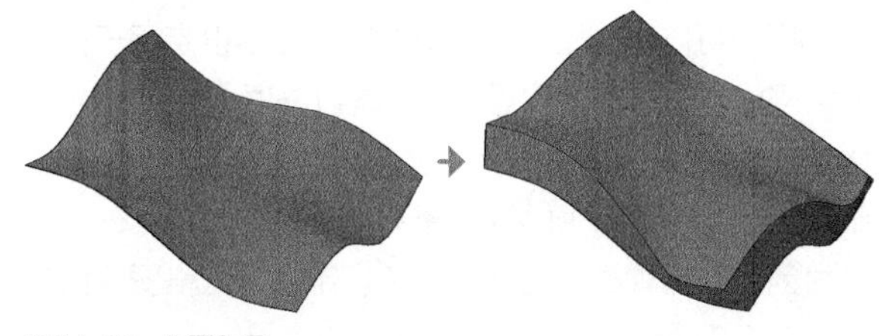

图 14-38 曲面加厚

14.2.4 干涉检查

在装配过程中，往往会出现模型与模型之家的干涉现象，因而在执行两个或多个模型装配时，需要通过干涉检查操作，以便及时调整模型的尺寸和相对位置，达到准确装配的效果。

•操作步骤

在 AutoCAD 2016 中调用【干涉检查】有以下几种常用方法。

◆功能区：在【常用】选项卡中，单击【实体编辑】面板上【干涉】工具按钮，如图 14-39 所示。

◆菜单栏：执行【修改】|【三维操作】|【干涉检查】命令，如图 14-40 所示。

◆命令行：THICKEN。

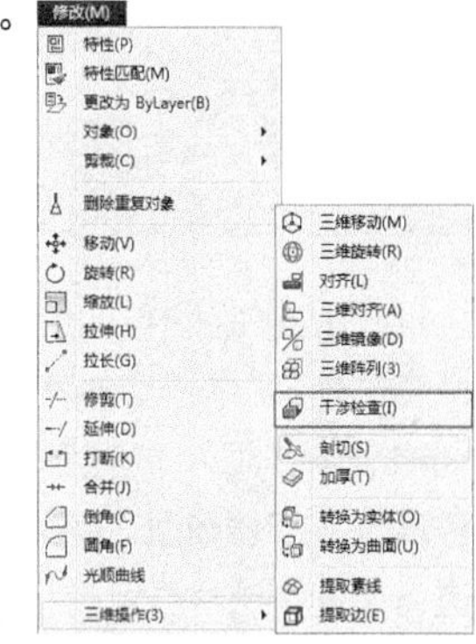

图 14-39 【实体编辑】面板中的【干涉检查】按钮

图 14-40 【干涉检查】菜单命令

•操作步骤

通过以上任意一种方法执行该命令后，在绘图区选取执行干涉检查的实体模型，按 Enter 键完成选择，接着选取执行干涉的另一个模型，按 Enter 键即可查看干涉检查效果，如图 14-41 所示。

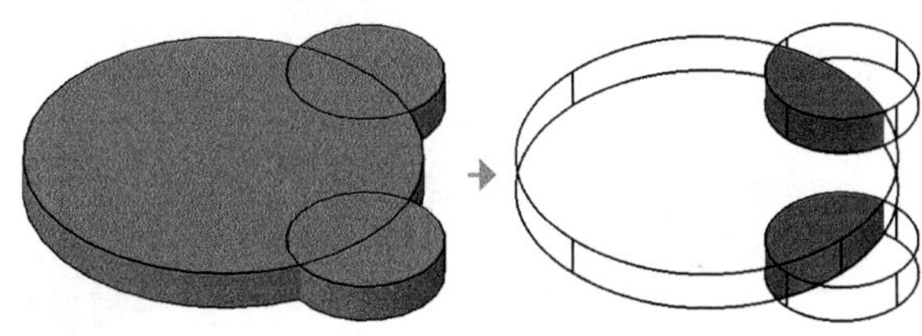

图 14-41 干涉检查

•选项说明

在显示检查效果的同时，系统将弹出【干涉检查】对话框，如图 14-42 所示。在该对话框中可设置模型间的亮显方式，启用【关闭时删除已创建的干涉对象】复选框，单击【关闭】按钮即可删除干涉对象。

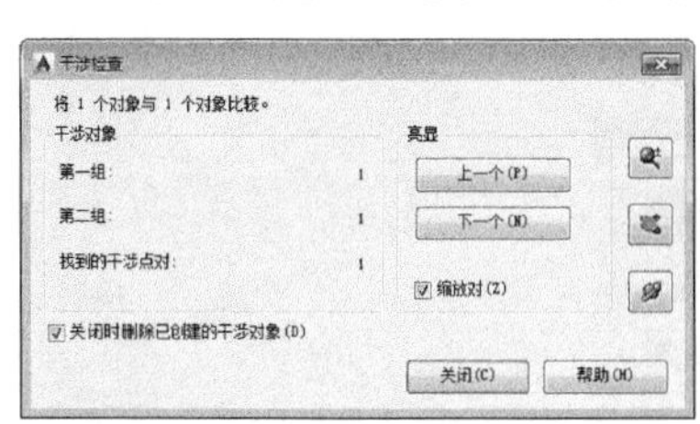

图 14-42 【干涉检查】对话框

练习 14-6 干涉检查装配体

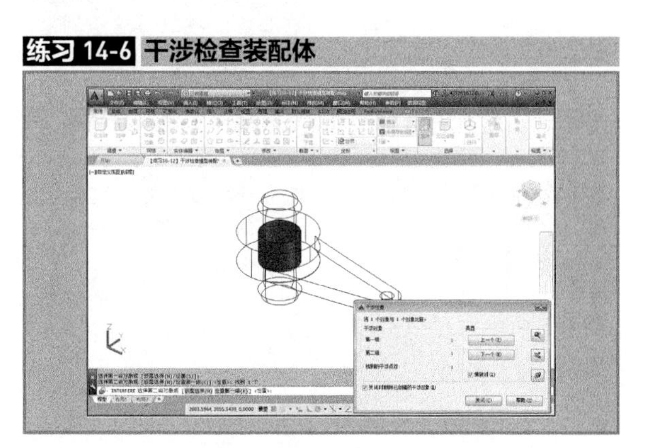

难度：☆☆☆	
素材文件路径：	素材/第14章/14-6干涉检查.dwg
效果文件路径：	无
视频文件路径：	视频/第14章/14-6干涉检查.mp4
播放时长：	1分15秒

在现实生活中，如果要对若干零部件进行组装的话，受实体外形所限，自然就会出现装得进、装不进的问题；而对于AutoCAD所创建的三维模型来说，就不会有这种情况，即便模型之间的关系已经违背常理，明显无法进行装配。这也是目前三维建模技术的一个局限性，要想得到更为真实的效果，只能借助其他软件所带的仿真功能。但在AutoCAD中，也可以通过【干涉检查】命令来判断两零件之间的配合关系。

Step 01 单击【快速访问】工具栏中的【打开】按钮，打开“第14章/14-6干涉检查.dwg”文件，如图14-43所示。其中已经创建好了一销轴和一连接杆。

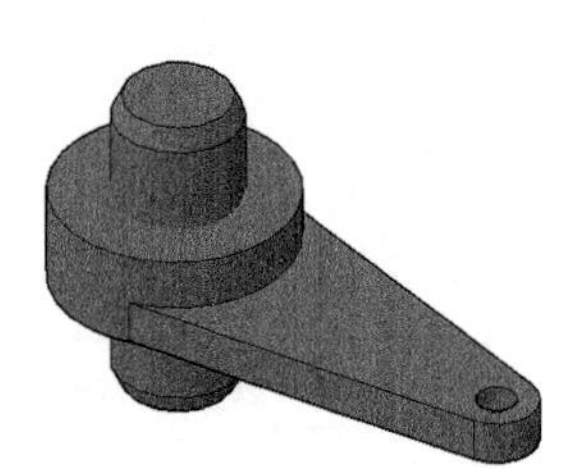

图 14-43 素材图样

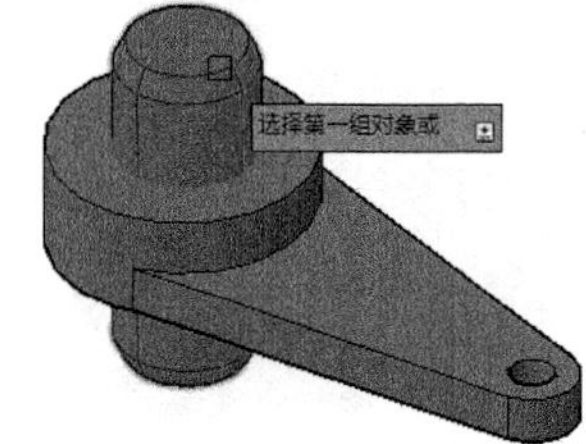

图 14-44 选择第一组对象

Step 02 单击【实体编辑】面板上的【干涉】按钮，选择如图14-44所示的图形为第一组对象。其命令行提示如下。

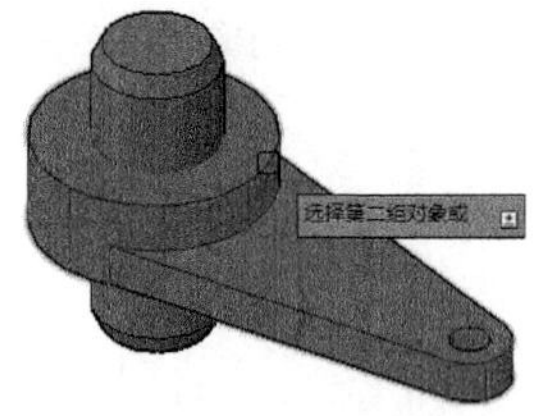

图 14-45 选择第二组对象

```
命令: _interfere
                              //调用【干涉检查】命令
选择第一组对象或 [嵌套选择(N)/设置(S)]: 找到 1 个
                              //选择销轴为第一组对象
选择第一组对象或 [嵌套选择(N)/设置(S)]:
                              //单击Enter键结束选择
选择第二组对象或 [嵌套选择(N)/检查第一组(K)] <检查>: 找到 1 个              //选择图 14-45所示的连接杆为第二组对象
选择第二组对象或 [嵌套选择(N)/检查第一组(K)] <检查>:
                              //单击Enter键弹出干涉检查效果
```

Step 03 通过以上操作，系统弹出【干涉检查】对话框，如图14-46所示，红色亮显的地方即为超差部分。单击关闭按钮即可完成干涉检查。

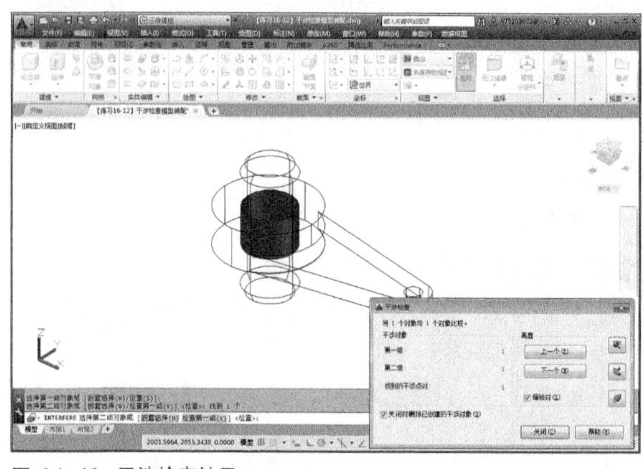

图 14-46 干涉检查结果

14.3 网格编辑

使用三维网格编辑工具可以优化三维网格，调整网格平滑度、编辑网格面和进行实体与网格之间的转换。如图14-47所示为使用三维网格编辑命令优化三维网格。

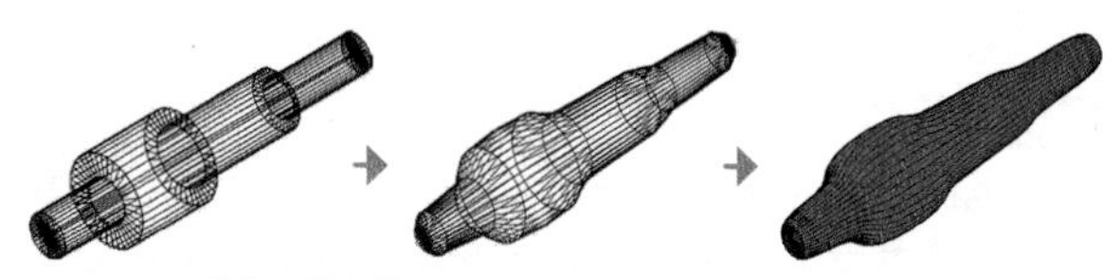

图 14-47 优化三维网格

14.3.1 设置网格特性

用户可以在创建网格对象之前和之后设定用于控制各种网格特性的默认设置。在【网格】选项卡中，单击【网格】面板右下角的按钮，如图14-48所示，即可弹出图14-49所示的【网格镶嵌选项】对话框，在此可以为创建的每种类型的网格对象设定每个网格图元的镶嵌密度（细分数）。

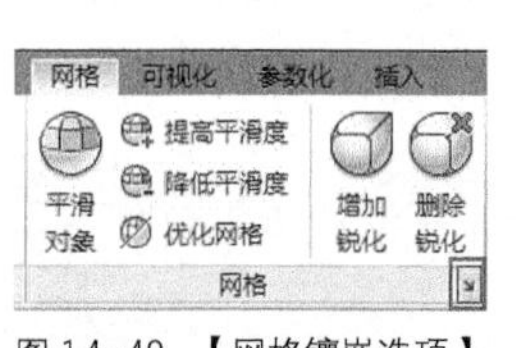

图 14-48 【网格镶嵌选项】按钮

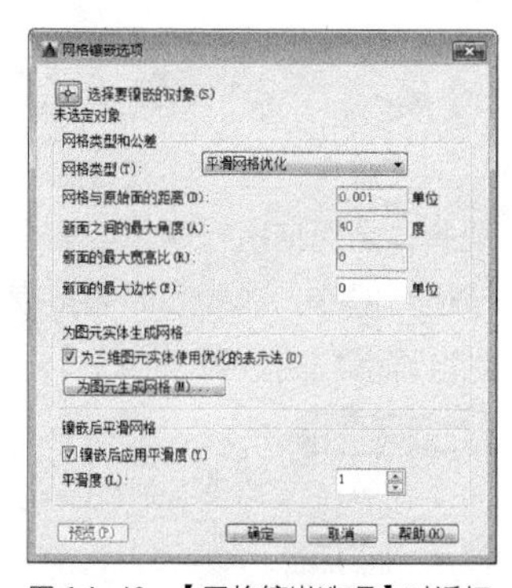

图 14-49 【网格镶嵌选项】对话框

在【网格镶嵌选项】对话框中，勾选【为图元生成网格】复选框，单击【确定】按钮，弹出如图 14-50 所示的【网格图元选项】对话框，在此可以为转换为网格的三维实体或曲面对象设定默认特性。

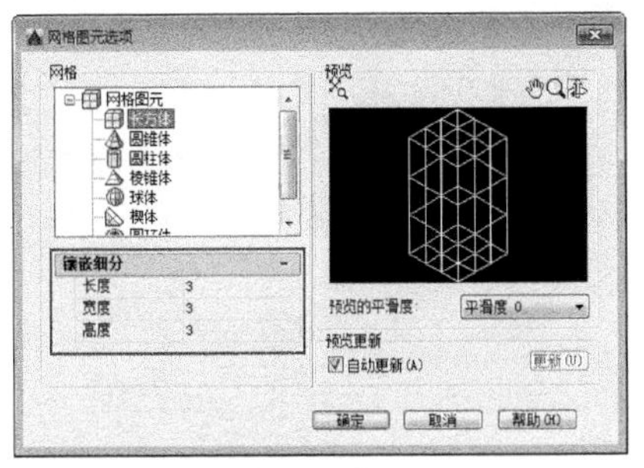

图 14-50 【网格图元选项】对话框

在创建网格对象及其子对象之后，如果要修改其特性。可以在要修改的对象上双击，打开【特性】选项板，如图 14-51 所示。对于选定的网格对象，可以修改其平滑度；对于面和边，可以应用或删除锐化，也可以修改锐化保留级别。

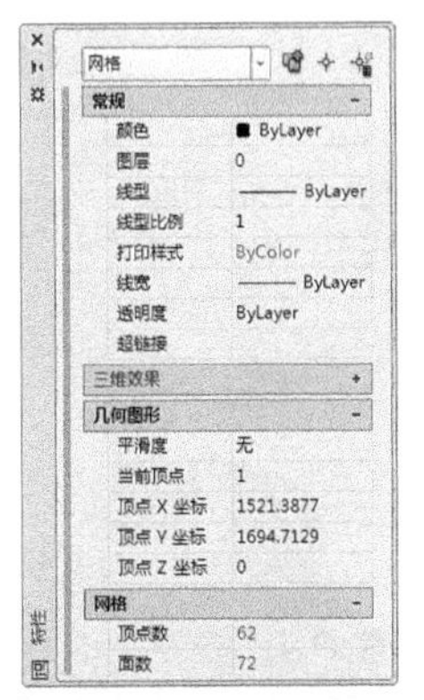

图 14-51 【特性】选项板

默认情况下，创建的网格图元对象平滑度为 0，可以使用【网格】命令的【设置】选项更改此设置。命令行操作如下。

```
命令: mesh↙
当前平滑度设置为: 0
输入选项 [长方体(B)/圆锥体(C)/圆柱体(CY)/棱锥体(P)/球体(S)/楔体(W)/圆环体(T)/设置(SE)]:        SE↙
指定平滑度或[镶嵌(T)] <0>:
//输入0～4之间的平滑度
```

14.3.2 提高 / 降低网格平滑度

网格对象由多个细分或镶嵌网格面组成，用于定义可编辑的面，每个面均包括底层镶嵌面，如果平滑度增加，镶嵌面数也会增加，从而生成更加平滑、圆度更大的效果。

调用【提高网格平滑度】或【降低网格平滑度】命令有以下几种方法。

◆功能区：在【网格】选项卡中，单击【网格】面板上的【提高平滑度】或【降低平滑度】按钮，如图 14-52 所示。

◆菜单栏：选择【修改】|【网格编辑】|【提高平滑度】或【降低平滑度】命令，如图 14-53 所示。

◆命令行：MESHSMOOTHMORE 或 MESHSMOOTHLESS。

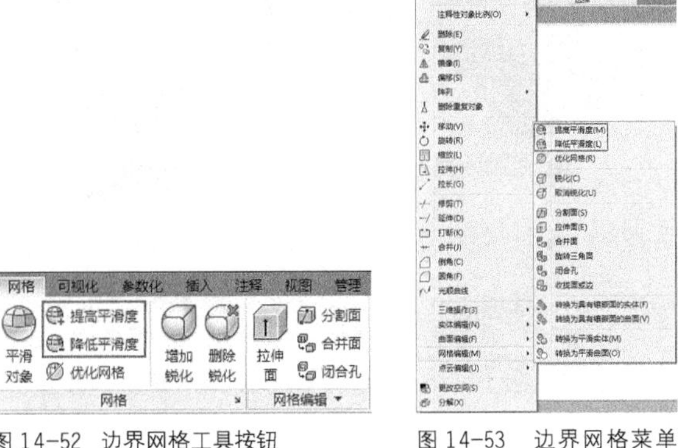

图 14-52 边界网格工具按钮

图 14-53 边界网格菜单命令

如图 14-54 所示为调整网格平滑度的效果。

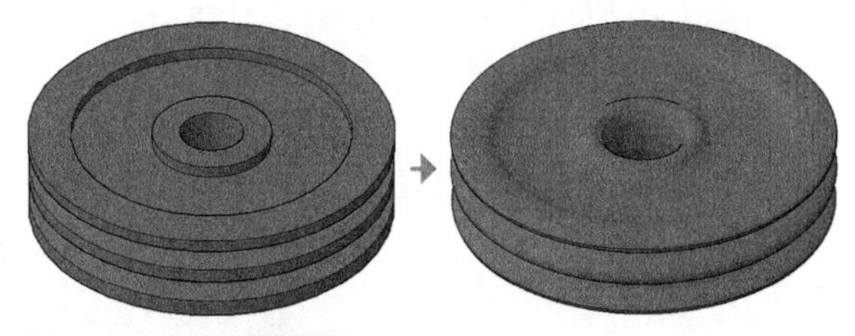

图 14-54 调整网格平滑度

14.3.3 拉伸面

通过拉伸网格面，可以调整三维对象的造型。拉伸其他类型的对象，会创建独立的三维实体对象。但是，拉伸网格面会展开现有对象或使现有对象发生变形，并分割拉伸的面。调用拉伸三维网格面命令的方法如下。

◆功能区：在【网格】选项卡中，单击【网格编辑】面板上的【拉伸面】按钮，如图 14-55 所示。

◆菜单栏：选择【修改】|【网格编辑】|【拉伸面】命令，如图 14-56 所示。

◆命令行：MESHEXTRUDE。

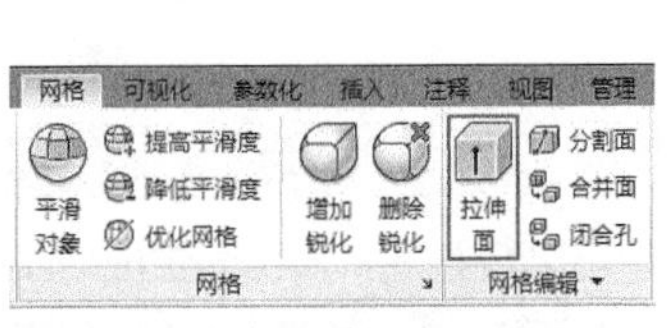

图 14-55 【拉伸面】工具按钮

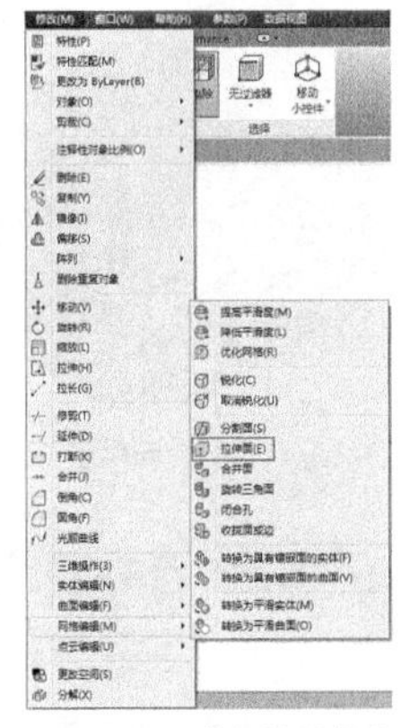

图 14-56 【拉伸面】菜单命令

如图 14-57 所示为拉伸三维网格面的效果。

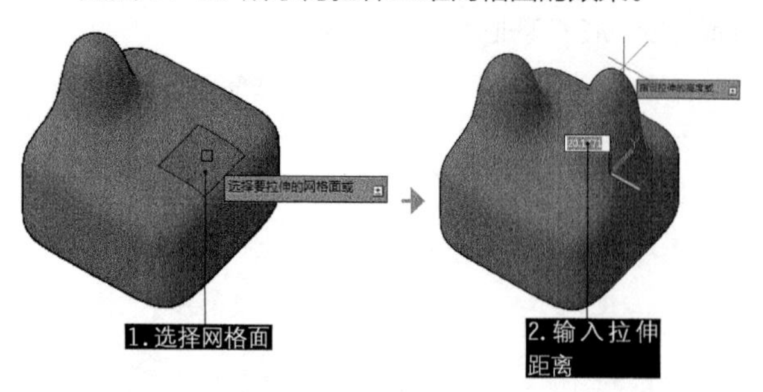

图 14-57 拉伸网格面

14.3.4 分割面

【分割面】命令可以将网格面均匀的或者通过线来拆分，能将一个大的网格面分割为众多的小网格面，从而获得更精细的操作。调用网格分割面命令的方法如下。

◆功能区：在【网格】选项卡中，单击【网格编辑】面板上的【分割面】按钮，如图 14-58 所示。

◆菜单栏：选择【修改】|【网格编辑】|【分割面】命令，如图 14-59 所示。

◆命令行：MESHSPLIT。

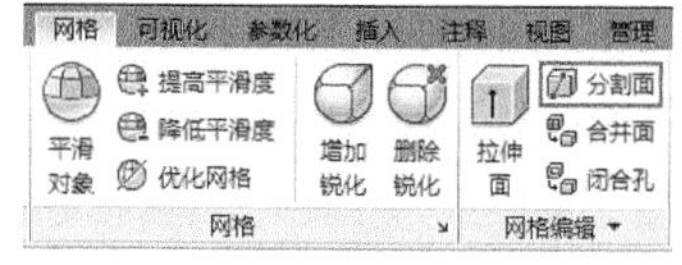

图 14-58 【分割面】工具按钮

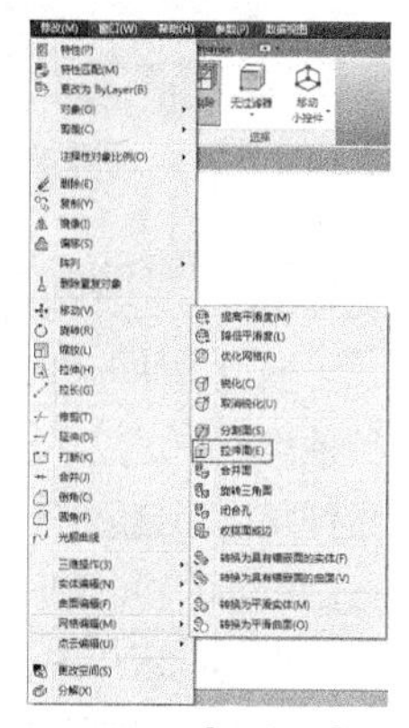

图 14-59 【分割面】菜单命令

分割面操作的效果如图 14-60 所示。

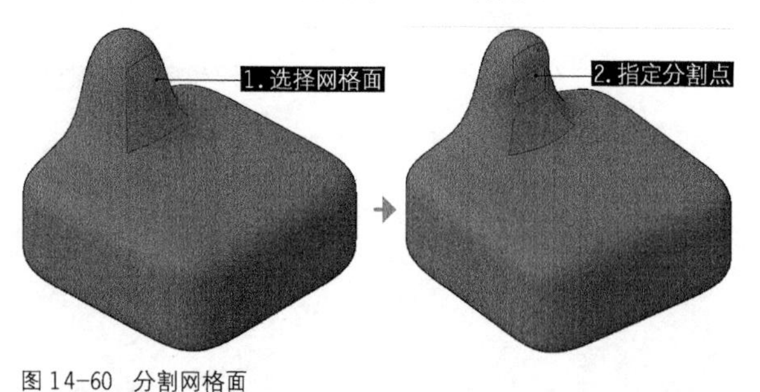

图 14-60 分割网格面

14.3.5 合并面

使用【合并面】命令可以合并多个网格面生成单个面，被合并的面可以在同一平面上，也可以在不同平面上，但需要相连。调用【合并面】命令有以下几种方法。

◆功能区：在【网格】选项卡中，单击【网格编辑】面板上的【合并面】按钮，如图 14-61 所示。

◆菜单栏：选择【修改】|【网格编辑】|【合并面】命令，如图 14-62 所示。

◆命令行：MESHMERGE。

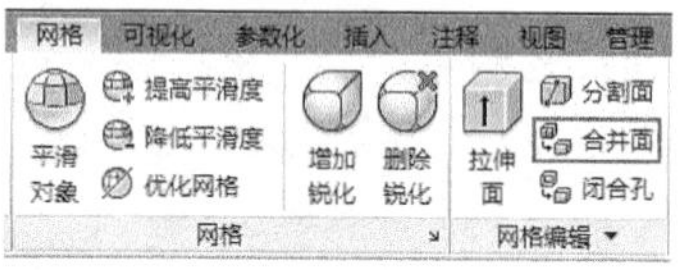

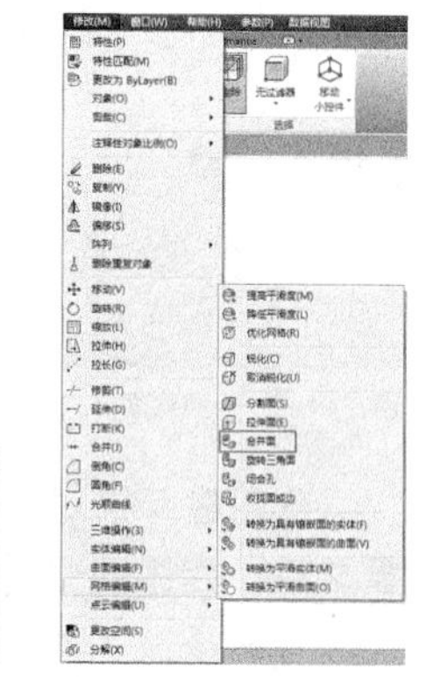

图 14-61 【合并面】工具按钮

图 14-62 【合并面】菜单命令

如图 14-63 所示为合并三维网格面的效果。

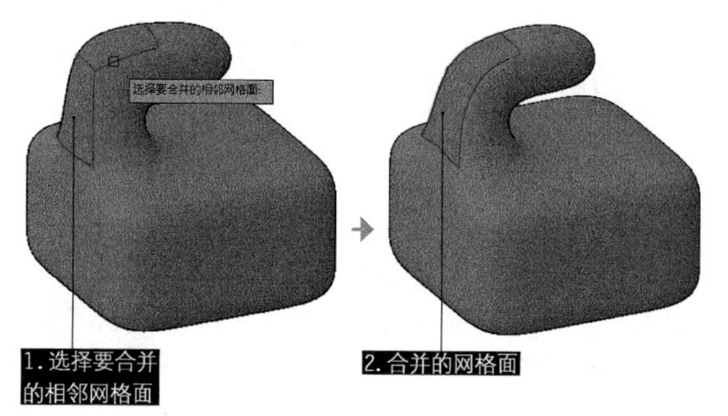

图 14-63 合并网格面

14.3.6 转换为实体和曲面

网格建模与实体建模可以实现的操作并不完全相同。如果需要通过交集、差集或并集操作来编辑网格对象，则可以将网格转换为三维实体或曲面对象。同样，如果需要将锐化或平滑应用于三维实体或曲面对象，则可以将这些对象转换为网格。

将网格对象转换为实体或曲面有以下几种方法。

◆功能区：在【网格】选项卡中，在【转换网格】面板上先选择一种转换类型，如图 14-64 所示。然后单击【转换为实体】或【转换为曲面】按钮。

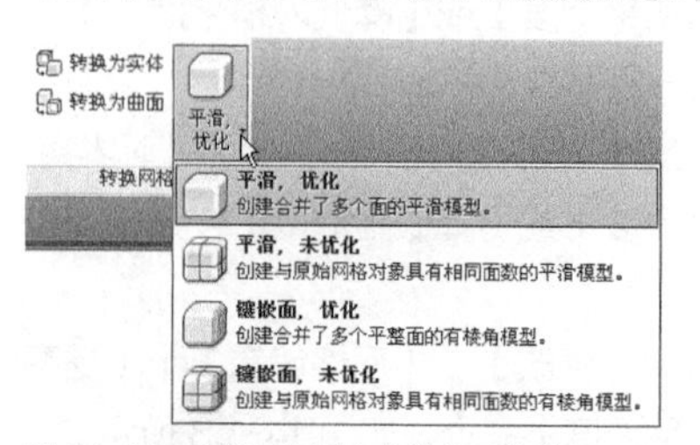

图 14-64 功能区面板上的转换网格按钮

◆菜单栏：选择【修改】|【网格编辑】命令，其子菜单如图 14-65 所示，选择一种转换的类型。

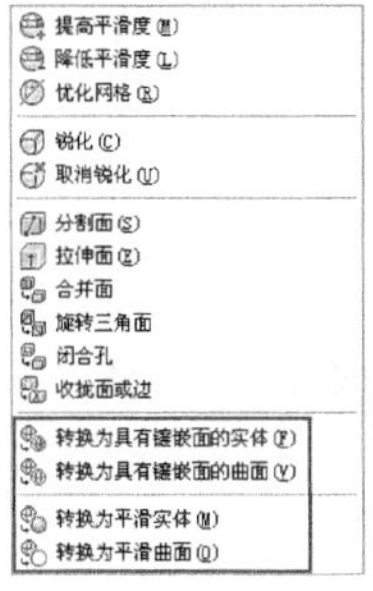

图 14-65　转换网格的菜单选项

如图 14-66 所示的三维网格，转换为各种类型实体的效果如图 14-67 ~图 14-70 所示。将三维网格转换为曲面的外观效果与转换为实体完全相同，将指针移动到模型上停留一段时间，可以查看对象的类型，如图 14-71 所示。

图 14-66　网格模型

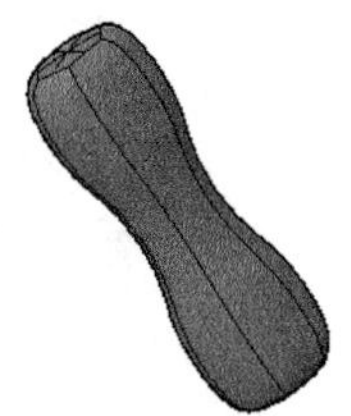

图 14-67　平滑优化

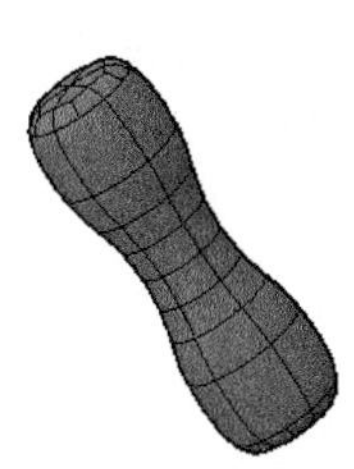

图 14-68 平滑未优化

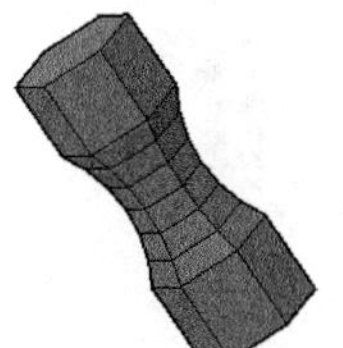

图 14-69　镶嵌面优化

图 14-70　镶嵌面未优化

图 14-71　查看对象类型

练习 14-7 创建沙发网格模型

难度：☆☆☆☆	
素材文件路径：	无
效果文件路径：	素材/第14章/14-7创建沙发网格模型-OK.dwg
视频文件路径：	视频/第14章/14-7创建沙发网格模型.mp4
播放时长：	5分59秒

沙发作为室内最常见的家具，种类繁多，造型各异，因此其建模方法也偏于灵活的网格建模。实体建模与曲面建模在理论上也可以创建出多样的沙发模型，但是过程复杂繁琐，并不推荐。

Step 01 单击快速访问工具栏中的【新建】按钮，新建空白文件。

Step 02 在【网格】选项卡中，单击【图元】选项卡右下角的箭头，在弹出的【网格图元选项】对话框中，选择【长方体】图元选项，设置长度细分为5、宽度细分为3、高度细分为2，如图14-72所示。

Step 03 将视图调整到西南等轴测方向，在【网格】选项卡中，单击【图元】面板上的【网格长方体】按钮，在绘图区绘制长宽高分别为200、100、30的长方体网格，如图14-73所示。

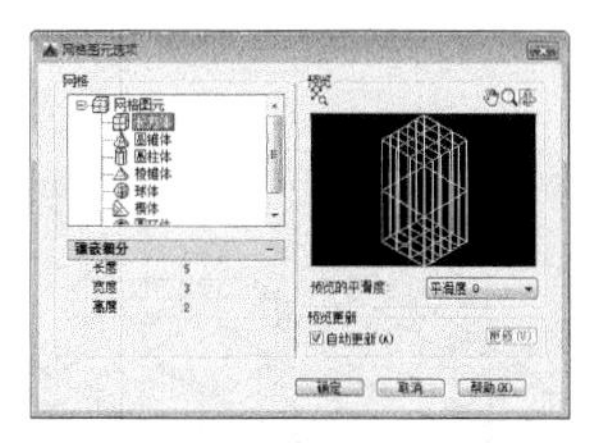

图 14-72　【网格图元选项】对话框

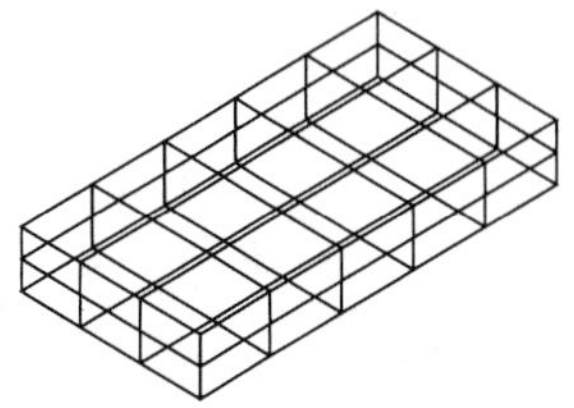

图 14-73　创建的网格长方体

Step 04 在【网格】选项卡中，单击【网格编辑】面板上的【拉伸面】按钮，选择网格长方体上表面3条边界处的9个网格面，向上拉伸30，如图14-74所示。

Step 05 在【网格】选项卡中，单击【网格编辑】面板上的【合并面】按钮，在绘图区中选择沙发扶手外侧的两个网格面，将其合并；重复使用该命令，合并扶手内侧的两个网格面，以及另外一个扶手的内外网格面，如图14-75所示。

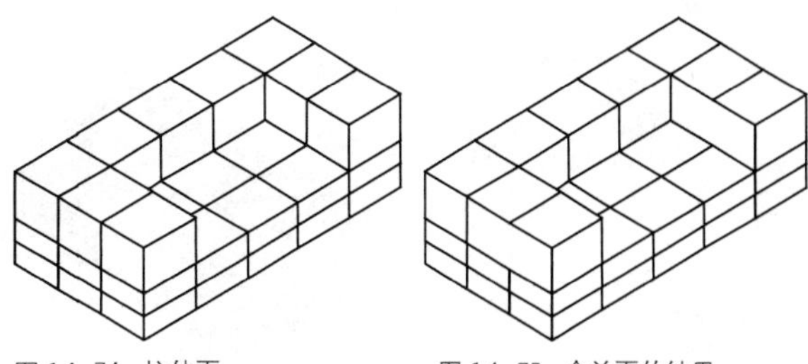

图 14-74　拉伸面　　图 14-75　合并面的结果

Step 06 在【网格】选项卡中，单击【网格编辑】面板上的【分割面】按钮，选择以上合并后的网格面，绘制连接矩形角点和竖直边中点的分割线，并使用同样的方法分割其他3组网格面，如图14-76所示。

Step 07 再次调用【分割面】命令，在绘图区中选择扶手前端面，绘制平行底边的分割线，结果如图14-77所示。

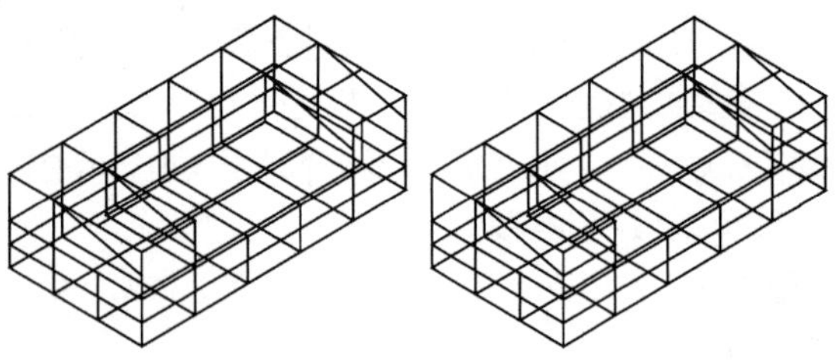

图 14-76　分割面　　　　图 14-77　分割前端面

Step 08 在【网格】选项卡中，单击【网格编辑】面板上的【合并面】按钮，选择沙发扶手上面的两个网格面、侧面的两个三角网格面和前端面，将它们合并。按照同样的方法合并另一个扶手上对应的网格面，结果如图14-78所示。

Step 09 在【网格】选项卡中，单击【网格编辑】面板上的【拉伸面】按钮，选择沙发顶面的5个网格面，设置倾斜角为30°，向上拉伸距离为15，结果如图14-79所示。

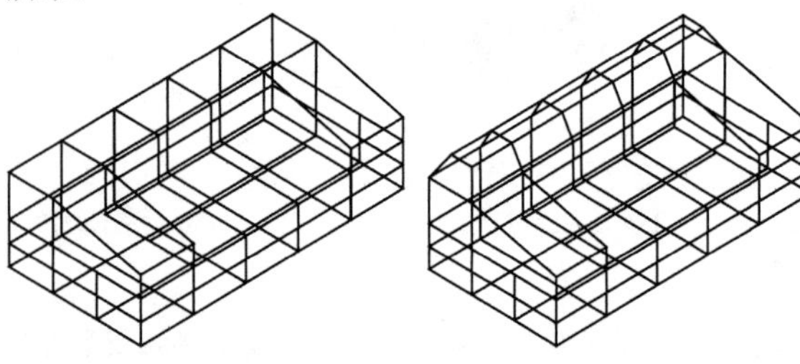

图 14-78　合并面的结果　　　　图 14-79　拉伸顶面的结果

Step 10 在【网格】选项卡中，单击【网格】面板上的【提高平滑度】按钮，选择沙发的所有网格，提高平滑度2次，结果如图14-80所示。

Step 11 在【视图】选项卡中，单击【视觉样式】面板上的【视觉样式】下拉列表，选择【概念】视觉样式，显示效果如图14-81所示。

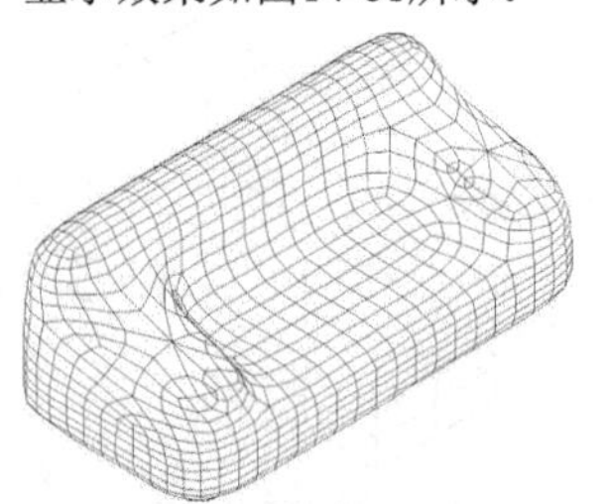

图 14-80　提高平滑度

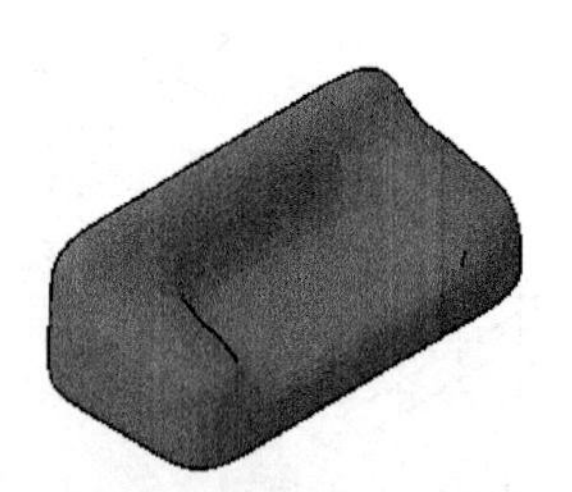

图 14-81　概念视觉样式效果

14.4 渲染

尽管三维建模比二维图形更逼真，但是看起来仍不真实，缺乏现实世界中的色彩、阴影和光泽。而在电脑绘图中，将模型按严格定义的语言或者数据结构来对三维物体进行描述，包括几何、视点、纹理以及照明等各种信息，从而获得真实感极高的图片，这一过程就称之为渲染。

14.4.1 使用材质浏览器

【材质浏览器】选项板集中了AutoCAD的所有材质，是用来控制材质操作的设置选项板，可执行多个模型的材质指定操作，并包含相关材质操作的所有工具。

·执行方式

打开【材质浏览器】选项板有以下几种方法。

◆功能区：在【可视化】选项卡中，单击【材质】面板上的【材质浏览器】按钮 材质浏览器，如图14-82所示。

◆菜单栏：选择【视图】|【渲染】|【材质浏览器】命令。

·操作步骤

执行以上任意一种操作，弹出【材质浏览器】选项板，如图14-83所示，在【Autodesk库】中分门别类地存储了若干种材质，并且所有材质都附带一张交错参考底图。

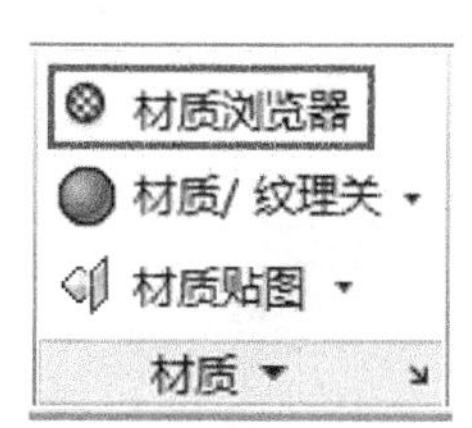

图 14-82　【材质浏览器】工具按钮

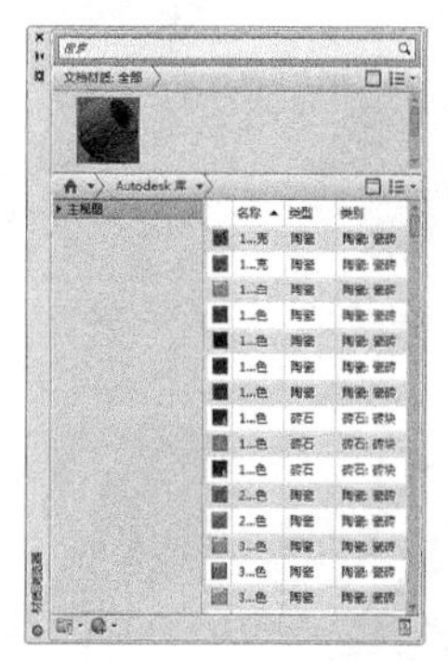

图 14-83　【材质浏览器】选项板

将材质赋予模型的方法比较简单，直接从选项板上拖曳材质至模型上即可，如图14-84所示。

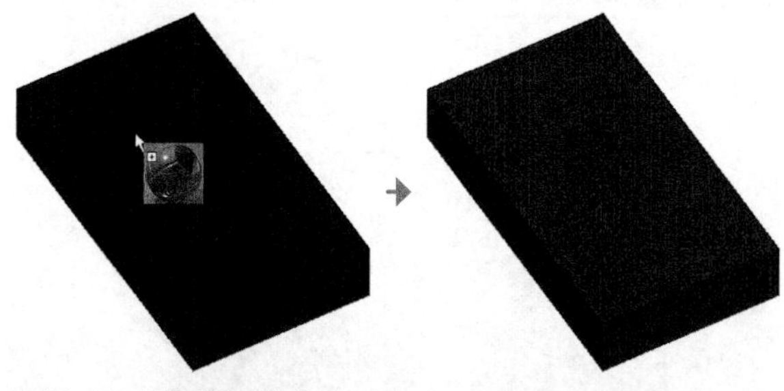

图 14-84　为模型赋予材质

练习 14-8 为模型添加材质

难度：☆☆☆	
素材文件路径：	素材/第14章/14-8为模型添加材质.dwg
效果文件路径：	素材/第14章/14-8为模型添加材质-OK.dwg
视频文件路径：	视频/第14章/4-8为模型添加材质.mp4
播放时长：	45秒

在 AutoCAD 中为模型添加材质，可以获得接近真实的外观效果。但值得注意的是，在“概念”视觉样式下，仍然有很多材质未能得到逼真的表现，效果也差强人意。若想得到更为真实的图形，只能通过渲染获得图片。

Step 01 单击【快速访问】工具栏中的打开按钮，打开“第14章/14-8为模型添加材质.dwg”文件，如图14-85所示。

Step 02 在【可视化】选项卡中，单击【材质】面板上的【材质浏览器】按钮 材质浏览器，其命令行操作如下。

```
命令: _rmat↙
                    //调用【材质浏览器】命令
选择材质，重生模型。
                    //选择【铁锈】材质
```

Step 03 通过以上操作即可完成材质的设置，其效果如图 14-86所示。

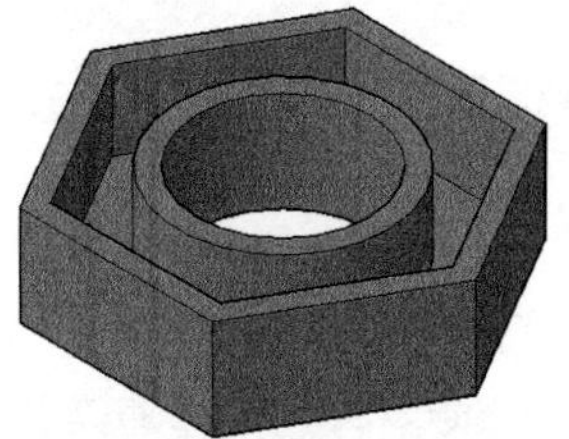

图 14-85 素材图样

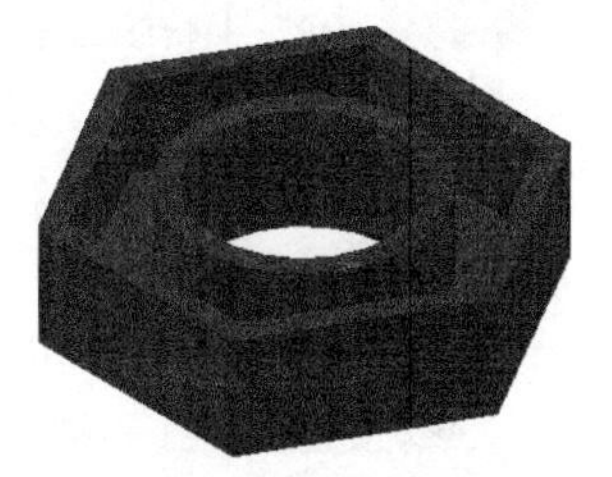

图 14-86 赋予铁锈材质效果

14.4.2 使用材质编辑器

【材质编辑器】同样可以为模型赋予材质。

•执行方式

打开【材质编辑器】选项板有以下几种方法。

◆功能区：在【视图】选项卡中，单击【选项板】面板上的【材质编辑器】按钮 材质编辑器。

◆菜单栏：选择【视图】|【渲染】|【材质编辑器】命令。

•操作步骤

执行以上任一操作将打开【材质编辑器】选项板，如图 14-87 所示。单击【材质编辑器】选项板右下角的按钮，可以打开【材质浏览器】选项板，选择其中的任意一个材质，可以发现【材质编辑器】选项板会同步更新为该材质的效果与可调参数，如图 14-88 所示。

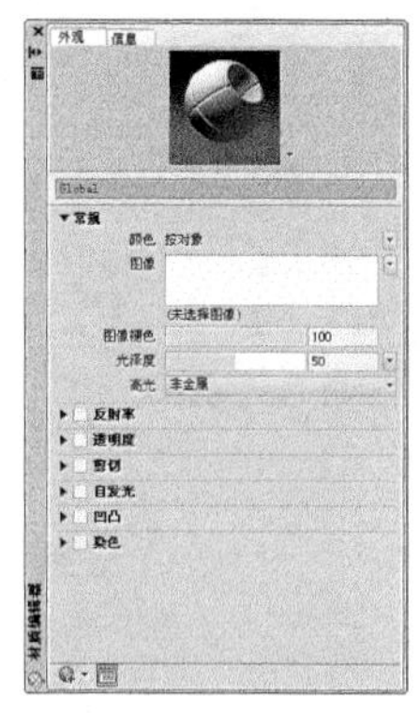

图 14-87 【材质编辑器】选项板

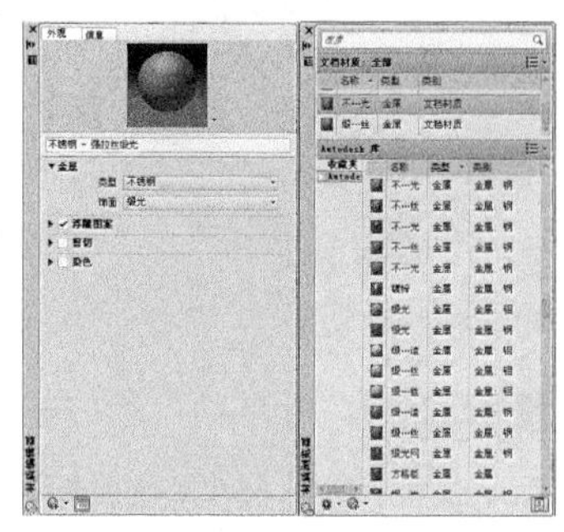

图 14-88 【材质编辑器】与【材质浏览器】选项板

•选项说明

通过【材质编辑器】选项板最上方的预览窗口，可以直接查看材质当前的效果，单击其右下角的下拉按钮，可以对材质样例形状与渲染质量进行调整，如图 14-89 所示。

此外单击材质名称右下角的【创建或复制材质】按钮，可以快速选择对应的材质类型进行直接应用，或在其基础上进行编辑，如图 14-90 所示。

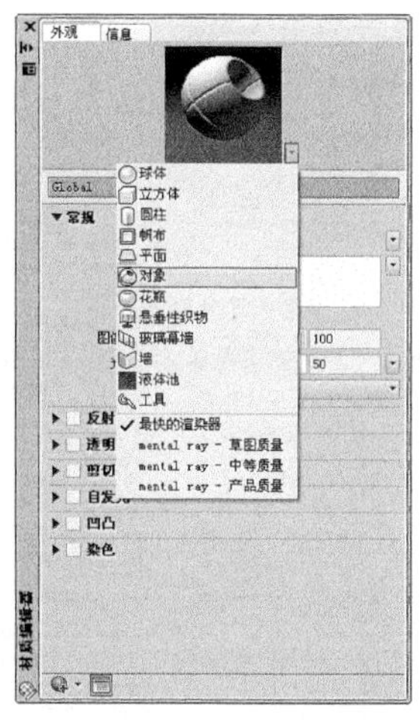

图 14-89 调整材质样例形态与渲染质量

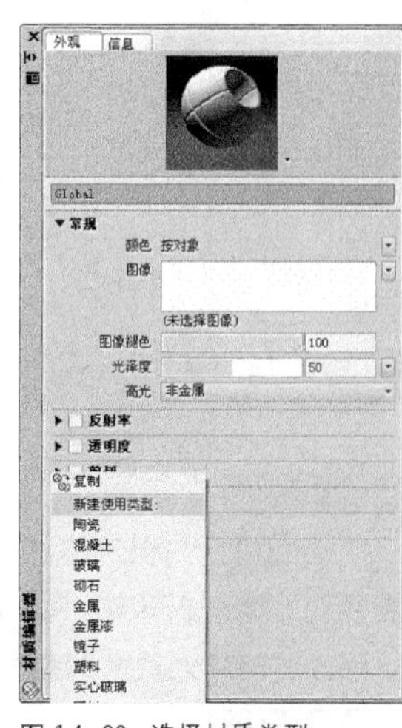

图 14-90 选择材质类型

在【材质浏览器】或【材质编辑器】选项板中可以创建新材质。在【材质浏览器】选项板中只能创建已有材质的副本，而在【材质编辑器】选项板可以对材质做进一步的修改或编辑。

14.4.3 使用贴图 ★进阶★

有时模型的外观比较复杂，如碗碟上的青花瓷、金属上的锈迹等，这些外观很难通过 AutoCAD 自带的材质库来赋予，这时就可以用到贴图。贴图是将图片信息投影到模型表面，可以使模型添加上图片的外观效果，如图 14-91 所示。

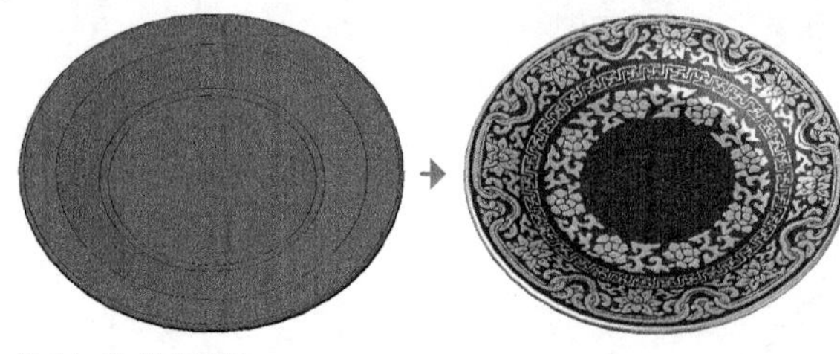

图 14-91 贴图效果

·执行方式

调用【贴图】命令有以下几种方法。

◆功能区：在【可视化】选项卡中，单击【材质】面板上的【材质贴图】按钮，如图14-92所示。

◆菜单栏：选择【视图】|【渲染】|【贴图】命令，如图14-93所示。

◆命令行：MATERIALMAP。

图 14-92 【材质贴图】面板按钮

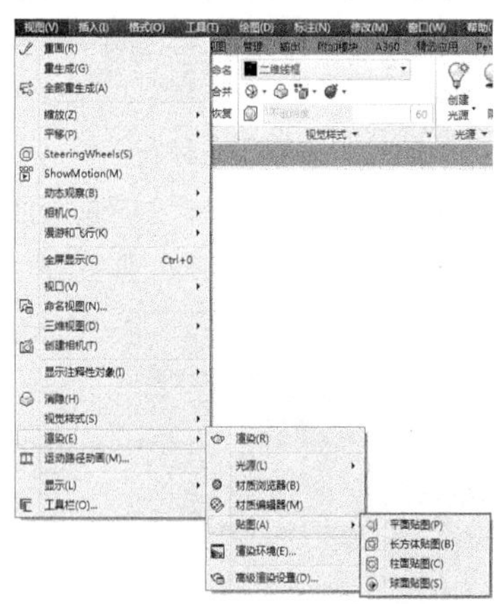

图 14-93 【材质贴图】菜单命令

·操作步骤

贴图可分为长方体、平面、球面、柱面贴图。如果需要对贴图进行调整，可以使用显示在对象上的贴图工具移动或旋转对象上的贴图。

·选项说明

除了上述的贴图位置外，材质球中还有4种贴图：漫射贴图、反射贴图、不透明贴图、凹凸贴图，分别介绍如下。

◆漫射贴图：可以理解为将一张图片的外观覆盖在模型上，以得到真实的效果。

◆反射贴图：一般用于金属材质的使用，配合特定的颜色，可以得到较逼真的金属光泽。

◆凹凸贴图：根据所贴图形，在模型上面渲染出一个凹凸的效果。该效果只有渲染可见，在【概念】、【真实】等视觉模式下无效果。

◆不透明贴图：如果所贴图形中有透明的部分，那该部分覆盖在模型之后也会得到透明的效果。

14.4.4 设置渲染环境

渲染环境主要是用于控制对象的雾化效果或者图像背景，用以增强渲染效果。

·执行方式

执行【渲染环境】命令有以下几种方法。

◆功能区：在【可视化】选项卡中，在【渲染】面板的下拉列表中单击【渲染环境和曝光】按钮 渲染环境和曝光。

◆菜单栏：选择【视图】|【渲染】|【渲染环境】命令。

◆命令行：RENDERENVIRONMENT。

·操作步骤

执行该命令后，系统弹出【渲染环境和曝光】选项板，如图14-94所示，在选项板中可进行渲染前的设置。

在该对话框中，可以开启或禁用雾化效果，也可以设置雾的颜色，还可以定义对象与当前观察方向之间的距离。

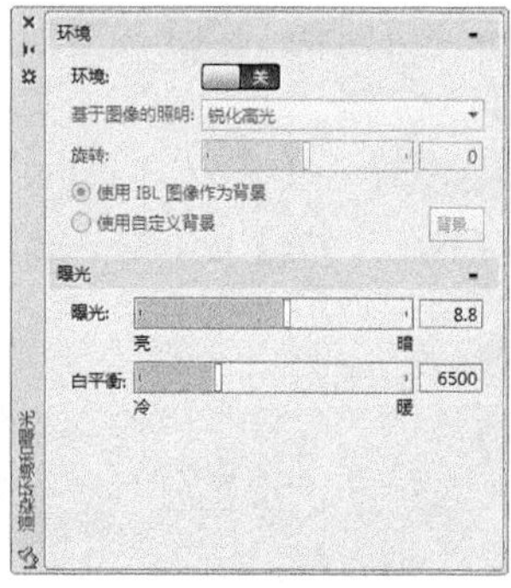

图 14-94 【渲染环境】对话框

14.4.5 执行渲染

在模型中添加材质、灯光之后就可以执行渲染，并可在渲染窗口中查看效果。

·执行方式

调用【渲染】命令有以下几种方法。

◆功能区：在【可视化】选项卡中，单击【渲染】面板上的【渲染】按钮。

◆菜单栏：选择【视图】|【渲染】|【渲染】命令。

◆命令行：在命令行输入RENDER。

·操作步骤

对模型添加材质和光源之后，在绘图区显示的效果并不十分真实，因此接下来需要使用AutoCAD的渲染工具，在渲染窗口中显示该模型。

在真实环境中，影响物体外观的因素是很复杂的，在AutoCAD中为了模拟真实环境，通常需要经过反复试验才能够得到所需的结果。渲染图形的步骤如下。

Step 01 使用默认设置开始尝试渲染。从渲染效果拟定要设置哪些因素，如光源类型、光照角度、材质类型等。

Step 02 创建光源。AutoCAD提供了4种类型的光源：默认光源、平行光（包括太阳光）、点光源和聚光灯。

Step 03 创建材质。材质为材料的表面特性，包括颜色、纹理、反射光（亮度）、透明度、折射率以及凹凸贴图等。

Step 04 将材质附着到图形中的对象上。可以根据对象或图层附着材质。

Step 05 添加背景或雾化效果。

Step 06 如果需要，调整渲染参数。

Step 07 渲染图形。

上述步骤的顺序并不严格，例如，可以在创建并附着材质后再添加光源。另外，在渲染后，可能发现某些地方需要改进，这时可以返回到前面的步骤进行修改。

全部设置完成并执行该命令后，系统打开渲染窗口，并自动进行渲染处理，如图 14-95 所示。

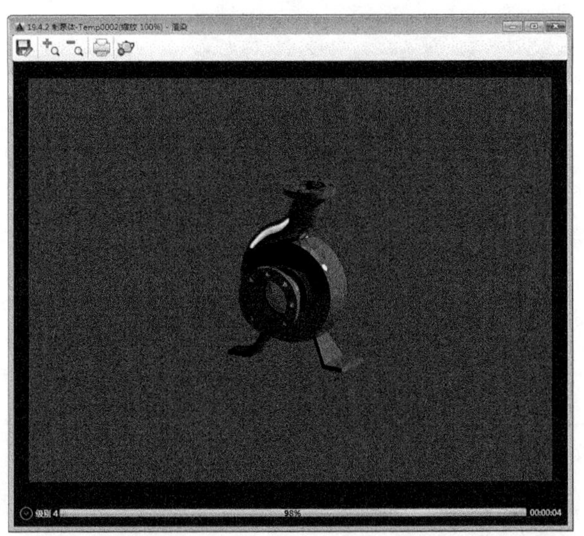

图 14-95 渲染窗口

练习 14-9 渲染书桌

难度：☆☆☆☆	
素材文件路径：	素材/第14章/14-9渲染书桌.dwg
效果文件路径：	素材/第14章/14-9渲染书桌-OK.dwg
视频文件路径：	视频/第14章/14-9渲染书桌.mp4
播放时长：	5分47秒

通过渲染就可以得到极为逼真的图形，如果参数设置得当，甚至可以获得真实相片级别的图像。

Step 01 打开“第16章/16-9 渲染书桌.dwg”素材文件，如图14-96所示。

Step 02 切换到【可视化】选项卡，单击【材质】面板上的【材质/纹理开】按钮，将材质和纹理效果打开。

Step 03 单击【材质】面板上的【材质浏览器】按钮，系统弹出【材质浏览器】选项板，在排序依据中单击【类别】栏，如图14-97所示，Autodesk库中的文件以材质类别进行排序。

图 14-96 办公桌模型

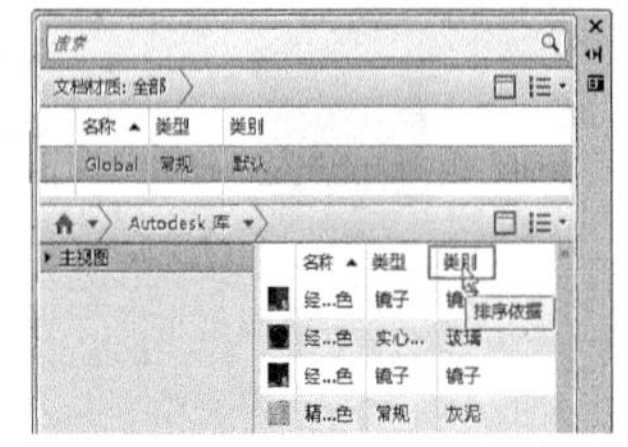

图 14-97 选择排序依据

Step 04 找到木材中的【枫木-野莓色】材质，按住鼠标左键将其拖到办公桌面板上，如图14-98所示。

Step 05 用同样的方法，将【枫木-野莓色】材质添加到其他实体上，添加材质的效果如图14-99所示。

图 14-98 顶板添加材质的效果

图 14-99 材质添加完成的效果

Step 06 切换到【常用】选项卡，单击【坐标】面板上的【Z轴矢量】按钮，新建UCS，如图14-100所示。

Step 07 单击【光源】面板上的【创建光源】按钮，选择【聚光灯】选项，系统弹出【光源-视口光源模式】对话框，如图14-101所示，单击【关闭默认光源】按钮。然后执行以下命令行操作，创建聚光灯，如图14-102所示。

```
命令: _spotlight↙
指定源位置 <0,0,0>: 0, - 500,1500
                                //输入光锥的顶点坐标
指定目标位置 <0,0, - 10>: 0,0,0
                                //输入光锥底面中心的坐标
输入要更改的选项 [名称(N)/强度(I)/状态(S)/聚光角(H)/照射角(F)/阴影(W)/衰减(A)/颜色(C)/退出(X)] <退出>: I↙
                                //选择【聚光角】选项
输入聚光角 (0.00-160.00) <45>: 65
                                //输入聚光角角度
```

```
输入要更改的选项 [名称(N)/强度(I)/状态(S)/聚光角(H)/照射角(F)/阴影(W)/衰减(A)/颜色(C)/退出(X)] <退出>: I
                                                //选择【强度】选项
输入强度 (0.00 -最大浮点数) <1>: 2
                        //输入强度因子
输入要更改的选项 [名称(N)/强度(I)/状态(S)/聚光角(H)/照射角(F)/阴影(W)/衰减(A)/颜色(C)/退出(X)] <退出>:↙
                                        //选择退出
```

图 14-100　新建 UCS

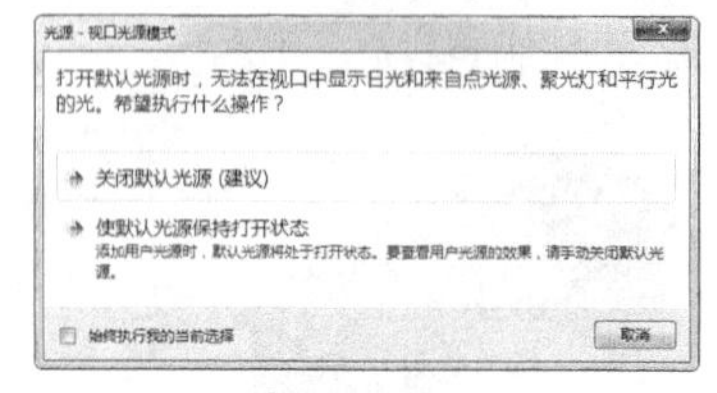

图 14-101　【光源－视口光源模式】对话框

Step 08 单击【光源】面板上的【地面阴影】按钮，将阴影效果打开。

Step 09 再次单击【创建光源】按钮，选择【创建平行光】，然后在命令行执行以下操作。

```
命令: _distantlight↙
指定光源来向 <0,0,0> 或 [矢量(V)]: 100,-150,100
//输入矢量的起点坐标
指定光源去向 <1,1,1>: 0,0,0
                                //输入矢量的终点坐标
输入要更改的选项 [名称(N)/强度(I)/状态(S)/阴影(W)/颜色(C)/退出(X)] <退出>: I
            //选择【强度】选项
输入强度 (0.00 - 最大浮点数) <1>: 2
                    //输入强度因子
输入要更改的选项 [名称(N)/强度(I)/状态(S)/阴影(W)/颜色(C)/退出(X)] <退出>:
            //选择退出
//创建的平行光照效果如图14-103所示。
```

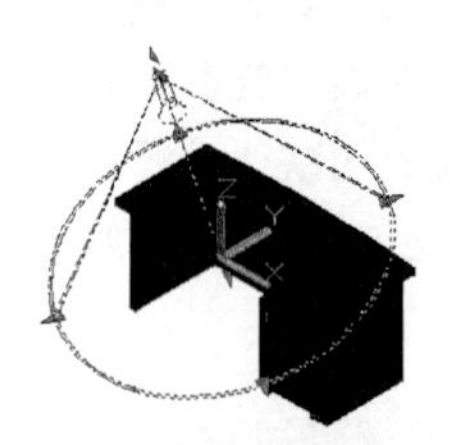

图 14-102　创建的聚光灯

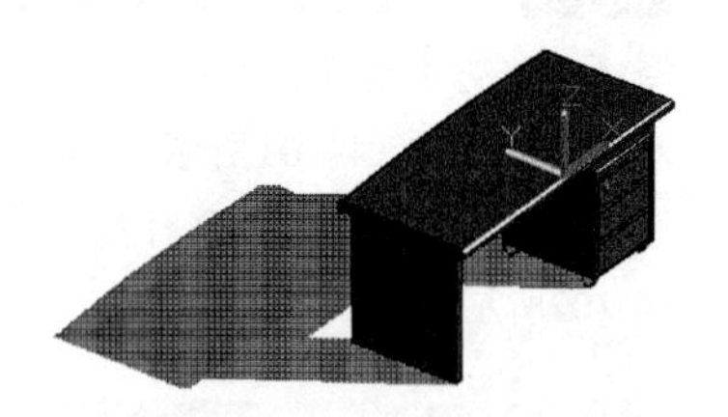

图 14-103　平行光照的效果

Step 10 选择【视图】|【命名视图】命令，系统弹出【视图管理器】对话框，如图14-104所示。单击【新建】按钮，系统弹出【新建视图/快照特性】对话框，输入新视图的名称为“渲染背景”，然后在【背景】下拉列表框中选择【图像】选项，如图14-105所示。浏览到“第4章/地板背景.JPEG”素材文件，将其打开作为该视图的背景，然后单击【视图管理器】对话框上的【置为当前】按钮，应用此视图。

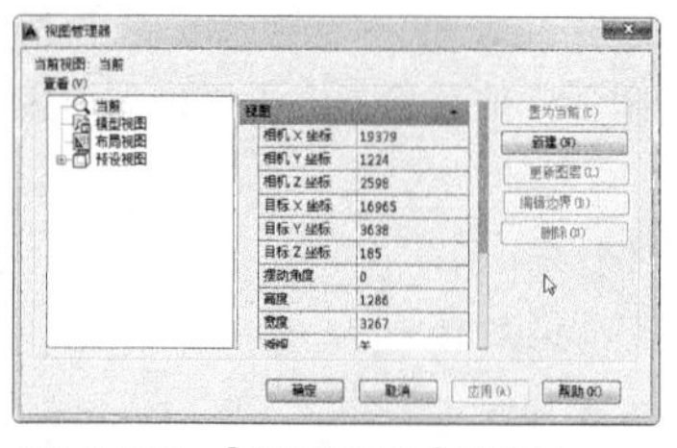

图 14-104　【视图管理器】对话框

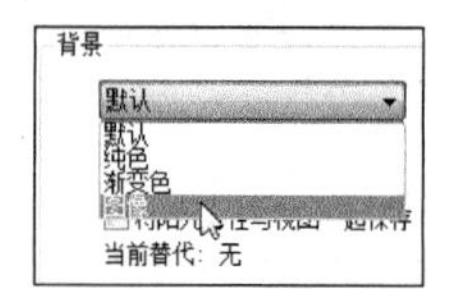

图 14-105　设置背景

Step 11 单击【渲染】面板上的【渲染】按钮，查看渲染效果，如图14-106所示。

图 14-106　渲染效果

第 15 章 衣柜设计与制图

本章以五门衣柜为例，介绍衣柜的工艺设计与制图，包括衣柜外形图、衣柜工艺流程介绍、衣柜开料明细表以及衣柜加工图。

15.1 衣柜外形图

本章选用的五门衣柜的尺寸为 2200mm×2040 mm×620mm，即高度为 2200mm，宽度为 2040mm，厚度为 620mm，如图 15-1 所示为五门衣柜的透视图。

衣柜主要由顶板、侧板、层板、背板、门板、抽屉、裤架等组成，主要材料为刨花板，零部件示意图分别如图 15-2、图 15-3、图 15-4 所示。

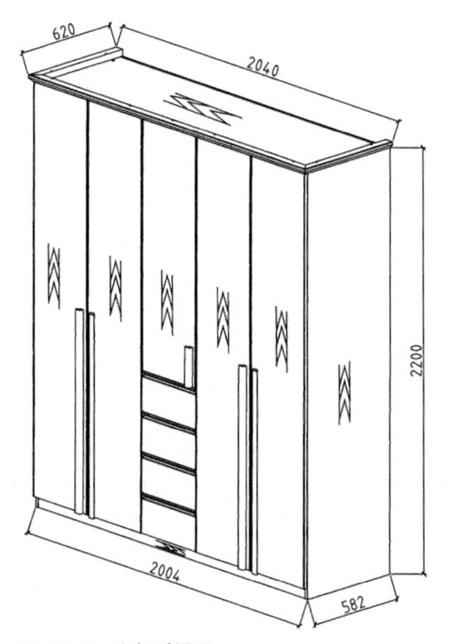

图 15-1 衣柜透视图

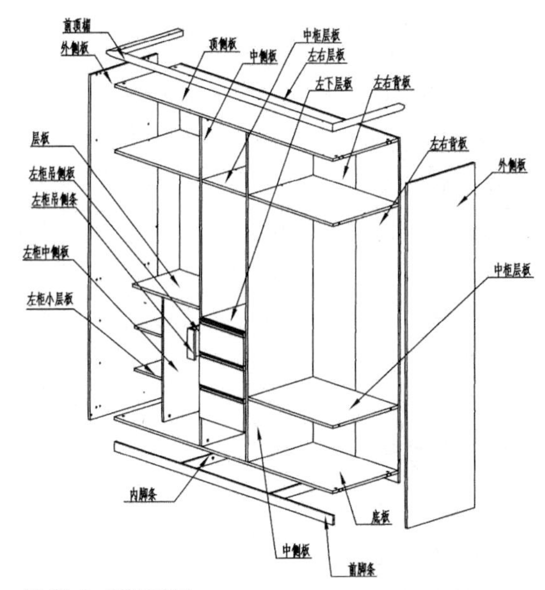

图 15-2 柜体零部件

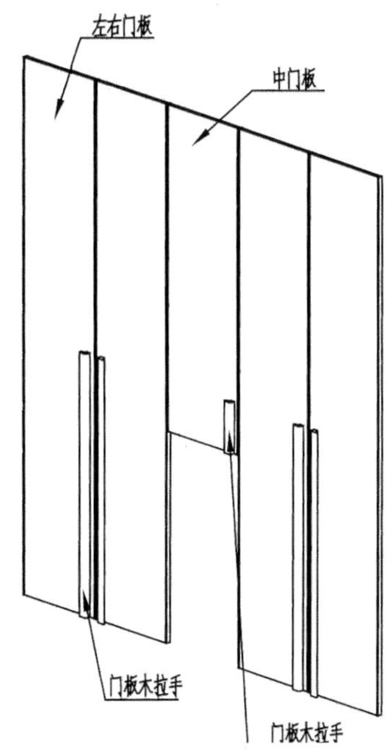

图 15-3 柜门零部件

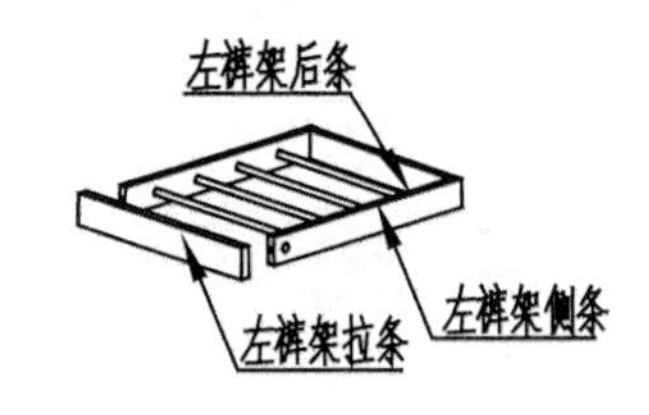

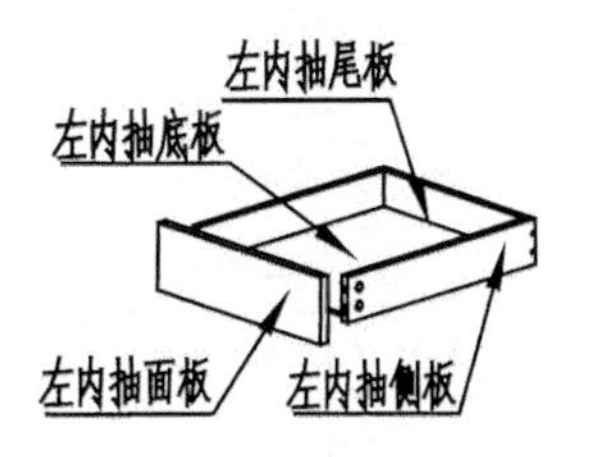

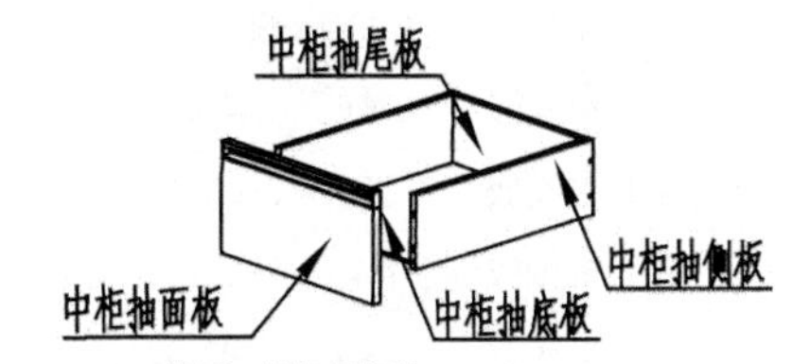

图 15-4 抽屉 / 裤架零部件

15.2 衣柜工艺流程

衣柜的工艺流程如图 15-5 所示，通过了解工艺流程，以知晓衣柜的制作方式。

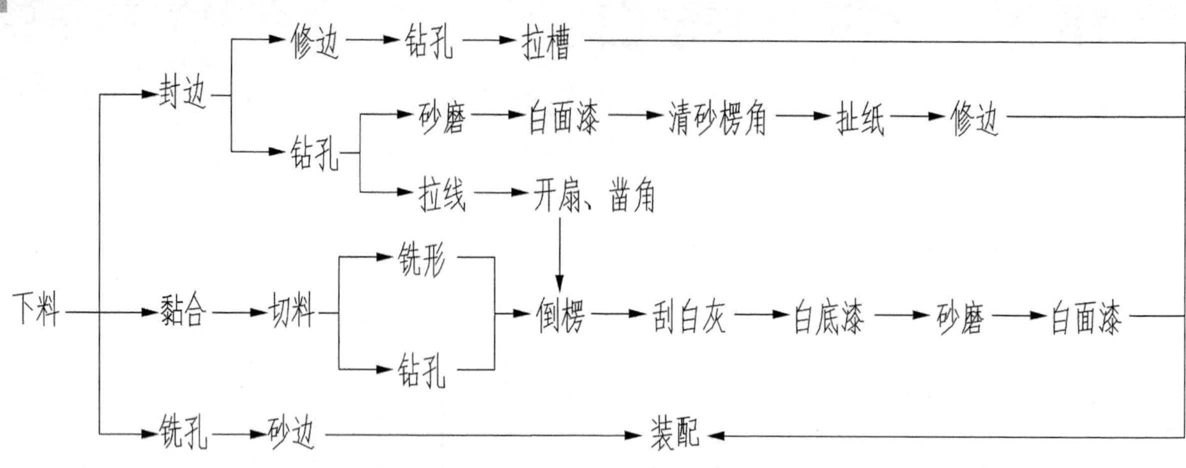

图 15-5 衣柜的工艺流程

15.3 衣柜开料明细表

五门衣柜开料明细表见表 15-1。在明细表中列举了衣柜的名称、规格以及零部件的相关信息。

表 15-1 衣柜开料明细表

产品名称	产品规格		产品颜色		单位	
五门衣柜	2200×2040×620		金柚色		mm	
序号	零部件名称	开料尺寸	数量	材料名称	封边	备注
1	外侧板	2199×581×18	2	金柚色刨花板	4	
2	中侧板	2102×564×18	2	金柚色刨花板	4	
3	顶、底板	1967×564×18	2	金柚色刨花板	4	
4	左右层板	766×563×18	3	金柚色刨花板	4	
5	左下层板	766×469×18	1	金柚色刨花板	4	
6	中柜层板	397×563×18	2	金柚色刨花板	4	
7	左右背板	2199×385×15	4	金柚色刨花板	4	
8	中背板	2199×422×15	1	金柚色刨花板	4	
9	前脚条	1967×59×15	1	金柚色刨花板	4	
10	内脚条	547×59×15	2	金柚色刨花板	4	
11	左右门板	2137×394×18	4	金柚色刨花板	2	先打槽后封短边
12	中门板	1295×394×18	1	金柚色刨花板	2	先打槽后封短边
13	左柜中侧板	794×469×15	1	金柚色刨花板	4	
14	左柜吊侧板	199×453×15	1	金柚色刨花板	4	
15	左柜吊侧条	199×59×15	1	金柚色刨花板	4	
16	左柜小层板	266×469×15	2	金柚色刨花板	4	
17	中柜抽面板	396×177×18	4	黑橡木	4	先打槽后封短边
18	中柜抽侧板	449×139×15	8	金柚色刨花板	4	
19	中柜抽尾板	347×139×15	4	金柚色刨花板	4	
20	中柜抽底板	445×359×15	4	金柚色双面三聚氰胺板		
21	左内抽面板	419×117×15	1	金柚色刨花板	4	
22	左内抽侧板	449×79×15	2	金柚色刨花板	4	
23	左内抽尾板	373×79×15	1	金柚色刨花板	4	

（续表）

产品名称	产品规格		产品颜色		单位	
24	左内抽底板	445×385×5	1	金柚色双面三聚氰胺板		
25	左裤架拉条	419×55×15	1	金柚色刨花板	4	
26	左裤架侧条	449×49×15	2	金柚色刨花板	4	
27	左裤架后条	373×49×15	1	金柚色刨花板	4	
28	门板木拉手	1050×36×25	4	实木（水冬瓜）		
		200×36×25	1	实木（水冬瓜）		
29	前顶楣	2040×65×35	1	实木（水冬瓜）		
30	侧顶楣	555×36×25	2	实木（水冬瓜）		
31	挂衣杆	750×30×20	2	实木（水冬瓜）		
		380×30×20	1	实木（水冬瓜）		

15.4 衣柜五金配件表

五金配件明细表见表 15-2，在表中列举了封袋配件、安装配件以及发包装所包含的材料。

表 15-2 衣柜五金配件表

分类名称	材料名称	规格	数量
封袋配件	三合一	ϕ15×11、ϕ7×28	74套
	木榫	ϕ8×30	62个
	木榫	ϕ8×40	2个
	层板扣	ϕ20	24套
	衣通扣	65×20	3对
	平头螺丝	ϕ6×25	14粒
	平头螺丝	ϕ6×40	8粒
	平头螺丝	ϕ4×8	38粒
	自攻螺丝	ϕ4×14	88粒
	自攻螺丝	ϕ4×35	40粒
	自攻螺丝	ϕ4×18	4 粒
	双头杆	56mm	2套
	抽屉锁		1个
	锁片		1个
	白脚钉		8粒
安装配件	凹槽拉手F603	L395×30×18	4个
	封头A.B		8个
	门侧边铝条	L2138mm哑光F324	8条
	门侧边铝条	L1296mm哑光F324	2条
发包装配件	两节路轨	18′′(450mm)	6付
	钢管	ϕ12×389	4条
	大弯门铰		3个
	直门铰		16个

15.5 衣柜加工图

衣柜包含多种类型的加工图，如侧板加工图、底板加工图、顶板加工图等，学会绘制各种类型的加工图对于学习家具设计很有必要。

15.5.1 绘制左边侧板加工图

Step 01 绘制侧板轮廓。执行REC【矩形】命令，绘制尺寸为2200×582的矩形，如图 15-6所示。

Step 02 绘制封边符号。重复启用REC【矩形】命令，修改尺寸为40×40，绘制矩形如图 15-7所示。

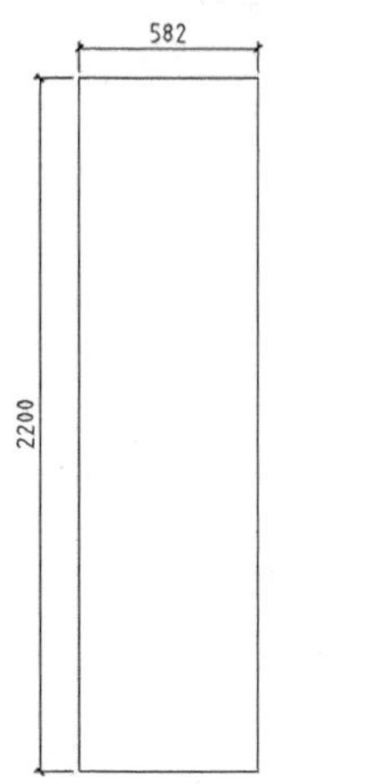

图 15-6 绘制侧板轮廓

图 15-7 绘制矩形

Step 03 执行L【直线】命令，绘制线段，连接矩形端点以及边中点，如图 15-8所示。接着调用TR【修剪】命令，修剪矩形边，得到等腰三角形，如图 15-9所示。

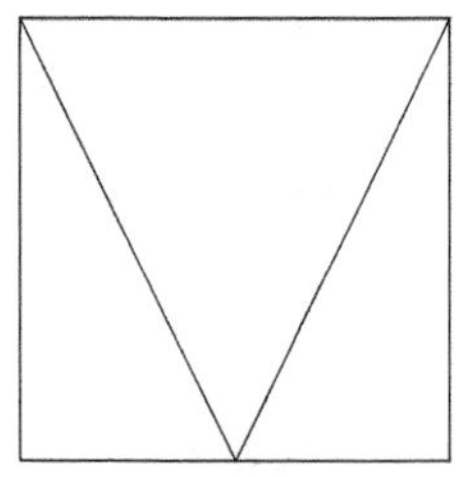

图 15-8 绘制线段

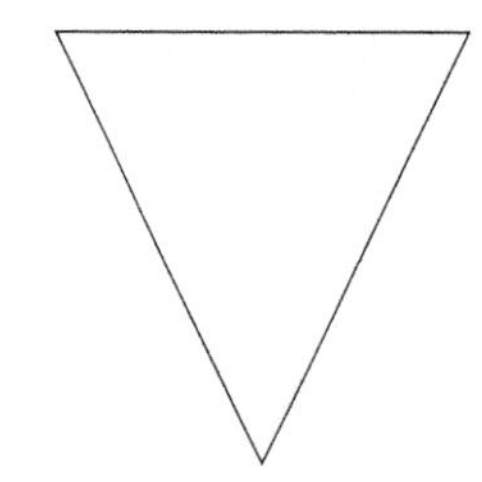

图 15-9 修剪线段

Step 04 执行H【图案填充】命令，在"图案"面板中选择名称为SOLID的图案，如图 15-10所示。在等腰三角形内单击左键拾取填充区域，按下回车键，完成填充图案的操作结果如图 15-11所示。

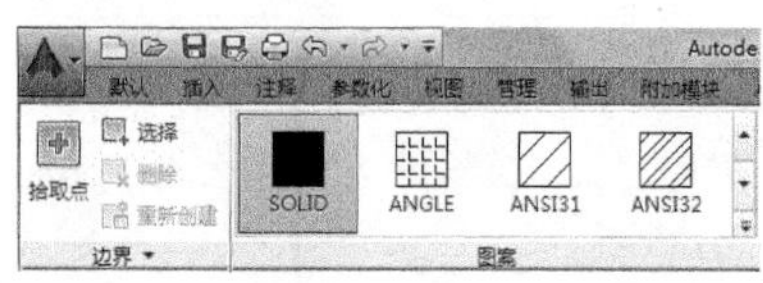
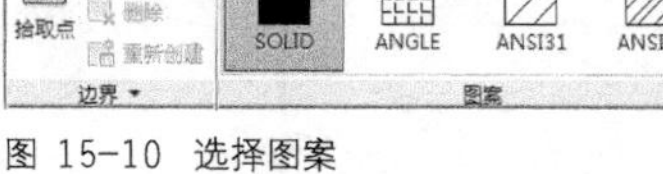

图 15-10 选择图案

图 15-11 填充图案

Step 05 执行CO【复制】命令、RO【旋转】命令，移动复制封边符号，并调整其角度，如图 15-12所示。

Step 06 标注铰链、普通孔等位置示意点。执行C【圆】命令、L【直线】命令，绘制符号如图 15-13所示。

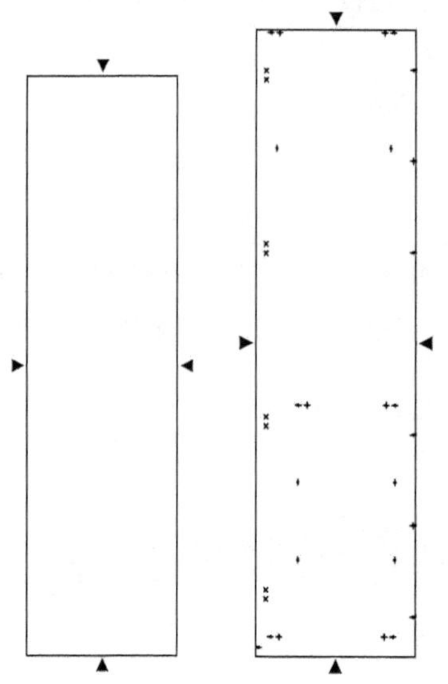

图 15-12 复制符号　　图 15-13 绘制零件位置点

> **提示**
>
> 左侧板上零件位置的定位尺寸如图 15-14所示。

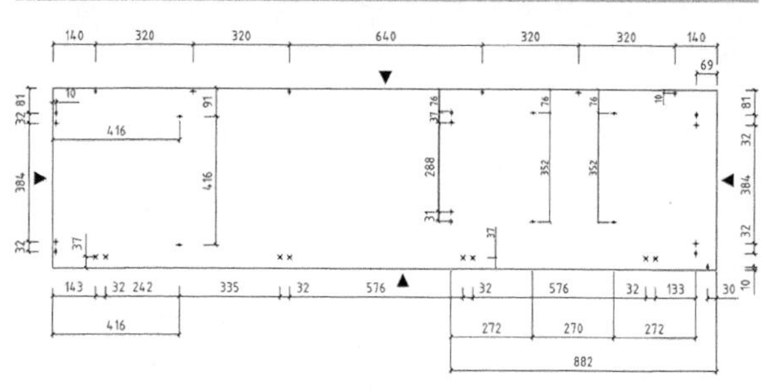

图 15-14 零件定位尺寸

Step 07 调用MLD【多重引线】命令，绘制引线文字标注符号，如图 15-15所示。

Step 08 绘制侧板的侧面图。调用REC【矩形】命令，设置尺寸为2200×18，绘制矩形如图 15-16所示。

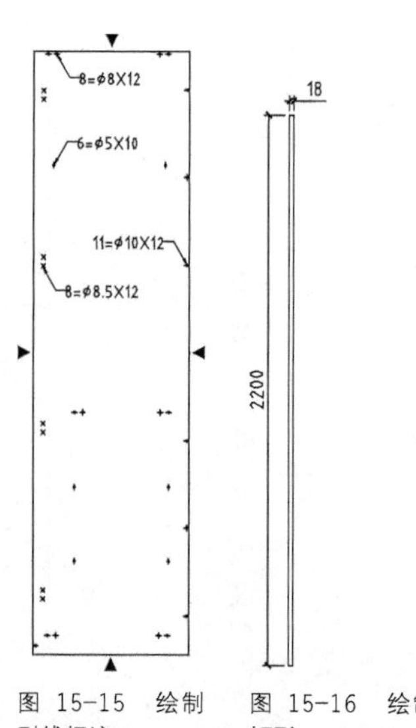

图 15-15 绘制引线标注　　图 15-16 绘制矩形

> **提示**
>
> 8=ϕ8×12的含义为，直径为8，长度为12mm的螺丝有8粒。

Step 09 执行H【图案填充】命令，在“图案”面板中选择名称为ANSI31的图案，在“特性”面板里设置“比例”值为10，如图 15-17所示。在矩形内单击左键拾取填充区域，按下回车键完成填充操作，结果如图 15-18所示。

图 15-17 设置填充参数

图 15-18 填充图案

Step 10 调用DLI【线性标注】命令，为图形绘制尺寸标注，如图 15-19所示。接着执行MT【多行文字】命令，绘制“工艺技术要求”标注文字，如图 15-20所示。

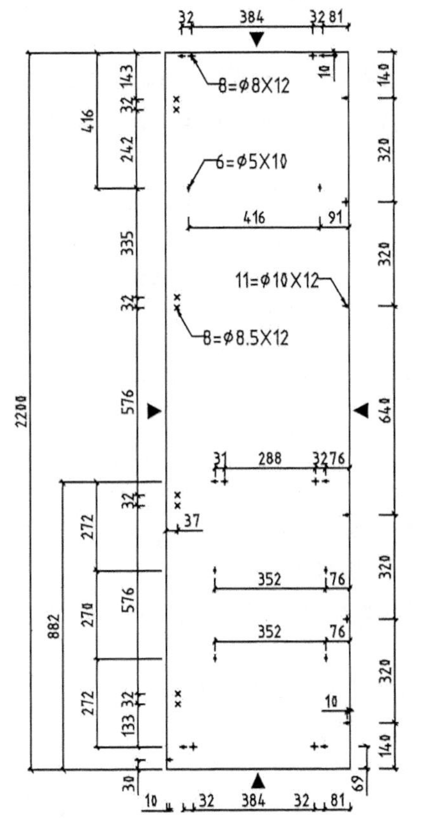

图 15-19 绘制尺寸标注

工艺技术要求：

1.工件截面要求平整光滑，无崩口、毛刺等缺陷。

2.▼封边为0.5mm。

图 15-20 绘制标注文字

组成衣柜的侧板类型还包括右边侧板、左中侧板、右中侧板，侧板图纸的绘制方法请参考本节的内容介绍，如图 15-21、图 15-22、图 15-23 所示分别为图纸的绘制结果。

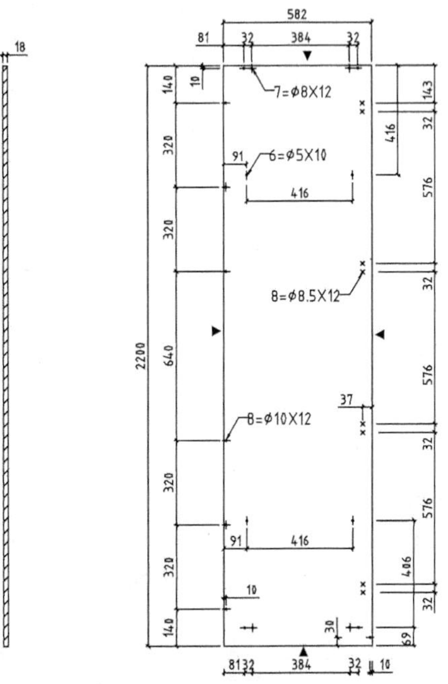

图 15-21 右边侧板

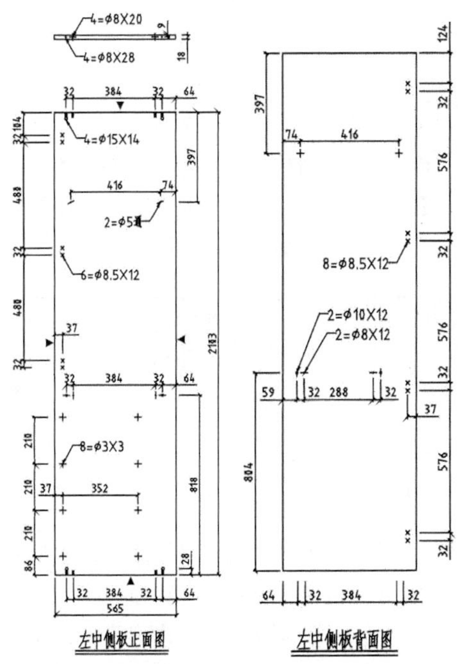

图 15-22 左中侧板

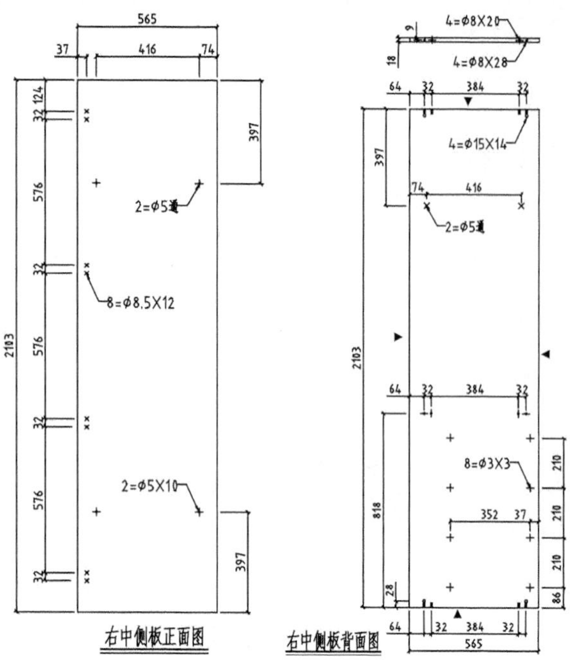

图 15-23　右中侧板

15.5.2 绘制顶板加工图

本节分别介绍顶板顶面以及底面加工图的绘制步骤。

1 绘制顶板顶面图

Step 01 绘制顶板轮廓。执行REC【矩形】命令，设置尺寸参数为1968×565，绘制矩形如图 15-24所示。

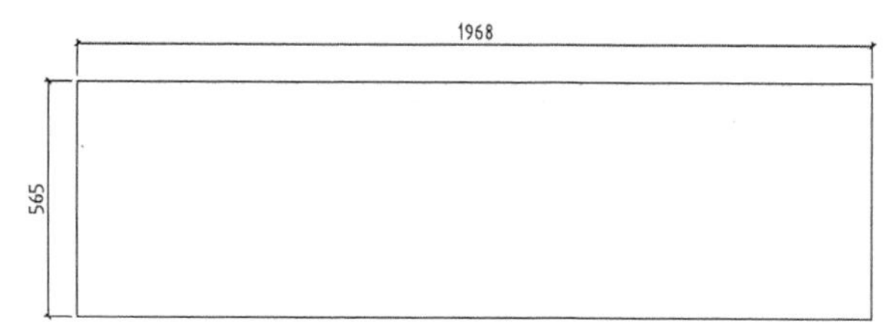

图 15-24　绘制矩形

Step 02 沿用前面所介绍的方法，通过执行REC【矩形】命令、L【直线】命令、TR【修剪】命令、H【填充】命令，绘制封边符号，如图 15-25所示。

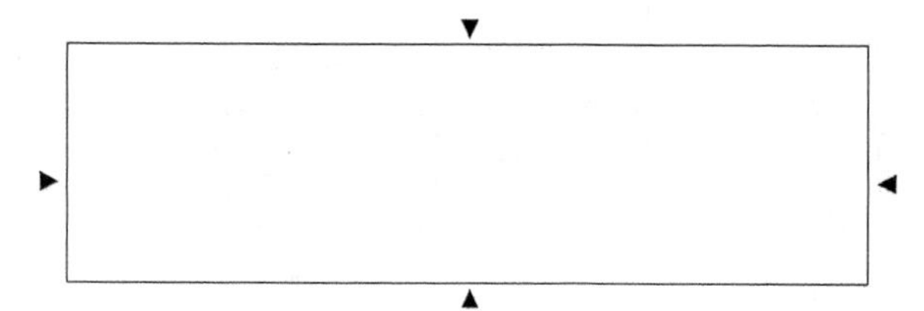

图 15-25　绘制封边符号

Step 03 执行C【圆形】命令、L【直线】命令，绘制铰链、普通孔、螺丝钉等零部件符号，如图 15-26所示。

Step 04 执行MLD【多重引线】命令，为零部件绘制引线标注，如图 15-27所示。

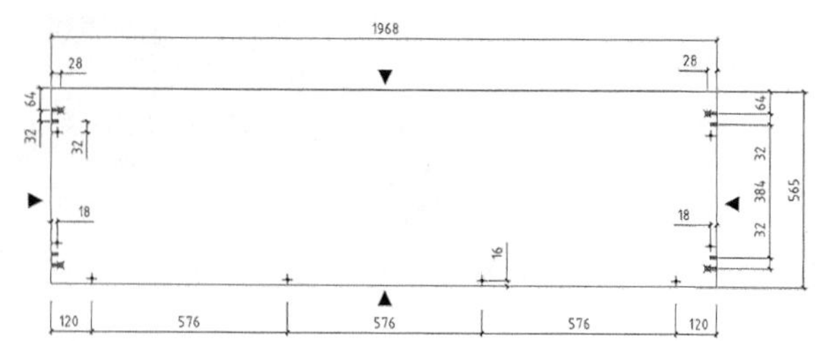

图 15-26　绘制零部件符号

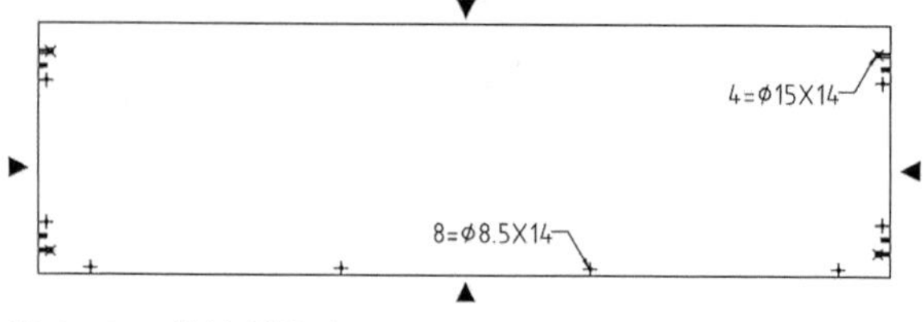

图 15-27　绘制引线标注

Step 05 调用DLI【线性标注】命令，为图形绘制尺寸标注，以明确各零部件在板材上的位置，如图 15-28所示。

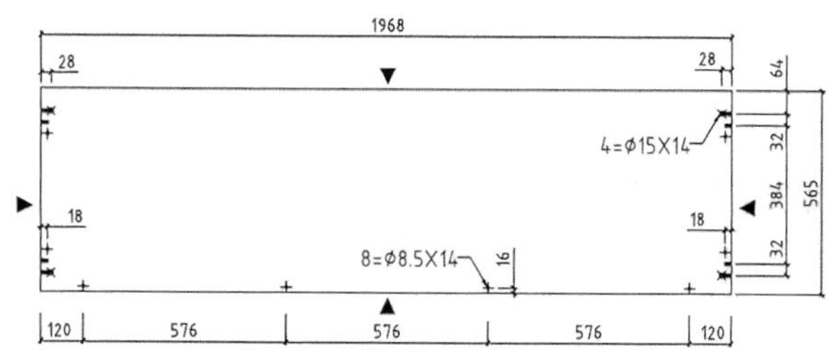

图 15-28　绘制尺寸标注

Step 06 执行MT【多行文字】命令，绘制标注文字，接着执行L【直线】命令，绘制下划线，操作结果如图 15-29所示。

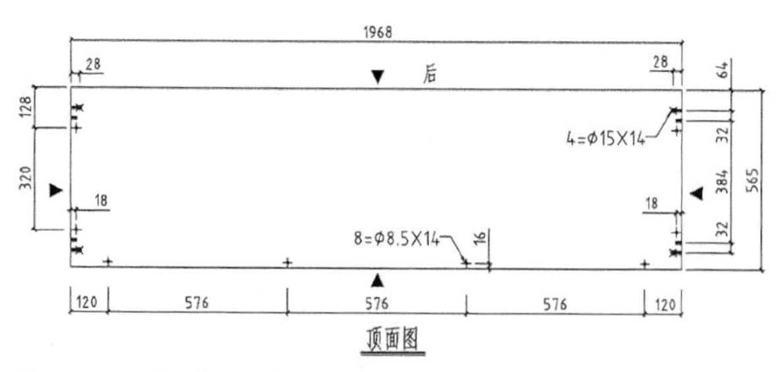

图 15-29　绘制标注文字

Step 07 绘制顶板侧面图。调用REC【矩形】命令，绘制尺寸为566×18的矩形，如图 15-30所示。

Step 08 执行C【圆】命令、L【直线】命令，标注普通孔与螺丝钉的位置，如图 15-31所示。

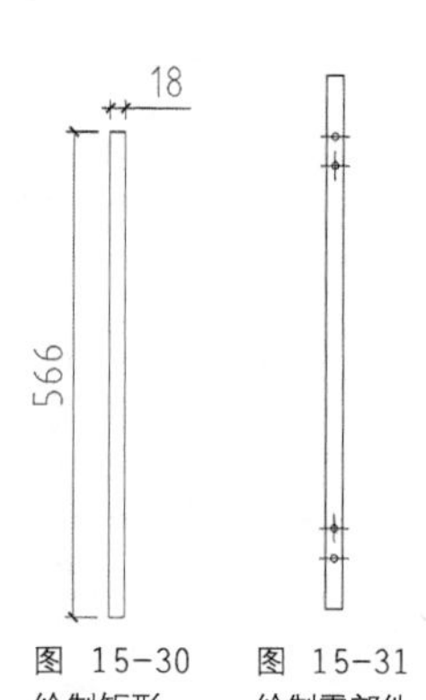

图 15-30　绘制矩形　　图 15-31　绘制零部件

Step 09 执行MLD【多重引线】命令，为零部件绘制引线标注，如图 15-32所示。

Step 10 执行DLI【线性标注】命令，绘制尺寸标注如图 15-33所示。

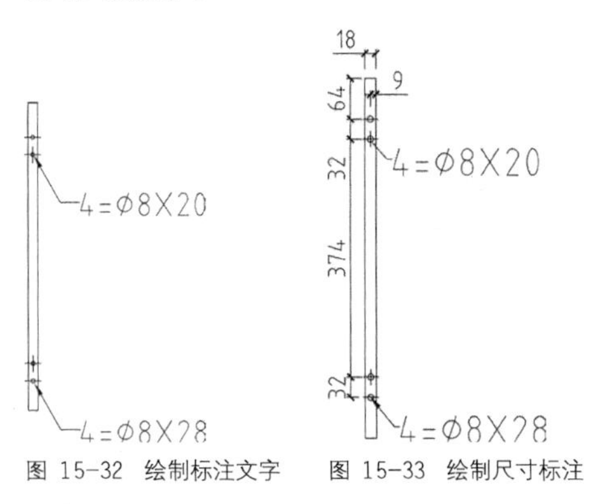

图 15-32 绘制标注文字　图 15-33 绘制尺寸标注

2 绘制顶板底面图

Step 01 执行REC【矩形】命令，设置尺寸参数为1968×565，绘制顶板轮廓线。接着执行C【圆】命令、L【直线】命令，标注零部件的位置，结果如图 15-34所示。

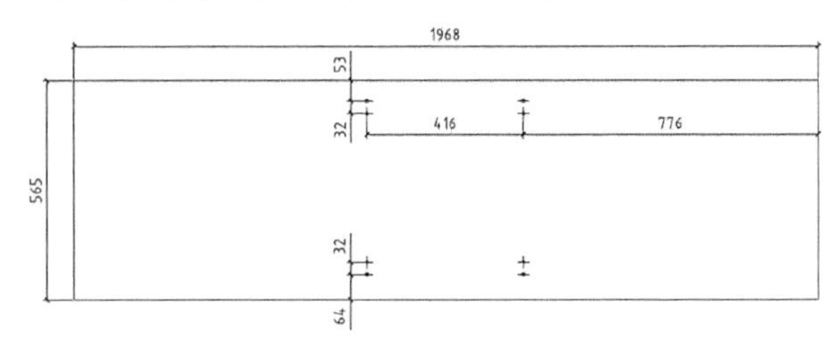

图 15-34 绘制图形

Step 02 执行MLD【多重引线】命令，为零部件绘制引线标注文字。接着执行DLI【线性标注】命令，为图形绘制尺寸标注，如图 15-35所示。

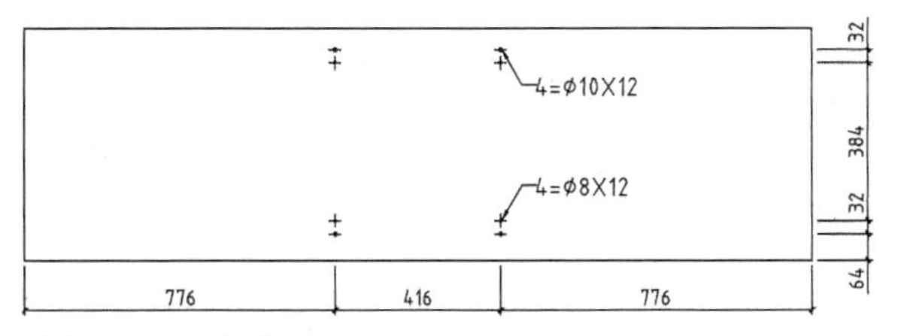

图 15-35 绘制标注

Step 03 执行MT【多行文字】命令，绘制标注文字，接着执行L【直线】命令，在标注文字下方绘制下划线，如图 15-36所示。

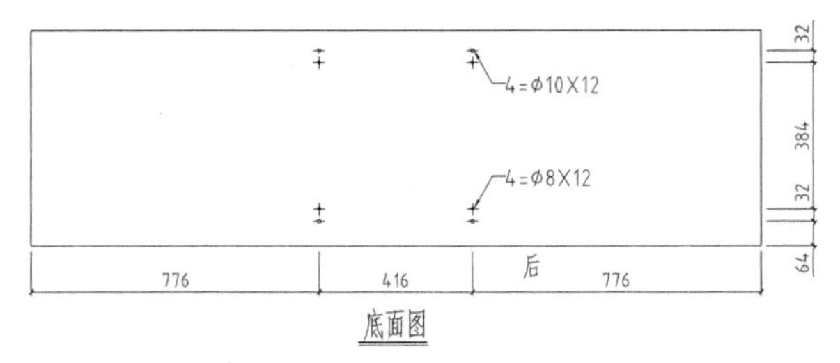

图 15-36 绘制标注文字

衣柜底板的正面图及底面图的绘制结果如图 15-37、图 15-38 所示，请参考本小节所介绍的绘制方法来自行绘制。

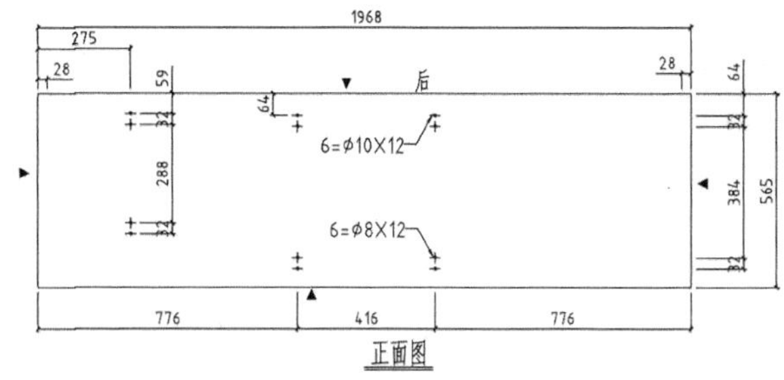

图 15-37 底板正面图

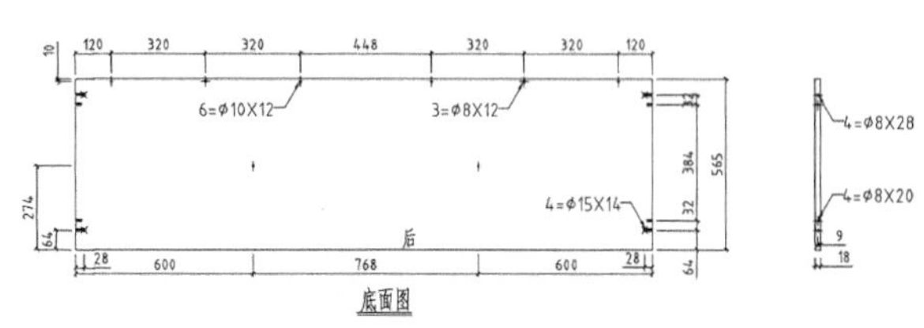

图 15-38 底板底面图

15.5.3 绘制右背板加工图

Step 01 绘制右背板轮廓。执行REC【矩形】命令，设置尺寸参数为386×2200，绘制矩形如图 15-39所示。

Step 02 执行REC【矩形】命令、L【直线】命令、TR【修剪】命令、H【图案填充】命令，绘制封边符号的轮廓线并对其填充名称为SOLID的图案，操作结果如图 15-40所示。

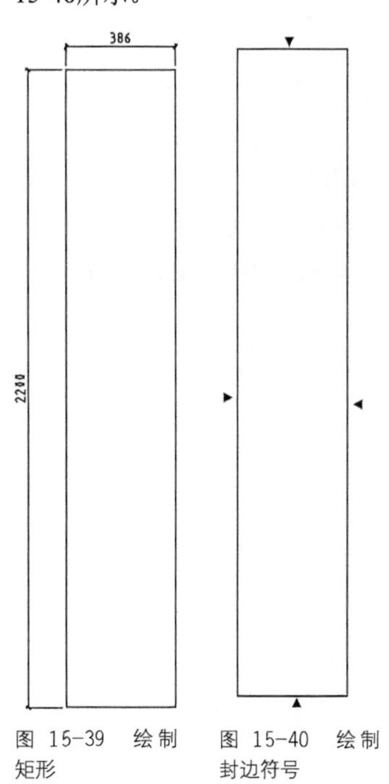

图 15-39 绘制矩形　图 15-40 绘制封边符号

Step 03 标注零部件位置。依次调用C【圆】命令、L【直线】命令，绘制零部件图形，标注其位置的结果如

图 15-41所示。

Step 04 执行MLD【多重引线】命令，为零部件绘制引线标注，结果如图 15-42所示。

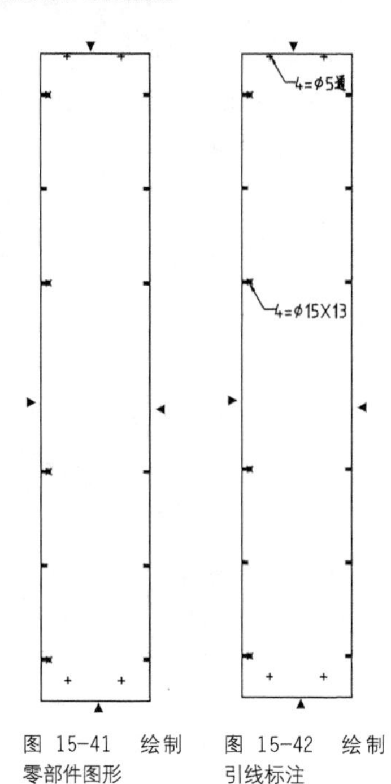

图 15-41 绘制零部件图形　图 15-42 绘制引线标注

> **提示**
>
> 右背板零部件的定位尺寸如图 15-43所示。

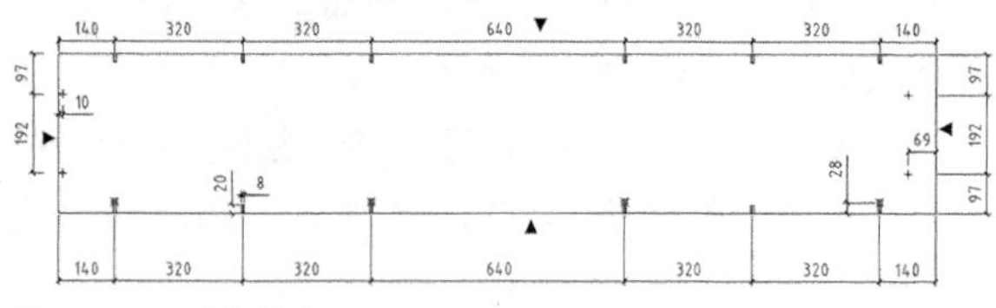

图 15-43 定位尺寸

Step 05 执行DLI【线性标注】命令，为图形绘制尺寸标注，如图 15-44所示。

Step 06 因为背板为左右配对制作，为了表示其侧面图形，可调用REC【矩形】命令，在背板的左右两侧绘制尺寸为2200×15的矩形来表示，操作结果如图 15-45所示。

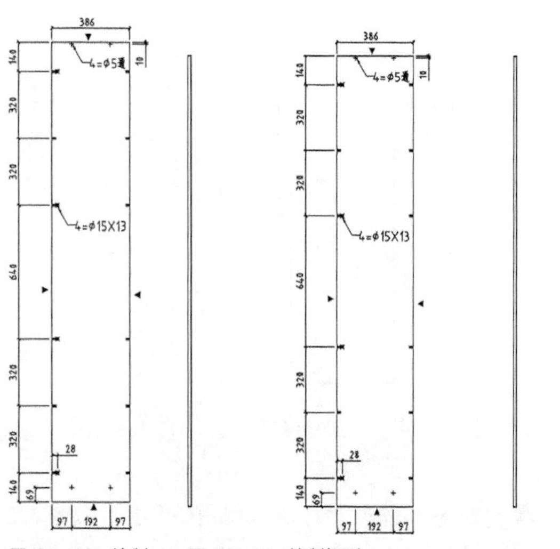

图 15-44 绘制尺寸标注　图 15-45 绘制矩形

Step 07 调用C【圆】命令、L【直线】命令，在背板的侧面图形上绘制零部件以标注其位置，如图 15-46所示。

Step 08 分别执行MLD【多重引线】命令以及DLI【线性标注】命令，为图形绘制引线标注及尺寸标注，结果如图 15-47所示。

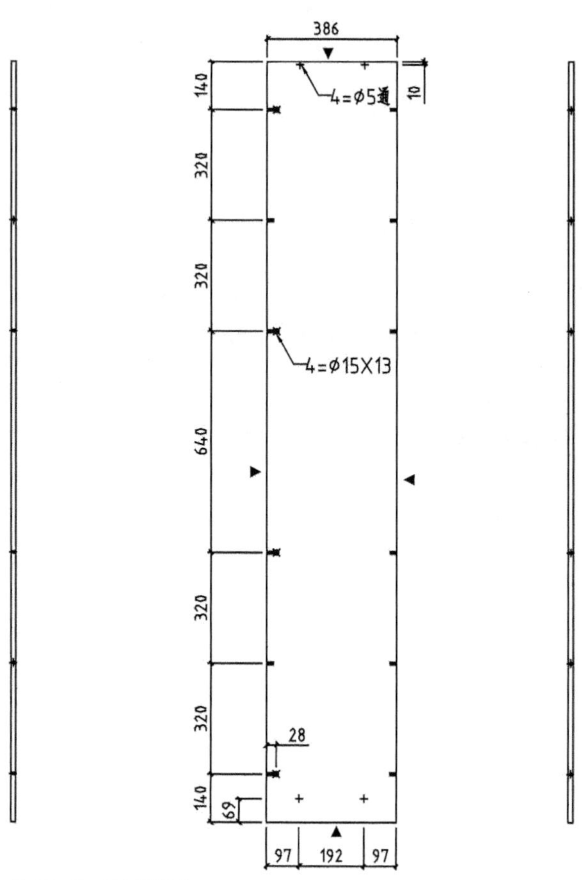

图 15-46 绘制零部件

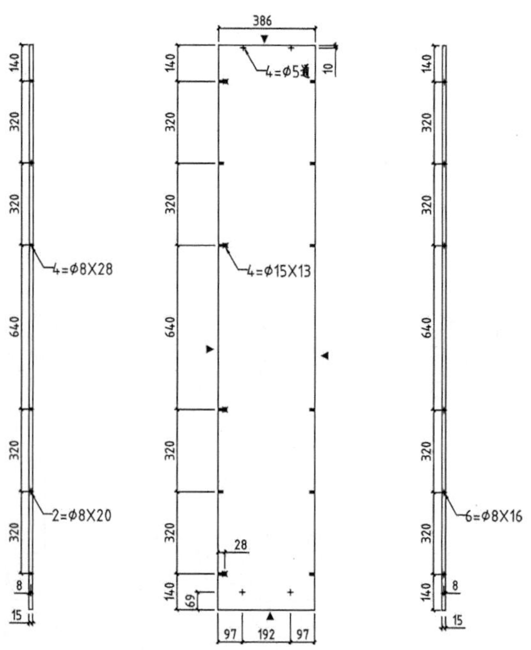

图 15-47 标注图形

Step 09 执行MT【多行文字】命令，绘制“技术要求”标注文字，如图 15-48所示。

技术要求：分左右配对制作。

图 15-48 绘制标注文字

中背板以及右中背板图纸的绘制结果分别如图 15-49、图 15-50 所示，其绘制方法与右背板图纸的绘制方法相同，请参考本节内容的介绍。

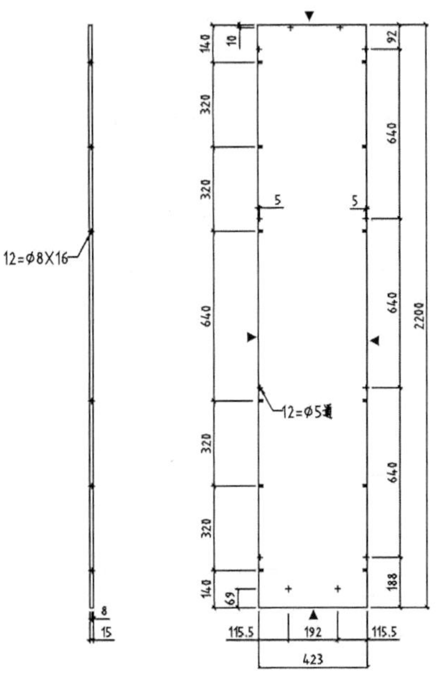

图 15-49 中背板

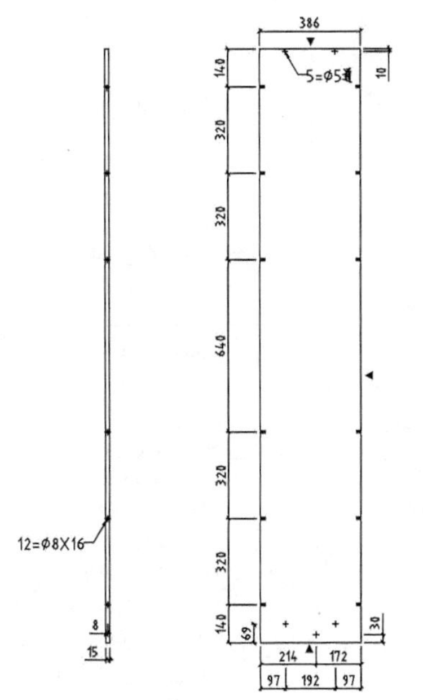

图 15-50 右中背板

15.5.4 绘制左右上层板加工图

Step 01 绘制层板外轮廓。执行REC【矩形】命令，设置尺寸参数为564×767，绘制矩形如图 15-51所示。

Step 02 沿用前面小节所介绍的绘制方法，绘制封边示意符号，如图 15-52所示。

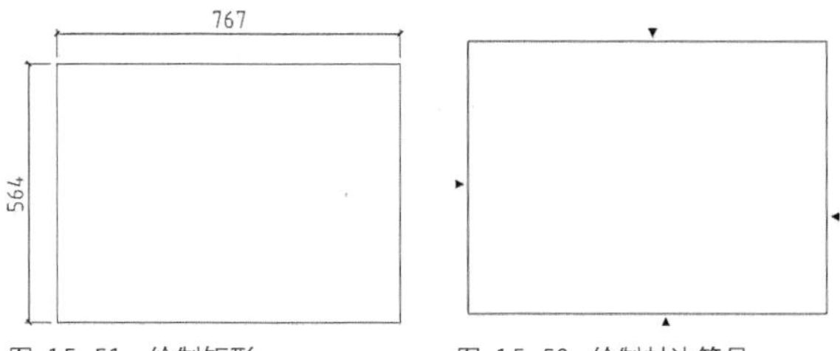

图 15-51 绘制矩形　　图 15-52 绘制封边符号

Step 03 执行C【圆】命令、L【直线】命令，绘制连接件孔及普通孔符号以标注其位置，如图 15-53所示。

Step 04 执行MLD【多重引线】命令，为零部件绘制引线标注，如图 15-54所示。

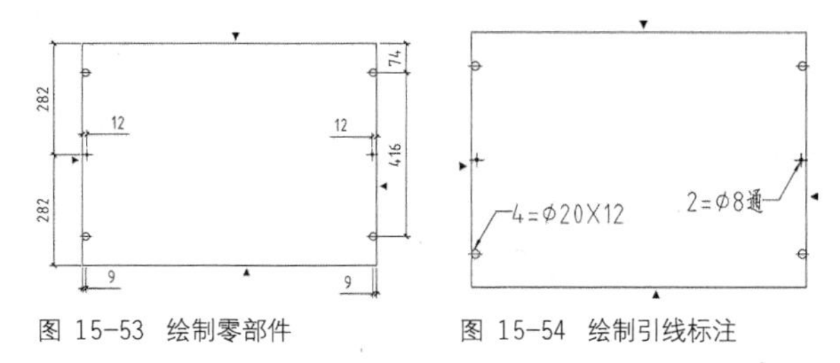

图 15-53 绘制零部件　　图 15-54 绘制引线标注

Step 05 执行DLI【线性标注】命令，为加工图绘制尺寸标注，如图 15-55所示。

Step 06 执行REC【矩形】命令，绘制尺寸为767×18的矩形，表示层板的截面图形，如图 15-56所示。

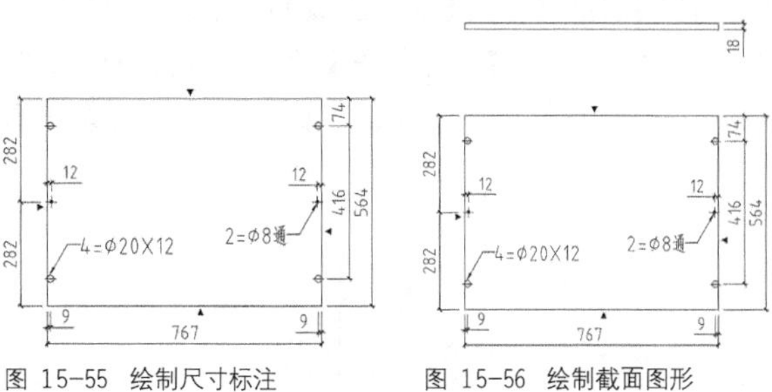

图 15-55 绘制尺寸标注　　图 15-56 绘制截面图形

请参考本节所介绍的绘制方法，自行绘制其他层板加工图。如图 15-57、图 15-58、图 15-59、图 15-60 所示分别为右下层板加工图、中上层板加工图、中下层板加工图、左下层板加工图的绘制结果。

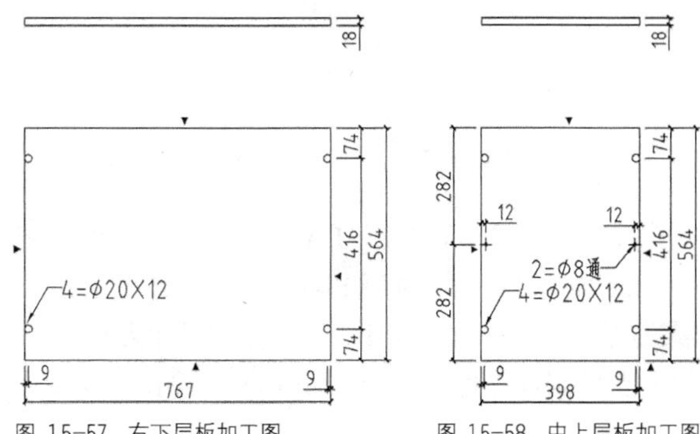

图 15-57 右下层板加工图　　图 15-58 中上层板加工图

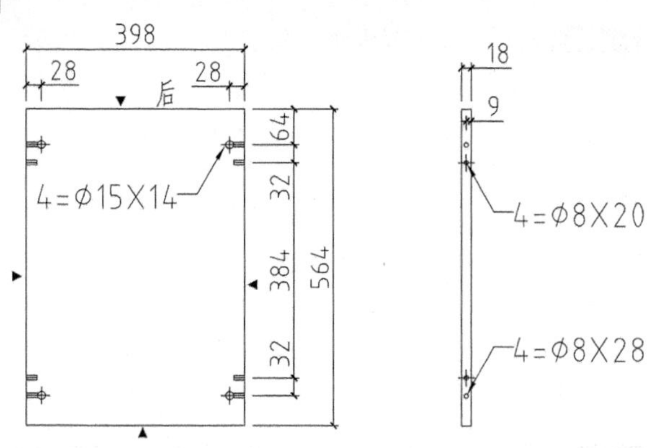

图 15-59 中下层板加工图

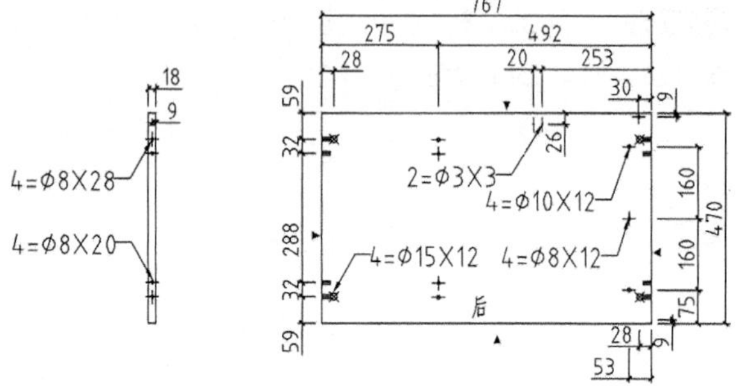

图 15-60 左下层板加工图

15.5.5 绘制左柜中侧板加工图

Step 01 绘制侧板轮廓。执行REC【矩形】命令，设置尺寸参数为470×795，绘制矩形如图 15-61所示。

Step 02 执行L【直线】命令，绘制尺寸为40的等腰三角形，接着执行H【图案填充】命令，选择SOLID图案，对三角形执行填充操作，标注封边的结果如图 15-62所示。

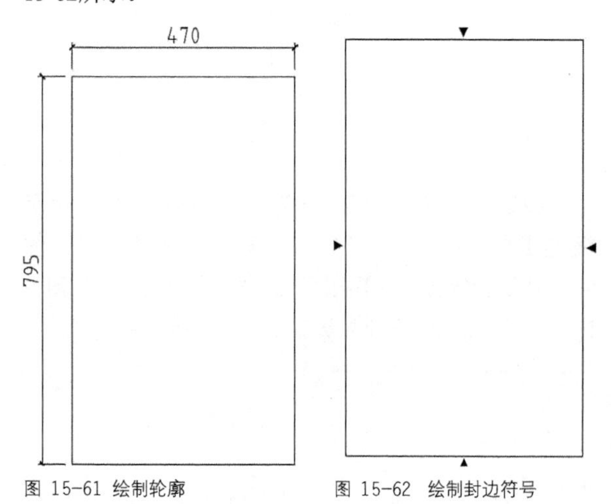

图 15-61 绘制轮廓　　图 15-62 绘制封边符号

Step 03 执行C【圆】命令、L【直线】命令，绘制普通孔、螺丝钉等零部件，如图 15-63所示。

Step 04 执行REC【矩形】命令，绘制尺寸为470×18的矩形表示侧板的截面图形，如图 15-64所示。

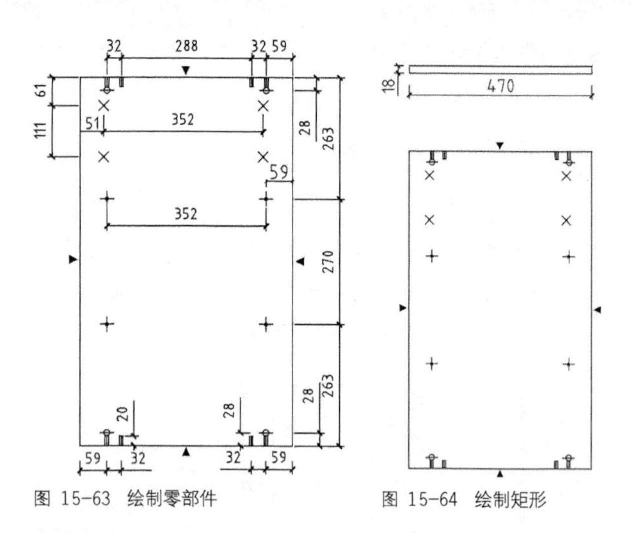

图 15-63 绘制零部件　　图 15-64 绘制矩形

Step 05 执行CO【复制】命令，从侧板加工图中选择零部件，将其复制到截面图形中，如图 15-65所示。

Step 06 调用MLD【多重引线】命令，绘制引线标注如图 15-66所示。

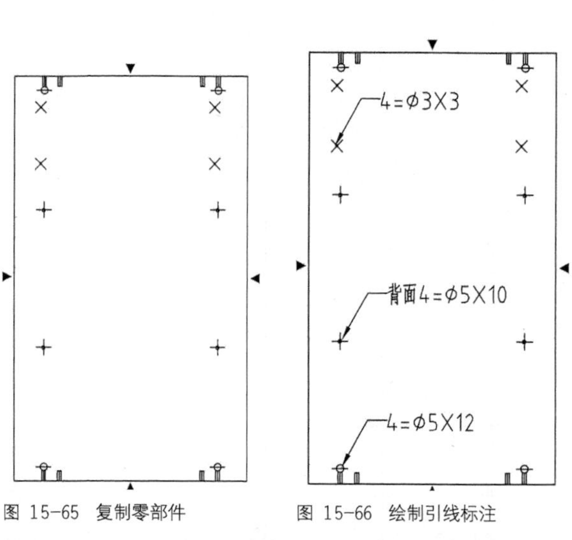

图 15-65 复制零部件　　图 15-66 绘制引线标注

Step 07 调用DLI【线性标注】命令，标注零部件的位置尺寸，如图 15-67所示。

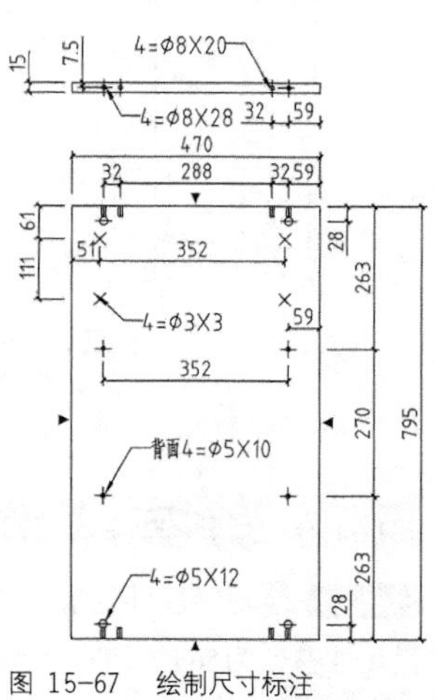

图 15-67 绘制尺寸标注

左吊侧板加工图、左柜吊侧条加工图以及左柜小层板加工图的绘制结果如图 15-68、图 15-69、图 15-70 所示。

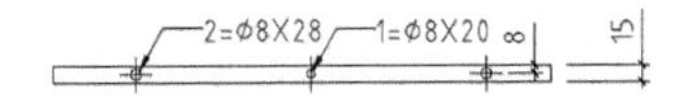

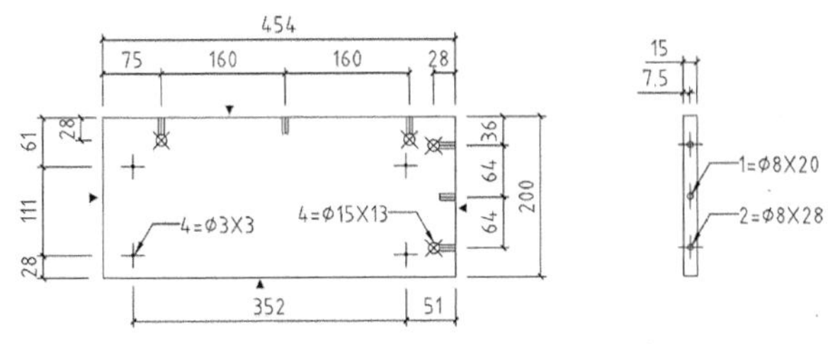

图 15-68　左吊侧板加工图

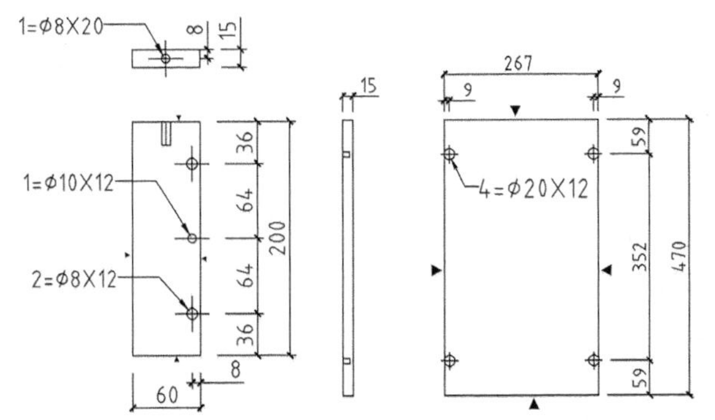

图 15-69　左柜吊侧条加工图　图 15-70　左柜小层板加工图

15.5.6 绘制前脚条加工图

Step 01 绘制脚条外轮廓。调用REC【矩形】命令，修改尺寸参数为1968×6，绘制矩形如图 15-71所示。

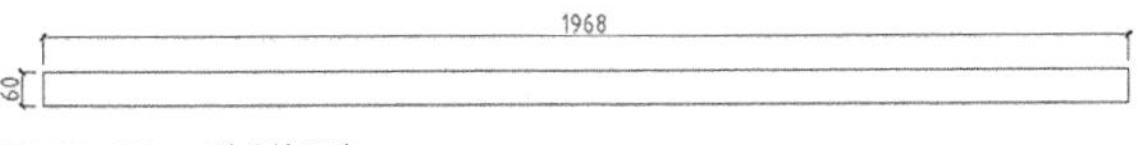

图 15-71　绘制矩形

Step 02 执行L【直线】命令、H【图案填充】命令，绘制等腰三角形并填充SOLID图案，封边符号的绘制结果如图 15-72所示。

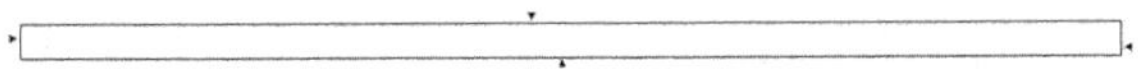

图 15-72　绘制符号

Step 03 执行C【圆】命令、L【直线】命令，绘制零部件符号，如图 15-73所示。

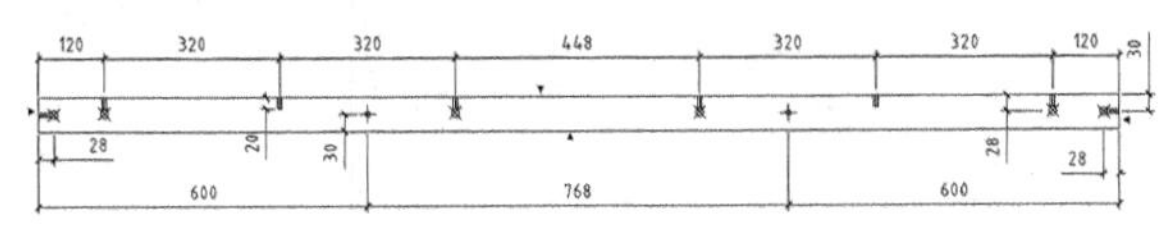

图 15-73　绘制零部件符号

Step 04 调用REC【矩形】命令，绘制前脚条的侧面图形与截面图形，如图 15-74所示。

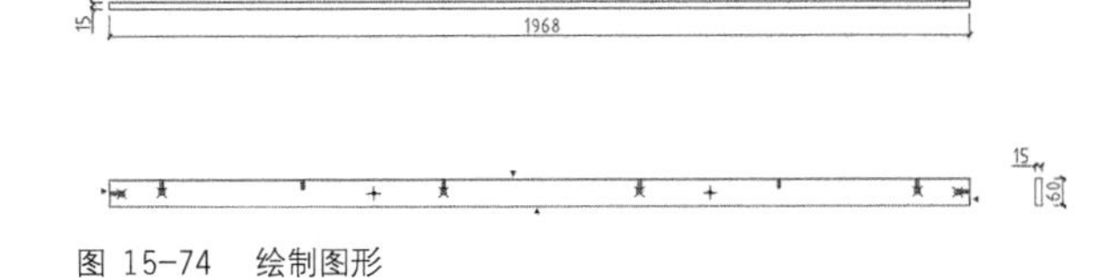

图 15-74　绘制图形

Step 05 沿用前面所介绍的知识，在侧面图形与截面图形中绘制零部件符号，如图 15-75所示。

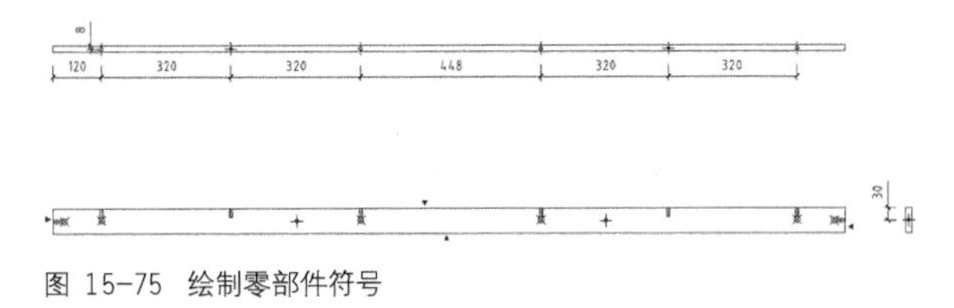

图 15-75　绘制零部件符号

Step 06 调用MLD【多重引线】命令，绘制引线标注，结果如图 15-76所示。

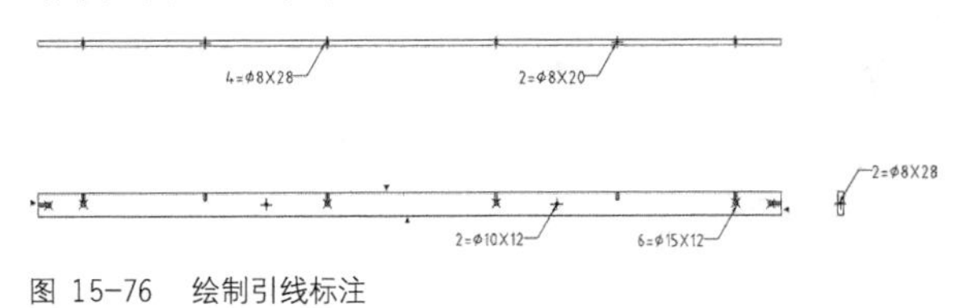

图 15-76　绘制引线标注

Step 07 调用DLI【线性标注】命令，为加工图绘制尺寸标注，结果如图 15-77所示。

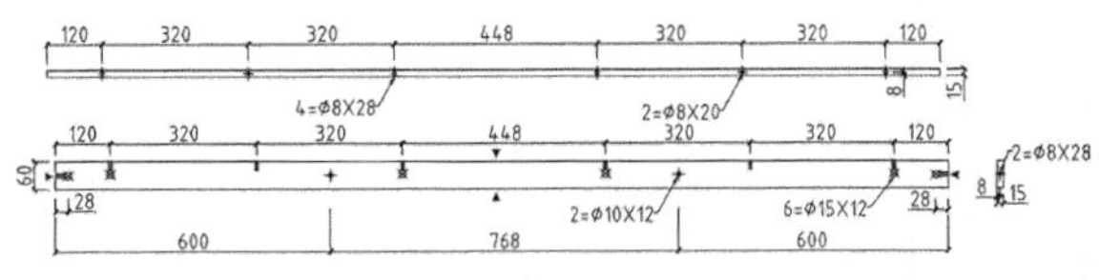

图 15-77　绘制尺寸标注

参考本节所介绍的方法，绘制内脚条加工图，如图 15-78 所示。

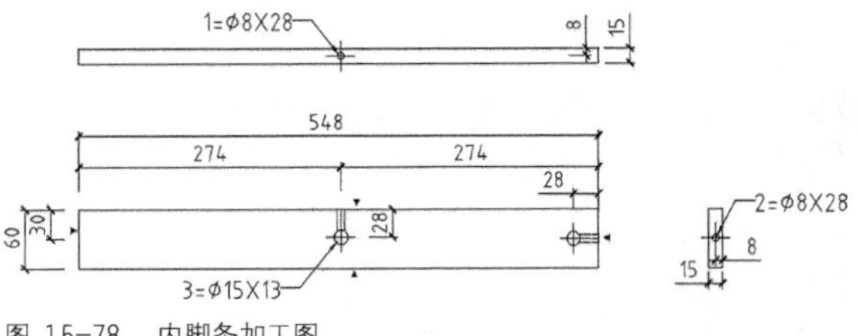

图 15-78　内脚条加工图

15.5.7 绘制左右门板加工图

Step 01 绘制门板轮廓线。执行REC【矩形】命令，绘制尺寸为2138×399的矩形，如图 15-79所示。

Step 02 调用X【分解】命令分解矩形，接着执行O【偏移】命令，设置偏移距离为11，选择长边向内偏移，并将长边副本的线型设置为虚线，如图 15-80 所示。

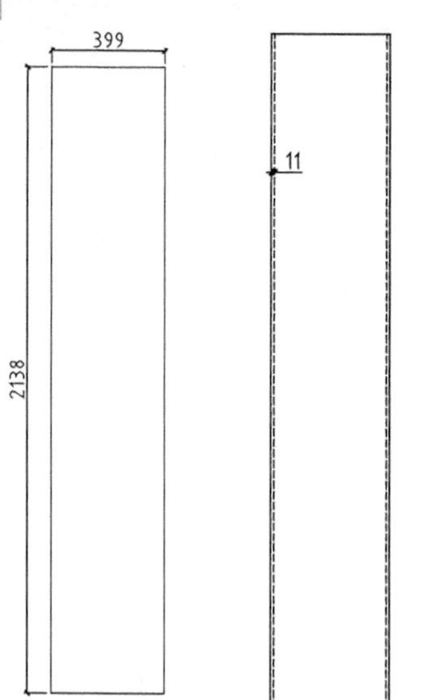

图 15-79　绘制矩形　　图 15-80　偏移线段

Step 03 调用L【直线】命令，绘制边长为30的等腰三角形。接着执行H【图案填充】命令，选择名称为SOLID的图案，对三角形执行填充操作，封边示意符号的绘制结果如图 15-81所示。

Step 04 执行C【圆】命令、L【直线】命令，绘制零部件符号，结果如图 15-82所示。

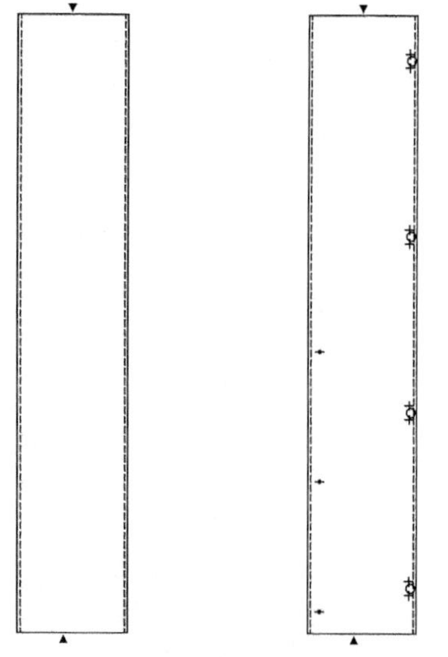

图 15-81　绘制封边符号　　图 15-82　绘制零部件

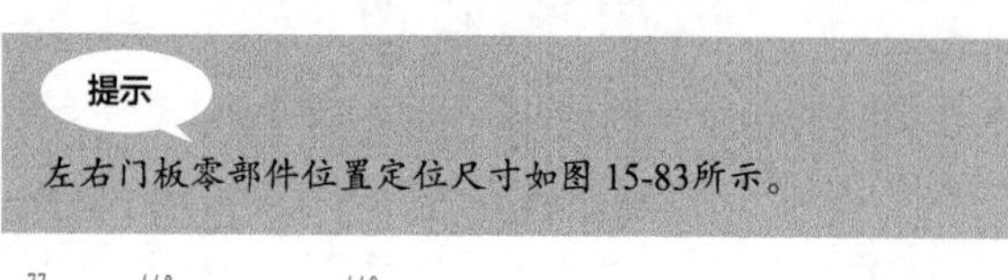

提示

左右门板零部件位置定位尺寸如图 15-83所示。

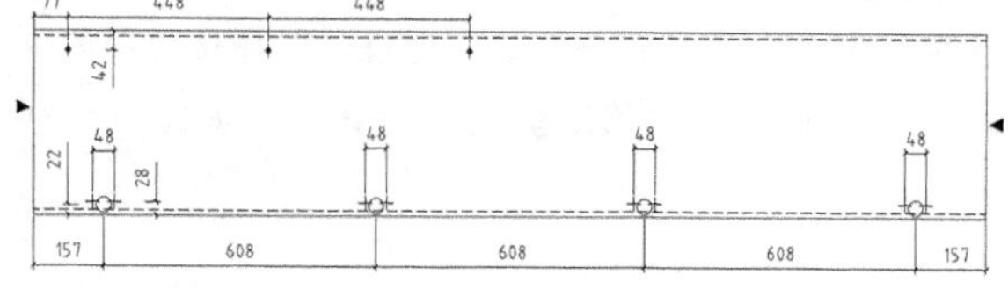

图 15-83　定位尺寸

Step 05 执行REC【矩形】命令，绘制门板截面图形，如图 15-84所示。

Step 06 调用X【分解】命令分解矩形，执行O【偏移】命令、TR【修剪】命令，偏移并修剪线段，绘制拉槽的结果如图 15-85所示。

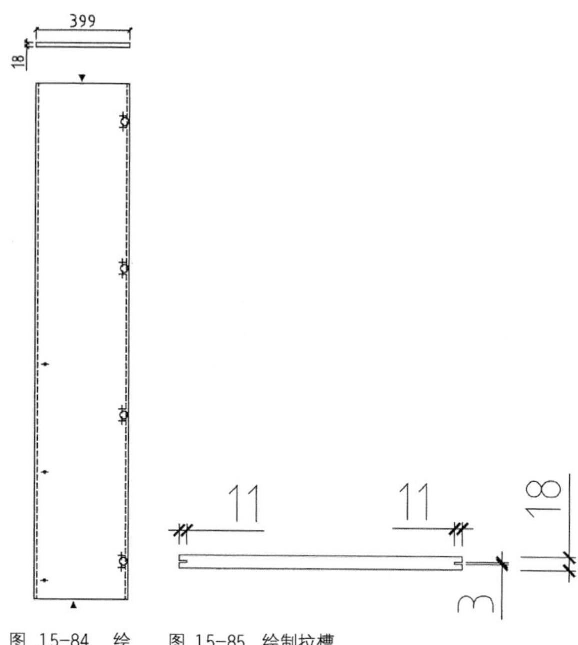

图 15-84　绘制截面图形　　图 15-85　绘制拉槽

Step 07 执行MLD【多重引线】命令，绘制引线标注的结果如图 15-86所示。

Step 08 调用DLI【线性标注】命令，为加工图绘制尺寸标注，结果如图 15-87所示。

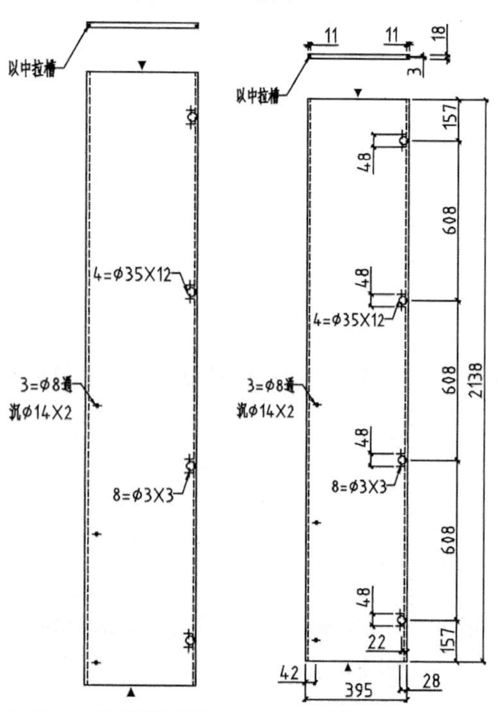

图 15-86　绘制引线标注　　图 15-87　绘制尺寸标注

门板拉手木条加工图、中门板加工图的绘制结果如图 15-88、图 15-89 所示，通过阅读本节内容以了解绘制方法。

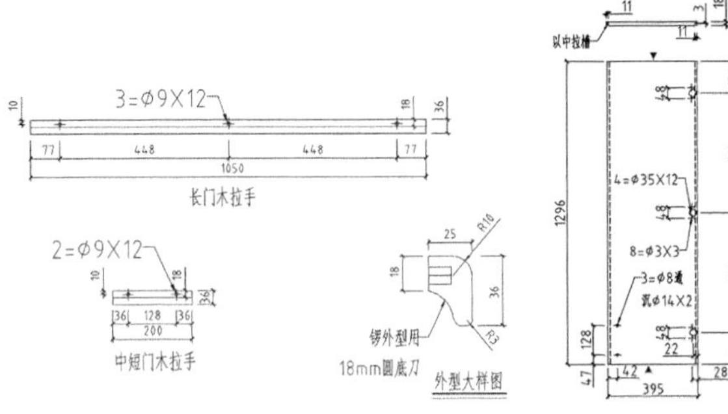

图 15-88 门板拉手木条加工图

图 15-89 中门板加工图

15.5.8 绘制中抽面板加工图

Step 01 绘制抽屉面板外轮廓。执行REC【矩形】命令，绘制尺寸为398×178的矩形，如图 15-90所示。

Step 02 调用X【分解】命令分解矩形，执行O【偏移】命令，设置偏移距离为10，选择长边向内偏移，并将长边副本的线型更改为虚线，如图 15-91所示。

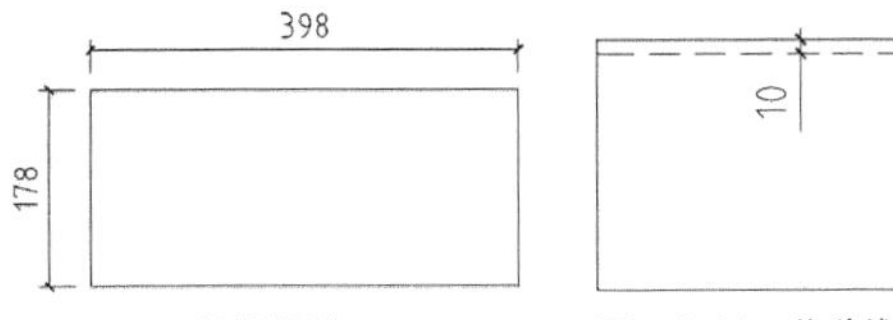

图 15-90 绘制矩形　　图 15-91 偏移线段

Step 03 调用REC【矩形】命令，更改尺寸参数为359×5，绘制矩形表示拉槽位置，如图 15-92所示。

Step 04 执行L【直线】命令、H【图案填充】命令，绘制封边符号，如图 15-93所示。

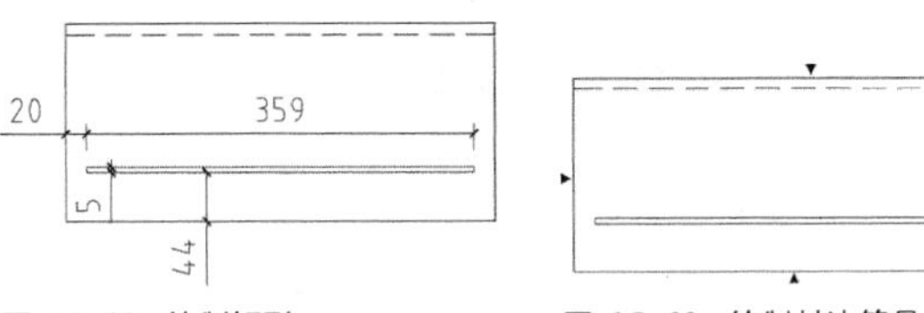

图 15-92 绘制矩形　　图 15-93 绘制封边符号

Step 05 执行C【圆】命令、L【直线】命令，标注螺丝钉的位置，如图 15-94所示。

Step 06 调用REC【矩形】命令，绘制尺寸为179×15的矩形表示面板的截面图形，如图 15-95所示。

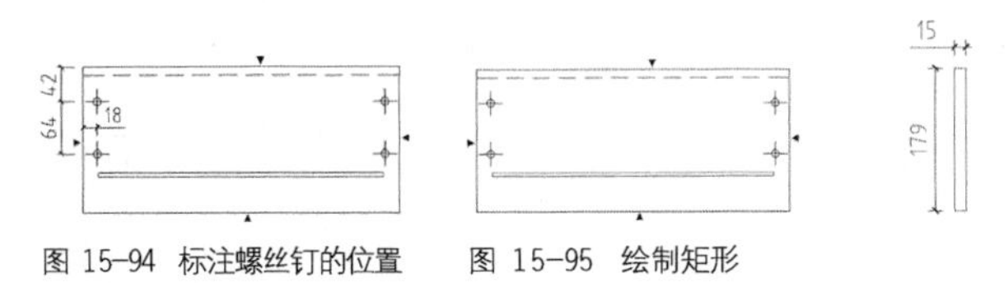

图 15-94 标注螺丝钉的位置　　图 15-95 绘制矩形

Step 07 执行X【分解】命令分解矩形，调用O【偏移】命令、TR【修剪】命令，偏移并修剪线段，绘制槽位如图 15-96所示。

Step 08 调用MLD【多重引线】命令，为加工图绘制引线标注，如图 15-97所示。

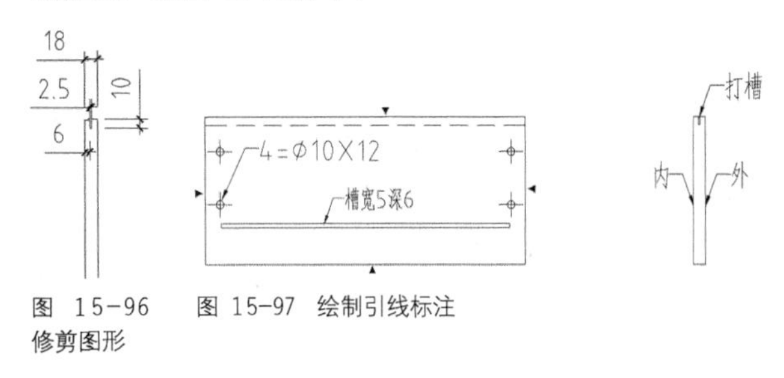

图 15-96 修剪图形　　图 15-97 绘制引线标注

Step 09 执行DLI【线性标注】命令，绘制尺寸标注如图 15-98所示。

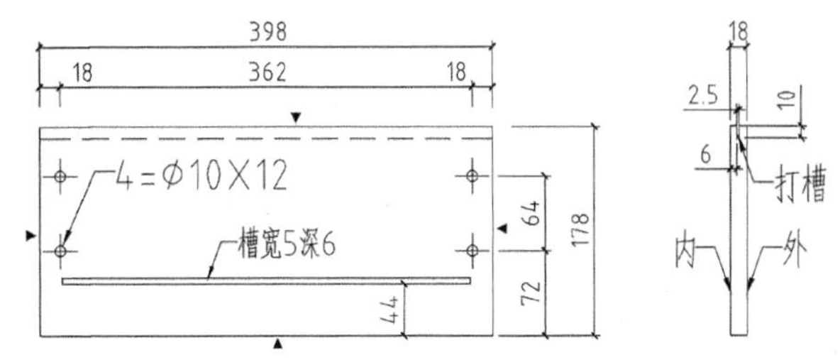

图 15-98 绘制尺寸标注

抽屉的尾板加工图、底板加工图以及侧板加工图的绘制结果分别如图 15-99、图 15-100、图 15-101所示，请参考本节内容来自行绘制。

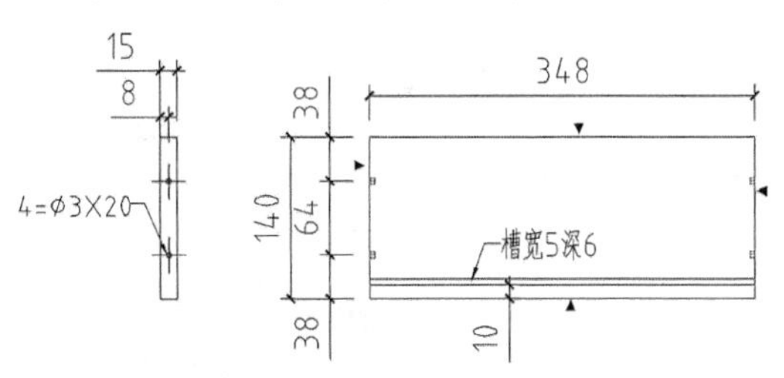

图 15-99 中抽尾板加工图

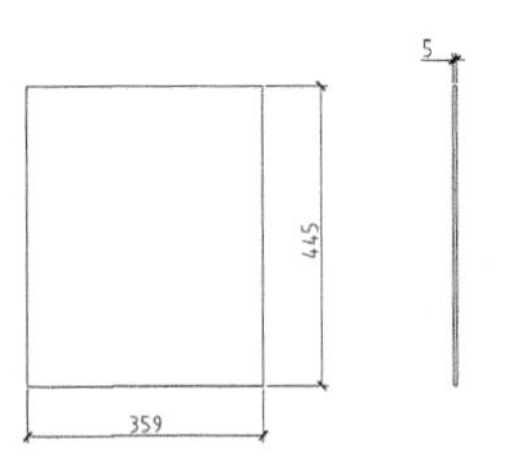

图 15-100 中抽底板加工图

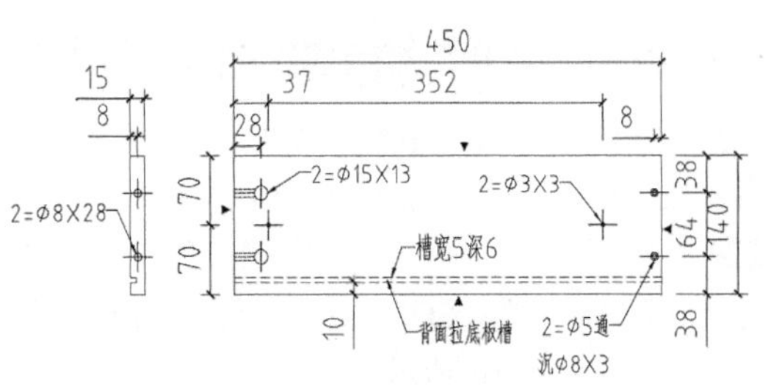

图 15-101 中抽侧板加工图

在本节末尾附录左柜内抽屉各加工图，如左柜内抽面板加工图（图 15-102）、左柜内抽侧板加工图（图 15-103）、左柜内抽尾板加工图（图 15-104）、左柜内抽底板加工图（图 15-105）。

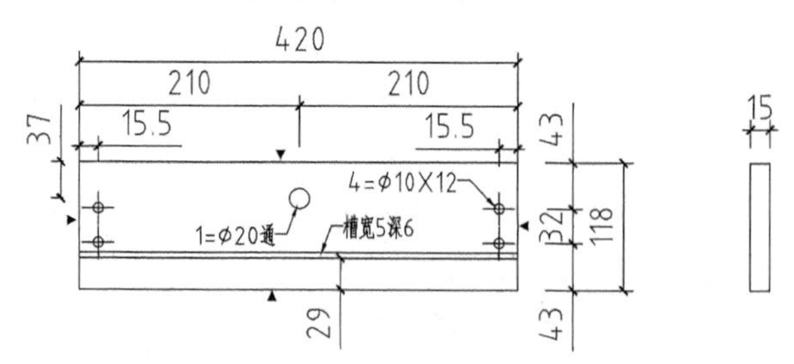

图 15-102 左柜内抽面板加工图

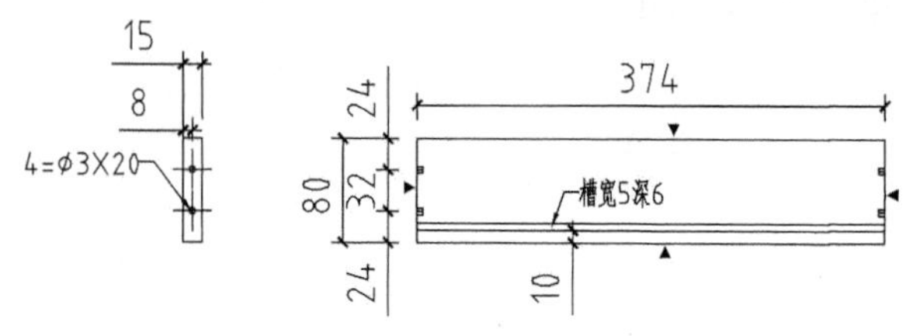

图 15-103 左柜内抽侧板加工图

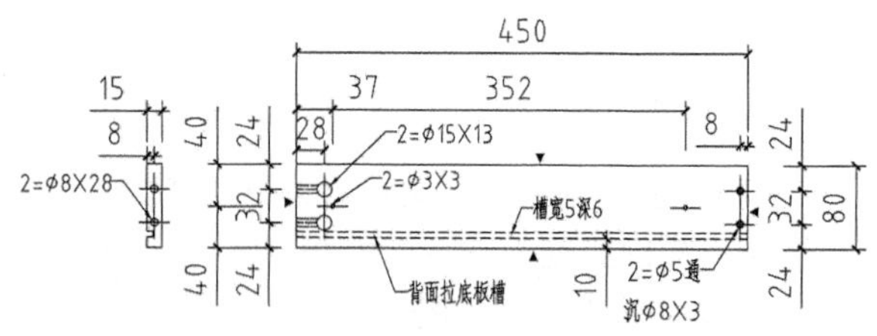

图 15-104 左柜内抽尾板加工图

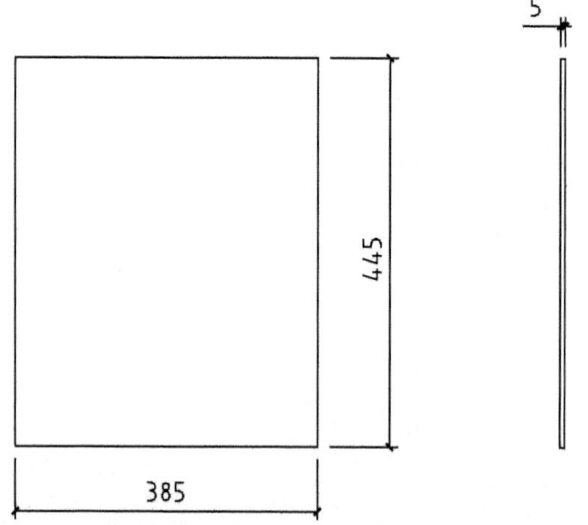

图 15-105 左柜内抽尾板加工图

15.5.9 绘制左柜裤架侧条加工图

Step 01 绘制侧条外轮廓。执行REC【矩形】命令，设置尺寸参数为450×50，绘制矩形如图 15-106所示。

Step 02 调用L【直线】命令，绘制等腰三角形，执行H【图案填充】命令，选择SOLID图案，对三角形执行填充操作，结果如图 15-107所示。

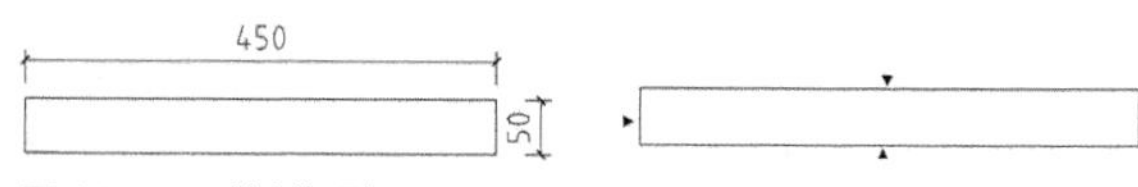

图 15-106 绘制矩形　　图 15-107 绘制封边符号

Step 03 调用C【圆】命令、L【直线】命令，标注零部件位置，如图 15-108所示。

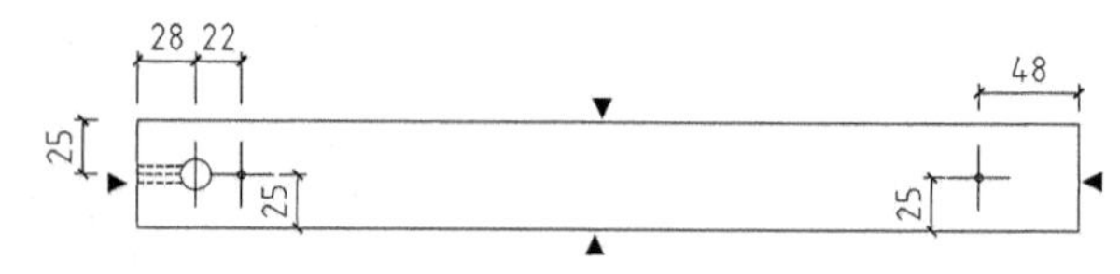

图 15-108 标注零部件位置

Step 04 调用REC【矩形】命令，绘制尺寸为50×15的矩形表示侧条的截面图形，接着执行C【圆】命令、L【直线】命令，在截面图形内绘制零部件，如图 15-109所示。

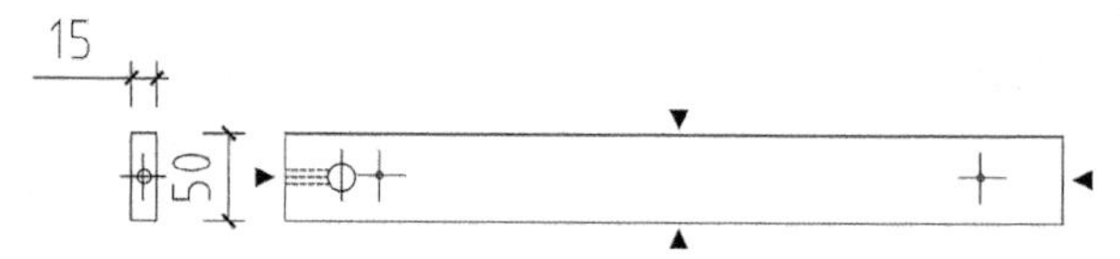

图 15-109 绘制截面图

Step 05 调用MLD【多重引线】命令，绘制引线标注如图 15-110所示。

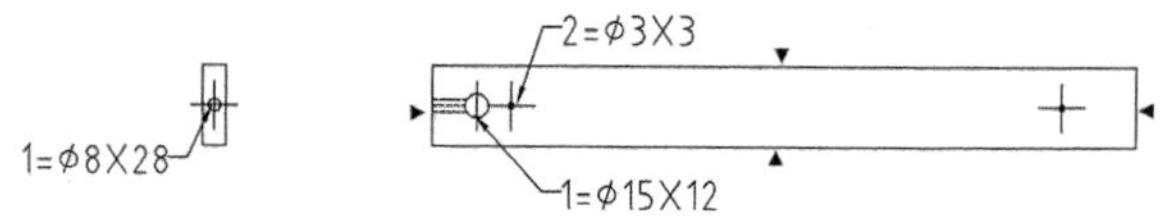

图 15-110 绘制引线标注

Step 06 接着执行DLI【线性标注】命令，绘制尺寸标注如图 15-111所示。

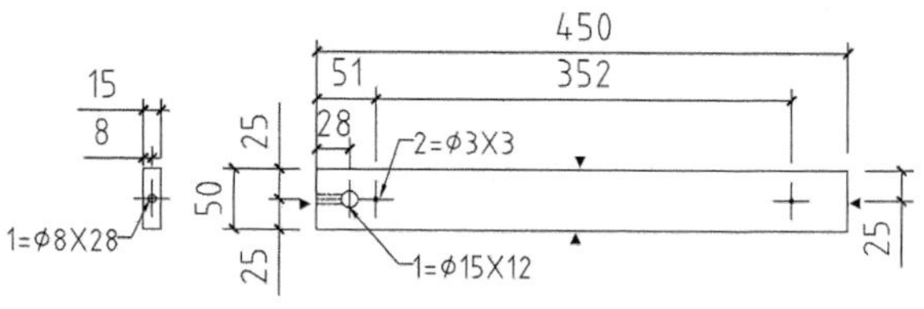

图 15-111 绘制尺寸标注

Step 07 调用MT【多行文字】命令、L【直线】命令，绘制标注文字及下划线，图名标注的绘制结果如图 15-112所示。

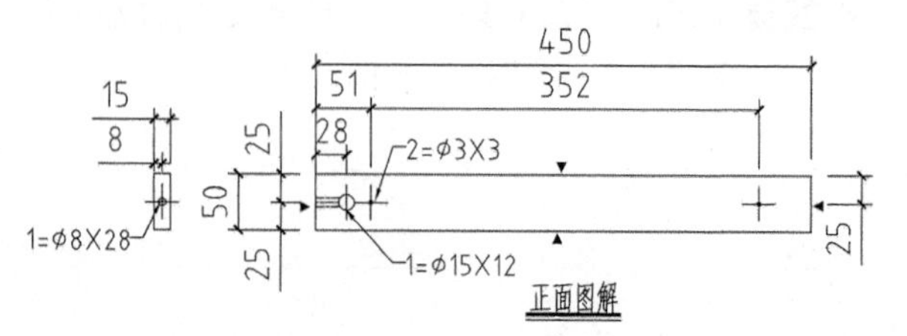

图 15-112 图名标注

Step 08 沿用上述介绍的绘制方法，绘制侧条的背面图，如图 15-113所示。

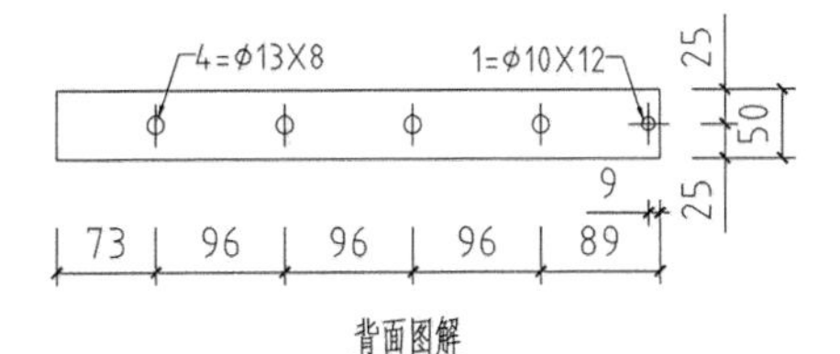

图 15-113 侧条背面图

裤架拉条加工图及裤架后条加工图的绘制结果分别如图 15-114、图 15-115 所示，绘制方法与本节所介绍的一致。

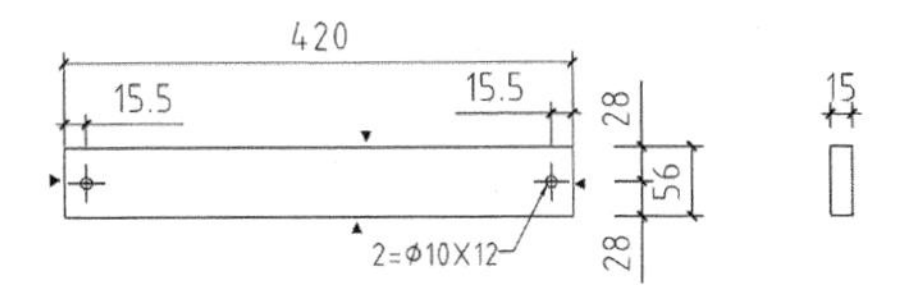

图 15-114 裤架拉条加工图

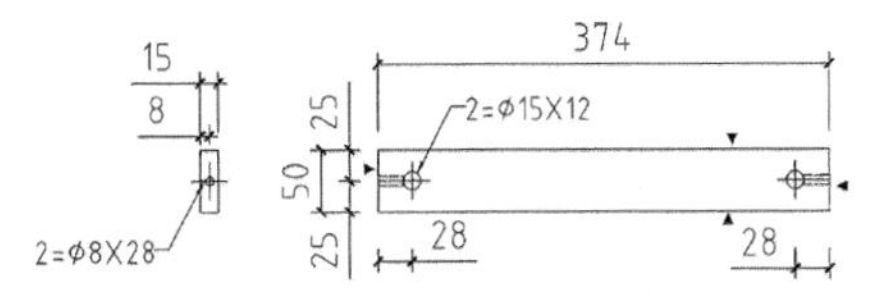

图 15-115 裤架后条加工图

15.5.10 绘制顶楣加工图

Step 01 绘制顶楣外轮廓线。调用REC【矩形】命令，绘制如图 15-116所示的矩形。

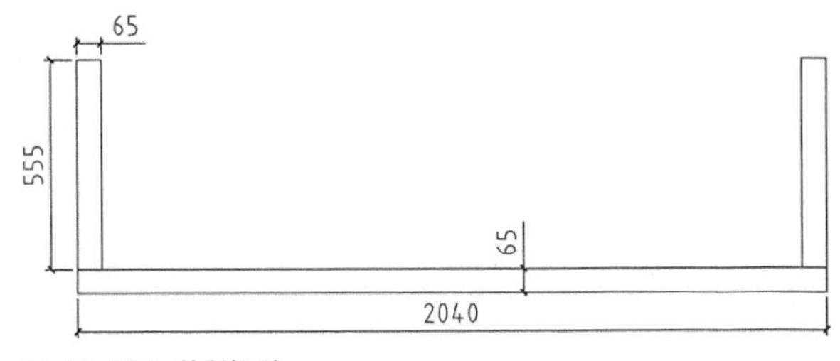

图 15-116 绘制矩形

Step 02 调用C【圆】命令、L【直线】命令，绘制零部件，如图 15-117所示。

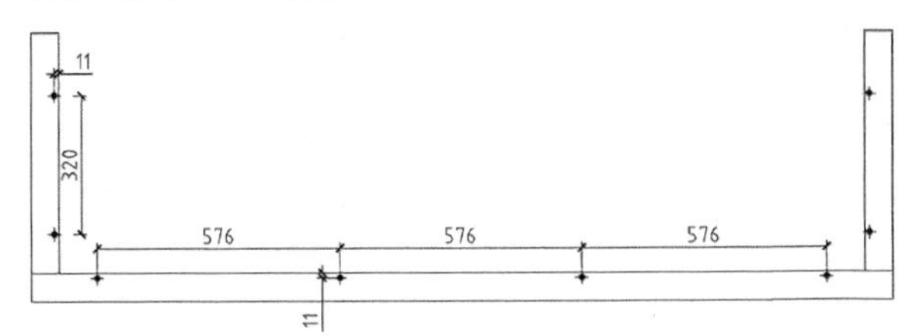

图 15-117 绘制零部件

Step 03 调用MLD【多重引线】命令，绘制引线标注如图 15-118所示。

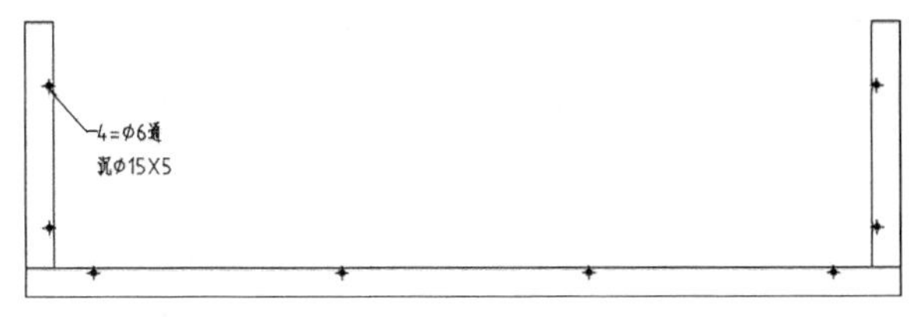

图 15-118 引线标注

Step 04 执行DLI【线性标注】命令，绘制尺寸标注如图 15-119所示。

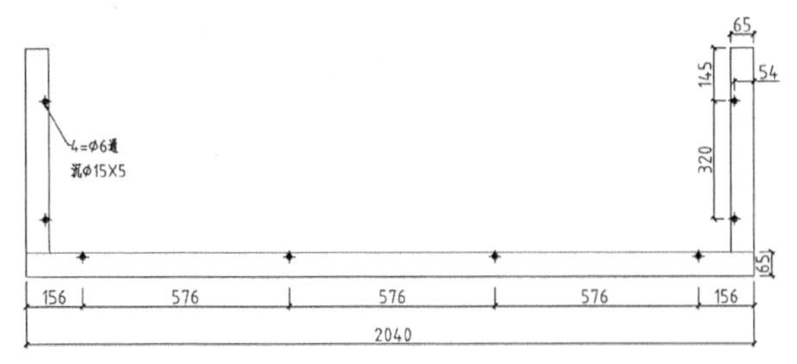

图 15-119 尺寸标注

Step 05 绘制外型大样图。执行REC【矩形】命令，绘制尺寸为175×325的矩形，执行L【直线】命令，绘制如图 15-120所示的斜线段。

Step 06 调用TR【修剪】命令，修剪矩形，如图 15-121所示。

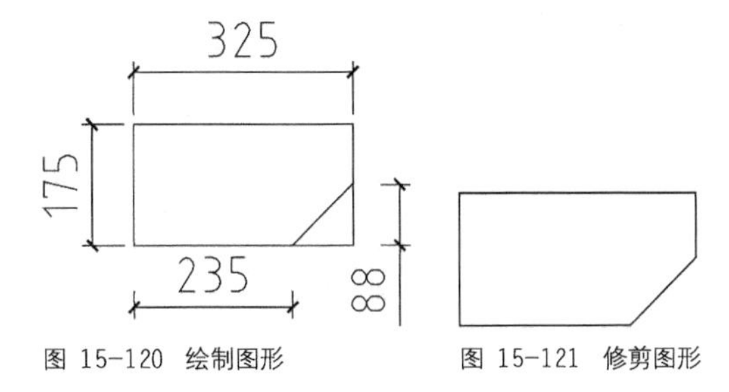

图 15-120 绘制图形　　图 15-121 修剪图形

Step 07 执行F【圆角】命令，设置圆角半径为15，对图形执行圆角操作，如图 15-122所示。

Step 08 调用H【图案填充】命令，在“图案”面板中选择名称为ANSI31的图案，设置“比例”为9，如图 15-123所示。

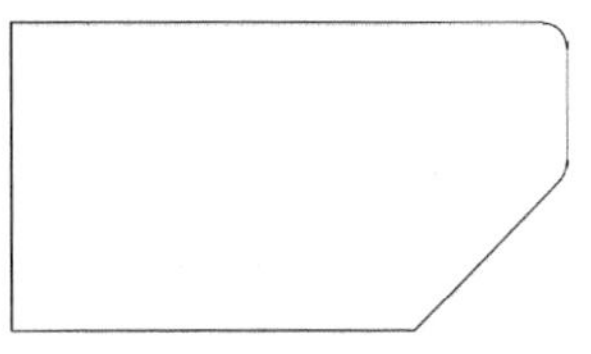

图 15-122 圆角操作

图 15-123 设置参数

Step 09 在图形内单击鼠标左键，按下回车键完成填充图案的操作，如图 15-124所示。

Step 10 执行DLI【线性标注】命令，为图形绘制尺寸标注，接着执行MT【多行文字】命令、L【直线】命令，绘制图名标注，如图 15-125所示。

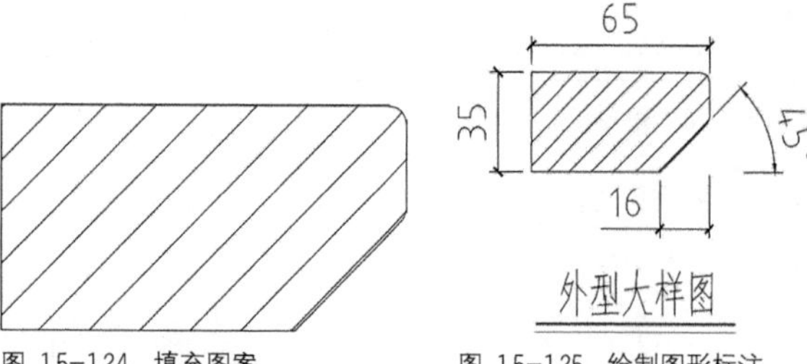

图 15-124 填充图案　　图 15-125 绘制图形标注

衣柜前顶楣加工图与衣柜侧顶楣加工图的绘制结果分别如图 15-126、图 15-127 所示，请参考本节介绍的方法自行绘制。

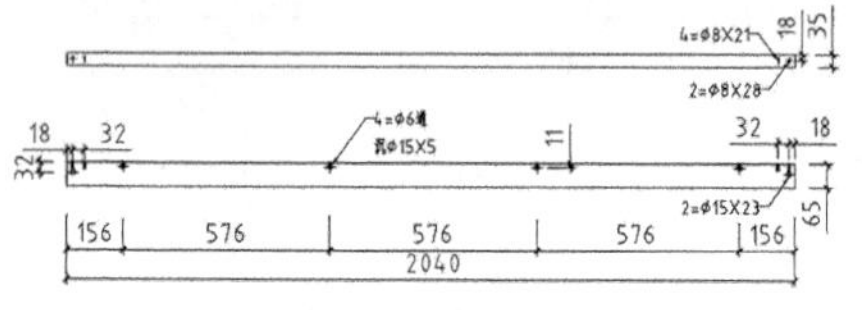

图 15-126 前顶楣加工图

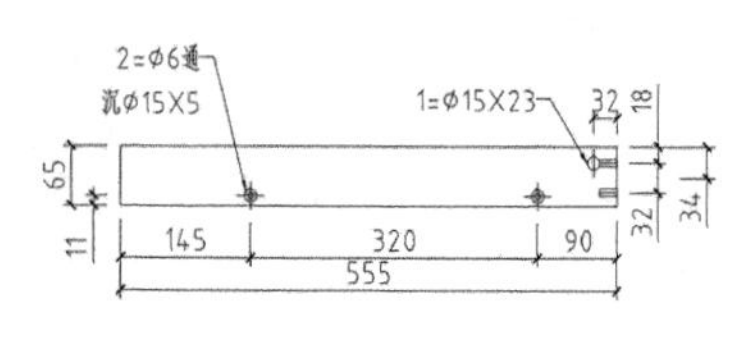

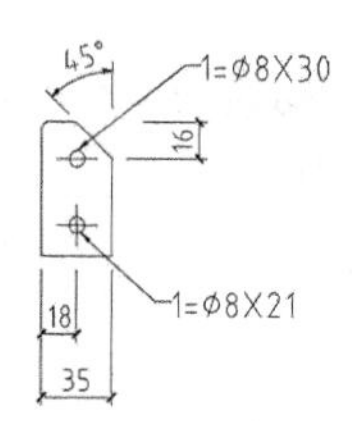

图 15-127 侧顶楣加工图

第 16 章 组合书台设计与制图

本章以组合书台为例，介绍组合书台的设计与制图，包括组合书台外形图、组合书台开料明细表以及组合书台加工图。

16.1 组合书台外形图

本章选用的组合书台由书台、副柜、活动柜、主机架组成，如图 16-1 所示。其中，书台的尺寸为 1500mm × 600mm × 750mm，副柜的尺寸为 1200mm × 450mm × 700mm，材料为刨花板。活动柜、主机架带滑轮，用户可以实时调整其位置。

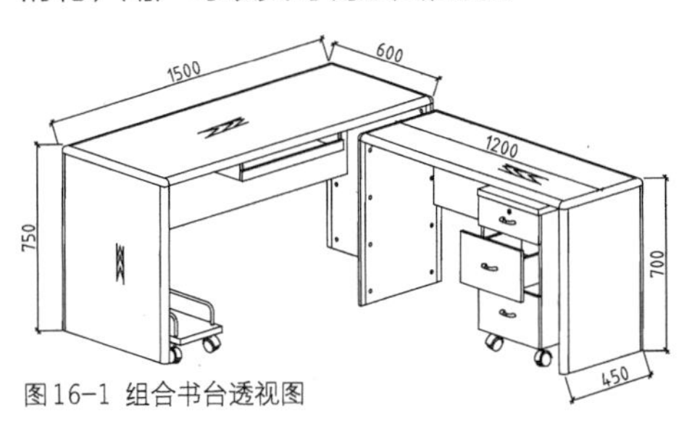

图 16-1 组合书台透视图

书台由面板、面板前后条、面板侧条、背板、外侧板等组成，副柜由面板、背板、侧板等组成，其零部件示意图如图 16-2 所示。

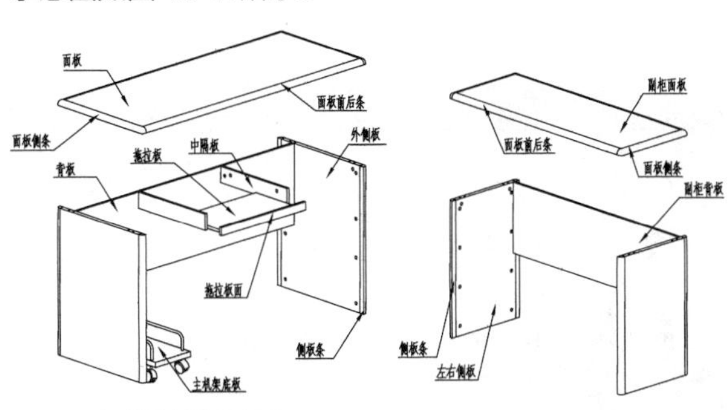

图 16-2 柜体零部件示意图

活动柜由柜体及抽屉组成，上抽屉的尺寸与下抽屉尺寸不同，与下抽屉相比，上抽屉高度较矮，用来储存小物件，下抽屉高度较高，可以放置较大的物品。

柜体及抽屉零部件的示意图如图 16-3 所示。

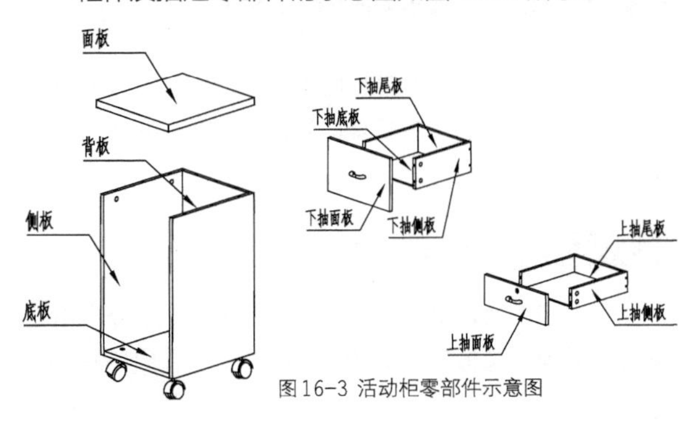

图 16-3 活动柜零部件示意图

16.2 组合书台开料明细表

组合书台的开料明细表见表 16-1，在表中详细列出了各零部件所对应的开料尺寸、数量、材料名称以及封边数量。

表16-1 组合书台开料明细表

产品名称	产品规格	
组合写字台	1500 × 1280 × 750	
序号	零部件名称	开料尺寸
1	书台外侧板	723 × 596 × 36
		734 × 608 × 9
		734 × 70 × 18
		468 × 70 × 18
		594 × 40 × 18
2	书台面板	1447 × 547 × 25
		1458 × 608 × 18
		1458 × 65 × 18
		1328 × 40 × 18
		478 × 65 × 18
		294 × 40 × 18
3	书台背板	1425 × 399 × 15
4	书台中隔板	458 × 79 × 15
5	书台拖拉板面	559 × 39 × 15
6	书台拖拉板	504 × 299 × 15
7	书台主机架底板	479 × 229 × 25
8	副柜左右侧板	673 × 397 × 25
9	副柜面板	1148 × 397 × 25
10	副柜背板	1147 × 349 × 15
11	活动柜侧板	549 × 379 × 15
12	活动柜底板	317 × 378 × 15
13	活动柜面板	349 × 399 × 25
14	活动柜背板	317 × 534 × 15
15	活动柜下抽面板	346 × 210 × 15
16	活动柜下抽侧板	299 × 119 × 15
17	活动柜下抽尾板	266 × 119 × 15
18	活动柜下抽底板	295 × 278 × 5
19	活动柜上抽面板	346 × 119 × 15
20	活动柜上抽侧板	299 × 79 × 15
21	活动柜下抽尾板	266 × 79 × 15
22	书柜侧板条	724 × 37 × 26
23	书台面板前后条	1448 × 37 × 26

（续表）

产品名称	产品规格	
组合写字台	1500×1280×750	
序号	零部件名称	开料尺寸
24	书台面板侧条	650×37×26
25	副柜侧板条	674×26×26
26	副柜面板前后条	1149×26×26
27	副柜面板侧条	450×26×26

产品颜色			单位	
金柚色			mm	
序号	数量	材料名称	封边	备注
1	2		4	
	4	单面金柚木板		压空心板
	4	光板		
	4	光板		
	6	光板		
2	1		4	
	1	金柚色刨花板		加厚板
	2	金柚色刨花板	封1长边	
	2	金柚色刨花板	封2长边	
	2	金柚色刨花板	封1长边	
	2	金柚色刨花板	封2长边	
3	1	金柚色刨花板	4	
4	2	金柚色刨花板	4	
5	1	金柚色刨花板	4	
6	1	金柚色刨花板	4	
7	1	金柚色刨花板	4	
8	2	金柚色刨花板	4	
9	1	金柚色刨花板	4	
10	1	金柚色刨花板	4	
11	2	金柚色刨花板	4	
12	1	金柚色刨花板	4	
13	1	金柚色刨花板	4	
14	1	金柚色刨花板	4	
15	2	金柚色刨花板	4	
16	4	金柚色刨花板	4	
17	2	金柚色刨花板	4	
18	3	金柚色		
19	1	金柚色刨花板	4	
20	2	金柚色刨花板	4	
21	1	金柚色刨花板	4	
22	4	实木[水冬瓜]		
23	2	实木[水冬瓜]		
24	2	实木[水冬瓜]		
25	4	实木[水冬瓜]		
26	2	实木[水冬瓜]		
27	2	实木[水冬瓜]		

16.3 组合书台五金配件表

组合书台五金配件表分别见表16-2、表16-3、表16-4，在表中分类列出了封袋配件、安装配件以及发包装配件所对应的材料名称、规格以及数量。

表16-2 书台五金配件表

分类名称	材料名称	规格	数量
封袋配件	三合一	ϕ15×11/ϕ7×28	20套
	木榫	ϕ8×30	12个
	自攻螺丝	ϕ4×14	24粒
	平头螺丝	ϕ6×35	8粒
	白脚钉		4粒
安装配件	三合一	ϕ15×11/ϕ7×28	30套
	木榫	ϕ8×30	18个
发包装配件	万向轮	2"	4个
	普通路轨	12" [300mm]	1副
	五金弯管	ϕ12 孔距288mm	2条

表16-3 副柜五金配件

分类名称	材料名称	规格	数量
封袋配件	三合一	ϕ15×11/ϕ7×28	11套
	木榫	ϕ8×30	10个
安装配件	三合一	ϕ15×11/ϕ7×28	30套
	木榫	ϕ8×30	18个

表16-4 活动柜五金配件

分类名称	材料名称	规格	数量
封袋配件	三合一	ϕ15×11/ϕ7×28	28套
	木榫	ϕ8×30	10个
	拉手螺丝	ϕ8×30	6粒
	自攻螺丝	ϕ4×14	44粒
	自攻螺丝	ϕ4×30	12粒
	抽屉锁		1个
	锁片		1个
发包装配件	两节路轨	300mm	3副
	万向轮	2"	4个
	拉手	孔距96mm[圆]	3个

16.4 绘制组合书台外形图

本节介绍组合书台外形图的绘制方法，分3小节，依次讲解组合书台、主机架以及副柜与活动柜的外形图的绘制步骤。

16.4.1 绘制书台外形图

书台由书台、键盘拖拉板、主机架组成，本节介绍书台及键盘拖拉板外形图的创建，主机架留到下一小节来介绍。依次创建面板、侧板、背板等模型来组成书台，需要对侧板及面板执行“圆角边”操作，以使其棱边呈圆滑状。

Step 01 在状态栏上单击【切换空间】按钮，在调出的列表中选择【三维建模】选项，如图 16-4所示，转换至【三维建模】工作空间。

Step 02 单击绘图区域左上角的【视图控件】按钮，在弹出的列表中选择【西南等轴测】选项，转换至【西南等轴测】视图。

Step 03 选择【实体】选项卡，在【图元】面板上单击【长方体】按钮，如图 16-5所示，开始创建长方体的操作。

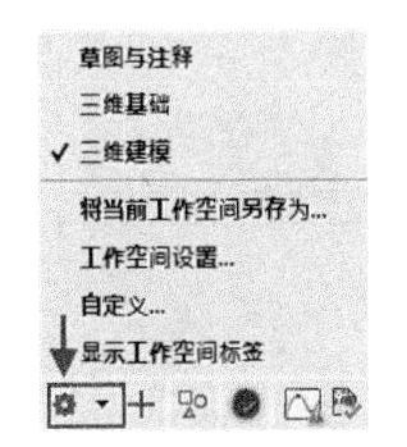

图 16-4 空间类型列表

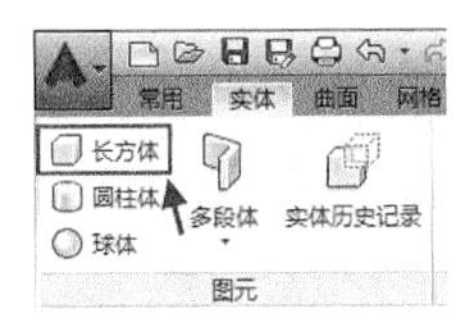

图 16-5【图元】面板

Step 04 绘制书台台面。启用【长方体】命令后，在绘图区中单击鼠标左键以指定长方体角点，其中命令行提示如下。

```
命令: _box
指定第一个角点或 [中心(C)]:
指定其他角点或 [立方体(C)/长度(L)]: L
指定长度 <10.0000>:430
指定宽度 <10.0000>:1100
指定高度或 [两点(2P)] <15.0000>:37
```

Step 05 指定长方体高度后按下回车键，完成长方体的创建，结果如图 16-6所示。

Step 06 在【实体编辑】面板中单击【圆角边】按钮，设置半径值为15，选择长方体的边，对其执行圆角操作，结果如图 16-7所示。

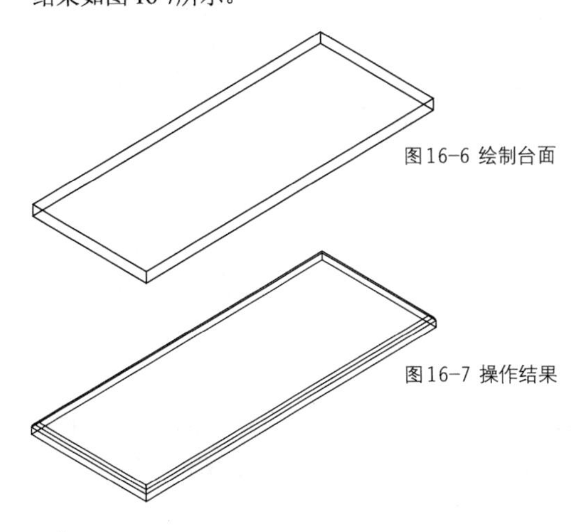

图16-6 绘制台面

图16-7 操作结果

Step 07 绘制侧板。启用【长方体】命令，设置尺寸参数为687×430×20，创建如图 16-8所示的长方体。

Step 08 启用【圆角边】命令，保持圆角半径为15不变，对侧板轮廓边执行圆角操作，如图 16-9所示。

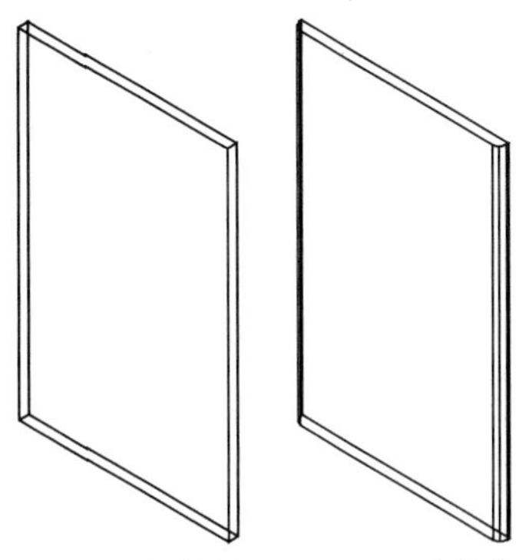

图16-8 绘制侧板　　图16-9 圆角操作

Step 09 执行CO【复制】命令，选择侧板图形对其执行复制操作，如图 16-10所示。转换至其他视图，如俯视图、左视图、前视图，在其中调整侧板与台面板的位置，如图 16-11所示为在前视图中的调整结果。

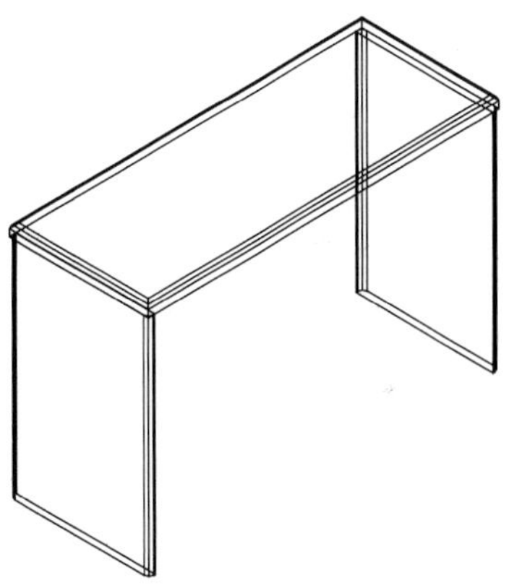

图16-10 调整侧板位置

图16-11 前视图

Step 10 绘制背板。启用【长方体】命令，设置尺寸参数为1060×379×11，绘制长方体如图 16-12所示。

Step 11 执行M【移动】命令，调整背板的位置，与其他板材的位置关系如图 16-13所示。

Step 12 转换至前视图，背板位置如图 16-14所示。

Step 13 绘制键盘拖拉板侧板。启用【长方体】命令，设置尺寸参数为408×76×11，绘制长方体的结果如图 16-15所示。

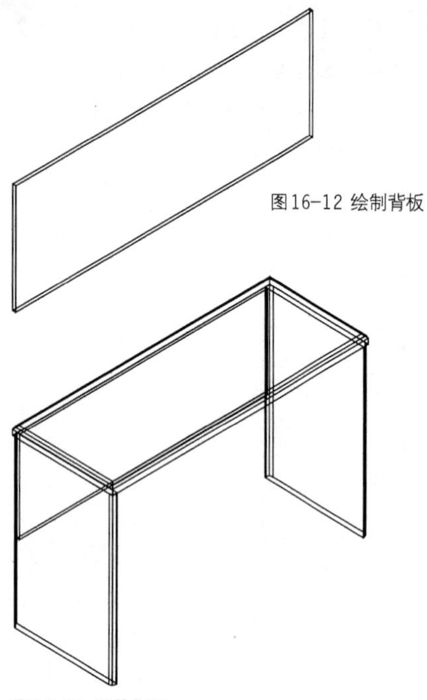

图16-12 绘制背板

图16-13 调整位置

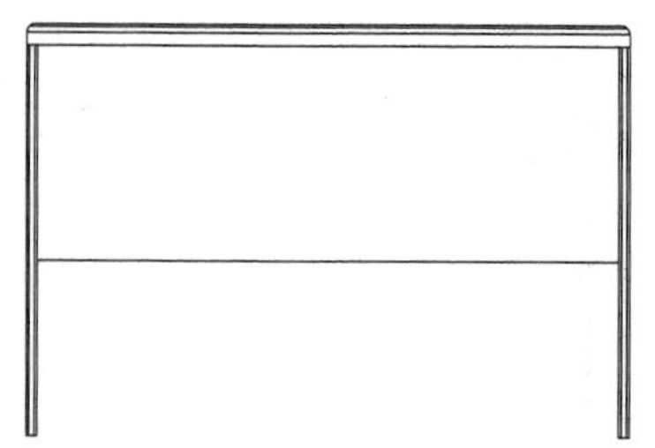

图 16-14 前视图

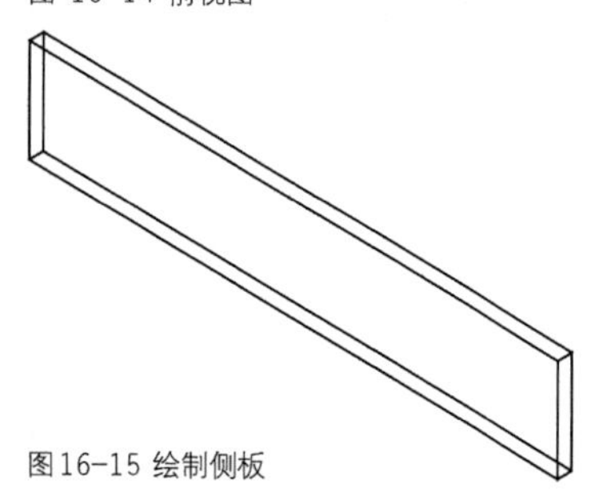

图16-15 绘制侧板

Step 14 绘制拖拉板底板。重复启用【长方体】命令，设置尺寸参数为400×180×11，绘制底板如图16-16所示。

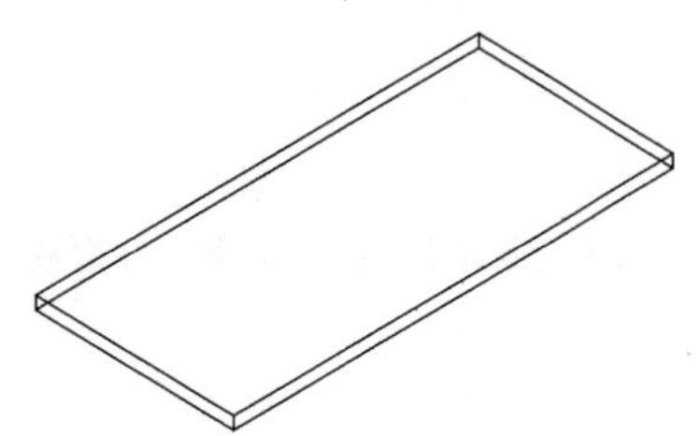

图16-16 绘制底板

Step 15 执行CO【复制】命令，复制侧板副本，接着执行M【移动】命令，调整侧板与底板的位置，结果如图16-17所示。

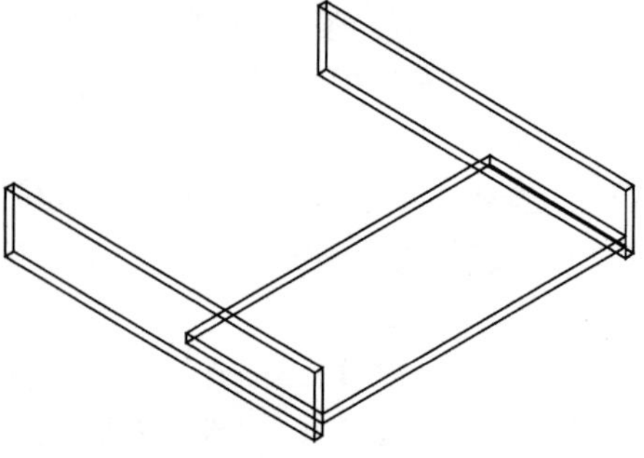

图16-17 调整底板位置

Step 16 转换至前视图，调整板材位置如图16-18所示。

Step 17 绘制拖拉板面板。启用【长方体】命令，绘制尺寸为422×38×11的矩形，如图16-19所示。

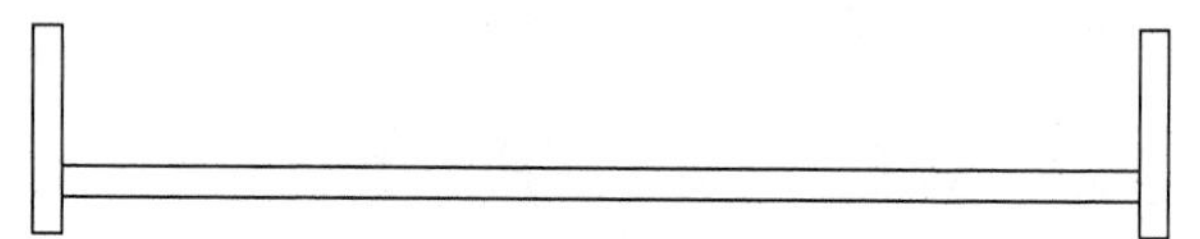

图 16-18 前视图

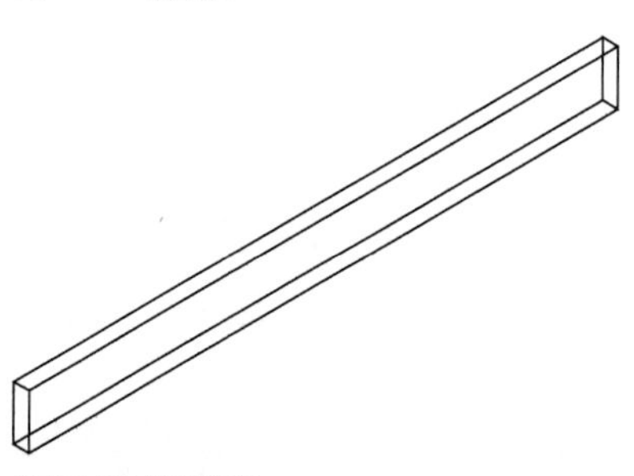

图 16-19 绘制面板

Step 18 执行M【移动】命令，调整面板与侧板、底板的位置，如图16-20所示。

Step 19 转换至前视图，板材位置的调整结果如图16-21所示。

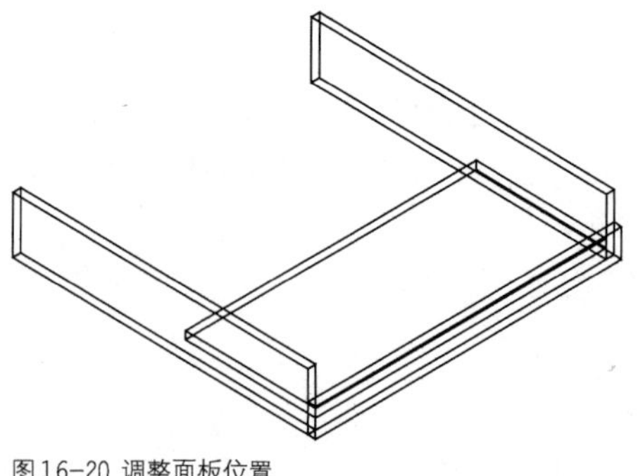

图16-20 调整面板位置

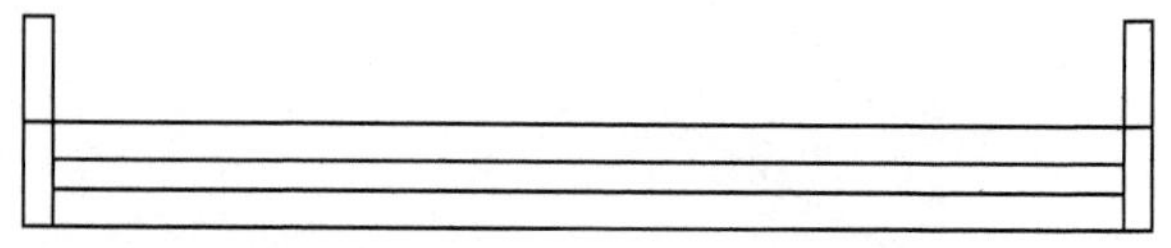

图 16-21 前视图

Step 20 调用M【移动】命令，选择键盘拖拉板，移动其至台面下方，调整结果如图16-22、图16-23所示。

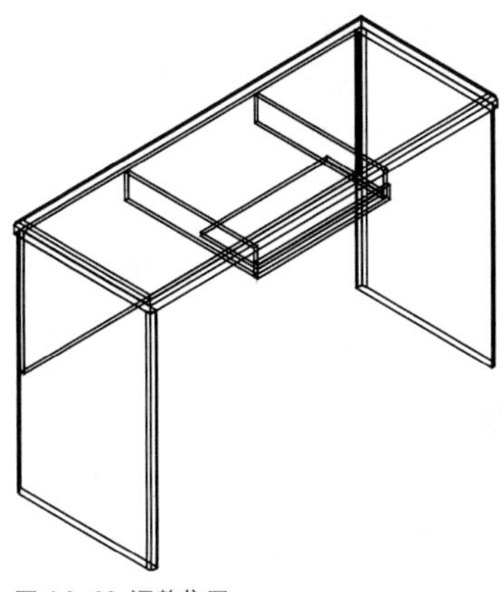

图 16-22 调整位置

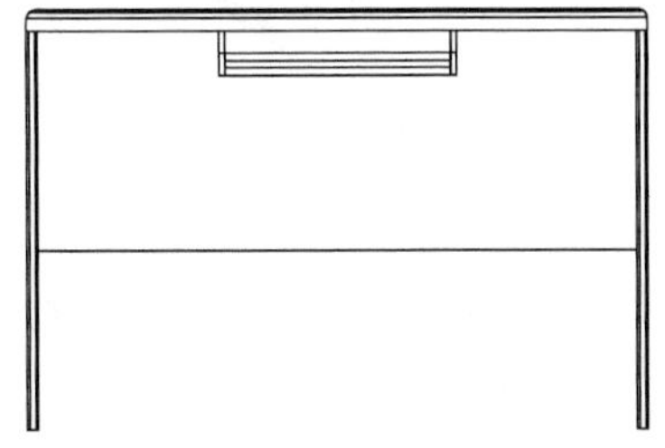

图 16-23 前视图

16.4.2 绘制主机架外形图

主机架由柜体与滑轮组成。其中柜体又由底板、侧板、尾板组成，在绘制外形图时需要分别创建其相对应的模型。滑轮外形图由圆环体、圆柱体等组成，在创建的过程中，需要用到“拉伸”工具，对图形轮廓线执行拉伸操作。

Step 01 绘制主机架底板。启用【长方体】命令，绘制尺寸为408×229×25的长方体，如图 16-24所示。

Step 02 绘制尾板。通过启用【长方体】命令，设置尺寸参数为207×60×11，绘制长方体如图 16-25所示。

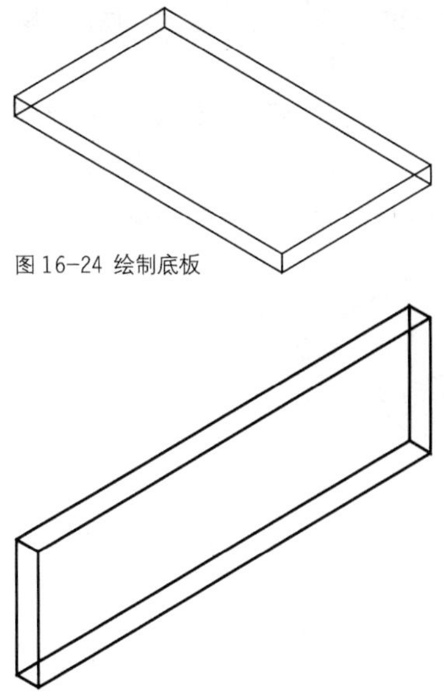

图 16-24 绘制底板

图 16-25 绘制尾板

Step 03 绘制侧板。启用【长方体】命令，绘制尺寸为380×60×11的矩形，如图 16-26所示。

Step 04 执行CO【复制】命令，复制侧板副本，接着执行M【移动】命令，调整底板、尾板、侧板的位置，结果如图 16-27所示。

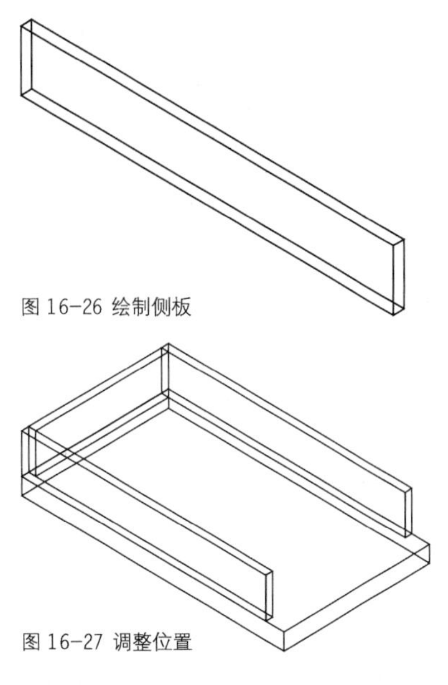

图 16-26 绘制侧板

图 16-27 调整位置

Step 05 转换至俯视图，板材位置关系如图 16-28所示。

Step 06 启用【圆角边】命令，设置圆角半径为30，对侧板执行圆角操作，结果如图 16-29所示。

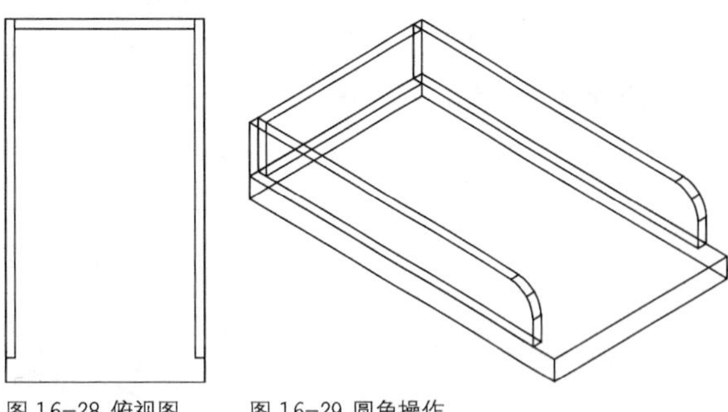

图 16-28 俯视图　　图 16-29 圆角操作

Step 07 绘制主机架滑轮。选择【常用】选项卡，在【建模】选项卡中选择【圆环】命令，命令行提示如下。

```
命令: _torus
指定中心点或 [三点(3P)/两点(2P)/切点、切点、半径(T)]:
指定半径或 [直径(D)] <10.0000>: 20
指定圆管半径或 [两点(2P)/直径(D)] <4.0000>: 5
```

Step 08 在绘图区域中创建圆环的结果如图 16-30所示。

Step 09 执行CO【复制】命令，复制一个圆环副本，如图 16-31所示。

Step 10 转换至俯视图，查看圆环复制后的排列位置，如图 16-32所示。

Step 11 转换至前视图，绘制长度为72的水平辅助线段，绘制高度为31的垂直辅助线段，如图 16-33所示。

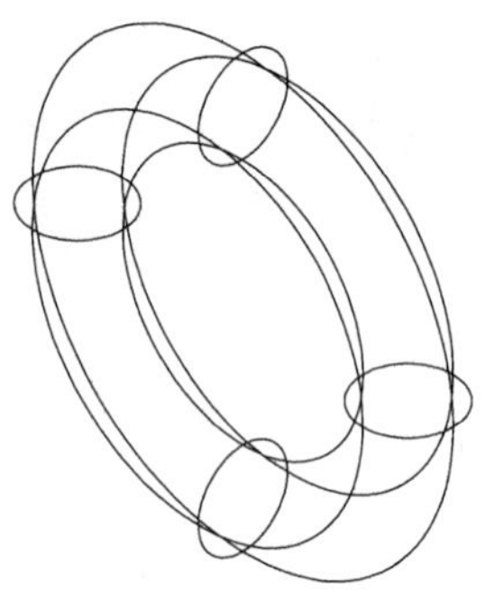

图 16-30 创建圆环

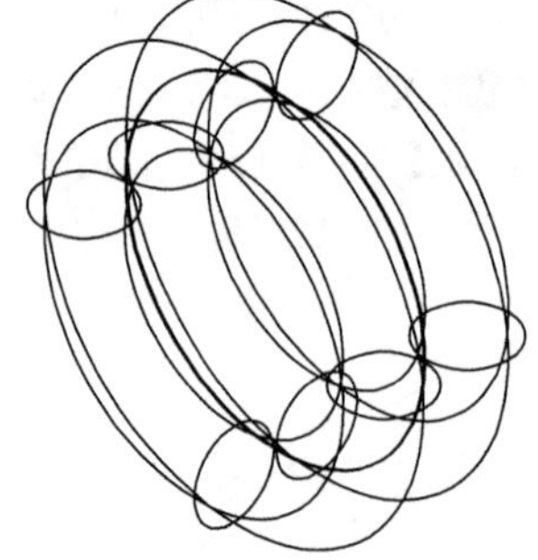

图 16-31 复制圆环

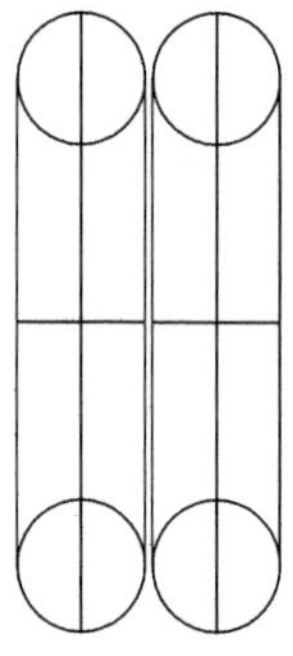

图 16-32 俯视图

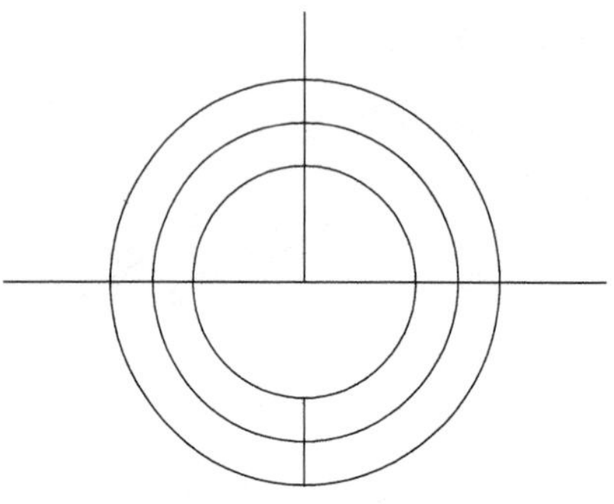

图 16-33 绘制辅助线

Step 12 执行A【圆弧】命令，以辅助线端点为基点，创建圆弧如图 16-34所示。

Step 13 执行O【偏移】命令，设置偏移距离为2，选择圆弧向上偏移，接着执行L【直线】命令，绘制闭合直线，结果如图 16-35所示。

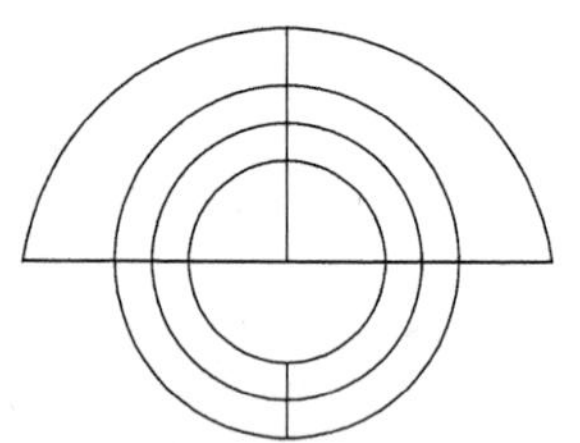

图 16-34 绘制圆弧

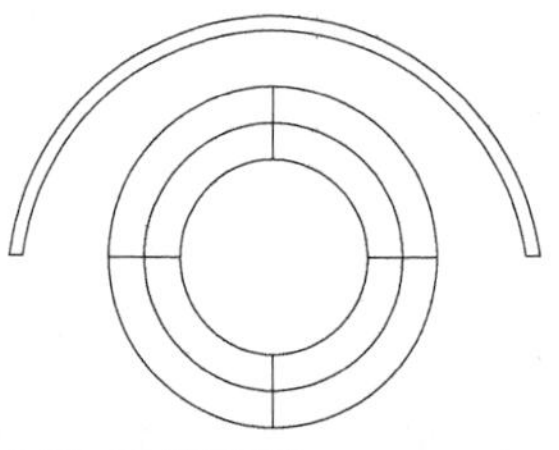

图 16-35 偏移圆弧

Step 14 转换至东北等轴测视图，如图 16-36所示。

Step 15 选择【常用】选项卡，单击【建模】面板上的【拉伸】命令按钮，选择弧线轮廓线，设置拉伸距离为20，拉伸结果如图 16-37所示。

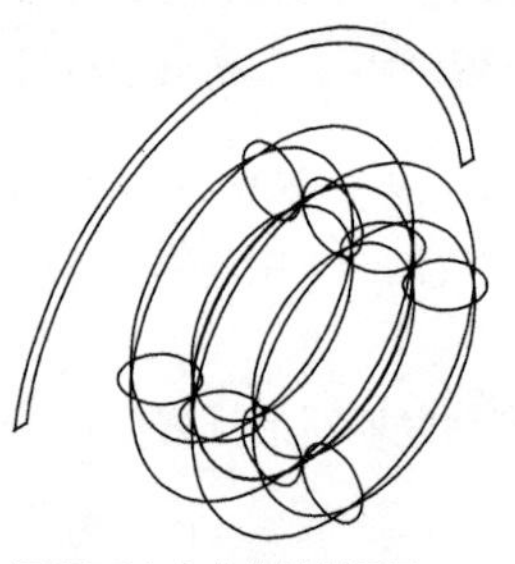

图 16-36 东北等轴测视图

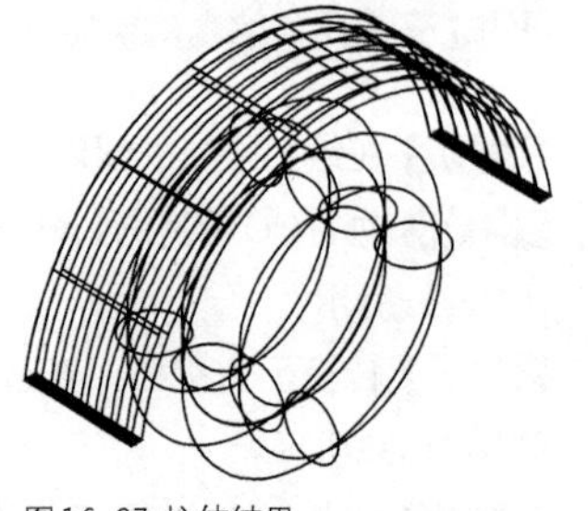

图 16-37 拉伸结果

Step 16 在【建模】面板中启用【圆柱体】命令，绘制半径为4，高度为15的圆柱体，分别转换至前视图与西南等轴测视图，调整圆柱体的位置，结果如图 16-38、图 16-39所示。

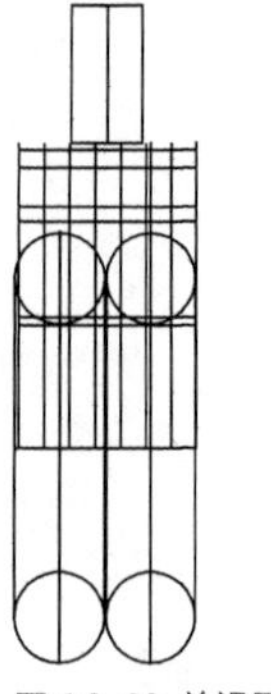

图 16-38 前视图

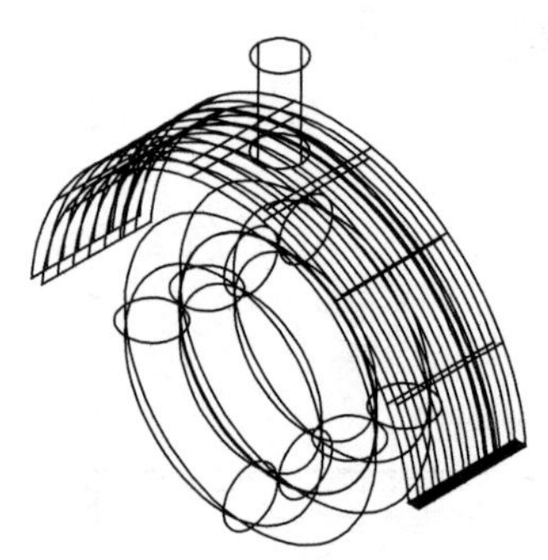

图 16-39 "西南等轴测"视图

Step 17 执行CO【复制】命令，选择绘制完成的滑轮图形，复制3个副本图形，并执行M【移动】命令，调整滑轮的位置，转换视图，观察滑轮与主机架的位置关系，结果如图 16-40、图 16-41所示。

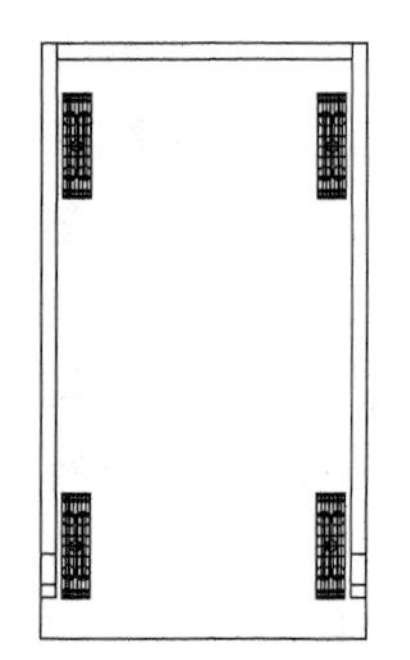

图 16-40 前视图

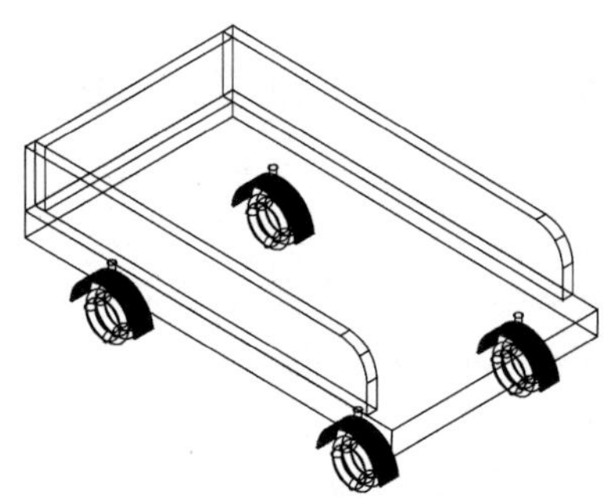

图 16-41 "西南等轴测"视图

书台、键盘托架与主机架的组合关系如图 16-42 所示，该图示为"二维线框"视觉样式的显示结果。通过该结果，可以了解各类家具的结构关系，如侧板、底板、尾板之间的结构关系。

转换视觉样式显示方式为"隐藏"，该视觉样式将部分轮廓线隐藏，仅显示主要的轮廓线，与肉眼观察的结果大概相一致，方便观察家具模型的创建结果，如图 16-43 所示。

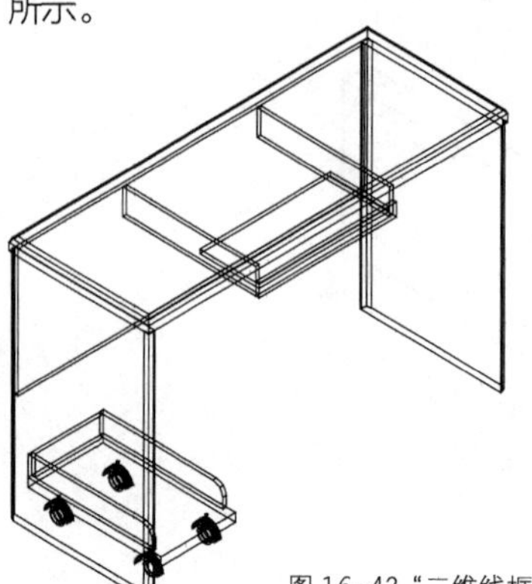

图 16-42 "二维线框"显示方式

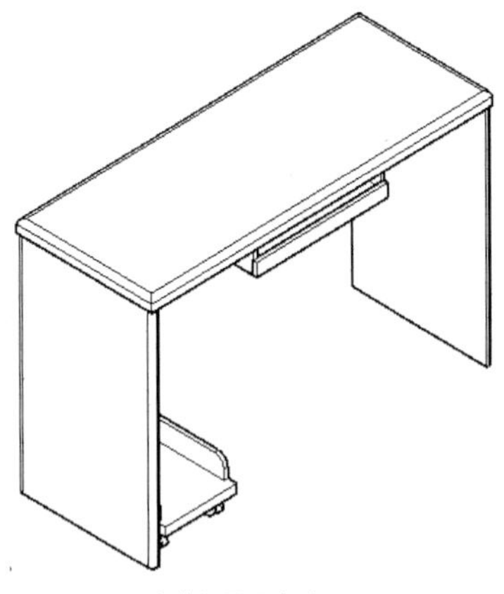

图 16-43 “隐藏” 显示方式

16.4.3 绘制副柜与活动柜外形图

副柜外形图的绘制方式与书台外形图的绘制方式相一致，本节对于副柜的绘制方式不展开介绍，仅介绍活动柜外形图的绘制步骤。副柜面板的尺寸为 900×400×37，副柜侧板的尺寸为 687×400×20，背板的尺寸为 860×333×11。面板与侧板的圆角半径均为 15。请参考以上所提供的参数，自行绘制副柜外形图。如图 16-44、图 16-45 所示为副柜外形图的绘制结果。

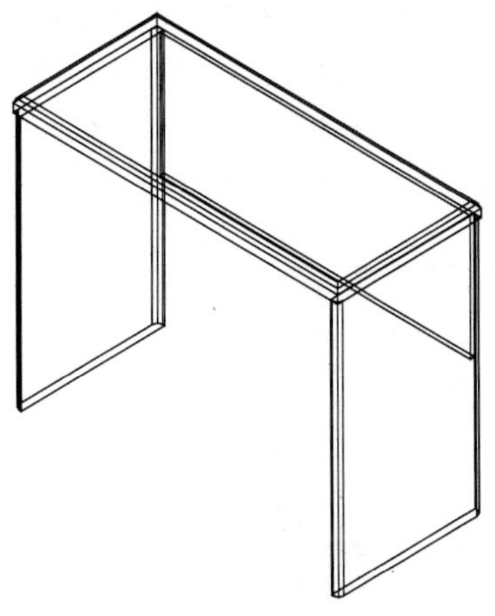

图 16-44 “二维线框” 显示方式

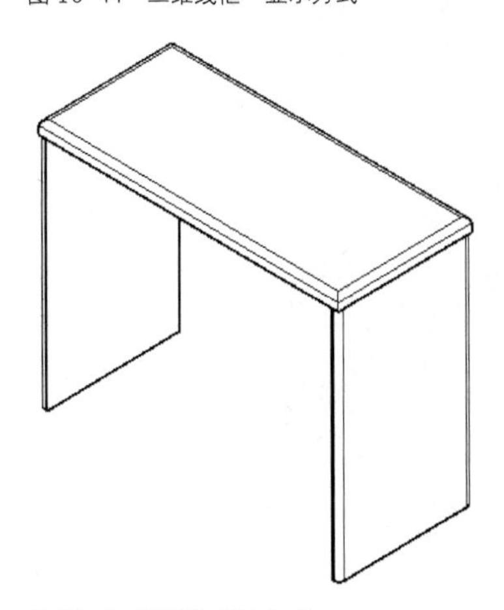

图 16-45 “隐藏” 显示方式

Step 01 绘制活动柜底板。启用【长方体】命令，绘制尺寸为231×286×11的长方体，如图 16-46所示。

Step 02 绘制侧板。按下回车键，重新启用【长方体】命令，设置尺寸参数为522×286×11，绘制长方体表示侧板，接着执行CO【复制】命令，复制侧板副本图形，调用M【移动】命令，调整侧板与底板的位置，如图 16-47所示。

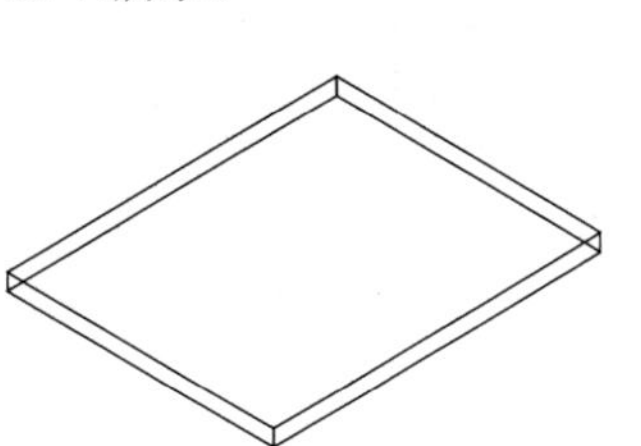

图 16-46 绘制底板

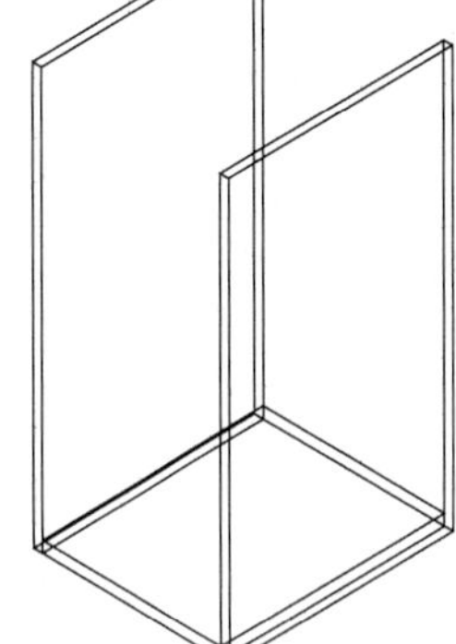

图 16-47 绘制侧板

Step 03 绘制背板。绘制尺寸为522×231×11的长方体作为活动柜的背板，如图 16-48所示，转换至俯视图，调整背板的位置，如图 16-49所示。

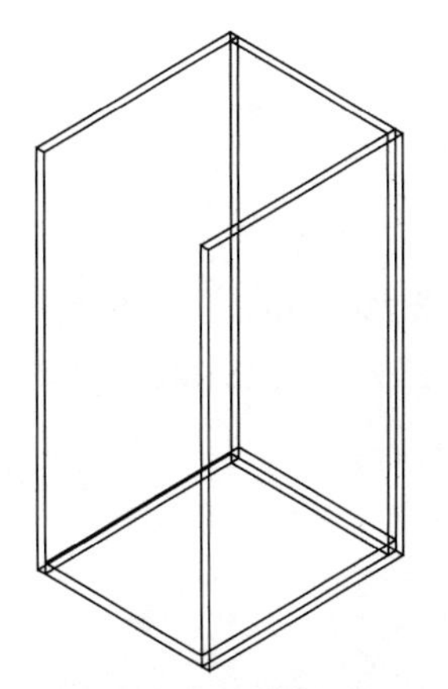

图 16-48 “西南等轴测” 视图

图 16-49 俯视图

Step 04 绘制面板。绘制尺寸为297×253×25的长方体作为面板，如图 16-50所示，转换至前视图，查看面板的位置，如图 16-51所示。

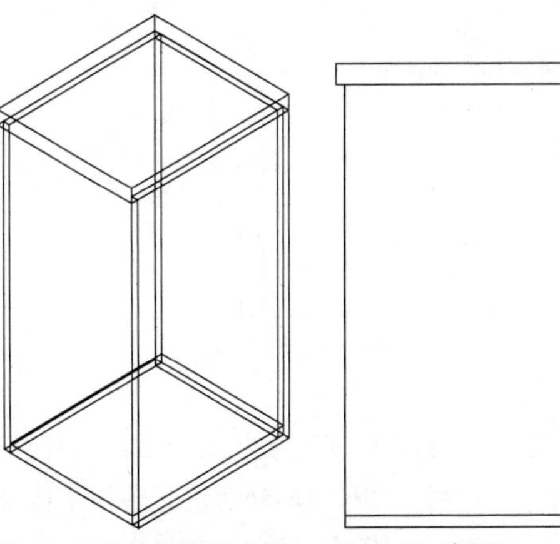

图 16-50 “西南等轴测” 视图　图 16-51 前视图

Step 05 绘制抽屉。绘制尺寸为226×114×11的长方体作为抽屉侧板，绘制尺寸为195×100×11的长方体作为抽屉的背板，如图 16-52所示，转换至俯视图，调整侧板与背板的位置，如图 16-53所示。

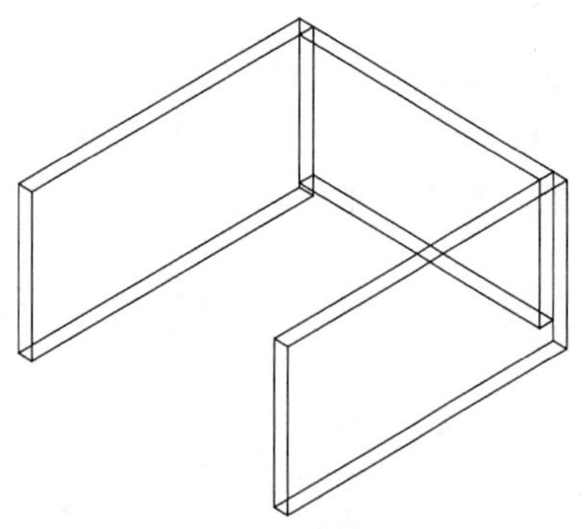
图 16-52 "西南等轴测" 视图

图 16-53 俯视图

Step 06 绘制底板。绘制尺寸为230×205×5的长方体作为抽屉底板，如图 16-54所示，转换至前视图，调整底板的位置，如图 16-55所示。

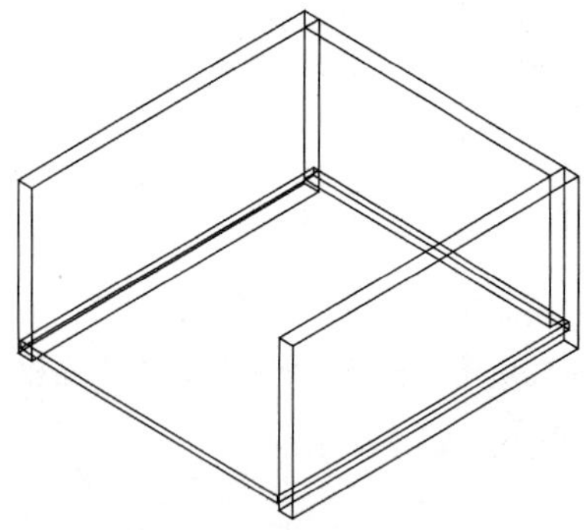
图 16-54 "西南等轴测" 视图

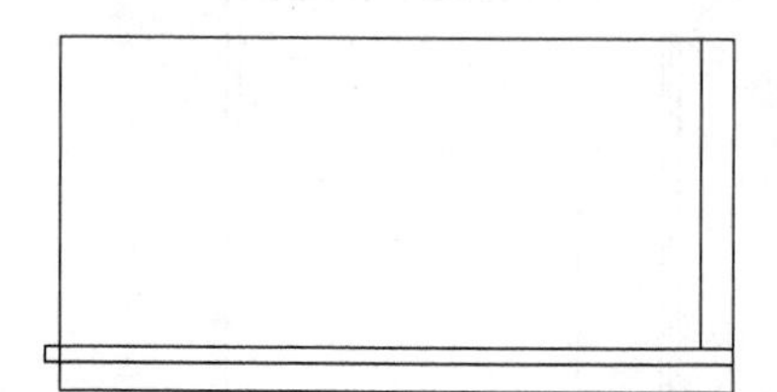
图 16-55 前视图

Step 07 绘制抽屉面板。绘制尺寸为253×200×11的长方体作为抽屉的面板，如图 16-56所示。转换至前视图，观察面板的位置，如图 16-57所示。

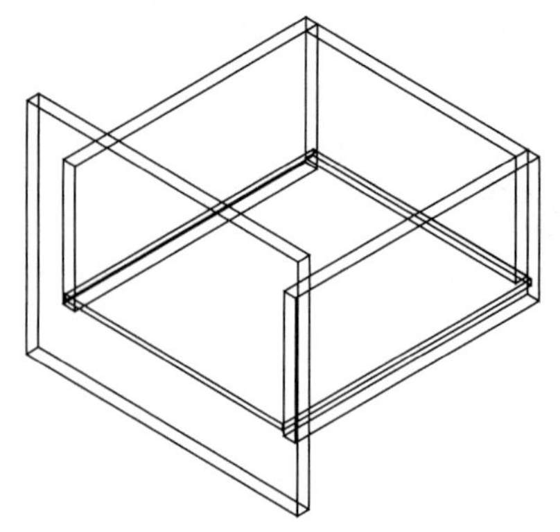
图 16-56 "西南等轴测" 视图

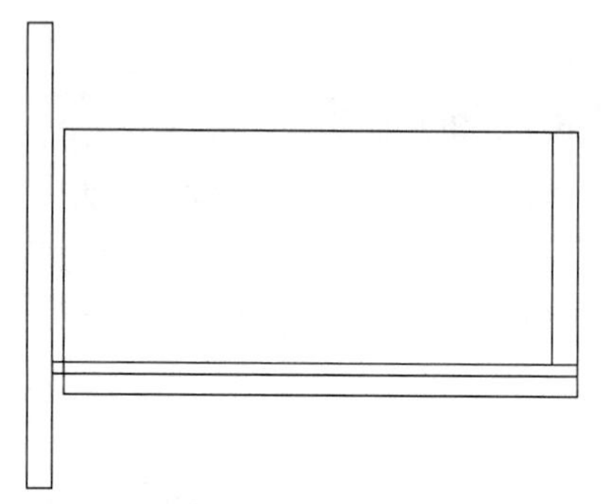
图 16-57 前视图

Step 08 绘制抽屉拉手。切换至俯视图，执行A【圆弧】命令，绘制如图 16-58所示的圆弧。接着转换其他视图，执行M【移动】命令，调整圆弧的位置，在"西南等轴测"视图中圆弧拉手的位置如图 16-59所示。

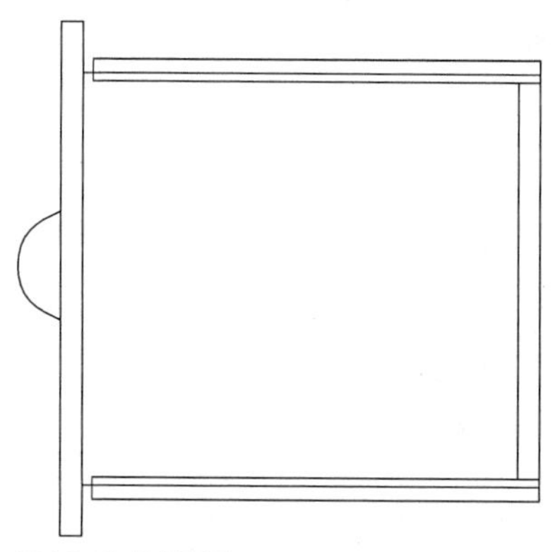
图 16-58 绘制圆弧

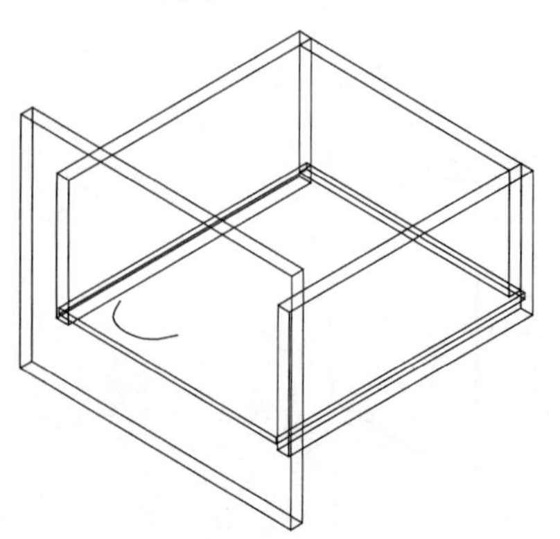
图 16-59 "西南等轴测" 视图

Step 09 调用C【圆】命令，设置半径值为3，以圆弧端点为圆心，绘制圆形如图 16-60所示。

Step 10 在【实体】面板中单击【扫掠】命令按钮，单击圆形，按下回车键，单击圆弧，操作结果如图16-61所示。

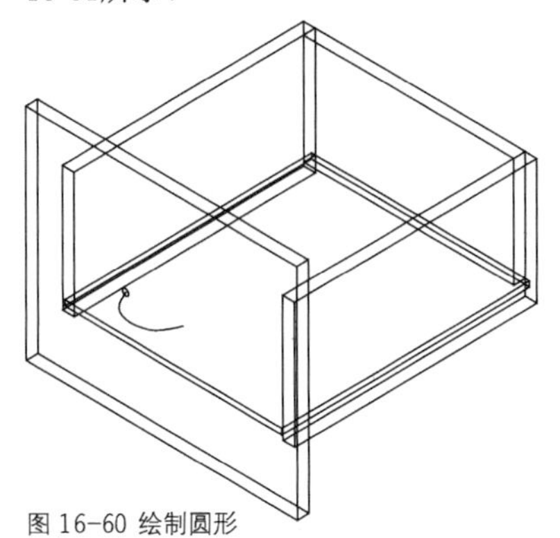

图 16-60 绘制圆形

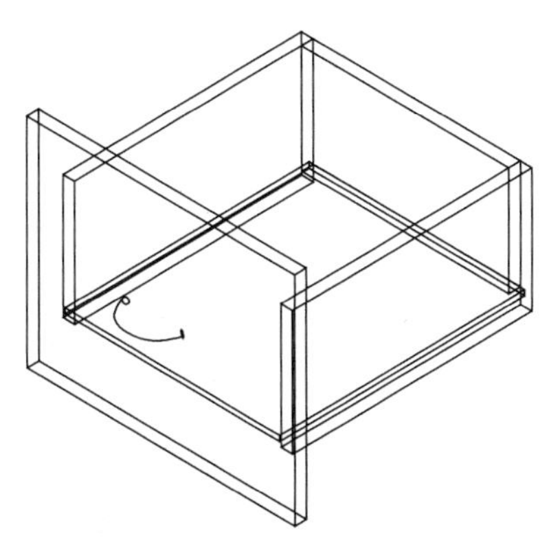

图 16-61 "扫掠"结果

Step 11 转换视觉显示样式为"隐藏"，观察拉手的三维样式，如图 16-62所示。

沿用前面所介绍的绘制方法，绘制活动柜上抽屉，其规格与下抽不同。面板尺寸为 253×122×11、侧板尺寸为 226×76×11、底板尺寸为 205×230×5、尾板尺寸为 195×76×11。拉手可以执行 CO【复制】命令，选择下抽面板上的拉手，将其拉手副本图形移动至上抽面板中。如图 16-63 所示为在"隐藏"视觉样式下，下抽抽屉的创建结果。

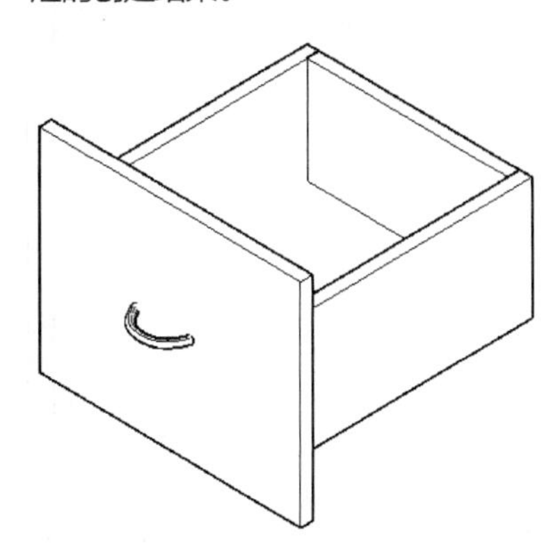

图 16-62 "隐藏"显示方式

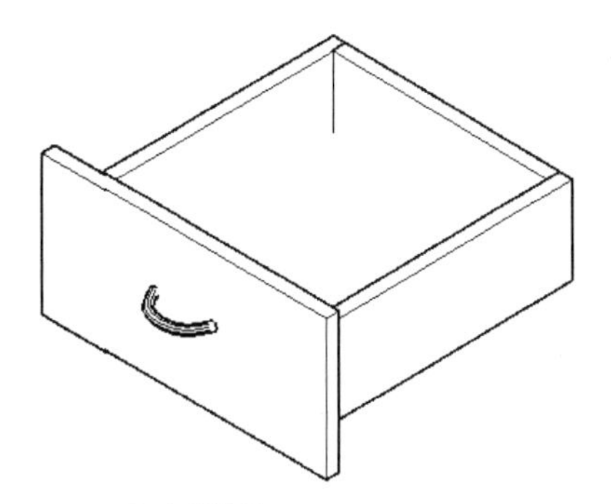

图 16-63 上抽抽屉

Step 12 执行CO【复制】命令，在主机架外形图中选择滑轮，将其移动复制到活动柜中，并调用M【移动】命令，调整滑轮的位置。如图 16-64所示为在各视图中，活动柜中滑轮的显示效果。

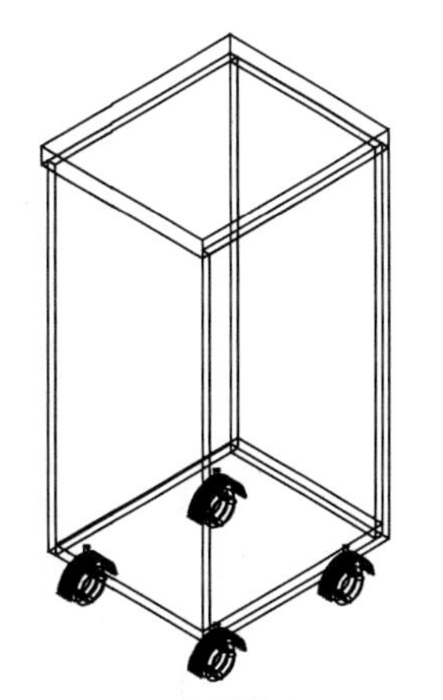

"西南等轴测"视图

前视图

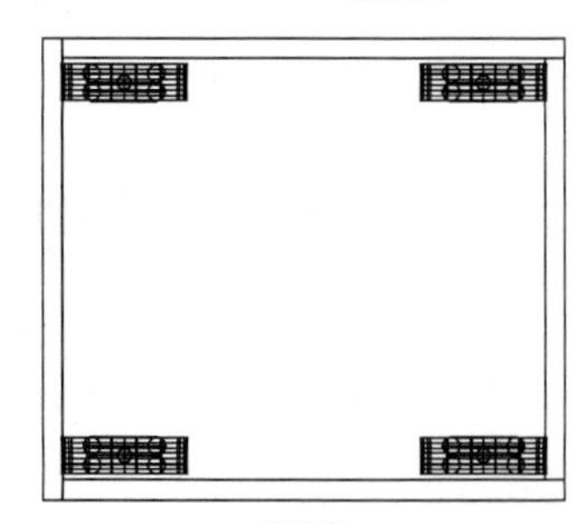

俯视图

图 16-64 调整滑轮位置

Step 13 调用CO【复制】命令，选择下抽抽屉，复制其图形副本。接着执行M【移动】命令，选择上抽抽屉、下抽抽屉，将其移动至活动柜内。转换至各视图，分别调整抽屉在柜内的位置。如图 16-65所示为各视图中，活动柜中抽屉的显示效果。

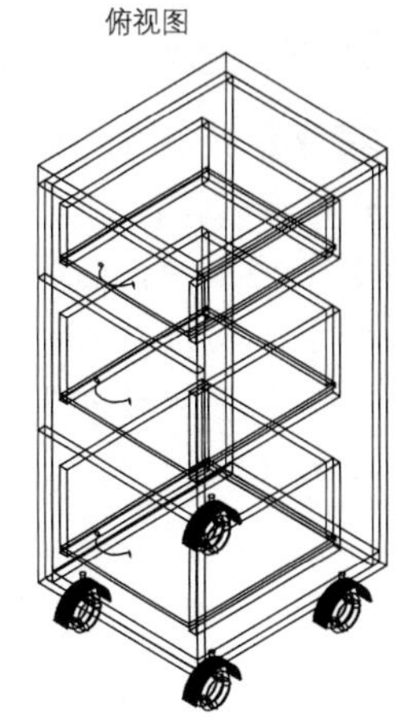

"西南等轴测"视图

图 16-65 调整抽屉位置

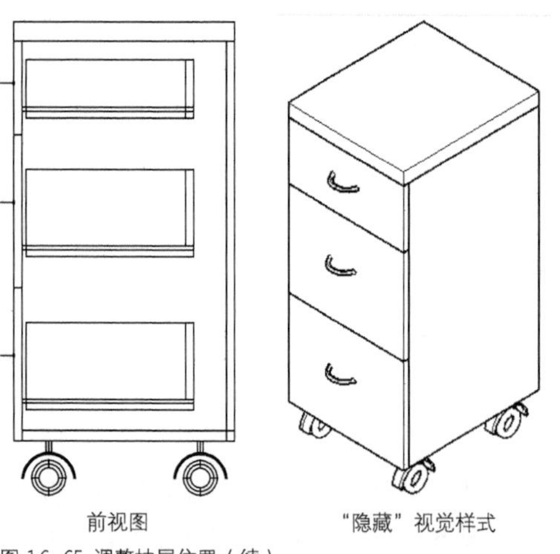

图 16-65 调整抽屉位置（续）

执行 M【移动】命令，将活动柜移动至副柜台面下。接着转换视图及视觉显示样式，查看组合书台外形图的创建结果，如图 16-66 所示。

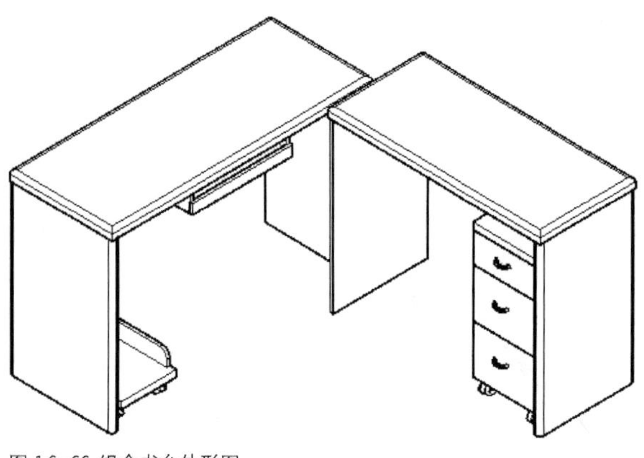
图 16-66 组合书台外形图

16.5 组合书台加工图

组合书台由书台、副柜、活动柜、主机架组成，为表达这些组成部分的制作情况，需要绘制各种类型的加工图，本节介绍这些加工图的绘制方法。

16.5.1 绘制右侧板加工图

Step 01 绘制右侧板外轮廓。执行REC【矩形】命令，设置尺寸参数为598×724，绘制矩形如图16-67所示。

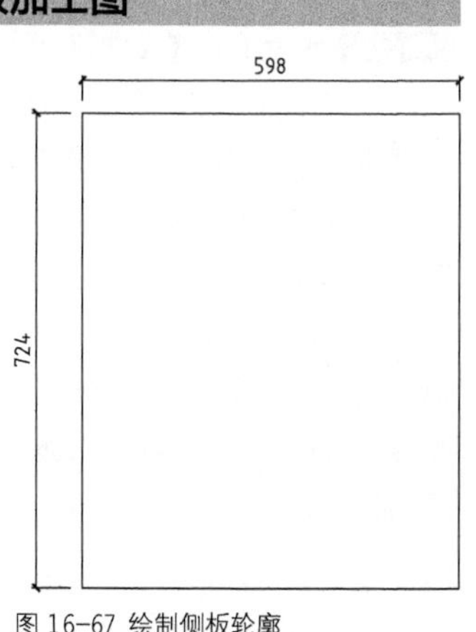

图 16-67 绘制侧板轮廓

Step 02 调用L【直线】命令，绘制边长为20的等腰三角形，接着执行H【图案填充】命令，选择SOLID填充图案，对三角形执行填充操作，标注侧板封边位置的结果如图16-68所示。

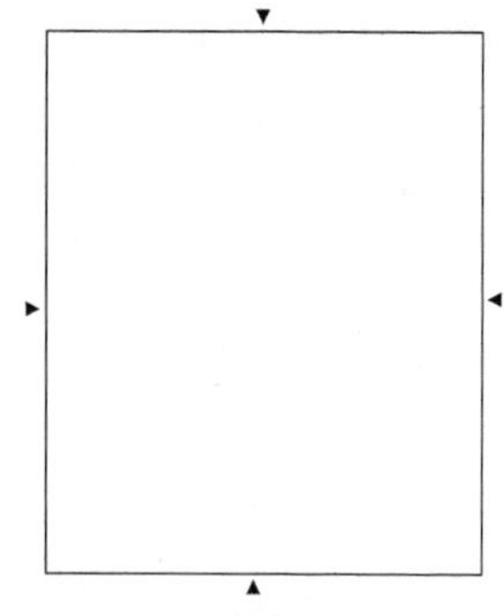
图 16-68 绘制封边符号

Step 03 调用REC【矩形】命令，分别绘制矩形，以表示侧板的其他视图，如图 16-69所示。

Step 04 调用C【圆】命令、L【直线】命令，在矩形内绘制零部件符号，如图 16-70所示，详细尺寸请见图16-72。

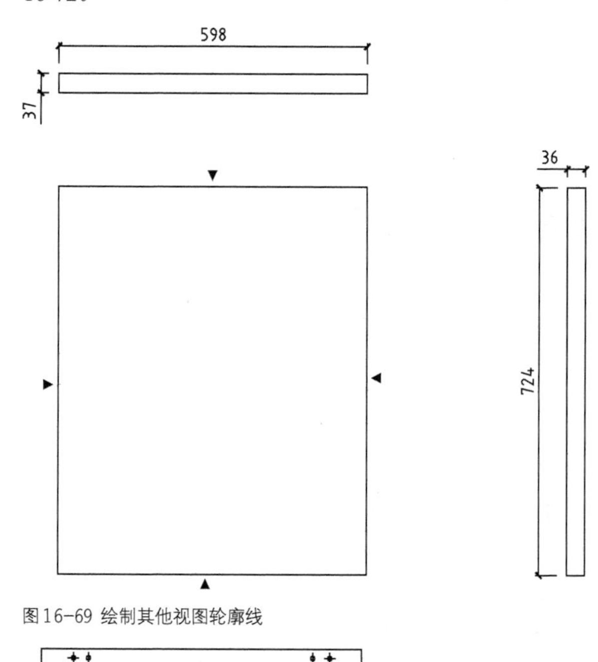

图 16-69 绘制其他视图轮廓线

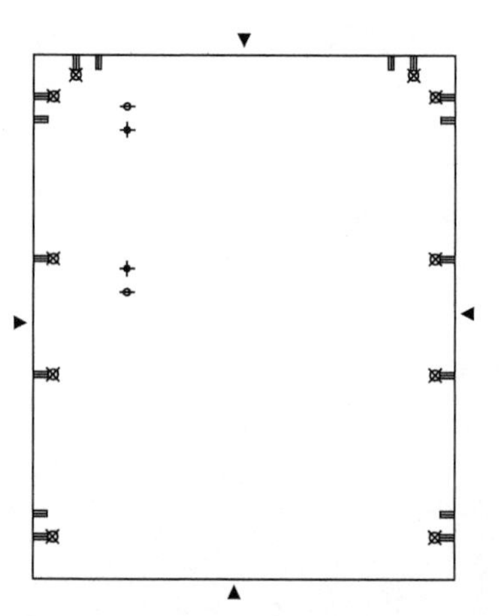
图 16-70 绘制零部件

Step 05 调用MLD【多重引线】命令，为加工图绘制引线标注文字，如图 16-71所示。

Step 06 执行DLI【线性标注】命令，标注零部件位置的结果，如图 16-72所示。

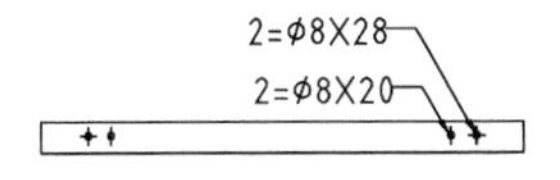

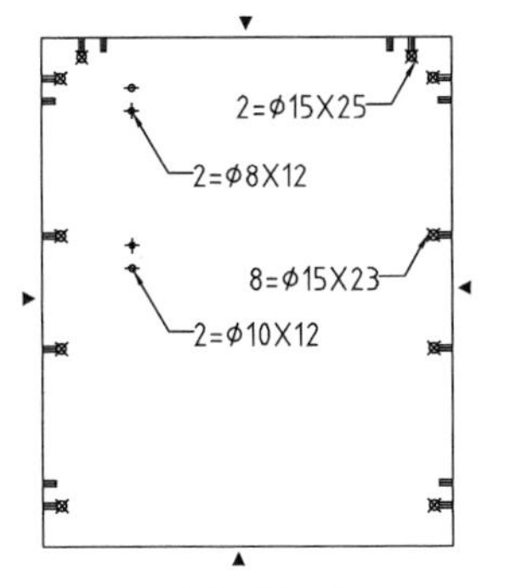

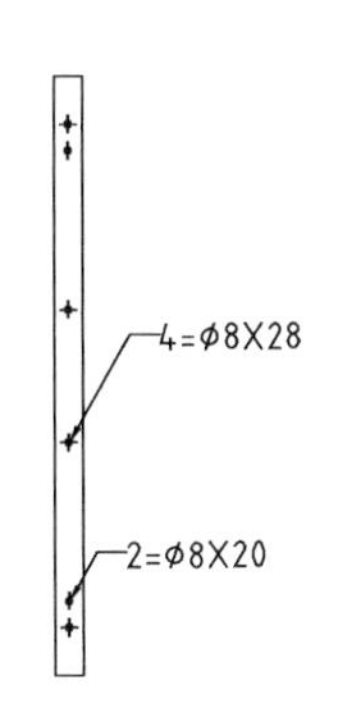

图 16-71 绘制引线标注

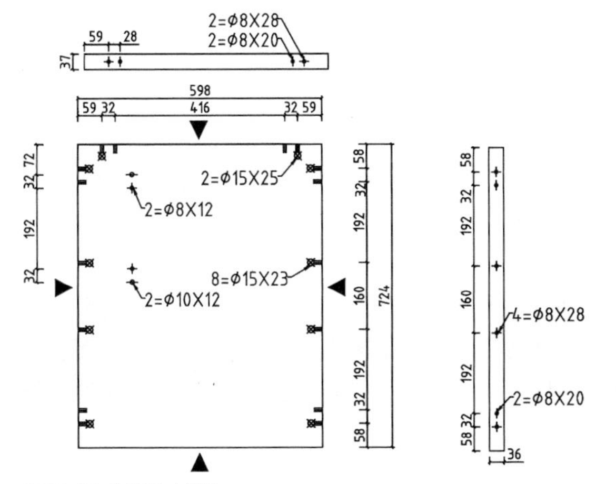

图16-72 绘制尺寸标注

Step 07 执行MT【多行文字】命令，绘制技术要求文字，如图 16-73所示。

技术要求：使用两张9mm板压空心板。

图 16-73 绘制技术要求文字

侧板骨料加工图及侧板条加工图的绘制结果如图 16-74、图 16-75 所示，请参考本节所介绍的方法自行绘制。

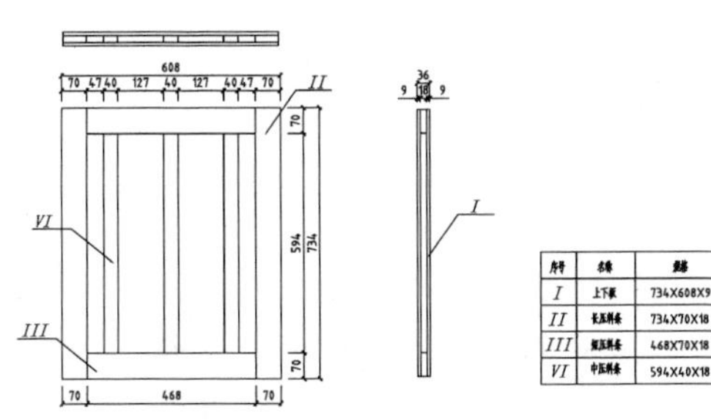

序号	名称	规格	材料	数量
I	上下板	734X608X9	[illegible]	4
II	长压料条	734X70X18	[illegible]	4
III	短压料条	468X70X18	[illegible]	4
VI	中压料条	594X40X18	[illegible]	6

图16-74 侧板骨料加工图

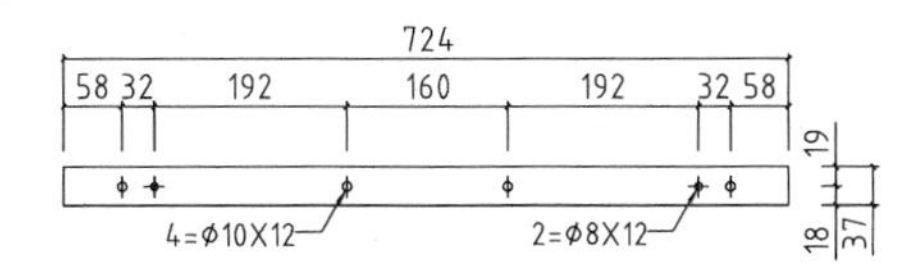

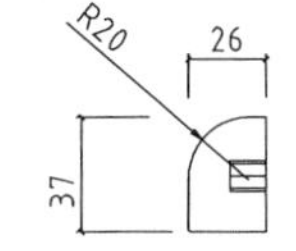

图 16-75 侧板条加工图

16.5.2 绘制面板加工图

Step 01 绘制面板三视图轮廓线。执行REC【矩形】命令，分别设置尺寸参数，绘制如图 16-76所示的矩形。

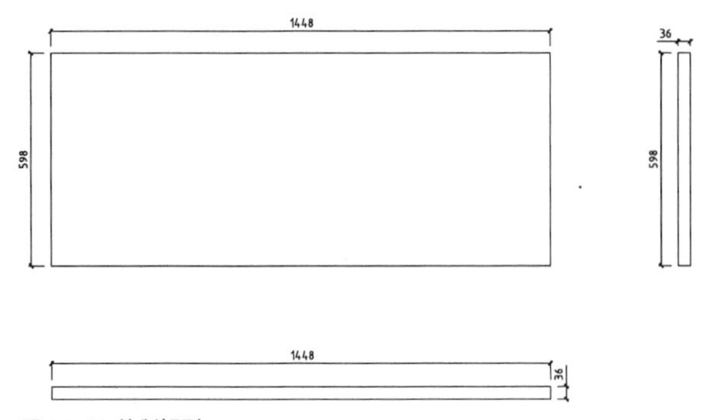

图 16-76 绘制矩形

Step 02 调用X【分解】命令分解矩形，执行O【偏移】命令，选择矩形边向内偏移，如图 16-77所示。

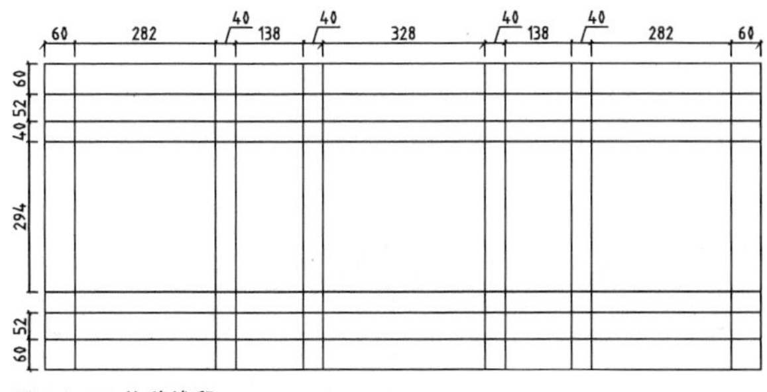

图 16-77 偏移线段

Step 03 调用TR【修剪】命令，修剪矩形边。分别执行L【直线】命令、H【图案填充】命令，绘制等腰三角形并填充SOLID图案，绘制封边符号的结果如图 16-78所示。

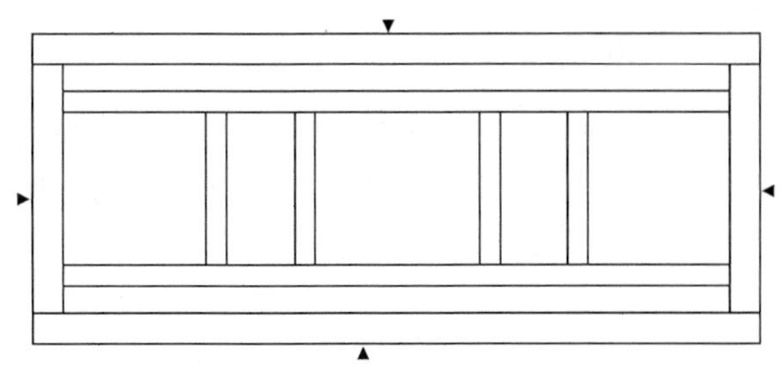

图16-78 绘制结果

Step 04 调用L【直线】命令、C【圆】命令、CO【复制】命令，绘制零部件符号，如图 16-79所示，定位尺寸请参考图 16-81。

Step 05 调用MLD【多重引线】命令、MT【多行文字】

命令，为加工图绘制文字标注，结果如图 16-80所示。

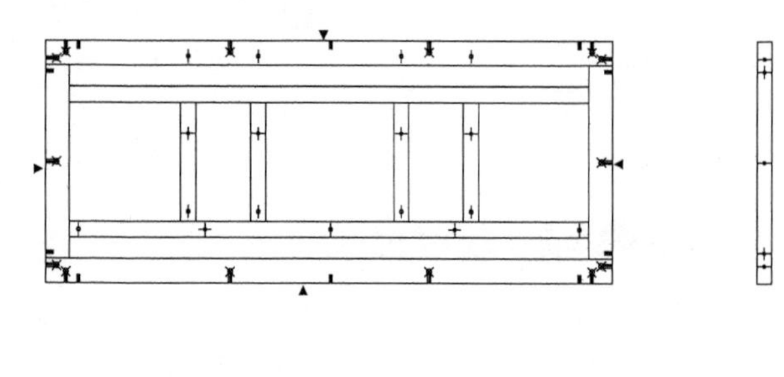

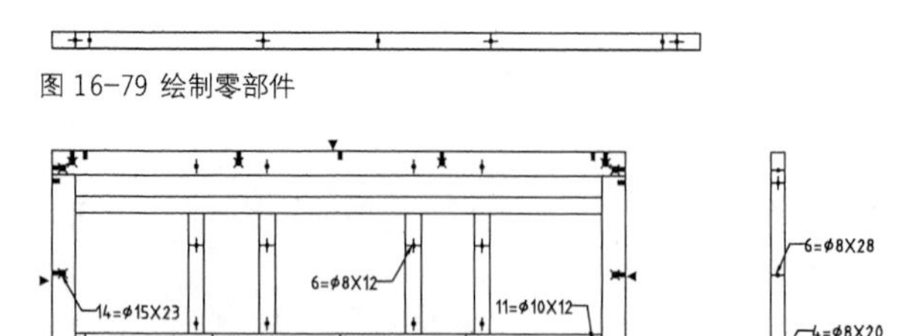

图 16-79 绘制零部件

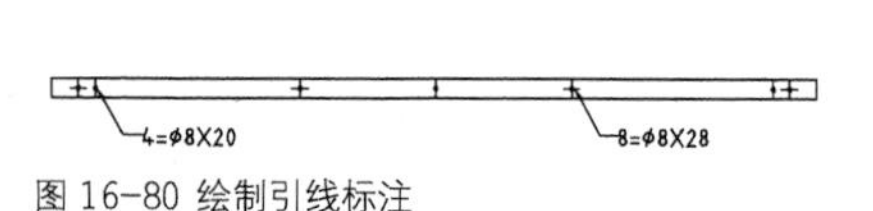

图 16-80 绘制引线标注

Step 06 调用DLI【线性标注】命令，标注零部件在面板上的位置，结果如图 16-81所示。

Step 07 执行MT【多行文字】命令，绘制标注文字，以提示面板制作的技术要求，如图 16-82所示。

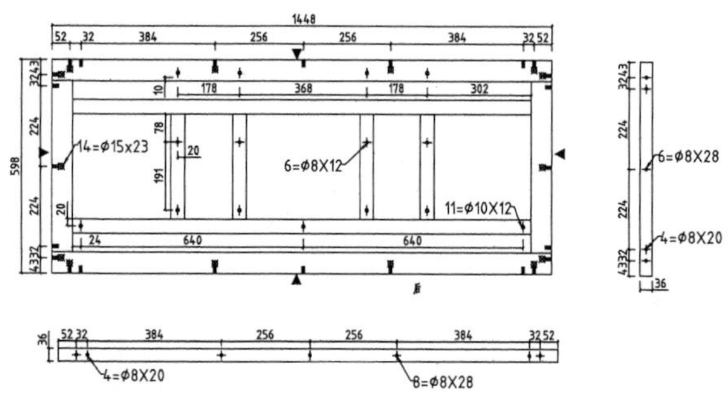

图 16-81 绘制尺寸标注

技术要求：使用胶水钉装加厚。

图 16-82 绘制标注文字

参考本节所介绍的绘制方法，自行绘制面板加厚加工图（图 16-83）、面板前后条加工图（图 16-84）、面板侧条加工图（图 16-85）。

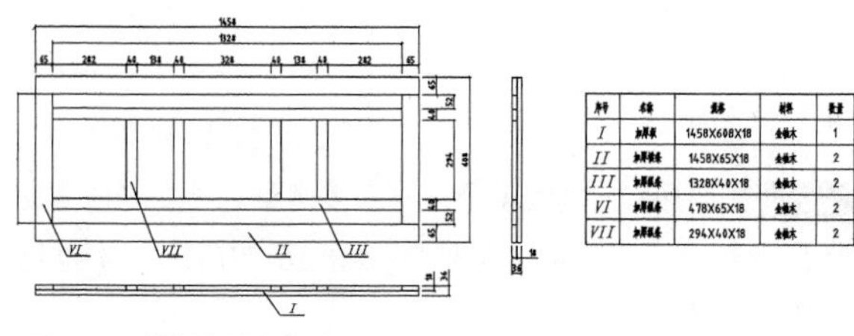

图 16-83 面板加厚加工图

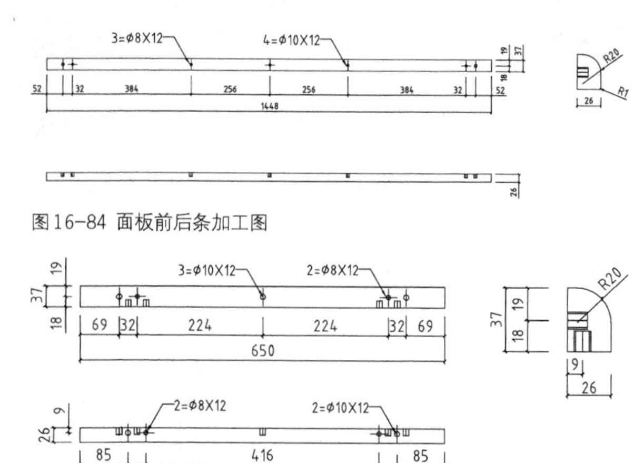

图 16-84 面板前后条加工图

图 16-85 面板侧条加工图

16.5.3 绘制背板加工图

Step 01 绘制背板三视图外轮廓。执行REC【矩形】命令，设置尺寸参数，绘制如图 16-86所示的矩形。

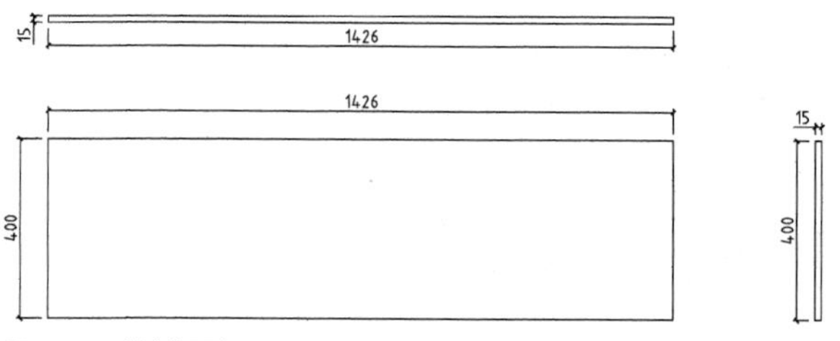

图 16-86 绘制矩形

Step 02 执行L【直线】命令，绘制边长为25的等腰三角形，接着执行H【图案填充】命令，在“图案面板”中选择SOLID图案，对三角形执行填充操作，封边符号的绘制结果如图 16-87所示。

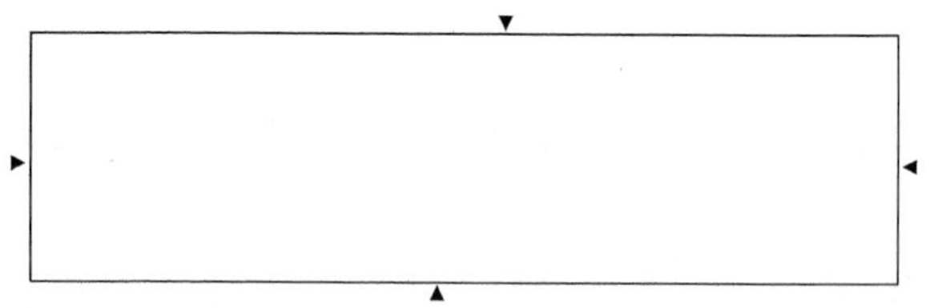

图 16-87 绘制封边符号

Step 03 执行C【圆】命令、L【直线】命令、CO【复制】命令，绘制并移动复制零部件图形，如图 16-88所示，定位尺寸参考图 16-90。

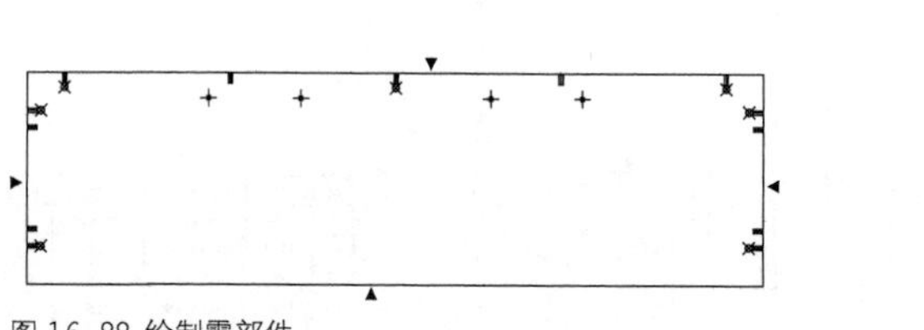

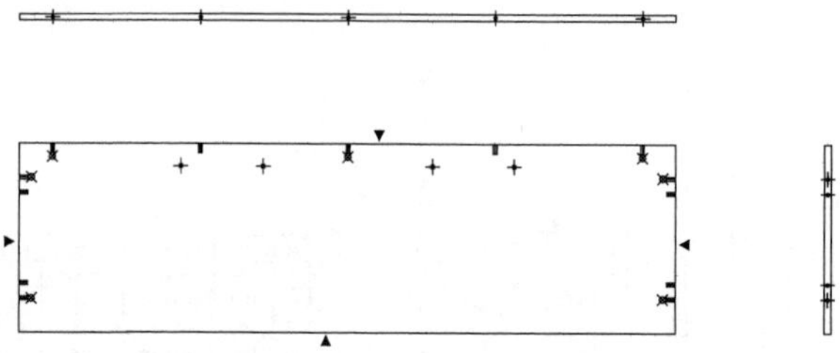

图 16-88 绘制零部件

Step 04 调用MLD【多重引线】命令，绘制引线标注如图 16-89所示。

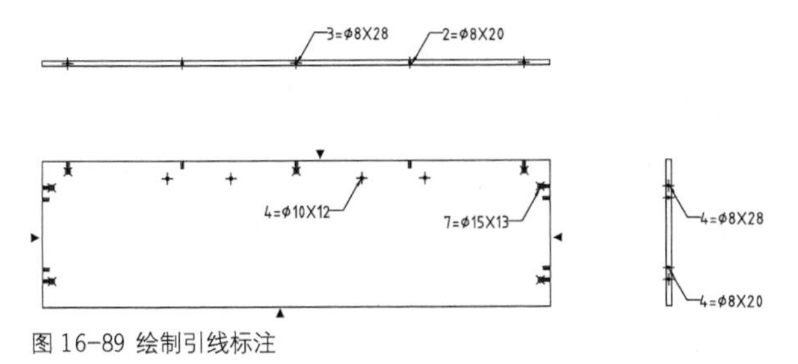

图 16-89 绘制引线标注

Step 05 调用DLI【线性标注】命令，标注零部件的位置，结果如图 16-90所示。

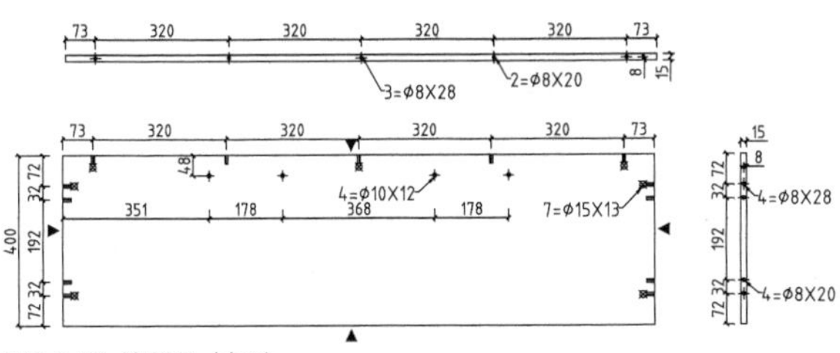

图 16-90 绘制尺寸标注

综合本章所介绍的绘制方法，分别绘制中隔板加工图（图 16-91）、拖拉板面加工图（图 16-92）、拖拉板加工图（图 16-93）、主机架底板加工图（图 16-94）。

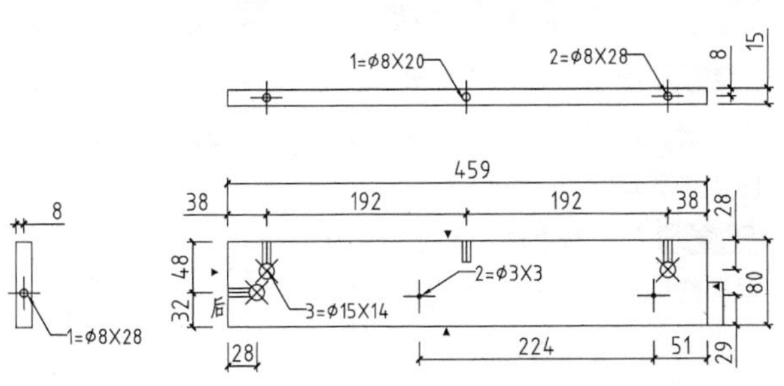

图 16-91 中隔板加工图

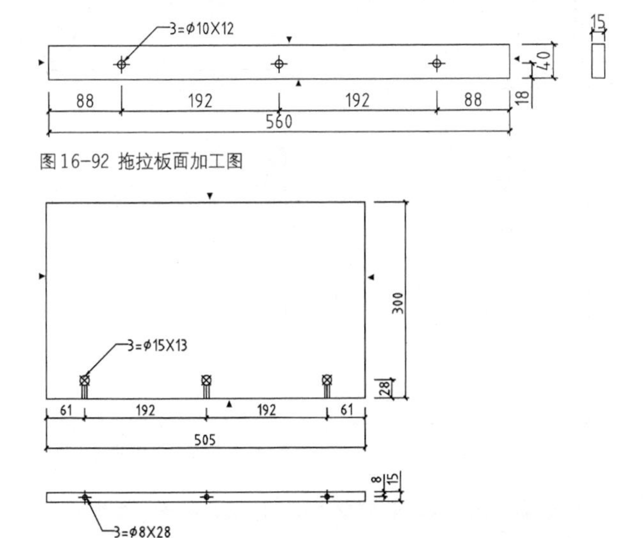

图 16-92 拖拉板面加工图

图 16-93 拖拉板加工图

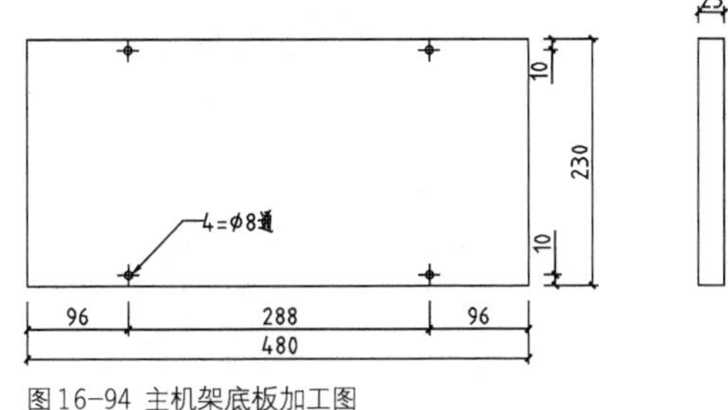

图 16-94 主机架底板加工图

16.5.4 绘制副柜左侧板加工图

Step 01 绘制左侧板三视图。调用REC【矩形】命令，按照如图 16-95所示中提示的尺寸来绘制矩形。

Step 02 调用L【直线】命令、H【图案填充】命令，绘制封边指示符号如图 16-96所示。

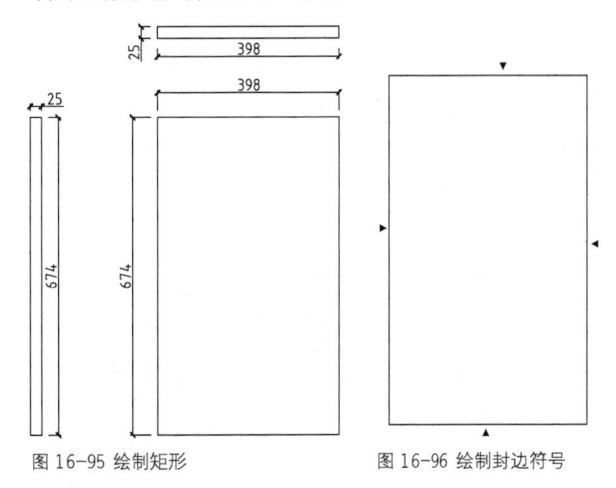

图 16-95 绘制矩形　　图 16-96 绘制封边符号

Step 03 执行C【圆】命令、L【直线】命令，标注零部件在侧板上的位置，如图 16-97所示，定位尺寸请参考图 16-99。

Step 04 调用MLD【多重引线】命令，绘制引线标注如图 16-98所示。

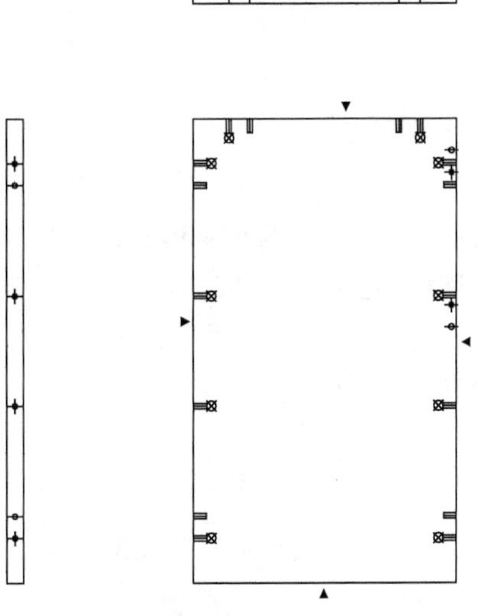

图 16-97 绘制零部件符号

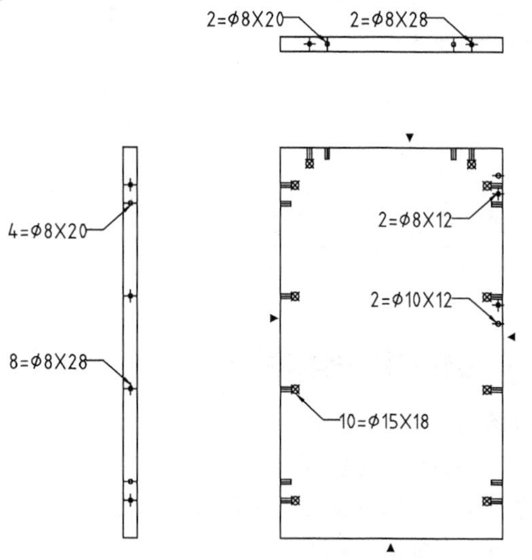

图 16-98 绘制引线标注

Step 05 调用DLI【线性标注】命令，绘制尺寸标注来标注零部件的具体位置，如图 16-99所示。

Step 06 执行MT【多行文字】命令，绘制技术要求标注文字，如图 16-100所示。

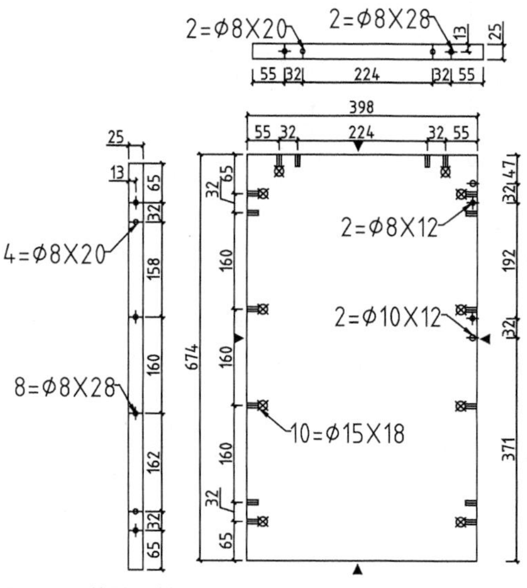

图 16-99 绘制尺寸标注

技术要求：分左右配对制作。

图16-100 绘制标注文字

副柜其他零部件的加工图，如副柜侧板条加工图（图 16-101）、副柜面板加工图（图 16-102）、副柜面板前后条加工图（图 16-103）、副柜背板加工图（图 16-104），请参阅本节内容后自行绘制。

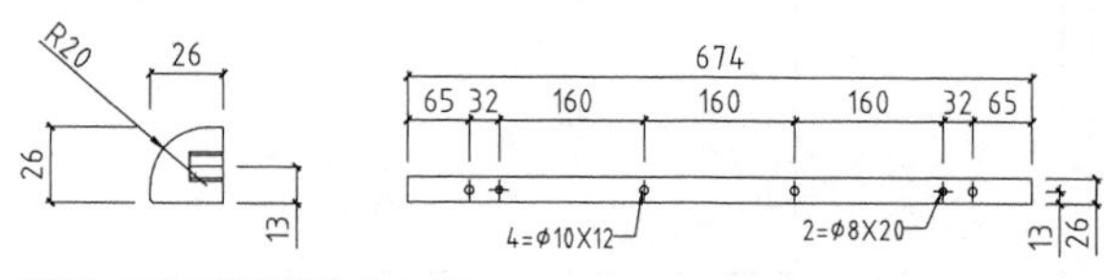

图16-101 副柜侧板条加工图

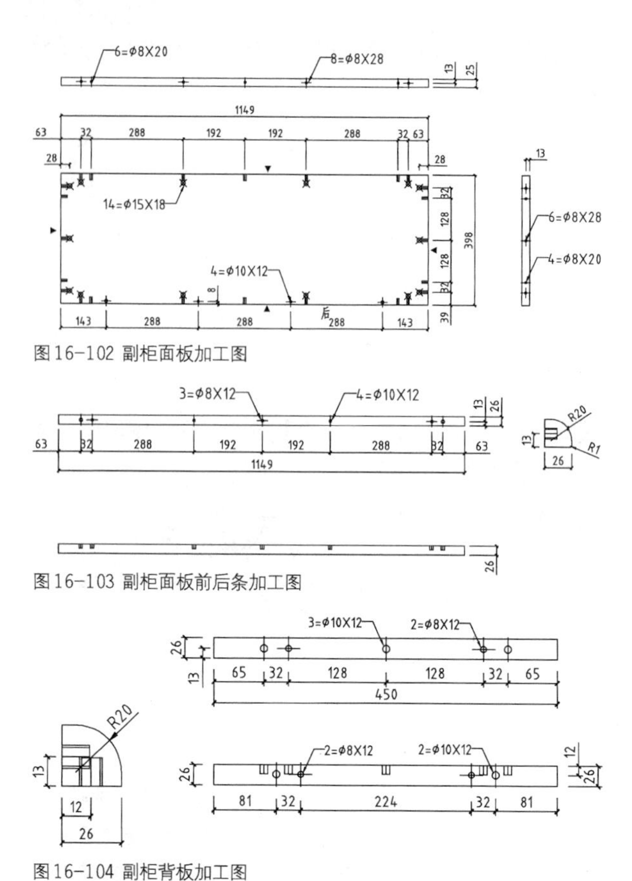

图 16-102 副柜面板加工图

图 16-103 副柜面板前后条加工图

图 16-104 副柜背板加工图

16.5.5 绘制活动柜侧板加工图

Step 01 绘制侧板双视图轮廓线。执行REC【矩形】命令，分别绘制尺寸为380×550、380×15的矩形，如图 16-105所示。

Step 02 执行L【直线】命令、H【图案填充】命令，绘制等腰三角形并对其填充SOLID图案，绘制封边符号的结果如图 16-106所示。

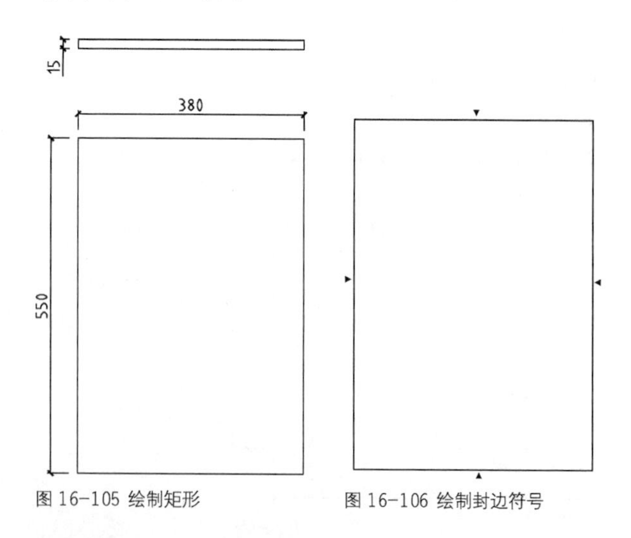

图 16-105 绘制矩形

图 16-106 绘制封边符号

Step 03 调用C【圆】命令、L【直线】命令，绘制零部件符号如图 16-107所示，定位尺寸请参考图 16-109。

Step 04 执行MLD【多重引线】命令、MT【多行文字】命令，分别绘制引线标注及技术要求说明文字，如图 16-108所示。

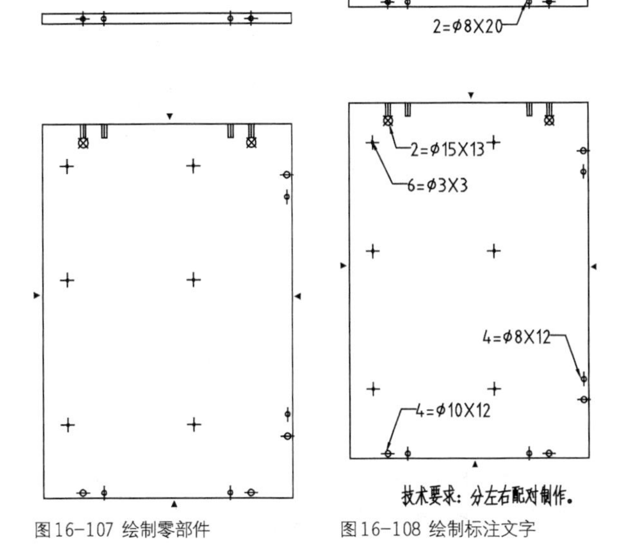

图16-107 绘制零部件　　图16-108 绘制标注文字

Step 05 执行DLI【线性标注】命令，绘制尺寸标注注明零部件的位置，如图 16-109所示。

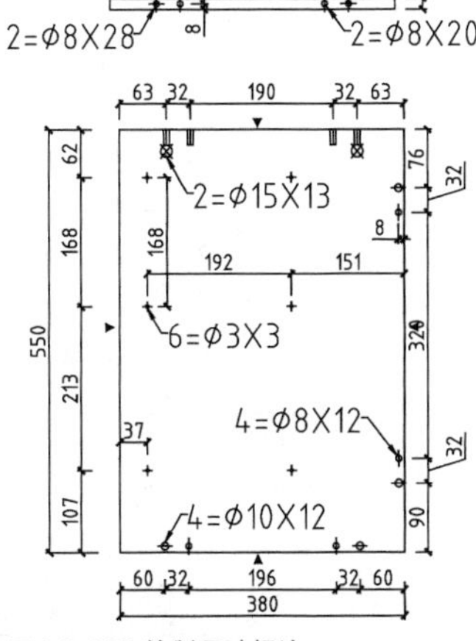

图 16-109 绘制尺寸标注

活动柜其他零部件加工图的绘制方法与本节所使用的绘制方法一致，底板加工图、面板加工图、背板加工图的绘制结果分别如图 16-110、图 16-111、图 16-112 所示。

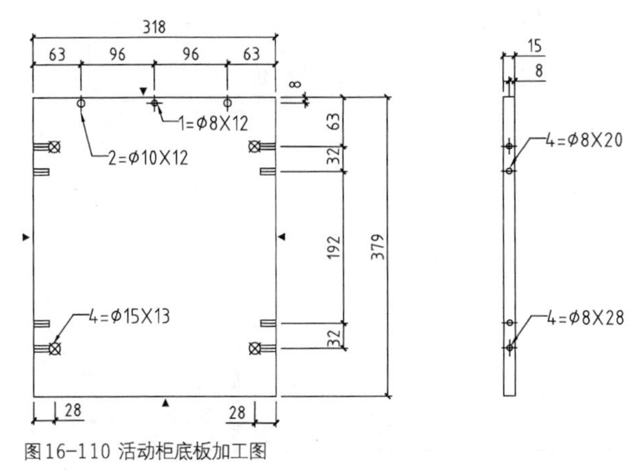

图16-110 活动柜底板加工图

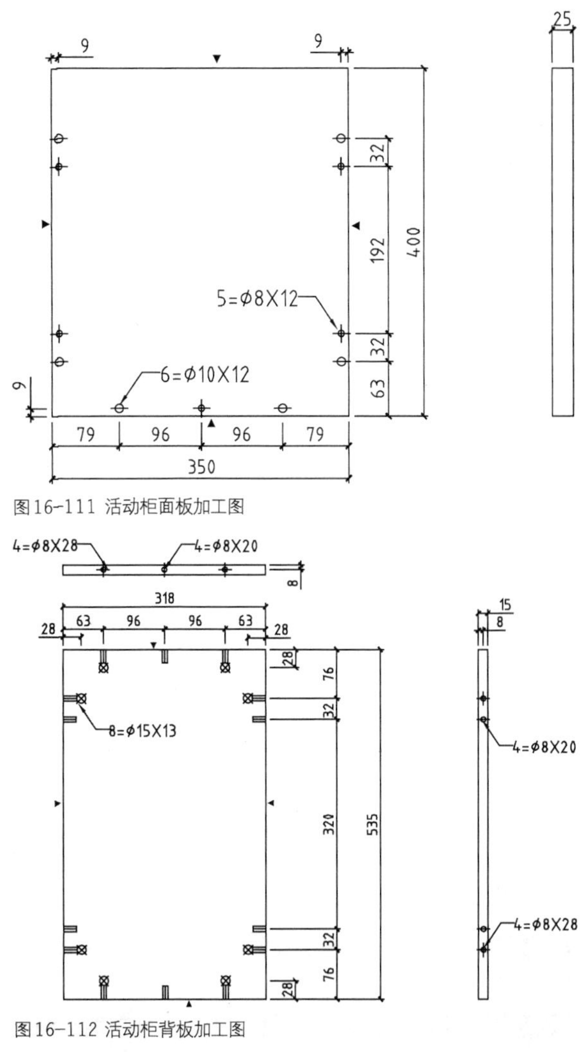

图16-111 活动柜面板加工图

图16-112 活动柜背板加工图

16.5.6 绘制活动柜下抽面板加工图

Step 01 绘制面板双视图外轮廓线。执行REC【矩形】命令，设置尺寸参数，分别绘制视图轮廓线，如图 16-113所示。

Step 02 绘制拉槽。调用REC【矩形】命令，设置尺寸参数为279×5，绘制如图 16-114所示的矩形。

Step 03 调用L【直线】命令、H【图案填充】命令，绘制如图 16-115所示的封边符号。

Step 04 执行C【圆】命令、L【直线】命令、CO【复制】命令，绘制如图 16-116所示的零部件符号，定位尺寸请参考图 16-118。

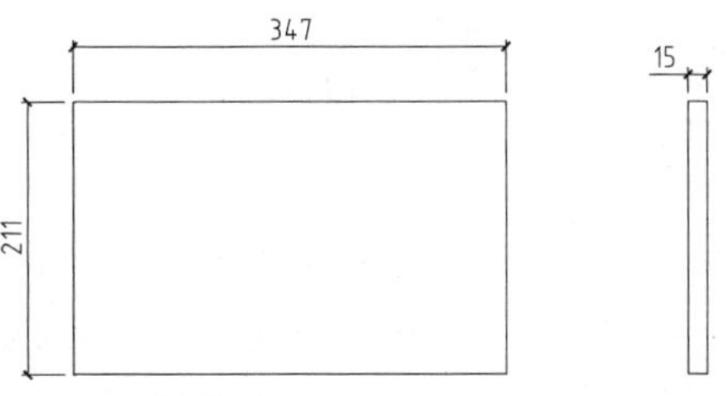

图16-113 绘制矩形

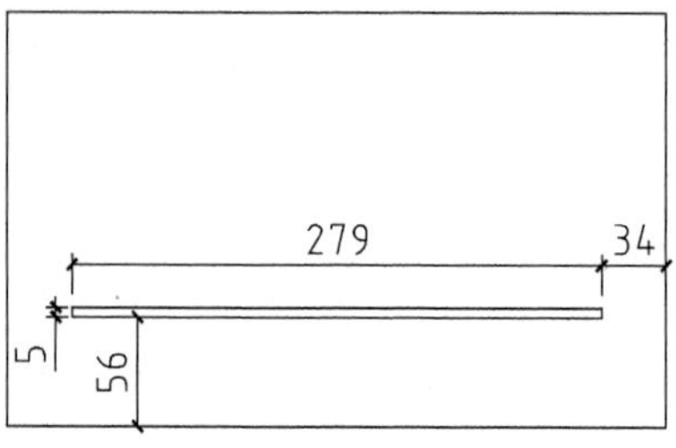

图 16-114 绘制拉槽

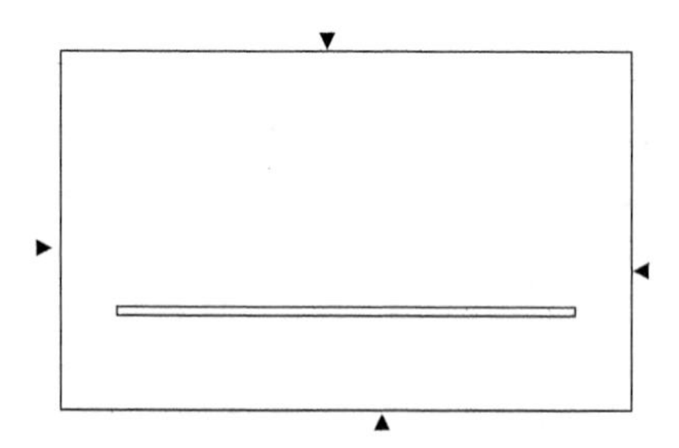
图 16-115 绘制封边符号

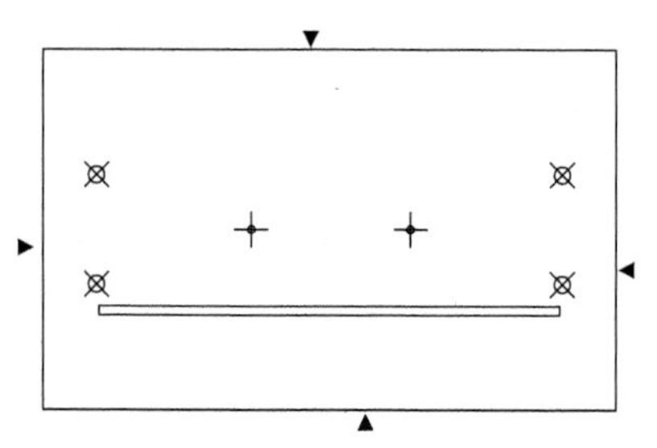
图 16-116 绘制零部件符号

Step 05 调用MLD【多重引线】命令，绘制如图 16-117 所示的引线标注。

Step 06 调用DLI【线性标注】命令，为加工图绘制尺寸标注以注明零部件的位置，如图 16-118所示。

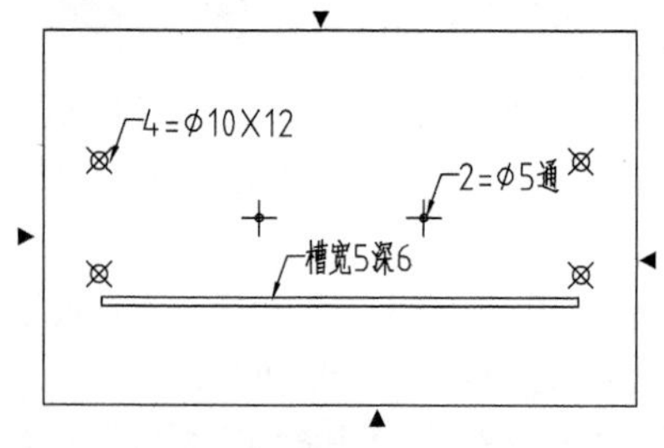

图 16-117 绘制引线标注

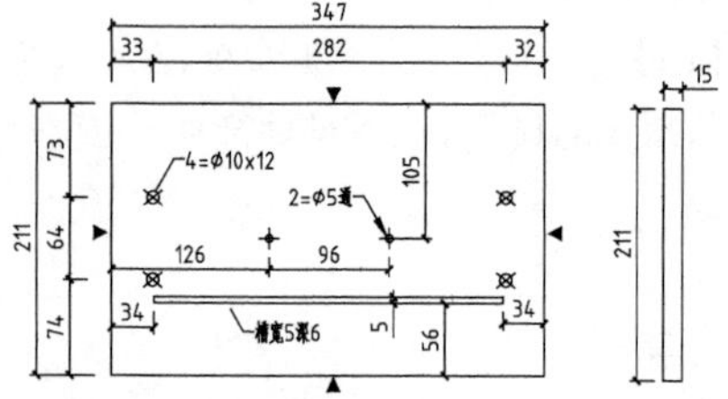

图 16-118 绘制尺寸标注

活动柜下抽侧板加工图及尾板加工图的绘制结果分别如图 16-119、图 16-120 所示，参考本节介绍的绘制方法来自行绘制。

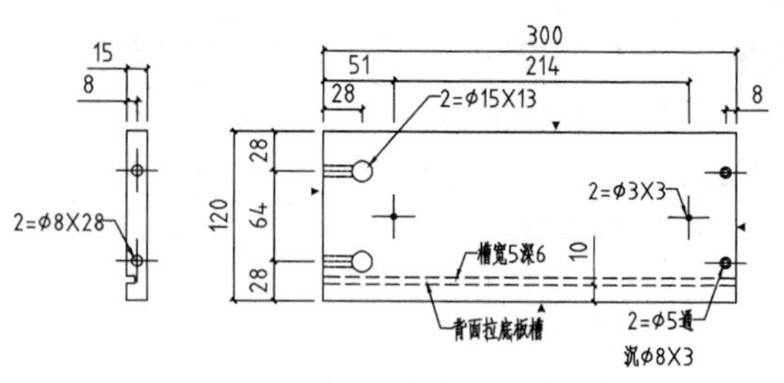

图 16-119 活动柜下抽侧板加工图

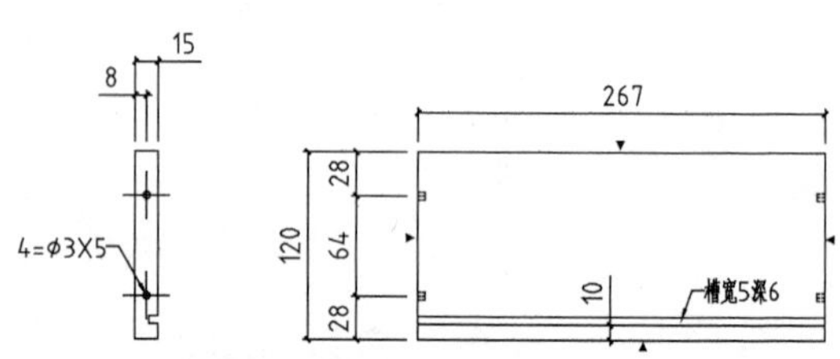

图 16-120 活动柜下抽尾板加工图

活动柜上抽屉与下抽屉的宽度一致，高度不同，参考下抽加工图的绘制方法来绘制上抽加工图，绘制结果分别如图 16-121、图 16-122、图 16-123 所示。另外，上抽屉与下抽屉底板相同，因此可以共用一个底板加工图，如图 16-124 所示。

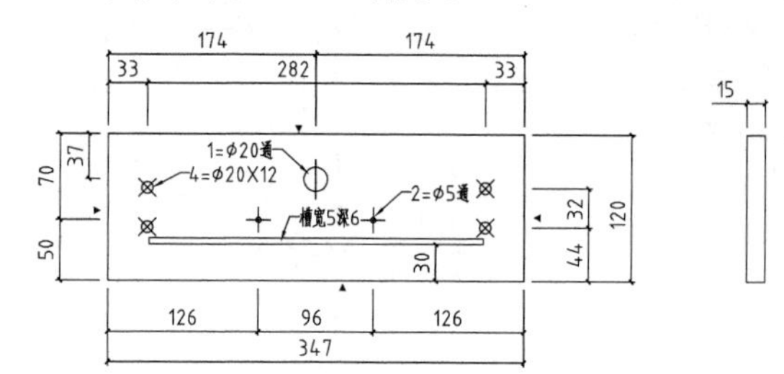

图 16-121 活动柜上抽面板加工图

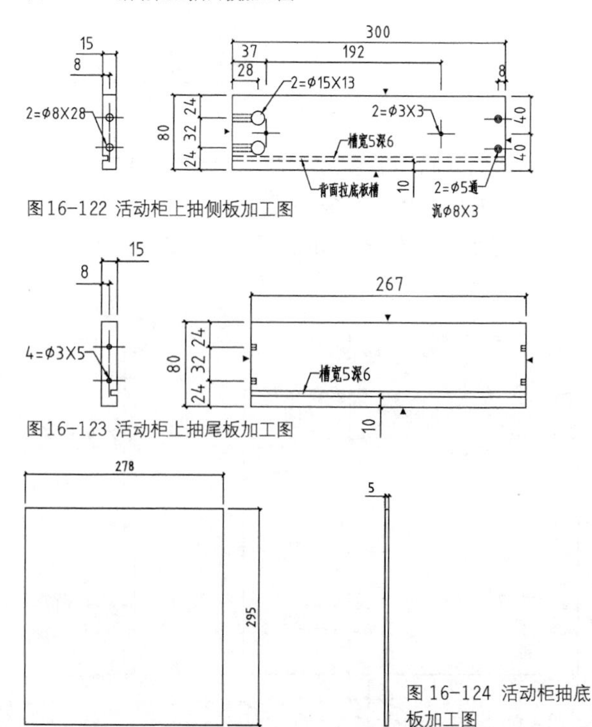

图 16-122 活动柜上抽侧板加工图

图 16-123 活动柜上抽尾板加工图

图 16-124 活动柜抽底板加工图

第 17 章 床设计与制图

本章以床与床头柜为例，介绍床与床头柜的设计与制图，包括床与床头柜外形图、床与床头柜开料明细表以及床与床头柜加工图。

17.1 床外形图

双人床的透视效果如图 17-1 所示。在床头靠背制作了软包，增加床的时尚感，也提高了使用的舒适性。床架由背板、床侧横条、床侧竖板、床尾脚等组成，其零部件构成图如图 17-2 所示。

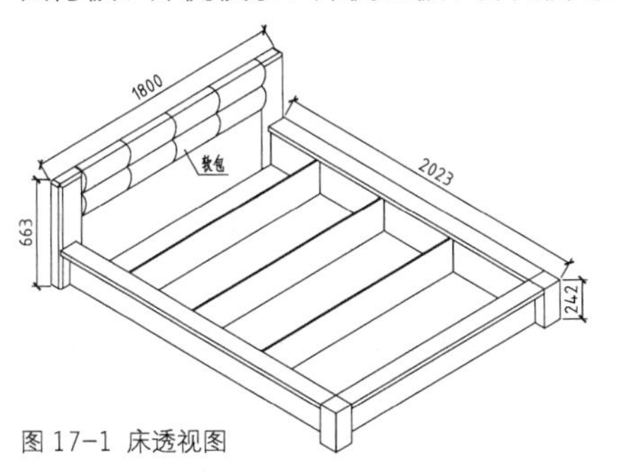

图 17-1 床透视图

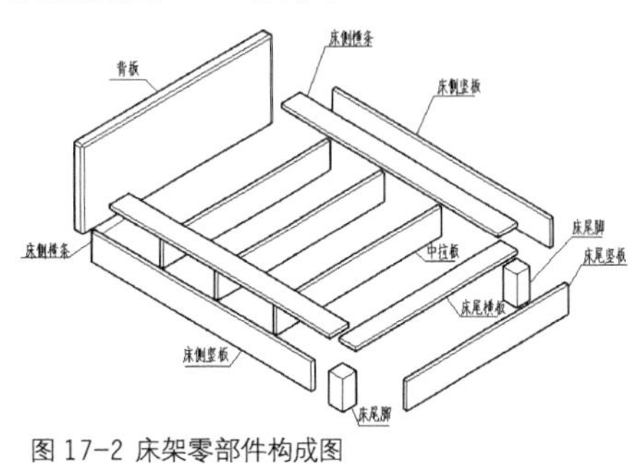
图 17-2 床架零部件构成图

17.2 床开料明细表

双人床开料明细表见表 17-1，其中列出了床各零部件的相关系数，如名称、规格、开料尺寸、数量及所使用的材料名称、颜色等。

表17-1 床开料明细表

序号	零部件名称	规格	开料尺寸	数量	材料名称	颜色	封边
1	下横板	2010×500×25	2009×499×25	1	刨花板	金柚色	0.5
2	背横条	1800×400×25	1799×399×25	1	刨花板	金柚色	0.5
3	床侧横条	1988×50×25	1987×49×25	1	刨花板	金柚色	0.5
4	床侧竖板	2010×105×50	2009×104×50	2	刨花板	金柚色	0.5
6	床尾横板	2010×200×25	2009×199×25	2	刨花板	金柚色	0.5
7	床尾竖板	1810×105×50	1809×104×50	1	刨花板	金柚色	0.5
8	床头扪布条	1810×200×25	1809×199×25	1	刨花板	金柚色	0.5
9	床头扪布条	446×208×12	446×208×12	4	中纤板		
10	床头扪布条	446×58×18	446×58×18	4	中纤板		
11	床头脚	446×228×12	446×228×12	4	中纤板		
12	床头脚	130×80×25	130×80×25	2	实木	金柚色	
13	床头脚	825×80×25	825×80×25	2	实木	金柚色	
14	床尾脚	825×113×25	825×113×25	2	实木	金柚色	
15	中拉板	283×120×120	283×120×120	2	实木	金柚色	
16	床板	1813×200×15	1812×199×15	3	刨花板	金柚色	0.5
17	床板	2008×603×12	2008×603×12	3	中纤板	白色	

17.3 床五金配件表

双人床五金配件表见表 17-2，在表格中列出了封袋配件中所包含的材料种类及其规格和数量。

表17-2 床五金配件表

分类名称	材料名称	规格	数量
封袋配件	三合一	ϕ15×11/ϕ7×28	24套
	木榫	ϕ8×30	32个
	半月牙		16个
	全牙丝杆	ϕ8×80	16根
	平头螺杆	ϕ8×80	4个
搭配件	自攻螺丝	ϕ4×40	41粒
	六角螺母	ϕ8	20个
	白脚钉		16粒

17.4 床加工图

双人床的加工图包括背板加工图、床位脚加工图、床头扪布条加工图等多种类型，本节介绍其中一些加工图的绘制方法，其他类型的加工图附在每小节末尾，供参考学习。

17.4.1 绘制背板加工图

Step 01 绘制背板外轮廓。执行REC【矩形】命令，设置尺寸参数为2010×500，绘制矩形如图 17-3所示。

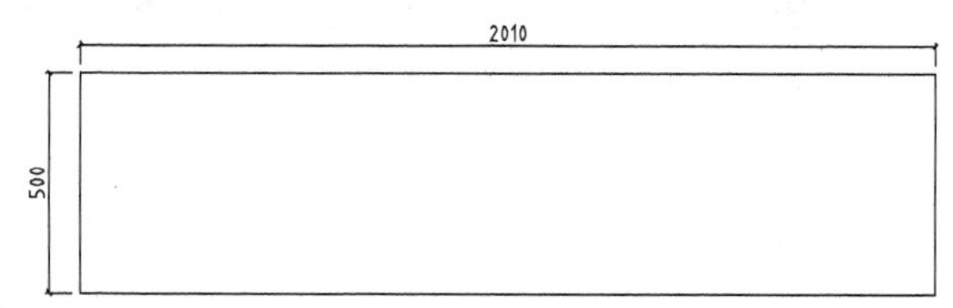

图 17-3 绘制矩形

Step 02 执行C【圆】命令，设置半径值为6，绘制圆形螺丝孔，如图 17-4所示。

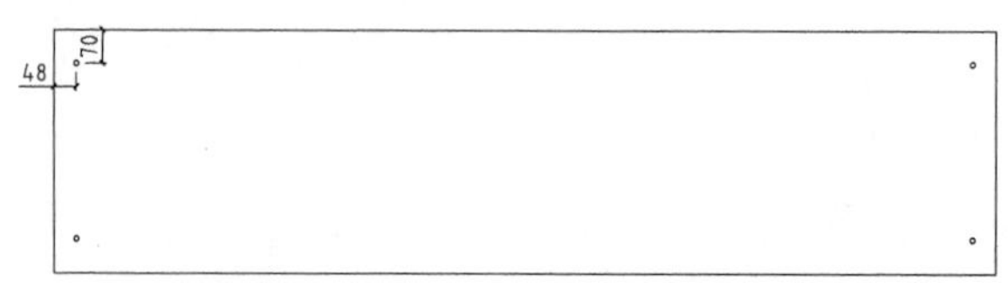

图 17-4 绘制圆形

Step 03 调用L【直线】命令，以矩形长边的中点为起点及端点，绘制垂直辅助线，如图 5-5所示。

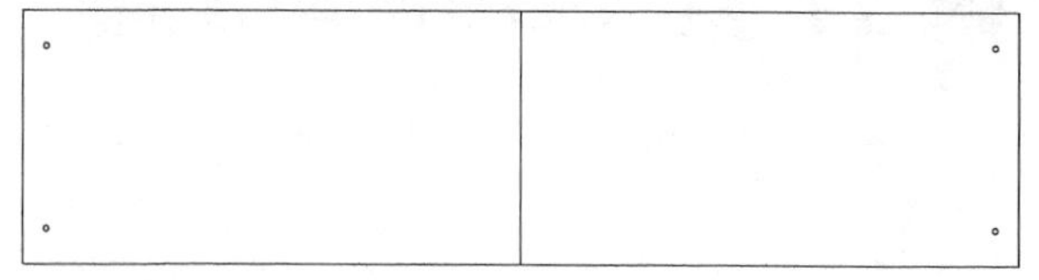

图 17-5 绘制垂直线段

Step 04 执行C【圆】命令，设置半径值为3，绘制如图 5-6所示的螺丝孔，定位尺寸请参考图 17-9。

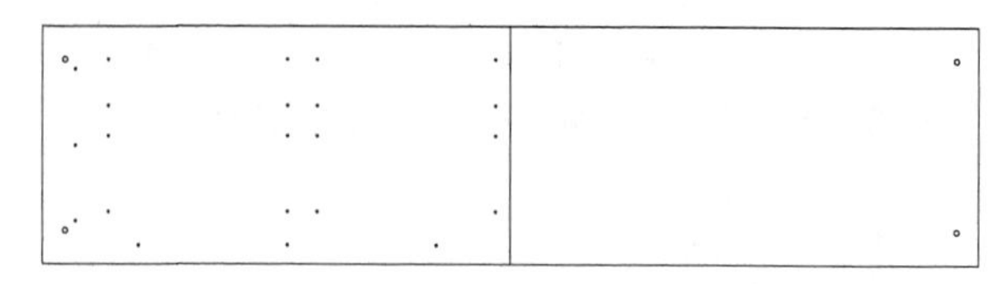

图 17-6 绘制圆形

Step 05 选择上一步骤所绘制的圆形，执行MI【镜像】命令，以垂直辅助线为镜像线，向右镜像复制圆形，并执行E【删除】命令，删除垂直辅助线，结果如图17-7所示。

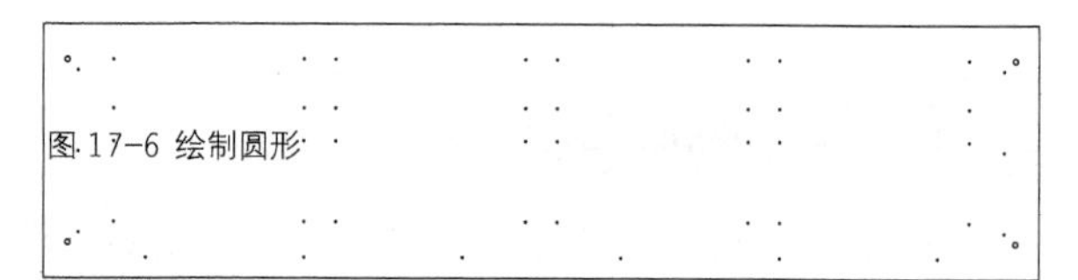

图 17-7 复制圆形

Step 06 执行MLD【多重引线】命令，绘制引线，标注螺丝孔的规格，如图 17-8所示。

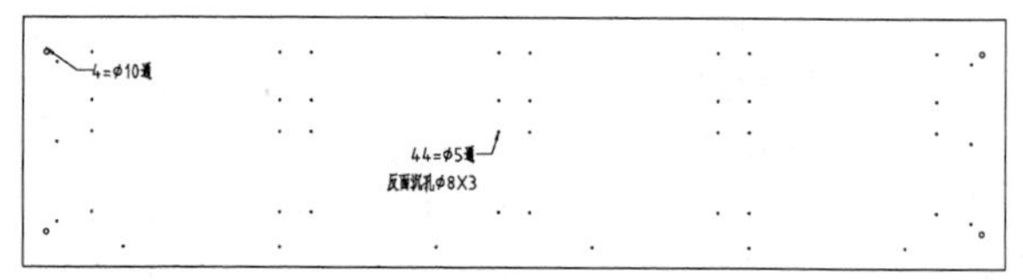

图 17-8 绘制引线标注

Step 07 调用DLI【线性标注】命令，为加工图绘制尺寸标注，结果如图17-9所示。

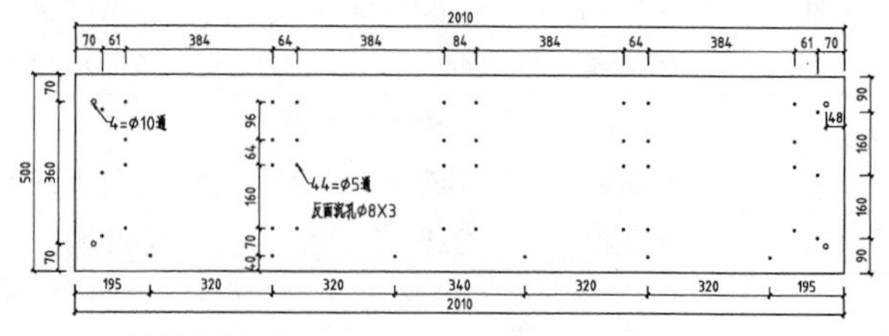

图 17-9 绘制尺寸标注

下横板加工图的绘制结果如图 17-10 所示，请参考本节所介绍的绘制方法自行绘制。

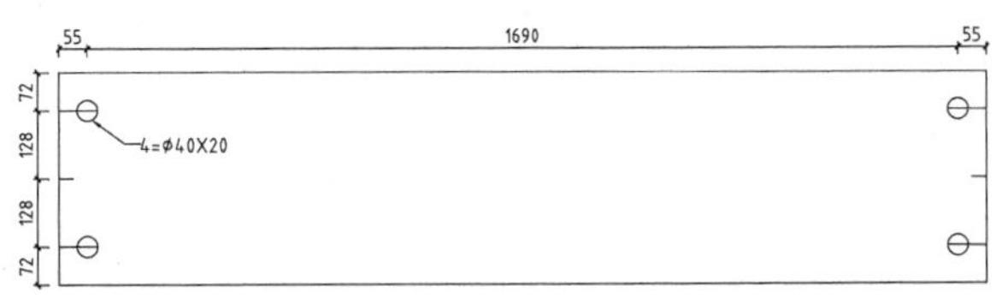

图 17-10 下横板加工图

17.4.2 绘制床位脚加工图

Step 01 执行REC【矩形】命令，绘制尺寸为240×289的矩形，如图 17-11所示。

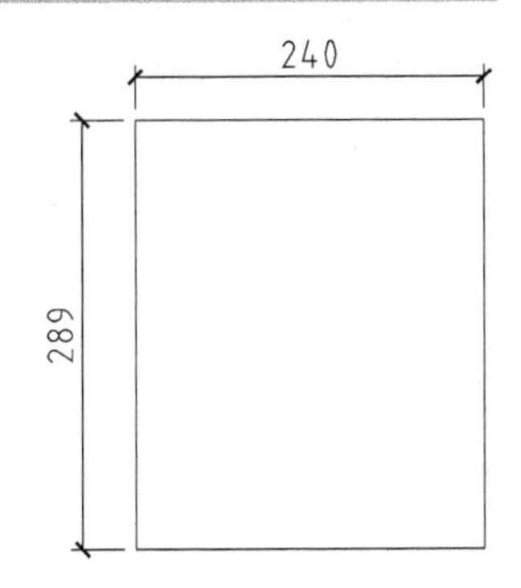

图 5-11 绘制矩形

Step 02 调用X【分解】命令分解矩形，接着执行O【偏移】命令，偏移矩形边，如图 17-12所示。

图 5-12 偏移线段

Step 03 调用L【直线】命令，绘制如图 17-13所示的连接线段。

Step 04 执行E【删除】命令，删除水平线段，结果如图 17-14所示。

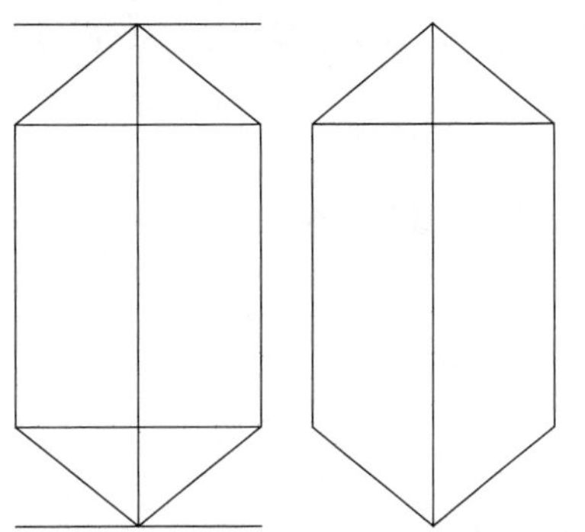

图 17-13 绘制线段　　图 17-14 删除水平线段

Step 05 调用O【偏移】命令，选择水平线段，向上、向下执行偏移操作，如图 17-15所示。

Step 06 调用L【直线】命令，绘制连接线段，如图 17-16所示。

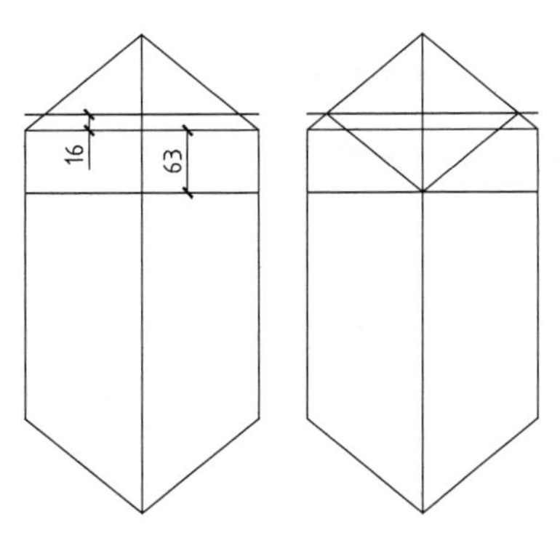

图 17-15 偏移线段　　图 17-16 绘制连接线段

Step 07 调用E【删除】命令，删除辅助线段，结果如图 17-17所示。

Step 08 执行F【圆角】命令，设置圆角半径为20，对线段执行圆角操作，如图 17-18所示。

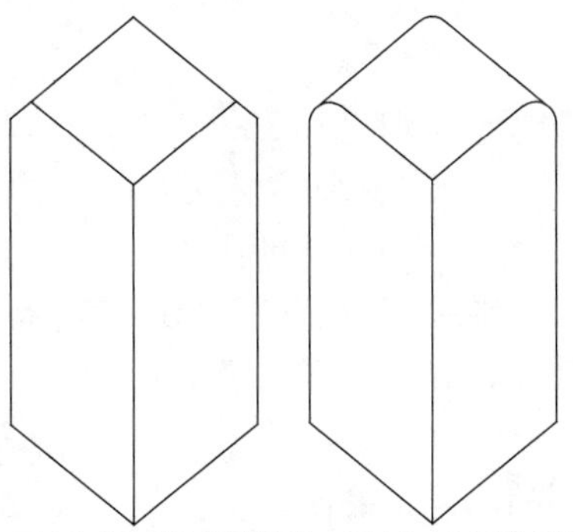

图 17-17 删除辅助线段　　图 17-18 圆角操作

Step 09 执行C【圆】命令，分别绘制半径为5、6的圆形以表示螺丝孔，如图 17-19所示，定位尺寸请参考图 17-21。

Step 10 调用MLD【多重引线】命令，绘制引线标注，如图17-20所示。

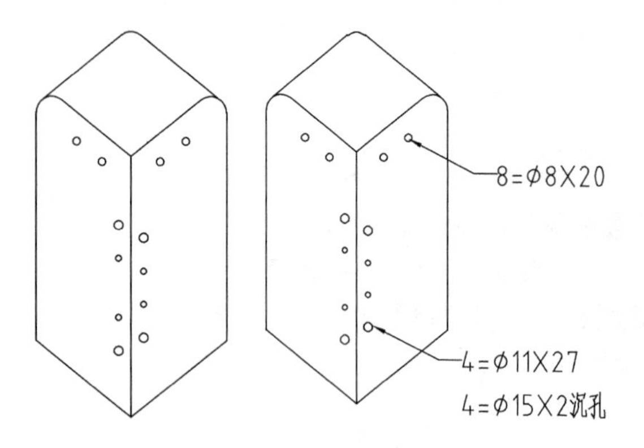

图 17-19 绘制圆形　　图 17-20 绘制引线标注

Step 11 执行DLI【线性标注】命令，为加工图绘制尺寸标注，如图 17-21所示。

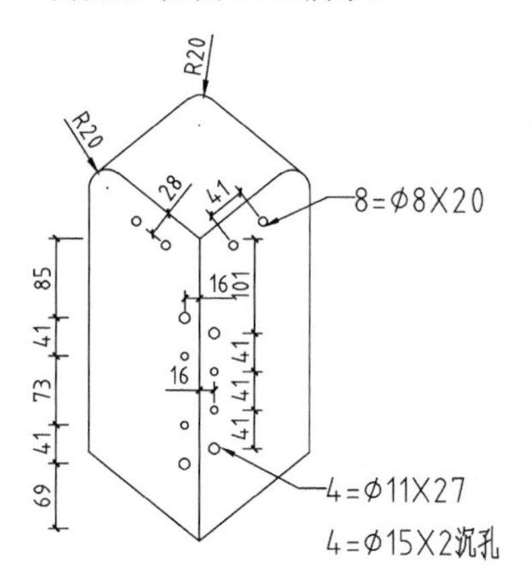

图 17-21 绘制尺寸标注

Step 12 调用MT【多行文字】命令，绘制设计要求标注文字，如图17-22所示。

设计要求：
1.开料尺寸：283X120X120=2
2.对应加工。

图 17-22 绘制标注文字

床头脚加工图的绘制结果如图 17-23 所示，其绘制方法与绘制床尾脚的一致，请参考本节内容并自行绘制。

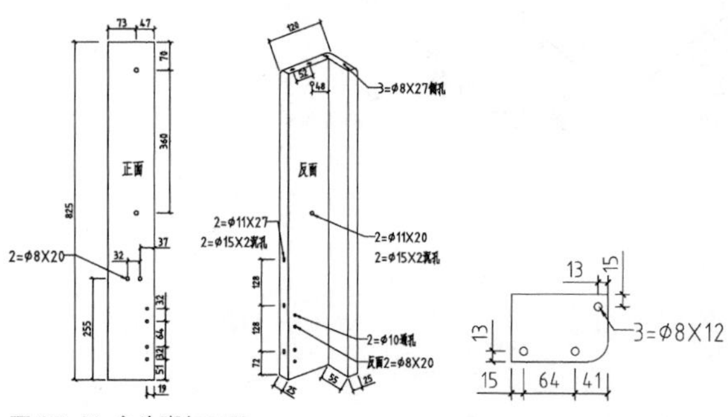

图 17-23 床头脚加工图

17.4.3 绘制床头扪布条加工图

Step 01 执行REC【矩形】命令，绘制尺寸为446×208的矩形，如图 17-24所示。

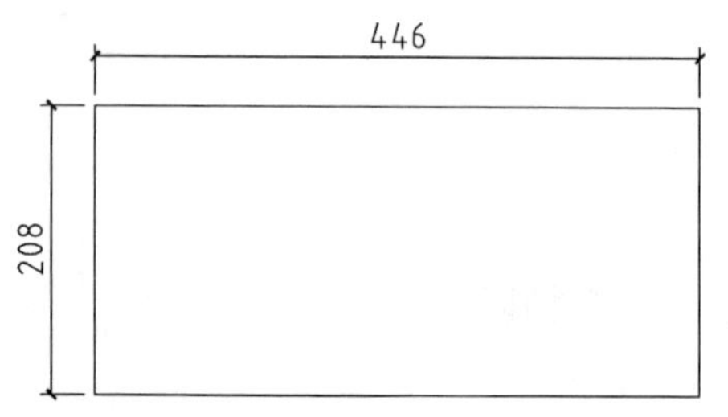

图 17-24 绘制矩形

Step 02 调用X【分解】命令分解矩形，执行O【偏移】命令，设置偏移距离为18，选择矩形边向内偏移，如图 17-25所示。

Step 03 执行C【圆】命令，绘制半径为5的圆形表示螺孔，如图 17-26所示。

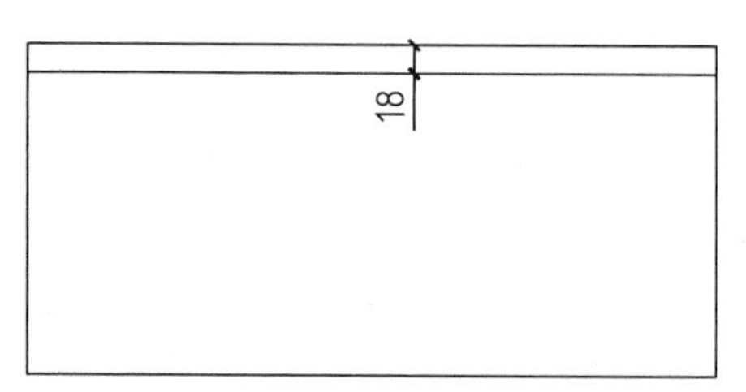

图 17-25 偏移线段

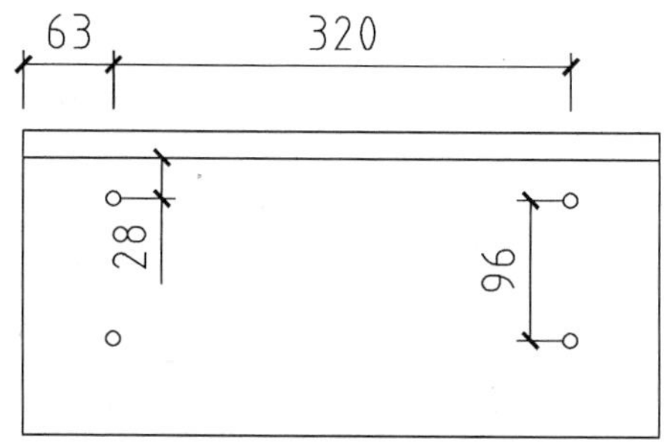

图 17-26 绘制圆形

Step 04 执行REC【矩形】命令，绘制矩形表示扪布条截面图形，如图 17-27所示。

Step 05 调用MLD【多重引线】命令，绘制引线标注，结果如图 17-28所示。

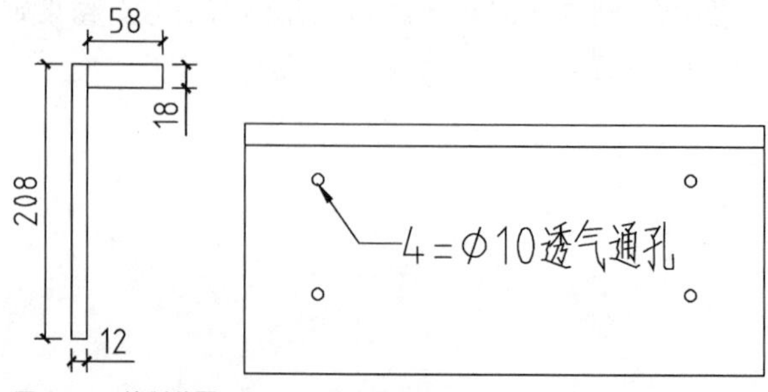

图 17-27 绘制截面图形　图 17-28 绘制引线标注

Step 06 调用DLI【线性标注】命令，为加工图绘制尺寸标注，如图 17-29所示。

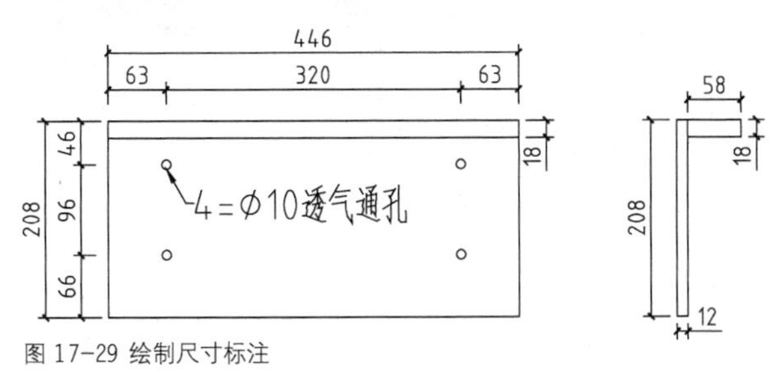

图 17-29 绘制尺寸标注

17.4.4 绘制床尾竖板加工图

Step 01 绘制竖板外轮廓线。执行REC【矩形】命令，设置尺寸参数为1800×230，绘制如图 17-30所示的矩形。

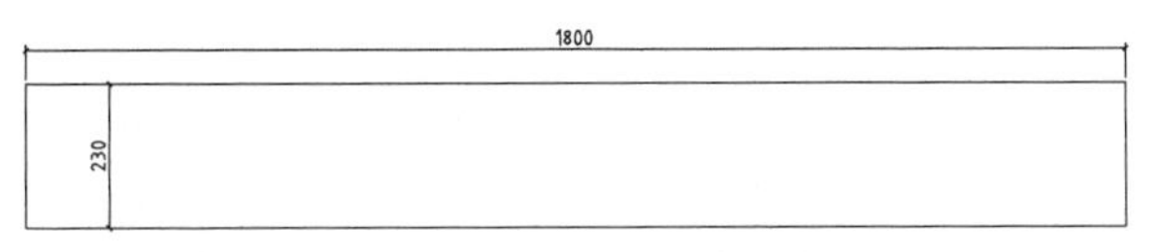

图 17-30 绘制矩形

Step 02 执行L【直线】命令，分别绘制长度为55、28的水平线段，如图17-31所示。

Step 03 选择水平线段，执行MI【镜像】命令，将其镜像复制至右侧，如图 17-32所示。

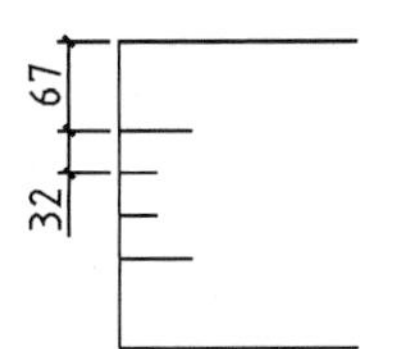

图 17-31 绘制水平线段

图 17-32 镜像复制线段

Step 04 执行L【直线】命令，绘制高度为28的垂直线段，如图 17-33所示。

Step 05 调用CO【复制】命令，选择垂直线段向右移动复制，结果如图17-34所示。

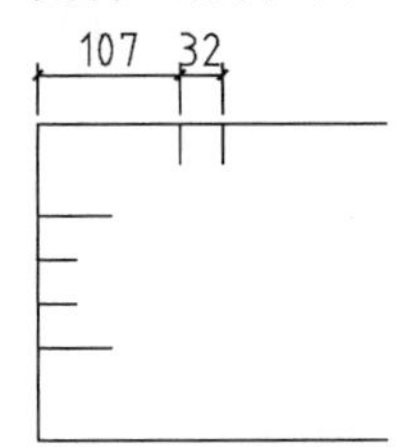

图 17-33 绘制垂直线段

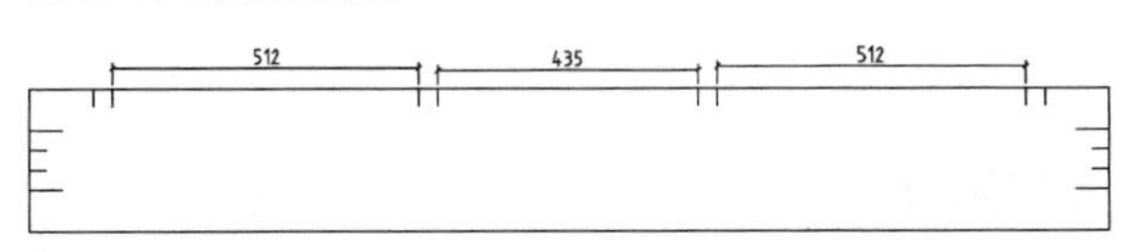

图 17-34 复制线段

Step 06 调用C【圆】命令，分别绘制半径为8、20的圆形表示孔位，如图 17-35所示。

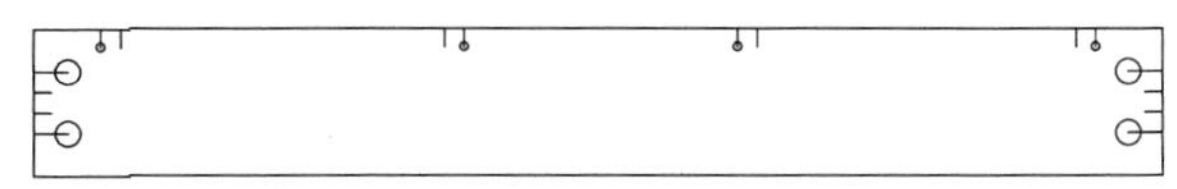

图 17-35 绘制圆形

Step 07 执行MLD【多重引线】命令，绘制引线标注以注明孔位规格，如图 17-36所示。

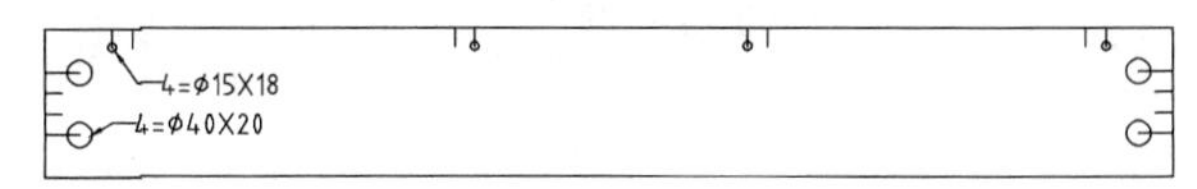

图 17-36 绘制引线标注

Step 08 执行DLI【线性标注】命令，为加工图绘制尺寸标注，如图 17-37所示。

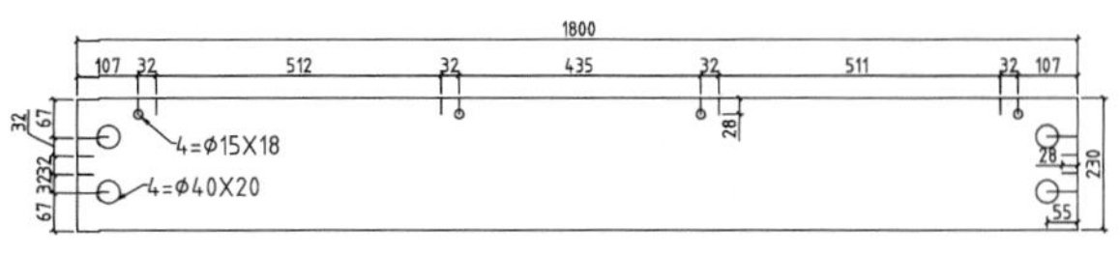

图 17-37 绘制尺寸标注

参考本节内容，练习绘制床尾横板加工图、背横条加工图，如图 17-38、图 17-39 所示。

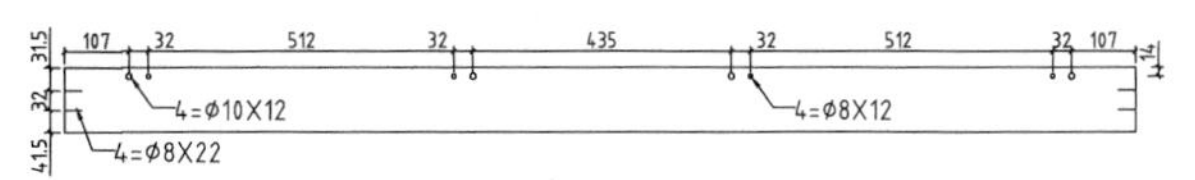

图 17-38 床尾横板加工图

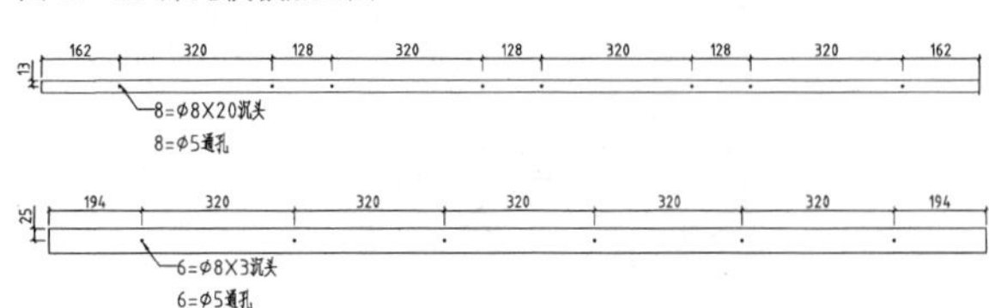

图 17-39 背横条加工图

在本节的末尾，提供双人床其他零部件加工图以供参照，分别是床侧横条加工图、床侧竖板加工图、中拉板加工图、床板加工图，分别如图 17-40、图 17-41、图 17-42、图 17-43 所示。

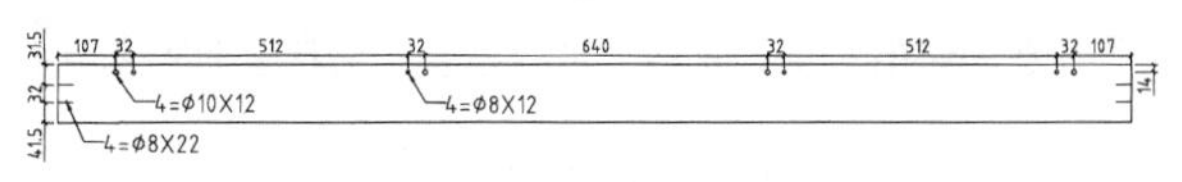

图 17-40 床侧横条加工图

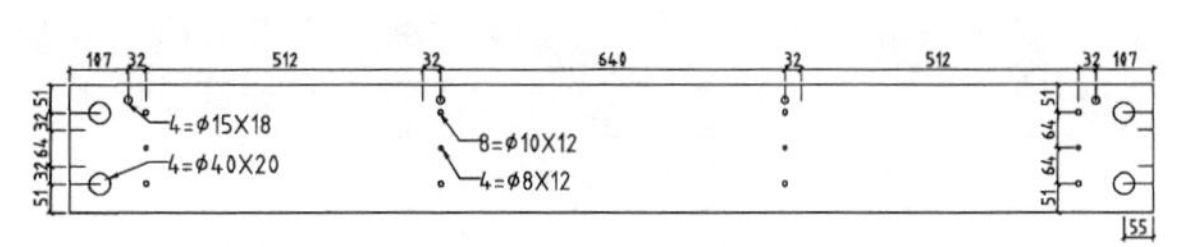

图 17-41 床侧竖板加工图

图 17-42 中拉板加工图

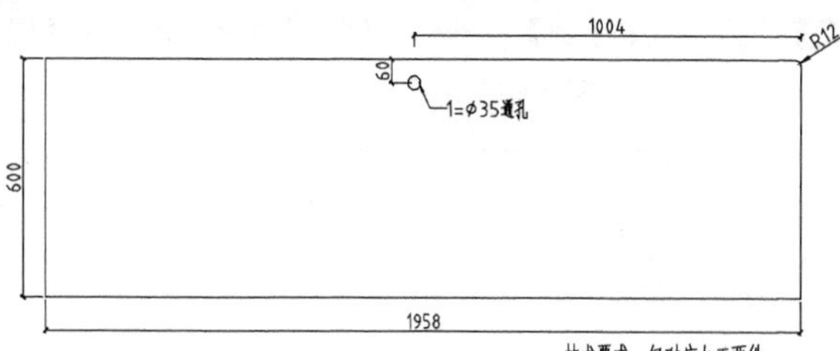

技术要求：仅对应加工画件。

图 17-43 床板加工图

17.5 床头柜外形图

床头柜透视图如图 17-44 所示。床头柜由柜体及抽屉组成，所使用的材质为刨花板、实木、中纤板，外观颜色为金柚色。床头柜由侧板、面板、背板、抽屉面板等零部件组成，如图 17-45 所示为零部件示意图。

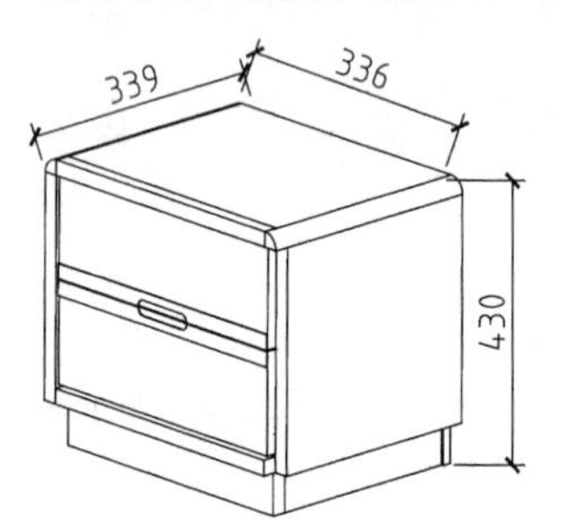

图 17-44 床头柜透视图

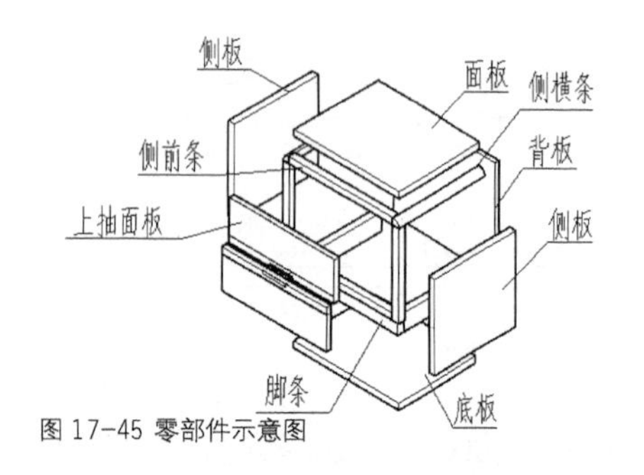

图 17-45 零部件示意图

17.6 床头柜材料明细表

床头柜材料使用情况见表 17-3，在表中详细介绍了各零部件的规格、开料尺寸、数量、材料名称及颜色。

表17-3 床头柜材料明细表

序号	零部件名称	规格	开料尺寸
01	面板	468×374×25	467×373×25
02	侧板	364×374×25	363×373×25
03	底板	468×358×25	467×357×25
04	背板	434×468×15	433×467×15
05	脚条	468×70×25	467×69×25
		335×70×25	334×69×25
06	桶面	464×136×18	463×135×18

（续表）

序号	零部件名称	规格	开料尺寸
07	桶侧	351×110×15	350×109×15
08	桶尾	417×110×15	416×109×15
09	桶底	346×427×5	346×427×5
10	面板前条	468×26×26	468×26×26
11	侧横条	401×26×26	401×26×26
12	侧前条	364×26×26	364×26×26
13	桶前条	464×30×19	464×30×19

数量	材料名称	颜色	封边
1	刨花板	金柚色	0.5
2	刨花板	金柚色	0.5
1	刨花板	金柚色	0.5
1	刨花板	金柚色	0.5
1	刨花板	金柚色	0.5
2	刨花板	金柚色	0.5
2	刨花板	金柚色	1长2短
4	刨花板	金柚色	0.5
2	刨花板	金柚色	0.5
2	中纤板	金柚色	
2	实木		
2	实木		
2	实木		
2	实木		

17.7 床头柜加工图

床头柜由面板、侧板、底板等组成，本节介绍这些加工图的绘制方法，如面板加工图、侧脚条加工图等。

17.7.1 绘制面板加工图

Step 01 绘制面板外轮廓。执行REC【矩形】命令，绘制尺寸为468×374的矩形，如图 17-46所示。

Step 02 执行L【直线】命令、O【偏移】命令，绘制并偏移直线，如图17-47所示。

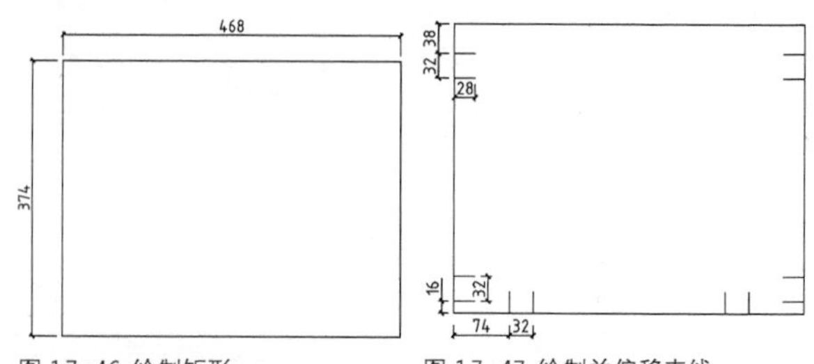

图 17-46 绘制矩形

图 17-47 绘制并偏移直线

Step 03 调用C【圆】命令，分别绘制半径为5、8的圆形来标注螺孔的位置，如图 17-48所示，定位尺寸请参考图 17-50。

Step 04 调用MLD【多重引线】命令，绘制引线标注如图 17-49所示。

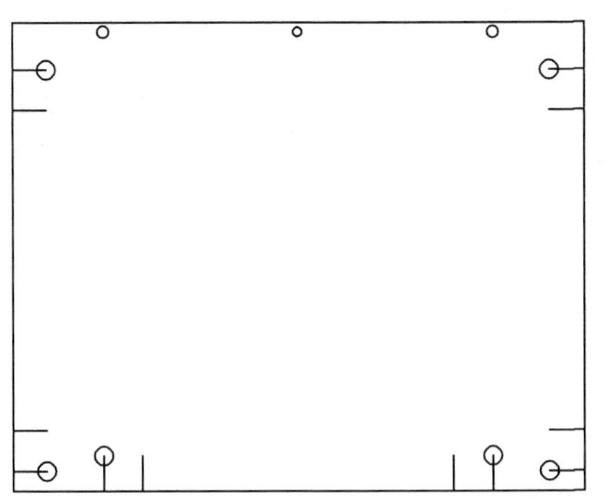
图 17-48 绘制圆形

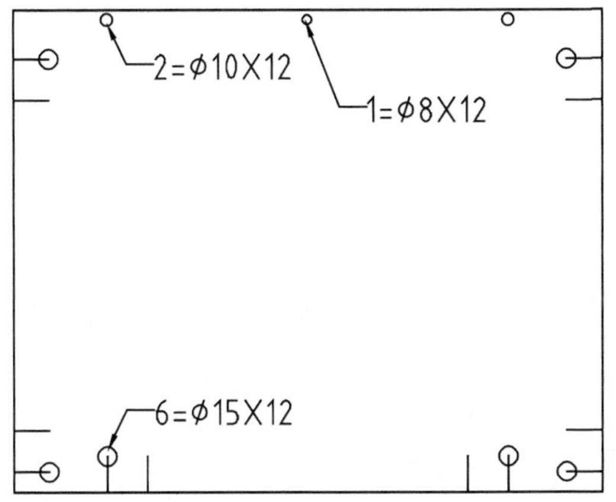

图 17-49 绘制引线标注

Step 05 执行DLI【线性标注】命令，为加工图绘制尺寸标注，如图 17-50所示。

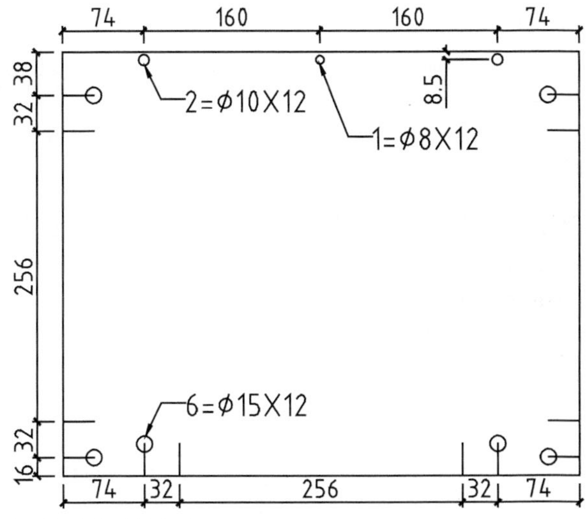

图 17-50 绘制尺寸标注

床头柜柜体其他零部件工图的绘制结果分别如图17-51、图17-52、图17-53 所示，分别为侧板加工图、底板加工图及背板加工图。

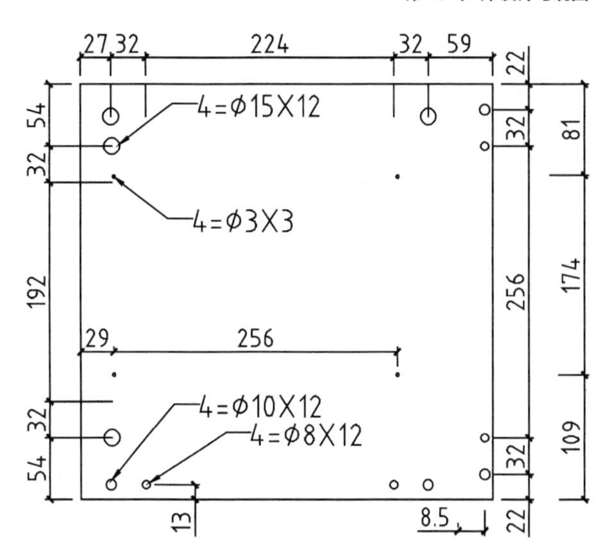

图 17-51 侧板加工图

技术要求：对称加工。

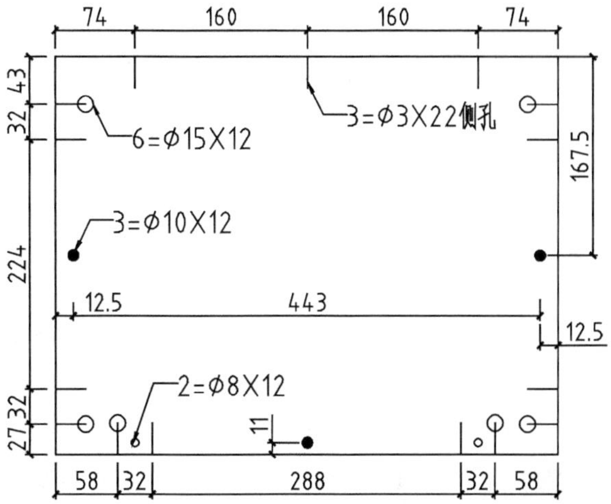

图 17-52 底板加工图

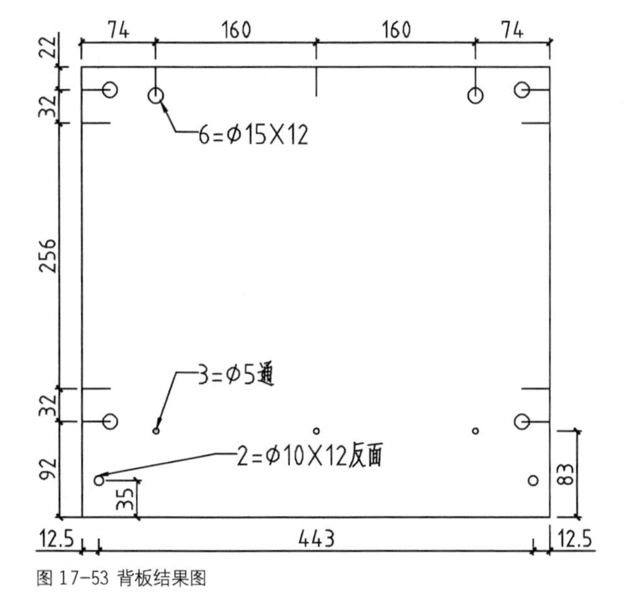

图 17-53 背板结果图

17.7.2 绘制侧脚条加工图

Step 01 绘制脚条外轮廓线。执行REC【矩形】命令，设置尺寸参数为70×460，绘制如图17-54所示的矩形。

Step 02 执行L【直线】命令，绘制如图 17-55所示的线段。

图 17-54 绘制矩形

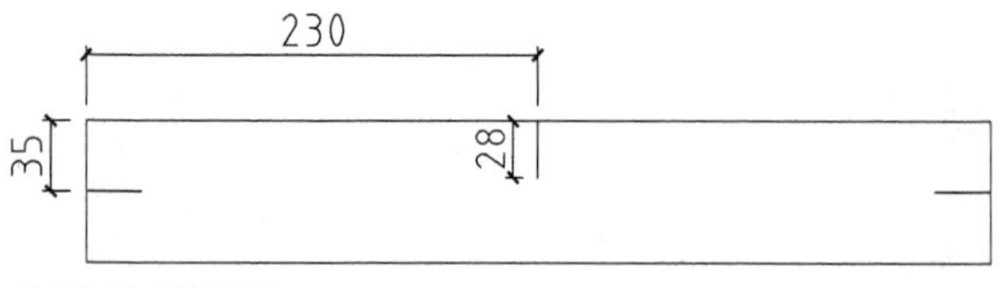

图 17-55 绘制直线

Step 03 调用C【圆】命令，设置半径为8，标注螺孔位置如图 17-56所示。

Step 04 执行MLD【多重引线】命令，绘制如图 17-57所示的引线标注，标注螺孔的规格。

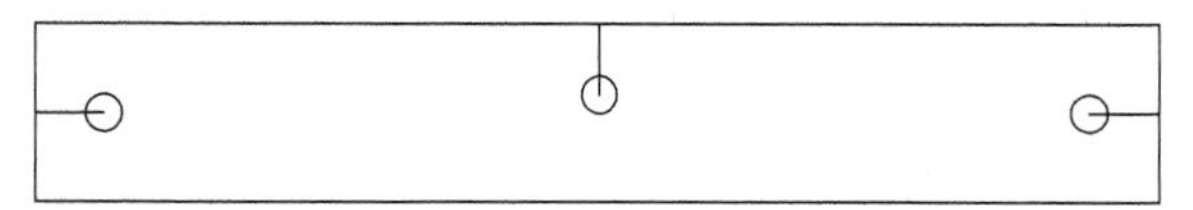

图 17-56 标注螺孔位置

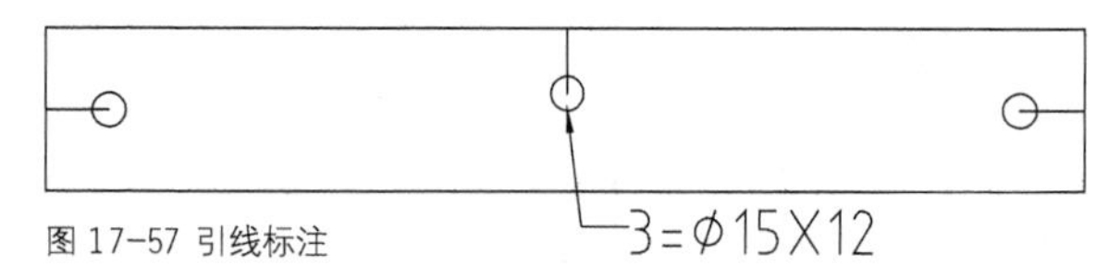

图 17-57 引线标注

Step 05 调用DLI【线性标注】命令，为加工图绘制尺寸标注，如图 17-58所示。

Step 06 双击尺寸标注文字，进入在位编辑状态，输入新标注文字，在空白处单击鼠标左键，编辑尺寸标注的结果，如图 17-59所示。

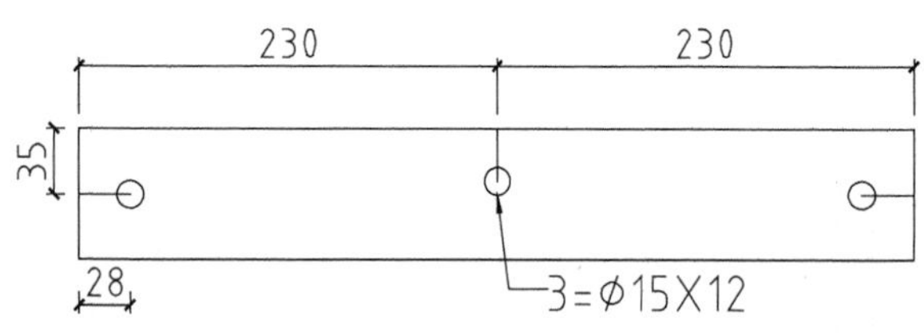

图 17-58 尺寸标注

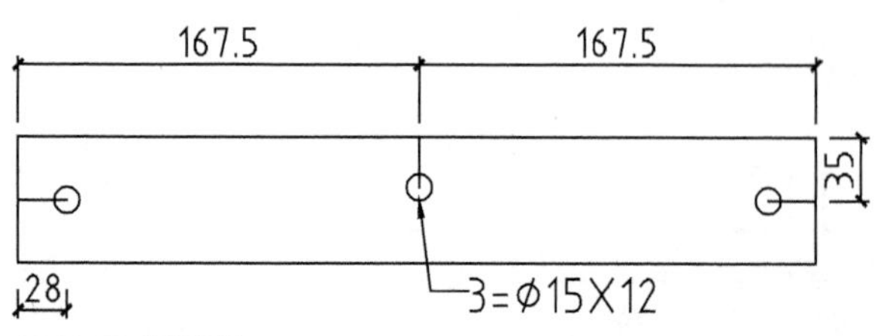

图 17-59 编辑标注

参考侧脚条的绘制方法，继续绘制前脚条加工图，结果如图 17-60 所示。另外，底板横条加工图（图 17-61）及面板横条加工图（图 17-62）的绘制方法与本节所介绍的绘制方法相同，在学习完成本节内容后，可以练习绘制这两个加工图。

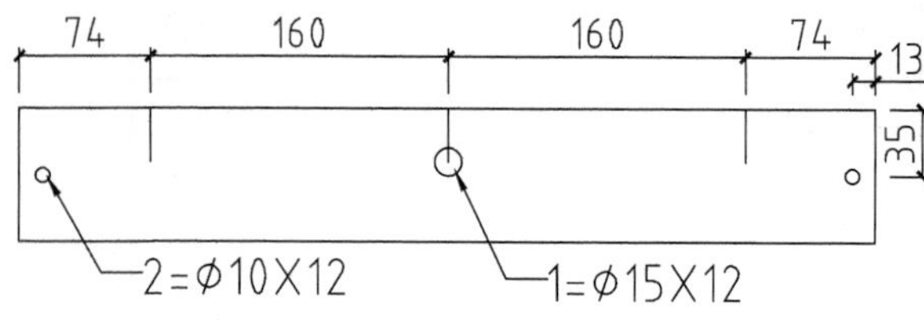

图 17-60 脚条加工图

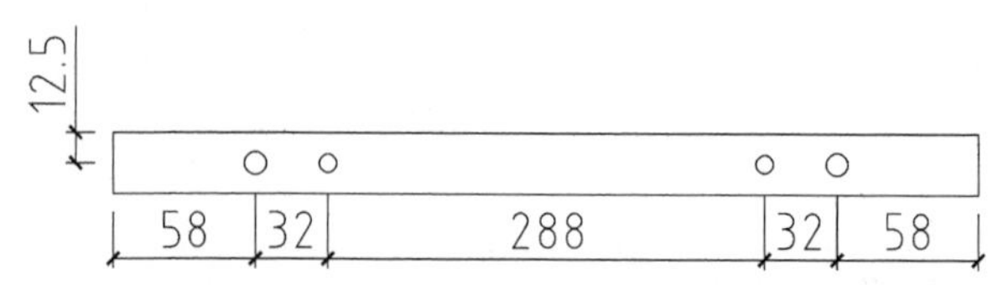

图 17-61 底板横条加工图

图 17-62 面板横条加工图

17.7.3 绘制侧横条加工图

Step 01 执行REC【矩形】命令，设置尺寸参数为388×29，绘制如图 17-63所示的侧横条外轮廓线。

Step 02 调用X【分解】命令分别矩形，接着执行O【偏移】命令，偏移矩形边如图 17-64所示。

图 17-63 绘制矩形

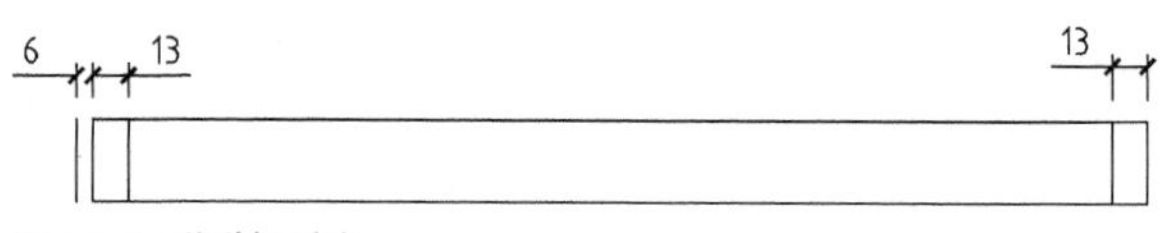

图 17-64 偏移矩形边

Step 03 执行L【直线】命令，绘制连接线段，如图 17-65所示。

Step 04 调用A【圆弧】命令，以矩形角点为起点、垂直线段中点为第二点，另一矩形角点为端点，绘制如图 17-66所示的圆弧。

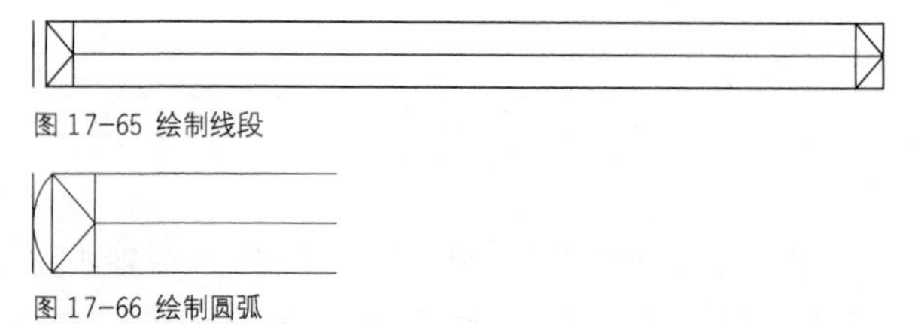

图 17-65 绘制线段

图 17-66 绘制圆弧

Step 05 执行E【删除】命令，删除线段如图 17-67所示。

Step 06 执行EL【椭圆】命令，分别绘制长边为6、短边为1.8，以及长边为4.6、短边为1.1的椭圆标注螺孔位置，如图 17-68所示，定位尺寸请参考图17-70。

图 17-67 删除线段

图 17-68 绘制椭圆

Step 07 调用MLD【多重引线】命令，绘制引线标注以注明螺孔的规格，如图 17-69所示。

Step 08 执行DLI【线性标注】命令，绘制尺寸标注如图 17-70所示。

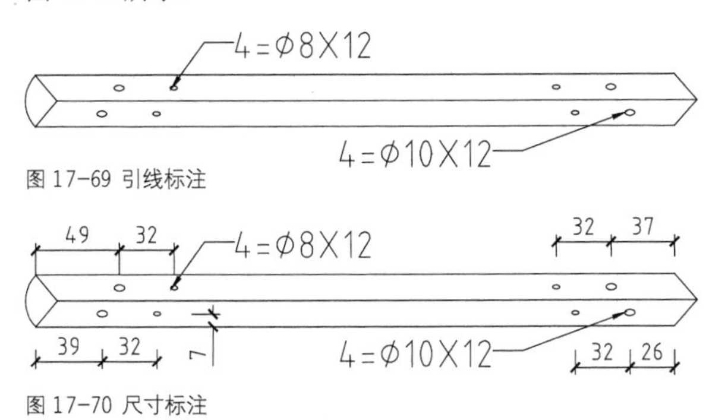

图 17-69 引线标注

图 17-70 尺寸标注

Step 09 执行MT【多行文字】命令，绘制技术要求文字，如图 17-71所示。

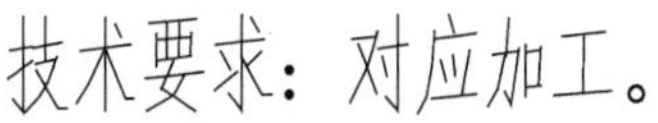

技术要求：对应加工。

图 17-71 绘制技术要求文字

请参考以上所介绍的内容，自行绘制桶前条加工图、侧板前条加工图，结果分别如图 17-72、图 17-73 所示。

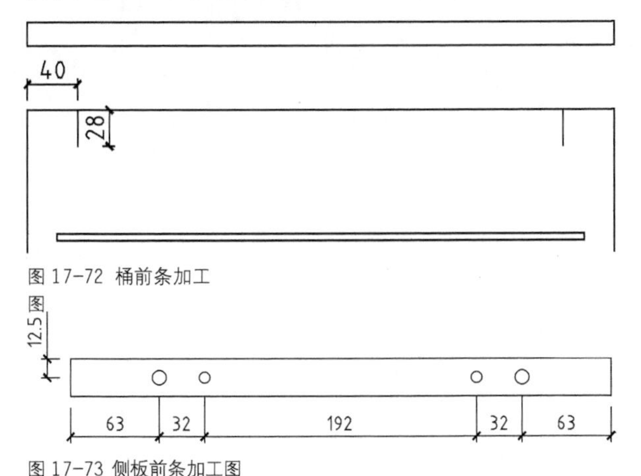

图 17-72 桶前条加工图

图 17-73 侧板前条加工图

17.7.4 绘制下抽面板加工图

Step 01 绘制下抽面板双视图轮廓线。执行REC【矩形】命令，绘制如图 17-74所示的矩形。

Step 02 绘制拉槽。调用REC【矩形】命令，修改尺寸参数，绘制拉槽轮廓线如图 17-75所示。

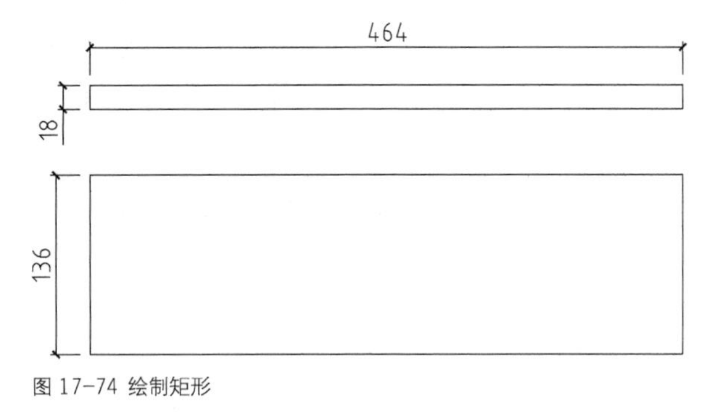

图 17-74 绘制矩形

图 17-75 绘制拉槽

Step 03 调用L【直线】命令，绘制高度为28的垂直线段，如图17-76所示。

Step 04 调用C【圆】命令，分别设置半径为4、5，绘制圆形以标注螺孔位置，如图 17-77所示，定位尺寸请参考图 17-79。

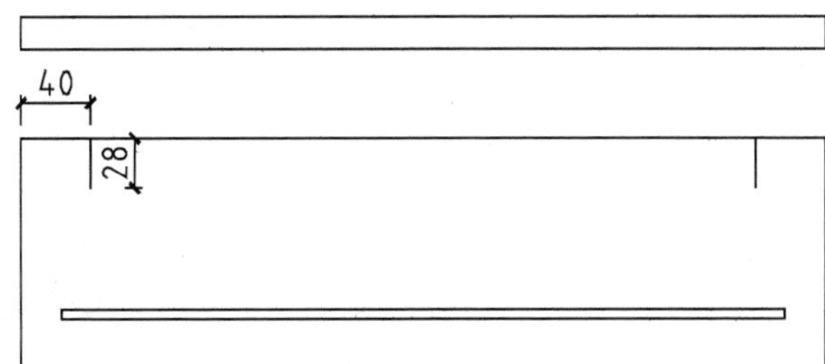

图 17-76 绘制线段

图 17-77 绘制圆形

Step 05 调用MLD【多重引线】命令，绘制引线标注来注明零部件的规格，如图 17-78所示。

Step 06 执行DLI【线性标注】命令，为加工图绘制尺寸标注，如图 17-79所示。

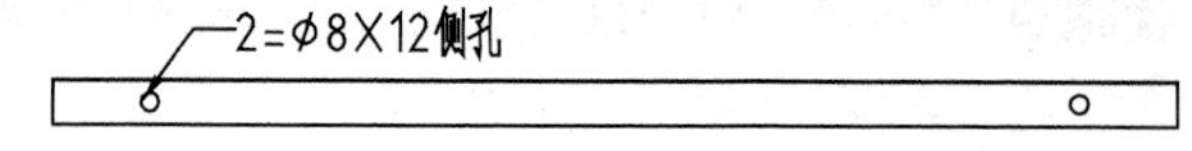

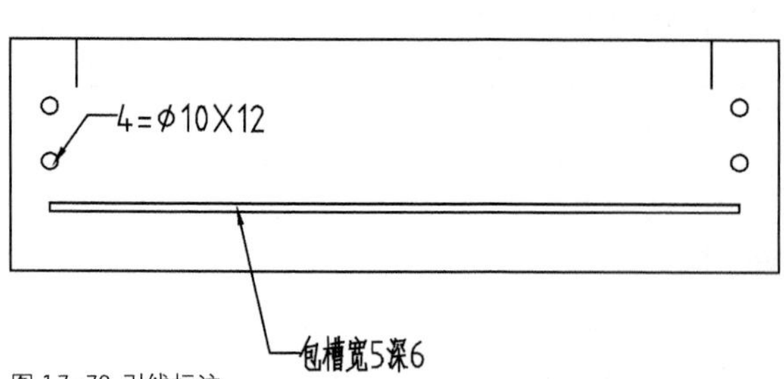

图 17-78 引线标注

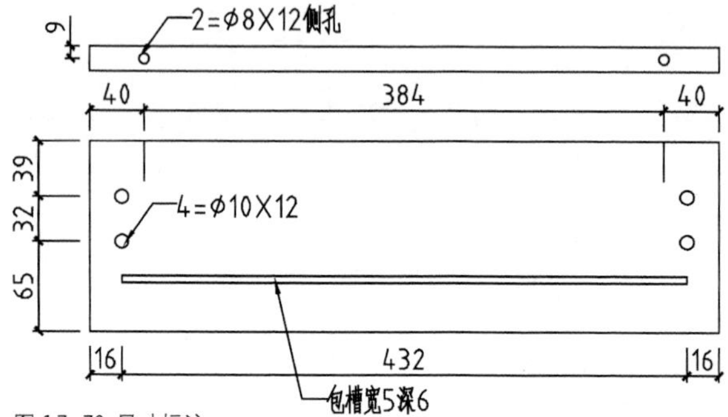

图 17-79 尺寸标注

沿用本节的绘制方法，继续绘制抽屉其他零部件加工图，如上抽面板加工图、桶尾加工图、桶侧板加工图，绘制结果分别如图 17-80、图 17-81、图 17-82 所示。

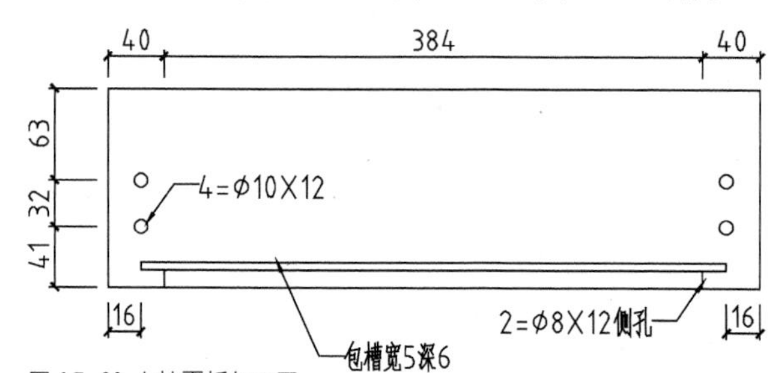

图 17-80 上抽面板加工图

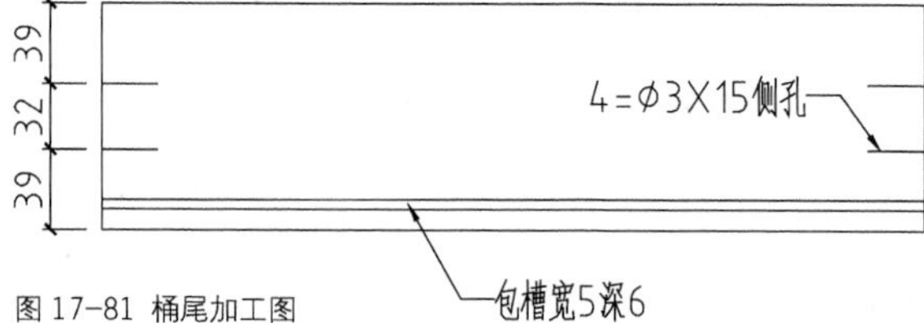

图 17-81 桶尾加工图

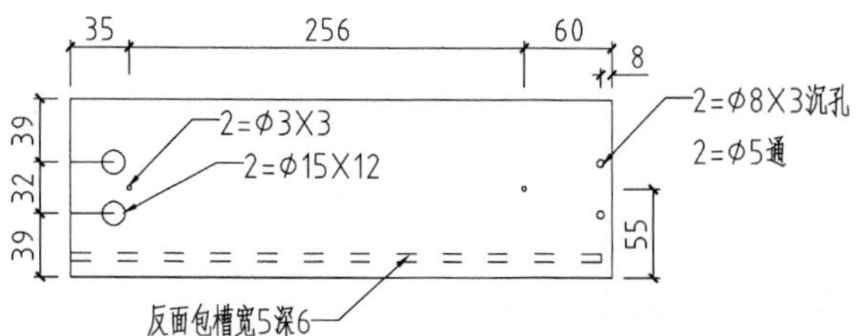

图 17-82 桶侧板加工图

第 18 章 鞋柜、餐柜设计与制图

本章以鞋柜与餐柜为例，介绍鞋柜与餐柜的工艺文件，包括鞋柜与餐柜外形图、鞋柜与餐柜开料明细表以及鞋柜与餐柜加工图。

18.1 鞋柜外形图

鞋柜透视图如图 18-1 所示，尺寸规格为 800mm × 350mm × 1100mm，由柜体、翻斗、抽屉组成。柜体零部件组合示意图如图 18-2 所示，由面板、侧板、底板等组成。

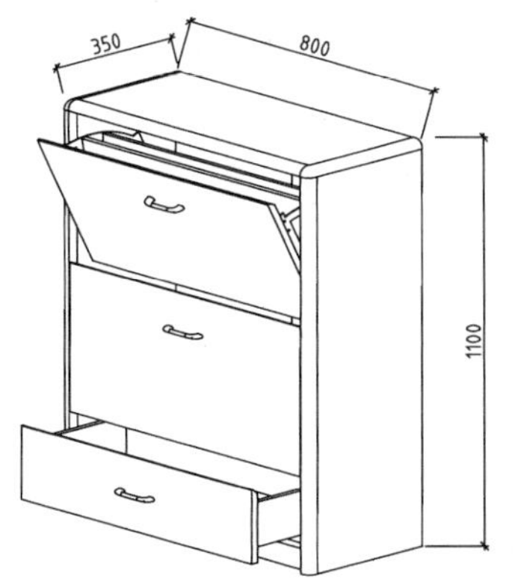

图 18-1 鞋柜透视图

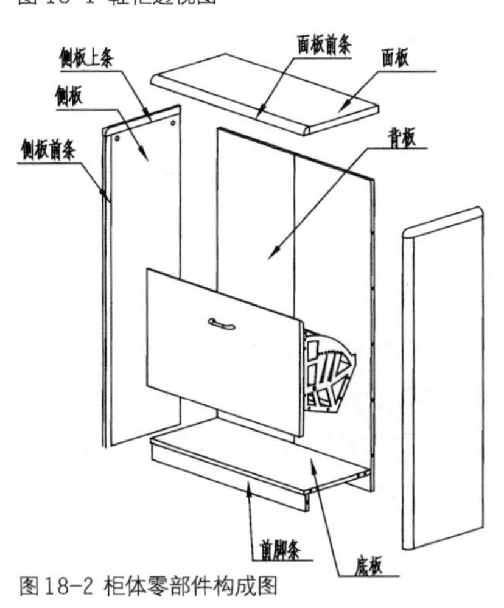

图 18-2 柜体零部件构成图

翻斗的零部件组合示意图如图 18-3 所示，由翻斗层板、翻斗面板组成。抽屉的零部件组合示意图如图 18-4 所示，分别由抽底板、抽侧板、抽面板组成。

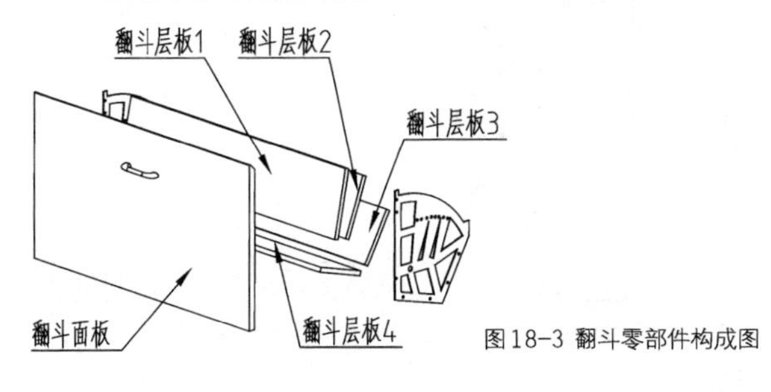

图 18-3 翻斗零部件构成图

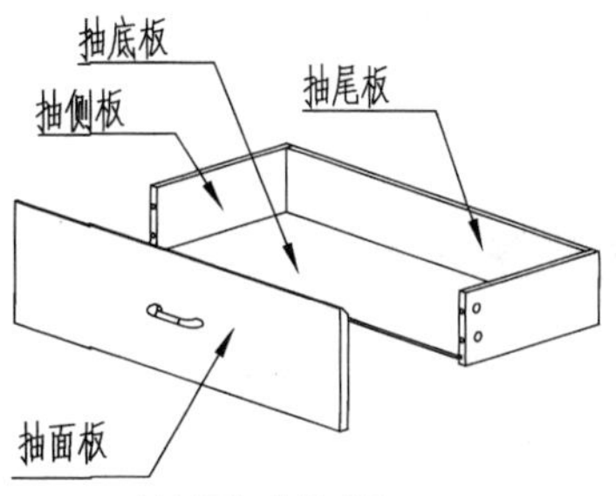

图 18-4 抽屉零部件构成图

18.2 鞋柜开料明细表

鞋柜开料明细表见表 18-1，在表中详细列出了各零部件的开料尺寸、数量、材料种类及其颜色。

表18-1 鞋柜开料明细表

序号	零部件名称	开料尺寸
1	侧板	1073 × 323 × 25
2	底板	747 × 313 × 15
3	面板	747×323×25
4	背板	1073 × 373 × 15
5	前脚条	747 × 59 × 15
6	抽面板	742 × 199 × 18
7	抽侧板	299 × 119 × 15
8	抽尾板	697 × 119 × 15
9	抽底板	709 × 295 × 5
10	翻斗面板	742 × 402 × 18
11	翻半层板1	737 × 167 × 12
12	翻斗层板2	737 × 151 × 12
13	翻斗层板3/4	737 × 137 × 12
14	侧板前条	1074 × 26 × 26
15	侧板上条	350 × 26 × 26
16	面板前条	748 × 26 × 26

序号	数量	材料名称	颜色	封边
1	2	刨花板	金柚色	4
2	1	刨花板	金柚色	4
3	1	刨花板	金柚色	4
4	2	刨花板	金柚色	4
5	1	刨花板	金柚色	4
6	1	花梨木	黑色	4
7	2	刨花板	金柚色	4
8	1	刨花板	金柚色	4
9	1	刨花板	金柚色	

（续表）

序号	数量	材料名称	颜色	封边
10	2	刨花板	金柚色	4
11	2	双面中纤板	白色	4
12	2	双面中纤板	白色	4
13	4	双面中纤板	白色	4
14	2	实木	水冬瓜	
15	2	实木	水冬瓜	
16	1	实木	水冬瓜	

18.3 鞋柜五金配件明细表

鞋柜五金配件明细表见表 18-2，在表格中详细罗列了各类五金配件的规格及数量。

表18-2 鞋柜五金配件明细表

分类名称	材料名称	规格	数量
封袋配件	三合一	ϕ15×11/ϕ7×28	26套
	木榫	ϕ8×30	18个
	自攻螺丝	ϕ4×14	20粒
	自攻螺丝	ϕ4×35	8粒
	白脚钉		6粒
	拉手螺丝	ϕ4×22	6粒
	鞋架配件		2套
安装配件	三合一	ϕ15×11/ϕ7×28	16套
	木榫	ϕ8×30	10个
发包装配件	二节路轨	12 " [300mm]	1幅
	拉手	孔距96mm	2个
	鞋架		2套

18.4 鞋柜加工图

本节介绍鞋柜左侧板加工图、面板加工图、左背板加工图等多种类型加工图的绘制方法，其他类型的加工图请参考每小节的末尾附图。

18.4.1 绘制左侧板加工图

Step 01 绘制侧板三视图。执行REC【矩形】命令，分别设置尺寸参数，绘制如图 18-5所示的矩形。

Step 02 调用L【直线】命令，绘制边长为20的等腰三角形，接着执行H【图案填充】命令，选择SOLID图案，对三角形执行填充操作，封边符号的绘制结果如图 18-6所示。

Step 03 调用L【直线】命令、O【偏移】命令、C【圆】命令，绘制零部件符号如图 18-7所示，定位尺寸请参考图 18-10。

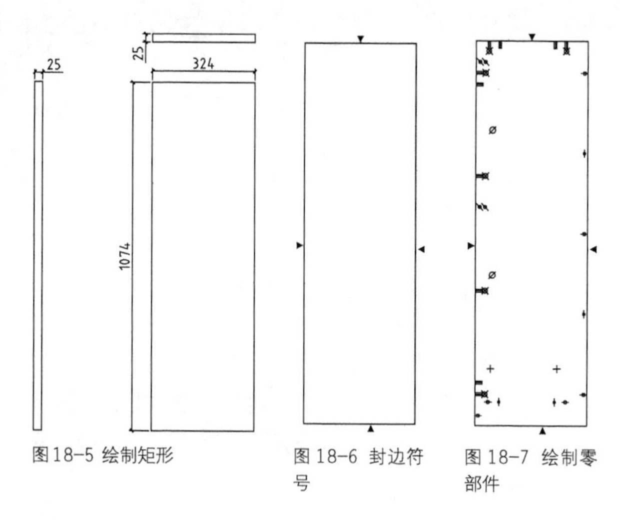

图18-5 绘制矩形　　图 18-6 封边符号　　图 18-7 绘制零部件

Step 04 执行CO【复制】命令，将零部件符号复制至其他视图上，如图 18-8所示。

Step 05 执行MLD【多重引线】命令，为零部件绘制引线标注，如图 18-9所示。

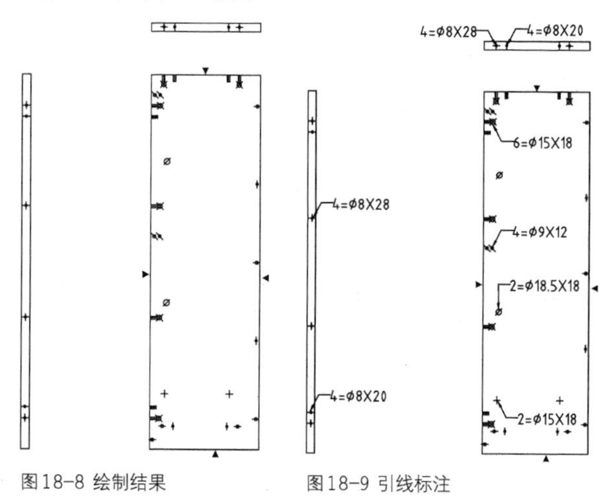

图18-8 绘制结果　　图18-9 引线标注

Step 06 调用DLI【线性标注】命令，绘制尺寸标注以注明零部件在侧板上的位置，如图 18-10所示。

Step 07 调用MT【多行文字】命令，绘制标注文字以说明技术要求，如图 18-11所示。

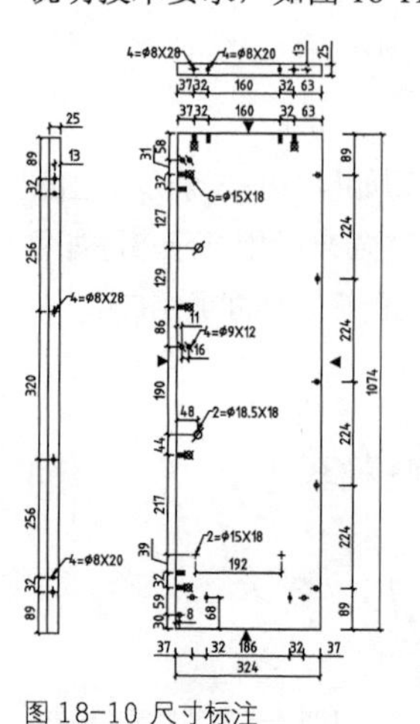

图 18-10 尺寸标注

技术要求：分左右配对制作。

图 18-11 绘制标注文字

参考本节所介绍的方法，继续绘制侧板前条加工图（图 18-12）、侧板上条加工图（图 18-13）。

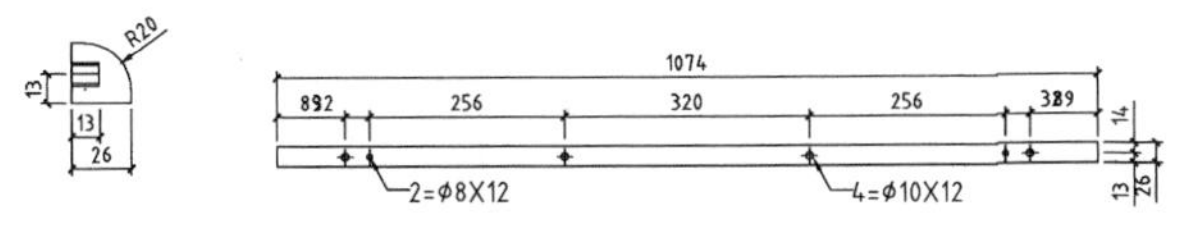

图 18-12 侧板前条加工图

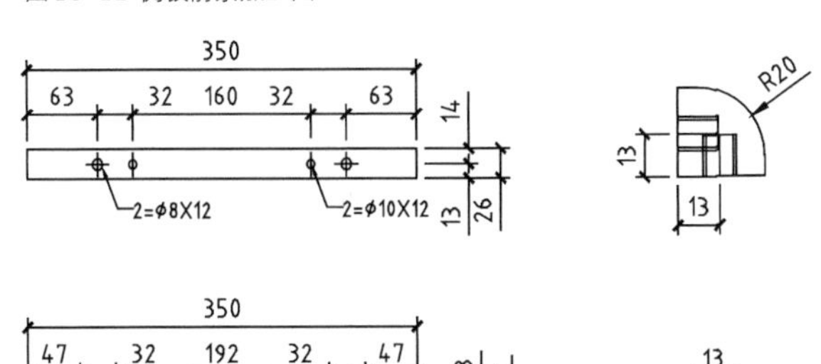

图 18-13 侧板上条加工图

18.4.2 绘制面板加工图

Step 01 绘制面板三视图。执行REC【矩形】命令，分别绘制如图 18-14所示的矩形来表示面板三视图。

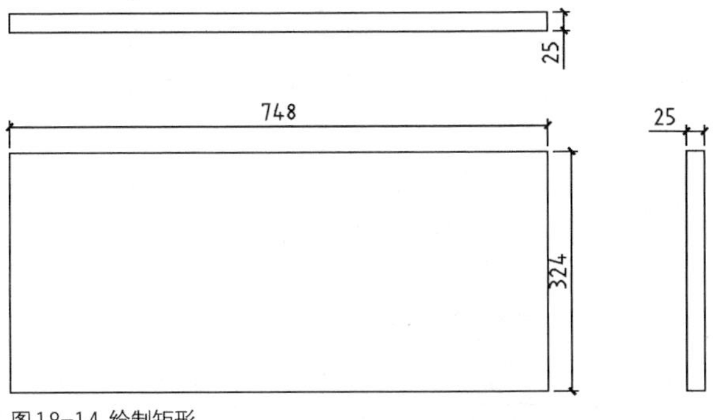

图 18-14 绘制矩形

Step 02 调用L【直线】命令、H【图案填充】命令，绘制等腰三角形并对其填充SOLID图案，封边符号的绘制结果如图 18-15所示。

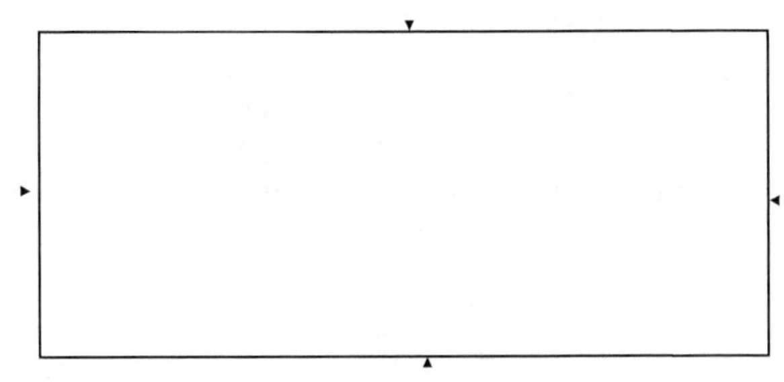

图 18-15 绘制封边符号

Step 03 调用C【圆】命令、L【直线】命令，标注螺丝、螺孔等零部件的位置，如图 18-16所示，详细尺寸参考图 18-18。

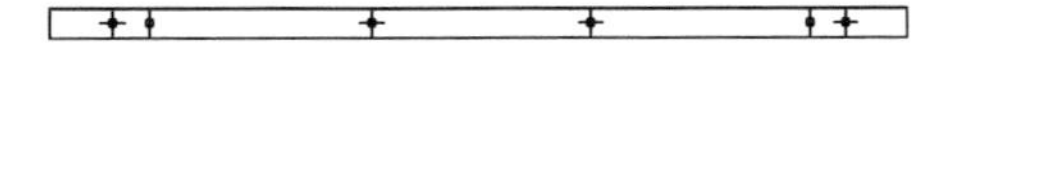

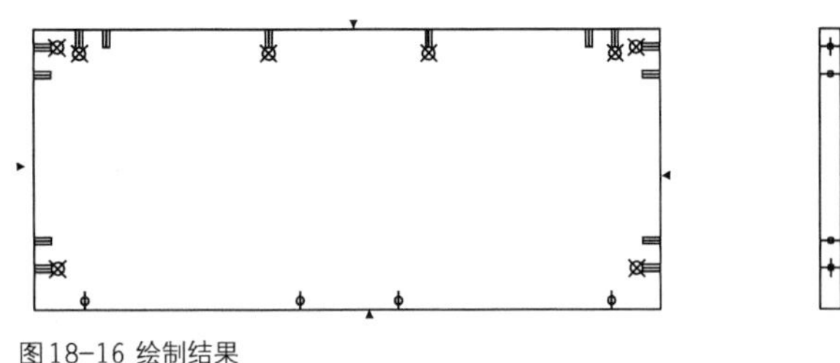

图 18-16 绘制结果

Step 04 调用MLD【多重引线】命令，绘制引线标注以注明零部件的规格，如图 18-17所示。

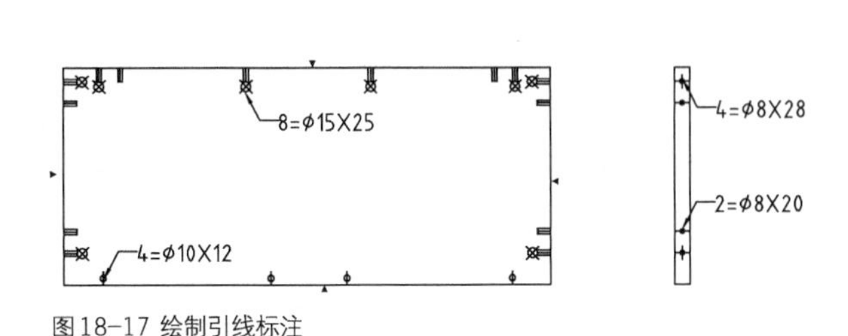

图 18-17 绘制引线标注

Step 05 调用DLI【线性标注】命令，绘制尺寸标注，注明螺丝、螺孔等零部件在面板上的位置，如图 18-18所示。

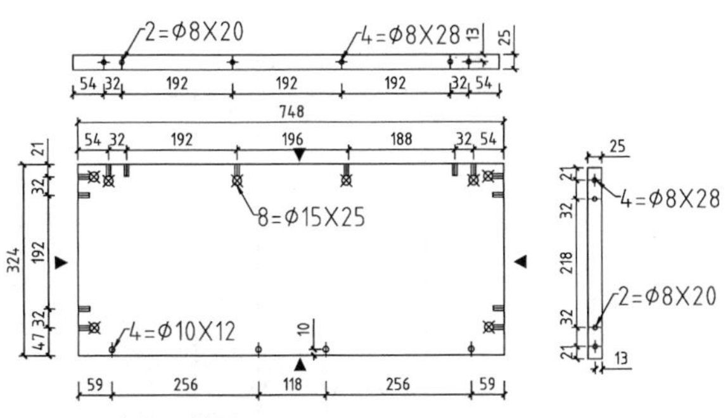

图 18-18 绘制尺寸标注

参考本节所介绍的方法，绘制面板前条加工图，绘制结果如图 18-19 所示。

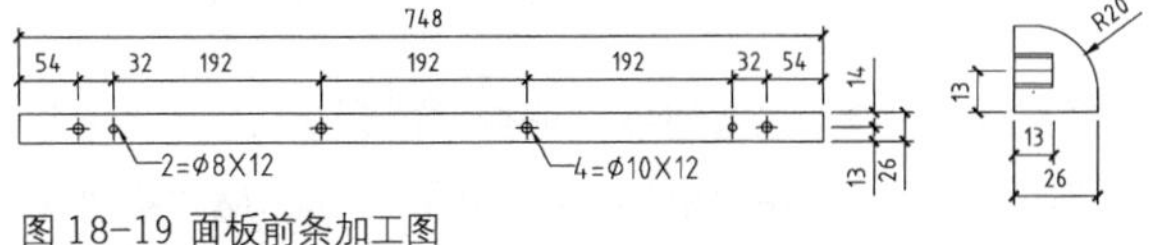

图 18-19 面板前条加工图

此外，底板加工图、脚条加工图的绘制方法可以参考面板加工图绘制方法的介绍，加工图的绘制结果如图 18-20、图 18-21 所示。

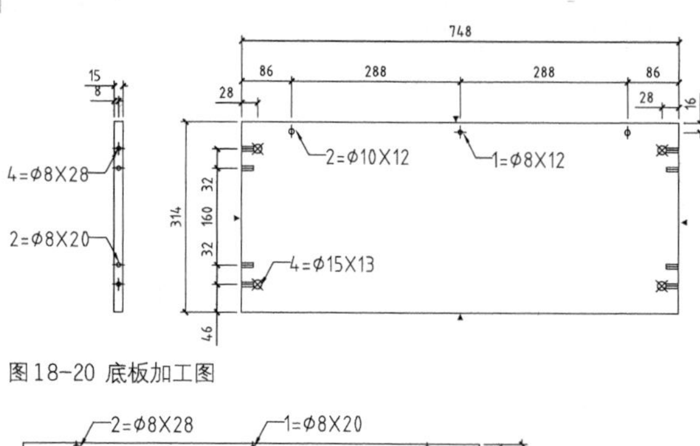

图18-20 底板加工图

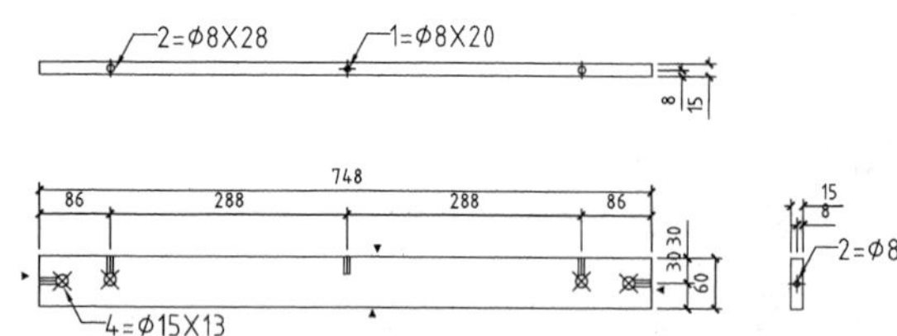

图18-21 脚条加工图

18.4.3 绘制左背板加工图

Step 01 绘制背板多视图。执行REC【矩形】命令，参考如图 18-22所示中所提供的尺寸标注，绘制视图轮廓线。

Step 02 执行L【直线】命令、H【图案填充】命令，绘制等腰三角形并填充SOLID图案，封边符号的绘制结果如图 18-23所示。

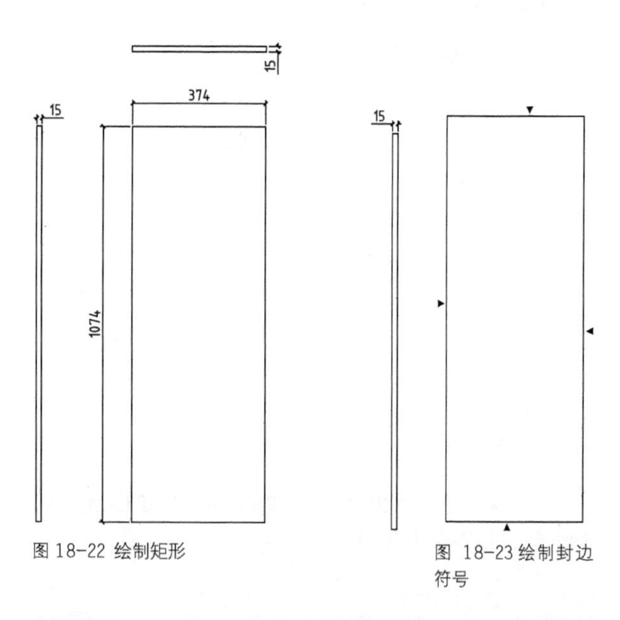

图 18-22 绘制矩形

图 18-23 绘制封边符号

Step 03 分别调用L【直线】命令、C【圆】命令，绘制零部件符号，接着调用CO【复制】命令、M【移动】命令，复制并调整零部件符号的位置，如图 18-24所示，定位尺寸请参考图 18-26。

Step 04 调用MLD【多重引线】命令，绘制引线标注如图 18-25所示。

Step 05 调用DLI【线性标注】命令，绘制尺寸标注，标注零部件在背板上的位置，如图 18-26所示。

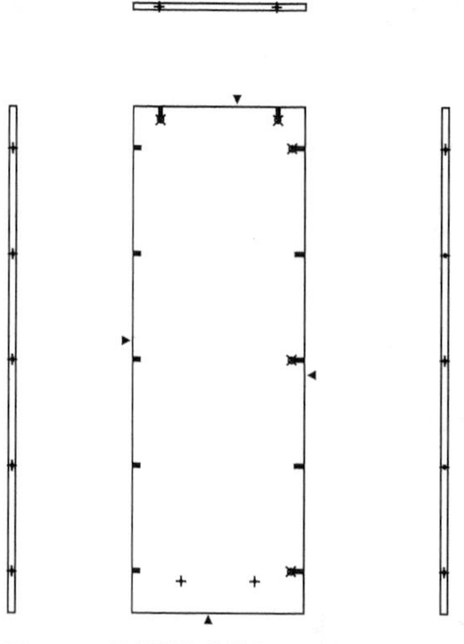

图 18-24 绘制零部件符号

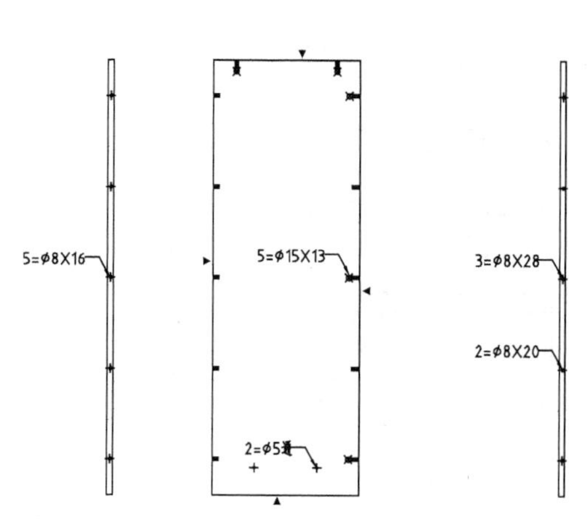

图 18-25 绘制引线标注

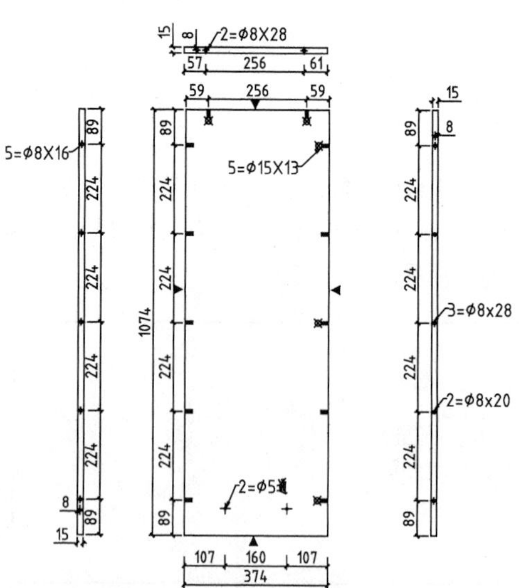

图 18-26 绘制尺寸标注

18.4.4 绘制抽面板加工图

Step 01 绘制面板轮廓线。执行REC【矩形】命令，绘制尺寸为743×200的矩形，如图 18-27所示。

Step 02 绘制包槽。重复执行REC【矩形】命令，修改尺寸参数，绘制包槽外轮廓线，如图 18-28所示。

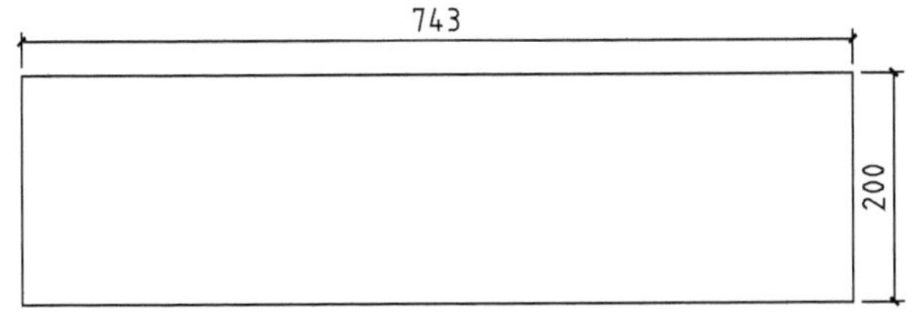

图 18-27 绘制矩形

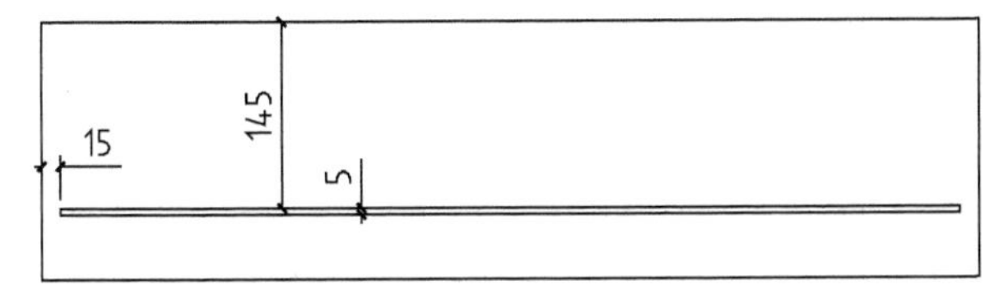

图 18-28 绘制包槽

Step 03 调用L【直线】命令，绘制边长为10的等腰三角形，执行H【图案填充】命令，对三角形填充SOLID图案，封边符号的绘制结果如图 18-29所示。

Step 04 执行L【直线】命令、C【圆】命令，绘制螺丝、螺孔等零部件符号，如图 18-30所示，定位尺寸请参考图 18-36。

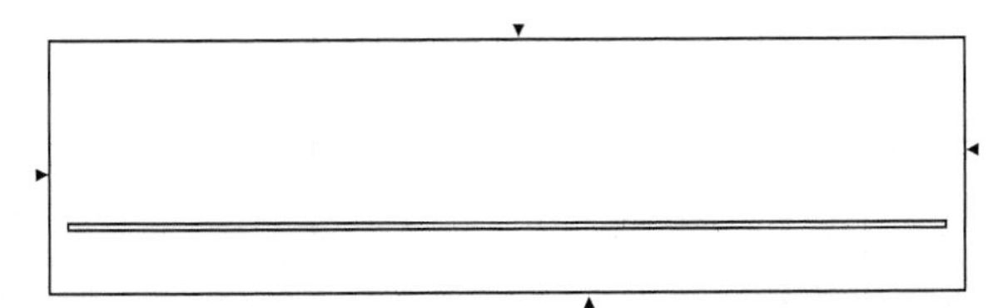

图 18-29 绘制封边符号

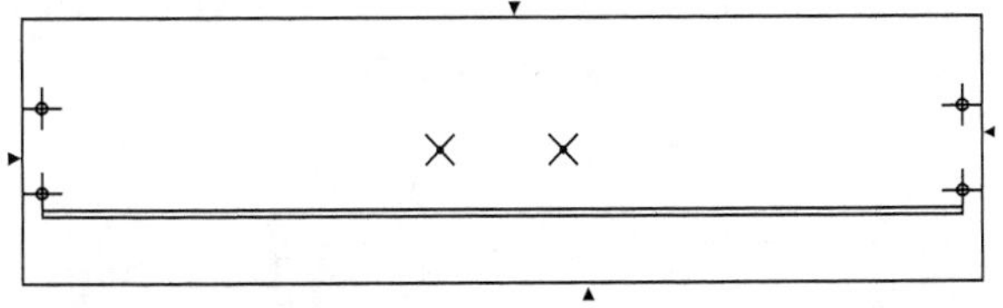

图 18-30 绘制零部件符号

Step 05 绘制面板截面图。调用REC【矩形】命令，绘制尺寸为202×18的矩形，接着执行L【直线】命令，绘制斜线，连接矩形的长边及短边，如图 18-31所示。

Step 06 调用TR【修剪】命令，修剪矩形，如图 18-32所示。

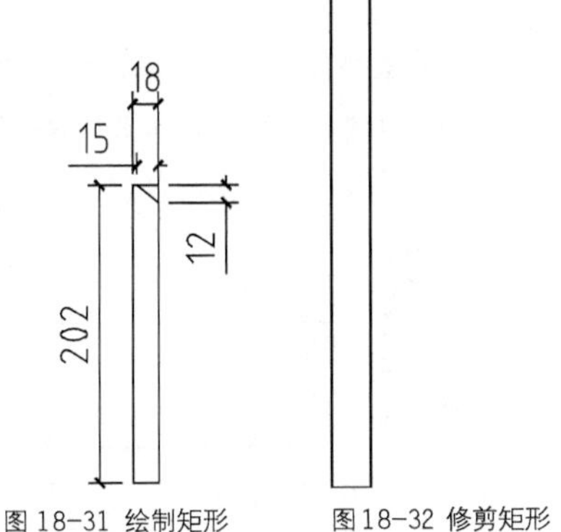

图 18-31 绘制矩形　　图 18-32 修剪矩形

Step 07 调用H【图案填充】命令，在“图案”面板上选择AR-SAND图案，设置填充比例为0.2，如图 18-33所示。

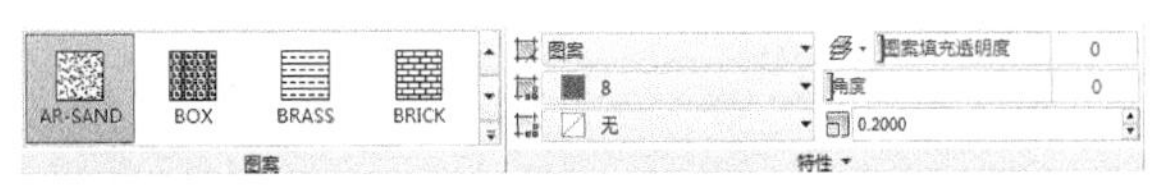

图 18-33 设置参数

Step 08 在矩形内单击左键拾取填充区域，按下回车键，完成填充操作，结果如图 18-34所示。

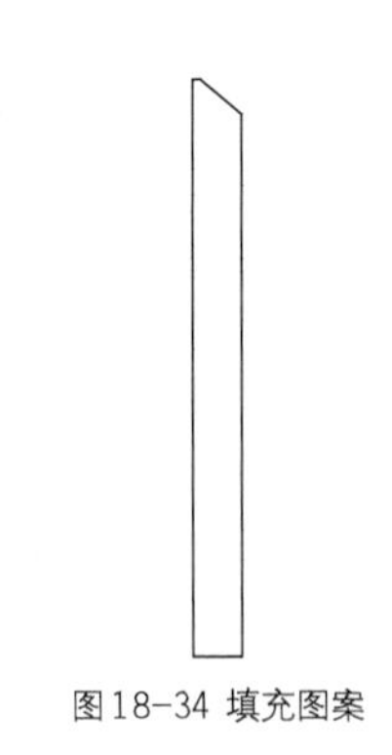

图 18-34 填充图案

Step 09 执行MLD【多重引线】命令，绘制引线标注，标注零部件规格如图 18-35所示。

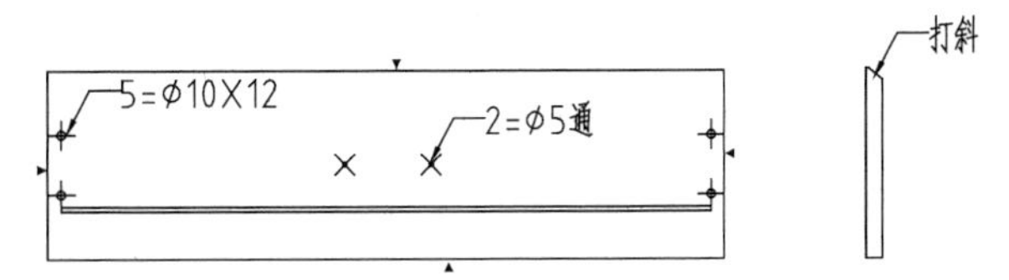

图 18-35 绘制引线标注

Step 10 调用DLI【线性标注】命令，绘制尺寸标注以标注零部件在面板上的位置，如图 18-36所示。

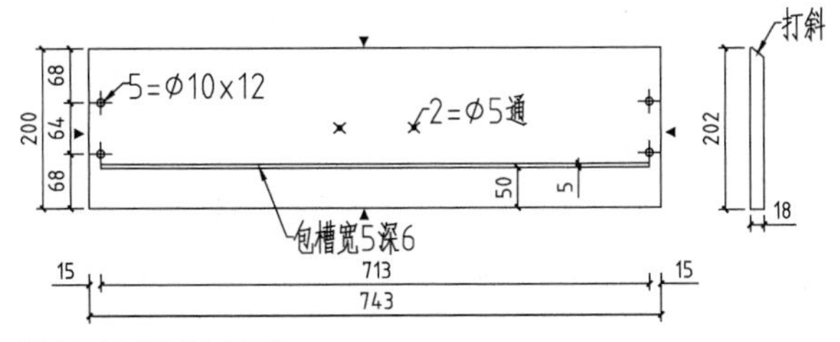

图 18-36 绘制尺寸标注

请参考本节内容，自行绘制抽屉其他加工图，如抽底板加工图、抽侧板加工图、抽尾板加工图，绘制结果分别如图 18-37、图 18-38、图 18-39 所示。

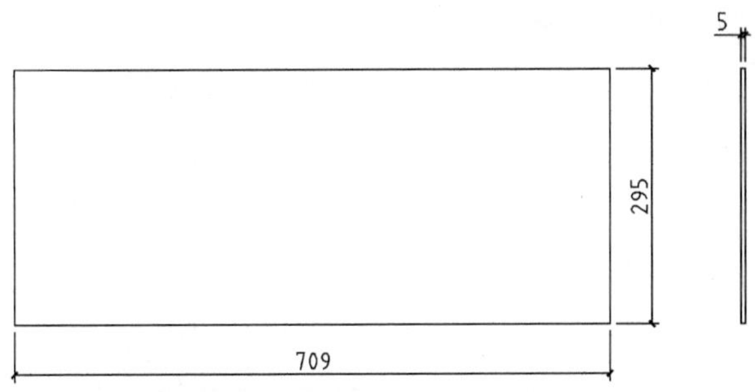

图 18-37 抽底板加工图

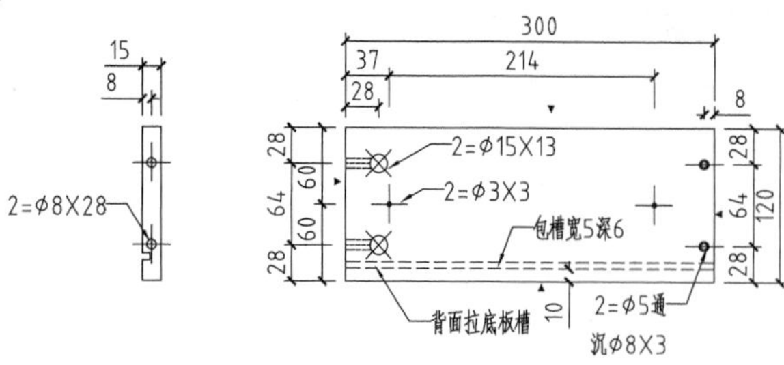

图18-38 抽侧板加工图

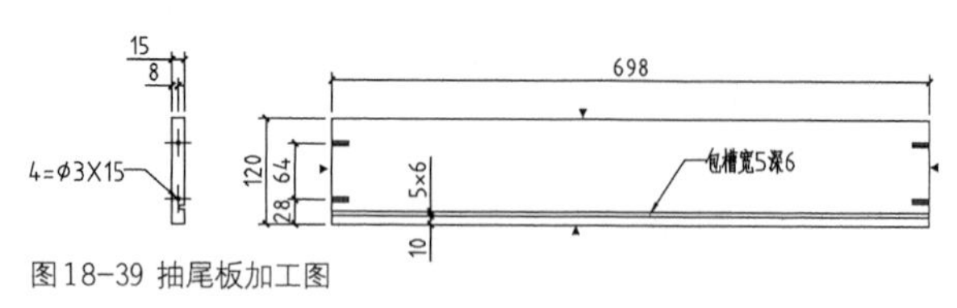

图18-39 抽尾板加工图

18.4.5 绘制翻斗板加工图

Step 01 绘制翻斗板轮廓线。执行REC【矩形】命令，设置尺寸参数为743×403，绘制如图 18-40所示的矩形。

Step 02 调用X【分解】命令分解矩形，执行O【偏移】命令，设置偏移距离为15，选择矩形边向内偏移，如图 18-41所示。

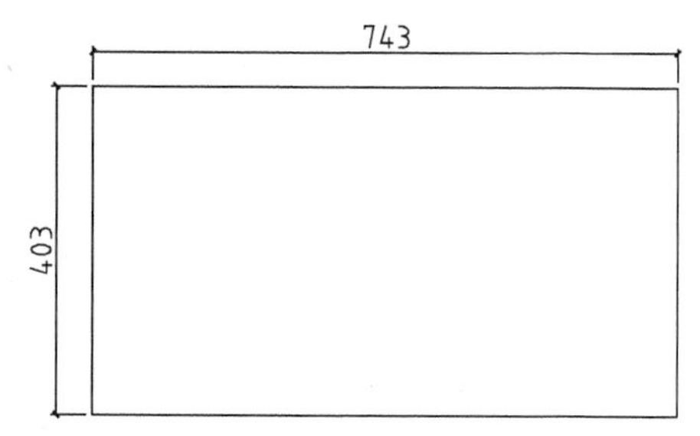

图 18-40 绘制矩形

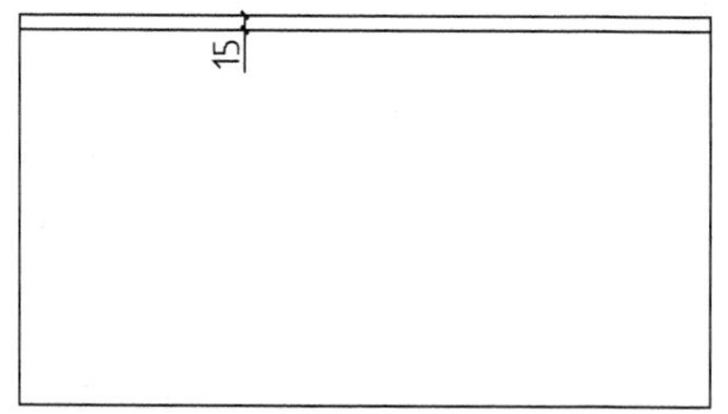

图18-41 偏移矩形边

Step 03 调用L【直线】命令、H【图案填充】命令，绘制封边符号如图 18-42所示。

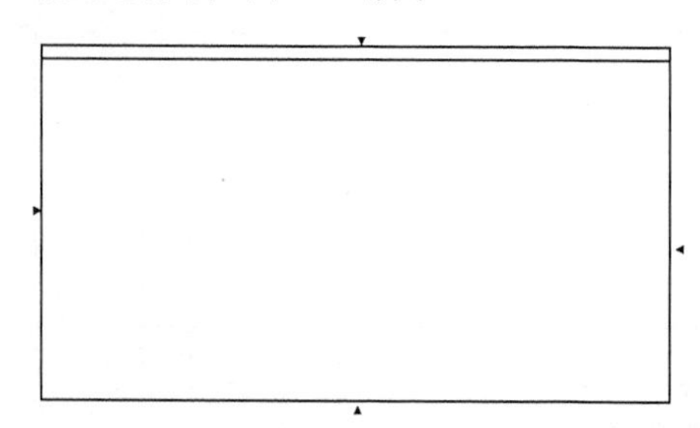

图18-42 绘制封边符号

Step 04 调用L【直线】命令、C【圆】命令、CO【复制】命令，绘制并复制零部件符号，结果如图 18-43所示，定位尺寸请参考图 18-46。

Step 05 绘制翻斗板截面图。调用REC【矩形】命令，设置尺寸参数为403×18，接着分别执行L【直线】命令、TR【修剪】命令，绘制线段并修剪矩形，结果如图 18-44所示。

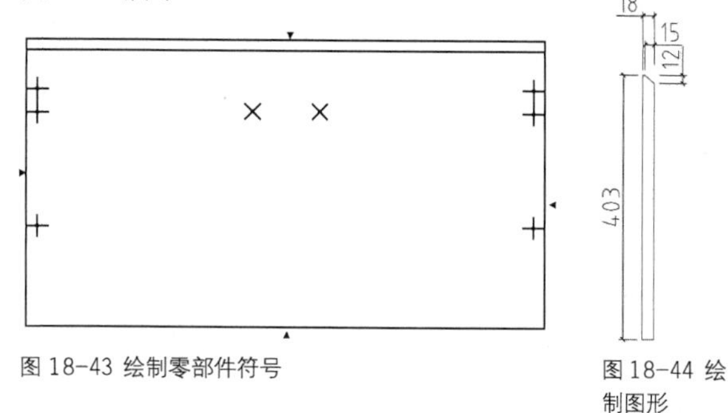

图 18-43 绘制零部件符号

图18-44 绘制图形

Step 06 调用MLD【多重引线】命令，绘制引线标注如图 18-45所示。

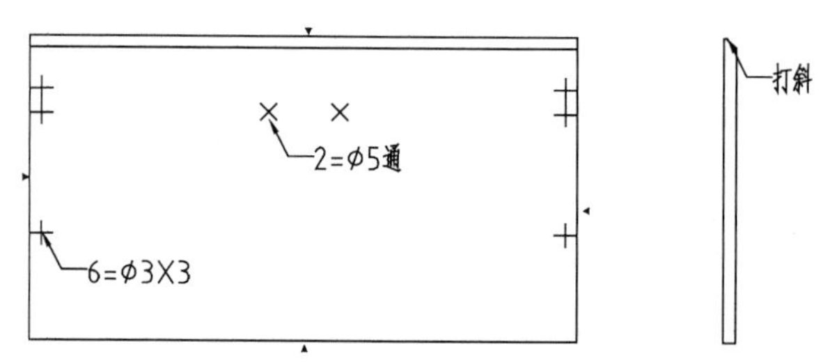

图18-45 绘制引线标注

Step 07 调用DLI【线性标注】命令，绘制尺寸标注，注明零部件位置，结果如图 18-46所示。

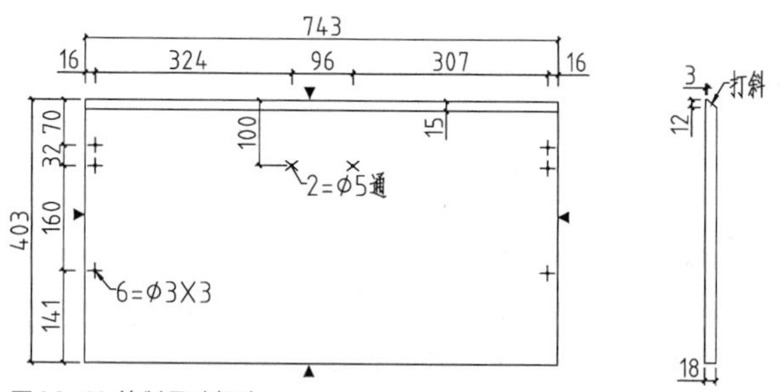

图18-46 绘制尺寸标注

参考本节所介绍的绘制方法，继续绘制翻斗层板加工图，绘制结果分别如图 18-47、图 18-48、图 18-49、图 18-50 所示。

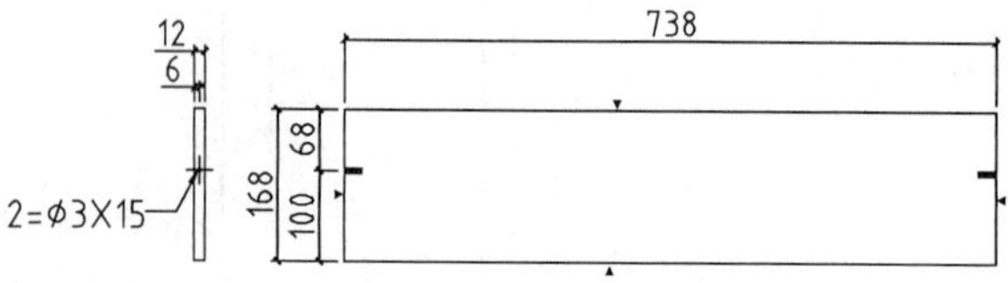

图 18-47 翻斗层板 1 加工图

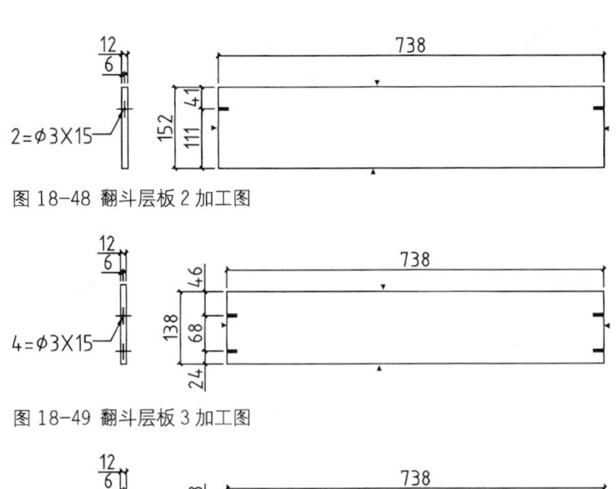

图 18-48 翻斗层板 2 加工图

图 18-49 翻斗层板 3 加工图

图 18-50 翻斗层板 4 加工图

18.5 餐柜外形图

餐柜透视图如图 18-51 所示，尺寸规格为 800mm×420mm×1000mm，由柜体与抽屉组成。柜体零部件构成示意图如图 18-52 所示，由面板、侧板、层板、底板等组成。

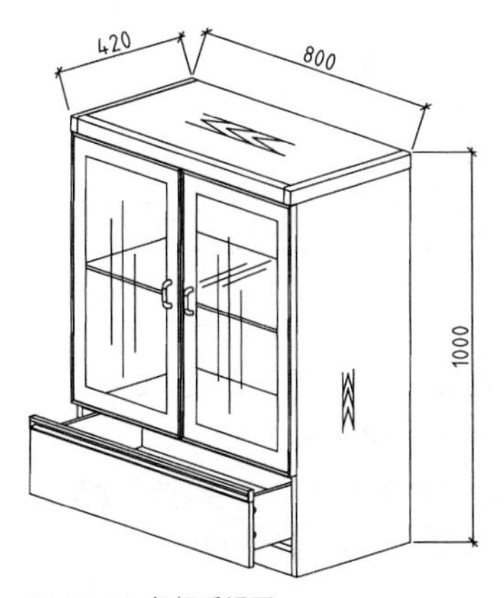

图 18-51 餐柜透视图

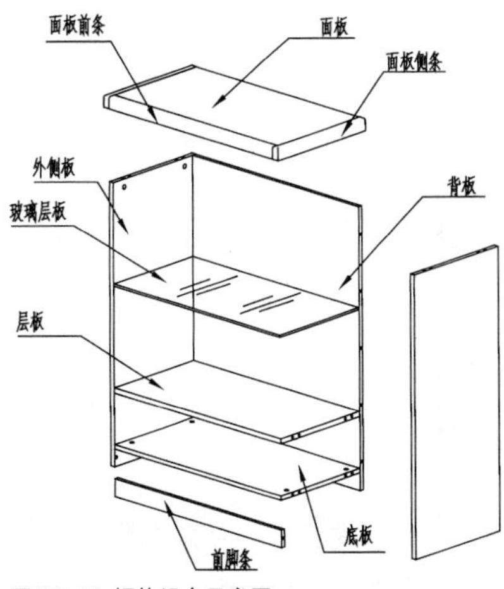

图 18-52 柜体组合示意图

餐柜柜门由铝门框与玻璃组成，构成示意图如图 18-53 所示。抽屉由抽面板、抽底板、抽尾板以及抽侧板组成，组合示意图如图 18-54 所示。

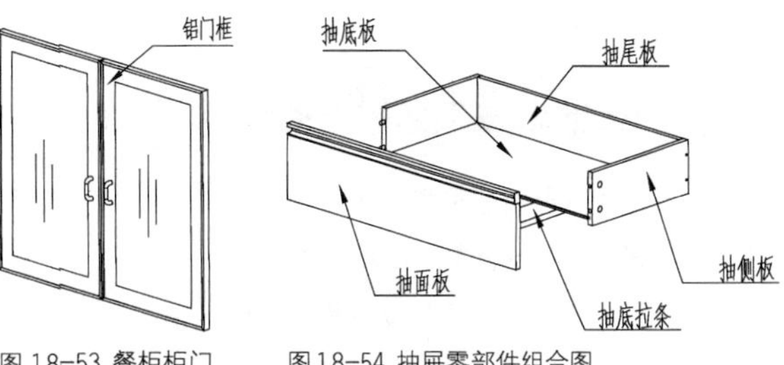

图 18-53 餐柜柜门　　图 18-54 抽屉零部件组合图

18.6 餐柜开料明细表

餐柜开料明细表见表 18-3，在表中列举了各零件的规格、数量、材料名称及颜色等。

表18-3 餐柜开料明细表

序号	零部件名称	开料尺寸	数量
1	外侧板	959×396×18	2
2	底板	761×380×15	1
3	层板	761×380×18	1
4	面板	749×394×40	1
		760×405×15	1
		760×60×25	2
		285×60×25	3
5	前脚条	761×59×15	1
6	抽面板	797×167×15	1
7	抽侧板	349×139×15	2
8	抽尾板	710×139×15	1
9	抽底拉条	333×79×15	1
10	抽底板	345×722×5	1
11	面板前条	750×41×25	1
12	面板侧条	421×41×25	2

序号	材料名称	颜色	封边	备注
1	刨花板	金柚色	4	
2	刨花板	金柚色	4	
3	刨花板	金柚色	4	
4	刨花板	金柚色	4	成型开料
	刨花板	金柚色		加厚
	刨花板	金柚色	封1长边	
	刨花板	金柚色	封1长边	
5	刨花板	金柚色	4	
6	花梨木	黑色	4	先开槽后封边
7	刨花板	金柚色	4	
8	刨花板	金柚色	4	
9	刨花板	金柚色	4	
10	刨花板	金柚色		

（续表）

序号	材料名称	颜色	封边	备注
11	实木	水冬瓜		
12	实木	水冬瓜		

18.7 餐柜五金配件明细表

餐柜五金配件明细表见表 18-4，在表格中注明了各类材料的名称、规格及数量。

表18-4　餐柜五金配件明细表

分类名称	材料名称	规格	数量
封袋配件	三合一	ϕ15×11/ϕ7×28	30套
	木榫	ϕ8×30	20个
	自攻螺丝	ϕ4×14	24粒
	自攻螺丝	ϕ4×30	6粒
	玻璃层板夹		4个
	白脚钉		6粒
	拉手螺丝	ϕ4×12	4粒
	铝框门铰	直门铰	4
安装配件	三合一	ϕ15×11/ϕ7×28	10套
	木榫	ϕ8×30	7个
	铝门框玻璃	691×394×5	2块
	凹槽拉手F603	L794mm	1条
	封头A.B		2个
发包装配件	铝门框	695×398×22	2件（外购）
	玻璃层板	760×380×8	1块
	二节路轨	14＂[350mm]	1副
	拉手	孔距96mm	2个

18.8 餐柜加工图

本节介绍餐柜各种零部件加工图的绘制方法，如左侧板加工图、面板加工图、面板骨料加工图等。

18.8.1 绘制左侧板加工图

Step 01 绘制侧板外轮廓线。调用REC【矩形】命令，设置尺寸参数，绘制如图 18-55所示的矩形轮廓线。

Step 02 执行L【直线】命令，绘制等腰三角形，接着执行H【图案填充】命令，对三角形填充SOLID图案，封边符号的绘制结果如图 18-56所示。

Step 03 调用C【圆】命令、L【直线】命令，绘制零部件符号，接着执行CO【复制】命令，在侧板上移动复制符号，结果如图 18-57所示，定位尺寸请参考图 18-59。

Step 04 调用MLD【多重引线】命令，绘制引线标注注明零部件的规格，如图 18-58所示。

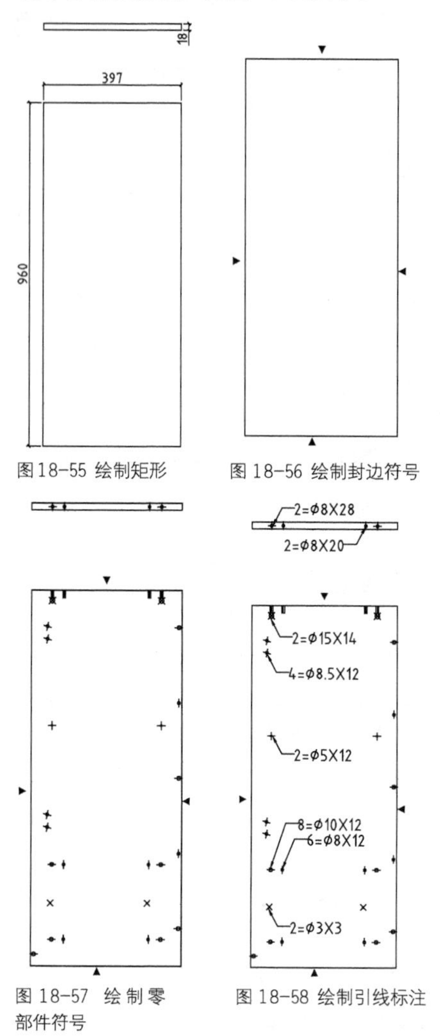

图 18-55 绘制矩形　图 18-56 绘制封边符号

图 18-57 绘制零部件符号　图 18-58 绘制引线标注

Step 05 调用DLI【线性标注】命令，绘制尺寸标注，标注零部件在侧板上的位置，如图 18-59所示。

Step 06 执行MT【多行文字】命令，绘制标注文字，以说明侧板加工的技术要求，如图 18-60所示。

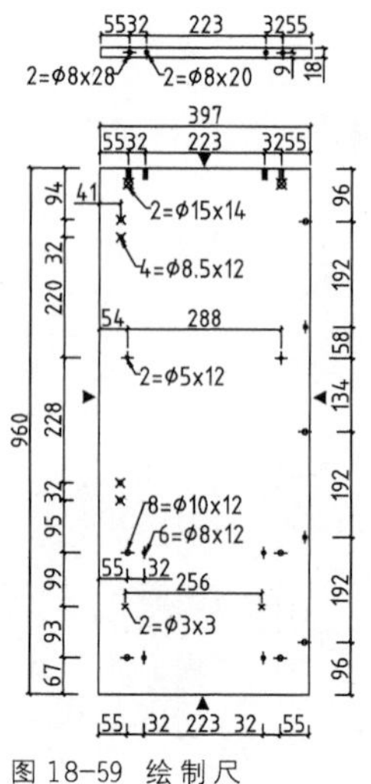

图 18-59 绘制尺寸标注

技术要求：分左右配对制作。

图 18-60 绘制技术要求文字

18.8.2 绘制面板加工图

Step 01 绘制面板三视图轮廓线。调用REC【矩形】命令，绘制如图 18-61所示的矩形。

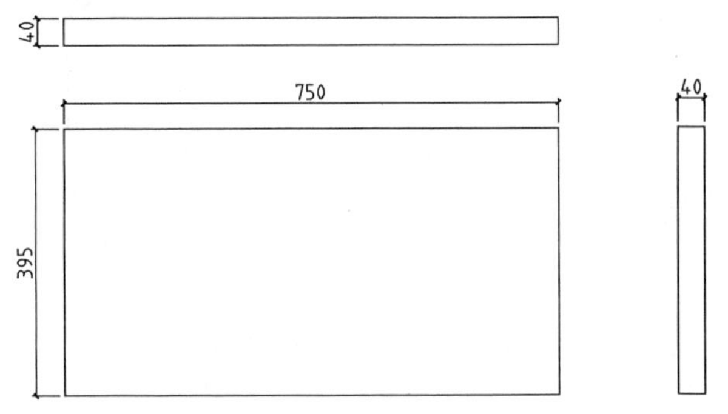

图18-61 绘制矩形

Step 02 调用X【分解】命令分解矩形，执行O【偏移】命令，选择矩形边向内偏移，如图 18-62所示。

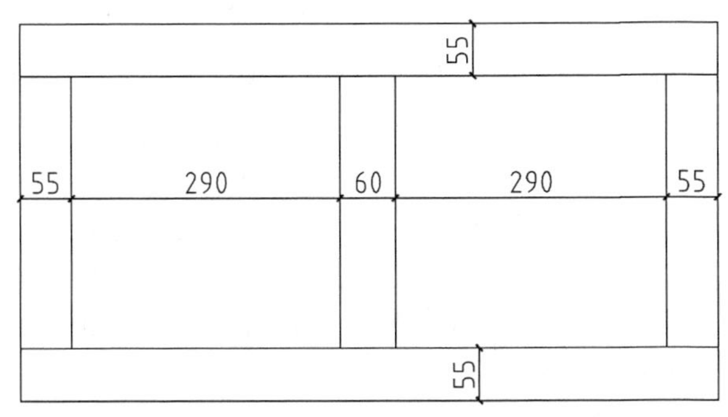

图18-62 偏移矩形边

Step 03 调用L【直线】命令、H【图案填充】命令，绘制三角形并填充SOLID图案，封边符号的绘制结果如图 18-63所示。

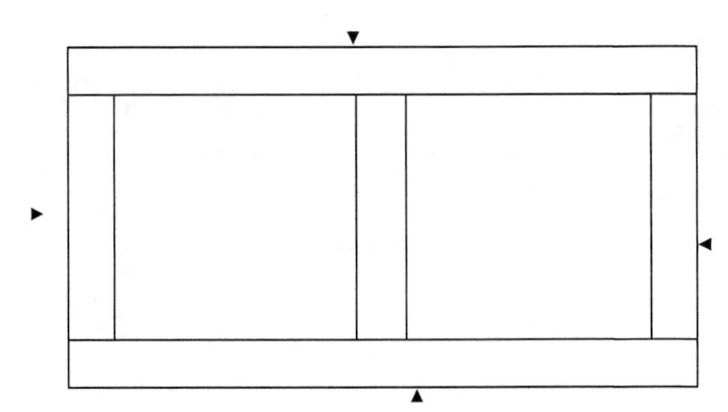

图 18-63 绘制封边符号

Step 04 调用L【直线】命令、C【圆】命令，绘制螺丝、螺孔等零部件符号，接着执行CO【复制】命令，在面板上移动复制零部件符号，结果如图 18-64所示，定位尺寸请参考图 18-66。

Step 05 调用MLD【多重引线】命令，为加工图绘制引线标注，结果如图 18-65所示。

Step 06 调用DLI【线性标注】命令，为加工图绘制尺寸标注，以标注零部件在面板上的位置，结果如图 18-66所示。

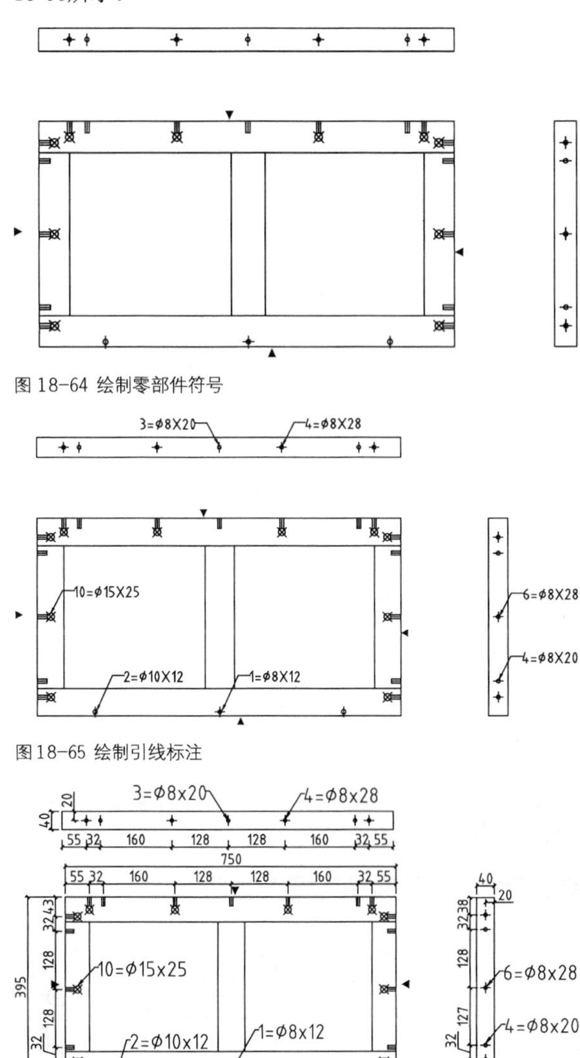

图 18-64 绘制零部件符号

图 18-65 绘制引线标注

图18-66 绘制尺寸标注

18.8.3 绘制面板骨料加工图

Step 01 绘制面板三视图。调用REC【矩形】命令，绘制视图轮廓线，接着执行X【分解】命令分解矩形，调用O【偏移】命令，选择矩形边向内偏移，结果如图 18-67所示。

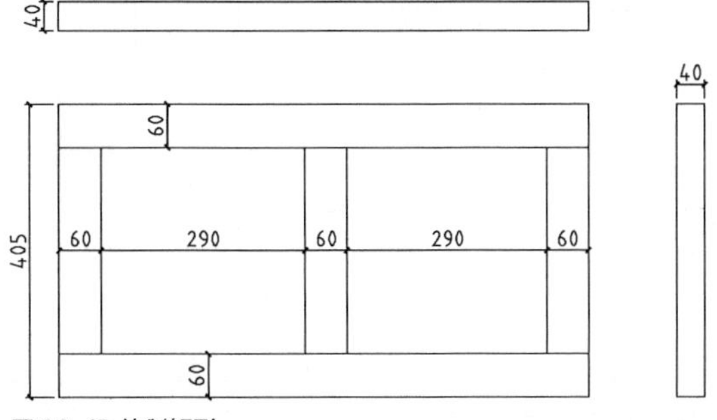

图 18-67 绘制矩形

Step 02 重复执行O【偏移】命令，选择其他两个视图的轮廓线向内偏移，结果如图 18-68所示。

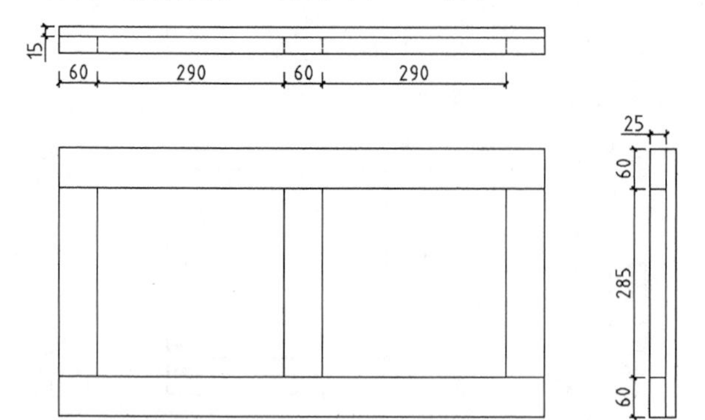

图 18-68 偏移线段

Step 03 调用H【图案填充】命令，在“图案”面板中选择AR-SAND图案，设置填充比例为0.2，如图 18-69所示。

图 18-69 设置参数

Step 04 在填充区域内单击鼠标左键，按下回车键完成图案填充操作，如图 18-70所示。

Step 05 调用MLD【多重引线】命令，绘制如图 18-71所示的引线标注。

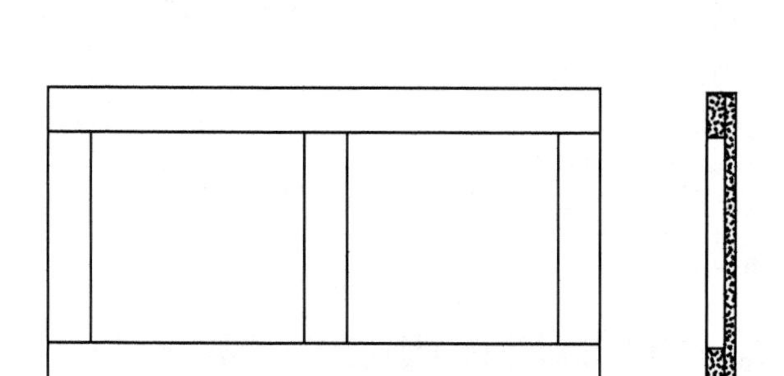

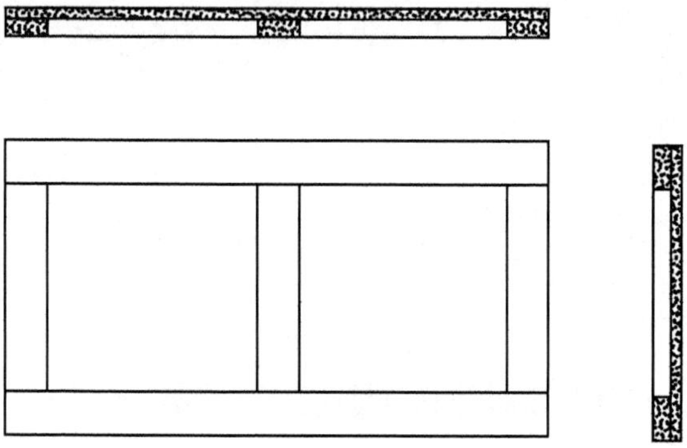

图 18-70 填充图案

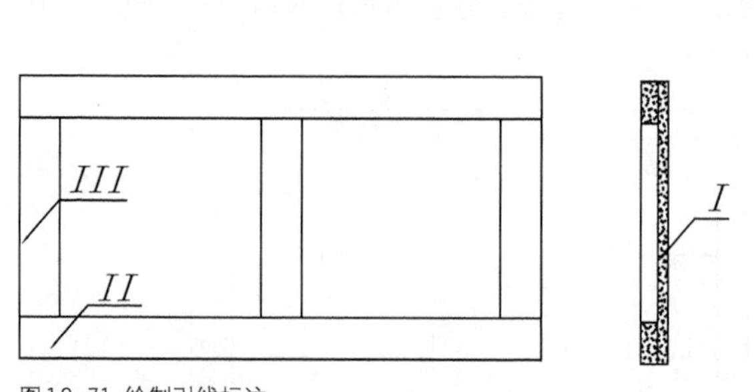

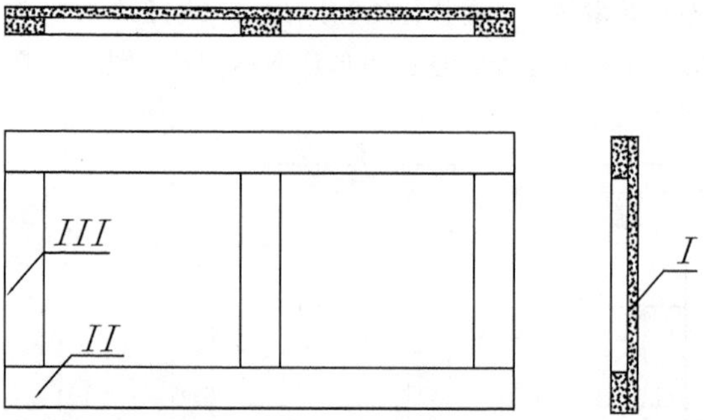

图18-71 绘制引线标注

Step 06 执行DLI【线性标注】命令，为加工图绘制尺寸标注，如图18-72所示。

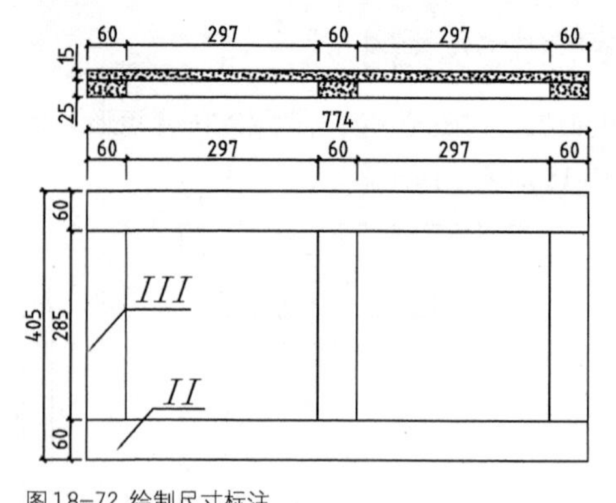

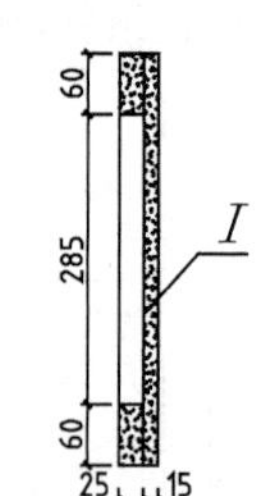

图18-72 绘制尺寸标注

Step 07 调用L【直线】命令、MT【多行文字】命令，绘制用料明细表及技术要求说明文字，结果如图18-73所示。

序号	名称	规格	材料	数量
I	加厚板	774X405x15	金柚木	1
II	加厚横条	774X60x25	金柚木	2
III	加厚纵条	285X60x25	金柚木	3

技术要求：用胶水打钉加厚。

图18-73 绘制注释文字

沿用本章所介绍的绘制方法，绘制餐柜其他部分的加工图，如底板加工图（图 18-74）、层板加工图（图 18-75）、面板前条加工图（图 18-76）、面板侧条加工图（图 18-77）、脚条加工图（图 18-78）、背板加工图（图 18-79）。

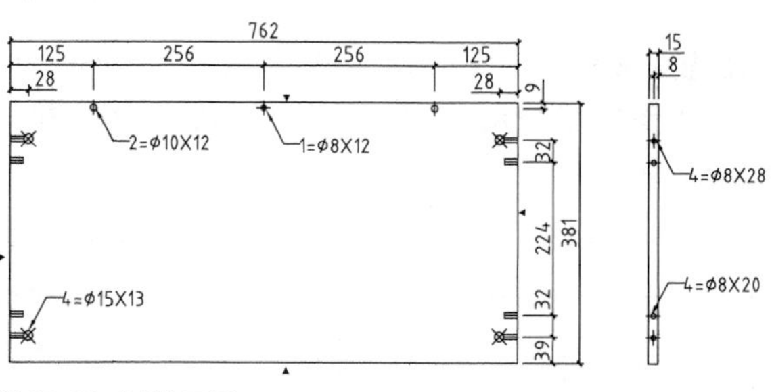

图 18-74 底板加工图

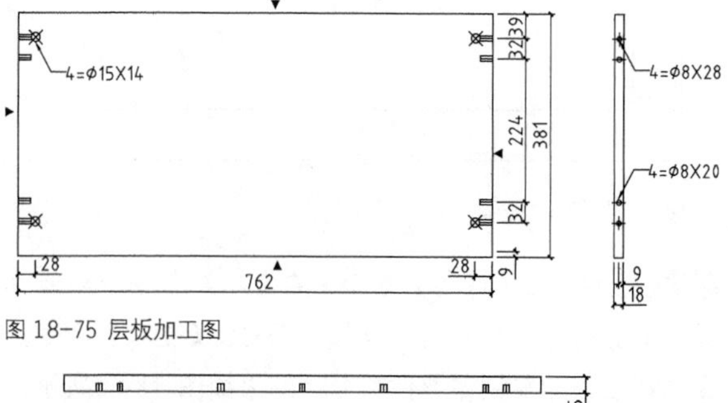

图 18-75 层板加工图

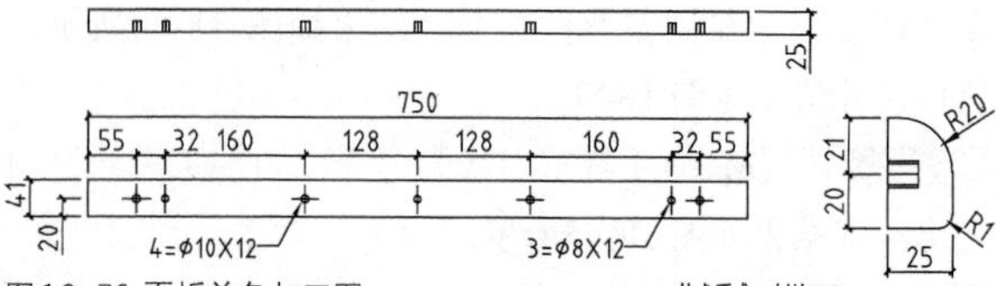

图18-76 面板前条加工图

技术要求：倒棱R1。

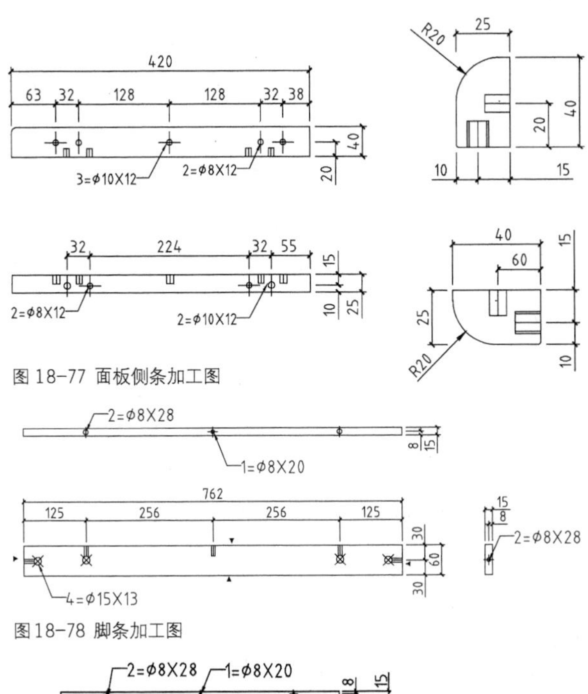

图 18-77 面板侧条加工图

图 18-78 脚条加工图

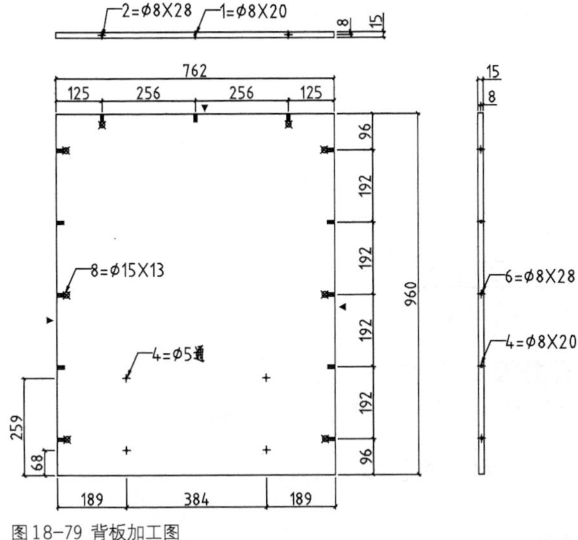

图 18-79 背板加工图

18.8.4 抽侧板加工图

Step 01 绘制侧板双视图外轮廓线。执行REC【矩形】命令，分别设置尺寸参数，绘制如图 18-80所示的矩形。

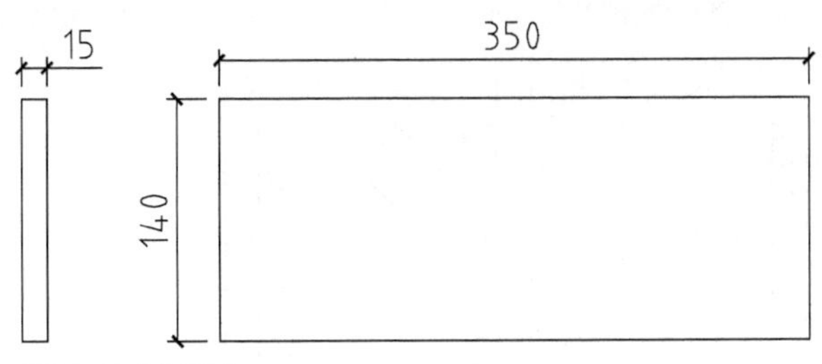

图 18-80 绘制矩形

Step 02 执行X【分解】命令分解矩形，调用O【偏移】命令，选择矩形长边向内偏移，并将所偏移线段的线型设置为虚线，如图 18-81所示。

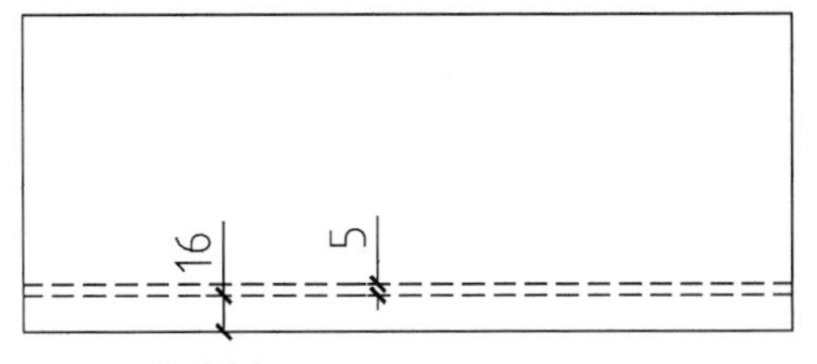

图 18-81 偏移线段

Step 03 调用O【偏移】命令、TR【修剪】命令，偏移并修剪线段，绘制凹槽轮廓线的结果如图 18-82所示。

Step 04 执行L【直线】命令，绘制等腰三角形，接着执行H【图案填充】命令，对三角形填充SOLID图案，封边符号的绘制结果如图 18-83所示。

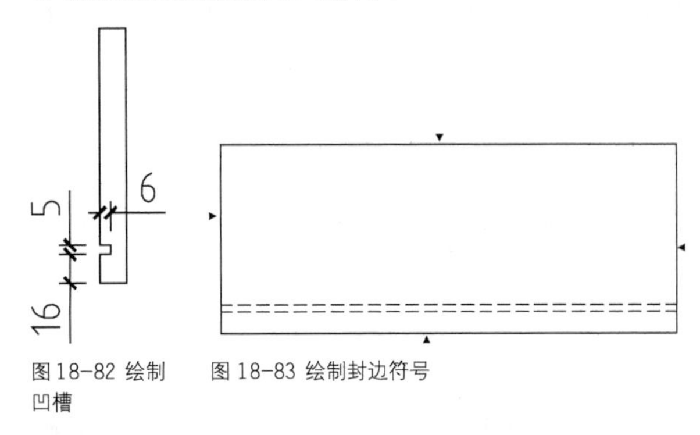

图 18-82 绘制凹槽　　图 18-83 绘制封边符号

Step 05 调用L【直线】命令、C【圆】命令，绘制螺丝等零部件符号，如图 18-84所示，定位尺寸请参考图 18-86。

Step 06 调用MLD【多重引线】命令，绘制引线标注，以标注零部件规格，如图 18-85所示。

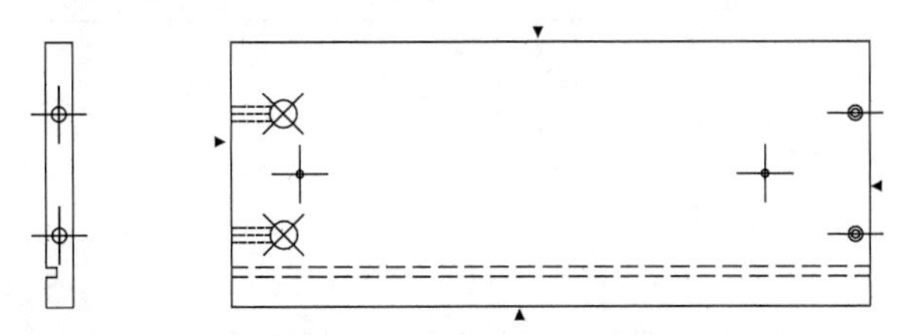

图 18-84 绘制零部件符号

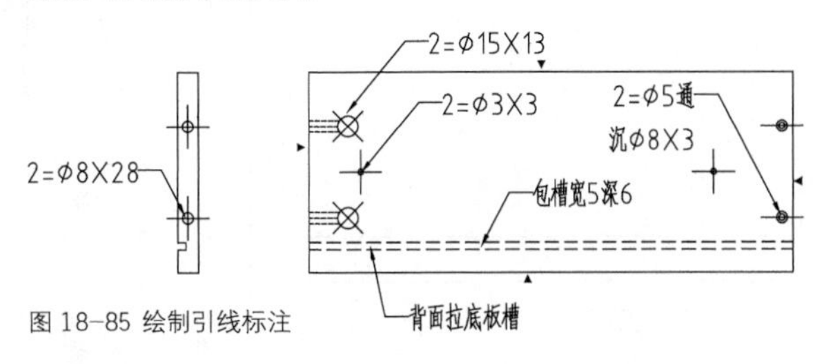

图 18-85 绘制引线标注

Step 07 调用DLI【线性标注】命令，为加工图绘制尺寸标注，完成结果如图 18-86所示。

Step 08 调用MT【多行文字】命令，绘制技术要求标注文字，如图 18-87所示。

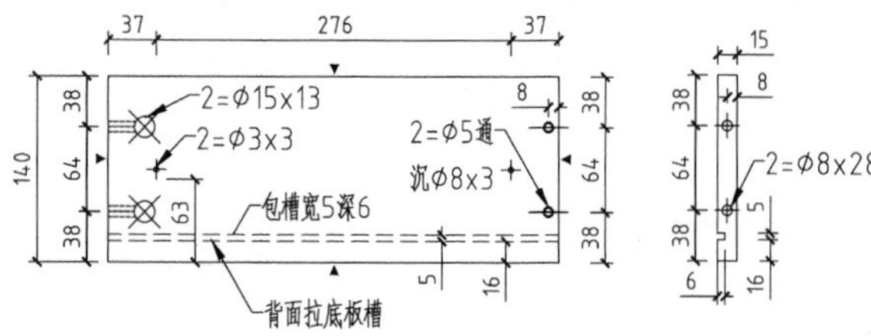

图18-86 绘制尺寸标注

技术要求：分左右配对制作。

图18-87 绘制注释文字

参考本节所介绍的方法，绘制抽屉其他部分的加工图，如抽面板加工图、抽尾板加工图、抽底条加工图、抽底板加工图，绘制结果分别如图 18-88、图 18-89、图 18-90、图 18-91 所示。

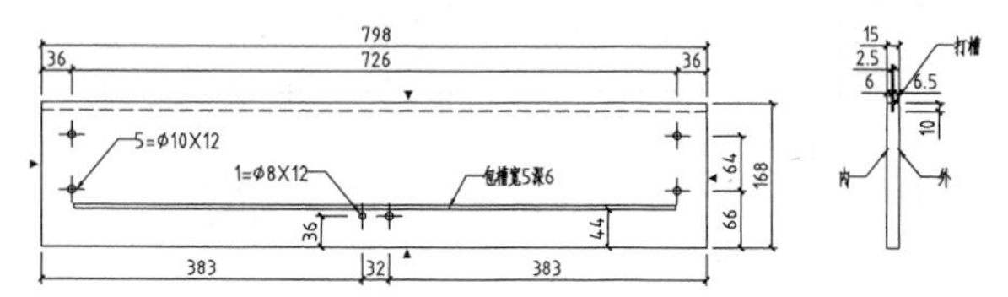

图18-88 抽面板加工图　　技术要求：先打槽后封边。

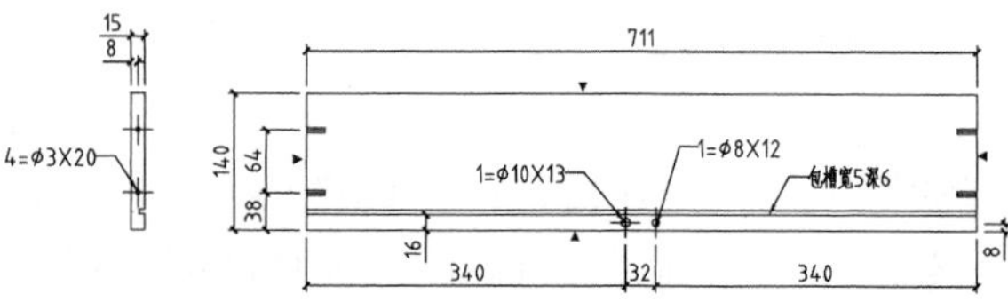

图18-89 抽尾板加工图

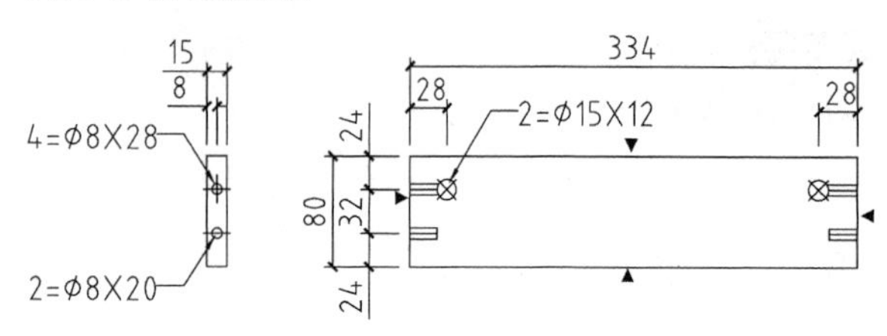

图18-90 抽底条加工图

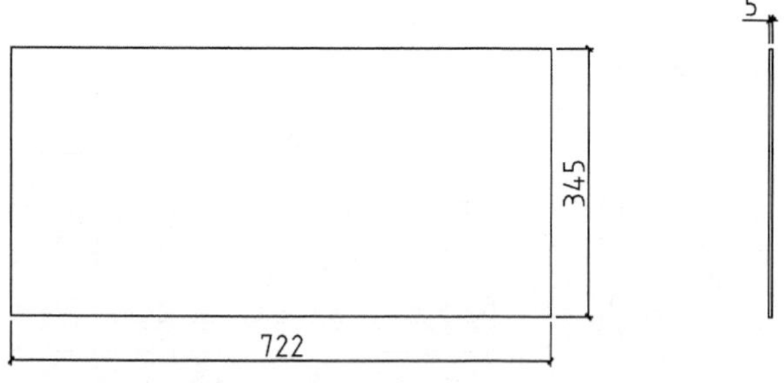

图18-91 抽底板加工图

18.8.5 绘制铝框门玻璃加工图

Step 01 绘制门玻璃外轮廓线。执行REC【矩形】命令，分别设置尺寸参数，绘制如图 18-92所示的矩形。

Step 02 执行O【偏移】命令，分别设置偏移距离为1、49，选择矩形向内偏移，如图 18-93所示。

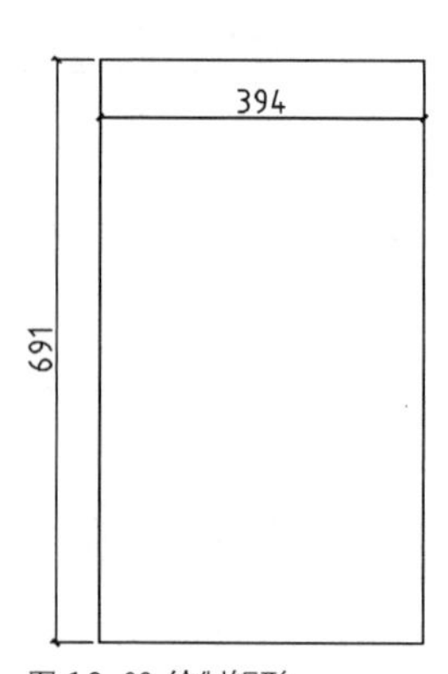

图 18-92 绘制矩形

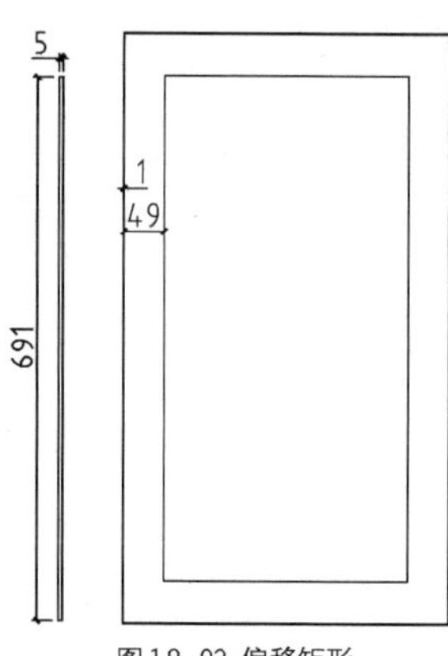

图18-93 偏移矩形

Step 03 执行H【图案填充】命令，选择名称为AR-SAND的图案，设置填充比例为0.3，鼠标单击拾取填充区域，绘制填充图案的结果如图 18-94所示。

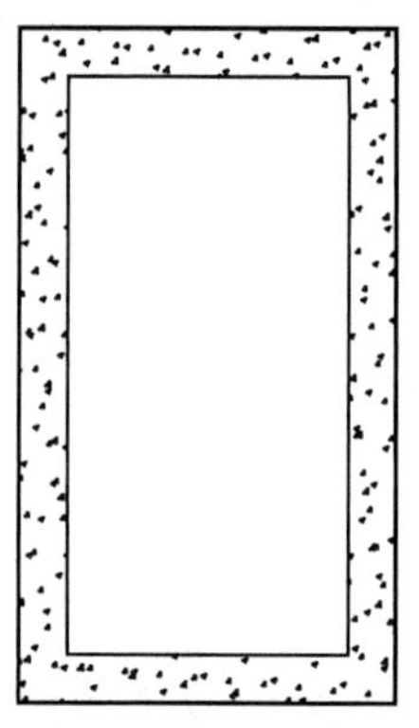

图18-94 绘制填充图案

Step 04 按下回车键重复执行H【图案填充】命令，在“图案填充编辑器”面板中设置参数如图 18-95所示。

图18-95 设置参数

Step 05 单击拾取填充区域，按下回车键，绘制填充图案如图 18-96所示。

Step 06 执行C【圆】命令、L【直线】命令，绘制如图 18-97所示的螺丝钉符号，定位尺寸请参考图 18-99。

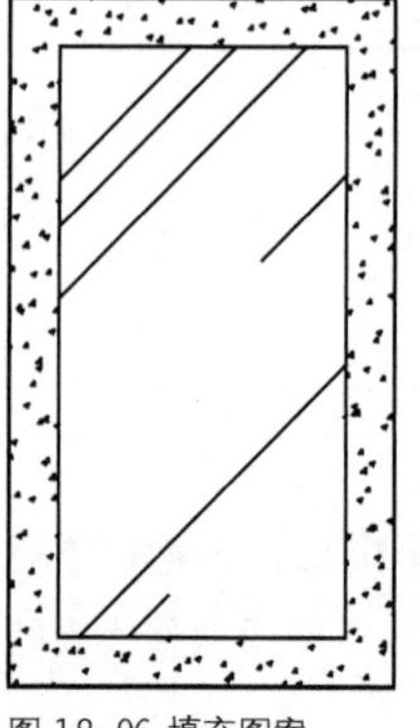

图 18-96 填充图案

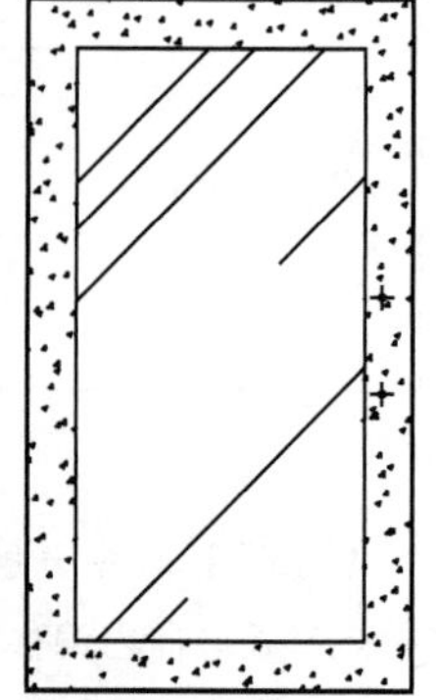

图 18-97 绘制螺丝钉符号

Step 07 调用MLD【多重引线】命令，绘制引线标注注明材料的使用情况，如图 18-98所示。

Step 08 执行DLI【线性标注】命令，为加工图绘制尺寸标注，接着执行MT【多行文字】命令，绘制技术要求说明文字，如图 18-99所示。

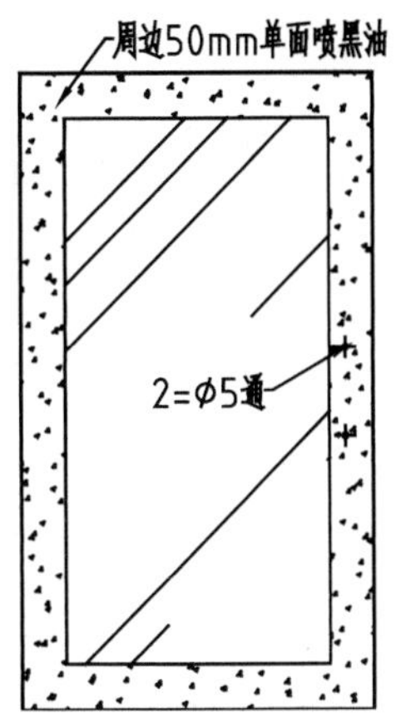

图 18-98 绘制引线标注

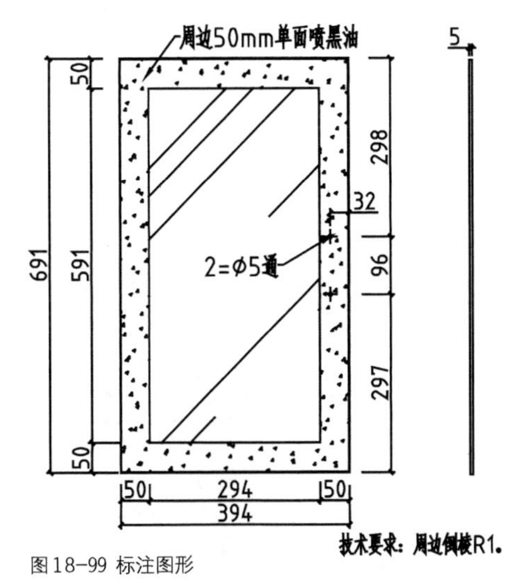

图 18-99 标注图形

参考本节内容，绘制餐柜柜门的其他加工图，如铝框门加工图、玻璃层板加工图，绘制结果分别如图 18-100、图 18-101 所示。

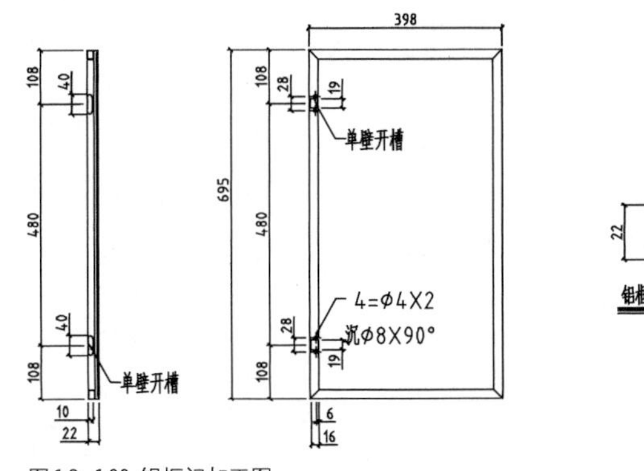

图 18-100 铝框门加工图

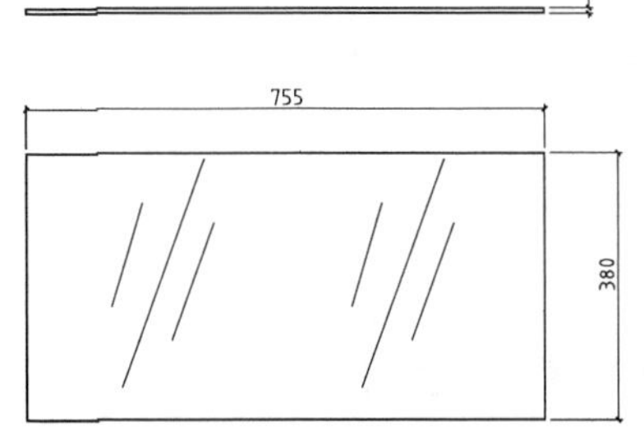

图 18-101 玻璃层板加工图

第 19 章 客厅组合柜设计制作与制图

本章以客厅组合柜为例，介绍组合柜的工艺文件，包括组合柜外形图、组合柜开料明细表以及组合柜加工图等。

19.1 客厅组合柜外形图

组合柜的透视图如图 19-1 所示，由 4 个部分组成，分别为左柜、吊柜、下柜及小柜，如图 19-2 所示。本章以单独的小节来介绍各部分加工图的绘制。

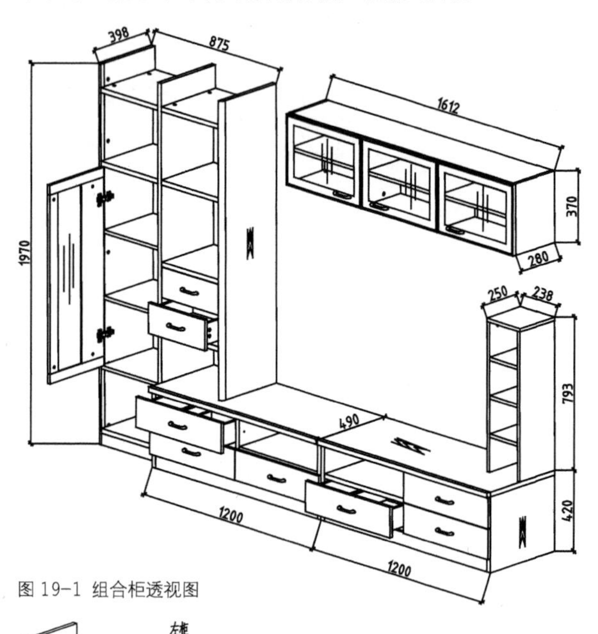

图 19-1 组合柜透视图

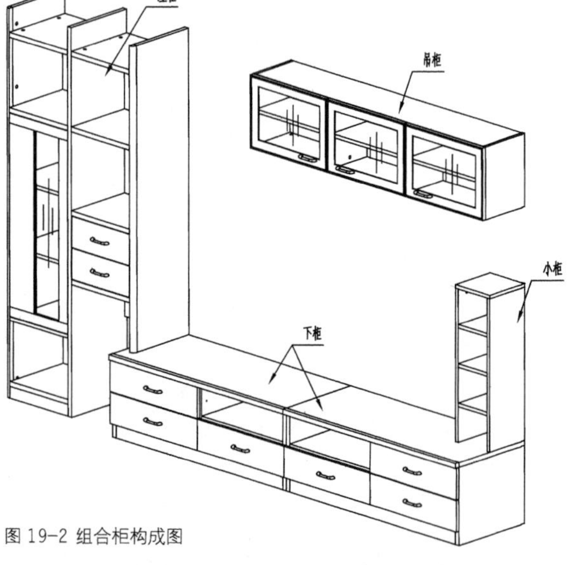

图 19-2 组合柜构成图

19.2 客厅组合柜开料明细表

客厅组合柜开料明细表见表 19-1，在表中详细列出了各柜体零部件的开料尺寸、数量及所使用的材料等。

表19-1 组合柜开料明细表

序号	零部件名称	开料尺寸
1	左柜左侧板	1969×299×25
2	左柜中侧板	1969×325×25
3	左柜右侧板	1549×299×25
4	左柜左背板	1824×399×15
5	左柜右背板	1404×399×15
6	左柜顶板	399×325×25
7	左柜底板/层板	399×308×25
8	左柜活动层板	399×287×18
9	左柜脚条	399×59×15
10	左柜门侧板	927×164×18
11	左柜抽面板	395×157×18
12	左柜抽侧板	249×109×15
13	左柜抽尾板	348×109×15
14	左柜抽底板	245×360×5
15	下柜左右侧板	394×469×25
16	下柜中侧板	394×454×25
17	下柜面板	1199×463×25
18	下柜背板	1148×394×15
19	下柜层板	561×454×25
20	下柜脚条	1148×69×15
21	下柜抽面板	597×157×18
22	下柜抽测板	399×109×15
23	下柜抽尾板	510×109×15
24	下柜抽底板	395×522×5
25	吊柜侧板	370×279×18
26	吊柜中侧板	334×249×18
27	吊柜顶底板	1575×279×18
28	吊柜背板	1575×334×15
29	吊柜中层板	507×248×18
30	吊柜边层板	515×248×18
31	吊柜背卡板	1549×120×15
32	小柜侧板	774×249×18
33	小柜下层板	199×233×18
34	小柜面板	237×249×18
35	小柜中层板	199×233×18
36	小柜背板	774×199×15
37	左柜左侧板前条	1970×26×26
38	左柜右侧板前条	1550×26×26
39	下柜面板前条	1200×26×26
40	Ⅲ门横条	397×50×18
41	Ⅱ门侧条	928×60×18

续表

序号	数量	材料名称	封边
1	1	金柚色刨花板	4
2	1	金柚色刨花板	4
3	1	金柚色刨花板	4
4	1	金柚色刨花板	4
5	1	金柚色刨花板	4
6	2	金柚色刨花板	4
7	6	金柚色刨花板	4
8	2	金柚色刨花板	4
9	1	金柚色刨花板	4
10	1	金柚色刨花板	4（先开槽后封边）
11	2	金柚色刨花板	4
12	4	金柚色刨花板	4
13	2	金柚色刨花板	4
14	6	金柚色	4
15	4	金柚色刨花板	4
16	2	金柚色刨花板	4
17	2	金柚色刨花板	4
18	2	金柚色刨花板	4
19	2	金柚色刨花板	4
20	2	金柚色刨花板	4
21	6	金柚色刨花板	4
22	12	金柚色刨花板	4
23	6	金柚色刨花板	4
24	6	金柚色	4
25	2	金柚色刨花板	4
26	2	金柚色刨花板	4
27	2	金柚色刨花板	4
28	1	金柚色刨花板	4
29	1	金柚色刨花板	4
30	2	金柚色刨花板	4
31	2	金柚色中纤板	4（斜45度1开2）
32	2	金柚色刨花板	4
33	1	金柚色刨花板	4
34	1	金柚色刨花板	4
35	2	金柚色刨花板	4
36	1	金柚色刨花板	4
37	1	实木[水冬瓜]	
38	1	实木[水冬瓜]	
39	2	实木[水冬瓜]	
4	2	实木[水冬瓜]	
41	1	实木[水冬瓜]	

19.3 绘制吊柜加工图

本节以组合柜中的吊柜为例（其位于组合柜中的位置见图 19-2），介绍吊柜零部件示意图的组成、五金配件表的内容及其加工图的绘制。

19.3.1 吊柜零部件示意图

吊柜零部件示意图如图 19-3 所示，从中可知，吊柜由吊柜侧板、吊柜背板、吊柜中侧板等组成。请结合图 7-2 中吊柜透视图来识读零部件示意图。

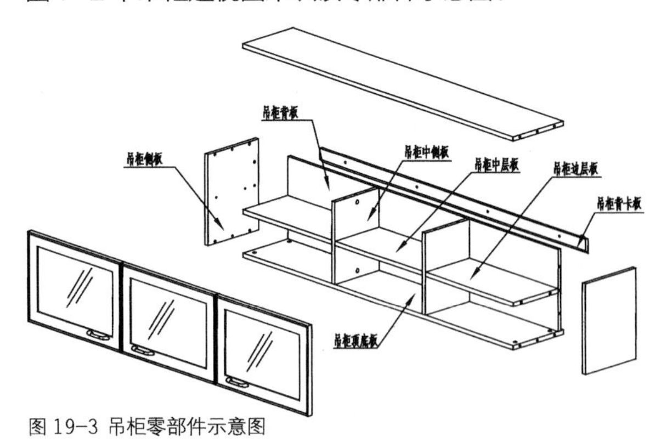

图 19-3 吊柜零部件示意图

19.3.2 吊柜五金配件明细表

吊柜五金配件明细表见表 19-2，在表中注明了各类材料名称的规格及数量。

表19-2 吊柜五金配件明细表

分类名称	材料名称	规格	数量
封袋配件	三合一	ϕ15×11/ϕ7×28	22套
	木榫	ϕ8×30	18个
	自攻螺丝	ϕ4×14	12粒
	平头螺丝	ϕ4×14	12粒
	拉手螺丝	ϕ4×10	6粒
	平头螺丝	ϕ4×22	4粒
	直收螺丝	ϕ4×40	4粒
	层板扣	ϕ20	12套
安装配件	门玻	532×364×5	3块
发包装配件	铝门框	536×368×22	3件（外购）
	拉手	孔距96mm	3个
	铝门铰	直门铰	6个

19.3.3 绘制吊柜后背卡板

Step 01 绘制后背卡板轮廓线。执行REC【矩形】命令，绘制后背卡板主视图及俯视图轮廓线，如图19-4所示。

图 19-4 绘制视图轮廓线

Step 02 绘制螺丝符号。重复执行REC【矩形】命令，分别绘制尺寸为12×8、15×3的矩形，并将矩形的线型设置为虚线，如图19-5所示。

Step 03 执行L【直线】命令，过矩形的几何中心绘制垂直线段，如图 19-6所示。

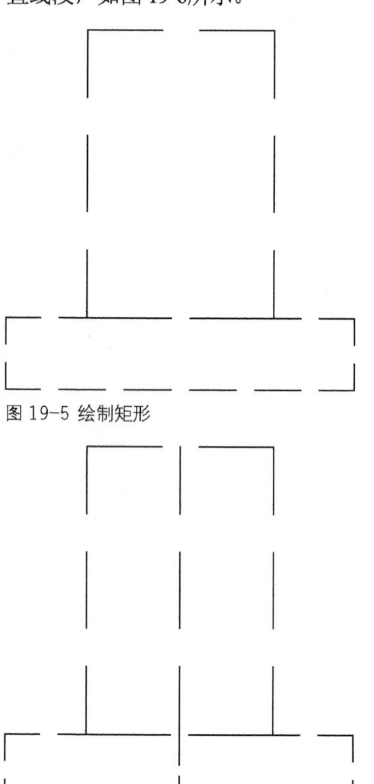

图 19-5 绘制矩形

图 19-6 绘制直线

Step 04 执行CO【复制】命令，移动复制螺丝符号至后背卡板主视图中，如图19-7所示。

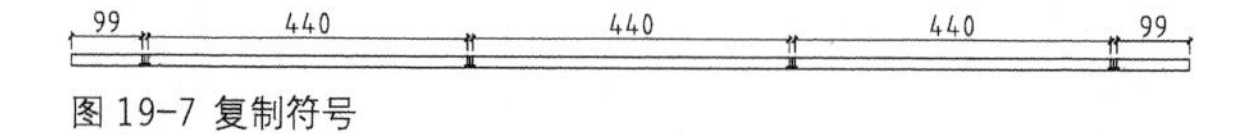

图 19-7 复制符号

Step 05 绘制后背卡板截面图形。执行REC【矩形】命令，绘制尺寸为60×15的矩形，接着执行L【直线】命令，绘制斜线连接矩形长边，最后执行TR【修剪】命令，修剪矩形，轮廓线绘制结果如图 19-8所示。

Step 06 调用CO【复制】命令，选择螺丝符号，将其移动复制到轮廓线中去，如图 19-9所示。

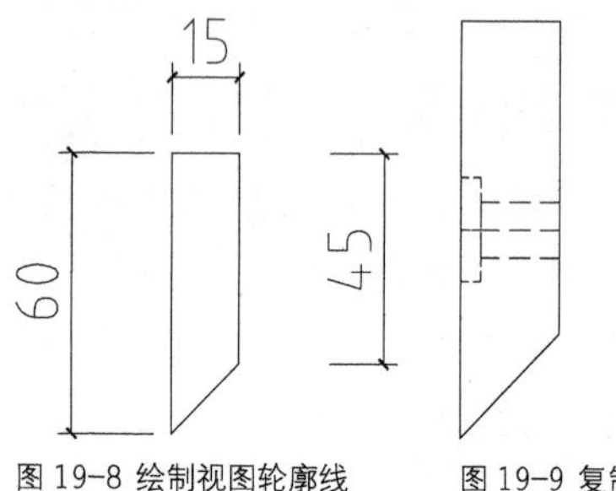

图 19-8 绘制视图轮廓线　　图 19-9 复制符号

Step 07 调用L【直线】命令、H【图案填充】命令，绘制等腰三角形并对其填充SOLID图案，封边符号的绘制结果如图 19-10所示。

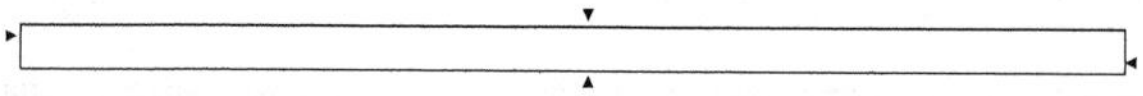

图 19-10 绘制封边符号

Step 08 调用C【圆】命令、L【直线】命令，绘制如图19-11所示的螺丝符号。

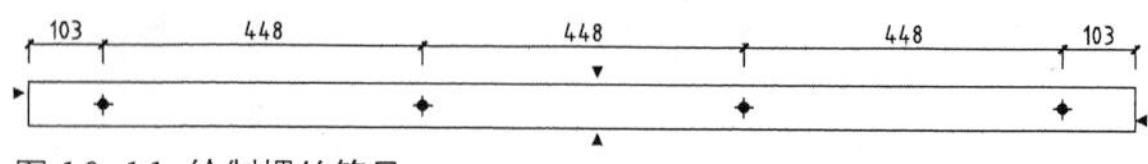

图 19-11 绘制螺丝符号

Step 09 执行MLD【多重引线】命令，绘制引线标注，注明螺丝的规格及施工要点，如图 19-12所示。

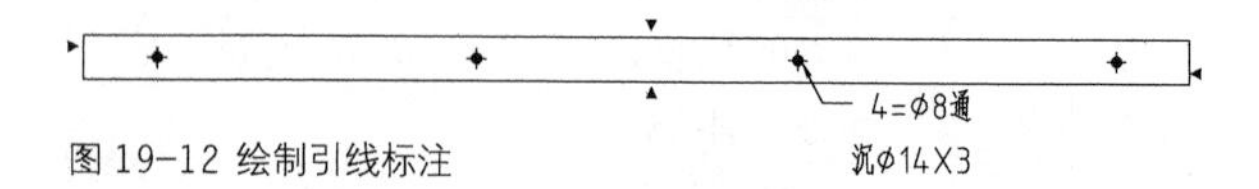

图 19-12 绘制引线标注

Step 10 调用DLI【线性标注】命令，绘制尺寸标注，注明螺丝在背卡板上的位置，如图19-13所示。

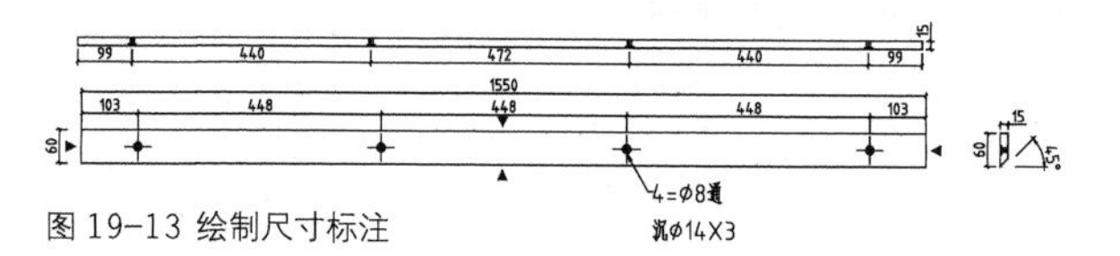

图 19-13 绘制尺寸标注

参考本节内容，绘制另一后背卡板加工图，结果如图 19-14 所示。

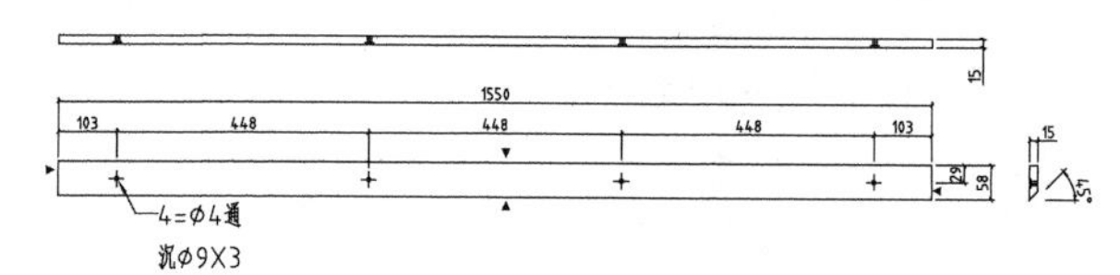

图 19-14 后背卡板加工图

除了背卡板之外，吊柜还由其他零部件组成，如侧板、顶板、底板、层板等，应分别绘制这些零部件的加工图，以方便施工。参考本节所介绍的绘图方法，自行绘制其他类型的加工图，如左侧板加工图（图19-15）、中侧板加工图（图 19-16）、顶板加工图（图19-17）、底板加工图（图 19-18）、背板加工图（图19-19）、中层板加工图（图 19-20）、边层板加工图（图19-21）、铝框门玻加工图（图 19-22）、铝框门加工图（图 19-23）。

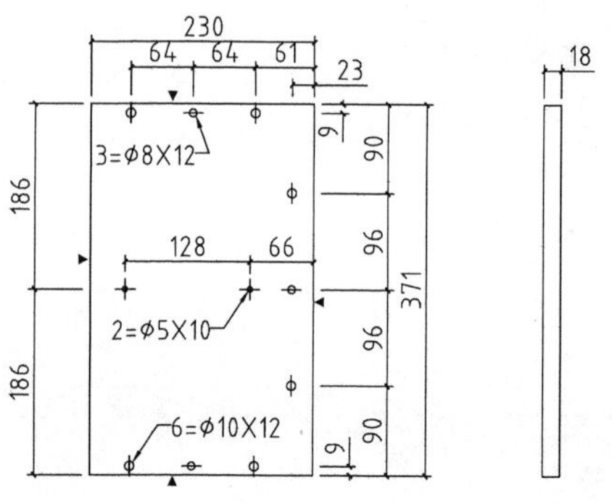

图 19-15 吊柜左侧板加工图

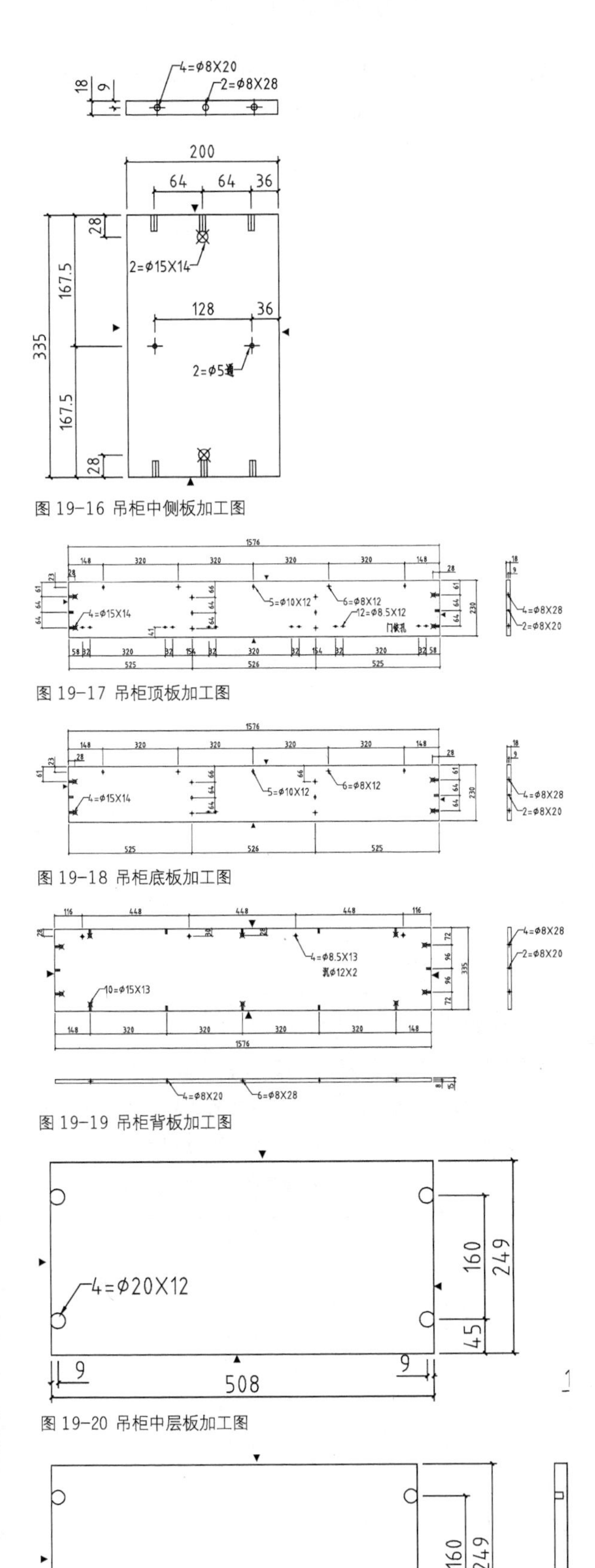

图 19-16 吊柜中侧板加工图

图 19-17 吊柜顶板加工图

图 19-18 吊柜底板加工图

图 19-19 吊柜背板加工图

图 19-20 吊柜中层板加工图

图 19-21 吊柜边层板加工图

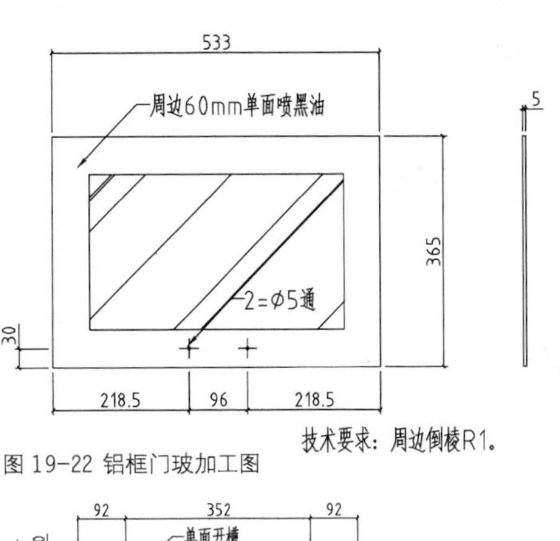

图 19-22 铝框门玻加工图

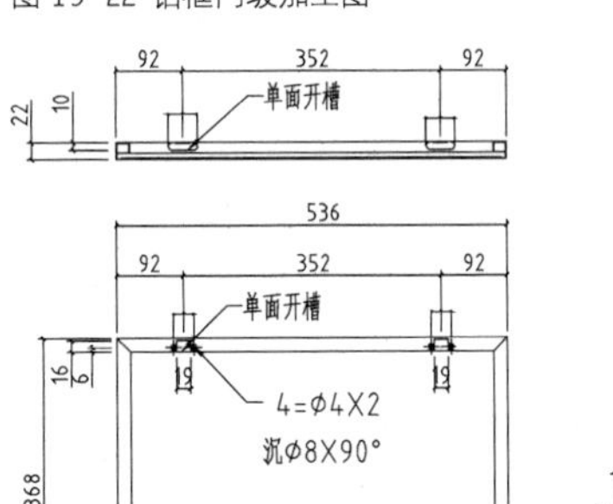

图 19-23 铝框门加工图

19.4 绘制下柜加工图

本节以组合柜中的下柜为例（其位于组合柜中的位置见图 19-2），介绍下柜零部件示意图的组成、五金配件表的内容及其加工图的绘制。

19.4.1 下柜零部件示意图

下柜零部件组成示意图如图 19-24 所示，由图可知，下柜由面板、侧板、层板、背板等组成。下柜由两组相同的柜体组成，如图 19-25 所示。

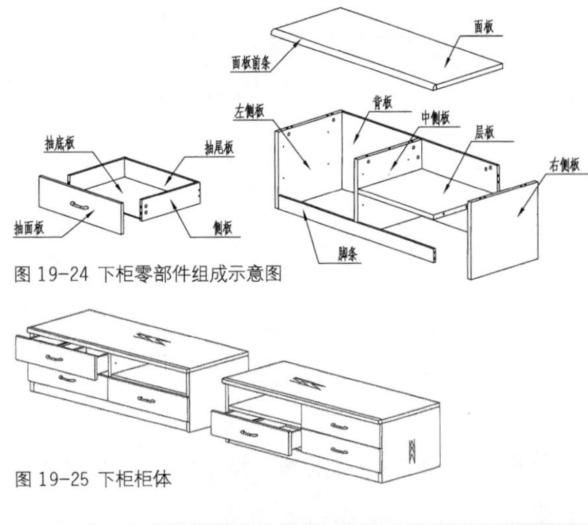

图 19-24 下柜零部件组成示意图

图 19-25 下柜柜体

19.4.2 下柜五金配件明细表

下柜五金配件明细表见表 19-3，表格列举了各项配件材料的名称、规格以及数量。

表19-3 下柜五金配件明细表

分类名称	材料名称	规格	数量
封袋配件	三合一	ϕ15×11/ϕ7×28	34套
	木榫	ϕ8×30	16个
	自攻螺丝	ϕ4×14	24粒
	自攻螺丝	ϕ4×30	12粒
	拉手螺丝	ϕ4×22	6粒
	白脚钉		6粒
安装配件	三合一	ϕ15×11/ϕ7×28	4套
	木榫	ϕ8×30	3个
发包装配件	二节路轨	400mm	3副
	拉手	孔距96mm	3个

19.4.3 绘制下柜中侧板加工图

Step 01 绘制中侧板三视图。执行REC【矩形】命令，分别设置矩形的尺寸参数，绘制如图19-26所示的矩形。

Step 02 执行X【分解】命令分解矩形，调用O【偏移】命令，设定偏移距离，选择矩形边向内偏移，如图19-27所示。

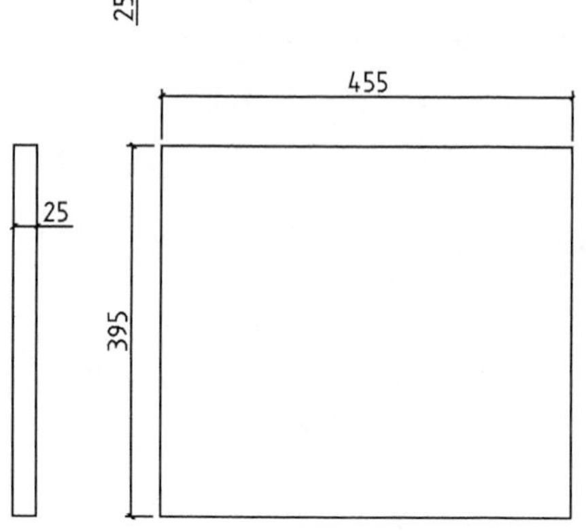

图 19-26 绘制矩形

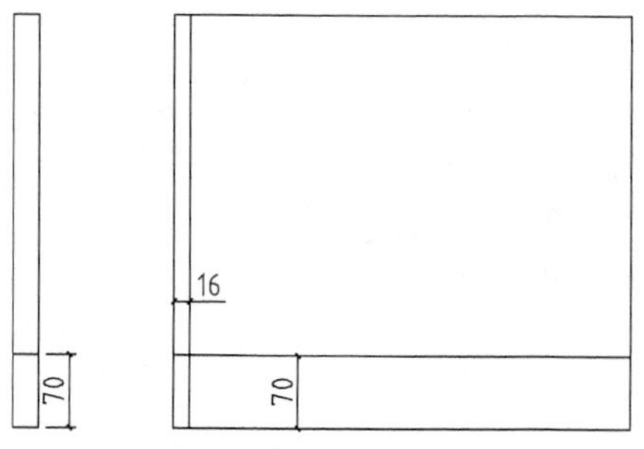

图 19-27 偏移矩形边

Step 03 调用TR【修剪】命令，修剪矩形边，结果如图19-28所示。

Step 04 执行L【直线】命令、H【图案填充】命令，为俯视图绘制封边符号，接着分别执行C【圆】命令、L【直线】命令，绘制螺丝、螺孔等零部件符号，如图19-29所示，定位尺寸请参考图19-31。

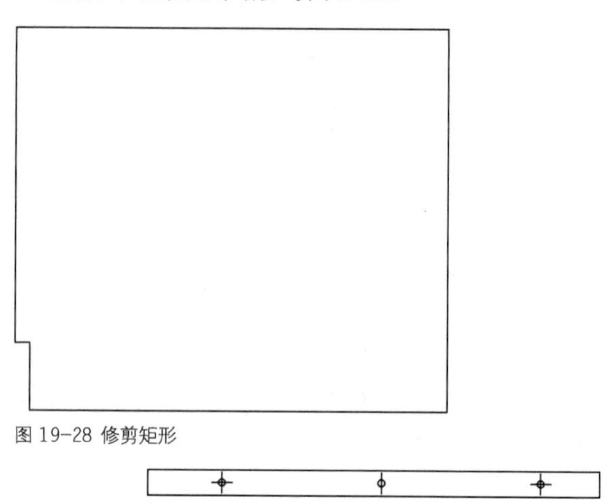
图 19-28 修剪矩形

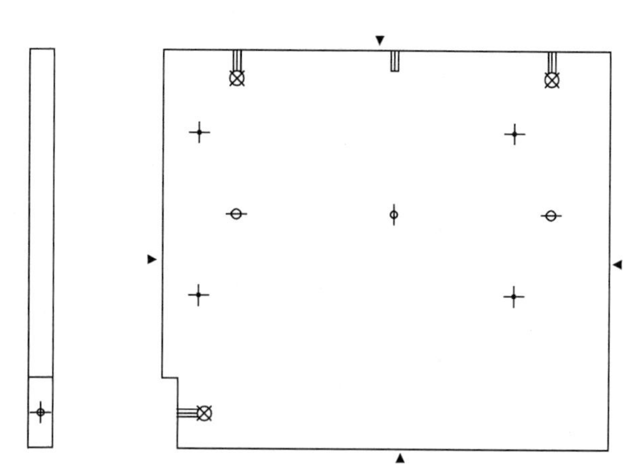
图 19-29 绘制符号

Step 05 执行MLD【多重引线】命令，绘制引线标注以说明配件的规格，接着执行MT【多行文字】命令，绘制技术要求说明文字，以提供施工指导，如图19-30所示。

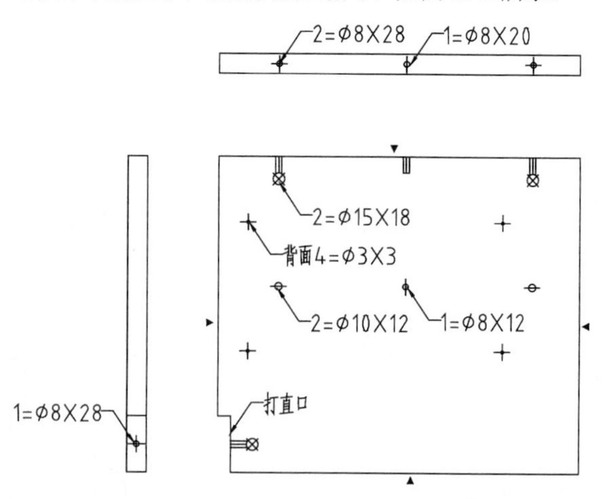

图 19-30 绘制文字标注

Step 06 执行DLI【线性标注】命令，绘制尺寸标注，标注配件在侧板上的位置，如图19-31所示。

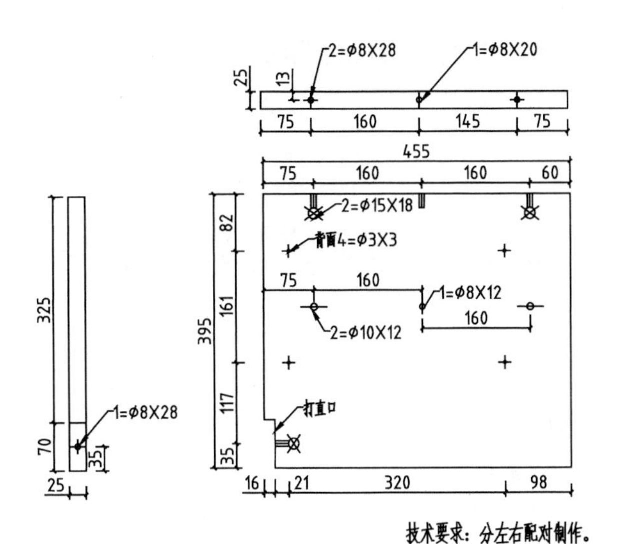

图 19-31 绘制尺寸标注

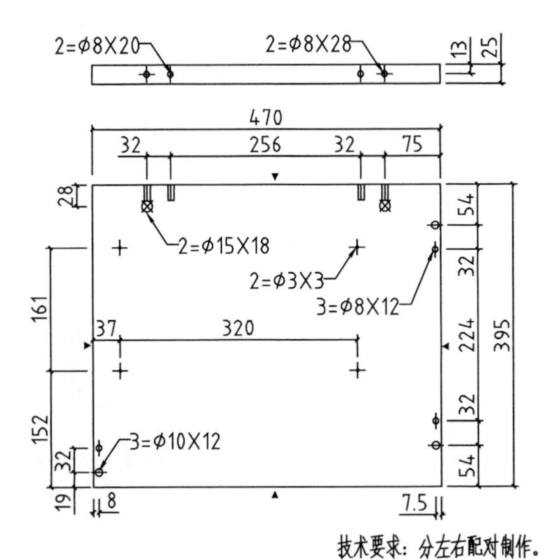

图 19-32 下柜左侧板加工图

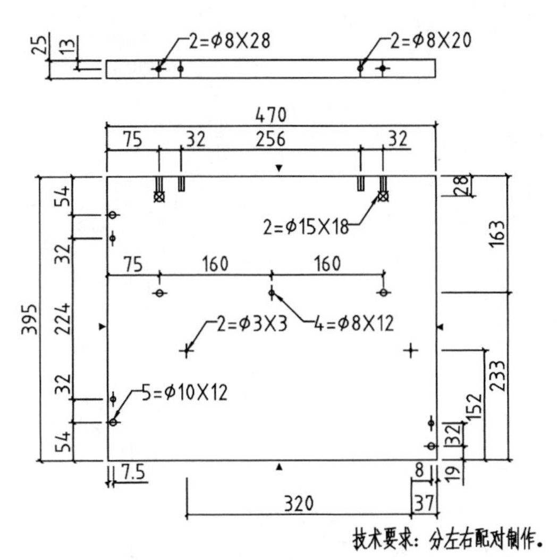

图 19-33 下柜右侧板加工图

下柜加工图包含柜体加工图及抽屉加工图两大部分，其中柜体加工图又可细分为侧板加工图、底板加工图等，抽屉加工图又可细分为抽面板加工图、抽侧板加工图等。下柜由左柜及右柜组成，其构造相同。请综合所学的绘图方法，绘制下柜其他部分的加工图，如图 19-32~ 图 19-42 所示。

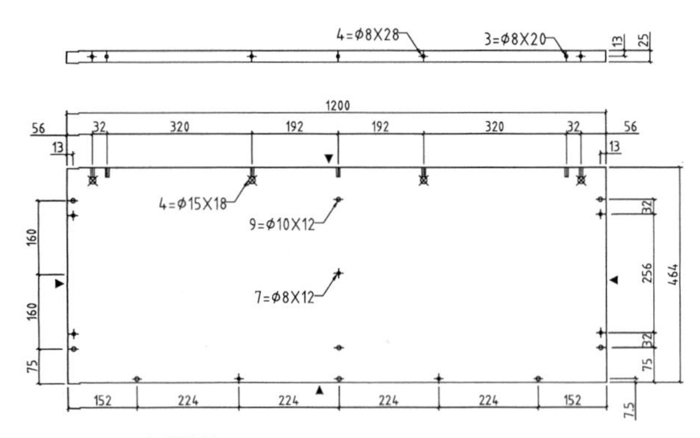

图 19-34 下柜面板加工图

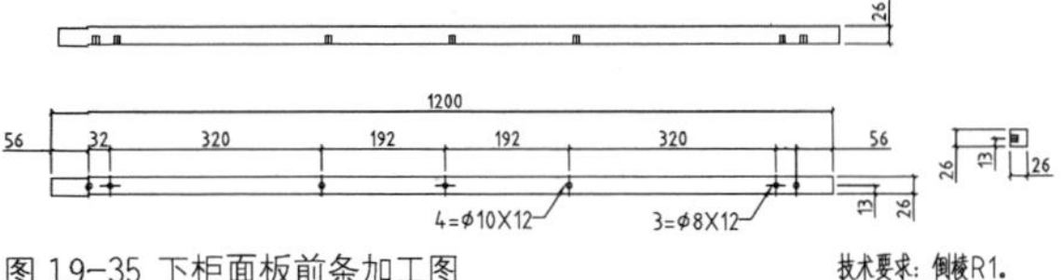

图 19-35 下柜面板前条加工图

技术要求：倒棱R1。

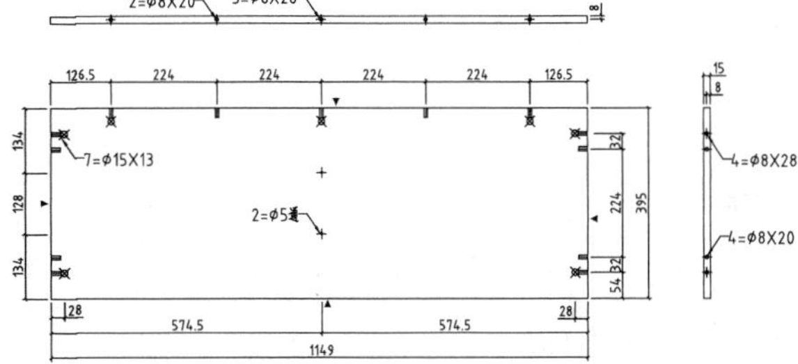

图 19-36 下柜背板前条加工图

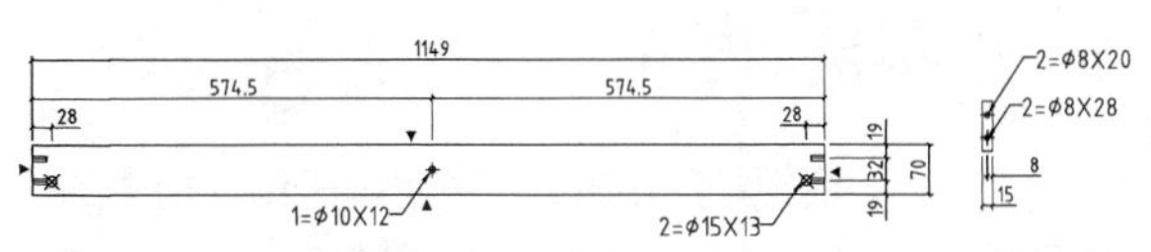

图 19-37 下柜前脚条加工图

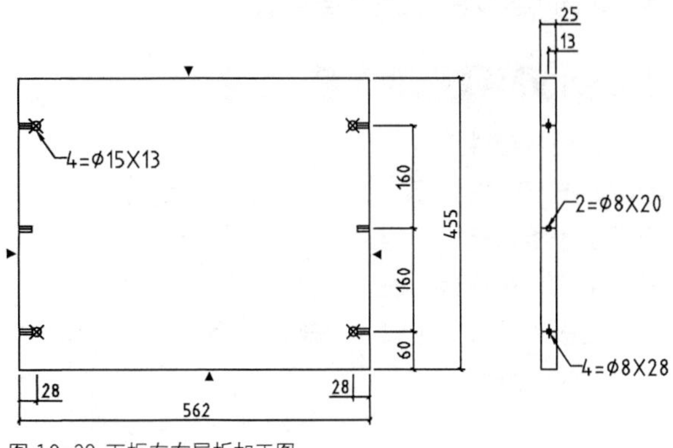

图 19-38 下柜左右层板加工图

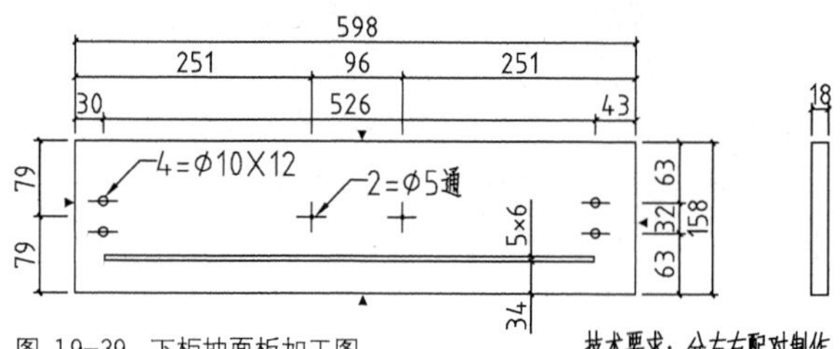

图 19-39　下柜抽面板加工图

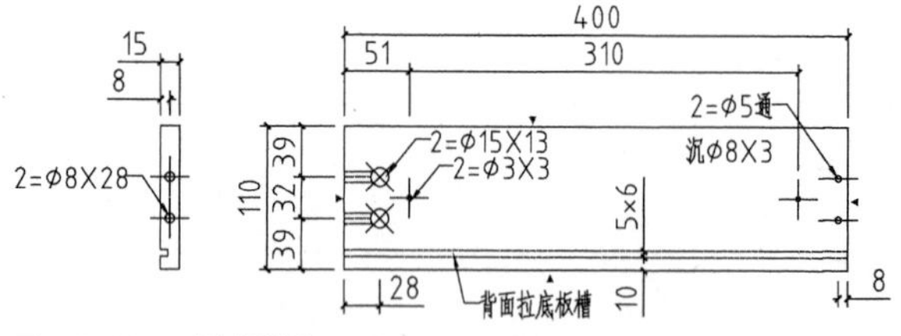

图 19-40　下柜抽面板加工图

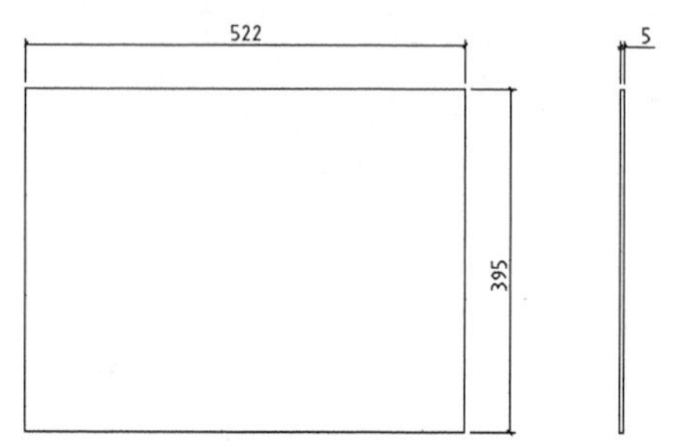

图 19-41　下柜抽底板加工图

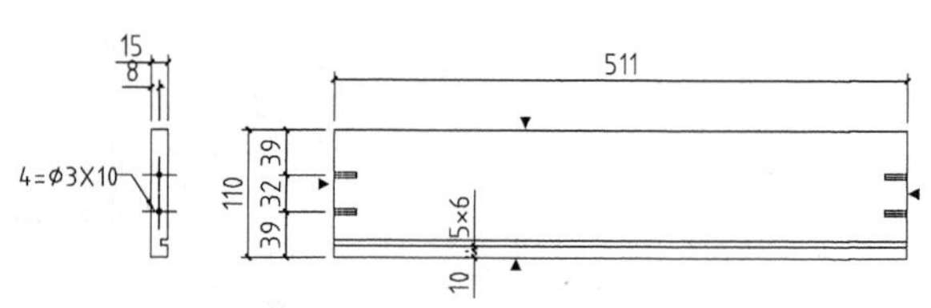

图 19-42　下柜抽尾板加工图

19.5 小柜加工图

本节以组合柜中的小柜为例（其位于组合柜中的位置见图 19-2），介绍小柜零部件示意图的组成、五金配件表的内容及其加工图的绘制。

19.5.1 小柜零部件示意图

小柜零部件组成示意图如图 19-43 所示，小柜位于组合柜中下柜的右上角，由侧板、层板、面板等组成，可以用来存放小物件。

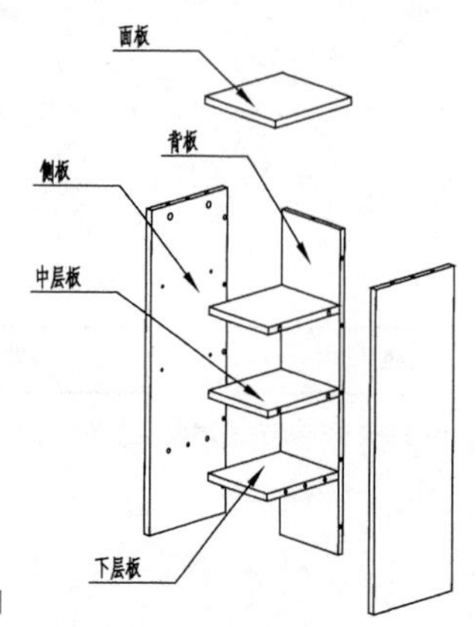

图 19-43 小柜零部件组成示意图

19.5.2 小柜五金配件明细表

小柜五金配件明细表见表 19-4，表格中列出了封袋配件材料名称、规格及其数量。

表19-4　小柜五金配件明细表

分类名称	材料名称	规格	数量
封袋配件	三合一	ϕ15×11/ϕ7×28	13套
	木榫	ϕ8×30	10个
	层板扣	ϕ20	8套

19.5.3 小柜加工图

小柜结构比较简单，其加工图可以分为侧板加工图、下层板加工图等，在本节中不展开介绍其绘制方法，请参考前面知识自行绘制，绘制结果分别如图 19-44、图 19-45、图 19-46、图 19-47、图 19-48 所示。

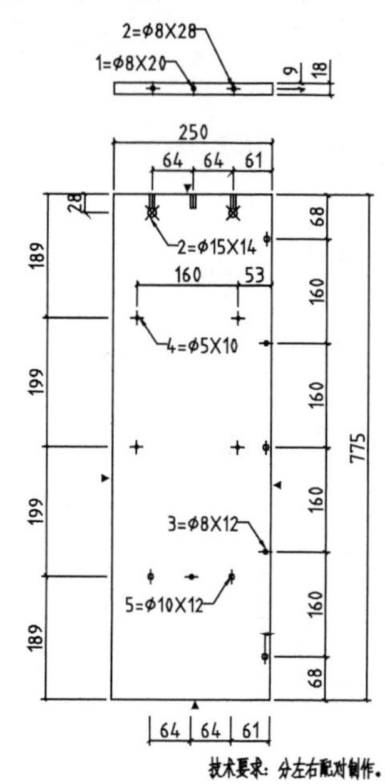

图 19-44 小柜侧板加工图

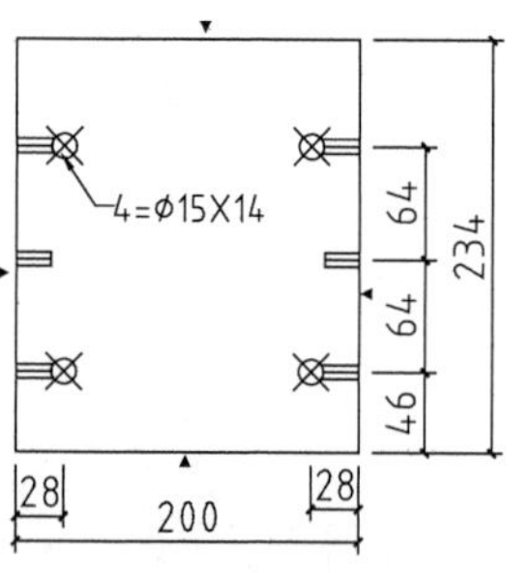

图 19-45 小柜下层板加工图

5=ϕ10X12
2=ϕ8X12
64
64
61
250
8
10
119
119
238
10
18

图 19-46 小柜面板加工图

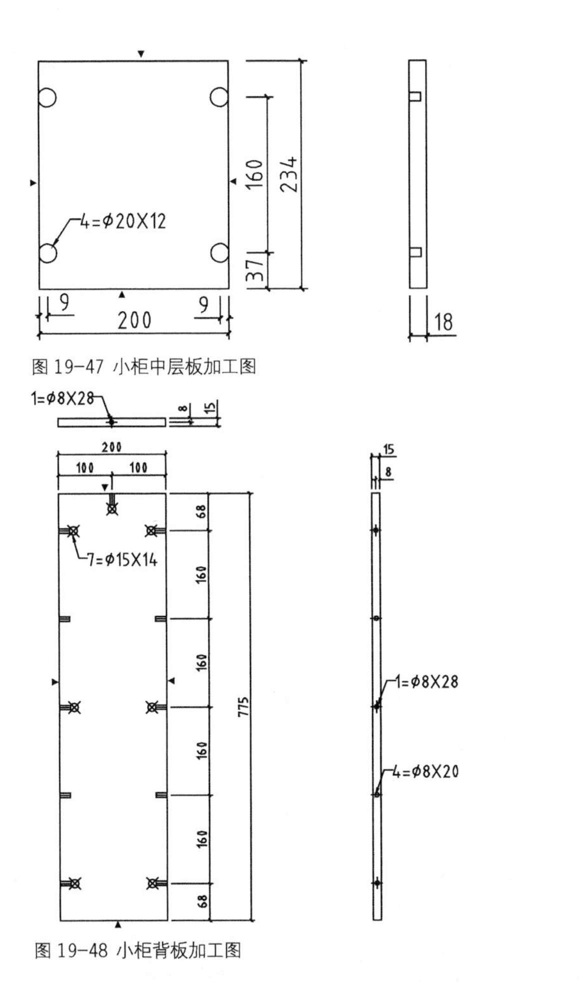

图 19-47 小柜中层板加工图

图 19-48 小柜背板加工图

19.6 绘制左柜加工图

本节以组合柜中的左柜为例（其位于组合柜中的位置见图 19-2），介绍左柜零部件示意图的组成、五金配件表的内容及其加工图的绘制。

19.6.1 左柜示意图

左柜透视图如图 19-49 所示，位于组合柜的左侧，右下角与下柜相接，非固定，可移动。其中左柜又可分为左侧柜与右侧柜，为简便起见，在命名加工图时，称为左柜 XXX 加工图、右柜 XXX 加工图。

左柜零部件组合示意图如图 19-50 所示，由侧板、底板、顶板、层板等零部件组合而成。

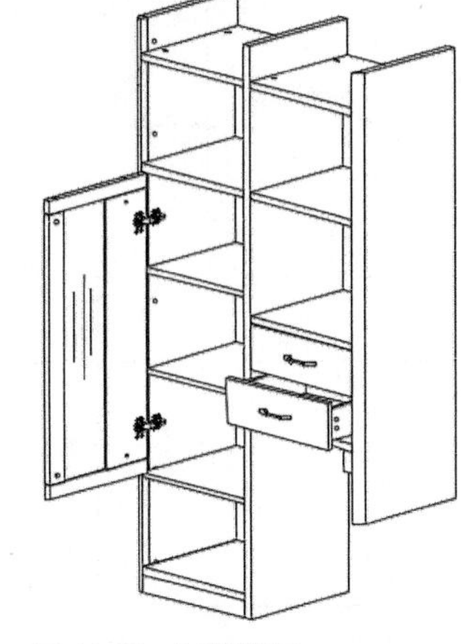

图 19-49　左柜透视图

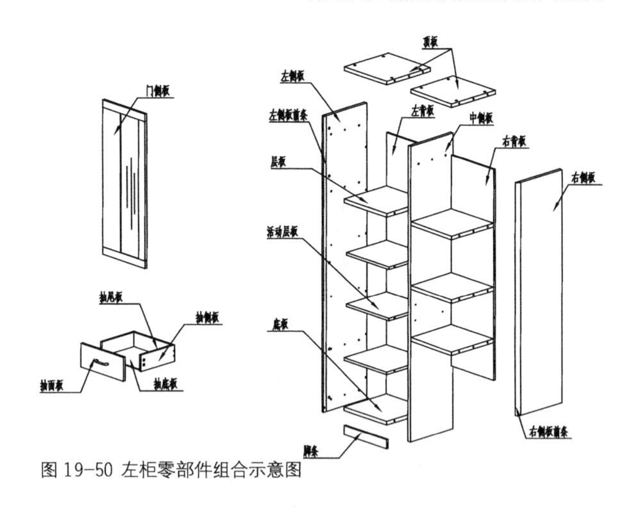

图 19-50 左柜零部件组合示意图

19.6.2 左柜五金配件明细表

左柜五金配件明细表见表 19-5，在表中分别列举了封袋配件、安装配件及发包装配件各材料的名称、规格、数量。

表19-5　左柜五金配件明细表

分类名称	材料名称	规格	数量
封袋配件	三合一	φ15×11/φ7×28	61套
	木榫	φ8×30	32个
	自攻螺丝	φ4×14	20粒
	自攻螺丝	φ4×30	10粒
	平头螺丝	φ4×8	4粒
	拉手螺丝	φ4×22	6粒
	圆头螺丝	φ6×55	4粒
	二合一螺母	φ8×10	4个
	门铰	大弯铰	2
	层板扣	φ20	8套
	白脚钉		4粒
安装配件	三合一	φ15×11/φ7×28	10套
	木榫	φ8×30	8个
发包装配件	门玻	940×182×5	1块
	二节路轨	300mm	2副
	拉手	孔距96mm	3个

19.6.3 绘制左柜加工图

左柜加工图的类型与前面各类柜体所包含的类型相差不大，本节将展示左柜各种类型加工图，请参考所学知识来自行绘制。

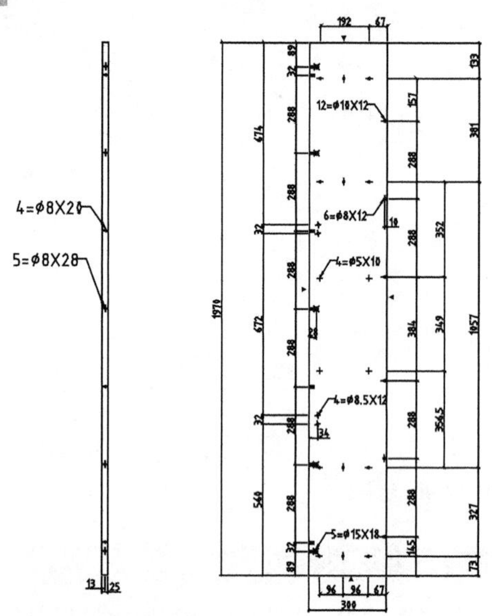

图 19-51 左柜左侧板加工图

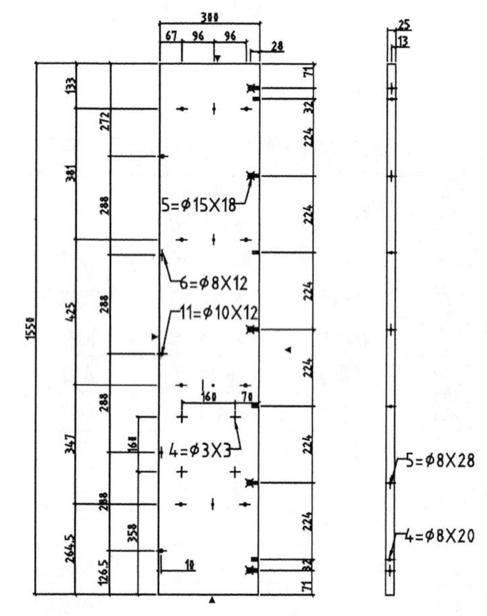

图 19-52 左柜右侧板加工图

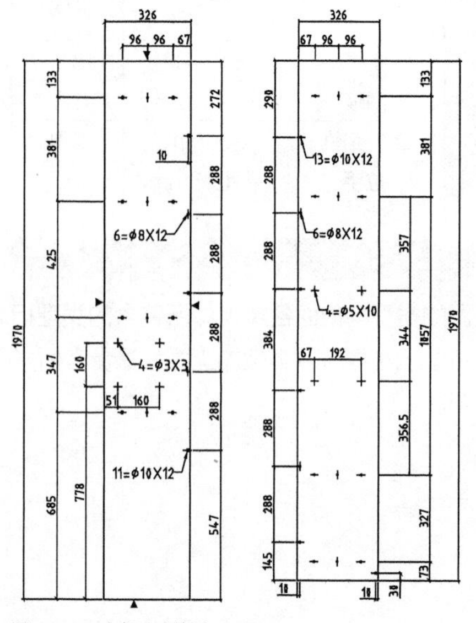

图 19-53 左柜中侧板加工图

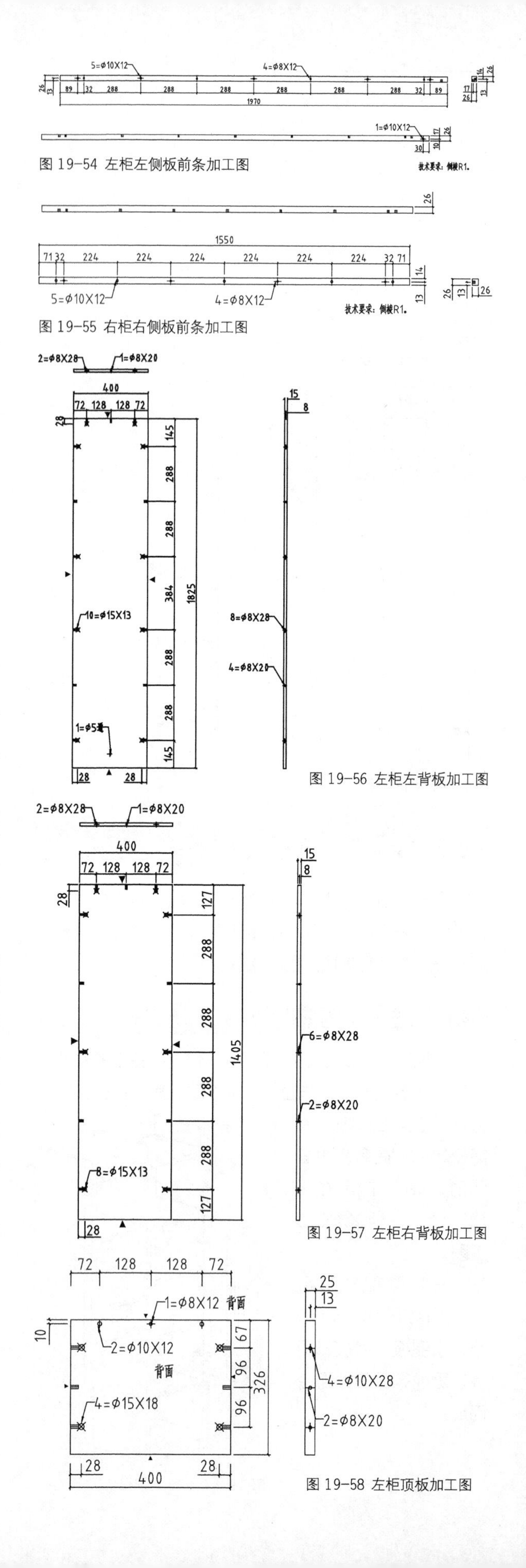

图 19-54 左柜左侧板前条加工图

图 19-55 右柜右侧板前条加工图

图 19-56 左柜左背板加工图

图 19-57 左柜右背板加工图

图 19-58 左柜顶板加工图

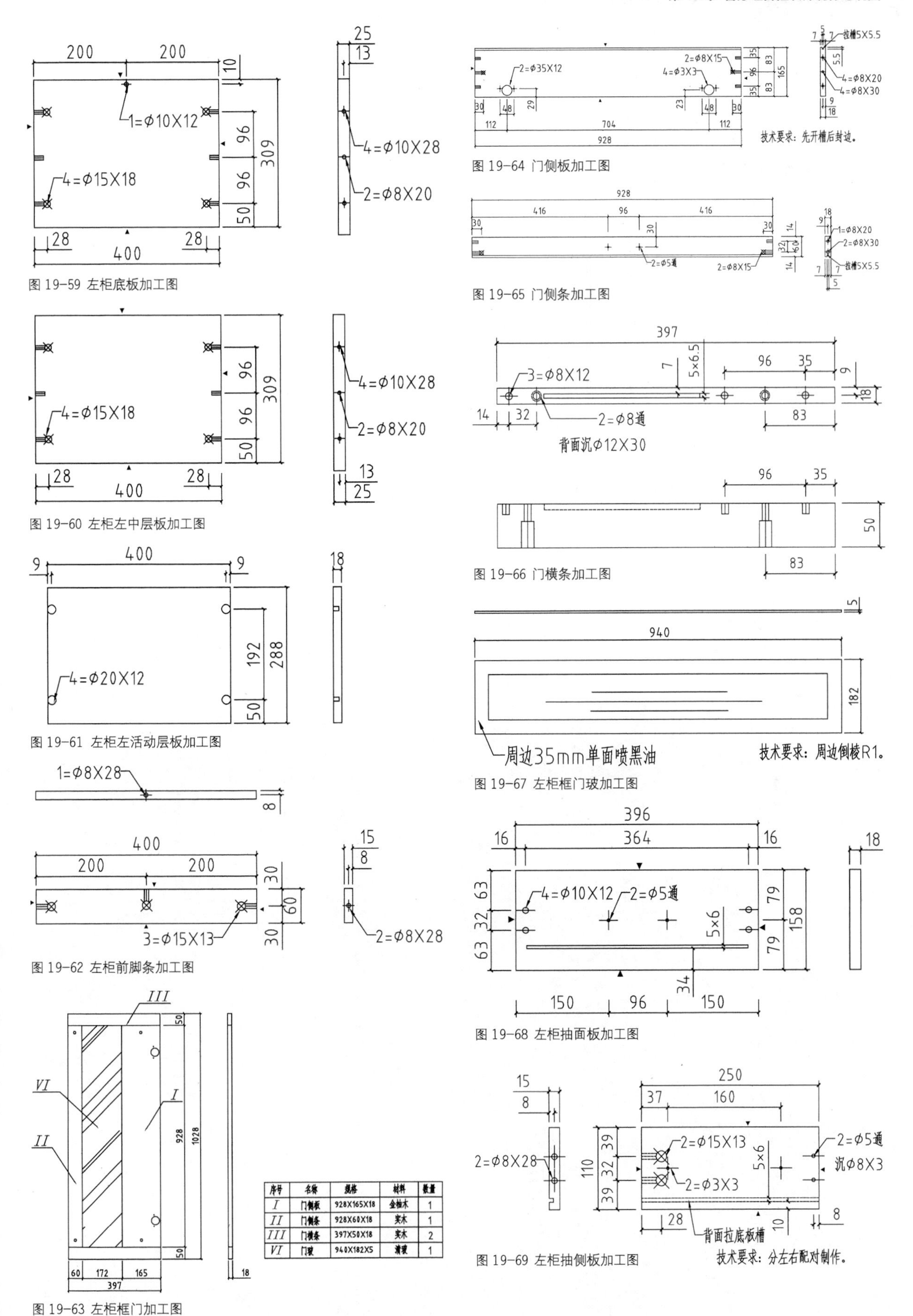

序号	名称	规格	材料	数量
I	门侧板	928X165X18	金柚木	1
II	门侧条	928X60X18	实木	1
III	门横条	397X50X18	实木	2
VI	门玻	940X182X5	清玻	1

图 19-59 左柜底板加工图

图 19-60 左柜左中层板加工图

图 19-61 左柜左活动层板加工图

图 19-62 左柜前脚条加工图

图 19-63 左柜框门加工图

图 19-64 门侧板加工图

图 19-65 门侧条加工图

图 19-66 门横条加工图

图 19-67 左柜框门玻加工图

图 19-68 左柜抽面板加工图

图 19-69 左柜抽侧板加工图

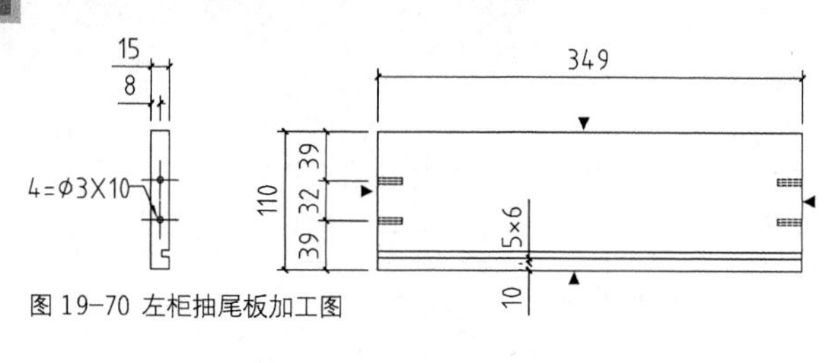

图 19-70 左柜抽尾板加工图

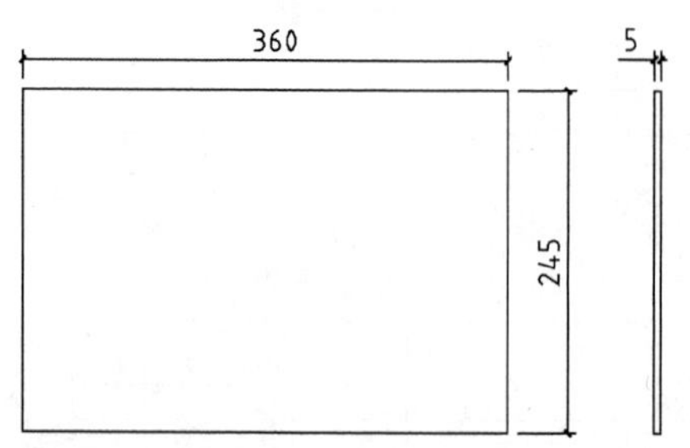

图 19-71 左柜抽底板加工图

第 20 章 酒柜设计制作与制图

本章以酒柜为例，介绍酒柜的工艺文件，包括酒柜外形图、酒柜开料明细表、酒柜五金配件表及酒柜加工图等。希望在阅读本章后，可以对酒柜设计制作有一定的了解。

20.1 酒柜外形图

酒柜透视图如图 20-1 所示，由柜体与抽屉组成。其中柜体内分别设置了层板及方格，可以方便放置酒瓶或者酒杯等物品，柜体下方的抽屉提供储物作用。

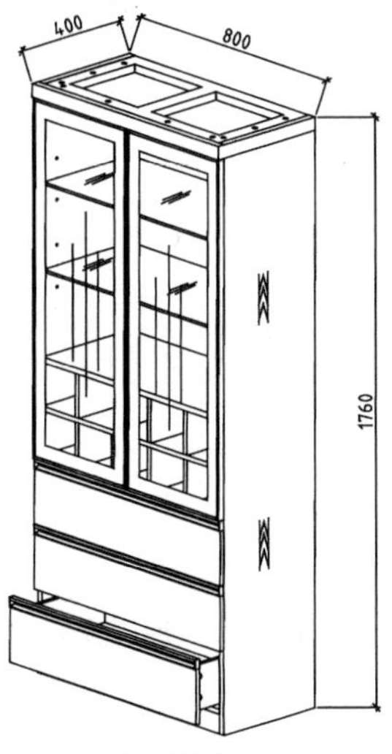

图 20-1 酒柜透视图

酒柜零部件示意图如图 20-2 所示，由顶板、背板、层板、底板等组成。

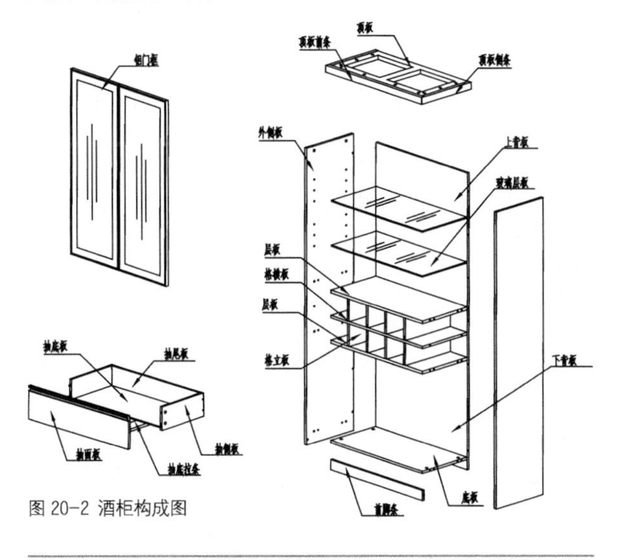

图 20-2 酒柜构成图

20.2 酒柜开料明细表

酒柜开料明细表见表 20-1，表格列举了各类零部件的名称、开料尺寸、数量及所使用的材料。

表20-1 酒柜开料明细表

序号	零部件名称	开料尺寸	数量
1	外侧板	1859×375×18	2
2	底板	761×359×15	1
3	层板	761×359×18	2
4	顶板	749×375×40	1
		760×390×15	1
		760×60×25	2
		270×60×25	3
5	上背板	907×761×15	1
6	下背板	951×761×15	1
7	前脚条	761×59×15	1
8	格横板	761×359×15	1
9	格立板	280×359×15	4
10	抽面板	797×167×15	3
11	抽侧板	349×129×15	6
12	抽尾板	710×129×15	3
13	抽底拉条	333×79×15	3
14	抽底板	345×722×5	3
15	顶板前条	800×41×25	1
16	顶板侧条	376×41×25	2

序号	材料名称	封边	备注
1	金柚色刨花板	4	
2	金柚色刨花板	4	
3	金柚色刨花板	4	
4	金柚色刨花板	4	成型开料
	金柚色刨花板		加厚
	金柚色刨花板	封1长边	
	金柚色刨花板	封1长边	
5	金柚色刨花板	4	
6	金柚色刨花板	4	
7	金柚色刨花板	4	
8	金柚色刨花板	4	
9	金柚色刨花板	4	
10	金柚色刨花板	4	先开槽后封边
11	金柚色刨花板	4	
12	金柚色刨花板	4	
13	金柚色刨花板	4	
14	金柚色		
15	实木[水冬瓜]		
16	实木[水冬瓜]		

20.3 酒柜五金配件表

酒柜五金配件表见表 20-2，在表中显示了各类材料的名称、规格及数量。

表20-2 酒柜五金配件表

分类名称	材料名称	规格	数量
封袋配件	三合一	ϕ15×11/ϕ7×28	50套
	木榫	ϕ8×30	46个
	自攻螺丝	ϕ4×14	44粒
	自攻螺丝	ϕ4×35	24粒
	8厘玻璃夹		8个
	拉手螺丝	ϕ4×8	16
	白脚钉		6粒
	铝框门铰	直门铰	6
安装配件	三合一	ϕ15×11/ϕ7×28	10套
	木榫	ϕ8×30	7个
	铝门框玻璃	1196×386×5	2块
	凹槽拉手F603	L794mm	3条
	缝头A.B		6个
发包装配件	铝门框	1200×398×22	2件（外购）
	二节路轨	350mm	3副
	玻璃层板	755×360×8	2块
	拉手	孔距96mm	2个

20.4 绘制酒柜外形图

本例选用的酒柜由两部分组成，上部分由层板与格板组成，以玻璃柜门作为遮挡，下部分由抽屉组成。层板为玻璃层板，格板有两种类型，即格横板与格立板，组成的方格可以用来横放酒瓶。

3 个抽屉的规格相同，未制作外凸的拉手，在抽面板的上部分制作内凹的拉手造型，与抽面板连成一个整体。可以先制作一个抽屉模型，通过执行 CO【复制】命令，来得到其他两个抽屉副本。

Step 01 绘制酒柜侧板。将当前工作工具设置为“三维建模”工作空间，选择【实体】选项卡，单击【图元】面板上的【长方体】命令按钮，设置尺寸参数为1670×283×13，绘制长方体表示侧板，如图 20-3所示。

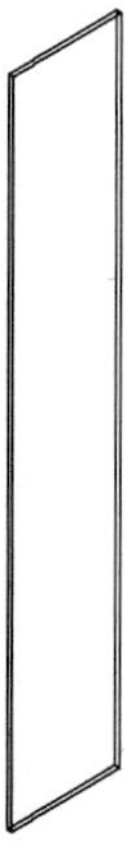

图 20-3 绘制侧板

Step 02 绘制底板。更改尺寸参数为555×272×14，创建底板模型，结果如图 20-4所示。

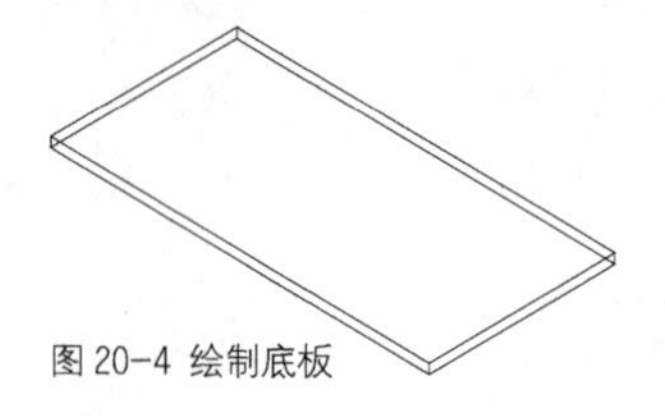

图 20-4 绘制底板

Step 03 执行CO【复制】命令，选择侧板，复制其图形副本，接着执行M【移动】命令，调整侧板的位置，如图 20-5所示为各视图中，侧板与底板的位置。

“西南等轴测”视图　　俯视图　　左视图

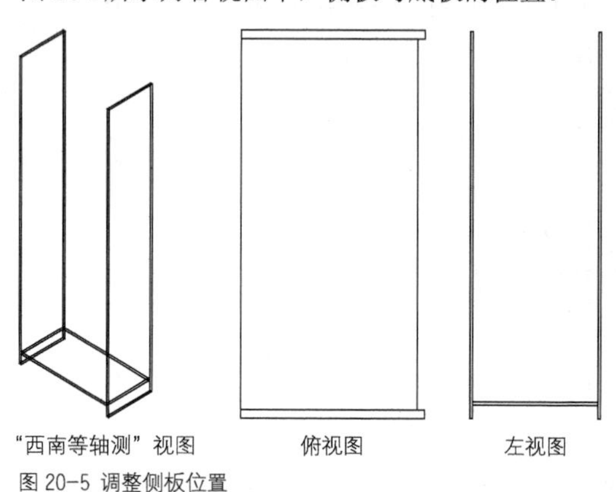

图 20-5 调整侧板位置

Step 04 绘制背板。启用【长方体】命令，设置尺寸参数为1670×555×11，创建背板模型，转换视图，调整背板的位置，如图 20-6所示为在各视图中背板的位置。

背板模型　　“西南等轴测”视图　　俯视图

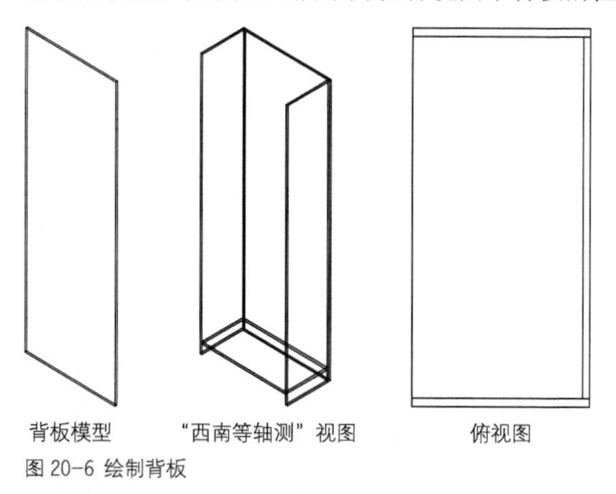

图 20-6 绘制背板

Step 05 绘制顶板。设置尺寸参数为545×283×39，创建顶板模型如图 20-7所示。

Step 06 绘制造型模型。启用【长方体】命令，设置尺寸参数为211×200×39，创建如图 20-8所示的模型。

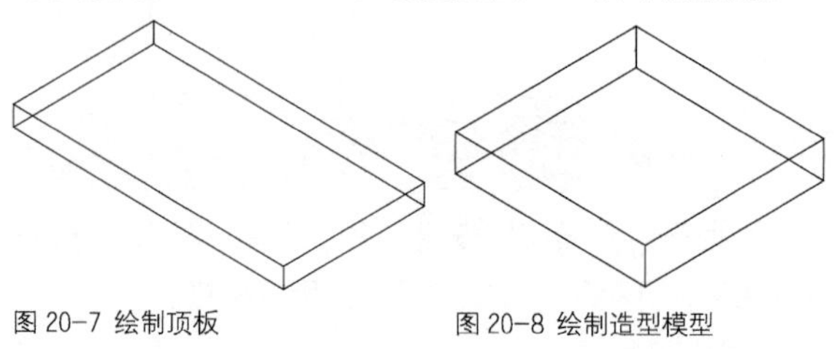

图 20-7 绘制顶板

图 20-8 绘制造型模型

Step 07 执行CO【复制】命令，选择上一步骤所创建的造型模型，复制其图形副本。接着执行M【移动】命令，调整其与顶板的位置，如图 20-9所示为各视图中模型的位置关系。

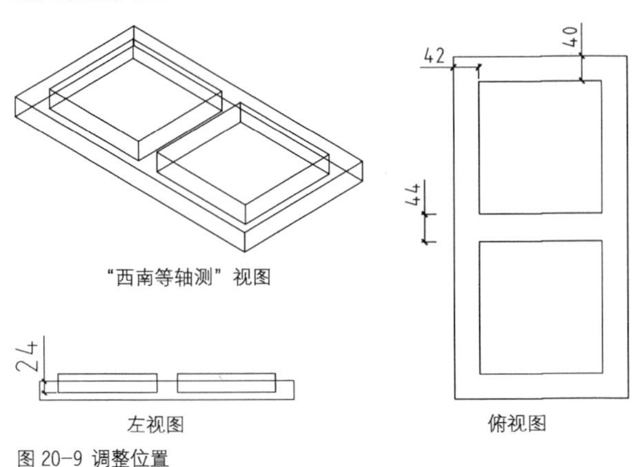

图 20-9 调整位置

Step 08 在【布尔值】选项卡中选择【差集】命令按钮，选择顶板，按下回车键，依次选择造型模型，按下回车键，差集操作的结果如图 20-10所示。

Step 09 绘制顶板前条。启用【长方体】命令，设置尺寸参数为581×39×19，创建前条模型如图 20-11所示。

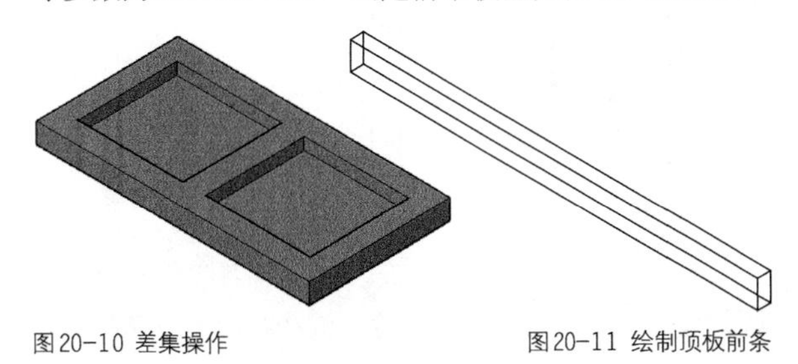

图20-10 差集操作　　图20-11 绘制顶板前条

Step 10 执行M【移动】命令，选择前条，调整其位置，如图 20-12所示为在各视图中，前条与顶板的位置。

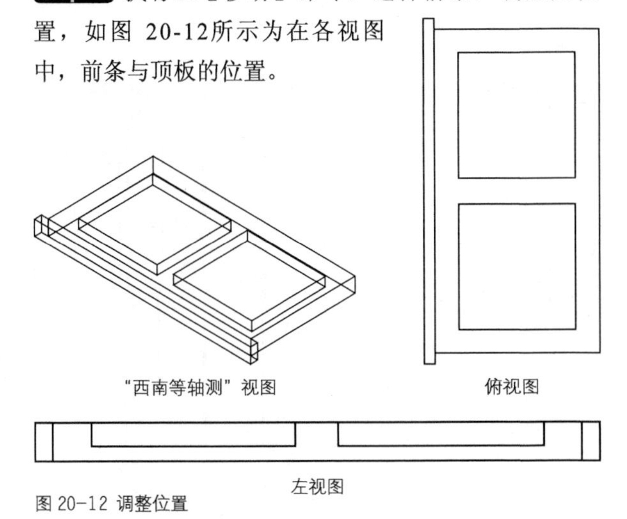

图 20-12 调整位置

Step 11 绘制顶板侧条。设置尺寸参数为283×39×18，创建侧条模型，接着调用M【移动】命令，调整侧条的位置，如图 20-13所示为侧条在各视图中的位置。

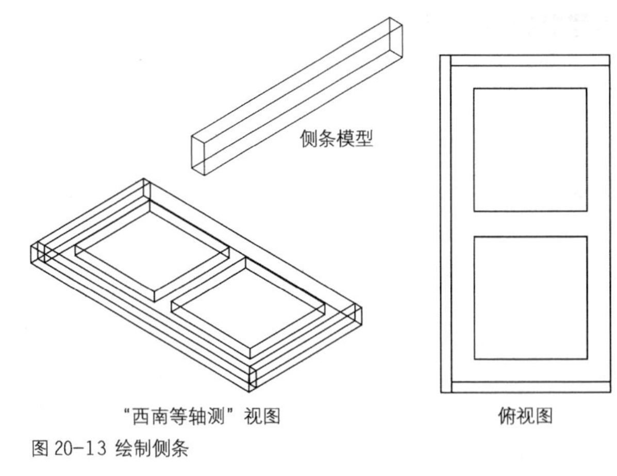

图 20-13 绘制侧条

Step 12 调用M【移动】命令，选择顶板、侧条、前条，调整其位置，如图 20-14所示为在各视图中模型的位置关系。

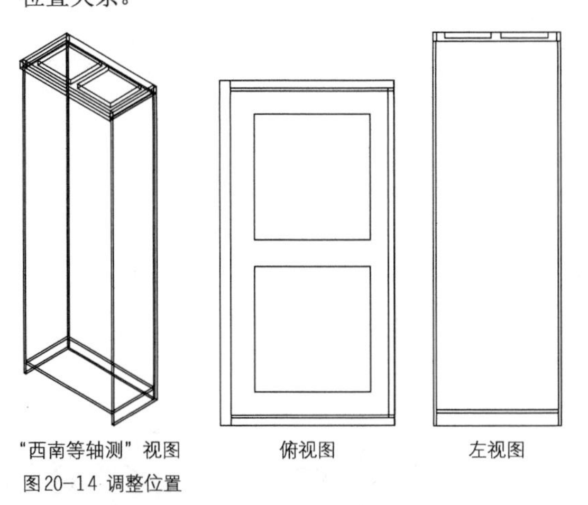

图20-14 调整位置

Step 13 绘制层板。启用【长方体】命令，设置尺寸参数为550×271×8，创建层板模型。执行M【移动】命令，调整层板在柜内的位置。调用CO【复制】命令，复制层板副本。如图 20-15所示为层板模型在各视图中的位置。

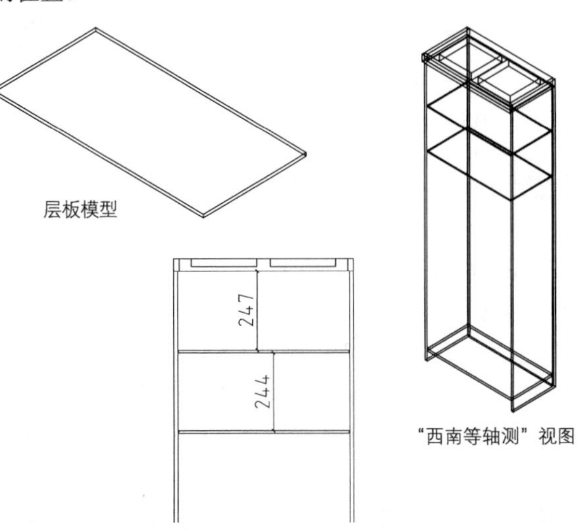

图20-15 绘制层板

Step 14 绘制格横板。设置尺寸参数为555×272×17，创建格横板模型。调用CO【复制】命令，复制模型的副本图形。执行M【移动】命令，设置间距为126，调整模型在柜内的位置。如图 20-16所示为在各视图中横格板的位置。

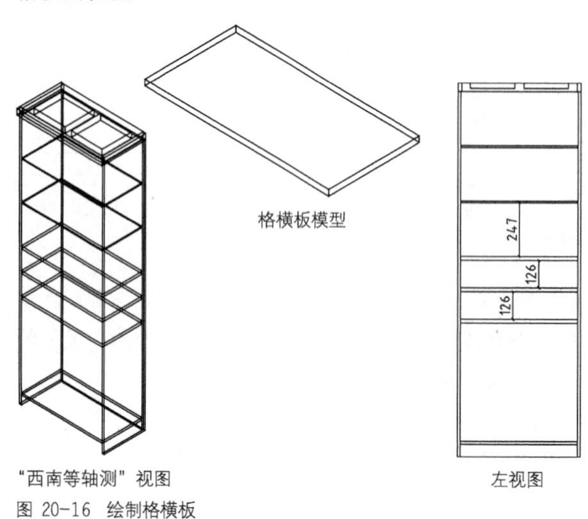

“西南等轴测”视图　　左视图

图 20-16　绘制格横板

Step 15 绘制格立板。设置尺寸参数为272×126×11，创建格立板模型。调用M【移动】命令，调整格立板在柜内的位置。调用CO【复制】命令，在柜内复制格立板副本图形。如图 20-17所示为在各视图中格立板的位置关系。

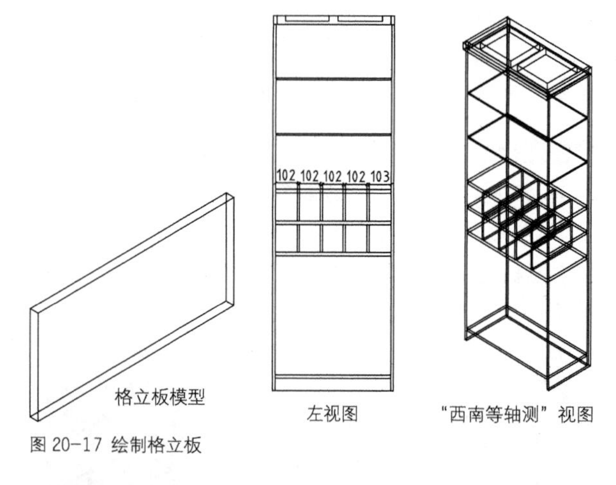

格立板模型　　左视图　　“西南等轴测”视图

图 20-17 绘制格立板

Step 16 绘制柜门。启用【长方体】命令，设置尺寸参数为1044×290×17，创建柜门模型，如图 20-18所示。

Step 17 修改尺寸参数为930×176×30，创建如图 20-19所示的长方体。

Step 18 执行M【移动】命令，调整长方体的位置，如图 20-20所示为各视图中长方体的位置关系。

Step 19 在【布尔值】面板中单击【差集】命令按钮，对长方体执行【差集】操作，结果如图 20-21所示。

Step 20 绘制柜门玻璃。启用【长方体】命令，设置尺寸参数为932×178×5，创建玻璃模型。调用M【移动】命令，调整模型在柜门门框中的位置。如图 20-22所示为玻璃模型在各视图中的位置。

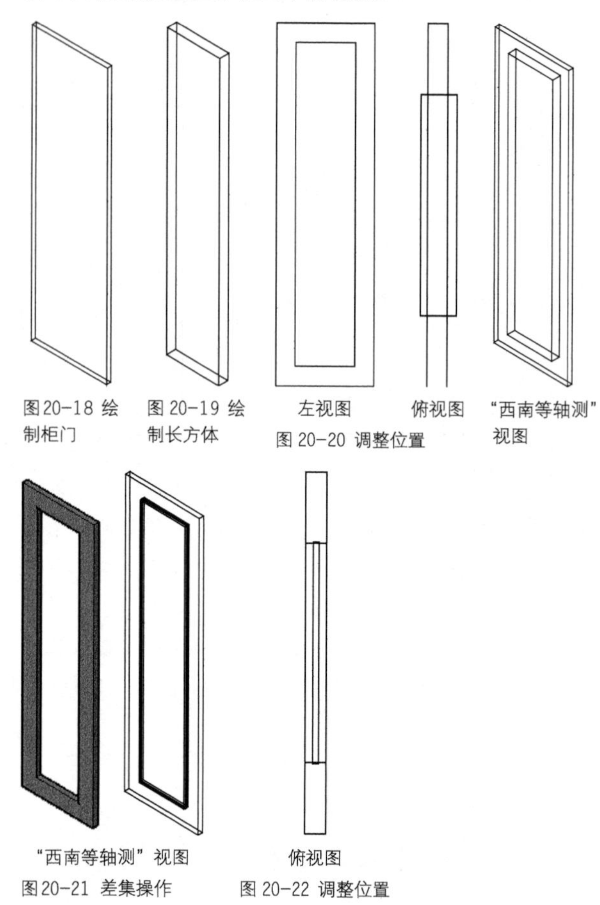

图 20-18 绘制柜门　　图 20-19 绘制长方体　　左视图　　俯视图　　“西南等轴测”视图

图 20-20 调整位置

“西南等轴测”视图　　俯视图

图 20-21 差集操作　　图 20-22 调整位置

Step 21 执行CO【复制】命令，选择柜门及玻璃图形，复制其图形副本。调用M【移动】命令，调整柜门在柜体上的位置，如图 20-23所示为在各视图中柜门的位置关系。

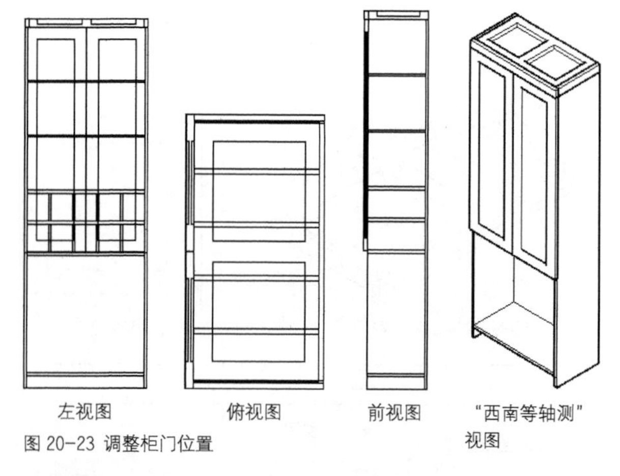

左视图　　俯视图　　前视图　　“西南等轴测”视图

图 20-23 调整柜门位置

Step 22 绘制抽底板。启用【长方体】命令，设置尺寸参数为537×259×5，创建底板模型如图 20-24所示。

Step 23 绘制抽侧板。设置尺寸参数为255×131×11，创建抽侧板模型，如图 20-25所示。

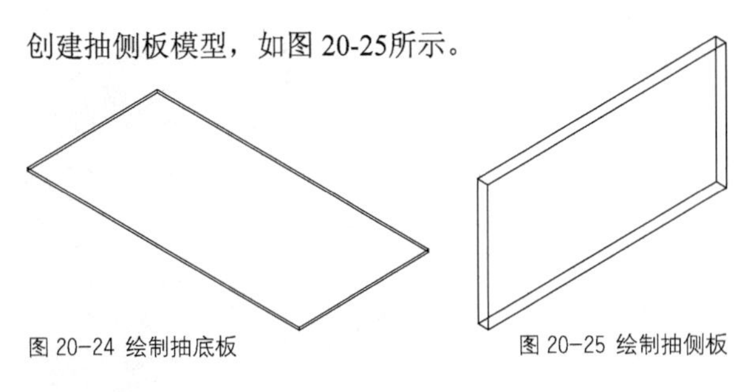

图 20-24 绘制抽底板　　图 20-25 绘制抽侧板

Step 24 执行CO【复制】命令，选择抽侧板，复制侧板副本。调用M【移动】命令，调整抽侧板的位置，如图 20-26所示为在各视图中抽侧板的位置。

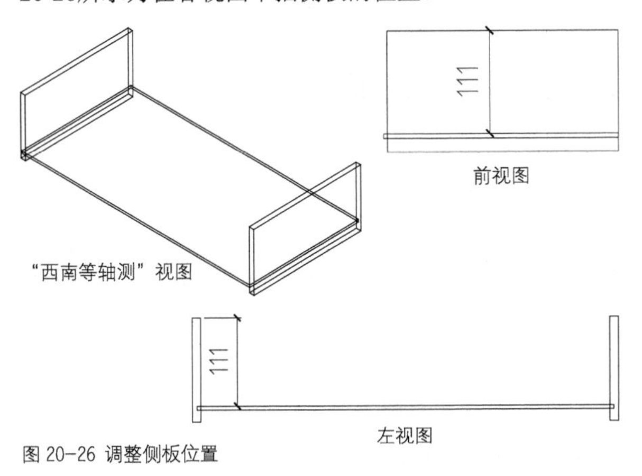

图 20-26 调整侧板位置

Step 25 绘制抽尾板。设置尺寸参数为527×111×11，创建抽尾板模型。调用M【移动】命令，调整抽尾板的位置。如图 20-27所示为抽尾板在各视图中的位置。

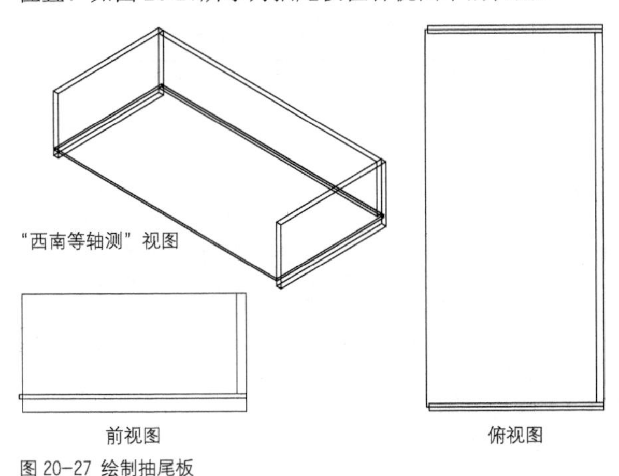

图 20-27 绘制抽尾板

Step 26 绘制抽面板。启用【长方体】命令，设置尺寸参数为577×159×11，创建抽面板模型，如图 20-28所示。

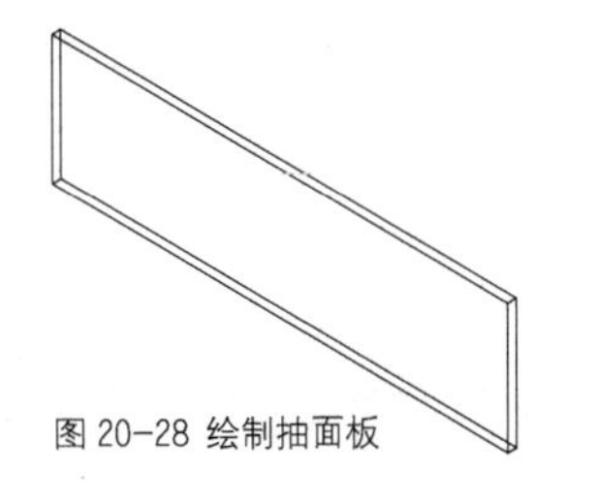

图 20-28 绘制抽面板

Step 27 绘制抽屉拉手造型。设置尺寸参数依次为577×28×13、577×16×9，创建如图 20-29所示的长方体。

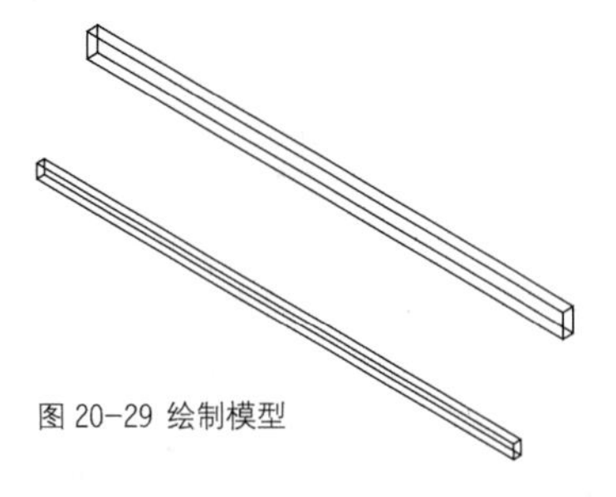

图 20-29 绘制模型

Step 28 调用M【移动】命令，调整拉手模型的位置，如图 20-30所示为在各视图中模型的位置关系。

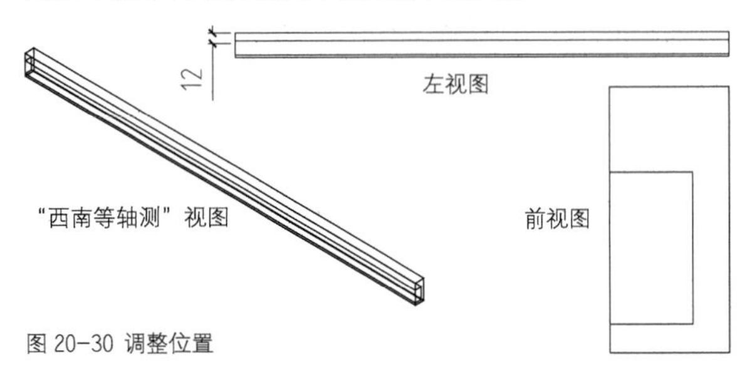

图 20-30 调整位置

Step 29 启用【差集】命令，首先单击高度为28的长方体，接着单击高度为16的长方体，差集操作的结果如图 20-31所示。

Step 30 绘制封边模型。启用【长方体】命令，设置尺寸参数为28×13×2，创建模型如图 20-32所示。

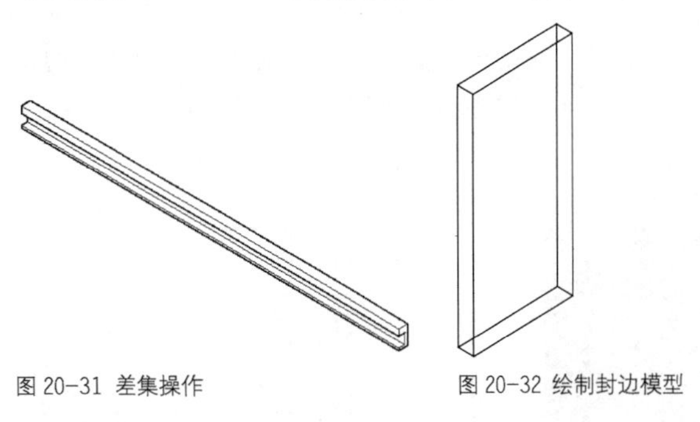

图 20-31 差集操作　　图 20-32 绘制封边模型

Step 31 执行CO【复制】命令，选择封边模型，复制其图形副本。调用M【移动】命令，调整模型的位置，如图 20-33所示为模型在各视图中的位置关系。

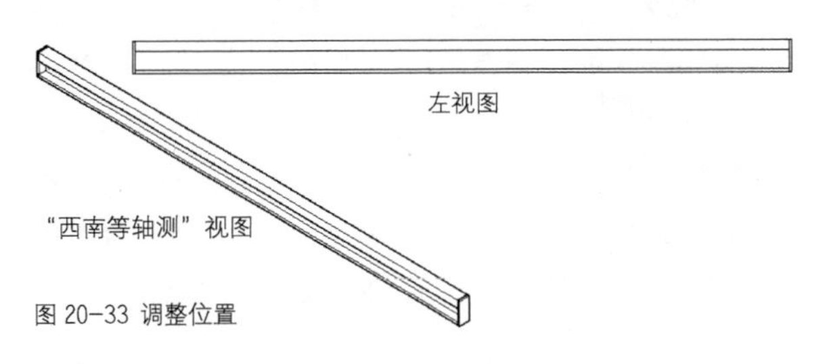

图 20-33 调整位置

Step 32 执行M【移动】命令，调整拉手造型与抽面板的位置，如图 20-34所示为在“西南等轴测”视图与左视图中模型的位置关系。

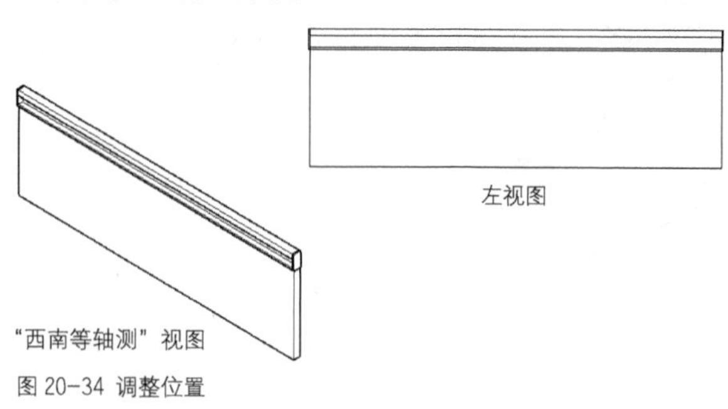

图 20-34 调整位置

Step 33 转换视图，通过启用M【移动】命令，调整抽面板与抽屉柜体的位置，如图 20-35所示为在各视图中面板与柜体的位置关系。

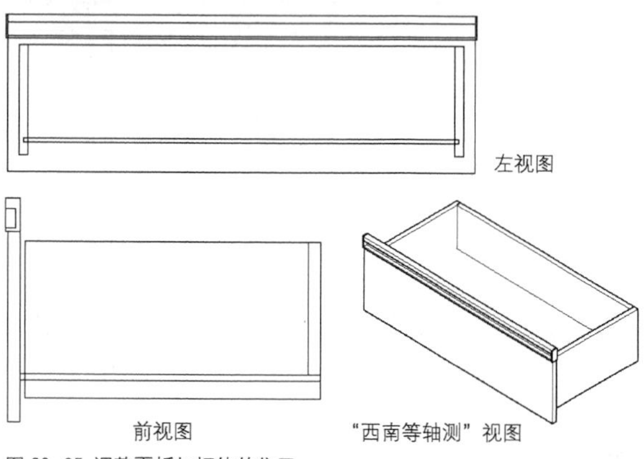

图 20-35 调整面板与柜体的位置

Step 34 执行CO【复制】命令，选择抽屉模型，复制其副本。调用M【移动】命令，调整抽屉在柜体中的位置，如图 20-36所示为在抽屉在各视图中的位置。

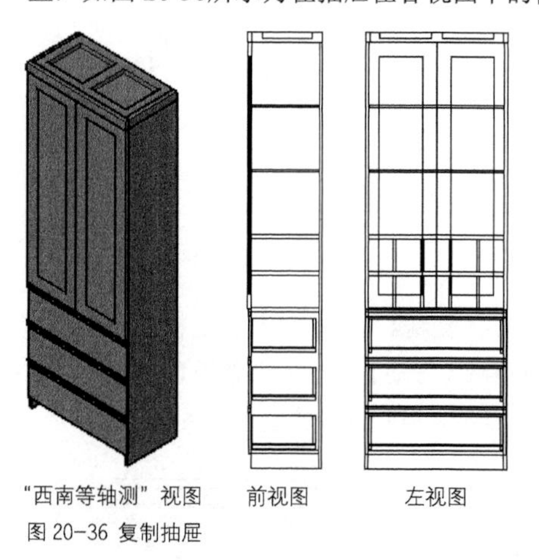

图 20-36 复制抽屉

Step 35 绘制脚条。启用【长方体】命令，设置尺寸参数为581×57×11，创建脚条模型。执行M【移动】命令，在各视图中调整脚条的位置，如图 20-37所示。

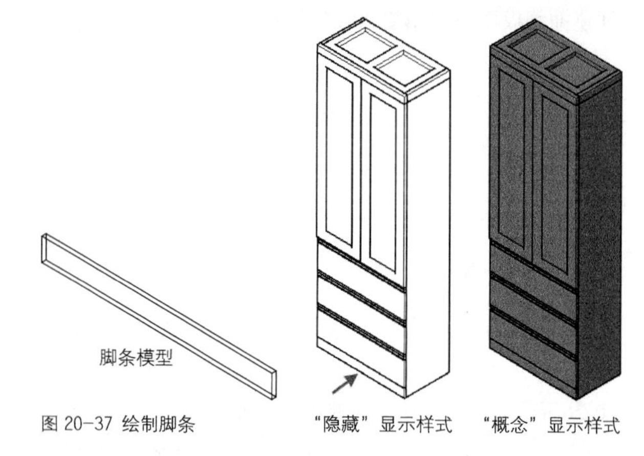

图 20-37 绘制脚条

20.5 酒柜加工图

本节介绍酒柜加工图的绘制方法，如酒柜下层板加工图、酒柜格横板加工图、酒柜顶板加工图等，因为篇幅有限，不能逐一介绍各类加工图的绘制方法，请认真阅读每小节内容，并有针对性地练习绘制小节末尾的附图，以提高自身的绘图水平。

20.5.1 绘制酒柜下层板加工图

Step 01 绘制层板外轮廓线。执行REC【矩形】命令，设置尺寸参数为762×361，绘制如图 20-38所示的矩形。

Step 02 绘制螺丝。执行C【圆】命令，设置半径值为8，绘制如图 20-39所示的圆形。

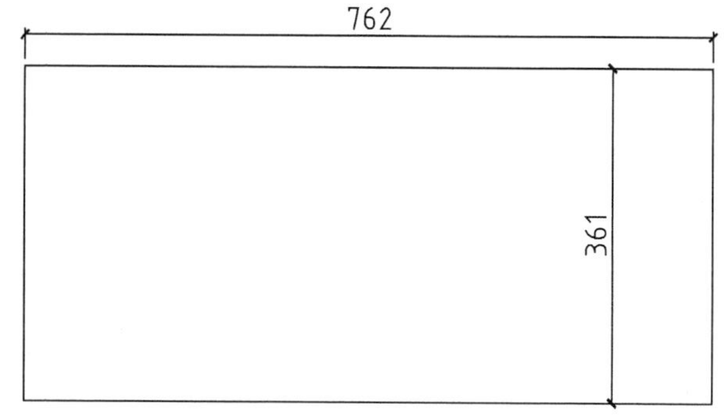

图 20-38 绘制矩形

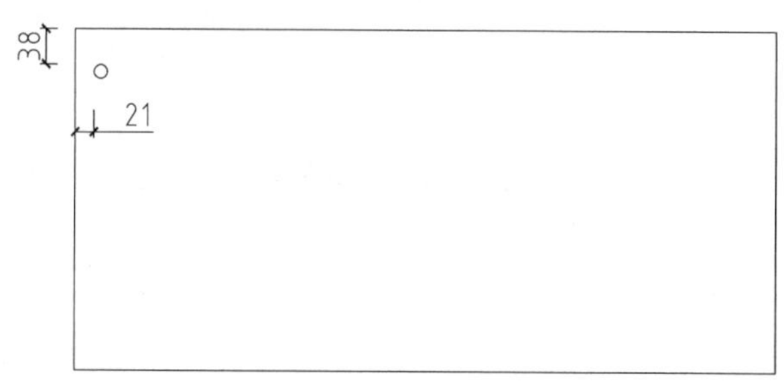

图 20-39 绘制圆形

Step 03 执行L【直线】命令，绘制水平线段连接圆的象限点以及矩形短边，接着执行O【偏移】命令，设置偏移距离为4，选择线段分别向上、向下偏移，如图 20-40所示。

Step 04 调用L【直线】命令，过圆心绘制交叉线段，如图 20-41所示。

图 20-40 偏移线段

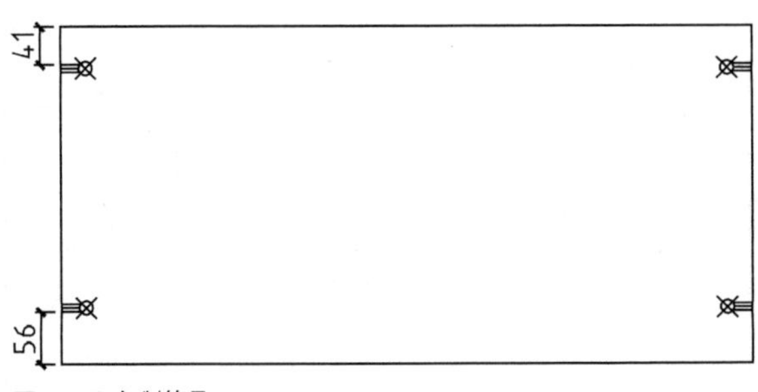

图20-41 绘制线段

Step 05 执行CO【复制】命令，选择绘制完成的符号向下移动复制，接着执行MI【镜像】命令，将左侧的符号镜像复制至右侧，如图 20-42所示。

Step 06 执行REC【矩形】命令，设置尺寸参数为21×8来绘制矩形，接着调用L【直线】命令，过矩形几何中心绘制水平线段，如图 20-43所示。

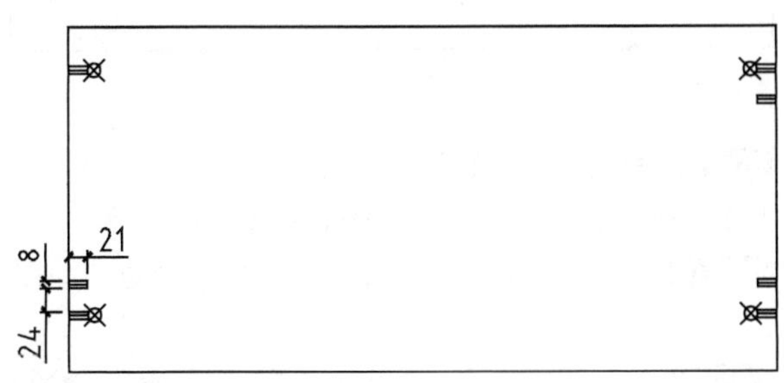

图 20-42 复制符号

图 20-43 绘制矩形

Step 07 执行L【直线】命令，绘制长度为20的水平直线及垂直直线，如图 20-44所示。

Step 08 执行C【圆】命令，以直线交点为圆心，分别绘制半径为3、4的圆形，如图 20-45所示。

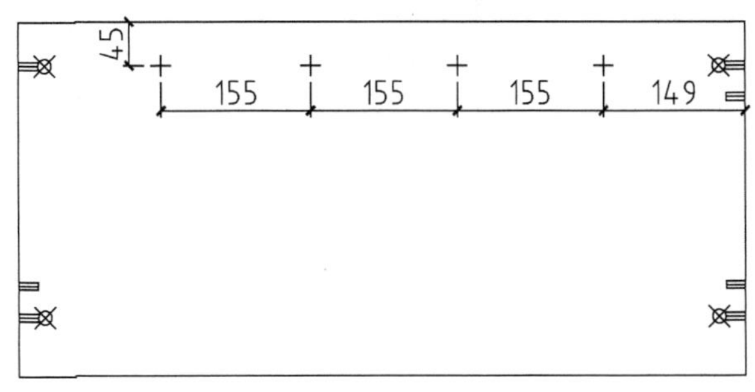

图 20-44 绘制线段

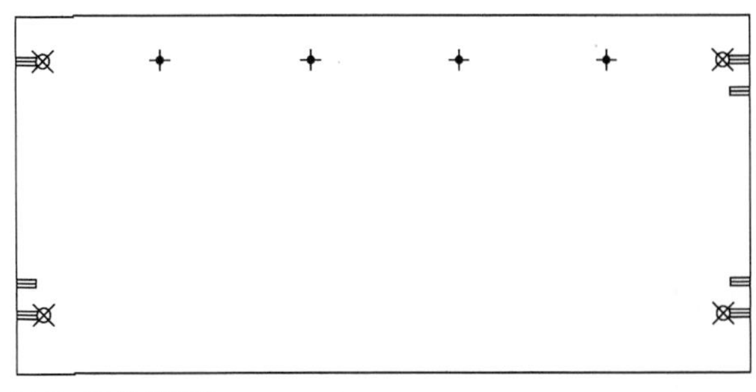

图 20-45 绘制圆形

Step 09 执行CO【复制】命令，选择符号向下移动复制，如图 20-46所示。

Step 10 执行L【直线】命令，绘制等腰三角形，调用H【图案填充】命令，选择SOLID图案，对三角形执行图案填充操作，完成封边符号的绘制，结果如图 20-47所示。

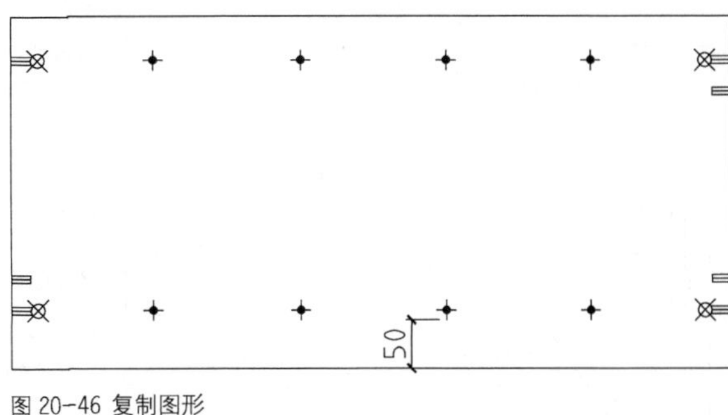

图 20-46 复制图形

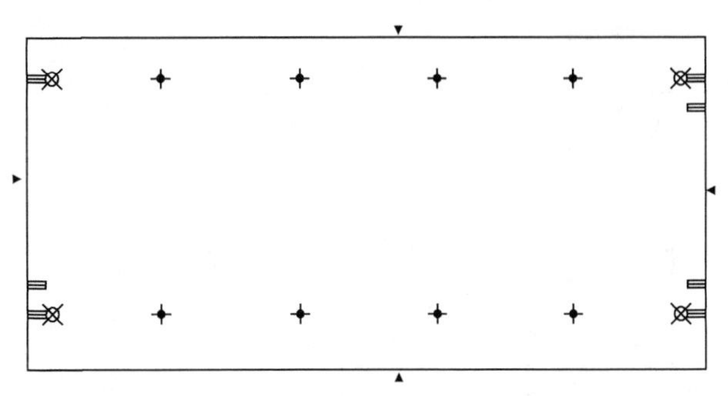

图 20-47 绘制封边符号

Step 11 绘制层板左视图轮廓。执行REC【矩形】命令，绘制矩形表示层板外轮廓线，如图 20-48所示。

Step 12 调用L【直线】命令，绘制长度为20的相交直线，如图 20-49所示。

Step 13 调用C【圆】命令，设置半径为4，以直线交点为圆心，绘制圆形，完成符号的绘制结果如图 20-50所示。

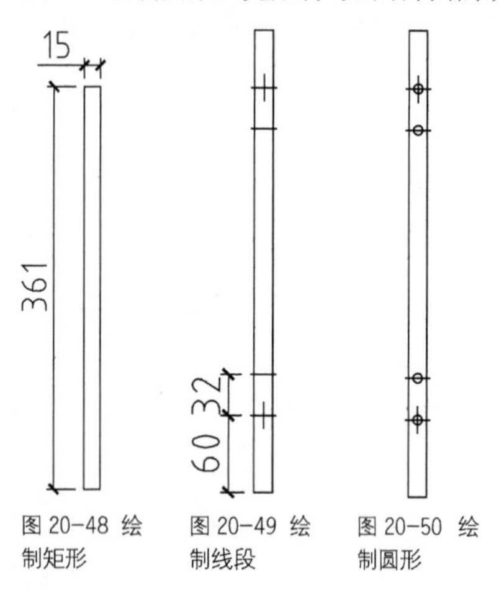

图 20-48 绘制矩形　　图 20-49 绘制线段　　图 20-50 绘制圆形

Step 14 调用MLD【多重引线】命令，标注配件的规格，如图 20-51所示。

Step 15 调用DLI【线性标注】命令，为层板加工图标注尺寸，表明配件在层板上的位置，如图 20-52所示。

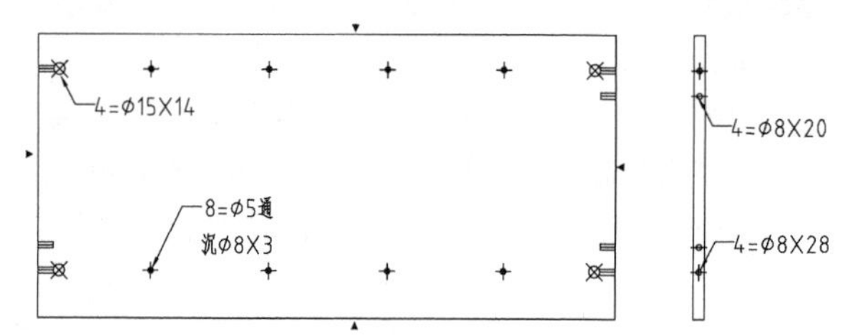

图 20-51 绘制引线标注

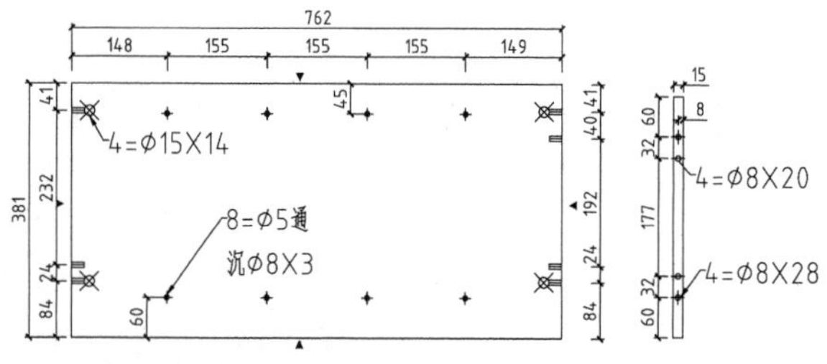

图 20-52 绘制尺寸标注

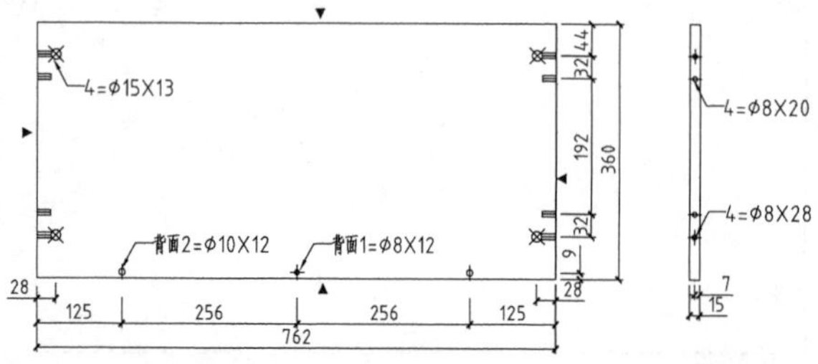

图 20-53 酒柜底板加工图

参考本节内容，继续绘制其他部分的加工图，如酒柜底板加工图（图 20-53）、酒柜左侧板加工图（图 20-54）、酒柜上层板加工图（图 20-55）。

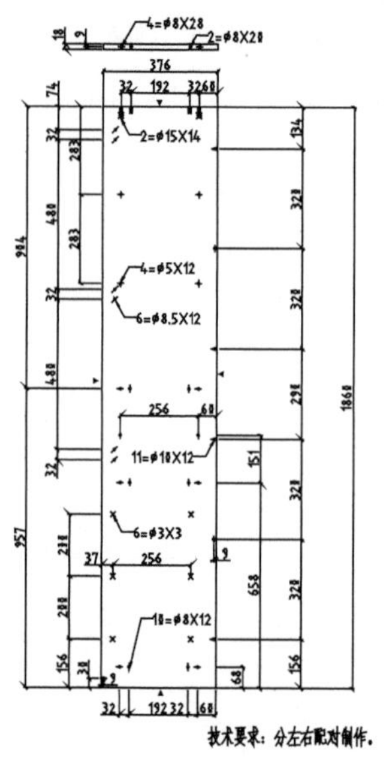

图 20-54 酒柜左侧板加工图

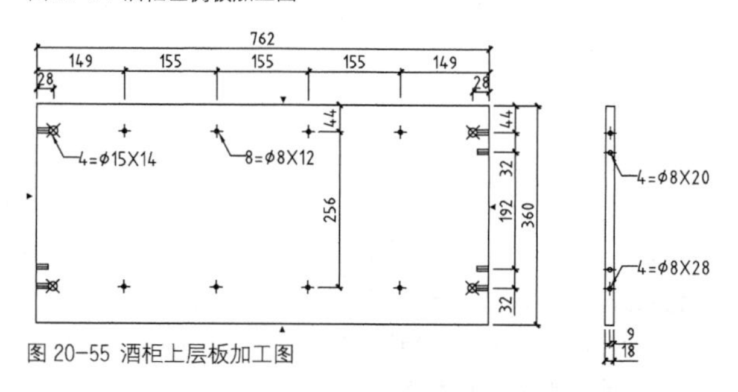

图 20-55 酒柜上层板加工图

20.5.2 绘制酒柜格横板加工图

Step 01 绘制格横板外轮廓。执行REC【矩形】命令，设置尺寸参数为361×762，绘制如图 20-56所示的矩形。

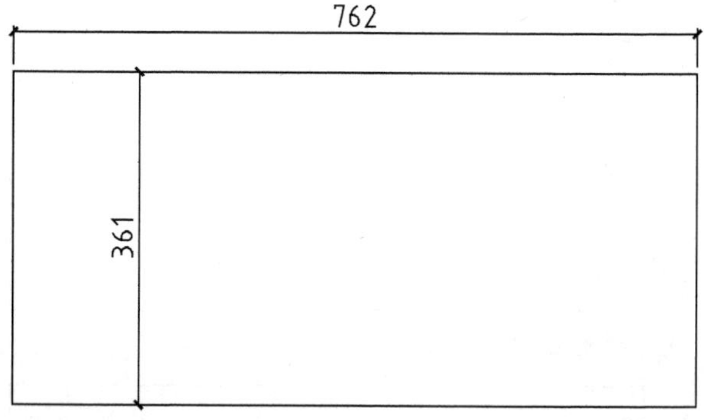

图 20-56 绘制矩形

Step 02 执行X【分解】命令分解矩形，调用O【偏移】命令，选择矩形边向内偏移，如图 20-57所示。

Step 03 执行TR【修剪】命令，修剪矩形边，如图 20-58所示。

Step 04 绘制配件符号。调用REC【矩形】命令，绘制尺寸为21×8的矩形，执行L【直线】命令，过矩形几何中心绘制水平线段，最后执行CO【复制】命令，复制图形，结果如图 20-59所示。

Step 05 调用L【直线】命令、H【图案填充】命令，绘制封边符号如图 20-60所示。

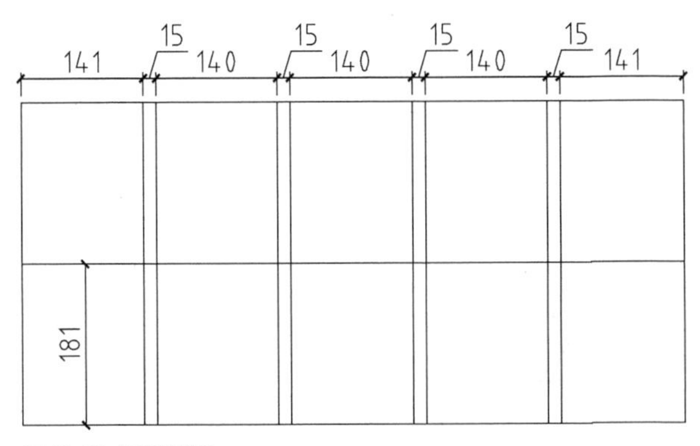

图 20-57 偏移矩形边

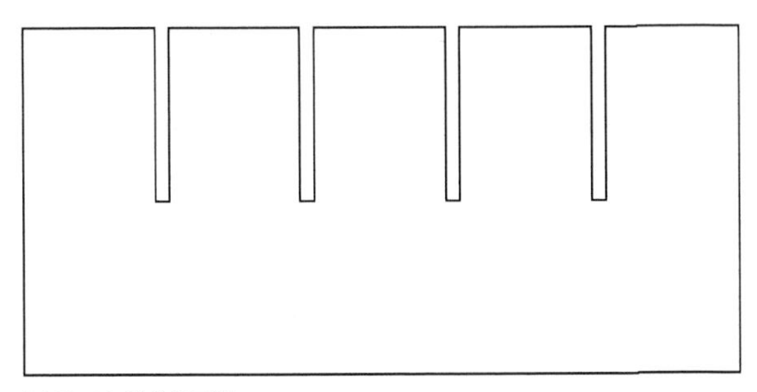

图 20-58 修剪矩形边

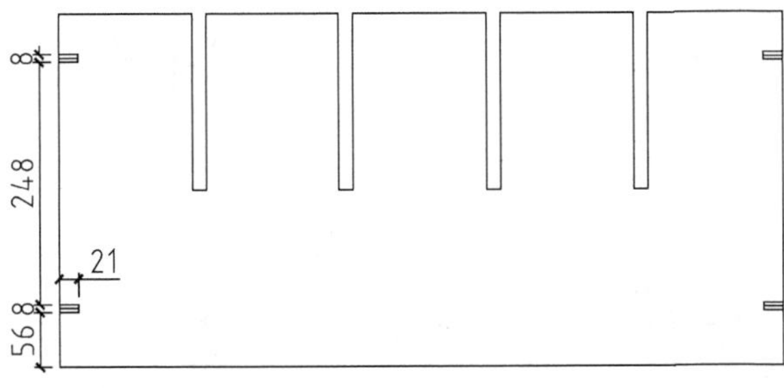

图 20-59 绘制配件符号

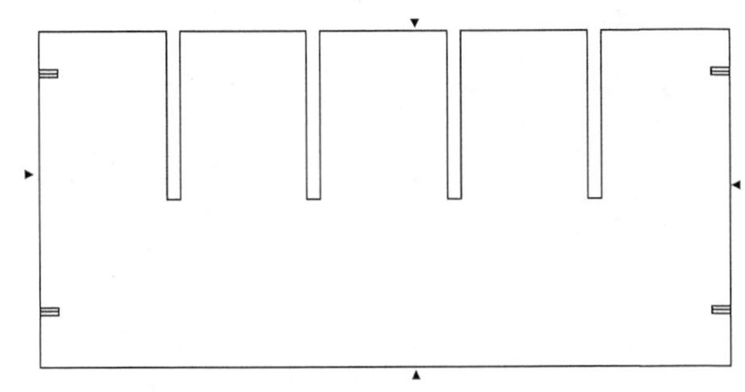

图 20-60 绘制封边符号

Step 06 调用REC【矩形】命令，绘制尺寸为361×15的矩形，接着执行L【直线】命令、C【圆】命令，绘制配件符号，横格板左视图绘制结果如图 20-61所示。

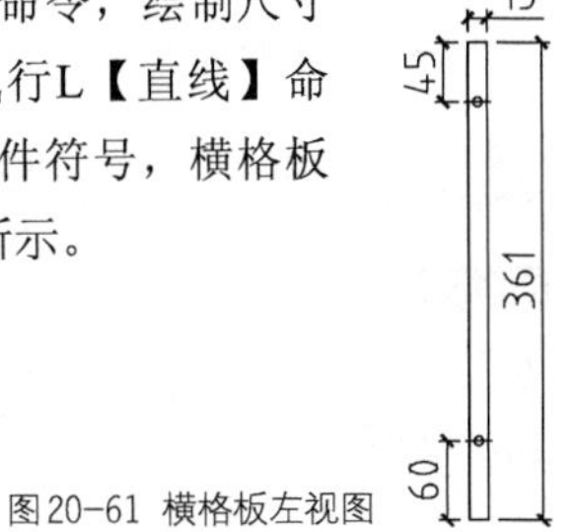

图20-61 横格板左视图

Step 07 调用MLD【多重引线】命令，绘制引线标注，标明配件的规格及数量，如图 20-62所示。

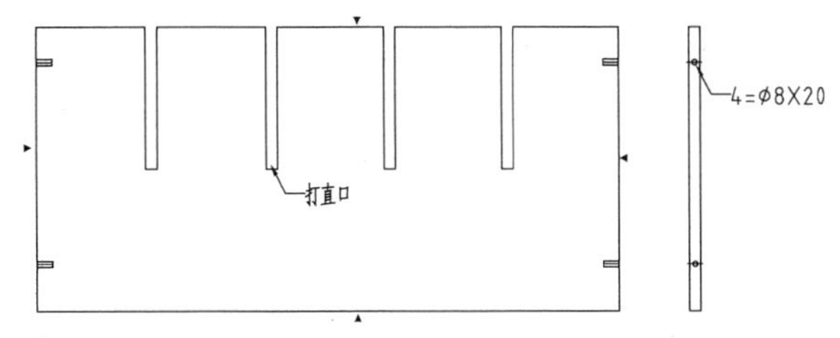

图 20-62 绘制引线标注

Step 08 执行DLI【线性标注】命令，为加工图绘制尺寸标注，以注明配件在板上的位置，如图 20-63所示。

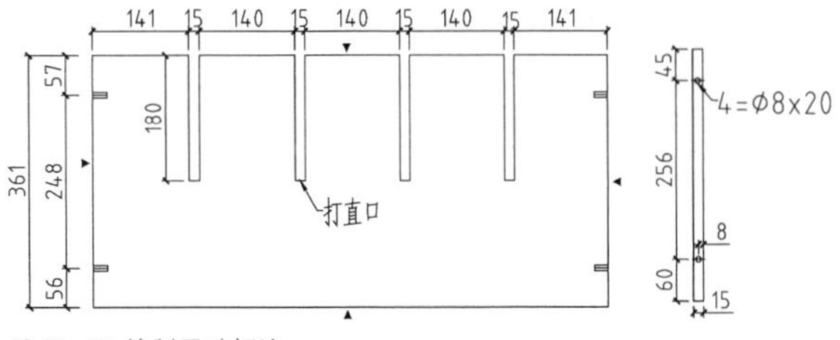

图 20-63 绘制尺寸标注

请参考本节内容，自行绘制酒柜横立板加工图，绘制结果如图 20-64 所示。

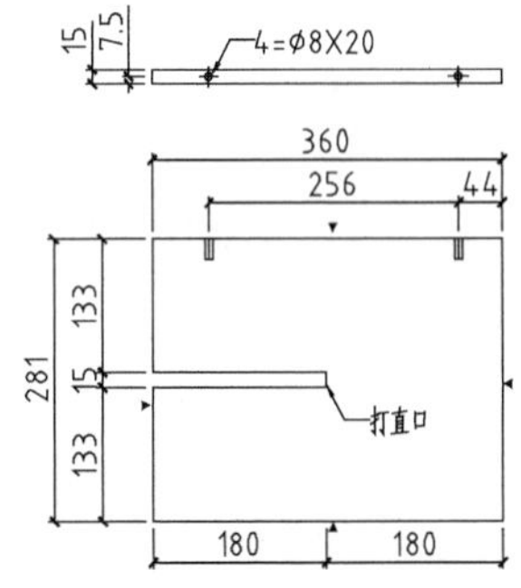

图 20-64 酒柜横立板加工图

20.5.3 绘制酒柜顶板加工图

Step 01 绘制顶板外轮廓。执行REC【矩形】命令，绘制如图 20-65所示的顶板轮廓线。

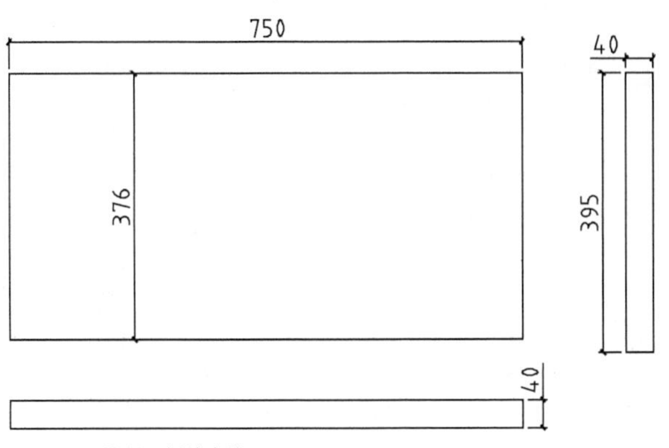

图 20-65 绘制顶板轮廓线

Step 02 重复执行REC【矩形】命令，绘制尺寸参数为

290×266的矩形，如图 20-66所示。

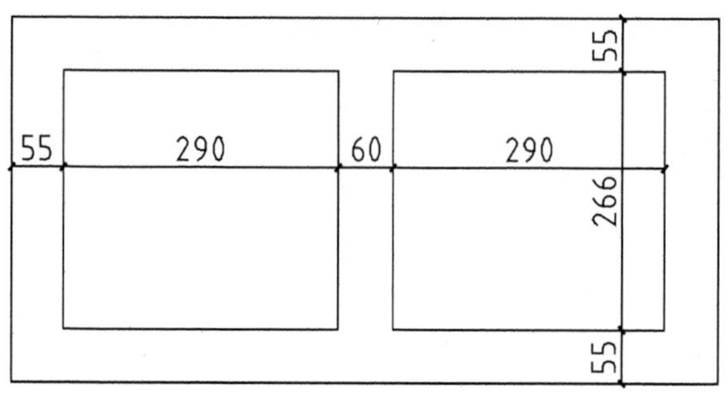

图 20-66 绘制矩形

Step 03 执行C【圆】命令、L【直线】命令，绘制如图 20-67所示的配件符号，定位尺寸请参考图 20-70。

Step 04 调用L【直线】命令，绘制等腰三角形，接着执行H【图案填充】命令，选择SOLID图案，对三角形执行填充操作，表示顶板封边情况，如图 20-68所示。

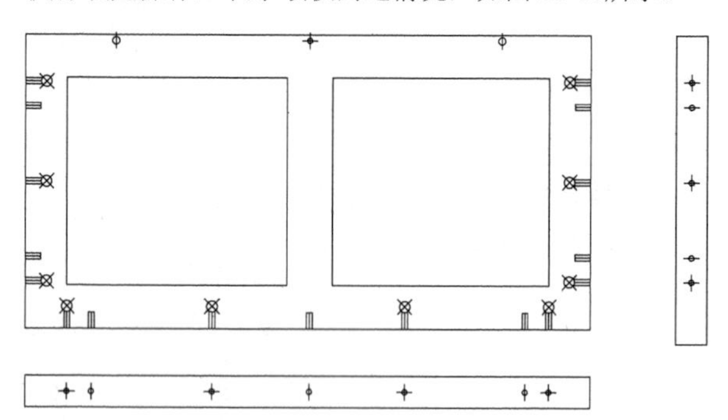

图 20-67 绘制配件符号

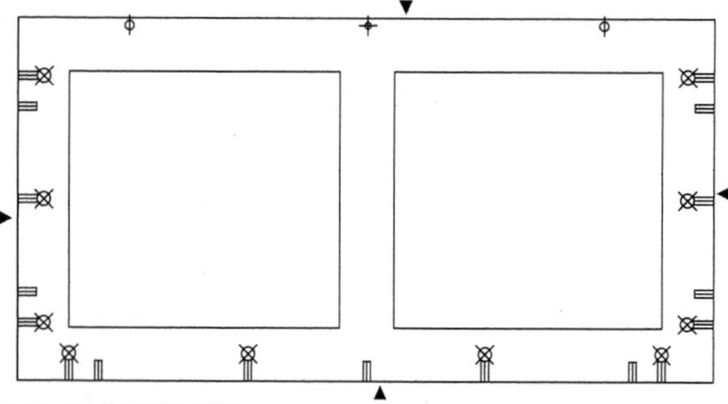

图 20-68 绘制封边符号

Step 05 调用MLD【多重引线】命令，为加工图绘制引线标注，以表示配件的相关参数，如图 20-69所示。

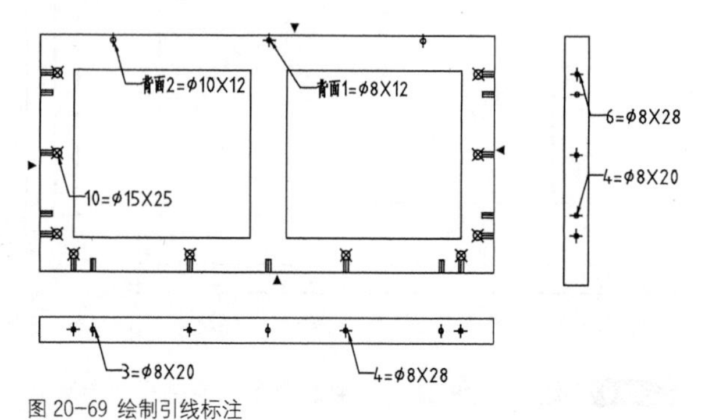

图 20-69 绘制引线标注

Step 06 执行DLI【线性标注】命令，绘制如图 20-70所示的尺寸标注。

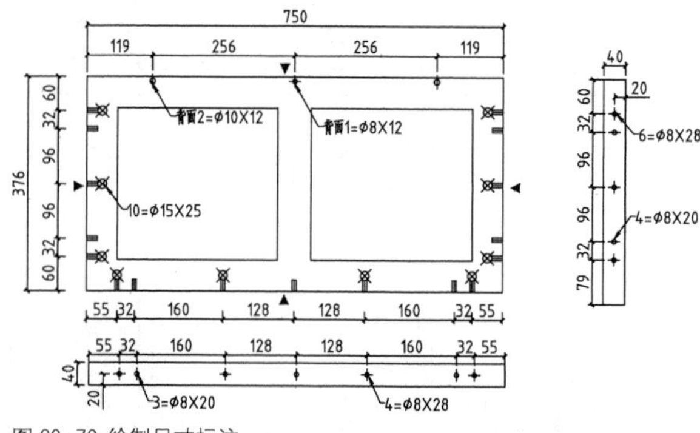

图 20-70 绘制尺寸标注

关于酒柜顶板，还有其他类型的加工图，如顶板骨料加工图、顶板前条加工图以及顶板侧条加工图。使用本节所介绍的方法来自行绘制，其绘制结果分别如图 20-71、图 20-72、图 20-73 所示。

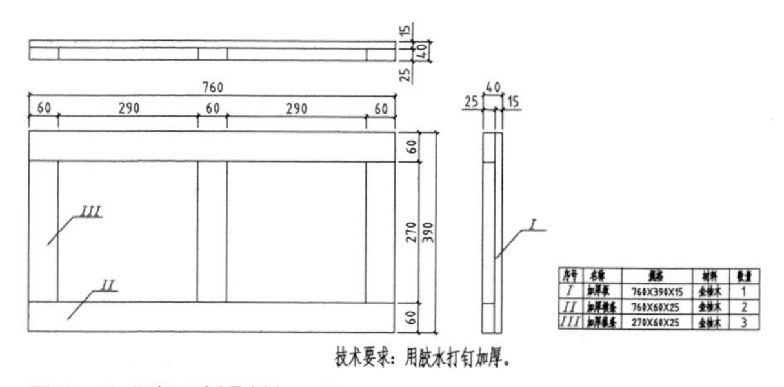

图 20-71 酒柜顶板骨料加工图

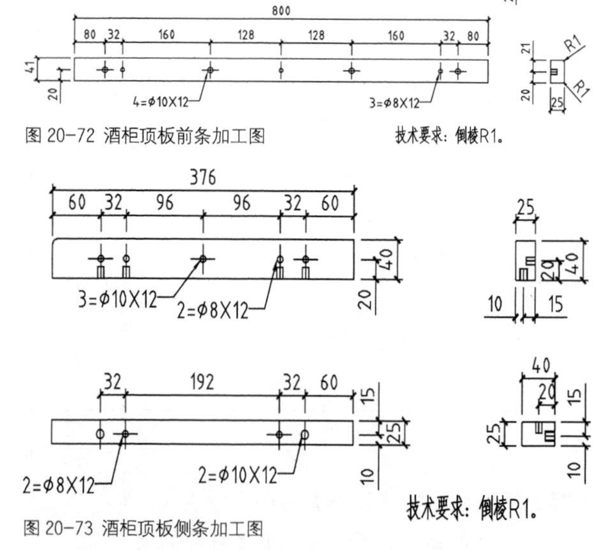

图 20-72 酒柜顶板前条加工图

图 20-73 酒柜顶板侧条加工图

20.5.4 绘制酒柜上背板加工图

Step 01 绘制背板外轮廓。执行REC【矩形】命令，设置尺寸参数为762×806，绘制背板俯视图轮廓线，如图 20-74所示。

Step 02 绘制配件符号。执行C【圆】命令、L【直线】命令，绘制配件图形，如图 20-75所示。

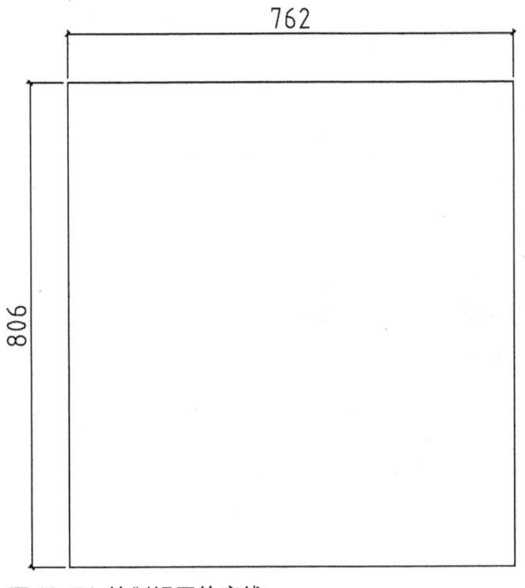

图 20-74 绘制视图轮廓线

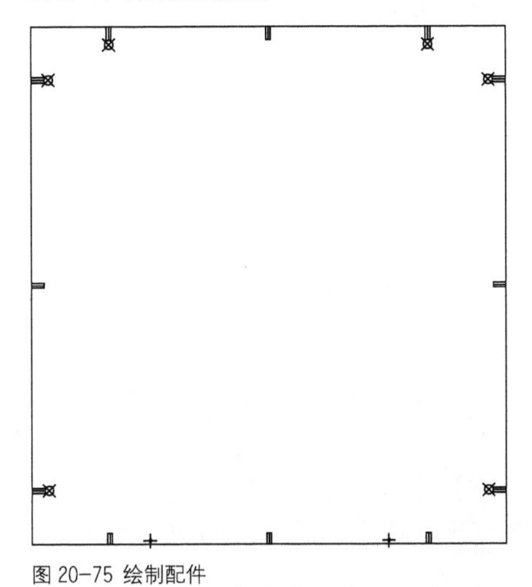

图 20-75 绘制配件

Step 03 调用L【直线】命令，绘制等腰三角形，接着执行H【图案填充】命令，对三角形填充SOLID图案，结果如图 20-76所示，定位尺寸请参考图 20-81。

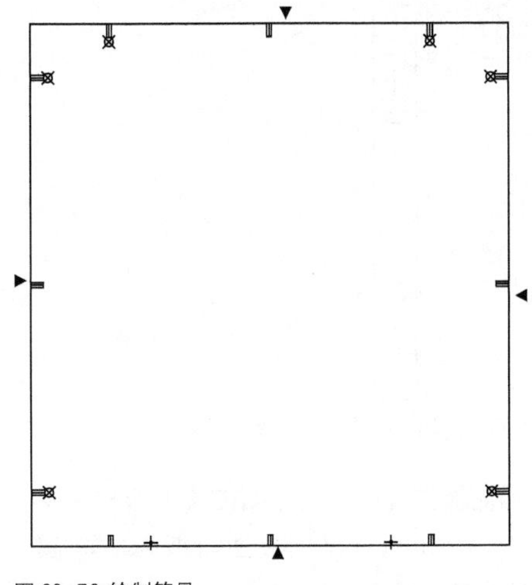

图 20-76 绘制符号

Step 04 执行REC【矩形】命令，绘制背板主视图、左视图外轮廓线，如图 20-77所示。

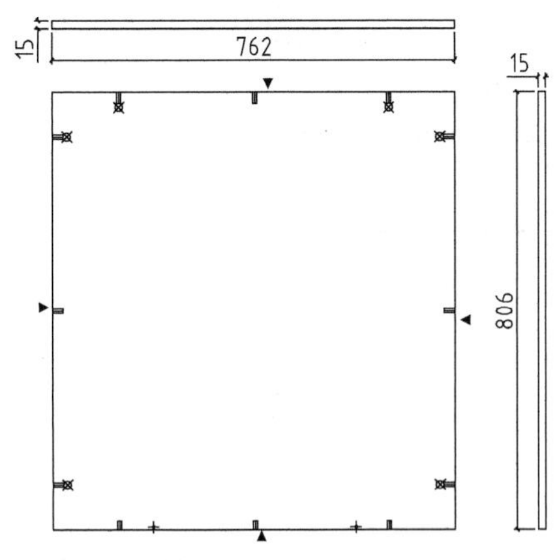

图 20-77 绘制矩形

Step 05 调用C【圆】命令、L【直线】命令，为视图绘制配件符号，如图 20-78所示，定位尺寸请参考图 20-81。

Step 06 执行CO【复制】命令，选择主视图，向下移动复制，如图 20-79所示。

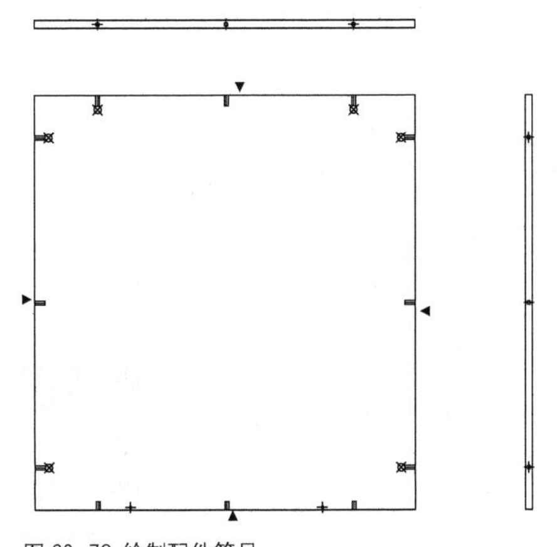

图 20-78 绘制配件符号

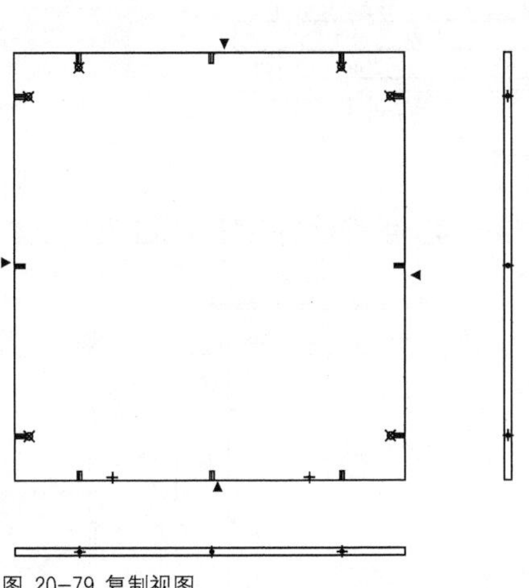

图 20-79 复制视图

Step 07 调用MLD【多重引线】命令，绘制引线标注，对配件规格执行解释说明，如图 20-80所示。

Step 08 调用DLI【线性标注】命令，绘制尺寸标注，说明配件在背板上的位置，结果如图 20-81所示。

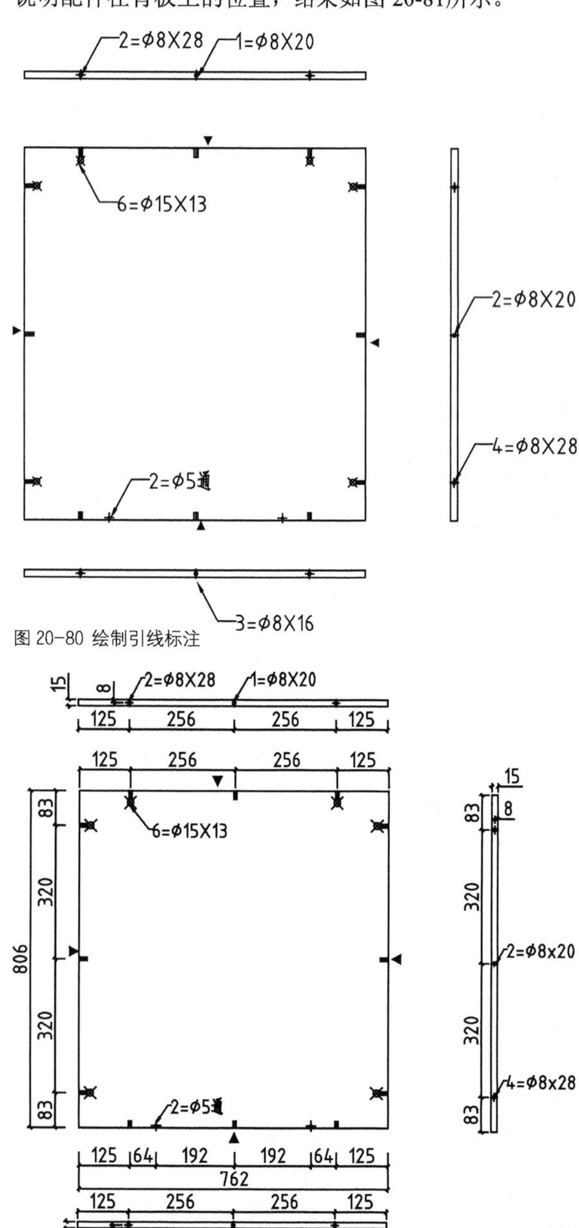

图 20-80 绘制引线标注

图 20-81 绘制尺寸标注

请参照本节内容，继续绘制下背板加工图以及脚条加工图，绘制结果分别如图 20-82、图 20-83 所示。

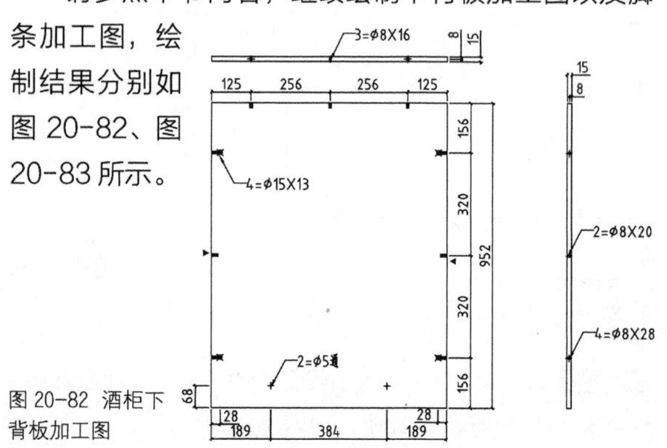

图 20-82 酒柜下背板加工图

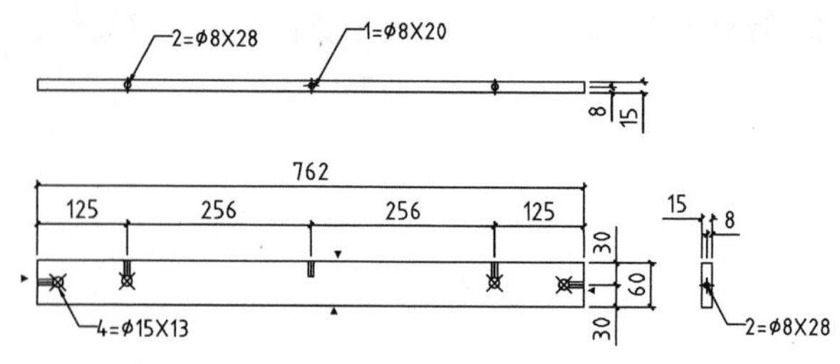

图 20-83 酒柜脚条加工图

20.5.5 绘制抽侧板加工图

Step 01 绘制抽侧板主视图。执行REC【矩形】命令，设置尺寸参数为140×15，绘制如图 20-84所示的矩形。

Step 02 调用X【分解】命令分解矩形，接着调用O【偏移】命令，选择矩形边向内偏移，结果如图 20-85所示。

Step 03 调用TR【修剪】命令，修剪矩形边，绘制凹槽的结果如图 20-86所示。

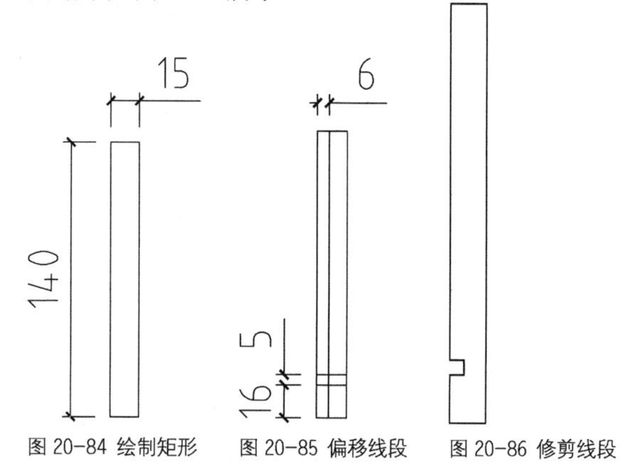

图 20-84 绘制矩形　图 20-85 偏移线段　图 20-86 修剪线段

Step 04 绘制配件符号。调用L【直线】命令，绘制长度为30的相交线段，如图 20-87所示。

Step 05 调用C【圆】命令，以线段交点为圆心，设置半径为4绘制圆形，如图 20-88所示。

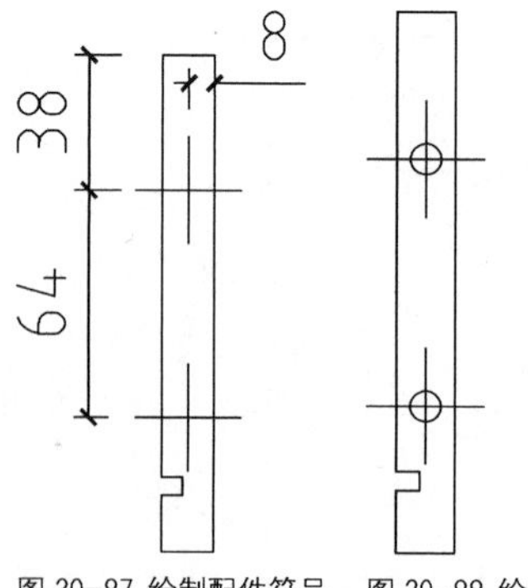

图 20-87 绘制配件符号　图 20-88 绘制圆形

Step 06 绘制抽侧板左视图。执行REC【矩形】命令，设置尺寸参数为350×130，绘制如图 20-89所示的矩形。

Step 07 绘制轨道位。执行X【分解】命令分解矩形，接着调用O【偏移】命令，选择矩形边向内偏移，并将所偏移得到的线段的线型设置为虚线，如图 20-90所示。

图 20-89 绘制矩形

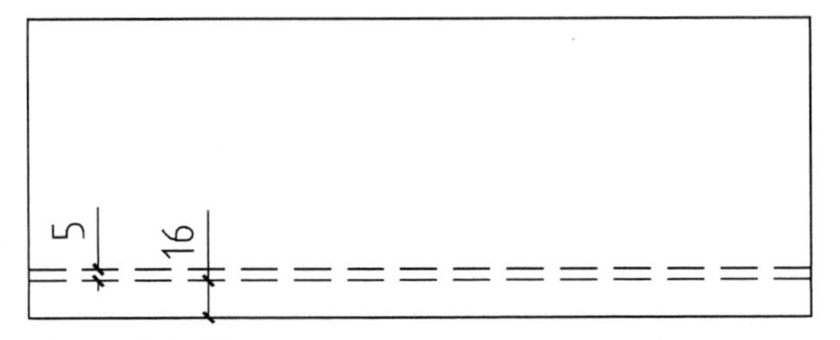

图 20-90 偏移线段

Step 08 绘制螺丝、螺孔等配件符号。调用C【圆】命令，绘制半径值为8的圆形，接着执行L【直线】命令，过圆心绘制相交线段，如图 20-91所示。

Step 09 调用L【直线】命令，绘制水平线段，并将线段的线型设置为虚线，调用O【偏移】命令，设置偏移距离为4，偏移线段如图 20-92所示。

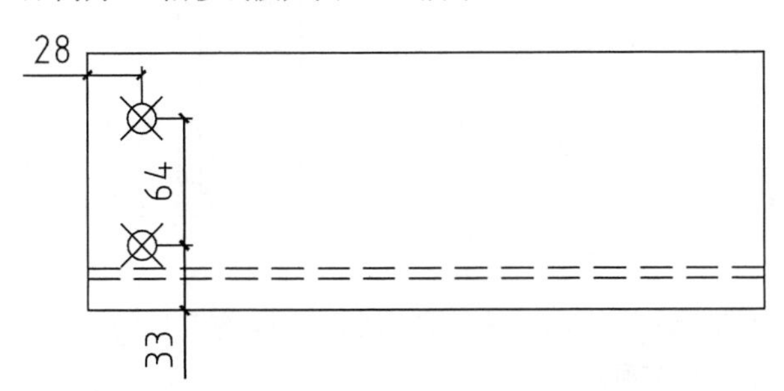

图 20-91 绘制配件符号

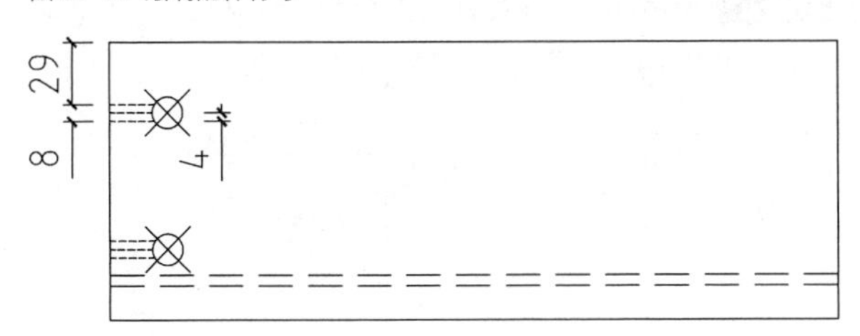

图 20-92 绘制并偏移线段

Step 10 调用C【圆】命令、L【直线】命令，继续绘制其他配件符号，结果如图 20-93所示。

Step 11 调用L【直线】命令、H【图案填充】命令，绘制等腰三角形并对其填充SOLID图案，封边符号的绘制结果如图 20-94所示。

Step 12 调用MLD【多重引线】命令，绘制引线标注，注明配件的规格及数量，如图 20-95所示。

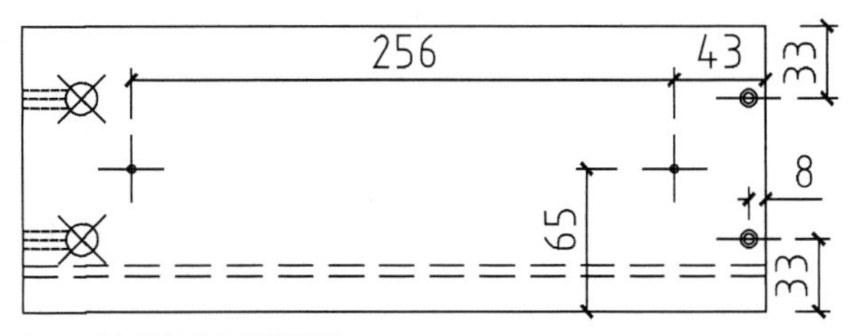

图 20-93 绘制其他配件符号

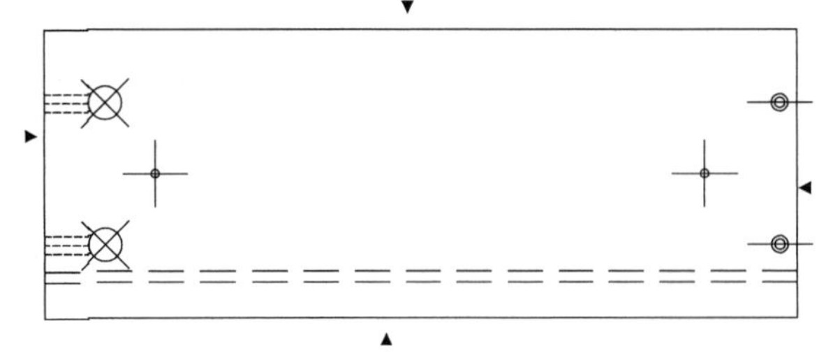

图 20-94 绘制封边符号

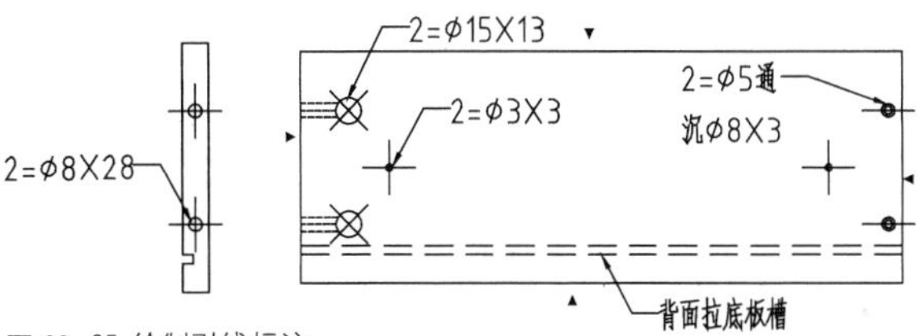

图 20-95 绘制引线标注

Step 13 调用MT【多行文字】命令，绘制技术要求标注文字，如图 20-96所示。

Step 14 执行DLI【线性标注】命令，为加工图绘制尺寸标注，注明配件在侧板上的位置，如图 20-97所示。

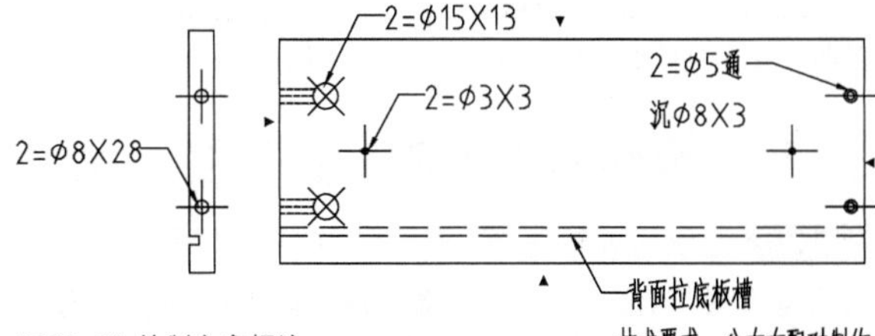

图 20-96 绘制文字标注

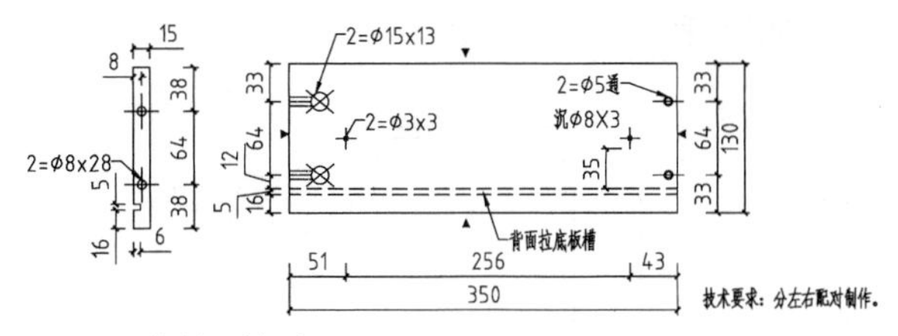

图 20-97 绘制尺寸标注

参考本节内容，继续绘制抽屉其他部分的加工图，如抽面板加工图（图 20-98）、抽尾板加工图（图 20-99）、抽底条加工图（图 20-100）及抽底板加工图（图 20-101）。

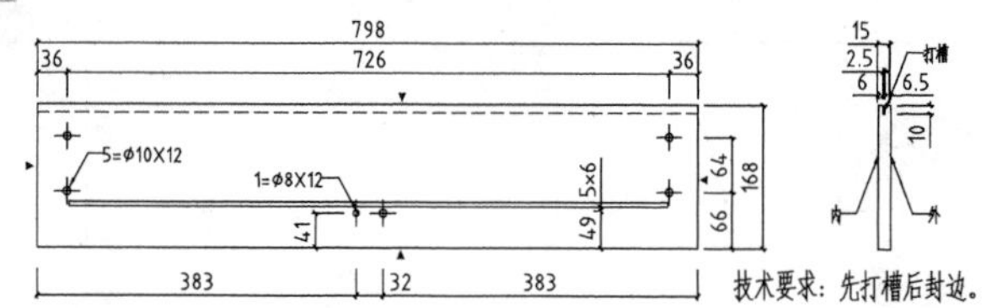

图 20-98 抽面板加工图

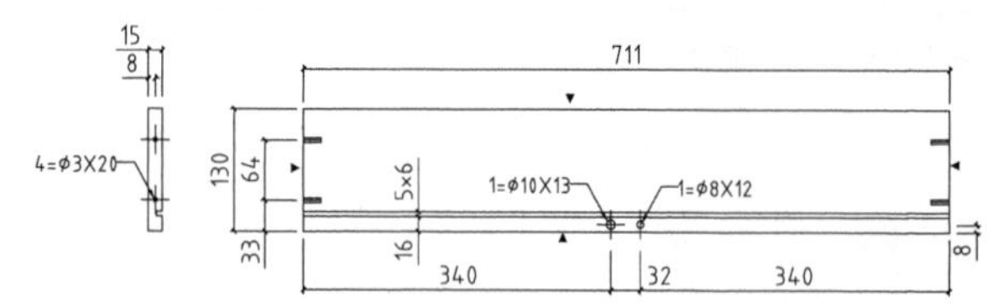

图 20-99 抽尾板加工图

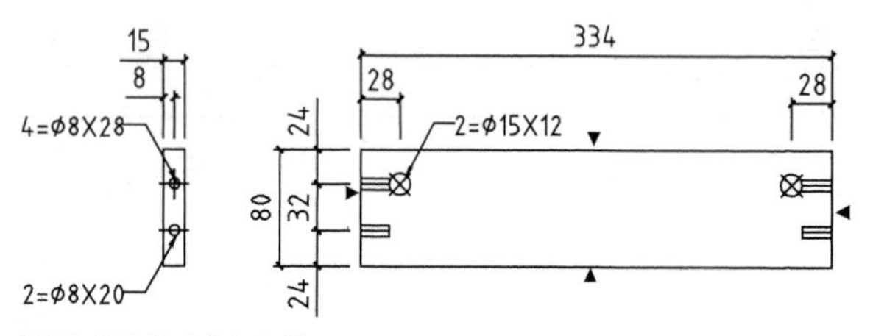

图 20-100 抽底条加工图

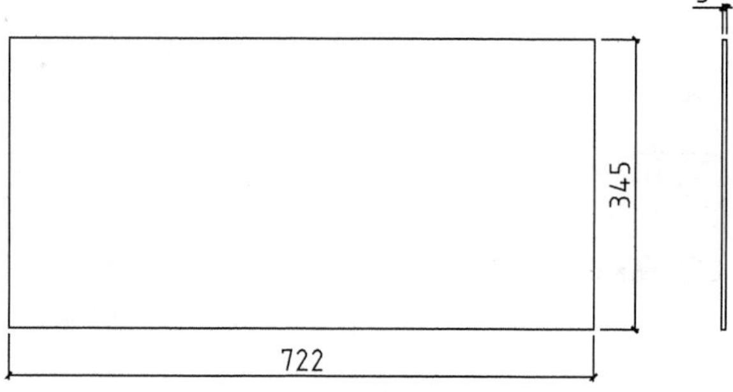

图 20-101 抽底板加工图

20.5.6 绘制铝框门加工图

Step 01 绘制门外轮廓线。执行REC【矩形】命令，设置尺寸参数为1200×390，绘制如图 20-102所示的矩形。

Step 02 调用O【偏移】命令，设置偏移距离为19，选择矩形向内偏移，如图 20-103所示。

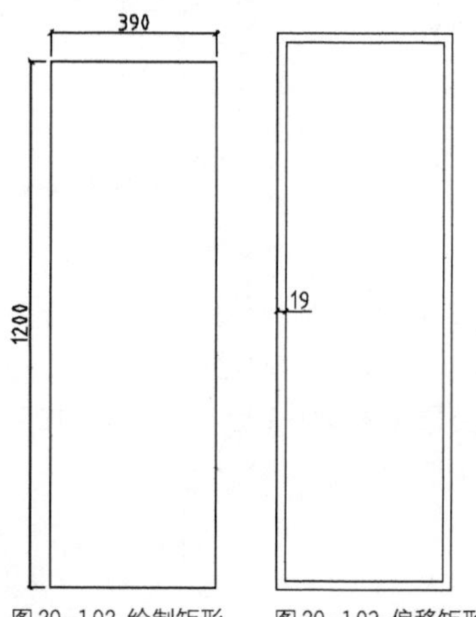

图 20-102 绘制矩形　图 20-103 偏移矩形

Step 03 调用L【直线】命令，绘制对角线如图 20-104所示。

Step 04 绘制门固定构件。执行REC【矩形】命令、L【直线】命令，绘制配件符号，如图 20-105所示。

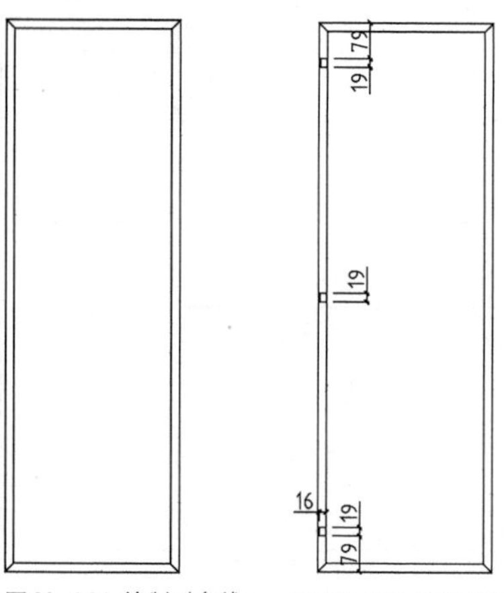

图 20-104 绘制对角线　图 20-105 绘制配件固定符号

Step 05 调用L【直线】命令、C【圆】命令，绘制螺丝配件，结果如图 20-106所示。

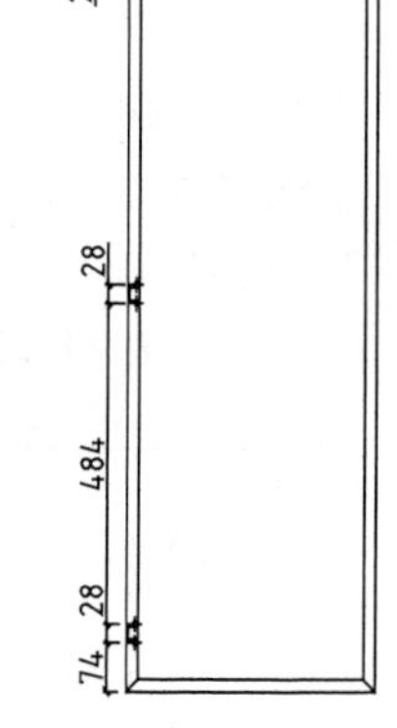

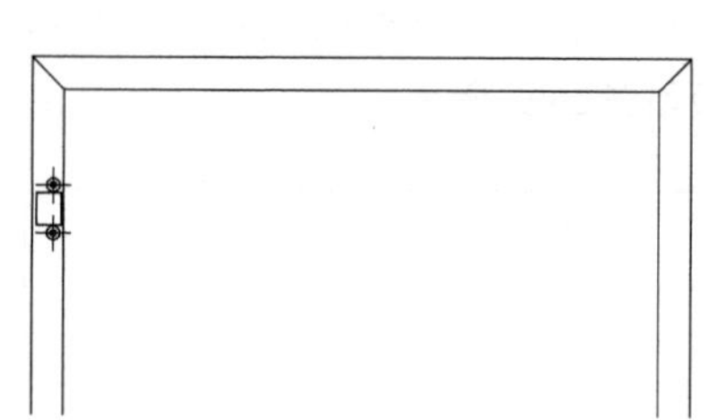

图 20-106 绘制螺丝配件符号

Step 06 执行MLD【多重引线】命令，绘制引线标注如图 20-107所示。

Step 07 调用DLI【线性标注】命令，绘制尺寸标注，以标注配件在门上的位置，如图 20-108所示。

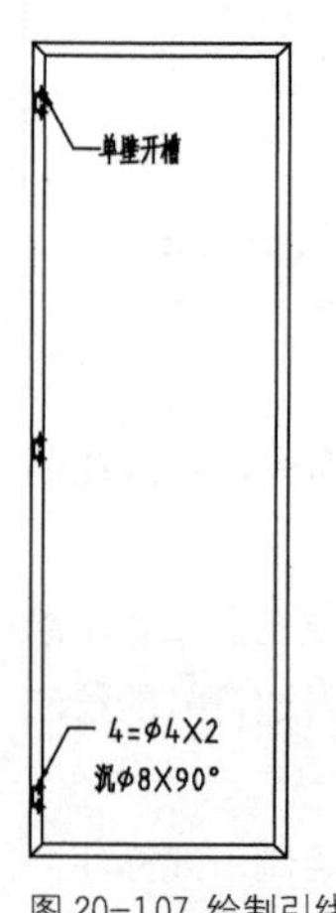

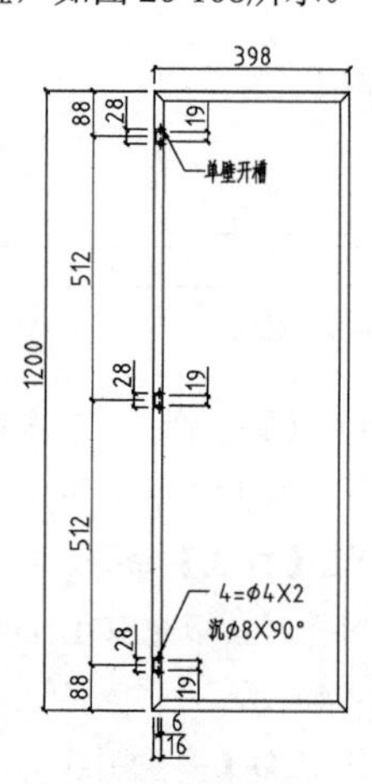

图 20-107 绘制引线标注　图 20-108 绘制尺寸标注

阅读本节后，根据所介绍的绘制方法，自行绘制铝框侧外形大样图以及铝框门左视图、铝框门玻加工图、玻璃层板加工图，结果分别如图 20-109、图 20-110、图 20-111、图 20-112 所示。

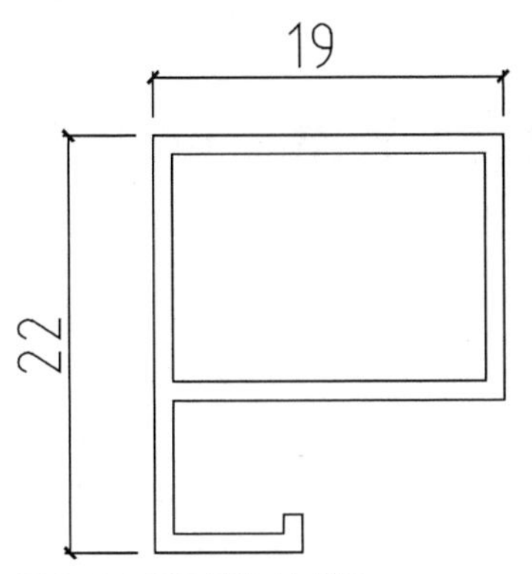

图 20-109 铝框侧外形大样图

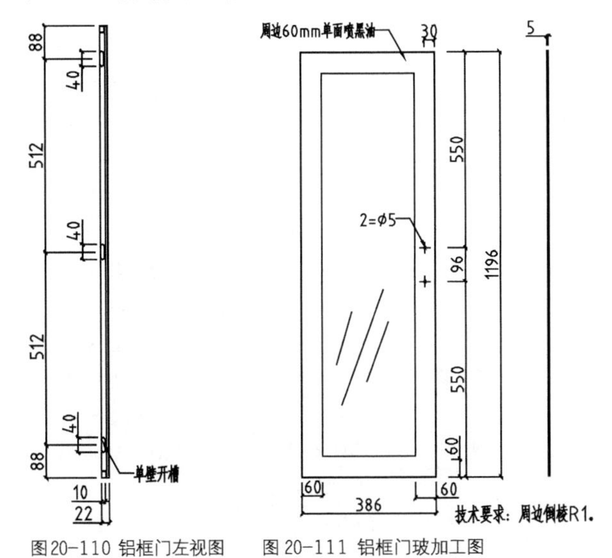

图 20-110 铝框门左视图　图 20-111 铝框门玻加工图

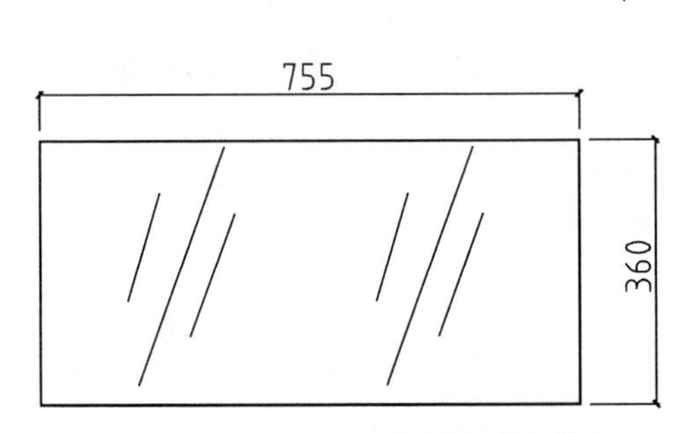

图 20-112 玻璃层板加工图

第 21 章 沙发设计制作与制图

本章以组合沙发为例，介绍单人座沙发、双人座沙发、3 人座沙发的工艺文件，包括沙发外形图、沙发开料明细表、沙发五金配件表及沙发加工图等。希望在阅读本章后，可以对沙发设计制作有一定的了解。

21.1 沙发外形图

组合沙发透视效果如图 21-1 所示，由单人座沙发、双人座沙发及 3 人座沙发组成。沙发为板木结合，整体框架制作完成后，覆以海绵、面料，即可完成沙发的制作。

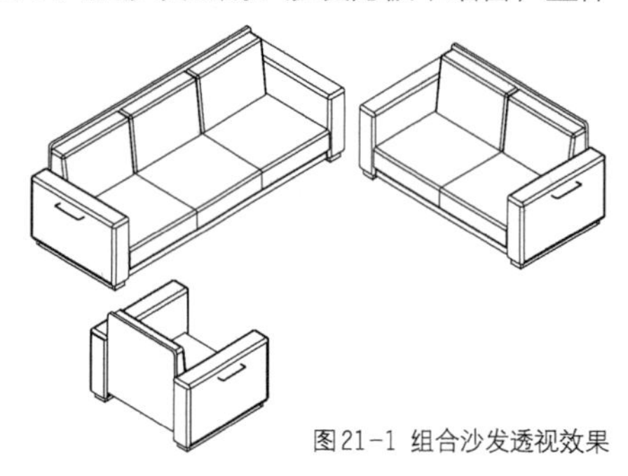

图 21-1 组合沙发透视效果

21.2 沙发的工艺流程

沙发生产的工艺流程可以分为 5 个部分，大致是组内架、造海绵、裁缝面料、罩装、包装入库，前面 3 个部分通常是并行展开。如图 21-2 所示为沙发的生产工艺流程，在生产制作前首先制定工艺流程，可以正确地生产出所设计的沙发，有效地提高生产效率。

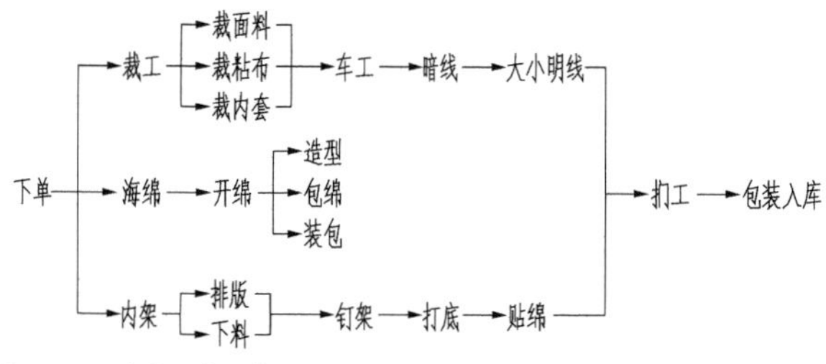

图 21-2 沙发生产工艺流程

21.3 沙发开料明细表

沙发开料明细表见表 21-1，在表格中列举了沙发扶手框底座、扶手框的材料规格、开料尺寸及数量、材料等。为区分不同样式的沙发，以独立的表行列举了单人座沙发、双人座沙发、3 人座沙发材料的使用情况。

表21-1 沙发开料明细表

续表

序号	零部件名称	规格	开料尺寸
扶手框底座			
1	底座侧条	740×50×25	740×49×25
2	底座横条	100×50×25	99×49×25
3	芯板1		798×478×25
4	芯板2		478×108×25
5	芯板3		798×108×25
6	面板		850×160×26
7	横条		160×26×26
8	侧条1		478×26×26
9	侧条2		478×26×26
10	侧条3		798×26×26
11	侧条4		798×26×26
12	卡条		805×10×5
13	卡条		460×10×5
14	卡条		115×10×5
15	翻门挡条1	795×20×15	795×43×15
16	翻门挡条2	375×20×15	375×43×15
17	门板	794×439×18	793×439×18
18	门板拉手	794×35×20	794×35×20
19	门板内隔板	600×250×15	599×249×15
20	三角木	150×55×25	170×65×25
21	垫条	741×65×25	740×64×25
单人座沙发			
22	背板	680×680×25	679×679×25
23	底板	680×770×25	679×769×25
24	前横条	680×65×25	679×64×25
双人座沙发			
25	背板	1240×680×25	1239×679×25
26	底板	1240×770×25	1239×769×25
27	前横条	1240×65×25	1239×64×25
28	中脚	144×50×50	
3人座沙发			
29	背板	1860×680×25	1859×679×25
30	底板	1860×770×25	1859×769×25
31	前横条	1860×65×25	1859×64×25
32	中脚	144×50×50	
33	底板中拉条	743×65×25	742×64×25

序号	数量	材料	颜色	封边	备注
扶手框底座					
1	12	刨花板	单面金柚色	一长	

（续表）

序号	数量	材料	颜色	封边	备注
2	12	刨花板	单面金柚色	一长两短	
扶手框					
3	6	刨花板	金柚色	3	
4	12	刨花板	金柚色	4	
5	6	刨花板	金柚色	5	
6	6	实木			
7	12	实木			
8	12	实木			
9	12	实木			
10	6	实木			
11	6	实木			
12	24	中纤板			
13	36	中纤板			
14	36	中纤板			
15	6	刨花板	一开二	一长边	
16	12	刨花板	一开二	一长边	
17	6	刨花板	金柚色	一长两短	
18	6	实木			
19	6	刨花板	金柚色	0.5	
20	12	实木	一开二		
21	6	刨花板	金柚色	0.5	
单人座沙发					
22	1	刨花板	金柚色	0.5	先封一长边
23	1	刨花板	金柚色	0.5	
24	1	刨花板	金柚色	0.5	
双人座沙发					
25	1	刨花板	金柚色	0.5	先封一长边
26	1	刨花板	金柚色	0.5	
27	1	刨花板	金柚色	0.5	
28	1	实木			
3人座沙发					
29	1	刨花板	金柚色	0.5	先封一长边
30	1	刨花板	金柚色	0.5	
31	1	刨花板	金柚色	0.5	
32	2	实木			
33	2	刨花板	金柚色	0.5	

21.4 沙发五金配件表

沙发五金配件表分别见表 21-2、表 21-3，在表中注明了各种类型五金配件的名称、规格及所需要的数量。

表21-2 单人座沙发五金配件表

分类名称	材料名称	规格	数量
封袋配件	三合一	ϕ15×11/ϕ7×28	2套
	木榫	ϕ8×30	10个
	自攻螺丝	ϕ4×30	6粒
	全牙丝杆	ϕ8×80	14根
	螺母	ϕ8	14个
	半月牙		14个
	白脚钉		8粒
安装配件	拉手螺丝	ϕ4×20	4粒
	拉手	孔距288mm	2个
发包装配件	合页		4个
	长鼓支撑		4个
	门吸		2个
	坐垫靠背		1套

表21-3 双人座沙发五金配件表

分类名称	材料名称	规格	数量
封袋配件	三合一	ϕ15×11/ϕ7×28	3套
	木榫	ϕ8×30	10个
	自攻螺丝	ϕ4×30	6粒
	全牙丝杆	ϕ8×80	15根
	螺母	ϕ8	15个
	半月牙		15个
	白脚钉		9粒
安装配件	拉手螺丝	ϕ4×20	4粒
	拉手	孔距288mm	2个
发包装配件	合页		4个
	长鼓支撑		4个
	门吸		2个
	坐垫靠背		1套

21.5 沙发加工图

本节介绍组合沙发加工图的绘制，主要介绍扶手框加工图、扶手框底座加工图、底座侧条加工图、护手框芯板加工图等。其他类型的沙发加工图，请参考每小节末尾的附图。

21.5.1 绘制扶手框加工图

Step 01 绘制扶手框外轮廓线。调用REC【矩形】命令，绘制尺寸参数为850×530的矩形，接着执行O【偏移】命令，设置偏移距离为26，选择矩形向内偏移，如图 21-3所示。

Step 02 调用X【分解】命令，选择内矩形将其分解，

接着执行EX【延伸】命令，延伸矩形边至外矩形上，如图 21-4所示。

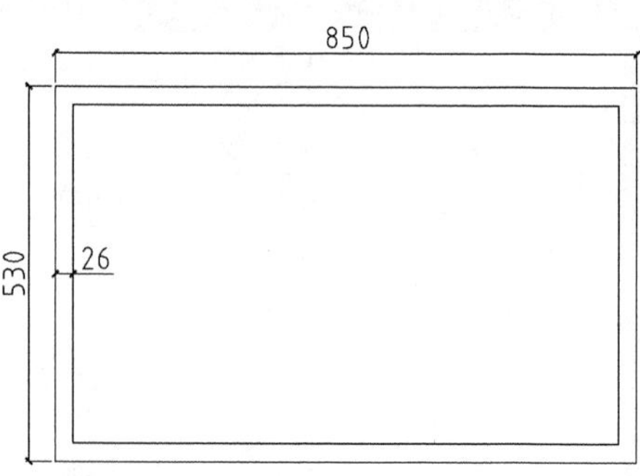

图 21-3 绘制并偏移矩形

图 21-4 延伸矩形边

Step 03 调用F【圆角】命令，设置圆角半径为20，对外矩形执行圆角操作，结果如图 21-5所示。

Step 04 绘制螺孔。执行C【圆】命令，分别设置半径值为4、5，绘制圆形表示螺孔，如图 21-6所示。

图 21-5 圆角操作

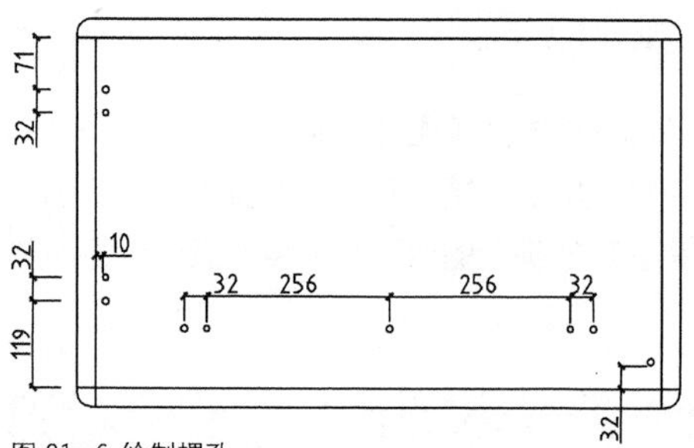

图 21-6 绘制螺孔

Step 05 执行H【图案填充】命令，在【图案】面板上选择SOLID图案，对半径为4的圆形执行图案填充操作，如图 21-7所示。

Step 06 调用MLD【多重引线】命令，绘制引线标注，注明螺孔的规格及个数，如图 21-8所示。

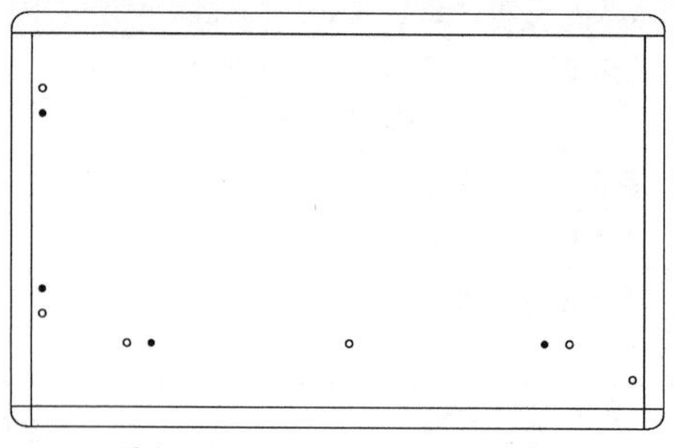

图 21-7 填充图案

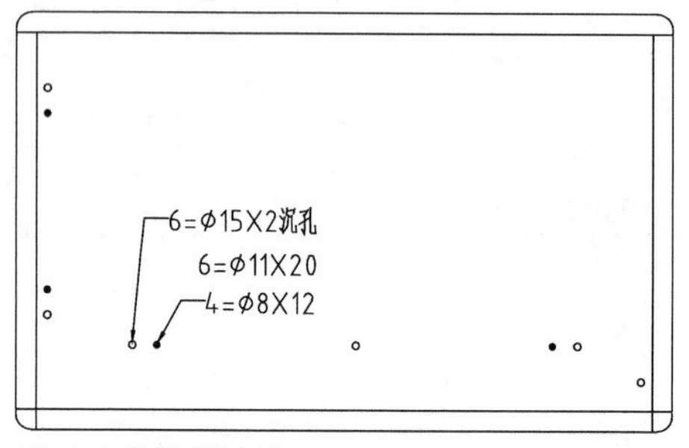

图 21-8 绘制引线标注

Step 07 执行MT【多行文字】命令，绘制标注文字，如图 21-9所示。

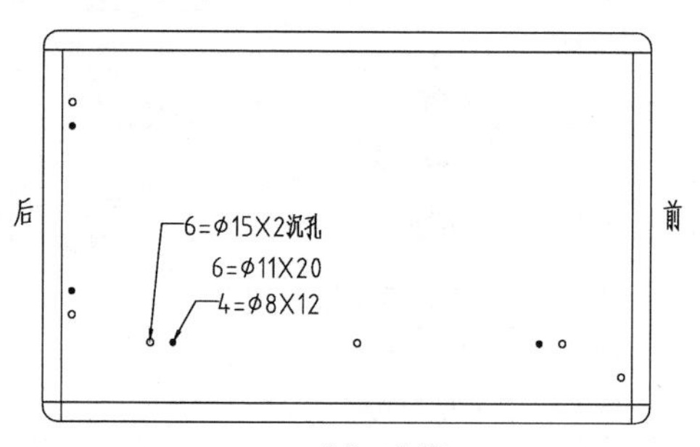

图 21-9 绘制标注文字

Step 08 调用DLI【线性标注】命令，为加工图绘制尺寸标注，标注螺孔位置，如图 21-10所示。

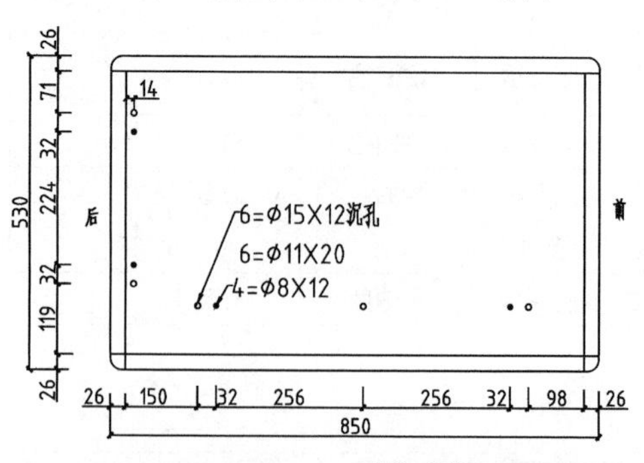

图 21-10 绘制尺寸标注

参考本节内容，继续绘制扶手框其他加工图，绘制结果如图 21-11 所示。

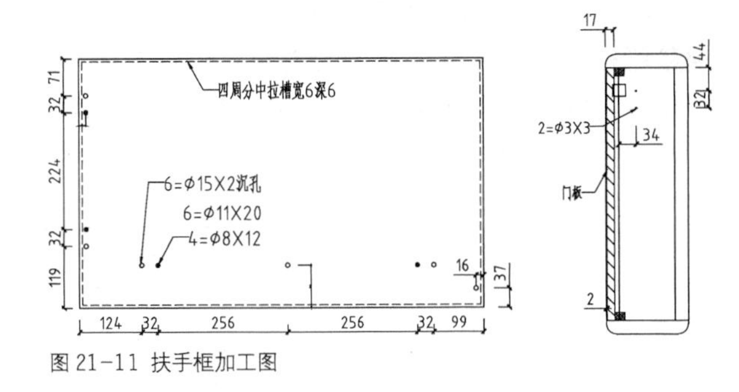

图 21-11 扶手框加工图

21.5.2 绘制扶手框底座加工图

Step 01 绘制底座外轮廓线。执行REC【矩形】命令，设置尺寸参数为790×100，绘制矩形如图 21-12所示。

Step 02 调用X【分解】命令分解矩形，设置偏移距离为25，选择矩形边向内偏移，结果如图 21-13所示。

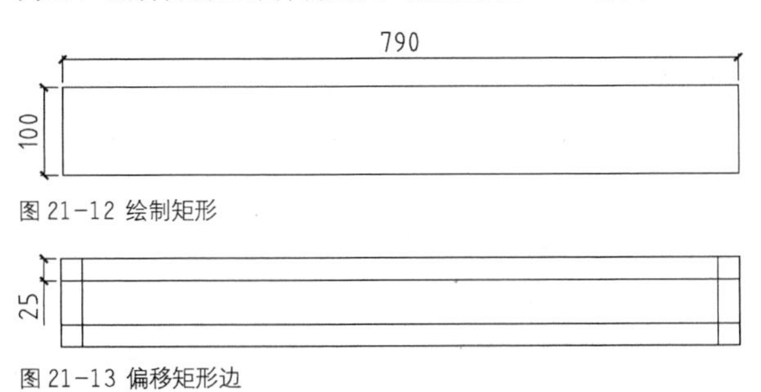

图 21-12 绘制矩形

图 21-13 偏移矩形边

Step 03 执行TR【修剪】命令修剪线段，结果如图 21-14所示。

Step 04 绘制螺孔。执行C【圆】命令，设置半径为4，绘制圆形表示螺孔，结果如图 21-15所示。

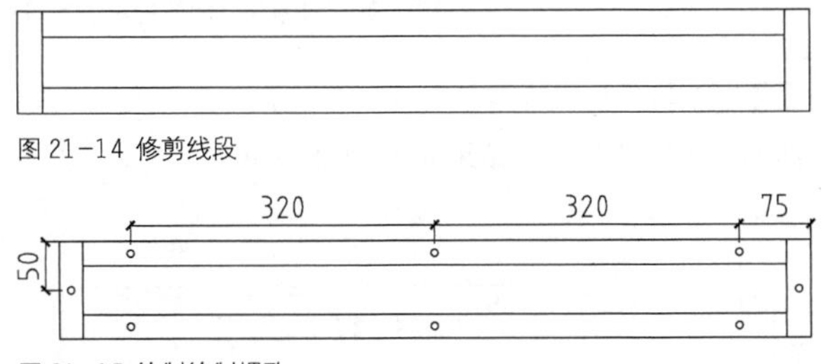

图 21-14 修剪线段

图 21-15 绘制绘制螺孔

Step 05 执行MLD【多重引线】命令，绘制引线标注，注明螺孔的规格，接着执行MT【多行文字】命令，绘制标注文字，结果如图 21-16所示。

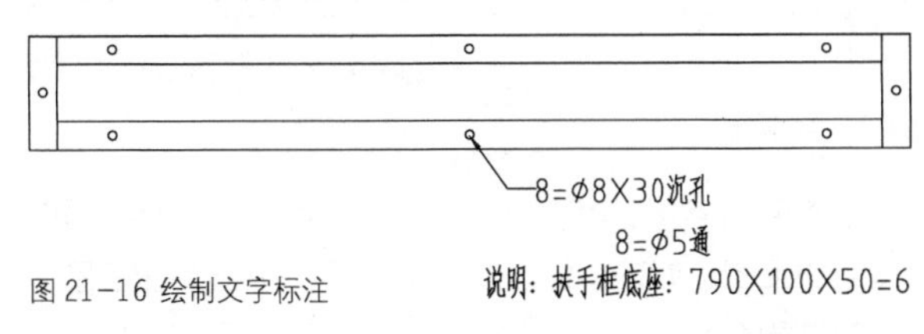

图 21-16 绘制文字标注

Step 06 调用DLI【线性标注】命令，为加工图绘制尺寸标注，结果如图 21-17所示。

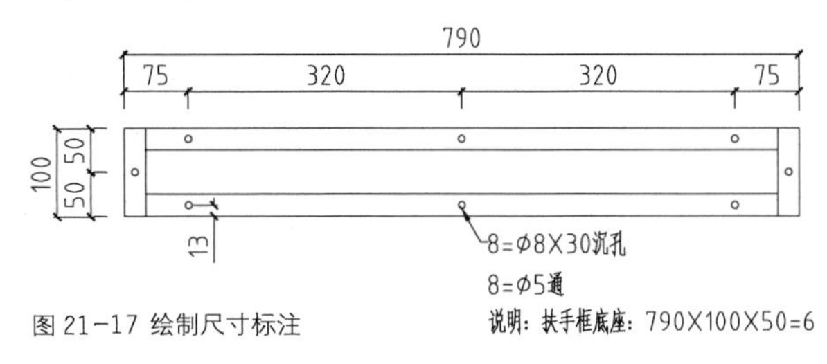

图 21-17 绘制尺寸标注

21.5.3 绘制底座侧条加工图

Step 01 执行REC【矩形】命令，设置尺寸参数为740×50，绘制如图 21-18所示的矩形。

Step 02 绘制侧孔。执行L【直线】命令，绘制宽度为22的水平线段，结果如图 21-19所示。

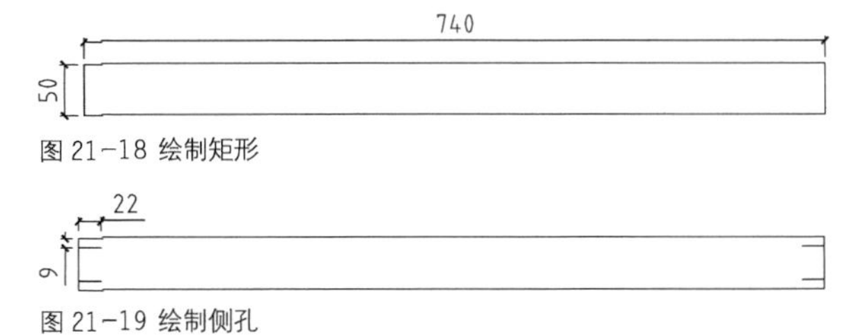

图 21-18 绘制矩形

图 21-19 绘制侧孔

Step 03 绘制沉孔。执行REC【矩形】命令，分别绘制尺寸为28×8、22×4的矩形，并将矩形的线型设置为虚线，结果如图 21-20所示。

Step 04 调用CO【复制】命令，选择绘制完成的图形，向右移动复制，结果如图 21-21所示。

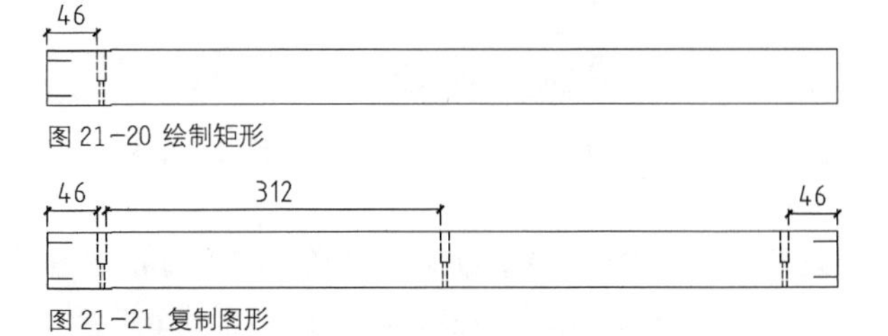

图 21-20 绘制矩形

图 21-21 复制图形

Step 05 执行MLD【多重引线】命令，绘制引线标注标明五金配件的规格及数量，接着执行MT【多行文字】命令，绘制说明文字，结果如图 21-22所示。

Step 06 调用DLI【线性标注】命令，绘制尺寸标注，标注配件的位置，结果如图 21-23所示。

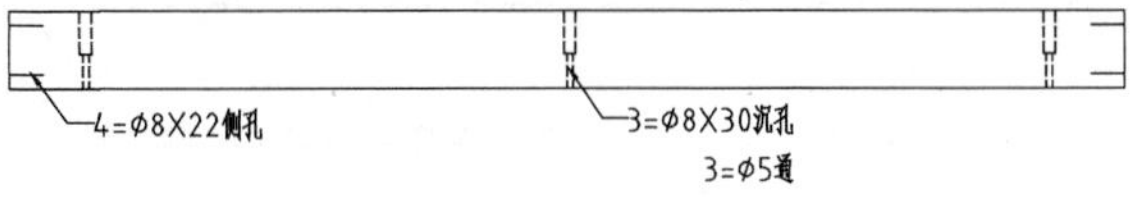

4=φ8X22侧孔
3=φ8X30沉孔
3=φ5通

图 21-22 绘制文字标注　　说明：扶手框底座侧条：100X50X25=12

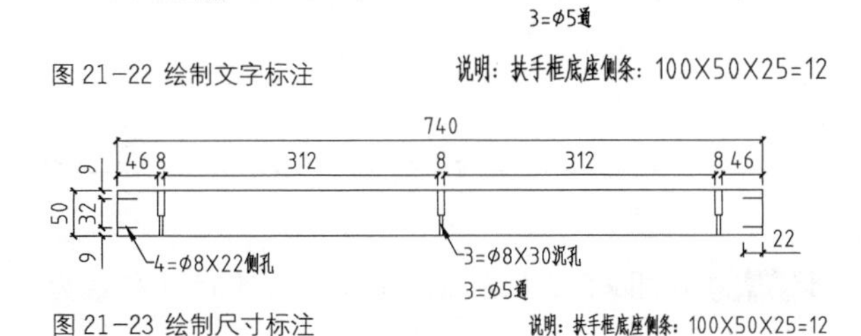

图 21-23 绘制尺寸标注

请参考前面所学习的知识，自行绘制扶手框其他种类的加工图，如挡条加工图、垫条加工图、面板加工图、底座侧条加工图等，绘制结果分别如图 21-24、图 21-25、图 21-26、图 21-27、图 21-28 所示。

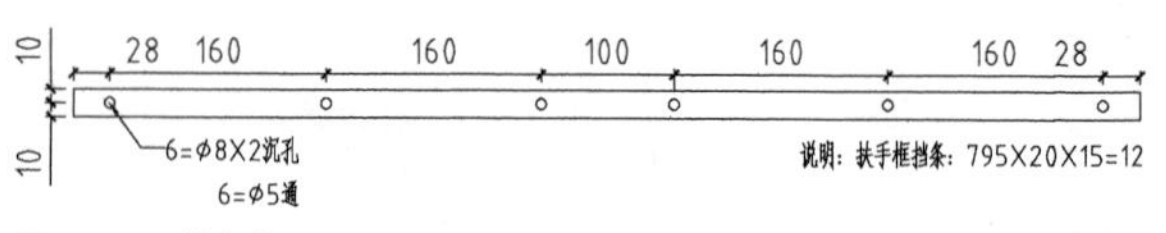

图 21-24 挡条加工图

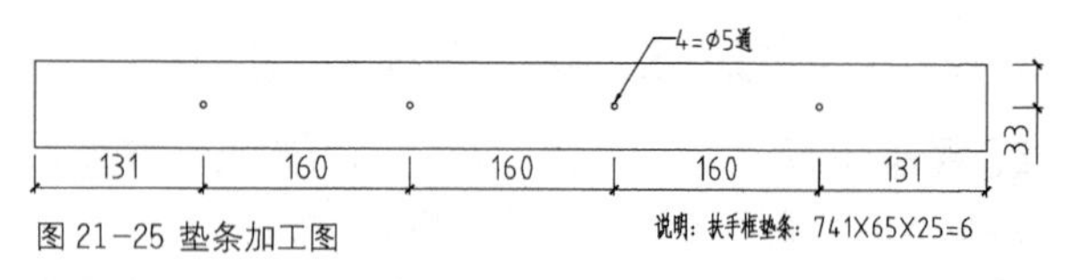

图 21-25 垫条加工图

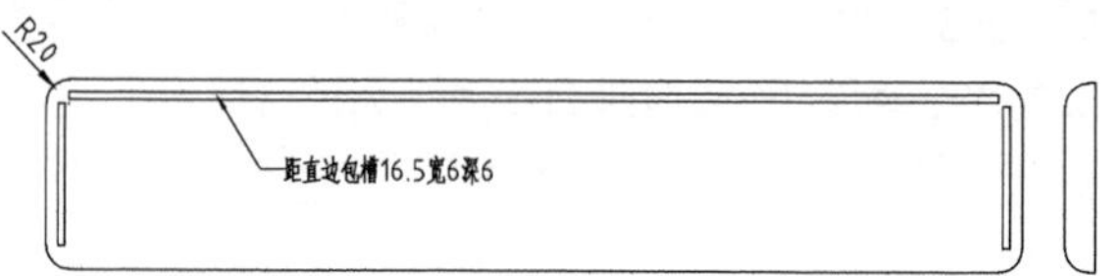

图 21-26 面板加工图

说明：扶手框面板：850X160X26=6

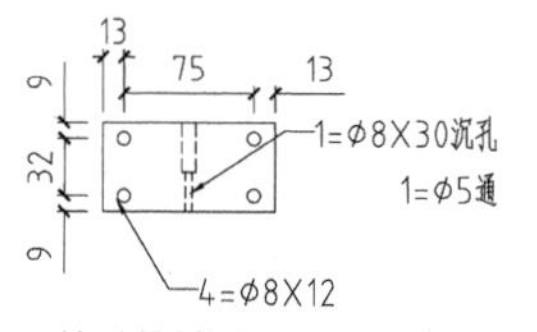

图 21-27 底座侧条加工图

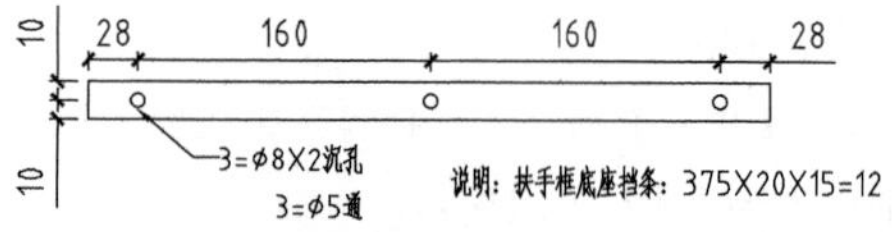

图 21-28 挡条加工图

21.5.4 护手框芯板加工图

Step 01 执行REC【矩形】命令，绘制尺寸为478×108的矩形，如图 21-29所示。

Step 02 执行O【偏移】命令，设置偏移距离为6，选择矩形向内偏移矩形，并将偏移得到的矩形的线型设置为虚线，如图 21-30所示。

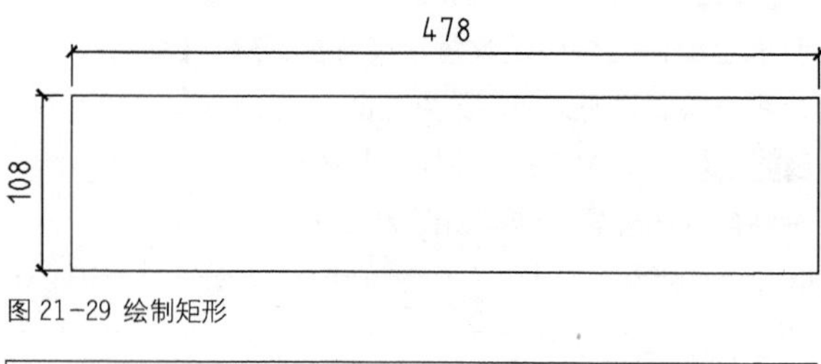

图 21-29 绘制矩形

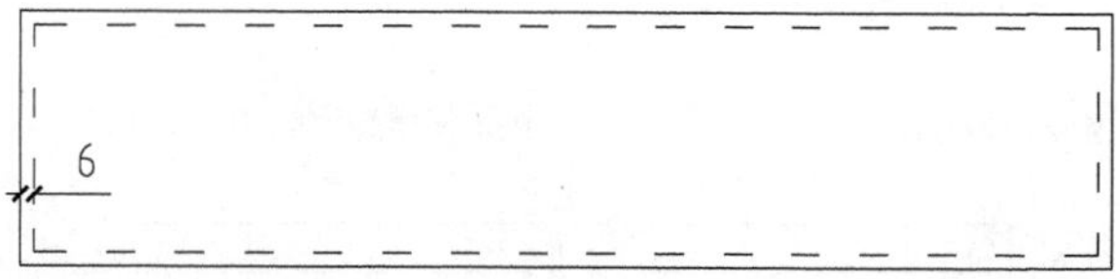

图 21-30 偏移矩形

Step 03 调用REC【矩形】命令，修改尺寸参数为478×25，绘制如图 21-31所示的矩形。

Step 04 调用X【分解】命令分解矩形，接着执行O【偏移】命令，选择矩形边向内偏移，结果如图 21-32所示。

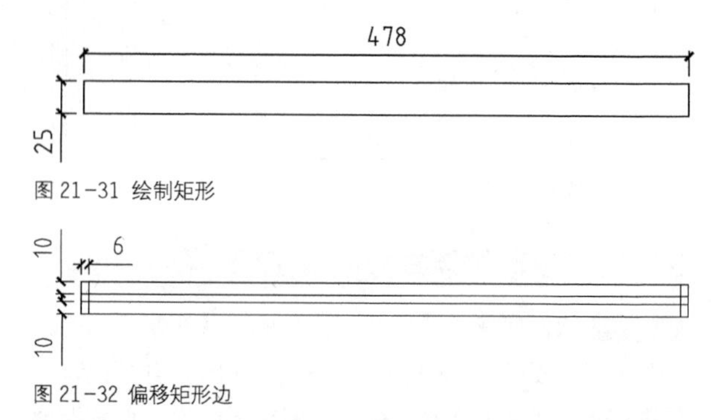

图 21-31 绘制矩形

图 21-32 偏移矩形边

Step 05 调用TR【修剪】命令，修剪矩形边，结果如图 21-33所示。

Step 06 调用MLD【多重引线】命令、MT【多行文字】命令，为加工图绘制文字标注，结果如图 21-34所示。

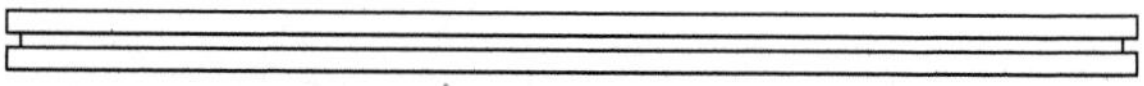

图 21-33 修剪矩形边

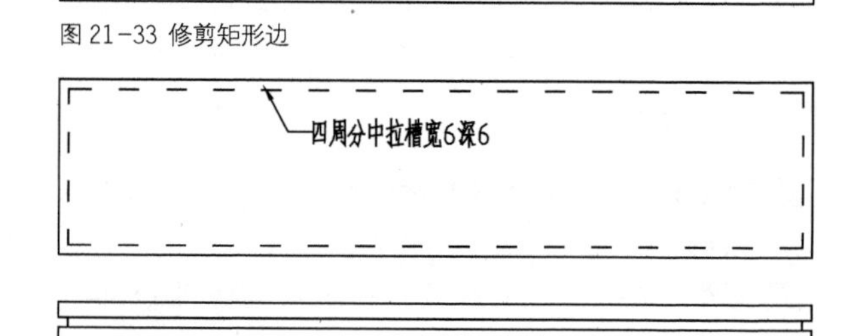

图 21-34 绘制文字标注

说明：护手框芯板：478X108X25=12

Step 07 执行DLI【线性标注】命令，绘制尺寸标注，注明加工图的尺寸，结果如图 21-35所示。

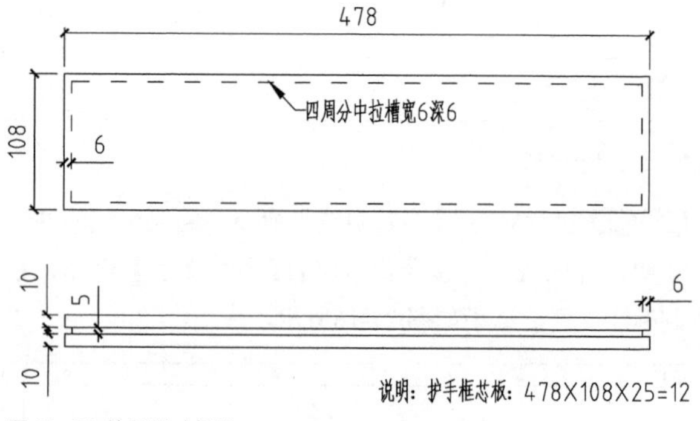

图 21-35 绘制尺寸标注

参考所学习的绘图方法，继续绘制关于护手框的其他加工图，如护手侧条加工图以及护手横条加工图，绘制结果分别如图 21-36、图 21-37、图 21-38、图 21-39、图 21-40、图 21-41 所示。

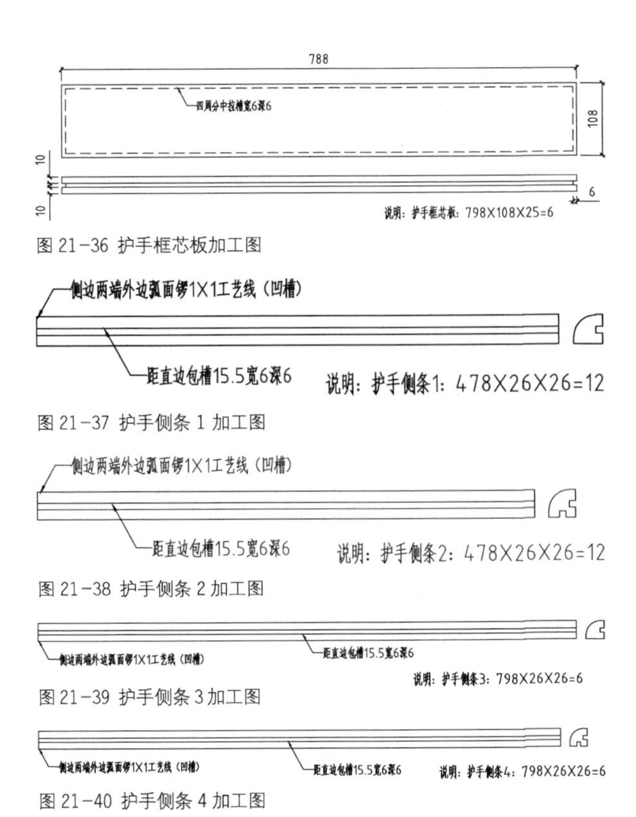

图 21-36 护手框芯板加工图

图 21-37 护手侧条 1 加工图

图 21-38 护手侧条 2 加工图

图 21-39 护手侧条 3 加工图

图 21-40 护手侧条 4 加工图

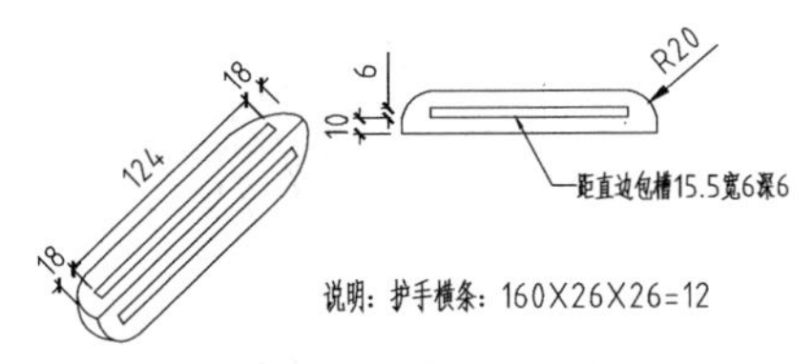

图 21-41 护手横条加工图

21.5.5 绘制翻门门板（护手框）加工图

Step 01 执行REC【矩形】命令，设置尺寸参数为473×792，绘制如图 21-42所示的矩形。

图 21-42 绘制矩形

Step 02 调用X【分解】命令分解矩形，接着执行O【偏移】命令，选择矩形边向内偏移，结果如图 21-43所示。

Step 03 调用TR【修剪】命令，修剪矩形边，结果如图 21-44所示。

Step 04 调用O【偏移】命令，设置偏移距离，选择矩形边向内偏移，结果如图 21-45所示。

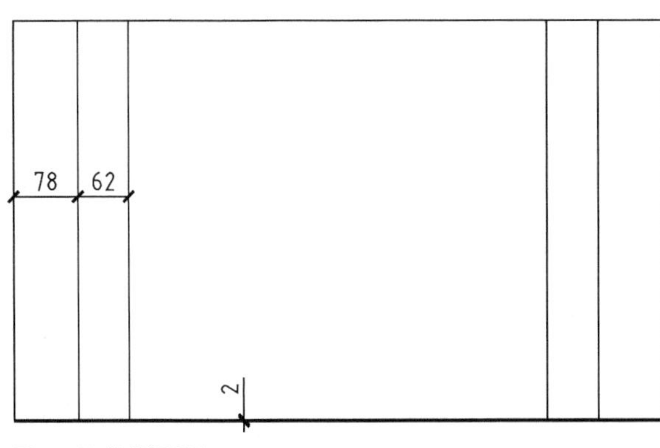

图 21-43 偏移矩形边

图 21-44 修剪矩形边

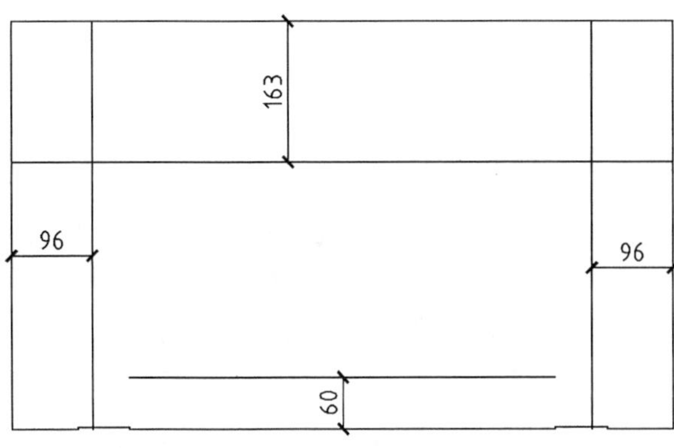

图 21-45 偏移矩形边

Step 05 执行F【圆角】命令，设置圆角半径为0，对所偏移的线段执行圆角修剪操作，结果如图 21-46所示。

图 21-46 圆角操作

Step 06 执行REC【矩形】命令，绘制尺寸参数为

25×150的矩形，并且将矩形的线型设置为虚线，结果如图21-47所示。

图21-47 绘制矩形

Step 07 绘制螺孔。执行C【圆】命令，设置半径分别为2、3、4，绘制圆形表示螺孔，结果如图21-48所示。

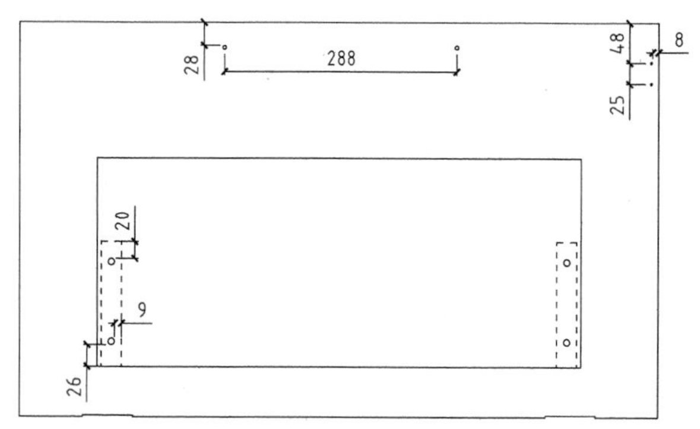

图21-48 绘制螺孔

Step 08 执行MLD【多重引线】命令，绘制引线标注，注明配件的规格，接着执行MT【多行文字】命令，绘制说明文字，结果如图21-49所示。

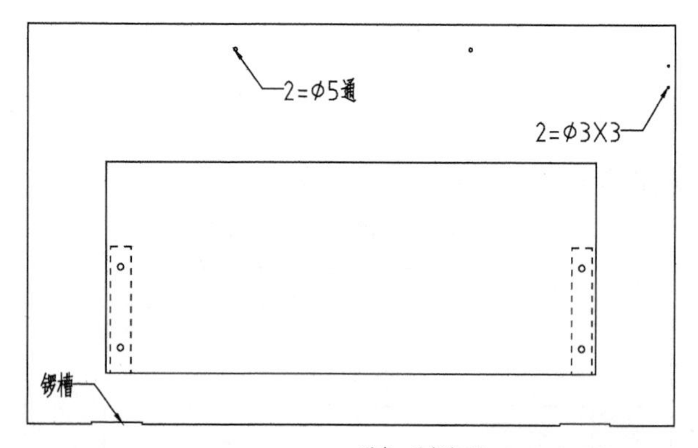

图21-49 绘制文字标注　　说明：翻门门板：794X473X15=6

Step 09 调用DLI【线性标注】命令，绘制尺寸标注，结果如图21-50所示。

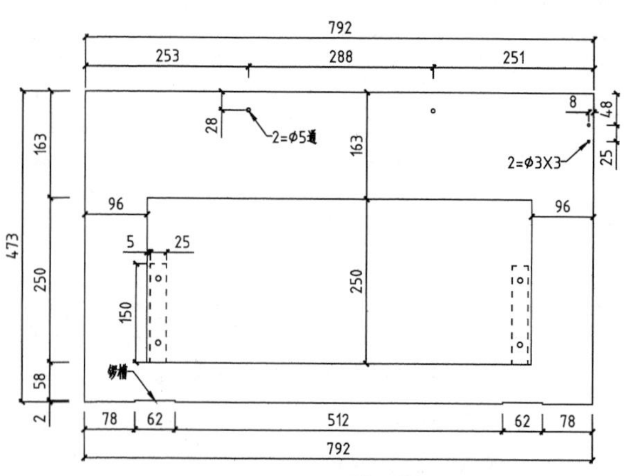

图21-50 绘制尺寸标注　　说明：翻门门板：794X473X15=6

沿用上述的绘制方法，继续绘制翻门门板俯视图、门板内隔板加工图，绘制结果分别如图21-51、图21-52所示。

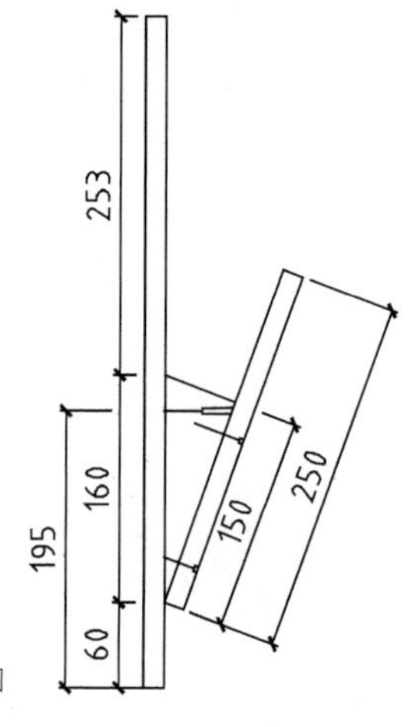

图21-51 翻门门板俯视图

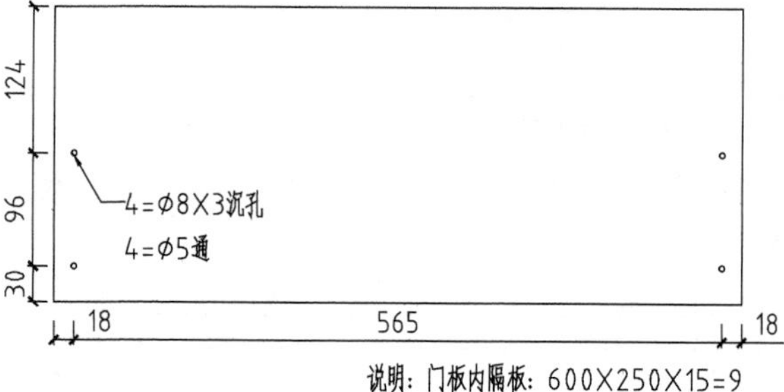

1=φ8X25斜沉孔
1=φ5通
1=φ3X3
1=φ5通
25
24
160
96
30

说明：三角木：150X55X25=12　图21-52 门板内隔板加工图

21.5.6 绘制单人座沙发底板加工图

Step 01 执行REC【矩形】命令，绘制尺寸为680×770的矩形，如图21-53所示。

Step 02 绘制孔位。执行L【直线】命令，绘制长度为60的线段，结果如图21-54所示。

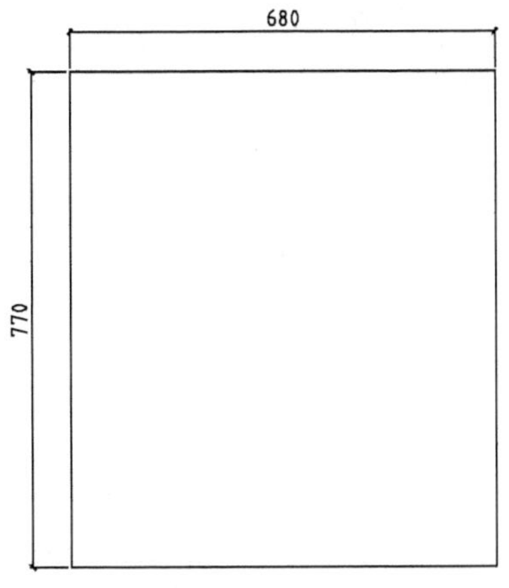

图 21-53 绘制矩形

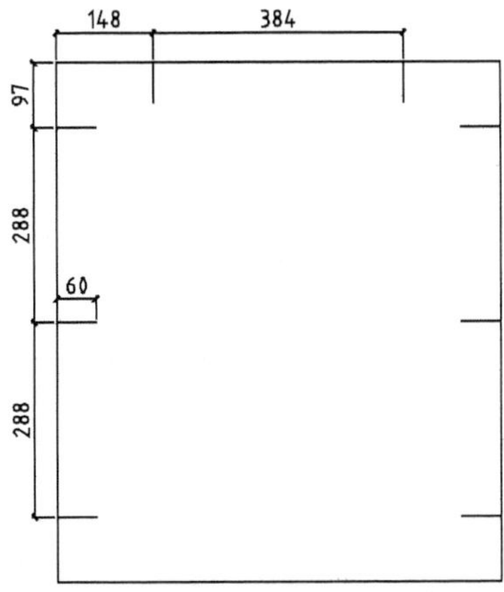

图 21-54 绘制线段

Step 03 调用C【圆】命令，设置半径值为20，绘制圆形与线段连接，完成孔位的绘制，结果如图 21-55所示。

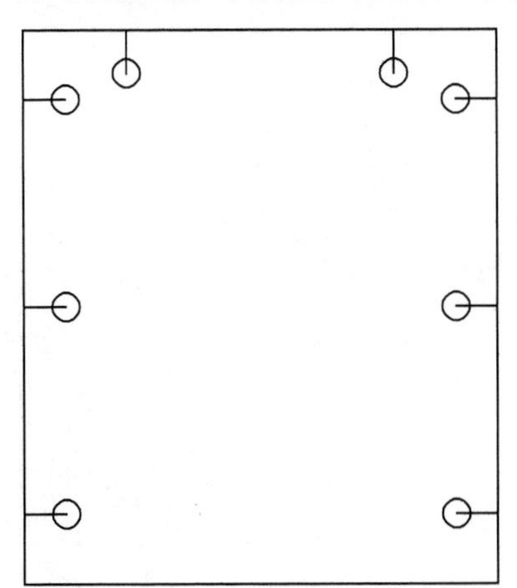

图 21-55 绘制圆形

Step 04 调用L【直线】命令，绘制长度为20的线段，如图 21-56所示。

Step 05 调用C【圆】命令，设置半径值为4、5，绘制圆形表示螺孔位，结果如图 21-57所示。

Step 06 调用MLD【多重引线】命令，绘制引线标注，注明配件的规格，接着执行MT【多行文字】命令，绘制说明文字，结果如图 21-58所示。

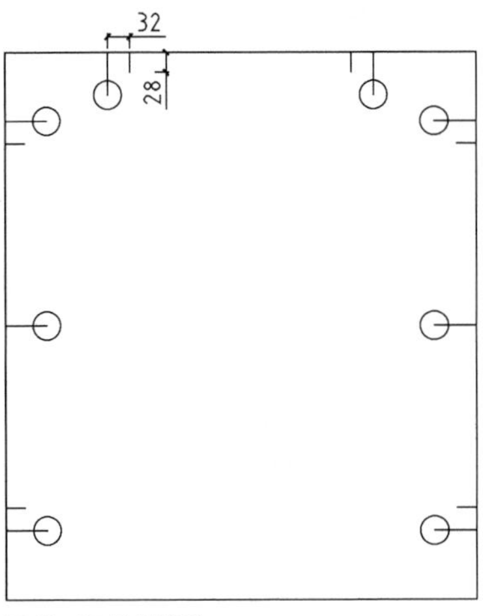

图 21-56 绘制线段

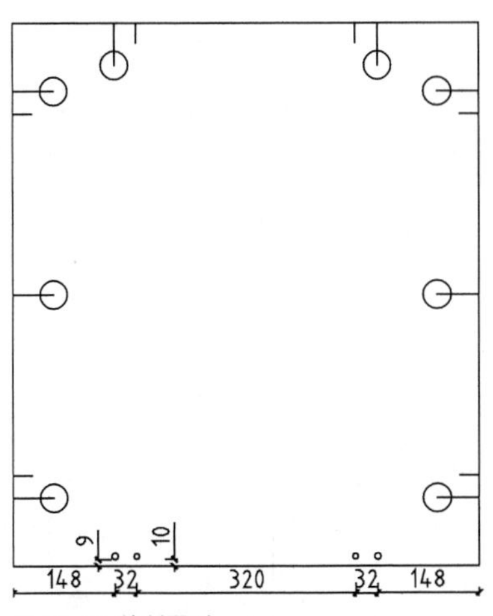

图 21-57 绘制圆形

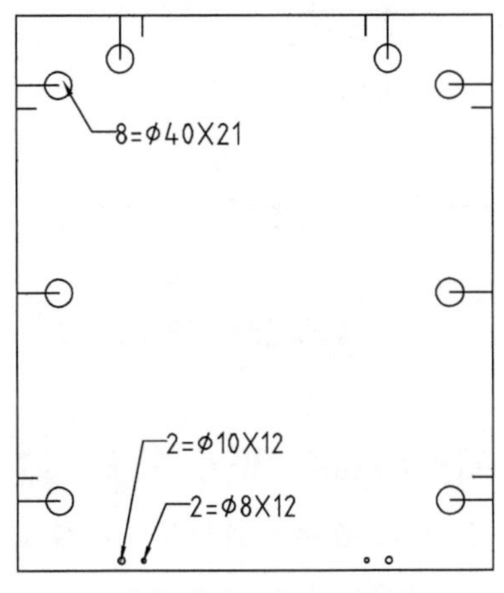

图 21-58 绘制文字标注

Step 07 调用DLI【线性标注】命令，绘制尺寸标注，注明配件在底板上的位置，结果如图 21-59所示。

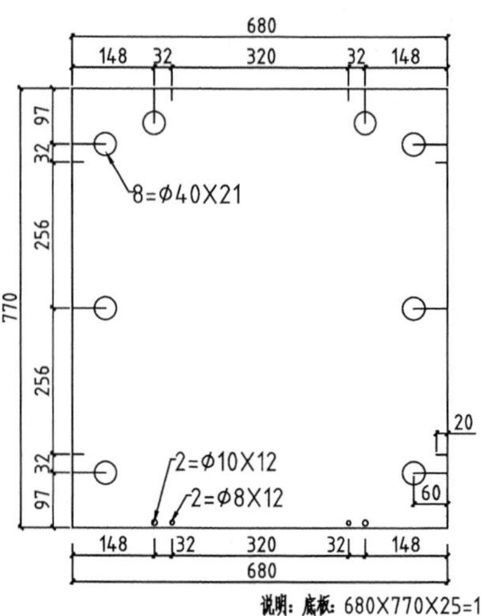

图 21-59 绘制尺寸标注

请阅读本节内容介绍后，自行绘制单人沙发底座背板加工图以及前横条加工图，绘制结果分别如图21-60、图 21-61 所示。

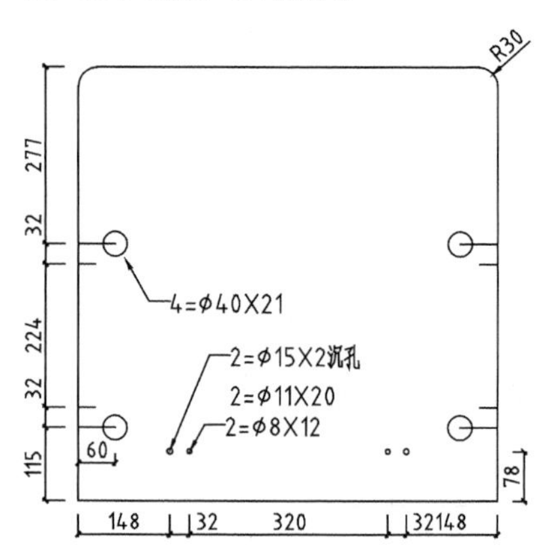

图21-60 背板加工图

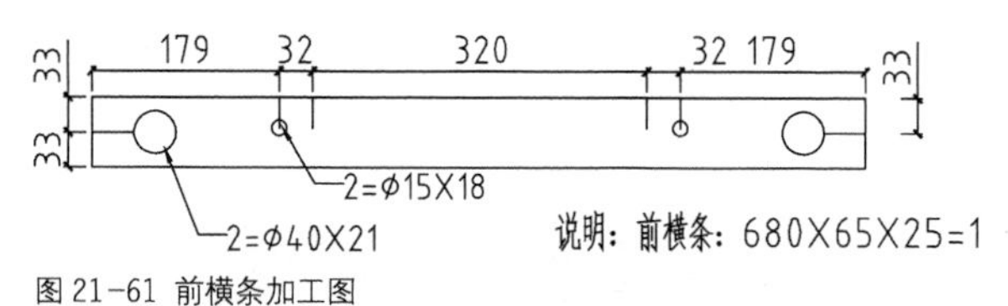

图 21-61 前横条加工图

21.5.7 绘制双人座背板加工图

Step 01 执行REC【矩形】命令，设置尺寸参数为1240×680，绘制如图 21-62所示的矩形。

Step 02 调用F【圆角】命令，设置圆角半径为30，对矩形执行圆角操作，结果如图 21-63所示。

Step 03 执行C【圆】命令，设置半径值为20，绘制圆形表示螺孔位，如图 21-64所示。

Step 04 执行L【直线】命令，绘制水平线段连接圆形，如图 21-65所示。

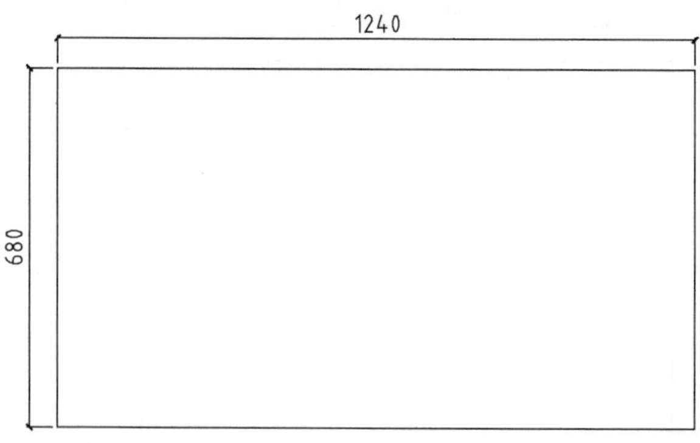

图 21-62 绘制矩形

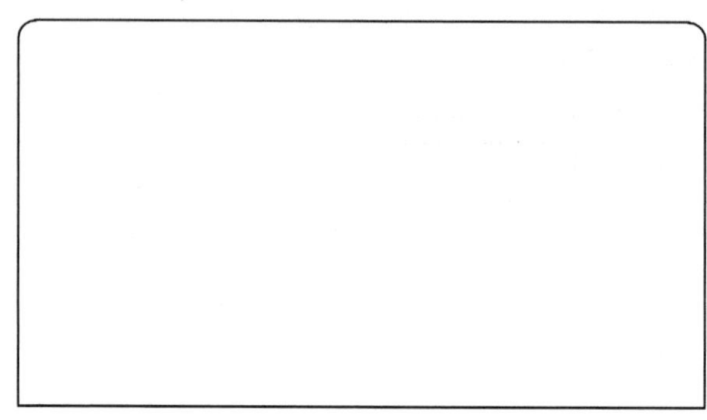

图 21-63 圆角操作

图 21-64 绘制圆形

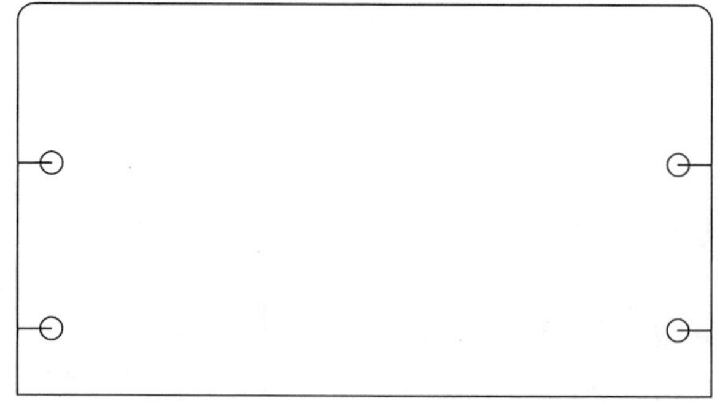

图 21-65 绘制线段

Step 05 调用L【直线】命令，绘制长度为28的线段表示侧孔位，如图 21-66所示。

Step 06 执行C【圆】命令，设置半径分别为4、6，绘制圆形表示螺丝孔，如图 21-67所示。

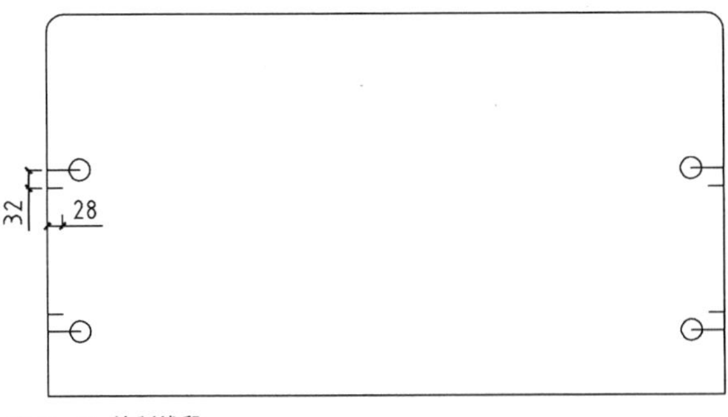

图 21-66 绘制线段

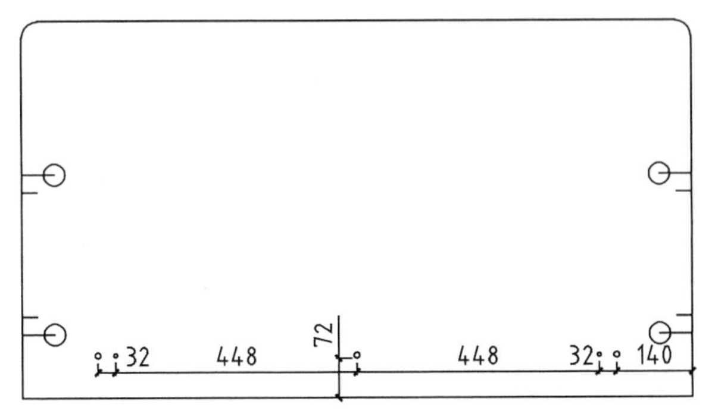

图 21-67 绘制圆形

Step 07 调用MLD【多重引线】命令，绘制引线标注，注明螺孔的规格及个数，调用MT【多行文字】命令，绘制说明文字，结果如图 21-68所示。

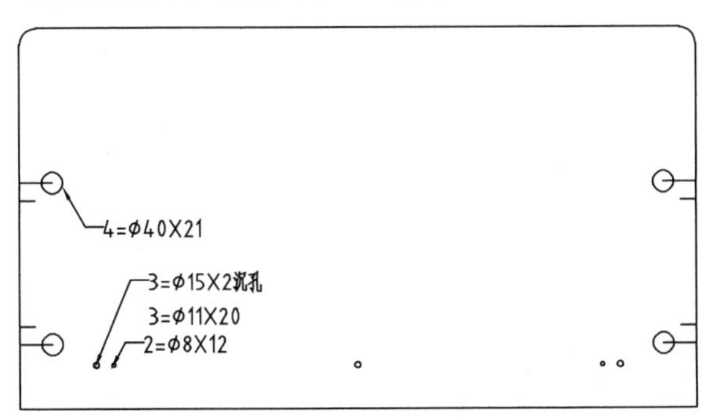

图 21-68 绘制文字标注　　**说明：双人座背板：**1240X680X25=1

Step 08 执行DLI【线性标注】命令，绘制尺寸标注，注明孔位在背板上的位置，结果如图 21-69所示。

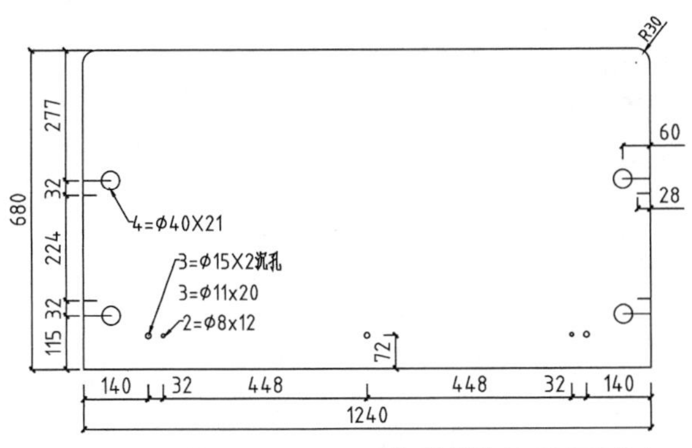

图 21-69 绘制尺寸标注　　**说明：双人座背板：**1240X680X25=1

运用所学知识，绘制双人座前横条加工图、背板加工图以及中脚加工图，绘制结果分别如图 21-70、图 21-71、图 21-72 所示。

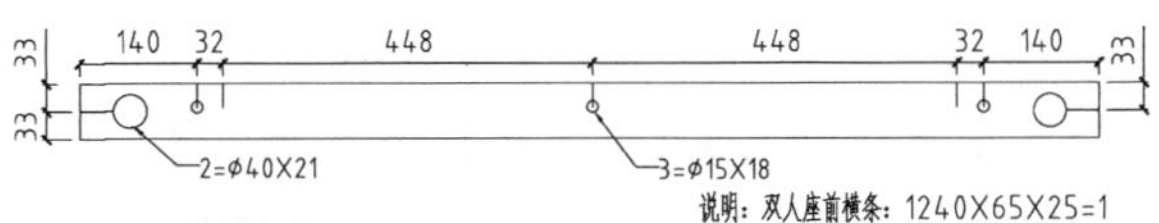

图 21-70 前横条加工图

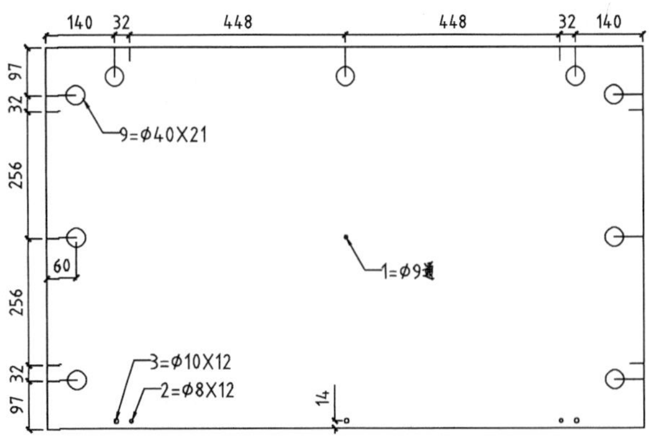

图 21-71 双人座背板加工图　　**说明：双人座背板：**1240X680X25=1

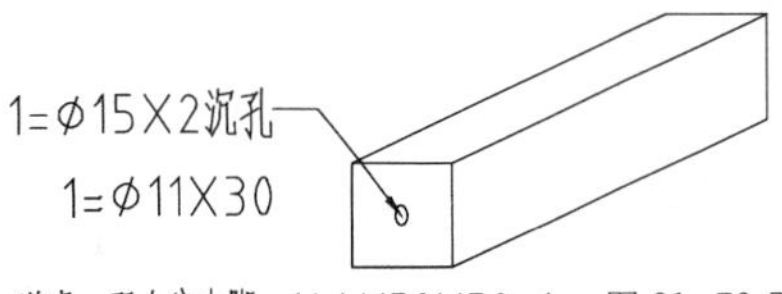

说明：双人座中脚：144X50X50=1　图 21-72 双人座中脚加工图

21.5.8 绘制 3 人座沙发前横条加工图

Step 01 执行REC【矩形】命令，绘制尺寸为1860×65的矩形，如图 21-73所示。

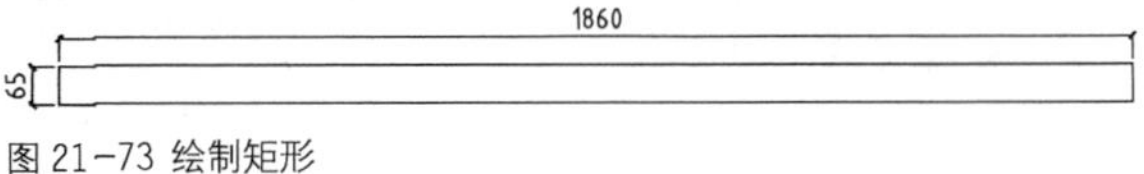

图 21-73 绘制矩形

Step 02 执行C【圆】命令，分别设置半径值为20、8，绘制如图 21-74所示的圆形来表示孔位。

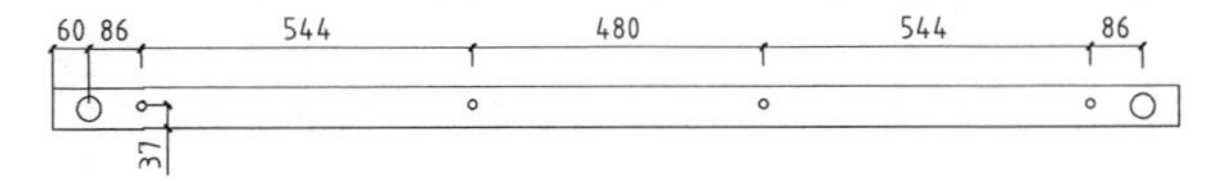

图 21-74 绘制圆形

Step 03 执行L【直线】命令，绘制线段连接圆形，如图 21-75所示。

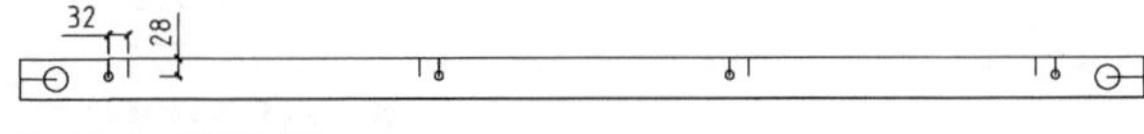

图 21-75 绘制线段

Step 04 调用C【圆】命令，绘制半径为5的圆形来表示螺丝孔位于横条上的位置，结果如图 21-76所示。

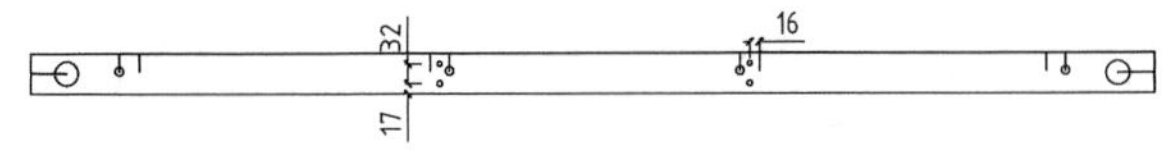

图 21-76 绘制圆形

Step 05 调用H【图案填充】命令，选择SOLID图案，对螺丝孔位执行填充操作，结果如图 21-77所示。

图 21-77 填充图案

Step 06 调用MLD【多重引线】命令、MT【多行文字】命令，绘制标注文字如图 21-78所示。

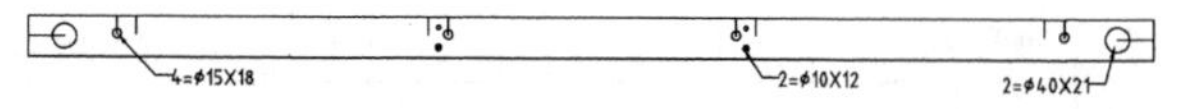

图 21-78 绘制文字标注　　说明：3人座前横条：1860X65X25=1

Step 07 执行DLI【线性标注】命令，绘制尺寸标注，注明孔位在板材上的位置，结果如图 21-79所示。

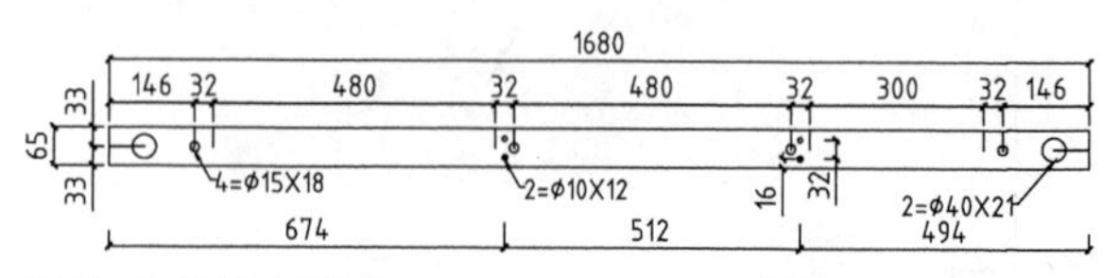

图 21-79 绘制尺寸标注

参考本节内容，继续完成3人座沙发加工图的绘制，绘制结果分别如图 21-80、图 21-81、图 21-82、图 21-83 所示。

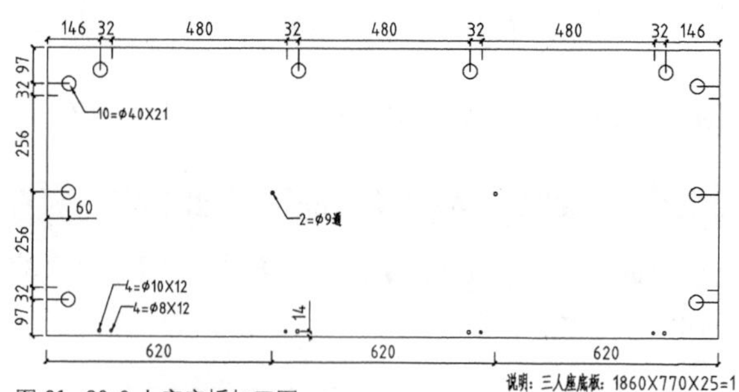

说明：三人座底板：1860X770X25=1

图 21-80 3人座底板加工图

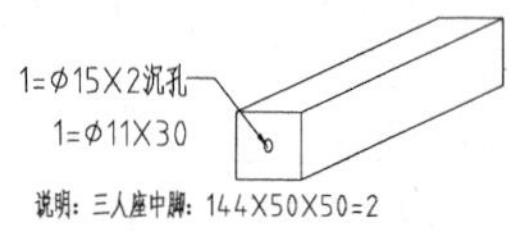

图 21-81 3人座中脚加工图

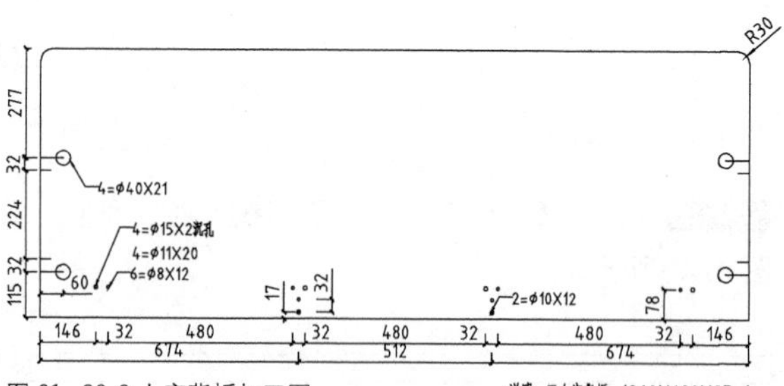

图 21-82 3人座背板加工图　　说明：三人座背板：1860X680X25=1

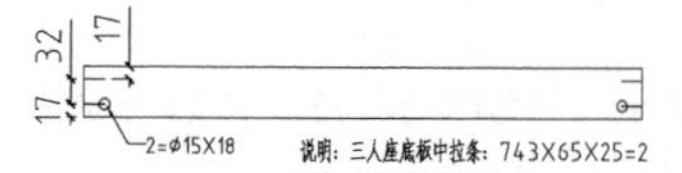

图 21-83 3人座底板中拉条加工图

第 22 章 花架设计制作与制图

本章以花架为例，介绍花架的工艺文件，包括花架外形图、花架开料明细表、花架五金配件表及花架加工图等。希望在阅读本章后，可以对花架设计制作有一定的了解。

22.1 花架外形图

本章选用的花架有3个规格，分别为花架（低）、花架（中）、花架（高），如图22-1所示。在接下来的内容中，以花架（高）为例，即规格为1344mm×563mm×433mm的花架，介绍其开料明细表、五金配件表的情况，以及各类加工图的绘制。

另外两个规格的花架不展开叙述，通过参考花架（高）的绘制方法来自行绘制。

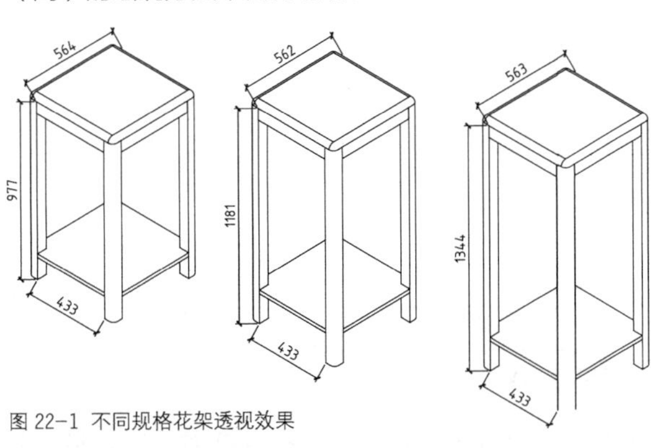

图 22-1 不同规格花架透视效果

22.2 花架开料明细表

花架开料明细表见表22-1，在表中列举了各零部件的规格、开料尺寸、数量及所使用的材料及其颜色等信息。

表22-1 花架开料明细表

序号	零部件名称	规格	开料尺寸
1	面板	269×269×25	268×268×25
2	底板	310×310×25	309×309×25
3	实木脚	925×40×40	925×40×40
4	拉板	240×40×25	240×40×25
5	面板条	320×26×26	320×26×26
6	面板条	268×26×26	268×26×26

序号	数量	材料	颜色	封边
1	1	刨花板	金柚色	0.5
2	1	刨花板	金柚色	0.5
3	4	实木		
4	4	刨花板	金柚色	0.5
5	2	实木		
6	2	实木		

22.3 花架五金配件表

花架五金配件表见表22-2，在表格中注明了各类配件的名称、规格及数量。

表22-2 花架五金配件表

分类名称	材料名称	规格	数量
封袋配件	三合一		4套
	平头螺杆	ϕ8×50mm	8个
安装配件	木榫	ϕ8×30mm	8个
	自攻丝	ϕ4×30	16个

22.4 花架加工图

本节介绍花架三视图及各类加工图的绘制方法。三视图包括俯视图、左视图、主视图，其中主视图附于22.4.2小节的末尾，供参考学习。加工图包括面板条加工图、面板加工图及底板加工图。

22.4.1 绘制花架俯视图

Step 01 执行REC【矩形】命令，设置尺寸参数为320×320，绘制矩形如图22-2所示。

Step 02 执行X【分解】命令分解矩形，调用O【偏移】命令，设置偏移距离为40，选择矩形边向内偏移，如图22-3所示。

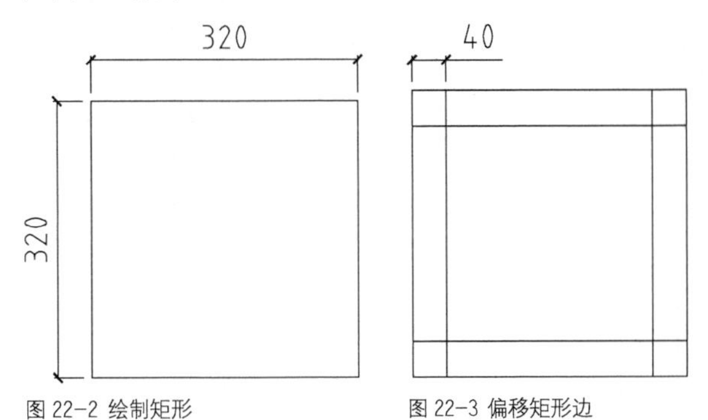

图 22-2 绘制矩形　　图 22-3 偏移矩形边

Step 03 调用TR【修剪】命令，修剪线段如图22-4所示。

Step 04 执行O【偏移】命令，设置偏移距离分别为5、25，选择矩形边向内偏移，如图22-5所示。

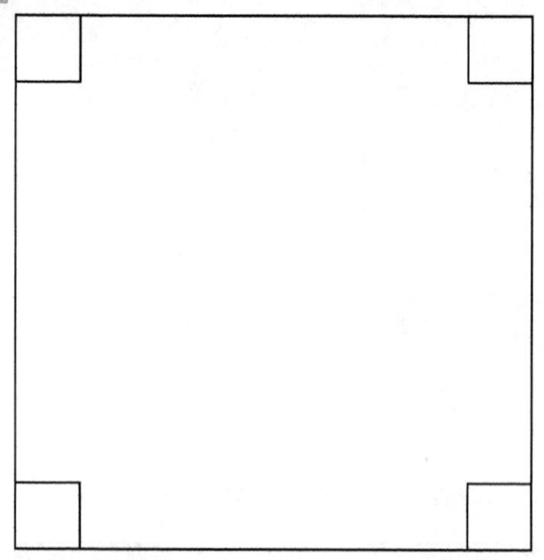
图 22-4 修剪线段

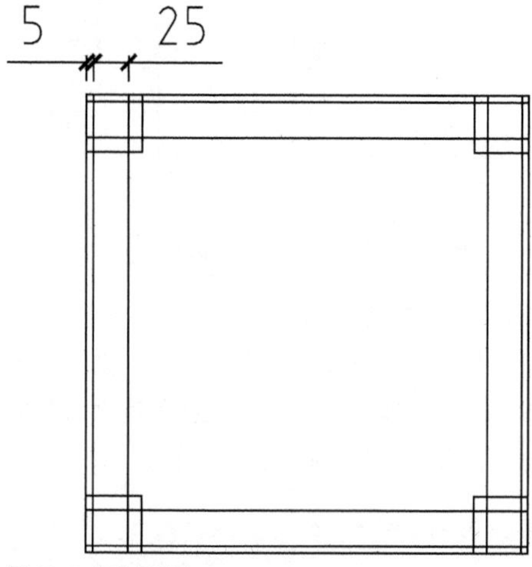

图 22-5 偏移矩形边

Step 05 调用TR【修剪】命令，修剪矩形边，结果如图22-6所示。

图 22-6 修剪矩形边

Step 06 选择矩形边，在【特性】面板中选择虚线，将矩形边的线型设置为虚线，如图 22-7所示。

Step 07 调用O【偏移】命令，设置偏移距离为26，向内偏移矩形边，如图 22-8所示。

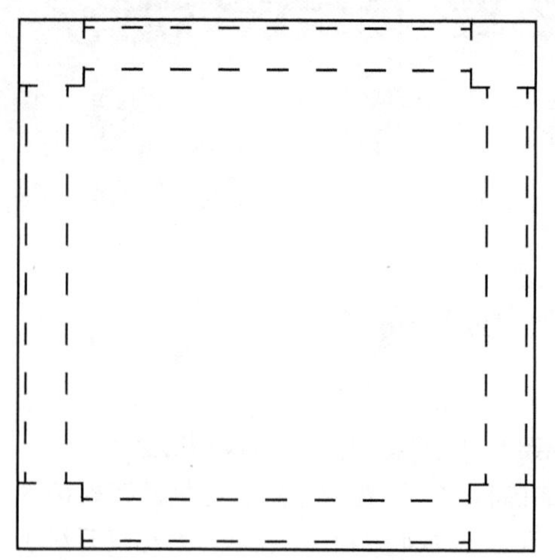
图 22-7 更改线型

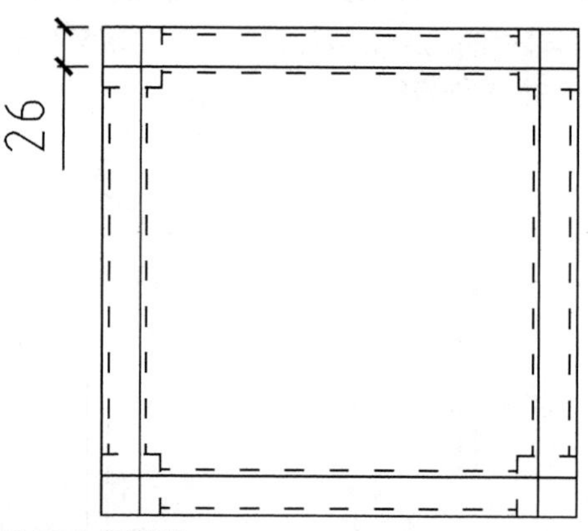

图 22-8 偏移线段

Step 08 执行TR【修剪】命令，修剪线段，结果如图22-9所示。

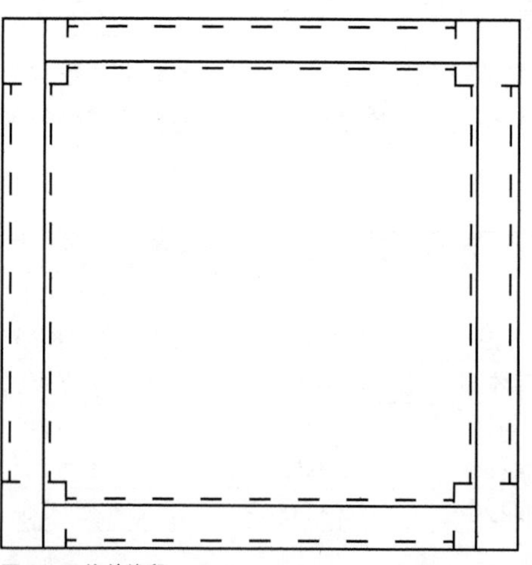
图 22-9 修剪线段

Step 09 调用F【圆角】命令，设置圆角半径为20，对矩形执行圆角操作，结果如图 22-10所示。

Step 10 调用DLI【线性标注】命令，标注花架尺寸，结果如图 22-11所示。

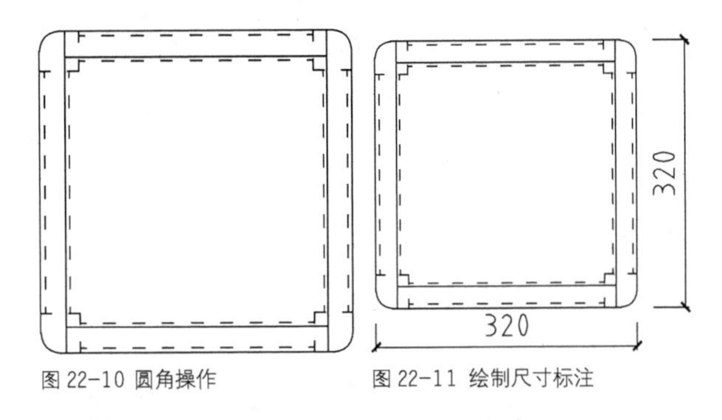

图 22-10 圆角操作　图 22-11 绘制尺寸标注

22.4.2 绘制花架左视图

Step 01 绘制花架实木脚。执行REC【矩形】命令，绘制尺寸参数为925×40的矩形，如图 22-12所示。

Step 02 执行CO【复制】命令，选择矩形向右移动复制，结果如图 22-13所示。

Step 03 绘制花架面板。执行L【直线】命令，绘制花架面板轮廓线，结果如图 22-14所示。

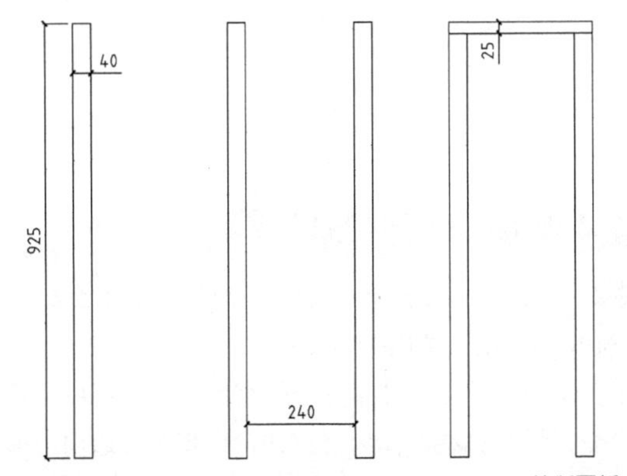

图22-12 绘制矩形　图 22-13 复制矩形　图 22-14 绘制面板

Step 04 调用F【圆角】命令，设置圆角半径为20，对面板轮廓线执行圆角操作，结果如图 22-15所示。

Step 05 绘制拉板。执行O【偏移】命令，设置偏移距离为40，选择面板轮廓线向下偏移，执行TR【修剪】命令，修剪线段，结果如图 22-16所示。

Step 06 绘制底板。执行REC【矩形】命令，绘制尺寸为240×15的矩形，如图 22-17所示。

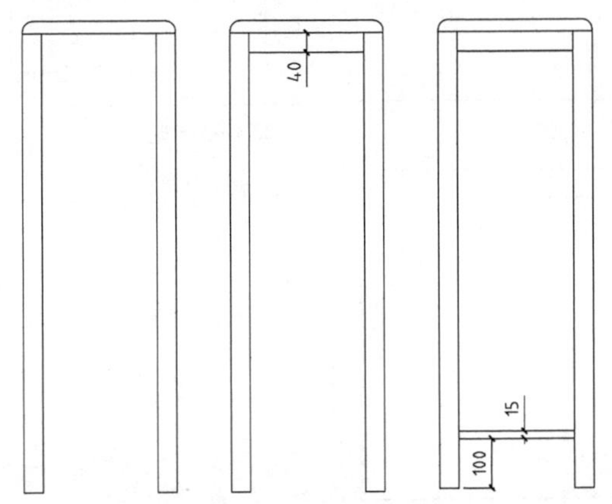

图22-15 圆角操作　图 22-16 绘制拉板　图 22-17 绘制矩形

Step 07 绘制底板插入榫。执行L【直线】命令，绘制榫轮廓线，如图 22-18所示。

Step 08 调用DLI【线性标注】命令，绘制尺寸标注，注明花架尺寸，如图 22-19所示。

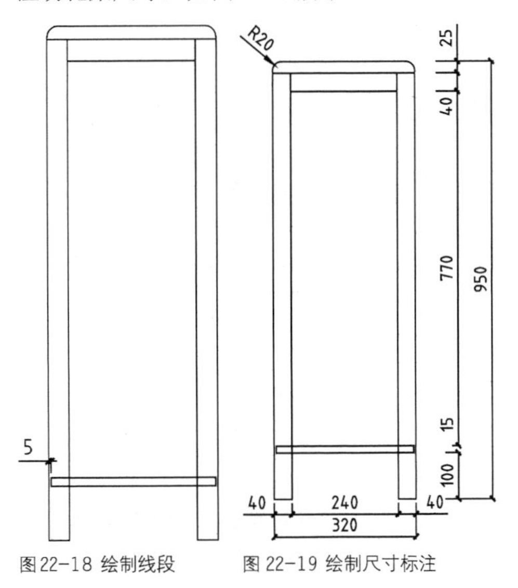

图22-18 绘制线段　图 22-19 绘制尺寸标注

参考本节所学内容，自行绘制花架主视图，绘制结果如图 22-20 所示。

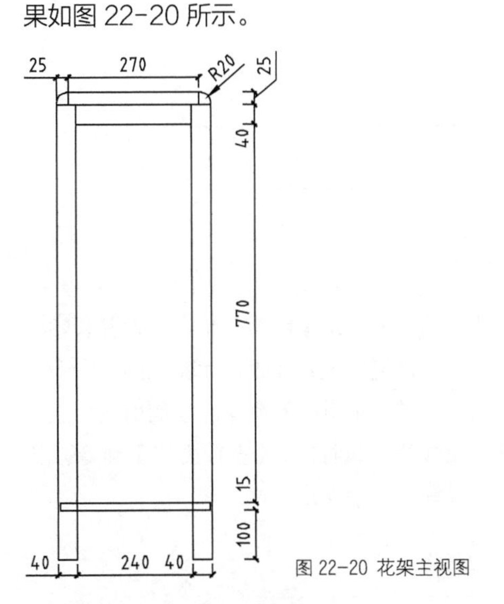

图 22-20 花架主视图

22.4.3 绘制面板条加工图

Step 01 执行REC【矩形】命令，绘制尺寸为255×29的矩形，如图 22-21所示。

Step 02 调用X【分解】命令分解矩形，调用O【偏移】命令，选择矩形边向内偏移，结果如图 22-22所示。

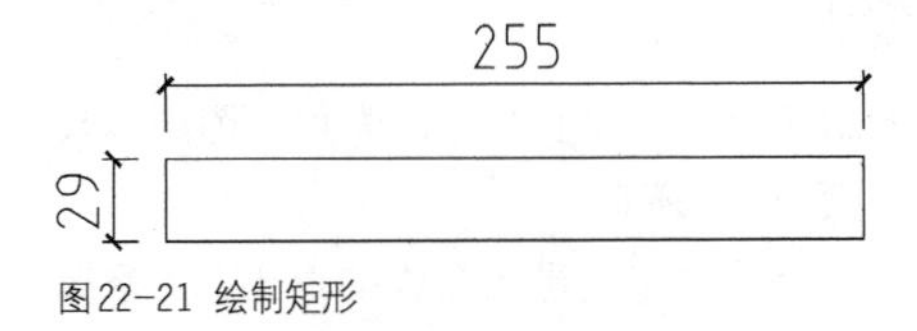

图22-21 绘制矩形

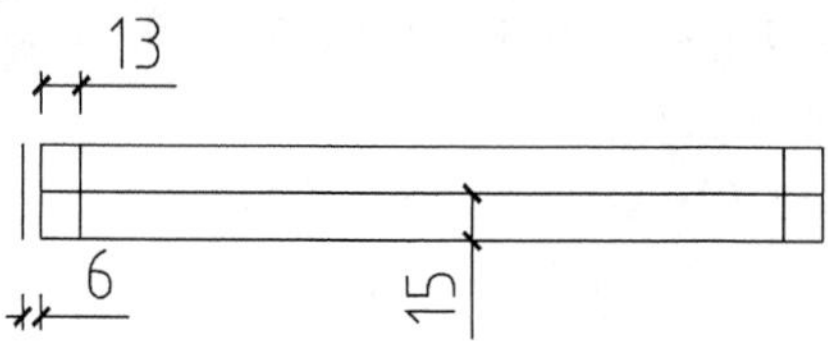

图 22-22 偏移线段

Step 03 调用L【直线】命令，绘制连接线段，如图22-23所示。

Step 04 执行E【删除】命令，删除多余线段，结果如图 22-24所示。

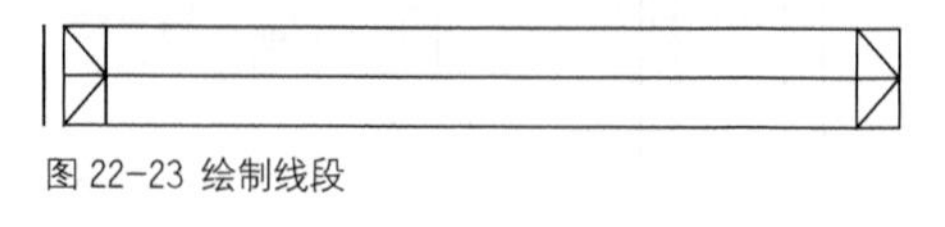

图 22-23 绘制线段

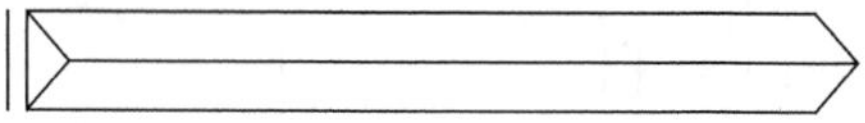

图 22-24 删除线段

Step 05 执行A【圆弧】命令，根据命令行的提示，分别指定圆弧的起点、第二点及端点，绘制圆弧如图22-25所示。

Step 06 执行E【删除】命令，删除辅助线，结果如图22-26所示。

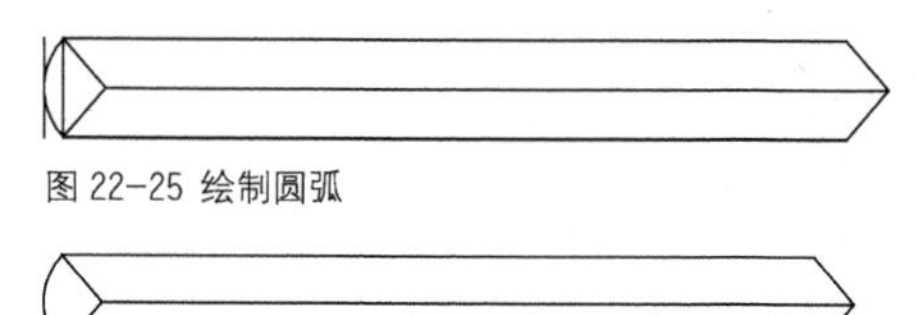

图 22-25 绘制圆弧

图 22-26 删除辅助线

Step 07 绘制孔眼。执行EL【椭圆】命令，设置长轴为12，短轴为3.6，绘制椭圆表示孔眼，如图 22-27所示。

Step 08 执行MLD【多重引线】命令，绘制引线标注，注明孔眼规格及数量，执行MT【多行文字】命令，绘制说明文字，如图 22-28所示。

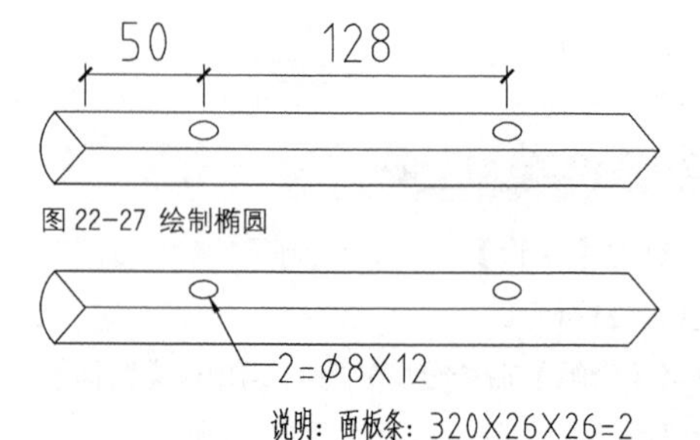

图 22-27 绘制椭圆

图 22-28 绘制文字标注

Step 09 执行DLI【尺寸标注】命令，为加工图绘制尺寸标注，结果如图 22-29所示。

Step 10 双击尺寸标注文字，进入在位编辑状态，修改文字参数，在绘图区空白处单击左键，退出编辑，修改后的尺寸标注符合施工要求，如图 22-30所示。

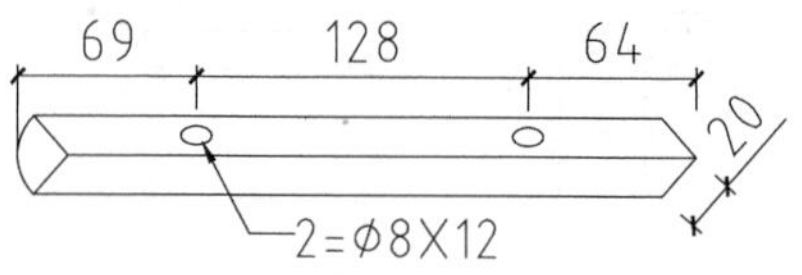

图 22-29 绘制尺寸标注

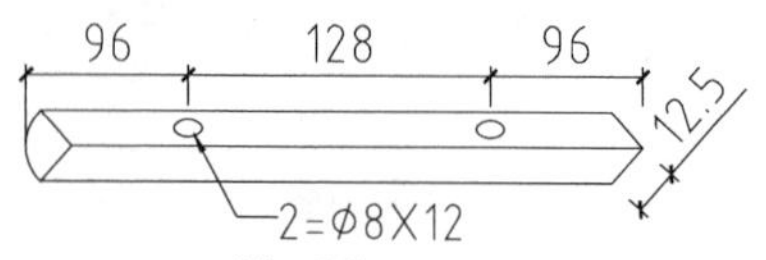

图 22-30 修改尺寸标注

沿用本节绘制方法，继续绘制另一面板条加工图，或者在已绘制完成的（长边）面板条加工图上，修改尺寸标注文字，也可得到（短边）面板条加工图，如图22-31 所示。

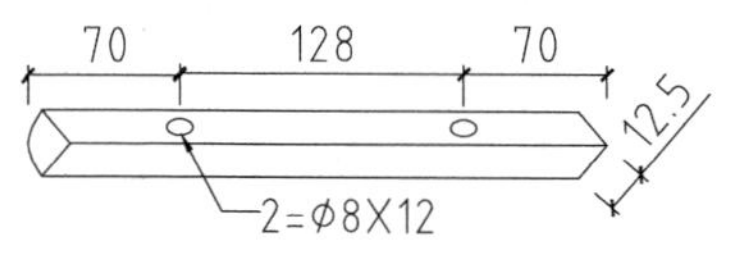

图 22-31 面板条加工图

22.4.4 绘制面板加工图

Step 01 调用REC【矩形】命令，设置尺寸参数为310×310，绘制矩形如图 22-32所示。

Step 02 调用X【分解】命令分解矩形，调用O【偏移】命令，设置偏移距离为25、10，选择矩形边向内偏移，结果如图 22-33所示。

Step 03 调用TR【修剪】命令，修剪图形，结果如图22-34所示。

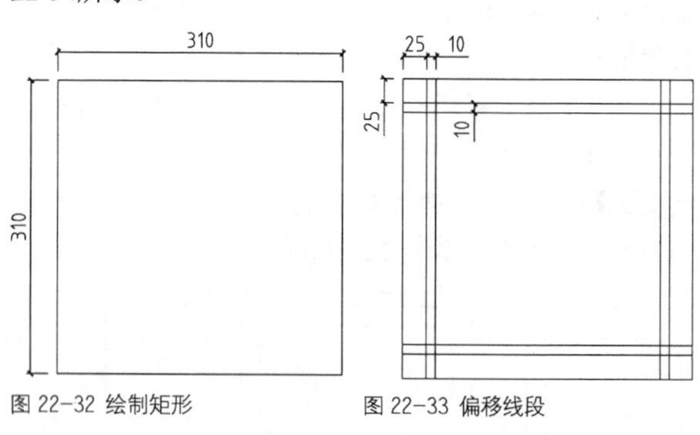

图 22-32 绘制矩形　　图 22-33 偏移线段

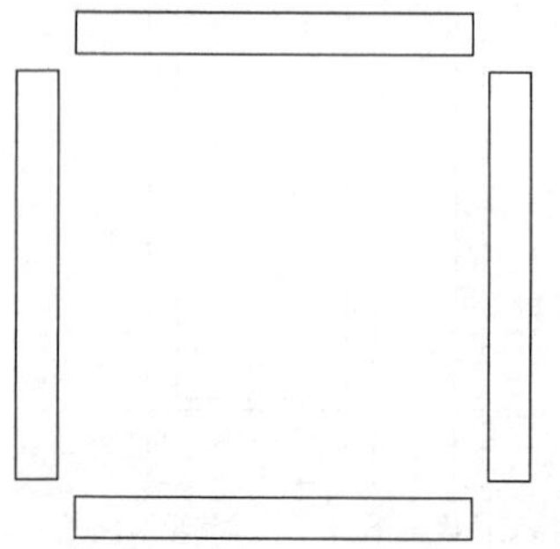

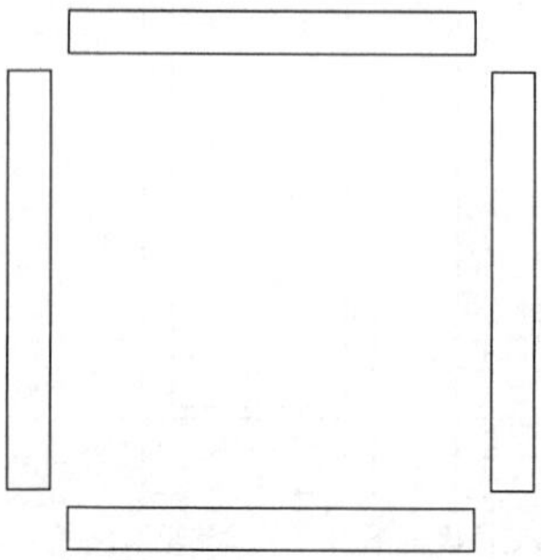

图 22-34 修剪图形

Step 04 绘制沉孔孔位。执行C【圆】命令，设置半径为4，绘制圆形表示孔位，如图 22-35所示。

Step 05 调用O【偏移】命令，偏移线段如图 22-36所示。

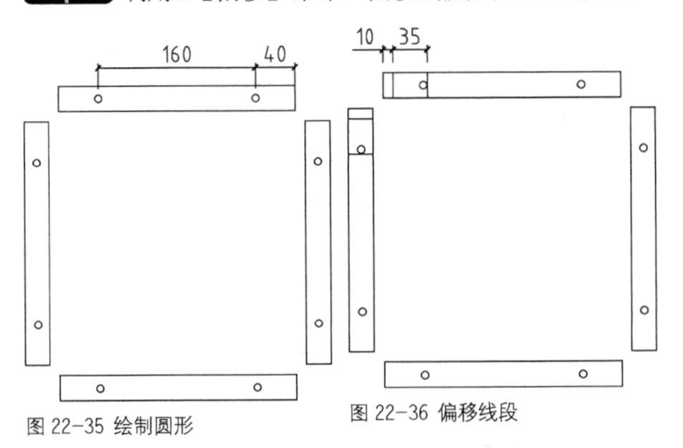

图 22-35 绘制圆形　　图 22-36 偏移线段

Step 06 执行L【直线】命令，绘制如图 22-37所示的连接线段。

Step 07 执行E【删除】命令，删除辅助线，结果如图 22-38所示。

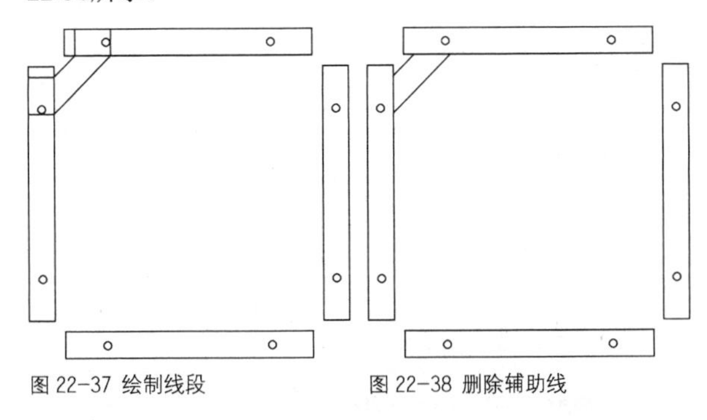

图 22-37 绘制线段　　图 22-38 删除辅助线

Step 08 执行O【偏移】命令，设置偏移距离为19、5、5，偏移线段如图 22-39所示。

Step 09 执行EX【延伸】命令，延伸线段，如图 22-40所示。

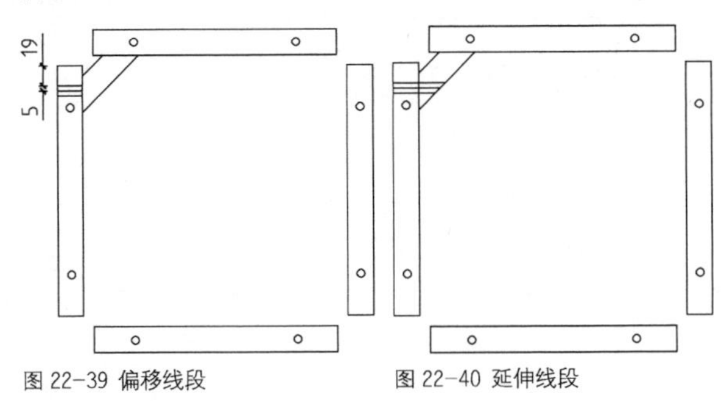

图 22-39 偏移线段　　图 22-40 延伸线段

Step 10 调用TR【修剪】命令，修剪线段如图 22-41所示。

Step 11 执行MI【镜像】命令，单击长斜边中点为镜像线的起点，单击短斜线中点为镜像线的终点，镜像复制线段如图 22-42所示。

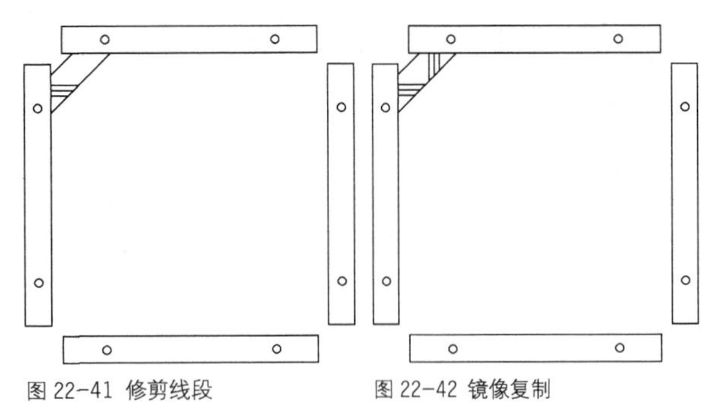

图 22-41 修剪线段　　图 22-42 镜像复制

Step 12 选择线段，执行MI【镜像】命令，将其镜像复制至图形的其他区域，如图 22-43所示。

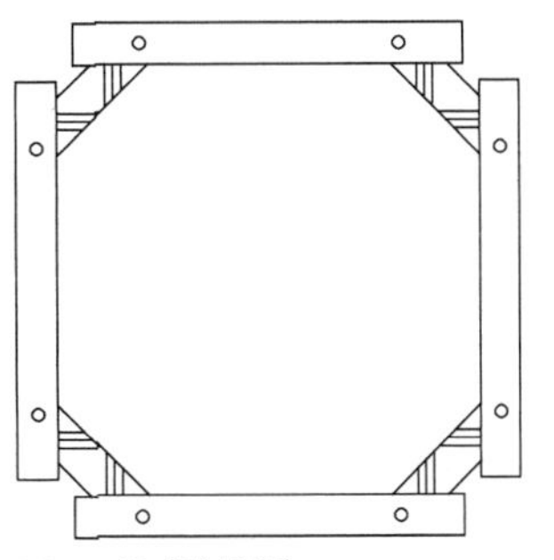

图 22-43 复制图形

Step 13 执行MLD【多重引线】命令，绘制引线标注，注明沉孔的规格，如图 22-44所示。

Step 14 执行DLI【线性标注】命令，绘制尺寸标注，结果如图 22-45所示。

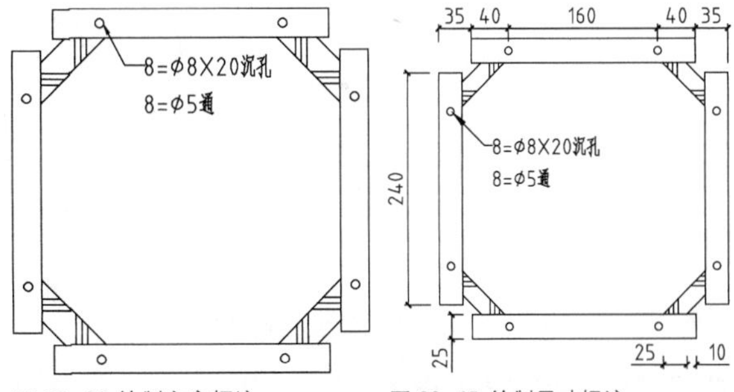

图 22-44 绘制文字标注　　图 22-45 绘制尺寸标注

执行 REC【矩形】命令、L【直线】命令、MLD【多重引线】命令以及 DLI【线性标注】命令，绘制如图 22-46 所示的面板加工图。在花架主视图中观察该面板加工图所表示的区域，虚线部分为面板加工图所表达的内容。

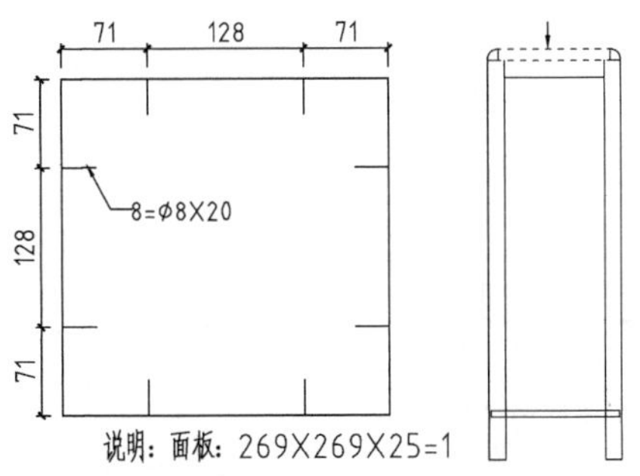

图 22-46 面板加工图

22.4.5 绘制底板加工图

Step 01 调用REC【矩形】命令，绘制尺寸为310×310的矩形。

Step 02 执行X【分解】命令分解矩形，调用O【偏移】命令，设置偏移距离为35，选择矩形边向内偏移，如图 22-47所示。

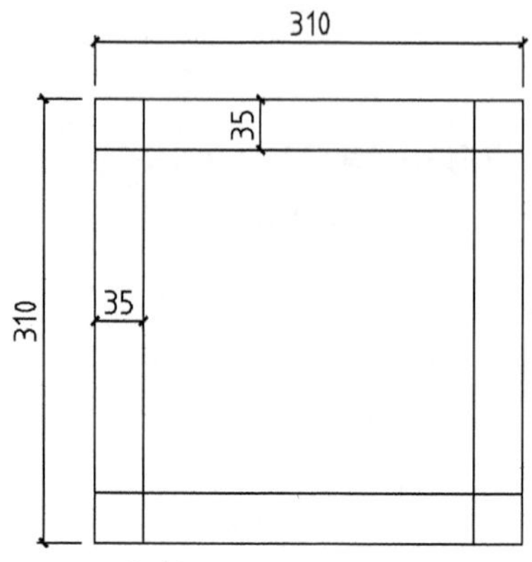

图 22-47 偏移矩形边

Step 03 执行TR【修剪】命令，修剪矩形边，结果如图 22-48所示。

Step 04 绘制孔位。执行L【直线】命令，绘制长度为28的线段，如图 22-49所示。

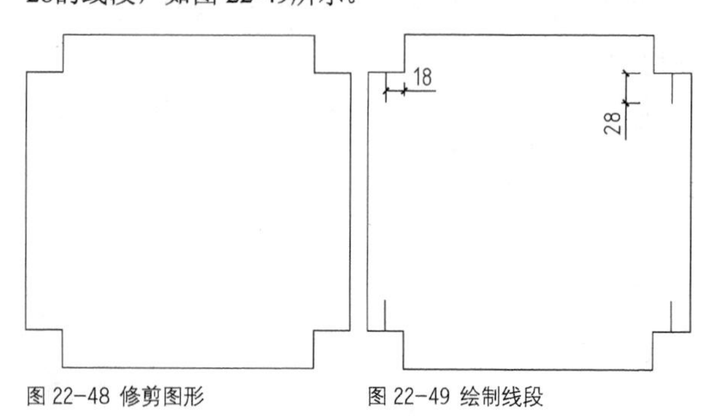

图 22-48 修剪图形　　图 22-49 绘制线段

Step 05 调用C【圆】命令，设置半径值为8，以线段端点为圆心，绘制圆形如图 22-50所示。

Step 06 执行MLD【多重引线】命令、MT【多行文字】命令，绘制标注文字如图 22-51所示。

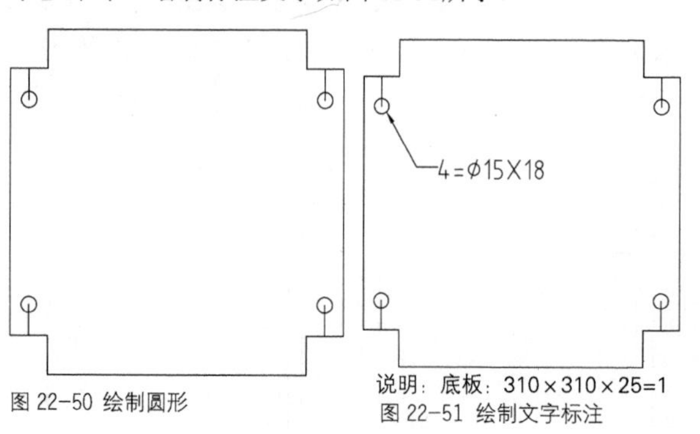

图 22-50 绘制圆形　　图 22-51 绘制文字标注

Step 07 执行DLI【线性标注】命令，绘制尺寸标注，注明底板规格的结果如图 22-52所示。

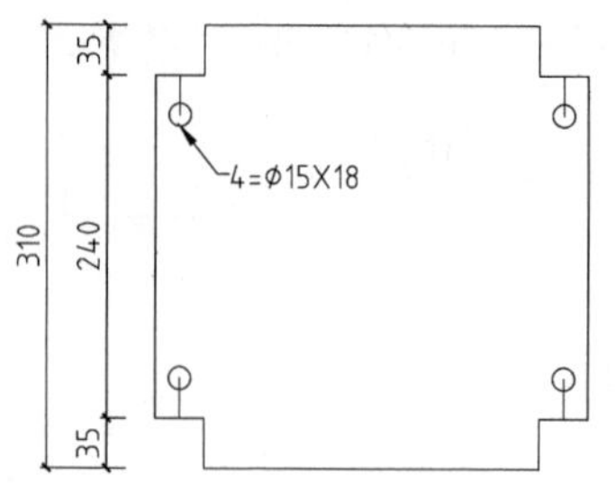

图 22-52 绘制尺寸标注

执行L【直线】命令、O【偏移】命令、TR【修剪】命令等绘图/编辑命令，继续绘制花架其他类型的加工图，如实木脚加工图、垫条加工图、拉板加工图等，绘制结果分别如图 22-53、图 22-54、图 22-55 所示。

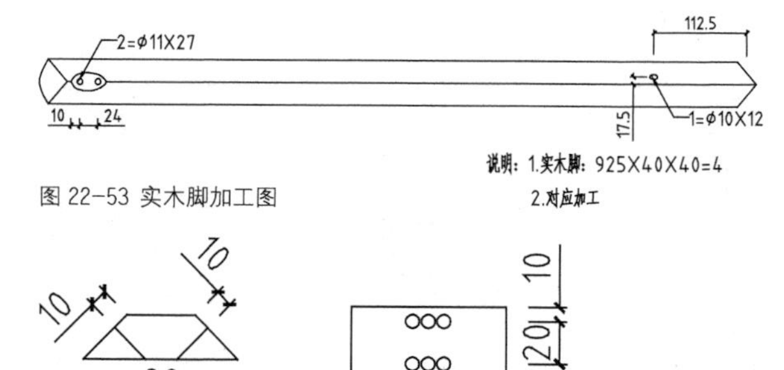

图 22-53 实木脚加工图

图 22-54 垫条加工图

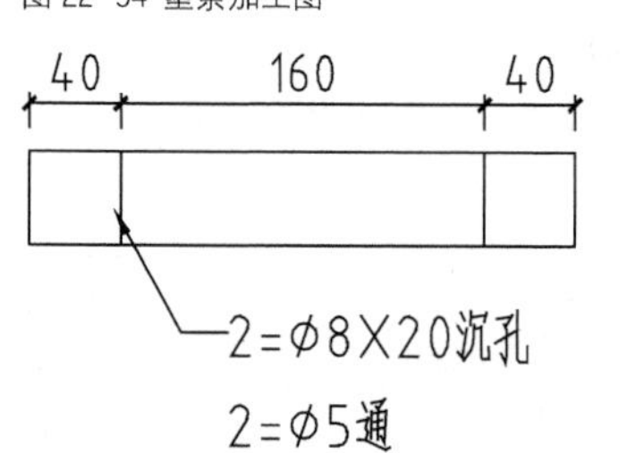

图 22-55 拉板加工图

第 23 章 穿衣镜设计与制图

本章以穿衣镜为例，介绍穿衣镜的工艺文件，包括穿衣镜外形图、穿衣镜开料明细表、穿衣镜五金配件表以及穿衣镜加工图等。希望在阅读本章后，可以对穿衣镜设计制作有一定的了解。

23.1 穿衣镜外形图

穿衣镜组合透视图如图 23-1 所示，包含穿衣镜、抽屉、挂衣钩等。穿衣镜模型图如图 23-2 所示，可将其分解为背板、背板竖条、面板、侧板、抽面板、抽侧板、抽尾板等。

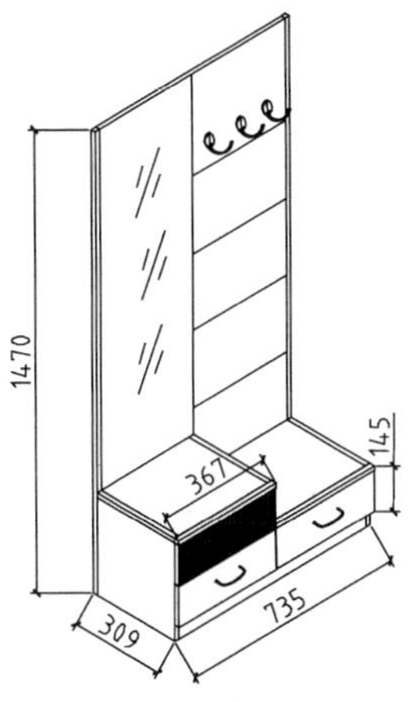

图 23-1 穿衣镜组合透视图

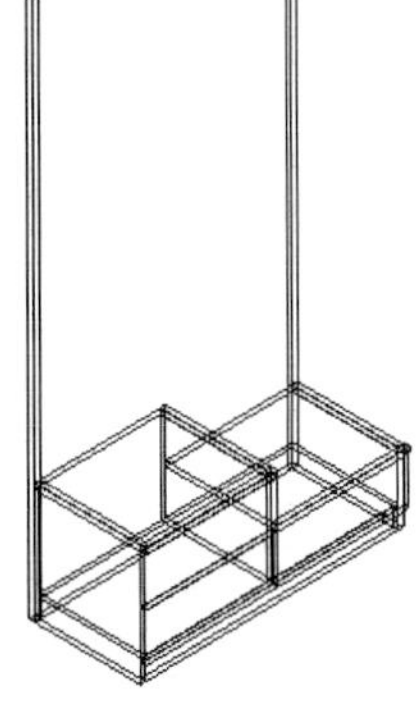

图 23-2 穿衣镜模型图

23.2 穿衣镜开料明细表

穿衣镜开料明细表见表 23-1，在表格中列举了穿衣镜组合的各零部件的规格、开料尺寸、数量、材料及颜色等信息。

表23-1 穿衣镜开料明细表

序号	零部件名称	规格	开料尺寸	数量	材料	颜色	封边
1	背板	1800×860×18	1799×859×18	1	刨花板	金柚色	0.5
2	面板	410×360×18	409×359×18	1	刨花板	金柚色	0.5
3	面板	430×360×18	429×359×18	1	刨花板	金柚色	0.5
4	侧板	382×360×18	381×359×18	1	刨花板	金柚色	0.5
	侧板	307×360×18	306×359×18	1	刨花板	金柚色	0.5
5	侧板	222×360×18	221×359×18	1	刨花板	金柚色	0.5
6	底板	864×360×15	863×359×15	1	刨花板	金柚色	0.5
7	桶面	450×158×18	449×157×18	1	刨花板	黑橡	0.5
	桶面	450×158×18	449×157×18	1	刨花板	金柚色	0.5
8	桶面	448×158×18	447×157×18	1	刨花板	金柚色	0.5
9	桶侧	300×120×15	299×119×15	6	刨花板	金柚色	0.5
10	桶尾	363×120×15	362×119×15	2	刨花板	金柚色	0.5
11	桶尾	381×120×15	380×119×15	1	刨花板	金柚色	0.5
12	桶底	373×296×5	373×296×5	2	中纤板	金柚色	
13	桶底	391×296×5	391×296×5	1	中纤板	金柚色	
	脚条	864×60×15	863×59×15	1	刨花板	金柚色	0.5
	面板前条		450×20×18	2	实木		
	侧板横条		360×20×18	3	实木		
	背板竖条		1800×20×18	2	实木		

23.3 穿衣镜五金配件表

穿衣镜五金配件表见表 23-2，表格中注明了穿衣镜组合所需要的五金配件的名称、规格及数量。

表23-2 穿衣镜五金配件表

分类名称	材料名称	规格	数量
封袋配件表	三合一		30套
	木榫	φ8×30mm	15个
	脚钉		6个
	自攻丝	φ4×16	34个
	自攻丝	φ4×30	12个
	自攻丝	φ4×40	13个
	挂衣钩		3个
	拉手	（圆）96mm	3个

（续表）

分类名称	材料名称	规格	数量
封袋配件表	拉手螺丝	φ4×22	6个
	装饰按钮	PH 1825款	4个
安装配件表	背镜	1400×450×5	1
	三合一		22套
	木榫	φ8×30mm	20个
包装配件表	两节路轨	300mm	3副

23.4 穿衣镜加工图

本节介绍穿衣镜各类加工图的绘制步骤，如背板加工图、竖条加工图、面板加工图等。

23.4.1 绘制背板加工图

Step 01 执行REC【矩形】命令，绘制尺寸为1800×860的矩形，如图 23-3所示。

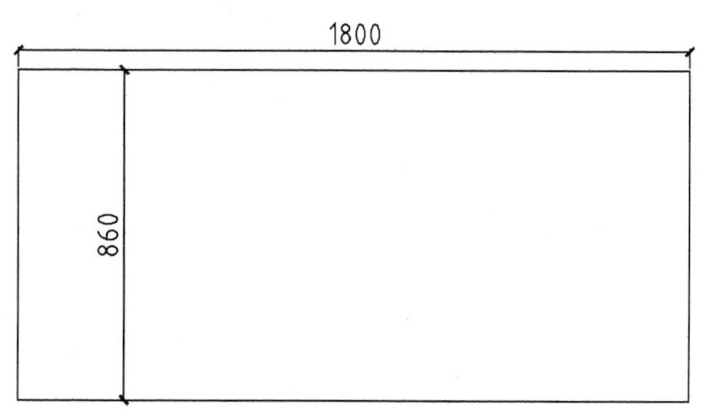

图 23-3 绘制矩形

Step 02 绘制抽缝。重复调用REC【矩形】命令，修改尺寸参数为430×2，绘制抽缝外轮廓线如图 23-4所示。

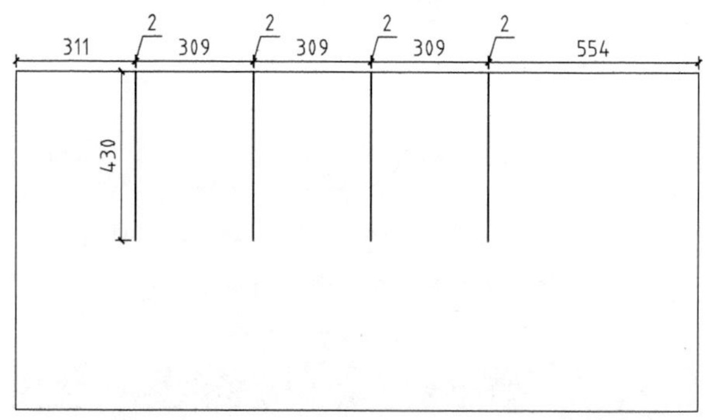

图 23-4 绘制抽缝

Step 03 绘制螺孔。执行C【圆】命令，设置半径为3，绘制圆形表示孔位，如图 23-5所示。

Step 04 执行L【直线】命令、O【偏移】命令，绘制并偏移直线，结果如图 23-6所示。

Step 05 执行C【圆】命令，设置半径为8，绘制圆形以完成孔位的标注，如图 23-7所示。

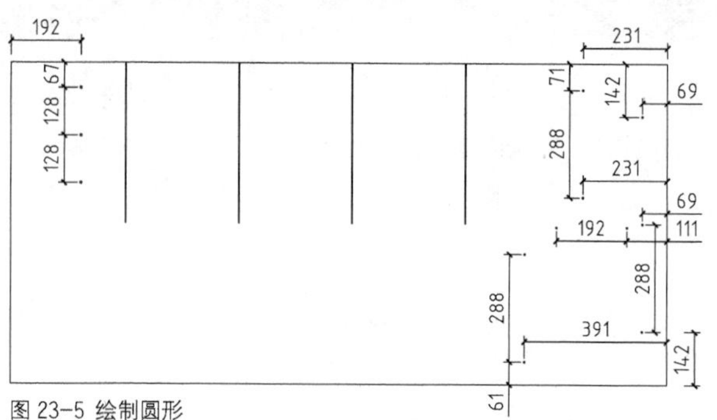

图 23-5 绘制圆形

图 23-6 绘制并偏移直线

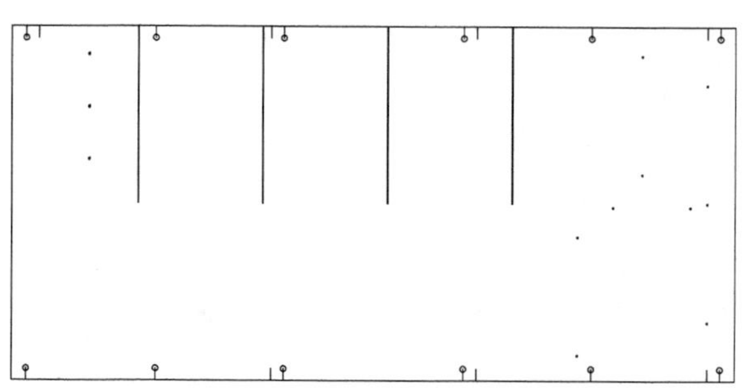

图 23-7 绘制圆形

Step 06 执行MLD【多重引线】命令，绘制引线标注来注明配件的规格及数量，然后执行MT【多行文字】命令，绘制说明文字，如图 23-8所示。

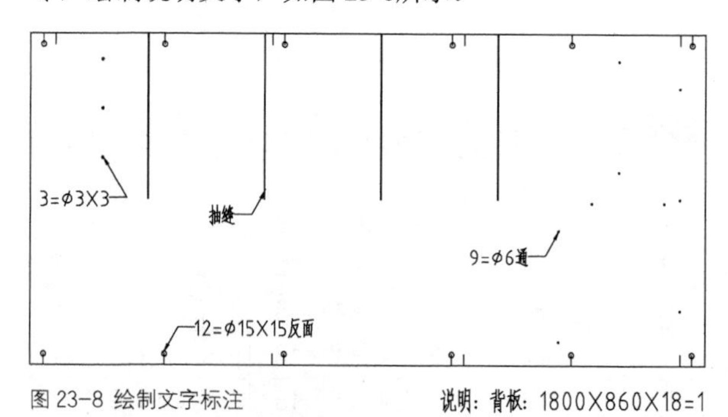

图 23-8 绘制文字标注

Step 07 执行DLI【线性标注】命令，绘制尺寸标注，注明配件在背板上的位置，如图 23-9所示。

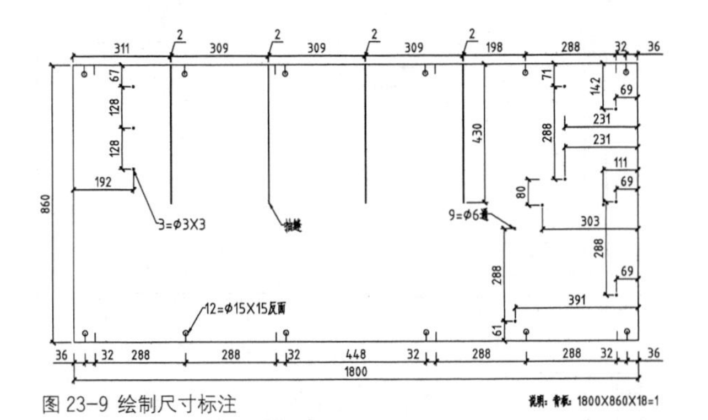

图 23-9 绘制尺寸标注

23.4.2 绘制背板右竖条加工图

Step 01 执行REC【矩形】命令，设置尺寸参数为1828×32，绘制矩形如图 23-10所示。

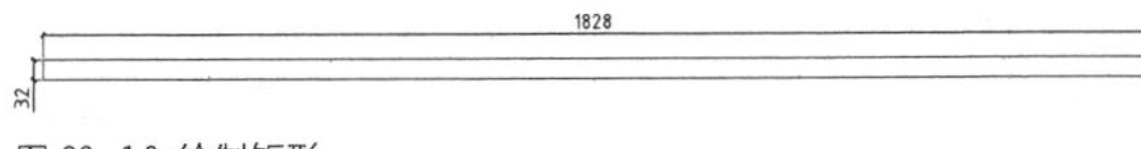

图 23-10 绘制矩形

Step 02 执行X【分解】命令分解矩形，接着执行O【偏移】命令，设置垂直方向上的偏移距离分别为13、2、13，水平方向上的偏移距离分别为15、2，选择矩形左侧短边向内偏移，如图 23-11所示。

Step 03 执行L【直线】命令，绘制如图 23-12所示的连接线段。

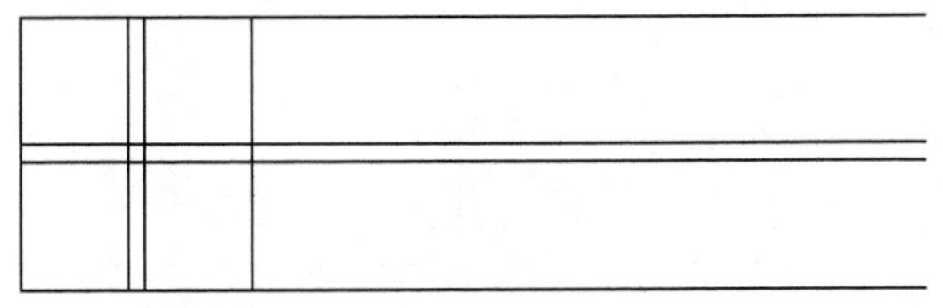

图 23-11 偏移线段

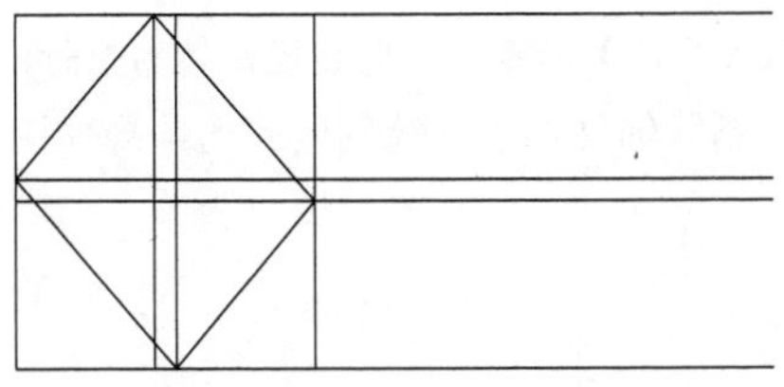

图 23-12 绘制线段

Step 04 执行TR【修剪】命令、E【删除】命令，修剪并删除线段，如图 23-13所示。

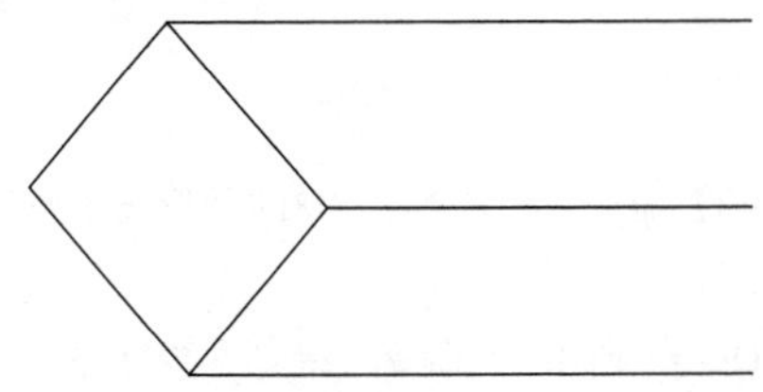

图 23-13 修剪并删除线段

Step 05 调用O【偏移】命令，设置偏移距离为13、2，选择矩形的右侧短边向内偏移，如图 23-14所示。

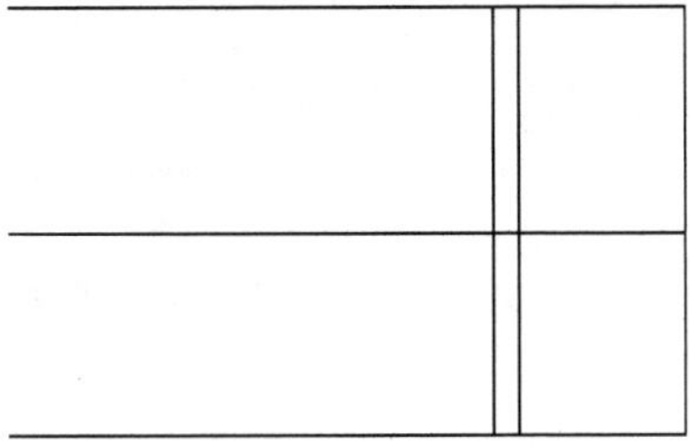

图 23-14 偏移线段

Step 06 调用L【直线】命令，绘制连接线段，结果如图 23-15所示。

Step 07 执行E【删除】命令、TR【修剪】命令，删除并修剪线段，结果如图 23-16所示。

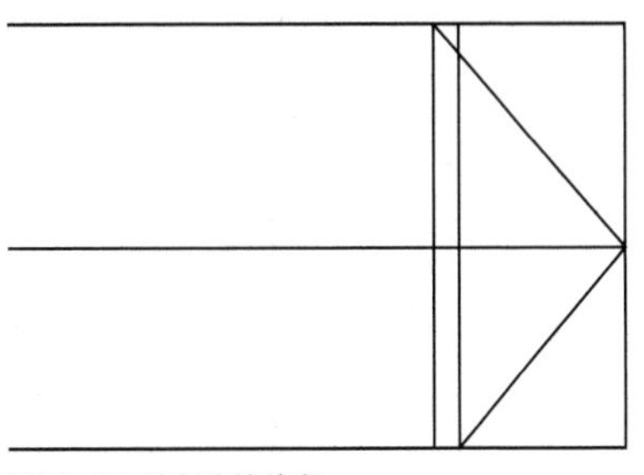

图 23-15 绘制连接线段

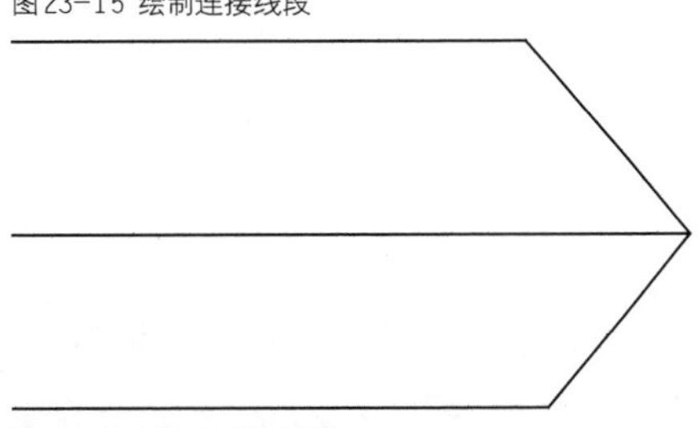

图 23-16 删除并修剪线段

Step 08 绘制螺孔。执行EL【椭圆】命令，设置长轴距离为6.1，短轴距离为1.8，绘制椭圆表示螺孔，如图 23-17所示。

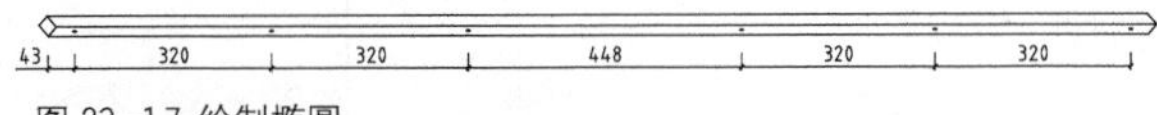

图 23-17 绘制椭圆

Step 09 重复执行EL【椭圆】命令，修改长轴距离为4.6，短轴距离为1.2，绘制椭圆如图 23-18所示。

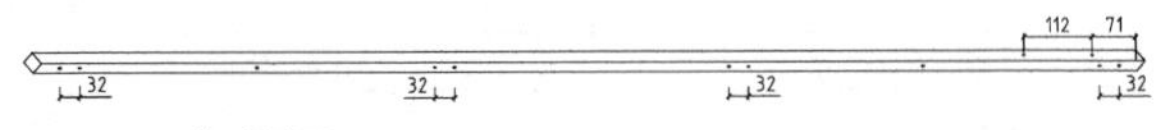

图 23-18 修改椭圆

Step 10 执行MLD【多重引线】命令，绘制引线标注，注明螺孔的规格，调用MT【多行文字】命令，绘制说明文字，如图 23-19所示。

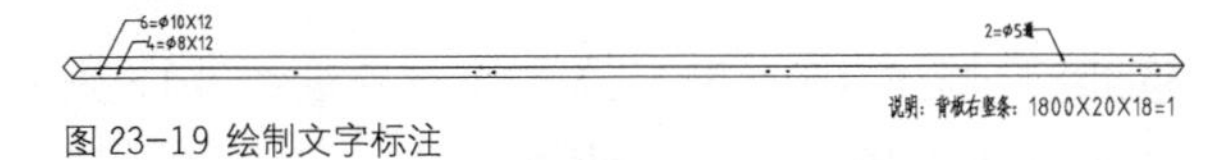

图 23-19 绘制文字标注

Step 11 调用DLI【线性标注】命令，绘制尺寸标注，注明螺孔在竖条上的位置，如图 23-20所示。

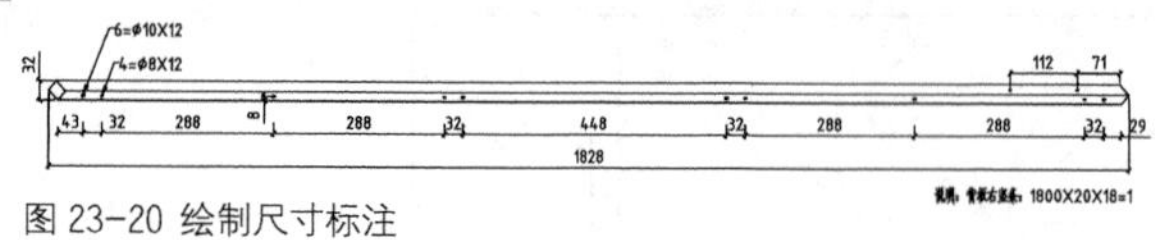

图 23-20 绘制尺寸标注

沿用以上所介绍的绘图方法，继续绘制背板左竖条加工图，结果如图 23-21 所示。

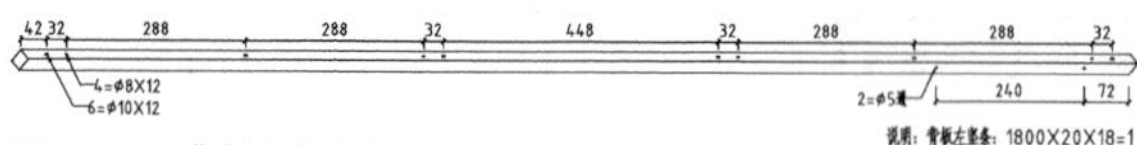

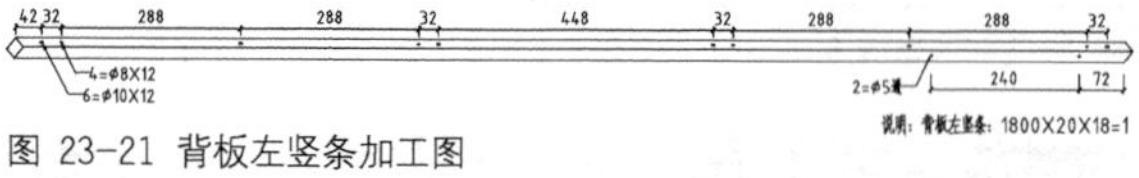

图 23-21 背板左竖条加工图

23.4.3 绘制左面板加工图

Step 01 执行REC【矩形】命令，绘制尺寸为410×360的矩形，如图 23-22所示。

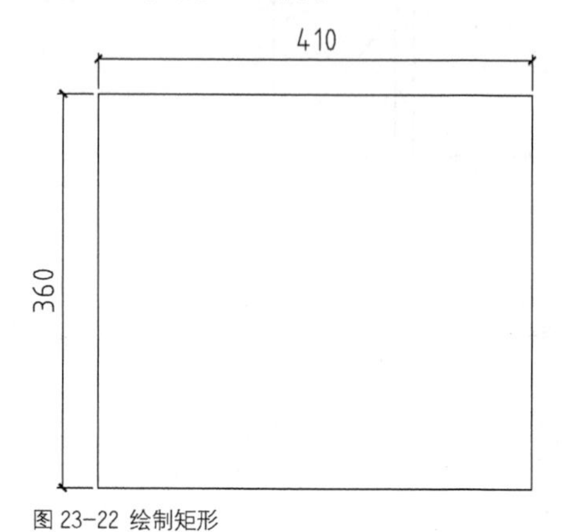

图 23-22 绘制矩形

Step 02 执行O【偏移】命令，设置偏移距离为28，选择矩形向内偏移，如图 23-23所示。

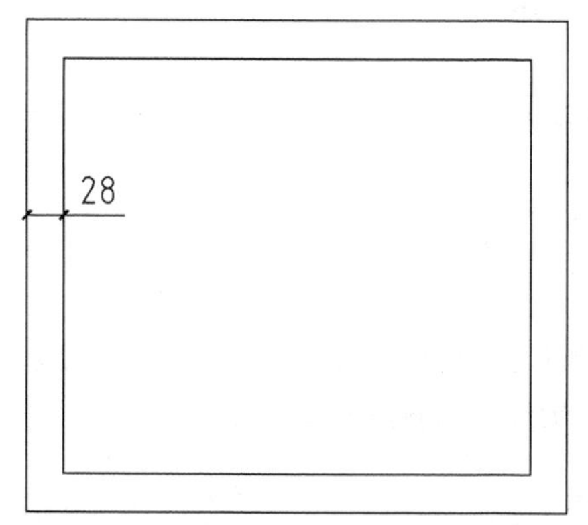

图 23-23 偏移矩形

Step 03 执行X【分解】命令，分解外矩形，接着执行O【偏移】命令，选择矩形边向内偏移，如图 23-24所示。

Step 04 调用TR【修剪】命令，修剪线段，结果如图 23-25所示。

Step 05 执行O【偏移】命令，设置偏移距离为61，选择线段向内偏移，如图 23-26所示。

Step 06 执行TR【修剪】命令，修剪线段，结果如图 23-27所示。

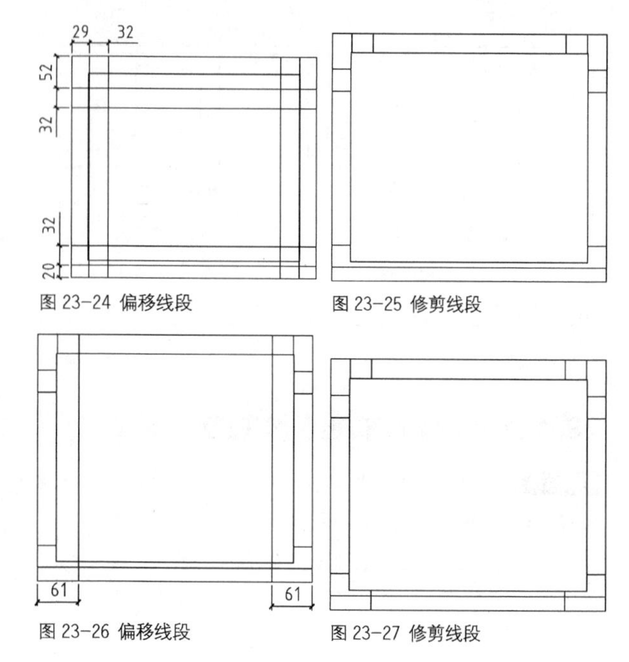

图 23-24 偏移线段

图 23-25 修剪线段

图 23-26 偏移线段

图 23-27 修剪线段

Step 07 调用E【删除】命令，删除内矩形，如图 23-28所示。

Step 08 执行L【直线】命令，绘制垂直线段，如图 23-29所示。

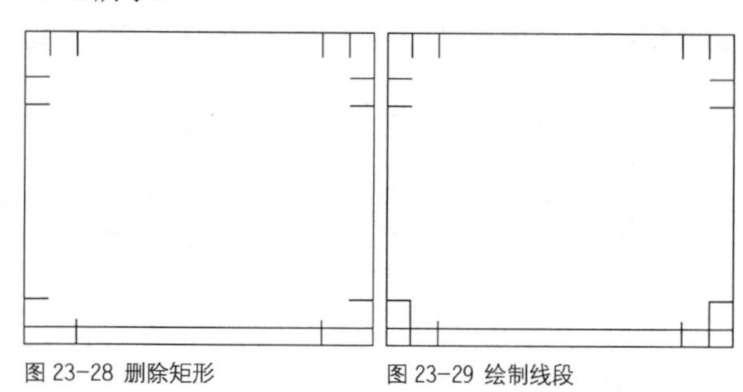

图 23-28 删除矩形

图 23-29 绘制线段

Step 09 调用TR【修剪】命令，修剪线段，接着执行E【删除】命令，删除辅助线段，绘制侧孔的结果如图 23-30所示。

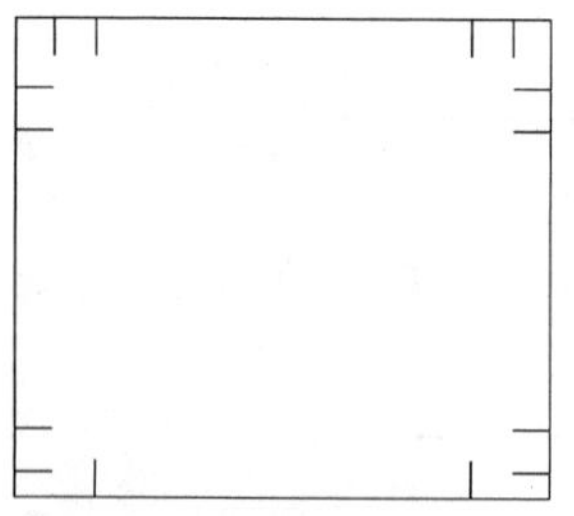

图 23-30 修剪线段

Step 10 执行C【圆】命令，绘制半径为8的圆形表示螺孔，如图 23-31所示。

Step 11 调用MLD【多重引线】命令，绘制引线标注，注明螺孔、侧孔的规格，接着执行MT【多行文字】命令，绘制说明文字，如图 23-32所示。

Step 12 调用DLI【线性标注】命令，绘制尺寸标注，如图 23-33所示。

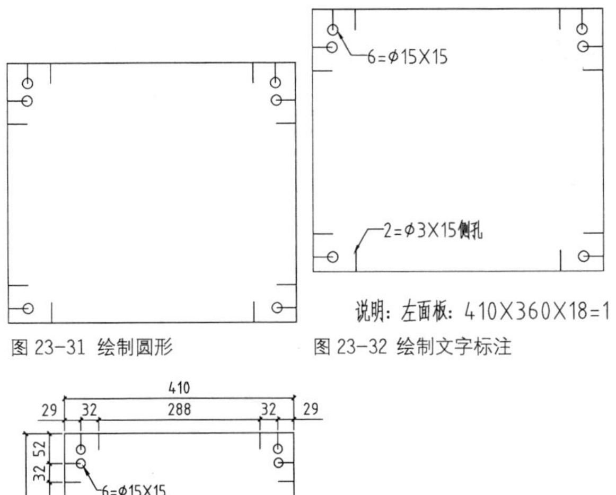

图 23-31 绘制圆形

6=φ15X15
2=φ3X15侧孔
说明：左面板：410X360X18=1

图 23-32 绘制文字标注

410
29
32
288
32
29
360
6=φ15X15
2=φ3X15侧孔
61
288
61
说明：左面板：410X360X18=1

图 23-33 绘制尺寸标注

左面板与穿衣镜在同一侧，下方设置两个抽屉。右面板与挂衣区域同在一侧，下方设置一个抽屉。左右面板的绘制方法基本一致，但是面板的宽度不同，在绘制文字标注时要注意区分，如图 23-34 所示为右面板加工图的绘制结果。

因为设置了左右抽屉，因此组成左右两组抽屉时需要 3 块侧板，分为左侧板、中侧板、右侧板，如图 23-35 所示。3 块侧板提供的功能不尽相同，其高度尺寸不同，长度、厚度一致。

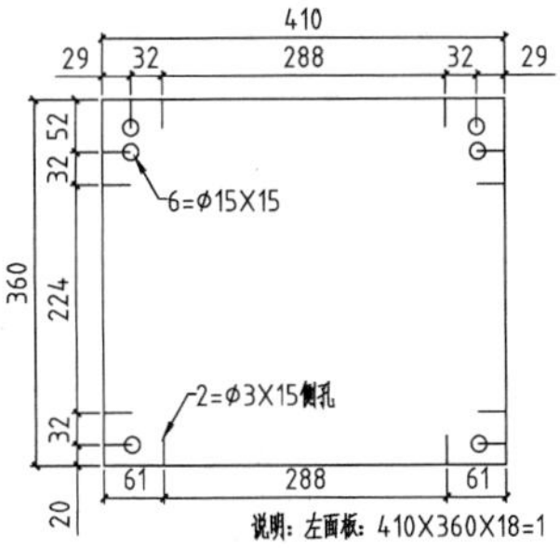

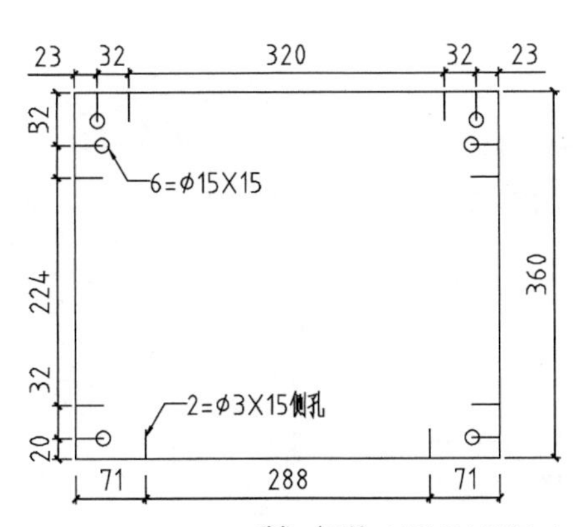

23
32
320
32
23
6=φ15X15
360
2=φ3X15侧孔
71
288
71
说明：右面板：430X360X18=1

图 23-34 右面板加工图

中侧板
左侧板
右侧板

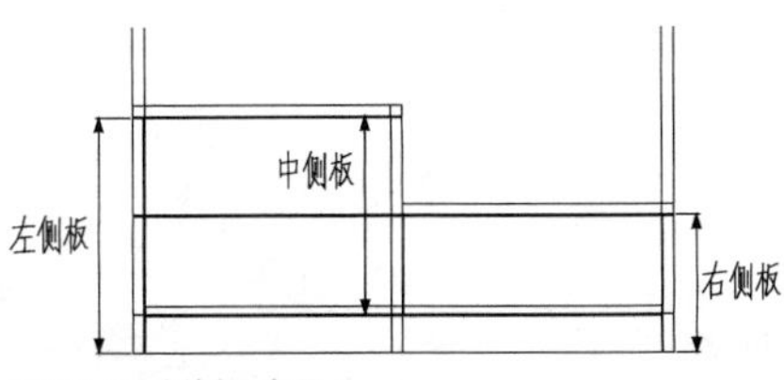

图 23-35 侧板示意图

参考所学的知识，绘制左侧板加工图、中侧板加工图、右侧板加工图，其绘制结果分别如图 23-36、图 23-37、图 23-38 所示。

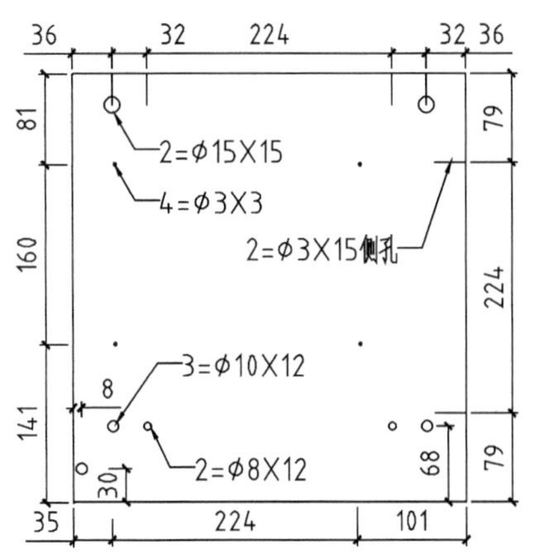

36
32
224
32
36
2=φ15X15
4=φ3X3
2=φ3X15侧孔
3=φ10X12
2=φ8X12
35
224
101
说明：左侧板：382X360X18=1

图 23-36 左侧板加工图

36
32
224
32
36
4=φ15X15
2=φ3X3
2=φ10X12反面
2=φ8X12反面
2=φ3X15侧孔
2=φ3通
101
224
35
20
32
224
32
52
说明：中侧板：307X360X18=1

图 23-37 中侧板加工图

36
32
224
32
36
2=φ15X15
2=φ3X3
3=φ10X12
2=φ8X12
2=φ3X15侧孔
101
224
35
说明：右侧板：222X360X18=1

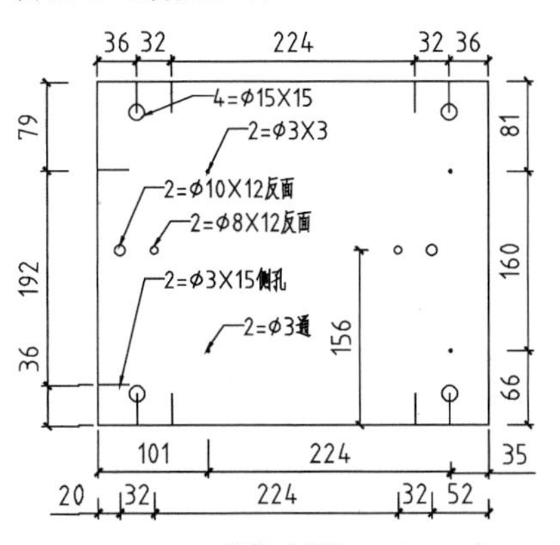

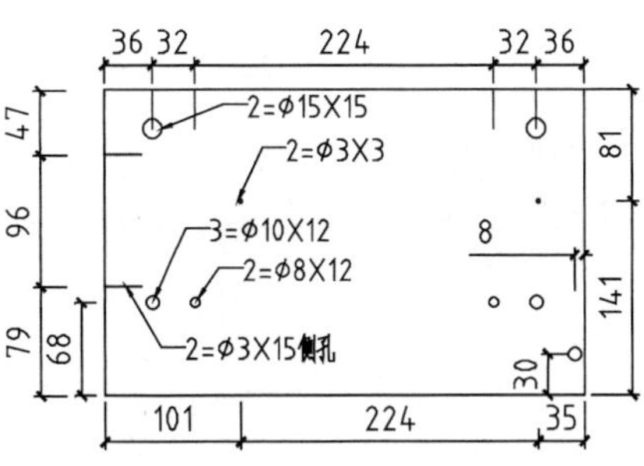

图 23-38 右侧板加工图

23.4.4 绘制抽侧板加工图

Step 01 执行REC【矩形】命令，绘制尺寸为350×120的矩形。

Step 02 执行X【分解】命令分解矩形，接着执行O【偏移】命令，选择矩形边向内偏移，如图 23-39所示。

Step 03 调用TR【修剪】命令，修剪线段如图 23-40所示。

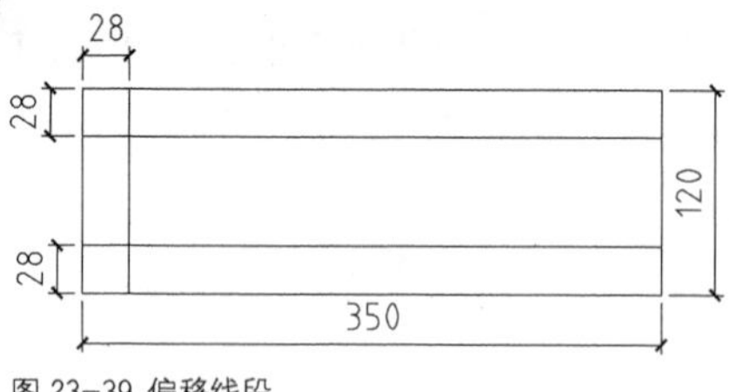

图 23-39 偏移线段

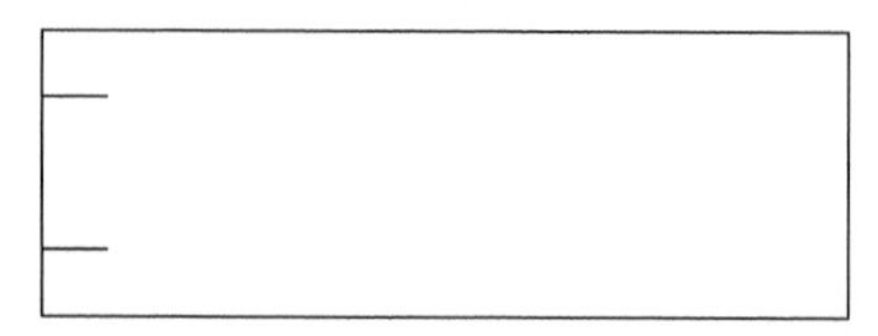

图 23-40 修剪线段

Step 04 执行C【圆】命令，设置半径值为8，绘制圆形，完成螺孔的绘制，如图 23-41所示。

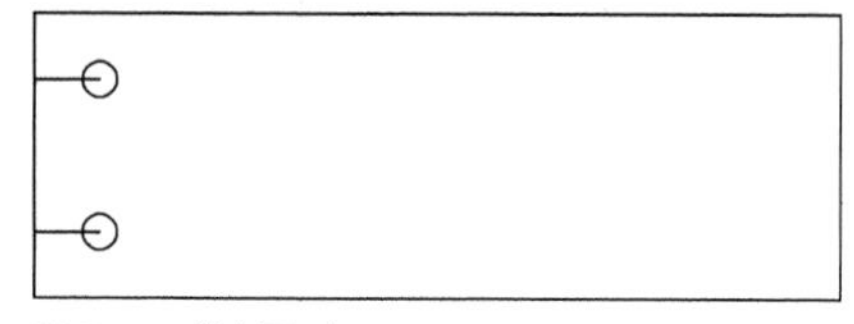

图 23-41 绘制圆形

Step 05 调用O【偏移】命令，选择矩形长边与短边向内偏移，如图 23-42所示。

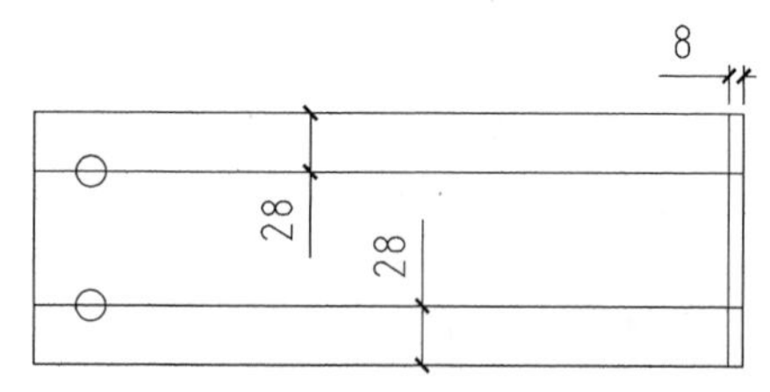

图 23-42 偏移线段

Step 06 以线段交点为圆心，调用C【圆】命令，分别绘制半径为4、2的圆形，如图 23-43所示。

Step 07 调用E【删除】命令，删除线段如图 23-44所示。

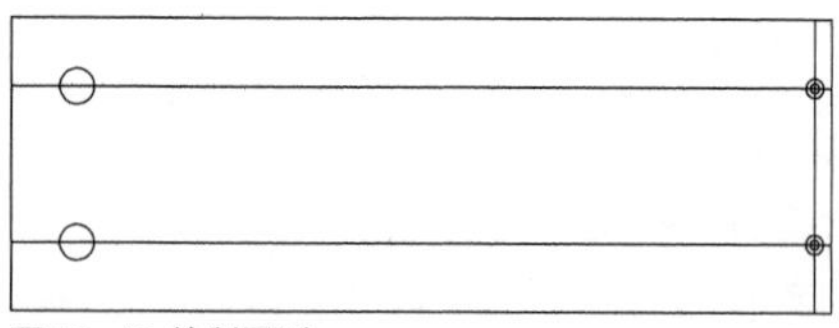

图 23-43 绘制圆形

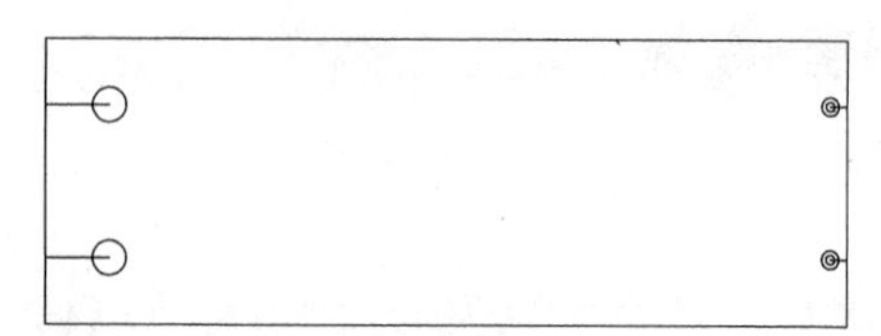

图 23-44 删除线段

Step 08 执行O【偏移】命令，选择矩形短边向内偏移，执行L【直线】命令，以左右短边中点为直线的起点和端点，绘制直线如图 23-45所示。

Step 09 调用C【圆】命令，设置半径为2，以线段交点为圆心，绘制圆形表示螺孔，如图 23-46所示。

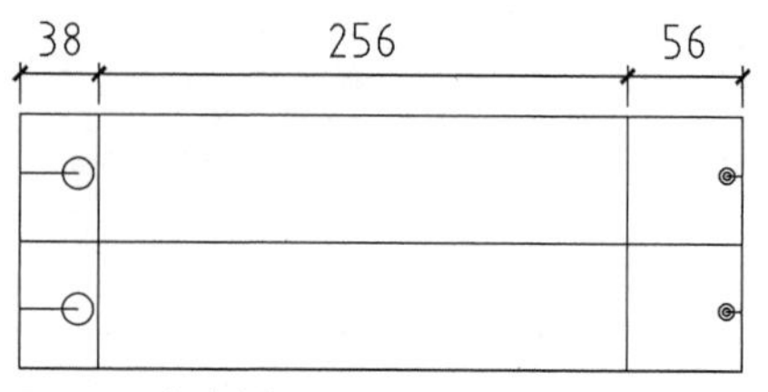

图 23-45 偏移线段

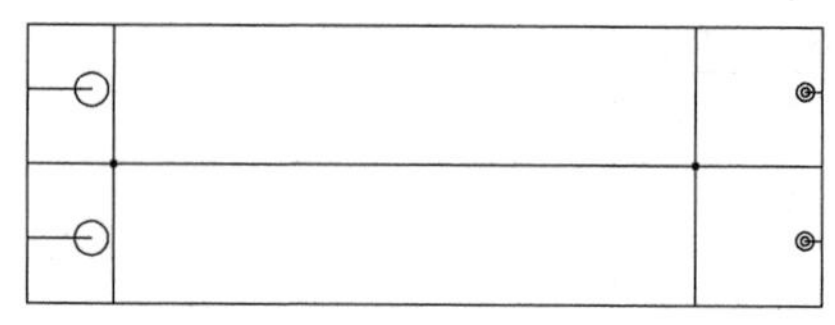

图 23-46 绘制圆形

Step 10 执行E【删除】命令，删除辅助线，如图 23-47所示。

Step 11 执行O【偏移】命令，选择矩形长边向内偏移绘制包槽，结果如图 23-48所示。

Step 12 执行MLD【多重引线】命令、MT【多行文字】命令，绘制标注文字如图 23-49所示。

Step 13 调用DLI【线性标注】命令，为加工图绘制尺寸标注，结果如图 23-50所示。

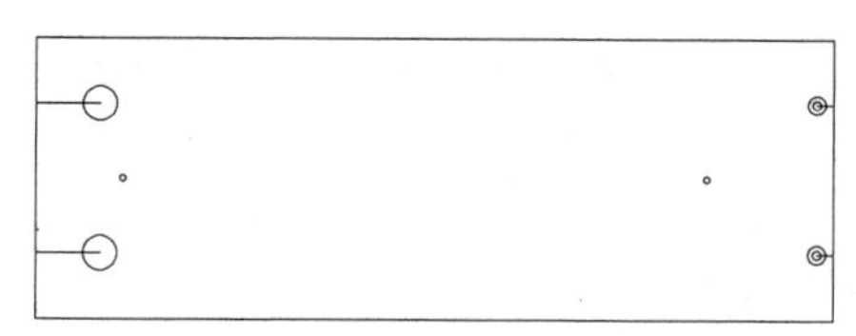

图 23-47 删除线段

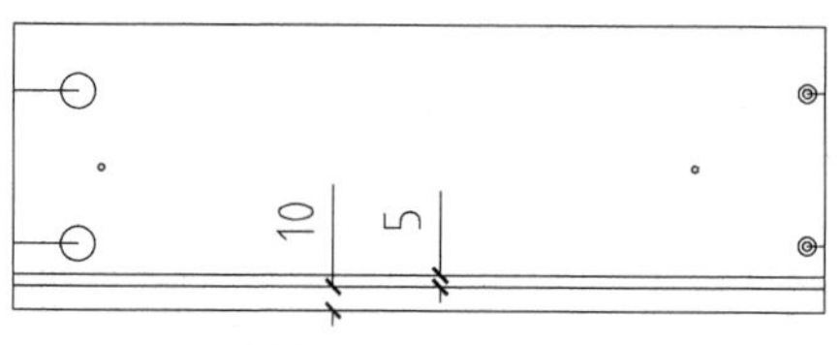

图 23-48 绘制包槽

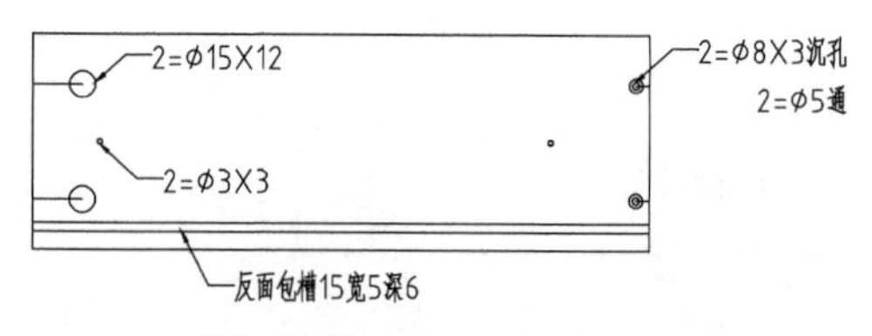

图 23-49 绘制文字标注

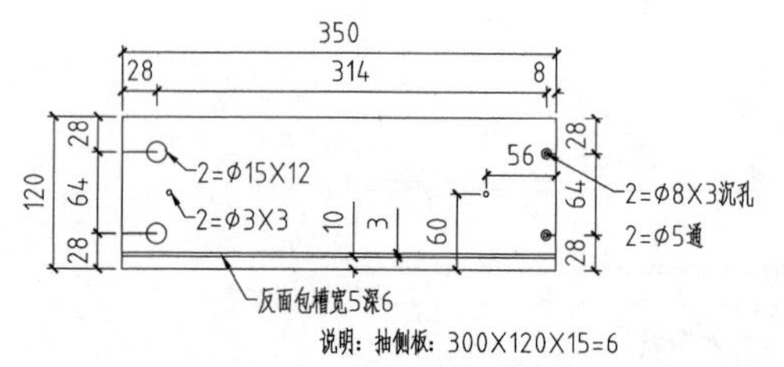

图 23-50 绘制尺寸标注

穿衣镜组合一共包含 3 个抽屉，左侧两个，右侧一个，需要分别绘制相应零部件的加工图。抽面板、抽尾板需要单独绘制，独立表现左抽面板、抽尾板及右抽面板、抽尾板。抽屉组合其他加工图的绘制结果分别如图 23-51、图 23-52、图 23-53、图 23-54、图 23-55 所示。

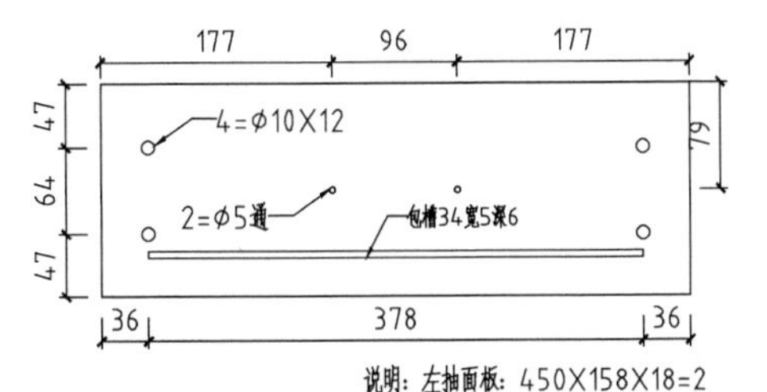

图 23-51 左抽面板加工图

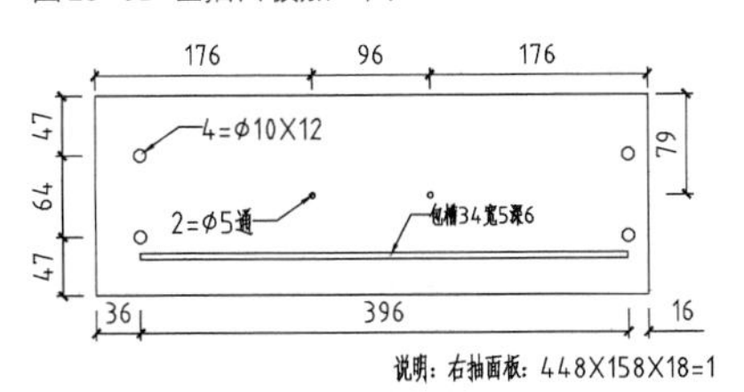

图 23-52 右抽面板加工图

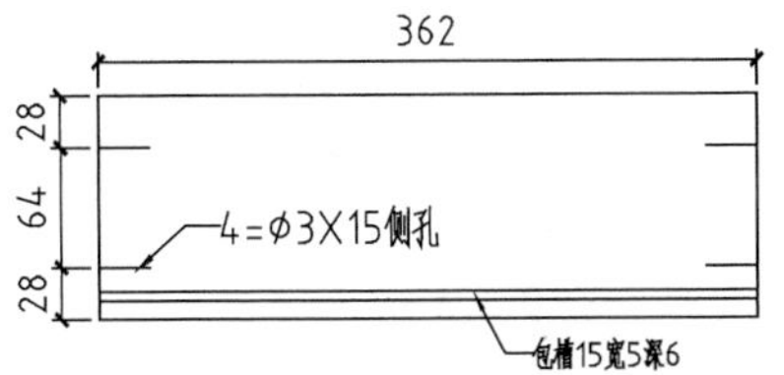

图 23-53 左抽尾板加工图

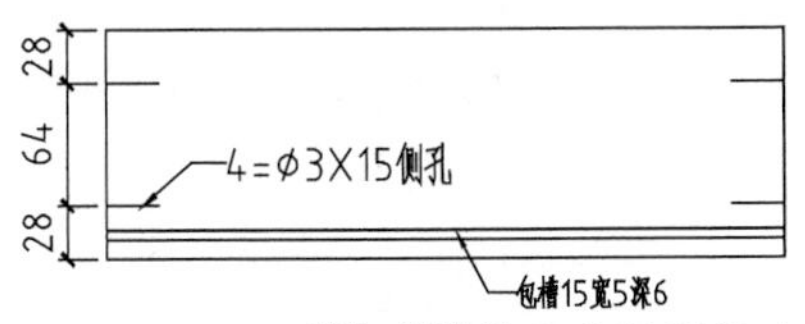

图 23-54 右抽尾板加工图

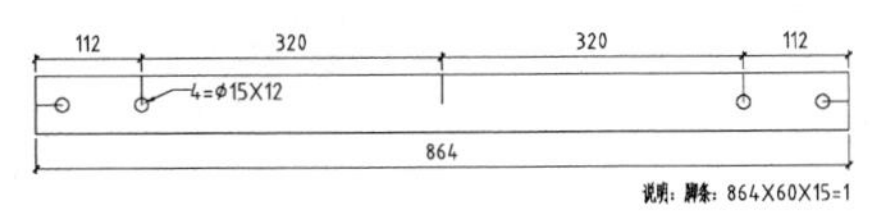

图 23-55 脚条加工图

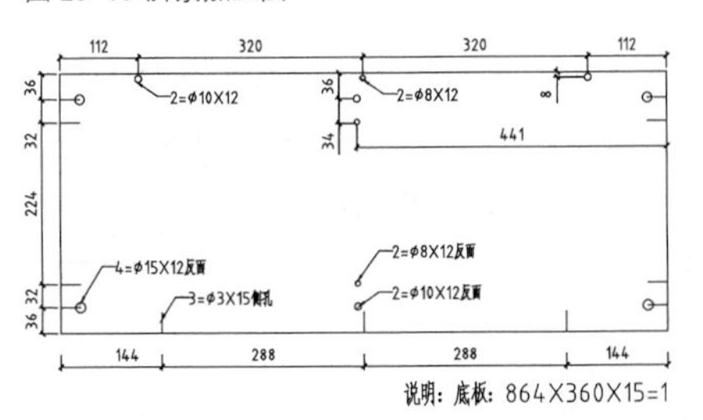

图 23-56 底板加工图

穿衣镜组合的底板加工图绘制结果如图 23-56 所示，请参考本节内容自行绘制。抽屉面板的前条、横条示意图如图 23-57 所示。右抽屉因与左抽屉相连，并低于左抽屉，因此侧板横条仅在右侧制作，左侧与左抽屉相连，所以不需要制作横条。运用所学，自行绘制面板前条、侧板前条加工图，绘制结果分别如图 23-58、图 23-59、图 23-60、图 23-61 所示。

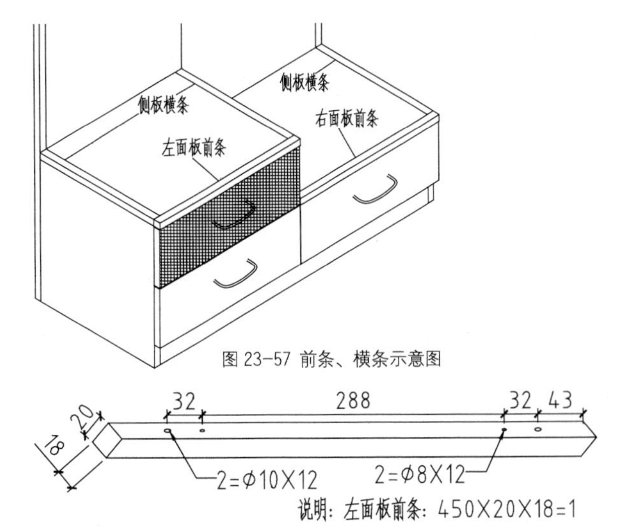

图 23-57 前条、横条示意图

图 23-58 左面板前条加工图

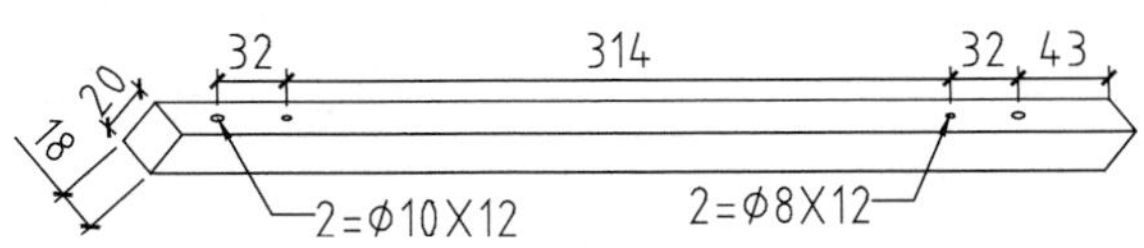

图 23-59 右面板前条加工图

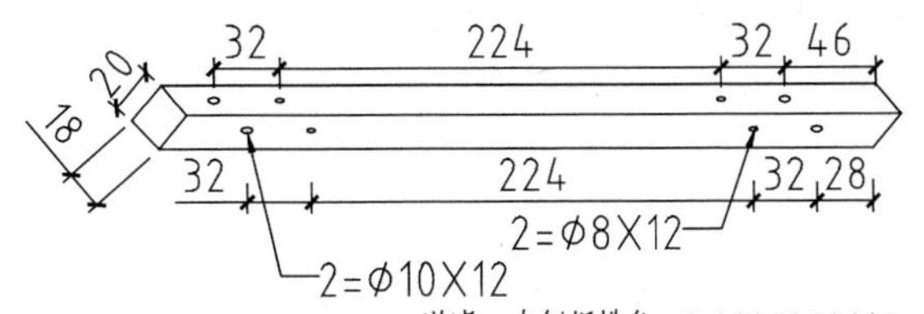

图 23-60 左侧板横条加工图

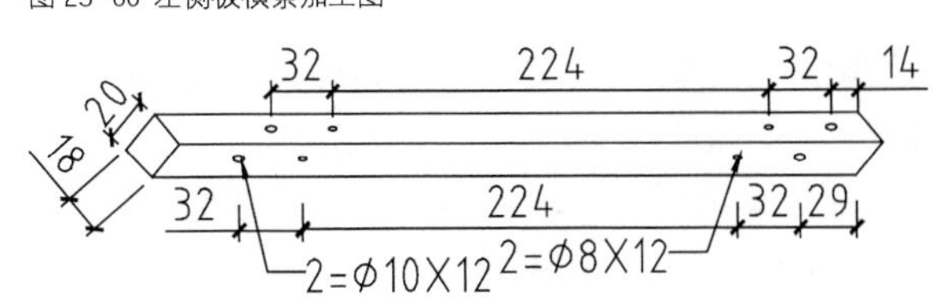

图 23-61 右侧板横条加工图

第 24 章 电视柜与梳妆台设计制作与制图

本章以欧式风格的电视柜及梳妆台为例，介绍其外形图、三视图及加工图的绘制方法。希望在阅读本章后，对欧式风格家具的设计制作有一定的了解。

24.1 电视柜外形图

电视柜透视图如图 24-1 所示，面板下设置 5 个抽屉，中间抽屉上设置空格，可以用来放置需要连接线路的电子产品，如机顶盒。电视柜脚以繁复的花纹装饰，给人以奢华高贵之感。

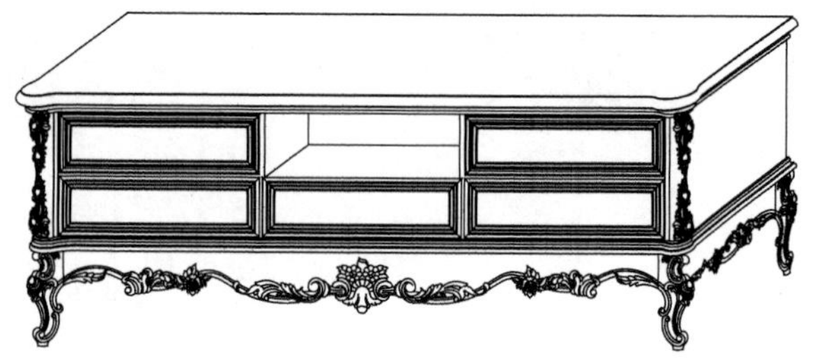

图 24-1 电视柜透视图

24.2 电视柜三视图

本节介绍电视柜三视图的绘制方法，包括电视柜主视图、电视柜左视图、电视柜顶视图，其中电视柜顶视图附于 24.2.2 小节末尾，以方便练习。

24.2.1 绘制电视柜主视图

Step 01 绘制面板。执行REC【矩形】命令，设置尺寸参数为1659×3、1667×2、1644×12、1642×9，绘制矩形如图 24-2所示。

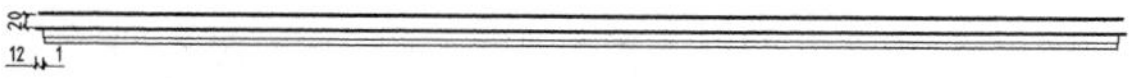

图 24-2 绘制矩形

Step 02 执行X【分解】命令分解矩形，调用O【偏移】命令，偏移矩形边如图 24-3所示。

Step 03 调用C【圆】命令，以线段交点为圆心，绘制半径为8的圆形，如图 24-4所示。

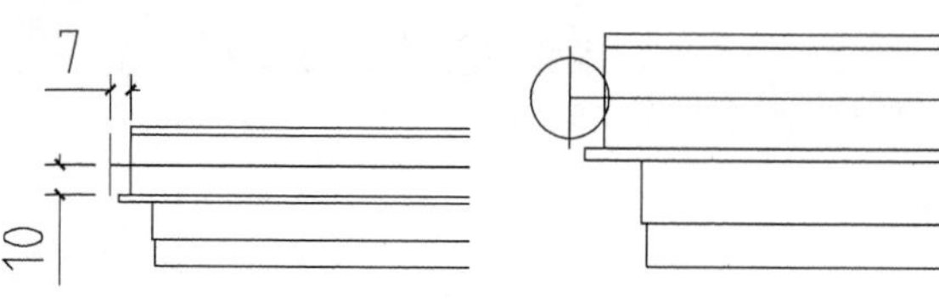

图 24-3 偏移线段　　图 24-4 绘制圆形

Step 04 调用A【圆弧】命令，绘制圆弧连接圆形及矩形边，如图 24-5所示。

Step 05 调用TR【修剪】命令、E【删除】命令，修剪并删除图形，结果如图 24-6所示。

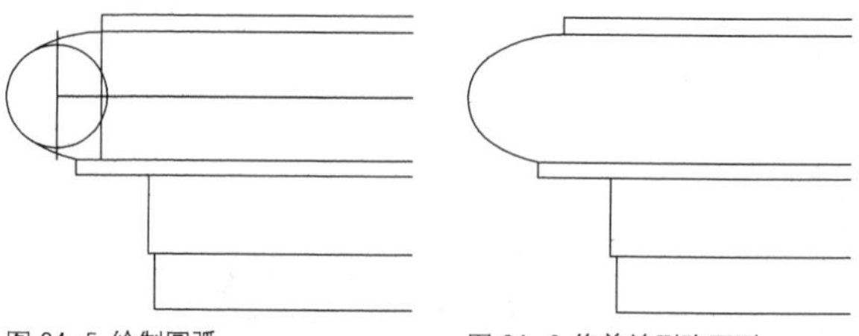

图 24-5 绘制圆弧　　图 24-6 修剪并删除图形

Step 06 执行A【圆弧】命令，绘制圆弧连接矩形边，如图 24-7所示。

Step 07 执行O【偏移】命令，设置偏移距离为4，向下偏移矩形边，接着执行C【圆】命令，以线段交点为圆心，绘制半径为4的圆形，最后调用A【圆弧】命令，绘制圆弧连接圆形及矩形边，结果如图 24-8所示。

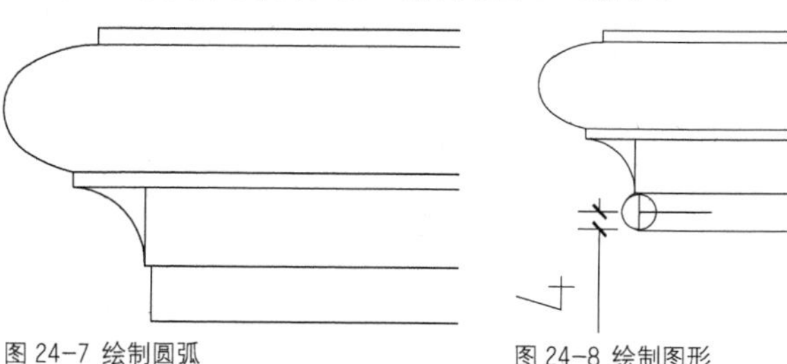

图 24-7 绘制圆弧　　图 24-8 绘制图形

Step 08 调用E【删除】命令、TR【修剪】命令，删除辅助线并修剪图形，结果如图 24-9所示。

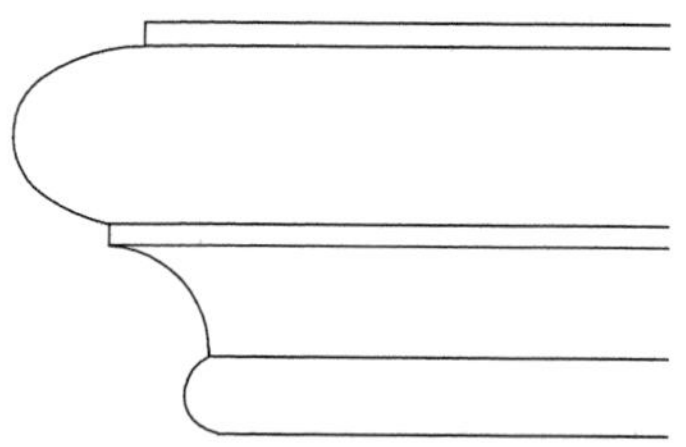

图 24-9 修剪图形

Step 09 选择绘制完成的角线图形，调用MI【镜像】命令，将其镜像复制至右侧，接着执行TR【修剪】命令，修剪图形，结果如图 24-10所示。

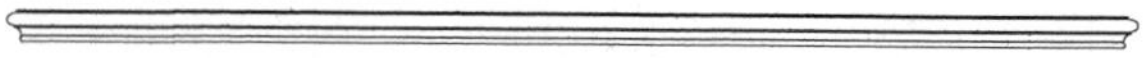

图 24-10 复制角线

Step 10 绘制柜体底板。执行REC【矩形】命令，设置尺寸参数为1641×3、1641×7、1641×8、1655×11、1655×2的矩形，如图 24-11所示。

图 24-11 绘制柜体底板

Step 11 执行C【圆】命令、A【圆弧】命令、E【删除】命令、TR【修剪】命令，绘制底板角线，如图24-12所示。

图 24-12 绘制底板角线

Step 12 绘制柜体左右侧板。执行REC【矩形】命令，绘制尺寸为290×15、290×19的矩形，如图 24-13所示。

图 24-13 绘制柜体左右侧板

Step 13 绘制电视柜中侧板。执行REC【矩形】命令，绘制如图 24-14所示的矩形来表示中侧板。

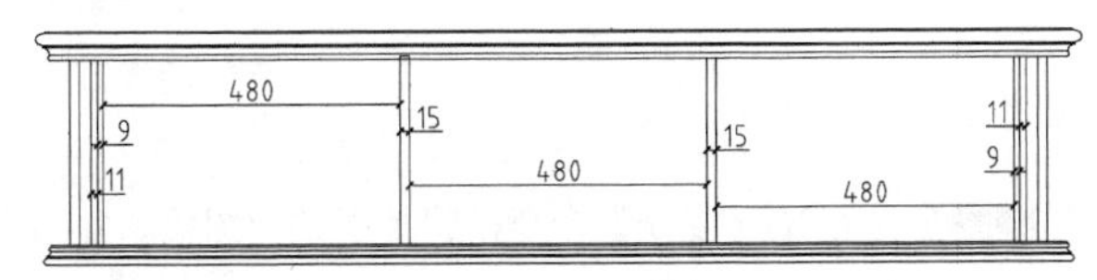

图 24-14 绘制中侧板

Step 14 绘制电视柜层板。执行REC【矩形】命令，绘制尺寸为480×15的矩形，如图 24-15所示。

Step 15 绘制抽面板。执行REC【矩形】命令，修改尺寸参数为140×492，绘制矩形表示抽屉面板，如图24-16所示。

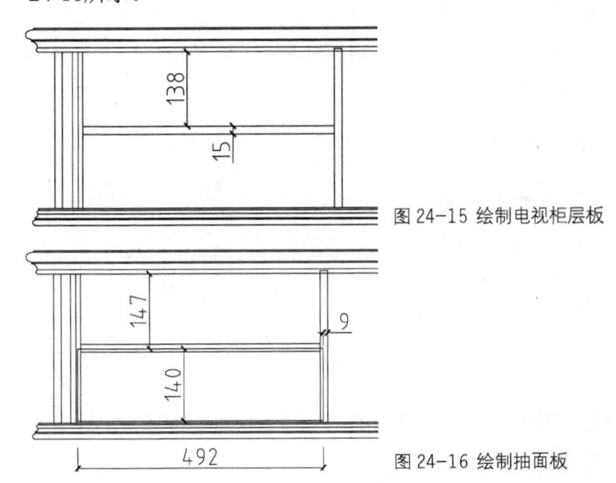

图 24-15 绘制电视柜层板

图 24-16 绘制抽面板

Step 16 调用O【偏移】命令，设置偏移距离依次为3、7、5、3、2、7、3，选择矩形向内偏移，结果如图24-17所示。

Step 17 调用L【直线】命令，绘制对角线连接矩形，如图 24-18所示。

图 24-17 偏移线段

图 24-18 绘制对角线

Step 18 调用REC【矩形】命令，绘制矩形，表示电视柜层板，如图 24-19所示。

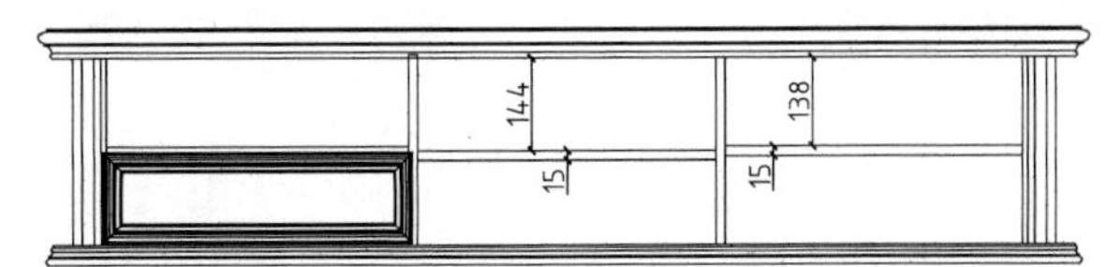

图 24-19 绘制矩形

Step 19 执行REC【矩形】命令，绘制抽屉面板，结果如图 24-20所示。

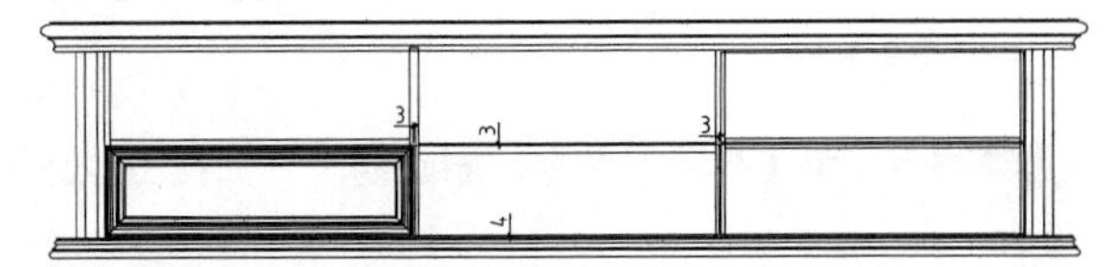

图 24-20 绘制抽屉面板

Step 20 绘制抽屉尾板。调用REC【矩形】命令，绘制尺寸为438×74的矩形，并将矩形的线型设置为虚线，如图 24-21所示。

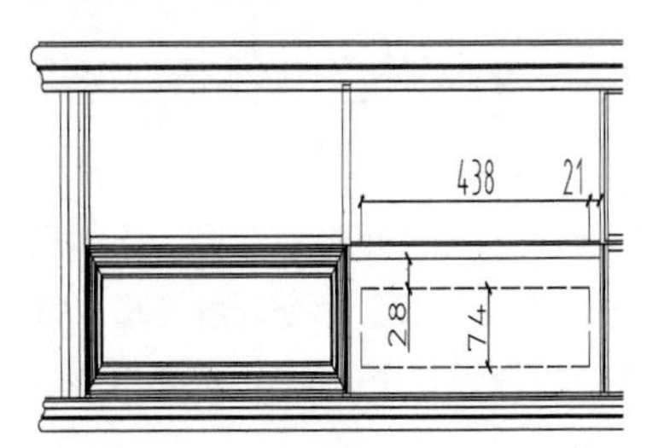

图 24-21 绘制抽屉尾板

Step 21 绘制抽屉侧板。调用REC【矩形】命令，更改尺寸参数为76×15，在尾板两端绘制尾板，如图 24-22所示。

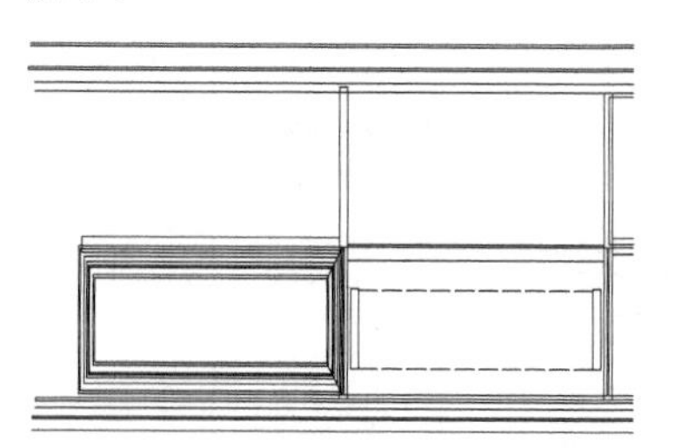

图 24-22 绘制抽屉侧板

Step 22 调用X【分解】命令分解侧板轮廓线，接着执行O【偏移】命令，设置偏移距离为4，选择矩形边向上偏移，结果如图 24-23所示。

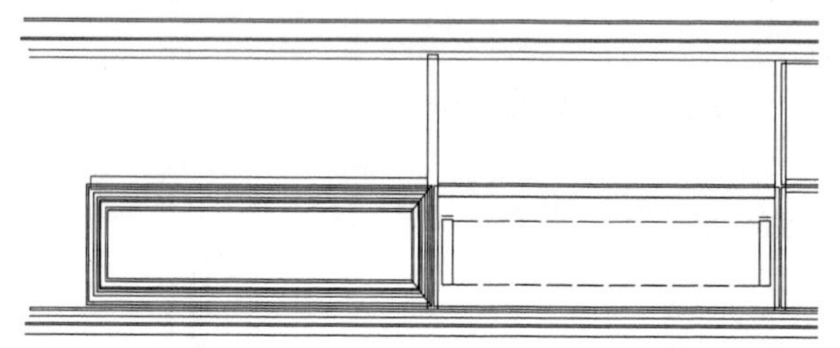

图 24-23 偏移线段

Step 23 执行A【圆弧】命令，绘制圆弧如图 24-24所示。

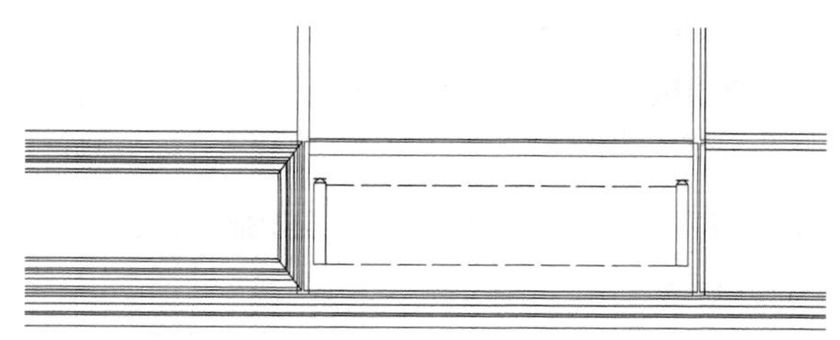

图 24-24 绘制圆弧

Step 24 执行E【删除】命令，删除线段，如图 24-25所示。

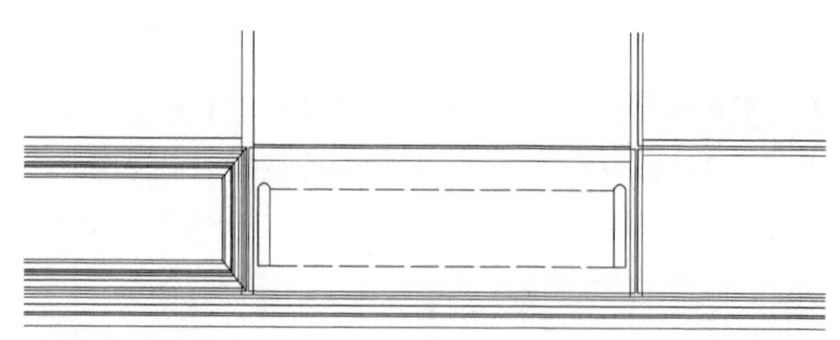

图 24-25 删除线段

Step 25 绘制燕尾榫。调用REC【矩形】命令，绘制尺寸为13×10的矩形，执行X【分解】命令分解矩形，接着执行O【偏移】命令，设置偏移距离为1，选择矩形短边向内偏移，如图 24-26所示。

Step 26 调用E【删除】命令，删除辅助线，结果如图 24-27所示。

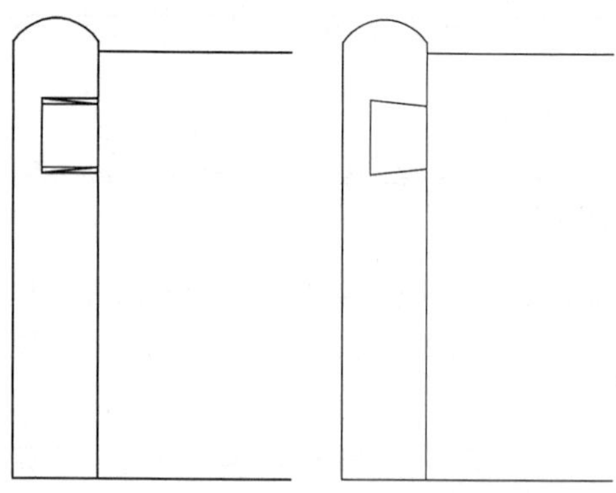

图 24-26 绘制燕尾榫　　图 24-27 删除辅助线

Step 27 执行CO【复制】命令，选择图形向下移动复制，完成榫轮廓线的绘制结果如图 24-28所示。

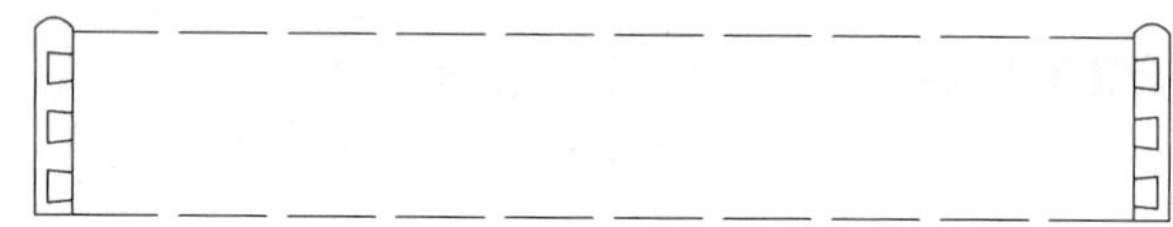

图 24-28 复制图形

Step 28 绘制抽屉底板。执行REC【矩形】命令，绘制尺寸为449×6的矩形，并修改矩形的线型为虚线，结果如图 24-29所示。

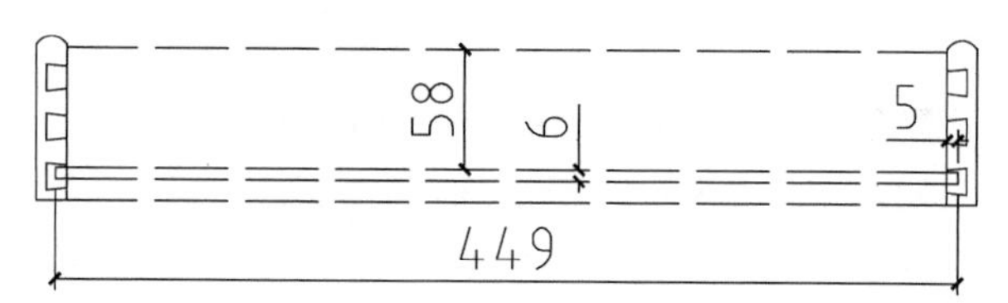

图 24-29 绘制抽屉底板

Step 29 调用CO【复制】命令，将抽屉结构图移动复制至其他区域，结果如图 24-30所示。

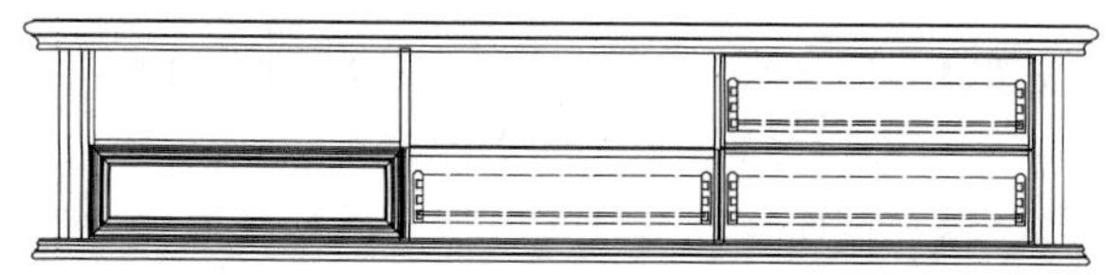

图 24-30 复制图形

Step 30 从本章配套资源中的“图例文件.dwg”文件中选择欧式雕花图块，将其复制粘贴至当前视图中，如图 24-31所示。

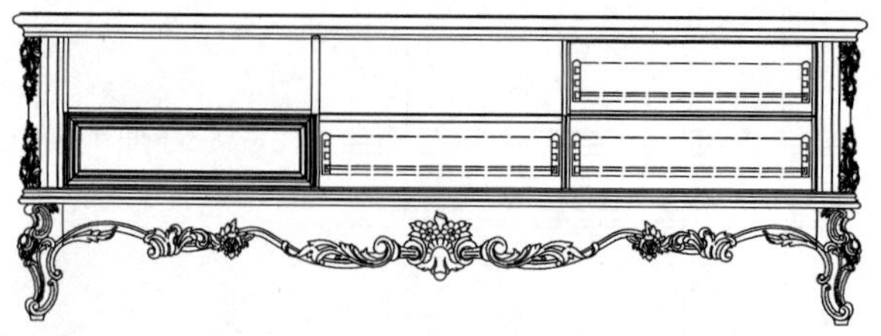

图 24-31 调入图块

Step 31 执行DLI【线性标注】命令，绘制尺寸标注如图 24-32所示。

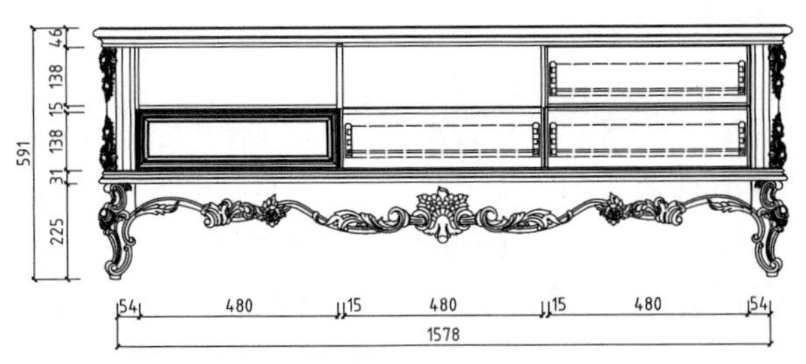

图 24-32 绘制尺寸标注

24.2.2 绘制电视柜左视图

Step 01 执行CO【复制】命令，在电视柜主视图中选择角线，将其移动复制至一旁，执行TR【修剪】命令，修剪角线，结果如图 24-33所示。

Step 02 绘制侧板及背板。执行L【执行】命令、REC【矩形】命令，绘制侧板及背板轮廓线如图 24-34所示。

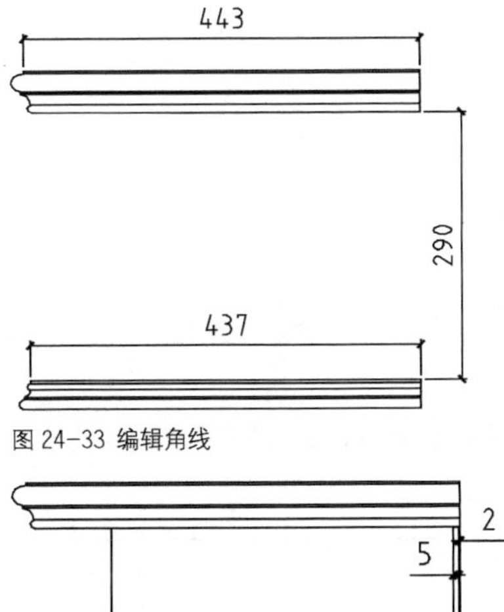

图 24-33 编辑角线

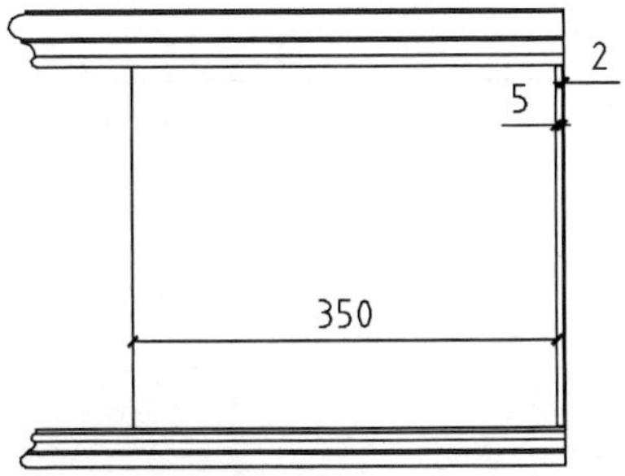

图 24-34 绘制侧板及背板

Step 03 绘制侧板及层板。执行O【偏移】命令、TR【修剪】命令，偏移并修剪线段，侧板及层板的绘制结果如图 24-35所示。

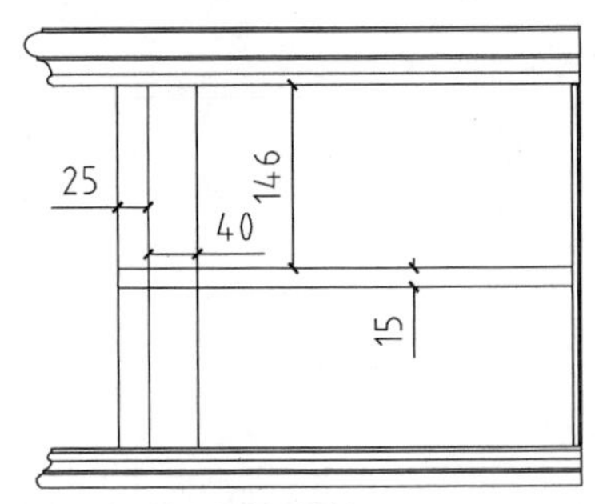

图 24-35 绘制侧板及层板

Step 04 绘制抽面板。调用REC【矩形】命令，绘制尺寸为140×20的矩形表示抽屉的面板，如图 24-36所示。

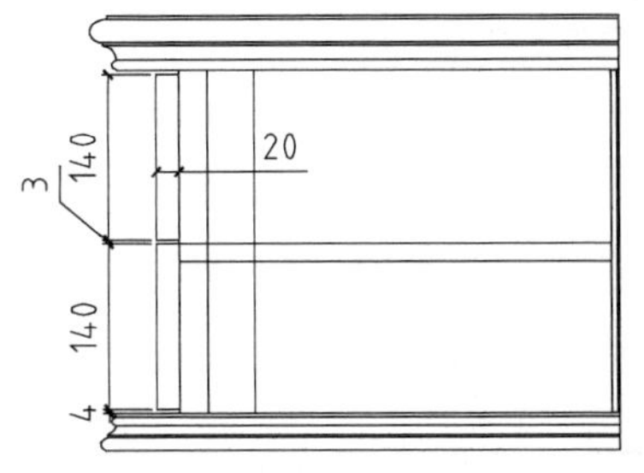

图 24-36 绘制面板

Step 05 绘制抽尾板。执行REC【矩形】命令、L【直线】命令，绘制抽屉尾板等图形，结果如图 24-37所示。

Step 06 执行C【圆形】命令、L【直线】命令，绘制圆形及矩形，表示螺丝符号，如图 24-38所示。

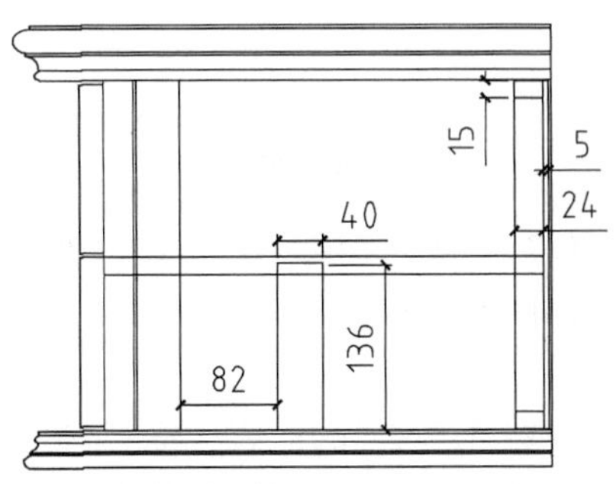

图 24-37 绘制抽尾板

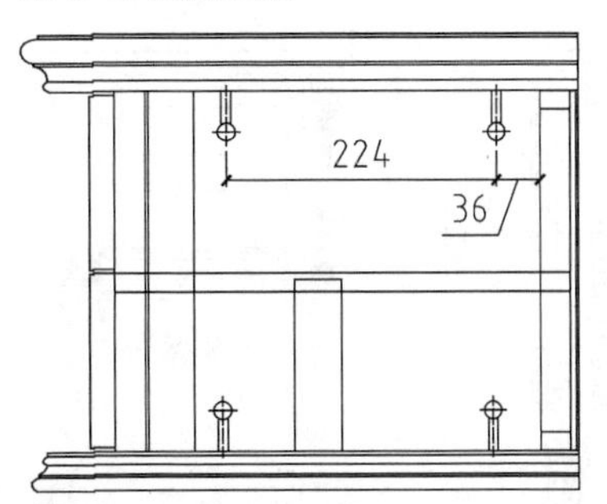

图 24-38 绘制螺丝符号

Step 07 执行L【直线】命令、REC【矩形】命令，绘制螺孔位如图 24-39所示。

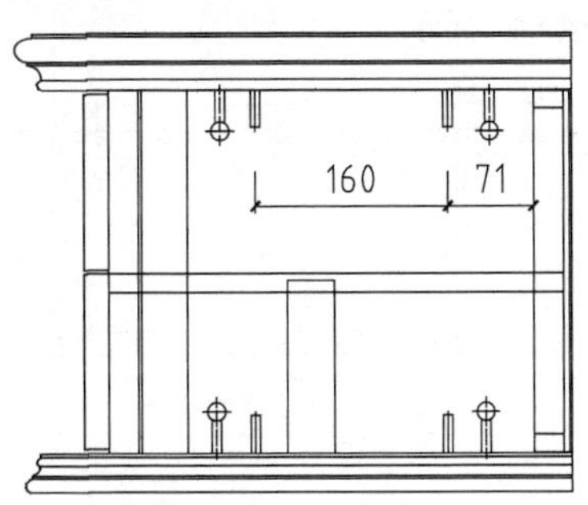

图 24-39 绘制螺孔位

Step 08 执行L【直线】命令，绘制交叉线段，标注孔位的位置，结果如图 24-40所示。

Step 09 参考上一小节所介绍的抽屉结构图的绘制方

法，绘制抽屉的侧面结构图，绘制结果如图 24-41所示。

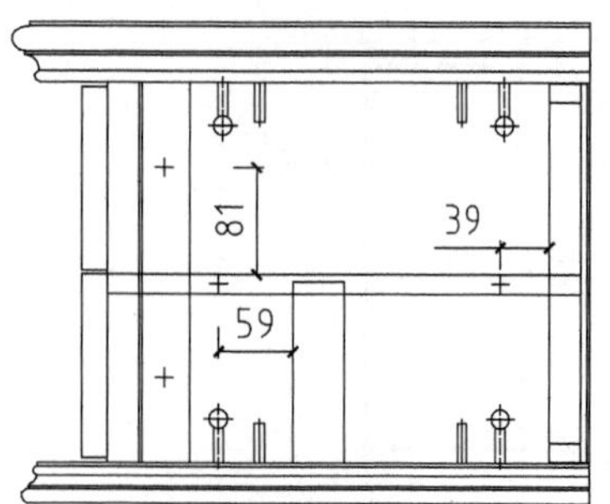

图 24-40 绘制交叉线段

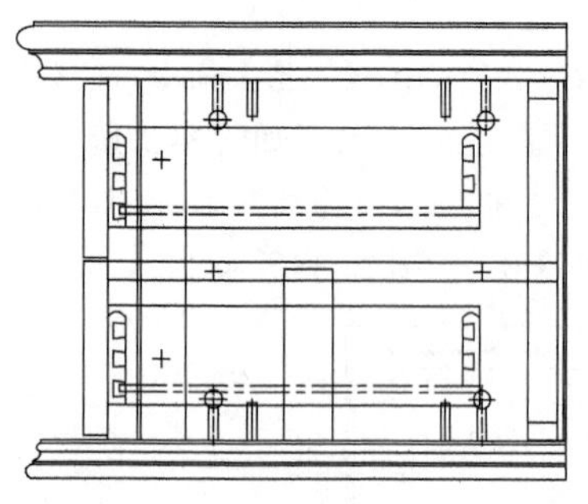
图 24-41 绘制抽屉侧面结构图

Step 10 从本章配套资源中的“图例文件.dwg”文件中选择欧式雕花图块，将其复制粘贴至当前视图中，如图 24-42所示。

Step 11 执行DLI【线性标注】命令，为左视图绘制尺寸标注，结果如图 24-43所示。

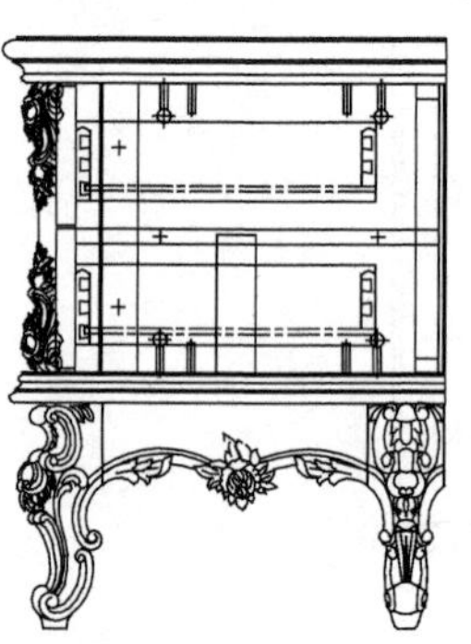
图 24-42 调入图块

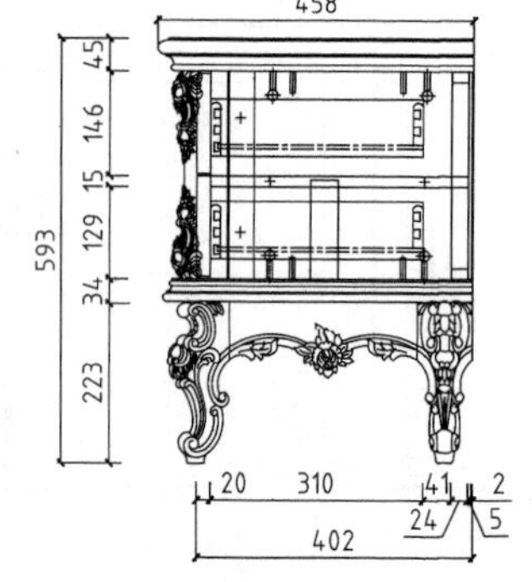

图 24-43 绘制尺寸标注

参考以上所介绍的绘图方法，自行绘制电视柜顶视图，绘制结果如图 24-44 所示。

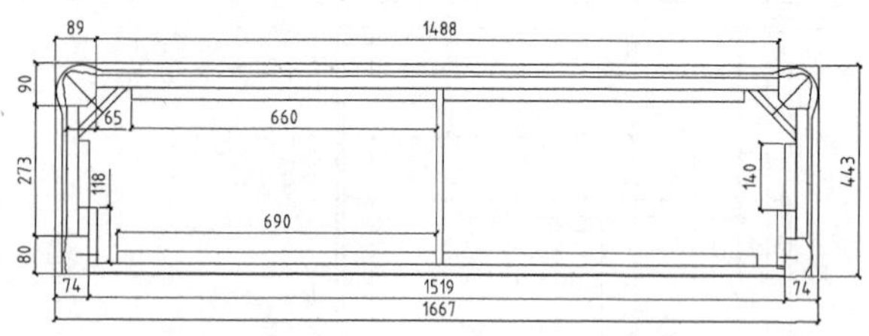

图 24-44 电视柜顶视图

24.3 电视柜加工图

本节介绍电视柜加工图的绘制方法，如顶板加工图、边旁板加工图。其他类型的加工图，请参考每小节末尾的附图。

24.3.1 绘制顶板加工图

Step 01 执行REC【矩形】命令，绘制尺寸为1689×460的矩形，执行X【分解】命令分解矩形。

Step 02 调用O【偏移】命令，选择矩形边向内偏移，如图 24-45所示。

Step 03 调用C【圆】命令，设置半径值为64，以线段交点为圆心，绘制圆形如图 24-46所示。

图 24-45 偏移线段

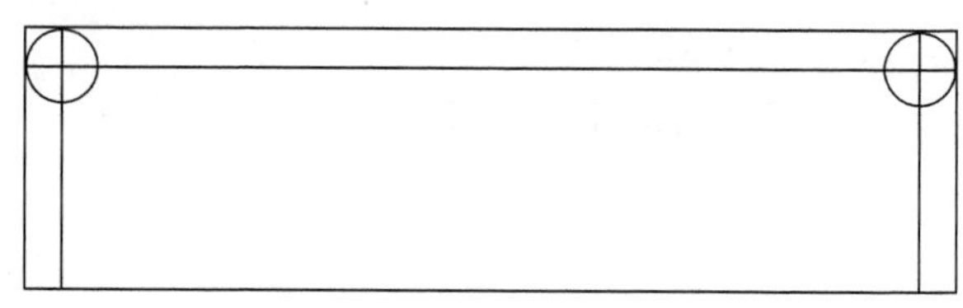
图 24-46 绘制圆形

Step 04 调用E【删除】命令，删除辅助线段，结果如图 24-47所示。

Step 05 执行O【偏移】命令，选择矩形边向内偏移，结果如图 24-48所示。

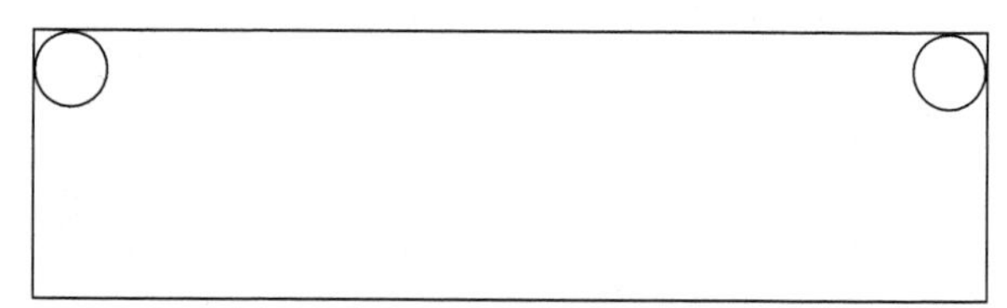
图 24-47 删除线段

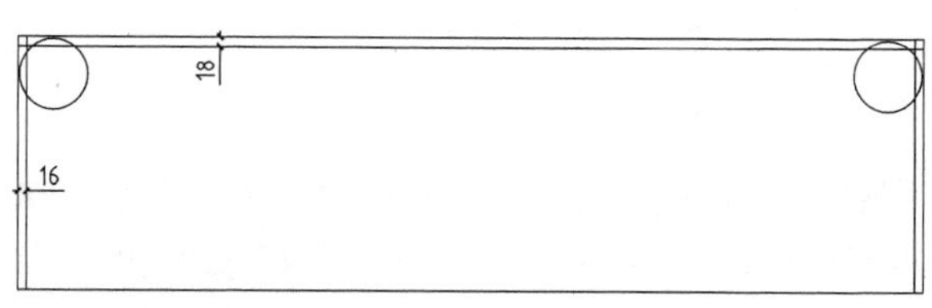

图 24-48 偏移线段

Step 06 调用SPL【样条曲线】命令，绘制曲线，连接圆形及线段，如图 24-49所示。

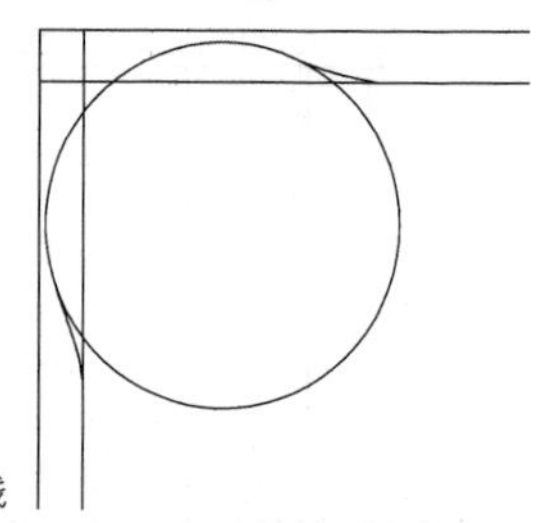
图 24-49 绘制样条曲线

Step 07 执行TR【修剪】命令，修剪图形，结果如图 24-50所示。

图 24-50 修剪图形

Step 08 绘制侧板。执行O【偏移】命令，选择矩形边向内偏移，如图 24-51所示。

Step 09 调用TR【修剪】命令，修剪线段，结果如图 24-52所示。

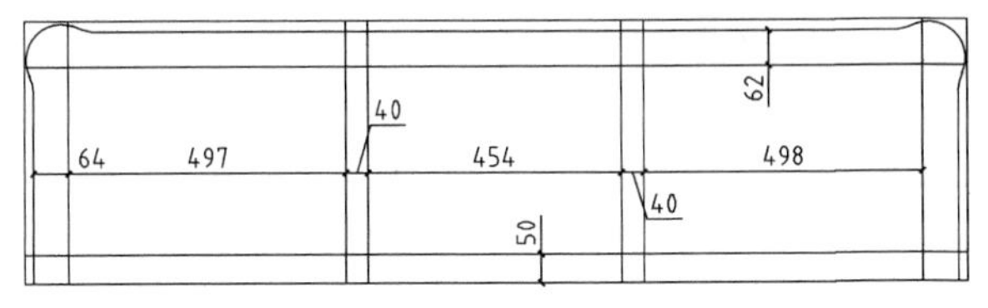

图 24-51 偏移线段

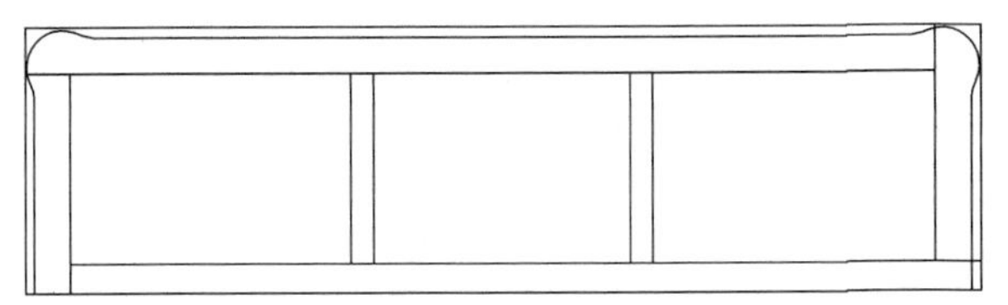

图 24-52 修剪线段

Step 10 绘制底板。执行REC【矩形】命令，设置尺寸参数为1518×24，绘制如图 24-53所示的矩形。

Step 11 绘制木梢。执行REC【矩形】命令，修改尺寸参数为40×40，绘制如图 24-54所示的矩形。

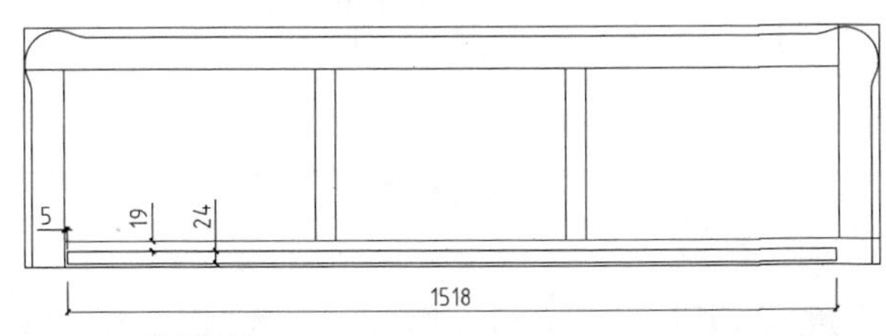

图 24-53 绘制底板

图 24-54 绘制木梢

Step 12 绘制螺孔。执行C【圆】命令，设置半径为4，绘制圆形表示螺孔，如图 24-55所示。

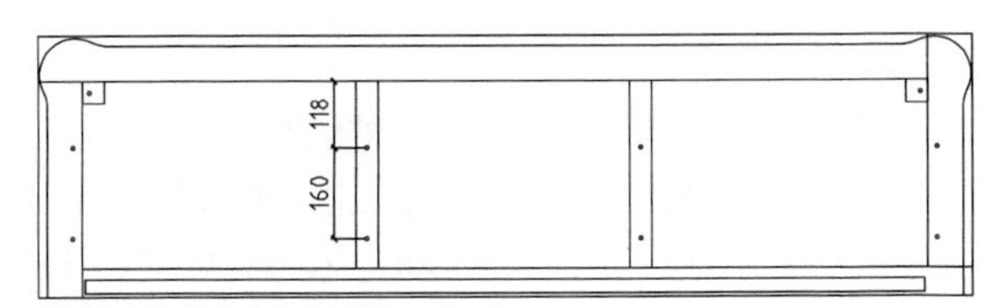

图 24-55 绘制螺孔

Step 13 调用L【直线】命令，绘制相交直线来表示孔位，结果如图 24-56所示。

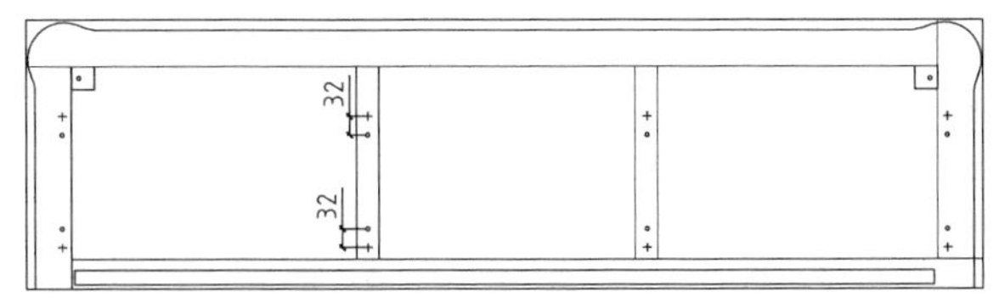

图 24-56 绘制相交直线

Step 14 调用MT【多行文字】命令，绘制标注文字，如图 24-57所示。

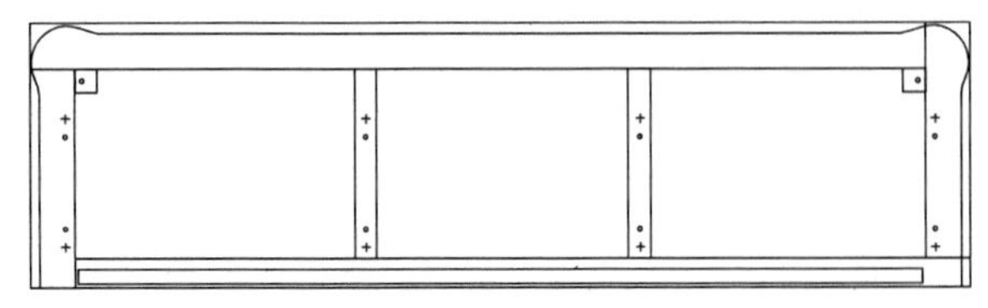

图 24-57 绘制标注文字　　说明：顶板：1689X460X45=1

Step 15 调用DLI【线性标注】命令，绘制尺寸标注，注明配件在顶板上的位置，结果如图 24-58所示。

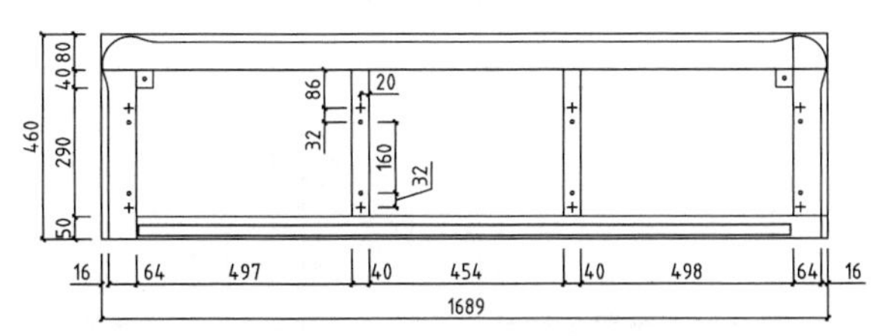

图 24-58 绘制尺寸标注　　说明：顶板：1689X460X45=1

如图 24-59 所示为加工图图例表，在识读加工图时，通过查阅下表来了解指定符号的含义。

图标	图标说明
•▪	φ8深12门合页小孔
∘▯	φ8深12
+▪	φ10深12
⊕	φ15深12/φ8深32.5
	φ8深30
	φ11深25内外牙孔
	φ13深3/φ8通孔
⊕	φ20深12仓托孔
○	φ35深12门铰孔

图 24-59 图例表

运用所学习的绘图方法，自行绘制底板加工图、前三角加工图及底架条加工图，绘制结果分别如图 24-60、图 24-61、图 24-62 所示。

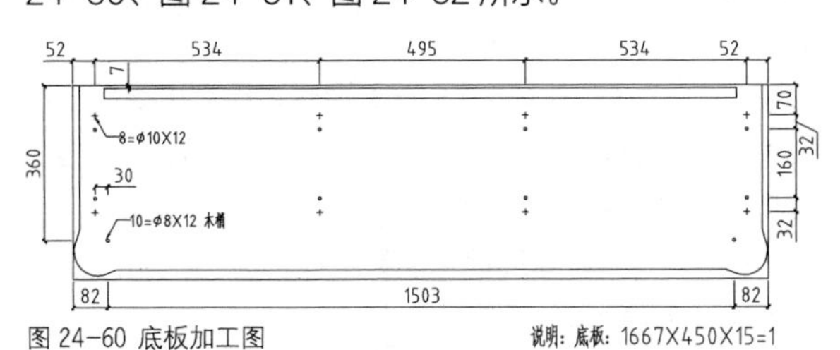

图 24-60 底板加工图　　说明：底板：1667X450X15=1

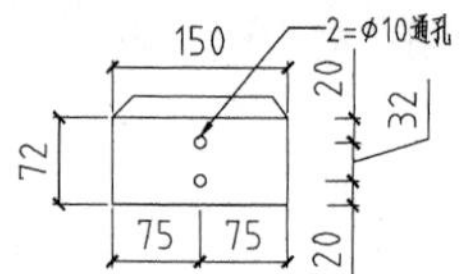

图 24-61 前三角加工图

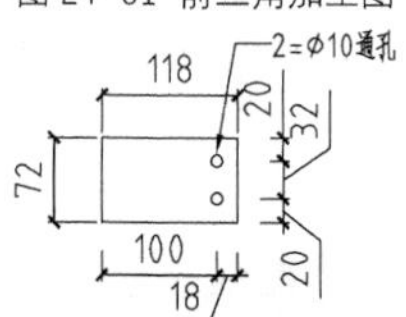

图 24-62 底架条加工图

24.3.2 绘制边旁板加工图

Step 01 执行REC【矩形】命令，设置尺寸参数为357×290，绘制矩形如图 24-63所示。

Step 02 继续执行REC【矩形】命令，绘制矩形以表示底板等零部件，如图 24-64所示。

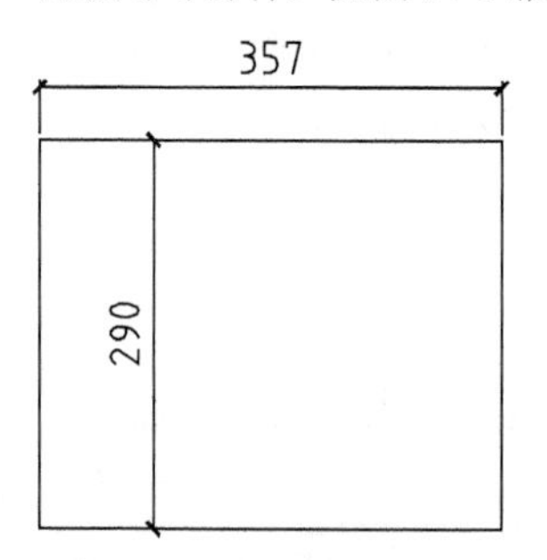

图 24-63 绘制矩形

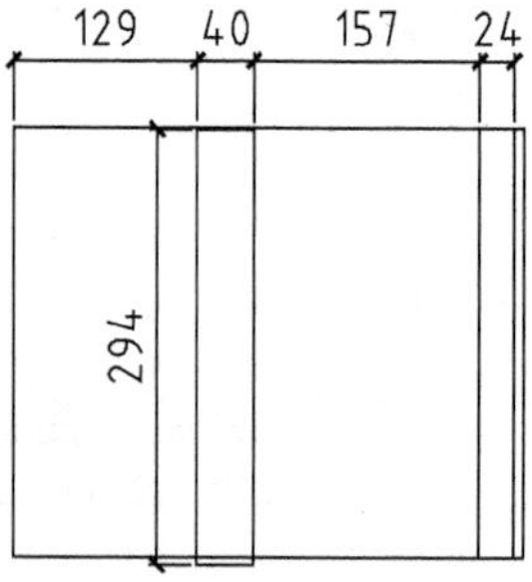

图 24-64 绘制零部件

Step 03 调用REC【矩形】命令，修改尺寸参数为12×38，绘制如图 24-65所示的矩形。

Step 04 执行C【圆】命令、REC【矩形】命令、L【直线】命令，绘制如图 24-66所示的配件符号。

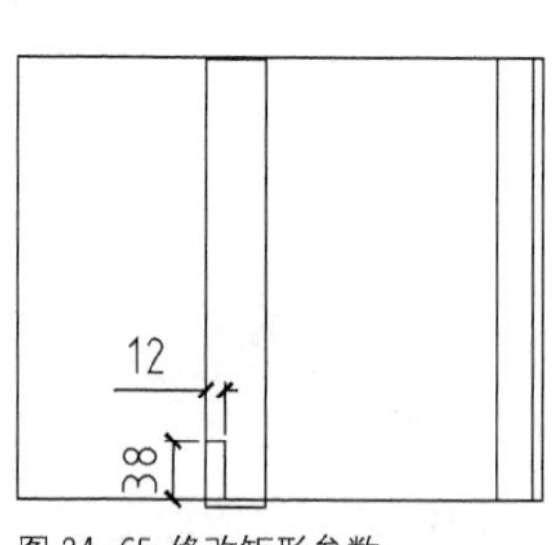

图 24-65 修改矩形参数

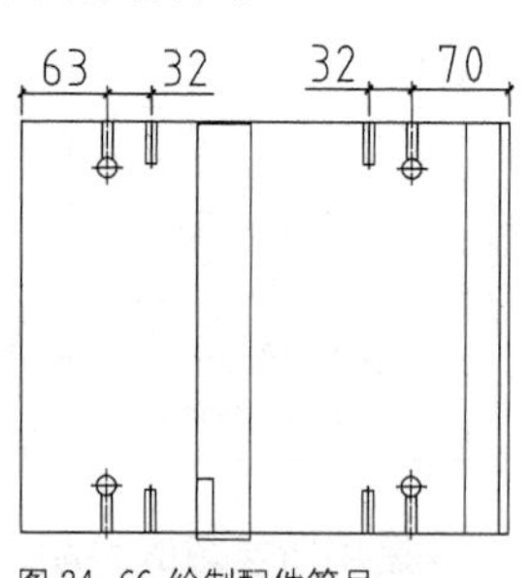

图 24-66 绘制配件符号

Step 05 执行L【直线】命令，绘制交叉线段，表示螺孔，结果如图 24-67所示。

Step 06 执行MLD【多重引线】命令，绘制引线标注，注明配件规格，接着执行MT【多行文字】命令，绘制说明文字，结果如图 24-68所示。

Step 07 调用DLI【线性标注】命令，为加工图绘制尺寸标注，如图 24-69所示。

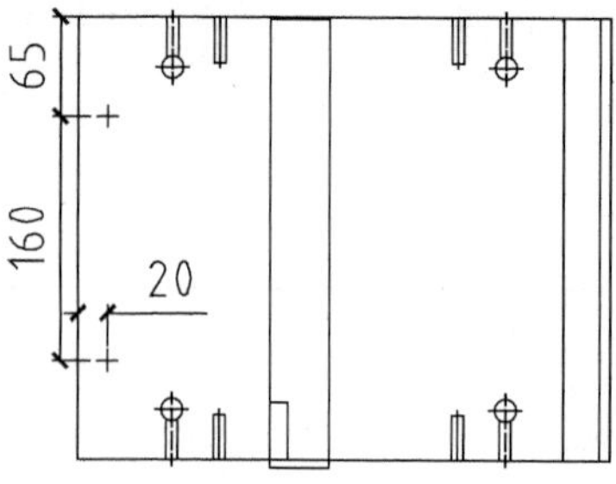

图 24-67 绘制螺孔

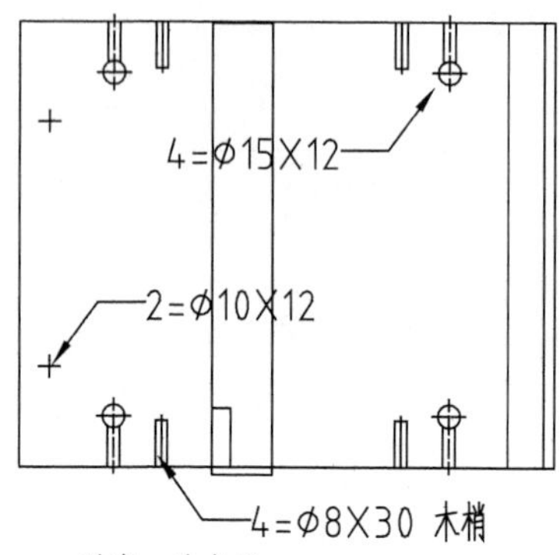

图 24-68 绘制文字标注

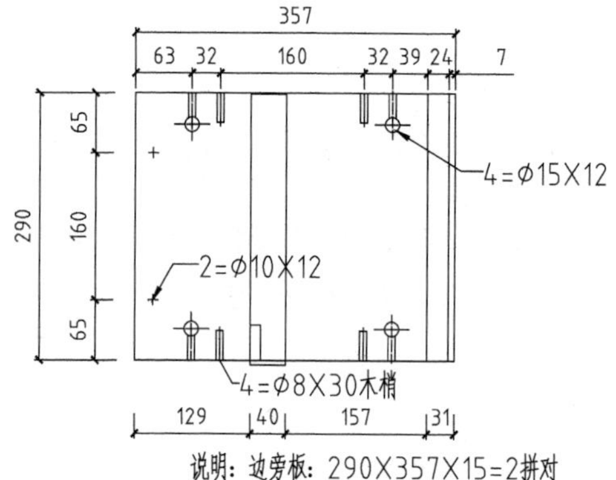

图 24-69 绘制尺寸标注

Step 08 沿用上面所介绍的方法，自行绘制边旁板俯视图，绘制结果如图 24-70所示。

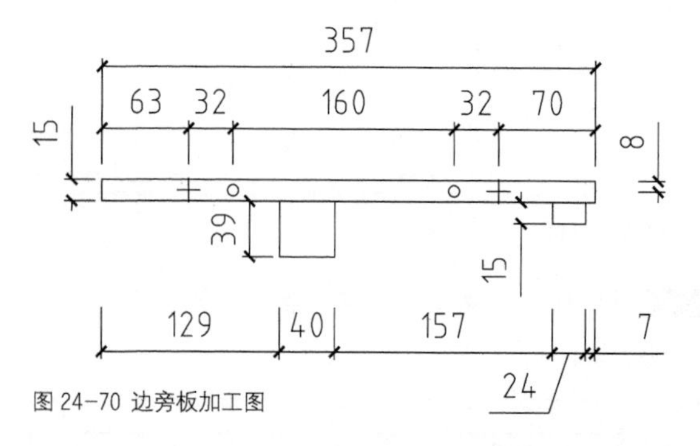

图 24-70 边旁板加工图

参考前面所介绍的绘制方法，继续绘制其他类型的加工图，如中旁板加工图、格条加工图、仓板加工图，绘制结果分别如图 24-71、图 24-72、图 24-73、图 24-74 所示。

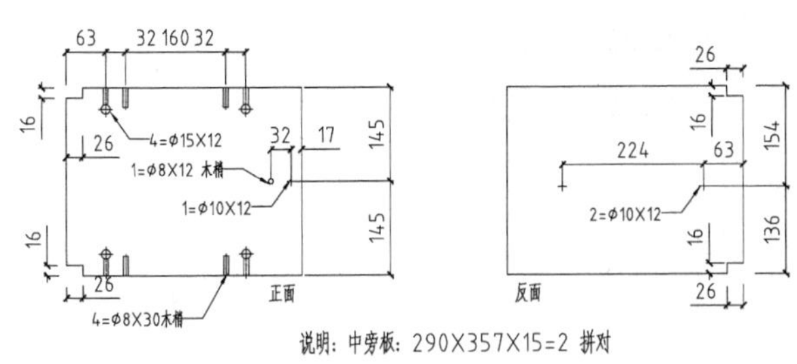

图 24-71 中旁板加工图

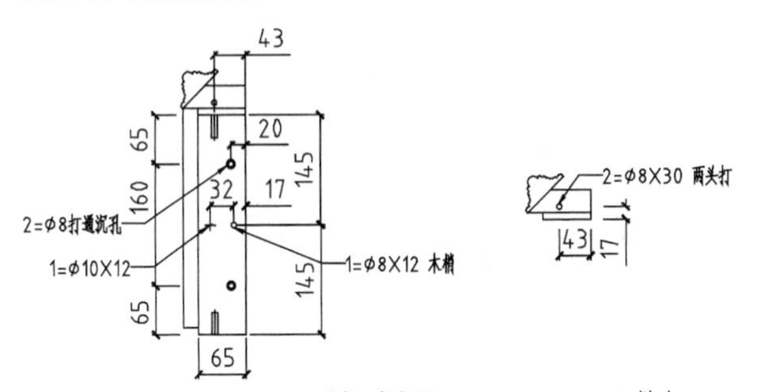

图 24-72 中旁板加工图　　说明：中旁板：290X85X39=2 拼对

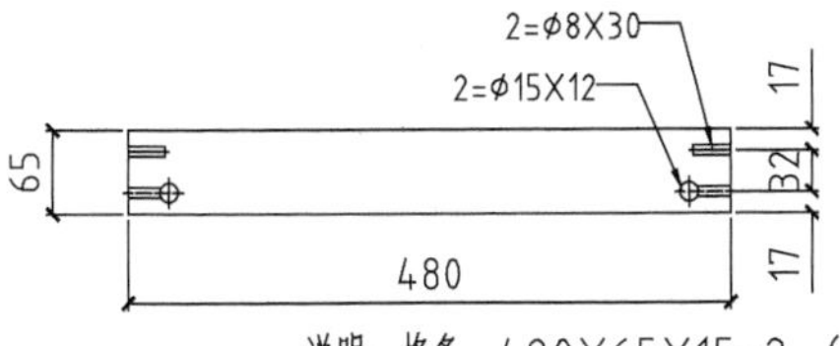

图 24-73 格条加工图

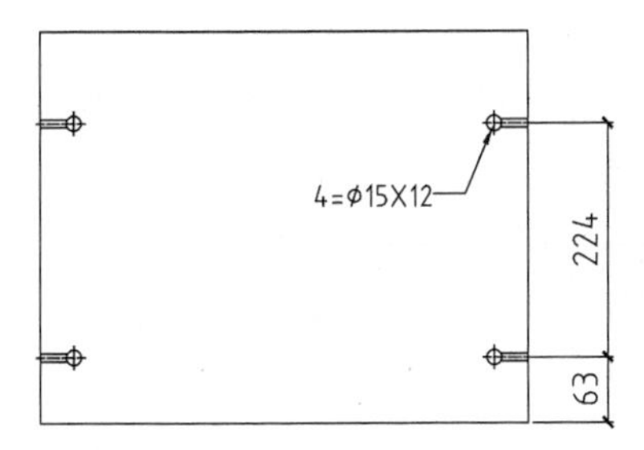

图 24-74 仓板加工图

24.4 梳妆台外形图

梳妆台透视图如图 24-75 所示。梳妆台由左右两个相同规格的柜体组成，每个柜体配备 3 个抽屉，中间抽屉因契合台面的弯曲造型，所以抽屉的造型也与左右两侧抽屉造型不同，造型呈曲线状。

柜体边线与柜脚装饰欧式花纹浮雕，端庄大气。梳妆镜外形为波浪曲线造型，镜子上方装饰花纹浮雕，与柜体相呼应。

图 24-75 梳妆台透视图

24.5 梳妆台三视图

本节介绍梳妆台三视图的绘制方法，其中详细介绍顶视图的绘制方法，主视图及左视图的绘制方法请参考本节的内容的介绍。

24.5.1 绘制梳妆台顶视图

Step 01 绘制左侧柜体轮廓线。执行REC【矩形】命令，绘制尺寸参数为467×527的矩形。执行X【分解】命令分解矩形，调用O【偏移】命令，设置偏移距离为42，选择矩形边向内偏移，如图 24-76所示。

Step 02 执行C【圆】命令，以线段交点为圆心，绘制半径为55的圆形，如图 24-77所示。

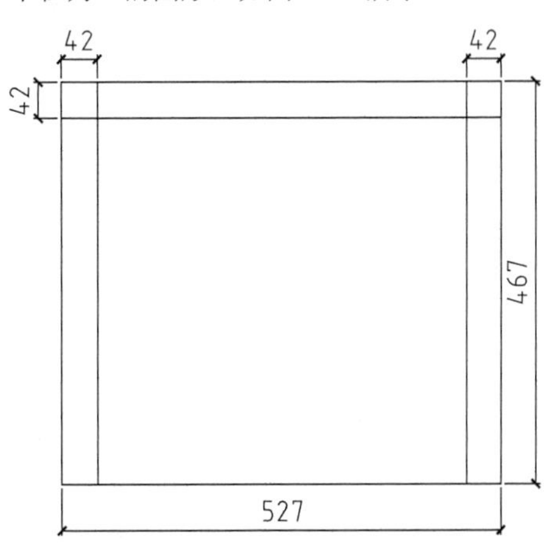

图 24-76 偏移矩形边

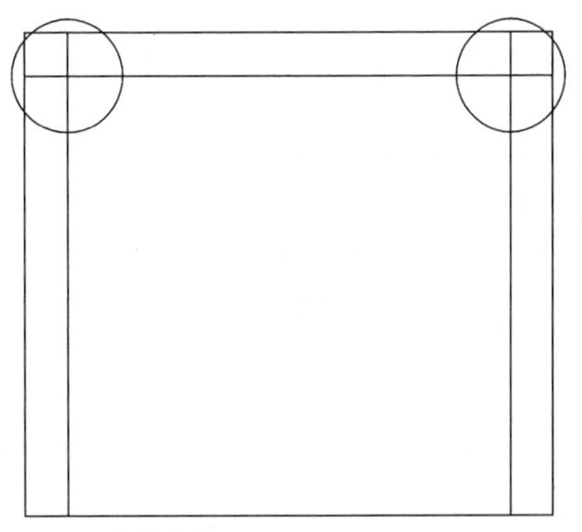

图 24-77 绘制圆形

Step 03 执行SPL【样条曲线】命令，绘制曲线，连接圆形及矩形边，结果如图 24-78所示。

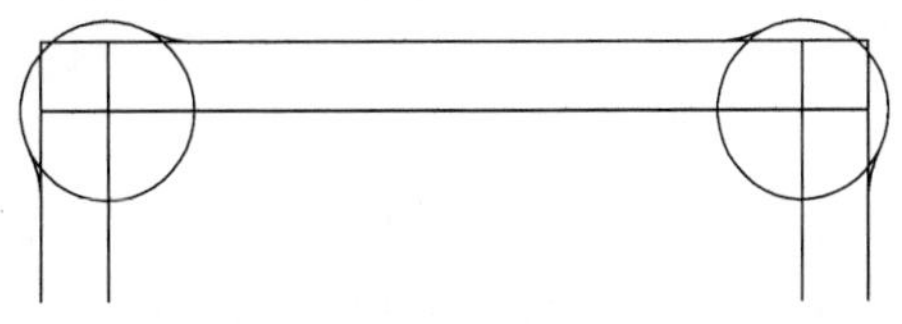

图 24-78 绘制曲线

Step 04 执行TR【修剪】命令、E【删除】命令，修剪图形并删除多余线段，如图 24-79所示。

图 24-79 修剪图形

Step 05 绘制柜体侧板、底板。执行REC【矩形】命令，分别绘制尺寸为396×15、439×15的矩形，表示侧板、底板图形，如图 24-80所示。

Step 06 绘制抽侧板、抽尾板。重复执行REC【矩形】命令，修改尺寸参数，绘制尺寸为320×15、360×15的矩形如图 24-81所示。

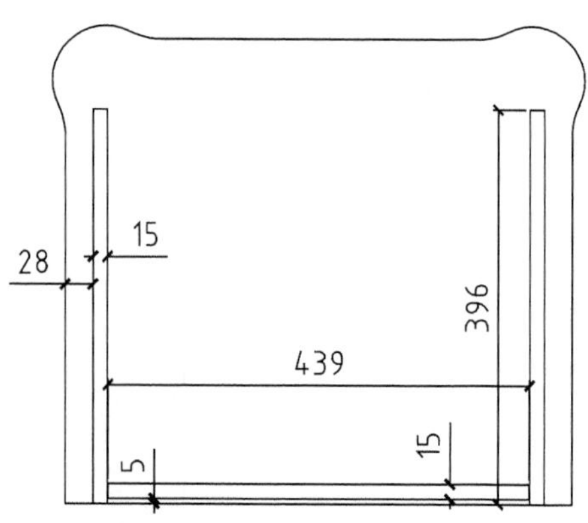

图 24-80 绘制柜体侧板、底板

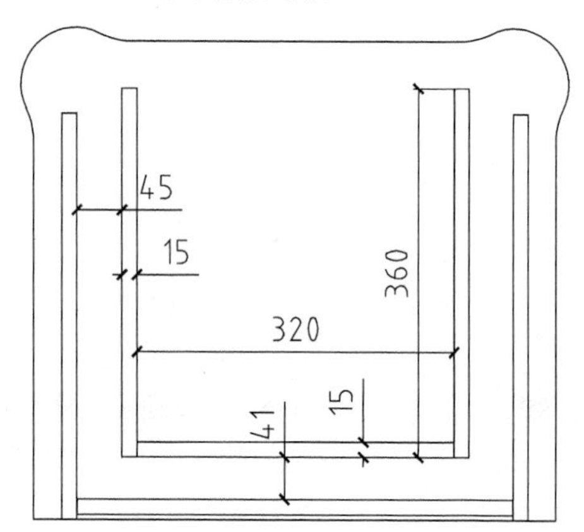

图 24-81 绘制抽侧板、抽尾板

Step 07 绘制抽面板、底板。执行CO【复制】命令，选择表示抽尾板的矩形向上移动复制，结果如图 24-82所示。

Step 08 绘制抽面板。调用REC【矩形】命令，绘制如图 24-83所示的矩形表示抽面板。

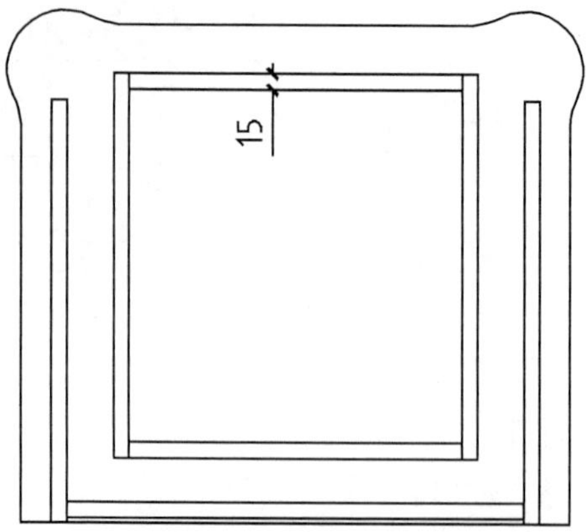

图 24-82 绘制面板、底板

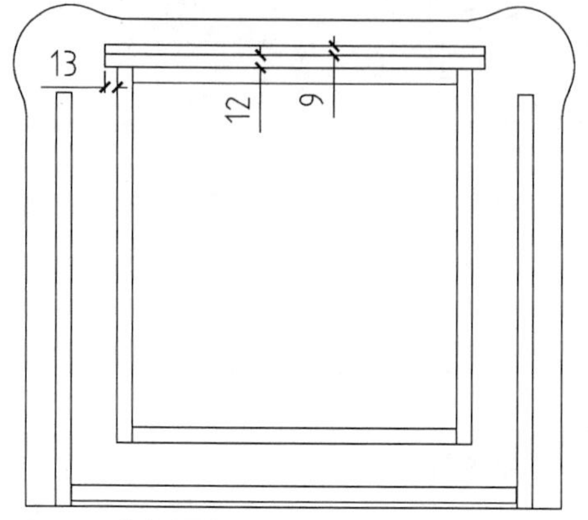

图 24-83 绘制抽面板

Step 09 调用F【圆角】命令，设置圆角半径为5，对矩形执行圆角操作，结果如图 24-84所示。

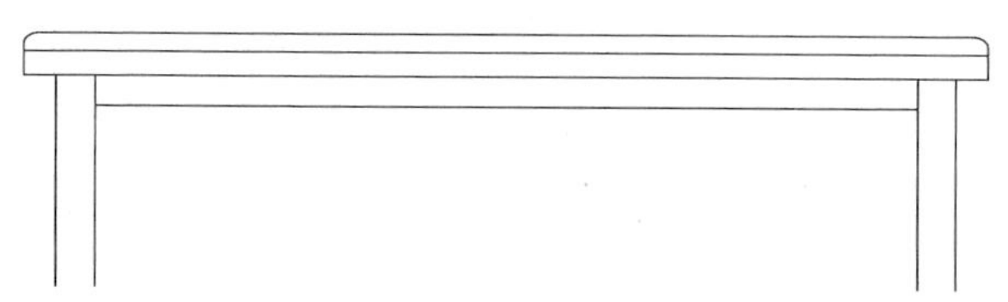

图 24-84 圆角操作

Step 10 执行L【直线】命令，绘制抽屉榫接轮廓线，如图 24-85所示，榫接尺寸请参考24.2.1小节中图 24-26、图 24-27。

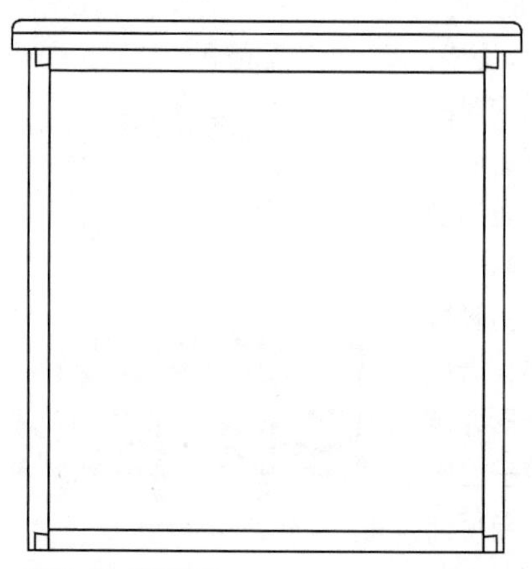

图 24-85 绘制榫接

Step 11 绘制旁条。调用REC【矩形】命令，绘制如图24-86所示的矩形。

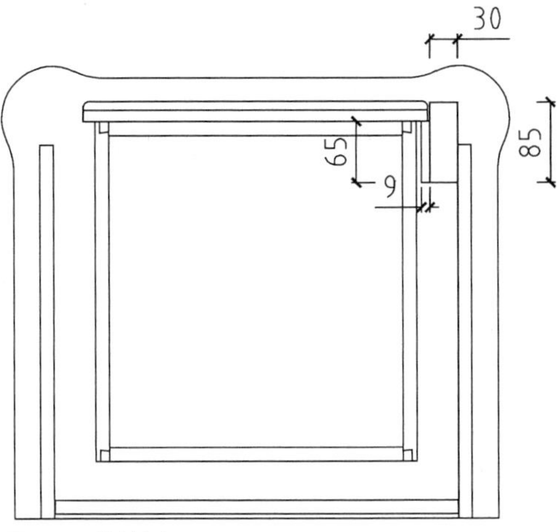

图 24-86 绘制旁条

Step 12 执行L【直线】命令、TR【修剪】命令，编辑矩形如图 24-87所示。

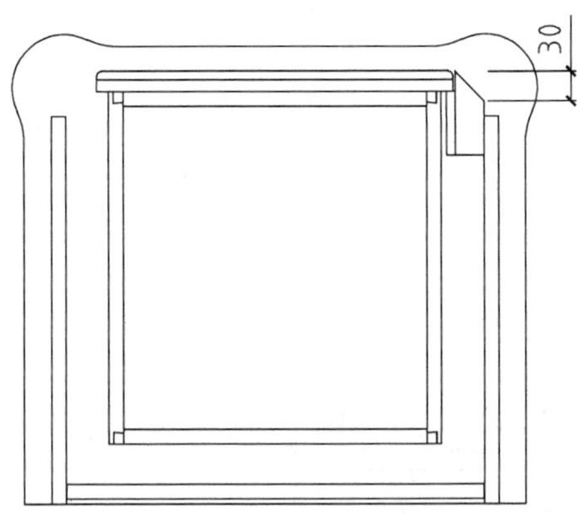

图 24-87 编辑矩形

Step 13 选择矩形，执行MI【镜像】命令，将其镜像复制至左侧，结果如图 24-88所示。

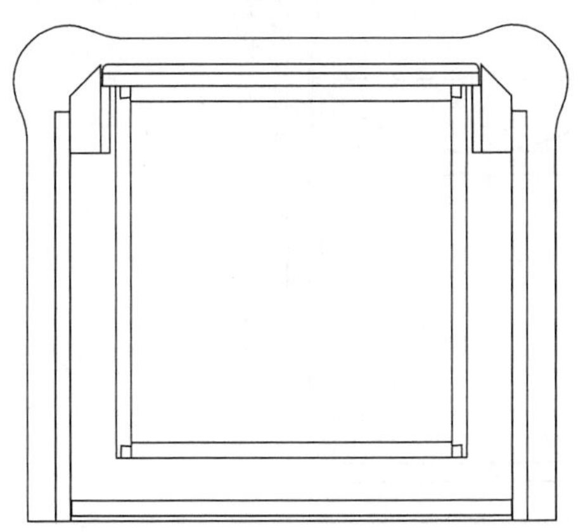

图 24-88 复制图形

Step 14 调用REC【矩形】命令，绘制尺寸参数为40×40的矩形，如图 24-89所示。

Step 15 执行C【圆】命令，绘制半径为4的圆形表示螺孔，接着执行L【直线】命令，绘制长度为14的交叉线段表示孔位，结果如图 24-90所示。

Step 16 从本章配套资源中的“图例文件.dwg”文件中选择欧式角线图块，将其复制粘贴至当前视图中，如图24-91所示。

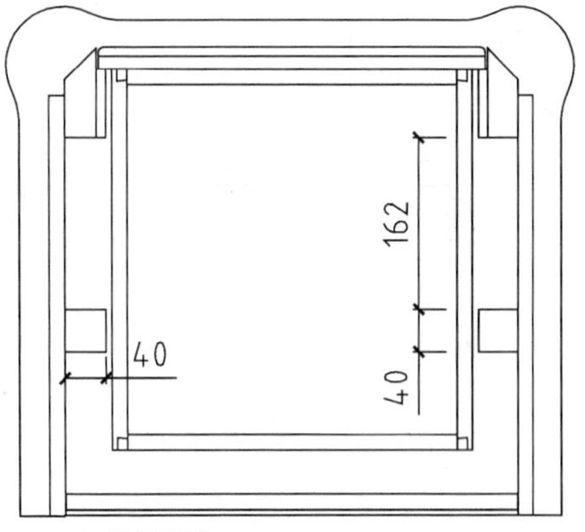

图 24-89 绘制矩形

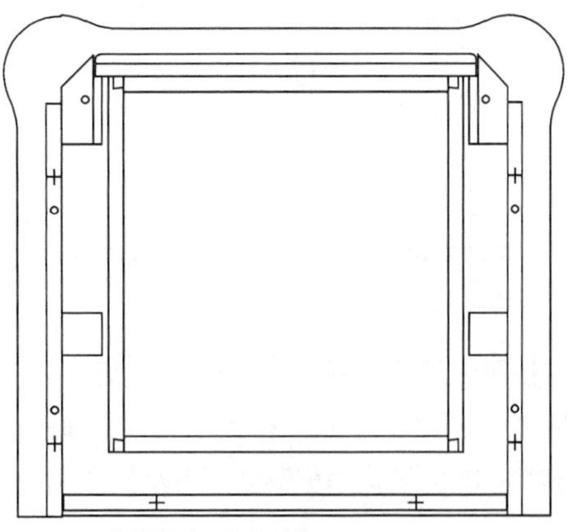

图 24-90 绘制螺孔、标注孔位

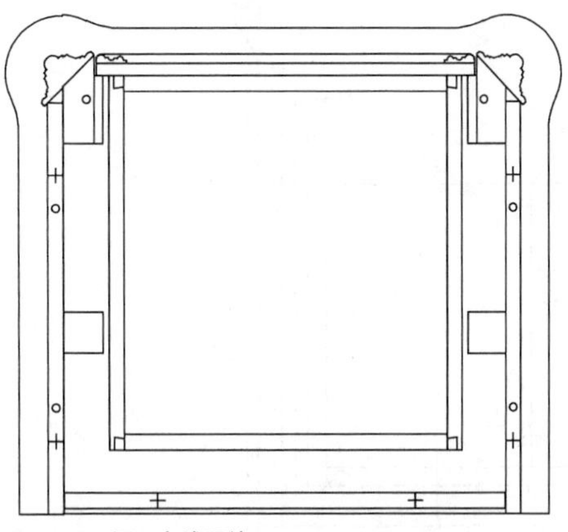

图 24-91 调入角线图块

Step 17 执行L【直线】命令，绘制水平线段，结果如图 24-92所示。

Step 18 调用MI【镜像】命令，选择左侧的柜体，将其镜像复制至右侧，结果如图 24-93所示。

Step 19 绘制柜体底板。执行REC【矩形】命令，绘制尺寸为502×15的矩形，结果如图 24-94所示。

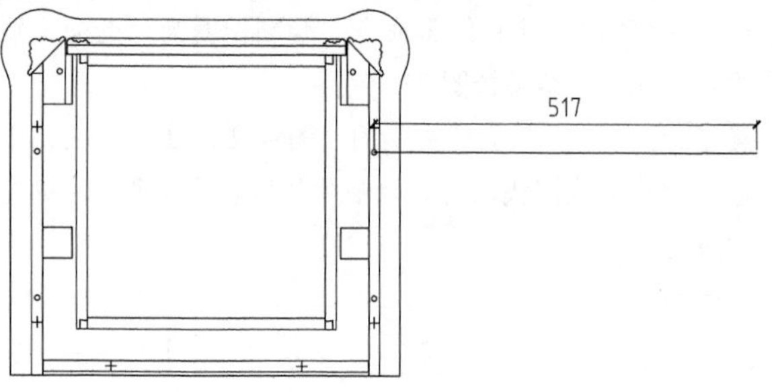

图 24-92 绘制线段

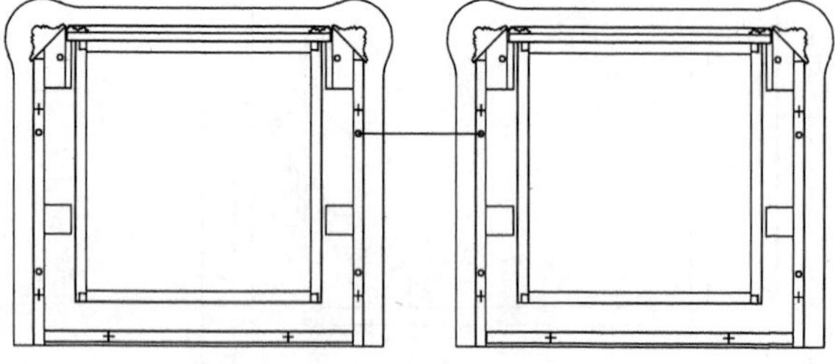
图 24-93 复制图形

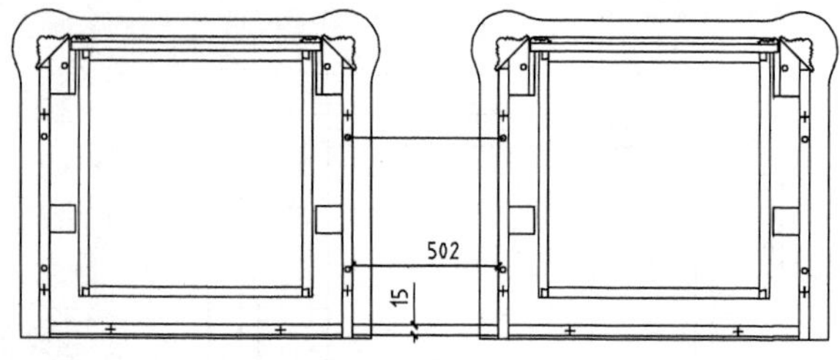

图 24-94 绘制柜体底板

Step 20 绘制抽屉侧板、尾板。执行REC【矩形】命令，绘制矩形表示抽屉结构，接着执行L【直线】命令、TR【修剪】命令，编辑矩形，结果如图 24-95所示。

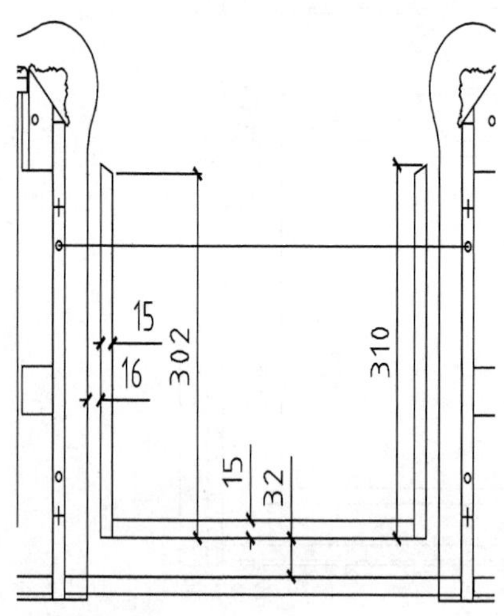

图 24-95 绘制抽屉侧板、尾板

Step 21 执行L【直线】命令，绘制榫接结构，结果如图 24-96所示。

Step 22 绘制抽屉曲线型面板。执行REC【矩形】命令，绘制尺寸参数为436×58的矩形，如图 24-97所示。

Step 23 执行A【圆弧】命令，以矩形左上角点为起点，下方长边中点为第二点，右上角点为端点，绘制圆弧如图 24-98所示。

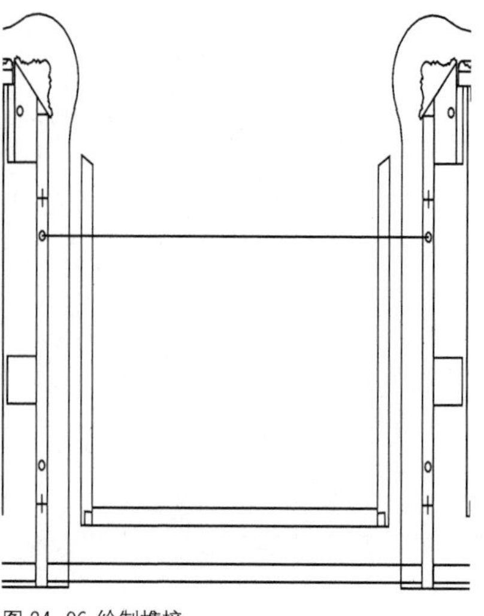
图 24-96 绘制榫接

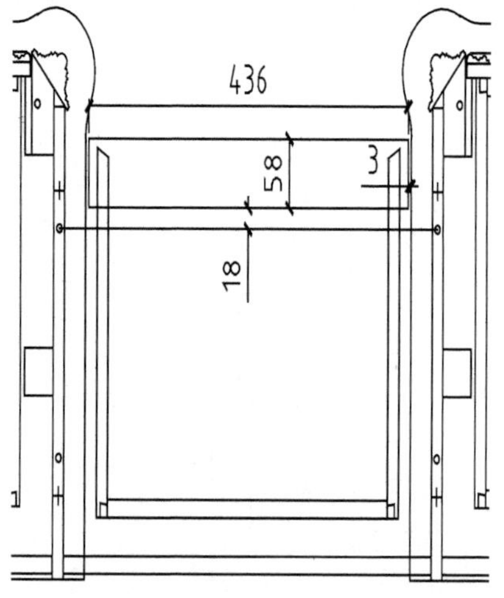

图 24-97 绘制抽屉曲线型面板

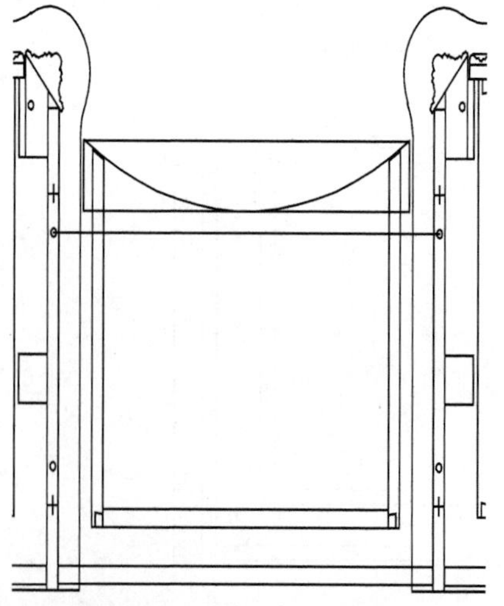
图 24-98 绘制圆弧

Step 24 执行O【偏移】命令，设置偏移距离来偏移线段及圆弧，结果如图 24-99所示。

Step 25 执行TR【修剪】命令，修剪图形，结果如图24-100所示。

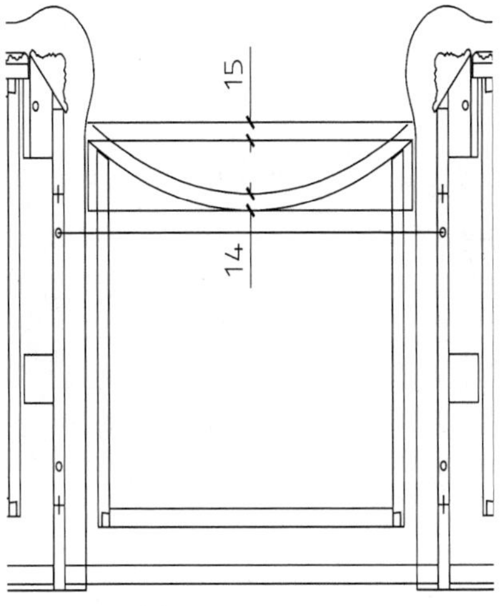

图 24-99 偏移线段

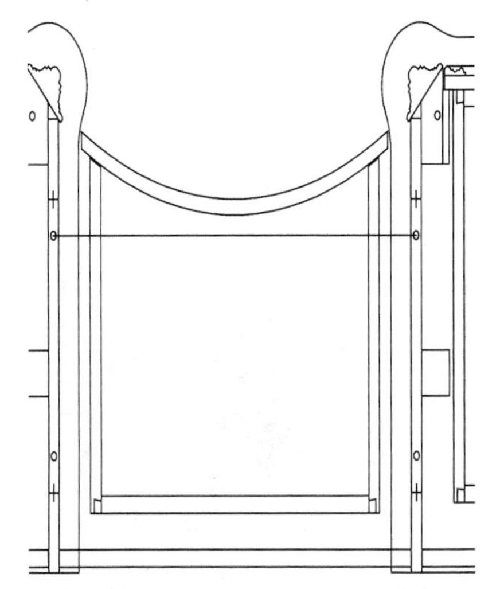

图24-100 修剪图形

Step 26 调用CO【复制】命令，从左侧抽屉面板上移动复制角线至一旁，执行RO【旋转】命令，设置旋转角度为-28，调整角线的角度后执行M【移动】命令，将其移动至弧线上，结果如图 24-101所示。

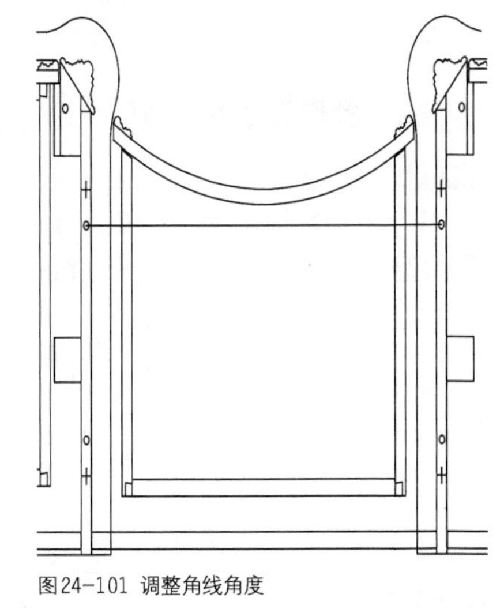

图24-101 调整角线角度

Step 27 执行O【偏移】命令，设置偏移距离为8，选择圆弧向上偏移，执行TR【修剪】命令，修剪弧线，结果如图 24-102所示。

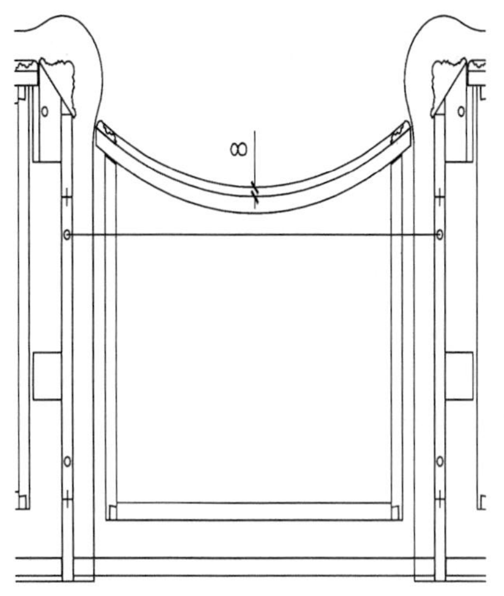

图24-102 偏移圆弧

Step 28 调用REC【矩形】命令，绘制矩形，表示旁条等其他结构，结果如图 24-103所示。

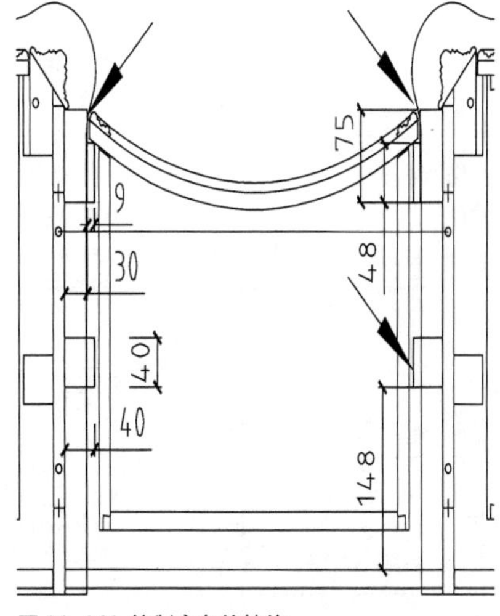

图 24-103 绘制旁条等结构

Step 29 执行L【直线】命令，绘制交叉线段，标注螺孔位置，结果如图 24-104所示。

Step 30 执行O【偏移】命令，设置偏移距离为12、39，选择图形轮廓线向外偏移，结果如图 24-105所示。

Step 31 调用F【圆角】命令，设置圆角半径为30，对所偏移的弧线段执行圆角处理。

Step 32 执行O【偏移】命令，设置偏移距离为28，选择直线段往外偏移，接着执行A【圆弧】命令，绘制圆弧如图 24-106所示。

Step 33 调用E【删除】命令，删除直线段，接着执行F【圆角】命令，对弧线段执行圆角操作，结果如图 24-107所示。

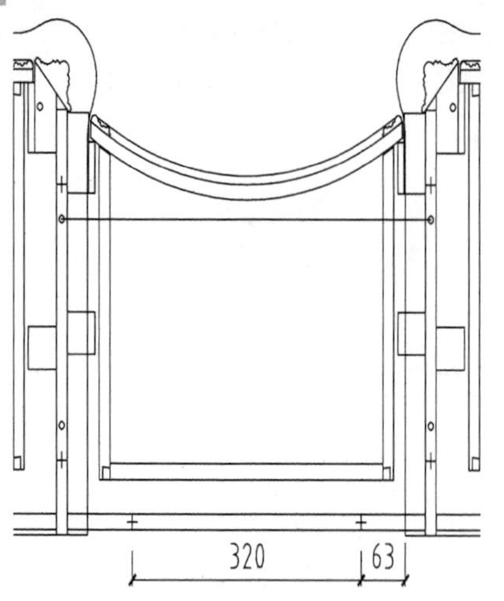

图 24-104 标注孔位

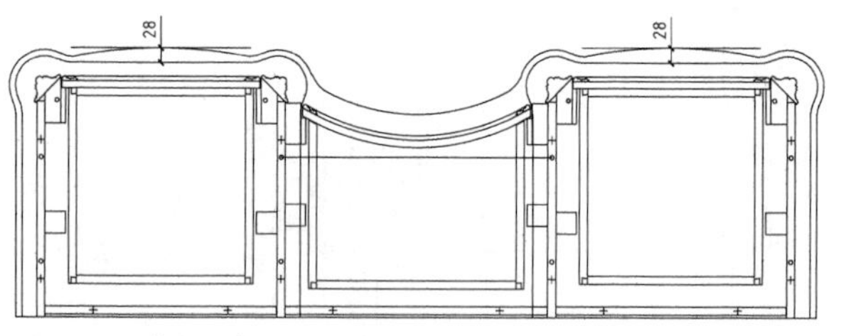

图 24-105 偏移线段

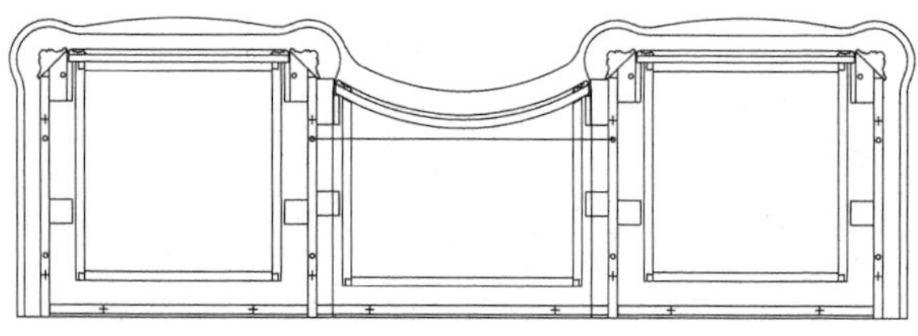

图 24-106 绘制圆弧

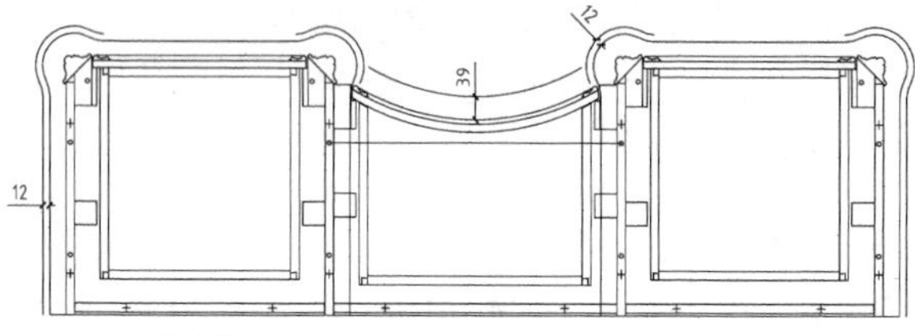

图 24-107 编辑线段

Step 34 调用DLI【线性标注】命令，绘制尺寸标注，完成顶视图的绘制，结果如图 24-108所示。

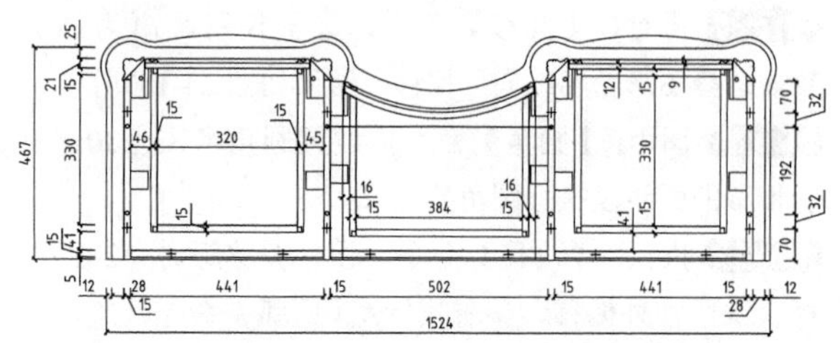

图 24-108 绘制尺寸标注

24.5.2 绘制其他视图

梳妆台主视图如图 24-109 所示。在主视图的左侧完整标示了抽屉的完成样式，中间及右侧的抽屉部分表达了抽屉的内部结构，即表现抽屉的底板、侧板结构。欧式风格家具多使用繁杂的立体花纹来进行装饰，以展现贵族气质，在本例选用的梳妆台中也有体现。

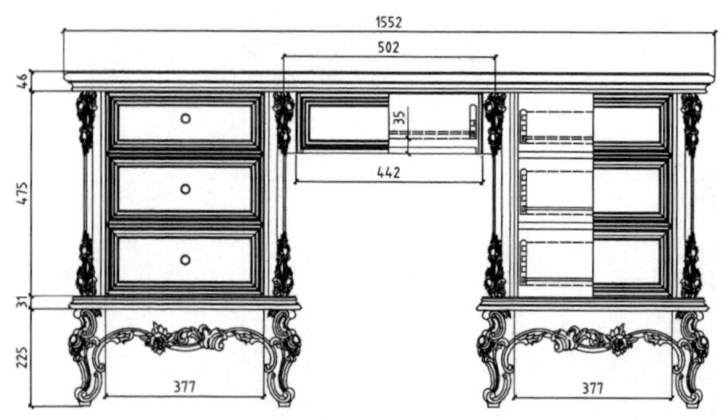

图 24-109 梳妆台主视图

梳妆台左视图的绘制结果如图 24-110 所示。左视图采用剖视图的绘制方式，展现柜体内部的结构。如抽屉的结构样式、螺丝的位置，通过识读左视图，可以进一步了解柜体的组成结构。

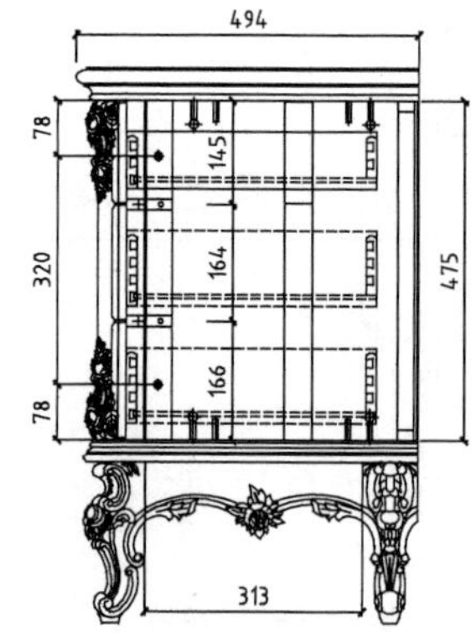

图24-110 梳妆台左视图

24.6 梳妆台加工图

本节介绍梳妆台加工图的绘制方法，如顶板加工图、旁板加工图，其他类型的加工图附于每小节末尾，供参考学习。

24.6.1 绘制顶板加工图

Step 01 执行CO【复制】命令，选择顶视图中的外轮廓线，将其移动复制至一旁，如图 24-111所示。

Step 02 调用REC【矩形】命令，绘制矩形，框选视图轮廓线，结果如图 24-112所示。

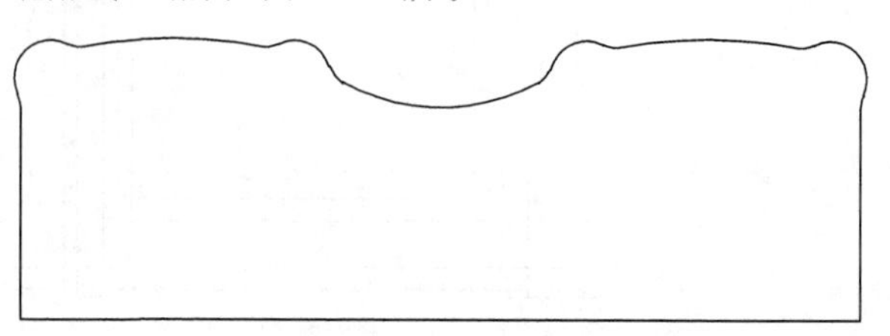

图 24-111 复制轮廓线

Step 03 调用X【分解】命令分解矩形，执行O【偏移】命令，选择矩形边向内偏移，结果如图 24-113所示。

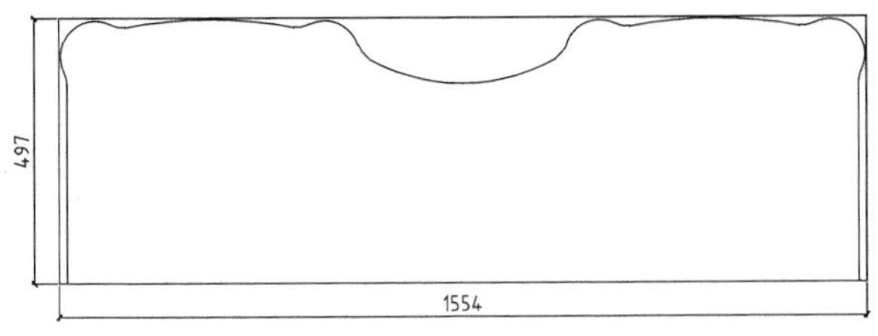

图 24-112 绘制矩形

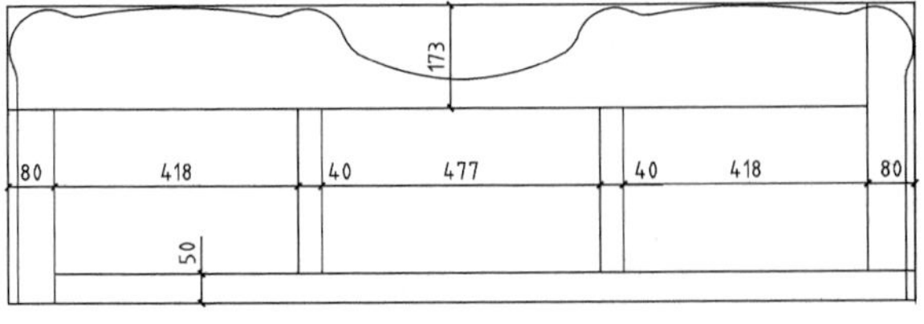

图 24-113 偏移矩形边

Step 04 执行C【圆】命令，设置半径为4，绘制圆形注明螺孔的位置，如图 24-114所示。

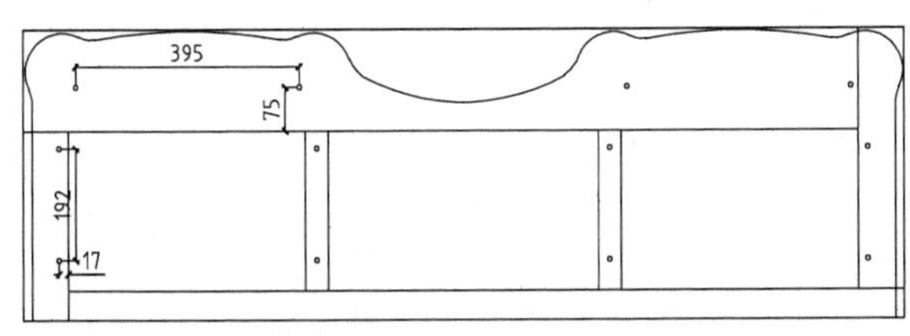

图 24-114 绘制圆形

Step 05 调用L【直线】命令，绘制如图 24-115所示的交叉线段，线段的位置即为螺孔的位置。

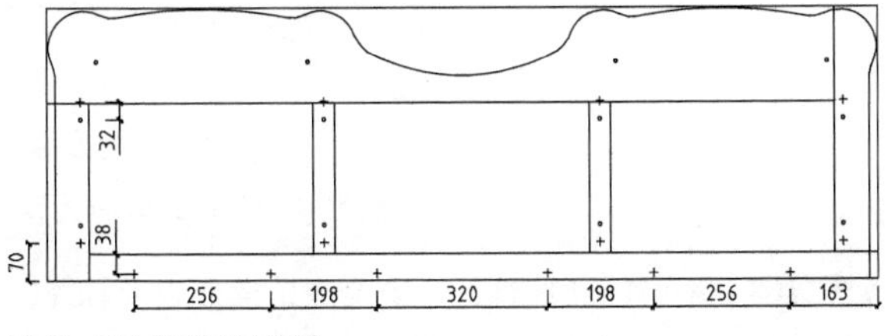

图 24-115 绘制交叉线段

Step 06 调用MLD【多重引线】命令，绘制引线标注，注明螺孔的规格，接着执行MT【多行文字】命令，绘制说明文字，结果如图 24-116所示。

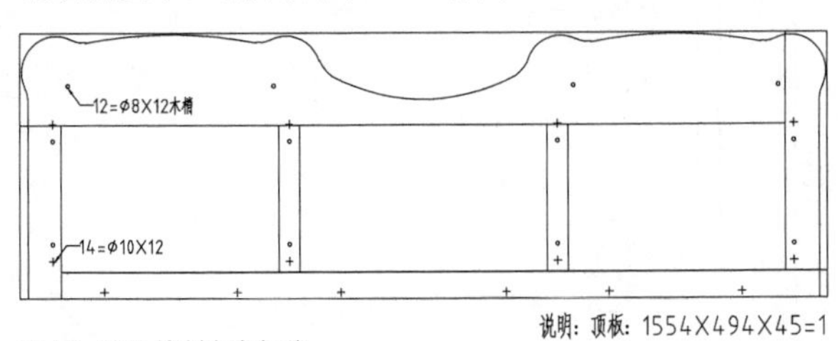

图 24-116 绘制文字标注

Step 07 调用DLI【线性标注】命令，绘制尺寸标注，结果如图 24-117所示。

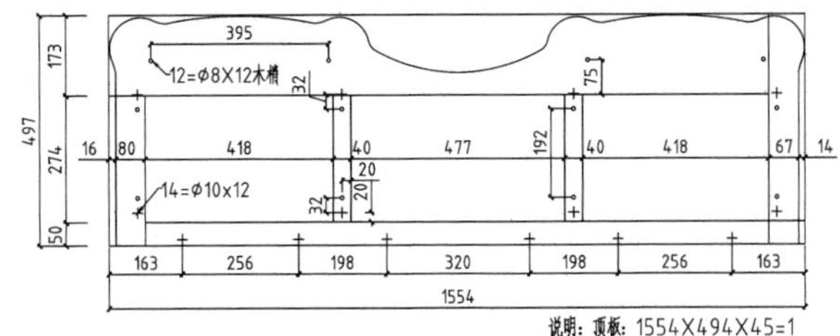

图 24-117 绘制尺寸标注

参考本节内容，自行绘制其他加工图，如底板加工图、前三角加工图、底架条加工图，绘制结果分别如图 24-118、图 24-119 所示。

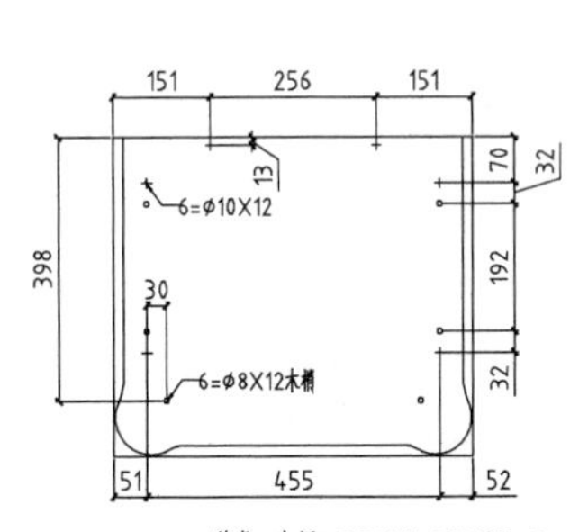

图 24-118 底板加工图

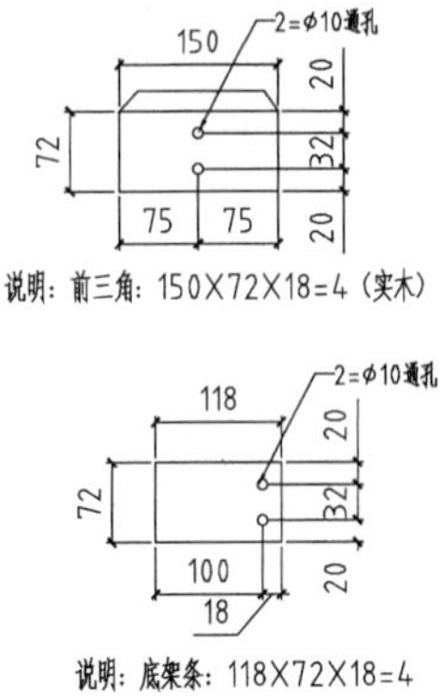

150
2=ø10通孔
20
32
20
72
75
75
说明：前三角：150X72X18=4（实木）

118
2=ø10通孔
20
32
20
72
100
18
说明：底架条：118X72X18=4

图 24-119 其他加工图

24.6.2 绘制旁条加工图

Step 01 执行REC【矩形】命令，分别绘制尺寸为85×30、65×9的矩形，如图 24-120所示。

Step 02 执行X【分解】命令分解矩形，执行O【偏移】命令，选择矩形边向内偏移，结果如图 24-121所示。

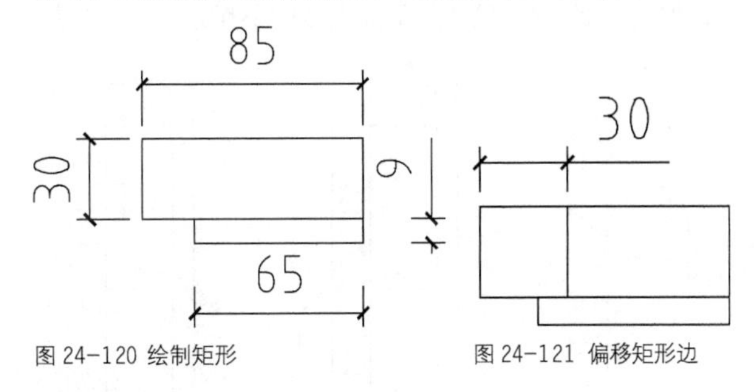

图 24-120 绘制矩形　　图 24-121 偏移矩形边

Step 03 调用L【直线】命令，绘制连接斜线，如图 24-122所示。

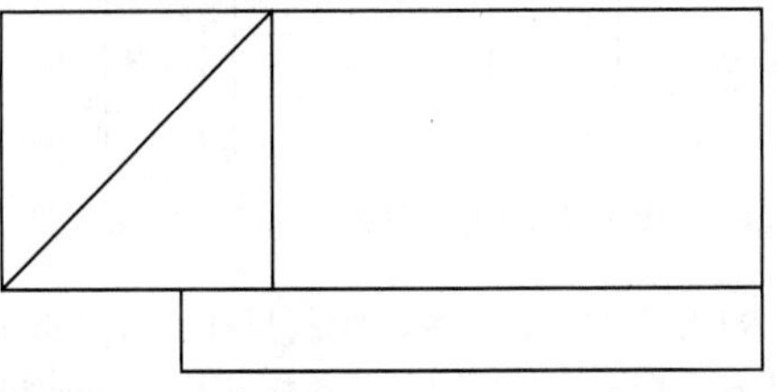

图 24-122 绘制线段

Step 04 调用TR【修剪】命令、E【删除】命令，修剪图形并删除辅助线，结果如图 24-123所示。

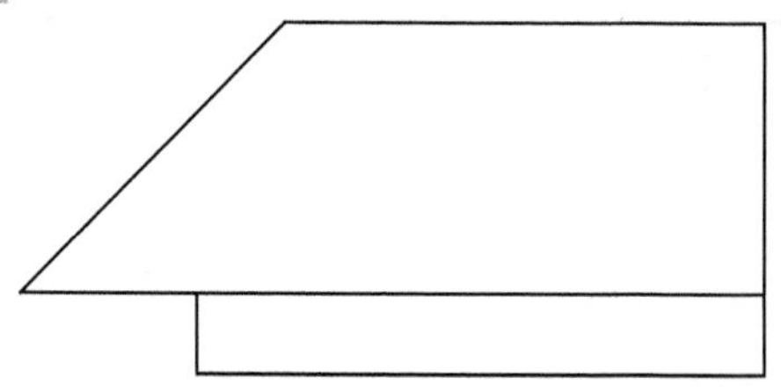

图 24-123 编辑图形

Step 05 绘制螺孔。执行C【圆】命令，设置半径为4，绘制圆形如图 24-124所示。

Step 06 从本章配套资源中的“图例文件.dwg”文件中选择欧式角线图块，将其复制粘贴至当前视图中，如图 24-125所示。

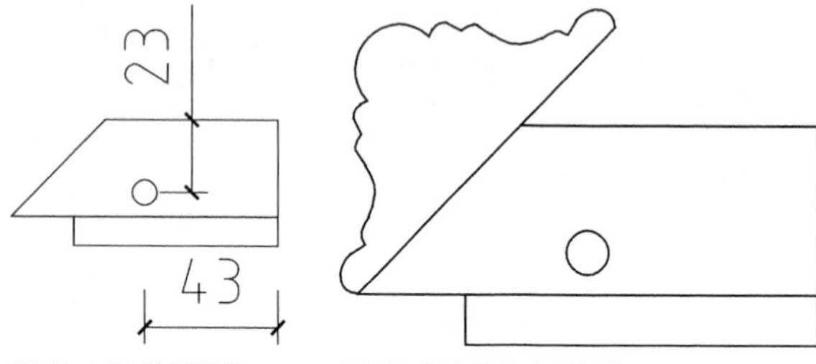

图 24-124 绘制螺孔　　图 24-125 调入角线图块

Step 07 调用REC【矩形】命令，绘制如图 24-126所示的矩形。

Step 08 调用X【分解】命令分解矩形，执行O【偏移】命令，选择矩形边向内偏移，结果如图 24-127所示。

Step 09 绘制沉孔。执行C【圆】命令，绘制半径为7的圆形，接着调用O【偏移】命令，设置偏移距离为3，选择圆形向内偏移，绘制结果如图 24-128所示。

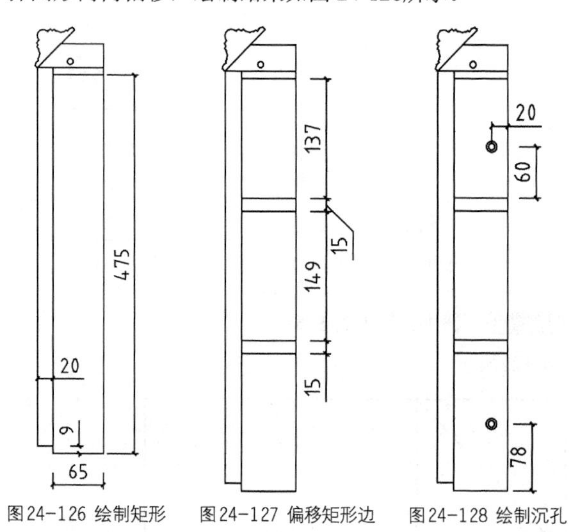

图24-126 绘制矩形　　图24-127 偏移矩形边　　图24-128 绘制沉孔

Step 10 执行REC【矩形】命令，绘制尺寸为30×8的矩形，接着执行L【直线】命令，过矩形几何中心绘制垂直线段，如图 24-129所示。

Step 11 执行C【圆】命令，绘制半径为4的圆形表示螺孔，接着执行L【直线】命令，绘制长度为14的交叉线段表示孔位，绘制结果如图 24-130所示，尺寸标注请参考图 24-132。

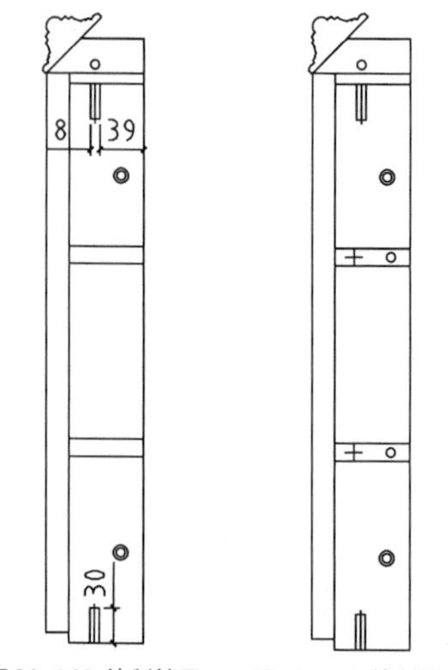

图24-129 绘制结果　　图24-130 绘制螺孔

Step 12 执行MLD【多重引线】命令，绘制引线标注，调用MT【多行文字】命令，绘制说明文字，结果如图 24-131所示。

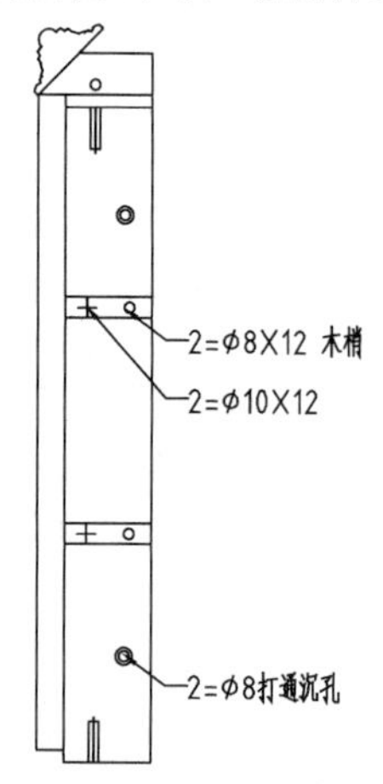

图 24-131 绘制文字标注

Step 13 执行DLI【线性标注】命令，绘制尺寸标注，完成旁条加工图的绘制，结果如图 24-132所示。

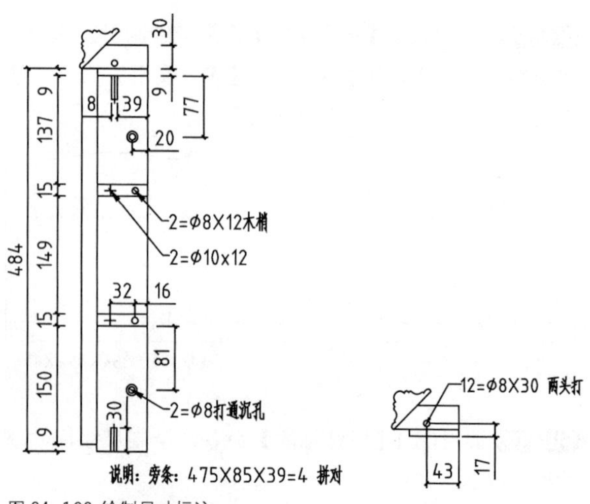

图 24-132 绘制尺寸标注

沿用本节所介绍的方法，绘制其他零部件的加工图，如边旁板加工图、中旁板加工图，绘制结果分别如图 24-133、图 24-134 所示。

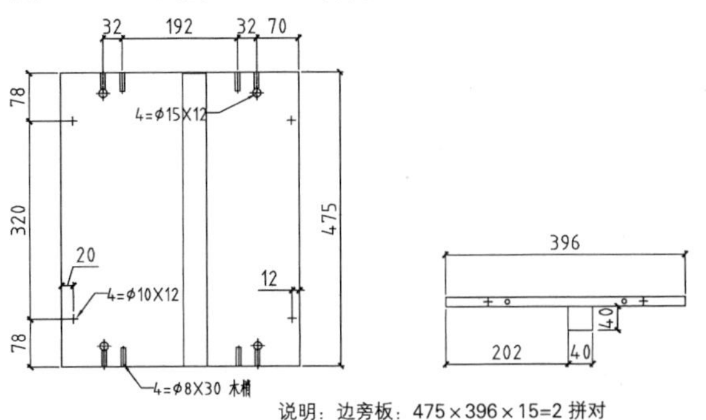

图 24-133 边旁板加工图

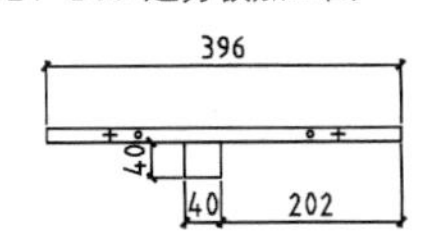

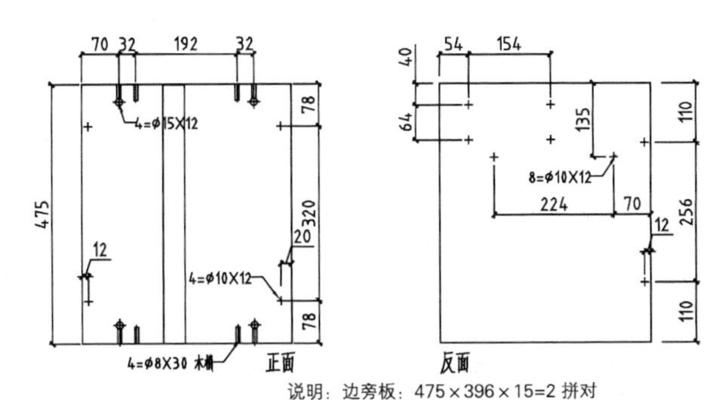

图 24-134 中旁板加工图

24.6.3 绘制仓板加工图

Step 01 执行REC【矩形】命令，绘制尺寸为344×501的矩形，执行X【分解】命令，分解矩形。

Step 02 调用O【偏移】命令，选择矩形边向内偏移，结果如图 24-135所示。

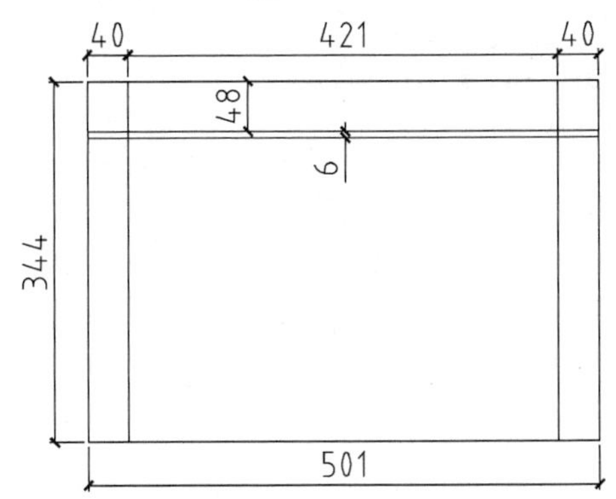

图 24-135 偏移线段

Step 03 调用TR【修剪】命令，修剪线段，结果如图 24-136所示。

Step 04 调用A【圆弧】命令，绘制圆弧如图 24-137所示。

图 24-136 修剪线段

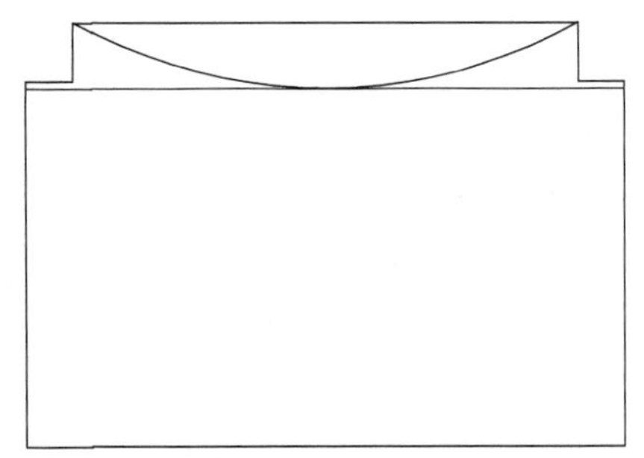

图 24-137 绘制圆弧

Step 05 执行E【删除】命令，删除线段，编辑结果如图 24-138所示。

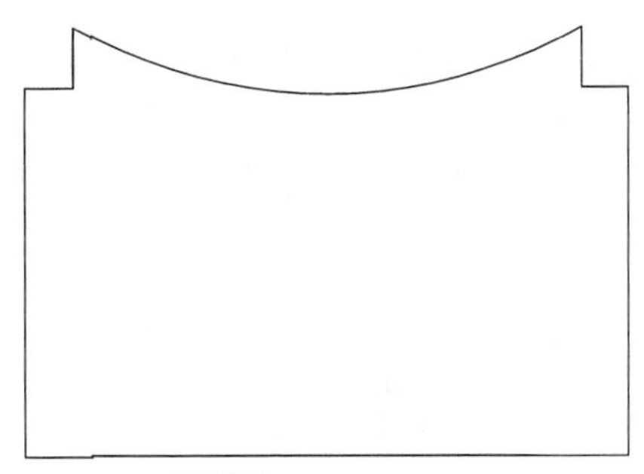

图 24-138 删除线段

Step 06 执行L【直线】命令、C【圆】命令，绘制配件符号，如图 24-139所示。

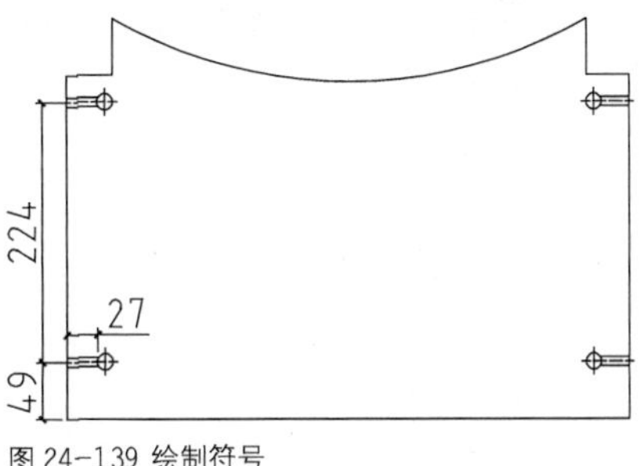

图 24-139 绘制符号

Step 07 执行MLD【多重引线】命令、MT【多行文字】命令，绘制标注文字，如图 24-140所示。

Step 08 调用DLI【线性标注】命令，为加工图绘制尺寸标注，结果如图 24-141所示。

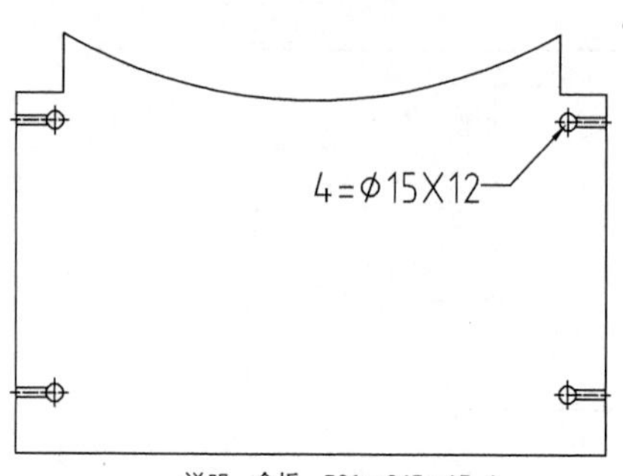

图 24-140 绘制文字标注

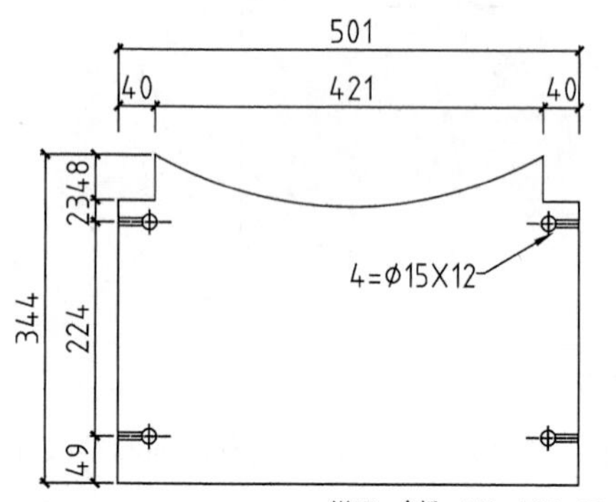

图 24-141 绘制尺寸标注

尝试使用所学得的绘图方法，练习绘制其他加工图，如格条加工图、中背板加工图、边背板加工图等，绘制结果分别如图 24-142、图 24-143、图 24-144、图 24-145、图 24-146、图 24-147 所示。

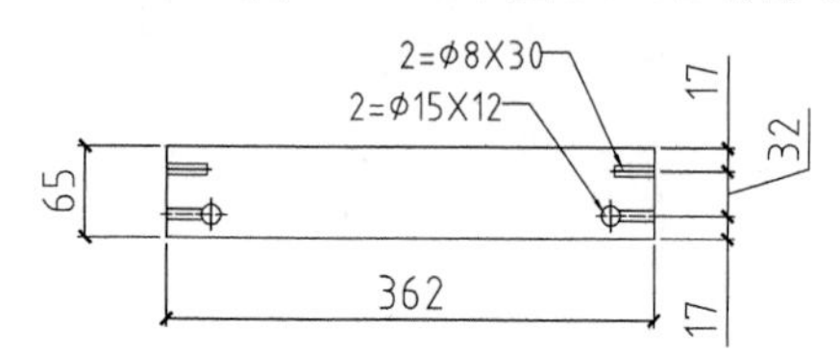

图24-142 格条加工图

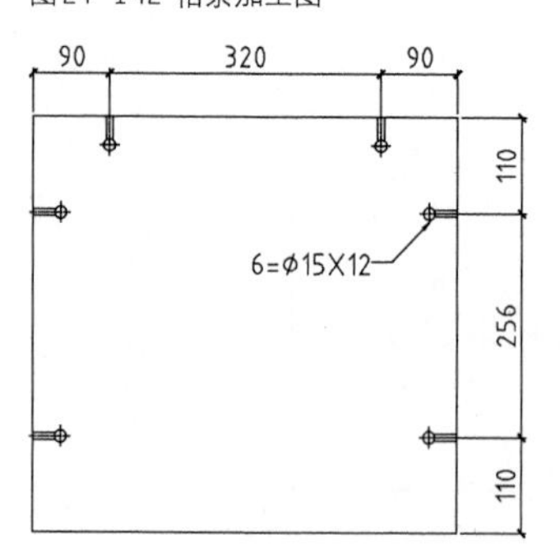

图 24-143 中背板加工图

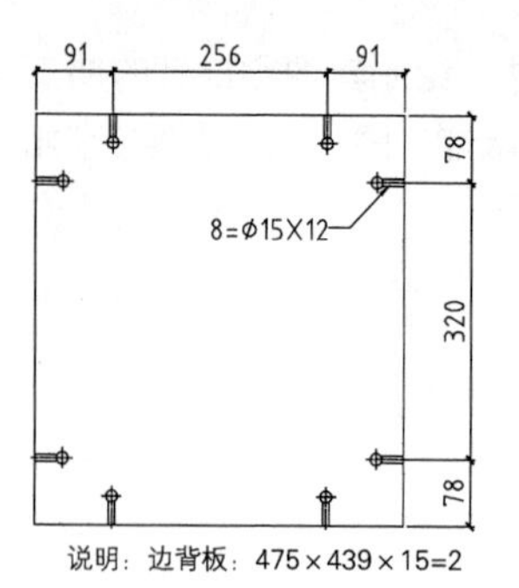

图24-144 边背板加工图

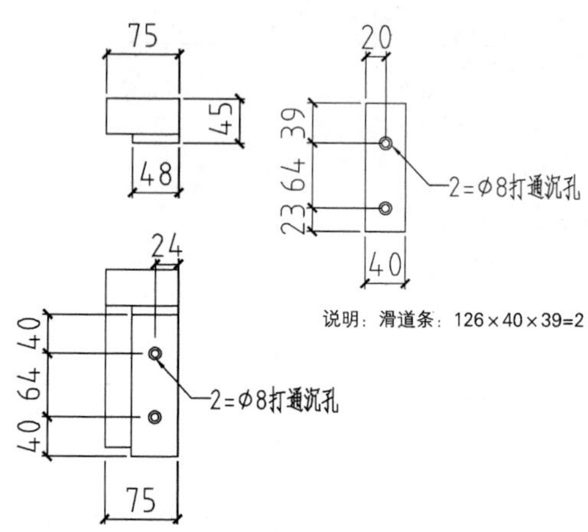

图24-145 滑道条加工图

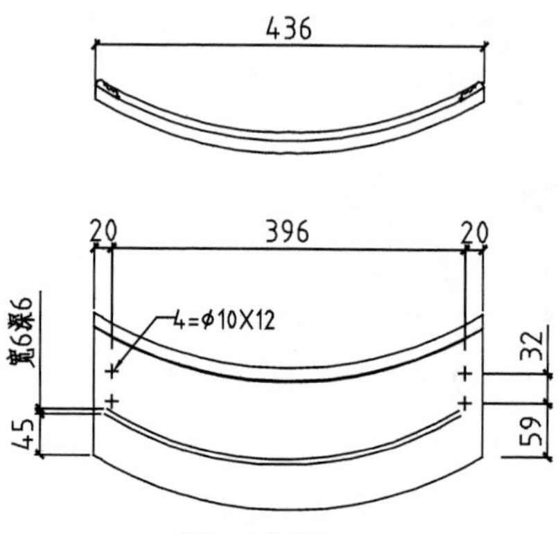

图 24-146 中弯斗面加工图

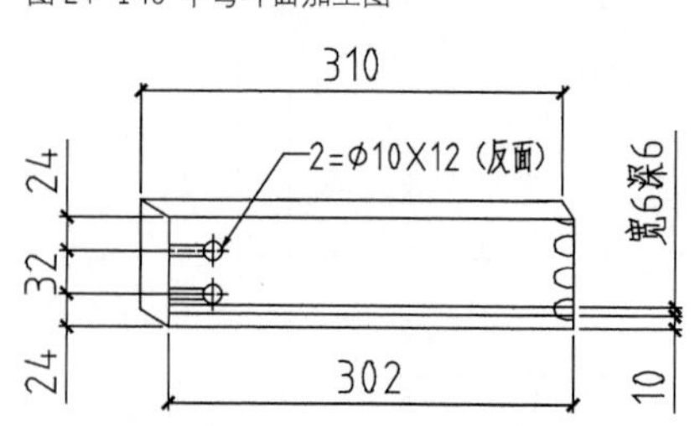

图24-147 实木斗边加工图

附录A AutoCAD常见问题索引

文件管理类

1 样板文件要怎样建立并应用?

见第 3 章 3.4.1 小节，以及**练习 3-7**。

2 如何减少文件大小?

将图形转换为图块,并清除多余的样式(如图层、标注、文字的样式)可以有效减少文件大小。见第 10 章 10.1.1 与 10.1.2 小节、**练习 10-1**与**练习 10-2**, 以及第 9 章的 9.3.8 小节。

3 DXF 是什么文件格式?

可用于其他软件交互的文件，见第 3 章 3.1.1 小节。

4 DWL 是什么文件格式?

见第 3 章 3.1.1 小节。

5 图形如何局部打开或局部加载?

见第 3 章 3.1.3 小节，以及**练习 3-1**。

6 什么是 AutoCAD 的自动保存功能?

见第 3 章 3.2.1 小节。

7 自动保存的备份文件如何应用?

见第 3 章 3.2.2 小节，以及**练习 3-4**。

8 如何使图形只能看而不能修改?

可将图形输出为 DWF 或者 PDF，见第 3 章的**练习 3-5**与**练习 3-6**。也可以通过常规文件设置为“只读”的方式来完成。

9 怎样直接保存为低版本图形格式?

见第 4 章 4.6.6 小节。

10 如何核查和修复图形文件?

见第 3 章 3.2.3 小节。

11 误保存覆盖了原图时如何恢复数据?

可使用【撤销】工具或 .bak 文件来恢复。见第 3 章的 3.2.2 小节。

12 打开旧图遇到异常错误而中断退出怎么办?

见第 3 章的 3.2.3 小节。

13 打开 dwg 文件时，系统弹出对话框提示【图形文件无效】是什么原因?

图形可能被损坏，也可能是由更高版本的 AutoCAD 创建。可参考本书第 3 章的 3.1.4 小节与 3.2.4 小节处理。

14 怎样添加自定义文件?

见第 2 章 2.2.6 小节与**练习 2-2**、**练习 2-3**。

15 如何恢复 AutoCAD 2005 及 2008 版本的经典工作空间?

见第 2 章的 2.5.5 小节与**练习 2-6**。

绘图编辑类

16 什么是对象捕捉?

见第 4 章的 4.3 节。

17 对象捕捉有什么方法与技巧?

见第 4 章的**练习 4-7**、**练习 4-8**与**练习 4-9**。

18 加选无效时怎么办?

可使用其余的选择方法，见第 4 章的 4.5 节。

19 怎样按指定条件选择对象?

可用快速选择方法进行筛选，见第 4 章的 4.5.8 小节。

20 在 AutoCAD 中 Shift 键有什么使用技巧?

见第 4 章的 4.4.3 小节。

21 在 AutoCAD 中 Tab 键有什么使用技巧?

见第 4 章 4.3.2 小节的操作技巧。

22 如何编辑与使用 AutoCAD 中的夹点?

见第 6 章的 6.6 节。

23 为什么拖动图形时不显示对象?

见第 5 章 5.3.1 小节的初学解答。

24 多段线有什么操作技巧?

见第 5 章的 5.4.2 与 5.4.3 小节，以及**练习 5-9**与**练习 5-10**。

25 如何使变得粗糙的图形恢复平滑?

见第 2 章的 2.4.5 小节。

26 复制图形粘贴后总是离得很远怎么办?

可重新指定复制基点，见第 6 章的 6.3.1 小节。或使用带基点复制（Ctrl+Shift+C）命令。

27 如何测量带弧线的多线段长度?

可以使用 LIST 命令。

28 如何用 Break 命令在一点处打断对象?

见第 6 章的 6.5.6 小节与初学解答。

29 直线（Line）命令有哪些操作技巧?

见第 5 章 5.2.1 小节中的熟能生巧。

30 如何快速绘制直线?

见第 5 章 5.2.1 小节中的初学解答。

31 偏移（Offset）命令有哪些操作技巧?

见第 6 章 6.3.2 小节的选项说明。

32 镜像（Mirror）命令有哪些操作技巧?

见第 6 章 6.3.3 小节的选项说明与初学解答。

33 修剪（Trim）命令有哪些操作技巧?

见第 6 章 6.1.1 小节的熟能生巧。

34 设计中心（Design Center）有哪些操作技巧?

见第 10 章的 10.3.2 与 10.3.3 小节。

35 OOPS 命令与 UNDO 命令有什么区别?

见第 6 章 6.1.3 小节的初学解答。

36 AutoCAD 中外部参照有什么用?

见第 10 章 10.3.2 小节的精益求精。

37 为什么有些图形无法分解?

见第 6 章 6.5.6 小节的精益求精。

38 内部图块与外部图块的区别?

见第 10 章的 10.1.1 与 10.1.2 小节。

39 如何让图块的特性与被插入图层一样?

见第 10 章的 10.1.5 小节

40 图案填充（HATCH）时找不到范围怎么解决?

见第 5 章 5.8.1 小节的初学解答。

41 填充时未提示错误且填充不了?

见第 5 章 5.8.1 小节的熟能生巧。

42 如何创建无边界的图案填充?

见第 5 章 5.8.1 小节的精益求精。

43 怎样使用 MTP 修饰符?

见第 4 章的 4.4.4 小节与**练习 4-9**。

44 怎样使用 FROM 修饰符?

见第 4 章的 4.4.3 小节与**练习 4-8**。

图形标注类

45 字体无法正确显示?

文字样式问题，见第 8 章的 8.1.1 小节与**练习 8-1**。

46 为什么修改了文字样式，但文字没发生改变?

见第 8 章 8.1.1 小节的初学解答。

47 怎样查找和替换文字?

见第 8 章 8.1.6 小节和**练习 8-5**。

48 控制镜像文字以镜像方式显示文字?

见第 6 章 6.3.3 小节的初学解答。

49 如何快速调出特殊符号?

见第 8 章 8.1.5 小节的第 2 部分。

50 如何快速标注零件序号?

可先创建一个多重引线，然后使用【阵列】、【复制】等命令创建大量副本。

51 怎样把图形单位从英寸转换为毫米?

见第 7 章 7.2.2 小节的第 6 部分，以及**练习 7-2**。

52 如何编辑标注?

双击标注文字即可进行编辑，也可查阅第 7 章的 7.4 节。

53 如何修改尺寸标注的关联性?

见第 7 章的 7.4.5 小节。

54 复制图形时标注出现异常?

把图形连同标注从一张图复制到另一张图，标注尺寸线移位，标注文字数值变化。这是标注关联性的问题，见第 7 章 7.4.5 小节。

系统设置类

55 绘图时没有虚线框显示怎么办?

见第 5 章 5.3.1 小节的初学解答。

56 为什么鼠标中键不能用作平移了?

将系统变量 MBUTTONPAN 的值重新指定为 1 即可。

57 如何控制坐标格式?

直角坐标与极轴坐标见第 4 章的 4.1.2 与 4.1.3 小节。

58 如何命令别名与快捷键?

见第 2 章的 2.3.4 小节。

59 如何往功能区中添加命令按钮?

见第 2 章的 2.3.4 小节，以及**练习 2-4**。

60 如何灵活使用动态输入功能?

见第 4 章 4.2.1 小节。

61 如何设置经典工作空间?

见第 2 章的 2.5.5 小节，以及**练习 2-6**。

62 如何设置自定义的个性工作空间?

见第 2 章的 2.5.4 小节，以及**练习 2-5**。

63 怎样在标题栏中显示出文件的完整保存路径?

见第 2 章的 2.2.5 小节，以及**练习 2-1**。

64 怎样调整 AutoCAD 的界面或背景颜色?

界面颜色见第 4 章的 4.6.2 小节；绘图背景颜色见第 4 章的 4.6.5 小节。

65 如何将图形全部显示在绘图区窗口?

单击状态栏中的【全屏显示】按钮即可，见第 2 章 2.2.11 小节中的第 5 部分。

视图与打印类

66 为什么找不到视口边界?

视口边界与矩形、直线一样，都是图形对象，如果没有显示的话可以考虑是对应图层被关闭或冻结，开启方式见第 9 章的 9.3.1 与 9.3.2 小节，以及**练习 9-3**、**练习 9-4**。

67 如何在布局中创建非矩形视口?

见第 11 章 11.4.2 小节中的 2 部分。

68 如何删除顽固图层?

见第 9 章的 9.3.8 小节。

69 AutoCAD 的图层到底有什么用处?

图层可以用来更好地控制图形，见第 9 章的 9.1.1 小节。

70 设置图层时有哪些注意事项?

设置图层时要理解它的分类原则，见第 9 章的 9.1.2 小节。

71 Bylayer（随层）与 Byblock（随块）的区别?

见第 9 章 9.4.1 小节的初学解答。

72 如何快速控制图层状态?

可在【图层特性管理器】中进行统一控制，见第 9 章的 9.2.1 小节。

73 如何批处理打印图纸?

批处理打印图纸的方法与 DWF 文件的发布方法一致，只需更换打印设备即可输出其他格式的文件。可以参考第 3 章的 3.3.1 小节与**练习 3-5**。

74 如何使文本打印时显示为空心?

将 TEXTFILL 变量设置为 1。

75 有些图形能显示却打印不出来?

图层作为图形有效管理的工具，对每个图层是否有打印的设置。而且系统自行创建的图层，如 Defpoints 图层就不能被打印也无法更改。详见第 9 章的 9.2 节。

程序与应用类

76 如何处理复杂表格?

可通过 Excel 导入 AutoCAD 的方法来处理复杂的表格，详见第 8 章 8.2.2 小节的精益求精，以及**练习 8-10**。

77 怎样让图像边框不打印?

可将边框对象移动至 Defpoints 层，或设置所属图层为不打印样式，见第 9 章的 9.2 节。

78 怎样对附加工具 Express Tools 和 AutoLISP 进行实例安装

在安装 AutoCAD 2016 软件时勾选即可。

79 AutoCAD 图形导入 Word 的方法

直接粘贴、复制即可，但要注意将 AutoCAD 中的背景设置为白色。也可以使用 BetterWMF 小软件来处理。

80 AutoCAD 与 UG、SolidWorks 的数据转换

见第 2 章的 2.3.2 小节，以及**练习 2-1**。

附录B AutoCAD行业知识索引

1 人体尺度与家具设计有何关系？
见第1章第1.1节。

2 中国成年男性人体的大致尺寸？
见第1章第1.1.2小节中的表1-1。

3 中国成年女性人体的大致尺寸？
见第1章第1.1.2小节中的表1-2。

4 人体尺度在家具设计中有哪些应用？
见第1章的第1.2节。

5 实木家具有哪些制造工艺？
见第1章的第1.3节。

6 板式家具有哪些制造工艺？
见第1章的第1.4节。

7 软体家具又有哪些制造工艺？
见第1章的第1.5节。

8 板凳有哪些特点与绘制方法？
见第4章4.2.4小节中的**练习4-5**以及4.2.5小节中的**练习4-6**。

9 榫卯结构中孔位的绘制方法？
见第4章4.4.2小节中的**练习4-7**。

10 如果孔位过多的话，该如何绘制？
可用点样式进行表示，参考第5章5.1.1节中的**练习5-1**。

11 家具三视图的投影规则是什么？
即“长对正、宽相等、高平齐”，可用【构造线】、【射线】等命令绘制表示，见第5章5.2.3小节的初学解答。

12 如何根据三视图投影规则绘图？
见第5章5.2.2小节中的**练习5-3**。

13 家具纹饰的概念与绘制方法是什么？
见第5章5.3.1小节的**练习5-5**。

14 圆茶几的绘制方法是什么？
见第5章5.3.2小节的**练习5-6**。

15 椭圆书桌的优点与绘制方法是什么？
见第5章5.3.3小节的**练习5-8**。

16 封边的概念与绘制方法是什么？
可用多段线进行绘制，详见第5章5.4.2小节的**练习5-9**。

17 旋梯指引符号的绘制方法是什么？
见第5章5.4.3小节的**练习5-10**。

18 板材开侧孔有何意义？在图形上如何表达？
见第5章5.5.3小节以及**练习5-11**。

19 窗棂的概念与绘制方法是什么？
见第5章5.5.4小节的**练习5-12**。

20 餐椅的绘制方法是什么？
见第5章5.7.1小节的**练习5-14**。

21 家具详图的概念与绘制方法是什么？
见第5章5.8.1小节的**练习5-15**。

22 如何将家具缩放至特定的大小？
可通过【参照缩放】命令来完成，详见第6章6.2.3小节中**练习6-4**。

23 图形的中心线怎样才能更快的调整？
可通过【拉长】命令来完成，详见第6章6.2.5小节中**练习6-6**。

24 酒柜的绘制方法与特点是什么？
见第6章6.3.2小节的**练习6-8**。

25 矮柜的绘制方法与特点是什么？
见第6章6.3.3小节的**练习6-9**。

26 沙发坐垫上的褶扣如何绘制？
见第6章6.4.1小节以及**练习6-10**。

27 组合沙发有哪些绘制方法？
见第6章6.4.3小节的**练习6-12**。

28 家具细节处倒角有何作用与方法？
见第6章6.5.1小节的**练习6-13**与6.5.2小节的**练习6-14**。

29 什么是榫卯结构？在图形中如何表达？
详见第6章6.5.4小节中的**练习6-15**。

30 外观时尚的沙发如何绘制，比如螺旋沙发？
可参考第6章6.5.6小节的**练习6-16**进行绘制。

31 家具标注样式有哪些国家标准？
家具标注样式可按《QB/T 1338-2012 家具制图》来进行设置，详见第7章7.2.2节以及**练习7-1**。

32 家具行业中所说的“站牙”指的是何种结构特征？
站牙即用来固定立柱的辅助木块，详见第7章7.3.5小节的**练习7-6**。

33 如何使用智能标注命令标注图形？
见第7章7.3.1小节的**练习7-3**。

34 家具制图中哪些情况下适用连续标注？

见第 7 章 7.3.9 小节的**练习 7-8**。

35 家具制图中的引线标注有何技巧?

见第 7 章 7.3.11 小节的初学解答，以及**练习 7-9**

36 如果图形中尺寸繁多，相互交错，如何让图纸变得清晰起来?

可使用【标注打断】命令进行调整，详见第 7 章的 7.4.1 小节以及**练习 7-10**。

37 如何快速标注剖面图的注释文字?

可使用【单行文字】进行标注，见第 8 章 8.1.2 小节的**练习 8-3**。

38 如何快速创建图纸的标题栏?

见第 8 章 8.2.1 小节的**练习 8-6**与 8.2.2 小节的**练习 8-7**。

39 衣柜的有哪些特征与结构特点?

见第 15 章 15.1 节。

40 衣柜各零部件的特点及绘制方法是什么?

见第 15 章 15.5 节。

41 组合书台有哪些特征与结构特点?

见第 16 章 16.1 节。

42 组合书台各零部件的特点及绘制方法是什么?

见第 16 章 16.4 节。

43 床有哪些特征与结构特点?

见第 17 章 17.1 节。

44 床体各零部件的特点及绘制方法是什么?

见第 17 章 17.4 节。

45 床头柜有哪些特征与结构特点?

见第 17 章 17.5 节。

46 床头柜各零部件的特点及绘制方法是什么?

见第 17 章 17.7 节。

47 鞋柜有哪些特征与结构特点?

见第 18 章 18.1 节。

48 鞋柜各零部件的特点及绘制方法是什么?

见第 18 章 18.4 节。

49 餐柜有哪些特征与结构特点?

见第 18 章 18.5 节。

50 餐柜各零部件的特点及绘制方法是什么?

见第 18 章 18.8 节。

51 组合柜有哪些特征与结构特点?

见第 19 章 19.1 节。

52 组合柜各柜体的特点及绘制方法是什么?

见第 19 章 19.3~19.6 节。

53 花架有哪些特征与结构特点?

见第 22 章 22.1 节。

54 花架各部分的绘制方法是什么?

见第 22 章的 22.4 节。

55 穿衣镜有哪些特征与结构特点?

见第 23 章 23.1 节。

56 穿衣镜各部分的绘制方法是什么?

见第 23 章的 23.4 节。

57 电视柜有哪些特征与结构特点?

见第 24 章 24.1 节。

58 电视柜各部分的特点与绘制方法是什么?

见第 24 章的 24.3 节。

59 梳妆台有哪些特征与结构特点?

见第 24 章 24.4 节。

60 梳妆台各部分的特点与绘制方法是什么?

见第 24 章的 24.4 节与 24.5 节。

附录C AutoCAD命令快捷键索引

CAD常用快捷键命令

L	直线	A	圆弧
C	圆	T	多行文字
XL	射线	B	块定义
E	删除	I	块插入
H	填充	W	定义块文件
TR	修剪	CO	复制
EX	延伸	MI	镜像
PO	点	O	偏移
S	拉伸	F	倒圆角
U	返回	D	标注样式
DDI	直径标注	DLI	线性标注
DAN	角度标注	DRA	半径标注
OP	系统选项设置	OS	对像捕捉设置
M	MOVE（移动）	SC	比例缩放
P	PAN（平移）	Z	局部放大
Z+E	显示全图	Z+A	显示全屏
MA	属性匹配	AL	对齐
Ctrl+1	修改特性	Ctrl+S	保存文件
Ctrl+Z	放弃	Ctrl+C Ctrl+V	复制 粘贴
F3	对象捕捉开关	F8	正交开关

1 绘图命令

PPO, *POINT（点）

L, *LINE（直线）

XL, *XLINE（射线）

PL, *PLINE（多段线）

ML, *MLINE（多线）

SPL, *SPLINE（样条曲线）

POL, *POLYGON（正多边形）

REC, *RECTANGLE（矩形）

C, *CIRCLE(圆)

A, *ARC(圆弧)

DO, *DONUT（圆环）

EL, *ELLIPSE（椭圆）

REG, *REGION（面域）

MT, *MTEXT（多行文本）

T, *MTEXT（多行文本）

B, *BLOCK（块定义）

I, *INSERT（插入块）

W, *WBLOCK（定义块文件）

DIV, *DIVIDE（等分）

ME,*MEASURE(定距等分）

H, *BHATCH（填充）

2 修改命令

CO, *COPY（复制）

MI, *MIRROR（镜像）

AR, *ARRAY（阵列）

O, *OFFSET（偏移）

RO, *ROTATE（旋转）

M, *MOVE（移动）

E, DEL 键 *ERASE（删除）

X, *EXPLODE（分解）

TR, *TRIM（修剪）

EX, *EXTEND（延伸）

S, *STRETCH（拉伸）

LEN, *LENGTHEN（直线拉长）

SC, *SCALE（比例缩放）

BR, *BREAK（打断）

CHA, *CHAMFER(倒角）

F, *FILLET（倒圆角）

PE, *PEDIT（多段线编辑）

ED, *DDEDIT（修改文本）

3 视窗缩放

P, *PAN（平移）

Z +空格+空格 , * 实时缩放

Z, * 局部放大

Z+P, * 返回上一视图

Z + E, 显示全图

Z+W, 显示窗选部分

4 尺寸标注：

DLI, *DIMLINEAR（直线标注）

DAL, *DIMALIGNED（对齐标注）

DRA, *DIMRADIUS（半径标注）

DDI, *DIMDIAMETER（直径标注）

DAN, *DIMANGULAR（角度标注）

DCE, *DIMCENTER（中心标注）

DOR, *DIMORDINATE（点标注）

LE, *QLEADER（快速引出标注）

DBA, *DIMBASELINE（基线标注）

DCO, *DIMCONTINUE（连续标注）

D, *DIMSTYLE（标注样式）

DED, *DIMEDIT（编辑标注）

DOV, *DIMOVERRIDE(替换标注系统变量）

DAR,(弧度标注，CAD2006)

DJO，（折弯标注，CAD2006）

5 对象特性

ADC, *ADCENTER（设计中心“Ctrl + 2”）

CH, MO *PROPERTIES(修改特性“Ctrl + 1”）

MA, *MATCHPROP（属性匹配）

ST, *STYLE（文字样式）

COL, *COLOR（设置颜色）

LA, *LAYER（图层操作）

LT, *LINETYPE（线形）

LTS, *LTSCALE（线形比例）

LW, *LWEIGHT （线宽）

UN, *UNITS（图形单位）

ATT, *ATTDEF（属性定义）

ATE, *ATTEDIT（编辑属性）

BO, *BOUNDARY(边界创建,包括创建闭合多段线和面域）

AL, *ALIGN（对齐）

EXIT, *QUIT（退出）

EXP, *EXPORT（输出其他格式文件）

IMP, *IMPORT（输入文件）

OP,PR *OPTIONS（自定义 CAD 设置）

PRINT, *PLOT（打印）

PU, *PURGE（清除垃圾）

RE, *REDRAW（重新生成）

REN, *RENAME（重命名）

SN, *SNAP（捕捉栅格）

DS, *DSETTINGS（设置极轴追踪）

OS, *OSNAP（设置捕捉模式）

PRE, *PREVIEW（打印预览）

TO, *TOOLBAR（工具栏）

V, *VIEW（命名视图）

AA, *AREA（面积）

DI, *DIST（距离）

LI, *LIST（显示图形数据信息）

6 常用 Ctrl 快捷键

Ctrl + 1 *PROPERTIES(修改特性)

Ctrl + 2 *ADCENTER(设计中心)

Ctrl + O *OPEN(打开文件)

Ctrl + N、M *NEW(新建文件)

Ctrl + P *PRINT(打印文件)

Ctrl + S *SAVE(保存文件)

Ctrl + Z *UNDO(放弃)

Ctrl + X *CUTCLIP(剪切)

Ctrl + C *COPYCLIP(复制)

Ctrl + V *PASTECLIP(粘贴)

Ctrl + B *SNAP(栅格捕捉)

Ctrl + F *OSNAP(对象捕捉)

Ctrl + G *GRID(栅格)

Ctrl + L *ORTHO(正交)

Ctrl + W *(对象追踪)

Ctrl + U *(极轴)

7 常用功能键

F1 *HELP(帮助)

F2 *(文本窗口)

F3 *OSNAP(对象捕捉)

F7 *GRIP(栅格)

F8 正交